CAD/CAM/CAE 工程应用丛书

# AutoCAD 2018 中文版学习宝典

槐创锋　周生通　等编著

机 械 工 业 出 版 社

本书介绍了 AutoCAD 2018 中文版的基本操作方法和各种技巧。其最大的特点是，在进行知识点讲解的同时，不仅列举了大量的实例，还增加了“名师点拨”内容，使读者能够在实践中深入掌握 AutoCAD 2018 的操作方法和技巧。

全书分为 15 章，分别介绍了 AutoCAD 2018 入门，简单二维绘制命令，面域与图案填充，精确绘图，二维编辑命令，图块与外部参照，集成化绘图工具，文字与表格，尺寸标注，三维绘图基础，绘制和编辑三维表面，实体绘制，实体编辑，机械设计工程实例，电气工程综合实例等内容。

本书内容翔实，语言简洁，思路清晰，实例丰富，可以作为初学者的学习教材，也可作为技术人员的参考工具书。

**图书在版编目（CIP）数据**

AutoCAD 2018 中文版学习宝典/槐创锋等编著．—北京：机械工业出版社，2017.6
（CAD/CAM/CAE 工程应用丛书）
ISBN 978-7-111-57320-3

Ⅰ．①A…　Ⅱ．①槐…　Ⅲ．①AutoCAD 软件　Ⅳ．①TP391.72

中国版本图书馆 CIP 数据核字（2017）第 158291 号

机械工业出版社（北京市百万庄大街 22 号　邮政编码 100037）
策划编辑：张淑谦　　责任编辑：张淑谦
责任校对：张艳霞　　责任印制：李　昂

三河市国英印务有限公司印刷

2017 年 7 月第 1 版・第 1 次印刷
184mm×260mm・32.75 印张・802 千字
0001－3000 册
标准书号：ISBN 978-7-111-57320-3
定价：99.00 元

凡购本书，如有缺页、倒页、脱页，由本社发行部调换

| 电话服务 | 网络服务 |
|---|---|
| 服务咨询热线：（010）88361066 | 机 工 官 网：www.cmpbook.com |
| 读者购书热线：（010）68326294 | 机 工 官 博：weibo.com/cmp1952 |
| （010）88379203 | 教育服务网：www.cmpedu.com |
| **封面无防伪标均为盗版** | 金　书　网：www.golden-book.com |

# 前　言

AutoCAD 是美国 Autodesk 公司推出的，集二维绘图、三维设计、渲染及通用数据库管理和互联网通信功能为一体的计算机辅助绘图软件包。自 1982 年推出以来，从初期的 1.0 版本，经多次版本更新和性能完善，现已发展到 AutoCAD 2018。AutoCAD 不仅在机械、电子和建筑等工程设计领域得到了广泛的应用，而且在地理、气象、航海等特殊图形的绘制，甚至乐谱、灯光、幻灯和广告等领域也得到了多方面的应用，在微型计算机 CAD 系统中应用非常广泛。

本书的编者都是各高校多年从事计算机图形教学研究的一线人员，他们具有丰富的教学实践经验与教材编写经验。多年的教学工作使他们能够准确地把握学生读者的心理与实际需求。值此 AutoCAD 2018 面市之际，编者根据读者工程应用学习的需要编写了此书，本书凝结着他们的经验与体会，贯彻着他们的教学思想，希望能够为广大读者的学习起到良好的引导作用，为广大读者自学提供一个简洁有效的捷径。

本书重点介绍了 AutoCAD 2018 中文版的新功能及各种基本操作方法和技巧，还添加了具体应用实例。全书分为 15 章，分别介绍了 AutoCAD 2018 入门，简单二维绘制命令，面域与图案填充，精确绘图，二维编辑命令，图块与外部参照，集成化绘图工具，文字与表格，尺寸标注，三维绘图基础，绘制和编辑三维表面，实体绘制，实体编辑，机械设计工程实例，电气工程综合实例等内容。

本书配套的多媒体学习资源包含全书所有实例的源文件和所有讲解指导实例操作过程的 AVI 文件，可以帮助读者更加轻松自在地学习本书。为了帮助读者提高应用 AutoCAD 的技巧，还赠送了编者多年来积累和总结的《AutoCAD 操作技巧秘籍》电子书，AutoCAD 机械设计、建筑设计、室内设计、电气设计应用案例视频教程，以及 AutoCAD 官方认证考试大纲以及考试真题样卷。

本书在介绍的过程中，注意由浅入深，从易到难，各章节既相对独立又前后关联。编者根据自己多年的经验及学习的通常心理，及时给出总结和相关提示，帮助读者快捷地掌握所学知识。全书内容翔实，语言简洁，思路清晰，实例丰富，可以作为初学者的学习教材，也可作为技术人员的参考工具书。

本书由华东交通大学教材基金资助，主要由华东交通大学机电学院的槐创锋、周生通两位老师主编，华东交通大学机电学院的黄志刚、许玢、沈晓玲、贾雪艳几位老师也参与部分章节的编写，其中，槐创锋编写了第 1 ~5 章，周生通编写了第 6 ~8 章，黄志刚编写了第 9 ~10 章，许玢编写了第 11 ~12 章，沈晓玲编写了第 13 ~14 章，贾雪艳编写了第 15 章。另外，朱爱华、涂嘉、林凤涛、李津、钟礼东、胡仁喜、刘昌丽、王培合、康士廷、李兵、王玉秋、张俊生、王义发、王佩楷、王艳池、杨雪静、路纯红、孟培、李亚莉、闫聪聪等也在图书编写过程中做了大量的工作，保证了书稿内容系统、全面和实用，在此向他们表示感谢！

由于编者的水平有限，书中纰漏在所难免，恳请广大师生、读者不吝赐教，可登录网站 www. sjzswsw. com 或联系 win760520@ 126. com，也欢迎加入三维书屋图书学习交流群 QQ：597056765 交流探讨。

编　者

# 目　录

# 第 1 章

# AutoCAD 2018 入门

本章学习 AutoCAD 2018 绘图的基本知识。了解如何设置图形的系统参数、样板图，熟悉创建新的图形文件、打开已有文件的方法等，为进入系统学习准备必要的前提知识。

- 操作环境
- 设置绘图环境
- 文件管理
- 基本输入操作

# 1.1 操作环境简介

操作环境是指一些涉及软件的最基本的界面和参数。本节将简要介绍和本软件相关的操作界面、绘图系统设置等。

AutoCAD 的操作界面是 AutoCAD 显示、编辑图形的区域。图 1-1 所示为起动 AutoCAD 2018 后的默认界面，这个界面是 AutoCAD 2009 以后延用至今界面风格。

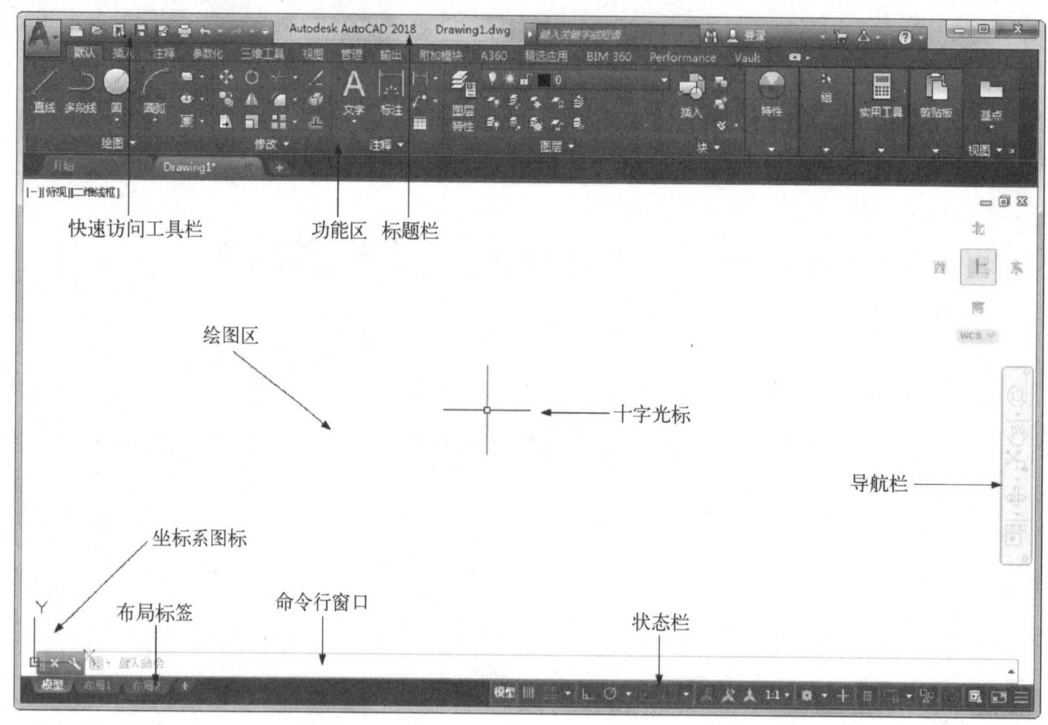


图 1-1　AutoCAD 2018 中文版操作界面

**注意**

安装 AutoCAD 2018 后，在绘图区中单击右键，打开快捷菜单，如图 1-2 所示，选择“选项”命令，打开“选项”对话框，选择“显示”选项卡，将“窗口元素”中的“配色方案”设置为“明”，如图 1-3 所示，单击“确定”按钮，退出对话框，其操作界面如图 1-1 所示。

在 AutoCAD 2018 中文版操作界面的最上端是标题栏。在标题栏中显示了系统当前正在运行的应用程序（AutoCAD 2018）和用户正在使用的图形文件。第一次起动 AutoCAD 2018 时，会自动创建并打开图形文件“Drawing1. dwg”。

## 1.1.1 菜单栏

单击“快速访问”工具栏右侧的▾，在下拉菜单中选择“显示菜单栏”选项，如图 1-4

所示，调出的菜单栏如图 1-5 所示。同 Windows 程序一样，AutoCAD 2018 的菜单也是下拉形式的，并在菜单中包含子菜单，如图 1-6 所示。执行菜单命令是执行各种操作的途径之一。

图 1-2 快捷菜单

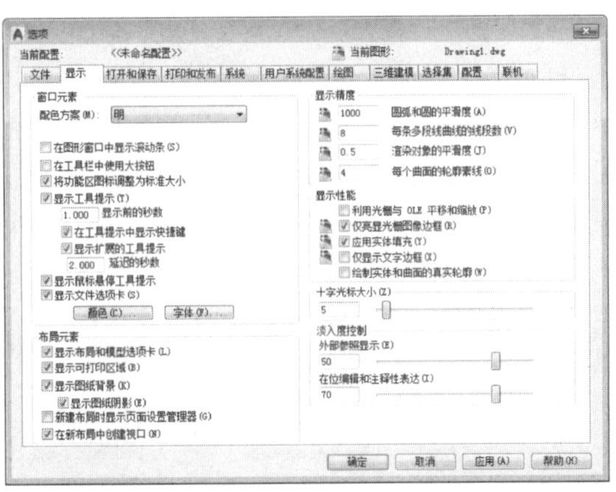

图 1-3 “选项”对话框

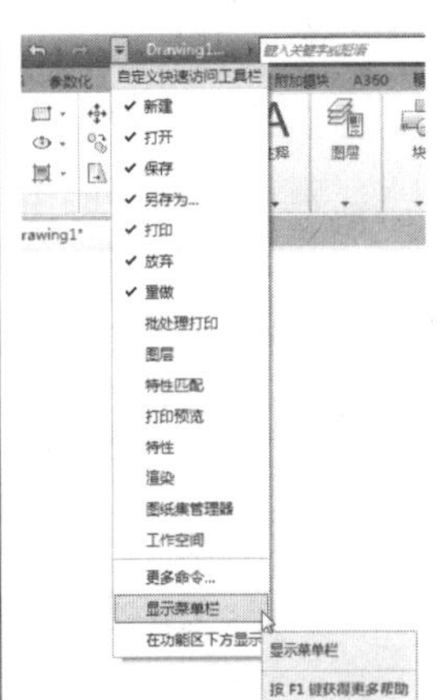

图 1-4 调出菜单栏

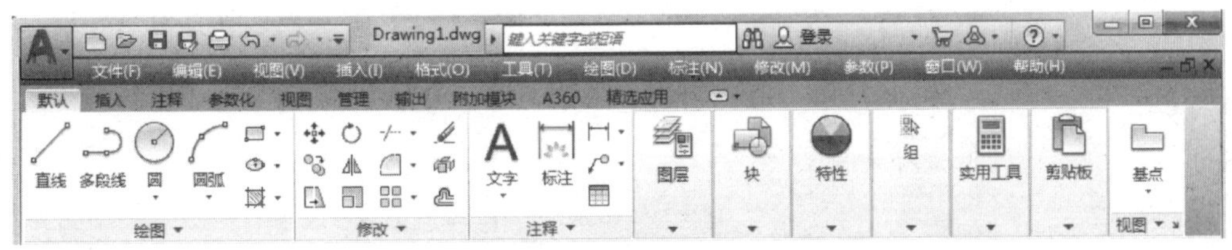

图 1-5 菜单栏显示界面

一般来讲，AutoCAD 2018 中的菜单命令有以下 3 种类型。

（1）右边带有小三角形的菜单命令，表示该菜单后面带有子菜单，将光标放在上面会弹出它的子菜单，如图 1-6 所示。

（2）激活相应对话框的菜单命令。这种类型的命令后面带有省略号。例如，选择菜单栏中的“格式”→“文字样式（S）”命令，如图 1-7 所示，就会打开对应的“文字样式”对话框，如图 1-8 所示。

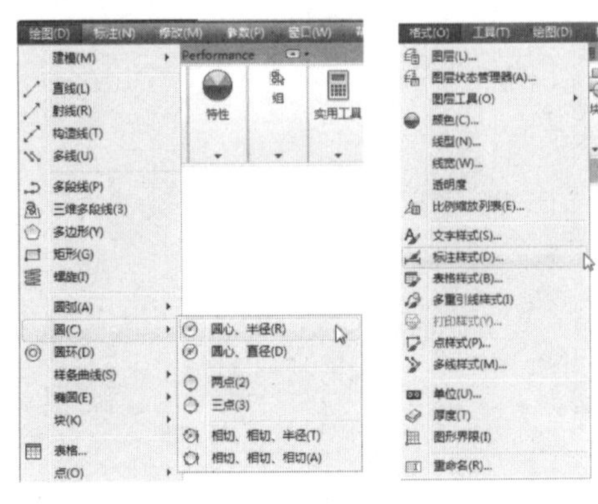

图 1-6 下拉子菜单

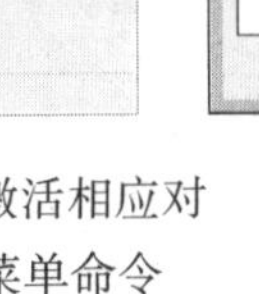

图 1-7 激活相应对话框的菜单命令

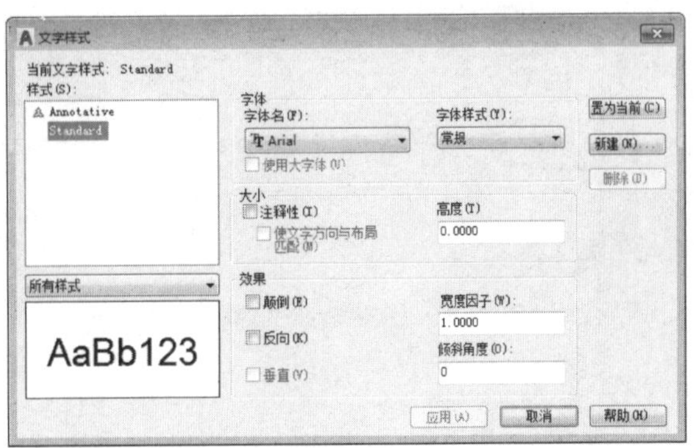

图 1-8 “文字样式”对话框

（3）直接操作的菜单命令。选择这种类型的命令将直接进行相应的绘图或其他操作。例如，选择菜单栏中的“视图”→“重画”命令，系统将直接对屏幕图形进行重画。

## 1.1.2 工具栏

工具栏是一组按钮工具的集合，选择菜单栏中的“工具”→“工具栏”→“AutoCAD”命令，调出所需要的工具栏，如图1-9所示。单击某一个未在界面显示的工具栏名，系统自动在界面中打开该工具栏。反之，则关闭工具栏。把光标移动到某个按钮上，稍停片刻即在该按钮的一侧显示相应的功能提示，同时在状态栏中显示对应的说明和命令名，此时，单击按钮就可以起动相应的命令了。

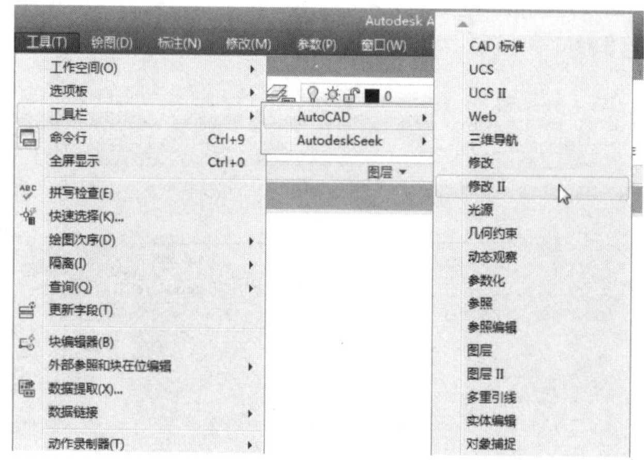


图1-9 调出工具栏

工具栏可以在绘图区“浮动”显示，如图1-10所示，此时显示该工具栏标题，并可关闭该工具栏。可以拖动“浮动”工具栏到绘图区边界，使它变为“固定”工具栏，此时该工具栏标题隐藏。也可以把“固定”工具栏拖出，使它成为“浮动”工具栏。

有些工具栏按钮的右下角带有一个小三角，单击会打开相应的工具栏，将光标移动到某一按钮上并单击，该按钮就变为当前显示的按钮。单击当前显示的按钮，即可执行相应的命令，如图1-11所示。

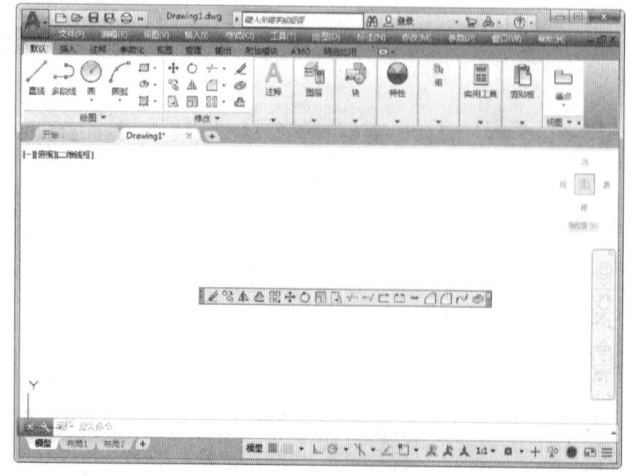

图1-10 “浮动”工具栏

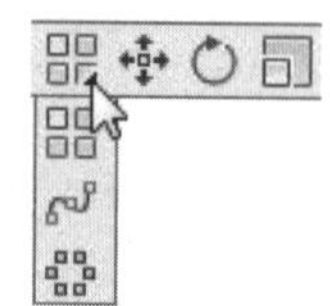

图1-11 打开工具栏

### 1.1.3 绘图区

绘图区是显示、绘制和编辑图形的矩形区域。左下角是坐标系图标，表示当前使用的坐标系和坐标方向，用户可以根据工作需要打开或关闭该图标。十字光标由鼠标控制，其交叉点的坐标值显示在状态栏中。

**1. 改变绘图窗口的颜色**

（1）选择菜单栏中的“工具”→“选项”命令，弹出“选项”对话框。

（2）单击“显示”选项卡，如图 1-12 所示。

（3）单击“窗口元素”中的“颜色”按钮，打开如图 1-13 所示的“图形窗口颜色”对话框。

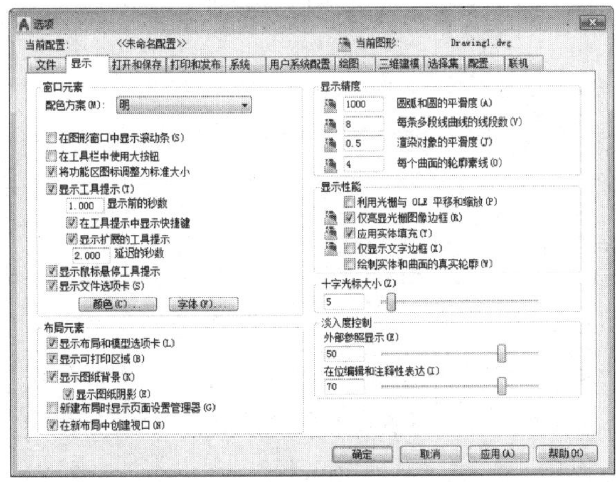


图 1-12 “选项”对话框中的“显示”选项卡

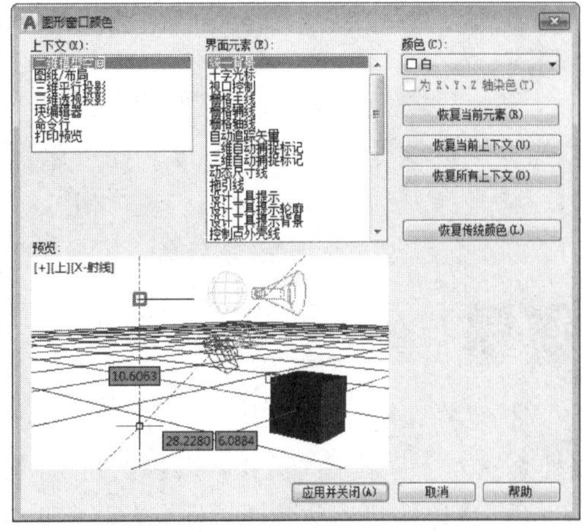


图 1-13 “图形窗口颜色”对话框

（4）从“颜色”下拉列表框中选择某种颜色，如白色，单击“应用并关闭”按钮，即可将绘图窗口改为白色。

**2. 改变十字光标的大小**

在如图 1-12 所示的“显示”选项卡中拖动“十字光标大小”中的滑块，或直接在文本框中输入数值，即可对十字光标的大小进行调整。

**3. 设置自动保存时间和位置**

（1）打开“选项”对话框中的“打开和保存”选项卡，如图 1-14 所示。

（2）选中“文件安全措施”中的“自动保存”复选框，在其下方的文本框中输入自动保存的间隔分钟数。建议设置为 10 ~ 30 min。

（3）在“文件安全措施”中的“临时文件的扩展名”文本框中，可以改变临时文件的扩展名。默认为 ac $ 。

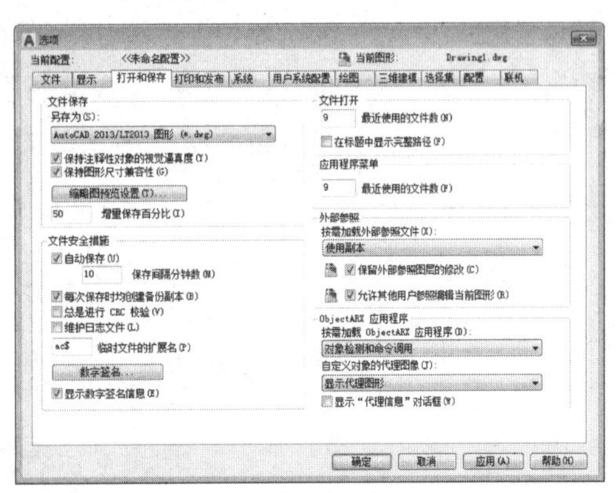


图 1-14 “选项”对话框中的“打开和保存”选项卡

（4）打开“文件”选项卡，在“自

动保存文件”中设置自动保存文件的路径，单击“浏览”按钮修改自动保存文件的存储位置，单击“确定”按钮。

**4. “模型”与“布局”标签**

在绘图窗口左下角有“模型”标签和“布局”标签，可以实现模型空间与布局空间之间的转换。模型空间提供了设计模型（绘图）的环境。布局空间是指可访问的图样显示，专用于打印。AutoCAD 2018 可以在一个布局上建立多个视图，同时，一张图样可以建立多个布局且每一个布局都有相对独立的打印设置。

### 1.1.4 命令行

命令行位于操作界面的底部，是用户与 AutoCAD 进行交互对话的窗口。在“命令:”提示下，AutoCAD 接受用户使用各种方式输入的命令，然后显示出相应的提示，如命令选项、提示信息和错误信息等。

命令行中显示文本的行数可以改变，将光标移至命令行上边框处，光标变为双箭头后，按住左键拖动即可。命令行的位置可以在操作界面的上方或下方，也可以浮动在绘图窗口内。将光标移至命令行窗口左边框处，光标变为箭头，按住鼠标左键并拖动即可。使用〈F2〉功能键能放大显示命令行。

### 1.1.5 状态栏

状态栏在屏幕的底部，依次有“坐标”“模型空间”“栅格”“捕捉模式”“推断约束”“动态输入”“正交模式”“极轴追踪”“等轴测草图”“对象捕捉追踪”“二维对象捕捉”“线宽”“透明度”“选择循环”“三维对象捕捉”“动态 UCS”“选择过滤”“小控件”“注释可见性”“自动缩放”“注释比例”“切换工作空间”“注释监视器”“单位”“快捷特性”“锁定用户界面”“隔离对象”“硬件加速”“全屏显示”“自定义”30 个功能按钮。单击部分开关按钮，可以切换这些功能按钮的打开与关闭。通过部分按钮也可以控制图形或绘图区的状态。

**注意**

> 默认情况下，不会显示所有工具，可以单击状态栏最右侧的按钮，在下拉菜单中选择要从“自定义”菜单显示的工具。状态栏上显示的工具可能会发生变化，具体取决于当前的工作空间以及当前显示的是“模型”选项卡还是“布局”选项卡。

下面对状态栏中的按钮做简单介绍，如图 1-15 所示。

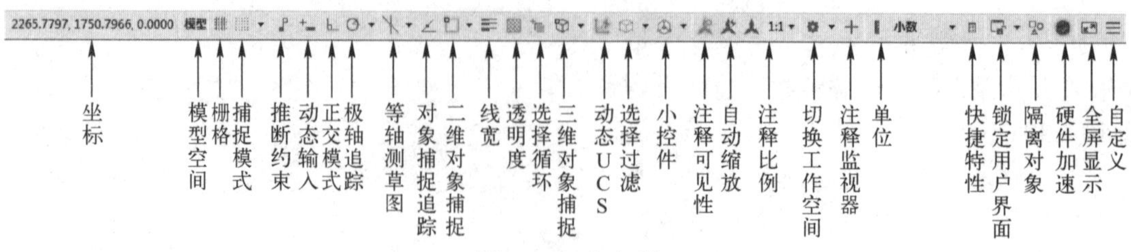


图 1-15　状态栏

（1）坐标：显示工作区鼠标放置点的坐标。

（2）模型空间：在模型空间与布局空间之间进行转换。

（3）栅格：栅格是覆盖整个坐标系（UCS）*XY* 平面的由直线或点组成的矩形图案。使用栅格类似于在图形下放置一张坐标纸。利用栅格可以对齐对象并直观显示对象之间的距离。

（4）捕捉模式：对象捕捉对于在对象上指定精确位置非常重要。不论何时提示输入点，都可以指定对象捕捉。默认情况下，当光标移到对象的对象捕捉位置时，将显示标记和工具提示。

（5）推断约束：自动在正在创建或编辑的对象与对象捕捉的关联对象或点之间应用约束。

（6）动态输入：在光标附近显示出一个提示框（称之为工具提示），工具提示中显示出对应的命令提示和光标的当前坐标值。

（7）正交模式：将光标限制在水平或垂直方向上移动，以便于精确地创建和修改对象。当创建或移动对象时，可以使用正交模式将光标限制在相对于用户坐标系（UCS）的水平或垂直方向上。

（8）极轴追踪：使用极轴追踪，光标将按指定角度进行移动。创建或修改对象时，可以使用极轴追踪来显示由指定的极轴角度所定义的临时对齐路径。

（9）等轴测草图：通过设定“等轴测捕捉/栅格”，可以很容易地沿三个等轴测平面之一对齐对象。尽管等轴测图形看似三维图形，但它实际上是由二维图形表示的。因此不能提取三维距离和面积，也不能从不同视点显示对象或自动消除隐藏线。

（10）对象捕捉追踪：使用对象捕捉追踪，可以沿着基于对象捕捉点的对齐路径进行追踪。已获取的点将显示一个小加号（+），一次最多可以获取 7 个追踪点。获取点之后，在绘图路径上移动光标，将显示相对于获取点的水平、垂直或极轴对齐路径。例如，可以基于对象端点、中点或者对象的交点，沿着某个路径选择一点。

（11）二维对象捕捉：使用对象捕捉设置（也称为对象捕捉），可以在对象上的精确位置指定捕捉点。选择多个选项后，将应用选定的捕捉模式，以返回距离靶框中心最近的点。按〈Tab〉键可以在这些选项之间循环。

（12）线宽：分别显示对象所在图层中设置的不同宽度，而不是统一线宽。

（13）透明度：使用该命令，调整绘图对象显示的明暗程度。

（14）选择循环：当一个对象与其他对象彼此接近或重叠时，准确地选择某一个对象是很困难的，单击“选择循环”按钮，弹出“选择集”列表框，里面列出了鼠标单击处周围的图形，然后在列表中选择所需的对象。

（15）三维对象捕捉：三维中的对象捕捉与二维中的对象捕捉类似，不同之处在于在三维中可以投影对象捕捉。

（16）动态 UCS：在创建对象时使 UCS 的 *XY* 平面自动与实体模型上的平面临时对齐。

（17）选择过滤：根据对象特性或对象类型对选择集进行过滤。当按下图标后，只选择满足指定条件的对象，其他对象将被排除在选择集之外。

（18）小控件：帮助用户沿三维轴或平面移动、旋转或缩放一组对象。

（19）注释可见性：当图标亮显时表示显示所有比例的注释性对象；当图标变暗时表示

仅显示当前比例的注释性对象。

（20）自动缩放：注释比例更改时，自动将比例添加到注释对象。

（21）注释比例：单击注释比例右下角的小三角符号，弹出注释比例列表，如图1-16所示，可以根据需要选择适当的注释比例。

（22）切换工作空间：进行工作空间转换。

（23）注释监视器：打开仅用于所有事件或模型文档事件的注释监视器。

（24）单位：指定线性和角度单位的格式和小数位数。

（25）快捷特性：控制快捷特性面板的使用与禁用。

（26）锁定用户界面：按下该按钮，锁定工具栏、面板和可固定窗口的位置和大小。

（27）隔离对象：当选择隔离对象时，在当前视图中显示选定对象，所有其他对象都暂时隐藏；当选择隐藏对象时，在当前视图中暂时隐藏选定对象，所有其他对象都可见。

（28）硬件加速：设置图形卡的驱动程序以及设置硬件加速的选项。

（29）全屏显示：该选项可以清除 Windows 窗口中的标题栏、功能区和选项板等界面元素，使 AutoCAD 的绘图窗口全屏显示，如图1-17所示。

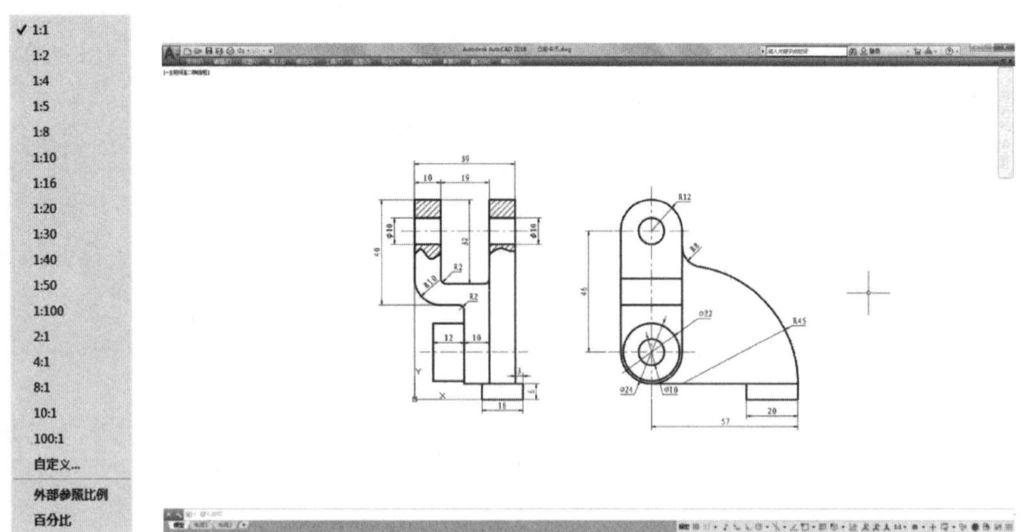


图1-16　注释比例列表　　　　图1-17　全屏显示绘图窗口

（30）自定义：状态栏可以提供重要信息，而无需中断工作流。使用 MODEMACRO 系统变量，可将应用程序所能识别的大多数数据显示在状态栏中。使用该系统变量的计算、判断和编辑功能，可以完全按照用户的要求构造状态栏。

## 1.1.6 “快速访问”工具栏和交互信息工具栏

### 1. “快速访问”工具栏

该工具栏包括“新建”“打开”“保存”“另存为”“打印”“放弃”“重做”和“工作空间”等常用工具。用户也可以单击该工具栏右侧的下拉按钮设置需要的常用工具。

### 2. 交互信息工具栏

该工具栏包括“搜索”“Autodesk A360”“Autodesk Exchange 应用程序”“保持连接”

和“帮助”等常用的数据交互访问工具。

### 1.1.7 功能区

在默认情况下，功能区包括“默认”选项卡、“插入”选项卡、“注释”选项卡、“参数化”选项卡、“视图”选项卡、“管理”选项卡、“输出”选项卡、“附加模块”选项卡、“A360”选项卡及“精选应用”选项卡，如图 1-18 所示。每个选项卡都集成了相关的操作工具，方便了用户的使用。用户可以单击功能区选项右面的按钮控制功能的展开与收缩。

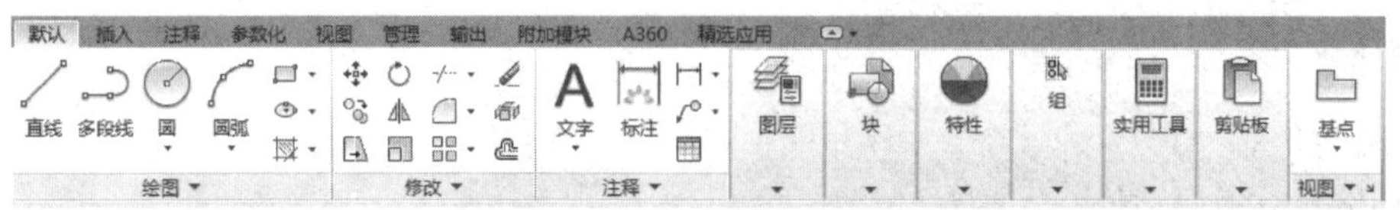


图 1-18　默认的选项卡

（1）设置选项卡。将光标放在面板中任意位置处，单击鼠标右键，打开如图 1-19 所示的快捷菜单。用鼠标左键单击某一个未在功能区显示的选项卡名，系统自动在功能区打开该选项卡；反之，则关闭选项卡（调出面板的方法与调出选项卡的方法类似，这里不再赘述）。

（2）选项卡中面板的“固定”与“浮动”。面板可以在绘图区“浮动”，如图 1-20 所示。将鼠标放到浮动面板的右上角位置处，显示“将面板返回到功能区”的提示，如图 1-21 所示。鼠标左键单击此处，使它变为“固定”面板，也可以把“固定”面板拖出，使它成为“浮动”面板。

图 1-19　快捷菜单　　图 1-20　“浮动”面板　　图 1-21　“固定”面板

## 1.2　显示控制

改变视图最基本的方法就是利用“缩放”和“平移”命令。用它们可以在绘图区放大或缩小图像显示，或改变图形位置。

### 1.2.1 缩放

**1. 实时缩放**

AutoCAD 2018 为交互式的缩放和平移提供了可能。利用实时缩放，用户就可以通过垂直向上或向下移动鼠标的方式来放大或缩小图形。利用实时平移，能通过单击或移动鼠标重新放置图形。

【执行方式】

- 命令行：ZOOM。
- 菜单栏：选择菜单栏中的“视图”→“缩放”→“实时”命令。
- 工具栏：单击“标准”工具栏中的“实时缩放”按钮。
- 功能区：单击“视图”选项卡“导航”面板中的“范围”下拉菜单中的“实时”按钮。

【操作步骤】

命令行提示与操作如下：

```
命令：ZOOM
指定窗口的角点，输入比例因子（nX 或 nXP），或者[全部(A)/中心(C)/动态(D)/范围(E)/上一个(P)/比例(S)/窗口(W)/对象(O)] <实时>：
```

**2. 动态缩放**

如果执行“快速缩放”命令，就可以用动态缩放功能改变图形显示而不产生重新生成的效果。动态缩放会在当前视区中显示图形的全部。

【执行方式】

- 命令行：ZOOM。
- 菜单栏：选择菜单栏中的“视图”→“缩放”→“动态”命令。
- 工具栏：单击“标准”工具栏中的“缩放”下拉工具栏中的“动态缩放”按钮，如图1-22所示。或单击“缩放”工具栏中的“动态缩放”按钮，如图1-23所示。

图1-22 “缩放”下拉工具栏

图1-23 “缩放”工具栏

- 功能区：单击“视图”选项卡“导航”面板中的“范围”下拉菜单中的“动态”按钮。

【操作步骤】

命令行提示与操作如下：

```
命令：ZOOM↙
指定窗口角点，输入比例因子（nX 或 nXP），或[全部(A)/中心点(C)/动态(D)/范围(E)/上一个(P)/比例(S)/窗口(W)] <实时>：D↙
```

执行上述命令后，系统弹出一个图框。选择动态缩放前图形区呈绿色的点线框，如果要动态缩放的图形显示范围与选择的动态缩放前的范围相同，则此绿色点线框与白线框重合而不可见。重生成区域的四周有一个蓝色虚线框，用以标记虚拟图样，此时，如果线框中有一个“×”出现，就可以拖动线框，把它平移到另外一个区域。如果要放大图形到不同的放大倍数，单击，“×”就会变成一个箭头，这时左右拖动边界线就可以重新确定视区的大小。

另外，“缩放”命令还有“窗口缩放”“比例缩放”“放大”“缩小”“中心缩放”“全部缩放”“对象缩放”“缩放上一个”和“最大图形范围缩放”等选项，其操作方法与动态缩放类似，此处不再赘述。

### 1.2.2 平移

**1. 实时平移**

**【执行方式】**

- 命令行：PAN。
- 菜单栏：选择菜单栏中的“视图”→“平移”→“实时”命令。
- 工具栏：单击“标准”工具栏中的“实时平移”。
- 功能区：单击“视图”选项卡“导航”面板中的“平移”按钮。

**【操作步骤】**

执行上述操作后，光标变为形状，按住鼠标左键移动手形光标就可以平移图形了。当移动到图形的边沿时，光标就变为形状。

另外，在 AutoCAD 2018 中，为显示控制命令设置了一个快捷菜单，如图 1-24 所示。通过该菜单，用户可以在显示命令执行的过程中，透明地进行切换。

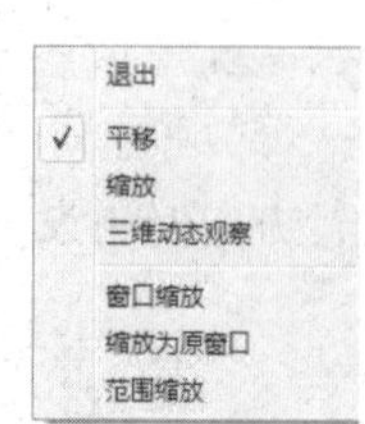


图 1-24 快捷菜单

**2. 定点平移**

除了最常用的“实时平移”命令外，也常用到“定点平移”命令。

**【执行方式】**

- 命令行：-PAN。

**【操作步骤】**

命令行提示与操作如下：

```
命令：-pan↙
指定基点或位移：指定基点位置或输入位移值
指定第二点：指定第二点确定位移和方向
```

执行上述命令后，当前图形按指定的位移和方向进行平移。

## 1.3 设置绘图环境

AutoCAD 2018 的绘图环境可以在系统起动时设置，也可以单独设置某些参数。

### 1.3.1 设置图形单位

**【执行方式】**

- 命令行：DDUNITS 或 UNITS（快捷命令：UN）。

● 菜单栏：选择菜单中的“格式”→“单位”命令。

【操作步骤】

执行上述命令后，系统打开“图形单位”对话框，如图1-25所示。

【选项说明】

（1）“长度”与“角度”选项组：指定测量的长度与角度的类型及精度。

（2）“插入时的缩放单位”选项组：控制插入到当前图形中的块和图形的测量单位。如果块或图形创建时使用的单位与该选项指定的单位不同，则在插入这些块或图形时，将对其按比例进行缩放。插入比例是原块或图形使用的单位与目标图形使用的单位之比。如果插入块时不按指定单位缩放，则在下拉列表框中选择“无单位”选项。

（3）“输出样例”选项组：显示用当前单位和角度设置的例子。

（4）“光源”选项组：控制当前图形中光度控制光源的强度测量单位。为创建和使用光度控制光源，必须从下拉列表框中指定非“常规”的单位。如果“插入时的缩放单位”设置为“无单位”，则将显示警告信息，通知用户渲染输出可能不正确。

（5）“方向”按钮：单击该按钮，系统打开“方向控制”对话框，如图1-26所示，可进行方向控制设置。

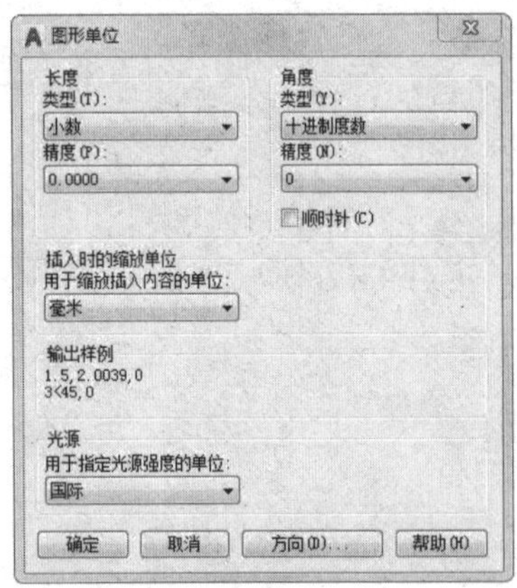


图1-25 “图形单位”对话框

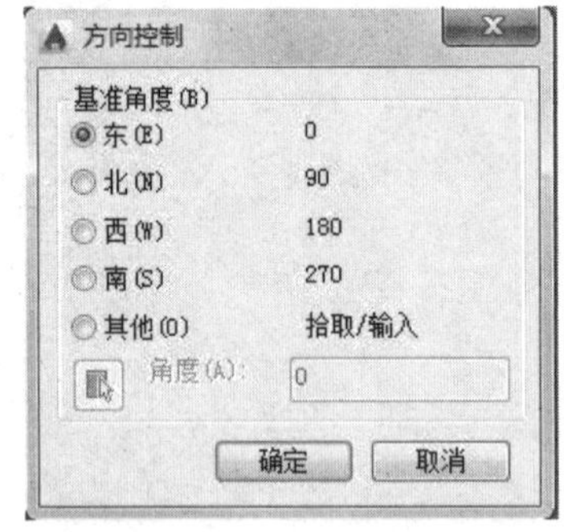


图1-26 “方向控制”对话框

## 1.3.2 设置图形界限

【执行方式】

● 命令行：LIMITS。

【操作步骤】

命令行提示与操作如下：

命令：LIMITS↙
重新设置模型空间界限：
指定左下角点或［开(ON)/关(OFF)］<0.0000,0.0000>：输入图形界限左下角的坐标，按〈Enter〉键
指定右上角点 <12.0000,9.0000>：输入图形界限右上角的坐标，按〈Enter〉键

【选项说明】

（1）开（ON）：使图形界限有效。用户在图形界限以外拾取的点将视为无效。

（2）关（OFF）：使图形界限无效。用户可以在图形界限以外拾取点或实体。

（3）动态输入角点坐标：可以直接在绘图区的动态文本框中输入角点坐标，输入了横坐标值后，按〈,〉键，接着输入纵坐标值，如图 1-27 所示；也可以按光标位置直接单击，确定角点位置。

图 1-27　动态输入

# 1.4　配置绘图系统

每台计算机所使用的显示器、输入设备和输出设备的类型不同，用户喜好的风格及计算机的目录设置也不同。一般来讲，使用 AutoCAD 2018 的默认配置就可以绘图，但为了使用定点设备或打印机，以及提高绘图的效率，推荐用户在开始作图前先进行必要的配置。

【执行方式】

- 命令行：preferences。
- 快捷菜单：在绘图区右击，系统打开快捷菜单，如图 1-28 所示，选择“选项”命令。

【操作步骤】

执行上述命令后，系统打开“选项”对话框。用户可以在该对话框中设置有关选项，对绘图系统进行配置。下面就其中主要的两个选项卡进行说明，其他配置选项则在后面用到时再具体说明。

【选项说明】

（1）系统配置：“选项”对话框中的第 5 个选项卡为“系统”选项卡，如图 1-29 所示。该选项卡用来设置 AutoCAD 系统的有关特性。其中“常规选项”选项组确定是否选择系统配置的有关基本选项。

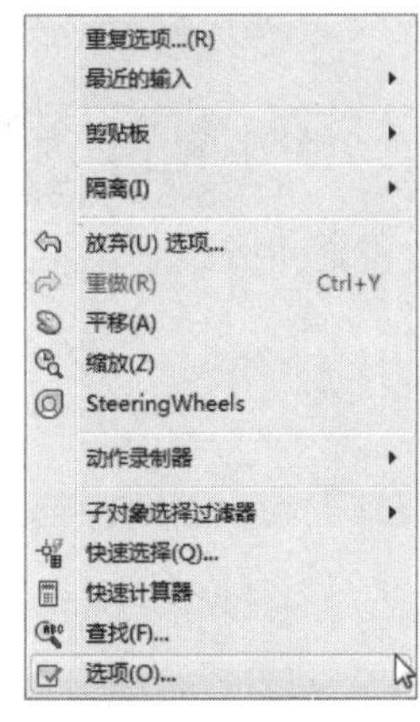


图 1-28　快捷菜单

图 1-29　“系统”选项卡

（2）显示配置：“选项”对话框中的第2个选项卡为“显示”选项卡，该选项卡用于控制AutoCAD系统的外观，如图1-30所示。该选项卡设置滚动条显示与否、界面菜单显示与否、绘图区颜色、光标大小、AutoCAD的版面布局设置和各实体的显示精度等。

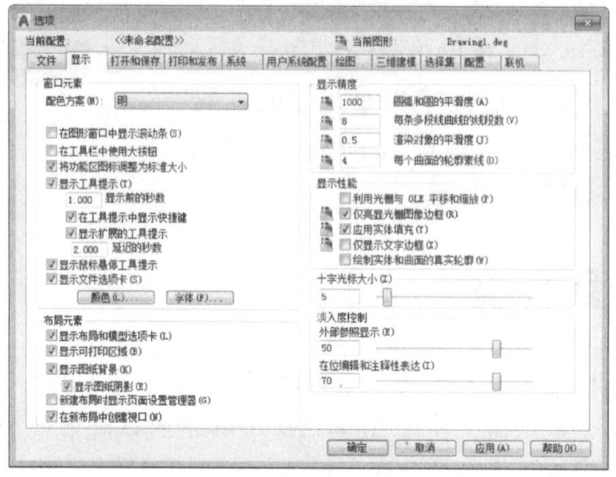


图1-30 “显示”选项卡

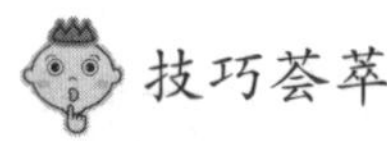

技巧荟萃

设置实体显示精度时，请务必记住，显示质量越高，即精度越高，计算机计算的时间越长，建议不要将精度设置得太高，将显示质量设置在一个合理的程度即可。

## 1.5 文件管理

本节介绍有关文件管理的一些基本操作方法，包括新建文件、打开已有文件、保存文件等，这些都是进行AutoCAD 2018操作最基础的知识。

**1. 新建文件**

**【执行方式】**

- 命令行：NEW。
- 工具栏：单击“快速访问”工具栏中的“新建”按钮。
- 主菜单：单击主菜单，选择主菜单下的“新建”命令。
- 菜单栏：选择菜单栏中的“文件”→“新建”命令。
- 快捷键：〈Ctrl+N〉。

执行上述操作后，系统打开如图1-31所示的“选择样板”对话框。

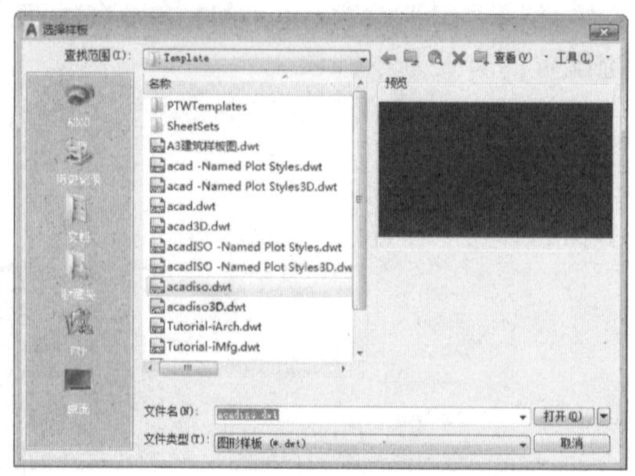


图1-31 “选择样板”对话框

另外还有一种快速创建图形的方法。命令行提示如下：

命令行:QNEW↙

执行上述命令后，系统立即从所选的图形样板中创建新图形，而不显示任何对话框或提示。

在运行快速创建图形功能之前必须进行如下设置。

(1) 在命令行输入“FILEDIA”，按〈Enter〉键，设置系统变量为1；在命令行输入“STARTUP”，设置系统变量为0。

(2) 在绘图区右击，系统打开快捷菜单，选择“选项”命令，在“选项”对话框中选择默认图形样板文件。具体方法是：在“文件”选项卡中单击“样板设置”前面的“+”，在展开的选项列表中选择“快速新建的默认样板文件名”选项，如图1-32所示。单击“浏览”按钮，打开“选择文件”对话框，然后选择需要的样板文件即可。

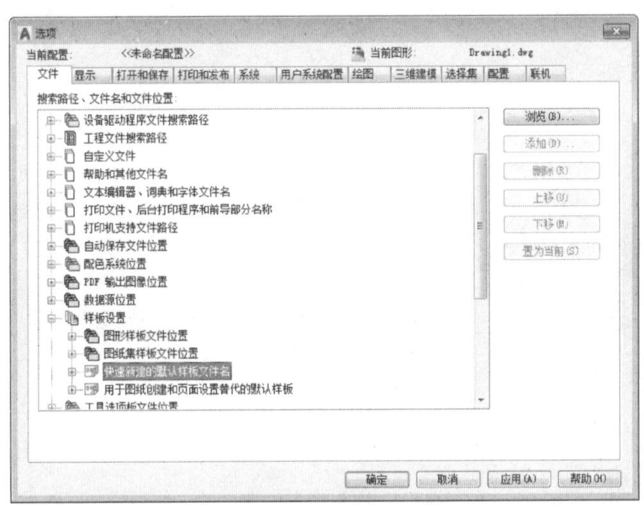


图1-32 “文件”选项卡

**2. 打开文件**

**【执行方式】**

- 命令行：OPEN。
- 工具栏：单击“快速访问”工具栏中的“打开”按钮。
- 主菜单：单击主菜单下的“打开”命令。
- 菜单栏：选择菜单栏中的“文件”→“打开”命令。
- 快捷键：〈Ctrl+O〉。

执行上述操作后，打开“选择文件”对话框，如图1-33所示。在“文件类型”下拉列表框中，用户可选.dwg文件、.dwt文件、.dxf文件和.dws文件。.dws文件是包含标准图层、标注样式、线型和文字样式的样板文件；.dxf文件是用文本形式存储的图形文件，能够被其他程序读取，许多第三方应用软件都支持.dxf格式；.dwg文件是普通的样板文件；.dwt文件是标准的样板文件，通常将一些规定的标准性的样板文件设成.dwt格式。

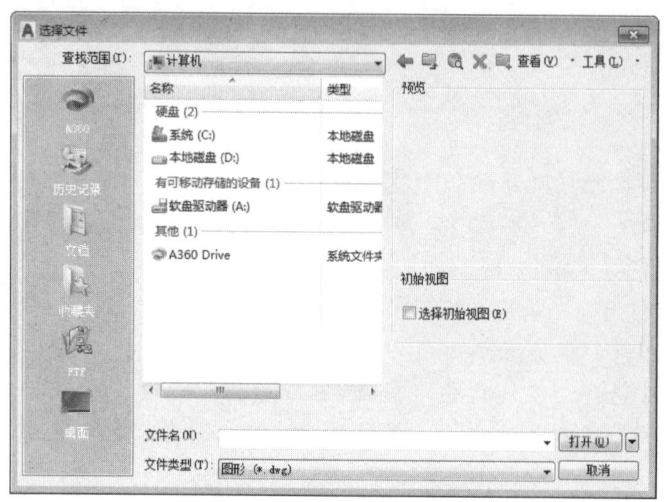

图 1-33 “选择文件”对话框

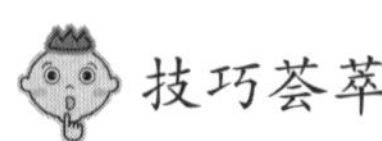

技巧荟萃

有时在打开 .dwg 文件时，系统会打开一个信息提示对话框，提示用户图形文件不能打开，在这种情况下先退出打开操作，在命令行中输入“recover”，接着在“选择文件”对话框中输入要恢复的文件名，确认后系统开始执行恢复文件操作。

3. 保存文件

【执行方式】

- 命令行：QSAVE（或 SAVE）。
- 工具栏：单击“快速访问”工具栏中的“保存”按钮。
- 主菜单：单击主菜单下的“保存”命令。
- 菜单栏：选择菜单栏中的“文件”→“保存”命令。
- 快捷键：〈Ctrl + S〉。

执行上述操作后，若文件已命名，则系统自动保存文件，若文件未命名（即为默认名 drawing1. dwg），则系统打开“图形另存为”对话框，如图 1-34 所示，用户可以重新命名文件并保存。在“保存于”下拉列表框中指定保存文件的路径，在“文件类型”下拉列表框中指定保存文件的类型。

为了防止因意外操作或计算机系统故障导致正在绘制的图形文件丢失，可以对当前图形文件设置自动保存，其操作方法如下。

（1）在命令行输入“SAVEFILEPATH”，按〈Enter〉键，设置所有自动保存文件的位置，如“D:\HU\”。

（2）在命令行输入“SAVEFILE”，按〈Enter〉键，设置自动保存文件的文件名。该系统变量存储的文件名文件是只读文件，用户可以从中查询自动保存的文件名。

（3）在命令行输入“SAVETIME”，按〈Enter〉键，指定在使用自动保存时，多长时间保存一次图形，单位是“分”。

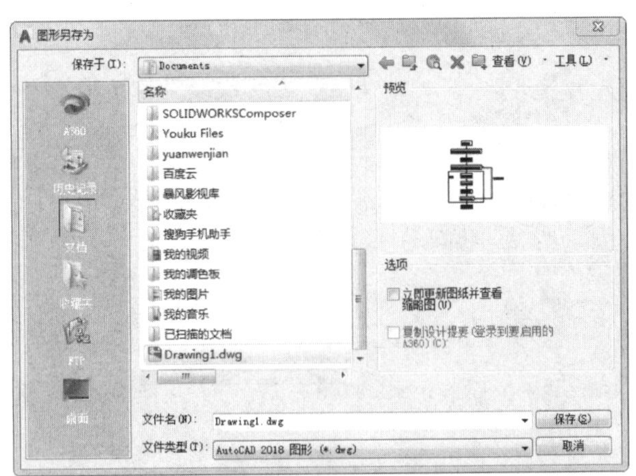

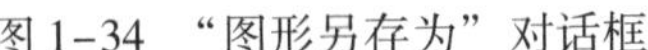
图 1-34 “图形另存为”对话框

#### 4. 另存文件

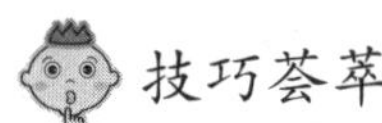
【执行方式】

- 命令行：SAVEAS。
- 工具栏：单击“快速访问”工具栏中的“另存为”按钮。
- 主菜单：单击主菜单下的“另存为”命令。
- 菜单栏：选择菜单栏中的“文件”→“另存为”命令。

执行上述操作后，打开“图形另存为”对话框，如图 1-34 所示，系统用新的文件名保存，并为当前图形更名。

技巧荟萃

系统打开“选择样板”对话框，在“文件类型”下拉列表框中有 4 种格式供选择，扩展名分别是 . dwt、. dwg、. dws 和 . dxf。

#### 5. 退出

【执行方式】

- 命令行：QUIT 或 EXIT。
- 主菜单：单击主菜单下的“关闭”命令。
- 菜单栏：选择菜单栏中的“文件”→“关闭”命令。
- 按钮：单击 AutoCAD 操作界面右上角的“关闭”按钮。

执行上述操作后，若用户对图形所做的修改尚未保存，则会打开如图 1-35 所示的系统警告对话框。单击“是”按钮，系统将保存文件，然后退出；单击“否”按钮，系统将不保存文件。若用户对图形所做的修改已经保存，则直接退出。

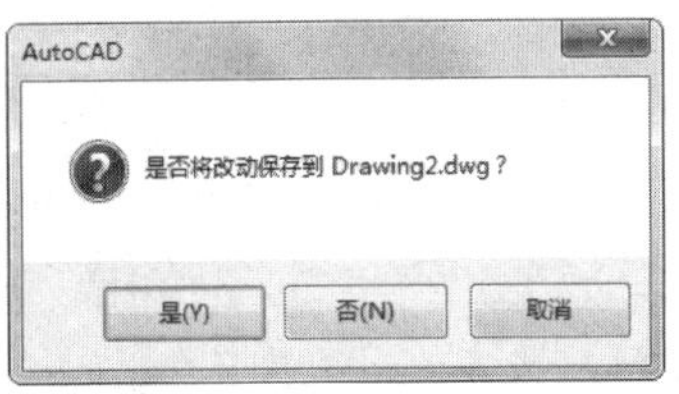

图 1-35 系统警告对话框

# 1.6 基本输入操作

在 AutoCAD 中，有一些基本的输入操作方法，这些基本操作方法是进行 AutoCAD 绘图的必备基础知识，也是深入学习 AutoCAD 功能的前提。

## 1.6.1 命令输入方式

AutoCAD 交互绘图必须输入必要的指令和参数。有多种 AutoCAD 命令输入方式，下面以绘制直线为例进行介绍。

**1. 输入命令**

（1）在命令行输入命令名。命令字符可不区分大小写，例如，命令“LINE”。执行命令时，在命令行提示中经常会出现命令选项。在命令行输入绘制直线命令“LINE”后，命令行中的提示如下：

```
命令：LINE↙
指定第一个点:在绘图区指定一点或输入一个点的坐标
指定下一点或［放弃(U)］:
```

命令行中不带括号的提示为默认选项，如上面的“指定下一点或”，因此可以直接输入直线段的起点坐标或在绘图区指定一点。如果要选择其他选项，则应该首先输入该选项的标识字符，如“放弃”选项的标识字符“U”，然后按系统提示输入数据即可。在命令选项的后面有时还带有尖括号，尖括号内的数值为默认数值。

（2）在命令行输入命令缩写字。如 L（Line）、C（Circle）、A（Arc）、Z（Zoom）、R（Redraw）、M（Move）、CO（Copy）、PL（Pline）、E（Erase）等。

**2. 选取“绘图”菜单中的“直线”选项**

选取该选项后，在状态栏中可以看到对应的命令说明及命令名。

**3. 单击工具栏中的对应按钮**

单击该按钮后，在状态栏中也可以看到对应的命令说明及命令名。

**4. 在绘图区打开快捷菜单**

如果要输入前面刚使用过的命令，可以在绘图区右击，打开快捷菜单，在“最近的输入”子菜单中选择需要的命令，如图 1-36 所示。“最近的输入”子菜单中存储最近使用的几个命令，如果经常重复使用几个以内的命令，这种方法就比较快捷。

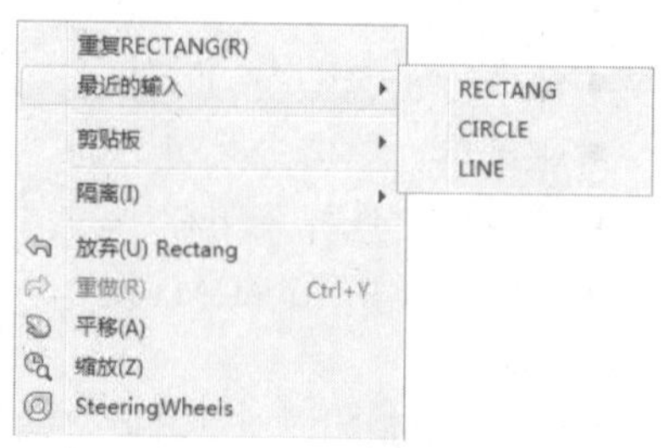


图 1-36　绘图区快捷菜单

**5. 在命令行直接按〈Enter〉键**

如果用户要重复使用上次使用的命令，可以直接在命令行直接按〈Enter〉键，系统立即重复执行上次使用的命令，这种方法适用于重复执行某个命令。

技巧荟萃

在命令行中输入坐标时，请检查此时的输入法是否为英文输入。如果是中文输入法，例如，输入“150，20”，则由于逗号“，”的原因，系统会认定该坐标输入无效。这时，只需将输入法改为英文输入即可。

## 1.6.2 命令的重复、撤销、重做

（1）命令的重复。单击〈Enter〉键，可重复调用上一个命令，不管上一个命令是完成了还是被取消了。

（2）命令的撤销。在命令执行的任何时刻都可以取消和终止命令的执行。

**【执行方式】**

- 命令行：UNDO。
- 菜单栏：选择菜单栏中的“编辑”→“放弃”命令。
- 工具栏：单击“标准”工具栏中的“放弃”按钮，或单击“快速访问”工具栏中的“放弃”按钮。
- 快捷菜单：按〈Esc〉键。

（3）命令的重做。已被撤销的命令要恢复重做，可以恢复撤销的最后一个命令。

**【执行方式】**

- 命令行：REDO。
- 菜单栏：选择菜单栏中的“编辑”→“重做”命令。
- 工具栏：单击“标准”工具栏中的“重做”按钮，或单击“快速访问”工具栏中的“重做”按钮。

该命令可以一次执行多重重做操作。

单击“快速访问”工具栏中的“放弃”按钮或“重做”按钮右面的小三角，可以选择放弃或重做的操作，如图1-37所示。

图1-37 放弃或重做

## 1.6.3 透明命令

在AutoCAD 2018中有些命令不仅可以直接在命令行中使用，还可以在其他命令的执行过程中插入并执行，待该命令执行完毕后，系统继续执行原命令，这种命令称为透明命令。透明命令一般多为修改图形设置或打开辅助绘图工具的命令。

1.6.2节中3种命令的执行方式同样适用于透明命令的执行，例如，在命令行中进行如下操作：

```
命令：ARC↙
指定圆弧的起点或［圆心(C)］:'ZOOM↙透明使用显示缩放命令“ZOOM”
>>执行“ZOOM”命令
正在恢复执行 ARC 命令
指定圆弧的起点或［圆心(C)］：继续执行原命令
```

### 1.6.4 按键定义

在 AutoCAD 2018 中，除了可以通过在命令行输入命令、单击工具栏按钮或选择菜单栏中的命令来完成操作外，还可以通过使用键盘上的一组或单个快捷键快速实现指定功能，如按〈F1〉键，系统调用 AutoCAD 帮助对话框。

系统使用 AutoCAD 传统标准（Windows 之前）或 Microsoft Windows 标准解释快捷键。有些快捷键在 AutoCAD 的菜单中已经给出，如“粘贴”的快捷键为〈Ctrl + V〉，这些只要用户在使用的过程中多加留意，就会熟练掌握。

### 1.6.5 命令执行方式

有的命令有两种执行方式：通过对话框或通过命令行输入命令。如指定使用命令行方式，可以在命令名前加短画线来表示，如“ - LAYER”表示用命令行方式执行“图层”命令。而如果在命令行输入“LAYER”，系统则会打开“图层特性管理器”选项板。

另外，有些命令同时存在命令行和选项卡两种执行方式。如果选择选项卡方式，命令行会显示该命令，并在前面加下画线。例如，通过选项卡方式执行“直线”命令时，命令行会显示“_line”，命令的执行过程与结果与命令行方式相同。

### 1.6.6 坐标系统与数据输入法

**1. 新建坐标系**

AutoCAD 采用两种坐标系：世界坐标系（WCS）与用户坐标系。用户刚进入 AutoCAD 时的坐标系统就是世界坐标系，是固定的坐标系统。世界坐标系是坐标系统中的基准，绘制图形时大多都是在这个坐标系统下进行的。

**【执行方式】**

- 命令行：UCS。
- 菜单栏：选择菜单栏的“工具”→“新建 UCS”子菜单中相应的命令。
- 工具栏：单击“UCS”工具栏中的相应按钮。

AutoCAD 有两种视图显示方式：模型空间和布局空间。模型空间使用单一视图显示，通常使用的都是这种显示方式；布局空间能够在绘图区创建图形的多视图，用户可以对其中每一个视图进行单独操作。在默认情况下，当前 UCS 与 WCS 重合。如图 1-38 所示，图 1-38a 所示为模型空间下的 UCS 坐标系图标，通常在绘图区左下角处；也可以指定其放在当前 UCS 的实际坐标原点位置，如图 1-38b 所示。图 1-38c 所示为布局空间下的坐标系图标。

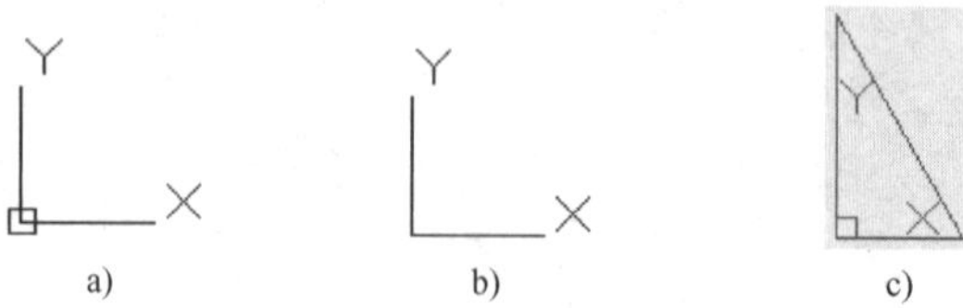


图 1-38　坐标系图标

**2. 数据输入法**

在 AutoCAD 2018 中，点的坐标可以用直角坐标、极坐标、球面坐标和柱面坐标表示，其中直角坐标和极坐标最为常用。每一种坐标又分别具有两种坐标输入方式：绝对坐标和相对坐标。具体输入方法如下。

（1）直角坐标法。用点的 $x$、$y$ 坐标值表示的坐标。

在命令行中输入点的坐标“15,18”，则表示输入了一个 $x$、$y$ 的坐标值分别为 15、18 的点。此为绝对坐标输入方式，表示该点的坐标是相对于当前坐标原点的坐标值，如图 1-39a 所示。如果输入“@10,20”，则为相对坐标输入方式，表示该点的坐标是相对于前一点的坐标值，如图 1-39b 所示。

（2）极坐标法。用长度和角度表示的坐标，只能用来表示二维点的坐标。

在绝对坐标输入方式下，表示为：“长度 < 角度”，如“25 < 50”，其中长度表示该点到坐标原点的距离，角度表示该点到原点的连线与 $X$ 轴正向的夹角，如图 1-39c 所示。

在相对坐标输入方式下，表示为：“@ 长度 < 角度”，如“@25 < 45”，其中长度为该点到前一点的距离，角度为该点至前一点的连线与 $X$ 轴正向的夹角，如图 1-39d 所示。

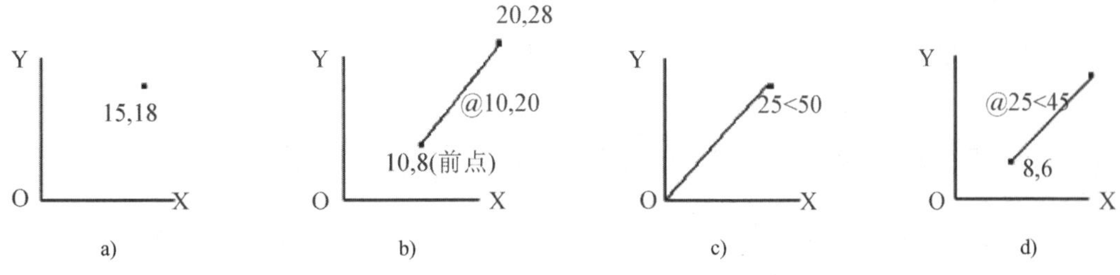


图 1-39　数据输入方法

（3）动态数据输入。按下状态栏中的“动态输入”按钮，系统打开动态输入功能，可以在绘图区动态地输入某些参数数据。例如，绘制直线时，在光标附近会动态地显示“指定第一个角点或”，以及后面的坐标框。当前坐标框中显示的是目前光标所在位置，可以输入数据，两个数据之间以逗号隔开，如图 1-40 所示。指定第一点后，系统动态显示直线的角度，同时要求输入线段长度值，如图 1-41 所示，其输入效果与“@ 长度 < 角度”方式相同。

图 1-40　动态输入坐标值　　　　图 1-41　动态输入长度值

下面分别介绍点与距离值的输入方法。

（1）点的输入。在绘图过程中，常需要输入点以确定点的位置，AutoCAD 提供了如下几种输入点的方式。

1）用键盘直接在命令行输入点的坐标。直角坐标有两种输入方式：$x$，$y$（点的绝对坐标值，如“100,50”）和@ $x$,$y$（相对于上一点的相对坐标值，如“@50，-30”）。

极坐标的输入方式为“长度 < 角度”（其中，长度为点到坐标原点的距离，角度为原点

至该点连线与 $X$ 轴的正向夹角，如“20 <45”），或“@长度 <角度”（相对于上一点的相对极坐标，如“@50 < -30”）。

2）用鼠标等定标设备移动光标，在绘图区单击直接取点。

3）用目标捕捉方式捕捉绘图区已有图形的特殊点，如端点、中点、中心点、插入点、交点、切点、垂足点等。

4）直接输入距离。先拖拉出直线以确定方向，然后用键盘输入距离值。这样有利于准确控制对象的长度，如要绘制一条10 mm长的线段，命令行提示与操作方法如下：

```
命令：_line↙
指定第一个点：在绘图区指定一点
指定下一点或[放弃(U)]：
```

这时在绘图区移动光标指明线段的方向，但不要单击鼠标，然后在命令行输入“10”，这样就在指定方向上准确地绘制了长度为10 mm的线段，如图1-42所示。

图1-42　绘制直线

（2）距离值的输入。在AutoCAD命令中，有时需要提供高度、宽度、半径、长度等表示距离的值。AutoCAD系统提供了两种输入距离值的方式：一种是用键盘在命令行中直接输入数值；另一种是在绘图区选择两点，以两点的距离值确定出所需数值。

## 1.7　综合演练——样板图绘图环境设置

本实例设置如图1-43所示的样板图文件绘图环境。绘制的大体顺序是先打开.dwg格式的图形文件，设置图形单位与图形界限，最后将设置好的文件保存成.dwt格式的样板图文件。绘制过程中要用到“打开”“单位”“图形界限”和“保存”等命令。

**【操作步骤】（实例演示\第1章\A3样板图绘图环境设置.avi）**

（1）打开文件。单击“快速访问”工具栏中的“打开”按钮，打开“源文件\第1章\A3样板图.dwg”。

（2）设置单位。选择菜单栏中的“格式”→“单位”命令，AutoCAD打开“图形单位”对话框，如图1-44所示。设置“长度”的类型为“小数”，“精度”为“0”；“角度”的类型为“十进制度数”，“精度”为“0”，系统默认逆时针方向为正，“用于缩放插入内容的单位”设置为“毫米”。

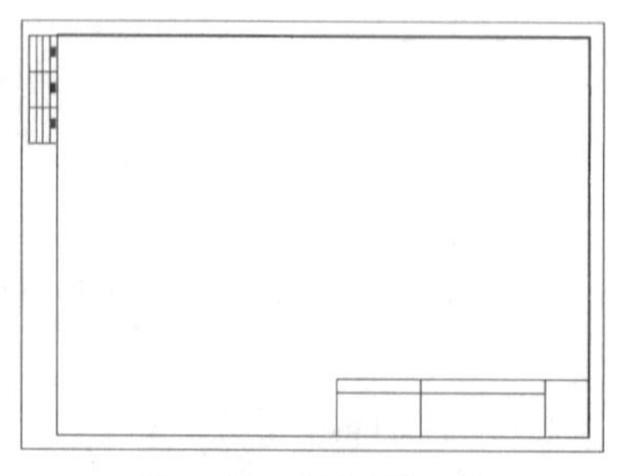

图1-43　样板图文件

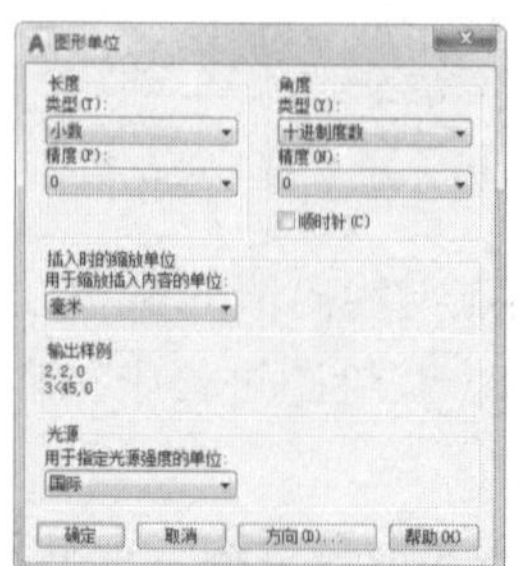

图1-44　“图形单位”对话框

（3）设置图形边界。国标对图样的幅面大小作了严格规定，见表1-1。

表 1-1 图幅国家标准（GB/T 14689—2008）

| 幅面代号 | A0 | A1 | A2 | A3 | A4 |
|---|---|---|---|---|---|
| 宽×长/(mm×mm) | 841×1189 | 594×841 | 420×594 | 297×420 | 210×297 |

在这里，不妨按国标 A3 图样幅面设置图形边界。A3 图样的幅面为 297 mm×420 mm。

选择菜单栏中的“格式”→“图形界限”命令，设置图幅，命令操作如下：

```
命令：'_limits
重新设置模型空间界限：
指定左下角点或［开(ON)/关(OFF)］<0.0000,0.0000>：0,0
指定右上角点 <420.0000,297.0000>：420,297
```

（4）保存成样板图文件。现阶段的样板图及其环境设置已经完成，先将其保存成样板图文件。

选择菜单栏中的“文件”→“另存为”命令，打开“图形另存为”对话框，如图 1-45 所示。在“文件类型”下拉列表框中选择“AutoCAD 图形样板（*.dwt）”选项，输入文件名“A3 建筑样板图”，单击“保存”按钮，系统打开“样板选项”对话框，如图 1-46 所示，接受默认的设置，单击“确定”按钮，保存文件。

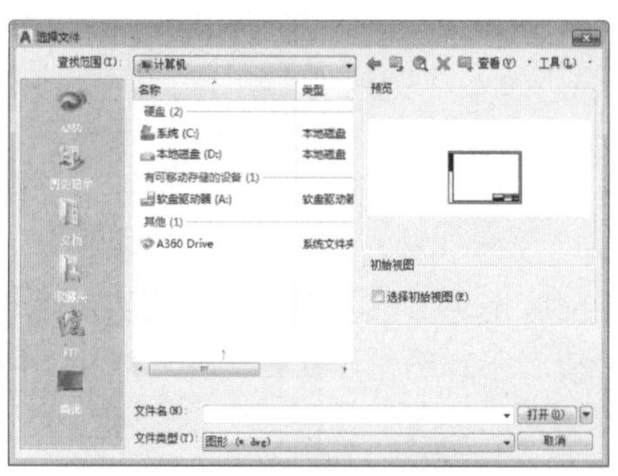

图 1-45 保存样板图

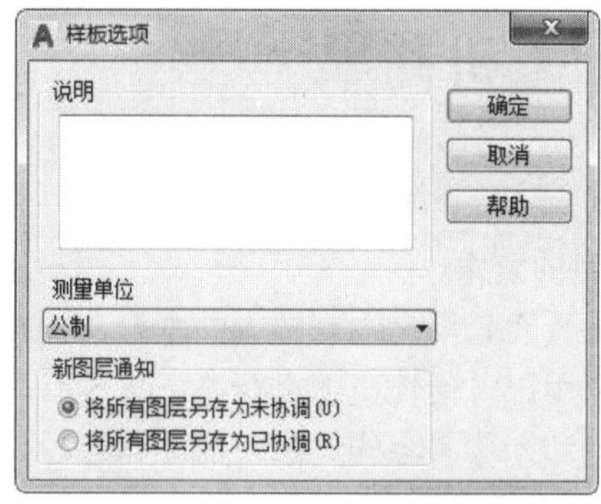


图 1-46 “样板选项”对话框

## 1.8 名师点拨——图形管理技巧

**1. 如何将自动保存的图形复原？**

AutoCAD 将自动保存的图形存放到“AUTO.SV $”或“AUTO?.SV $”文件中，找到该文件将其改名为图形文件即可在 AutoCAD 中打开。

一般，该文件存放在 WINDOWS 的临时目录中，如“C:\WINDOWS\TEMP”。

**2. 怎样从备份文件中恢复图形？**

（1）使文件显示其扩展名。打开“我的电脑”，在“工具\文件夹选项\查看”目录下的“高级设置”选项组下，取消勾选“隐藏已知文件的扩展名”。

（2）显示所有文件。打开“我的电脑”，在“工具\文件夹选项\查看”目录下的“高级设置”选项组下，单击“隐藏文件和文件夹”下“显示所有文件和文件夹”单选按钮。

（3）找到备份文件。在“工具\文件夹选项\文件类型”目录下的“已注册的文件类型”选项组下，选择“临时图形文件”，查到文件，将其重命名为“.dwg”格式，最后用打开其他 CAD 文件的方法将其打开即可。

**3. 打开旧图遇到异常错误而中断退出怎么办?**

新建一个图形文件，而把旧图以图块形式插入即可。

**4. 如何设置自动保存功能?**

在命令行中输入“SAVETIME”命令，将变量设置成一个较小的值，如 10 min。AutoCAD 默认的保存时间为 120 min。

**5. 绘图前，绘图界限（LIMITS）一定要设好吗?**

绘图一般按国标图幅设置图界。图形界限等同图样的幅面，按图界绘图、打印很方便，还可实现自动成批出图。但一般情况下，很多用户习惯在一个图形文件中绘制多张图，在这样的情况下，不用设置图形界限。

**6. 样板文件的作用?**

（1）样板图形存储图形的所有设置，其中有定义的图层、标注样式和视图。样板图形区别于其他 . dwg 图形文件，以 . dwt 为文件扩展名。它们通常保存在 template 目录中。

（2）如果根据现有的样板文件创建新图形，则新图形中的修改不会影响样板文件。可以使用保存在 template 目录中的样板文件，也可以创建自定义样板文件。

## 1.9 上机实验

**【练习 1】熟悉操作界面。**

**1. 目的要求**

操作界面是用户绘制图形的平台，操作界面的各个部分都有其独特的功能，熟悉操作界面有助于用户方便快速地进行绘图。本练习要求读者了解操作界面各部分功能，掌握改变绘图区颜色和光标大小的方法，能够熟练地打开、移动和关闭工具栏。

**2. 操作提示**

（1）起动 AutoCAD 2018，进入操作界面。

（2）调整操作界面大小。

（3）设置绘图区颜色与光标大小。

（4）打开、移动和关闭功能区。

（5）尝试同时利用命令行、菜单命令、功能区和工具栏绘制一条线段。

**【练习 2】管理图形文件。**

**1. 目的要求**

图形文件管理包括文件的新建、打开、保存、加密和退出等。本练习要求读者熟练掌握 DWG 文件的赋名保存、自动保存、加密及打开的方法。

**2. 操作提示**

（1）起动 AutoCAD 2018，进入操作界面。

（2）打开一幅已经保存过的图形。

（3）进行自动保存设置。

（4）尝试在图形上绘制任意图线。

(5) 将图形以新的名称保存。

(6) 退出该图形。

**【练习 3】数据操作。**

**1. 目的要求**

AutoCAD 2018 人机交互的最基本内容就是数据输入。本练习要求读者熟练地掌握各种数据的输入方法。

**2. 操作提示**

(1) 在命令行输入"LINE"命令。

(2) 输入起点在直角坐标方式下的绝对坐标值。

(3) 输入下一点在直角坐标方式下的相对坐标值。

(4) 输入下一点在极坐标方式下的绝对坐标值。

(5) 输入下一点在极坐标方式下的相对坐标值。

(6) 单击直接指定下一点的位置。

(7) 按下状态栏中的"正交模式"按钮，用光标指定下一点的方向，在命令行输入一个数值。

(8) 按下状态栏中的"动态输入"按钮，拖动鼠标，系统会动态显示角度，拖动到选定角度后，在"长度"文本框中输入长度值。

(9) 按〈Enter〉键，结束绘制线段的操作。

**【练习 4】查看零件图细节。**

**1. 目的要求**

本练习要求读者熟练地掌握各种图形显示工具的使用方法。

**2. 操作提示**

如图 1-47 所示，利用平移工具和缩放工具移动和缩放图形。

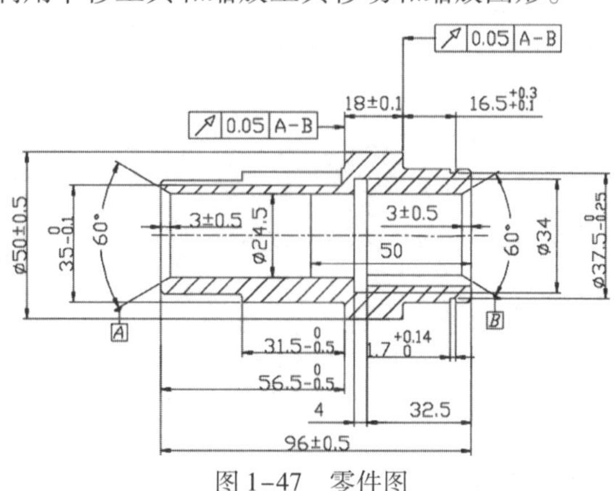


图 1-47 零件图

## 1.10 思考与练习

(1) AutoCAD 打开后，只有 1 个菜单，如何恢复默认状态？(　　)

A. “menu”命令加载 acad. cui　　　　B. “cui”命令打开 AutoCAD 经典空间

C. “menu”命令加载 custom. cui　　　D. 重新安装

(2) 在图形修复管理器中，以下哪个文件是由系统自动创建的自动保存文件？(　　)

A. drawing1_1_1_6865. svs $　　　　B. drawing1_1_68656. svs $

C. drawing1_recovery. dwg　　　　　D. drawing1_1_1_6865. bak

(3) 在“自定义用户界面”对话框中，如何将现有工具栏复制到功能区面板？(　　)

A. 选择要复制到面板的工具栏，单击鼠标右键，选择“新建面板”命令

B. 选择面板，单击鼠标右键，选择“复制到功能区面板”命令

C. 选择要复制到面板的工具栏，单击鼠标右键，选择“复制到功能区面板”命令

D. 选择要复制到面板的工具栏，单击鼠标右键，选择“新建弹出”命令

(4) 图形修复管理器中显示在程序或系统失败后可能需要修复的图形不包含(　　)。

A. 程序失败时保存的已修复图形文件（DWG 和 DWS）

B. 自动保存的文件，也称为“自动保存”文件（SV $）

C. 核查日志（ADT）

D. 原始图形文件（DWG 和 DWS）

(5) 如果想要改变绘图区域的背景颜色，应该如何做？(　　)

A. 在“选项”对话框的“显示”选项卡中的“窗口元素”选项组中，单击“颜色”按钮，在弹出的对话框中进行修改

B. 在 Windows 的“显示属性”对话框的“外观”选项卡中单击“高级”按钮，在弹出的对话框中进行修改

C. 修改 SETCOLOR 变量的值

D. 在“特性”面板的“常规”选项组中，修改“颜色”值

(6) 下面哪个选项可以将图形进行动态放大？(　　)

A. ZOOM/(D)　　　B. ZOOM/(W)　　　C. ZOOM/(E)　　　D. ZOOM/(A)

(7) 取世界坐标系的点（70，20）作为用户坐标系的原点，则用户坐标系的点（-20，30）的世界坐标为(　　)。

A.（50，50）　　　B.（90，-10）　　　C.（-20，30）　　　D.（70，20）

(8) 绘制直线。起点坐标为（57，79），线段长度 173，与 $X$ 轴正向的夹角为71°。将线段分为5 等份，从起点开始的第一个等分点的坐标为(　　)。

A. $x=113.3233$，$y=242.5747$

B. $x=79.7336$，$y=145.0233$

C. $x=90.7940$，$y=177.1448$

D. $x=68.2647$，$y=111.7149$

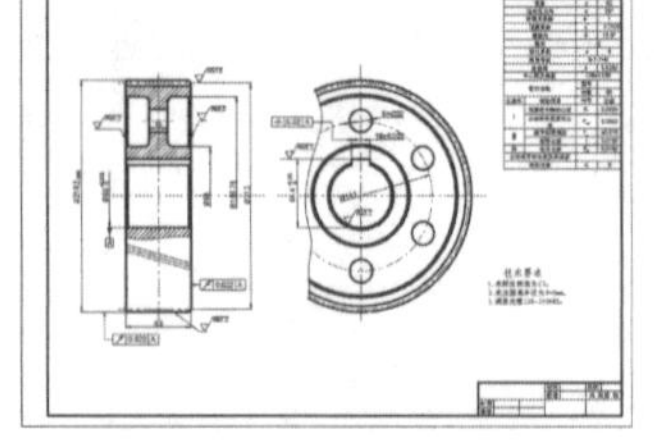

图 1-48　齿轮图形

(9) 打开“源文件\第 1 章\模拟考试\齿轮 . dwg”文件，利用“缩放”与“平移”命令查看如图 1-48 所示的齿轮图形细节。

# 第2章

# 简单二维绘制命令

二维图形是指在二维平面空间绘制的图形，AutoCAD 提供了大量的绘图工具，可以帮助用户完成二维图形的绘制。用户利用 AutoCAD 提供的二维绘图命令，可以快速方便地完成某些图形的绘制。本章主要介绍直线、圆和圆弧、椭圆与椭圆弧、平面图形、点多线、多段线和样条曲线等的绘制。

- 直线类命令
- 圆类命令
- 点
- 平面图形
- 多线
- 多段线
- 样条曲线

# 2.1 直线类命令

直线类命令包括直线段、射线和构造线。这几个命令是 AutoCAD 中最简单的绘图命令。

## 2.1.1 直线段

【执行方式】

- 命令行：LINE（快捷命令：L）。
- 菜单栏：选择菜单栏中的“绘图”→“直线”命令。
- 工具栏：单击“绘图”工具栏中的“直线”按钮。
- 功能区：单击“默认”选项卡“绘图”面板中的“直线”按钮，如图 2-1 所示。

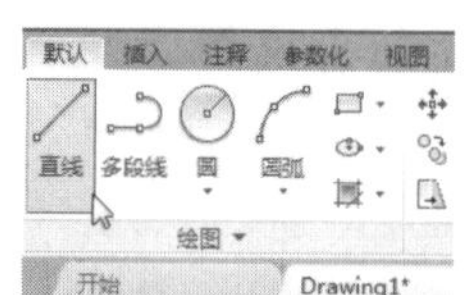


图 2-1 绘图面板（一）

【操作步骤】

命令行提示与操作如下：

```
命令：LINE↙
指定第一个点：输入直线段的起点坐标或在绘图区单击指定点
指定下一点或［放弃(U)］：输入直线段的端点坐标，或利用光标指定一定角度后，直接输入直线的长度
指定下一点或［放弃(U)］：输入下一直线段的端点，或输入选项“U”表示放弃前面的输入；右击或按〈Enter〉键，结束命令
指定下一点或［闭合(C)/放弃(U)］：输入下一直线段的端点，或输入选项“C”使图形闭合，结束命令
```

【选项说明】

（1）若采用按〈Enter〉键响应“指定第一个点”提示，系统会把上次绘制图线的终点作为本次图线的起始点。若上次操作为绘制圆弧，按〈Enter〉键响应后绘出通过圆弧终点并与该圆弧相切的直线段，该线段的长度为光标在绘图区指定的一点与切点之间线段的距离。

（2）在“指定下一点”提示下，用户可以指定多个端点，从而绘出多条直线段。但是，每一条直线都是一个独立的对象，可以进行单独的编辑操作。

（3）绘制两条以上直线段后，若采用输入选项“C”响应“指定下一点”提示，系统会自动连接起始点和最后一个端点，从而绘出封闭的图形。

（4）若采用输入选项“U”响应提示，则删除最近一次绘制的直线段。

（5）若设置正交方式（按下状态栏中“正交模式”按钮），只能绘制水平线段或垂直线段。

（6）若设置动态数据输入方式（按下状态栏中的“动态输入”按钮），则可以动态输入坐标或长度值，效果与非动态数据输入方式类似。除了特别需要，以下不再强调，而只按非动态数据输入方式输入相关数据。

## 2.1.2 实例——螺栓

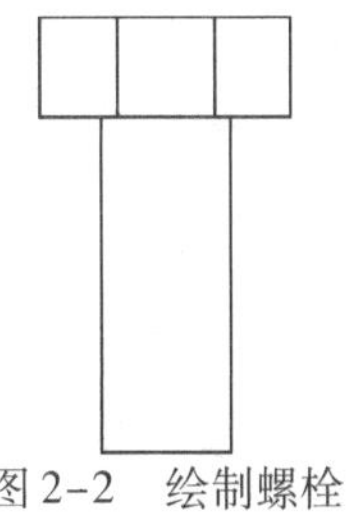
图 2-2 绘制螺栓

利用“直线”命令绘制螺栓，如图 2-2 所示。

【操作步骤】（实例演示\第 2 章\螺栓 . avi）

**1. 绘制螺帽的外轮廓**

单击“默认”选项卡“绘图”面板中的“直线”按钮，绘制螺帽的外轮廓，命令行提示与操作如下：

```
命令：_line
指定第一个点：0,0
指定下一点或［放弃(U)］：@80,0
指定下一点或［放弃(U)］：@0，-30
指定下一点或［闭合(C)/放弃(U)］：@80<180
指定下一点或［闭合(C)/放弃(U)］：C
```

按〈Enter〉键执行闭合命令后，将绘制一条从终点到第一点的直线，将图形封闭，绘制的矩形如图 2-3 所示。

**2. 完成螺帽的绘制**

单击“绘图”工具栏中的“直线”按钮，绘制螺帽上的竖直线，命令行提示与操作如下：

```
命令：_line
指定第一个点:25,0
指定下一点或［放弃(U)］:a0，-30
指定下一点或［放弃(U)］：
命令：L
指定第一个点:55,0
指定下一点或［放弃(U)］：@0，-30
指定下一点或［放弃(U)］：
```

在矩形中绘制的直线如图 2-4 所示。

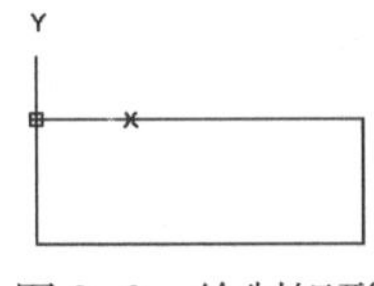

图 2-3 绘制矩形

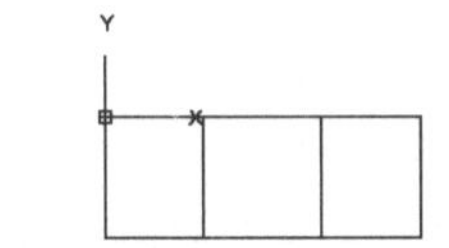

图2-4 在矩形中绘制直线

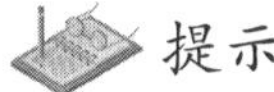
提示

如果某些命令的第一个字母都相同，那么对于比较常用的命令，其快捷命令取第一个字母，其他命令的快捷命令可用前面 2 个或 3 个字母表示。例如，“R”表示 Redraw，“RA”表示 Redrawall；“L”表示 Line，“LT”表示 LineType，“LTS”表示 LTScale。

**3. 绘制螺杆**

选择菜单栏中的“绘图”→“直线”命令，绘制螺杆轮廓，命令行提示与操作如下：

```
命令：_line
指定第一个点:20，-30
指定下一点或［放弃(U)］：@0，-100
指定下一点或［放弃(U)］：@40,0
指定下一点或［闭合(C)/放弃(U)］:@0,100
指定下一点或［闭合(C)/放弃(U)］：
```

绘制的螺杆轮廓线如图 2-5 所示。

**4. 绘制螺纹**

单击“默认”选项卡“绘图”面板中的“直线”按钮／，绘制螺纹，命令行提示与操作如下：

```
命令：_line
指定第一个点:22.56，-30
指定下一点或［放弃(U)］：@0，-100
指定下一点或［放弃(U)］：按〈Enter〉键
命令：_line
指定第一个点:57.44，-30
指定下一点或［放弃(U)］：@0，-100
指定下一点或［闭合(C)/放弃(U)］：
```

绘制结果如图 2-6 所示。

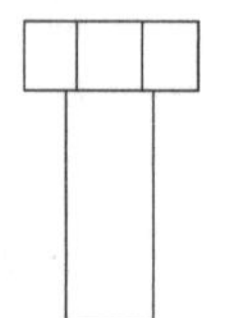

图 2-5　绘制螺杆轮廓线

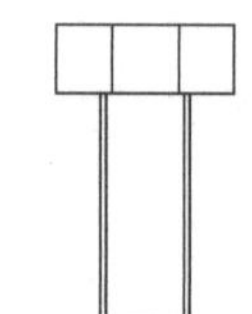

图 2-6　绘制螺纹

提示

在执行完一个命令后直接按〈Enter〉键，表示重复执行上一个命令。

**5. 保存文件**

在命令行中输入“QSAVE”命令，按〈Enter〉键，或选择菜单栏中的“文件”→“保存”命令，或单击“快速访问”工具栏中的“保存”按钮，在打开的“图形另存为”对话框中输入文件名保存即可。

## 2.1.3 构造线

**【执行方式】**

- 命令行：XLINE（快捷命令：XL）。
- 菜单栏：选择菜单栏中的“绘图”→“构造线”命令。
- 工具栏：单击“绘图”工具栏中的“构造线”按钮。
- 功能区：单击“默认”选项卡“绘图”面板中的“构造线”按钮，如图 2-7 所示。

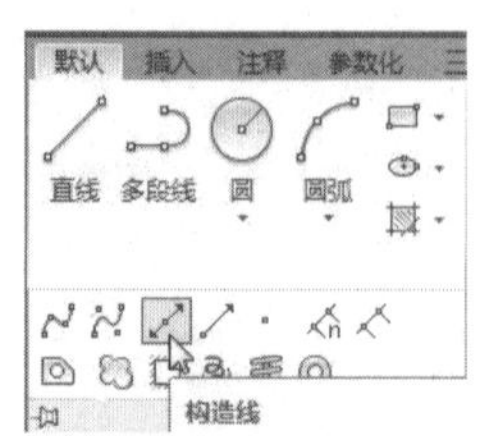


图 2-7　绘图面板（二）

【操作步骤】

命令行提示与操作如下：

```
命令:XLINE↙
指定点或[水平(H)/垂直(V)/角度(A)/二等分(B)/偏移(O)]: 指定起点
指定通过点:指定通过点,绘制一条双向无限长直线
指定通过点:指定通过点,绘制一条双向无限长直线
指定通过点:继续指定通过点,如图2-8a所示,按〈Enter〉键结束命令
```

【选项说明】

（1）执行选项中有“指定点”“水平”“垂直”“角度”“二等分”和“偏移”6种绘制构造线方式，分别如图2-8a～f所示。

（2）构造线模拟手工作图中的辅助作图线，用特殊的线型显示，在图形输出时可不作输出。应用构造线作为辅助线绘制机械图中的三视图是构造线的最主要用途，构造线的应用保证了三视图之间“主、俯视图长对正，主、左视图高平齐，俯、左视图宽相等”的对应关系。图2-9所示为应用构造线作为辅助线绘制机械图中三视图的示例。图中，细线为构造线，粗线为三视图轮廓线。

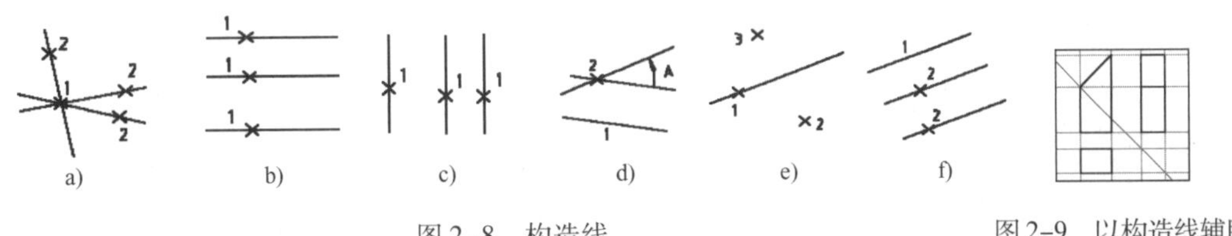

图2-8　构造线

a）指定点　b）水平　c）垂直　d）角度　e）二等分　f）偏移

图2-9　以构造线辅助绘制三视图

## 2.2　圆类命令

圆类命令主要包括“圆”“圆弧”“圆环”以及“椭圆”命令，这几个命令是AutoCAD中最简单的曲线命令。

### 2.2.1　圆

【执行方式】

- 命令行：CIRCLE（快捷命令：C）。
- 菜单栏：选择菜单栏中的“绘图”→“圆”命令。
- 工具栏：单击“绘图”工具栏中的“圆”按钮。
- 功能区：单击“默认”选项卡“绘图”面板中的“圆”下拉菜单，如图2-10所示。

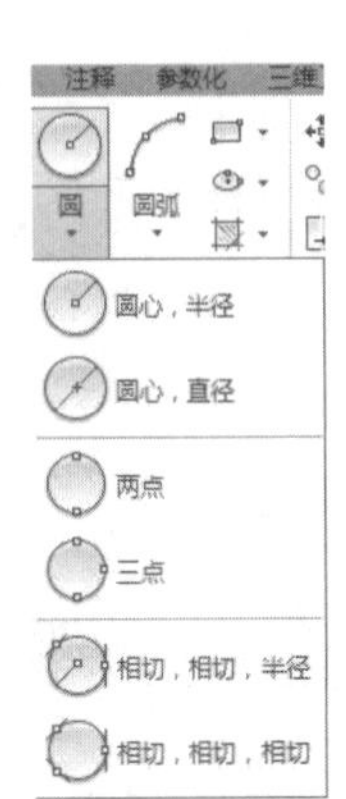


图2-10　“圆”下拉菜单

【操作步骤】

命令行提示与操作如下：

```
命令:CIRCLE↙
指定圆的圆心或[三点(3P)/两点(2P)/切点、切点、半径(T)]:指定圆心
指定圆的半径或[直径(D)]:直接输入半径值或在绘图区单击指定半径长度
指定圆的直径 <默认值>:输入直径值或在绘图区单击指定直径长度
```

**【选项说明】**

（1）三点（3P）：通过指定圆周上三点绘制圆。

（2）两点（2P）：通过指定直径的两端点绘制圆。

（3）切点、切点、半径（T）：通过先指定两个相切对象，再给出半径的方法绘制圆。如图2-11a～d所示，给出了以“切点、切点、半径”方式绘制圆的各种情形（加粗的圆为最后绘制的圆）。

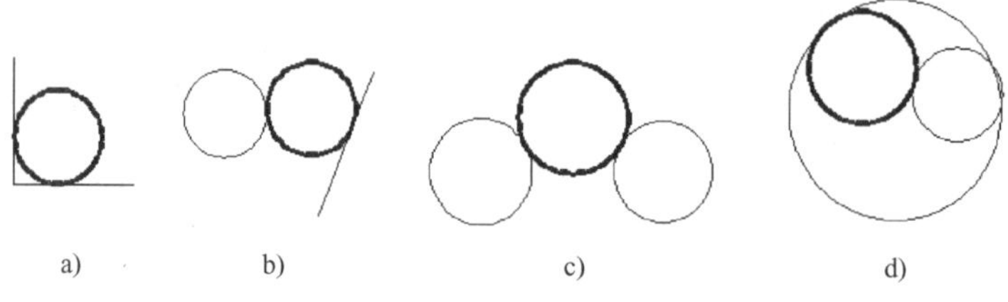

a)　b)　c)　d)

图2-11　圆与另外两个对象相切

**技巧荟萃**

对于圆心点的选择，除了直接输入圆心点外，还可以利用圆心点与中心线的对应关系，采用对象捕捉的方法选择。

按下状态栏中的“对象捕捉”按钮，命令行中会提示“命令：<对象捕捉 开>”。

## 2.2.2 实例——连环圆

绘制如图2-12所示的连环圆。

**【操作步骤】（实例演示\第2章\连环圆.avi）**

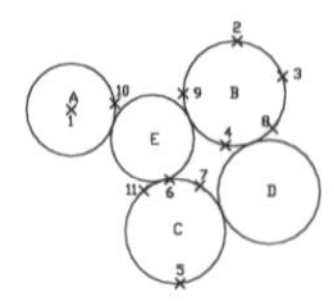

图2-12　连环圆

（1）在命令行输入“NEW”，或单击主菜单下的“新建”按钮，或单击“快速访问”工具栏中的“新建”按钮，系统创建一个新图形文件。

（2）单击“默认”选项卡“绘图”面板中的“圆心、半径”按钮，绘制A圆，命令行提示与操作如下：

```
命令:_circle
指定圆的圆心或[三点(3P)/两点(2P)/切点、切点、半径(T)]:150,160↙　确定点1
指定圆的半径或[直径(D)]:40↙绘制出A圆
```

（3）单击“默认”选项卡“绘图”面板中的“三点”按钮，绘制B圆，命令行提示与操作如下：

```
命令:_circle
指定圆的圆心或[三点(3P)/两点(2P)/切点、切点、半径(T)]:3P↙
指定圆上的第一点:300,220↙   确定点2
指定圆上的第二点:340,190↙   确定点3
指定圆上的第三点:290,130↙   确定点4,绘制出B圆
```

（4）单击“默认”选项卡“绘图”面板中的“两点”按钮◯，绘制C圆，命令行提示与操作如下：

```
命令:_circle
指定圆的圆心或[三点(3P)/两点(2P)/切点、切点、半径(T)]:2P↙
指定圆直径的第一个端点:250,10↙ 确定点5
指定圆直径的第二个端点:240,100↙ 确定点6,绘制出C圆
```

绘制结果如图2-13所示。

（5）单击“默认”选项卡“绘图”面板中的“相切、相切、半径”按钮，绘制D圆，命令行提示与操作如下：

```
命令:_circle
指定圆的圆心或[三点(3P)/两点(2P)/切点、切点、半径(T)]:T↙
指定对象与圆的第一个切点:在点7附近选中C圆
指定对象与圆的第二个切点:在点8附近选中B圆
指定圆的半径:<45.2769>:45↙绘制出D圆
```

绘制结果如图2-14所示。

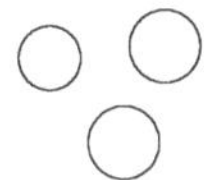

图2-13　绘制C圆

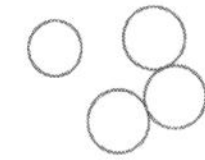

图2-14　绘制D圆

（6）单击“默认”选项卡“绘图”面板中的“相切、相切、相切”按钮，绘制E圆，命令行提示与操作如下：

```
命令:_circle
指定圆的圆心或[三点(3P)/两点(2P)/切点、切点、半径(T)]:_3p 指定圆上的第一个点:_tan
到:按下状态栏中的“对象捕捉”按钮,选择点9
指定圆上的第二个点:_tan 到:选择点10
指定圆上的第三个点:_tan 到:选择点11,绘制出E圆
```

最终绘制结果如图2-12所示。

（7）在命令行输入“QSAVE”，或单击主菜单下的“保存”按钮，或单击“快速访问”工具栏中“保存”按钮，在打开的“图形另存为”对话框中输入文件名保存即可。

## 2.2.3 圆弧

**【执行方式】**

- 命令行：ARC（快捷命令：A）。

- 菜单栏：选择菜单栏中的“绘图”→“圆弧”命令。
- 工具栏：单击“绘图”工具栏中的“圆弧”按钮⌒。
- 功能区：单击“默认”选项卡“绘图”面板中的“圆弧”下拉菜单，如图2-15所示。

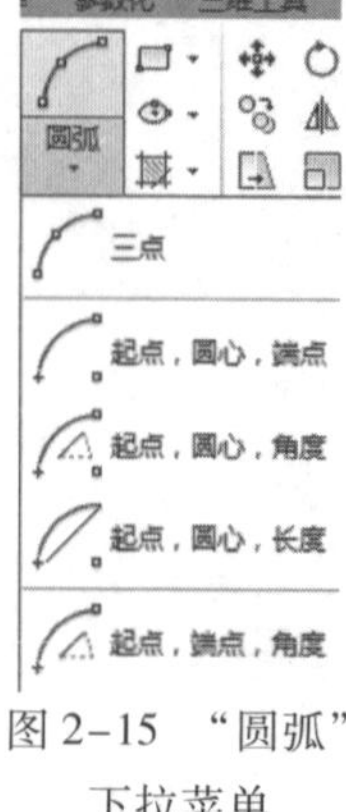

图2-15 “圆弧”下拉菜单

【操作步骤】

命令行提示与操作如下：

```
命令:ARC↙
指定圆弧的起点或[圆心(C)]:指定起点
指定圆弧的第二个点或[圆心(C)/端点(E)]:指定第二点
指定圆弧的端点:指定末端点
```

【选项说明】

（1）用命令行方式绘制圆弧时，可以根据系统提示选择不同的选项，各选项的具体功能和菜单栏中的“绘图”→“圆弧”子菜单提供的11种方式的功能相似。这11种方式绘制的圆弧分别如图2-16a～图2-16k所示。

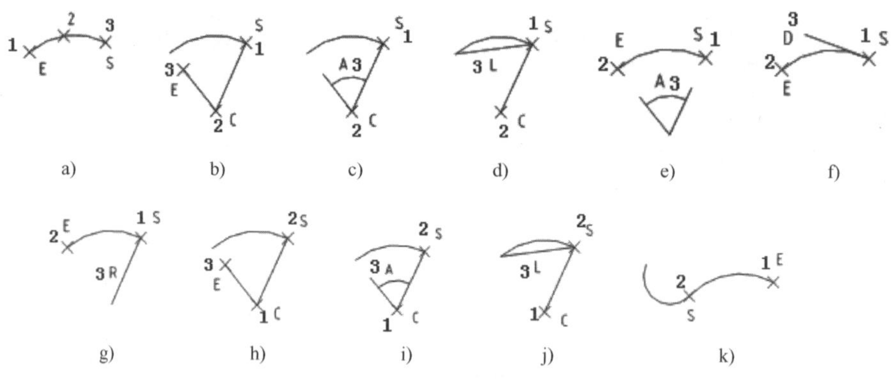

图2-16 11种圆弧绘制方法

a）三点 b）起点、圆心、端点 c）起点、圆心、角度 d）起点、圆心、长度 e）起点、端点、角度 f）起点、端点、方向 g）起点、端点、半径 h）圆心、起点、端点 i）圆心、起点、角度 j）圆心、起点、长度 k）继续

（2）需要强调的是“连续”方式，绘制的圆弧与上一段圆弧相切。连续绘制圆弧段，只提供端点即可。

绘制圆弧时，注意圆弧的曲率是遵循逆时针方向的，所以在选择指定圆弧两个端点和半径模式时，需要注意端点的指定顺序，否则有可能导致圆弧的凹凸形状与预期的相反。

### 2.2.4 实例——小靠背椅

本实例主要介绍圆弧的具体应用。首先利用“直线”与“圆弧”命令绘制出靠背，然后再利用“圆弧”命令绘制坐垫。绘制的小靠背椅如图 2-17 所示。

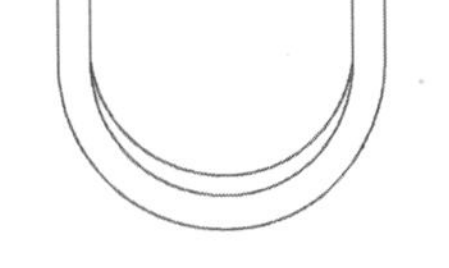
图 2-17 小靠背椅效果图

**【操作步骤】（实例演示\第 2 章\小靠背椅 . avi）**

（1）单击“默认”选项卡“绘图”面板中的“直线”按钮╱，任意指定一点为线段起点，以点(@0，-140)为终点绘制一条线段。

（2）单击“默认”选项卡“绘图”面板中的“圆弧”按钮╭，绘制圆弧，命令行提示与操作如下：

```
命令：_arc
指定圆弧的起点或[圆心(C)]：单击状态栏中的“对象捕捉”按钮□，捕捉直线的端点为起点
指定圆弧的第二个点或[圆心(C)/端点(E)]：在适当位置单击鼠标左键确认第二点
指定圆弧的端点：在与第一点水平方向的适当位置单击确认端点
```

（3）单击“默认”选项卡“绘图”面板中的“直线”按钮╱，以刚绘制的圆弧右端点为起点，以点(@0,140)为终点绘制一条线段。结果如图 2-18 所示。

（4）单击“默认”选项卡“绘图”面板中的“直线”按钮╱，分别以刚绘制的两条线段的上端点为起点，以点(@50,0)和(@-50,0)为终点绘制两条线段。结果如图 2-19 所示。

（5）单击“默认”选项卡“绘图”面板中的“直线”按钮╱和“圆弧”按钮╭，以刚绘制的两条水平线的两个端点为起点和终点绘制线段和圆弧。结果如图 2-20 所示。

图 2-18 绘制直线

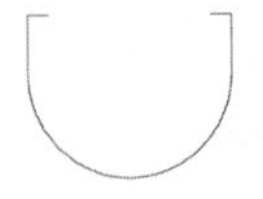
图 2-19 绘制线段

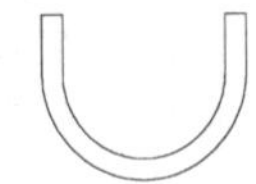
图 2-20 绘制线段和圆弧

（6）再以图 2-20 中内部两条竖线的上下两个端点分别为起点和终点，以适当位置一点为中间点，绘制两条圆弧。最终结果如图 2-21 所示。

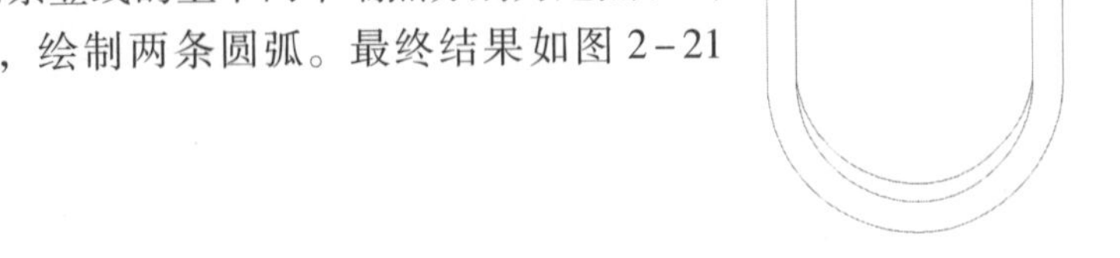
图 2-21 小靠背椅

### 2.2.5 圆环

**【执行方式】**

- 命令行：DONUT（快捷命令：DO）。
- 菜单栏：选择菜单栏中的“绘图”→“圆环”命令。
- 功能区：单击“默认”选项卡“绘图”面板中的“圆环”按钮◎。

**【操作步骤】**

命令行提示与操作如下：

```
命令:DONUT↙
指定圆环的内径 <默认值>:指定圆环内径
指定圆环的外径 <默认值>:指定圆环外径
```

```
指定圆环的中心点或 <退出>:指定圆环的中心点
指定圆环的中心点或 <退出>:继续指定圆环的中心点,则继续绘制相同内外径的圆环
```

按〈Enter〉〈Space〉键或右击，结束命令，如图 2-22a 所示。

**【选项说明】**

（1）若指定内径为零，则画出实心填充圆，如图 2-22b 所示。

（2）用命令“FILL”可以控制圆环是否填充，具体方法如下：

```
命令:FILL↙
输入模式[开(ON)/关(OFF)] <开>:选择“开”表示填充,选择“关”表示不填充,如图 2-22c
所示
```

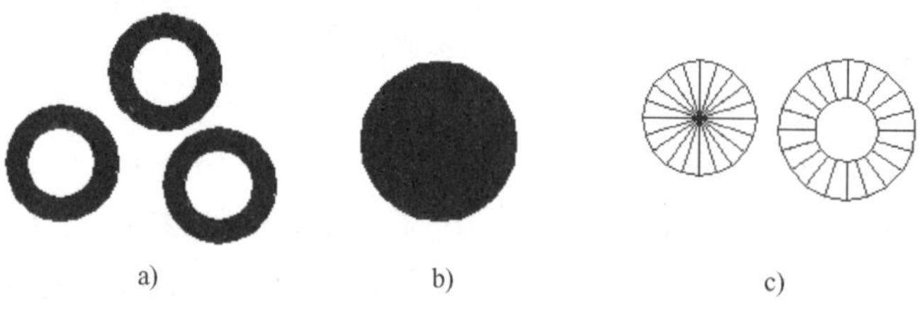


图 2-22　绘制圆环

提示

在绘制圆环时，可能仅仅一次无法准确确定圆环外径大小以确定圆环与椭圆的相对大小，可以通过多次绘制的方法找到一个相对合适的外径值。

## 2.2.6 实例——汽车标志

本实例绘制汽车标志，如图 2-23 所示。

**【操作步骤】（实例演示\第 2 章\汽车标志. avi）**

单击“默认”选项卡“绘图”面板中的“圆环”按钮◎，绘制圆环，命令行提示如下：

图 2-23　汽车标志

```
命令: _donut
指定圆环的内径 <0.5000>: 20
指定圆环的外径 <1.0000>: 25
指定圆环的中心点或 <退出>:100,100,如图 2-24 所示
指定圆环的中心点或 <退出>:115,100,如图 2-25 所示
指定圆环的中心点或 <退出>:130,100,如图 2-26 所示
指定圆环的中心点或 <退出>:145,100,结果如图 2-27 所示
```

图 2-24　绘制圆环（一）

图 2-25　绘制圆环（二）

图 2-26　绘制圆环（三）

图 2-27　绘制圆环（四）

## 2.2.7 椭圆与椭圆弧

【执行方式】

- 命令行：ELLIPSE（快捷命令：EL）。
- 菜单栏：选择菜单栏中的“绘图”→“椭圆”→“圆弧”命令。
- 工具栏：单击“绘图”工具栏中的“椭圆”按钮或“椭圆弧”按钮。
- 功能区：单击“默认”选项卡“绘图”面板中的“椭圆”下拉菜单，如图 2-28 所示。

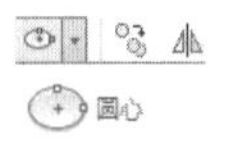

图 2-28 “椭圆”下拉菜单

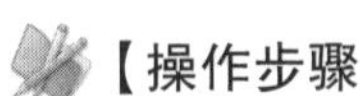

【操作步骤】

命令行提示与操作如下：

```
命令:ELLIPSE↙
指定椭圆的轴端点或[圆弧(A)/中心点(C)]:指定轴端点 1,如图 2-29a 所示
指定轴的另一个端点:指定轴端点 2,如图 2-29a 所示
指定另一条半轴长度或[旋转(R)]:
```

【选项说明】

（1）指定椭圆的轴端点：根据两个端点定义椭圆的第一条轴，该轴的角度确定了整个椭圆的角度，并且轴既可定义椭圆的长轴，也可定义其短轴。

（2）圆弧（A）：用于创建一段椭圆弧，与功能区“默认”选项卡“绘图”面板中的“椭圆弧”按钮功能相同。其中第一条轴的角度确定了椭圆弧的角度。选择该选项，系统命令行中继续提示如下：

```
指定椭圆弧的轴端点或[中心点(C)]:指定端点或输入“C”↙
指定轴的另一个端点:指定另一端点
指定另一条半轴长度或[旋转(R)]:指定另一条半轴
轴长度或输入“R”↙
指定起点角度或[参数(P)]:指定起始角度或输入“P”↙
指定端点角度或[参数(P)/夹角(I)]:
```

其中各选项的含义如下：

➢ 起点角度：指定椭圆弧端点的两种方式之一，光标与椭圆中心点连线的夹角为椭圆端点位置的角度，如图 2-29b 所示。

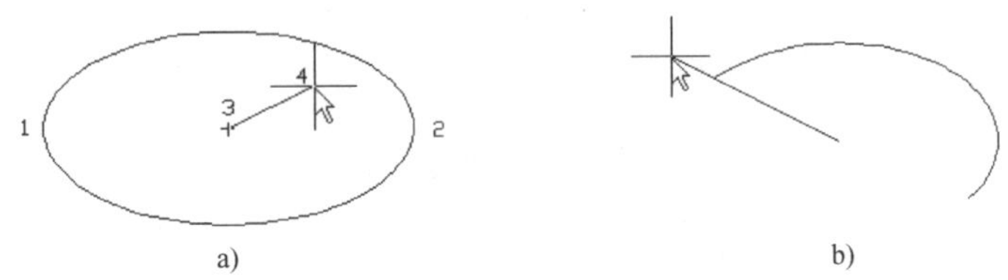


图 2-29 椭圆和椭圆弧

a）椭圆 b）椭圆弧

➢ 参数（P）：指定椭圆弧端点的另一种方式，该方式同样是指定椭圆弧端点的角度，但通过以下矢量参数方程式创建椭圆弧。

$$P(u)=c+a\cos(u)+b\sin(u)$$

式中，$c$ 是椭圆的中心点坐标；$a$ 和 $b$ 分别是椭圆的长轴和短轴；$u$ 为光标与椭圆中心点连线的夹角。

➢ 夹角（I）：定义从起点角度开始的包含角度。

（3）中心点（C）：通过指定的中心点创建椭圆。

（4）旋转（R）：通过绕第一条轴旋转圆来创建椭圆，相当于将一个圆绕椭圆轴翻转一个角度后的投影视图。

“椭圆”命令生成的椭圆是以多段线还是以椭圆为实体，是由系统变量 PELLIPSE 决定的，当其为 1 时，生成的椭圆就是以多段线形式存在。

### 2.2.8 实例——洗脸盆

绘制如图 2-30 所示的洗脸盆。

**【操作步骤】（实例演示\第 2 章\洗脸盆.avi）**

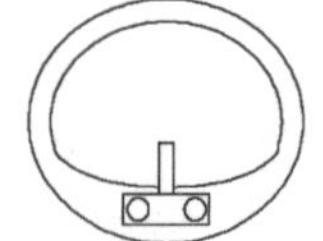

图 2-30　洗脸盆图形

（1）单击“默认”选项卡“绘图”面板中的“直线”按钮，绘制水龙头图形，绘制结果如图 2-31 所示。

（2）单击“默认”选项卡“绘图”面板中的“圆心，半径”按钮，绘制两个水龙头旋钮，绘制结果如图 2-32 所示。

（3）单击“默认”选项卡“绘图”面板中的“轴，端点”按钮，绘制脸盆外沿，命令行提示与操作如下：

```
命令:_ellipse
指定椭圆的轴端点或[圆弧(A)/中心点(C)]:指定椭圆轴端点
指定轴的另一个端点:指定另一端点
指定另一条半轴长度或[旋转(R)]:在绘图区拉出另一半轴长度
```

绘制结果如图 2-33 所示。

（4）单击“默认”选项卡“绘图”面板中的“椭圆弧”按钮，绘制脸盆部分内沿，命令行提示与操作如下：

```
命令:_ellipse
指定椭圆的轴端点或[圆弧(A)/中心点(C)]:_A
指定椭圆弧的轴端点或[中心点(C)]:C↙
指定椭圆弧的中心点:按下状态栏中的"对象捕捉"按钮,捕捉绘制的椭圆中心点
指定轴的端点:适当指定一点
指定另一条半轴长度或[旋转(R)]:R↙
指定绕长轴旋转的角度:在绘图区指定椭圆轴端点
指定起点角度或[参数(P)]:在绘图区拉出起始角度
指定端点角度或[参数(P)/夹角(I)]:在绘图区拉出终止角度
```

绘制结果如图 2-34 所示。

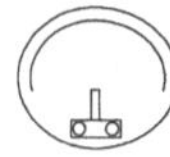

图 2-31　绘制水龙头　　图 2-32　绘制旋钮　图 2-33　绘制脸盆外沿　图 2-34　绘制脸盆部分内沿

（5）单击“默认”选项卡“绘图”面板中的“圆弧”按钮，绘制脸盆内沿其他部分，最终绘制结果如图 2-30 所示。

## 2.3　点

点在 AutoCAD 中有多种不同的表示方式，用户可以根据需要进行设置，也可以设置等分点和测量点。

### 2.3.1　设置点样式

通常认为，点是最简单的图形单元。在工程图形中，点通常用来标定某个特殊的坐标位置，或者作为某个绘制步骤的起点和基础。为了使点更显眼，AutoCAD 为点设置了多种样式，用户可以根据需要来选择。

【执行方式】

- 命令行：PTYPE。
- 菜单栏：选择菜单栏中的“格式”→“点样式”命令。
- 功能区：单击“默认”选项卡“实用工具”面板中的“点样式”按钮。

【操作步骤】

执行“点样式”命令后，打开如图 2-35 所示的“点样式”对话框，在其中可以设置点的样式和点的大小等。设置完成后，执行绘制点命令时将应用该样式。点在图形中的表示样式共有 20 种。

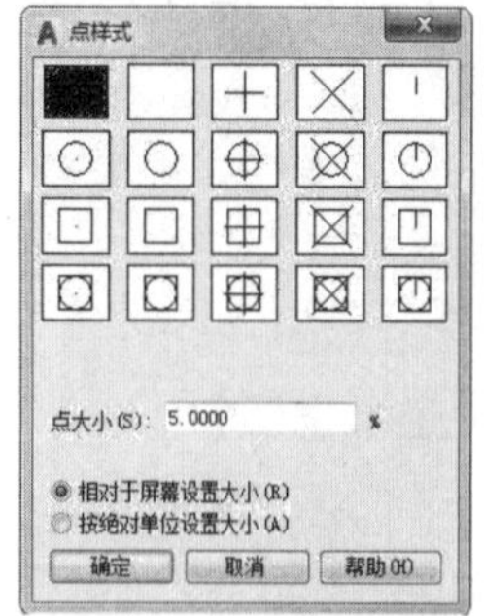


图 2-35　“点样式”对话框

### 2.3.2　点

【执行方式】

- 命令行：POINT（快捷命令：PO）。
- 菜单栏：选择菜单栏中的“绘图”→“点”→“单点或多点”命令。
- 工具栏：单击“绘图”工具栏中的“点”按钮。
- 功能区：单击“默认”选项卡“绘图”面板中的“多点”按钮。

【操作步骤】

命令行提示与操作如下：

```
命令:POINT↙
当前点模式:PDMODE=0    PDSIZE=0.0000
指定点:指定点所在的位置
```

【选项说明】

（1）用菜单栏方法操作时（图2-36），“单点”命令表示只输入一个点，“多点”命令表示可输入多个点。

（2）可以按下状态栏中的“对象捕捉”按钮，设置点捕捉模式，帮助用户选择点。

图2-36 “点”的子菜单

### 2.3.3 等分点

【执行方式】

- 命令行：DIVIDE（快捷命令：DIV）。
- 菜单栏：选择菜单栏中的“绘图”→“点”→“定数等分”命令。
- 功能区：单击“默认”选项卡“绘图”面板中的“定数等分”按钮。

【操作步骤】

命令行提示与操作如下：

```
命令:DIVIDE↙
选择要定数等分的对象:
输入线段数目或[块(B)]:指定实体的等分数
```

图2-37a所示为绘制等分点的图形。

【选项说明】

（1）等分数目范围为2～32 767。

（2）在等分点处，按当前点样式设置画出等分点。

（3）在第二提示行选择“块（B）”选项时，表示在等分点处插入指定的块。

### 2.3.4 测量点

【执行方式】

- 命令行：MEASURE（缩写名：ME）。
- 菜单栏：选择菜单栏中的“绘图”→“点”→“定距等分”命令。
- 功能区：单击“默认”选项卡“绘图”面板中的“定距等分”按钮。

【操作步骤】

命令行提示与操作如下：

```
命令:MEASURE↙
选择要定距等分的对象:选择要设置测量点的实体
指定线段长度或[块(B)]:指定分段长度
```

图 2-37b 所示为绘制测量点的图形。

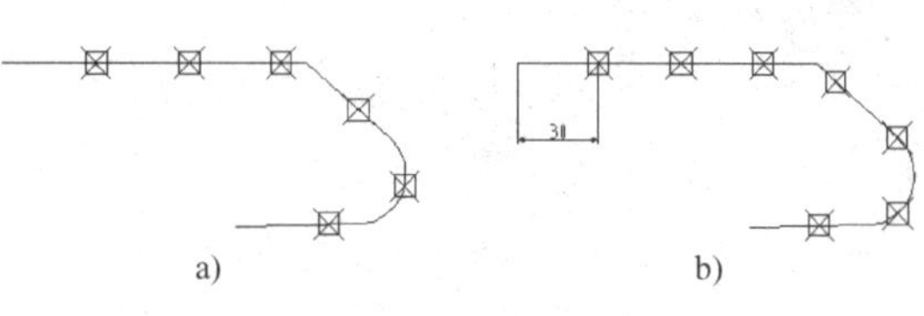

图 2-37　绘制等分点和定距等分

【选项说明】

(1) 设置的起点一般是指定线的绘制起点。

(2) 在第二提示行选择“块(B)”选项时，表示在测量点处插入指定的块。

(3) 在等分点处，按当前点样式设置绘制测量点。

(4) 最后一个测量段的长度不一定等于指定分段长度。

### 2.3.5 实例——棘轮

绘制如图 2-38 所示的棘轮。

图 2-38　棘轮

【操作步骤】(实例演示\第 2 章\棘轮 . avi)

(1) 单击“默认”选项卡“绘图”面板上的“圆”下拉菜单中的“圆心，半径”按钮，绘制 3 个半径分别为 90、60、40 的同心圆，如图 2-39 所示。

(2) 设置点样式。单击“默认”选项卡“实用工具”面板中的“点样式”按钮，在打开的“点样式”对话框中选择“X”样式。

(3) 等分圆。单击“默认”选项卡“绘图”面板中的“定数等分”按钮，对半径为 90 的圆进行等分。命令行提示与操作如下：

```
命令:DIVIDE↙
选择要定数等分的对象:选取 R90 圆
输入线段数目或 [块(B)]: 12↙
```

用相同的方法，等分 $R60$ 圆，结果如图 2-40 所示。

(4) 单击“默认”选项卡“绘图”面板中的“直线”按钮，连接 3 个等分点，如图 2-41 所示。

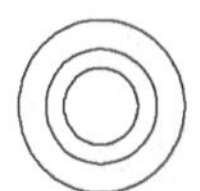
图 2-39　绘制同心圆

图 2-40　等分圆周

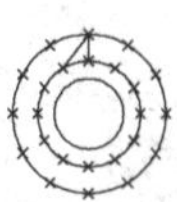
图 2-41　绘制棘轮轮齿

(5) 用相同的方法连接其他点，用光标选择绘制的点和多余的圆及圆弧，按〈Delete〉键删除，结果如图 2-38 所示。

## 2.4　平面图形

平面图形命令包括“矩形”命令和“多边形”命令。

## 2.4.1 矩形

【执行方式】

- 命令行：RECTANG（快捷命令：REC）。
- 菜单栏：选择菜单栏中的“绘图”→“矩形”命令。
- 工具栏：单击“绘图”工具栏中的“矩形”按钮▭。
- 功能区：单击“默认”选项卡“绘图”面板中的“矩形”按钮▭。

【操作步骤】

命令行提示与操作如下：

```
命令:RECTANG↙
指定第一个角点或[倒角(C)/标高(E)/圆角(F)/厚度(T)/宽度(W)]:指定角点
指定另一个角点或[面积(A)/尺寸(D)/旋转(R)]:
```

【选项说明】

（1）第一个角点：通过指定两个角点确定矩形，如图2-42a所示。

（2）倒角（C）：指定倒角距离，绘制带倒角的矩形，如图2-42b所示。每一个角点的逆时针和顺时针方向的倒角可以相同，也可以不同，其中第一个倒角距离是指角点逆时针方向倒角距离，第二个倒角距离是指角点顺时针方向倒角距离。

（3）标高（E）：指定矩形标高（*z*坐标），即把矩形放置在标高为*z*并与*XOY*坐标面平行的平面上，并作为后续矩形的标高值。

（4）圆角（F）：指定圆角半径，绘制带圆角的矩形，如图2-42c所示。

（5）厚度（T）：指定矩形的拉伸厚度，如图2-42d所示。

（6）宽度（W）：指定线宽，如图2-42e所示。

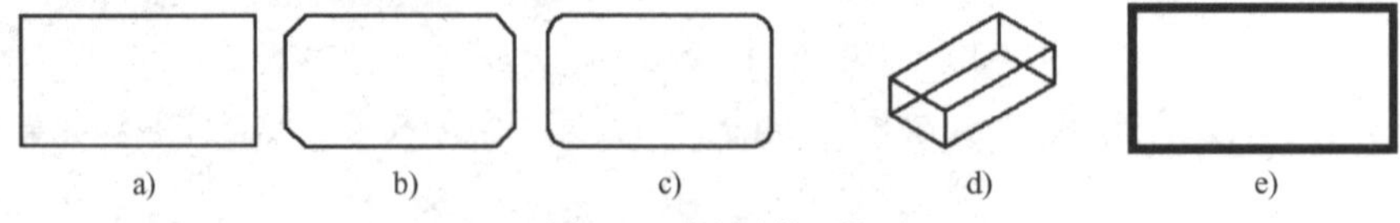


图2-42 绘制矩形

（7）面积（A）：指定面积和长或宽创建矩形。选择该选项，命令行提示与操作如下：

```
输入以当前单位计算的矩形面积 <20.0000>:输入面积值
计算矩形标注时依据[长度(L)/宽度(W)] <长度>:按〈Enter〉键或输入“W”
输入矩形长度 <4.0000>:指定长度或宽度
```

指定长度或宽度后，系统自动计算另一个维度，绘制出矩形。如果矩形被倒角或圆角，则长度或面积计算中也会考虑此设置，如图2-43所示。

（8）尺寸（D）：使用长和宽创建矩形，第二个指定点将矩形定位在与第一角点相关的4个位置之一。

（9）旋转（R）：使所绘制的矩形旋转一定角度。选择该选项，命令行提示与操作如下：

```
指定旋转角度或[拾取点(P)] <135>:指定角度
```

```
指定另一个角点或[面积(A)/尺寸(D)/旋转(R)]:指定另一个角点或选择其他选项
```

指定旋转角度后，系统按指定角度创建矩形，如图 2-44 所示。

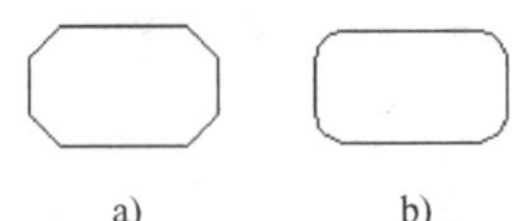

图 2-43 按面积绘制矩形

a）圆角距离（1,1）面积：20 长度：6

b）圆角半径：1.0 面积：20 长度：6

图 2-44 按指定旋转角度绘制矩形

## 2.4.2 实例——方形茶几

本实例主要介绍矩形绘制方法的具体应用。首先利用“矩形”命令绘制外轮廓线，再利用“矩形”命令绘制内轮廓线，如图 2-45 所示。

图 2-45 绘制方形茶几

**【操作步骤】（实例演示\第 2 章\方形茶几.avi）**

（1）单击“默认”选项卡“绘图”面板中的“矩形”按钮▭，绘制外轮廓线，命令行提示与操作如下：

```
命令：_rectang
指定第一个角点或[倒角(C)/标高(E)/圆角(F)/厚度(T)/宽度(W)]：f
指定矩形的圆角半径 <0.0000>：50
指定第一个角点或[倒角(C)/标高(E)/圆角(F)/厚度(T)/宽度(W)]：0,0
指定另一个角点或[面积(A)/尺寸(D)/旋转(R)]：@980,980
```

结果如图 2-46 所示。

（2）单击“默认”选项卡“绘图”面板中的“矩形”按钮▭，绘制内轮廓线。命令行提示与操作如下：

```
命令：_rectang
指定第一个角点或[倒角(C)/标高(E)/圆角(F)/厚度(T)/宽度(W)]：f
指定矩形的圆角半径 <0.0000>:20
指定第一个角点或[倒角(C)/标高(E)/圆角(F)/厚度(T)/宽度(W)]：30,30
指定另一个角点或[面积(A)/尺寸(D)/旋转(R)]:@920,920
```

结果如图 2-47 所示。

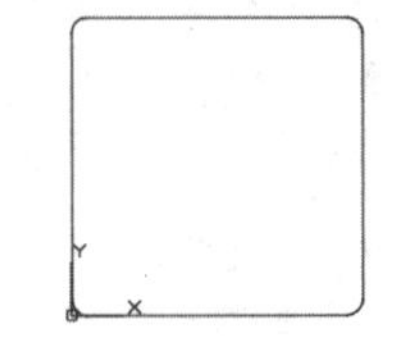

图 2-46 绘制外轮廓线

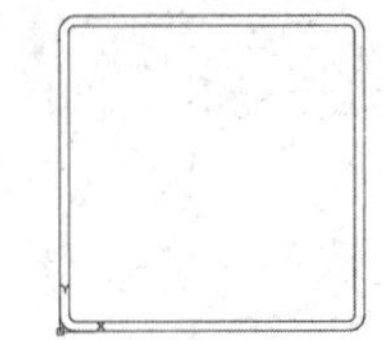

图 2-47 绘制内轮廓线

## 2.4.3 正多边形

**【执行方式】**

- 命令行：POLYGON（快捷命令：POL）。

- 菜单栏：选择菜单栏中的“绘图”→“多边形”命令。
- 工具栏：单击“绘图”工具栏中的“多边形”按钮⬠。
- 功能区：单击“默认”选项卡“绘图”面板中的“多边形”按钮⬠。

**【操作步骤】**

命令行提示与操作如下：

```
命令:POLYGON↙
输入侧面数 <4>:指定多边形的边数,默认值为4
指定正多边形的中心点或[边(E)]:指定中心点
输入选项[内接于圆(I)/外切于圆(C)] <I>:指定是内接于圆或外切于圆
指定圆的半径:指定外接圆或内切圆的半径
```

**【选项说明】**

a)

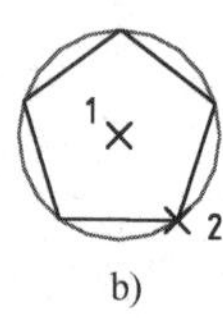

b)

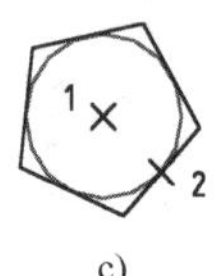

c)

图 2-48　绘制正多边形

(1) 边（E）：选择该选项，则只要指定多边形的一条边，系统就会按逆时针方向创建该正多边形，如图 2-48a 所示。

(2) 内接于圆（I）：选择该选项，绘制的多边形内接于圆，如图 2-48b 所示。

(3) 外切于圆（C）：选择该选项，绘制的多边形外切于圆，如图 2-48c 所示。

## 2.4.4 实例——卡通造型

绘制如图 2-49 所示的卡通造型。

**【操作步骤】（实例演示\第2章\卡通造型.avi）**

图 2-49　卡通造型

(1) 单击“默认”选项卡“绘图”面板中的“圆心，半径”按钮和“默认”选项卡“绘图”面板中的“圆环”按钮◎，绘制卡通造型左边头部的小圆及圆环，命令行提示与操作如下：

```
命令:_circle
指定圆的圆心或[三点(3P)/两点(2P)/切点、切点、半径(T)]:230,210↙
指定圆的半径或[直径(D)]:30↙
命令:_donut
指定圆环的内径 <10.0000>:5↙
指定圆环的外径 <20.0000>:15↙
指定圆环的中心点 <退出>:230,210↙
指定圆环的中心点 <退出>:↙
```

(2) 单击“默认”选项卡“绘图”面板中的“矩形”按钮▭，绘制一个矩形，命令行提示与操作如下：

```
命令:_rectang
指定第一个角点或[倒角(C)/标高(E)/圆角(F)/厚度(T)/宽度(W)]:200,122↙ 指定矩形左上角点坐标值
指定另一个角点:420,88↙ 指定矩形右上角点的坐标值
```

(3) 依次单击“默认”选项卡“绘图”面板中的“圆”按钮、“椭圆”按钮和

“正多边形”按钮⬠，绘制卡通造型右边身体的大圆、小椭圆及正六边形，命令行提示与操作如下：

```
命令:_circle
指定圆的圆心或[三点(3P)/两点(2P)/切点、切点、半径(T)]:T↙
指定对象与圆的第一个切点:如图2-50所示,在点1附近选择小圆
指定对象与圆的第二个切点:如图2-50所示,在点2附近选择矩形
指定圆的半径:<30.0000>:70↙
```

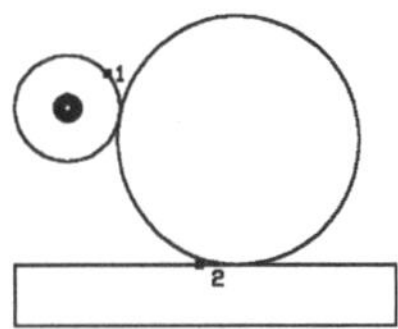

图2-50 绘制大圆

```
命令:_ellipse
指定椭圆的轴端点或[圆弧(A)/中心点(C)]:C↙  用指定椭圆圆心的方式绘制椭圆
指定椭圆的中心点:330,222↙  椭圆中心点的坐标值
指定轴的端点:360,222↙  椭圆长轴右端点的坐标值
指定另一条半轴长度或[旋转(R)]:20↙  椭圆短轴的长度
命令:_polygon
输入边的数目 <4>:6↙  正多边形的边数
指定正多边形的中心点或[边(E)]:330,165↙  正六边形中心点的坐标值
输入选项[内接于圆(I)/外切于圆(C)] <I>:↙  用内接于圆的方式绘制正六边形
指定圆的半径:30↙  内接圆正六边形的半径
```

(4) 单击“默认”选项卡“绘图”面板中的“直线”按钮╱和“圆弧”按钮⌒，绘制左边嘴部折线和颈部圆弧，命令行提示与操作如下：

```
命令:_line
指定第一个点:202,221
指定下一点或[放弃(U)]:@30<-150↙  用相对极坐标值给定下一点的坐标值
指定下一点或[放弃(U)]:@30<-20↙  用相对极坐标值给定下一点的坐标值
指定下一点或[闭合(C)/放弃(U)]:↙
命令:_arc
指定圆弧的起点或[圆心(CE)]:200,122↙
指定圆弧的第二点或[圆心(C)/端点(E)]:E↙用给出圆弧端点的方式画圆弧
指定圆弧的端点:210,188↙  给出圆弧端点的坐标值
指定圆弧的中心点(按住Ctrl键以切换方向)或[角度(A)/方向(D)/半径(R)]:R↙  用给出圆弧半径的方式画圆弧
指定圆弧的半径(按住Ctrl键以切换方向):45 ↙ 圆弧半径值
```

(5) 单击“默认”选项卡“绘图”面板中的“直线”按钮╱，绘制右边折线，命令行提示与操作如下：

```
命令:_line
指定第一个点:420,122↙
指定下一点或[放弃(U)]:@68<90↙
指定下一点或[放弃(U)]:@23<180↙
指定下一点或[闭合(C)/放弃(U)]:↙
```

最终绘制结果如图2-49所示。

## 2.5 多线

多线是一种复合线，由连续的直线段复合组成。多线的突出优点就是能够大大提高绘图

效率，保证图线之间的统一性。

## 2.5.1 绘制多线

【执行方式】

- 命令行：MLINE（快捷命令：ML）。
- 菜单栏：选择菜单栏中的“绘图”→“多线”命令。

【操作步骤】

命令行提示与操作如下：

```
命令:MLINE↙
当前设置:对正=上,比例=20.00,样式=STANDARD
指定起点或[对正(J)/比例(S)/样式(ST)]:指定起点
指定下一点:指定下一点指定下一点或[放弃(U)]:继续指定下一点绘制线段;输入“U”,则放弃
前一段多线的绘制;右击或按〈Enter〉键,结束命令
指定下一点或[闭合(C)/放弃(U)]:继续指定下一点绘制线段;输入“C”,则闭合线段,结束
命令
```

【选项说明】

(1) 对正（J）：该选项用于指定绘制多线的基准。共有3种对正类型“上”“无”和“下”。其中，“上”表示以多线上侧的线为基准，其他两项依此类推。

(2) 比例（S）：选择该选项，要求用户设置平行线的间距。输入值为零时，平行线重合；输入值为负时，多线的排列倒置。

(3) 样式（ST）：用于设置当前使用的多线样式。

## 2.5.2 定义多线样式

【执行方式】

- 命令行：MLSTYLE
- 菜单栏：选择菜单栏中的“格式”→“多线样式”命令。

【操作步骤】

执行上述命令后，系统打开如图2-51所示的“多线样式”对话框。在该对话框中，用户可以对多线样式进行定义、保存和加载等操作。下面通过定义一个新的多线样式来介绍该对话框的使用方法。欲定义的多线样式由3条平行线组成，中心轴线和两条平行的实线相对于中心轴线上、下各偏移0.5，其操作步骤如下。

(1) 在“多线样式”对话框中单击“新建”按钮，系统打开“创建新的多线样式”对话框，如图2-52所示。

(2) 在“创建新的多线样式”对话框的“新样式名”文本框中输入“THREE”，单击“继续”按钮。

(3) 系统打开“新建多线样式：THREE”对话框，如图2-53所示。

(4) 在“封口”选项组中可以设置多线起点和端点的特性，包括直线、外弧还是内弧

封口以及封口线段或圆弧的角度。

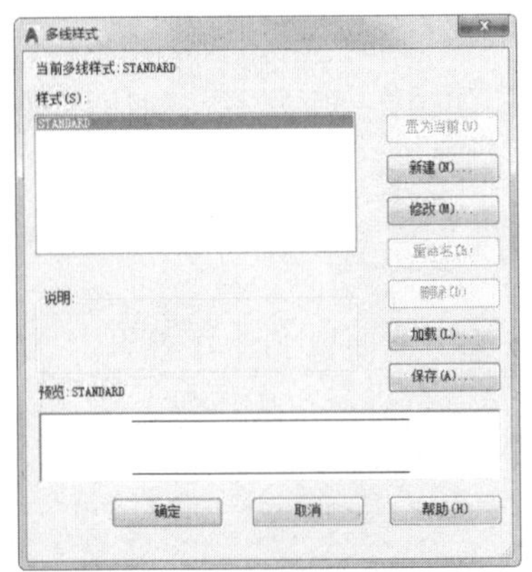

图 2-51 “多线样式”对话框

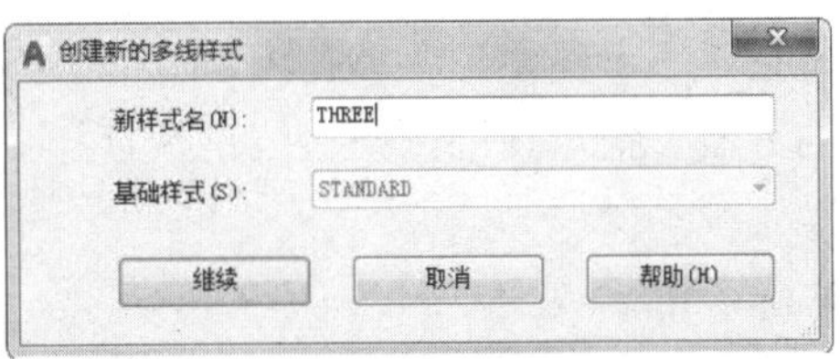


图 2-52 “创建新的多线样式”对话框

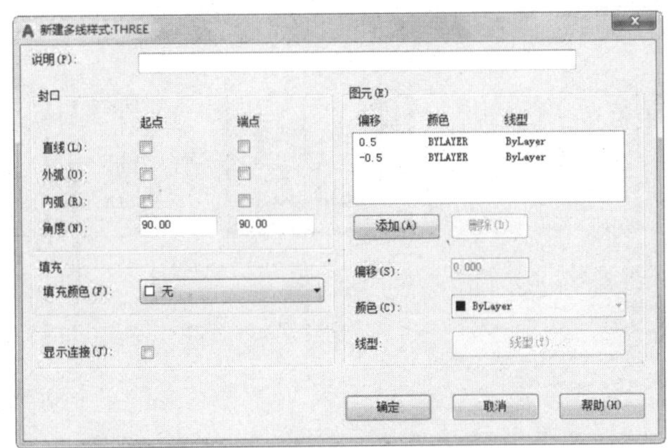


图 2-53 “新建多线样式：THREE”对话框

（5）在“填充颜色”下拉列表框中可以选择多线填充的颜色。

（6）在“图元”选项组中可以设置组成多线元素的特性。单击“添加”按钮，可以为多线添加元素；反之，单击“删除”按钮，可以为多线删除元素。在“偏移”文本框中可以设置选中元素的位置偏移值。在“颜色”下拉列表框中可以为选中的元素选择颜色。单击“线型”按钮，系统打开“选择线型”对话框，可以为选中的元素设置线型。

（7）设置完毕后，单击“确定”按钮，返回到如图 2-51 所示的“多线样式”对话框。在“样式”列表中会显示刚设置的多线样式名，选择该样式，单击“置为当前”按钮，则将刚设置的多线样式设置为当前样式，下面的“预览”框中会显示所选的多线样式。

（8）单击“确定”按钮，完成多线样式设置。

图 2-54 所示为按设置的多线样式绘制的多线。

图 2-54 绘制的多线

## 2.5.3 编辑多线

【执行方式】

- 命令行：MLEDIT。

- 菜单栏：选择菜单栏中的“修改”→“对象”→“多线”命令。

【操作步骤】

执行该命令后，弹出“多线编辑工具”对话框，如图2-55所示。利用该对话框，可以创建或修改多线的模式。对话框中分4列显示示例图形。其中，第一列管理十字形多线，第二列管理T形多线，第三列管理拐角接合点和节点，第四列管理多线被剪切或连接的形式。

单击选择某个示例图形，就可以调用该项编辑功能。下面以“十字打开”为例，介绍多线编辑的方法，把选择的两条多线进行打开交叉。命令行提示与操作如下：

```
选择第一条多线:选择第一条多线
选择第二条多线:选择第二条多线
```

选择完毕后，执行结果如图2-56所示。

图2-55 “多线编辑工具”对话框

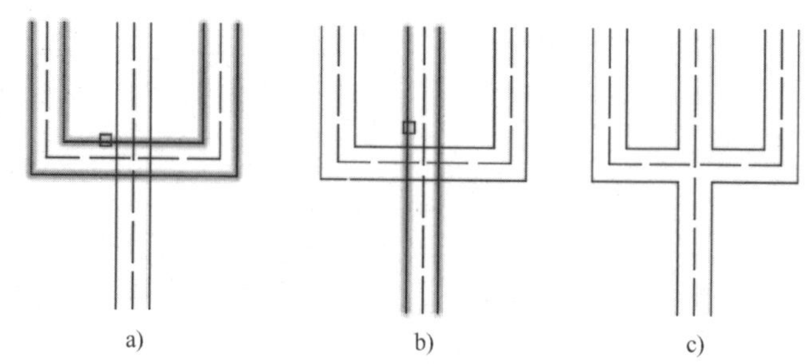

图2-56 十字打开

a）选择第一条多线 b）选择第二条多线 c）执行结果

## 2.5.4 实例——墙体

绘制如图2-57所示的墙体。

【操作步骤】（实例演示\第2章\墙体.avi）

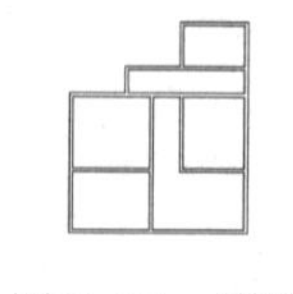

图2-57 墙体

（1）单击“默认”选项卡“绘图”面板中的“构造线”按钮，绘制一条水平构造线和一条竖直构造线，组成十字辅助线，如图2-58所示。继续绘制辅助线，命令行提示与操作如下：

```
命令:_xline 指定点或[水平(H)/垂直(V)/角度(A)/二等分(B)/偏移(O)]:O↙
指定偏移距离或[通过(T)]<通过>:4200↙
选择直线对象:选择水平构造线
指定向哪侧偏移:指定上边一点
选择直线对象:继续选择水平构造线
```

采用相同的方法将偏移得到的水平构造线依次向上偏移5100、1800和3000，绘制的水平构造线如图2-59所示。采用同样的方法绘制竖直构造线，依次向右偏移3900、1800、2100和4500。绘制完成的辅助线网格如图2-60所示。

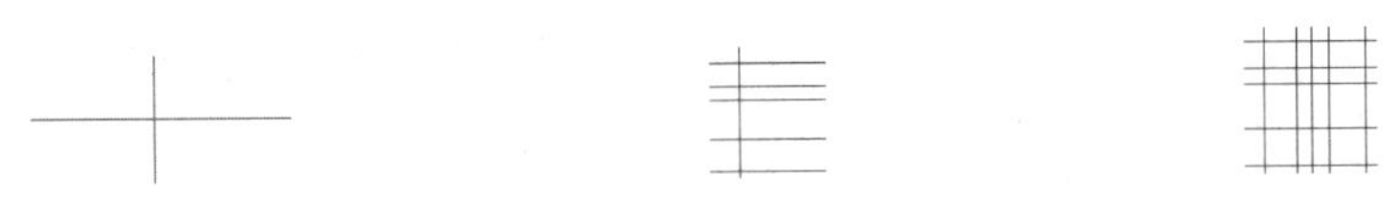

图 2-58 十字辅助线　　图 2-59 水平构造线　　图 2-60 辅助线网格

（2）定义多线样式。在命令行输入“MLSTYLE”，系统打开“多线样式”对话框。单击“新建”按钮，系统打开“创建新的多线样式”对话框，在该对话框的“新样式名”文本框中输入“墙体线”，单击“继续”按钮。

（3）系统打开“新建多线样式：墙体线”对话框，按照图 2-61 所示进行多线样式设置。

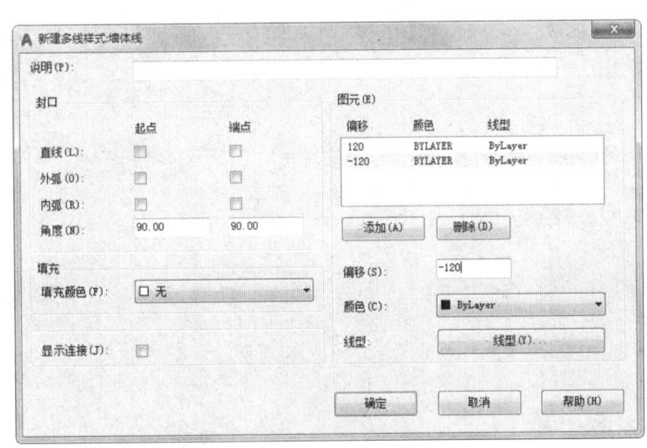


图 2-61 设置多线样式

（4）在命令行中输入“MLINE”命令，绘制多线墙体，命令行提示与操作如下：

```
命令:_mline
当前设置:对正 = 上,比例 = 20.00,样式 = STANDARD
指定起点或[对正(J)/比例(S)/样式(ST)]:S↙
输入多线比例 <20.00>:1↙
当前设置:对正 = 上,比例 = 1.00,样式 = STANDARD
指定起点或[对正(J)/比例(S)/样式(ST)]:J↙
输入对正类型[上(T)/无(Z)/下(B)] <上>:Z↙
当前设置:对正 = 无,比例 = 1.00,样式 = STANDARD
指定起点或[对正(J)/比例(S)/样式(ST)]:在绘制的辅助线交点上指定一点
指定下一点:在绘制的辅助线交点上指定下一点
指定下一点或[放弃(U)]:在绘制的辅助线交点上指定下一点
指定下一点或[闭合(C)/放弃(U)]:在绘制的辅助线交点上指定下一点
……
指定下一点或[闭合(C)/放弃(U)]:C↙
```

采用相同的方法根据辅助线网格绘制多线，绘制结果如图 2-62 所示。

（5）编辑多线。在命令行中输入“MLEDIT”命令，系统打开“多线编辑工具”对话框，如图 2-63 所示。选择“T 形打开”选项，命令行提示与操作如下：

```
命令:_mledit
选择第一条多线:选择多线
```

```
选择第二条多线:选择多线
选择第一条多线或[放弃(U)]:选择多线
……
选择第一条多线或[放弃(U)]:↙
```

采用同样的方法继续进行多线编辑，然后将辅助线删除，最终结果如图 2-57 所示。

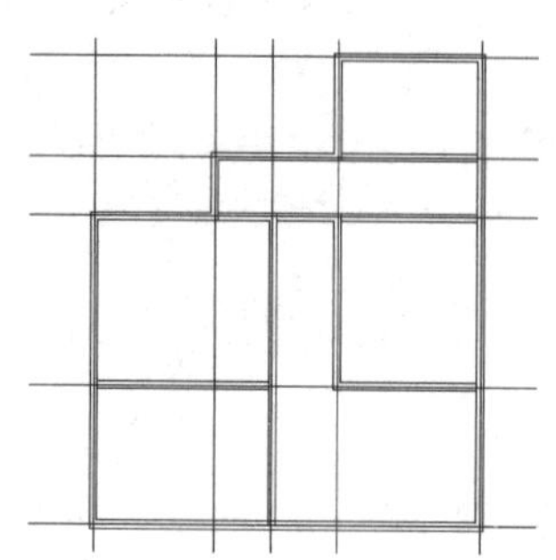

图 2-62　绘制多线

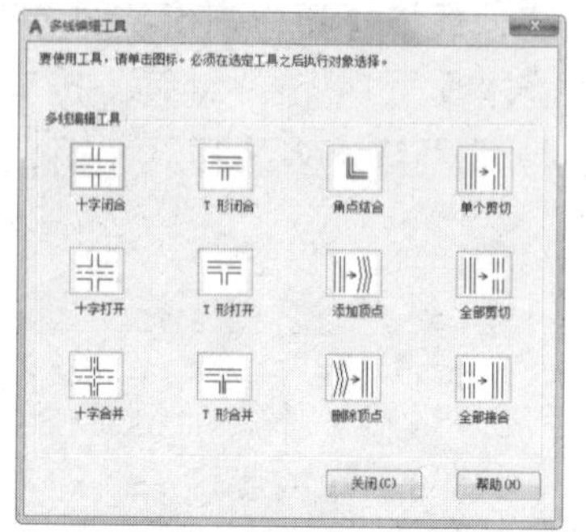


图2-63　“多线编辑工具”对话框

## 2.6　多段线

多段线是一种由线段和圆弧组合而成的，可以有不同线宽的多线。由于多段线组合形式多样，线宽可以变化，弥补了直线或圆弧功能的不足，适合绘制各种复杂的图形轮廓，因而得到了广泛的应用。

### 2.6.1　绘制多段线

**【执行方式】**

- 命令行：PLINE（快捷命令：PL）。
- 菜单栏：选择菜单栏中的“绘图”→“多段线”命令。
- 工具栏：单击“绘图”工具栏中的“多段线”按钮。
- 功能区：单击“默认”选项卡“绘图”面板中的“多段线”按钮。

**【操作步骤】**

命令行提示与操作如下：

```
命令:PLINE↙
指定起点:指定多段线的起点
当前线宽为 0.0000
指定下一个点或[圆弧(A)/半宽(H)/长度(L)/放弃(U)/宽度(W)]:指定多段线的下一个点
```

**【选项说明】**

多段线主要由连续且不同宽度的线段或圆弧组成，如果在上述提示中选择“圆弧(A)”选项，则命令行提示与绘制圆弧方法中的“圆弧”命令相似。

### 2.6.2 编辑多段线

【执行方式】

- 命令行：PEDIT。
- 菜单栏：选择菜单栏中的“修改”→“对象”→“多段线”命令。
- 工具栏：单击“修改 II”工具栏中的“编辑多段线”按钮。
- 功能区：单击“默认”选项卡“修改”面板下的“编辑多段线”按钮。
- 快捷菜单：选择要编辑的多段线，在绘图区右击，在弹出的快捷菜单中选择“多段线”→“编辑多段线”命令。

【操作步骤】

命令行提示与操作如下：

```
命令:PEDIT↙
选择多段线或[多条(M)]:选择一条要编辑的多段线
输入选项[闭合(C)/合并(J)/宽度(W)/编辑顶点(E)/拟合(F)/样条曲线(S)/非曲线化(D)/
线型生成(L)/反转(R)/放弃(U)]:
```

【选项说明】

(1) 合并 (J)：以选中的多段线为主体，合并其他直线段、圆弧和多段线，使其成为一条多段线。能合并的条件是各段端点首尾相连，如图 2-64 所示。

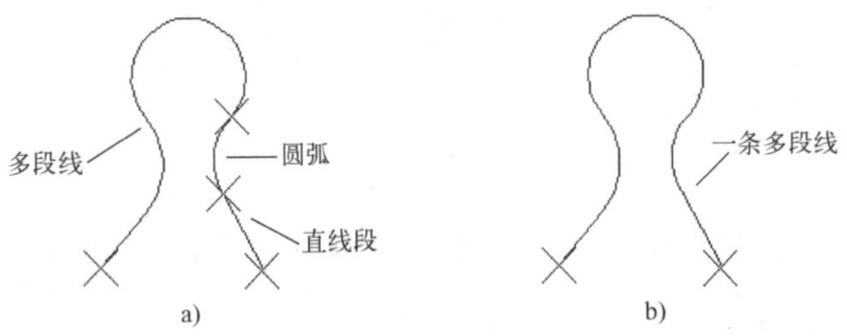


图 2-64 合并多段线

a) 合并前 b) 合并后

(2) 宽度 (W)：修改整条多段线的线宽，使其具有同一线宽，如图 2-65 所示。

(3) 编辑顶点 (E)：选择该选项后，在多段线起点处出现一个斜的十字叉“×”，它为当前顶点的标记，并在命令行出现进行后续操作的提示：

```
[下一个(N)/上一个(P)/打断(B)/插入(I)/移动(M)/重生成(R)/拉直(S)/切向(T)/宽度
(W)/退出(X)]<N>:
```

这些选项允许用户进行移动、插入顶点和修改任意两点间的线宽等操作。

(4) 拟合 (F)：将指定的多段线生成由光滑圆弧连接的圆弧拟合曲线，该曲线经过多段线的各顶点，如图 2-66 所示。

(5) 样条曲线 (S)：将指定的多段线以各顶点为控制点生成 B 样条曲线，如图 2-67 所示。

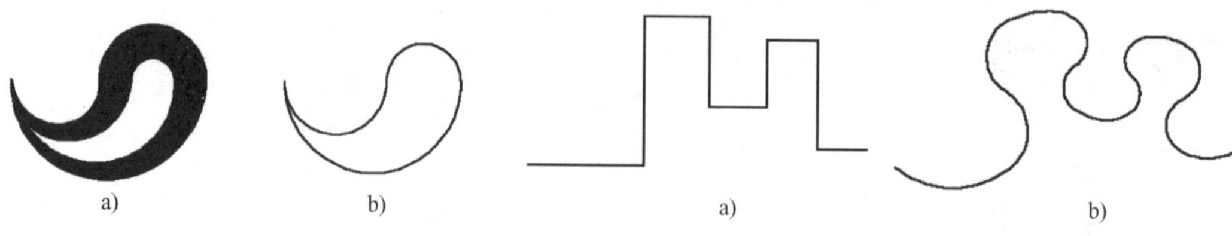


图 2-65　修改整条多段线的线宽
a）修改前　b）修改后

图 2-66　生成圆弧拟合曲线
a）修改前　b）修改后

（6）非曲线化（D）：将指定的多段线中的圆弧由直线代替。对于选用“拟合（F）”或“样条曲线（S）”选项后生成的圆弧拟合曲线或样条曲线，则删除生成曲线时新插入的顶点，恢复成由直线段组成的多段线。

（7）线型生成（L）：当多段线的线型为点画线时，控制多段线的线型生成方式开、关。选择此项，系统提示：

```
输入多段线线型生成选项 [开(ON)/关(OFF)] <关>:
```

选择“开（ON）”选项时，将在每个顶点处允许以短画开始和结束生成线型；选择“关（OFF）”选项时，将在每个顶点处以长画开始和结束生成线型。“线型生成（L）”选项不能用于带变宽线段的多段线，如图 2-68 所示。

图 2-67　生成 B 样条曲线
a）修改前　b）修改后

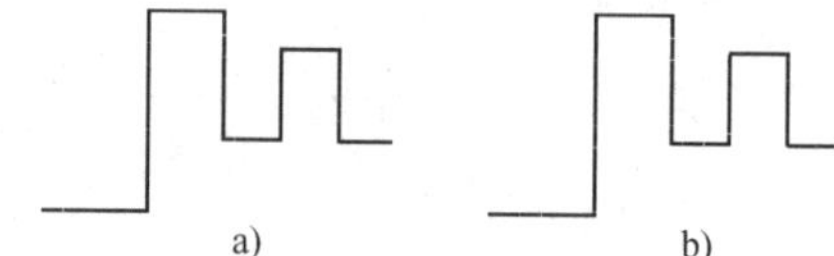


图 2-68　控制多段线的线型（线型为点画线时）
a）关　b）开

（8）反转（R）：反转多段线顶点的顺序。使用此选项可反转使用包含文字线型对象的方向。例如，根据多段线的创建方向，线型中的文字可能倒置显示。

### 2.6.3 实例——圈椅

本实例主要介绍多段线绘制和多段线编辑方法的具体应用。首先利用“多段线”命令绘制圈椅外圈，然后利用“圆弧”命令绘制内圈，再利用“编辑多段线”命令将所绘制线条合并，最后利用“圆弧”和“直线”命令绘制椅垫，结果如图 2-69 所示。

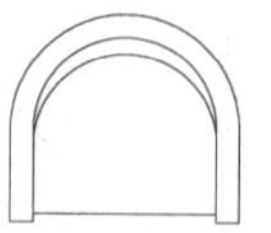

图 2-69　绘制圈椅

**【操作步骤】（实例演示\第 2 章\圈椅 . avi）**

（1）单击“默认”选项卡“绘图”面板中的“多段线”按钮，绘制外部轮廓，命令行提示与操作如下：

```
命令：_pline
指定起点：
当前线宽为 0.0000
指定下一个点或 [圆弧(A)/半宽(H)/长度(L)/放弃(U)/宽度(W)]：@0,-600
指定下一点或 [圆弧(A)/闭合(C)/半宽(H)/长度(L)/放弃(U)/宽度(W)]：@150,0
```

```
指定下一点或［圆弧(A)/闭合(C)/半宽(H)/长度(L)/放弃(U)/宽度(W)］：0,600
指定下一点或［圆弧(A)/闭合(C)/半宽(H)/长度(L)/放弃(U)/宽度(W)］：U
指定下一点或［圆弧(A)/闭合(C)/半宽(H)/长度(L)/放弃(U)/宽度(W)］：@0,600
指定下一点或［圆弧(A)/闭合(C)/半宽(H)/长度(L)/放弃(U)/宽度(W)］：A
指定圆弧的端点(按住 Ctrl 键以切换方向)或［角度(A)/圆心(CE)/闭合(CL)/方向(D)/半宽(H)/直线(L)/半径(R)/第二个点(S)/放弃(U)/宽度(W)］：R
指定圆弧的半径：750
指定圆弧的端点(按住 Ctrl 键以切换方向)或［角度(A)］：A
指定夹角：180
指定圆弧的弦方向(按住 Ctrl 键以切换方向) <326>：180
指定圆弧的端点(按住 Ctrl 键以切换方向)或［角度(A)/圆心(CE)/闭合(CL)/方向(D)/半宽(H)/直线(L)/半径(R)/第二个点(S)/放弃(U)/宽度(W)］：L
指定下一点或［圆弧(A)/闭合(C)/半宽(H)/长度(L)/放弃(U)/宽度(W)］：@0,-600
指定下一点或［圆弧(A)/闭合(C)/半宽(H)/长度(L)/放弃(U)/宽度(W)］：@150,0
指定下一点或［圆弧(A)/闭合(C)/半宽(H)/长度(L)/放弃(U)/宽度(W)］：@0,600
指定下一点或［圆弧(A)/闭合(C)/半宽(H)/长度(L)/放弃(U)/宽度(W)］：
```

绘制结果如图 2-70 所示。

(2) 打开状态栏上的“对象捕捉”按钮，单击“默认”选项卡“绘图”面板中的“圆弧”按钮，绘制内圈，命令行提示与操作如下：

```
命令：_arc
指定圆弧的起点或［圆心(C)］：
指定圆弧的第二个点或［圆心(C)/端点(E)］：E
指定圆弧的端点：
指定圆弧的中心点(按住 Ctrl 键以切换方向)或［角度(A)/方向(D)/半径(R)］：D
指定圆弧起点的相切方向(按住 Ctrl 键以切换方向)：90
```

绘制结果如图 2-71 所示。

(3) 单击“默认”选项卡“修改”面板下的“编辑多段线”按钮，编辑多段线，命令行提示与操作如下：

```
命令：_pedit
选择多段线或［多条(M)］：选择刚绘制的多段线
输入选项［闭合(C)/合并(J)/宽度(W)/编辑顶点(E)/拟合(F)/样条曲线(S)/非曲线化(D)/线型生成(L)/反转(R)/放弃(U)］：J
选择对象：选择刚绘制的圆弧
选择对象：
多段线已增加 1 条线段
输入选项［闭合(C)/合并(J)/宽度(W)/编辑顶点(E)/拟合(F)/样条曲线(S)/非曲线化(D)/线型生成(L)/反转(R)/放弃(U)］：
```

系统将圆弧和原来的多段线合并成一个新的多段线，选择该多段线，可以看出所有线条都被选中，说明已经合并为一体了，如图 2-72 所示。

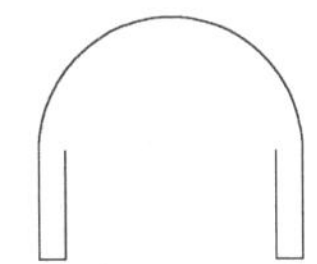

图 2-70　绘制外部轮廓

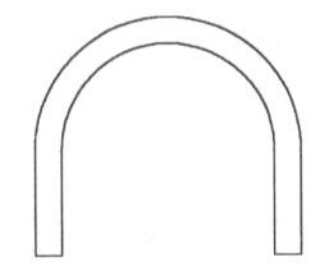

图 2-71　绘制内圈

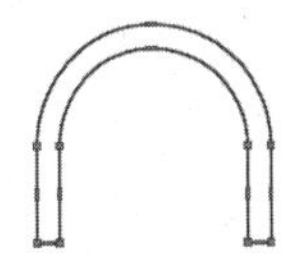

图 2-72　合并多段线

（4）打开状态栏上的“对象捕捉”按钮，单击“默认”选项卡“绘图”面板中的“圆弧”按钮，绘制椅垫，结果如图2-73所示。

（5）单击“默认”选项卡“绘图”面板中的“直线”按钮，捕捉适当的点为端点，绘制一条水平线，最终结果如图2-74所示。

图2-73　绘制椅垫

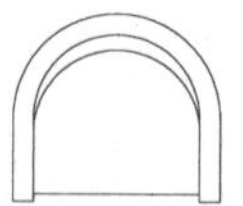

图2-74　绘制直线

## 2.7　样条曲线

在AutoCAD中使用的样条曲线为非一致有理B样条（NURBS）曲线。使用NURBS曲线能够在控制点之间产生一条光滑的曲线，如图2-75所示。样条曲线可用于绘制形状不规则的图形，如为地理信息系统（GIS）或汽车设计绘制轮廓线。

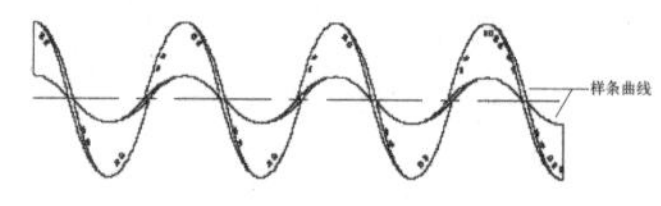


图2-75　样条曲线

### 2.7.1　绘制样条曲线

【执行方式】

- 命令行：SPLINE。
- 菜单栏：选择菜单栏中的“绘图”→“样条曲线”命令。
- 工具栏：单击“绘图”工具栏中的“样条曲线”按钮。
- 功能区：单击“默认”选项卡“绘图”面板中的“样条曲线拟合”按钮或“样条曲线控制点”按钮，如图2-76所示。

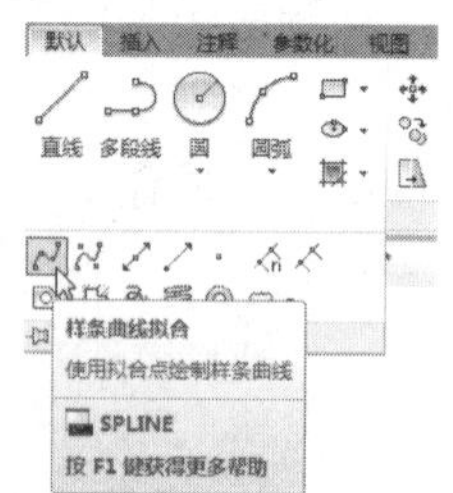


图2-76　“绘图”面板

【操作步骤】

命令行提示与操作如下：

```
命令:SPLINE↙
当前设置:方式=拟合　　节点=弦
指定第一个点或[方式(M)/节点(K)/对象(O)]:指定一点或选择“对象(O)”选项
输入下一个点或[起点切向(T)/公差(L)]:
输入下一个点或[端点相切(T)/公差(L)/放弃(U)]:
输入下一个点或[端点相切(T)/公差(L)/放弃(U)/闭合(C)]:
```

【选项说明】

（1）方式（M）：控制是使用拟合点还是使用控制点来创建样条曲线。选项会因选择的是使用拟合点创建样条曲线的选项还是使用控制点创建样条曲线的选项而异。

（2）节点（K）：指定节点参数化，它会影响曲线在通过拟合点时的形状。

(3) 对象 (O): 将二维或三维的二次或三次样条曲线拟合的多段线转换为等价的样条曲线，然后（根据 DELOBJ 系统变量的设置）删除该多段线。

(4) 起点切向 (T): 定义样条曲线的第一点和最后一点的切向。如果在样条曲线的两端都指定切向，可以输入一个点或使用“切点”和“垂足”对象捕捉模式，使样条曲线与已有的对象相切或垂直。如果按〈Enter〉键，系统将计算默认切向。

(5) 端点相切 (T): 停止基于切向创建曲线。可通过指定拟合点继续创建样条曲线。

(6) 公差 (L): 指定距样条曲线必须经过的指定拟合点的距离。公差应用于除起点和端点外的所有拟合点。

(7) 闭合 (C): 将最后一点定义与第一点一致，并使其在连接处相切，以闭合样条曲线。选择该选项，命令行提示如下：

```
指定切向:指定点或按〈Enter〉键
```

用户可以指定一点来定义切向矢量，或按下状态栏中的“对象捕捉”按钮，使用“切点”和“垂足”对象捕捉模式使样条曲线与现有对象相切或垂直。

## 2.7.2 编辑样条曲线

**【执行方式】**

- 命令行：SPLINEDIT。
- 菜单栏：选择菜单栏中的“修改”→“对象”→“样条曲线”命令。
- 工具栏：单击“修改 II”工具栏中的“编辑样条曲线”按钮。
- 功能区：单击“默认”选项卡“修改”面板下的“编辑样条曲线”按钮。
- 快捷菜单：选择要编辑的样条曲线，在绘图区右击，在弹出的快捷菜单中选择“样条曲线”子菜单中的命令进行编辑。

**【操作步骤】**

```
命令:SPLINEDIT↙
选择样条曲线:选择不闭合的样条曲线
输入选项[打开(O)/拟合数据(F)/编辑顶点(E)/转换为多段线(P)/反转(R)/放弃(U)/退出(X)]<退出>:
选择样条曲线:选择不闭合的样条曲线
输入选项[闭合(C)/合并(J)/拟合数据(F)/编辑顶点(E)/转换为多段线(P)/反转(R)/放弃(U)/退出(X)]<退出>:
```

**【选项说明】**

(1) 闭合 (C): 通过定义与第一个点重合的最后一个点，闭合开放的样条曲线。在默认情况下，闭合的样条曲线是周期性的，沿整个曲线保持曲率连续性 (C2)。

(2) 打开 (O): 通过删除最初创建样条曲线时指定的第一个和最后一个点之间的最终曲线段可打开闭合的样条曲线。

(3) 合并 (J): 选定的样条曲线、直线和圆弧在重合端点处合并到现有样条曲线。选择有效对象后，该对象将合并到当前样条曲线，合并点处将具有一个折点。

(4) 拟合数据 (F): 编辑近似数据。选择该选项后，创建该样条曲线时指定的各点以小方格的形式显示出来。

(5) 编辑顶点 (E): 精密调整样条曲线定义。

(6) 转换为多段线 (P): 将样条曲线转换为多段线。精度值决定结果多段线与源样条曲线拟合的精确程度。有效值为 0 ~ 99 之间的任意整数。

(7) 反转 (R): 翻转样条曲线的方向。该选项操作主要用于应用程序。

(8) 放弃 (U): 取消上一编辑操作。

### 2.7.3 实例——壁灯

本实例主要介绍样条曲线的具体应用。首先利用“矩形”和“直线”命令绘制底座，然后利用“多段线”命令绘制灯罩，最后利用“样条曲线拟合”和“多段线”命令绘制装饰物，结果如图 2-77 所示。

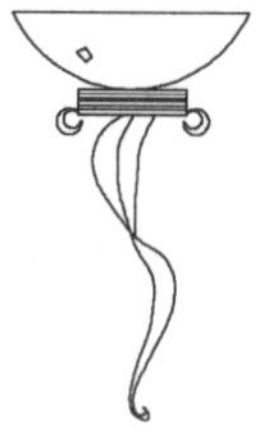

图 2-77 壁灯

**【操作步骤】(实例演示\第 2 章\壁灯 . avi)**

(1) 单击“默认”选项卡“绘图”面板中的“矩形”按钮▭，在适当位置绘制一个 220 mm × 50 mm 的矩形。

(2) 单击“默认”选项卡“绘图”面板中的“直线”按钮╱，在矩形中绘制 5 条水平直线，结果如图 2-78 所示。

(3) 单击“默认”选项卡“绘图”面板中的“多段线”按钮，绘制灯罩，命令行提示与操作如下：

```
命令: _pline
指定起点:
当前线宽为 0.0000
指定下一个点或 [圆弧(A)/半宽(H)/长度(L)/放弃(U)/宽度(W)]: A
指定圆弧的端点(按住 Ctrl 键以切换方向)或
[角度(A)/圆心(CE)/方向(D)/半宽(H)/直线(L)/半径(R)/第二个点(S)/放弃(U)/宽度(W)]: S
指定圆弧上的第二个点: 捕捉矩形上边线中点
指定圆弧的端点: 在图中合适的位置处捕捉一点
指定圆弧的端点(按住 Ctrl 键以切换方向)或
[角度(A)/圆心(CE)/闭合(CL)/方向(D)/半宽(H)/直线(L)/半径(R)/第二个点(S)/放弃(U)/宽度(W)]: L
指定下一点或 [圆弧(A)/闭合(C)/半宽(H)/长度(L)/放弃(U)/宽度(W)]: 捕捉圆弧起点
指定下一点或 [圆弧(A)/闭合(C)/半宽(H)/长度(L)/放弃(U)/宽度(W)]:
```

重复执行“多段线”命令，在灯罩上绘制一个不等边四边形，如图 2-79 所示。

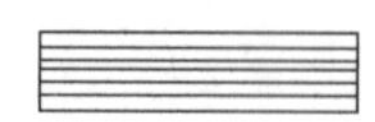

图 2-78 绘制底座

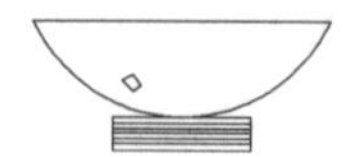

图 2-79 绘制灯罩

(4) 单击“默认”选项卡“绘图”面板中的“样条曲线拟合”按钮，绘制装饰物，命令行提示与操作如下：

```
命令：_SPLINE
当前设置：方式 = 拟合    节点 = 弦
指定第一个点或［方式(M)/节点(K)/对象(O)］：_M
输入样条曲线创建方式［拟合(F)/控制点(CV)］<拟合>：_FIT
当前设置：方式 = 拟合    节点 = 弦
指定第一个点或［方式(M)/节点(K)/对象(O)］：捕捉矩形底边上任意一点
输入下一个点或［起点切向(T)/公差(L)］：在矩形下方合适的位置处指定一点
输入下一个点或［端点相切(T)/公差(L)/放弃(U)］：指定样条曲线的下一个点
输入下一个点或［端点相切(T)/公差(L)/放弃(U)/闭合(C)］：指定样条曲线的下一个点
输入下一个点或［端点相切(T)/公差(L)/放弃(U)/闭合(C)］：
```

用同样的方法绘制其他的样条曲线，结果如图 2-80 所示。

（5）单击“默认”选项卡“绘图”面板中的“多段线”按钮，在矩形的两侧绘制月亮装饰，如图 2-81 所示。

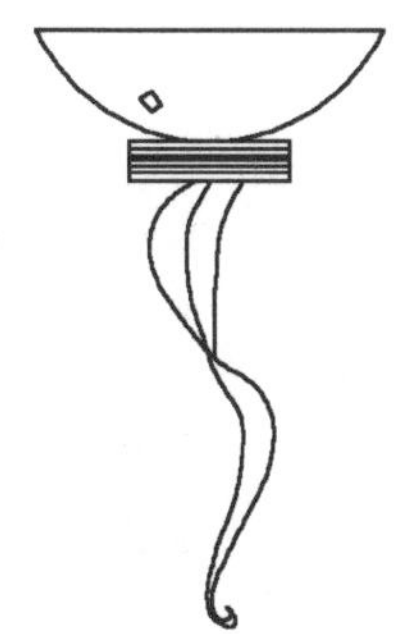

图 2-80　绘制装饰物

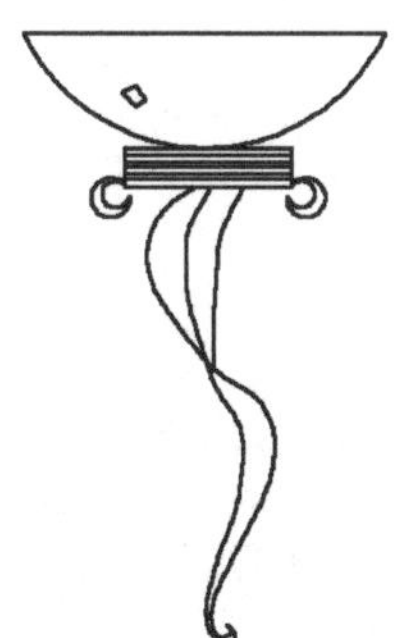

图 2-81　壁灯

## 2.8　综合演练——汽车简易造型

本实例绘制的汽车简易造型如图 2-82 所示。绘制的大体顺序是先绘制两个车轮，从而确定汽车的大体尺寸和位置，然后绘制车体轮廓，最后绘制车窗。绘制过程中要用到“直线”“圆”“圆弧”“多段线”“圆环”“矩形”和“正多边形”等命令。

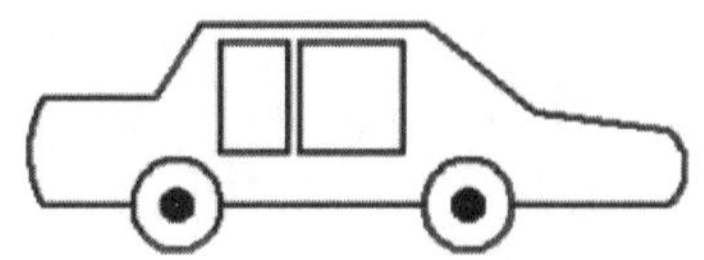

图 2-82　汽车简易造型

**【操作步骤】（实例演示\第 2 章\汽车简易造型 . avi）**

（1）单击“快速访问”工具栏中的“新建”按钮，新建一个空白图形文件。

（2）单击“默认”选项卡“绘图”面板中的“圆”按钮，分别以（1500，200），（500，200）为圆心，绘制半径为 150 的两个车轮的外圈，结果如图 2-83 所示。

（3）单击“默认”选项卡“绘图”面板中的“圆环”按钮，捕捉第（2）步中绘制圆的圆心，设置内径为 30，外径为 100，绘制车轮内圈，结果如图 2-84 所示。

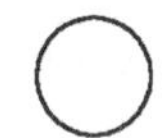

图 2-83　绘制车轮外圈

图 2-84　绘制车轮内圈

（4）单击“默认”选项卡“绘图”面板中的“直线”按钮，绘制车底轮廓。命令行提示与操作如下：

```
命令：_line
指定第一个点：50,200↙
指定下一点或［放弃(U)］：350,200↙
指定下一点或［放弃(U)］：↙
```

用同样的方法，指定端点坐标分别为(650,200)、(1350,200)和(1650,200)、(2200,200)，绘制两条线段。结果如图2-85所示。

（5）单击“默认”选项卡“绘图”面板中的“圆弧”按钮，绘制坐标为(50，200)、(0，380)、(50，550)的圆弧。

（6）单击“默认”选项卡“绘图”面板中的“直线”按钮，绘制车体外轮廓，端点坐标分别为(50，550)、(@375，0)、(@160，240)、(@780，0)、(@365，-285)、(@470，-60)。

（7）单击“默认”选项卡“绘图”面板中的“圆弧”按钮，绘制圆弧段，命令行提示与操作如下：

```
命令：_arc
指定圆弧的起点或［圆心(C)］：2200，200↙
指定圆弧的第二个点或［圆心(C)/端点(E)］:2256，322↙
指定圆弧的端点:2200，445↙
```

结果如图2-86所示。

图2-85　绘制底板

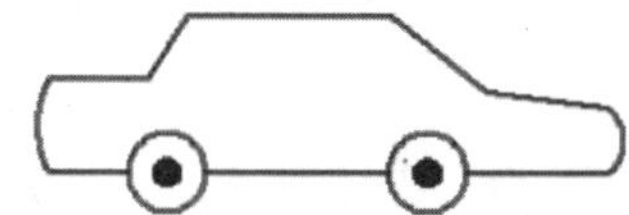

图2-86　绘制车体外轮廓

（8）单击“默认”选项卡“绘图”面板中的“矩形”按钮，绘制角点为(650，730)、(880，370)，(920，730)、(1350，370)的车窗。结果如图2-82所示。

## 2.9　名师点拨

**1. 如何解决图形中的圆不圆了的情况？**

圆是由$N$边形形成的，数值$N$越大，棱边越短，圆越光滑。有时候，图形经过缩放后，绘制的圆边显示棱边，图形会变得粗糙。在命令行中输入“RE”，重新生成模型，圆边光滑。

**2. 如何快速继续使用执行过的命令？**

在默认情况下，按〈Space〉键或〈Enter〉键重复AutoCAD的上一个命令，故在连续采用同一个命令操作时，只需连续敲击〈Space〉键或〈Enter〉键即可，无需费时费力地连续输入同一个命令。

同时按下键盘右侧的〈←〉、〈↑〉两键，在命令行中则显示上步执行的命令，松开其中一键，继续按下另外一键，显示倒数第二步执行的命令，继续按键，以此类推。反之，则按下〈→〉、〈↓〉两键。

**3. 如何等分几何图形？**

“等分点”命令只是用于直线，不能直接应用到几何图形中，如无法等分矩形。要等分矩形，可以先分解矩形，再等分矩形的两条边线，适当连接等分点，即可完成矩形等分。

**4. 如何画曲线？**

在绘制图样时，经常遇到画截交线、相贯线及其他曲线的问题。手工绘制很麻烦，不仅要找特殊点和一定数量一般点，且连出的曲线误差大。画曲线可采用以下两种方法。

方法一：用“多段线”或“3Dpoly”命令在2D、3D图形上画通过特殊点的折线，利用“编辑多段线”（Pedit）命令中的“拟合”选项或“样条曲线”选项，可使折线变成光滑的平面曲线或空间曲线。

方法二：用“Solids”命令创建三维基本实体（长方体、圆柱、圆锥、球等），再经“布尔”组合运算：交、并、差和干涉等获得各种复杂实体，然后利用菜单栏中的“视图”→“三维视图”→“视点”命令，选择不同视点来产生标准视图，得到曲线的不同视图投影。

**5. 多段线的宽度问题。**

当多段线设置的宽度不为0时，打印时就按这个线宽打印。如果这个多段线的宽度太小，就出不了宽度效果。例如，以毫米为单位绘图，设置多段线宽度为10，当用1∶100的比例打印时，就是0.1 mm。所以多段线的宽度设置要考虑打印比例才行。而宽度是0时，就可按对象特性来设置（与其他对象一样）。

**6. 多段线的编辑操作技巧是什么？**

除大多数对象使用的一般编辑操作外，还可以通过“Pedit”命令编辑多段线，具体如下。

（1）闭合。创建多段线的闭合线段，形成封闭域，即连接最后一条线段与第一条线段。默认情况下，多段线是开放的。

（2）合并。可以将直线、圆弧或多段线添加到开放的多段线的端点，并从曲线拟合多段线中删除曲线拟合，以形成一条多段线。要将对象合并至多段线，其端点必须是连续无间距的。

（3）宽度。为多段线指定新的统一宽度。使用“编辑顶点”选项中的“宽度”选项修改线段的起点宽度和端点宽度，用于编辑线宽。

## 2.10 上机实验

**【练习1】绘制如图2-87所示的五角星。**

**1. 目的要求**

本练习中图形涉及的主要是“直线”命令。为了做到准确无误，要求通过坐标值的输入指定直线的相关点，从而使读者灵活掌握直线的绘制方法。

**2. 操作提示**

利用“直线”命令绘制五角星。

【练习 2】绘制如图 2-88 所示的哈哈猪。

图 2-87 五角星

图 2-88 哈哈猪

**1. 目的要求**

本练习中图形涉及的主要是“直线”和“圆”命令。为了做到准确无误，要求通过坐标值的输入指定线段的端点和圆弧的相关点，从而使读者灵活掌握线段以及圆弧的绘制方法。

**2. 操作提示**

（1）利用“圆”命令绘制哈哈猪的两个眼睛。

（2）利用“圆”命令绘制哈哈猪的嘴巴。

（3）利用“圆”命令绘制哈哈猪的头部。

（4）利用“直线”命令绘制哈哈猪的上、下颌分界线。

（5）利用“圆”命令绘制哈哈猪的鼻子。

【练习 3】绘制如图 2-89 所示的椅子。

**1. 目的要求**

本练习中图形涉及的主要是“圆弧”命令。为了做到准确无误，要求通过坐标值的输入指定线段的端点和圆弧的相关点，从而使读者灵活掌握圆弧的绘制方法。

**2. 操作提示**

（1）利用“直线”命令绘制初步轮廓。

（2）利用“圆弧”命令绘制图形中的圆弧部分。

（3）利用“直线”命令绘制连接线段。

【练习 4】绘制如图 2-90 所示的螺母。

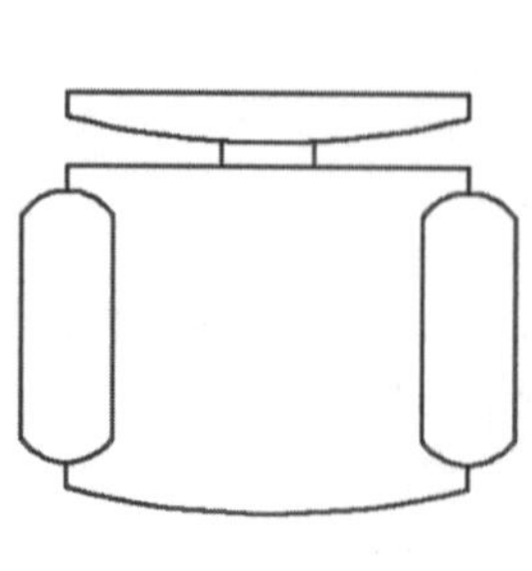

图 2-89 椅子

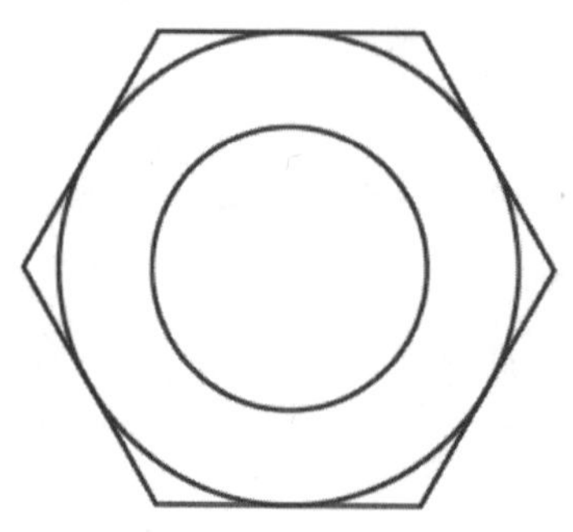

图 2-90 螺母

**1. 目的要求**

本练习绘制的是一个机械零件图形，涉及“多边形”“圆”命令。本练习要求读者掌握正多边形的绘制方法，同时复习圆的绘制方法。

**2. 操作提示**

（1）利用“圆”命令绘制外面的圆。

（2）利用“多边形”命令绘制六边形。

（3）利用“圆”命令绘制里面的圆。

**【练习5】绘制如图2-91所示的浴缸。**

**1. 目的要求**

本练习涉及“多段线”“椭圆”命令。本练习要求读者掌握多段线的绘制方法，同时复习椭圆的绘制方法。

**2. 操作提示**

（1）利用“多段线”命令绘制浴缸外沿。

（2）利用“椭圆”命令绘制浴缸底。

**【练习6】绘制如图2-92所示的雨伞。**

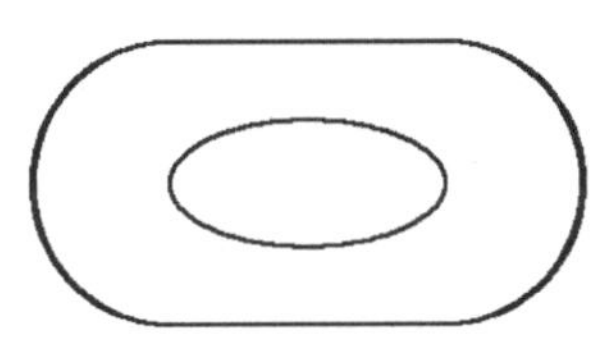

图2-91　浴缸

图2-92　雨伞

**1. 目的要求**

本练习涉及“圆弧”“样条曲线”和“多段线”命令。本练习要求读者掌握样条曲线的绘制方法，同时复习多段线的绘制方法。

**2. 操作提示**

（1）利用“圆弧”命令绘制伞的外框。

（2）利用“样条曲线”命令绘制伞的底边。

（3）利用“圆弧”命令绘制伞面。

（4）利用“多段线”命令绘制伞顶和伞把。

## 2.11　思考与练习

（1）将用“矩形”命令绘制的四边形分解后，该矩形成为（　　）个对象。

A. 4　　B. 3　　C. 2　　D. 1

（2）半径为72.5的圆的周长为（　　）。

A. 455.5309　　B. 16512.9964　　C. 910.9523　　D. 261.0327

(3) 以同一点作为正五边形的中心，圆的半径为50，分别用I（内接于圆）和C（外切于圆）方式画的正五边形的间距为（　　）。

A. 15.32　　B. 9.55　　C. 7.43　　D. 12.76

(4) 若需要编辑已知多段线，使用“多段线”命令中（　　）选项可以创建宽度不等的对象。

A. 样条(S)　　B. 锥形(T)　　C. 宽度(W)　　D. 编辑顶点(E)

(5) 利用“Arc”命令刚刚结束绘制一段圆弧，现在执行“Line”命令，命令行提示“指定第一点:”时直接按〈Enter〉键，结果是（　　）。

A. 继续提示“指定第一点:”　　B. 提示“指定下一点或［放弃（U）］:”

C. “Line”命令结束　　D. 以圆弧端点为起点绘制圆弧的切线

(6) 重复使用刚执行的命令，按（　　）键。

A.〈Ctrl〉　　B.〈Alt〉　　C.〈Enter〉　　D.〈Shift〉

(7) 如图2-93所示的图形采用的多线编辑方法分别是（　　）。

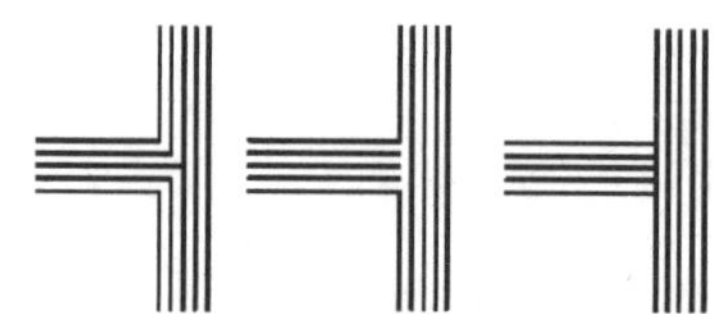

图2-93　多线编辑

A. T字打开，T字闭合，T字合并　　B. T字闭合，T字打开，T字合并

C. T字合并，T字闭合，T字打开　　D. T字合并，T字打开，T字闭合

(8) 关于样条曲线拟合点说法错误的是（　　）。

A. 可以删除样条曲线的拟合点　　B. 可以添加样条曲线的拟合点

C. 可以阵列样条曲线的拟合点　　D. 可以移动样条曲线的拟合点

(9) 绘制如图2-94所示的图形。

(10) 绘制如图2-95所示的图形。其中，三角形是边长为81的等边三角形，三个圆分别与三角形的两条边相切。

图2-94　图形1

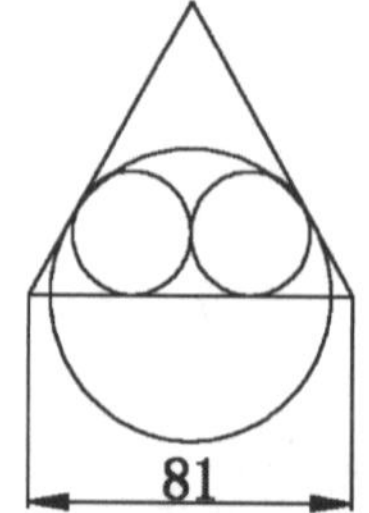


图2-95　图形2

# 第 3 章

# 面域与图案填充

通过第 2 章中讲述的基本的二维绘图和编辑命令，可以完成一些简单二维图形的绘制。但有些二维图形的绘制，利用第 2 章学习的这些命令很难完成。为此，AutoCAD 推出了一些高级二维绘图和编辑命令以方便有效地完成复杂的二维图形的绘制。

- 面域
- 图案填充
- 对象编辑

# 3.1 面域

## 3.1.1 创建面域

面域是具有边界的平面区域，内部可以包含孔。用户可以将由某些对象围成的封闭区域转变为面域，这些封闭区域可以是圆、椭圆、封闭二维多段线、封闭样条曲线等，也可以是由圆弧、直线、二维多段线和样条曲线等构成的封闭区域。

【执行方式】

- 命令行：REGION。
- 菜单栏：选择菜单栏中的“绘图”→“面域”命令。
- 工具栏：单击“绘图”工具栏中的“面域”按钮。
- 快捷菜单：单击“默认”选项卡“绘图”面板中的“面域”按钮。

执行上述命令后，根据系统提示选择对象，系统自动将所选择的对象转换成面域。

## 3.1.2 面域的布尔运算

布尔运算是数学上的一种逻辑运算，在 AutoCAD 绘图中，布尔运算能够极大地提高绘图的效率。

提示

布尔运算的对象只包括实体和共面的面域，对于普通的线条图形对象无法使用布尔运算。

通常的布尔运算包括并集、交集和差集 3 种，操作方法类似，下面一并介绍。

【执行方式】

- 命令行：UNION 或 INTERSECT 或 SUBTRACT。
- 菜单栏：选择菜单栏中的“修改”→“实体编辑”→“并集”（或“交集”“差集”）命令。
- 工具栏：单击“实体编辑”工具栏中的“并集”按钮（“交集”按钮、“差集”按钮），执行“并集”（或“交集”“差集”）命令后，根据系统提示选择对象，系统对所选择的面域做并集（或交集、差集）计算。
- 快捷菜单：单击“三维工具”选项卡“实体编辑”面板中的“并集”按钮、“交集”按钮、“差集”按钮。

【操作步骤】

执行“差集”命令后，根据系统提示选择差集运算的主体对象，右击并在快捷菜单中选择差集运算的参照体对象，系统对所选择的面域做差集计算。运算逻辑是主体对象减去与参照体对象重叠的部分。

布尔运算的结果如图 3-1 所示。

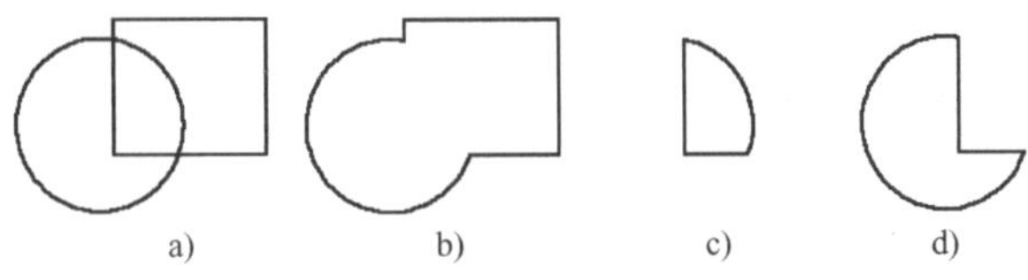

图 3-1 布尔运算的结果
a）面域原图 b）并集 c）交集 d）差集

### 3.1.3 面域的数据提取

面域对象除了具有一般图形对象的属性外，还具有作为面对象所特有的属性，其中一个重要的属性就是质量特性。用户可以通过相关操作提取面域的有关数据。

**【执行方式】**

- 命令行：“MASSPROP” 命令。
- 菜单栏：选择菜单栏中的 “工具” → “查询” → “面域” → “质量特性” 命令。

**【操作步骤】**

执行上述命令后，根据系统提示选择对象，系统自动切换到文本窗口，显示对象面域的质量特性数据，图 3-2 所示为图 3-1b 所示并集面域的质量特性数据。用户可以将分析结果写入文本文件保存起来。

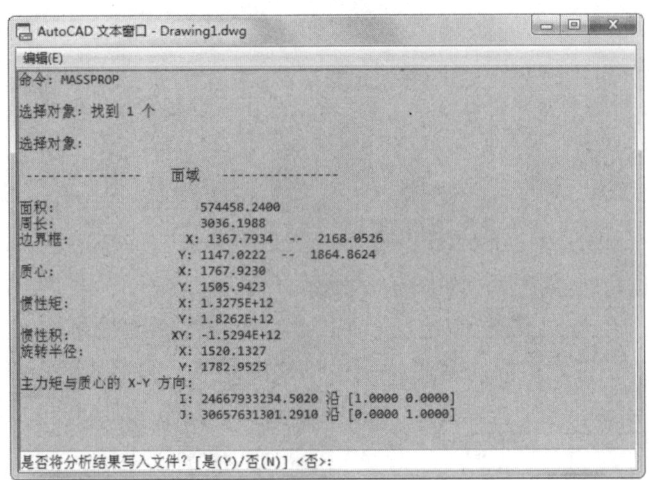


图 3-2 文本窗口

### 3.1.4 实例——扳手

利用二维绘图命令绘制如图 3-3 所示扳手，并利用布尔运算命令对其进行编辑。

**【操作步骤】（实例演示\第 3 章\扳手 . avi）**

（1）单击 “默认” 选项卡 “绘图” 面板中的 “矩形” 按钮，绘制矩形。两个角点的坐标分别为(50,50)，(100,40)，结果如图3-4所示。

(2) 单击“默认”选项卡“绘图”面板中的“圆”按钮，绘制圆心坐标为(50,45)、半径为10的圆。同样以(100,45)为圆心，以10为半径绘制另一个圆，结果如图3-5所示。

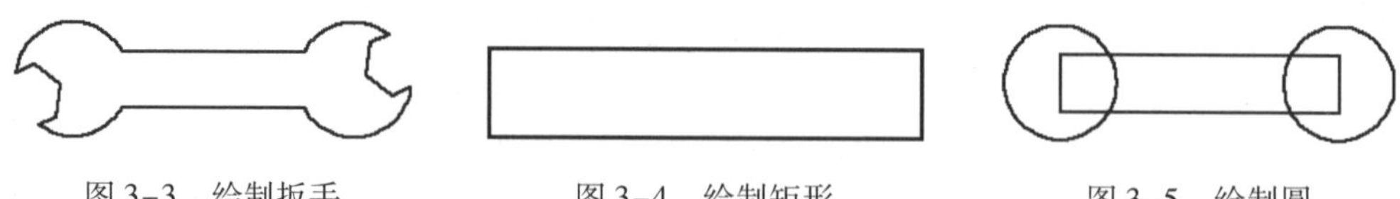

图3-3　绘制扳手　　图3-4　绘制矩形　　图3-5　绘制圆

(3) 绘制正六边形。单击“默认”选项卡“绘图”面板中的“多边形”按钮，绘制正六边形，命令行提示与操作如下：

```
命令：_polygon
输入侧面数 <4>：6
指定正多边形的中心点或[边(E)]：42.5,41.5
输入选项[内接于圆(I)/外切于圆(C)] <I>：
指定圆的半径：5.8
```

同理以(107.4,48.2)为正六边形中心，以5.8为半径绘制另一个正六边形，结果如图3-6所示。

(4) 创建面域。单击“默认”选项卡“绘图”面板中的“面域”按钮，将所有图形分别转换成面域。

```
命令：_region
选择对象：选择矩形
选择对象：选择正六边形
选择对象：选择圆
选择对象：
已提取5个环
已创建5个面域
```

(5) 并集处理。单击“三维工具”选项卡“实体编辑”面板中的“并集”按钮，将矩形分别与两个圆进行并集处理，如图3-7所示。

(6) 差集处理。单击“三维工具”选项卡“实体编辑”面板中的“差集”按钮，以并集对象为主体对象，正六边形为参照体，进行差集处理，结果如图3-3所示。

图3-6　绘制正六边形　　图3-7　并集处理

## 3.2　图案填充

当用户需要用一个重复的图案（pattern）填充一个区域时，可以使用“BHATCH”命令建立一个相关联的填充阴影对象，即所谓的图案填充。

## 3.2.1 基本概念

**1. 图案边界**

当进行图案填充时，首先要确定填充图案的边界。定义边界的对象只能是直线、双向射线、单向射线、多线、样条曲线、圆弧、圆、椭圆、椭圆弧和面域等对象或用这些对象定义的块，而且作为边界的对象在当前屏幕上必须全部可见。

**2. 孤岛**

在进行图案填充时，把位于总填充域内的封闭区域称为孤岛，如图 3-8 所示。在用“BHATCH”命令填充时，AutoCAD 允许用户以单击选取点的方式确定填充边界，即在希望填充的区域内任意单击取一点，AutoCAD 会自动确定出填充边界，同时也确定该边界内的孤岛。如果用户是以单击选取对象的方式确定填充边界的，则必须确切地点取这些岛，有关知识将在 3.2.2 节中介绍。

**3. 填充方式**

在进行图案填充时，需要控制填充的范围，AutoCAD 系统为用户设置了以下 3 种填充方式实现对填充范围的控制。

➢ 普通方式：如图 3-9a 所示。该方式从边界开始，由每条填充线或每个填充符号的两端向里画，遇到内部对象与之相交时，填充线或符号断开，直到遇到下一次相交时再继续画。采用这种方式时，要避免剖面线或符号与内部对象的相交次数为奇数。该方式为系统内部的默认方式。

➢ 最外层方式：如图 3-9b 所示。该方式从边界向里画填充符号，只要在边界内部与对象相交，填充符号由此断开，而不再继续画。

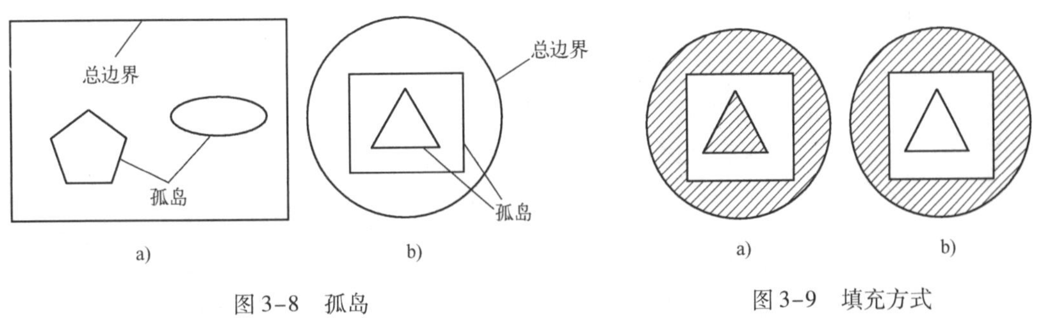


图 3-8 孤岛

图 3-9 填充方式
a）普通方式 b）最外层方式

➢ 忽略方式：如图 3-10 所示。该方式忽略边界内的对象，所有内部结构都被填充符号覆盖。

图 3-10 忽略方式

## 3.2.2 图案填充的操作

在 AutoCAD 2018 中，可以对图形进行图案填充，图案填充是在“图案填充和渐变色”对话框中进行的。

【执行方式】

- 命令行：BHATCH（快捷命令：H）。
- 菜单栏：选择菜单栏中的“绘图”→“图案填充”命令。
- 工具栏：单击“绘图”工具栏中的“图案填充”按钮。
- 功能区：单击“默认”选项卡“绘图”面板中的“图案填充”按钮。

【操作步骤】

执行上述命令后系统打开如图3-11所示的“图案填充创建”选项卡，各参数的含义如下。

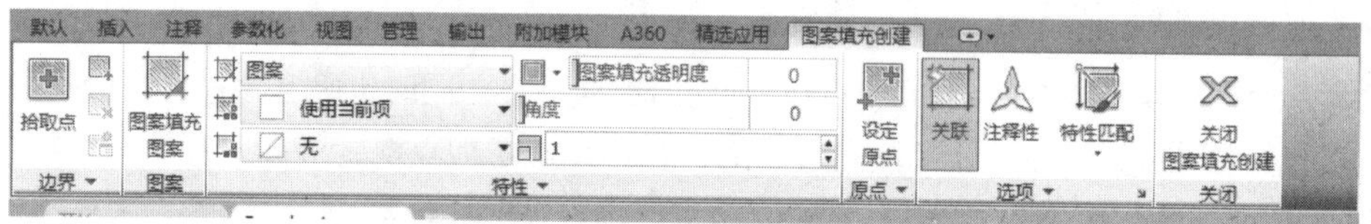


图3-11 “图案填充创建”选项卡

【选项说明】

**1. “边界”面板**

（1）拾取点：通过选择由一个或多个对象形成的封闭区域内的点，确定图案填充边界，如图3-12所示。指定内部点时，可以随时在绘图区域中单击鼠标右键以显示包含多个选项的快捷菜单。

（2）选择边界对象：指定基于选定对象的图案填充边界。使用该选项时，不会自动检测内部对象，必须选择选定边界内的对象，以按照当前孤岛检测样式填充这些对象，如图3-13所示。

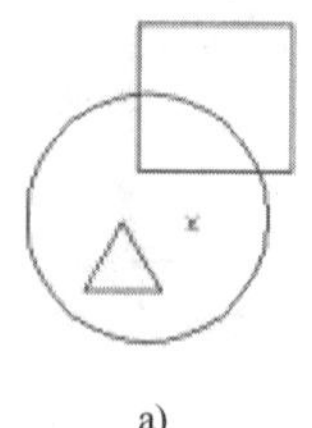

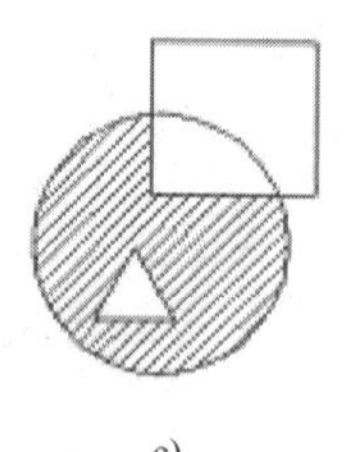

a) b) c)

图3-12 边界确定

a）选择一点 b）填充区域 c）填充结果

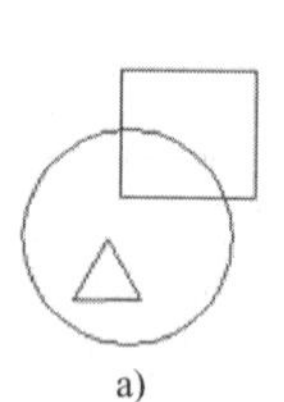

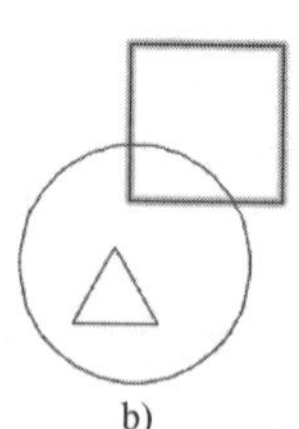

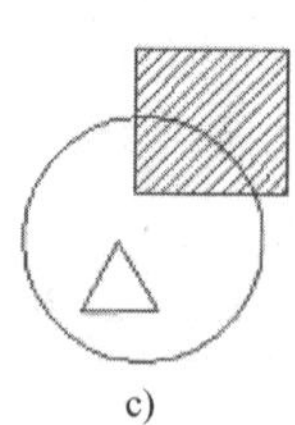

a) b) c)

图3-13 选择边界对象

a）原始图形 b）选取边界对象 c）填充结果

（3）删除边界对象：从边界定义中删除之前添加的任何对象，如图3-14所示。

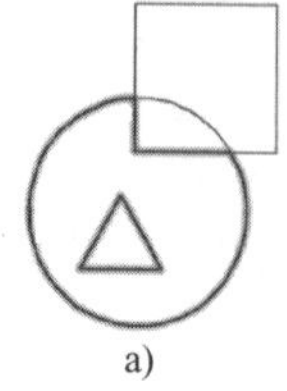

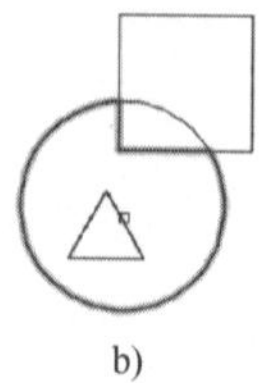

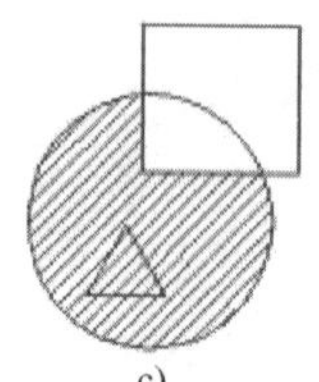

a) b) c)

图3-14 删除边界对象

a）选取边界对象 b）删除边界 c）填充结果

(4) 重新创建边界：围绕选定的图案填充或填充对象创建多段线或面域，并使其与图案填充对象相关联（可选）。

(5) 显示边界对象：选择构成选定关联图案填充对象的边界的对象，使用显示的夹点可修改图案填充边界。

(6) 保留边界对象：指定如何处理图案填充边界对象。选项包括：

- 不保留边界：不创建独立的图案填充边界对象。
- 保留边界 - 多段线：创建封闭图案填充对象的多段线。
- 保留边界 - 面域：创建封闭图案填充对象的面域对象。
- 选择新边界集：指定对象的有限集（称为边界集），以便通过创建图案填充时的拾取点进行计算。

**2. “图案” 面板**

显示所有预定义和自定义图案的预览图像。

**3. “特性” 面板**

(1) 图案填充类型：指定是使用纯色、渐变色、图案还是用户定义的填充。

(2) 图案填充颜色：替代实体填充和填充图案的当前颜色。

(3) 背景色：指定填充图案背景的颜色。

(4) 图案填充透明度：设定新图案填充或填充的透明度，替代当前对象的透明度。

(5) 图案填充角度：指定图案填充或填充的角度。

(6) 填充图案比例：放大或缩小预定义或自定义填充图案 。

(7) 相对图样空间：（仅在布局中可用）相对于布局空间单位缩放填充图案。使用此选项，可很容易地做到以适合于布局的比例显示填充图案。

(8) 双向：（仅当“图案填充类型”设定为“用户定义”时可用）将绘制第二组直线，与原始直线成90°角，从而构成交叉线。

(9) ISO 笔宽：（仅对于预定义的 ISO 图案可用）基于选定的笔宽缩放 ISO 图案。

**4. “原点” 面板**

(1) 设定原点：直接指定新的图案填充原点。

(2) 左下：将图案填充原点设定在图案填充边界矩形范围的左下角。

(3) 右下：将图案填充原点设定在图案填充边界矩形范围的右下角。

(4) 左上：将图案填充原点设定在图案填充边界矩形范围的左上角。

(5) 右上：将图案填充原点设定在图案填充边界矩形范围的右上角。

(6) 中心：将图案填充原点设定在图案填充边界矩形范围的中心。

(7) 使用当前原点：将图案填充原点设定在 HPORIGIN 系统变量中存储的默认位置。

(8) 存储为默认原点：将新图案填充原点的值存储在 HPORIGIN 系统变量中。

**5. “选项” 面板**

(1) 关联：指定图案填充或填充为关联图案填充。关联的图案填充或填充在用户修改其边界对象时将会更新。

(2) 注释性：指定图案填充为注释性。此特性会自动完成缩放注释过程，从而使注释能够以正确的大小在图样上打印或显示。

(3) 特性匹配：

➢ 使用当前原点：使用选定图案填充对象（除图案填充原点外）设定图案填充的特性。

➢ 使用源图案填充的原点：使用选定图案填充对象（包括图案填充原点）设定图案填充的特性。

(4) 允许的间隙：设定将对象用作图案填充边界时可以忽略的最大间隙。默认值为 0，此值指定对象必须为封闭区域且没有间隙。

(5) 创建独立的图案填充：控制当指定了几个单独的闭合边界时，是创建单个图案填充对象，还是创建多个图案填充对象。

(6) 孤岛检测：

➢ 普通孤岛检测：从外部边界向内填充。如果遇到内部孤岛，填充将关闭，直到遇到孤岛中的另一个孤岛。

➢ 外部孤岛检测：从外部边界向内填充。此选项仅填充指定的区域，不会影响内部孤岛。

➢ 忽略孤岛检测：忽略所有内部的对象，填充图案时将通过这些对象。

(7) 绘图次序：为图案填充或填充指定绘图次序。选项包括“不更改”“后置”“前置”“置于边界之后”和“置于边界之前”。

**6.“关闭”面板**

关闭“图案填充创建”：退出图案填充并关闭上下文选项卡。也可以按〈Enter〉键或〈Esc〉键退出图案填充。

## 3.2.3 编辑填充的图案

在对图形对象以图案进行填充后，还可以对填充图案进行编辑操作，如更改填充图案的类型、比例等。

**【执行方式】**

- 命令行：HATCHEDIT。
- 菜单栏：选择菜单栏中的“修改”→“对象”→“图案填充”命令。
- 工具栏：单击“修改 II”工具栏中的“编辑图案填充”按钮。
- 功能区：单击“默认”选项卡“修改”面板中的“编辑图案填充”按钮。
- 快捷菜单：选中填充的图案并右击，在打开的快捷菜单中选择“图案填充编辑”命令，如图 3-15 所示，或直接选择填充的图案。

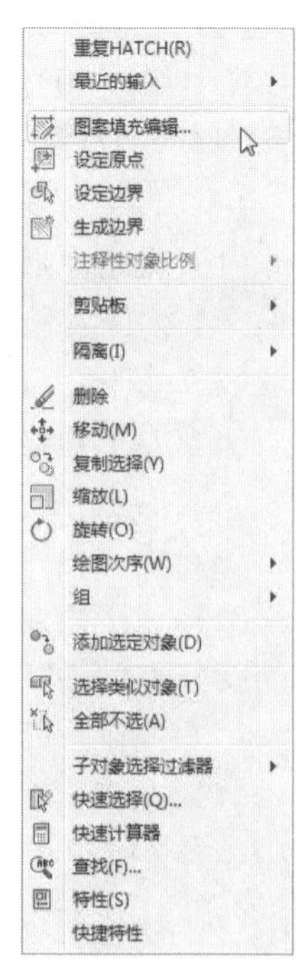


图 3-15 快捷菜单

**【操作步骤】**

执行上述命令后，根据系统提示选取关联填充物体后，系统弹出如图 3-16 所示的“图案填充编辑器”选项卡。在该选项卡中，只有正常显示的选项才可用。该选项卡中各项的含义与图 3-11 所示的“图案填充创建”选项卡中各项的含义相同。利用该选项卡，可以对已弹出的图案进行一系列的编辑修改。

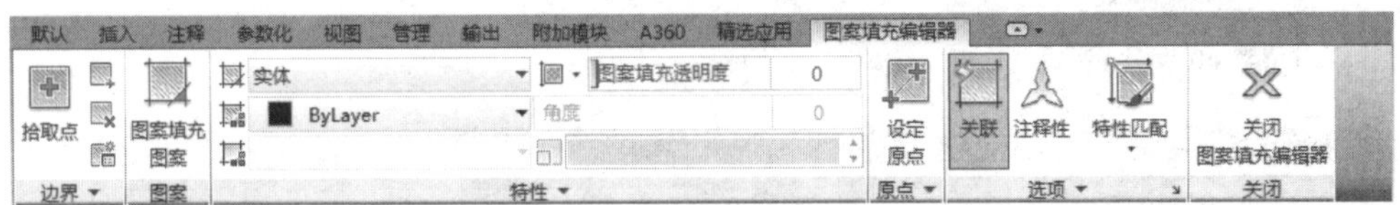

图 3-16 “图案填充编辑器”选项卡

## 3.2.4 实例——小屋

用所学二维绘图命令绘制如图 3-17 所示的小屋。

图 3-17 小屋

**【操作步骤】(实例演示\第 3 章\小屋 . avi)**

(1) 单击“默认”选项卡“绘图”面板中的“直线”按钮 和“矩形”按钮 ，绘制房屋外框。矩形的两个角点坐标为(210,160)和(400,25)；连续直线的端点坐标为(210,160)、(@80<45)、(@190<0)、(@135<-90)和(400,25)。用同样的方法绘制另一条直线，坐标分别是(400,160)和(@80<45)。

(2) 单击“默认”选项卡“绘图”面板中的“矩形”按钮 ，绘制窗户。一个矩形的两个角点坐标为(230,125)和(275,90)。另一个矩形的两个角点坐标为(335,125)和(380,90)。

(3) 单击“默认”选项卡“绘图”面板中的“多段线”按钮 ，绘制门。命令行提示与操作如下：

```
命令:PL↙
指定起点:288,25↙
当前线宽为 0.0000
指定下一个点或[圆弧(A)/闭合(C)/半宽(H)/长度(L)/放弃(U)/宽度(W)]:288,76↙
指定下一点或[圆弧(A)/闭合(C)/半宽(H)/长度(L)/放弃(U)/宽度(W)]:a↙
指定圆弧的端点(按住 Ctrl 键以切换方向)或[角度(A)/圆心(CE)/闭合(CL)/方向(D)/半宽(H)/直线(L)/半径(R)/第二个点(S)/放弃(U)/宽度(W)]: a↙用给定圆弧的包角方式画圆弧
指定夹角:-180↙夹角为负,顺时针画圆弧;反之,则逆时针画圆弧
指定圆弧的端点(按住 Ctrl 键以切换方向)或[圆心(CE)/半径(R)]: 322,76↙给出圆弧端点的坐标值
指定圆弧的端点(按住 Ctrl 键以切换方向)或[角度(A)/圆心(CE)/闭合(CL)/方向(D)/半宽(H)/直线(L)/半径(R)/第二个点(S)/放弃(U)/宽度(W)]: L↙
指定下一点或[圆弧(A)/闭合(C)/半宽(H)/长度(L)/放弃(U)/宽度(W)]:@51<-90↙
指定下一点或[圆弧(A)/闭合(C)/半宽(H)/长度(L)/放弃(U)/宽度(W)]:↙
```

(4) 单击“默认”选项卡“绘图”面板中的“图案填充”按钮 ，进行填充。命令行提示与操作如下：

```
命令:BHATCH↙
拾取内部点或[选择对象(S)/放弃(U)/设置(T)]: 正在选择所有对象... 单击“拾取点”按钮,如图 3-18 所示,设置填充图案为 GRASS,填充比例为 1,用鼠标在屋顶内拾取一点,如图 3-19 所示 1 点
```

```
正在选择所有可见对象...
正在分析所选数据...
正在分析内部孤岛...
拾取内部点或[选择对象(S)/放弃(U)/设置(T)]:
```

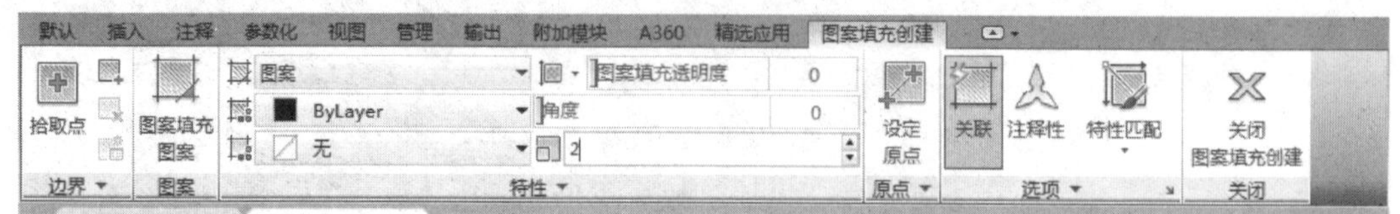

图 3-18 “图案填充创建”选项卡 1

（5）同样，单击“默认”选项卡“绘图”面板中的“图案填充”按钮，选择 ANGLE 图案为预定义图案，角度为0，比例为2，拾取如图3-20 所示2、3 两个位置的点填充窗户。

（6）单击“默认”选项卡“绘图”面板中的“图案填充”按钮，选择 ANGLE 图案为预定义图案，角度为0，比例为0.25，拾取如图3-21 所示4 位置的点填充小屋前面的砖墙。

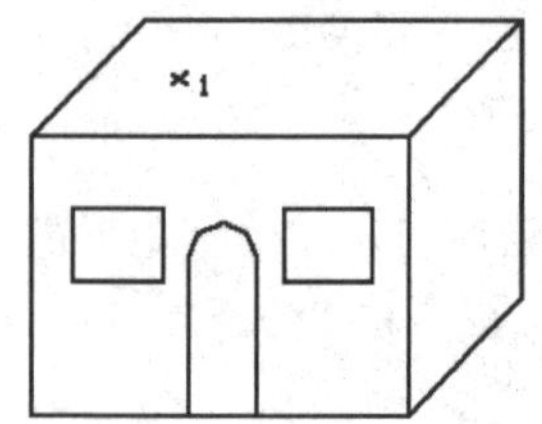

图3-19 绘制步骤（一）

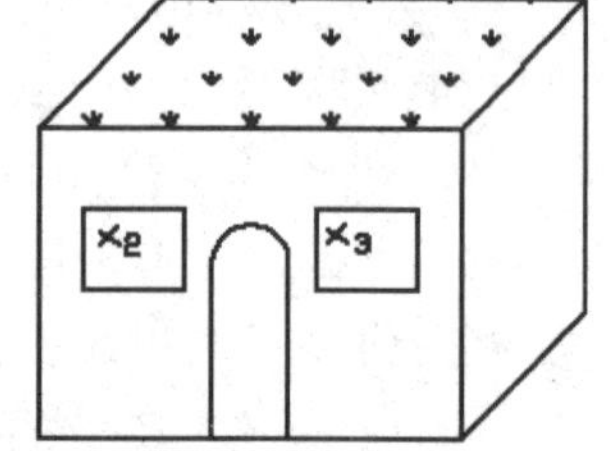

图 3-20 绘制步骤（二）

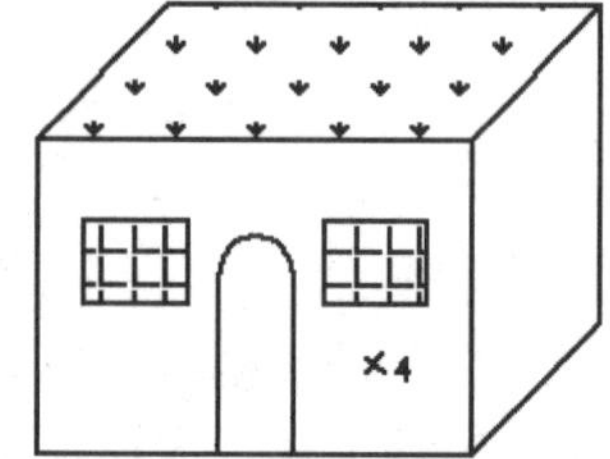

图 3-21 绘制步骤（三）

（7）单击“默认”选项卡“绘图”面板中的“渐变色”按钮，打开“图案填充创建”选项卡，按照图 3-22 所示进行设置，拾取如图 3-23 所示 5 位置的点填充小屋右面的砖墙。最终结果如图 3-17 所示。

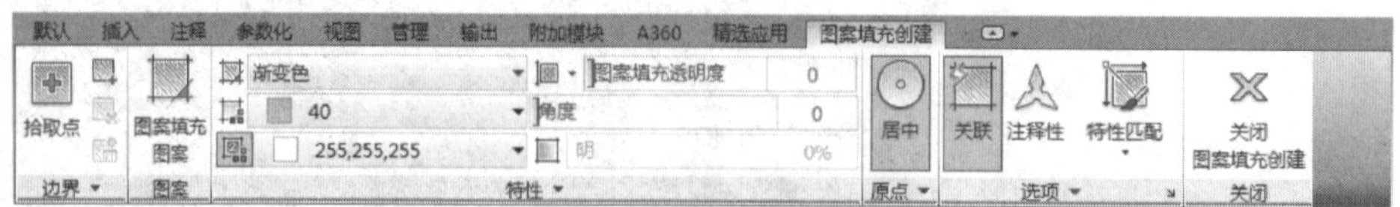

图 3-22 “图案填充创建”选项卡 2

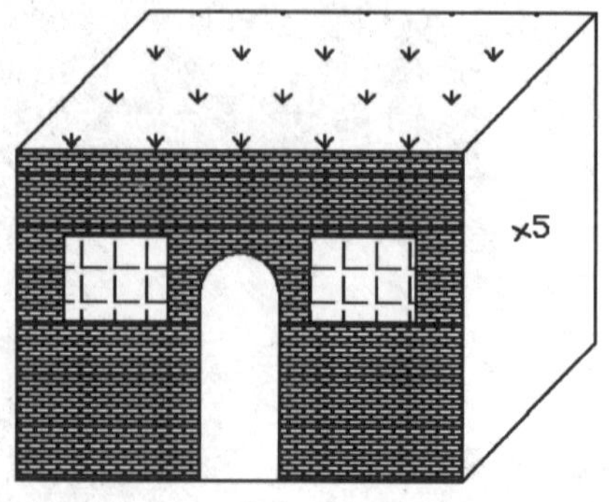

图 3-23 绘制步骤（四）

## 3.3 对象编辑

对象编辑功能是 AutoCAD 中对象编辑的一种特别功能，是指直接对对象本身的参数或图形要素进行编辑，包括钳夹功能、对象属性修改和特性匹配等。

### 3.3.1 夹点编辑

利用夹点编辑功能可以快速方便地编辑对象。AutoCAD 在图形对象上定义了一些特殊点，称为夹持点，利用夹持点可以灵活地控制对象，如图 3-24 所示。

要使用夹点编辑功能编辑对象必须先打开夹点编辑功能，打开的方法如下：选择菜单栏中的“工具/选项”命令，在“选择集”选项卡的“夹点”选项组下面选中“显示夹点”复选框。在此还可以设置代表夹点的小方格的尺寸和颜色。

也可以通过 GRIPS 系统变量控制是否打开钳夹功能，1 代表打开，0 代表关闭。

打开夹点编辑功能后，应该在编辑对象之前先选择对象。夹点表示对象的控制位置。

使用夹点编辑对象，要选择一个夹点作为基点，称为基准夹点。然后选择一种编辑操作：删除、移动、复制选择、拉伸和缩放。可以用〈Space〉键、〈Enter〉键或键盘上的快捷键循环选择这些功能。

下面以其中的拉伸对象操作为例进行讲述，其他操作类似。

在图形上拾取一个夹点，该夹点马上改变颜色，此点为夹点编辑的基准点。这时系统提示：

```
* * 拉伸 * *
指定拉伸点或[基点(B)/复制(C)/放弃(U)/退出(X)]:
```

在上述拉伸编辑提示下输入移动命令或右击，在弹出的快捷菜单中选择“移动”命令，如图 3-25 所示。系统就会转换为“移动”操作，其他操作类似。

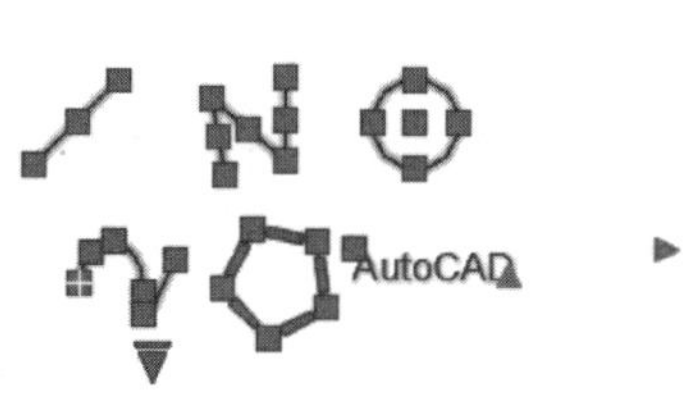


图 3-24 夹持点

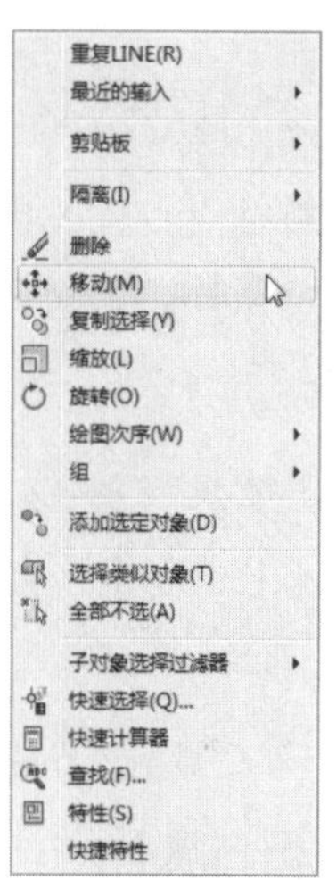


图 3-25 快捷菜单

## 3.3.2 实例——编辑图形

绘制如图3-27a所示图形，并利用钳夹功能编辑成如图3-26b所示的图形。

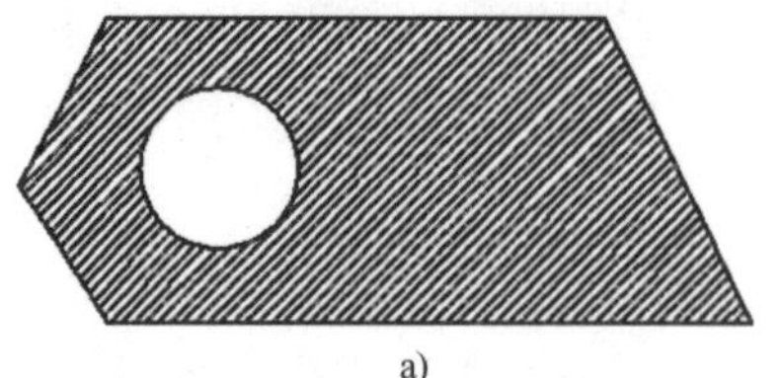

a)

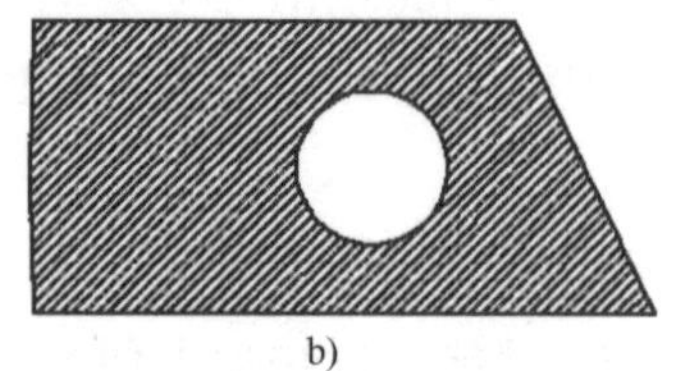

b)

图3-26 编辑前的填充图案
a）绘制图形 b）编辑图形

**【操作步骤】（实例演示\第3章\编辑图形.avi）**

（1）单击“默认”选项卡“绘图”面板中的“直线”按钮和“圆心，半径”按钮，绘制图形轮廓。

（2）单击“默认”选项卡“绘图”面板中的“图案填充”按钮，打开“图案填充创建”选项卡，在“图案填充类型”下拉列表框中选择“用户定义”选项，如图3-27所示，设置“角度”为“45”，间距为“20”，填充图形，结果如图3-26a所示。

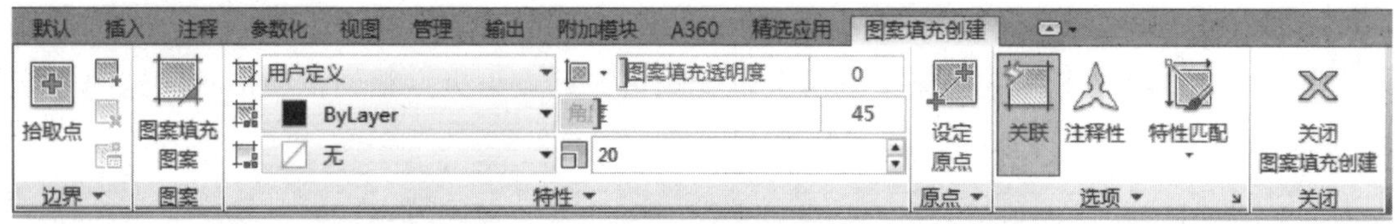


图3-27 “图案填充创建”选项卡

（3）钳夹功能设置。在绘图区中单击鼠标右键打开快捷菜单，选择“选项”命令，打开“选项”对话框，在“选择集”选项组中选取“显示夹点”复选框，并进行其他设置。确认退出。

（4）钳夹编辑。用鼠标分别单击选取如图3-28所示图形中左边界的两条线段，这两条线段上会显示出相应的特征点方框，再用鼠标单击选取图中最左边的特征点，该点则以醒目方式显示（图3-28）。拖动鼠标，使光标移到如图3-29中所示的相应位置，按〈Esc〉键确认，得到如图3-30所示的图形。

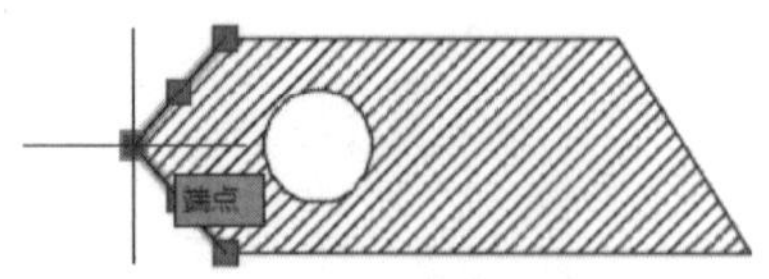


图3-28 显示边界特征点

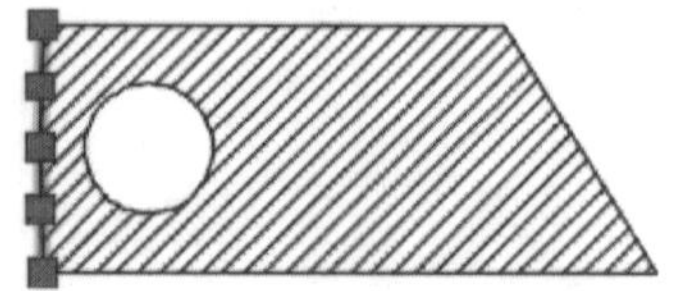

图3-29 移动夹点到新位置

用鼠标单击选取圆，圆上会出现相应的特征点，再用鼠标单击选取圆的圆心部位，则该特征点以醒目方式显示图3-31。拖动鼠标，使光标位于另一点的位置，如图3-31所示，然后按〈Esc〉键确认，得到如图3-32所示的结果。

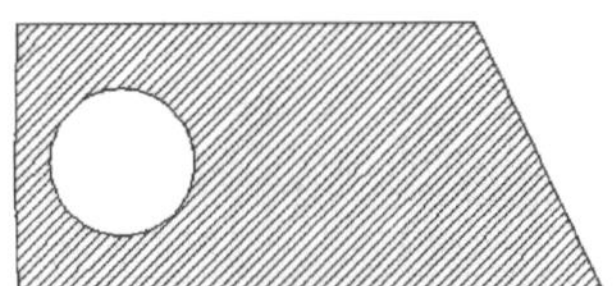
图 3-30 编辑后的图案

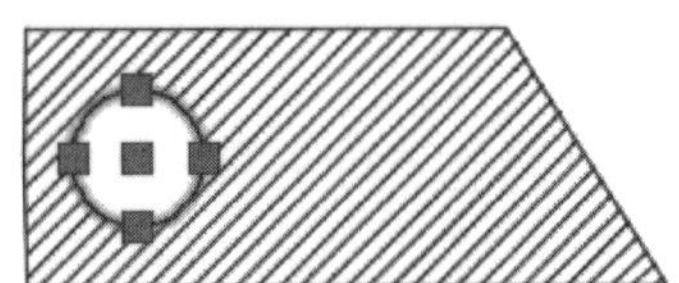
图 3-31 显示圆上特征点

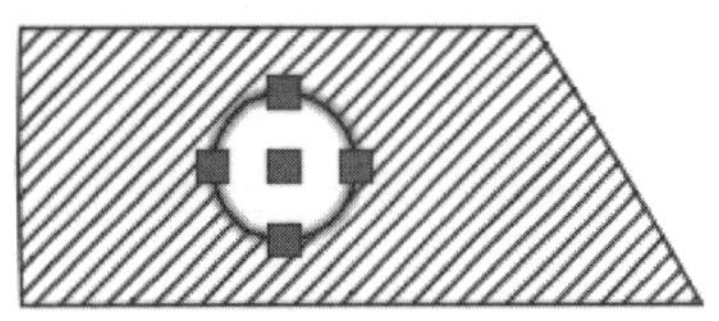
图 3-32 夹点移动到新位置

## 3.3.3 修改对象属性

【执行方式】

- 命令行：DDMODIFY 或 PROPERTIES。
- 菜单栏：选择菜单栏中的“修改”→“特性”命令。
- 工具栏：单击“标准”工具栏中的“特性”按钮。
- 快捷菜单：单击“视图”选项卡“选项板”面板中的“特性”按钮。

【操作步骤】

执行上述命令后，AutoCAD 打开“特性”选项板，如图 3-33 所示。利用它可以方便地设置或修改对象的各种属性。

不同对象的属性种类和值不同，修改属性值，对象改变为新的属性。

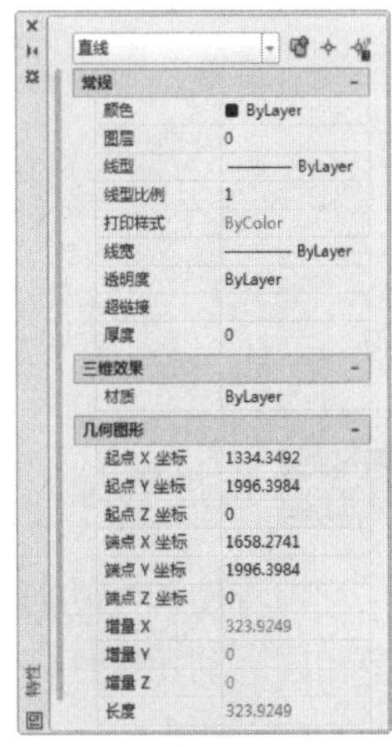

图 3-33 “特性”选项板

## 3.3.4 实例——修改花朵颜色

打开已有的图形文件，利用“特性”命令修改花朵颜色，效果如图 3-34 所示。

【操作步骤】（实例演示\第 3 章\修改花朵颜色 . avi）

（1）打开配套资料中的“花朵”文件，如图 3-35 所示。

（2）选择枝叶，枝叶上显示夹点标志。在一个夹点上单击鼠标右键，打开快捷菜单，选择其中的“特性”命令，如图 3-36 所示。系统打开“特性”选项板，在“颜色”下拉列表框中选择“绿”选项，如图 3-37 所示。

图 3-34 修改花朵颜色

图 3-35 打开文件

用同样的方法修改花朵颜色为红色，花蕊颜色为洋红色，最终结果如图 3-34 所示。

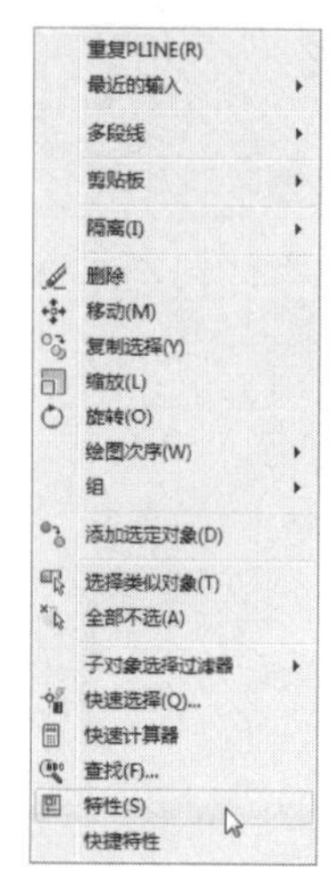


图 3-36　快捷菜单

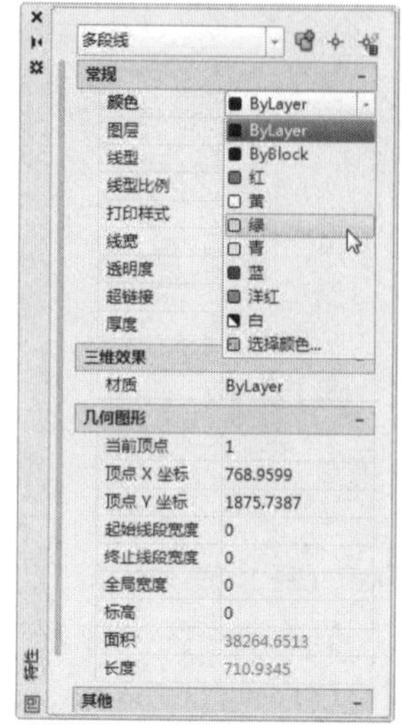


图 3-37　修改枝叶颜色

## 3.3.5 特性匹配

利用特性匹配功能可将目标对象的属性与源对象的属性进行匹配，使目标对象变得与源对象相同。利用特性匹配功能可以方便快捷地修改对象属性，并保持不同对象的属性相同。

【执行方式】

- 命令行：MATCHPROP。
- 菜单栏：选择菜单栏中的“修改”→“特性匹配”命令。
- 工具栏：单击“标准”工具栏中的“特性匹配”按钮。
- 快捷菜单：单击“默认”选项卡“特性”面板中的“特性匹配”按钮。

【操作步骤】

执行上述命令后，根据系统提示选择源对象和目标对象。

图 3-38a 所示为两个不同属性的对象，以左边的圆为源对象，对右边的矩形进行属性匹配，结果如图 3-38b 所示。

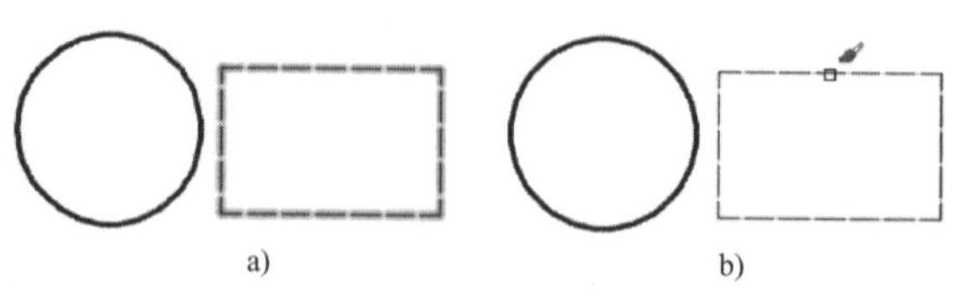


图 3-38　特性匹配
a）原图　b）结果

## 3.3.6 实例——特性匹配

利用“特性匹配”命令修改对象的线型，如图 3-39 所示。

【操作步骤】（实例演示\第 3 章\特性匹配.avi）

（1）打开配套资料中的文件：源文件\第 3 章\特性匹配\特性匹配操作图.dwg。

（2）选择菜单栏中的“修改”→“特性匹配”命令。

（3）选择源对象（即要复制其特性的对象），如图 3-40a 所示。

（4）选择目标对象（即要进行特性匹配的对象），如图 3-40b 所示。完成特性匹配，如图 3-40c 所示，此时实线圆变成了虚线圆。

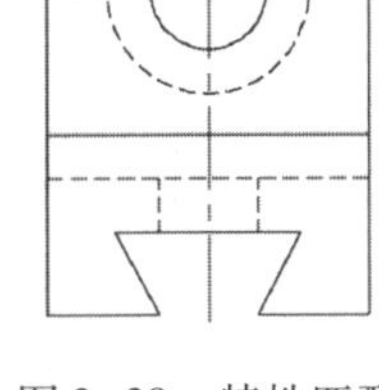

图 3-39 特性匹配

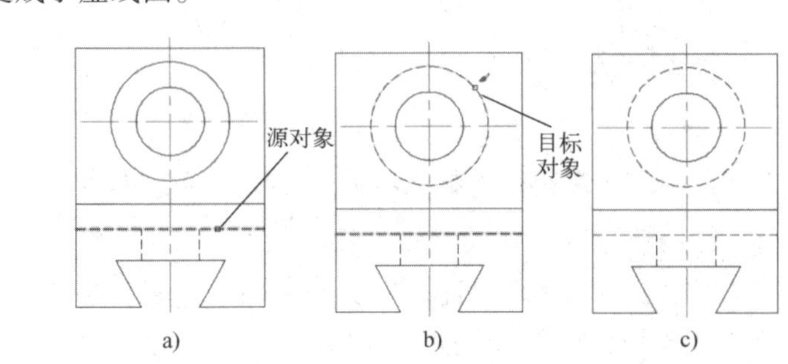


图 3-40 特性匹配

（5）若在命令行提示下输入“S”，则弹出“特性设置”对话框。利用该对话框可以改变特性匹配的设置。

## 3.4 名师点拨

**1. 图案填充的操作技巧是什么？**

当使用“图案填充”命令时，所使用图案的比例因子值均为 1，即按原本定义时的真实样式填充。然而，随着界限定义的改变，比例因子应做相应的改变，否则会使填充图案过密或者过疏，因此在选择比例因子时可使用下列技巧进行操作。

（1）当处理较小区域的图案时，可以减小图案的比例因子值，相反，当处理较大区域的图案填充时，可以增加图案的比例因子值。

（2）应恰当选择比例因子，比例因子要视具体的图形界限的大小而定。

（3）当处理较大的填充区域时要特别小心，如果选用的图案比例因子太小，则所产生的图案就像是使用“Solid”命令所得到的填充结果，这是因为在单位距离中有太多的线，不仅看起来不恰当，而且也增加了文件的长度。

（4）比例因子的取值应遵循“宁大不小”。

**2.“Hatch”图案填充时找不到范围怎么解决？**

在用“Hatch”图案填充时常常碰到找不到线段封闭范围的情况，尤其是 DWG 文件本身比较大的时候，此时可以采用“Layiso”（图层隔离）命令让欲填充的范围线所在的层“孤立”或“冻结”，再用“Hatch”图案填充就可以快速找到所需填充范围。

另外，填充图案的边界确定有一个边界集设置的问题（在“高级”栏下）。在默认情况下，Hatch 通过分析图形中所有闭合的对象来定义边界。对屏幕中的所有完全可见或局部可见的对象进行分析以定义边界，在复杂的图形中可能耗费大量时间。要填充复杂图形的小区

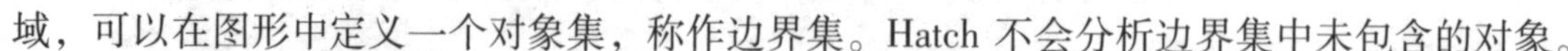

域，可以在图形中定义一个对象集，称作边界集。Hatch 不会分析边界集中未包含的对象。

**3. 特性匹配功能是什么?**

使用特性匹配（Matchprop）功能，可以将一个对象的某些或所有特性复制到其他对象。其菜单命令为：“修改”→“特性匹配”命令。

可以复制的特性类型包括（但不仅限于）：颜色、图层、线型、线型比例、线宽、打印样式和三维厚度。

## 3.5　上机实验

**【练习 1】利用布尔运算绘制三角铁，结果如图 3-41 所示。**

**1. 目的要求**

本练习涉及“多边形”“面域”命令和布尔运算。通过本练习，要求读者掌握面域、布尔运算的应用方法，同时复习绘图命令。

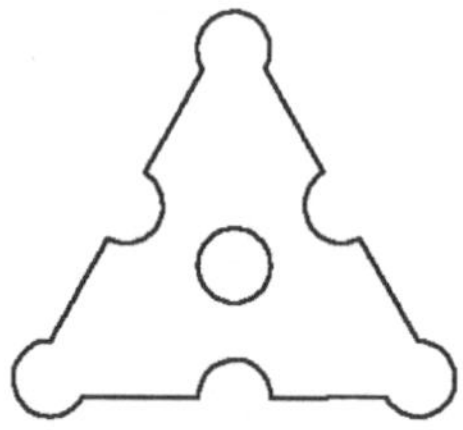

**2. 操作提示**

（1）利用“多边形”和“圆”命令绘制初步轮廓。

图 3-41　三角铁

（2）利用“面域”命令将三角形以及其边上的 6 个圆转换成面域。

（3）利用“并集”命令，将正三角形分别与 3 个角上的圆进行并集处理。

（4）利用“差集”命令，以三角形为主体对象，3 个边中间位置的圆为参照体，进行差集处理。

**【练习 2】绘制如图 3-42 所示的滚花零件。**

**1. 目的要求**

本练习涉及“直线”“圆弧”和“图案填充”命令。通过本练习，要求读者掌握图案填充的应用方法，同时复习绘图命令。

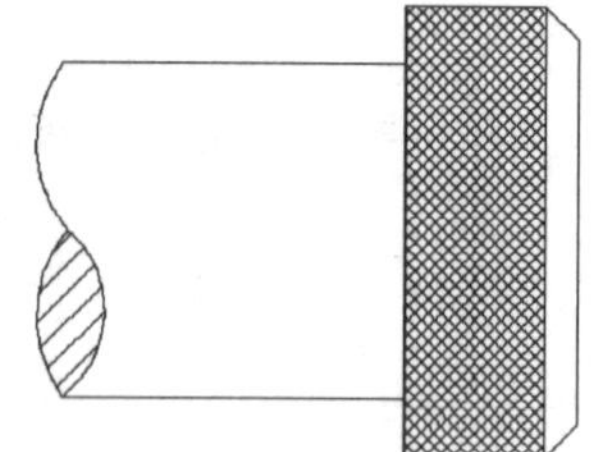

图 3-42　滚花零件

**2. 操作提示**

（1）利用“直线”命令绘制零件主体部分。

（2）利用“圆弧”命令绘制零件断裂部分示意线。

（3）利用“图案填充”命令填充断面。

（4）绘制滚花表面。注意选择图案填充类型为用户定义，并单击双向按钮▦。

## 3.6　思考与练习

（1）如果想要改变绘图区域的背景颜色，应该如何做?（　　）

A. 在“选项”对话框的“显示”选项卡的“窗口元素”选项组中，单击“颜色”按钮，在弹出的对话框中进行修改

B. 在 Windows 的“显示属性”对话框的“外观”选项卡中单击“高级”按钮，在弹出的对话框中进行修改

C. 修改 SETCOLOR 变量的值

D. 在“特性”选项板的“常规”选项组中修改“颜色”值

(2) 实体填充区域不能表示为以下哪项?(　　)

A. 图案填充（使用实体填充图案）　　B. 三维实体

C. 渐变填充　　D. 宽多段线或圆环

(3) 同时填充多个区域时，如果修改一个区域的填充图案而不影响其他区域，则(　　)。

A. 将图案分解

B. 在创建图案填充时选择“关联”

C. 删除图案，重新对该区域进行填充

D. 在创建图案填充时选择“创建独立的图案填充”

(4) 使用夹点拉伸文字时，夹点原始坐标为(10，20)，拉伸距离为(@30，40)，则拉伸后的文字夹点坐标为(　　)。

A. 40，60　　B. 10，20　　C. 30，20　　D. 10，60

(5) 创建如图 3-43 所示图形的面域，并填充图形。

(6) 绘制如图 3-44 所示的图形，并填充图形。

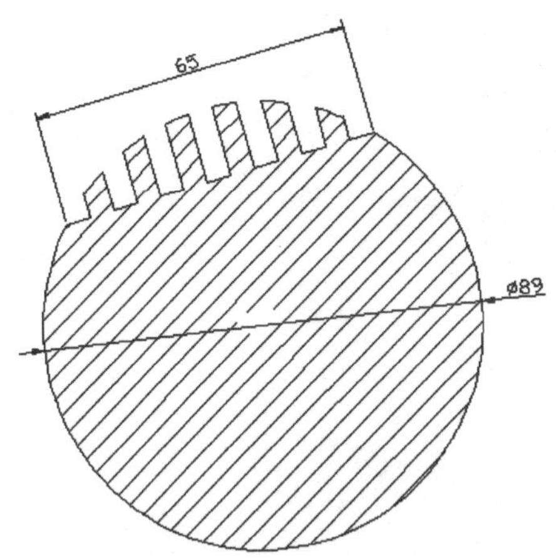


图 3-43　图形 1

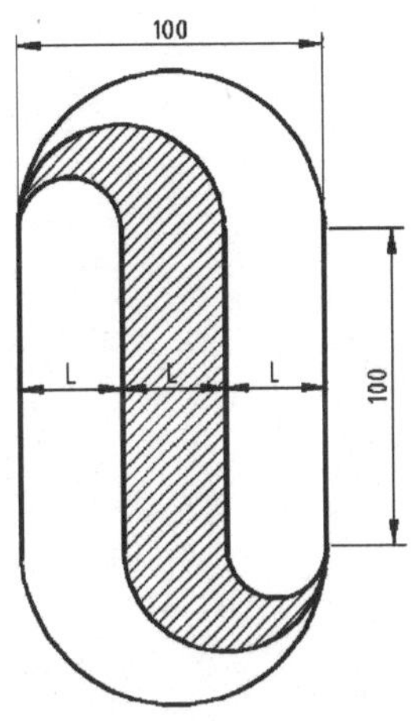


图 3-44　图形 2

# 第 4 章

# 精确绘图

为了快速、准确地绘制图形，AutoCAD 提供了多种必要的辅助绘图工具，如图层、对象选择工具、对象捕捉工具、栅格和正交工具等。利用这些工具进行图形的绘制和编辑，不仅可以提高工作效率，而且能更好地保证图形的质量。

- 设置图层
- 精确定位
- 对象捕捉
- 对象约束

# 4.1 设置图层

图层的概念类似投影片，将不同属性的对象分别放置在不同的投影片（图层）上。例如，将图形的主要线段、中心线、尺寸标注等分别绘制在不同的图层上，每个图层可设定不同的线型、线条颜色，然后把不同的图层堆栈在一起成为一张完整的视图。这样可使视图层次分明，方便图形对象的编辑与管理。一个完整的图形就是由它所包含的所有图层上的对象叠加在一起构成的，如图 4–1 所示。

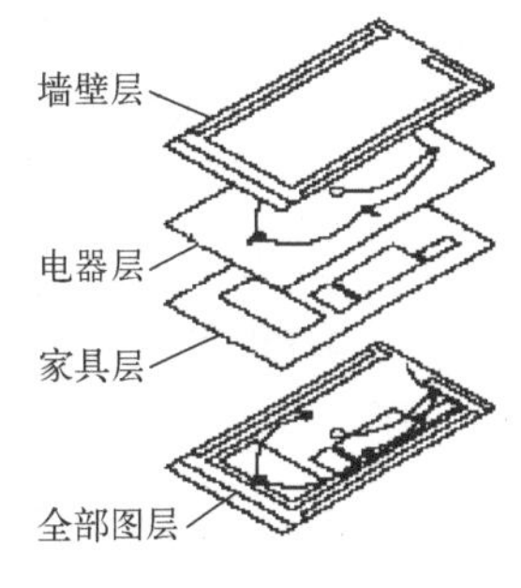


图 4–1 图层

## 4.1.1 利用选项板设置图层

AutoCAD 2018 提供了详细直观的“图层特性管理器”选项板，用户可以方便地通过对该选项板中的各选项及其二级选项板进行设置，从而实现创建新图层、设置图层颜色及线型的各种操作。

【执行方式】

- 命令行：LAYER（快捷命令：LA）。
- 菜单栏：选择菜单栏中的“格式”→“图层”命令。
- 工具栏：单击“图层”工具栏中的“图层特性管理器”按钮，如图 4–2 所示。
- 功能区：单击“默认”选项卡“图层”面板中的“图层特性”按钮，或单击“视图”选项卡“选项板”面板中的“图层特性”按钮。

执行上述操作后，系统打开如图 4–3 所示的“图层特性管理器”选项板。

图 4–2 “图层”工具栏

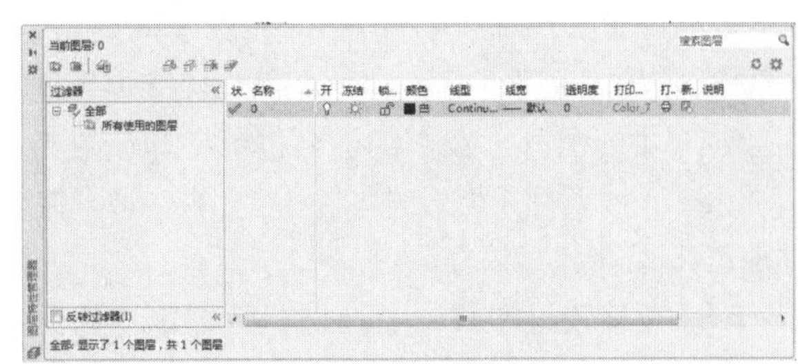

图 4–3 “图层特性管理器”选项板

【选项说明】

（1）“新建特性过滤器”按钮：单击该按钮，可以打开“图层过滤器特性”对话框，如图 4–4 所示。从中可以基于一个或多个图层特性创建图层过滤器。

（2）“新建组过滤器”按钮：单击该按钮可以创建一个图层过滤器，其中包含用户选定并添加到该过滤器的图层。

（3）“图层状态管理器”按钮：单击该按钮，可以打开“图层状态管理器”对话框，如图 4-5 所示。从中可以将图层的当前特性设置保存到命名图层特性中，以后可以再恢复这些设置。

（4）“新建图层”按钮：单击该按钮，图层列表中出现一个新的图层名称“图层 1”，用户可使用此名称，也可改名。要想同时创建多个图层，可选中一个图层名后，输入多个名称，各名称之间以逗号分隔。图层的名称可以包含字母、数字、空格和特殊符号，AutoCAD 2018 支持长达 255 个字符的图层名称。新的图层继承了创建新图层时所选中的已有图层的所有特性（颜色、线型、开/关状态等），如果新建图层时没有图层被选中，则新图层具有默认的设置。

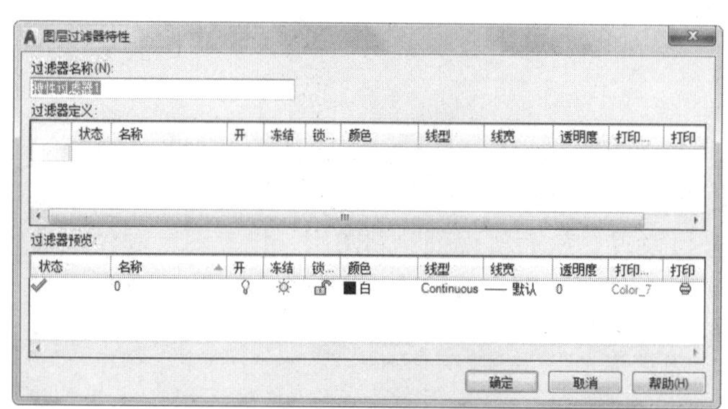

图 4-4 “图层过滤器特性”对话框

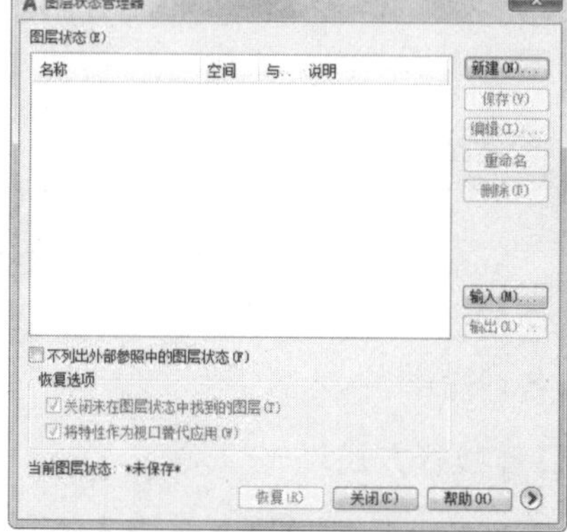

图 4-5 “图层状态管理器”对话框

（5）“在所有视口中都被冻结的新图层视口”按钮：单击该按钮，将创建新图层，然后在所有现有布局视口中将其冻结。可以在“模型”空间或“布局”空间上访问此按钮。

（6）“删除图层”按钮：在图层列表中选中某一图层，然后单击该按钮，则把该图层删除。

（7）“置为当前”按钮：在图层列表中选中某一图层，然后单击该按钮，则把该图层设置为当前图层，并在“当前图层”列中显示其名称。当前层的名称存储在系统变量 CLAYER 中。另外，双击图层名也可把其设置为当前图层。

（8）“搜索图层”文本框：输入字符时，按名称快速过滤图层列表。关闭图层特性管理器时并不保存此过滤器。

（9）“反转过滤器”复选框：选中该复选框，显示所有不满足选定图层特性过滤器中条件的图层。

（10）图层列表区：显示已有的图层及其特性。要修改某一图层的某一特性，单击它所对应的图标即可。右击空白区域或利用快捷菜单可快速选中所有图层。列表区中各列的含义如下：

- 状态：指示项目的类型，有图层过滤器、正在使用的图层、空图层和当前图层 4 种。
- 名称：显示满足条件的图层名称。如果要对某图层修改，首先要选中该图层的名称。
- 状态转换图标：在“图层特性管理器”选项板的图层列表中有一列图标，单击这些图标，可以打开或关闭该图标所代表的功能。各图标功能说明见表 4-1。
- 颜色：显示和改变图层的颜色。如果要改变某一图层的颜色，单击其对应的颜色图标，AutoCAD 系统打开如图 4-6 所示的“选择颜色”对话框，用户可从中选择需要的颜色。

➢ 线型：显示和修改图层的线型。如果要修改某一图层的线型，单击该图层的“线型”项，系统打开“选择线型”对话框，如图 4-7 所示，其中列出了当前可用的线型，用户可从中选择。

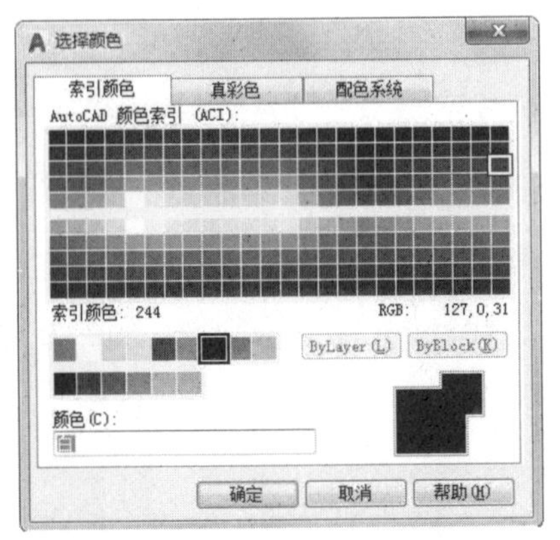


图 4-6 “选择颜色”对话框

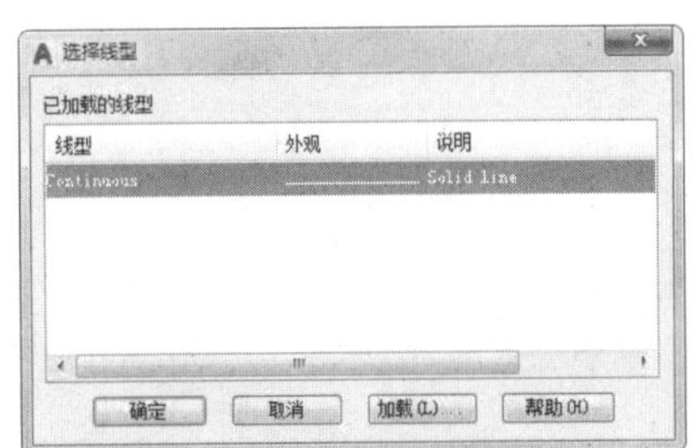


图 4-7 “选择线型”对话框

**表 4-1 图标功能**

| 图 示 | 名 称 | 功 能 说 明 |
| --- | --- | --- |
| | 开/关闭 | 将图层设定为打开或关闭状态，在关闭状态下，该图层上的所有对象将隐藏不显示，只有处于打开状态的图层会在绘图区上显示或由打印机打印出来。因此，绘制复杂的视图时，先将不编辑的图层暂时关闭，可降低图形的复杂性。如图 4-8a、b 所示分别表示尺寸标注图层打开和关闭的情形 |
| | 解冻/冻结 | 将图层设定为解冻或冻结状态。当图层呈现冻结状态时，该图层上的对象均不会显示在绘图区上，也不能由打印机打出，而且不会执行“重生”（REGEN）、“缩放”（EOOM）、“平移”（PAN）等命令的操作，因此若将视图中不编辑的图层暂时冻结，可加快执行绘图编辑的速度。而（开/关闭）功能只是单纯将对象隐藏，因此并不会加快执行速度 |
| | 解锁/锁定 | 将图层设定为解锁或锁定状态。被锁定的图层仍然显示在绘图区，但不能编辑修改被锁定的对象，只能绘制新的图形，这样可防止重要的图形被修改 |
| | 打印/不打印 | 设定该图层是否可以打印图形 |

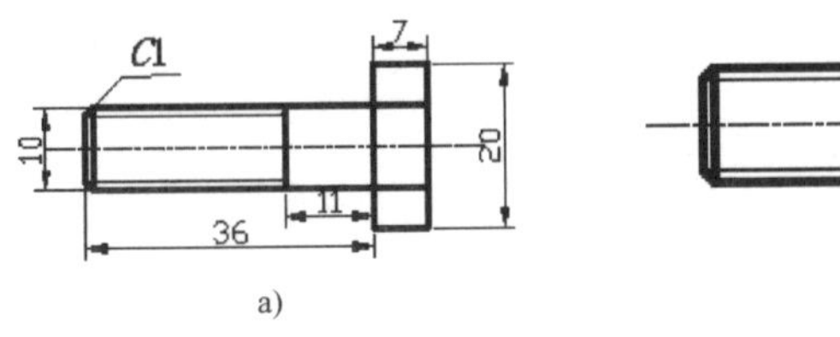


a)

b)

图 4-8 打开或关闭尺寸标注图层

a）打开 b）关闭

➢ 线宽：显示和修改图层的线宽。如果要修改某一图层的线宽，单击该图层的“线宽”列，打开“线宽”对话框，如图4-9所示，其中列出了AutoCAD设定的线宽，用户可从中进行选择。其中“线宽”列表框中显示了可以选用的线宽值，用户可从中选择需要的线宽。“旧的”显示前面赋予图层的线宽，当创建一个新图层时，采用默认线宽（其值为0.01 in，即0.25 mm），默认线宽的值由系统变量LWDEFAULT设置；“新的”显示赋予图层的新线宽。

➢ 打印样式：打印图形时各项属性的设置。

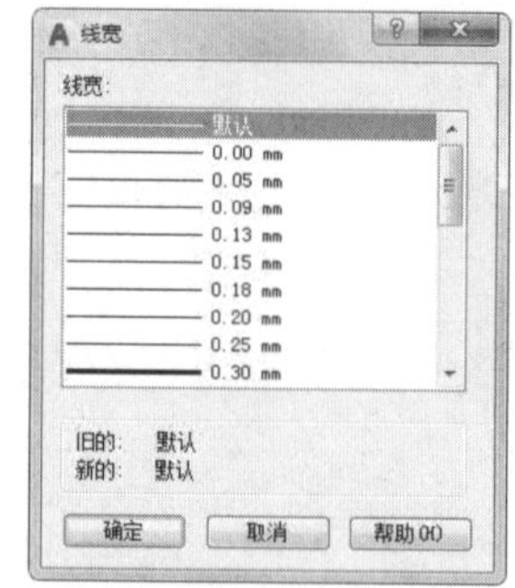

图4-9 “线宽”对话框

技巧荟萃

合理利用图层，可以事半功倍。可以在开始绘制图形时，就预先设置一些基本图层。每个图层锁定自己的专门用途，这样只需绘制一份图形文件，就可以组合出许多需要的图样，需要修改时也可针对各个图层进行修改。

### 4.1.2 利用功能区设置图层

AutoCAD 2018提供了一个“特性”面板，如图4-10所示。用户可以利用面板上的图标快速地查看和改变所选对象的图层、颜色、线型和线宽特性。在绘图区选择任何对象，都将在面板上自动显示它所在图层、颜色、线型等属性。“特性”面板各部分的功能介绍如下：

图4-10 “特性”面板

（1）“颜色控制”下拉列表框：单击右侧的下拉按钮，用户可从弹出的下拉列表中选择一种颜色，使之成为当前颜色，如果选择“选择颜色”选项，系统打开“选择颜色”对话框以选择其他颜色。修改当前颜色后，不论在哪个图层上绘图都采用这种颜色，但对各个图层的颜色没有影响。

（2）“线型控制”下拉列表框：单击右侧的下拉按钮，用户可从弹出的下拉列表中选择一种线型，使之成为当前线型。修改当前线型后，不论在哪个图层上绘图都采用这种线型，但对各个图层的线型设置没有影响。

（3）“线宽控制”下拉列表框：单击右侧的下拉按钮，用户可从弹出的下拉列表中选择一种线宽，使之成为当前线宽。修改当前线宽后，不论在哪个图层上绘图都采用这种线宽，但对各个图层的线宽设置没有影响。

（4）“打印类型控制”下拉列表框：单击右侧的下拉按钮，用户可从弹出的下拉列表中选择一种打印样式，使之成为当前打印样式。

## 4.2 设置颜色

AutoCAD绘制的图形对象都具有一定的颜色，为使绘制的图形清晰表达，可把同一类的图形对象用不同于其他类的颜色绘制，以示区分，这样就需要适当地对颜色进行设置。

AutoCAD 允许用户设置图层颜色，为新建的图形对象设置当前颜色，还可以改变已有图形对象的颜色。

【执行方式】

- 命令行：COLOR（快捷命令：COL）。
- 菜单栏：选择菜单栏中的“格式”→“颜色”命令。

【选项说明】

执行上述操作后，系统打开如图 4-11 所示的“选择颜色”对话框。

**1.“索引颜色”选项卡**

单击此选项卡，可以在系统所提供的 255 种颜色索引表中选择所需要的颜色，如图 4-11 所示。

（1）“颜色索引”列表框：依次列出了 255 种索引颜色，在此列表框中选择所需要的颜色。

（2）“颜色”文本框：所选择的颜色代号值显示在“颜色”文本框中，也可以直接在该文本框中输入颜色的代号值来选择颜色。

（3）“ByLayer”和“ByBlock”按钮：单击这两个按钮，颜色分别按图层和图块设置。这两个按钮只有在设定了图层颜色和图块颜色后才可以使用。

**2.“真彩色”选项卡**

单击此选项卡，可以选择需要的任意颜色，如图 4-12 所示。可以拖动调色板中的颜色指示光标和亮度滑块选择颜色及其亮度；也可以通过“色调”“饱和度”和“亮度”微调按钮来选择需要的颜色。所选颜色的红、绿、蓝色值显示在下面的“颜色”文本框中，也可以直接在该文本框中输入红、绿、蓝色值来选择颜色。

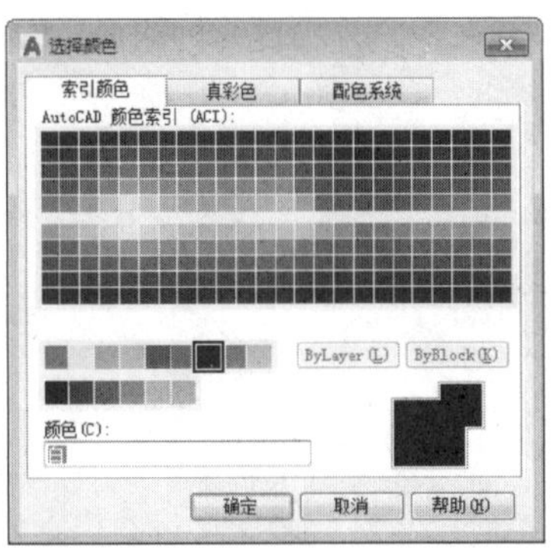


图 4-11 “选择颜色”对话框

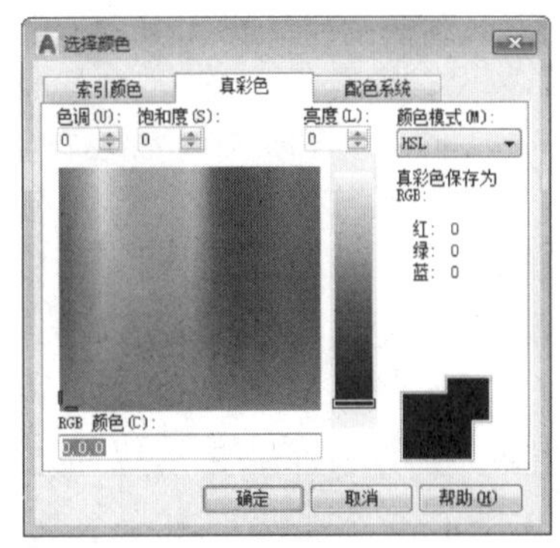


图 4-12 “真彩色”选项卡

在该选项卡中还有一个“颜色模式”下拉列表框，默认的颜色模式为“HSL”模式，即如图 4-12 所示的模式。RGB 模式也是常用的一种颜色模式，如图 4-13 所示。

**3.“配色系统”选项卡**

单击此选项卡，可以从标准配色系统（如 Pantone）中选择预定义的颜色，如图 4-14 所示。在“配色系统”下拉列表框中选择需要的系统，然后拖动右边的滑块来选择具体的颜色，所选颜色编号显示在下面的“颜色”文本框中，也可以直接在该文本框中输入编号值来选择颜色。

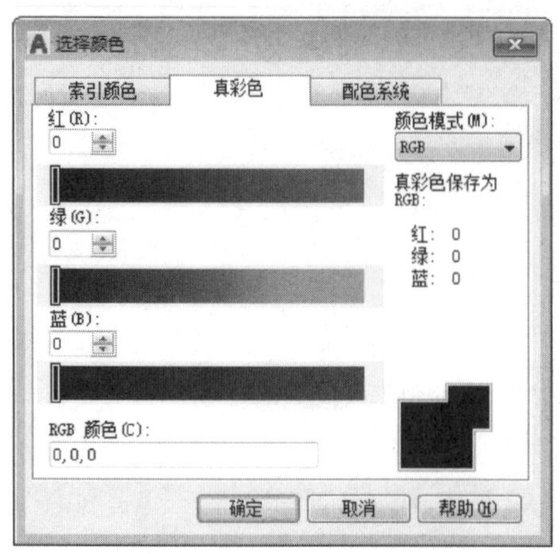

图 4-13　RGB 模式

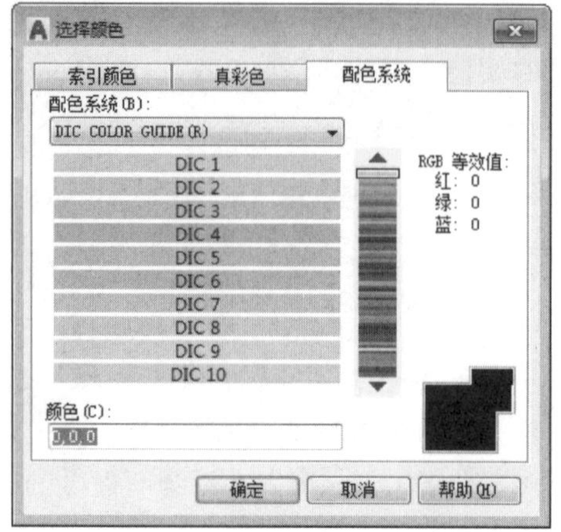

图 4-14　“配色系统”选项卡

## 4.3　设置线宽

【执行方式】

- 命令行：LWEIGHT。
- 菜单栏：选择菜单栏中的“格式”→“线宽”命令。

【操作步骤】

命令行提示与操作如下：

```
命令:LWEIGHT↙
```

选择相应的菜单命令或在命令行输入“LWEIGHT”命令后按〈Enter〉键，AutoCAD 打开如图 4-15 所示的“线宽设置”对话框。

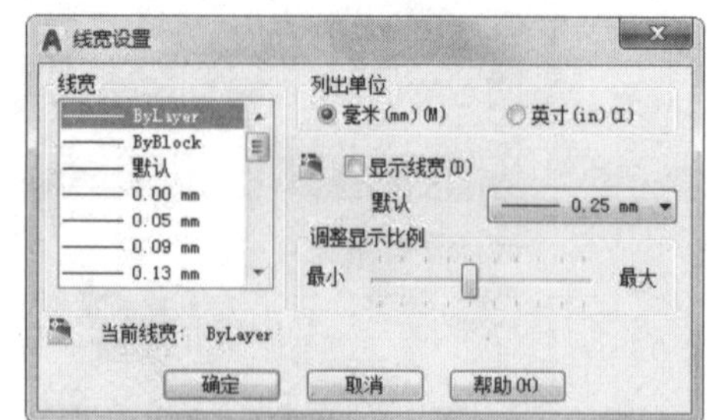

图 4-15　“线宽设置”对话框

对话框中各主要选项的功能如下：

（1）“显示线宽”复选框：确定是否按用户设置的线宽显示所绘图形，也可以通过单击状态栏上的☰（显示/隐藏线宽）按钮，实现是否使所绘图形按指定的线宽来显示的切换。

（2）“默认”下拉列表框：设置 AutoCAD 的默认绘图线宽。

（3）“调整显示比例”滑块：确定线宽的显示比例，通过对应的滑块调整即可。

提示

通过“线宽设置”对话框设置了具体线宽后，所绘图形对象的线宽总是该线宽，与图层的线宽没有任何关系，但建议读者将绘图线宽设为 ByLayer（随层）。

## 4.4 图层的线型

在国家标准 GB/T 4457.4—2002 中，对机械图样中使用的各种图线名称、线型、线宽以及在图样中的应用做了规定，见表 4-2。

**表 4-2 图线的线型、线宽及应用**

| 图线名称 | 线型 | 线宽 | 主要用途 |
| --- | --- | --- | --- |
| 粗实线 | | $b$ | 可见轮廓线，可见过渡线 |
| 细实线 | | 约 $b/3$ | 尺寸线、尺寸界线、剖面线、引出线、弯折线、牙底线、齿根线、辅助线等 |
| 细点画线 | | 约 $b/3$ | 轴线、对称中心线、齿轮分度圆线等 |
| 虚线 | | 约 $b/3$ | 不可见轮廓线、不可见过渡线 |
| 波浪线 | | 约 $b/3$ | 断裂处的边界线、剖视图与视图的分界线 |
| 双折线 | | 约 $b/3$ | 断裂处的边界线 |
| 粗点画线 | | $b$ | 有特殊要求的线或面的表示线 |
| 双点画线 | | 约 $b/3$ | 相邻辅助零件的轮廓线、极限位置的轮廓线、假想投影的轮廓线 |

其中常用的图线有 4 种，即粗实线、细实线、虚线、细点画线。图线分为粗、细两种，粗线的宽度 $b$ 应按图样的大小和图形的复杂程度，在 0.5 ~ 2 mm 之间选择，细线的宽度约为 $b/3$。

### 4.4.1 在“图层特性管理器”选项板中设置线型

单击“默认”选项卡“图层”面板中的“图层特性”按钮，打开“图层特性管理器”选项板，如图 4-3 所示。在图层列表的“线型”列中单击线型名，系统打开“选择线型”对话框，如图 4-7 所示。对话框中选项的含义如下。

(1)“已加载的线型”列表框：显示在当前绘图中加载的线型，可供用户选用，其右侧显示线型的形式。

(2)“加载”按钮：单击该按钮，打开“加载或重载线型”对话框，如图 4-16 所示。用户可通过此对话框加载线型并把它添加到“线型”列中。但要注意，加载的线型必须在线型库（LIN）文件中定义过。标准线型都保存在 acad.lin 文件中。

### 4.4.2 直接设置线型

【执行方式】

- 命令行：LINETYPE。

【操作步骤】

在命令行输入上述命令后按〈Enter〉键，系统打开“线型管理器”对话框，如图 4-17 所示，用户可在该对话框中设置线型。该对话框中的选项含义与前面介绍的同名选项的含义相同，此处不再赘述。

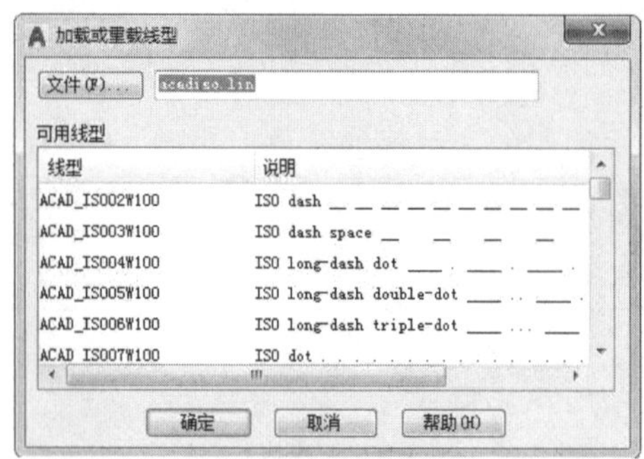

图 4-16 “加载或重载线型”对话框

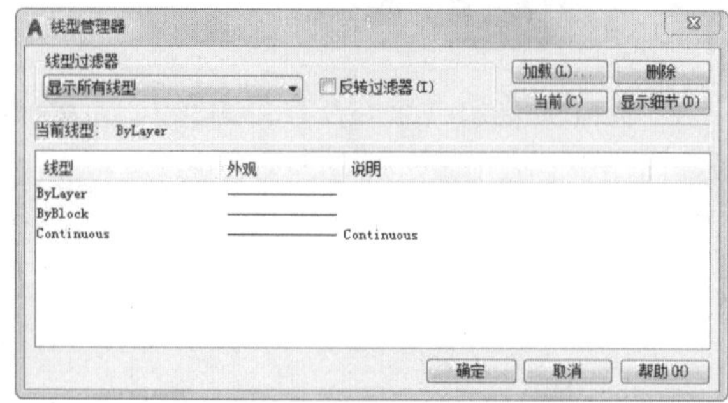

图 4-17 “线型管理器”对话框

## 4.4.3 实例——励磁发电机电路图

本实例利用图层特性管理器创建3个图层，再利用“直线”“圆”和“多段线”等命令在“实线”图层绘制一系列图线，在“虚线”图层绘制线段，最后在“文字”图层标注文字说明，结果如图4-18所示。

**【操作步骤】(实例演示\第4章\励磁发电机.avi)**

(1) 单击“默认”选项卡“图层”面板中的“图层特性”按钮，打开“图层特性管理器”选项板。

(2) 单击“新建图层”按钮，创建一个新图层，把该图层的名字由默认的“图层1”改为“实线”，线型不变，如图4-19所示。

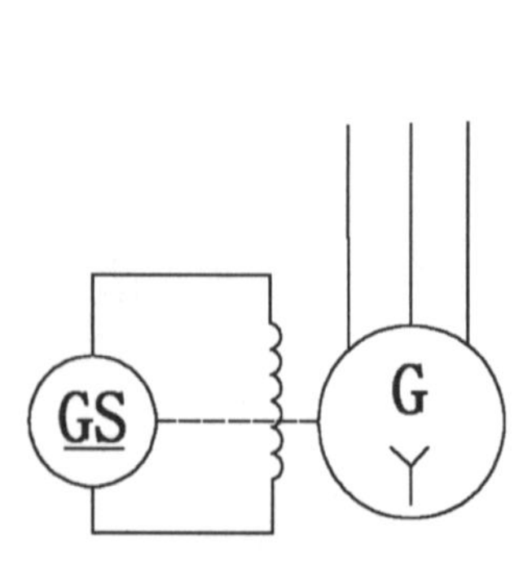


图 4-18 励磁发电机电路图

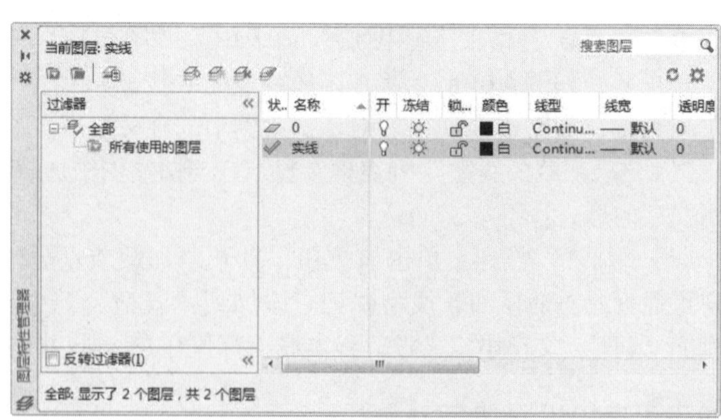

图 4-19 更改图层名

(3) 单击“实线”图层对应的“线宽”项，打开“线宽”对话框，选择“0.15 mm”线宽，如图4-20所示。单击“确定”按钮退出。

(4) 再次单击“新建图层”按钮，创建一个新图层，并命名为“虚线”。

(5) 单击“虚线”图层对应的“颜色”项，打开“选择颜色”对话框，选择蓝色为该图层颜色，如图4-21所示。单击“确定”按钮返回“图层特性管理器”选项板。

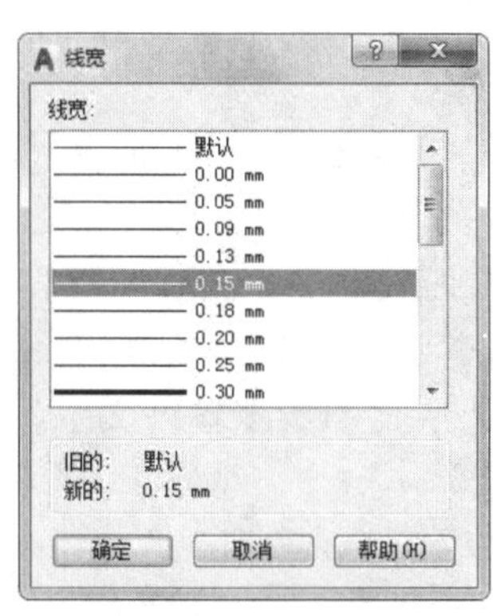


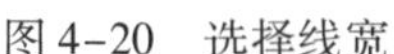
图4-20 选择线宽

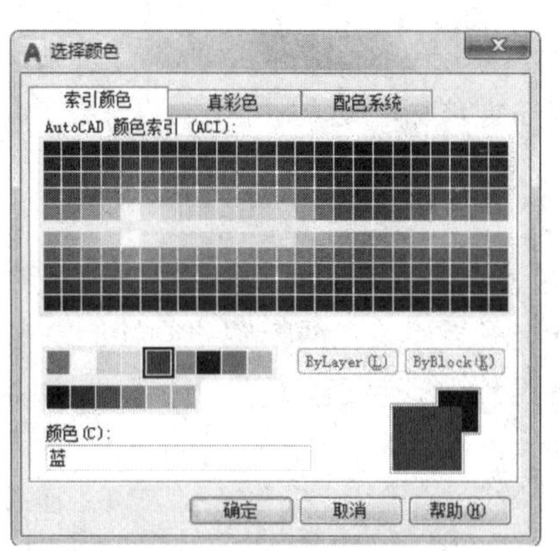


图4-21 选择颜色

(6) 单击“虚线”图层对应的“线型”项，打开“选择线型”对话框，如图4-22所示。

(7) 单击“加载”按钮，系统打开“加载或重载线型”对话框，选择“ACAD_ISO02W100”线型，如图4-23所示。单击“确定”按钮返回“选择线型”对话框，再单击“确定”按钮返回“图层特性管理器”选项板。

图4-22 选择线型

图4-23 加载新线型

(8) 用相同的方法将“虚线”图层的线宽设置为0.15 mm。

(9) 用相同的方法再建立新图层，命名为“文字”，设置颜色为红色，线型为Continuous，线宽为0.15 mm。并且让3个图层均处于打开、解冻和解锁状态，各项设置如图4-24所示。

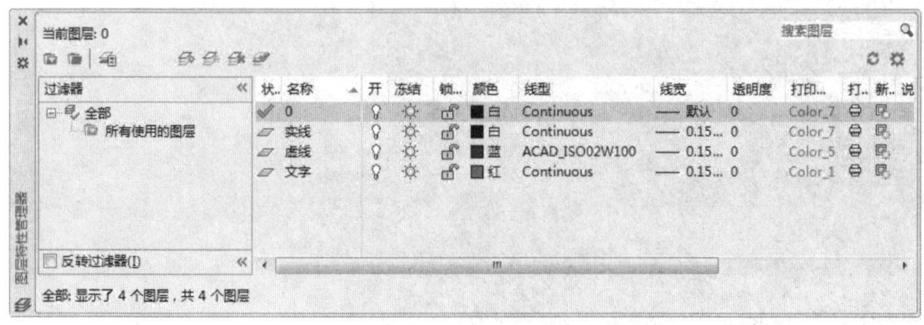


图4-24 设置图层

（10）选中“实线”图层，单击“置为当前”按钮，将其设置为当前图层，然后关闭“图层特性管理器”选项板。

（11）在“实线”图层上利用“直线”“圆”“多段线”等命令绘制一系列图线，如图4-25所示。

（12）单击“图层特性管理器”选项板中图层下拉列表框的下拉按钮，将“虚线”图层设置为当前图层，并在两个圆之间绘制一条水平连线，如图4-26所示。

（13）将当前图层设置为“文字”图层，并在“文字”图层上输入文字。执行结果如图4-27所示。

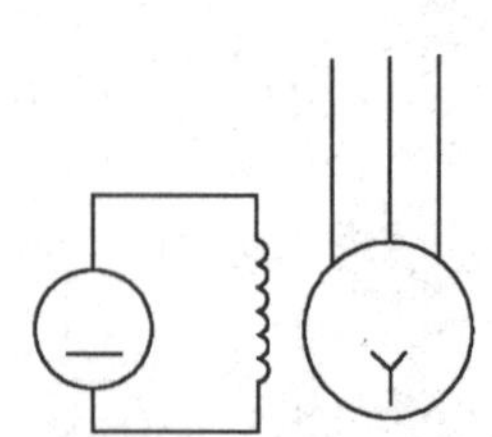

图4-25　绘制实线

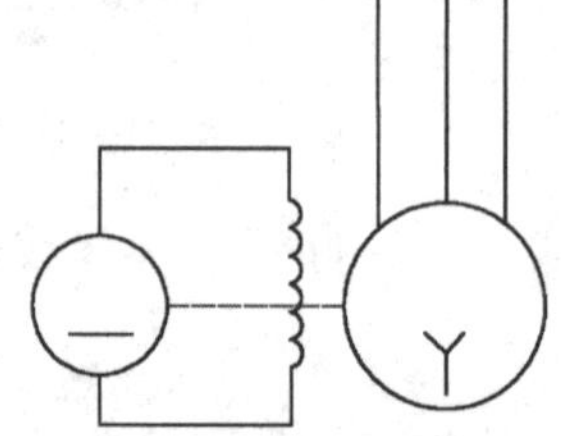

图4-26　绘制虚线

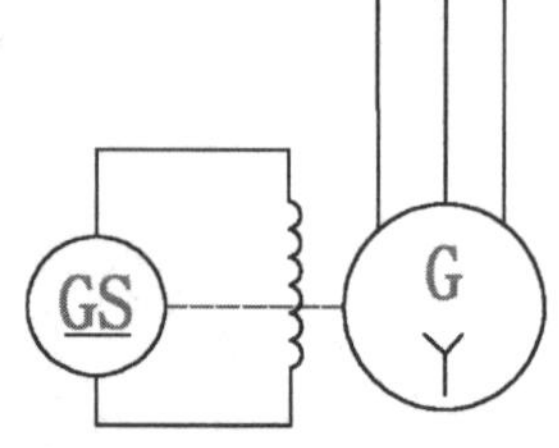


图4-27　励磁发电电机图形

提示

有时，绘制出的虚线在计算机屏幕上仍然显示是实线，这是由于显示比例过小所致，放大图形后可以显示出虚线。如果要在当前图形大小下明确显示出虚线，可以单击鼠标左键选择该虚线，这时，该虚线为被选中状态，再次双击鼠标，系统打开“特性”选项板。该选项板中包含对象的各种参数，可以将其中的“线型比例”参数设置为较大的数值，如图4-28所示，这样就可以在正常图形显示状态下清晰地看见虚线的短画和间隔。

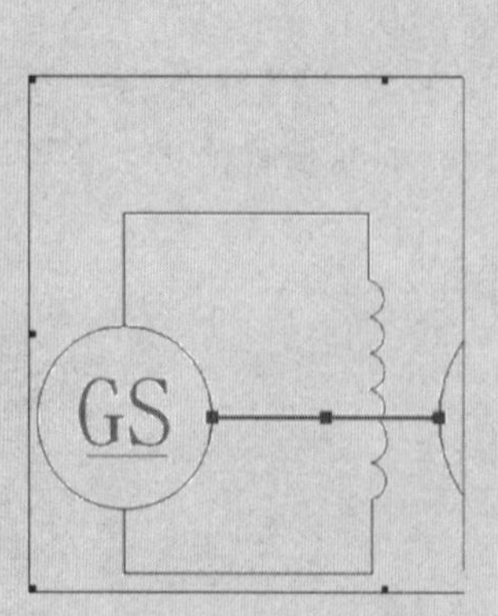


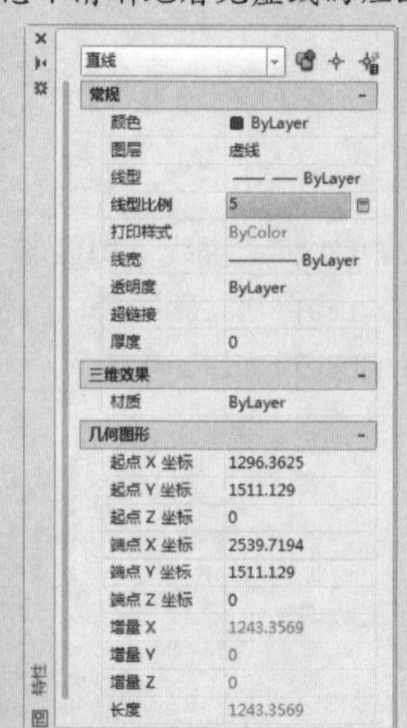


图4-28　修改虚线参数

“特性”选项板使用起来非常方便，读者注意灵活使用。

## 4.5 精确定位工具

精确定位工具是指能够快速、准确地定位某些特殊点（如端点、中点、圆心等）和特殊位置（如水平位置、垂直位置）的工具，包括“推断约束”“捕捉模式”“栅格显示”“正交模式”“极轴追踪”“对象捕捉”“三维对象捕捉”“对象捕捉追踪”“允许/禁止动态UCS”“动态输入”“显示/隐藏线宽”“显示/隐藏透明度”“快捷特征”和“选择循环”等功能开关按钮，如图4-29所示。

图4-29 状态栏功能开关按钮

### 4.5.1 正交模式

在AutoCAD绘图过程中，经常需要绘制水平直线和垂直直线，但是用光标控制选择线段的端点时很难保证两个点严格沿水平或垂直方向，为此，AutoCAD提供了正交功能。当启用正交模式时，画线或移动对象时只能沿水平方向或垂直方向移动光标，也只能绘制平行于坐标轴的正交线段。

**【执行方式】**

- 命令行：ORTHO。
- 状态栏：按下状态栏中的“正交模式”按钮。
- 快捷键：按〈F8〉键。

**【操作步骤】**

命令行提示与操作如下：

```
命令:ORTHO↙
输入模式[开(ON)/关(OFF)]<开>:设置开或关
```

### 4.5.2 栅格显示

用户可以应用栅格显示工具使绘图区显示网格，它是一个形象的画图工具，就像传统的坐标纸一样。本节介绍控制栅格显示及设置栅格参数的方法。

**【执行方式】**

- 命令行：DSETTINGS。
- 菜单栏：选择菜单栏中的“工具”→“绘图设置”命令。
- 状态栏：按下状态栏中的“栅格”按钮（仅限于打开与关闭）。
- 快捷键：按〈F7〉键（仅限于打开与关闭）。

**【操作步骤】**

执行上述操作后，系统打开“草图设置”对话框，单击“捕捉和栅格”选项卡，如图4-30所示。其中，“启用栅格”复选框用于控制是否显示栅格；“栅格X轴间距”和“栅格

Y 轴间距”文本框用于设置栅格在水平与垂直方向的间距。如果“栅格 X 轴间距”和“栅格 Y 轴间距”设置为0，则 AutoCAD 系统会自动将捕捉栅格间距应用于栅格，且其原点和角度总是与捕捉栅格的原点和角度相同。另外，还可以通过“Grid”命令在命令行设置栅格间距。

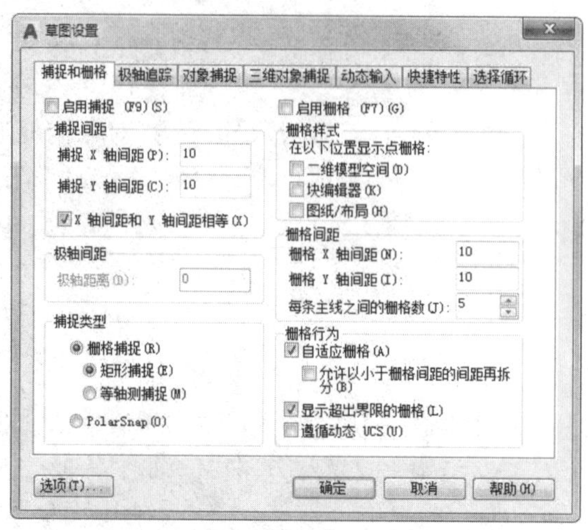

图 4-30 “捕捉和栅格”选项卡

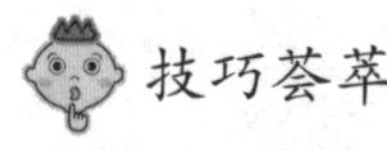

在“栅格 X 轴间距”和“栅格 Y 轴间距”文本框中输入数值时，若在“栅格 X 轴间距”文本框中输入一个数值后按〈Enter〉键，系统将自动传送这个值给“栅格 Y 轴间距”，这样可减少工作量。

## 4.5.3 捕捉模式

为了准确地在绘图区捕捉点，AutoCAD 提供了捕捉工具，可以在绘图区生成一个隐含的栅格（捕捉栅格）。这个栅格能够捕捉光标，约束它，使其只能落在栅格的某一个节点上，使用户能够高精确度地捕捉和选择这个栅格上的点。本节主要介绍捕捉栅格的参数设置方法。

**【执行方式】**

- 命令行：DSETTINGS。
- 菜单栏：选择菜单栏中的“工具”→“绘图设置”命令。
- 状态栏：按下状态栏中的“捕捉模式”按钮（仅限于打开与关闭）。
- 快捷键：按〈F9〉键（仅限于打开与关闭）。

**【操作步骤】**

执行上述操作后，系统打开“草图设置”对话框，单击“捕捉和栅格”选项卡，如图 4-30所示。

**【选项说明】**

（1）“启用捕捉”复选框：控制捕捉功能的开关，与按〈F9〉快捷键或按下状态栏上的“捕捉模式”按钮▦功能相同。

（2）“捕捉间距”选项组：设置捕捉参数，其中“捕捉 X 轴间距”与“捕捉 Y 轴间距”文本框用于确定捕捉栅格点在水平和垂直两个方向上的间距。

（3）“捕捉类型”选项组：确定捕捉类型和样式。AutoCAD 提供了两种捕捉栅格的方式：“栅格捕捉”和“PolarSnap（极轴捕捉）”。“栅格捕捉”是指按正交位置捕捉位置点，“极轴捕捉”则可以根据设置的任意极轴角捕捉位置点。

“栅格捕捉”又分为“矩形捕捉”和“等轴测捕捉”两种方式。在“矩形捕捉”方式下捕捉的栅格是标准的矩形，在“等轴测捕捉”方式下捕捉的栅格和光标十字线不再互相垂直，而是变成绘制等轴测图时的特定角度，这种方式对于绘制等轴测图十分方便。

（4）“极轴间距”选项组：该选项组只有在选择“PolarSnap”捕捉类型时才可用。可在“极轴距离”文本框中输入距离值，也可以在命令行输入“SNAP”，设置捕捉的有关参数。

## 4.6 对象捕捉

在利用 AutoCAD 画图时经常要用到一些特殊点，例如，圆心、切点、线段或圆弧的端点、中点等。如果只利用光标在图形上选择，要准确地找到这些点是十分困难的。因此，AutoCAD 提供了一些识别这些点的工具。通过这些工具即可容易地构造新几何体、精确地绘制图形，其结果还比传统手工绘图更精确且更容易维护。在 AutoCAD 中，这种功能称之为对象捕捉功能。

### 4.6.1 特殊位置点捕捉

在绘制 AutoCAD 图形时，有时需要指定一些特殊位置的点，例如，圆心、端点、中点、平行线上的点等，可以通过对象捕捉功能来捕捉这些点，详见表 4-3。

**表 4-3 特殊位置点捕捉**

| 捕捉模式 | 快捷命令 | 功能 |
|---|---|---|
| 临时追踪点 | TT | 建立临时追踪点 |
| 两点之间的中点 | M2P | 捕捉两个独立点连线的中点 |
| 捕捉自 | FRO | 与其他捕捉方式配合使用建立一个临时参考点，作为指出后续点的基点 |
| 端点 | ENDP | 用来捕捉对象（如线段或圆弧等）的端点 |
| 中点 | MID | 用来捕捉对象（如线段或圆弧等）的中点 |
| 圆心 | CEN | 用来捕捉圆或圆弧的圆心 |
| 节点 | NOD | 捕捉用“POINT”或“DIVIDE”等命令生成的点 |
| 象限点 | QUA | 用来捕捉距光标最近的圆或圆弧上可见部分的象限点，即圆周上 0°、90°、180°、270°位置上的点 |
| 交点 | INT | 用来捕捉对象（如线、圆弧或圆等）的交点 |
| 延长线 | EXT | 用来捕捉对象延长路径上的点 |
| 插入点 | INS | 用于捕捉块、图形、文字、属性或属性定义等对象的插入点 |

（续）

| 捕捉模式 | 快捷命令 | 功　能 |
|---|---|---|
| 垂足 | PER | 在线段、圆、圆弧或它们的延长线上捕捉一个点，其与最后生成的点形成的连线，与线段、圆或圆弧正交 |
| 切点 | TAN | 最后生成的点到选中的圆或圆弧上引切线的切点位置 |
| 最近点 | NEA | 用于捕捉离拾取点最近的线段、圆、圆弧等对象上的点 |
| 外观交点 | APP | 用来捕捉两个对象在视图平面上的交点。若两个对象没有直接相交，则系统自动计算其延长后的交点；若两对象在空间上为异面直线，则系统计算其投影方向上的交点 |
| 平行线 | PAR | 用于捕捉与指定对象平行方向的点 |
| 无 | NON | 关闭对象捕捉模式 |
| 对象捕捉设置 | OSNAP | 设置对象捕捉 |

AutoCAD 提供了命令行和右键快捷菜单两种执行特殊点对象捕捉的方法。

在使用特殊点捕捉的快捷命令前，必须先选择绘制对象的命令或工具，再在命令行中输入其快捷命令。

### 4.6.2 实例——公切线

绘制如图 4-31 所示的圆的公切线。

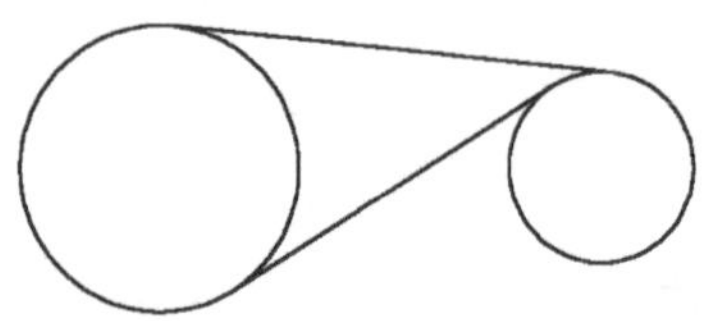

图 4-31　圆的公切线

**【操作步骤】（实例演示\第4章\公切线的绘制.avi）**

（1）单击“默认”选项卡“绘图”面板中的“圆”按钮，以适当半径绘制两个圆，绘制结果如图 4-32 所示。

（2）单击“默认”选项卡“绘图”面板中的“直线”按钮，绘制公切线，命令行提示与操作如下：

```
命令：_line
指定第一个点：同时按下〈Shift〉键和鼠标右键，在打开的快捷菜单中单击“切点”按钮
_tan 到：指定左边圆上一点，系统自动显示“递延切点”提示，如图 4-33 所示
指定下一点或［放弃(U)］：同时按下〈Shift〉键和鼠标右键，在打开的快捷菜单中单击“切点”按钮
_tan 到：指定右边圆上一点，系统自动显示“递延切点”提示，如图 4-34 所示
指定下一点或［放弃(U)］：↙
```

（3）单击“默认”选项卡“绘图”面板中的“直线”按钮，绘制公切线。同样利用对象捕捉快捷菜单中“切点”命令，捕捉切点，图 4-35 所示为捕捉第二个切点的情形。

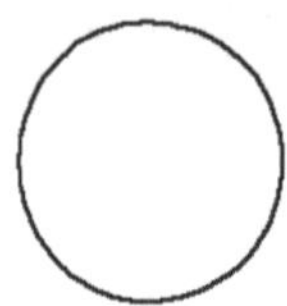
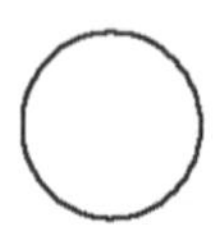

图 4-32　绘制圆

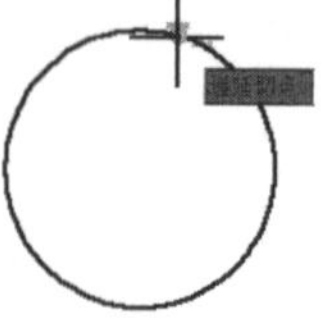
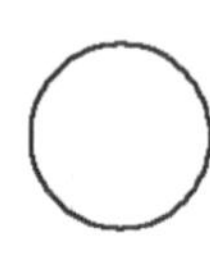

图 4-33　捕捉切点

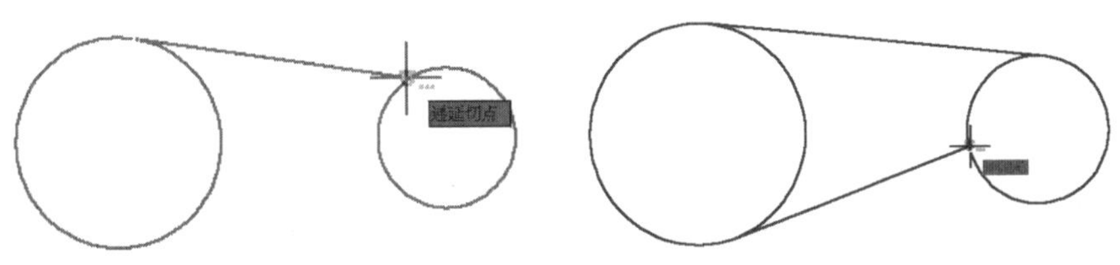


图 4-34　捕捉另一切点　　　　图 4-35　捕捉第二个切点

（4）系统自动捕捉到切点的位置，最终绘制结果如图 4-31 所示。

技巧荟萃

不管指定圆上哪一点作为切点，系统都会根据圆的半径和指定的大致位置确定准确的切点位置，并能根据大致指定点与内外切点距离，依据距离趋近原则判断绘制外切线还是内切线。

### 4.6.3 对象捕捉设置

在 AutoCAD 中绘图之前，可以根据需要事先设置开启一些对象捕捉模式，绘图时系统就能自动捕捉这些特殊点，从而加快绘图速度，提高绘图质量。

【执行方式】

- 命令行：DDOSNAP。
- 菜单栏：选择菜单栏中的“工具”→“绘图设置”命令。
- 工具栏：单击“对象捕捉”工具栏中的“对象捕捉设置”按钮。
- 状态栏：按下状态栏中的“对象捕捉”按钮（仅限于打开与关闭）。
- 快捷键：按〈F3〉键（仅限于打开与关闭）。
- 快捷菜单：选择快捷菜单中的“对象捕捉设置”命令。

执行上述操作后，系统打开“草图设置”对话框，单击“对象捕捉”选项卡，如图 4-36 所示，利用此选项卡可对对象捕捉方式进行设置。

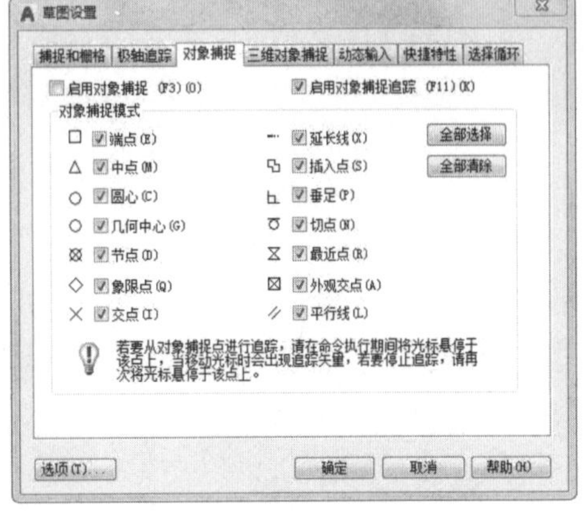


图 4-36　“对象捕捉”选项卡

【选项说明】

（1）“启用对象捕捉”复选框：选中该复选框，在“对象捕捉模式”选项组中选中的捕捉模式处于激活状态。

（2）“启用对象捕捉追踪”复选框：用于打开或关闭自动追踪功能。

（3）“对象捕捉模式”选项组：此选项组中列出了各种捕捉模式，被选中的处于激活状态。单击“全部清除”按钮，则所有模式均被清除。单击“全部选择”按钮，则所有模式均被选中。

另外，在对话框的左下角有一个“选项”按钮，单击该按钮可以打开“选项”对话框的“草图”选项卡，利用该选项卡可进行捕捉模式的各项设置。

## 4.6.4 实例——三环旗

绘制如图4-37所示的三环旗。

图4-37 三环旗

【操作步骤】（实例演示\第4章\三环旗.avi）

（1）单击“默认”选项卡“绘图”面板中的“直线”按钮，绘制辅助作图线，命令行提示与操作如下：

命令：_line 指定第一个点：在绘图区单击指定一点
指定下一点或［放弃(U)］：移动光标到合适位置，单击指定另一点，绘制出一条倾斜直线，作为辅助线
指定下一点或［放弃(U)］：↙

绘制结果如图4-38所示。

（2）单击“默认”选项卡“绘图”面板中的“多段线”按钮，绘制旗尖，命令行提示与操作如下：

命令：_pline
指定起点：同时按下〈Shift〉键和鼠标右键，在打开的快捷菜单中单击“最近点”按钮
_nea 到：将光标移至直线上，选择一点
当前线宽为0.0000
指定下一点或［圆弧(A)/闭合(C)/半宽(H)/长度(L)/放弃(U)/宽度(W)］：W↙
指定起点宽度 <0.0000>：↙
指定端点宽度 <0.0000>：8↙
指定下一点或［圆弧(A)/闭合(C)/半宽(H)/长度(L)/放弃(U)/宽度(W)］：同时按下〈Shift〉键和鼠标右键，在打开的快捷菜单中单击“最近点”按钮
_nea 到：将光标移至直线上，选择一点
指定下一点或［圆弧(A)/闭合(C)/半宽(H)/长度(L)/放弃(Uw)/宽度(W)］：W↙
指定起点宽度 <8.0000>：↙
指定端点宽度 <8.0000>：0↙
指定下一点或［圆弧(A)/闭合(C)/半宽(H)/长度(L)/放弃(U)/宽度(W)］：同时按下〈Shift〉键和鼠标右键，在打开的快捷菜单中单击“最近点”按钮
_nea 到：将光标移至直线上，选择一点，使旗尖图形接近对称

绘制结果如图4-39所示。

（3）单击“默认”选项卡“绘图”面板中的“多段线”按钮，绘制旗杆，命令行提示与操作如下：

命令：_pline
指定起点：同时按下〈Shift〉键和鼠标右键，在打开的快捷菜单中单击“端点”按钮
_endp 于：捕捉所画旗尖的端点
当前线宽为0.0000
指定下一个点或［圆弧(A)/半宽(H)/长度(L)/放弃(U)/宽度(W)］：W↙
指定起点宽度 <0.0000>：2↙
指定端点宽度 <2.0000>：↙
指定下一个点或［圆弧(A)/半宽(H)/长度(L)/放弃(U)/宽度(W)］：同时按下〈Shift〉键和鼠标右键，在打开的快捷菜单中单击“最近点”按钮

```
_nea 到:将光标移至辅助直线上,选择一点
指定下一点或[圆弧(A)/闭合(C)/半宽(H)/长度(L)/放弃(U)/宽度(W)]:↙
```

绘制结果如图 4-40 所示。

(4) 单击“默认”选项卡“绘图”面板中的“多段线”按钮，绘制旗面，命令行提示与操作如下：

```
命令:_pline
指定起点:同时按下〈Shift〉键和鼠标右键,在打开的快捷菜单中单击“端点”按钮
_endp 于:捕捉旗杆的端点
当前线宽为 0.0000
指定下一个点或[圆弧(A)/闭合(C)/半宽(H)/长度(L)/放弃(U)/宽度(W)]:A↙
指定圆弧的端点(按住 Ctrl 键以切换方向)或[角度(A)/圆心(CE)/方向(D)/半宽(H)/直线(L)/半径(R)/第二点(S)/放弃(U)/宽度(W)]:S↙
指定圆弧的第二点:单击选择一点,指定圆弧的第二点
指定圆弧的端点:单击选择一点,指定圆弧的端点
指定圆弧的端点(按住 Ctrl 键以切换方向)或[角度(A)/圆心(CE)/ 闭合(CL)/方向(D)/半宽(H)/直线(L)/半径(R)/第二点(S)/放弃(U)/宽度(W)]:单击选择一点,指定圆弧的端点
指定圆弧的端点或[角度(A)/圆心(CE)/闭合(CL)/方向(D)/半宽(H)/直线(L)/半径(R)/第二点(S)/放弃(U)/宽度(W)]:↙
```

采用相同的方法绘制另一条旗面边线。

(5) 单击“默认”选项卡“绘图”面板中的“直线”按钮，绘制旗面右端封闭直线，命令行提示与操作如下：

```
命令:_line 指定第一个点:同时按下〈Shift〉键和鼠标右键,在打开的快捷菜单中单击“端点”按钮
_endp 于:捕捉旗面上边的端点
指定下一点或[放弃(U)]:同时按下〈Shift〉键和鼠标右键,在打开的快捷菜单中单击“端点”按钮
_endp 于:捕捉旗面下边的端点
指定下一点或[放弃(U)]:↙
```

绘制结果如图 4-41 所示。

图 4-38　绘制辅助作图线　　图 4-39　绘制旗尖　　图 4-40　绘制旗杆　　图 4-41　绘制旗面

(6) 单击“默认”选项卡“绘图”面板中的“圆环”按钮◎，绘制 3 个圆环，命令行提示与操作如下：

```
命令:_donut
指定圆环的内径 <10.0000>:30↙
指定圆环的外径 <20.0000>:40↙
```

指定圆环的中心点或 <退出>:在旗面内单击选择一点,确定第一个圆环的中心
指定圆环的中心点 或<退出>:在旗面内单击选择一点,确定第二个圆环中心
......
指定圆环的中心点 或<退出>:↙

绘制结果如图 4-37 所示。

### 4.6.5 基点捕捉

在绘制图形时，有时需要指定以某个点为基点，这时，可以利用基点捕捉功能来捕捉此点。基点捕捉要求确定一个临时参考点作为指定后续点的基点，通常与其他对象捕捉模式及相关坐标联合使用。

【执行方式】

- 命令行：FROM（在执行绘图命令的同时输入 FROM）。
- 快捷菜单：自按住〈Shift〉键，在绘图区域右击，打开图 4-42 所示的快捷菜单。

【操作步骤】

当在输入一点的提示下输入“From”，或单击相应的工具图标时，命令行提示与操作如下：

基点:指定一个基点
<偏移>:输入相对于基点的偏移量

则得到一个点，这个点与基点之间坐标差为指定的偏移量。

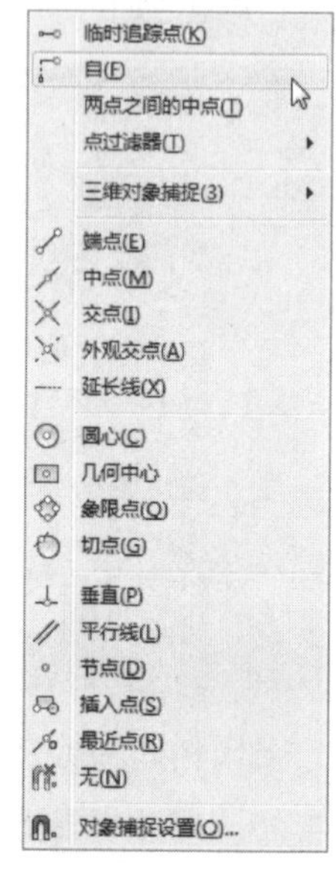


图 4-42 对象捕捉快捷菜单

## 4.7 对象追踪

对象追踪是指按指定角度或与其他对象建立指定关系绘制对象。可以结合对象捕捉功能进行自动追踪，也可以指定临时点进行临时追踪。利用自动追踪功能，可以对齐路径，有助于以精确的位置和角度创建对象。自动追踪包括“极轴追踪”和“对象捕捉追踪”两种追踪选项。

### 4.7.1 自动追踪

对象捕捉追踪是指以捕捉到的特殊位置点为基点，按指定的极轴角或极轴角的倍数对齐要指定点的路径。

对象捕捉追踪必须配合对象捕捉功能一起使用，即同时按下状态栏中的“对象捕捉”按钮和“对象捕捉追踪”按钮。

【执行方式】

- 命令行：DDOSNAP。
- 菜单栏：选择菜单栏中的“工具”→“绘图设置”命令。

- 工具栏：单击“对象捕捉”工具栏中的“对象捕捉设置”按钮。
- 状态栏：按下状态栏中的“对象捕捉”按钮和“对象捕捉追踪”按钮。
- 快捷键：按〈F11〉键。
- 快捷菜单：选择快捷菜单中的“对象捕捉设置”命令。

执行上述操作后，或在“对象捕捉”按钮与“对象捕捉追踪”按钮上右击，选择快捷菜单中的“设置”命令，系统打开“草图设置”对话框的“对象捕捉”选项卡，勾选“启用对象捕捉追踪”复选框，即启用对象捕捉追踪。

## 4.7.2 实例——追踪法绘制方头平键

绘制如图 4-43 所示的方头平键。

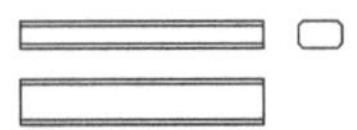

图 4-43 方头平键

**【操作步骤】（实例演示\第 4 章\追踪法绘制方头平键.avi）**

（1）单击“默认”选项卡“绘图”面板中的“矩形”按钮，绘制主视图外形。命令行提示与操作如下：

```
命令：RECTANG↙
指定第一个角点或[倒角(C)/标高(E)/圆角(F)/厚度(T)/宽度(W)]：在屏幕适当位置指定一点
指定另一个角点或[面积(A)/尺寸(D)/旋转(R)]：@100,11↙
```

结果如图 4-44 所示。

（2）同时打开状态栏上的“对象捕捉”按钮和“对象追踪”按钮，起动对象捕捉追踪功能。单击“默认”选项卡“绘图”面板中的“直线”按钮，绘制主视图棱线。命令行提示与操作如下：

```
命令：LINE↙
指定第一个点：FROM↙
基点：捕捉矩形左上角点，如图 4-45 所示
<偏移>：@0，-2↙
指定下一点或[放弃(U)]：鼠标右移，捕捉矩形右边上的垂足，如图 4-46 所示
```

图 4-44 绘制主视图外形　　图 4-45 捕捉角点

用相同的方法，以矩形左下角点为基点，向上偏移 2，利用基点捕捉绘制下边的另一条棱线。结果如图 4-47 所示。

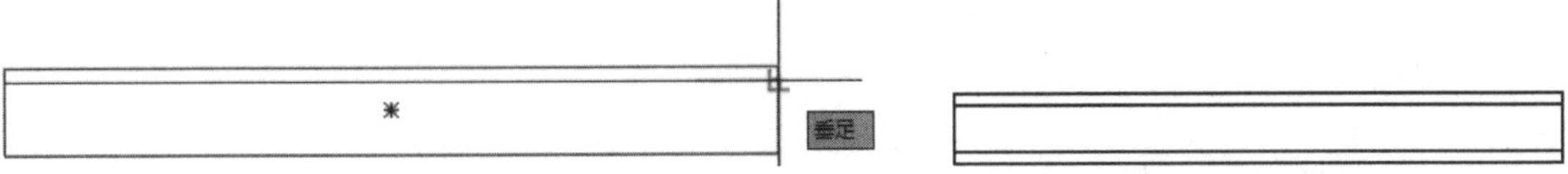


图 4-46 捕捉垂足　　图 4-47 绘制主视图棱线

（3）打开“草图设置”对话框的“极轴追踪”选项卡，将增量角设置为90，将对象捕捉追踪设置为仅正交追踪。

（4）单击“默认”选项卡“绘图”面板中的“矩形”按钮，绘制俯视图外形。命令行提示与操作如下：

```
命令:RETANG↙
指定第一个角点或[倒角(C)/标高(E)/圆角(F)/厚度(T)/宽度(W)]:捕捉矩形的左下角点,
系统显示追踪线,沿追踪线向下在适当位置指定一点,如图4-48所示
指定另一个角点或[面积(A)/尺寸(D)/旋转(R)]: @100,18↙
```

结果如图4-49所示。

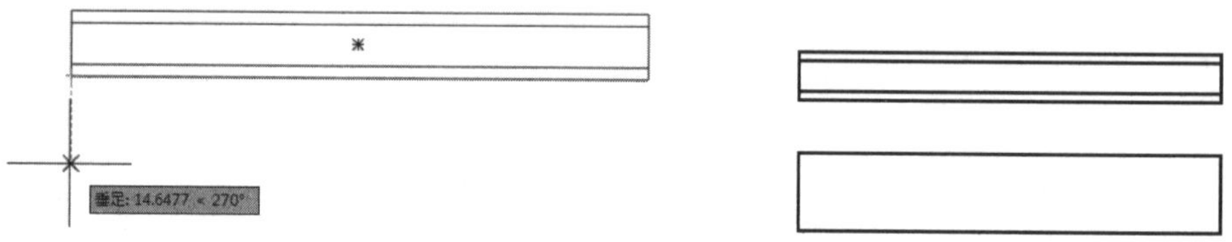


图4-48　追踪对象　　图4-49　绘制俯视图外形

（5）单击“默认”选项卡“绘图”面板中的“直线”按钮，结合基点捕捉功能绘制俯视图棱线，偏移距离为2，结果如图4-50所示。

（6）单击“默认”选项卡“绘图”面板中的“构造线”按钮，绘制左视图构造线。首先指定适当一点绘制 -45°构造线，继续绘制构造线，命令行提示与操作如下：

```
命令:XLINE↙
指定点或[水平(H)/垂直(V)/角度(A)/二等分(B)/偏移(O)]:捕捉俯视图右上角点,在水平
追踪线上指定一点,如图4-51所示
指定通过点:打开状态栏上的正交开关,指定水平方向一点,指定斜线与第四条水平线的交点
```

用同样的方法绘制另一条水平构造线。再捕捉两条水平构造线与斜构造线的交点，为指定点绘制两条竖直构造线。如图4-52所示。

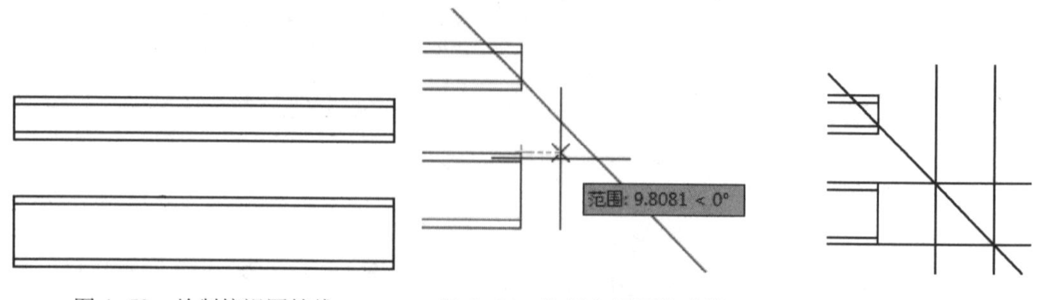


图4-50　绘制俯视图棱线　　图4-51　绘制左视图构造线　　图4-52　完成左视图构造线

（7）单击“默认”选项卡“绘图”面板中的“矩形”按钮，绘制左视图。命令行提示与操作如下：

```
命令: _rectang↙
指定第一个角点或[倒角(C)/标高(E)/圆角(F)/厚度(T)/宽度(W)]: C↙
指定矩形的第一个倒角距离 <0.0000>: 2
```

指定矩形的第一个倒角距离 <0.0000>:2
指定第一个角点或[倒角(C)/标高(E)/圆角(F)/厚度(T)/宽度(W)]:捕捉主视图矩形上边延长线与第一条竖直构造线的交点,如图 4-53 所示
指定另一个角点或[面积(A)/尺寸(D)/旋转(R)]: 捕捉主视图矩形下边延长线与第二条竖直构造线的交点

结果如图 4-54 所示。

(8) 选取图中的构造线，按〈Delete〉键删除构造线，最终结果如图 4-43 所示。

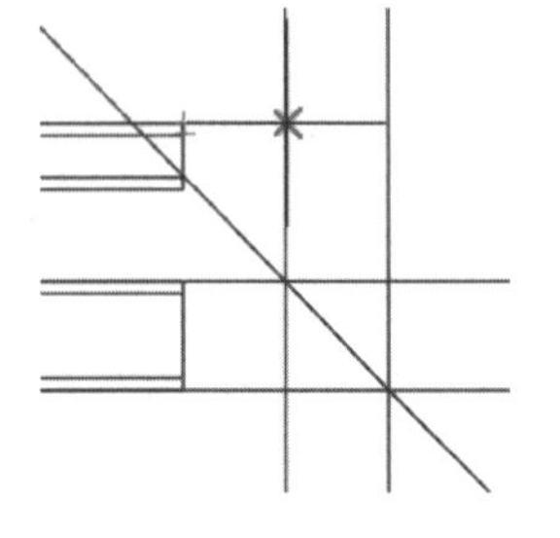

图 4-53 捕捉对象

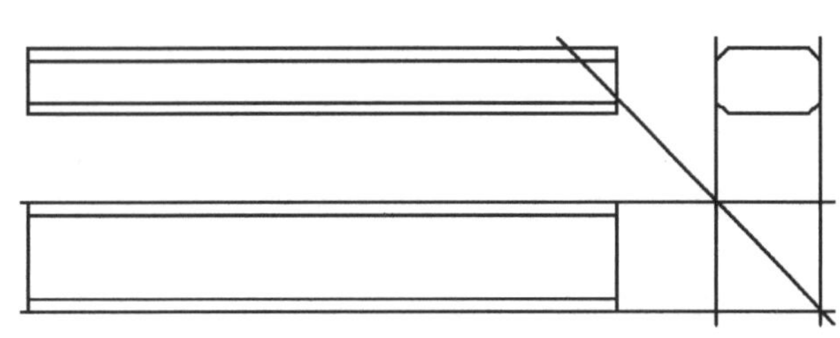

图 4-54 绘制左视图

## 4.7.3 极轴追踪设置

极轴追踪是指按指定的极轴角或极轴角的倍数对齐要指定点的路径。

极轴追踪必须配合对象捕捉功能一起使用，即同时按下状态栏中的“极轴追踪”按钮和“对象捕捉”按钮。

**【执行方式】**

- 命令行：DDOSNAP。
- 菜单栏：选择菜单栏中的“工具”→“绘图设置”命令。
- 工具栏：单击“对象捕捉”工具栏中的“对象捕捉设置”按钮。
- 状态栏：按下状态栏中的“对象捕捉”按钮和“极轴追踪”按钮。
- 快捷键：按〈F10〉键。
- 快捷菜单：选择快捷菜单中的“对象捕捉设置”命令。

执行上述操作或在“极轴追踪”按钮上右击，选择快捷菜单中的“设置”命令，系统打开如图 4-55 所示“草图设置”对话框的“极轴追踪”选项卡。

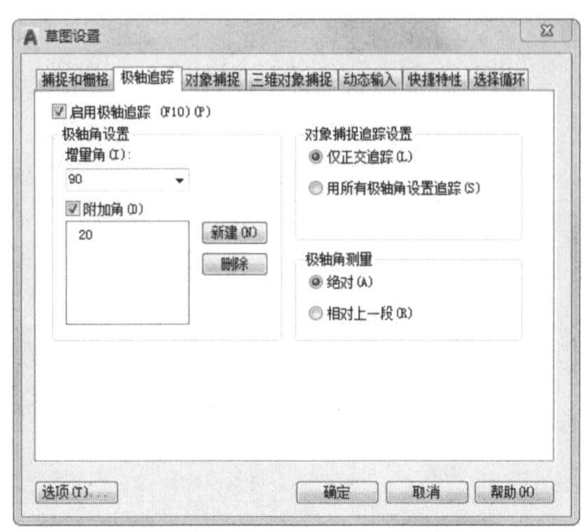


图 4-55 “极轴追踪”选项卡

**【选项说明】**

(1) “启用极轴追踪”复选框：选中该复选框，即启用极轴追踪功能。

(2) “极轴角设置”选项组：设置极轴角的值，可以在“增量角”下拉列表框中选择一个角度值，也可选中“附加角”复选框。单击“新建”按钮设置任意附加角，系统在进行极轴追踪时，同时追踪增量角和附加角，可以设置多个附加角。

(3)“对象捕捉追踪设置”和“极轴角测量”选项组：按界面提示选择相应单选按钮。利用自动追踪可以完成三视图绘制。

## 4.8 对象约束

约束能够精确地控制草图中的对象。草图约束有两种类型：几何约束和尺寸约束。

几何约束建立草图对象的几何特性（如要求某一直线具有固定长度），或是两个或更多草图对象的关系类型（如要求两条直线垂直或平行，或是几个圆弧具有相同的半径）。在绘图区用户可以使用“参数化”选项卡内的“全部显示”“全部隐藏”或“显示”来显示有关信息，并显示代表这些约束的直观标记，如图4-56中的水平标记和共线标记所示。

尺寸约束建立草图对象的大小（如直线的长度、圆弧的半径等），或是两个对象之间的关系（如两点之间的距离）。图4-57所示为带有尺寸约束的图形示例。

### 4.8.1 建立几何约束

利用几何约束工具，可以指定草图对象必须遵守的条件，或草图对象之间必须维持的关系。“参数化”选项卡中的“几何”面板，如图4-58所示。其主要几何约束选项功能见表4-4。

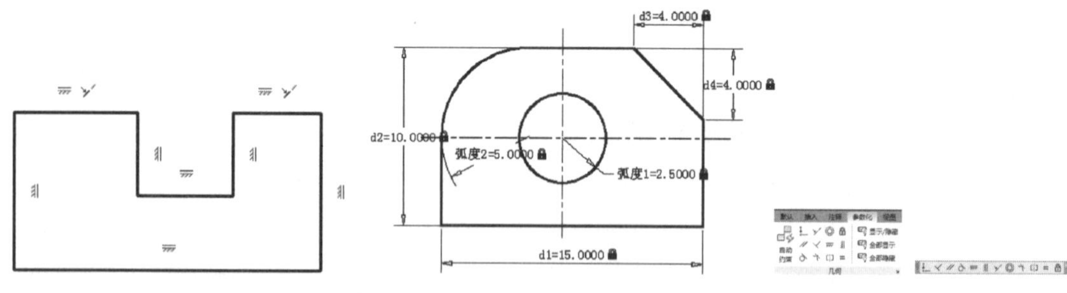


图4-56 几何约束示意图 图4-57 尺寸约束示意图 图4-58 “几何”面板及工具栏

**表4-4 几何约束选项的功能**

| 约束模式 | 功能 |
|---|---|
| 重合 | 约束两个点使其重合，或约束一个点使其位于曲线（或曲线的延长线）上。可以使对象上的约束点与某个对象重合，也可以使其与另一对象上的约束点重合 |
| 共线 | 使两条或多条直线段沿同一直线方向，使它们共线 |
| 同心 | 将两个圆弧、圆或椭圆约束到同一个中心点，结果与将重合约束应用于曲线的中心点所产生的效果相同 |
| 固定 | 将几何约束应用于一对对象时，选择对象的顺序以及选择每个对象的点可能会影响对象彼此间的放置方式 |
| 平行 | 使选定的直线位于彼此平行的位置，平行约束在两个对象之间应用 |

（续）

| 约束模式 | 功　能 |
|---|---|
| 垂直 | 使选定的直线位于彼此垂直的位置，垂直约束在两个对象之间应用 |
| 水平 | 使直线或点位于与当前坐标系 X 轴平行的位置，默认选择类型为对象 |
| 竖直 | 使直线或点位于与当前坐标系 Y 轴平行的位置 |
| 相切 | 将两条曲线约束为保持彼此相切或其延长线保持彼此相切，相切约束在两个对象之间应用 |
| 平滑 | 将样条曲线约束为连续，并与其他样条曲线、直线、圆弧或多段线保持连续性 |
| 对称 | 使选定对象受对称约束，相对于选定直线对称 |
| 相等 | 将选定圆弧和圆的尺寸重新调整为半径相同，或将选定直线的尺寸重新调整为长度相同 |

在绘图过程中，可指定二维对象或对象上点之间的几何约束。在编辑受约束的几何图形时，将保留约束，因此，通过使用几何约束，可以在图形中包括设计要求。

## 4.8.2 设置几何约束

在用 AutoCAD 绘图时，可以控制约束栏的显示，利用“约束设置”对话框（图 4-59）可控制约束栏上显示或隐藏的几何约束类型。单独或全局显示或隐藏几何约束和约束栏，可执行以下操作。

- 显示（或隐藏）所有的几何约束。
- 显示（或隐藏）指定类型的几何约束。
- 显示（或隐藏）所有与选定对象相关的几何约束。

【执行方式】

- 命令行：CONSTRAINTSETTINGS（快捷命令：CSETTINGS）。
- 菜单栏：选择菜单栏中的“参数”→“约束设置”命令。
- 功能区：单击“参数化”选项卡“几何”面板中的“约束设置”按钮↘。
- “CSETTINGS”工具栏：单击“参数化”工具栏中的“约束设置”按钮。

执行上述操作后，系统打开“约束设置”对话框如图 4-59 所示，单击“几何”选项卡，利用此对话框可以控制约束栏上约束类型的显示。

图 4-59 “约束设置”对话框

【选项说明】

（1）“约束栏显示设置”选项组：此选项组控制图形编辑器中是否为对象显示约束栏或约束点标记。例如，可以为水平约束和竖直约束隐藏约束栏的显示。

（2）“全部选择”按钮：选择全部几何约束类型。

（3）“全部清除”按钮：清除所有选定的

几何约束类型。

（4）“仅为处于当前平面中的对象显示约束栏”复选框：仅为当前平面上受几何约束的对象显示约束栏。

（5）“约束栏透明度”选项组：设置图形中约束栏的透明度。

（6）“将约束应用于选定对象后显示约束栏”复选框：手动应用约束或使用“AUTOCONSTRAIN”命令时，显示相关约束栏。

### 4.8.3 实例——绘制相切及同心的圆

绘制如图4-60所示的同心相切圆。

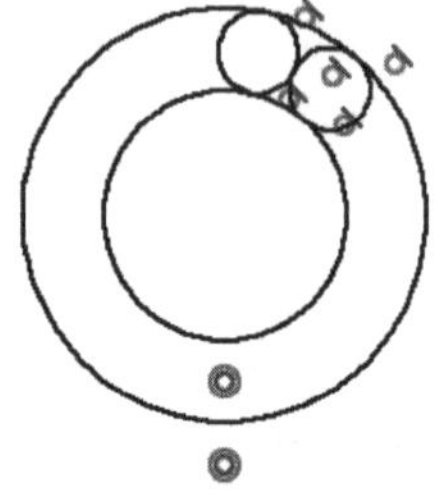

图4-60　同心相切圆

【操作步骤】（实例演示\第4章\绘制相切及同心的圆.avi）

（1）单击“默认”选项卡“绘图”面板中的“圆”按钮，以适当半径绘制4个圆，绘制结果如图4-61所示。

（2）单击“参数化”选项卡“几何”面板中的“相切”按钮，命令行提示与操作如下：

```
命令：_GeomConstraint
选择第一个对象：选择圆1
选择第二个对象：选择圆2
```

系统自动将圆2向右移动与圆1相切，结果如图4-62所示。

（3）单击“参数化”选项卡“几何”面板中的“同心”按钮，命令行提示与操作如下：

```
命令：_GeomConstraint
选择第一个对象：选择圆1
选择第二个对象：选择圆3
```

系统自动建立同心的几何关系，结果如图4-63所示。

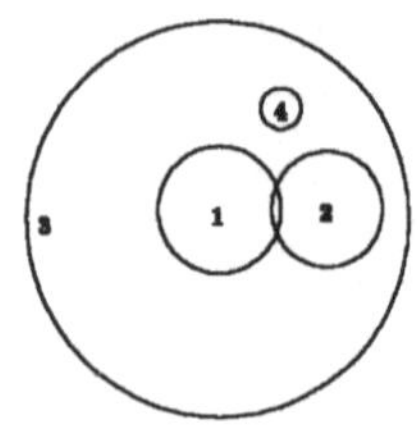


图4-61　绘制圆

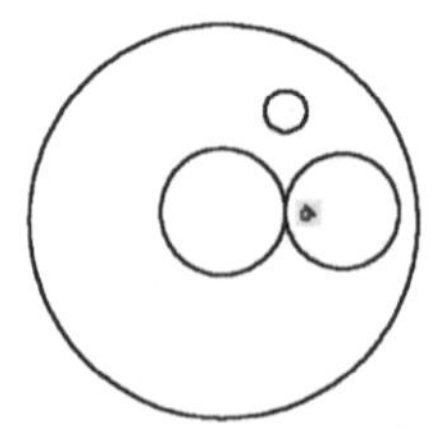

图4-62　建立圆1与圆2的相切关系

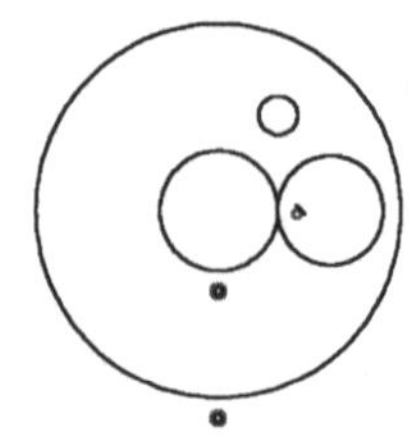

图4-63　建立圆1与圆3的同心关系

（4）采用同样的方法，使圆3与圆2建立相切几何约束，结果如图4-64所示。

（5）采用同样的方法，使圆1与圆4建立相切几何约束，结果如图4-65所示。

（6）采用同样的方法，使圆4与圆2建立相切几何约束，结果如图4-66所示。

（7）采用同样的方法，使圆3与圆4建立相切几何约束，最终结果如图4-60所示。

### 4.8.4 建立尺寸约束

建立尺寸约束可以限制图形几何对象的大小，与在草图上标注尺寸相似，都设置尺寸标注线，同时建立相应的表达式，不同的是，尺寸约束可以在后续的编辑工作中实现尺寸的参数化驱动。“标注约束”面板（该面板在“二维草图与注释”工作空间“参数化”选项卡的“标注”面板中）如图 4-67 所示。

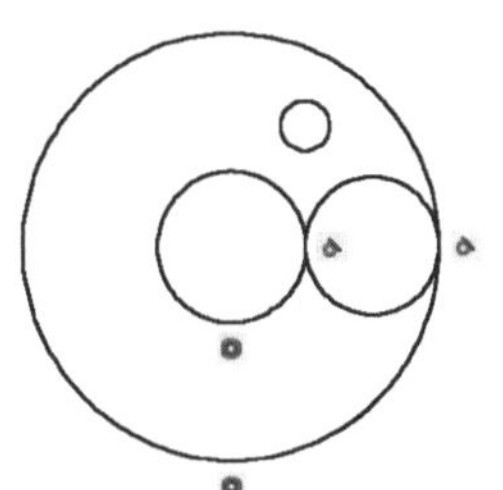

图 4-64 建立圆 3 与圆 2 的相切关系

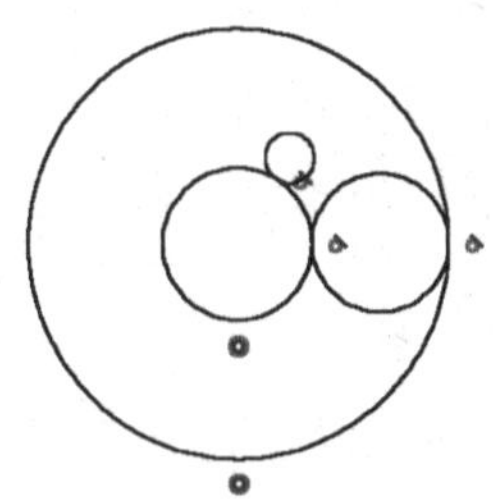

图 4-65 建立圆 1 与圆 4 的相切关系

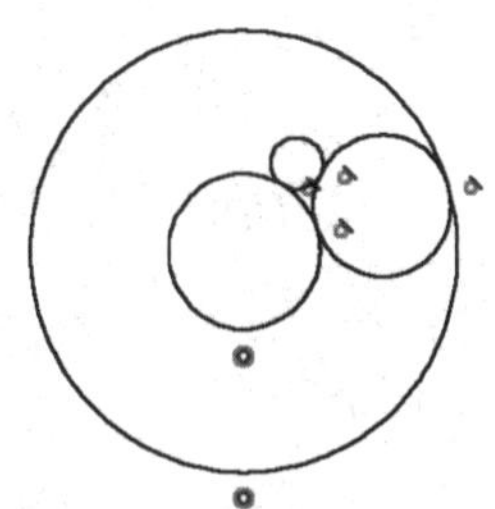

图 4-66 建立圆 4 与圆 2 的相切关系

在生成尺寸约束时，用户可以选择草图曲线、边、基准平面或基准轴上的点，以生成水平、竖直、平行、垂直和角度尺寸。

生成尺寸约束时，系统会生成一个表达式，其名称和值显示在一个文本框中，如图 4-68 所示，用户可以在其中编辑该表达式的名和值。

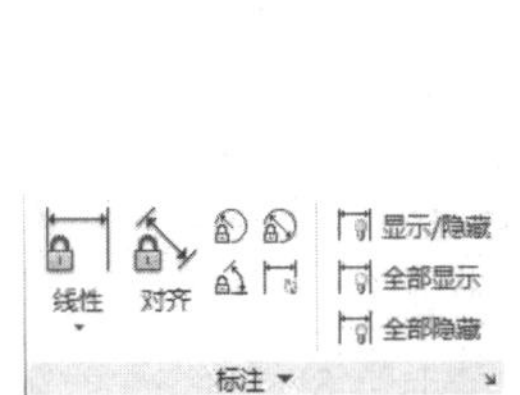


图 4-67 “标注”面板

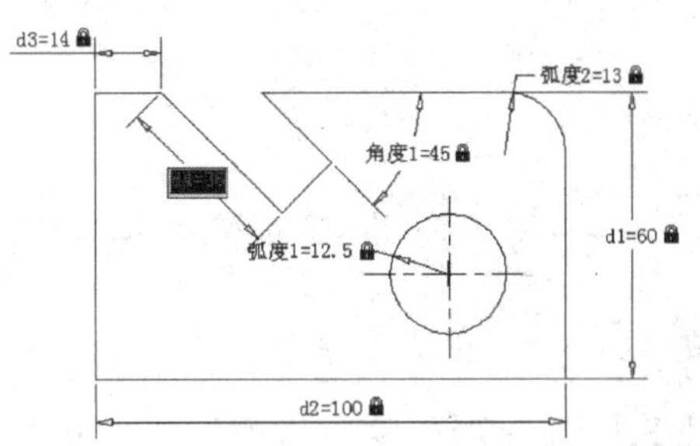


图 4-68 编辑尺寸约束示意图

生成尺寸约束时，只要选中了几何体，其尺寸及其延伸线和箭头就会全部显示出来。将尺寸拖动到位，然后单击，就完成了尺寸约束的添加。完成尺寸约束后，用户还可以随时更改尺寸约束，只需在绘图区选中该值双击，就可以使用生成过程中所采用的方式，编辑其名称、值或位置。

### 4.8.5 设置尺寸约束

在用 AutoCAD 绘图时，使用“约束设置”对话框中的“标注”选项卡（如图 4-69 所示），可控制显示标注约束时的系统配置，标注约束控制设计的大小和比例。尺寸约束的具体内容如下：

- 对象之间或对象上点之间的距离。
- 对象之间或对象上点之间的角度。

【执行方式】

- 命令行：CONSTRAINTSETTINGS（快捷命令：CSETTINGS）。

- 菜单栏：选择菜单栏中的“参数”→“约束设置”命令。
- 功能区：单击“参数化”选项卡中的“约束设置”按钮 ↘。
- 工具栏：单击“参数化”工具栏中的“约束设置”按钮。

执行上述操作后，系统打开“约束设置”对话框，单击“标注”选项卡，如图 4-69 所示。利用此对话框可以控制约束栏上约束类型的显示。

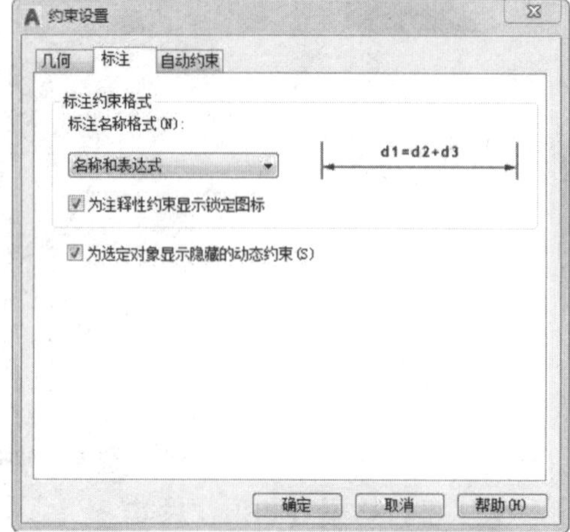


图 4-69 “标注”选项卡

【选项说明】

(1)“标注约束格式”选项组：在该选项组内可以设置标注名称格式和锁定图标的显示。

(2)“标注名称格式”下拉列表框：为应用标注约束时显示的文字指定格式。可将名称格式设置为显示名称、值或名称和表达式。例如，宽度 = 长度/2。

(3)“为注释性约束显示锁定图标”复选框：针对已应用注释性约束的对象显示锁定图标。

(4)“为选定对象显示隐藏的动态约束”复选框：显示选定时已设置为隐藏的动态约束。

## 4.8.6 实例——利用尺寸驱动更改方头平键尺寸

绘制如图 4-70 所示的方头平键。

【操作步骤】(实例演示\第 4 章\利用尺寸驱动更改方头平键尺寸.avi)

(1) 打开源文件“方头平键轮廓(键 B18×100)”，如图 4-71 所示。

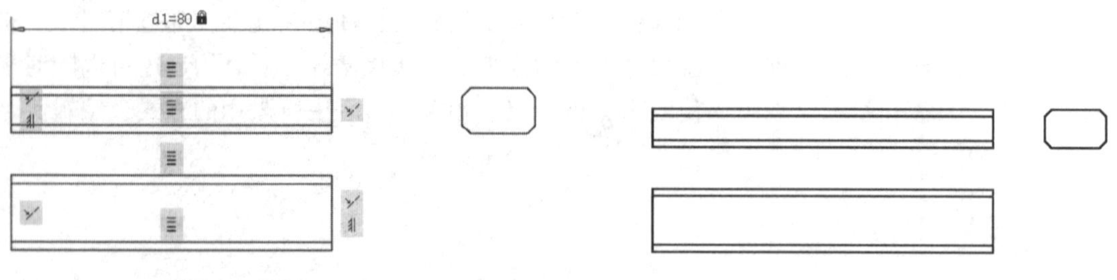


图 4-70 键 B18×80　　图 4-71 键 B18×100 轮廓

(2) 单击“参数化”选项卡“几何”面板中的“共线”按钮 ⋎，使左端各竖直直线建立共线的几何约束。采用同样的方法使右端各直线建立共线的几何约束。

(3) 单击“参数化”选项卡“几何”面板中的“相等”按钮 =，使最上端水平线与下面各条水平线建立相等的几何约束。

(4) 单击“参数化”选项卡“几何”面板中的“竖直”按钮，对俯视图中右端的竖直线添加竖直几何约束。

（5）单击“参数化”选项卡“标注”面板中的“线性”按钮，在下拉列表中单击“水平”按钮，更改水平尺寸，命令行提示与操作如下：

```
命令:_DcHorizontal
指定第一个约束点或[对象(O)]<对象>:选择最上端直线左端
指定第二个约束点:选择最上端直线右端
指定尺寸线位置:在合适位置单击
标注文字 = 100:80↙
```

（6）系统自动将长度调整为80，最终结果如图4-70所示。

## 4.8.7 自动约束

在用AutoCAD绘图时，利用“约束设置”对话框中的“自动约束”选项卡，可将设定公差范围内的对象自动设置为相关约束，如图4-72所示。

图4-72 “自动约束”选项卡

【执行方式】

- 命令行：CONSTRAINTSETTINGS（CSETTINGS）。
- 菜单栏：选择菜单栏中的“参数”→“约束设置”命令。
- 功能区：单击“参数化”选项卡“标注”面板中的“对话框起动器”按钮。
- 工具栏：单击“参数化”工具栏中的“约束设置”按钮。

执行上述操作后，系统打开“约束设置”对话框，单击“自动约束”选项卡，如图4-72所示，利用此对话框可以控制自动约束的相关参数。

【选项说明】

（1）“约束类型”列表框：显示自动约束的类型及优先级。可以通过单击“上移”和“下移”按钮调整优先级的顺序。单击✔图标，可以选择或去掉某约束类型作为自动约束类型。

（2）“相切对象必须共用同一交点”复选框：指定两条曲线必须共用一个点（在距离公差内指定）应用相切约束。

（3）“垂直对象必须共用同一交点”复选框：指定直线必须相交或一条直线的端点必须与另一条直线或直线的端点重合（在距离公差内指定）。

（4）“公差”选项组：设置可接受的“距离”和“角度”公差值，以确定是否可以应用约束。

## 4.8.8 实例——约束控制未封闭三角形

对如图4-73所示的未封闭三角形进行约束控制。

图4-73 未封闭三角形

【操作步骤】（实例演示\第4章\约束控制未封闭三角形.avi）

（1）设置约束与自动约束。单击“参数化”选项卡“标注”面板中的“对话框起动器”按钮，单击“全部选择”按钮，选择全部约束方式，如图4-74所示。再单击“自动约束”选项卡，将“距离”和“角度”公差值设置为“1”，取消对“相切对象必须共用同一交点”复选框和“垂直对象必须共用同一交点”复选框的勾选，约束优先顺序按图4-75所示设置。

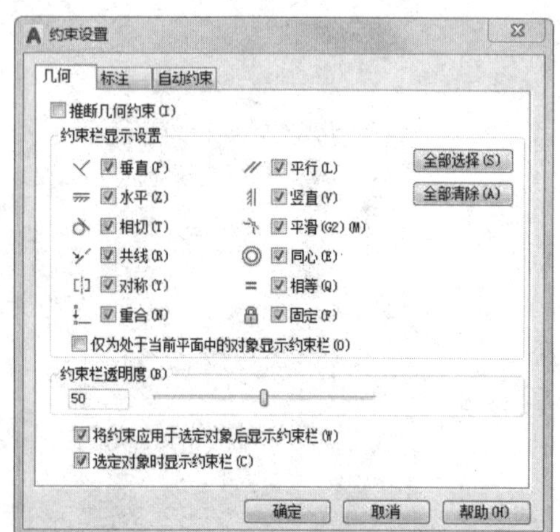


图4-74 “几何”选项卡设置

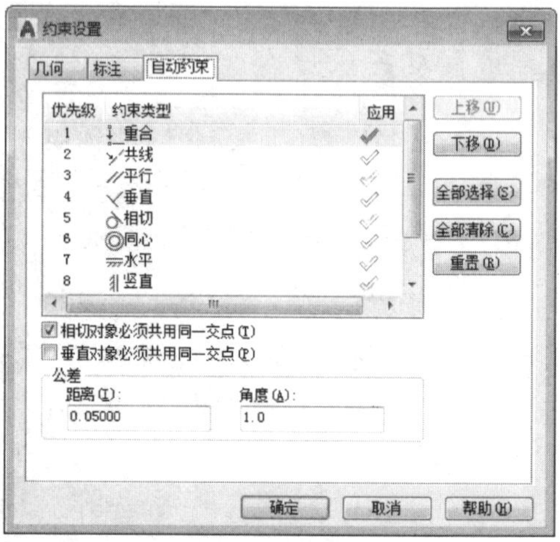

图4-75 “自动约束”选项卡设置

（2）单击“参数化”选项卡“几何”面板中的“固定”按钮，命令行提示与操作如下：

```
命令:GcFix
选择点或[对象(O)] <对象>:选择三角形底边
```

这时，底边被固定，并显示固定标记，如图4-76所示。

（3）单击“参数化”选项卡“几何”面板中的“自动约束”按钮，命令行提示与操作如下：

```
命令:_AutoConstrain
选择对象或[设置(S)]:选择三角形底边
选择对象或[设置(S)]:选择三角形左边,这里已知左边两个端点的距离为0.7,在自动约束公差范围内
选择对象或[设置(S)]:↙
```

这时，左边下移，使底边和左边的两个端点重合，并显示固定标记，而原来重合的上顶点现在分离，如图4-77所示。

（4）采用同样的方法，使上边两个端点进行自动约束，两者重合，并显示重合标记，如图4-78所示。

（5）再次单击“参数化”选项卡“几何”面板中的“自动约束”按钮，选择三角形底边和右边为自动约束对象（这里已知底边与右边的原始夹角为89°），可以发现，底边与右边自动保持重合与垂直的关系，结果如图4-79所示（注意：三角形的右边必然要缩短）。

图 4-76 固定约束

图 4-77 自动重合约束（一）

图 4-78 自动重合约束（二）

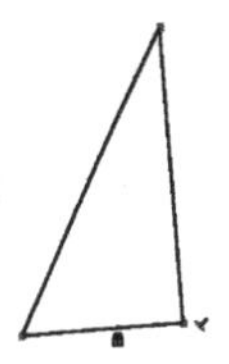

图 4-79 自动重合与自动垂直约束

## 4.9 综合演练——泵轴

本实例利用“直线”命令绘制泵轴轮廓，利用上面所学的对象约束，通过几何约束和尺寸约束完成泵轴的绘制，结果如图 4-80 所示。

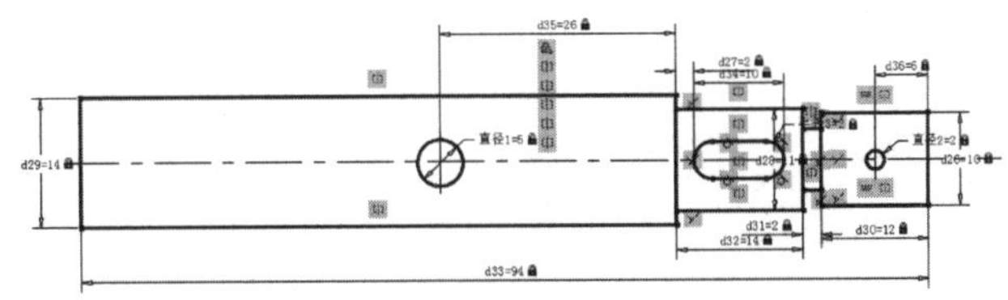

图 4-80 绘制泵轴

**【操作步骤】（实例演示\第 4 章\泵轴 . avi）**

**1. 设置绘图环境**

命令行提示与操作如下：

```
命令：LIMITS↙
重新设置模型空间界限：
指定左下角点或［开(ON)/关(OFF)］<0.0000,0.0000>：↙
指定右上角点 <420.0000,297.0000>：297,210↙
```

**2. 图层设置**

（1）单击“默认”选项卡“图层”面板中的“图层特性”按钮，打开“图层特性管理器”选项板。

（2）单击“新建图层”按钮，创建一个新图层，将该图层命名为“中心线”。

（3）单击“中心线”图层对应的“颜色”列，打开“选择颜色”对话框，如图 4-81 所示。选择红色为该图层颜色，单击“确定”按钮，返回“图层特性管理器”选项板。

（4）单击“中心线”图层对应的“线型”列，打开“选择线型”对话框，如图 4-82 所示。

（5）在“选择线型”对话框中单击“加载”按钮，系统打开“加载或重载线型”对话框，选择“CENTER”线型，如图 4-83 所示，单击“确定”按钮退出。在“选择线型”对话框中选择 CENTER（点画线）为该图层线型，单击“确定”按钮，返回“图层特性管理器”选项板。

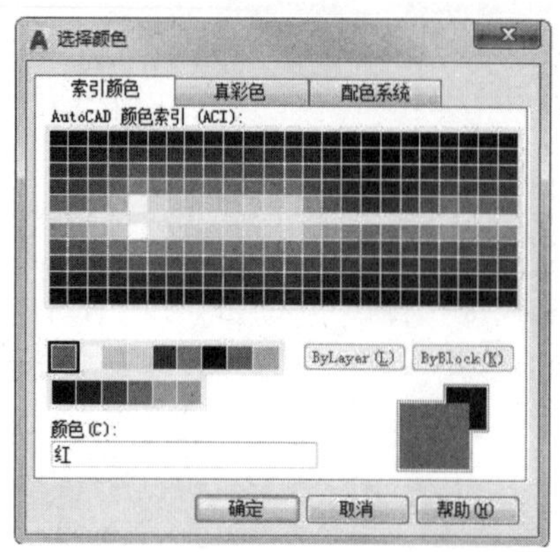

图 4-81 “选择颜色”对话框

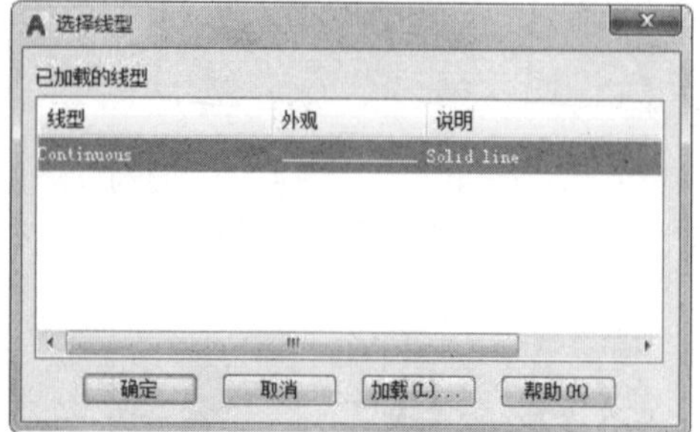

图 4-82 “选择线型”对话框

（6）单击“中心线”图层对应的“线宽”列，打开“线宽”对话框，如图 4-84 所示。选择“0.09 mm”线宽，单击“确定”按钮。

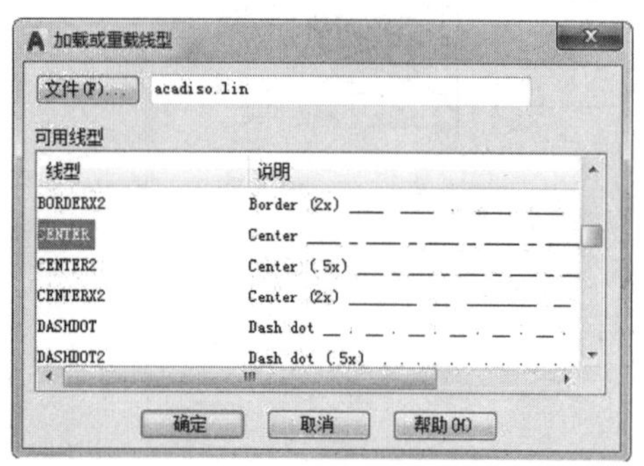

图 4-83 “加载或重载线型”对话框

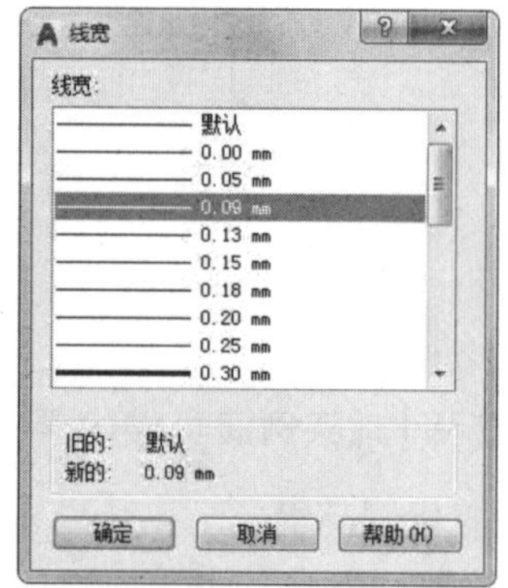

图 4-84 “线宽”对话框

（7）采用相同的方法再创建两个新图层，分别命名为“轮廓线”和“尺寸线”。“轮廓线”图层的颜色设置为白色，线型为“Continuous”（实线），线宽为“0.30 mm”。“尺寸线”图层的颜色设置为蓝色，线型为“Continuous”，线宽为“0.09 mm”。设置完成后，使 3 个图层均处于打开、解冻和解锁状态，各项设置如图 4-85 所示。

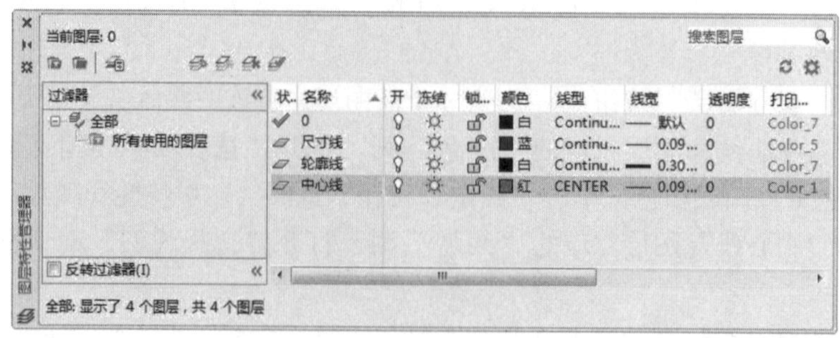

图 4-85 新建图层的各项设置

**3. 绘制中心线**

将当前图层设置为“中心线”图层，单击“默认”选项卡“绘图”面板中的“直线”

按钮╱，绘制泵轴的水平中心线。

**4. 绘制泵轴的外轮廓线**

将当前图层设置为“轮廓线”图层。单击“默认”选项卡“绘图”面板中的“直线”按钮╱，绘制如图4-86所示的泵轴外轮廓线，尺寸无需精确。

**5. 添加约束**

（1）单击“参数化”选项卡“几何”面板中的“固定”按钮，添加水平中心线的固定约束，命令行提示与操作如下：

```
命令：_GcFix
选择点或［对象(O)］<对象>：选取水平中心线
```

效果如图4-87所示。

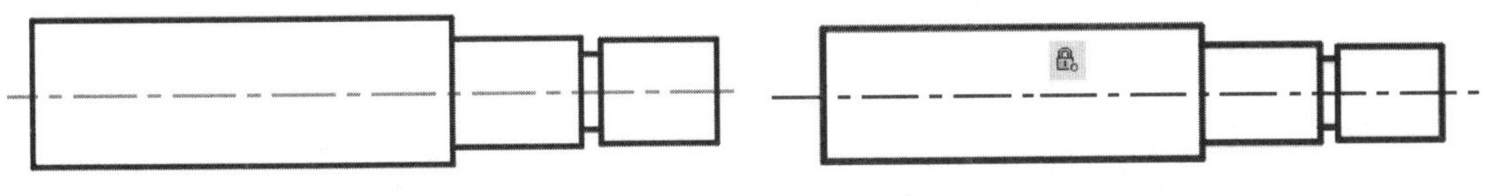

图4-86　绘制泵轴的外轮廓线　　　　图4-87　添加固定约束

（2）单击“参数化”选项卡“几何”面板中的“重合”按钮，选取左端竖直线的上端点和最上端水平直线的左端点添加重合约束。命令行提示与操作如下：

```
命令：_GcCoincident
选择第一个点或［对象(O)/自动约束(A)］<对象>：选取左端竖直线的上端点
选择第二个点或［对象(O)］<对象>：选取最上端水平直线的左端点
```

采用相同的方法，添加各个端点之间的重合约束，如图4-88所示。

（3）单击“参数化”选项卡“几何”面板中的“共线”按钮，添加轴肩竖直线之间的共线约束，结果如图4-89所示。

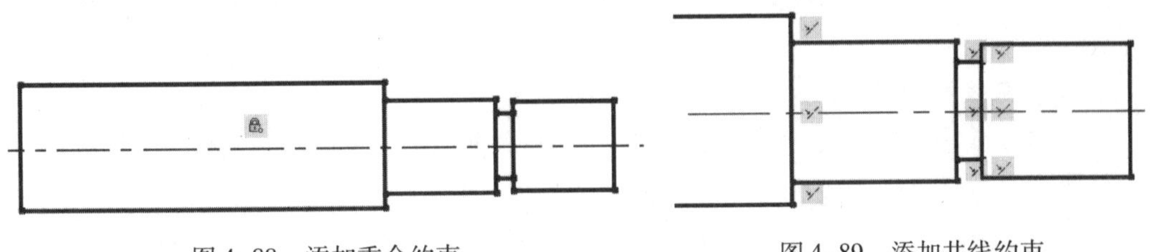

图4-88　添加重合约束　　　　图4-89　添加共线约束

（4）单击“参数化”选项卡“标注”面板中的“竖直”按钮，选择左侧第一条竖直线的两端点进行尺寸约束，命令行提示与操作如下：

```
命令：_DcVertical
指定第一个约束点或［对象(O)］<对象>：选取竖直线的上端点
指定第二个约束点：选取竖直线的下端点
指定尺寸线位置：指定尺寸线的位置
标注文字 ＝19
```

更改尺寸值为14，直线的长度根据尺寸进行变化。采用相同的方法，对其他线段进行竖直尺寸约束，结果如图4-90所示。

图 4-90　添加竖直尺寸约束

（5）单击“参数化”选项卡“几何”面板中的“水平”按钮，对泵轴外轮廓尺寸进行约束设置，命令行提示与操作如下：

```
命令：_DcHorizontal
指定第一个约束点或［对象(O)］<对象>:指定第一个约束点
指定第二个约束点：指定第二个约束点
指定尺寸线位置：指定尺寸线的位置
标注文字 = 12.56
```

更改尺寸值为12，直线的长度根据尺寸进行变化。采用相同的方法，对其他线段进行水平尺寸约束，绘制结果如图 4-91 所示。

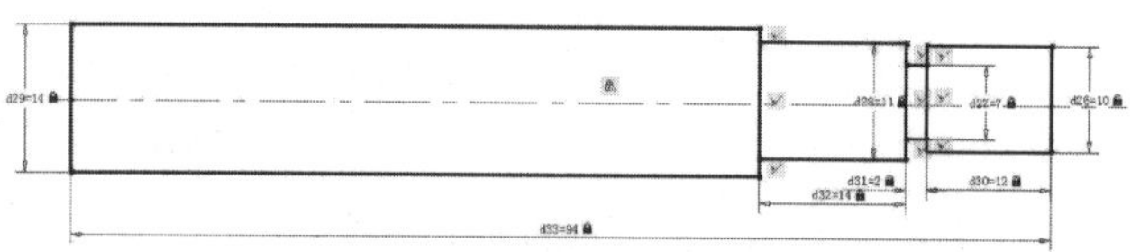

图 4-91　添加水平尺寸约束

（6）单击“参数化”选项卡“几何”面板中的“对称”按钮，添加上下两条水平直线相对于水平中心线的对称约束关系，命令行提示与操作如下：

```
命令：_GcSymmetric
选择第一个对象或［两点(2P)］<两点>:选取右侧上端水平直线
选择第二个对象：选取右侧下端水平直线
选择对称直线：选取水平中心线
```

采用相同的方法，添加其他三个轴段相对于水平中心线的对称约束关系，结果如图 4-92 所示。

**6. 绘制泵轴的键槽**

（1）将“轮廓线”层设置为当前图层。单击“默认”选项卡“绘图”面板中的“直线”按钮，在第二轴段内适当位置绘制两条水平直线。

（2）单击“默认”选项卡“绘图”面板中的“圆弧”按钮，在直线的两端绘制圆弧（键槽轮廓），结果如图 4-93 所示。

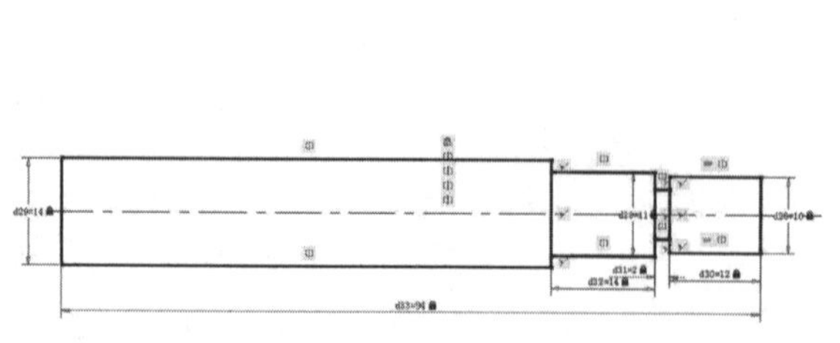

图 4-92　添加对称约束关系

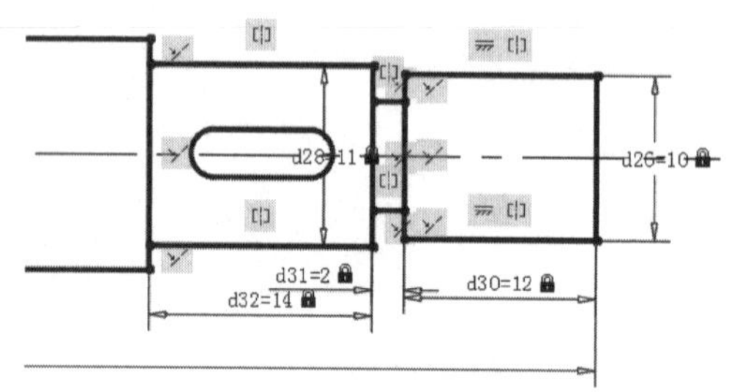


图 4-93　绘制键槽轮廓

（3）单击“参数化”选项卡“几何”面板中的“重合”按钮，分别添加直线端点与圆弧端点的重合约束关系。

（4）单击“参数化”选项卡“几何”面板中的“对称”按钮，添加键槽上下两条水平直线相对于水平中心线的对称约束关系。

（5）单击“参数化”选项卡“几何”面板中的“相切”按钮，添加直线与圆弧之间的相切约束关系，结果如图4-94所示。

（6）单击“参数化”选项卡“标注”面板中的“线性”按钮，对键槽进行线性尺寸约束。

（7）单击“参数化”选项卡“标注”面板中的“半径”按钮，更改半径尺寸为2，结果如图4-95所示。

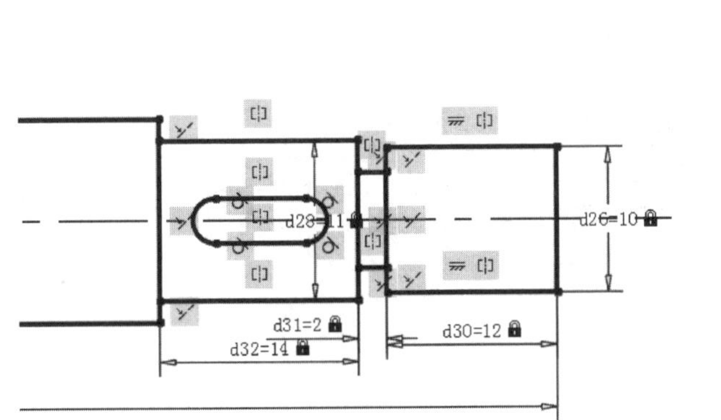


图4-94 添加键槽的几何约束

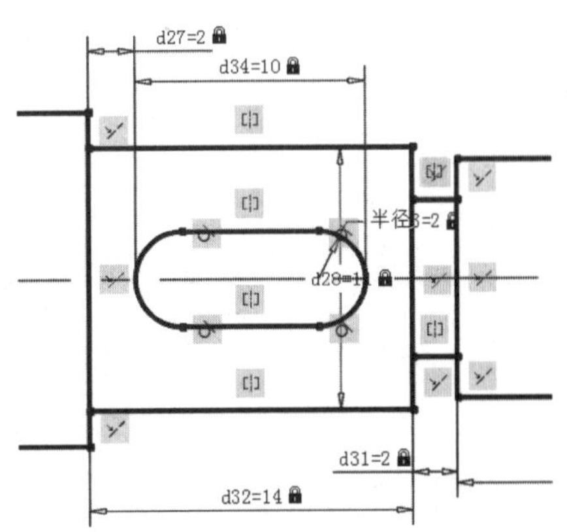


图4-95 添加键槽的尺寸约束

**7. 绘制孔**

（1）将当前图层设置为“中心线”图层，单击“默认”选项卡“绘图”面板中的“直线”按钮，在第一轴段和最后一轴段中间适当位置绘制竖直中心线。

（2）单击“参数化”选项卡“标注”面板中的“线性”按钮，对竖直中心线进行线性尺寸约束，如图4-96所示。

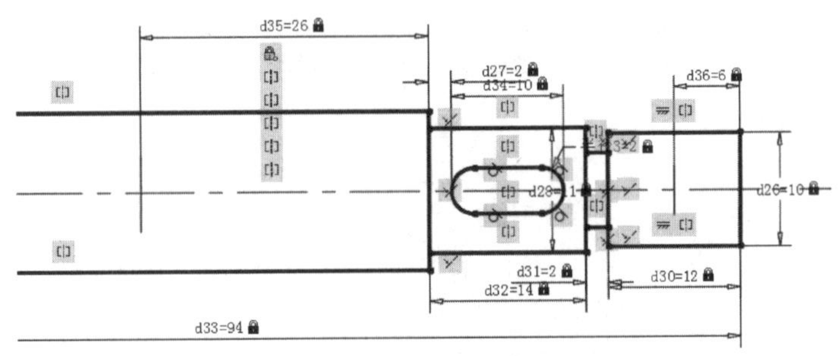


图4-96 添加尺寸约束

（3）将当前图层设置为“轮廓线”图层，单击“默认”选项卡“绘图”面板中的“圆”按钮，在竖直中心线和水平中心线的交点处绘制圆，如图4-97所示。

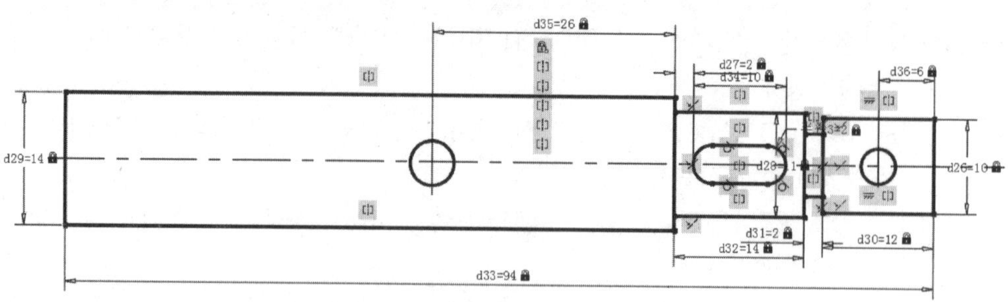


图 4-97　绘制圆

（4）单击“参数化”选项卡“标注”面板中的“直径”按钮，对圆的直径进行尺寸约束，如图 4-98 所示。

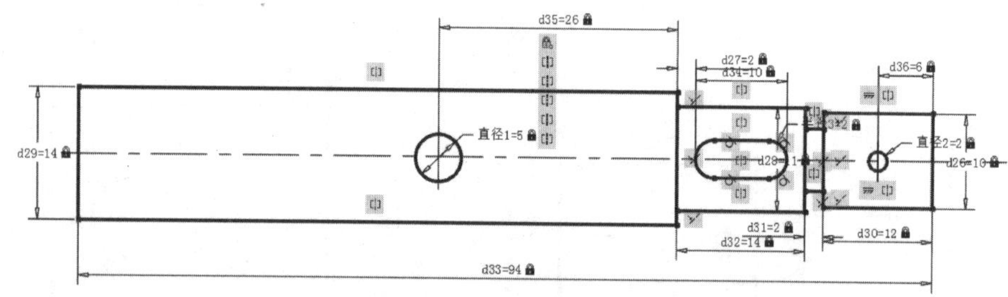


图 4-98　标注直径尺寸

注意

在进行几何约束和尺寸约束时，注意约束顺序，约束出错的话，可以根据需求适当地添加几何约束。

## 4.10　名师点拨

**1. 目标捕捉（OSNAP）有用吗？**

用处很大。尤其是绘制精度要求较高的机械图样时，目标捕捉是精确定点的最佳工具。Autodesk 公司对此也非常重视，每次版本升级，目标捕捉的功能都有很大提高。切忌用光标线直接定点。

**2. 对象捕捉的作用？**

绘图时，可以使用新的对象捕捉修饰符来查找任意两点之间的中点。例如，在绘制直线时，可以按住〈Shift〉键并单击鼠标右键来显示“对象捕捉”快捷菜单。选择“两点之间的中点”命令之后，在图形中指定两点，该直线将以这两点之间的中点为起点。

**3. 如何利用“直线”命令提高制图效率？**

（1）单击左下角状态栏中的“正交”按钮，根据正交方向提示，直接输入下一点的距离即可，可绘制正交直线。

（2）单击左下角状态栏中的“极轴”按钮，图形可自动捕捉所需角度方向，可绘制一定角度的直线。

（3）单击左下角状态栏中的“对象捕捉”按钮，自动进行某些点的捕捉，使用对象捕捉可指定对象上的精确位置。

**4. 如何删除顽固图层?**

方法1：将无用的图层关闭，然后全选，复制粘贴至一个新的文件中，那些无用的图层就不会粘贴过来。如果曾经在这个不要的图层中定义过块，又在另一图层中插入了这个块，那么这个不要的图层是不能用这种方法删除的。

方法2：打开一个CAD文件，把要删的层先关闭，在图面上只留下需要的可见图形，选择菜单栏中的“文件”→“另存为”命令，打开“图形另存为”对话框，确定文件名，在“文件类型”下拉列表框中选择“.dxf”格式，在该对话框的右上角处单击“工具”下拉菜单，从中选择“选项”命令，打开“另存为选项”对话框，选择“DXF选项”选项卡，再勾选“选择对象”复选框，单击“确定”按钮，接着单击“保存”按钮，就可选择保存对象了。把可见或要用的图形选上就可以确定保存了，完成后退出这个刚保存的文件，再打开来看看，就会发现不想要的图层不见了。

方法3：用命令“LAYTRANS”，将需删除的图层影射为0层即可，这个方法可以删除具有实体对象或被其他块嵌套定义的图层。

**5. 设置图层时应注意什么?**

在绘图时，所有图元的各种属性都尽量跟层走。尽量保持图元的属性和图层的一致，也就是说，应尽可能使图元属性都是ByLayer。这样有助于图面的清晰、准确和效率的提高。

**6. 开始绘图要做哪些准备?**

计算机绘图跟手工画图一样，如要绘制一张标准图样，也要做很多必要的准备。如设置图层、线型、标注样式、目标捕捉、单位格式、图形界限等。很多重复性的基本设置工作则可以在模板图（如“ACAD.DWT”文件）中预先做好，绘制图样时即可打开模板，在此基础上开始绘制新图。

**7. 如何将直线改变为点画线线型?**

使用鼠标单击所绘的直线，在“特性”面板的“线形控制”下拉列表中选择“点画线”，所选择的直线将改变线型。若还未加载此种线型，则选择“其他”选项，加载此种“点画线”线型。

## 4.11 上机实验

**【练习1】利用“图层”命令绘制如图4-99所示的螺母。**

**1. 目的要求**

本练习要绘制的图形虽然简单，但与前面所绘图形有一个明显的不同，就是图中不止一种图线。通过本练习，要求读者掌握设置图层的方法与步骤。

**2. 操作提示**

（1）设置两个新图层。

（2）绘制中心线。

（3）绘制螺母轮廓线。

【练习 2】如图 4-100 所示，过四边形上、下边延长线交点作四边形右边的平行线。

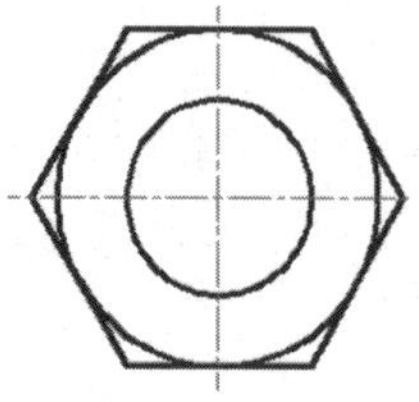
图 4-99　螺母

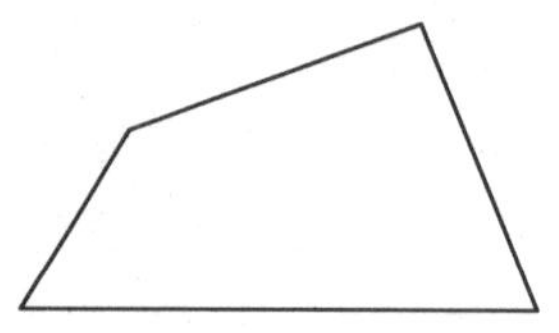
图 4-100　四边形

1. 目的要求

本练习要绘制的图形比较简单，但是要准确找到四边形上、下边延长线交点，必须启用对象捕捉功能，捕捉延长线交点。通过本练习，读者可以体会到对象捕捉功能的方便与快捷。

2. 操作提示

（1）在界面上方的工具栏右击，选择快捷菜单中的“对象捕捉”命令，打开“对象捕捉”工具栏。

（2）利用“对象捕捉”工具栏中的“捕捉到交点”工具，捕捉四边形上、下边的延长线交点作为直线起点。

（3）利用“对象捕捉”工具栏中的“捕捉到平行线”工具，捕捉一点作为直线终点。

【练习 3】利用对象追踪功能，在如图 4-101a 所示的图形基础上绘制一条特殊直线，效果如图 4-101b 所示。

1. 目的要求

本练习要绘制的图形比较简单，但是要准确找到直线的两个端点，必须启用“对象捕捉”和“对象捕捉追踪”工具。通过本练习，读者可以体会到对象捕捉功能和对象捕捉追踪功能的方便与快捷。

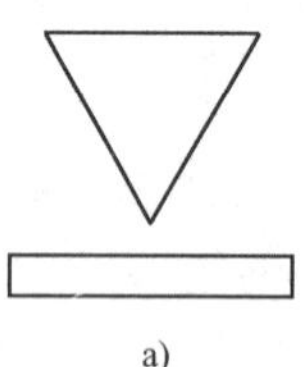
a)

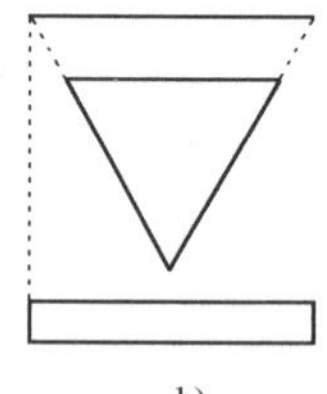
b)

图 4-101　绘制直线

2. 操作提示

（1）启用对象捕捉追踪与对象捕捉功能。

（2）在三角形左边延长线上捕捉一点作为直线起点。

（3）结合对象捕捉追踪与对象捕捉功能在三角形右边延长线上捕捉一点作为直线终点。

## 4.12　思考与练习

（1）有一根直线原来在 0 层，颜色为 Bylayer，经过偏移，（　　）。

A. 该直线一定会仍在 0 层上，颜色不变

B. 该直线可能会在其他层上，颜色不变

C. 该直线可能在其他层上，颜色与所在层一致

D. 偏移只是相当于复制

（2）如果某图层的对象不能被编辑，但能在屏幕上可见，且能捕捉该对象的特殊点和

标注尺寸，该图层状态为（　　）。

A. 冻结　　B. 锁定　　C. 隐藏　　D. 块

（3）对某图层进行锁定后，则（　　）。

A. 图层中的对象不可编辑，但可添加对象

B. 图层中的对象不可编辑，也不可添加对象

C. 图层中的对象可编辑，也可添加对象

D. 图层中的对象可编辑，但不可添加对象

（4）不可以通过“图层过滤器特性”对话框过滤的特性是（　　）。

A. 图层名、颜色、线型、线宽和打印样式

B. 打开还是关闭图层

C. 新建还是删除图层

D. 图层是 ByLayer 还是 ByBlock

（5）用命令（　　）可以设置图形界限。

A. SCALE　　B. EXTEND

C. LIMITS　　D. LAYER

（6）当捕捉设定的间距与栅格所设定的间距不同时，（　　）。

A. 捕捉仍然只按栅格进行

B. 捕捉时按照捕捉间距进行

C. 捕捉既按栅格，又按捕捉间距进行

D. 无法设置

（7）关于被固定约束的圆心的圆，下列说法错误的是（　　）。

A. 可以移动圆　　B. 可以放大圆　　C. 可以偏移圆　　D. 可以复制圆

（8）绘制如图 4-102 所示的图形，极轴追踪的极轴角设置方法是？（　　）。

A. 增量角 15，附加角 80　　B. 增量角 15，附加角 35

C. 增量角 30，附加角 35　　D. 增量角 15，附加角 30

（9）绘制如图 4-103 所示的图形。

（10）绘制如图 4-104 所示的图形。

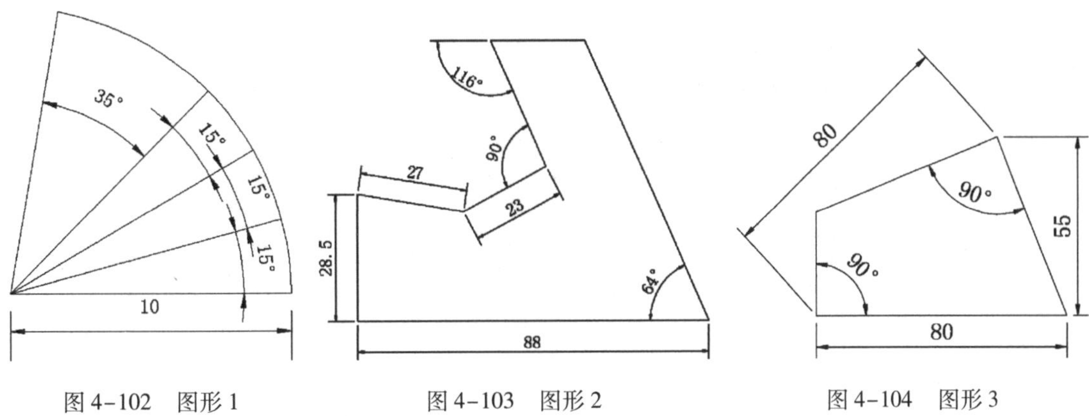


图 4-102　图形 1　　图 4-103　图形 2　　图 4-104　图形 3

# 第5章

# 二维编辑命令

二维图形编辑操作配合绘图命令的使用可以进一步完成复杂图形的绘制工作，并可使用户合理安排和组织图形，保证作图准确，减少重复，对编辑命令的熟练掌握和使用有助于提高设计和绘图的效率。

- 复制类命令
- 改变位置类命令
- 改变几何特性命令

# 5.1 选择对象

AutoCAD 2018 提供以下几种方法选择对象。

(1) 先选择一个编辑命令，然后选择对象，按〈Enter〉键结束操作。

(2) 使用“SELECT”命令。在命令行输入“SELECT”，按〈Enter〉键，按提示选择对象，按〈Enter〉键结束。

(3) 利用定点设备选择对象，然后调用编辑命令。

(4) 定义对象组。

无论使用哪种方法，AutoCAD 2018 都将提示用户选择对象，并且光标的形状由十字光标变为拾取框。下面结合“SELECT”命令说明选择对象的方法。

“SELECT”命令可以单独使用，也可以在执行其他编辑命令时自动调用。在命令行输入“SELECT”，按〈Enter〉键，命令行提示如下：

```
选择对象：
```

等待用户以某种方式选择对象作为回答。AutoCAD 2018 提供多种选择方式，可以输入“?”，查看这些选择方式。输入“?”后，命令行出现如下提示：

```
需要点或窗口(W)/上一个(L)/窗交(C)/框(BOX)/全部(ALL)/栏选(F)/圈围(WP)/圈交(CP)/编组(G)/添加(A)/删除(R)/多个(M)/前一个(P)/放弃(U)/自动(AU) /单个(SI)/子对象(SU)/对象(O)
选择对象：
```

其中，部分选项的含义如下。

(1) 点：表示直接通过单击选取的方式选择对象。利用鼠标或键盘移动拾取框，使其框住要选择的对象，然后单击，被选中的对象就会高亮显示。

(2) 窗口 (W)：用由两个对角顶点确定的矩形窗口选择位于其范围内部的所有图形，与边界相交的对象不会被选中。指定对角顶点时应该按照从左向右的顺序，执行结果如图 5-1 所示。

(3) 上一个 (L)：在“选择对象”提示下输入“L”，按〈Enter〉键，系统自动选择最后绘制的对象。

(4) 窗交 (C)：该方式与“窗口”方式类似，其区别在于它不但选中矩形窗口内部的对象，而且选中与矩形窗口边界相交的对象，执行结果如图 5-2 所示。

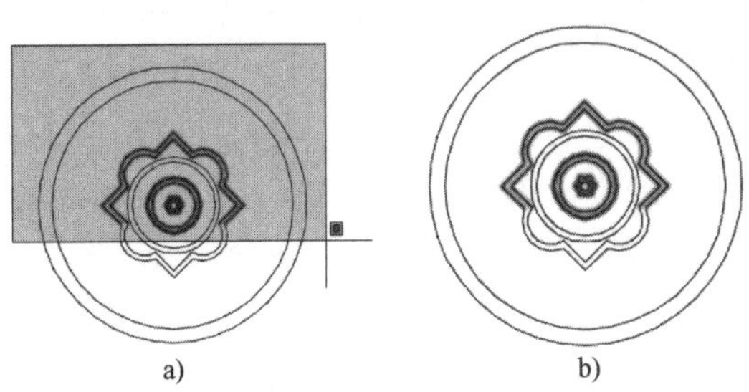

图 5-1 “窗口”对象选择方式

a) 图中上部高亮区为选择框 b) 选择后的图形

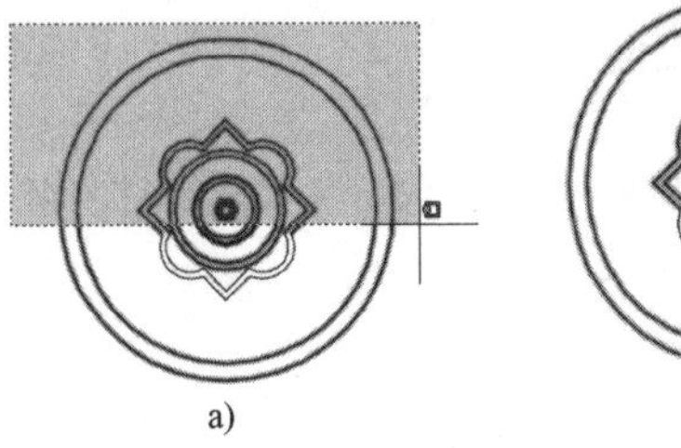

图 5-2 “窗交”对象选择方式

a) 图中绿色区为选择框 b) 选择后的图形

（5）框（BOX）：使用框时，系统根据用户在绘图区指定的两个对角点的位置而自动引用“窗口”或“窗交”选择方式。若从左向右指定对角点，则为“窗口”方式；反之，为“窗交”方式。

（6）全部（ALL）：选择绘图区所有对象。

（7）栏选（F）：用户临时绘制一些直线，这些直线不必构成封闭图形，凡是与这些直线相交的对象均被选中，执行结果如图5-3所示。

（8）圈围（WP）：使用一个不规则的多边形来选择对象。根据提示，用户依次输入构成多边形所有顶点的坐标，直到最后按〈Enter〉键结束操作，系统将自动连接第一个顶点与最后一个顶点，形成封闭的多边形。凡是被多边形围住的对象均被选中（不包括边界），执行结果如图5-4所示。

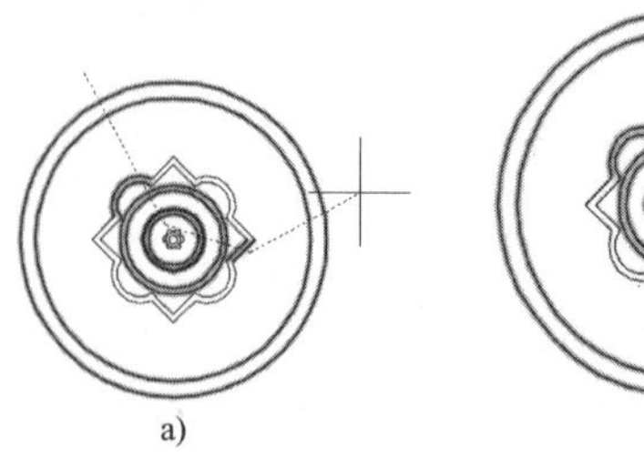

a)　　b)

图5-3 “栏选”对象选择方式

a）图中虚线为选择栏　b）选择后的图形

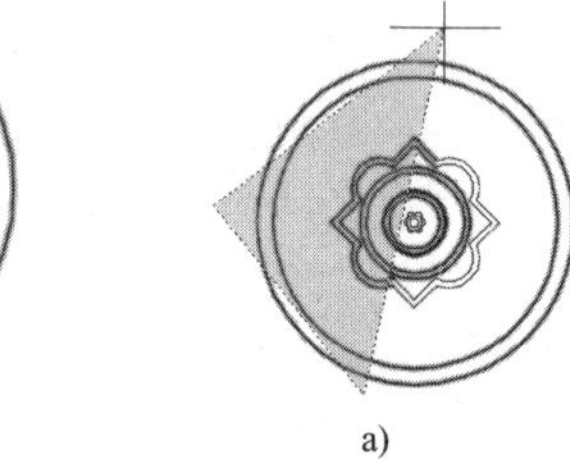

a)

b)

图5-4 “圈围”对象选择方式

a）图中十字线所拉出的多边形为选择框　b）选择后的图形

（9）圈交（CP）：类似于“圈围”方式，在提示后输入“CP”，按〈Enter〉键，后续操作与圈围方式相同。区别在于，执行此命令后与多边形边界相交的对象也被选中。

其他几个选项的含义与上面选项的含义类似，这里不再赘述。

技巧荟萃

若矩形框从左向右定义，即第一个选择的对角点为左侧的对角点，则矩形框内部的对象被选中，框外部及与矩形框边界相交的对象不会被选中；若矩形框从右向左定义，则矩形框内部及与矩形框边界相交的对象都会被选中。

## 5.2　删除及恢复类命令

删除及恢复类命令主要用于删除图形某部分或对已删除部分进行恢复，包括“删除”“恢复”“重做”和“清除”等命令。

### 5.2.1 “删除”命令

如果所绘制的图形不符合要求或不小心绘错了图形，可以使用“删除”（ERASE）命令把其删除。

【执行方式】

- 命令行：ERASE（快捷命令：E）。
- 菜单栏：选择菜单栏中的“修改”→“删除”命令。

- 工具栏：单击“修改”工具栏中的“删除”按钮。
- 快捷菜单：选择要删除的对象，在绘图区右击，选择快捷菜单中的“删除”命令。
- 功能区：单击“默认”选项卡“修改”面板中的“删除”按钮。

可以先选择对象再调用“删除”命令，也可以先调用“删除”命令再选择对象。选择对象时可以使用前面介绍的对象选择的各种方法。

当选择多个对象时，多个对象都被删除；若选择的对象属于某个对象组，则该对象组中的所有对象都被删除。

技巧荟萃

在绘图过程中，如果出现了绘制错误或绘制了不满意的图形，需要删除时，可以单击“标准”工具栏中的“放弃”按钮，也可以按〈Delete〉键，命令行提示“_.erase”。“删除”命令可以一次删除一个或多个图形，如果删除错误，可以利用“放弃”按钮来补救。

### 5.2.2 “恢复”命令

若不小心误删了图形，可以使用“恢复”（OOPS）命令恢复误删的对象。

【执行方式】

- 命令行：OOPS 或 U。
- 工具栏：单击“快速访问”工具栏中的“放弃”按钮。
- 快捷键：按〈Ctrl + Z〉键。

## 5.3 复制类命令

本节详细介绍 AutoCAD 2018 的复制类命令，利用这些编辑功能，可以方便地编辑绘制的图形。

### 5.3.1 “复制”命令

【执行方式】

- 命令行：COPY（快捷命令：CO）。
- 菜单栏：选择菜单栏中的“修改”→“复制”命令。
- 工具栏：单击“修改”工具栏中的“复制”按钮。
- 快捷菜单：选中要复制的对象后右击，选择快捷菜单中的“复制选择”命令。
- 功能区：单击“默认”选项卡“修改”面板中的“复制”按钮，如图 5-5 所示。

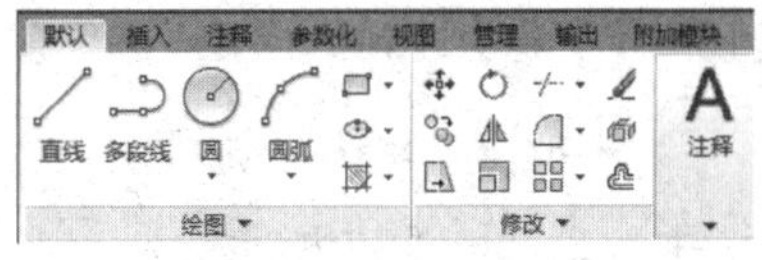

图 5-5 “修改”面板

【操作步骤】

命令行提示与操作如下：

```
命令:COPY↙
选择对象:选择要复制的对象
```

用前面介绍的对象选择方法选择一个或多个对象，按〈Enter〉键结束选择，命令行提示如下：

```
当前设置: 复制模式 = 多个
指定基点或[位移(D)/模式(O)] <位移>:指定基点或位移
```

【选项说明】

（1）指定基点：指定一个坐标点后，AutoCAD系统把该点作为复制对象的基点，命令行提示“指定位移的第二点或[阵列(A)]<用第一点作位移>:”。在指定第二个点后，系统将根据这两点确定的位移矢量把选择的对象复制到第二点处。如果此时直接按〈Enter〉键，即选择默认的“用第一点作位移”，则第一个点被当作相对于*X*、*Y*、*Z*轴的位移。例如，如果指定基点为（2，3），并在下一个提示下按〈Enter〉键，则该对象从它当前的位置开始在*X*方向上移动2，在*Y*方向上移动3。复制完成后，命令行提示“指定位移的第二点：[阵列(A)/退出(E)/放弃(U)]<退出>:”。这时，可以不断指定新的第二点，从而实现多重复制。

（2）位移（D）：直接输入位移值，表示以选择对象时的拾取点为基准，以拾取点坐标为移动方向，按纵横比移动指定位移后确定的点为基点。例如，选择对象时拾取点坐标为(2，3)，输入位移为5，则表示以点(2，3)为基准，沿纵横比为3∶2的方向移动5个单位所确定的点为基点。

（3）模式（O）：控制是否自动重复该命令，该设置由COPYMODE系统变量控制。

## 5.3.2 实例——洗手间水盆

绘制如图5-6所示的洗手间水盆。

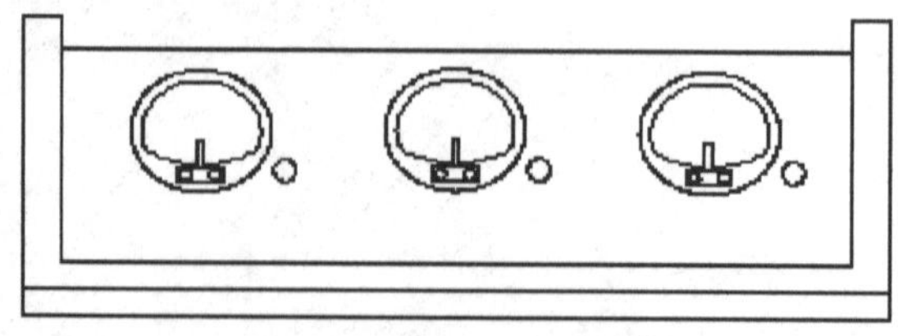

图5-6　洗手间水盆图形

【操作步骤】（实例演示\第5章\洗手间水盆.avi）

（1）单击“默认”选项卡“绘图”面板中的“矩形”按钮和“直线”按钮，绘制洗手台，如图5-7所示。

（2）用第2.2.8节的方法绘制洗脸盆，绘制结果如图5-8所示。

（3）单击“默认”选项卡“修改”面板中的“复制”按钮，复制图形，命令行提示与操作如下：

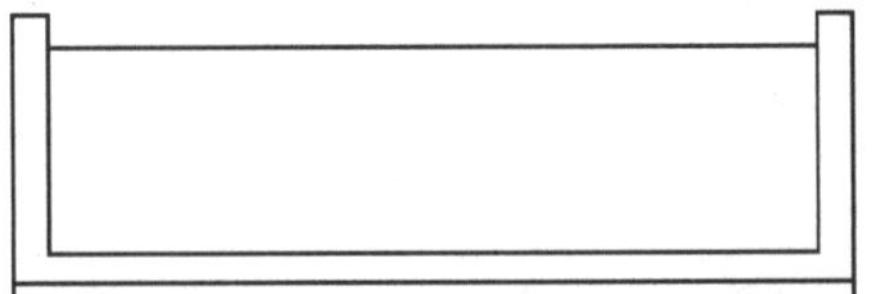
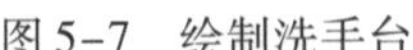

图 5-7　绘制洗手台

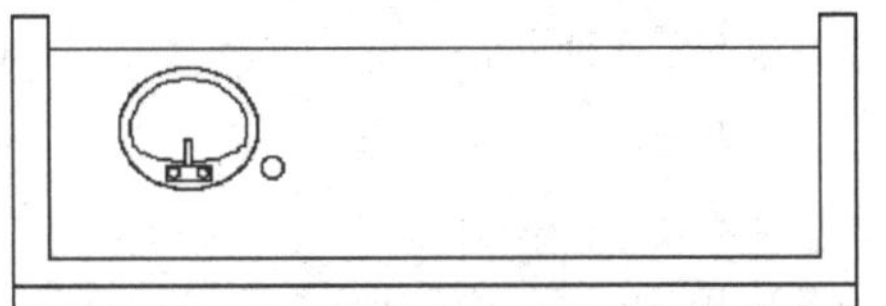

图 5-8　绘制洗脸盆

```
命令:_copy
选择对象:框选洗手盆
选择对象:↙
当前设置:复制模式 = 多个
指定基点或 [位移(D)/模式(O)] <位移>:在洗手盆位置任意指定一点
指定第二个点或[阵列(A)]:指定第二个洗手盆的位置
指定第二个点或[阵列(A)/退出(E)/放弃(U)]:指定第三个洗手盆的位置
指定第二个点或[阵列(A)/退出(E)/放弃(U)]:↙
```

结果如图 5-6 所示。

### 5.3.3 “镜像”命令

“镜像”命令是指把选择的对象以一条镜像线为轴作对称复制。镜像操作完成后，可以保留源对象，也可以将其删除。

**【执行方式】**

- 命令行：MIRROR（快捷命令：MI）。
- 菜单栏：选择菜单栏中的“修改”→“镜像”命令。
- 工具栏：单击“修改”工具栏中的“镜像”按钮。
- 功能区：单击“默认”选项卡“修改”面板中的“镜像”按钮。

**【操作步骤】**

命令行提示与操作如下：

```
命令:MIRROR↙
选择对象:选择要镜像的对象
指定镜像线的第一点:指定镜像线的第一个点
指定镜像线的第二点:指定镜像线的第二个点
要删除源对象吗? [是(Y)/否(N)] <否>:确定是否删除源对象
```

选择的两点确定一条镜像线，被选择的对象以该直线为对称轴进行镜像。包含该线的镜像平面与用户坐标系统的 *XY* 平面垂直，即镜像操作是在与用户坐标系统的 *XY* 平面平行的平面上。

### 5.3.4 实例——办公桌

绘制如图 5-9 所示的办公桌。

【操作步骤】（实例演示\第5章\办公桌.avi）

（1）单击“默认”选项卡“绘图”面板中的“矩形”按钮，在合适的位置绘制矩形，如图5-10所示。

（2）单击“默认”选项卡“绘图”面板中的“矩形”按钮，在合适的位置绘制一系列的抽屉矩形，结果如图5-11所示。

（3）单击“默认”选项卡“绘图”面板中的“矩形”按钮，在合适的位置绘制一系列的把手矩形，结果如图5-12所示。

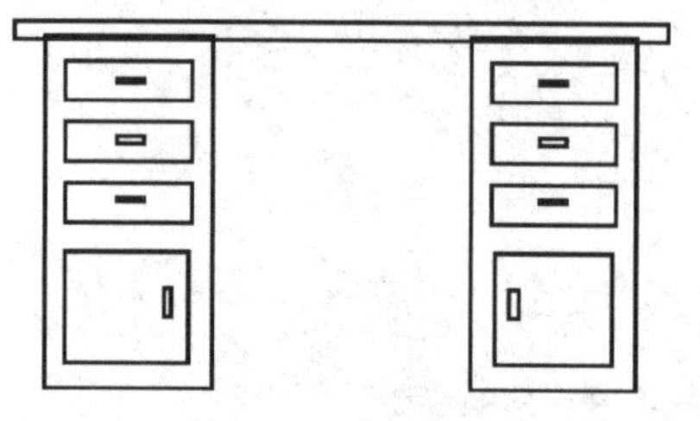

图5-9　办公桌

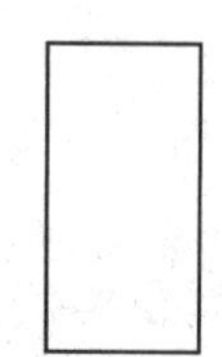

图5-10　绘制矩形（一）

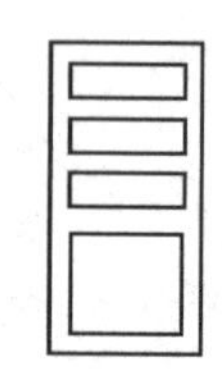

图5-11　绘制矩形（二）

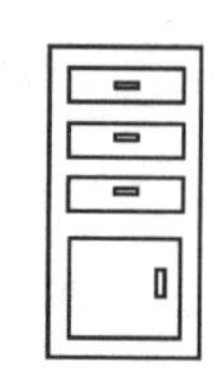

图5-12　绘制矩形（三）

（4）单击“默认”选项卡“绘图”面板中的“矩形”按钮，在合适的位置绘制桌面矩形，结果如图5-13所示。

图5-13　绘制矩形（四）

（5）单击“默认”选项卡“修改”面板中的“镜像”按钮，将左边的一系列矩形以桌面矩形的顶边中点和底边中点的连线为对称轴进行镜像，命令行的提示与操作如下：

```
命令:_mirror
选择对象:选取左边的一系列矩形↙
选择对象:↙
指定镜像线的第一点:选择桌面矩形的底边中点↙
指定镜像线的第二点:选择桌面矩形的顶边中点↙
要删除源对象吗?[是(Y)/否(N)] <否>:↙
```

结果如图5-9所示。

### 5.3.5 “偏移”命令

“偏移”命令是指保持选择对象的形状不变，在不同的位置以相同尺寸大小新建一个对象。

【执行方式】

- 命令行：OFFSET（快捷命令：O）。
- 菜单栏：选择菜单栏中的“修改”→“偏移”命令。
- 工具栏：单击“修改”工具栏中的“偏移”按钮。
- 功能区：单击“默认”选项卡“修改”面板中的“偏移”按钮。

【操作步骤】

命令行提示与操作如下：

```
命令:OFFSET↙
当前设置:删除源 = 否   图层 = 源   OFFSETGAPTYPE = 0
指定偏移距离或［通过(T)/删除(E)/图层(L)］<通过>:指定偏移距离值
选择要偏移的对象,或［退出(E)/放弃(U)］<退出>:
选择要偏移的对象,按〈Enter〉键结束操作
指定要偏移的那一侧上的点,或［退出(E)/多个(M)/放弃(U)］<退出>:指定偏移方向
选择要偏移的对象,或［退出(E)/放弃(U)］<退出>:↙
```

【选项说明】

（1）指定偏移距离：输入一个距离值，或按〈Enter〉键使用当前的距离值，系统把该距离值作为偏移的距离，如图 5-14a 所示。

（2）通过（T）：指定偏移的通过点，选择该选项后，命令行提示如下：

```
选择要偏移的对象或[退出(E)/放弃(U)]<退出>:选择要偏移的对象,按〈Enter〉键结束操作
指定通过点或[退出(E)/多个(M)/放弃(U)]:指定偏移对象的一个通过点
```

执行上述操作后，系统会根据指定的通过点绘制出偏移对象，如图 5-14b 所示。

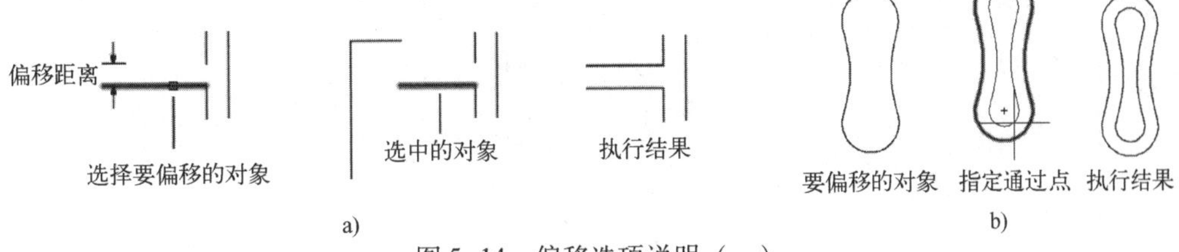


图 5-14　偏移选项说明（一）

a）指定偏移距离　b）指定通过点

（3）删除（E）：偏移源对象后将其删除，如图 5-15a 所示，选择该选项后，命令行提示如下：

```
要在偏移后删除源对象吗?［是(Y)/否(N)］<否>:
```

（4）图层（L）：确定将偏移对象创建在当前图层上还是源对象所在的图层上，这样就可以在不同图层上偏移对象，选择该选项后，命令行提示如下：

```
输入偏移对象的图层选项［当前(C)/源(S)］<当前>:
```

如果偏移对象的图层选择为当前层，则偏移对象的图层特性与当前图层相同，如图 5-15b所示。

（5）多个（M）：使用当前偏移距离重复进行偏移操作，并接受附加的通过点，执行结果如图 5-16 所示。

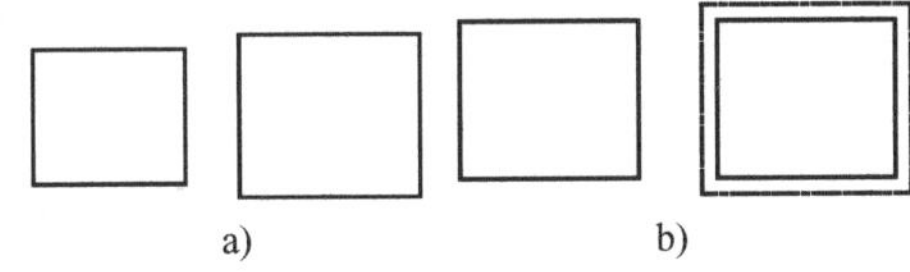


图 5-15　偏移选项说明（二）

a）删除源对象　b）偏移对象的图层为当前层

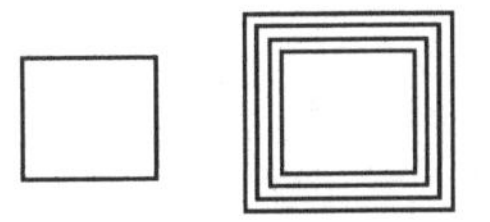

图 5-16　偏移选项说明（三）

技巧荟萃

在 AutoCAD 2018 中，可以使用“偏移”命令，对指定的直线、圆弧、圆等对象作定距离偏移复制操作。在实际应用中，常利用“偏移”命令的特性创建平行线或等距离分布图形，效果与“矩形阵列”相同。默认情况下，需要先指定偏移距离，再选择要偏移复制的对象，然后指定偏移方向，以复制出需要的对象。

### 5.3.6 实例——门

绘制如图 5-17 所示的门。

**【操作步骤】（实例演示\第 5 章\门.avi）**

（1）单击“默认”选项卡“绘图”面板中的“矩形”按钮，以第一角点为（0，0），第二角点为（@900，2400）绘制矩形。绘制结果如图 5-18 所示。

（2）单击“默认”选项卡“修改”面板中的“偏移”按钮，将上步绘制的矩形向内偏移 60，命令行提示与操作如下：

```
命令：_offset
当前设置：删除源 = 否  图层 = 源  OFFSETGAPTYPE = 0
指定偏移距离或［通过(T)/删除(E)/图层(L)］<通过>： 60
选择要偏移的对象,或［退出(E)/放弃(U)］<退出>:选择上步绘制的矩形
指定要偏移的那一侧上的点,或［退出(E)/多个(M)/放弃(U)］<退出>:向内偏移
选择要偏移的对象,或［退出(E)/放弃(U)］<退出>： *取消*
```

结果如图 5-19 所示。

（3）单击“默认”选项卡“绘图”面板中的“直线”按钮，绘制坐标点分别为(60，2000)，(@780,0)的直线。绘制结果如图 5-20 所示。

（4）单击“默认”选项卡“修改”面板中的“偏移”按钮，将第（3）步绘制的直线向下偏移 60。结果如图 5-21 所示。

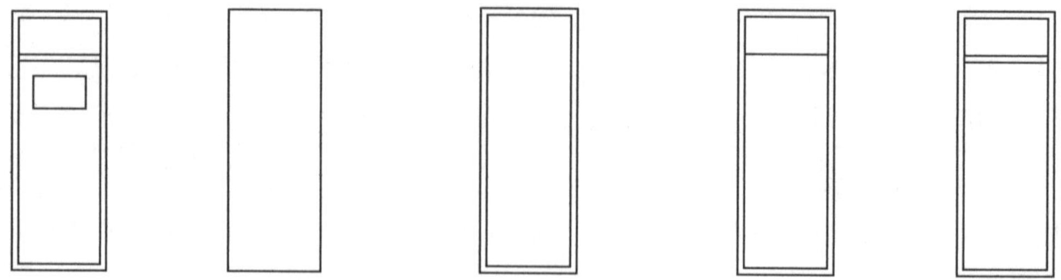

图 5-17 门　图 5-18 绘制矩形　图 5-19 偏移操作　图 5-20 绘制直线　图 5-21 偏移

（5）单击“默认”选项卡“绘图”面板中的“矩形”按钮，绘制角点坐标分别为(200,1500)，(700,1800)的矩形。绘制结果如图 5-17 所示。

### 5.3.7 “阵列”命令

阵列是指多重复制选择对象并把这些副本按矩形、路径或环形排列。把副本按矩形排列

称为建立矩形阵列，把副本按路径排列称为建立路径阵列，把副本按环形排列称为建立极阵列。

AutoCAD 2018 提供了“ARRAY”命令创建阵列，用该命令可以创建矩形阵列、环形阵列和旋转的矩形阵列。

【执行方式】

- 命令行：ARRAY（快捷命令：AR）。
- 菜单栏：选择菜单栏中的“修改”→“阵列”命令。
- 工具栏：单击“修改”工具栏中的“矩形阵列”按钮，或“路径阵列”按钮或“环形阵列”按钮。
- 功能区：单击“默认”选项卡“修改”面板中的“矩形阵列”按钮/“路径阵列”按钮/“环形阵列”按钮，如图 5-22 所示。

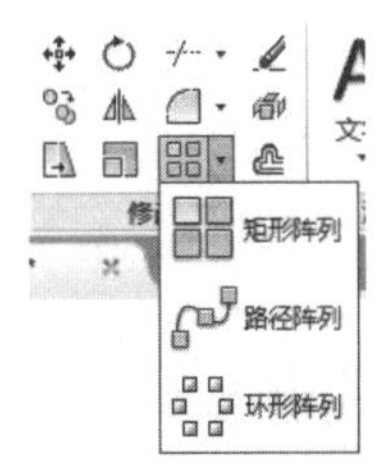


图 5-22 “修改”面板

【操作步骤】

命令行提示与操作如下：

```
命令:ARRAY↙
选择对象:使用对象选择方法
输入阵列类型[矩形(R)/路径(PA)/极轴(PO)]<矩形>:PA↙
类型=路径 关联=是
选择路径曲线:使用一种对象选择方法
选择夹点以编辑阵列或[关联(AS)/方法(M)/基点(B)/切向(T)/项目(I)/行(R)/层(L)/对齐项目(A)/Z 方向(Z)/退出(X)]<退出>:i
指定沿路径的项目之间的距离或[表达式(E)]<1293.769>:指定距离
最大项目数=5
指定项目数或[填写完整路径(F)/表达式(E)]<5>:输入数目
选择夹点以编辑阵列或[关联(AS)/方法(M)/基点(B)/切向(T)/项目(I)/行(R)/层(L)/对齐项目(A)/Z 方向(Z)/退出(X)]<退出>:
```

【选项说明】

（1）矩形（R）：将选定对象的副本分布到行数、列数和层数的任意组合。选择该选项后出现如下提示：

```
选择夹点以编辑阵列或[关联(AS)/基点(B)/计数(COU)/间距(S)/列数(COL)/行数(R)/层数(L)/退出(X)]
<退出>：通过夹点，调整阵列间距、列数、行数和层数；也可以分别选择各选项输入数值
```

（2）路径（PA）：沿路径或部分路径均匀分布选定对象的副本。选择该选项后，命令行提示如下：

```
选择路径曲线:选择一条曲线作为阵列路径
选择夹点以编辑阵列或[关联(AS)/方法(M)/基点(B)/切向(T)/项目(I)/行(R)/层(L)/对齐项目(A)/Z 方向
(Z)/退出(X)]<退出>:通过夹点，调整阵列行数和层数；也可以分别选择各选项输入数值
```

（3）极轴（PO）：在绕中心点或旋转轴的环形阵列中均匀分布对象副本。选择该选项后，命令行提示如下：

```
指定阵列的中心点或[基点(B)/旋转轴(A)]:选择中心点、基点或旋转轴
选择夹点以编辑阵列或[关联(AS)/基点(B)/项目(I)/项目间角度(A)/填充角度(F)/行(ROW)/层(L)/旋转项目(ROT)/退出(X)]<退出>:通过夹点,调整角度,填充角度;也可以分别选择各选项输入数值
```

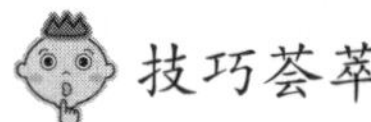

技巧荟萃

阵列在平面作图时有三种方式，可以在矩形、路径或环形（圆形）阵列中创建对象的副本。对于矩形阵列，可以控制行和列的数目以及它们之间的距离；对于路径阵列，可以沿整个路径或部分路径平均分布对象副本；对于环形阵列，可以控制对象副本的数目并决定是否旋转副本。

### 5.3.8 实例——紫荆花

绘制如图 5-23 所示的紫荆花。

**【操作步骤】（实例演示\第 5 章\紫荆花.avi）**

（1）单击“默认”选项卡“绘图”面板中的“多段线”按钮和“圆弧”按钮，绘制花瓣外框，绘制结果如图 5-24 所示。

图 5-23　紫荆花

图 5-24　花瓣外框

（2）单击“默认”选项卡“修改”面板中的“环形阵列”按钮，命令行中的操作与提示如下：

```
命令:arraypolar↙
选择对象:选择上面绘制的图形
指定阵列的中心点或[基点(B)/旋转轴(A)]:指定中心点
选择夹点以编辑阵列或[关联(AS)/基点(B)/项目(I)/项目间角度(A)/填充角度(F)/行(ROW)/层(L)/旋转项目(ROT)/退出(X)]<退出>:i
输入项目数或[项目间角度(A)/表达式(E)]<4>:5↙
选择夹点以编辑阵列或[关联(AS)/基点(B)/项目(I)/项目间角度(A)/填充角度(F)/行(ROW)/层(L)/旋转项目(ROT)/退出(X)]<退出>: <捕捉 关> f
指定填充角度(+=逆时针、-=顺时针)或[表达式(EX)]<360>:↙
按〈Enter〉键接受或[关联(AS)/基点(B)/项目(I)/项目间角度(A)/填充角度(F)/行(ROW)/层(L)/旋转项目(ROT)/退出(X)]<退出>:↙
```

最终绘制的紫荆花图案如图 5-23 所示。

# 5.4 改变位置类命令

改变位置类编辑命令是指按照指定要求改变当前图形或图形中某部分的位置，主要包括“移动”“旋转”和“缩放”命令。

## 5.4.1 “移动”命令

【执行方式】

- 命令行：MOVE（快捷命令：M）。
- 菜单栏：选择菜单栏中的“修改”→“移动”命令。
- 工具栏：单击“修改”工具栏中的“移动”按钮。
- 快捷菜单：选择要复制的对象，在绘图区右击，选择快捷菜单中的“移动”命令。
- 功能区：单击“默认”选项卡“修改”面板中的“移动”按钮。

【操作步骤】

命令行提示与操作如下：

```
命令:MOVE↙
选择对象:选择要移动的对象,按〈Enter〉键结束选择
指定基点或[位移(D)] <位移>:指定基点或位移
指定第二个点或 <使用第一个点作为位移>:
```

“移动”命令各选项的功能与“复制”命令类似。

## 5.4.2 实例——组合电视柜

绘制如图 5-25 所示的组合电视柜。

【操作步骤】（实例演示\第 5 章\组合电视柜 . avi）

（1）单击“快速访问”工具栏中的“打开”按钮，打开“源文件\第 5 章\组合电视柜\电视柜 . dwg”图形，如图 5-26 所示。

（2）单击“快速访问”工具栏中的“打开”按钮，打开“源文件\第 5 章\组合电视柜\电视 . dwg”图形，如图 5-27 所示。

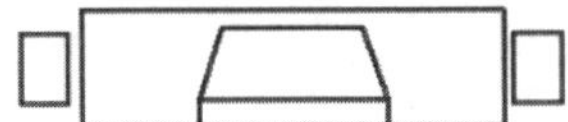

图 5-25　组合电视柜

图 5-26　电视柜图形

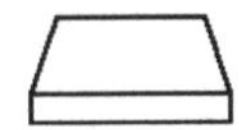

图 5-27　电视图形

（3）选择菜单栏中的“编辑”→“全部选择”命令，选择电视图形。

（4）选择菜单栏中的“编辑”→“复制”命令，复制电视图形。

（5）选择菜单栏中的“窗口”→“电视柜”命令，打开“电视柜”图形文件。

（6）选择菜单栏中的“编辑”→“粘贴”命令，将电视图形放置到“电视柜”文

件中。

（7）单击“默认”选项卡“修改”面板中的“移动”按钮，以电视图形外边的中点为基点，电视柜外边中点为第二点，将电视图形移动到电视柜图形上，命令行提示与操作如下：

```
命令：MOVE↙
选择对象:选择电视图形
选择对象:↙
指定基点或［位移(D)］<位移>:指定电视图形外边的中点
指定第二个点或 <使用第一个点作为位移>:选取电视图形外边的中点到电视柜外边中点
```

绘制结果如图 5-25 所示。

### 5.4.3 “旋转”命令

【执行方式】

- 命令行：ROTATE（快捷命令：RO）。
- 菜单栏：选择菜单栏中的“修改”→“旋转”命令。
- 工具栏：单击“修改”工具栏中的“旋转”按钮。
- 快捷菜单：选择要旋转的对象，在绘图区右击，选择快捷菜单中的“旋转”命令。
- 功能区：单击“默认”选项卡“修改”面板中的“旋转”按钮。

【操作步骤】

命令行提示与操作如下：

```
命令:ROTATE↙
UCS 当前的正角方向:ANGDIR = 逆时针    ANGBASE = 0
选择对象:选择要旋转的对象
指定基点:指定旋转基点,在对象内部指定一个坐标点
指定旋转角度,或［复制(C)/参照(R)］<0>:指定旋转角度或其他选项
```

【选项说明】

（1）复制（C）：选择该选项，则在旋转对象的同时，保留源对象，如图 5-28 所示。

（2）参照（R）：采用参照方式旋转对象时，命令行提示与操作如下：

```
指定参照角 <0>:指定要参照的角度,默认值为 0
指定新角度或[点(P)]:输入旋转后的角度值
```

操作完毕后，对象被旋转至指定的角度位置。

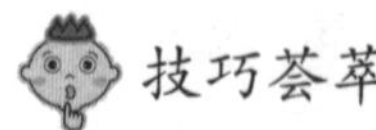

技巧荟萃

可以用拖动鼠标的方法旋转对象。选择对象并指定基点后，从基点到当前光标位置会出现一条连线，拖动鼠标，选择的对象会动态地随着该连线与水平方向夹角的变化而旋转，按〈Enter〉键确认旋转操作，如图 5-29 所示。

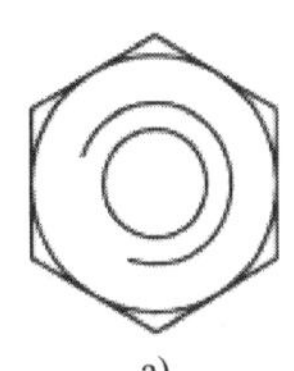
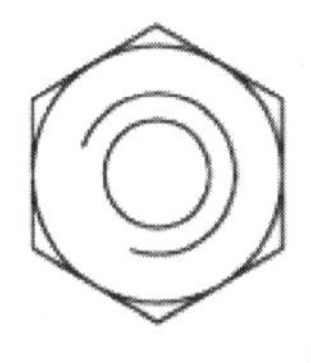
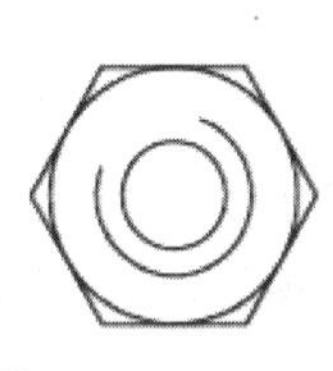
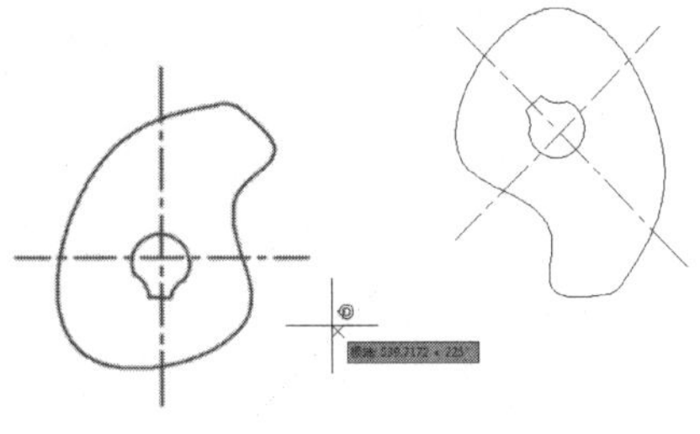

a) b)

图 5-28 复制旋转
a）旋转前 b）旋转后

图 5-29 拖动鼠标旋转对象

## 5.4.4 实例——电极探头符号

本实例主要是利用“直线”和“移动”等命令绘制探头的一部分，然后进行旋转复制绘制另一半，最后添加填充。结果如图 5-30 所示。

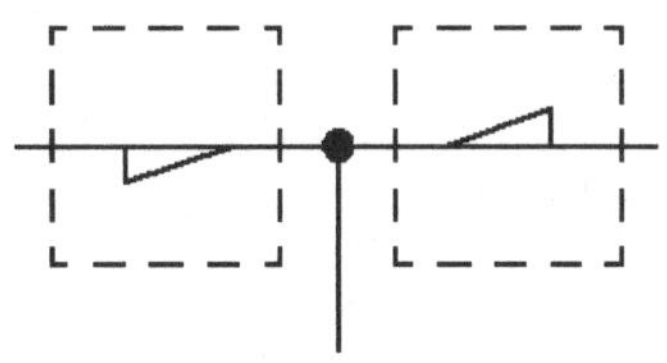

图 5-30 绘制电极探头符号

**【操作步骤】（实例演示\第 5 章\电极探头符号 . avi）**

（1）单击“默认”选项卡“绘图”面板中的“直线”按钮，分别绘制直线 1{(0,0)，(33,0)}、直线 2{(10，0)，(10，-4)}和直线 3{(10，-4)，(21,0)}，这 3 条直线构成一个直角三角形，如图 5-31 所示。

（2）单击“默认”选项卡“绘图”面板中的“直线”按钮，开启对象捕捉和正交功能，捕捉直线 1 的左端点，以其为起点，向上绘制长度为 12 mm 的直线 4，如图 5-32 所示。

（3）单击“默认”选项卡“修改”面板中的“移动”按钮，将直线 4 向右平移 3.5 mm，命令行提示与操作如下：

```
命令：_move
选择对象:拾取要移动的图形
选择对象:
指定基点或［位移(D)］<位移>:捕捉直线 4 下端点
指定第二个点或 <使用第一个点作为位移>:,打开正交模式,鼠标向右移动,输入“3.5”
```

（4）新建一个名为“虚线层”的图层，线型为虚线。选中直线 4，单击“图层”面板中的下拉按钮，在弹出的下拉列表中选择“虚线层”选项，将直线 4 图层属性设置为“虚线层”，更改后的效果如图 5-33 所示。

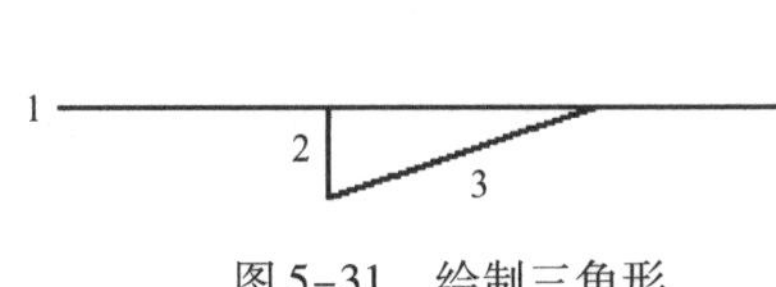


图 5-31 绘制三角形

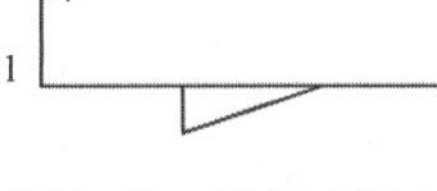


图 5-32 绘制直线 4

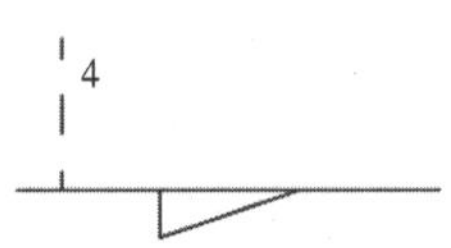


图 5-33 修改直线 4 线型

（5）单击“默认”选项卡“修改”面板中的“镜像”按钮，选择直线 4 为镜像对象，以直线 1 为镜像线进行镜像操作，得到直线 5，如图 5-34 所示。

（6）单击“默认”选项卡“修改”面板中的“偏移”按钮，将直线 4 和直线 5 向右偏移 24 mm，如图 5-35 所示。

(7) 返回实线层。单击“默认”选项卡“绘图”面板中的“直线”按钮，在对象捕捉绘图方式下，用鼠标分别捕捉直线4和直线6的上端点，绘制直线8。采用相同的方法绘制直线9，得到两条水平直线。

(8) 选中直线8和直线9，单击“默认”选项卡“图层”面板中的“图层”下拉按钮，在弹出的下拉列表中选择“虚线层”选项，将直线8、直线9图层属性设置为“虚线层”，如图5-36所示。

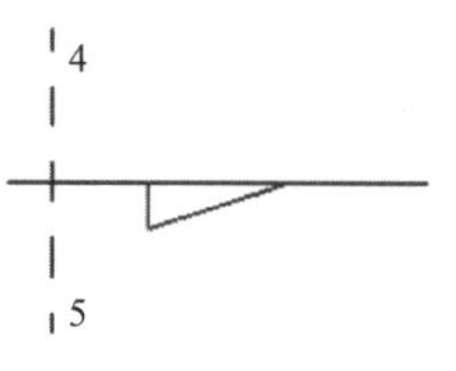


图5-34　镜像直线5

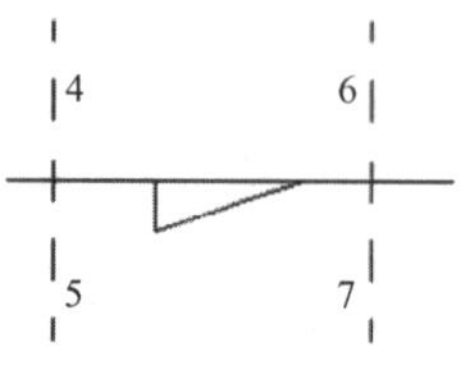


图5-35　偏移直线

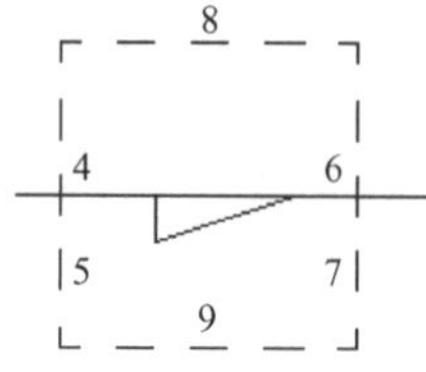


图5-36　更改图层属性

(9) 返回实线层。单击“默认”选项卡“绘图”面板中的“直线”按钮，开启对象捕捉和正交功能，捕捉直线1的右端点，以其为起点向下绘制一条长度为20 mm的竖直直线10，如图5-37所示。

(10) 单击“默认”选项卡“修改”面板中的“旋转”按钮，旋转图形，命令行提示与操作如下：

```
命令：_rotate
UCS 当前的正角方向： ANGDIR = 逆时针　ANGBASE = 0
选择对象：用矩形框选直线10以左的图形作为旋转对象
选择对象：选择O点作为旋转基点
指定基点：
指定旋转角度，或［复制(C)/参照(R)］<45>： C
指定旋转角度，或［复制(C)/参照(R)］<45>：180
```

旋转结果如图5-38所示。

(11) 单击“默认”选项卡“绘图”面板中的“圆”按钮，捕捉$O$点作为圆心，绘制一个半径为1.5 mm的圆。

(12) 单击“默认”选项卡“绘图”面板中的“图案填充”按钮，弹出“图案填充创建”选项卡，选择SOLID图案，其他选项保持系统默认设置。选择第(11)步中绘制的圆作为填充边界，填充结果如图5-39所示。至此，电极探头符号绘制完成。

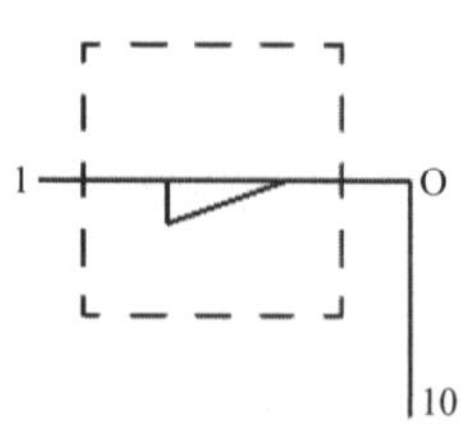


图5-37　绘制竖直直线10

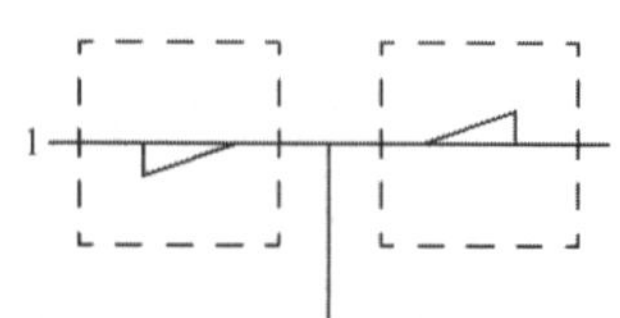


图5-38　复制旋转图形

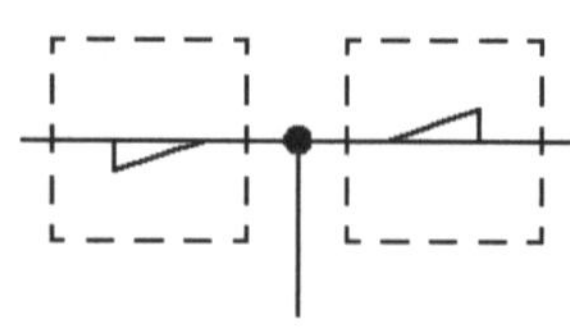

图5-39　填充圆

### 5.4.5 “缩放”命令

【执行方式】

- 命令行：SCALE（快捷命令：SC）。
- 菜单栏：选择菜单栏中的“修改”→“缩放”命令。
- 工具栏：单击“修改”工具栏中的“缩放”按钮。
- 功能区：单击“默认”选项卡“修改”面板中的“缩放”按钮。
- 快捷菜单：选择要缩放的对象，在绘图区右击，选择快捷菜单中的“缩放”命令。

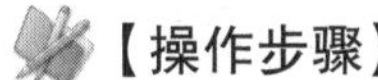

【操作步骤】

命令行提示与操作如下：

```
命令:SCALE↙
选择对象:选择要缩放的对象
指定基点:指定缩放基点
指定比例因子或［复制(C)/参照(R)］:
```

【选项说明】

（1）采用参照方式缩放对象时，命令行提示如下：

```
指定参照长度 <1>:指定参照长度值
指定新的长度或［点(P)］<1.0000>:指定新长度值
```

若新长度值大于参照长度值，则放大对象；否则，缩小对象。操作完毕后，系统以指定的基点按指定的比例因子缩放对象。如果选择“点（P）”选项，则选择两点来定义新的长度。

（2）可以用拖动鼠标的方法缩放对象。选择对象并指定基点后，从基点到当前光标位置会出现一条连线，线段的长度即为比例大小。拖动鼠标，选择的对象会动态地随着该连线长度的变化而缩放，按〈Enter〉键确认缩放操作。

（3）选择“复制（C）”选项时，可以复制缩放对象，即缩放对象时保留源对象，如图5-40所示。

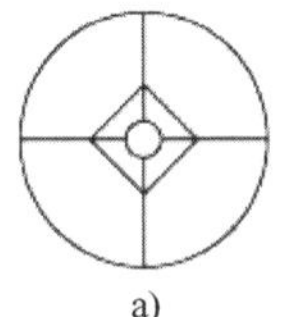

a)

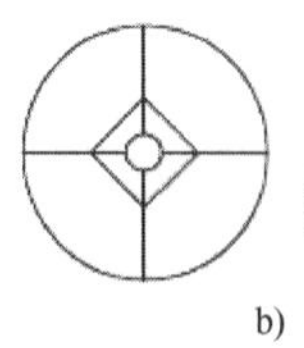

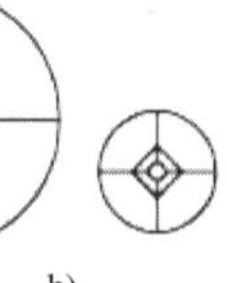

b)

图5-40 复制缩放

a）缩放前 b）缩放后

## 5.5 改变几何特性类命令

改变几何特性类编辑命令在对指定对象进行编辑后，使编辑对象的几何特性发生改变。包括“修剪”“延伸”“拉伸”“拉长”“圆角”“倒角”和“打断”等命令。

### 5.5.1 “修剪”命令

【执行方式】

- 命令行：TRIM（快捷命令：TR）。

- 菜单栏：选择菜单栏中的“修改”→“修剪”命令。
- 工具栏：单击“修改”工具栏中的“修剪”按钮-/--。
- 功能区：单击“默认”选项卡“修改”面板中的“修剪”按钮-/--。

【操作步骤】

命令行提示与操作如下：

```
命令:TRIM↙
当前设置:投影 = UCS,边 = 无
选择剪切边...
选择对象或 <全部选择>:选择用作修剪边界的对象,按〈Enter〉键结束对象选择
选择要修剪的对象,或按住 Shift 键选择要延伸的对象,或[栏选(F)/窗交(C)/投影(P)/边(E)/删除(R)/放弃(U)]:
```

【选项说明】

(1) 在选择对象时，如果按住〈Shift〉键，系统就会自动将“修剪”命令转换成“延伸”命令。“延伸”命令将在5.5.3节介绍。

(2) 选择“栏选（F）”选项时，系统以栏选的方式选择被修剪的对象，如图5-41所示。

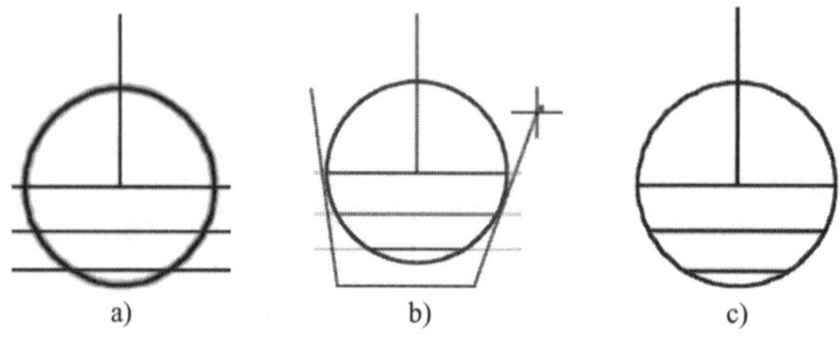

图5-41 “栏选”修剪对象
a）选定剪切边 b）使用栏选方式选定修剪对象 c）结果

(3) 选择“窗交（C）”选项时，系统以窗交的方式选择被修剪的对象，如图5-42所示。

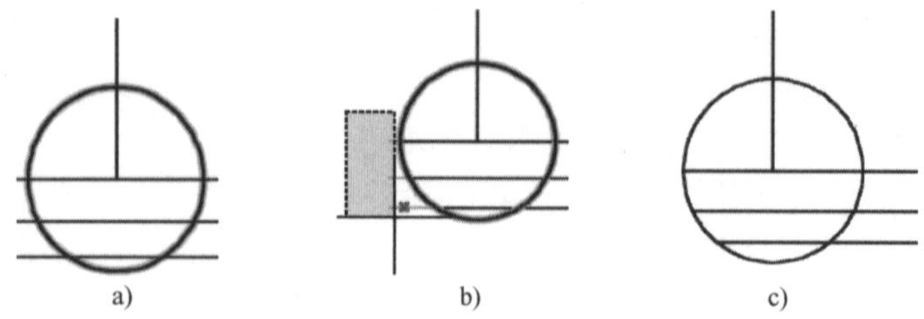

图5-42 “窗交”修剪对象
a）使用窗交方式选定剪切边 b）选定要修剪的对象 c）结果

(4) 选择“边（E）”选项时，可以选择对象的修剪方式。

- 延伸（E）：延伸边界进行修剪。在此方式下，如果剪切边没有与要修剪的对象相交，系统会延伸剪切边直至与对象相交，然后再修剪，如图5-43所示。
- 不延伸（N）：不延伸边界修剪对象，只修剪与剪切边相交的对象。

(5) 被选择的对象可以互为边界和被修剪对象，此时系统会在选择的对象中自动判断边界。

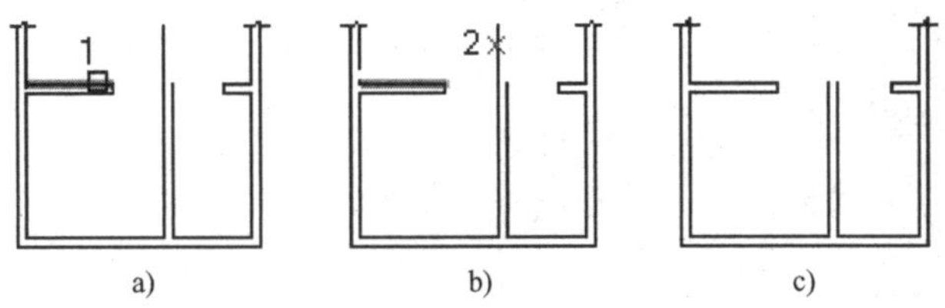

图 5-43 “延伸”修剪对象
a）选择剪切边　b）选择要修剪的对象　c）结果

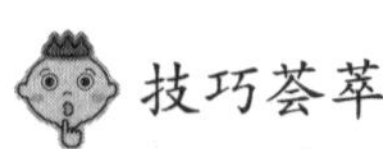
技巧荟萃

在使用“修剪”命令选择修剪对象时，通常是逐个单击选择的，这种方式有时显得效率低。要比较快地实现修剪过程，可以先输入“修剪”（TR 或 TRIM）命令，然后按〈Space〉或〈Enter〉键，命令行中就会提示选择修剪的对象，这时可以不选择对象，继续按〈Space〉或〈Enter〉键，系统默认选择全部，这样做就可以很快地完成修剪过程。

## 5.5.2 实例——榆叶梅

本实例绘制榆叶梅，如图 5-44 所示。

**【操作步骤】（实例演示\第 5 章\榆叶梅.avi）**

（1）单击“默认”选项卡“绘图”面板中的“圆”按钮和“圆弧”按钮，尺寸适当选取绘制圆和圆弧，如图 5-45 所示。

（2）单击“默认”选项卡“修改”面板中的“修剪”按钮，修剪大圆，命令行提示与操作如下：

```
命令：_trim
当前设置:投影 = UCS,边 = 无
选择剪切边...
选择对象或 <全部选择>：  选取小圆
选择对象：
选择要修剪的对象,或按住 Shift 键选择要延伸的对象,或[栏选(F)/窗交(C)/投影(P)/边(E)/
删除(R)/放弃(U)]：选择大圆在小圆里面的部分
选择要修剪的对象,或按住 Shift 键选择要延伸的对象,或[栏选(F)/窗交(C)/投影(P)/边(E)/
删除(R)/放弃(U)]：
```

结果如图 5-46 所示。

图 5-44　榆叶梅

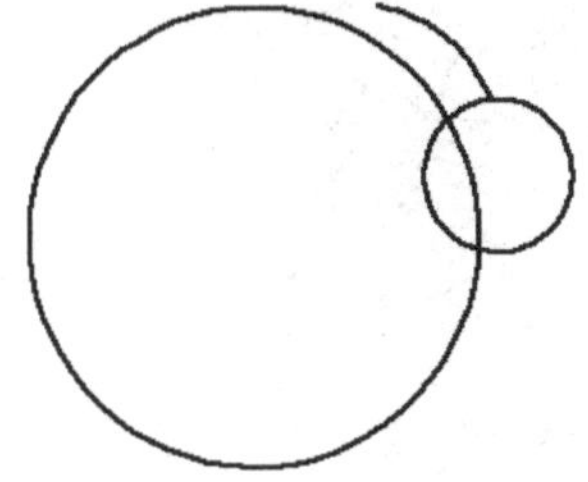

图 5-45　初步图形

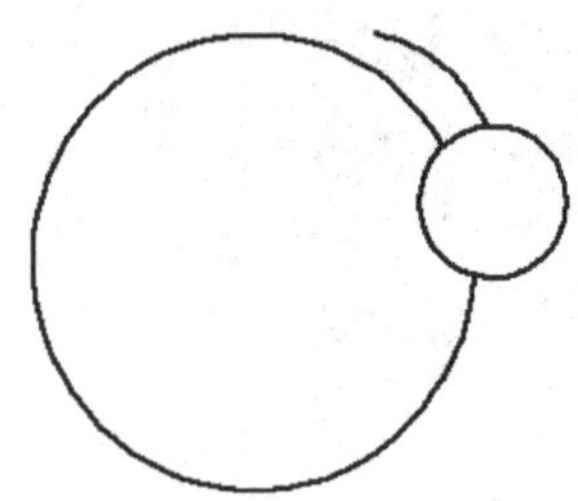

图 5-46　修剪大圆

(3) 单击“默认”选项卡“修改”面板中的“环形阵列”按钮，阵列修剪后的图形，命令行提示与操作如下：

```
命令：_arraypolar
选择对象：选择两段圆弧
选择对象：
类型 = 极轴  关联 = 否
指定阵列的中心点或［基点(B)/旋转轴(A)］：捕捉小圆圆心，结果如图5-47所示
选择夹点以编辑阵列或［关联(AS)/基点(B)/项目(I)/项目间角度(A)/填充角度(F)/行(ROW)/层(L)/旋转项目(ROT)/退出(X)］<退出>：I
输入阵列中的项目数或［表达式(E)］<6>：5
选择夹点以编辑阵列或［关联(AS)/基点(B)/项目(I)/项目间角度(A)/填充角度(F)/行(ROW)/层(L)/旋转项目(ROT)/退出(X)］<退出>：
```

结果如图5-48所示。

(4) 单击“默认”选项卡“修改”面板中的“修剪”按钮，将多余的圆弧修剪掉，命令行提示与操作如下：

```
命令：_trim
当前设置:投影 = UCS,边 = 无
选择剪切边...
选择对象或 <全部选择>:按〈Enter〉键全部选择
选择要修剪的对象,或按住 Shift 键选择要延伸的对象,或[栏选(F)/窗交(C)/投影(P)/边(E)/删除(R)/放弃(U)]:选取多余的圆弧
选择要修剪的对象,或按住 Shift 键选择要延伸的对象,或[栏选(F)/窗交(C)/投影(P)/边(E)/删除(R)/放弃(U)]:
```

最终结果如图5-49所示。

图5-47　阵列中间过程

图5-48　阵列结果

图5-49　榆叶梅

### 5.5.3 “延伸”命令

“延伸”命令是指延伸对象直到另一个对象的边界线，如图5-50所示。

a)

b)

c)

图5-50　延伸对象（一）

a）选择边界　b）选择要延伸的对象　c）结果

【执行方式】

- 命令行：EXTEND（快捷命令：EX）。
- 菜单栏：选择菜单栏中的“修改”→“延伸”命令。
- 工具栏：单击“修改”工具栏中的“延伸”按钮--/。
- 功能区：单击“默认”选项卡“修改”面板中的“延伸”按钮--/。

【操作步骤】

命令行提示与操作如下：

```
命令:EXTEND↙
选择边界的边...
选择对象或 <全部选择>:选择边界对象
当前设置:投影 = UCS,边 = 无
```

此时可以选择对象来定义边界，若直接按〈Enter〉键，则选择所有对象作为可能的边界对象。

系统规定可以用作边界对象的对象有：直线段、射线、双向无限长线、圆弧、圆、椭圆、二维/三维多段线、样条曲线、文本、浮动的视口和区域。如果选择二维多段线作为边界对象，系统会忽略其宽度而把对象延伸至多段线的中心线。

选择边界对象后，命令行提示如下：

```
选择要延伸的对象,或按住 Shift 键选择要修剪的对象,或[栏选(F)/窗交(C)/投影(P)/边(E)/
放弃(U)]:
```

【选项说明】

（1）如果要延伸的对象是适配样条多段线，则延伸后会在多段线的控制框上增加新节点；如果要延伸的对象是锥形的多段线，系统会修正延伸端的宽度，使多段线从起始端平滑地延伸至新终止端；如果延伸操作导致终止端宽度可能为负值，则取宽度值为0，操作结果如图5-51所示。

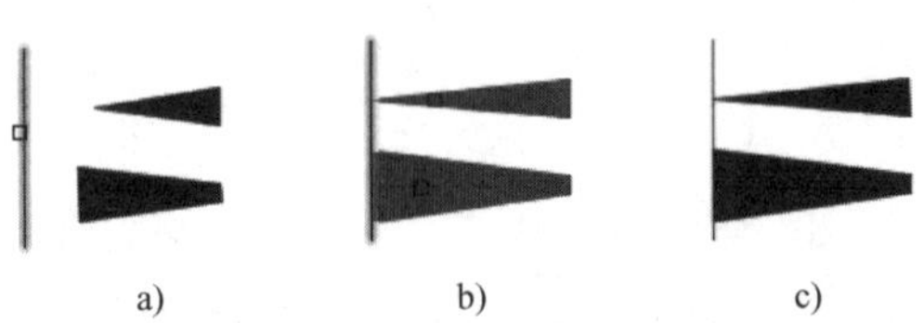


图5-51 延伸对象（二）

a）选择边界对象 b）选择要延伸的多段线 c）结果

（2）选择对象时，如果按住〈Shift〉键，系统就会自动将“延伸”命令转换成“修剪”命令。

### 5.5.4 实例——动断按钮

本实例利用“直线”和“偏移”命令绘制初步轮廓，然后利用“修剪”和“删除”命令对图形进行细化处理，结果如图5-52所示。在绘制过程中，应熟练掌握“延伸”命令的运用。

【操作步骤】（实例演示\第5章\动断按钮.avi）

（1）设置两个图层，实线层和虚线层，线型分别设置为 Continuous 和 ACAD_ISO02W100。其他属性按默认设置。

（2）将实线层设置为当前层。单击“默认”选项卡“绘图”面板中的“直线”按钮，绘制初步图形，如图5-53所示。

（3）单击“默认”选项卡“绘图”面板中的“直线”按钮，分别以图3-53中 *a* 点和 *b* 点为起点，竖直向下绘制长为3.5 mm的直线，结果如图5-54所示。

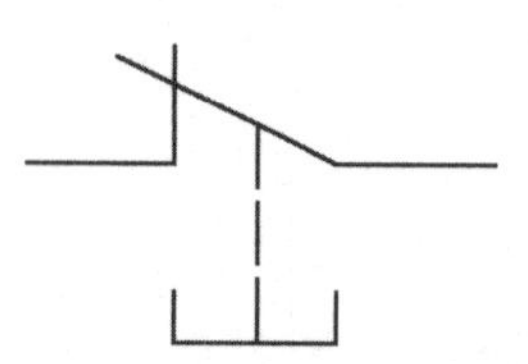

图5-52　绘制动断按钮



图5-53　绘制初步图形

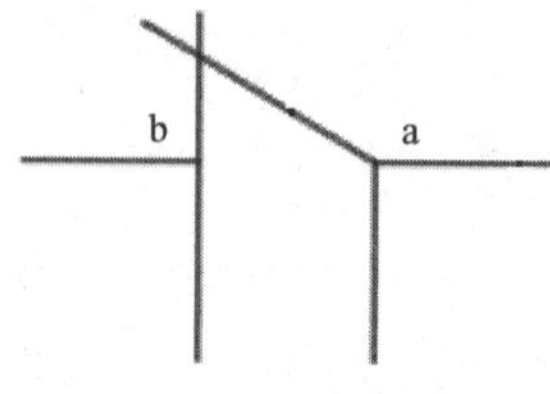


图5-54　绘制直线（一）

（4）单击“默认”选项卡“绘图”面板中的“直线”按钮，以图5-54中 *a* 点为起点、*b* 点为终点，绘制直线 *ab*，结果如图5-55所示。

（5）单击“默认”选项卡“绘图”面板中的“直线”按钮，捕捉线段 *ab* 的中点，以其为起点，竖直向下绘制长度为3.5 mm的直线，并将其所在图层更改为虚线层，如图5-56所示。

（6）单击“默认”选项卡“修改”面板中的“偏移”按钮，以直线 *ab* 为起始边，通过偏移绘制两条水平直线，偏移长度分别为2.5 mm和3.5 mm，如图5-57所示。

（7）单击“默认”选项卡“修改”面板中的“修剪”按钮和“删除”按钮，对图形进行修剪，并删除掉直线 *ab*，结果如图5-58所示。

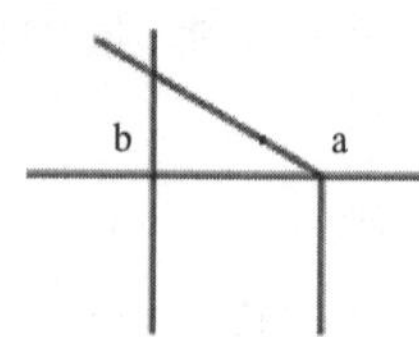


图5-55　绘制直线（二）

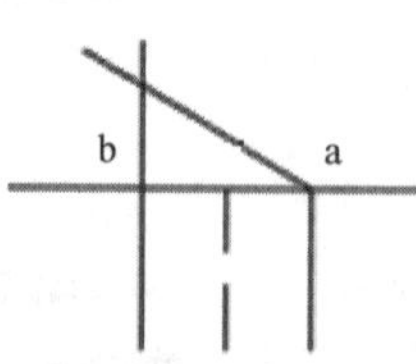


图5-56　绘制虚线

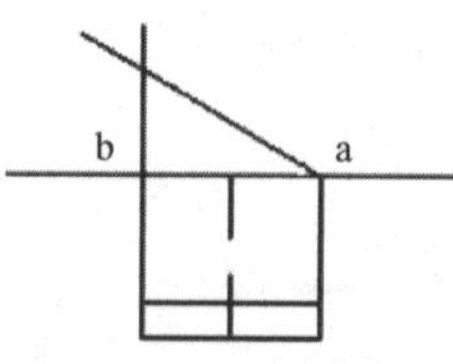


图5-57　偏移线段

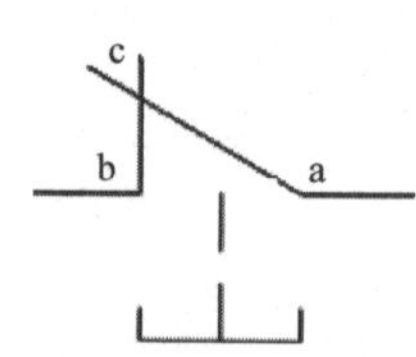


图5-58　修剪图形

（8）单击“默认”选项卡“修改”面板中的“延伸”按钮，选择虚线作为延伸的对象，将其延伸到斜线 *ac* 上，即为绘制完成的动断按钮，命令行提示与操作如下：

```
命令：_extend
当前设置:投影 = UCS,边 = 无
选择边界的边...
选择对象或 <全部选择>：  选取 ac 斜边
选择对象：按〈Enter〉键
选择要延伸的对象,或按住 Shift 键选择要修剪的对象,或[栏选(F)/窗交(C)/投影(P)/边(E)/放弃(U)]：选取虚线
选择要延伸的对象,或按住 Shift 键选择要修剪的对象,或[栏选(F)/窗交(C)/投影(P)/边(E)/放弃(U)]：按〈Enter〉键
```

最终结果如图 5-59 所示。

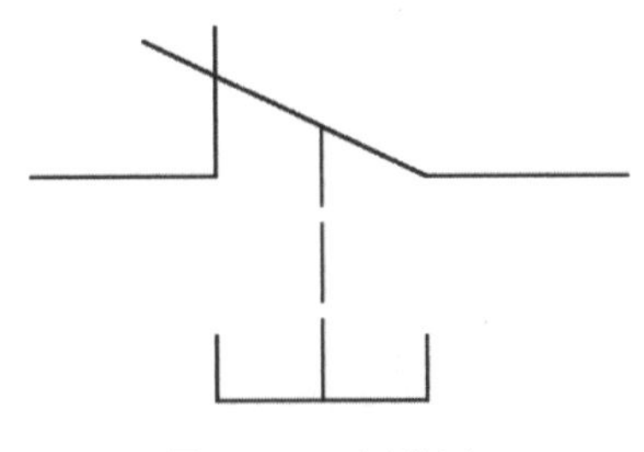

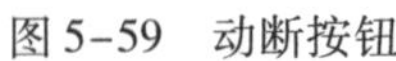

图 5-59 动断按钮

### 5.5.5 “拉伸”命令

“拉伸”命令是指拖拉选择的对象，并使对象的形状发生改变。拉伸对象时应指定拉伸的基点和移置点。利用一些辅助工具，如捕捉、钳夹功能及相对坐标等，可以提高拉伸的精度，拉伸图例如图 5-60 所示。

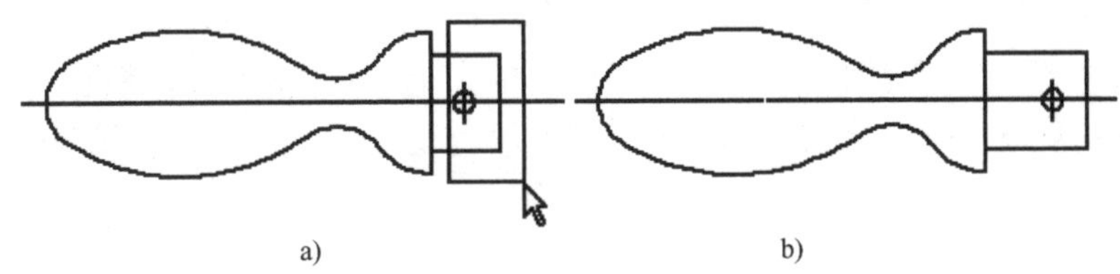

a) b)

图 5-60 拉伸

a）选择对象 b）拉伸后

【执行方式】

- 命令行：STRETCH（快捷命令：S）。
- 菜单栏：选择菜单栏中的“修改”→“拉伸”命令。
- 工具栏：单击“修改”工具栏中的“拉伸”按钮。
- 功能区：单击“默认”选项卡“修改”面板中的“拉伸”按钮。

【操作步骤】

命令行提示与操作如下：

```
命令:STRETCH↙
以交叉窗口或交叉多边形选择要拉伸的对象...
选择对象:C↙
指定第一个角点:指定对角点:找到 2 个
采用交叉窗口的方式选择要拉伸的对象:
指定基点或[位移(D)]<位移>:指定拉伸的基点
指定第二个点或 <使用第一个点作为位移>:指定拉伸的移至点
```

若此时指定第二个点，系统将根据这两个点决定矢量拉伸的对象；若直接按〈Enter〉键，系统会把第一个点作为 $X$ 和 $Y$ 轴的分量值。

“拉伸”命令将使完全包含在交叉窗口内的对象不被拉伸，部分包含在交叉选择窗口内的对象被拉伸。

## 5.5.6 实例——手柄

绘制如图 5-61 所示的手柄。

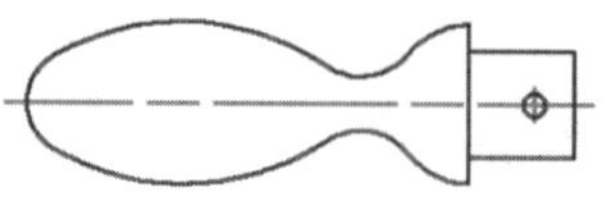

图 5-61　手柄

【操作步骤】(实例演示\第 5 章\手柄的绘制 .avi)

(1) 单击“默认”选项卡“图层”面板中的“图层特性管理器”按钮，弹出“图层特性管理器”选项板，新建两个图层。

1) 第一图层命名为“轮廓线”，线宽属性为 0. 3 mm，其余属性默认。

2) 第二图层命名为“中心线”，颜色设为红色，线型加载为 CENTER，其余属性默认。

(2) 将“中心线”层设置为当前层。单击“默认”选项卡“绘图”面板中的“直线”按钮，根据点(150，150)和(@120，0)绘制直线，结果如图 5-62 所示。

(3) 将“轮廓线”层设置为当前层。单击“默认”选项卡“绘图”面板中的“圆”按钮，以(160，150)为圆心，绘制半径为 10 的圆。重复“圆”命令，以(235，150)为圆心，绘制半径为 15 的圆。再绘制半径为 50 的圆与前两个圆相切，结果如图 5-63 所示。

(4) 单击“默认”选项卡“绘图”面板中的“直线”按钮，根据点(250，150)，(@10 <90)和(@15 <180)绘制两条直线。重复“直线”命令，根据点(235，165)和(235，150)绘制直线，结果如图 5-64 所示。

图 5-62　绘制直线（一）

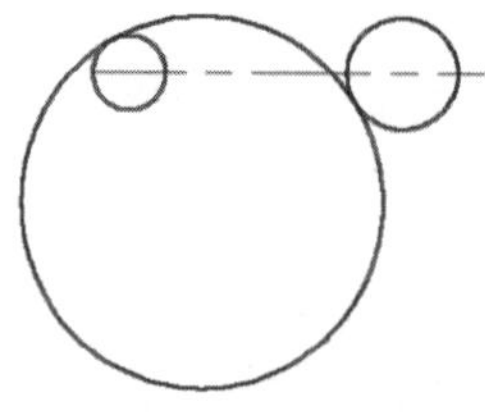

图 5-63　绘制圆（一）

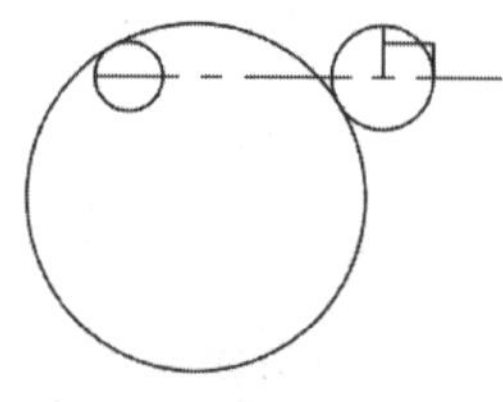

图 5-64　绘制直线（二）

(5) 单击“默认”选项卡“修改”面板中的“修剪”按钮，进行修剪处理，结果如图 5-65 所示。

(6) 单击“默认”选项卡“绘图”面板中的“圆”按钮，绘制半径为 12、与圆弧 1 和圆弧 2 相切的圆，结果如图 5-66 所示。

(7) 单击“默认”选项卡“修改”面板中的“修剪”按钮，将多余的圆弧进行修剪，结果如图 5-67 所示。

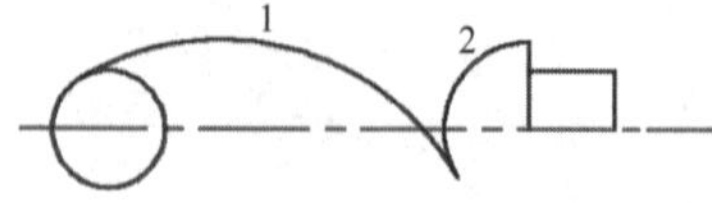


图 5-65　修剪处理

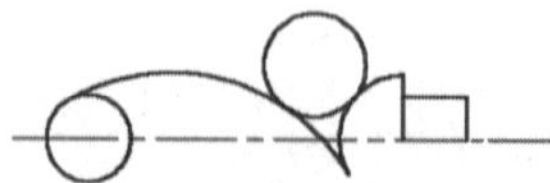

图 5-66　绘制圆（二）

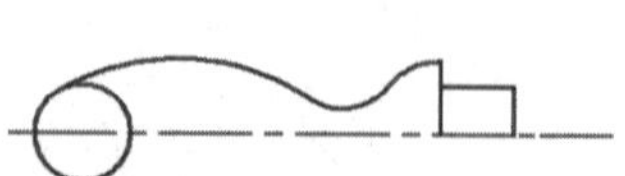

图 5-67　修剪处理

(8) 单击“默认”选项卡“修改”面板中的“镜像”按钮，以水平中心线为镜像线对图形进行镜像处理，结果如图 5-68 所示。

(9) 单击“默认”选项卡“修改”面板中的“修剪”按钮，进行修剪处理，结果如图 5-69 所示。

（10）将“中心线”层设置为当前层。单击“默认”选项卡“绘图”面板中的“直线”按钮 ，在手柄接头处中间位置绘制适当长度的竖直线段，作为销孔定位中心线，如图 5-70 所示。

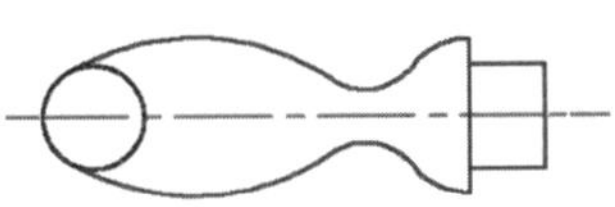

图 5-68 镜像处理

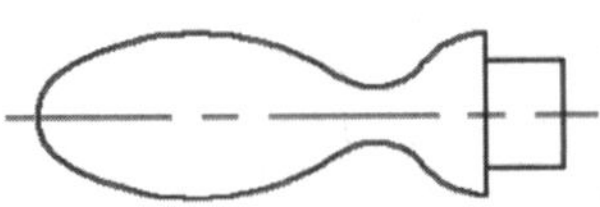

图 5-69 手柄初步图形

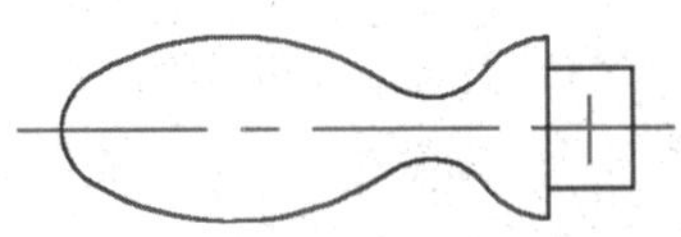

图 5-70 绘制销孔中心线

（11）将“轮廓线”层设置为当前层。单击“默认”选项卡“绘图”面板中的“圆”按钮，以中心线交点为圆心绘制适当半径的圆作为销孔，如图 5-71 所示。

（12）单击“默认”选项卡“修改”面板中的“拉伸”按钮 ，向右拉伸接头长度 5，命令行提示与操作如下：

```
命令：STRETCH↙
以交叉窗口或交叉多边形选择要拉伸的对象...
选择对象：C↙
指定第一个角点：框选手柄接头部分，如图 5-72 所示
指定对角点：找到 6 个
选择对象：↙
指定基点或［位移(D)］<位移>:100,100↙
指定位移的第二个点或 <用第一个点作位移>:105,100↙
```

结果如图 5-61 所示。

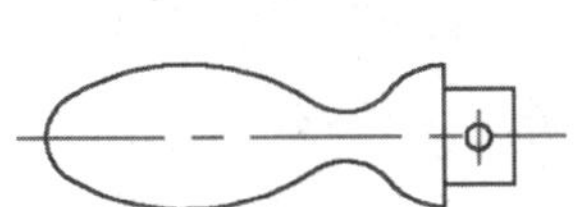

图 5-71 绘制销孔

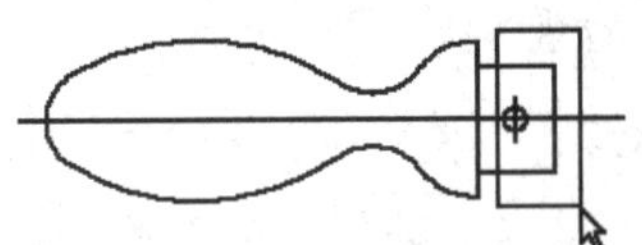

图 5-72 指定拉伸对象

## 5.5.7 “拉长”命令

**【执行方式】**

- 命令行：LENGTHEN（快捷命令：LEN）。
- 菜单栏：选择菜单栏中的“修改”→“拉长”命令。
- 功能区：单击“默认”选项卡“修改”面板中的“拉长”按钮 。

**【操作步骤】**

命令行提示与操作如下：

```
命令:LENGTHEN↙
选择要测量的对象或［增量(DE)/百分比(P)/总计(T)/动态(DY)］<增量(DE)>: de↙选择
拉长或缩短的方式为增量方式
输入长度增量或［角度(A)］<10.0000>: 10
选择要修改的对象或［放弃(U)］:
选择要修改的对象或［放弃(U)］:
```

【选项说明】

（1）增量（DE）：用指定增加量的方法改变对象的长度或角度。

（2）百分比（P）：用指定占总长度百分比的方法改变圆弧或直线段的长度。

（3）总计（T）：用指定新总长度或总角度值的方法改变对象的长度或角度。

（4）动态（DY）：用拖动鼠标的方法来动态地改变对象的长度或角度。

### 5.5.8 实例——变压器绕组

本实例利用“圆”“复制”“直线”“拉长”“平移”“镜像”和“修剪”等命令绘制变压器绕组，如图5-73所示。

【操作步骤】（实例演示\第5章\变压器绕组.avi）

（1）单击“默认”选项卡“绘图”面板中的“圆”按钮，在屏幕中的适当位置绘制一个半径为4的圆，如图5-74所示。

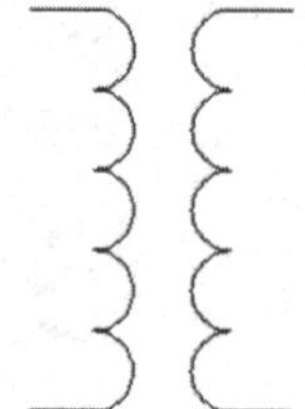

图5-73　绘制变压器绕组

图5-74　绘制圆

（2）单击“默认”选项卡“修改”面板中的“复制”按钮，选择上步绘制的圆，捕捉圆的上象限点为基点，捕捉圆的下象限点，完成第二个圆的复制，连续选择最下方圆的下象限点，向下平移复制4个圆，最后按〈Enter〉键，结束复制操作，结果如图5-75所示。

（3）单击“默认”选项卡“绘图”面板中的“直线”按钮，在对象捕捉绘图方式下，用鼠标左键分别捕捉最上端和最下端两个圆的圆心，绘制竖直直线*AB*，如图5-76所示。

（4）单击“默认”选项卡“修改”面板中的“拉长”按钮，将直线*AB*拉长，命令行提示与操作如下：

```
命令：_lengthen
选择要测量的对象或[增量(DE)/百分比(P)/总计(T)/动态(DY)]<总计(T)>：DE
输入长度增量或[角度(A)]<10.0000>：4
选择要修改的对象或[放弃(U)]：选择直线AB
选择要修改的对象或[放弃(U)]：
```

绘制的拉长直线如图5-77所示。

（5）单击“默认”选项卡“修改”面板中的“修剪”按钮，以竖直直线为修剪边，对圆进行修剪，修剪结果如图5-78所示。

（6）单击“默认”选项卡“修改”面板中的“移动”按钮，将直线向右平移7，平移结果如图5-79所示。

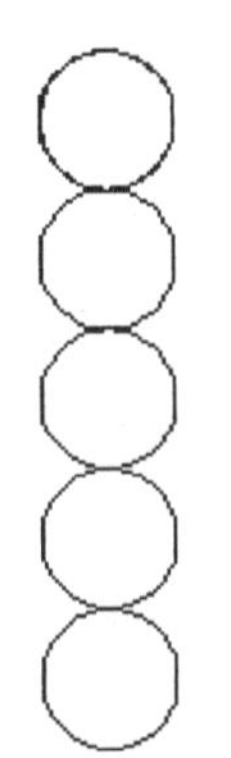
图 5-75 复制圆

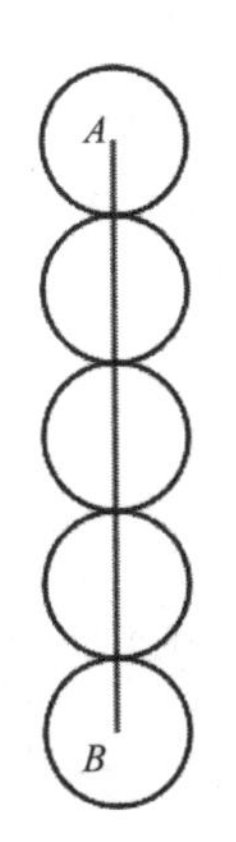

图 5-76 绘制竖直直线

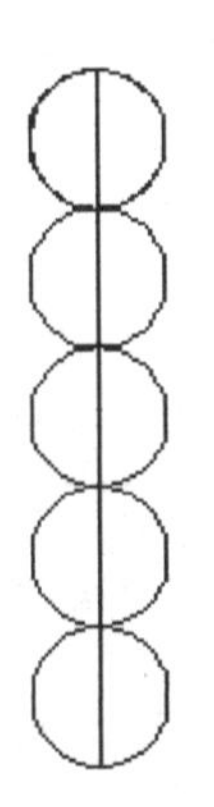
图 5-77 拉长直线

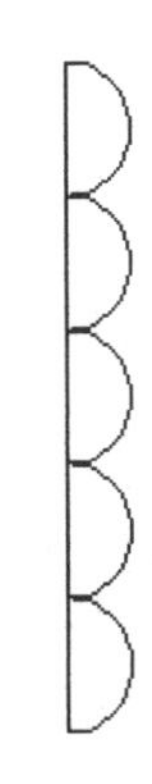
图 5-78 修剪图形

(7) 单击“默认”选项卡“修改”面板中的“镜像”按钮，选择5段半圆弧作为镜像对象，以竖直直线作为镜像线，进行镜像操作，得到竖直直线右边的一组半圆弧，如图5-80所示。

(8) 单击“默认”选项卡“修改”面板中的“删除”按钮，删除竖直直线，结果如图5-81所示。

(9) 单击“默认”选项卡“绘图”面板中的“直线”按钮，在对象捕捉和正交绘图方式下，捕捉 *C* 点为起点，向左绘制一条长度为12的水平直线；重复上面的操作，以 *D* 为起点，向左绘制长度为12的水平直线；分别以 *E* 点和 *F* 点为起点，向右绘制长度为12的水平直线，作为变压器的输入输出连接线，如图5-82所示。

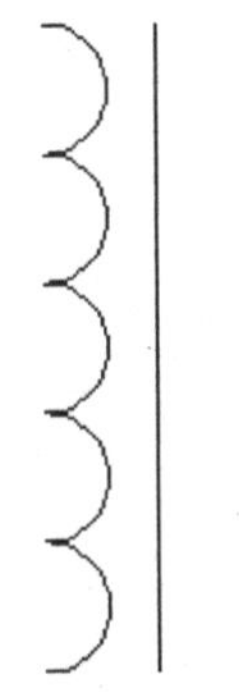
图 5-79 平移直线

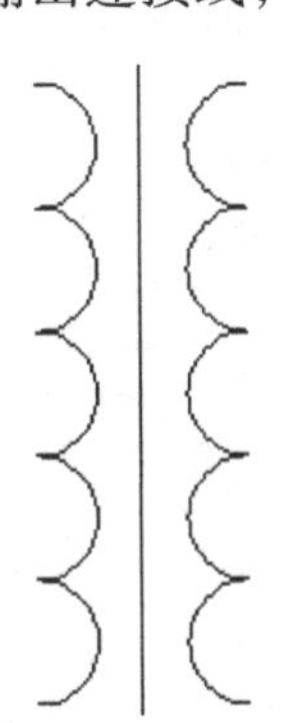
图 5-80 镜像图形

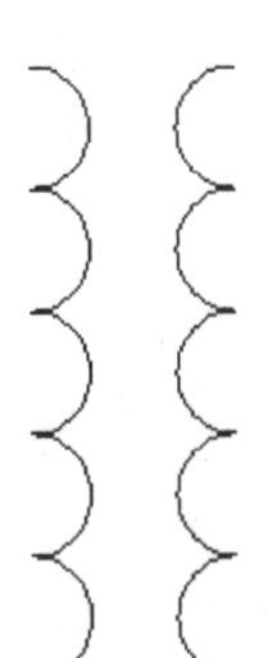
图 5-81 删除直线

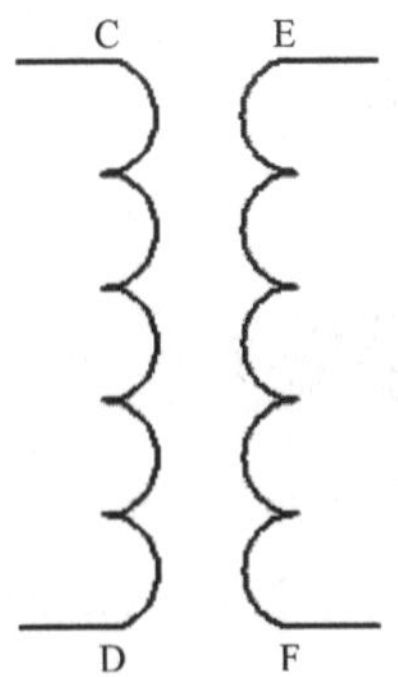

图 5-82 绘制连接线

### 5.5.9 “圆角”命令

“圆角”命令是指用一条指定半径的圆弧平滑连接两个对象。可以平滑连接一对直线段、非圆弧的多段线段、样条曲线、双向无限长线、射线、圆、圆弧和椭圆，并且可以在任何时候平滑连接多段线的每个节点。

**【执行方式】**

- 命令行：FILLET（快捷命令：F）。
- 菜单栏：选择菜单栏中的“修改”→“圆角”命令。

● 工具栏：单击“修改”工具栏中的“圆角”按钮。
● 功能区：单击“默认”选项卡“修改”面板中的“圆角”按钮。

【操作步骤】

命令行提示与操作如下：

```
命令:FILLET↙
当前设置:模式 = 修剪,半径 = 0.0000
选择第一个对象或[放弃(U)/多段线(P)/半径(R)/修剪(T)/多个(M)]:选择第一个对象或别的选项
选择第二个对象,或按住 Shift 键选择对象以应用角点或[半径(R)]:选择第二个对象
```

【选项说明】

(1) 多段线（P）：在一条二维多段线两段直线段的节点处插入圆弧。选择多段线后，系统会根据指定的圆弧半径把多段线各顶点用圆弧平滑连接起来。

(2) 修剪（T）：决定在平滑连接两条边时是否修剪这两条边，如图 5-83 所示。

(3) 多个（M）：同时对多个对象进行圆角编辑，而不必重新执行命令。

(4) 按住〈Shift〉键并选择两条直线，可以快速创建零距离倒角或零半径圆角。

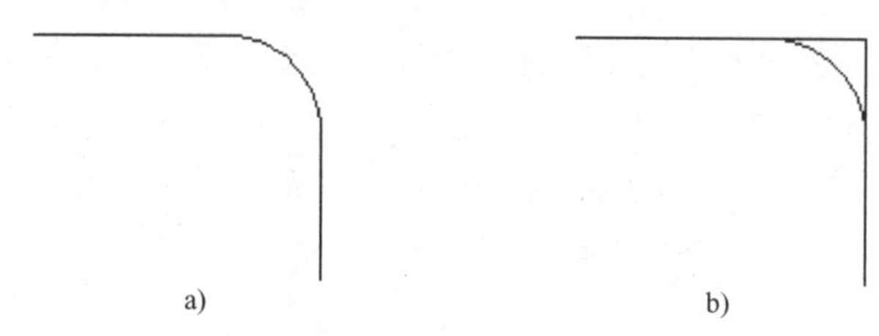

a) b)

图 5-83 圆角连接

a）修剪方式 b）不修剪方式

## 5.5.10 实例——吊钩

绘制如图 5-84 所示的吊钩。

【操作步骤】（实例演示\第 5 章\吊钩 .avi）

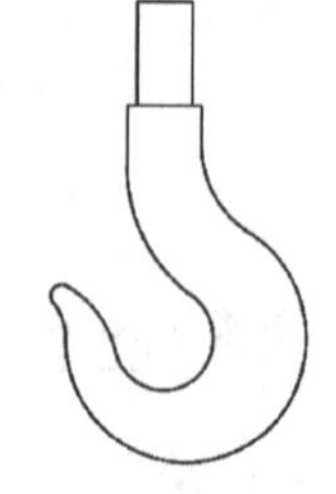

图 5-84 吊钩

(1) 单击“默认”选项卡“图层”面板中的“图层特性”按钮，打开“图层特性管理器”选项板，单击其中的“新建图层”按钮，新建两个图层：“轮廓线”图层，线宽为 0.3 mm，其余属性默认；“中心线”图层，颜色设为红色，线型加载为 CENTER，其余属性默认。

(2) 将“中心线”图层设置为当前图层。利用“直线”命令绘制两条相互垂直的定位中心线，绘制结果如图 5-85 所示。

(3) 单击“默认”选项卡“修改”面板中的“偏移”按钮，将竖直直线分别向右偏移 142 和 160，将水平直线分别向下偏移 180 和 210，偏移结果如图 5-86 所示。

(4) 将图层切换到“轮廓线”图层，单击“默认”选项卡“绘图”面板中的“圆”按钮，以点 1 为圆心分别绘制半径为 120 和 40 的同心圆，再以点 2 为圆心绘制半径为 96 的圆，

以点3为圆心绘制半径为80的圆，以点4为圆心绘制半径为42的圆，绘制结果如图5-87所示。

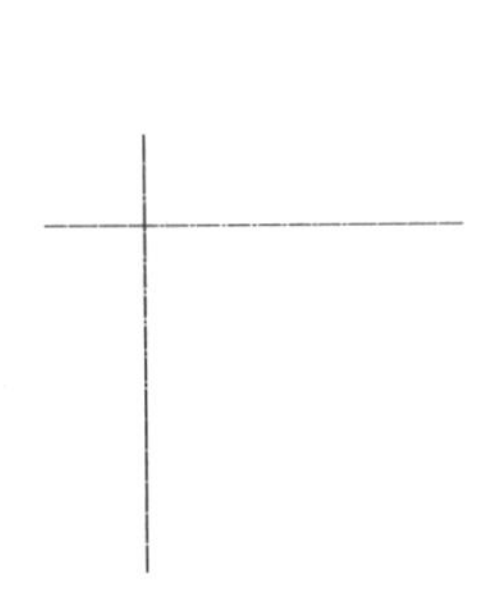
图5-85　绘制定位中心线

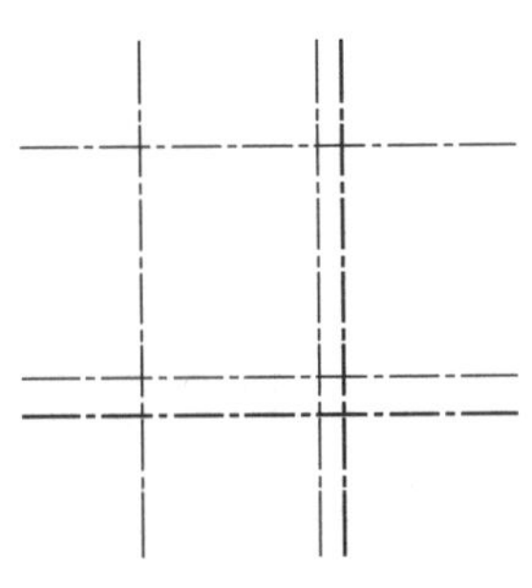
图5-86　偏移处理（一）

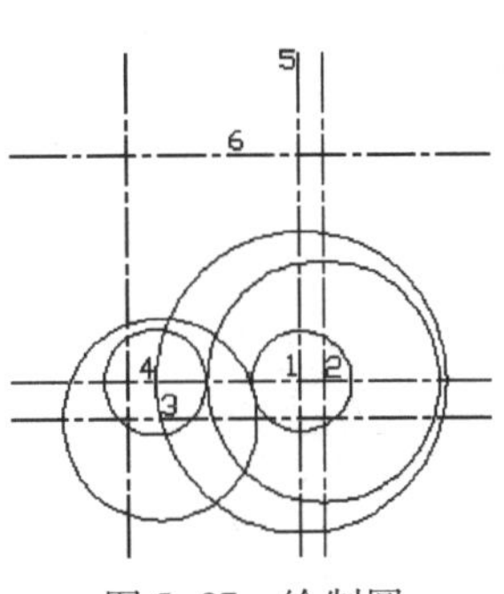

图5-87　绘制圆

（5）单击“默认”选项卡“修改”面板中的“偏移”按钮，将直线段5分别向左和向右偏移22.5和30，将线段6向上偏移80，将偏移后的直线切换到“轮廓线”图层，偏移结果如图5-88所示。

（6）单击“默认”选项卡“修改”面板中的“修剪”按钮，修剪直线，结果如图5-89所示。

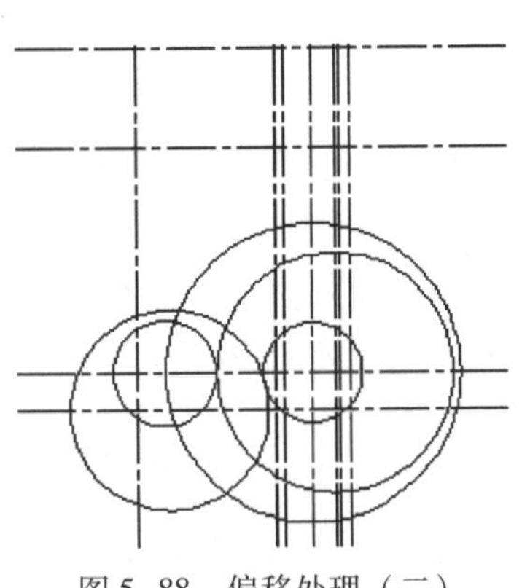
图5-88　偏移处理（二）

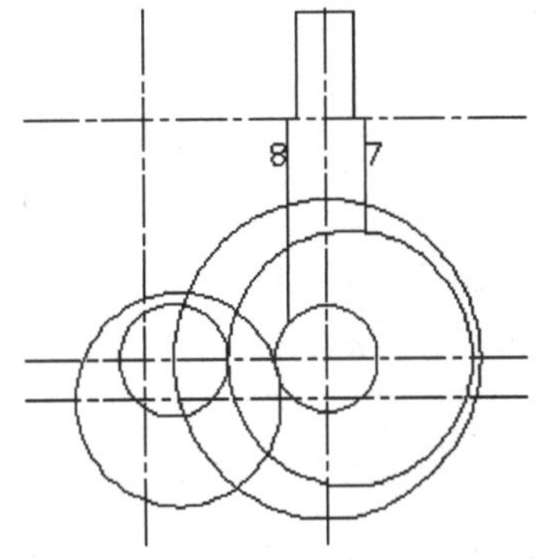

图5-89　修剪处理

（7）单击“默认”选项卡“修改”面板中的“圆角”按钮，选择线段7和半径为80的圆进行倒圆角，命令行提示与操作如下：

```
命令:_fillet
当前设置:模式 = 不修剪,半径 = 0.0000
选择第一个对象或［放弃(U)/多段线(P)/半径(R)/修剪(T)/多个(M)］:t↙
输入修剪模式选项［修剪(T)/不修剪(N)］ <不修剪>:t↙
选择第一个对象或［放弃(U)/多段线(P)/半径(R)/
修剪(T)/多个(M)］:r↙
指定圆角半径 <0.0000>:80↙
选择第一个对象或[放弃(U)/多段线(P)/半径(R)/修剪(T)/多个(M)]:选择线段7
选择第二个对象或按住 Shift 键选择对象以应用角点或［半径(R)］:选择半径为96的圆
```

重复执行上述命令选择线段8和半径为40的圆，进行倒圆角，圆角半径为120，结果如图5-90所示。

（8）单击“默认”选项卡“绘图”面板中的“圆”按钮，选用“相切，相切，相切”的方法绘制圆。以半径为42的圆为第一点，半径为96的圆为第二点，半径为80的圆为第三点，绘制结果如图 5-91 所示。

（9）单击“默认”选项卡“修改”面板中的“修剪”按钮，将多余线段进行修剪，结果如图 5-92 所示。

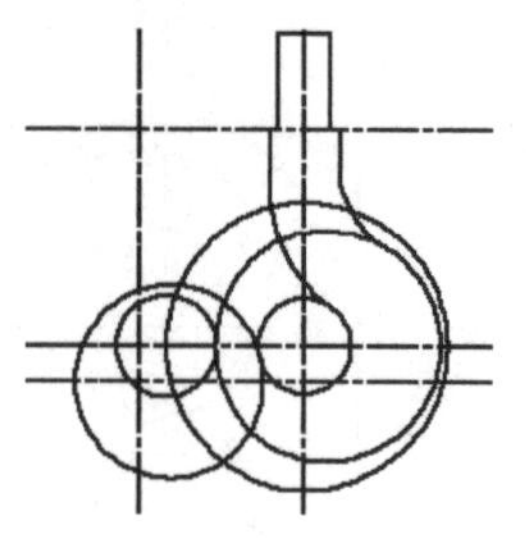
图 5-90　圆角处理

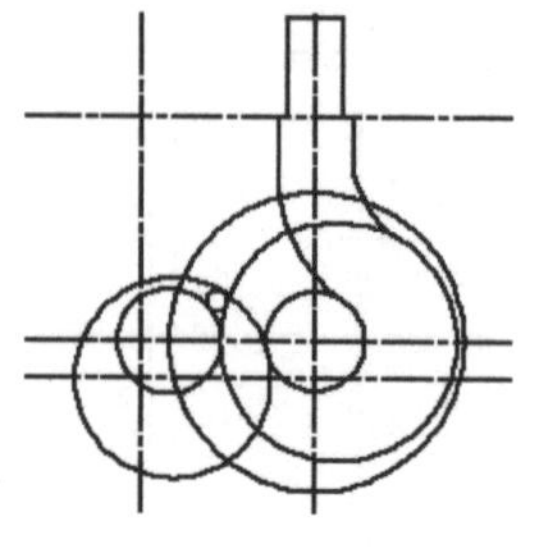
图 5-91　三点画圆

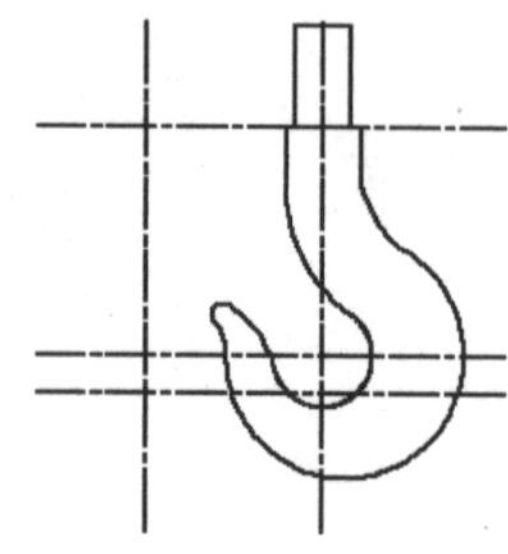
图 5-92　修剪处理

（10）单击“默认”选项卡“修改”面板中的“删除”按钮，删除多余线段，最终绘制结果如图 5-84 所示。

### 5.5.11 “倒角”命令

“倒角”命令即“斜角”命令，是用斜线连接两个不平行的线型对象。可以用斜线连接直线段、双向无限长线、射线和多段线。

系统采用两种方法确定连接两个对象的斜线：指定两个斜线距离；指定斜线角度和一个斜线距离。下面分别介绍这两种方法的使用。

**1. 指定两个斜线距离**

斜线距离是指从被连接对象与斜线的交点到被连接的两对象交点之间的距离，如图 5-93 所示。

**2. 指定斜线角度和一个斜线距离连接选择的对象**

采用这种方法连接对象时，需要输入两个参数：斜线与一个对象的斜线距离和斜线与该对象的夹角，如图 5-94 所示。

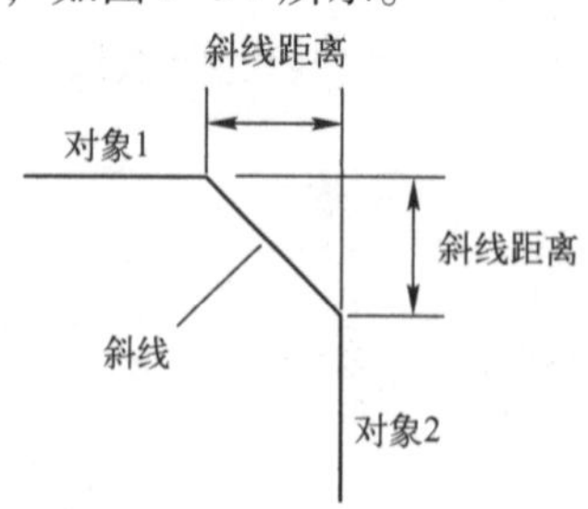

图 5-93　斜线距离

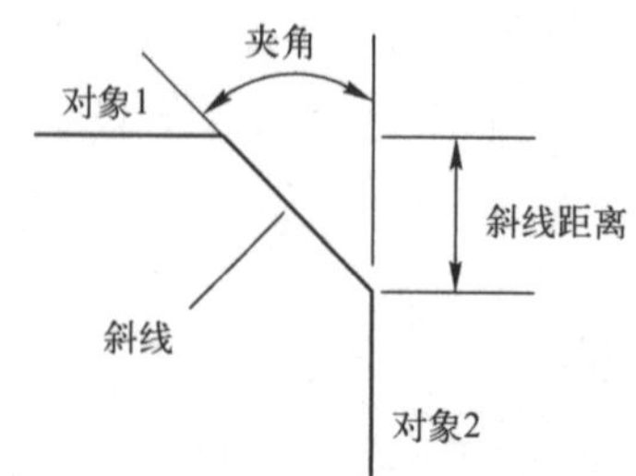

图 5-94　斜线距离与夹角

**【执行方式】**

- 命令行：CHAMFER（快捷命令：CHA）。
- 菜单栏：选择菜单栏中的“修改”→“倒角”命令。
- 工具栏：单击“修改”工具栏中的“倒角”按钮。
- 功能区：单击“默认”选项卡“修改”面板中的“倒角”按钮。

【操作步骤】

命令行提示与操作如下：

```
命令:CHAMFER↙
("不修剪"模式) 当前倒角距离 1 =0.0000,距离 2 =0.0000
选择第一条直线或[放弃(U)/多段线(P)/距离(D)/角度(A)/
修剪(T)/方式(E)/多个(M)]:选择第一条直线或别的选项
选择第二条直线,或按住 Shift 键选择直线以应用角点或[距离(D)/角度(A)/方法(M)]:选择
第二条直线
```

【选项说明】

（1）多段线（P）：对多段线的各个交叉点倒斜角。为了得到最好的连接效果，一般设置斜线是相等的值，系统根据指定的斜线距离把多段线的每个交叉点都作斜线连接，连接的斜线成为多段线新的构成部分，如图 5-95 所示。

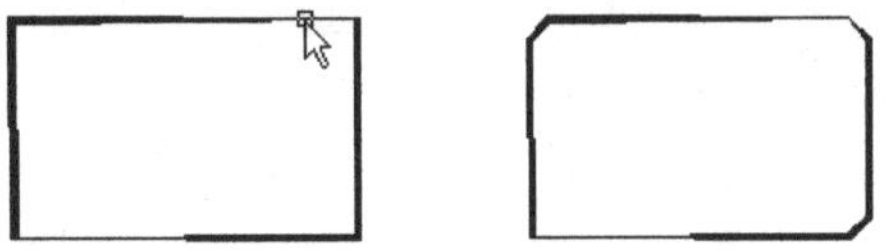

（2）距离（D）：选择倒角的两个斜线距离。这两个斜线距离可以相同也可以不相同，若两者均为 0，则系统不绘制连接的斜线，而是把两个对象延伸至相交并修剪超出的部分。



图 5-95　斜线连接多段线

a）选择多段线　b）倒斜角结果

（3）角度（A）：选择第一条直线的斜线距离和第一条直线的倒角角度。

（4）修剪（T）：与圆角连接命令“FILLET”相同，该选项决定连接对象后是否剪切源对象。

（5）方式（E）：决定采用“距离”方式还是“角度”方式来倒斜角。

（6）多个（M）：同时对多个对象进行倒斜角编辑。

## 5.5.12 实例——轴

绘制如图 5-96 所示的轴。

【操作步骤】（实例演示\第 5 章\轴 . avi）

（1）单击“默认”选项卡“图层”面板中的“图层特性”按钮，打开“图层特性管理器”选项板，单击其中的“新建图层”按钮，新建两个图层：“轮廓线”图层，线宽属性为 0.3 mm，其余属性保持默认设置；“中心线”图层，颜色设置为红色，线型加载为 CENTER，其余属性保持默认设置。

（2）将“中心线”图层设置为当前图层，单击“默认”选项卡“绘图”面板中的“直线”按钮，绘制水平中心线。将“轮廓线”图层设置为当前图层，单击“默认”选项卡“绘图”面板中的“直线”按钮，绘制竖直线作为定位直线，绘制结果如图 5-97 所示。

（3）单击“默认”选项卡“修改”面板中的“偏移”按钮，将水平中心线分别向上偏移 35、30、27.5，将竖直线分别向右偏移 2.5、108、163、166、235、315.5、318。然后选择偏移形成的 3 条水平点画线，将其所在图层修改为“轮廓线”图层，将其线型转换成实线，结果如图 5-98 所示。

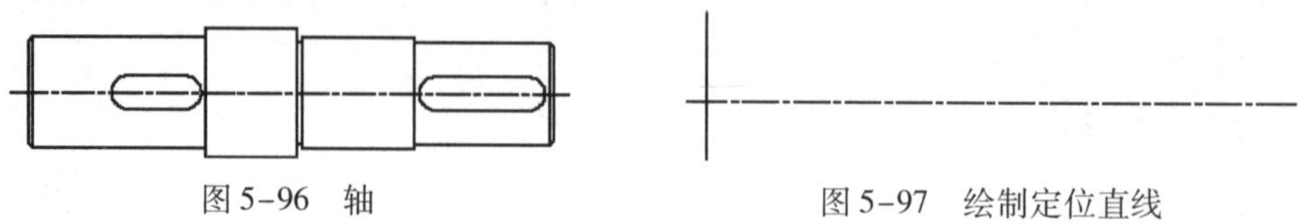

图 5-96　轴　　　　图 5-97　绘制定位直线

（4）单击“默认”选项卡“修改”面板中的“修剪”按钮，修剪多余的线段，结果如图 5-99 所示。

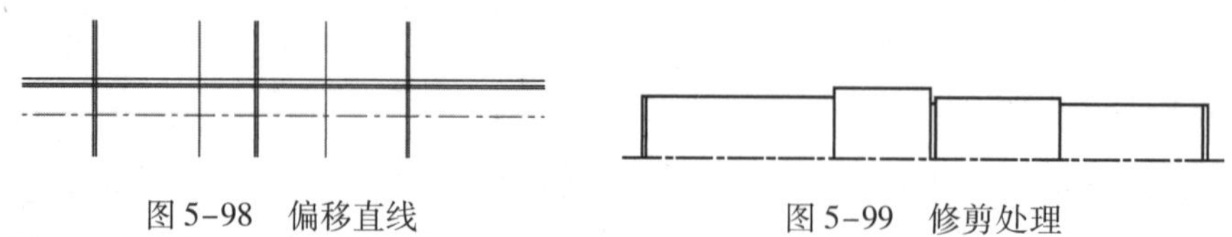

图 5-98　偏移直线　　　　图 5-99　修剪处理

（5）单击“默认”选项卡“修改”面板中的“倒角”按钮，将轴的左端倒角，命令行提示与操作如下：

```
命令:_chamfer
(“修剪”模式) 当前倒角距离 1 = 0.0000,距离 2 = 0.0000
选择第一条直线或[放弃(U)/多段线(P)/距离(D)/角度(A)/修剪(T)/方式(E)/多个(M)]:d↙
指定第一个倒角距离 <0.0000>:2.5↙
指定第二个倒角距离 <2.5000>:↙
选择第一条直线或[放弃(U)多段线(P)/距离(D)/角度(A)/修剪(T)/方式 E)/多个(M)]:选择最左端的竖直线
选择第二条直线,或按住 Shift 键选择直线以应用角点或[距离(D)/角度(A)/方法(M)]:选择与之相交的水平线
```

重复上述命令，将右端进行倒角处理，结果如图 5-100 所示。

（6）单击“默认”选项卡“修改”面板中的“镜像”按钮，将轴的上半部分以中心线为对称轴进行镜像，结果如图 5-101 所示。

图 5-100　倒角处理　　　　图 5-101　镜像处理

（7）单击“默认”选项卡“修改”面板中的“偏移”按钮，将线段 1 分别向左偏移 12 和 49，将线段 2 分别向右偏移 12 和 69。单击“修改”工具栏中的“修剪”按钮，把刚偏移绘制的直线在中心线之下的部分修剪掉，结果如图 5-102 所示。

（8）单击“默认”选项卡“绘图”面板中的“圆”按钮，选择偏移后的线段与水平中心线的交点为圆心，绘制半径为 9 的 4 个圆，绘制结果如图 5-103 所示。

（9）单击“默认”选项卡“绘图”面板中的“直线”按钮，绘制与圆相切的 4 条直线，绘制结果如图 5-104 所示。

（10）单击“默认”选项卡“修改”面板中的“删除”按钮，将步骤（7）中偏移得到的线段删除，结果如图 5-105 所示。

（11）单击“默认”选项卡“修改”面板中的“修剪”按钮，将多余的线进行修剪，最终结果如图 5-96 所示。

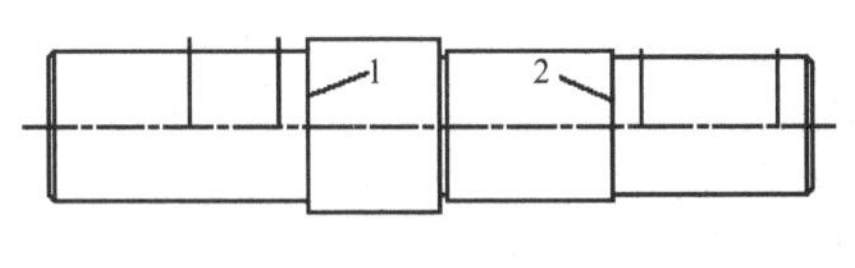


图 5-102　偏移、修剪处理

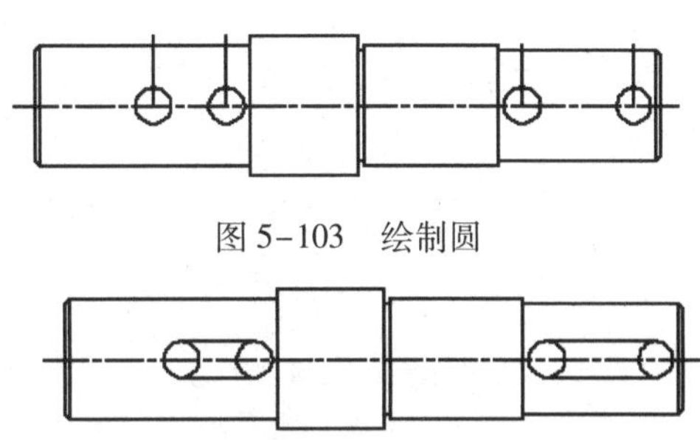

图 5-103　绘制圆

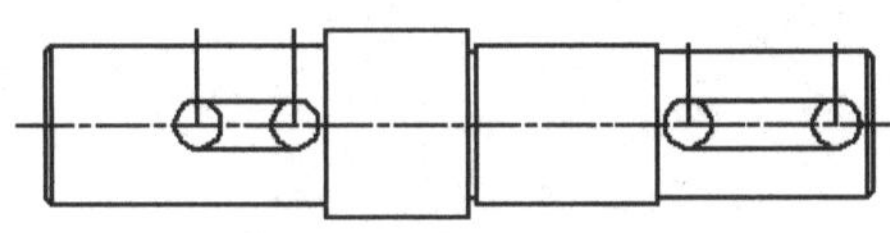

图 5-104　绘制直线

图 5-105　删除线段的结果

## 5.5.13 “打断”命令

【执行方式】

- 命令行：BREAK（快捷命令：BR）。
- 菜单栏：选择菜单栏中的“修改”→“打断”命令。
- 工具栏：单击“修改”工具栏中的“打断”按钮。
- 功能区：单击“默认”选项卡“修改”面板中的“打断”按钮。

【操作步骤】

命令行提示与操作如下：

```
命令:BREAK↙
选择对象:选择要打断的对象
指定第二个打断点或[第一点(F)]:指定第二个断开点或输入“F”↙
```

【选项说明】

（1）如果选择“第一点（F）”，AutoCAD 2018 将丢弃前面的第一个选择点，重新提示用户指定两个断开点。

（2）打断对象时，需要确定两个断点。可以将选择对象处作为第一个断点，然后指定第二个断点；还可以先选择整个对象，然后指定两个断点。

（3）如果仅想将对象在某点打断，则可直接应用“修改”面板中的“打断于点”按钮。

打断命令主要用于删除断点之间的对象，因为某些删除操作是不能由“ERASE”和“TRIM”命令完成的。例如，圆的中心线和对称中心线过长时可利用打断操作进行删除。

## 5.5.14 “打断于点”命令

“打断于点”命令是指在对象上指定一点，从而把对象在此点拆分成两部分，此命令与“打断”命令类似。

【执行方式】

- 命令行：BREAK（快捷命令：BR）。
- 工具栏：单击“修改”工具栏中的“打断于点”按钮。
- 功能区：单击“默认”选项卡“修改”面板中的“打断于点”按钮。

【操作步骤】

命令行提示与操作如下：

```
_break
选择对象:选择要打断的对象
指定第二个打断点或[第一点(F)]:_f 系统自动执行"第一点"选项
指定第一个打断点:选择打断点
指定第二个打断点:@：系统自动忽略此提示
```

## 5.5.15 实例——吸顶灯

本实例利用“直线”命令绘制辅助线，然后利用“圆”命令绘制同心圆，最后利用“打断”命令将多余的辅助线打断，结果如图 5-106 所示。

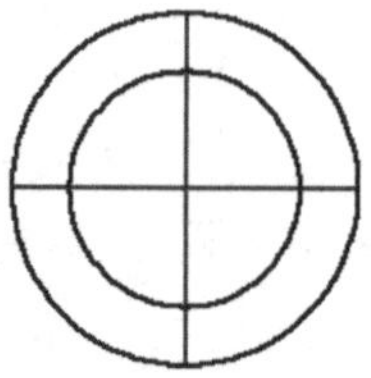

图 5-106 绘制吸顶灯

【操作步骤】（实例演示\第 5 章\吸顶灯 . avi）

（1）新建两个图层。“1”图层，颜色为蓝色，其余属性默认；“2”图层，颜色为黑色，其余属性默认。

（2）将“1”图层设置为当前图层，单击“默认”选项卡“绘图”面板中的“直线”按钮，绘制两条相交的直线，坐标点为{(50，100)(100，100)}、{(75，75)(75，125)}，如图 5-107 所示。

（3）将“2”图层设置为当前图层，单击“默认”选项卡“绘图”面板中的“圆”按钮，以（75，100）为圆心，绘制半径为 15 和 10 的两个同心圆，如图 5-108 所示。

（4）单击“默认”选项卡“修改”面板中的“打断”按钮，将超出圆外的直线修剪掉，命令行提示与操作如下：

```
命令：_break
选择对象:选择竖直线
指定第二个打断点 或[第一点(F)]：F
指定第一个打断点：选择竖直直线的上端点
指定第二个打断点：选择竖直直线与大圆上面的相交点
```

用同样的方法将其他 3 段超出圆外的直线修剪掉，结果如图 5-109 所示。

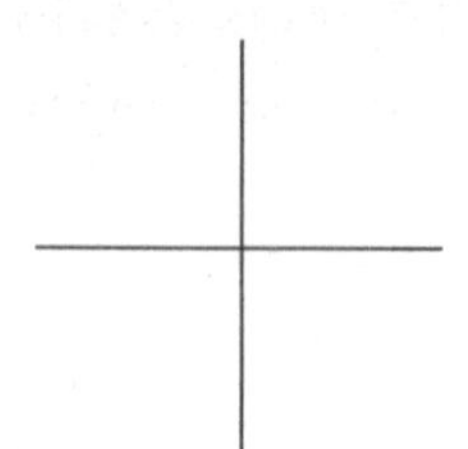

图 5-107 绘制相交直线

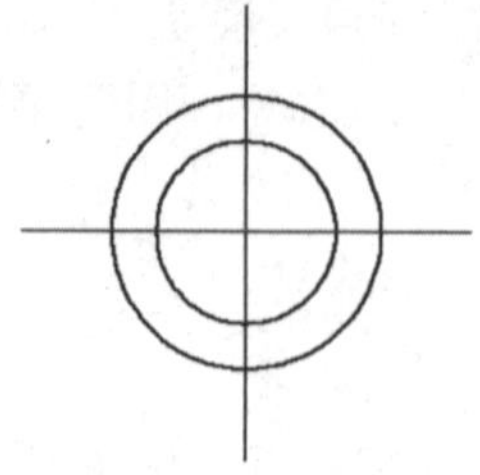

图 5-108 绘制同心圆

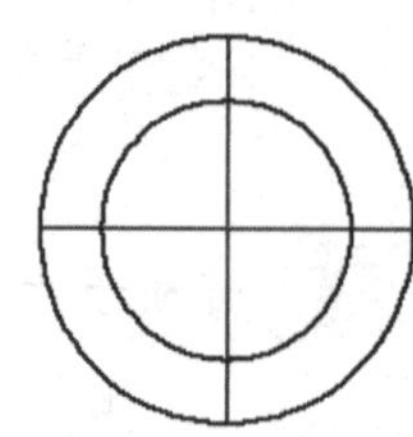

图 5-109 吸顶灯

## 5.5.16 “分解”命令

【执行方式】

- 命令行：EXPLODE（快捷命令：X）。

- 菜单栏：选择菜单栏中的“修改”→“分解”命令。
- 工具栏：单击“修改”工具栏中的“分解”按钮。
- 功能区：单击“默认”选项卡“修改”面板中的“分解”按钮。

【操作步骤】

命令行提示与操作如下：

```
命令:EXPLODE↙
选择对象:选择要分解的对象
```

选择一个对象后，该对象会被分解，系统继续提示该行信息，允许分解多个对象。

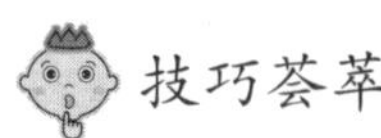

“分解”命令是将一个合成图形分解为独立图元的工具。例如，一个矩形被分解后就会变成4条直线，且一条有宽度的直线分解后就会失去其宽度属性。

### 5.5.17 实例——热继电器

本实例利用“矩形”“分解”“偏移”“打断”“直线”和“修剪”等命令绘制热继电器，如图5-110所示。

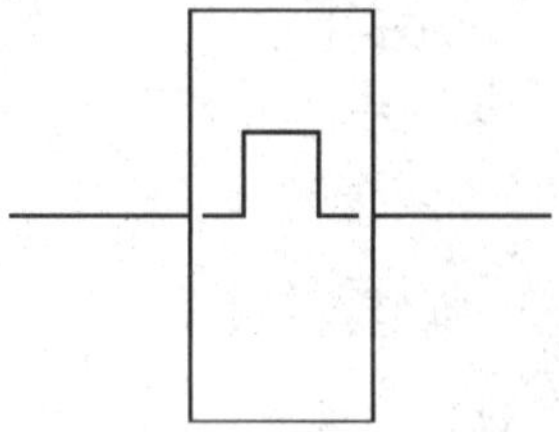

图5-110 绘制热继电器

【操作步骤】(实例演示\第5章\绘制热断电器.avi)

(1) 单击“默认”选项卡“绘图”面板中的“矩形”按钮，绘制一个长为5、宽为10的矩形，效果如图5-111所示。

(2) 单击“默认”选项卡“修改”面板中的“分解”按钮，将矩形进行分解，命令行提示与操作如下：

```
命令：_explode
选择对象：选取矩形
选择对象：
```

(3) 单击“默认”选项卡“修改”面板中的“偏移”按钮，将图5-111中的直线1向下偏移，偏移距离为3；重复“偏移”命令，将直线1再向下偏移5，然后将直线2向右偏移，偏移距离分别为1.5和3.5，结果如图5-112所示。

(4) 单击“默认”选项卡“修改”面板中的“修剪”按钮，修剪多余的线段。

(5) 单击“默认”选项卡“修改”面板中的“打断”按钮，打断直线，命令行提示与操作如下：

```
命令：_break
选择对象：选择与直线2和直线4相交的中间的水平直线
指定第二个打断点 或 [第一点(F)]：F
指定第一个打断点:捕捉交点
指定第二个打断点:在适当位置单击
```

结果如图5-113所示。

(6) 单击“默认”选项卡“绘图”面板中的“直线”按钮，在对象捕捉和正交绘图方式下捕捉如图 5-113 所示直线 2 的中点，以其为起点，向左绘制长度为 5 的水平直线；用相同的方法捕捉直线 4 的中点，以其为起点，向右绘制长度为 5 的水平直线，完成热继电器的绘制，结果如图 5-114 所示。

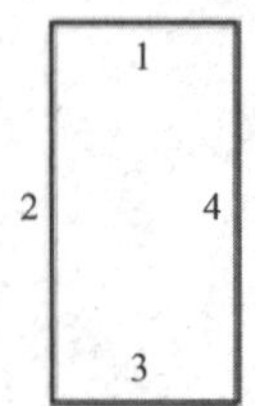


图 5-111　绘制矩形

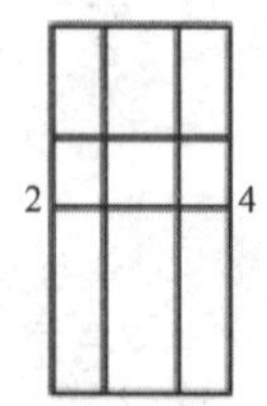


图 5-112　偏移直线

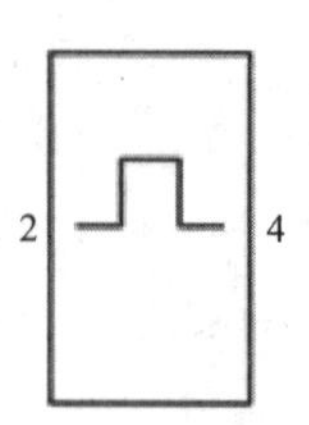


图 5-113　打断图形

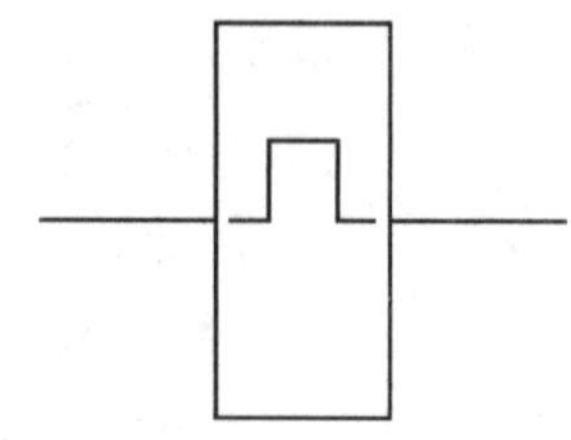

图 5-114　热继电器

## 5.5.18 “合并”命令

可以将直线、圆、椭圆弧和样条曲线等独立的图线合并为一个对象，如图 5-115 所示。

【执行方式】

- 命令行：JOIN。
- 菜单栏：选择菜单栏中的“修改”→“合并”命令。
- 工具栏：单击“修改”工具栏中的“合并”按钮。
- 功能区：单击“默认”选项卡“修改”面板中的“合并”按钮。

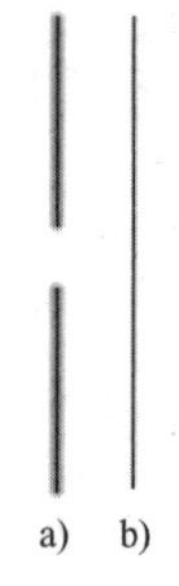


图 5-115　合并对象
a）合并前　b）合并后

【操作步骤】

命令行提示与操作如下：

```
命令:JOIN↙
选择源对象或要一次合并的多个对象:选择对象
选择要合并的对象:选择另外的对象
找到 1 个
选择要合并到源的直线:↙
已经合并了 2 个对象
```

## 5.5.19 光顺曲线

在两条选定直线或曲线之间的间隙中创建样条曲线。

【执行方式】

- 命令行：BLEND。
- 菜单栏：选择菜单栏中的“修改”→“光顺曲线”命令。
- 工具栏：单击“修改”工具栏中的“光顺曲线”按钮。

【操作步骤】

命令行提示与操作如下：

```
命令:BLEND↙
连续性 = 相切
选择第一个对象或[连续性(CON)]:CON
输入连续性[相切(T)/平滑(S)]<相切>:↙
选择第一个对象或[连续性(CON)]:
选择第二个点:↙
```

【选项说明】

(1) 连续性 (CON): 在两种过渡类型中指定一种。

(2) 相切 (T): 创建一条 3 阶样条曲线, 在选定对象的端点处具有相切 (G1) 连续性。

(3) 平滑 (S): 创建一条 5 阶样条曲线, 在选定对象的端点处具有曲率 (G2) 连续性。

如果使用"平滑"选项, 请勿将显示从控制点切换为拟合点, 此操作会将样条曲线更改为 3 阶, 这会改变样条曲线的形状。

## 5.6 综合演练——齿轮交换架

本例绘制的齿轮交换架, 如图 5-116 所示。在本例中, 综合运用了本章所学的一些编辑命令。绘制的大体顺序是先设置绘图环境, 即新建图层, 接着利用"直线""偏移"命令绘制大体框架, 从而确定齿轮交换架的大体尺寸和位置, 然后利用"圆""圆弧"命令绘制轮廓, 利用"修剪"命令修剪多余部分, 最后利用"拉长"命令整理图形。

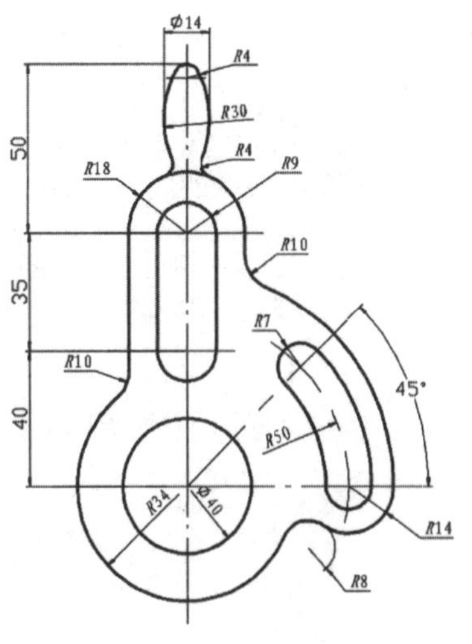


图 5-116 齿轮交换架

**【操作步骤】(实例演示\第 5 章\齿轮交换架.avi)**

### 1. 设置绘图环境

(1) 选择菜单栏中的"格式"→"图形界限"命令, 设置图幅为 297×210。

(2) 选择菜单栏中的"格式"→"图层"命令, 创建图层"CSX"及"XDHX"。其中"CSX"线型为实线, 线宽为 0.30 mm, 其他属性默认; "XDHX"线型为 CENTER, 线宽为 0.09 mm, 颜色为红色, 其他属性默认。

### 2. 将"XDHX"图层设置为当前图层, 绘制定位线

(1) 单击"默认"选项卡"绘图"面板中的"直线"按钮, 绘制对称中心线, 命令行提示与操作如下:

```
命令: LINE↙  绘制最下面的水平对称中心线
指定第一个点: 80, 70↙
指定下一点或 [放弃(U)]: 210, 70↙
指定下一点或 [放弃(U)]:↙
```

(2) 单击"默认"选项卡"绘图"面板中的"直线"按钮, 绘制另两条中心线段, 端点分别为{(140, 210), (140, 12)}、{(中心线的交点), (@70 <45)}。

（3）单击“默认”选项卡“修改”面板中的“偏移”按钮，将水平中心线向上偏移40、35、50、4，依次以偏移形成的水平对称中心线为偏移对象。

（4）单击“默认”选项卡“绘图”面板中的“圆”按钮，以下部中心线的交点为圆心绘制半径为50的中心线圆。

（5）单击“默认”选项卡“修改”面板中的“修剪”按钮，修剪中心线圆。结果如图5-117所示。

**3. 将“CSX”图层设置为当前图层，绘制交换架中部**

（1）单击“默认”选项卡“绘图”面板中的“圆”按钮，以下部中心线的交点为圆心，绘制半径为20和34的同心圆。

（2）单击“默认”选项卡“修改”面板中的“偏移”按钮，将竖直中心线分别向两侧偏移9、18。

（3）单击“默认”选项卡“绘图”面板中的“直线”按钮，分别捕捉竖直中心线与水平中心线的交点绘制4条竖直线。

（4）单击“默认”选项卡“修改”面板中的“删除”按钮，删除偏移的在“XDHX”图层中的竖直对称中心线，结果如图5-118所示。

（5）单击“默认”选项卡“绘图”面板中的“圆弧”按钮，捕捉交点与中心点，绘制竖直直线上方*R*18圆弧，命令行提示与操作如下：

```
命令:ARC↙
指定圆弧的起点或[圆心(C)]: C↙
指定圆弧的圆心: 捕捉中心线的交点
指定圆弧的起点: 捕捉左侧中心线的交点
指定圆弧的端点或[角度(A)/弦长(L)]: A↙
指定夹角:-180↙
```

（6）单击“默认”选项卡“修改”面板中的“圆角”按钮，在最左侧竖直偏移直线和半径为34的圆上添加*R*10圆角，命令行提示与操作如下：

```
命令:FILLET↙
当前设置: 模式 = 修剪,半径 = 10.0000
选择第一个对象或[放弃(U)/多段线(P)/半径(R)/修剪(T)/多个(M)]:选择最左侧竖直线的下部
选择第二个对象,或按住〈Shift〉键选择要应用角点的对象:选择半径为34的圆
```

（7）单击“默认”选项卡“修改”面板中的“修剪”按钮，修剪*R*34圆。结果如图5-119所示。

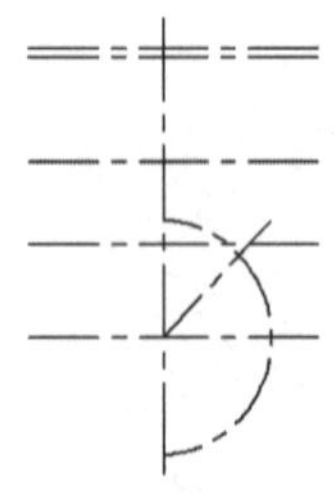
图5-117　修剪后的图形

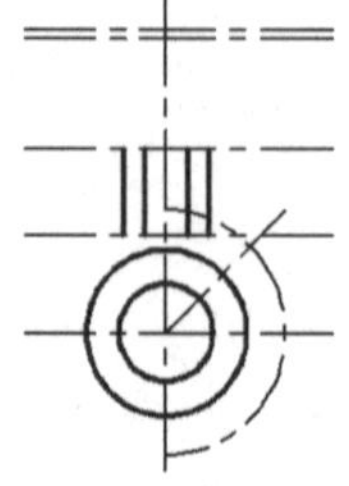
图5-118　绘制中间的竖直线

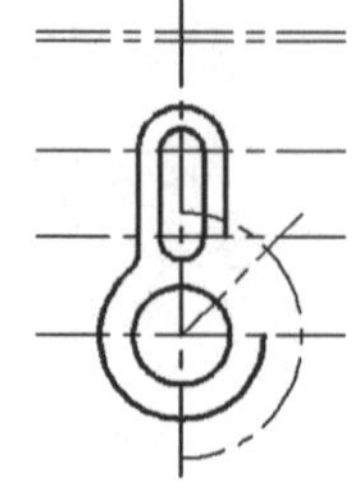
图5-119　交换架的中部

**4. 绘制交换架右部**

（1）单击“默认”选项卡“绘图”面板中的“圆”按钮，捕捉中心线圆弧 *R*50 与水平中心线的交点，绘制 *R*7 的圆，命令行提示与操作如下：

```
命令:CIRCLE↙  绘制 R7 圆
指定圆的圆心或[三点(3P)/两点(2P)/切点、切点、半径(T)]:
指定圆的半径或[直径(D)]: 7↙
```

同理，以中心线圆弧 *R*50 与倾斜中心线的交点为圆心，以 7 为半径绘制圆。

（2）单击“默认”选项卡“绘图”面板中的“圆弧”按钮，以圆弧 *R*34、*R*50 圆心为圆心，绘制圆弧，命令行提示与操作如下：

```
命令:ARC↙绘制 R43 圆弧
指定圆弧的起点或[圆心(C)]: C↙
指定圆弧的圆心:捕捉 R34 圆弧的圆心
指定圆弧的起点:捕捉下部 R7 圆与水平对称中心线的左交点
指定圆弧的端点或[角度(A)/弦长(L)]:捕捉上部 R7 圆与倾斜对称中心线的左交点
命令: ARC↙  绘制 R57 圆弧
指定圆弧的起点或[圆心(C)]: C↙
指定圆弧的圆心:捕捉 R34 圆弧的圆心
指定圆弧的起点:捕捉下部 R7 圆与水平对称中心线的右交点
指定圆弧的端点或[角度(A)/弦长(L)]: 捕捉上部 R7 圆与倾斜对称中心线的右交点
```

（3）单击“默认”选项卡“修改”面板中的“修剪”按钮，修剪上下两个 *R*7 圆。

（4）单击“默认”选项卡“绘图”面板中的“圆”按钮，以 *R*34 圆弧的圆心为圆心，绘制半径为 64 的圆。

（5）单击“默认”选项卡“修改”面板中的“圆角”按钮，绘制上部的 *R*10 圆角。

（6）单击“默认”选项卡“修改”面板中的“修剪”按钮，修剪 *R*64 圆。

（7）单击“默认”选项卡“绘图”面板中的“圆弧”按钮，绘制右下方的圆弧，命令行提示与操作如下：

```
命令:ARC↙绘制下部 R14 圆弧
指定圆弧的起点或[圆心(C)]: C↙
指定圆弧的圆心:捕捉下部 R7 圆的圆心
指定圆弧的起点:捕捉 R64 圆与水平对称中心线的交点
指定圆弧的端点或[角度(A)/弦长(L)]: A↙
指定夹角:-180
```

（8）单击“默认”选项卡“修改”面板中的“圆角”按钮，绘制下部的 *R*8 圆角。结果如图 5-120 所示。

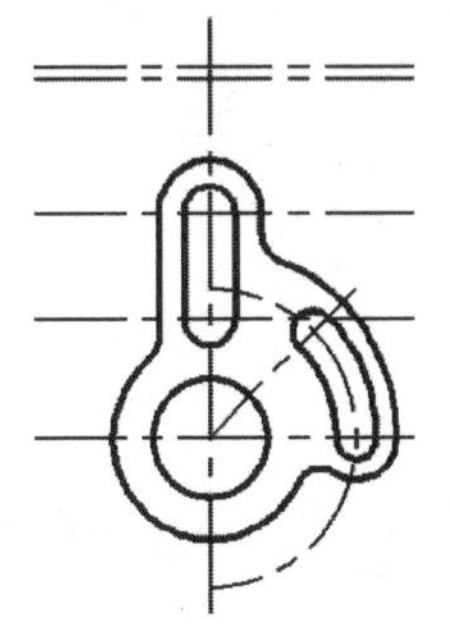

图 5-120　交换架的右部

**5. 绘制交换架上部**

（1）单击“默认”选项卡“修改”面板中的“偏移”按钮，将竖直对称中心线向右偏移 22。

（2）将“0”层设置为当前图层。单击“默认”选项卡“绘图”面板中的“圆”按钮，以第二条水平中心线与竖直中心线的交点为圆心，绘制 *R*26 辅助圆。

（3）将“CSX”层设置为当前图层。单击“默认”选项卡“绘图”面板中的“圆”按钮，以 *R*26 圆与偏移的竖直中心线的下交点为圆心，绘制 *R*30 圆。结果如图 5-121 所示。

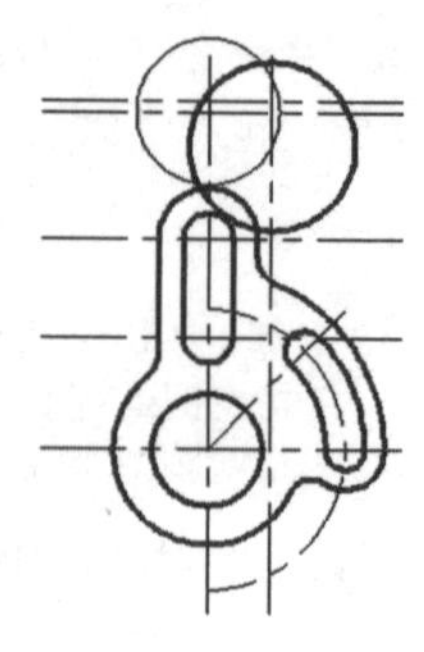

图 5-121　绘制 *R*30 圆

（4）单击“默认”选项卡“修改”面板中的“删除”按钮，分别选择偏移形成的竖直中心线及 *R*26 圆删除。

（5）单击“默认”选项卡“修改”面板中的“修剪”按钮，修剪 *R*30 圆。

（6）单击“默认”选项卡“修改”面板中的“镜像”按钮，以竖直中心线为镜像线，镜像所绘制的 *R*30 圆弧。结果如图 5-122 所示。

（7）单击“默认”选项卡“修改”面板中的“圆角”按钮，对镜像的 *R*30 圆弧倒圆角，命令行提示与操作如下：

```
命令：_fillet
当前设置：模式 = 修剪，半径 = 8.0000
选择第一个对象或［放弃(U)/多段线(P)/半径(R)/修剪(T)/多个(M)］：r
指定圆角半径 <8.0000>：4
选择第一个对象或［放弃(U)/多段线(P)/半径(R)/修剪(T)/多个(M)］：m　绘制最上部 R4 圆弧
选择第一个对象或［放弃(U)/多段线(P)/半径(R)/修剪(T)/多个(M)］：选择左侧 R30 圆弧的上部
选择第二个对象，或按住〈Shift〉键选择对象以应用角点或［半径(R)］：选择右侧 R30 圆弧的上部
选择第一个对象或［放弃(U)/多段线(P)/半径(R)/修剪(T)/多个(M)］：t　更改修剪模式
输入修剪模式选项［修剪(T)/不修剪(N)］<修剪>：n　　选择修剪模式为不修剪
选择第一个对象或［放弃(U)/多段线(P)/半径(R)/修剪(T)/多个(M)］：选择左侧 R30 圆弧的下端
选择第二个对象，或按住〈Shift〉键选择对象以应用角点或［半径(R)］：选择 R18 圆弧的左侧
选择第一个对象或［放弃(U)/多段线(P)/半径(R)/修剪(T)/多个(M)］：选择右侧 R30 圆弧的下端
选择第二个对象，或按住〈Shift〉键选择对象以应用角点或［半径(R)］：选择 R18 圆弧的右侧
选择第一个对象或［放弃(U)/多段线(P)/半径(R)/修剪(T)/多个(M)］：
```

（8）单击“默认”选项卡“修改”面板中的“修剪”按钮，修剪 *R*30 圆，结果如图 5-123所示。

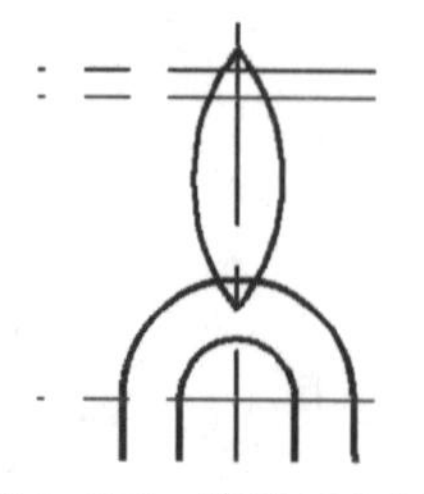

图 5-122　镜像 *R*30 圆

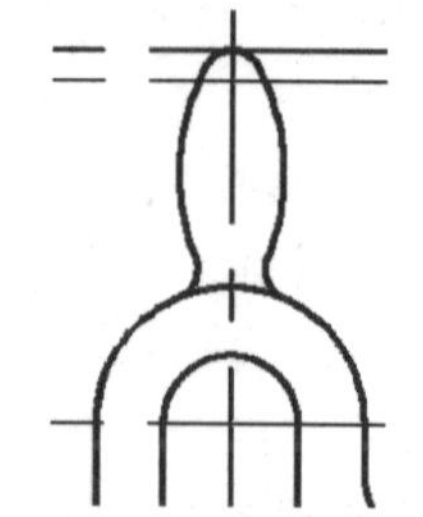

图 5-123　交换架的上部

**6. 整理并保存图形**

（1）单击“默认”选项卡“修改”面板中的“拉长”按钮，调整中心线长度，命令行提示与操作如下：

```
命令：LENGTHEN↙  对图中的中心线进行调整
选择对象或[增量(DE)/百分数(P)/全部(T)/动态(DY)]：DY↙  选择动态调整
选择要修改的对象或[放弃(U)]：分别选择欲调整的中心线
指定新端点：将选择的中心线调整到新的长度
```

（2）单击“默认”选项卡“修改”面板中的“删除”按钮，选择最上边的两条水平中心线，删除多余的中心线，最终结果如图5-116所示。

（3）单击“快速访问”工具栏中的“保存”按钮，将绘制完成的图形以“齿轮交换架.dwg”为文件名保存在指定的路径中。

## 5.7 名师点拨

**1.“镜像”命令有何操作技巧？**

“镜像”命令对创建对称的图样非常有用，先绘制半个对象，然后将其镜像，而不必绘制整个对象。

默认情况下，镜像文字、属性及属性定义时，它们在镜像后所得图像中不会反转或倒置。文字的对齐和对正方式在镜像图样前后保持一致。如果非要反转文字，可将MIRRTEXT系统变量设置为1，默认值为0。

**2. 如何用“BREAK”命令在一点打断对象？**

执行“BREAK”命令，在提示输入第二点时，输入“@”再按〈Enter〉键，这样即可在第一点打断选定对象。

**3. 怎样用“修剪”命令同时修剪多条线段？**

竖直线与四条平行线相交，现在要剪切掉竖直线右侧的部分，执行“trim”命令，在命令行中显示“选择对象”时，选择直线并按〈Enter〉键，然后输入“F”并按〈Enter〉键，最后在竖直线右侧画一条直线并按〈Enter〉键，即可完成修剪。

**4. 怎样把多条直线合并为一条？**

方法1：在命令行中输入“GROUP”命令，选择直线。

方法2：执行“合并”命令，选择直线。

方法3：在命令行中输入“PEDIT”命令，选择直线。

方法4：执行“创建块”命令，选择直线。

**5.“偏移”（OFFSET）命令的操作技巧是什么？**

可将对象根据偏移方向偏移一定的距离，创建一个与源对象相同或类似的新对象。它可操作的图元包括直线、圆、圆弧、多段线、椭圆、构造线、样条曲线等（类似于“复制”）。当偏移一个圆时，它还可创建同心圆。当偏移一条闭合的多段线时，也可建立一个与源对象形状相同的闭合图形，可见“偏移”命令应用相当灵活，它也因此成了AutoCAD修改命令中使用频率最高的一条命令。

在使用“偏移”命令时，用户可以通过两种方式创建新线段：一种是输入平行线间的距离，这也是最常用的方式；另一种是指定新平行线通过的点，输入提示参数“T”后，捕捉某个点作为新平行线的通过点，这样就可在不知道平行线间距离时确定平行线的位置，而且还不易出错（此也可以通过复制来实现）。

**6. 在使用复制对象时，误选了某不该选择的图元时该怎么办?**

在使用复制对象时，可能误选了某不该选择的图元，则需要撤销该误选操作，此时可以在“选择对象”提示下输入“r”（删除），并使用任意“选择”选项将对象从选择集中删除。如果使用“删除”选项并想重新为选择集添加该对象，可输入“a”（添加）。

通过按住〈Shift〉键并再次单击对象，或者按住〈Shift〉键然后单击并拖动窗口或交叉选择，也可以从当前选择集中删除对象，且可以在选择集中重复添加和删除对象。该操作在图元修改编辑操作时是极为有用的。

**7.“修剪”命令有何操作技巧?**

在使用“修剪”命令的时候，通常是在选择修剪对象时逐个单击选择，这样操作有时显得效率不高，要比较快地修剪，可以这样操作：执行“修剪”命令（“Tr”或“Trim”），命令行提示“选择修剪对象”时，不选择对象，继续按〈Enter〉键或单击〈Space〉键，系统默认选择全部对象，这样做可以很快地完成修剪的过程。

## 5.8 上机实验

**【练习1】绘制如图5-124所示的三角铁零件图形。**

**1. 目的要求**

本练习设计的图形是一个常见的机械零件。在绘制的过程中，除了要用到“直线”“圆”等基本绘图命令外，还要用到“旋转”“复制”和“修剪”等编辑命令。本练习的目的是通过上机实验，帮助读者掌握“旋转”“复制”和“修剪”等编辑命令的用法。

**2. 操作提示**

（1）绘制水平直线。

（2）旋转复制直线。

（3）绘制圆。

（4）复制圆。

（5）修剪图形。

（6）保存图形。

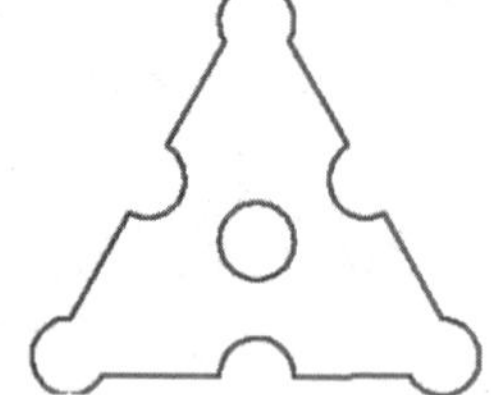

图5-124 三角铁零件

**【练习2】绘制如图5-125所示的塔形三角形。**

**1. 目的要求**

本练习绘制的图形比较简单，但是要求里面的3条图线的端点恰好在大三角形的3个边的中点上。在绘制的过程中，要用到“偏移”“分解”“圆角”和“修剪”命令。通过本练习，读者将熟悉编辑命令的操作方法。

**2. 操作提示**

（1）绘制正三角形。

（2）分解三角形。

（3）分别沿三角形边线垂直方向偏移边线。

（4）修剪三角形外部边线。

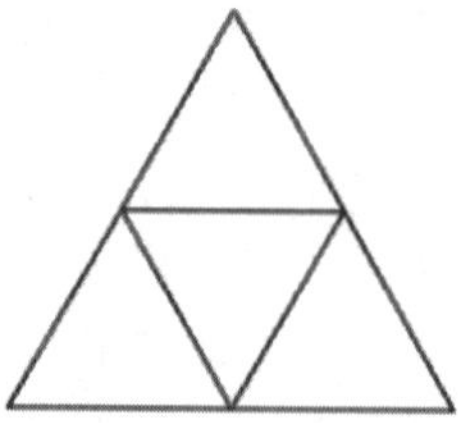

图5-125 塔形三角形

【练习3】绘制如图5-126所示的轴承座零件。

1. 目的要求

本练习绘制的图形比较常见，属于对称图形。利用“直线”“圆”命令绘制基本形状，再利用“偏移”和“修剪”命令，完成左侧图形的绘制，最后利用“镜像”命令，完成图形绘制。通过本练习，读者将体会到“镜像”编辑命令的好处。

2. 操作提示

（1）利用“图层”命令设置3个图层。

（2）利用“直线”命令绘制中心线。

（3）利用“直线”命令和“圆”命令绘制部分轮廓线。

（4）利用“圆角”命令进行圆角处理。

（5）利用“直线”命令绘制螺孔虚线。

（6）利用“镜像”命令对左端局部结构进行镜像。

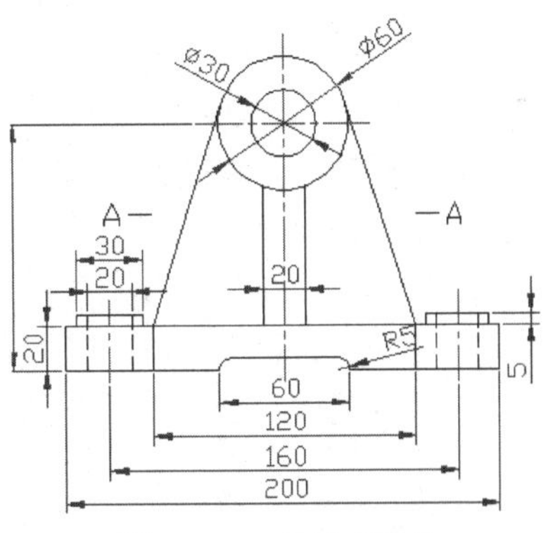

图5-126 轴承座零件

## 5.9 思考与练习

（1）执行“矩形阵列”命令选择对象后，默认创建几行几列图形？（　　）

A. 2行3列　B. 3行4列　C. 3行2列　D. 4行3列

（2）已有一个画好的圆，绘制一组同心圆可以用哪个命令来实现？（　　）

A. STRETCH 伸展　B. OFFSET 偏移　C. EXTEND 延伸　D. MOVE 移动

（3）关于偏移，下面说法错误的是（　　）。

A. 偏移值为30　B. 偏移值为-30

C. 偏移圆弧时，既可以创建更大的圆弧，也可以创建更小的圆弧

D. 可以偏移的对象类型有样条曲线

（4）如果对图5-127中的正方形沿两个点打断，打断之后的长度为（　　）。

A. 150　B. 100　C. 150或50　D. 随机

（5）关于“分解”命令（EXPLODE）的描述正确的是（　　）。

A. 对象分解后颜色、线型和线宽不会改变

B. 图案分解后图案与边界的关联性仍然存在

C. 多行文字分解后将变为单行文字

D. 构造线分解后可得到两条射线

（6）对两条平行的直线倒圆角（FILLET），圆角半径设置为20，其结果是（　　）。

A. 不能倒圆角

B. 按半径20倒圆角

C. 系统提示错误

D. 倒出半圆，其直径等于直线间的距离

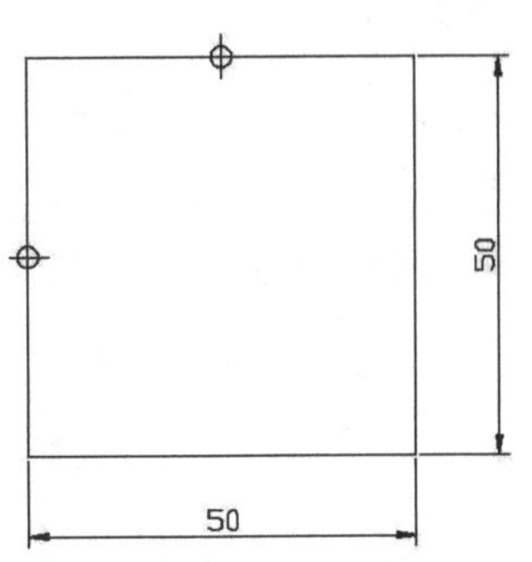

图5-127 矩形

(7) 使用“COPY”命令复制一个圆，指定基点为(0, 0)，再提示指定第二个点时按〈Enter〉键，以第一个点作为位移基点，则下面说法正确的是（　　）。

A. 没有复制图形

B. 复制的图形圆心与（0，0）重合

C. 复制的图形与原图形重合

D. 在任意位置复制圆

(8) 对于一个多段线对象中的所有角点进行圆角，可以使用“圆角”命令中的（　　）命令选项。

A. 多段线（P）　　B. 修剪（T）　　C. 多个（U）　　D. 半径（R）

(9) 绘制如图5-128所示图形。

(10) 绘制如图5-129所示图形。

图5-128　图形1

图5-129　图形2

# 第 6 章

# 图块与外部参照

在设计绘图过程中经常会遇到一些重复出现的图形，例如机械设计中的螺钉、螺母，建筑设计中的桌椅、门窗等，如果每次都重新绘制这些图形，不仅造成大量的重复工作，而且存储这些图形及其信息要占据相当大的磁盘空间。AutoCAD 提供了图块和外部参照来解决这些问题。

内容要点

- 图块操作
- 图块属性
- 外部参照
- 光栅图像

# 6.1 图块操作

AutoCAD 把一个图块作为一个对象进行编辑等操作，用户可根据绘图需要把图块插入到图中任意指定的位置，而且在插入时还可以指定不同的缩放比例和旋转角度。图块还可以重新定义，一旦被重新定义，整个图中基于该块的对象都将随之改变。

## 6.1.1 定义图块

在使用图块时，首先要定义图块。

**【执行方式】**

- 命令行：BLOCK（快捷命令：B）。
- 菜单栏：选择菜单栏中的“绘图”→“块”→“创建”命令。
- 工具栏：单击“绘图”工具栏中的“创建块”按钮。
- 功能区：单击“默认”选项卡“块”面板中的“创建”按钮，或单击“插入”选项卡“块定义”面板中的“创建块”按钮

**【操作步骤】**

执行上述命令后，AutoCAD 打开如图 6-1 所示的“块定义”对话框，利用该对话框可定义图块并为之命名。

**【选项说明】**

(1)“基点”选项组：确定图块的基点，默认值是(0，0，0)。也可以在下面的“X”“Y”“Z”文本框中输入块的基点坐标值。单击“拾取点”按钮，AutoCAD 临时切换到绘图窗口，用鼠标在图形中拾取一点后，返回“块定义”对话框，把所拾取的点作为图块的基点。

(2)“对象”选项组：该选项组用于选择制作图块的对象以及对象的相关属性。如图 6-2所示，把图 6-2a 中的正五边形定义为图块，图 6-2b 所示为选中“删除”单选按钮的结果，图 6-2c 所示为选中“保留”单选按钮的结果。

图 6-1 “块定义”对话框

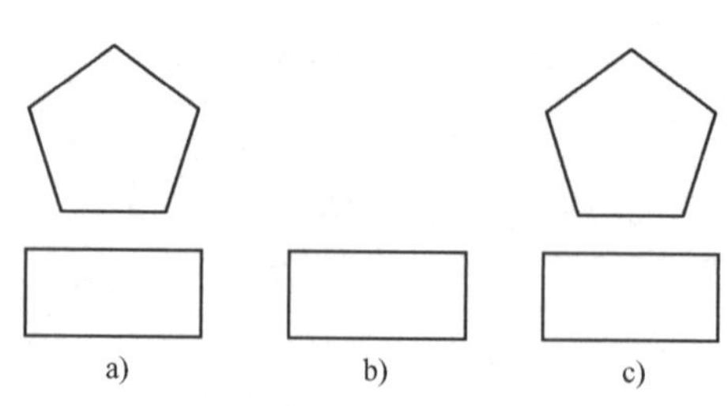


图 6-2 删除图形对象

（3）“设置”选项组：指定从 AutoCAD 设计中心拖动图块时用于测量图块的单位，以及进行缩放、分解和超链接等设置。

（4）“在块编辑器中打开”复选框：选中该复选框，系统打开块编辑器，可以定义动态块，后面详细讲述。

（5）“方式”选项组：该选项组包含 4 个复选框，分别介绍如下。

➢“注释性”复选框：指定块为注释性。

➢“使块方向与布局匹配”复选框：指定在模型空间中的块参照的方向与布局空间的方向匹配。

➢“按统一比例缩放”复选框：如果未选中“注释性”复选框，则该复选框不可用。指定是否阻止块参照不按统一比例缩放。

➢“允许分解”复选框：指定块参照是否可以被分解。

### 6.1.2 图块的保存

用“BLOCK”命令定义的图块保存在其所属的图形当中，该图块只能在该图中插入，而不能插入到其他的图中，但是有些图块在许多图中要经常用到，这时可以用“WBLOCK”命令把图块以图形文件的形式（扩展名为 .DWG）写入磁盘，图形文件可以在任意图形中用“INSERT”命令插入。

**【执行方式】**

- 命令行：WBLOCK（快捷命令：WB）。
- 功能区：单击“插入”选项卡“块定义”面板中的“写块”按钮

**【操作步骤】**

执行上述命令后，AutoCAD 打开“写块”对话框，如图 6-3 所示，利用此对话框可把图形对象保存为图形文件或把图块转换成图形文件。

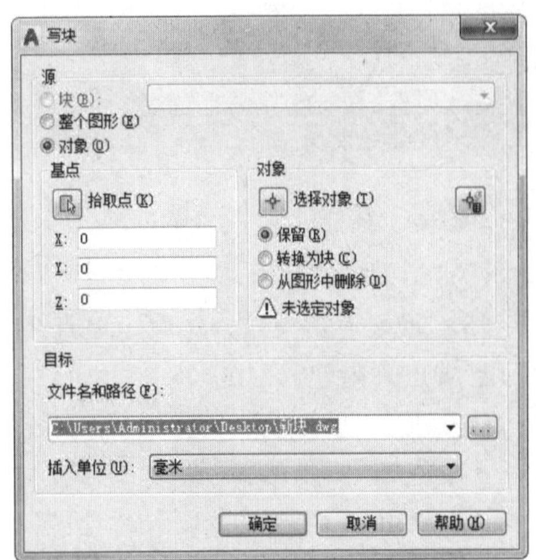


图 6-3 “写块”对话框

**【选项说明】**

（1）“源”选项组：确定要保存为图形文件的图块或图形对象。

➢“块”单选按钮：选中该单选按钮，单击右侧的下拉按钮，在下拉列表中选择一个图块，将其保存为图形文件。

➢“整个图形”单选按钮：若选中该单选按钮，则把当前的整个图形保存为图形文件。

➢“对象”单选按钮：若选中该单选按钮，则把不属于图块的图形对象保存为图形文件。对象的选取通过“对象”选项组来完成。

（2）“目标”选项组：用于指定图形文件的名字、保存路径和插入单位等。

### 6.1.3 实例——挂钟

本实例绘制的挂钟如图6-4所示。首先利用“直线”命令绘制分、时、四分时刻度，然后利用“创建块”命令将其创建成块，再利用“定数等分”命令将分、时、四分时刻度插入到表盘中，利用“多段线”和“直线”命令绘制时针、分针和秒针，最后利用“图案填充”命令填充表盘，完成挂钟的绘制。

**【操作步骤】（实例演示\第6章\绘制挂钟.avi）**

（1）制作分刻度。单击“默认”选项卡“绘图”面板中的“直线”按钮，绘制端点坐标分别为(200,200),(@5<90)的直线。

（2）制作时刻度。单击“默认”选项卡“绘图”面板中的“直线”按钮，绘制端点坐标分别为(220,200),(@15<90)的直线。

（3）制作四分时刻度。单击“默认”选项卡“绘图”面板中的“矩形”按钮，(260,260)为第一角点，(270,240)为第二角点，绘制矩形。结果如图6-5所示。

（4）单击“默认”选项卡“块”面板中的“创建”按钮，系统弹出“块定义”对话框，如图6-6所示。在“名称”文本框中输入“quarter”作为该块的名称。单击“拾取点”按钮，返回绘图窗口，选中矩形底边中点作为基点。单击“选择对象”按钮，返回绘图窗口，选中上述四分时刻度的矩形，按〈Enter〉键，返回到“块定义”对话框，单击“确定”按钮，完成块的创建。

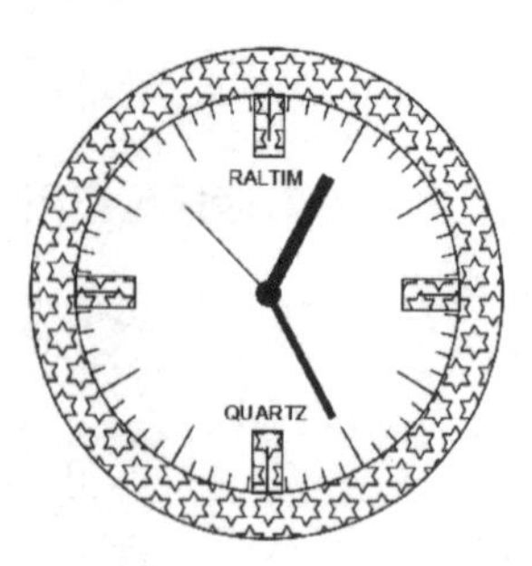


图6-4 挂钟

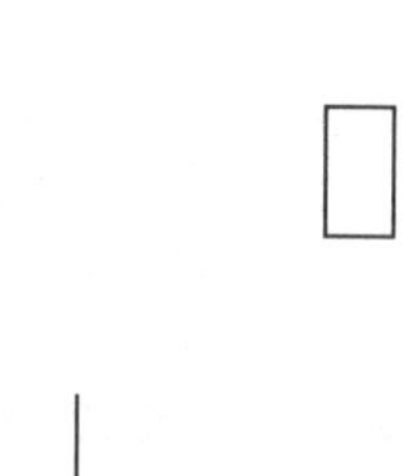

图6-5 绘制的分、时刻度和四分时刻度

图6-6 “块定义”对话框

（5）重复上述操作，选取短竖直线为分刻度块，设定块名称为“minute”，块的基点为线段下端点，创建分刻度块。

（6）重复上述操作，选取长竖直线为时刻度块，设定块名称为“hour”，块的基点为线段的下端点，创建时刻度块。

（7）单击“默认”选项卡“绘图”面板中的“圆”按钮，以坐标（290，150）为圆心，绘制半径为80的圆。结果如图6-7所示。

（8）单击“默认”选项卡“绘图”面板中的“圆”按钮，绘制圆心坐标为（290，150），半径为65的圆。结果如图6-8所示。

（9）单击“默认”选项卡“绘图”面板中的“定数等分”按钮，对表盘内圆进行定数等分，命令行提示如下：

```
命令:divide
选择要定数等分的对象：选中上述表盘的内圆
输入线段数目或［块(B)］：b
输入要插入的块名：minute
是否对齐块和对象？［是(Y)/否(N)］<Y>：
输入线段数目：60
```

结果如图6-9所示。

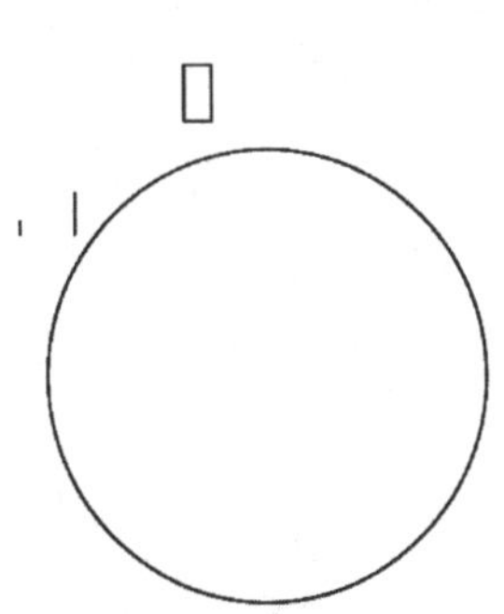
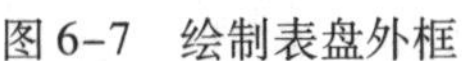

图6-7　绘制表盘外框

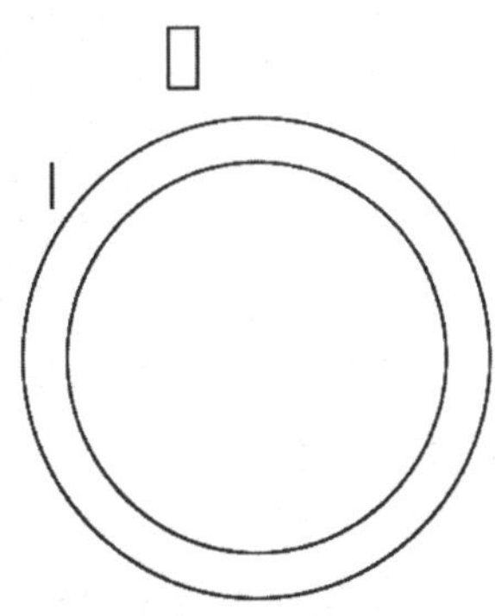

图6-8　绘制表盘内框

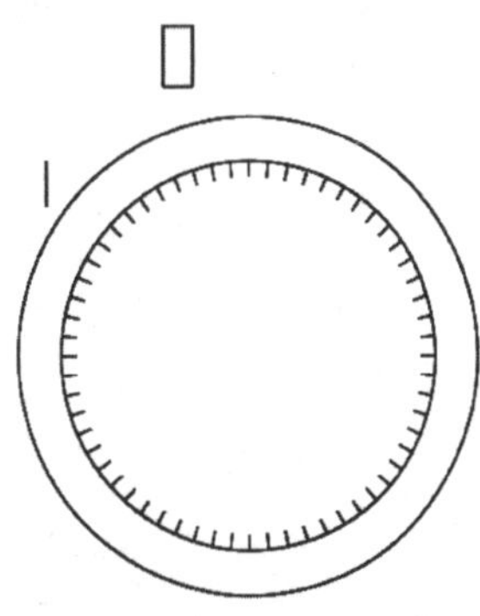

图6-9　插入分刻度块

（10）单击“默认”选项卡“绘图”面板中的“定数等分”按钮，对表盘内圆进行定数等分，命令行提示与操作如下：

```
命令:divide
选择要定数等分的对象：选中上述表盘的内圆
输入线段数目或［块(B)］：b
输入要插入的块名：hour
是否对齐块和对象？［是(Y)/否(N)］<Y>：
输入线段数目：12
```

结果如图6-10所示。

（11）单击“默认”选项卡“绘图”面板中的“定数等分”按钮，对表盘内圆插入“quarter”块，数目为4。结果如图6-11所示。

（12）单击“默认”选项卡“绘图”面板中的“圆环”按钮，以坐标点（290，150）为中心点，绘制内径为0、外径为8的圆环。结果如图6-12所示。

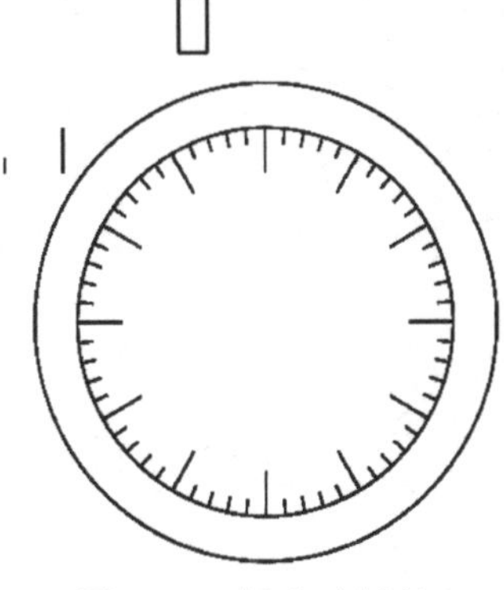

图6-10　插入时刻度

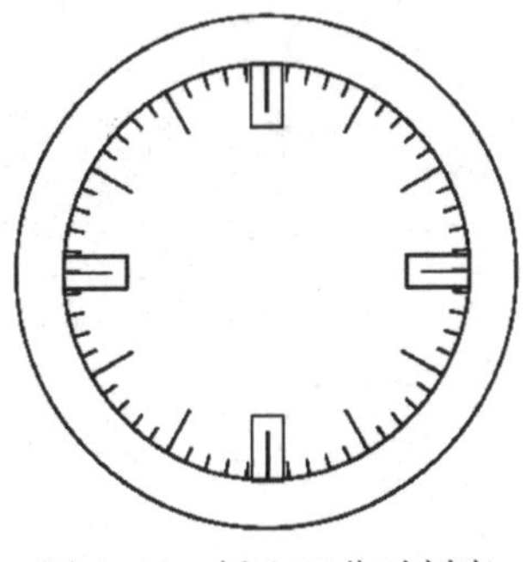

图6-11　插入四分时刻度

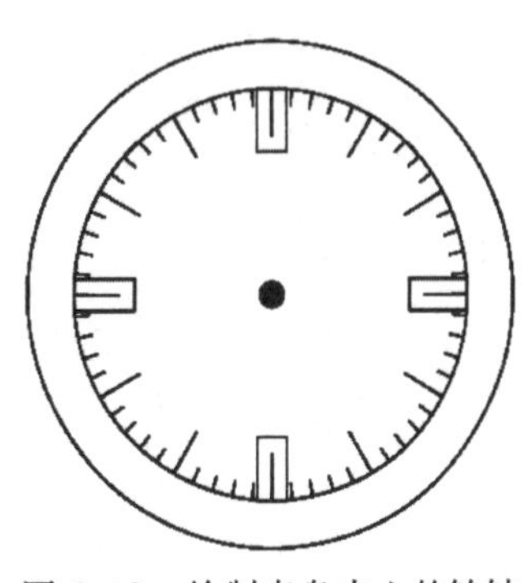

图6-12　绘制表盘中心的转轴

（13）单击“默认”选项卡“绘图”面板中的“多段线”按钮，绘制时针，命令行提示如下：

```
命令：_pline
指定起点：290,150
当前线宽为4.0000
指定下一个点或[圆弧(A)/半宽(H)/长度(L)/放弃(U)/宽度(W)]：W
指定起点宽度 <0.0000>：4
指定端点宽度 <4.0000>：
指定下一个点或[圆弧(A)/半宽(H)/长度(L)/放弃(U)/宽度(W)]：310,188
指定下一点或[圆弧(A)/闭合(C)/半宽(H)/长度(L)/放弃(U)/宽度(W)]：
```

结果如图6-13所示。

（14）单击“默认”选项卡“绘图”面板中的“多段线”按钮，以(290,150)为起点，(312,110)为终点绘制宽度为2的实线。结果如图6-14所示。

（15）单击“默认”选项卡“绘图”面板中的“直线”按钮，绘制端点分别为(290,150)，(@40<135)的直线作为秒针。结果如图6-15所示。

图6-13　绘制时针

图6-14　绘制分针

图6-15　绘制秒针

（16）单击“默认”选项卡“注释”面板中的“多行文字”按钮A，命令行提示如下：

```
命令：mtext
当前文字样式："Standard"  文字高度：2.5  注释性：否
指定第一角点：280,190
指定对角点或[高度(H)/对正(J)/行距(L)/旋转(R)/样式(S)/宽度(W)/栏(C)]：302,180
```

输入两个对角点的坐标后按〈Enter〉键，系统自动弹出如图6-16所示的“文字编辑器”选项卡。设定文字高度为“5”，在文本框中输入“RALTIM”。然后单击“关闭”按钮。重复上述操作，在表盘上标注商标“QUARTZ”，结果如图6-17所示。

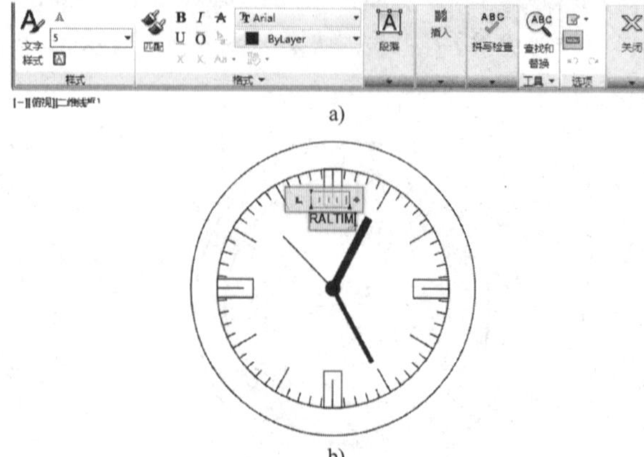


a)

b)

图6-16　“文字编辑器”选项卡

(17) 单击“默认”选项卡“绘图”面板中的“图案填充”按钮，在打开的“图案填充创建”选项卡中，将图案设置成“STARS”。依次选中表盘的内外圆和四个四分时刻度矩形填充图案，确认后生成如图6-4所示的挂钟。

图6-17　标注商标

### 6.1.4 图块的插入

在用AutoCAD绘图的过程当中，可根据需要随时把已经定义好的图块或图形文件插入到当前图形的任意位置，在插入的同时还可以改变图块的大小、旋转一定角度或把图块炸开等。插入图块的方法有多种，本节逐一进行介绍。

**【执行方式】**

- 命令行：INSERT（快捷命令：I）。
- 菜单栏：选择菜单栏中的“插入”→“块”命令。
- 工具栏：单击“插入”工具栏中的“插入块”按钮，或单击“绘图”工具栏中的“插入块”按钮。
- 功能区：单击“默认”选项卡“块”面板中的“插入”按钮，或单击“插入”选项卡“块”面板中的“插入”按钮。

执行上述命令后，AutoCAD打开“插入”对话框，如图6-18所示，可以指定要插入的图块及插入位置。

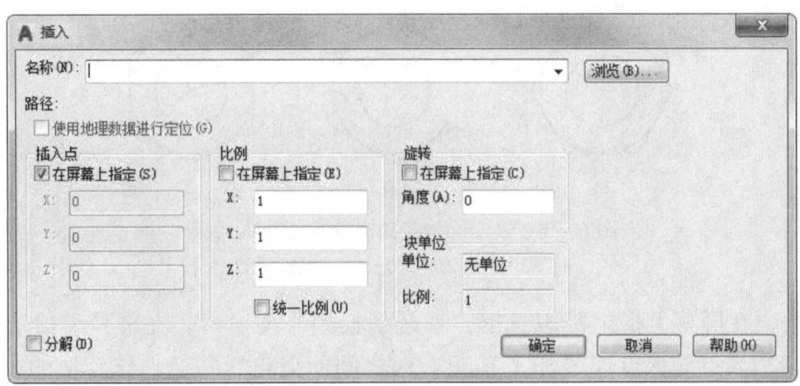


图6-18　“插入”对话框

**【选项说明】**

(1)“路径”文本框：指定图块的保存路径。

(2)“插入点”选项组：指定插入点，插入图块时该点与图块的基点重合。可以在屏幕上指定该点，也可以通过下面的文本框输入该点的坐标值。

(3)“比例”选项组：确定插入图块时的缩放比例。图块被插入到当前图形中时，可以以任意比例放大或缩小，如图6-19所示，图6-19a所示是被插入的图块，图6-19b所示为取比例系数 1.5 插入该图块的结果，图 6-19c 所示是取比例系数 0.5 的结果。*X* 轴方向和 *Y* 轴方向的比例系数也可以取不同，如图 6-19d 所示，*X* 轴方向的比例系数为 1，*Y* 轴方向的比例系数为 1.5。另外，比例系数还可以是负数，为负数时表示插入图块的镜像，其效果如图 6-20 所示。

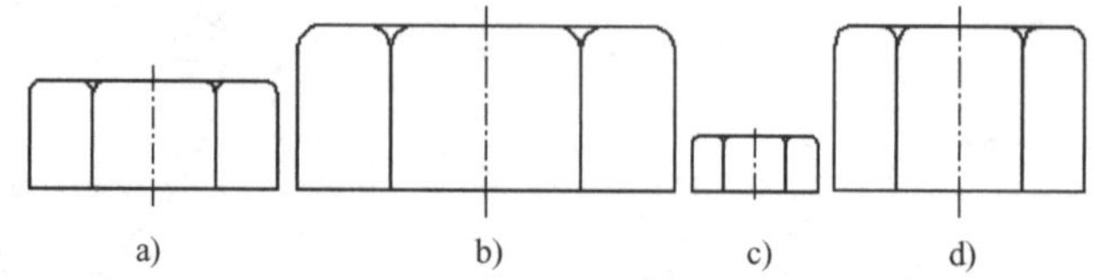

图 6-19　取不同比例系数插入图块的效果

a）图块　b）比例系数 1.5　c）比例系数 0.5　d）*X* 比例 =1，*Y* 比例 =1.5

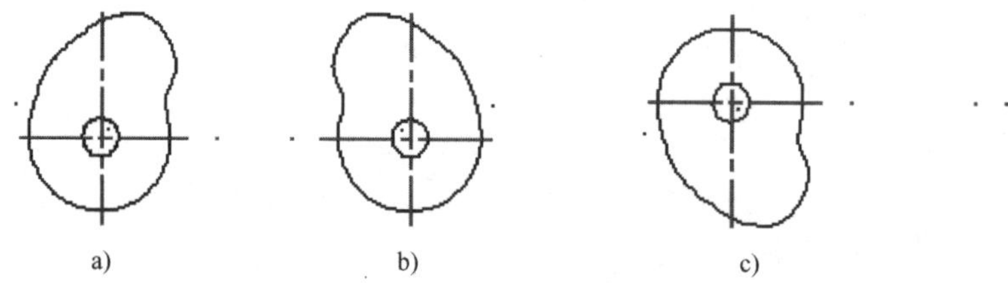

图 6-20　取比例系数为负值插入图块的效果

a）*X* 比例 =1，*Y* 比例 =1　b）*X* 比例 = -1，*Y* 比例 =1　c）*X* 比例 =1，*Y* 比例 = -1　d）*X* 比例 = -1，*Y* 比例 = -1

（4）“旋转”选项组：指定插入图块时的旋转角度。图块被插入到当前图形中时，可以绕其基点旋转一定的角度，角度可以是正数（表示沿逆时针方向旋转），也可以是负数（表示沿顺时针方向旋转）。图 6-21b 所示是图 6-21a 所示的图块旋转 30°插入的效果，图 6-21c 所示是旋转 -30°插入的效果。

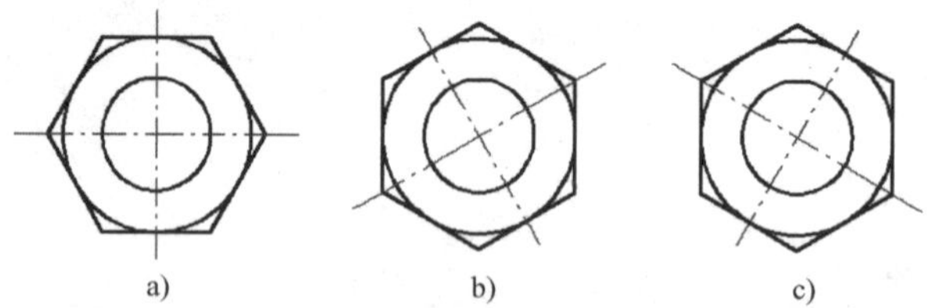

图 6-21　以不同旋转角度插入图块的效果

a）图块　b）旋转 30°　c）旋转 -30°

如果选中“在屏幕上指定”复选框，系统切换到绘图窗口，在屏幕上拾取一点，AutoCAD 自动测量插入点与该点连线和 *X* 轴正方向之间的夹角，并把它作为块的旋转角。也可以在“角度”文本框中直接输入插入图块时的旋转角度。

（5）“分解”复选框：若选中该复选框，则在插入块的同时把其炸开，插入到图形中的组成块的对象不再是一个整体，可对每个对象单独进行编辑操作。

### 6.1.5 实例——“田间小屋”添加花园

如图 6-22 所示的花园，是由各式各样的花组成的，因此，可以将绘制的花朵图案定义为一个块，然后对该定义的块进行块的插入操作，就可以绘制出一个花园的图案，再将这个花园的图案定义为一个块，并将其插入到源文件“田间小屋”的图案中，即可形成一幅温馨的画面。

【操作步骤】（实例演示\第 6 章\“田间小屋”添加花园 . avi）

**1. 复制图形**

（1）打开“源文件 \ 第 6 章 \ 花朵”图形文件，如图 6–23 所示。

（2）单击“默认”选项卡“修改”面板中的“复制”按钮，选择花朵图形进行复制，结果如图 6–24 所示。

图 6–22　花园　　图6–23　打开“花朵”文件　　图 6–24　复制花朵

**2. 修改花瓣颜色**

执行“DDMODIFY”命令，系统打开“特性”选项板，选择第二朵花的花瓣，在“特性”选项板中将其颜色改为洋红，如图 6–25 所示。用同样的方法改变另两朵花的颜色，如图 6–26 所示。

**3. 创建图块**

单击“默认”选项卡“块”面板中的“创建”按钮，方法同前，将所得到的 3 朵不同颜色的花分别定义为块“flower1”“flower2”和“flower3”。

**4. 插入图块**

利用“插入块”命令，依次将块“flower1”“flower2”和“flower3”以不同比例、不同角度插入，则形成了一个花园的图案，如图 6–27 所示。

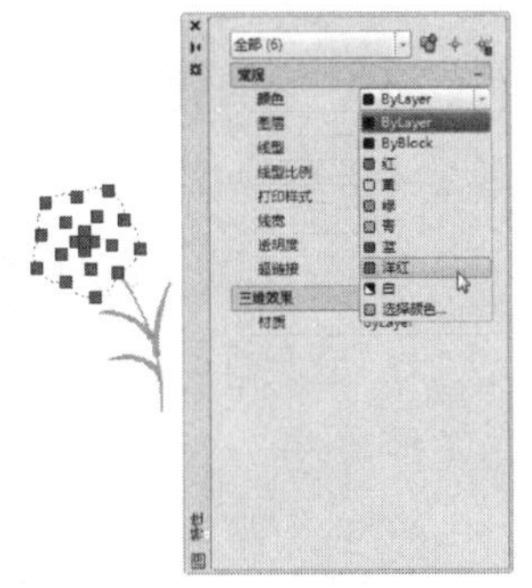

图 6–25　修改颜色

图 6–26　修改结果

图 6–27　花园

**5. 写块**

单击“插入”选项卡“块定义”面板中的“写块”按钮，弹出“写块”对话框。在“源”选项组中选中“整个图形”单选按钮，则将整个图形转换为块，在“目标”选项组中的“文件名和路径”中选择块存盘的位置并输入块的名称“garden”，如图 6–28 所示，单击“确定”按钮，则形成了一个文件“garden. dwg”。

**6. 将“garden”图块插入到“田间小屋”的图形中**

（1）利用“打开”命令，打开源文件“田间小屋”图形文件，如图 6–29 所示。

图 6–28 “写块”对话框

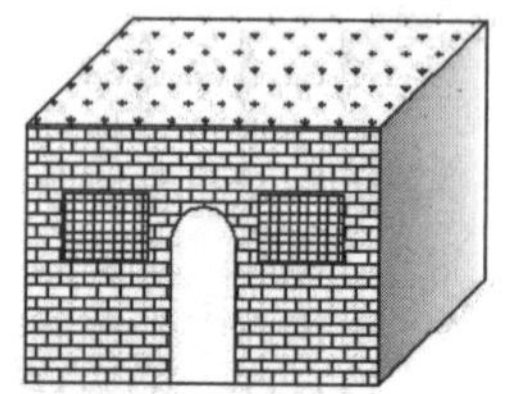

图 6–29 打开“田间小屋”图形文件

（2）单击“默认”选项卡“块”面板中的“插入”按钮，系统打开“插入”对话框，单击“名称”选项后的“浏览”按钮，则打开“选择文件”对话框，从中选择文件“garden. dwg”，设置后的“插入”对话框如图 6–30 所示。对定义的块“garden”进行插入操作，结果如图 6–31 所示。

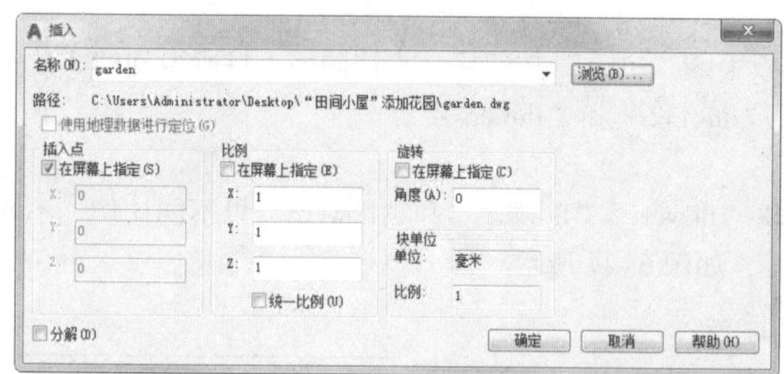


图 6–30 “插入”对话框

图 6–31 插入图块结果

**7. 保存文件**

单击“快速访问”工具栏中的“保存”按钮，保存文件。

### 6.1.6 动态块

动态块具有灵活性和智能性。用户在操作时可以轻松地更改图形中的动态块参照，可以通过自定义夹点或自定义特性来操作动态块参照中的几何图形。这使得用户可以根据需要在位调整块，而不用搜索另一个块以插入或重定义现有的块。

例如，如果在图形中插入一个门块参照，编辑图形时可能需要更改门的大小。如果该块是动态的，并且定义为可调整大小，那么只需拖动自定义夹点或在“特性”选项板中指定不同的大小就可以修改门的大小，如图 6–32 所示。用户可以按需要修改门的打开角度，如

图 6-33 所示。该门块还可能会包含对齐夹点，使用对齐夹点可以轻松地将门块参照与图形中的其他几何图形对齐，如图 6-34 所示。

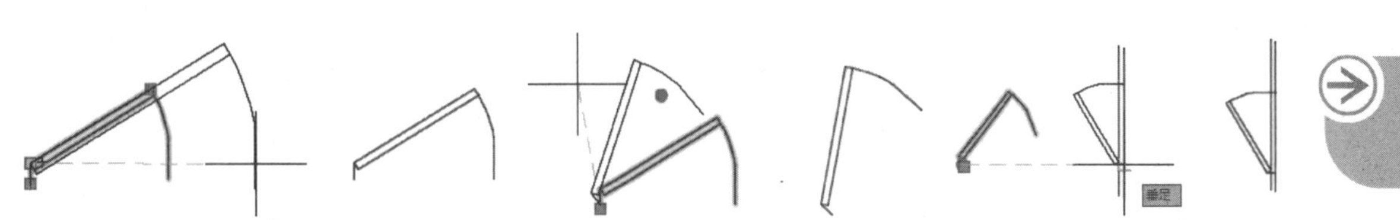

图 6-32 改变大小　　图 6-33 改变角度　　图 6-34 对齐

可以使用块编辑器创建动态块。块编辑器是一个专门的编写区域，用于添加能够使块成为动态块的元素。用户可以从头创建块，也可以向现有的块定义中添加动态行为，还可以像在绘图区域中一样创建几何图形。

【执行方式】

- 命令行：BEDIT（快捷命令：BE）。
- 菜单栏：选择菜单栏中的“工具”→“块编辑器”命令。
- 工具栏：单击“标准”工具栏中的“块编辑器”按钮。
- 快捷菜单：在快捷菜单中选择“块编辑器”命令。
- 功能区：单击“插入”选项卡“块定义”面板中的“块编辑器”按钮。

【操作步骤】

执行上述命令后，系统打开“编辑块定义”对话框，如图 6-35 所示，在“要创建或编辑的块”文本框中输入块名，或在列表框中选择已定义的块或当前图形。确认后，系统打开“块编写”选项板和“块编辑器”工具栏，如图 6-36 所示。

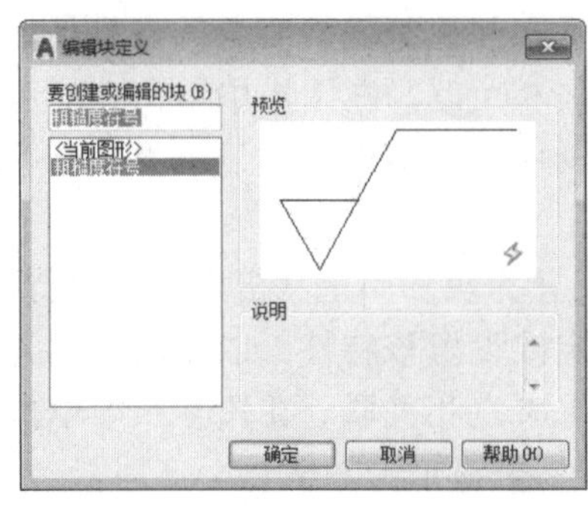


图 6-35 “编辑块定义”对话框

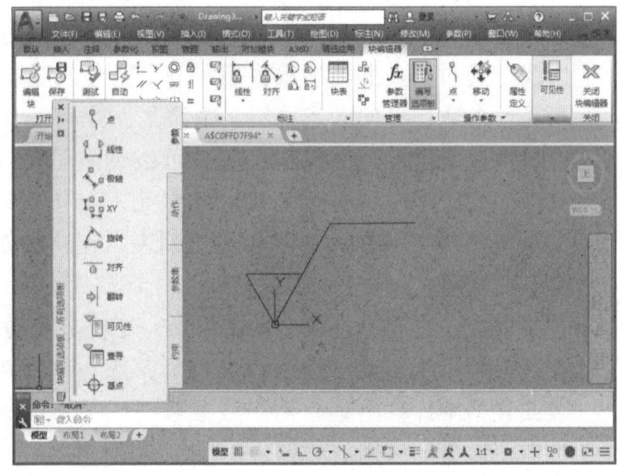

图 6-36 块编辑状态绘图平面

【选项说明】

“块编写”选项板中有 4 个选项卡，其含义如下。

（1）“参数”选项卡：提供用于向块编辑器中的动态块定义中添加参数的工具。参数用于指定几何图形在块参照中的位置、距离和角度。将参数添加到动态块定义中时，该参数将定义块的一个或多个自定义特性。该选项卡也可以通过命令“BPARAMETER”来打开。

➢ 点参数：可向动态块定义中添加一个点参数，并为块参照定义自定义 X 和 Y 特性。点参数定义图形中的 X 和 Y 位置。在块编辑器中，点参数类似于一个坐标标注。
➢ 线性参数：可向动态块定义中添加一个线性参数，并为块参照定义自定义距离特性。线性参数显示两个目标点之间的距离。线性参数限制沿预设角度进行的夹点移动。在块编辑器中，线性参数类似于对齐标注。
➢ 极轴参数：可向动态块定义中添加一个极轴参数，并为块参照定义自定义距离和角度特性。极轴参数显示两个目标点之间的距离和角度值。可以使用夹点和“特性”选项板来共同更改距离值和角度值。在块编辑器中，极轴参数类也似于对齐标注。
➢ XY 参数：可向动态块定义中添加一个 XY 参数，并为块参照定义自定义水平距离和垂直距离特性。XY 参数显示距参数基点的 X 距离和 Y 距离。在块编辑器中，XY 参数显示为一对标注（水平标注和垂直标注)。这一对标注共享一个公共基点。
➢ 旋转参数：可向动态块定义中添加一个旋转参数，并为块参照定义自定义角度特性。旋转参数用于定义角度。在块编辑器中，旋转参数显示为一个圆。
➢ 对齐参数：可向动态块定义中添加一个对齐参数。对齐参数用于定义 X 位置、Y 位置和角度。对齐参数总是应用于整个块，并且无需与任何动作相关联。对齐参数允许块参照自动围绕一个点旋转，以便与图形中的其他对象对齐。对齐参数影响块参照的角度特性。在块编辑器中，对齐参数类似于对齐线。
➢ 翻转参数：可向动态块定义中添加一个翻转参数，并为块参照定义自定义翻转特性。翻转参数用于翻转对象。在块编辑器中，翻转参数显示为投影线。可以围绕这条投影线翻转对象。翻转参数将显示一个值，该值显示块参照是否已被翻转。
➢ 可见性参数：可向动态块定义中添加一个可见性参数，并为块参照定义自定义可见性特性。通过可见性参数，用户可以创建可见性状态并控制块中对象的可见性。可见性参数总是应用于整个块，并且无需与任何动作相关联。在图形中单击夹点可以显示块参照中所有可见性状态的列表。在块编辑器中，可见性参数显示为带有关联夹点的文字。
➢ 查寻参数：可向动态块定义中添加一个查寻参数，并为块参照定义自定义查寻特性。查寻参数用于定义自定义查寻特性，用户可以指定或设置该特性，以便从定义的列表或表格中计算出某个值。该参数可以与单个查寻夹点相关联。在块参照中单击该夹点可以显示可用值的列表。在块编辑器中，查寻参数显示为文字。
➢ 基点参数：可向动态块定义中添加一个基点参数。基点参数用于定义动态块参照相对于块中的几何图形的基点。基点参数无法与任何动作相关联，但可以属于某个动作的选择集。在块编辑器中，基点参数显示为带有十字光标的圆。

(2)“动作”选项卡：提供用于向块编辑器中的动态块定义中添加动作的工具。动作定义了在图形中操作块参照的自定义特性时，动态块参照的几何图形将如何移动或变化。应将

动作与参数相关联。该选项卡也可以通过命令“BACTIONTOOL”来打开。

- 移动动作：可在用户将移动动作与点参数、线性参数、极轴参数或 XY 参数关联时，将该动作添加到动态块定义中。移动动作类似于“MOVE”命令。在动态块参照中，移动动作将使对象移动指定的距离和角度。
- 缩放动作：可在用户将缩放动作与线性参数、极轴参数或 XY 参数关联时，将该动作添加到动态块定义中。缩放动作类似于“SCALE”命令。在动态块参照中，当通过移动夹点或使用“特性”选项板编辑关联的参数时，缩放动作将使其选择集发生缩放。
- 拉伸动作：可在用户将拉伸动作与点参数、线性参数、极轴参数或 XY 参数关联时，将该动作添加到动态块定义中。拉伸动作将使对象在指定的位置移动和拉伸指定的距离。
- 极轴拉伸动作：可在用户将极轴拉伸动作与极轴参数关联时将该动作添加到动态块定义中。当通过夹点或“特性”选项板更改关联的极轴参数上的关键点时，极轴拉伸动作将使对象旋转、移动和拉伸指定的角度和距离。
- 旋转动作：可在用户将旋转动作与旋转参数关联时将该动作添加到动态块定义中。旋转动作类似于“ROTATE”命令。在动态块参照中，当通过夹点或“特性”选项板编辑相关联的参数时，旋转动作将使其相关联的对象进行旋转。
- 翻转动作：可在用户将翻转动作与翻转参数关联时将该动作添加到动态块定义中。使用翻转动作可以围绕指定的轴（称为投影线）翻转动态块参照。
- 阵列动作：可在用户将阵列动作与线性参数、极轴参数或 XY 参数关联时，将该动作添加到动态块定义中。通过夹点或“特性”选项板编辑关联的参数时，阵列动作将复制关联的对象并按矩形的方式进行阵列。
- 查寻动作：可向动态块定义中添加一个查寻动作。向动态块定义中添加查寻动作并将其与查寻参数相关联后，将创建查寻表。可以使用查寻表将自定义特性和值指定给动态块。

（3）“参数集”选项卡：提供用于在块编辑器中向动态块定义中添加一个参数和至少一个动作的工具。将参数集添加到动态块中时，动作将自动与参数相关联。将参数集添加到动态块中后，双击黄色警示图标（或使用“BACTIONSET”命令），然后按照命令行上的提示将动作与几何图形选择集相关联。该选项卡也可以通过命令“BPARAMETER”来打开。

- 点移动：可向动态块定义中添加一个点参数。系统会自动添加与该点参数相关联的移动动作。
- 线性移动：可向动态块定义中添加一个线性参数。系统会自动添加与该线性参数的端点相关联的移动动作。
- 线性拉伸：可向动态块定义中添加一个线性参数。系统会自动添加与该线性参数相关联的拉伸动作。
- 线性阵列：可向动态块定义中添加一个线性参数。系统会自动添加与该线性参数相关联的阵列动作。
- 线性移动配对：可向动态块定义中添加一个线性参数。系统会自动添加两个移动动作，一个与基点相关联，另一个与线性参数的端点相关联。

➢ 线性拉伸配对：可向动态块定义中添加一个线性参数。系统会自动添加两个拉伸动作，一个与基点相关联，另一个与线性参数的端点相关联。
➢ 极轴移动：可向动态块定义中添加一个极轴参数。系统会自动添加与该极轴参数相关联的移动动作。
➢ 极轴拉伸：可向动态块定义中添加一个极轴参数。系统会自动添加与该极轴参数相关联的拉伸动作。
➢ 环形阵列：可向动态块定义中添加一个极轴参数。系统会自动添加与该极轴参数相关联的阵列动作。
➢ 极轴移动配对：可向动态块定义中添加一个极轴参数。系统会自动添加两个移动动作，一个与基点相关联，另一个与极轴参数的端点相关联。
➢ 极轴拉伸配对：可向动态块定义中添加一个极轴参数。系统会自动添加两个拉伸动作，一个与基点相关联，另一个与极轴参数的端点相关联。
➢ *XY* 移动：可向动态块定义中添加一个 *XY* 参数。系统会自动添加与 *XY* 参数的端点相关联的移动动作。
➢ *XY* 移动配对：可向动态块定义中添加一个 *XY* 参数。系统会自动添加两个移动动作，一个与基点相关联，另一个与 *XY* 参数的端点相关联。
➢ *XY* 移动方格集：运行“BPARAMETER”命令，然后指定 4 个夹点并选择“*XY* 参数”选项，可向动态块定义中添加一个 *XY* 参数。系统会自动添加 4 个移动动作，分别与 *XY* 参数上的 4 个关键点相关联。
➢ *XY* 拉伸方格集：可向动态块定义中添加一个 *XY* 参数。系统会自动添加 4 个拉伸动作，分别与 *XY* 参数上的 4 个关键点相关联。
➢ *XY* 阵列方格集：可向动态块定义中添加一个 *XY* 参数。系统会自动添加与该 *XY* 参数相关联的阵列动作。
➢ 旋转集：可向动态块定义中添加一个旋转参数。系统会自动添加与该旋转参数相关联的旋转动作。
➢ 翻转集：可向动态块定义中添加一个翻转参数。系统会自动添加与该翻转参数相关联的翻转动作。
➢ 可见性集：可向动态块定义中添加一个可见性参数并允许定义可见性状态。无需添加与可见性参数相关联的动作。
➢ 查寻集：可向动态块定义中添加一个查寻参数。系统会自动添加与该查寻参数相关联的查寻动作。

(4)“约束”选项卡：提供将几何约束和约束参数应用于对象的工具。将几何约束应用于一对对象时，选择对象的顺序以及选择每个对象的点可能影响对象相对于彼此的放置方式。

1) 几何约束。

➢ 重合约束：可同时将两个点或一个点约束至曲线（或曲线的延伸线）。对象上的任意约束点均可以与其他对象上的任意约束点重合。
➢ 垂直约束：可使选定直线垂直于另一条直线。垂直约束在两个对象之间应用。
➢ 平行约束：可使选定直线位于彼此平行的位置。平行约束在两个对象之间应用。

- 相切约束：可使曲线与其他曲线相切。相切约束在两个对象之间应用。
- 水平约束：可使直线或点对位于与当前坐标系的 $X$ 轴平行的位置。
- 竖直约束：可使直线或点对位于与当前坐标系的 $Y$ 轴平行的位置。
- 共线约束：可使两条直线段沿同一条直线的方向。
- 同心约束：可将两条圆弧、圆或椭圆约束到同一个中心点。结果与将重合应用于曲线的中心点所产生的结果相同。
- 平滑约束：可在共享一个重合端点的两条样条曲线之间创建曲率连续（G2）条件。
- 对称约束：可使选定的直线或圆受相对于选定直线的对称约束。
- 相等约束：可将选定圆弧和圆的尺寸重新调整为半径相同，或将选定直线的尺寸重新调整为长度相同。
- 固定约束：可锁定点或曲线的位置。

2）约束参数。

- 对齐约束：可约束直线的长度，或两条直线之间、对象上的点和直线之间或不同对象上的两个点之间的距离。
- 水平约束：可约束直线或不同对象上的两个点之间的 $X$ 距离。有效对象包括直线段和多段线线段。
- 竖直约束：可约束直线或不同对象上的两个点之间的 $Y$ 距离。有效对象包括直线段和多段线线段。
- 角度约束：可约束两条直线段或多段线线段之间的角度。这与角度标注类似。
- 半径约束：可约束圆、圆弧或多段圆弧段的半径。
- 直径约束：可约束圆、圆弧或多段圆弧段的直径。

（5）“块编辑器”工具栏：该工具栏提供了在块编辑器中使用、创建动态块以及设置可见性状态的工具。

- 编辑块：显示“编辑块定义”对话框。
- 保存块：保存当前块定义。
- 将块另存为：显示“将块另存为”对话框，可以在其中用一个新名称保存当前块定义的副本。
- 测试块：运行“BTESTBLOCK”命令，可从块编辑器打开一个外部窗口以测试动态块。
- 自动约束：运行“AUTOCONSTRAIN”命令，可根据对象相对于彼此的方向将几何约束应用于对象的选择集。
- 显示/隐藏：运行“CONSTRAINTBAR”命令，可显示或隐藏对象上的可用几何约束。
- 块表：运行“BTABLE”命令，可显示对话框以定义块的变量。
- 参数管理器 $f_x$：参数管理器处于未激活状态时执行“PARAMETERS”命令，否则，将执行“PARAMETERSCLOSE”命令。
- “编写”选项板：“编写”选项板处于未激活状态时执行“BAUTHORPALETTE”命令，否则，将执行“BAUTHORPALETTECLOSE”命令。

➢ 属性定义：显示“属性定义”对话框，从中可以定义模式、属性标记、提示、值、插入点和属性的文字选项。

➢ 可见性模式：设置“BVMODE”系统变量，可以使当前可见性状态下不可见的对象变暗或隐藏。

➢ 使可见：运行“BVSHOW”命令，可以使对象在当前可见性状态或所有可见性状态下均可见。

➢ 使不可见：运行“BVHIDE”命令，可以使对象在当前可见性状态或所有可见性状态下均不可见。

➢ 可见性状态：显示“可见性状态”对话框。从中可以创建、删除、重命名和设置当前可见性状态。在列表框中选择一种状态，单击右键，选择快捷菜单中“新状态”命令，打开“新建可见性状态”对话框，可以设置可见性状态。

➢ 关闭块编辑器：运行“BCLOSE”命令，可关闭块编辑器，并提示用户保存或放弃对当前块定义所做的任何更改。

### 6.1.7 实例——动态块功能标注花键轴表面粗糙度

表面粗糙度是机械零件图中必不可少的要素，用来表征零件表面的粗糙程度。但表面粗糙度是中国国标中的相关规定，AutoCAD 作为一个国际性的软件，并没有专门设置表面粗糙度的标注工具。为了减小重复标注的工作量，提高效率，可以把表面粗糙度设置为图块，然后进行快速标注，如图 6-37 所示。

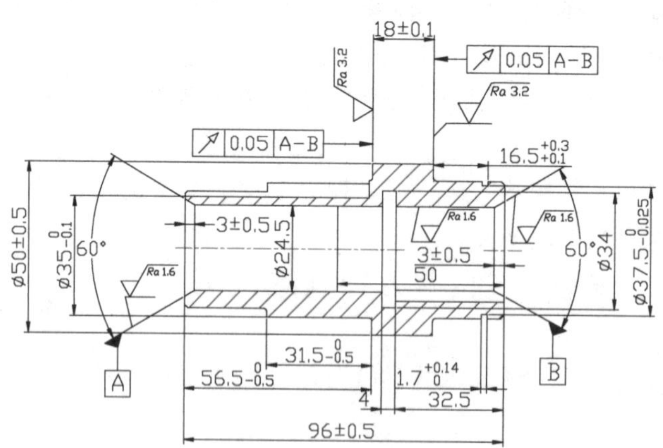


图 6-37 动态块功能标注花键轴表面粗糙度

**【操作步骤】（实例演示\第 6 章\动态块功能标注花键轴表面粗糙度 . avi）**

（1）打开“源文件\第 6 章\动态块功能标注花键轴表面粗糙度\花键轴”图形文件，如图 6-38 所示。

（2）单击“默认”选项卡“绘图”面板中的“直线”按钮，绘制如图 6-39 所示的图形。

（3）利用“WBLOCK”命令打开“写块”对话框，拾取图 6-39 所示图形下尖点并以其为基点，以图形为对象，输入图块名称并指定路径保存图块，确认退出。

（4）利用“INSERT”命令，打开“插入”对话框，设置插入点和比例为在屏幕指定，旋转角度为固定的任意值，单击“浏览”按钮找到刚才保存的图块，在屏幕上指定插入点和比例，将该图块插入到图6-40所示的图形中。

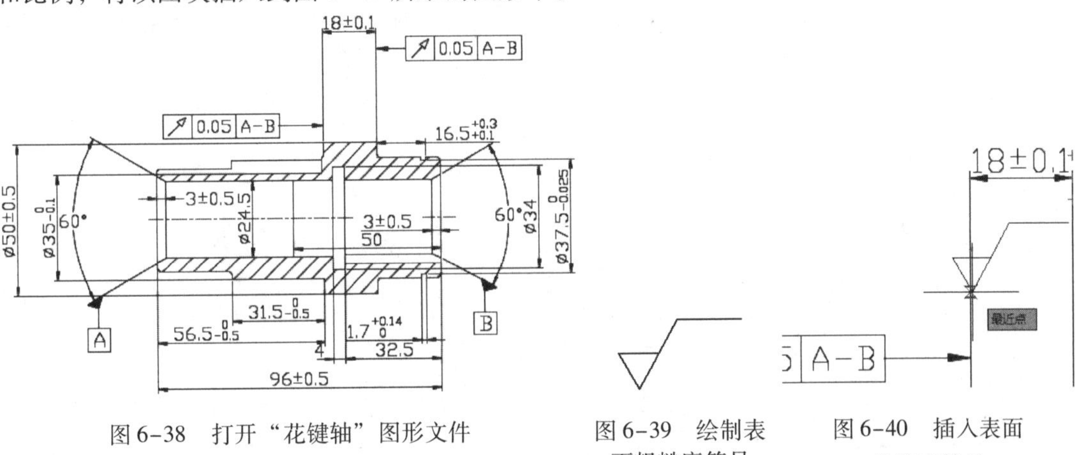


图6-38 打开“花键轴”图形文件　　图6-39 绘制表面粗糙度符号　　图6-40 插入表面粗糙度符号

（5）利用“BEDIT”命令，选择刚才保存的块，打开块编辑器和“块编写”选项板，在“块编写”选项板的“参数”选项卡中选择“旋转参数”选项。命令行提示与操作如下：

```
命令:BEDIT
指定基点或[名称(N)/标签(L)/链(C)/说明(D)/选项板(P)/值集(V)]:指定表面粗糙度图块下角点为基点
指定参数半径:指定适当半径
指定默认旋转角度或[基准角度(B)] <0>:指定适当角度
指定标签位置:指定适当位置。在“块编写”选项板的“动作”选项卡中选择“旋转动作”选项
选择参数:选择刚设置的旋转参数
选择对象:选择表面粗糙度图块
```

（6）在当前图形中选择刚才标注的图块，系统显示图块的动态旋转标记，选中该标记，按住鼠标拖动，直到图块旋转到满意的位置为止，如图6-41所示。

（7）单击“默认”选项卡“注释”面板中的“多行文字”按钮 A ，标注文字，标注时注意对文字进行旋转。

（8）同样利用插入图块的方法标注其他表面粗糙度，结果如图6-42所示。

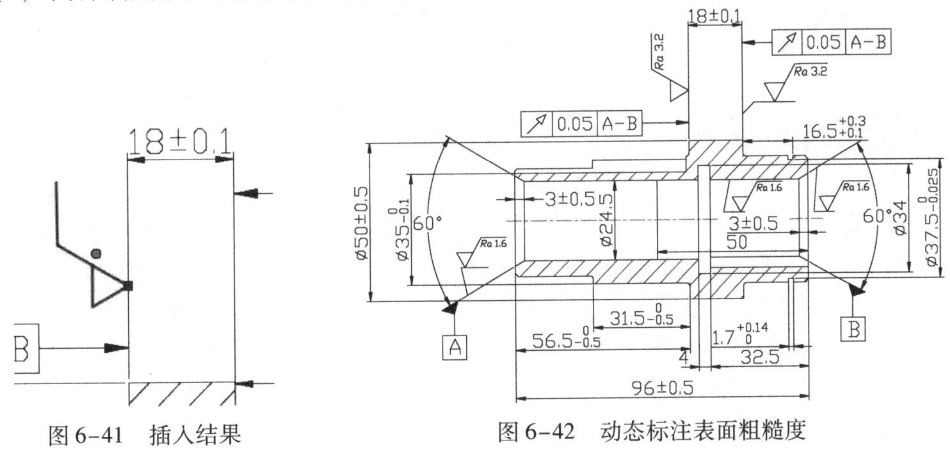


图6-41 插入结果　　图6-42 动态标注表面粗糙度

提示

既然“表面粗糙度符号”是用来表明材料或工件的表面情况、表面加工方法及粗糙程度等属性的，那么就应该有一套标示规定。表面粗糙度数值及有关的规定在符号中注写的位置归纳如图 6-43 所示。

图中，$h$ 为字体高度，$d'=1/10h$；

$a_1$、$a_2$为表面粗糙度高度参数的允许值，单位为 mm；

$b$ 为加工方法、镀涂或其他表面处理；

$c$ 为取样长度，单位为 mm；

$d$ 为加工纹理方向符号；

$e$ 为加工余量，单位为 mm；

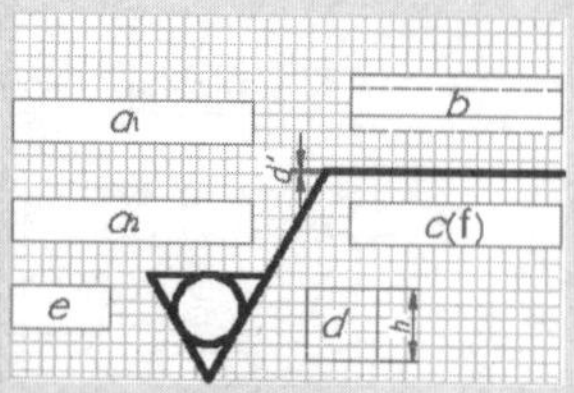

图 6-43　表面粗糙度的有关规定

$f$ 为表面粗糙度间距参数值或轮廓支撑长度率。

零件的表面粗糙度是评定零件表面质量的一项技术指标，零件表面粗糙度要求越高（表面粗糙度参数值越小），其加工成本也就越高。因此，应在满足零件使用功能的前提下，合理选用表面粗糙度参数。

提示

表面粗糙度符号应注在可见的轮廓线、尺寸线、尺寸界线或它们的延长线上；对于镀涂表面，可注在表示线上。符号的尖端必须从材料外指向表面，如图 6-44 和图 6-45 所示。表面粗糙度代号中数字及符号的方向必须按图 6-44 和图 6-45 所示的规定标注。

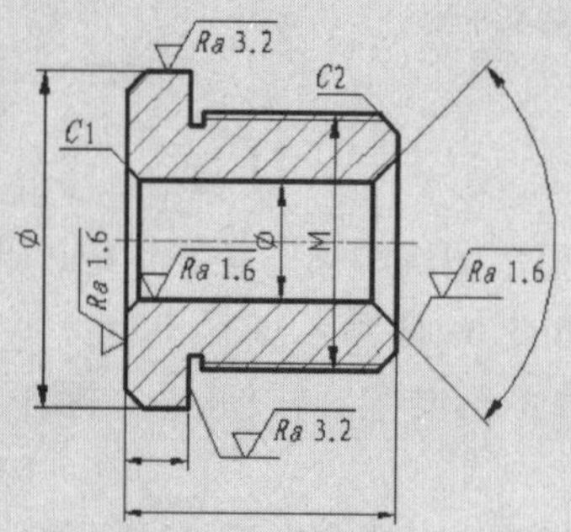


图 6-44　表面粗糙度标注（一）

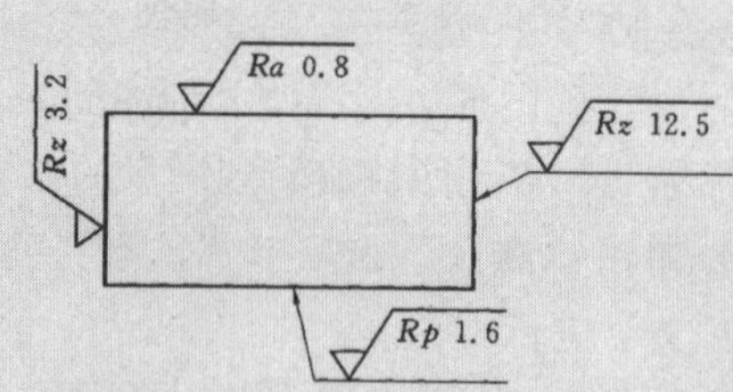


图 6-45　表面粗糙度标注（二）

## 6.2　图块的属性

图块除了包含图形对象以外，还可以具有非图形信息。例如，把一个椅子的图形定义为图块后，还可把椅子的号码、材料、质量、价格以及说明等文本信息一并加入到图块当中。图块的这些非图形信息称作图块的属性，它是图块的一个组成部分，与图形对象一起构成一个整体，在插入图块时 AutoCAD 把图形对象连同属性一起插入到图形中。

## 6.2.1 定义图块属性

在使用图块属性前，要对其属性进行定义。

【执行方式】

- 命令行：ATTDEF（快捷命令：ATT）。
- 菜单栏：选择菜单栏中的“绘图”→“块”→“定义属性”命令。
- 功能区：单击“插入”选项卡“块定义”面板中的“定义属性”按钮，或单击“默认”选项卡“块”面板中的“定义属性”按钮

执行上述命令后，打开“属性定义”对话框，如图6-46所示。

图6-46 “属性定义”对话框

【选项说明】

(1)“模式”选项组：确定属性的模式。

➢“不可见”复选框：若选中该复选框，则属性为不可见显示方式，即插入图块并输入属性值后，属性值在图中并不显示出来。

➢“固定”复选框：若选中该复选框，则属性值为常量，即属性值在属性定义时给定，在插入图块时AutoCAD不再提示输入属性值。

➢“验证”复选框：若选中该复选框，当插入图块时AutoCAD重新显示属性值让用户验证该值是否正确。

➢“预设”复选框：若选中该复选框，当插入图块时AutoCAD自动把事先设置好的默认值赋予属性，而不再提示输入属性值。

➢“锁定位置”复选框：若选中该复选框，锁定块参照中属性的位置。解锁后，属性可以相对于使用夹点编辑的块的其他部分移动，并且可以调整多行文字属性的大小。

➢“多行”复选框：指定属性值可以包含多行文字，选中该复选框可以指定属性的边界宽度。

(2)“属性”选项组：用于设置属性值。在每个文本框中，AutoCAD允许输入不超过256个字符。

➢“标记”文本框：输入属性标签。属性标签可由除空格和感叹号以外的所有字符组成，AutoCAD 自动把小写字母改为大写字母。

➢“提示”文本框：输入属性提示。属性提示是插入图块时 AutoCAD 要求输入属性值的提示，如果不在此文本框内输入文本，则以属性标签作为提示。如果在“模式”选项组中选中“固定”复选框，即设置属性为常量，则不需设置属性提示。

➢“默认”文本框：设置默认的属性值。可把使用次数较多的属性值作为默认值，也可不设默认值。

(3)“插入点”选项组：确定属性文本的位置。可以在插入时由用户在图形中确定属性文本的位置，也可在“*X*”“*Y*”“*Z*”文本框中直接输入属性文本的位置坐标。

(4)“文字设置”选项组：设置属性文本的对齐方式、文本样式、字高和倾斜角度。

(5)“在上一个属性定义下对齐”复选框：选中该复选框，表示把属性标签直接放在前一个属性的下面，而且该属性继承前一个属性的文本样式、字高和倾斜角度等特性。

提示

在动态块中，由于属性的位置包括在动作的选择集中，因此必须将其锁定。

### 6.2.2 修改属性的定义

在定义图块之前，可以对属性的定义加以修改，不仅可以修改属性标签，还可以修改属性提示和属性默认值。文字编辑命令的调用方法有如下两种：

- 命令行：DDEDIT（快捷菜单：ED）。
- 菜单栏：选择菜单栏中的“修改”→“对象”→“文字”→“编辑”命令。

执行上述命令后，根据系统提示选择要修改的属性定义，AutoCAD 打开“编辑属性定义”对话框，如图6-47所示。该对话框显示要修改的属性的“标记”为“粗糙度值”，“提示”为“数值”，无默认值，可在各文本框中对各项进行修改。

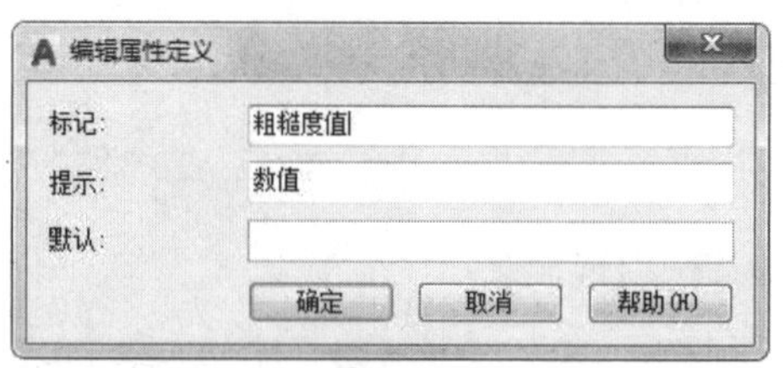


图6-47 “编辑属性定义”对话框

### 6.2.3 图块属性编辑

当属性被定义到图块当中，甚至图块被插入到图形当中之后，用户还可以对属性进行编辑。利用“ATTEDIT”命令可以通过对话框对指定图块的属性值进行修改，利用“ATTEDIT”命令不仅可以修改属性值，而且可以对属性的位置、文本等其他设置进行编辑。

**【执行方式】**

- 命令行：ATTEDIT（快捷命令：ATE）。
- 菜单栏：选择菜单栏中的“修改”→“对象”→“属性”→“单个”命令。
- 工具栏：单击“修改II”工具栏中的“编辑属性”按钮。
- 功能区：单击“默认”选项卡“块”面板中的“编辑属性”按钮

【操作步骤】

执行该命令后，根据系统提示选择块参照，同时光标变为拾取框，选择要修改属性的图块，则 AutoCAD 打开如图 6-48 所示的“编辑属性”对话框。该对话框中显示出所选图块中包含的前 8 个属性的值，用户可对这些属性值进行修改。如果该图块中还有其他的属性，可单击“上一个”和“下一个”按钮对它们进行观察和修改。

当用户通过菜单栏或工具栏执行上述命令时，系统打开“增强属性编辑器”对话框，如图 6-49 所示。该对话框不仅可以编辑属性值，还可以编辑属性的文字选项和图层、线型、颜色等特性值。

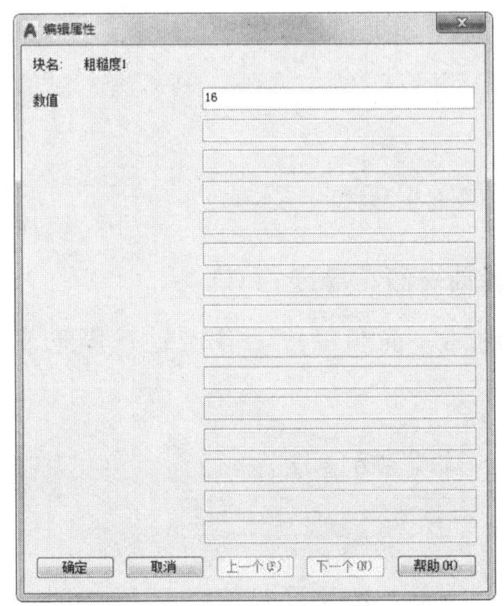


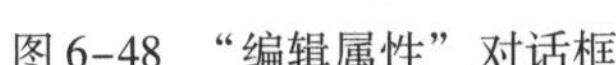
图 6-48 “编辑属性”对话框

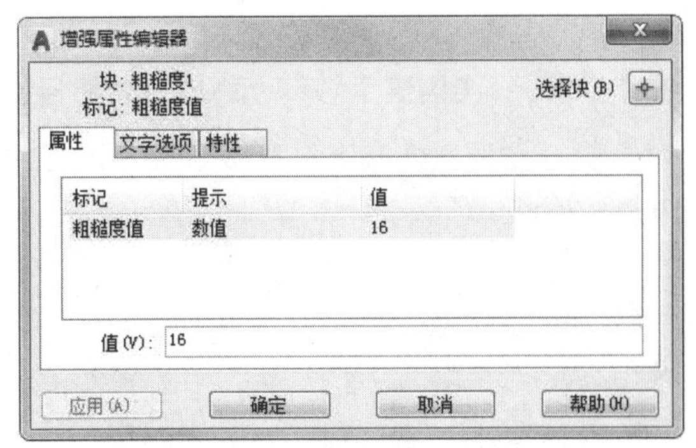


图 6-49 “增强属性编辑器”对话框

另外，还可以通过“块属性管理器”对话框来编辑属性，方法是：单击“默认”选项卡“块”面板中的“块属性管理器”按钮。执行此命令后，系统打开“块属性管理器”对话框，如图 6-50 所示。单击“编辑”按钮，系统打开“编辑属性”对话框，如图 6-51 所示。可以通过该对话框编辑属性。

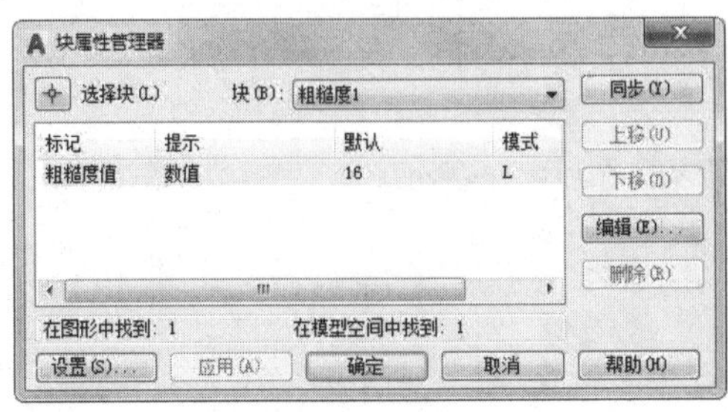


图 6-50 “块属性管理器”对话框

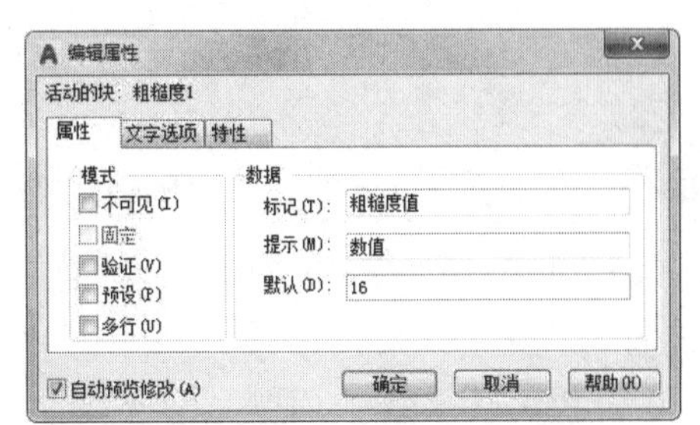


图 6-51 “编辑属性”对话框

## 6.2.4 实例——属性功能标注花键轴表面粗糙度

本实例首先利用“直线”命令绘制表面粗糙度符号，然后定义表面粗糙度属性，将其保存为图块，最后利用“插入块”命令将图块插入到适当位置，如图 6-52 所示。

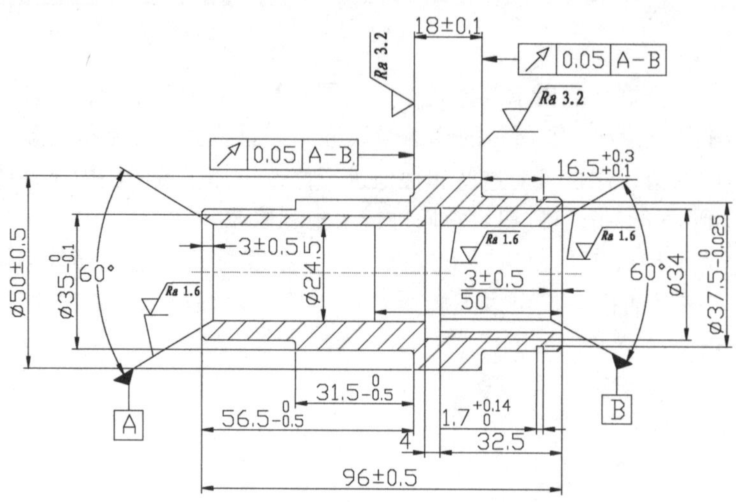

图 6-52　属性功能标注花键轴表面粗糙度

【操作步骤】（实例演示\第 6 章\属性功能标注花键轴表面粗糙度 . avi）

（1）打开“源文件 \ 第 6 章 \ 属性功能标注花键轴表面粗糙度 \ 花键轴”图形文件，如图 6-53 所示。

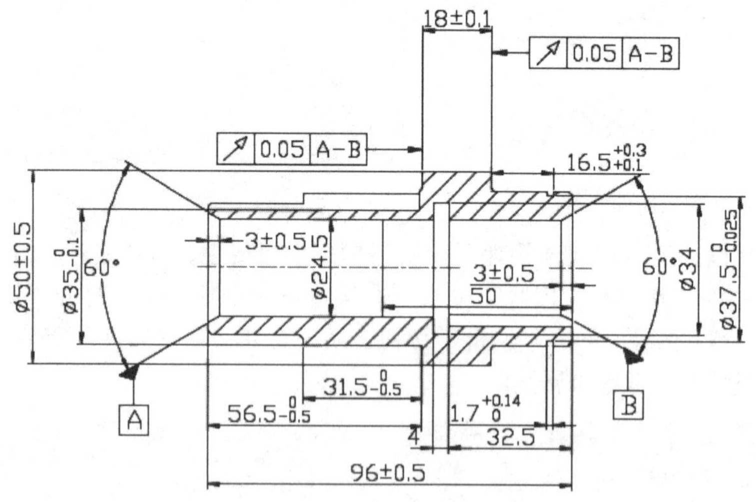

图 6-53　打开“花键轴”图形文件

（2）单击“默认”选项卡“绘图”面板中的“直线”按钮，绘制表面粗糙度符号，如图 6-54所示。

（3）单击“默认”选项卡“注释”面板中的“多行文字”按钮A，在表面粗糙度符号下方输入文字“*Ra*”，如图 6-55 所示。

（4）选择菜单栏中的“绘图”→“块”→“定义属性”命令，系统打开“属性定义”对话框，进行如图 6-56 所示的设置，单击“确定”按钮退出。

（5）在命令行中输入“WBLOCK”命令，按〈Enter〉键，打开“写块”对话框。单击“拾取点”按钮，选择表面粗糙度符号的下尖点为基点，单击“选择对象”按钮，选择图 6-55 所示图形为对象，输入图块名称并指定路径保存图块，单击“确定”按钮退出。

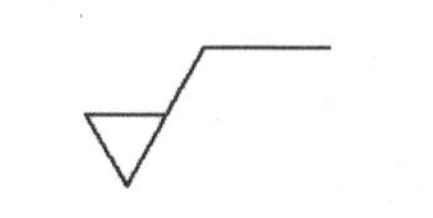

图 6-54　绘制表面粗糙度符号

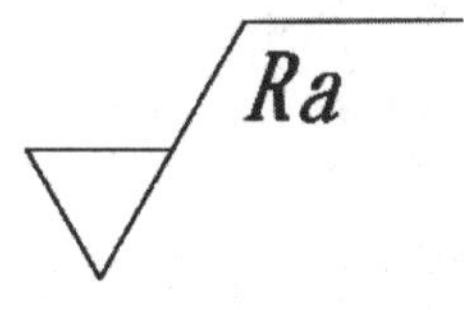


图 6-55　输入文字

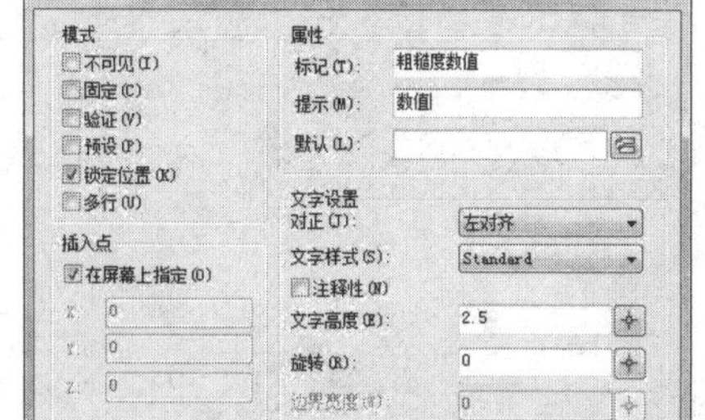


图 6-56　“属性定义”对话框

（6）单击“默认”选项卡“块”面板中的“插入”按钮，打开“插入”对话框。单击“浏览”按钮，找到保存的表面粗糙度图块，在绘图区指定插入点、比例和旋转角度，将该图块插入到绘图区的任意位置，这时，命令行会提示输入属性，并要求验证属性值，此时输入表面粗糙度数值“3.2”，再对数值倾斜度进行修改，完成一个表面粗糙度的标注，如图 6-57 所示。

（7）继续插入表面粗糙度图块，输入不同属性值作为表面粗糙度数值，直到完成所有表面粗糙度标注，结果如图 6-58 所示。

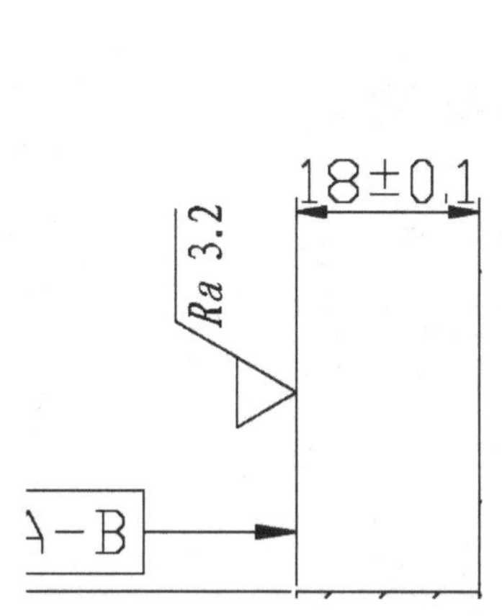


图 6-57　插入表面粗糙度数值

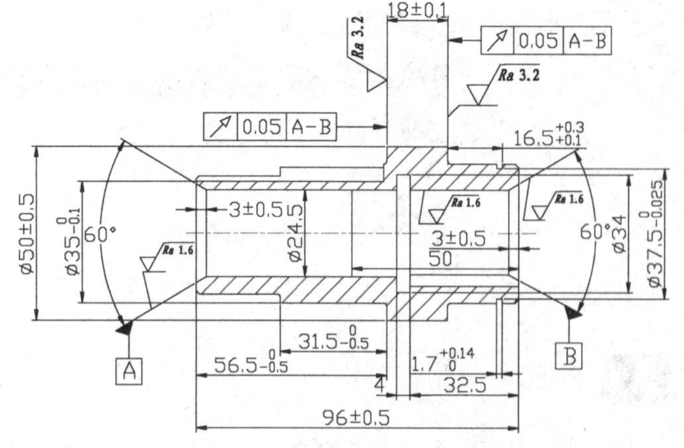


图 6-58　插入所有表面粗糙度

提示

（1）在同一图样上，每一表面一般只标注一次表面粗糙度符号，并尽可能靠近有关的尺寸线，当空间狭小或不便于标注时，代号可以引出标注，如图 6-59 所示。

（2）当用统一标注和简化标注的方法表达表面粗糙度要求时，其代号和文字说明均应是图形上所注代号和文字的 1.4 倍，如图 6-59 和图 6-60 所示。

（3）当零件的大部分表面具有相同的表面粗糙度要求时，对其中使用最多的一种代号可以统一标注在图样的右下角，如图 6-59 所示。

（4）当零件所有表面具有相同的表面粗糙度要求时，其代号可在图样的右下角统一标注，如图 6-60 所示。

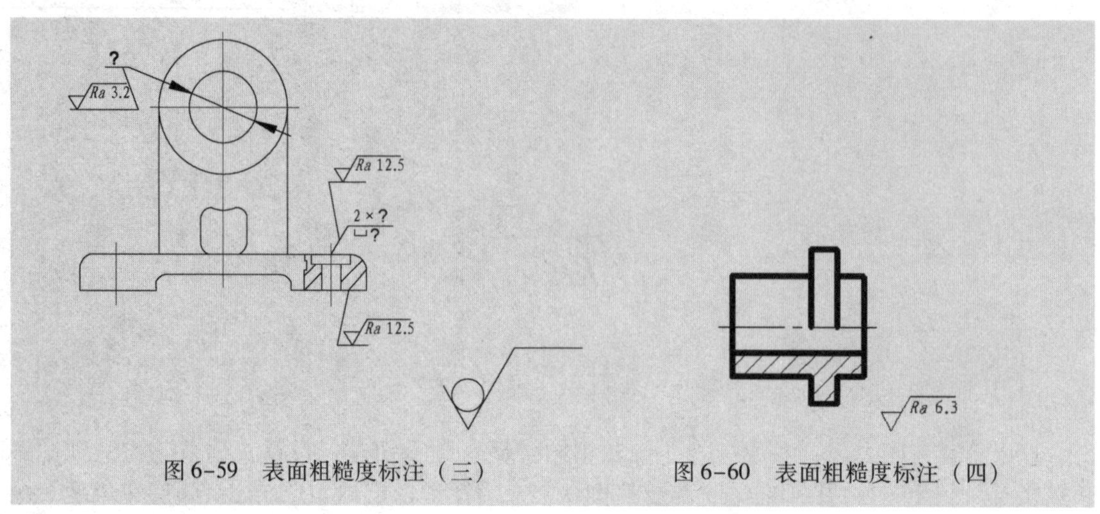


图 6-59　表面粗糙度标注（三）　　图 6-60　表面粗糙度标注（四）

## 6.3　外部参照

外部参照（Xref）是把已有的其他图形文件链接到当前图形文件中。与插入外部块的区别在于，插入外部块是将块的图形数据全部插入到当前图形中。

外部参照集中在“参照”面板中（如图 6-61 所示）。

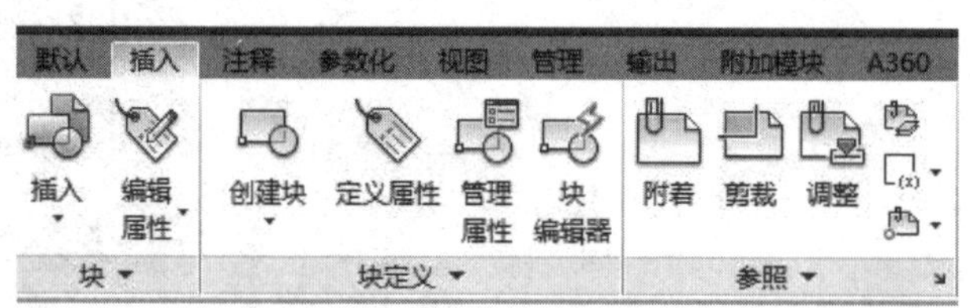


图 6-61　“参照”面板

### 6.3.1　外部参照附着

利用外部参照的第一步是要将外部参照附着到宿主图形上。

【执行方式】

- 命令行：XATTACH（快捷命令：XA）。
- 菜单栏：选择菜单栏中的“插入”→“DWG 参照”命令。
- 工具栏：单击“参照”工具栏中的“附着外部参照”按钮。
- 功能区：单击“插入”选项卡“参照”面板中的“附着”按钮

【操作步骤】

执行上述命令后，系统打开如图 6-62 所示的“选择参照文件”对话框。在该对话框中选择要附着的图形文件。单击“打开”按钮，则打开“附着外部参照”对话框，如图 6-63 所示。

图 6-62 “选择参照文件”对话框

图 6-63 “附着外部参照”对话框

## 【选项说明】

(1)“参照类型”选项组。

➢“附着型”单选按钮：若选中该单选按钮，则外部参照是可以嵌套的。

➢“覆盖型”单选按钮：若选中该单选按钮，则外部参照不会嵌套。

举个简单的例子。假设图形 B 附加于图形 A，图形 A 又附加或覆盖于图形 C。如果选择了“附着型”，则 B 图最终也会嵌套到 C 图中去，如图 6-64 所示；而如果选择了“覆盖型”，B 图就不会嵌套进 C 图，如图 6-65 所示。

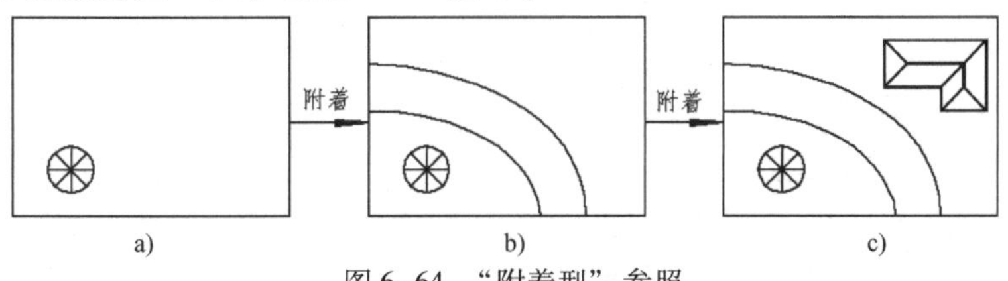


图 6-64 “附着型”参照

a）图形 A　b）附着了图形 B 后的图形 A　c）附着了图形 A 后的图形 C

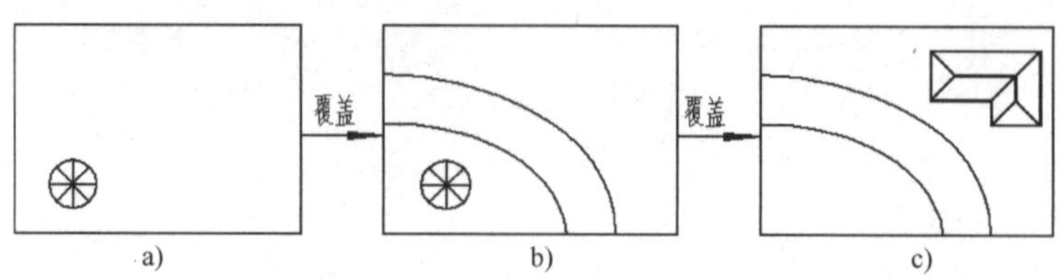


图6-65 “覆盖型”参照

a）图形A　b）覆盖了图形B后的图形A　c）覆盖了图形A后的图形C

(2)“路径类型”下拉列表框。

- 无路径：在不使用路径附着外部参照时，AutoCAD首先在宿主图形的文件夹中查找外部参照。当外部参照文件与宿主图形位于同一个文件夹时，此选项非常有用。
- 完整路径：当使用完整路径附着外部参照时，外部参照的精确位置（例如，C:\Projects\2018\Smith Residence\xrefs\Site plan.dwg）将保存到宿主图形中。此选项的精确度最高，但灵活性最小。如果移动工程文件夹，AutoCAD将无法融入任何使用完整路径附着的外部参照。
- 相对路径：使用相对路径附着外部参照时，将保存外部参照相对于宿主图形的位置。此选项的灵活性最大。如果移动工程文件夹，AutoCAD仍可以融入使用相对路径附着的外部参照，只要此外部参照相对宿主图形的位置未发生变化。

## 6.3.2 外部参照剪裁

附着的外部参照可以根据需要对其范围进行裁剪，也可以控制边框的显示。

**1. 裁剪外部参照**

**【执行方式】**

- 命令行：XCLIP。
- 工具栏：单击“参照”工具栏中的“裁剪外部参照”按钮。

**【操作步骤】**

命令行提示与操作如下：

```
命令：XCLIP
选择对象：选取要裁剪的图形
输入剪裁选项
[开(ON)/关(OFF)/剪裁深度(C)/删除(D)/生成多段线(P)/新建边界(N)] <新建边界>：
```

执行上述命令后，根据系统提示选择被参照图形后按〈Enter〉键结束命令。

**【选项说明】**

(1) 开（ON）：在宿主图形中不显示外部参照或块的被剪裁部分。

(2) 关（OFF）：在宿主图形中显示外部参照或块的全部几何信息，忽略剪裁边界。

(3) 剪裁深度（C）：在外部参照或块上设置前剪裁平面和后剪裁平面，如果对象位于边界和指定深度定义的区域外，将不显示。

(4) 删除（D）：为选定的外部参照或块删除剪裁边界。

（5）生成多段线（P）：自动绘制一条与剪裁边界重合的多段线。此多段线采用当前的图层、线型、线宽和颜色设置。当用“PEDIT”命令修改当前剪裁边界，然后用新生成的多段线重新定义剪裁边界时，应使用此选项。要在重定义剪裁边界时查看整个外部参照，应使用“关”选项关闭剪裁边界。

（6）新建边界（N）：定义一个矩形或多边形剪裁边界，或者用多段线生成一个多边形剪裁边界。裁剪后，外部参照在剪裁边界内的部分仍然可见，而剩余部分则变为不可见，外部参照附着和块插入的几何图形并未改变，只是改变了显示可见性，并且裁剪边界只对选择的外部参照起作用，对其他图形没有影响，如图6-66所示。

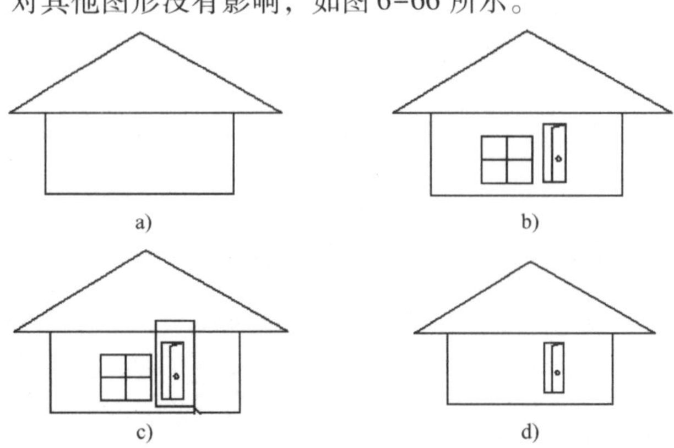


图6-66 裁剪参照边界

a）宿主图形 b）插入参照图形后 c）选择裁剪边界 d）只有边界内的参照图形被显示

**2. 裁剪边界边框**

**【执行方式】**

- 命令行：XCLIPFRAME。
- 菜单栏：选择菜单栏中的“修改”→“对象”→“外部参照”→“边框”命令。
- 工具栏：单击“参照”工具栏中的“外部参照边框”按钮。

**【操作步骤】**

命令行提示与操作如下：

```
命令：_xclipframe
输入 XCLIPFRAME 的新值 <2>：
```

根据系统提示输入XCLIPFRAME的新值，裁剪外部参照图形时，可以通过该系统变量来控制是否显示裁剪边界的边框。如图6-67所示，当其值设置为1时，将显示剪裁边框，并且该边框可以作为对象的一部分进行选择和打印；其值设置为0时，则不显示剪裁边框。

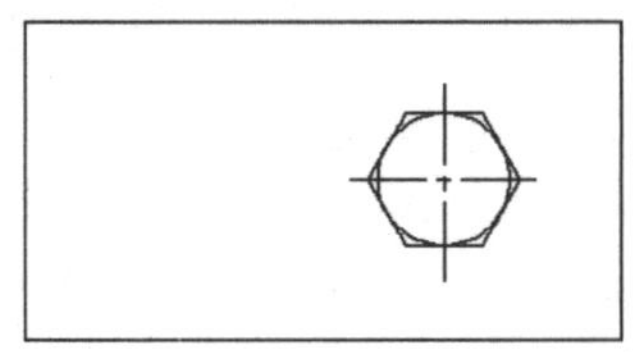

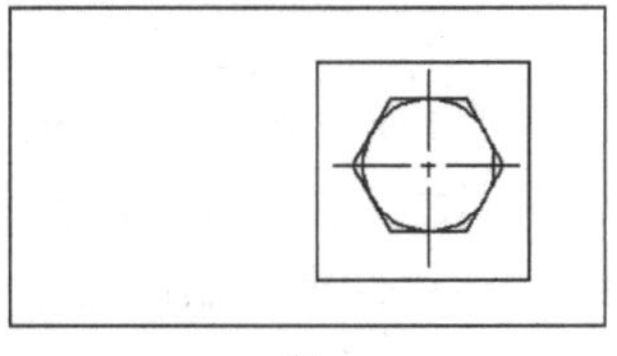

a) b)

图6-67 裁剪边界边框

a）不显示边框 b）显示边框

## 6.3.3 外部参照绑定

如果将外部参照绑定到当前图形，则外部参照及其依赖命名对象将成为当前图形的一部分。外部参照依赖命名对象的命名语法从“块名|定义名”变为“块名$n$定义名”。在这种情况下，将为绑定到当前图形中的所有外部参照相关定义名创建唯一的命名对象。例如，如果有一个名为 FLOOR1 的外部参照，它包含一个名为 WALL 的图层，那么在绑定了外部参照后，依赖外部参照的图层 FLOOR1|WALL 将变为名为 FLOOR1\$0\$WALL 的本地定义图层。如果已经存在同名的本地命名对象，\$n\$中的数字 n 将自动增加。在此例中，如果图形中已经存在 FLOOR1\$0\$WALL，依赖外部参照的图层 FLOOR1|WALL 将重命名为 FLOOR1\$1\$WALL。

【执行方式】

- 命令行：XBIND。
- 菜单栏：选择菜单栏中的“修改”→“对象”→“外部参照”→“绑定”命令。
- 工具栏：单击“参照”工具栏中的“外部参照绑定”按钮。

执行上述命令后，系统打开“外部参照绑定”对话框，如图 6-68 所示。

【选项说明】

(1) 外部参照：显示所选择的外部参照。可以将其展开，进一步显示该外部参照的各种设置定义名，如标注样式、图层、线型和文字样式等。

(2) 绑定定义：显示将被绑定的外部参照的有关设置定义。

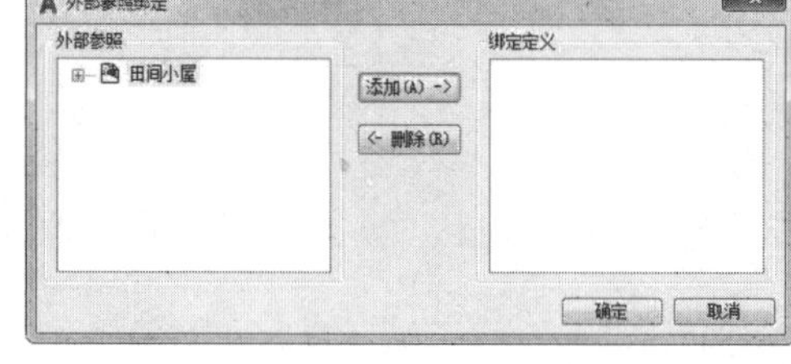


图 6-68 “外部参照绑定”对话框

选择完毕后，确认退出。系统将外部参照所依赖的命名对象（如块、标注样式、图层、线型和文字样式等）添加到用户图形。

## 6.3.4 外部参照管理

外部参照附着后，可以利用相关命令对其进行管理。

【执行方式】

- 命令行：XREF（快捷命令：XR）。
- 菜单栏：选择菜单栏中的“插入”→“外部参照”命令。
- 工具栏：单击“参照”工具栏中的“外部参照”按钮。
- 在快捷菜单中选择“外部参照管理器”命令。

【操作步骤】

执行上述命令后，打开如图 6-69 所示的“外部参照”选项板。在该选项板中，可以附着、组织和管理所有与图形相关联的文件参照，还可以附着和管理参照图形（外部参照）、附着的 DWF 参考底图和输入的光栅图像。

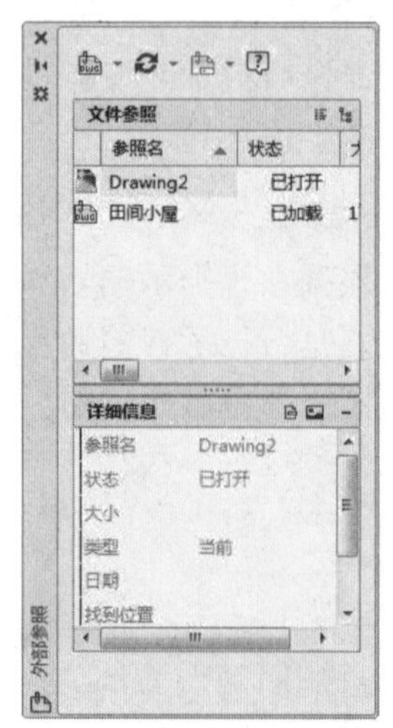


图 6-69 “外部参照”选项板

## 6.3.5 在单独的窗口中打开外部参照

在宿主图形中，可以选择附着的外部参照，并使用“打开参照”（XOPEN）命令在单独的窗口中打开此外部参照，不需要浏览后再打开外部参照文件。使用“打开参照”命令可以在新窗口中立即打开外部参照。

【执行方式】

- 命令行：XOPEN。
- 菜单栏：选择菜单栏中的“工具”→“外部参照和块在位编辑”→“打开参照”命令。

执行上述命令后，根据系统提示选择外部参照，系统立即重新建立一个窗口，显示外部参照图形。

## 6.3.6 参照编辑

对已经附着或绑定的外部参照，可以通过参照编辑相关命令对其进行编辑。

**1. 在位编辑参照**

【执行方式】

- 命令行：REFEDIT。
- 菜单栏：选择菜单栏中的“工具”→“外部参照和块在位编辑”→“在位编辑参照”命令。
- 工具栏：单击“参照编辑”工具栏中的“在位编辑参照”按钮。

执行上述命令后，根据系统提示选择要编辑的参照后，系统打开“参照编辑”对话框，如图6-70所示。

【选项说明】

（1）“标识参照”选项卡：为标识要编辑的参照提供形象化辅助工具并控制选择参照的方式。

（2）“设置”选项卡：该选项卡为编辑参照提供选项，如图6-71所示。

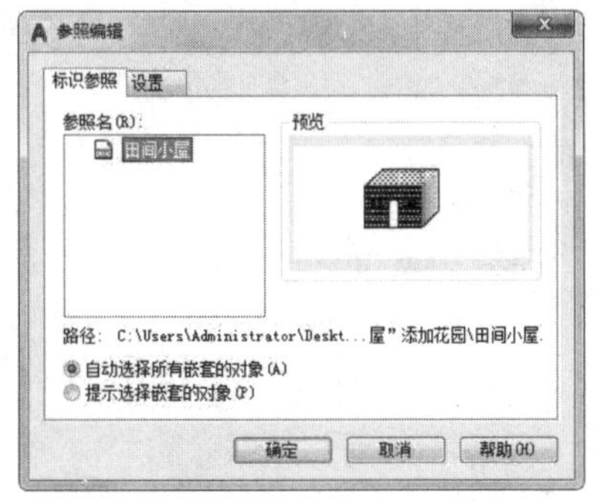


图6-70 “参照编辑”对话框

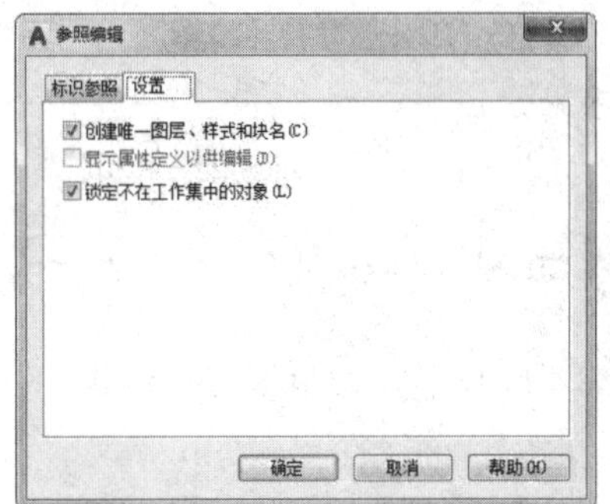


图6-71 “设置”选项卡

在上述对话框完成设定后，确认退出，即可对所选择的参照进行编辑。

提示

对某一个参照进行编辑后，该参照在别的图形或别的插入地方的图形也同时改变。如图 6-72a 所示，将螺母作为参照两次插入到宿主图形中。对右边的参照进行删除编辑，确认后，左边的参照同时改变，如图 6-72b 所示。

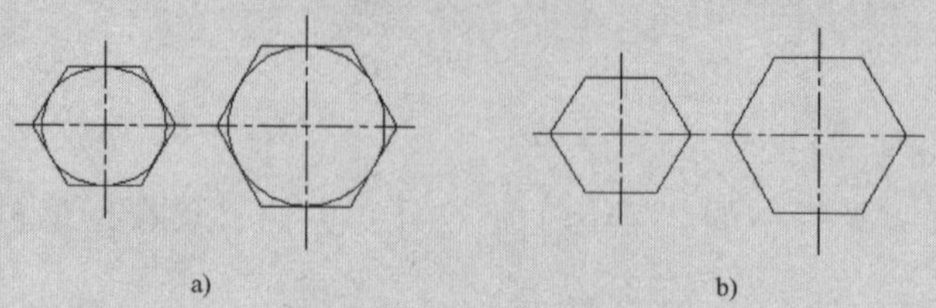


图 6-72　参照编辑

**2. 保存或放弃参照修改**

【执行方式】

- 命令行：REFCLOSE。
- 菜单栏：选择菜单栏中的"工具"→"外部参照和块在位编辑"→"保存编辑参照"或"关闭参照"命令。
- 工具栏：单击"参照编辑"工具栏中的"保存参照编辑"按钮或"关闭参照"按钮。
- 快捷菜单：在快捷菜单中选择"关闭 REFEDIT 任务"命令。

执行上述命令后，根据系统提示选择"保存"或"放弃"即可。在这个过程中，系统会给出警告提示框，用户可以确认或取消操作。

**3. 添加或删除对象**

【执行方式】

- 命令行：REFSET。
- 菜单栏：选择菜单栏中的"工具"→"外部参照和块在位编辑"→"添加到工作集"或"从工作集删除"命令。
- 工具栏：单击"参照编辑"工具栏中的"添加到工作集"按钮或"从工作集删除"按钮。

执行上述命令后，根据系统提示选择相应选项即可。

## 6.3.7 实例——以外部参照的方式为"田间小屋"添加一个花园

外部参照只记录参照图形的位置等链接信息，并不插入该参照图形的图形数据，结果如图 6-73 所示。

【操作步骤】（实例演示\第 6 章\以外部参照的方式为"田间小屋"添加一个花园 . avi）

（1）打开"源文件\第 6 章\以外部参照的方式为'田间小屋'添加一个花园\田间小屋"图形文件，如图 6-74 所示。

图 6-73　田间小屋

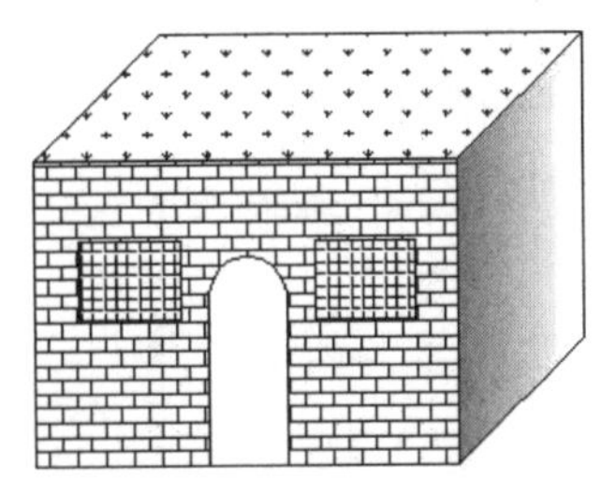

图 6-74　“田间小屋”图形文件

（2）单击“插入”选项卡“参照”面板中的“附着”按钮，打开“选择参照文件”对话框，如图 6-75 所示。从中选择欲参照的图形文件“garden. dwg”，单击“打开”按钮，弹出“附着外部参照”对话框，如图 6-76 所示，在“参照类型”选项组中选中“附着型”单选按钮，其他选项的设置与插入块相同，单击“确定”按钮后，则图形文件“garden. dwg”以外部参照的方式插入到“田间小屋”的图形中，如图 6-77 所示。

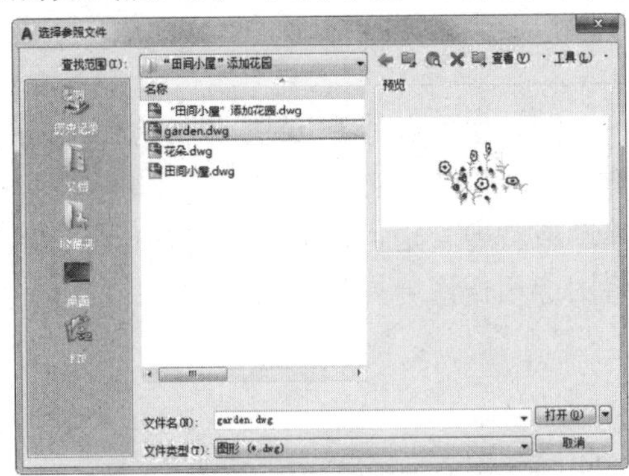

图 6-75　“选择参照文件”对话框

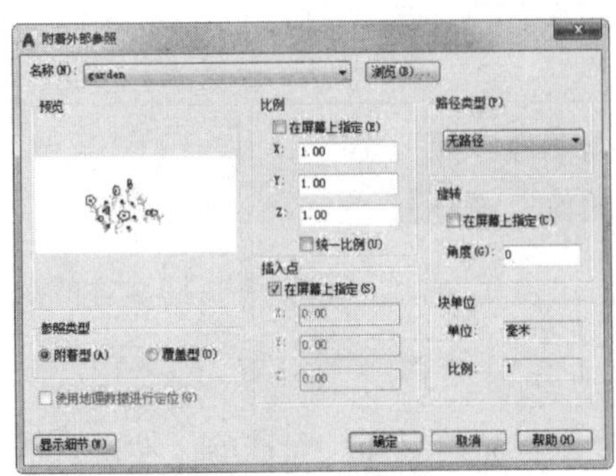

图 6-76　“附着外部参照”对话框

图 6-77　插入外部参照后的图形

（3）保存文件。

命令:SAVEAS↙

方法同前，将所形成的图形以“‘田间小屋’添加花园 1”为文件名保存在指定的路径中。

（4）打开计算机资源管理器，分别选择文件“‘田间小屋’添加花园 . dwg”与“‘田间小屋’添加花园 1. dwg”，显示它们的属性，如图 6-78 和图 6-79 所示。比较后，会发现外部参照附着的图形比插入图块的图形小。

图 6-78 "田间小屋"添加花园 . dwg 文件的属性

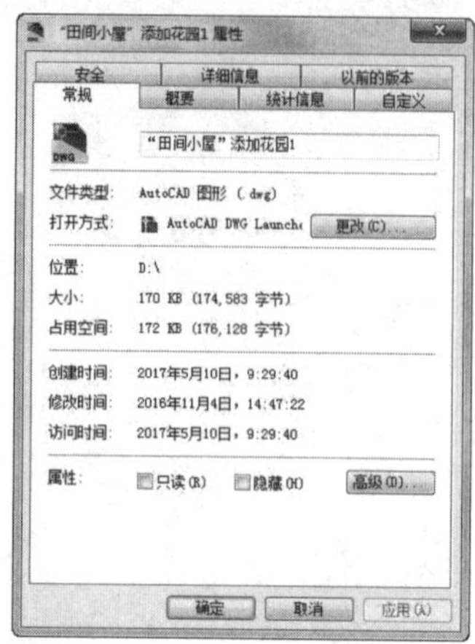


图 6-79 "田间小屋"添加花园 1. dwg 文件的属性

## 6.4 光栅图像

所谓光栅图像是指由一些称为像素的小方块或点的矩形栅格组成的图像。AutoCAD 2018 提供了对多数常见图像格式的支持，这些格式包括 . bmp、. jpeg、. gif 和 . pcx 等。

光栅图像可以复制、移动或裁剪，也可以通过夹点操作修改图像、调整图像对比度、用矩形或多边形裁剪图像或将图像用作修剪操作的剪切边。

### 6.4.1 图像附着

利用图像的第一步是要将图像附着到宿主图形上。

**【执行方式】**

- 命令行：IMAGEATTACH（或 IAT）。
- 菜单栏：选择菜单栏中的"插入"→"光栅图像参照"命令。
- 工具栏：单击"参照"工具栏中的"附着图像"按钮。

**【操作步骤】**

```
命令:IMAGEATTACH↙
```

执行该命令，系统自动打开如图 6-80 所示的"选择参照文件"对话框。在该对话框中选择需要插入的光栅图像，单击"打开"按钮，打开"附着图像"对话框，如图 6-81 所示。

**【选项说明】**

在"附着图像"对话框中指定光栅图像的插入点、比例和旋转角度等特性。若选中"在屏幕上指定"复选框，则可以在屏幕上用拖动图像的方法来指定；若单击"显示细节"按钮，则对话框将扩展，并列出选中图像的详细信息，如精度、图像像素尺寸等。设置完成后，单击"确定"按钮，即可将光栅图像附着到当前图形中。

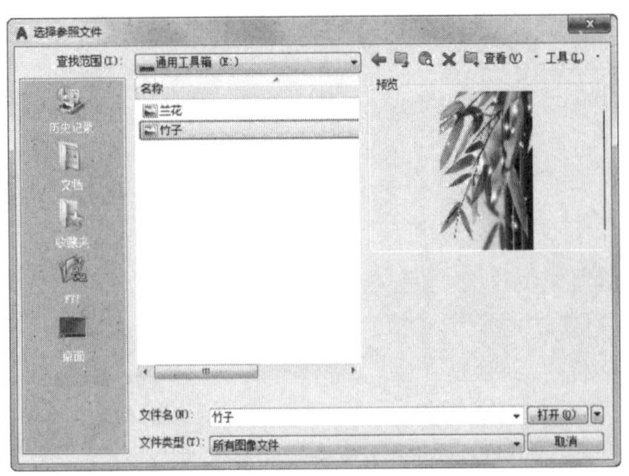

图 6-80 “选择参照文件”对话框

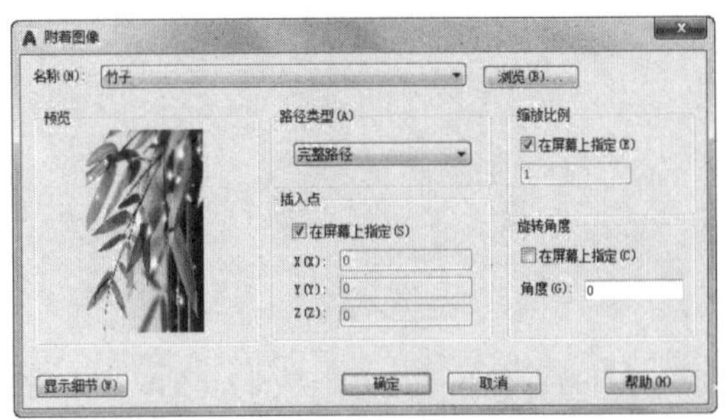


图 6-81 “附着图像”对话框

## 6.4.2 剪裁图像

裁剪图像边界的创建与控制，可以用矩形或多边形作为剪裁边界，也可以控制裁剪功能的打开与关闭，还可以删除裁剪边界。

【执行方式】

- 命令行：IMAGECLIP。
- 工具栏：单击“参照”工具栏中的“剪裁图像”按钮。

【操作步骤】

命令行提示与操作如下：

```
命令:_imageclip
选择要剪裁的图像:选取图像
输入图像剪裁选项[开(ON)/关(OFF)/删除(D)/新建边界(N)] <新建边界>:
```

“剪裁图像”命令行中的选项同外部参照剪裁命令，这里不再一一介绍。

## 6.4.3 调整图像

“调整图像”命令用于控制图像的亮度、对比度和褪色度。

【执行方式】

- 命令行：IMAGEADJUST。
- 工具栏：单击“参照”工具栏中的“调整图像”按钮。

执行上述命令，打开如图 6-82 所示的“图像调整”对话框，设置图像的亮度、对比度和淡入度。

【选项说明】

（1）亮度：控制图像的亮度，从而间接控制图像的对比度。此值越大，图像就越亮，增大对比度时变成白色的像素点也会越多。

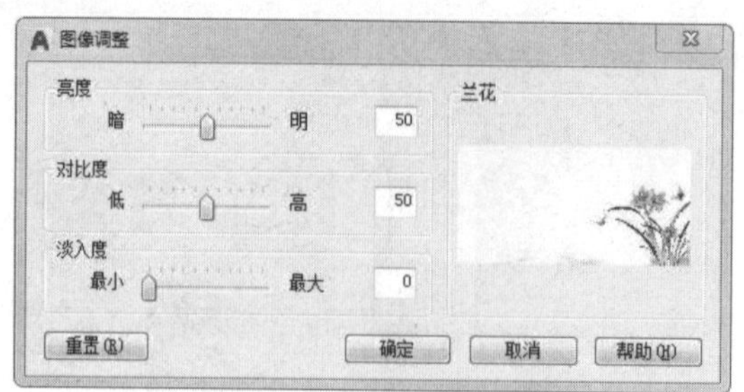


图 6-82 “图像调整”对话框

（2）对比度：控制图像的对比度，从而间接控制图像的淡入效果。此值越大，每个像素就会在更大程度上被强制使用主要颜色或次要颜色。

（3）淡入度：控制图像的淡入效果。值越大，图像与当前背景色的混合程度就越高。值为 100 时，图像完全溶进背景中，更改屏幕的背景色可以将图像淡入至新的颜色。打印时，淡入的背景色为白色。

（4）重置：将亮度、对比度和淡入度重置为默认设置（分别为 50，50，0）。

### 6.4.4 图像质量

“图像质量”命令用于控制图像的显示质量。

【执行方式】

- 命令行：IMAGEQUALITY。
- 工具栏：单击“参照”工具栏中的“图像质量”按钮。

【操作步骤】

命令行提示与操作如下：

```
命令:_imagequality
输入图像质量设置[高(H)/草稿(D)] <高>:
```

【选项说明】

（1）高（H）：生成图像的高质量显示。始终使用高质量设置打印图像。

（2）草稿（D）：生成较低质量的图像显示。

### 6.4.5 图像透明度

“图像透明度”命令用于控制图像的背景像素是否透明。

【执行方式】

- 命令行：TRANSPARENCY。
- 工具栏：单击“参照”工具栏中的“图像透明度”按钮。

【操作步骤】

命令行提示与操作如下：

```
命令:_transparency
输入透明模式[开(ON)/关(OFF)] <OFF>:ON
```

【选项说明】

(1) 开（ON）：打开透明度模式，使图像下的对象可见。

(2) 关（OFF）：关闭透明度模式，使图像下的对象不可见。

### 6.4.6 实例——绘制装饰画

绘制如图6-83所示的装饰画。

**【操作步骤】（实例演示\第6章\绘制装饰画.avi）**

(1) 单击“参照”工具栏中的“附着图像”按钮，打开如图6-84所示的“选择参照文件”对话框。在该对话框中选择需要插入的光栅图像，单击“打开”按钮，打开“附着图像”对话框，如图6-85所示。设置完成后，单击“确定”按钮确认退出。命令行提示如下：

```
指定插入点 <0,0>:  <对象捕捉 开>
基本图像大小:宽:211.666667,高:158.750000,Millimeters
指定缩放比例因子或[单位(U)] <1>:2
```

图6-83 绘制装饰画

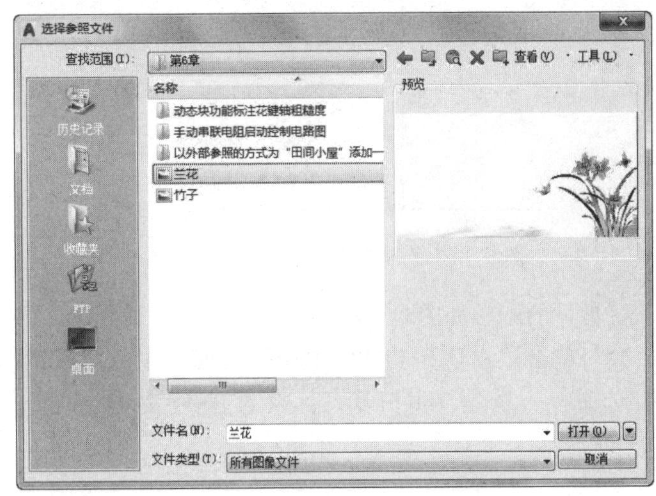


图6-84 “选择参照文件”对话框

附着图像的图形如图6-86所示。

(2) 单击“默认”选项卡“绘图”面板中的“矩形”按钮，捕捉图片的右上端点为角点，绘制适当的矩形，如图6-87所示。

(3) 单击“默认”选项卡“修改”面板中的“偏移”按钮，将第（2）步绘制的矩形向外偏移适当的距离，结果如图6-88所示。

(4) 单击“参照”工具栏中的“剪裁图像”按钮，裁剪光栅图像。命令行提示如下：

命令:_imageclip
选择要剪裁的图像:选取图像
输入图像剪裁选项[开(ON)/关(OFF)/删除(D)/新建边界(N)] <新建边界>:
外部模式 - 边界外的对象将被隐藏
指定剪裁边界或选择反向选项:
[选择多段线(S)/多边形(P)/矩形(R)/反向剪裁(I)] <矩形>:
指定第一角点:捕捉内部矩形的角点
指定对角点:捕捉内部矩形的另一角点

图 6-85 “附着图像”对话框

图 6-86 附着图像的图形

图 6-87 绘制矩形

图 6-88 偏移矩形

修剪后的图形如图 6-89 所示。

(5) 单击“默认”功能区“绘图”面板中的“图案填充”按钮，打开“图案填充创建”选项板，选择 solid 图案，设置颜色为浅绿色，填充到两个矩形之间，结果如图 6-90 所示。

图 6-89 修剪图像

图 6-90 填充图案

(6) 选取两个矩形，单击鼠标右键，在弹出的快捷菜单中选择“特性”命令，打开“特性”选项板，更改线宽为0.5 mm，结果如图6-83所示。

## 6.5 综合演练——手动串联电阻起动控制电路图

本实例主要讲解利用图块辅助快速绘制电气图的一般方法。手动串联电阻起动控制电路的基本原理是：当起动电动机时，按下按钮开关SB2，电动机串联电阻起动，待电动机转速达到额定转速时，再按下SB3，电动机电源改为全压供电，使电动机正常运行。

本例要用到“矩形”“直线”“圆”“多行文字”“偏移”和“修剪”等一些基础的绘图命令绘制图形，并利用“写块”命令将绘制好的图形创建为块，再将创建的图块插入到电路图中，以此创建手动串联电阻起动控制电路图。最终效果如图6-91所示。

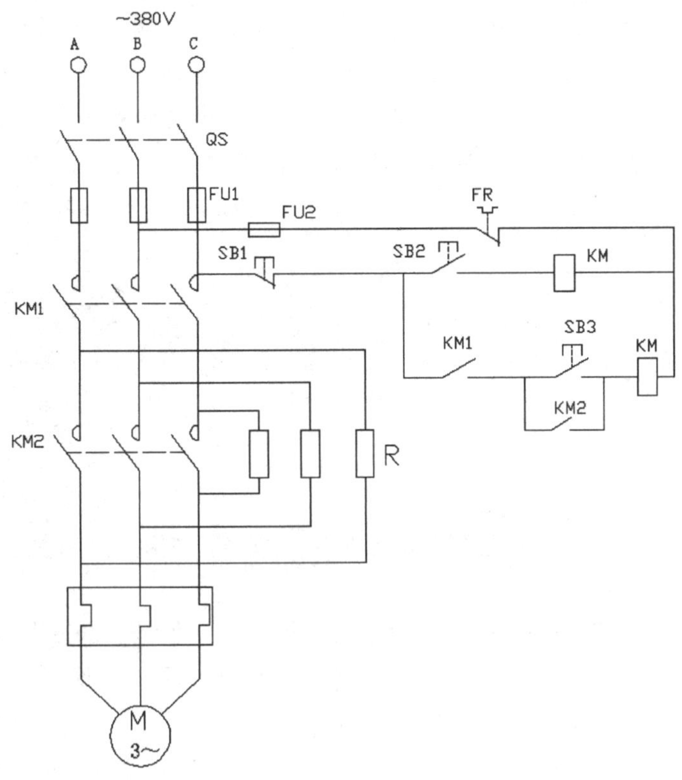


图6-91 绘制手动串联电阻起动控制电路图

**【操作步骤】(实例演示\第6章\手动串联电阻起动控制电路图.avi)**

(1) 单击“默认”选项卡“绘图”面板中的“圆”按钮和“多行文字”按钮A，绘制如图6-92所示的电动机图形。

(2) 单击“插入”选项卡“块定义”面板中的“写块”按钮，打开“写块”对话框，如图6-93所示。拾取电动机图形中圆的圆心为基点，以该图形为对象，输入图块名称并指定路径保存，确认后退出。

图 6-92　绘制电动机图形

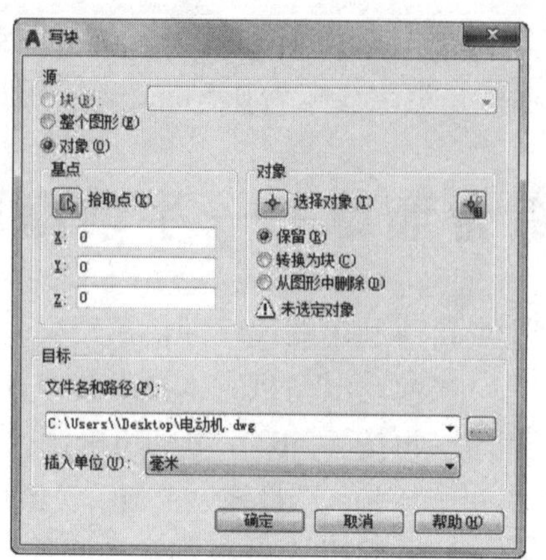


图 6-93　“写块”对话框

（3）以同样的方法绘制其他电气符号并保存为图块，如图 6-94 所示。

（4）单击“默认”选项卡“块”面板中的“插入”按钮，打开“插入”对话框，单击“浏览”按钮，找到刚才保存的电动机图块，选择适当的插入点、比例和旋转角度，如图 6-95 所示，将该图块插入到一个新的图形文件中。

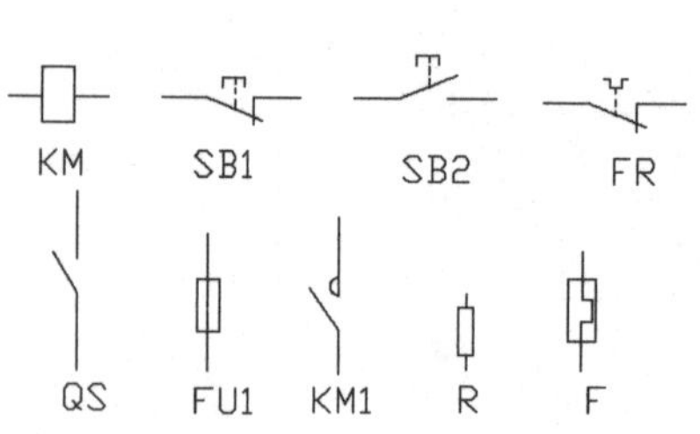


图 6-94　绘制电气图块

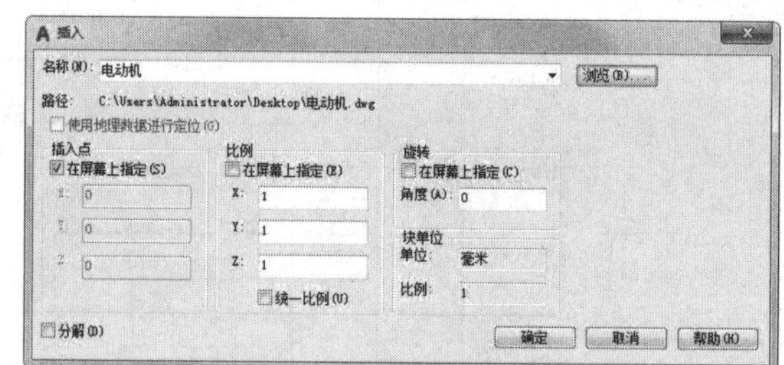


图 6-95　“插入”对话框

（5）单击“默认”选项卡“绘图”面板中的“直线”按钮，在插入的电动机图块上绘制如图 6-96 所示的导线。

（6）单击“默认”选项卡“块”面板中的“插入”按钮，将 F 图块插入到图形中，插入比例为 1，角度为 0，插入点为左边竖线端点，同时将其复制到右边竖线端点，如图 6-97 所示。

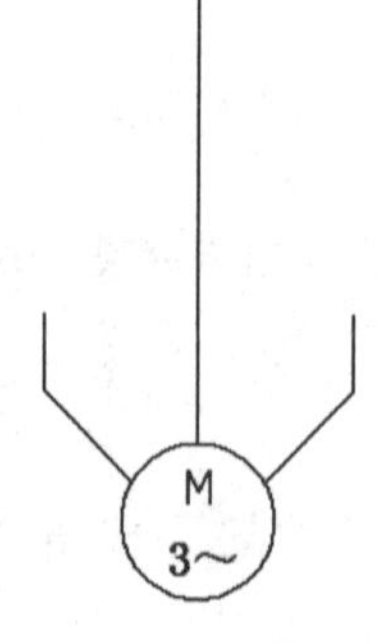


图 6-96　绘制导线

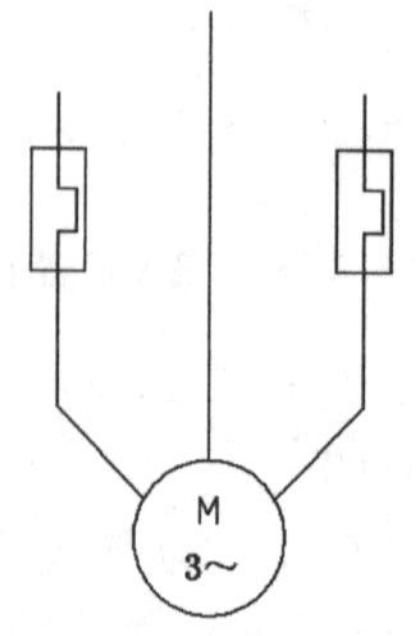


图 6-97　插入 F 图块

（7）单击“默认”选项卡“绘图”面板中的“直线”按钮和“修改”面板中的“修剪”按钮，在插入的F图块处绘制两条水平直线，并在竖直线上绘制连续线段，最后修剪多余的部分，如图6-98所示。

（8）单击“默认”选项卡“块”面板中的“插入”按钮，插入KM1图块到竖线上端点，并复制到其他两个端点，单击“默认”选项卡“绘图”面板中的“直线”按钮，绘制虚线，结果如图6-99所示。

（9）再次将插入并复制的3个KM1图块向上复制到KM1图块的上端点，如图6-100所示。

（10）单击“默认”选项卡“块”面板中的“插入”按钮，插入R图块到第一次插入的KM1图块的右边适当位置，并向右水平复制两次，如图6-101所示。

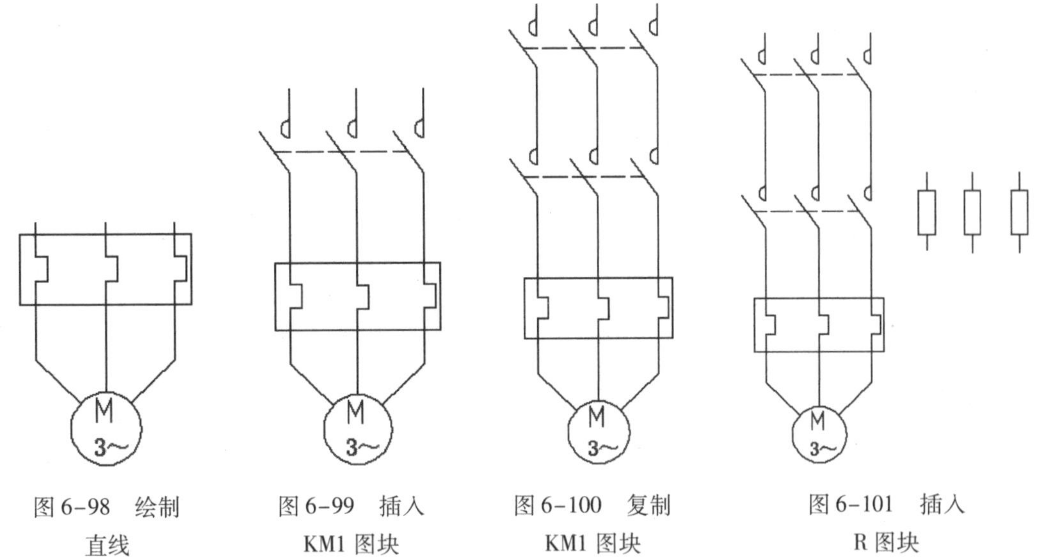


图6-98　绘制直线　　图6-99　插入KM1图块　　图6-100　复制KM1图块　　图6-101　插入R图块

（11）单击“默认”选项卡“绘图”面板中的“直线”按钮，绘制电阻R与主干竖线之间的连接线，如图6-102所示。

（12）单击“默认”选项卡“块”面板中的“插入”按钮，插入FU1图块到竖线上端点，并复制到其他两个端点，如图6-103所示。

（13）单击“默认”选项卡“块”面板中的“插入”按钮，插入QS图块到竖线上端点，并复制到其他两个端点，如图6-104所示。

（14）单击“默认”选项卡“绘图”面板中的“直线”按钮，绘制一条水平线段，端点为刚插入的QS图块斜线中点，并将其线型改为虚线，如图6-105所示。

（15）单击“默认”选项卡“绘图”面板中的“圆”按钮，在竖线顶端绘制一个小圆圈，并复制到另两个竖线顶端，如图6-106所示，表示线路与外部的连接点。

（16）单击“默认”选项卡“绘图”面板中的“直线”按钮，从主干线上引出两条水平线，如图6-107所示。

（17）单击“默认”选项卡“块”面板中的“插入”按钮，插入FU1图块到上面水平引线右端点，指定旋转角度为-90。这时，系统打开提示框，提示是否重新定义FU1图块（因为前面已经插入过 FU1 图块），如图 6-108 所示，选择“重新定义块”，插入 FU1 图块，如图 6-109 所示。

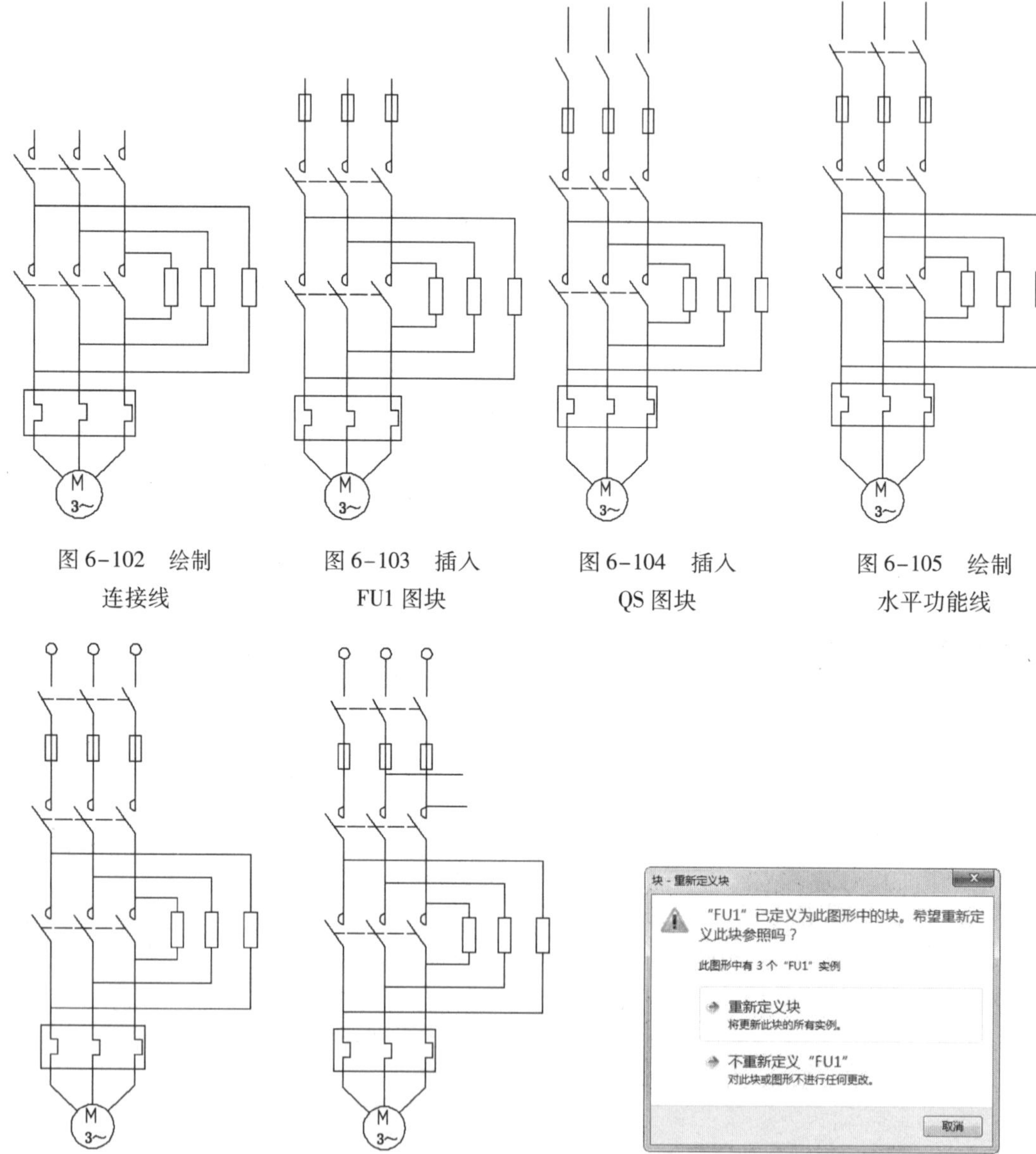


图 6-102　绘制连接线

图 6-103　插入 FU1 图块

图 6-104　插入 QS 图块

图 6-105　绘制水平功能线

图 6-106　绘制小圆圈

图 6-107　引出水平线

图 6-108　“块 - 重新定义块”对话框

（18）在 FU1 图块右端绘制一条短水平线，再次执行“插入块”命令，插入 FR 图块到水平短线右端点，如图 6-110 所示。

（19）单击“默认”选项卡“块”面板中的“插入”按钮，连续插入图块 SB1、SB2、KM 到下面一条水平引线右端，如图 6-111 所示。

（20）在插入的 SB1 和 SB2 图块之间水平线上向下引出一条竖直线，并执行“插入块”命令，插入 KM1 图块到竖直引线下端点，指定插入时的旋转角度为 -90，并进行整理，结果如图 6-112 所示。

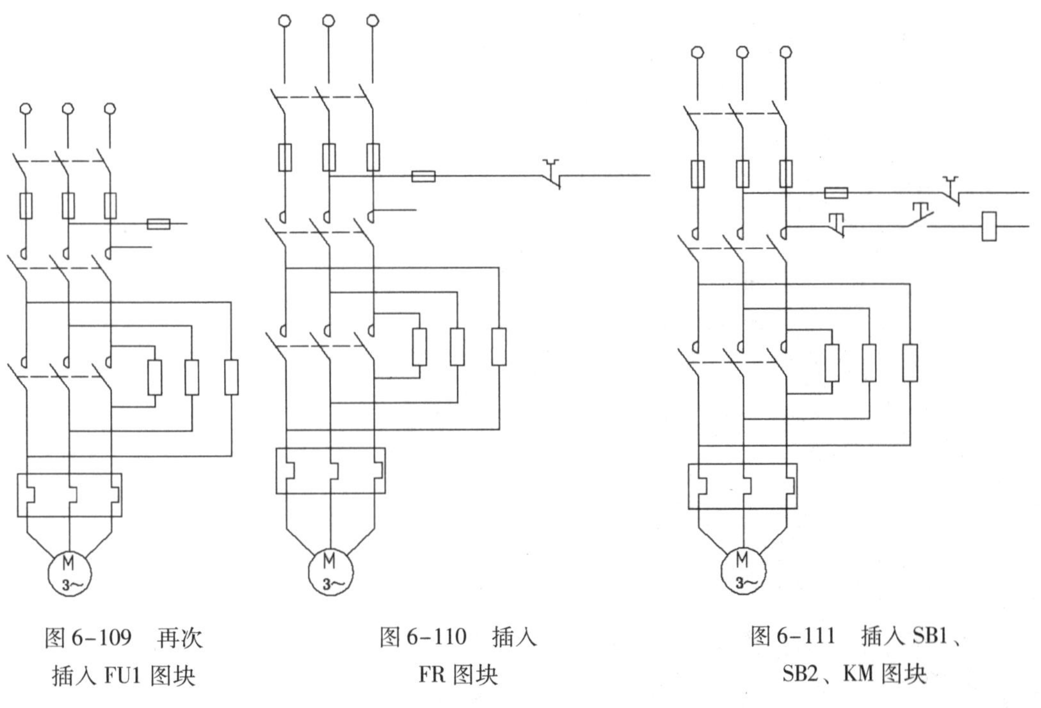

图6-109 再次插入FU1图块

图6-110 插入FR图块

图6-111 插入SB1、SB2、KM图块

(21) 单击“默认”选项卡“块”面板中的“插入”按钮，在刚插入的KM1图块右端依次插入图块SB2、KM，效果如图6-113所示。

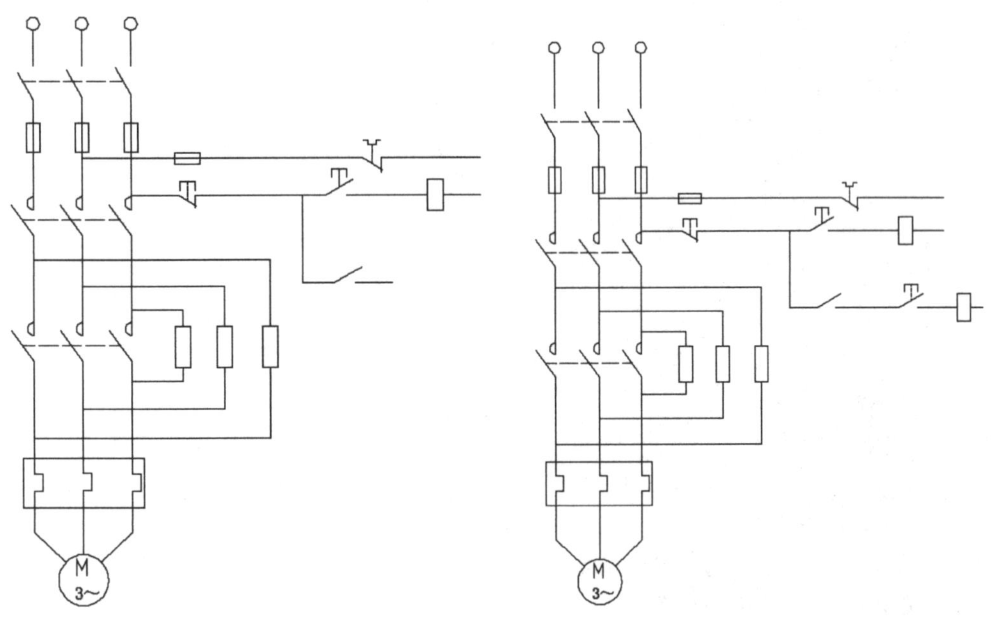

图6-112 插入KM1图块

图6-113 插入SB2、KM图块

(22) 类似步骤（20），向下绘制竖直引线，并插入图块KM1，如图6-114所示。

(23) 单击“默认”选项卡“绘图”面板中的“直线”按钮，补充绘制相关导线，如图6-115所示。

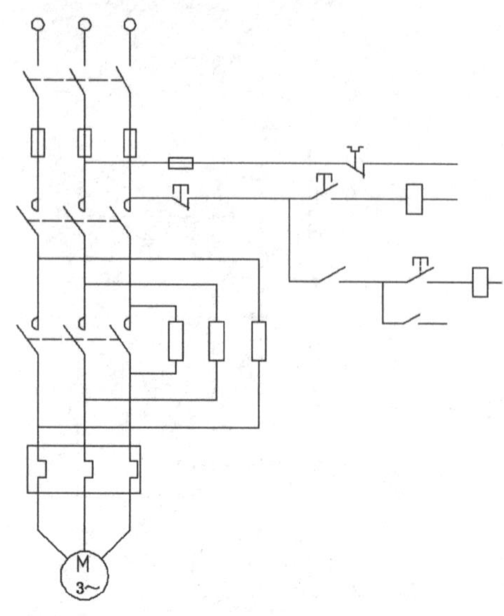


图 6-114　再次插入图块 KM1

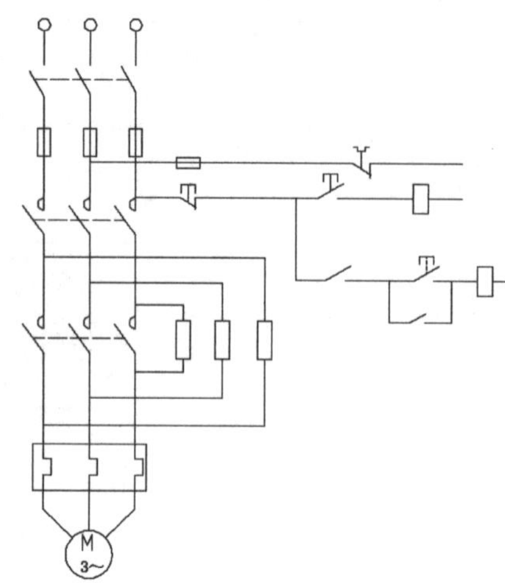


图 6-115　补充导线

（24）局部放大图形，可以发现 SB1、SB2 等图块在插入图形后，虚线图线不可见，如图 6-116 所示。

**注意**

这是因为图块插入到图形后，其大小有变化，导致相应的图线有变化。

（25）双击插入图形的 SB2 图块，打开“编辑块定义”对话框，如图 6-117 所示，单击“确定”按钮。

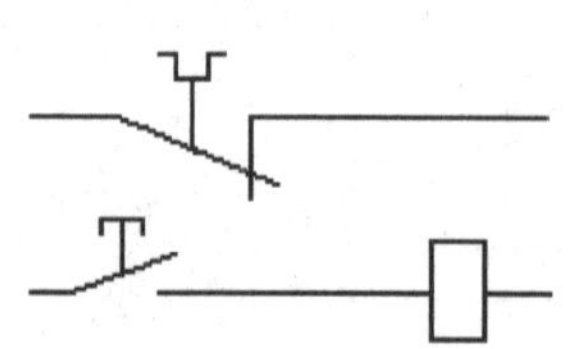

图 6-116　放大显示局部

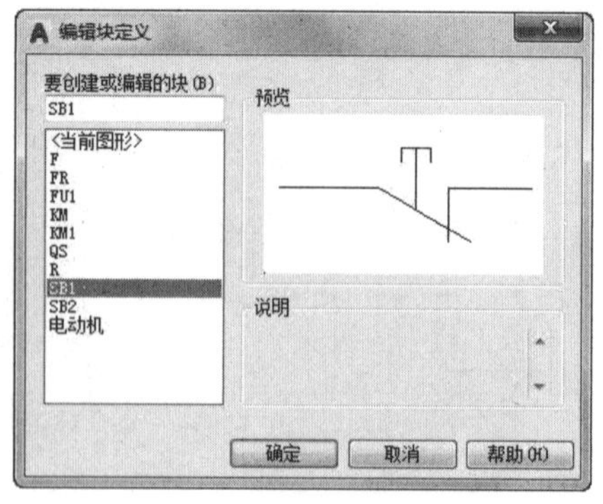


图 6-117　“编辑块定义”对话框

（26）系统打开动态块编辑界面，如图 6-118 所示。

（27）双击 SB2 图块中间竖线，打开“特性”选项板，修改线型比例，如图 6-119 所示。修改后的图块如图 6-120 所示。

（28）单击“动态块编辑”工具栏中的“关闭块编辑器”按钮，退出动态块编辑界面，系统提示是否保存块的修改，如图 6-121 所示，选择“将更改保存到 SB2”选项，系统返回到绘图区。

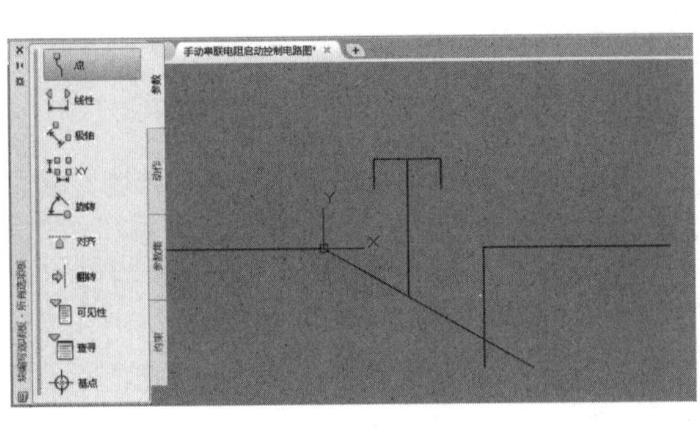


图 6-118　动态块编辑界面

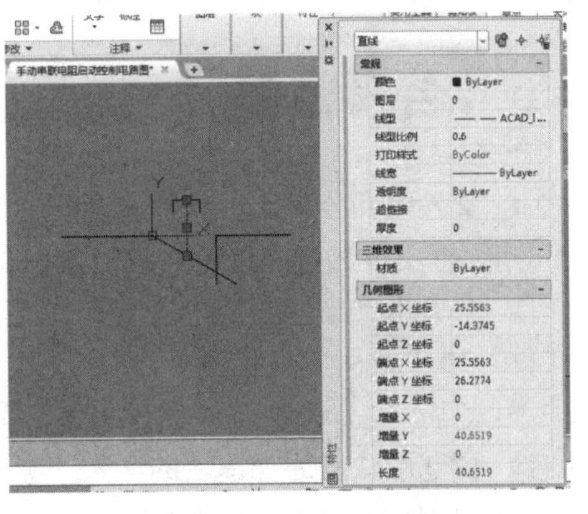


图 6-119　修改线型比例

（29）继续选择要修改的图块进行编辑，编辑完成后，可以看到图块对应图线已经变成了虚线，如图 6-122 所示。整个图形如图 6-123 所示。

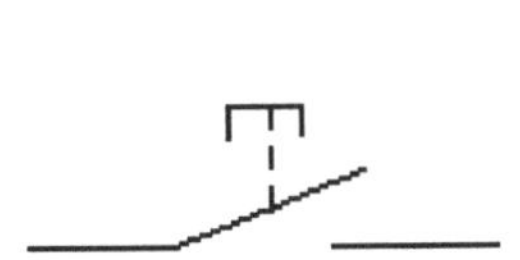

图 6-120　修改后的图块

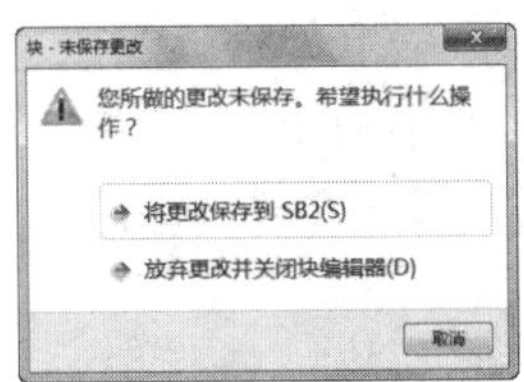


图 6-121　提示框

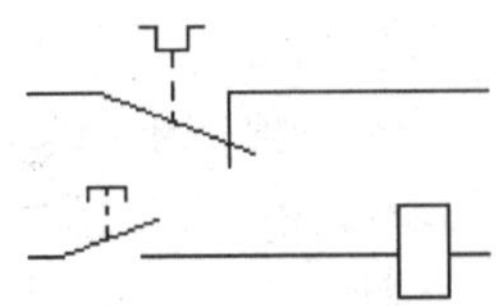

图 6-122　修改后的图块

（30）单击“默认”选项卡“注释”面板中的“多行文字”按钮 A，输入电气符号代表文字，最终效果如图 6-124 所示。

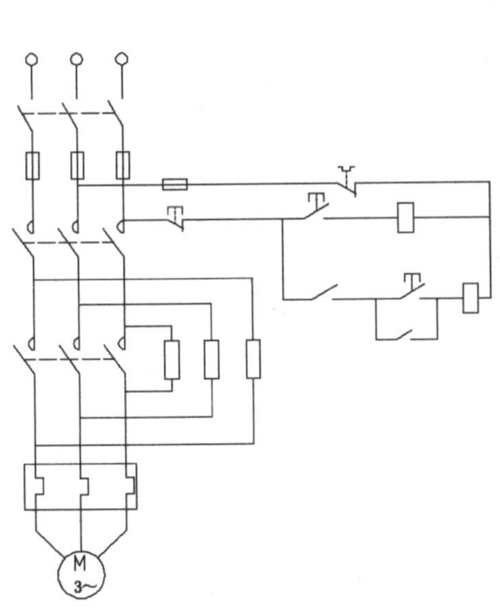

图 6-123　整个图形

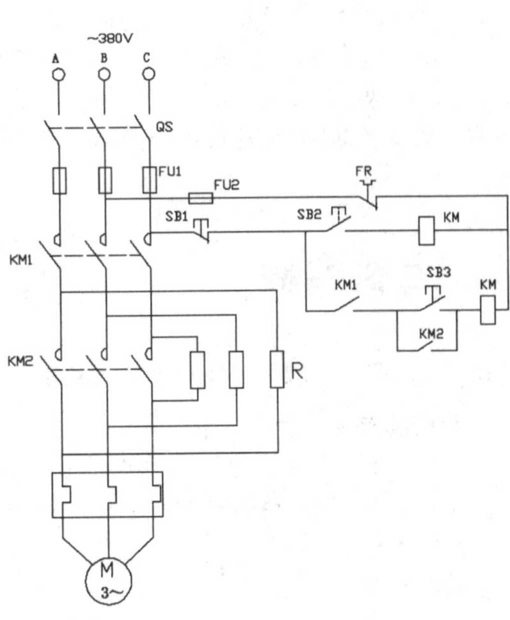


图 6-124　手动串联电阻起动控制电路图

## 6.6 名师点拨

**1. 文件占用空间大，计算机运行速度慢怎么办?**

当图形文件经过多次的修改，特别是插入多个图块以后，文件占用的空间会越变越大，这时，计算机的运行速度会变慢，图形处理速度也变慢。此时可以通过在菜单栏中选择“文件”→“绘图实用程序”→“清除”命令，清除无用的图块、字形、图层、标注形式、复线形式等，这样图形文件也会随之变小。

**2. 内部图块与外部图块的区别。**

内部图块是在一个文件内定义的图块，可以在该文件内部自由作用，内部图块一旦被定义，它就和文件同时被存储和打开。外部图块将“块”以主文件的形式写入磁盘，其他图形文件也可以使用它。这是外部图块和内部图块的一个重要区别。

**3. 外部参照插入文件与图块插入文件对比。**

插入“外部块”是将块的图形数据全部插入到当前图形中，而外部参照只记录参照图形位置等链接信息，并不插入该参照图形的图形数据。所以相同的结果文件，采取外部参照插入方式的文件要比采取图块插入方式的文件小。

**4. 图块应用时应注意什么?**

(1) 图块组成对象图层的继承性。

(2) 图块组成对象颜色、线型和线宽的继承性。

(3) Bylaer、Byblock 的意义，即随层与随块的意义。

(4) 0 层的使用。

读者可以自行练习体会。AutoCAD 提供了“动态图块编辑器”。块编辑器是专门用于创建块定义并添加动态行为的编写区域。块编辑器提供了专门的编写选项板。通过这些选项板可以快速访问块编写工具。除了块编写选项板之外，块编辑器还提供了绘图区域，用户可以根据需要在程序的主绘图区域中绘制和编辑几何图形。用户可以指定块编辑器绘图区域的背景色。

## 6.7 上机实验

**【练习1】定义“螺母”图块并插入到轴图形中，组成一个配合。**

**1. 目的要求**

本练习涉及“图块定义”和“外部参照附着”命令。通过本练习，要求读者掌握图块的定义方法和“外部参照附着”命令的使用，同时复习绘图命令。

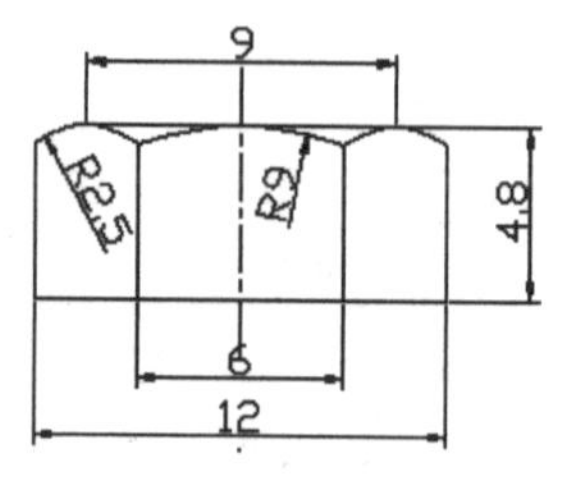


图 6-125 绘制图块

**2. 操作提示**

(1) 如图 6-125 所示，利用“块定义”对话框进行适当设置，定义块。

(2) 利用“WBLOCK”命令进行适当设置，保存块。

(3) 打开绘制好的轴零件图。

(4) 执行“外部参照附着”命令，选择图 6-126 所示的螺母零件图文件为参照图形文件，设置相关参数，将螺母图形附着到轴零件图中。

**【练习 2】给如图 6-126 所示的齿轮图形标注表面粗糙度。**

**1. 目的要求**

本练习涉及“定义图块属性”命令。通过本练习，要求读者掌握图块的属性定义，同时复习定义图块。

**2. 操作提示**

(1) 利用“直线”命令绘制表面粗糙度符号。

(2) 定义表面粗糙度符号的属性，将表面粗糙度值设置为其中需要验证的标记。

(3) 将绘制的表面粗糙度符号及其属性定义成图块。

(4) 保存图块。

(5) 在图形中插入表面粗糙度图块，每次插入时输入不同的表面粗糙度值作为属性值。

**【练习 3】为如图 6-127 所示的穹顶展览馆立面图形标注标高符号。**

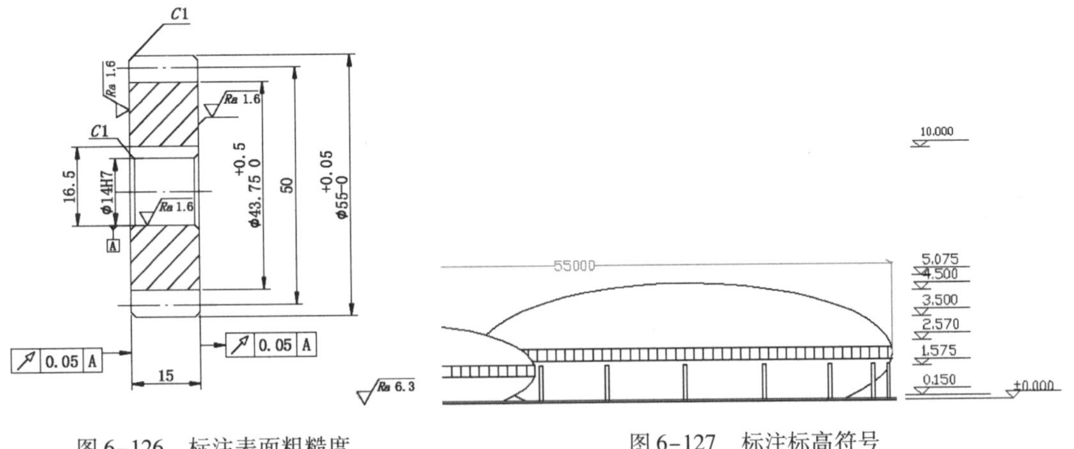


图 6-126 标注表面粗糙度　　图 6-127 标注标高符号

**1. 目的要求**

绘制重复性的图形单元的最简单快捷的办法是——将重复性的图形单元制作成图块，然后将图块插入图形。本实验通过对标高符号的标注使读者掌握图块的相关知识。

**2. 操作提示**

(1) 利用“直线”命令绘制标高符号。

(2) 定义标高符号的属性，将标高值设置为其中需要验证的标记。

(3) 将绘制的标高符号及其属性定义成图块。

(4) 保存图块。

(5) 在建筑图形中插入标高图块，每次插入时输入不同的标高值作为属性值。

## 6.8 思考与练习

(1) 如果想把一个光栅图像彻底从当前文档中删除，应当（　　）。

A. 卸载　　B. 拆离　　C. 删除　　D. 剪切

(2) 用“BLOCK”命令定义的内部图块，下面哪个说法是正确的？（　　）

A. 只能在定义它的图形文件内自由调用

B. 只能在另一个图形文件内自由调用

C. 既能在定义它的图形文件内自由调用，又能在另一个图形文件内自由调用

D. 两者都不能用

(3) 将不可见的属性修改为可见的命令是（　　）。

A. EATTEDIT　　B. BATMAN　　C. ATTEDIT　　D. DDEDIT

(4) 下列哪项不能用块属性管理器进行修改？（　　）

A. 属性文字如何显示

B. 属性的个数

C. 属性所在的图层和属性的颜色、宽度及类型

D. 属性的可见性

(5) 如果插入的块所使用的图形单位与为图形指定的单位不同，则（　　）。

A. 对象以一定比例缩放以维持视觉外观

B. 英制的放大25.4倍

C. 公制的缩小25.4倍

D. 块将自动按照两种单位相比的等价比例因子进行缩放

(6) 使用“XR”命令，附着外部参照图形后，将该图形改为绑定，参照文件图层变化情况是（　　）。

A. 没有变化　　B. 由$0$分隔符变为|分隔符

C. 由分隔符|变为$0$分隔符　　D. 以上都不正确

(7) 下面关于外部参照的说法错误的是（　　）。

A. 如果外部参照包含任何可变块属性，它们将被忽略

B. 用于定位外部参照的已保存路径只能是完整路径或相对路径

C. 可以使用DesignCenter（设计中心）将外部参照附着到图形

D. 可以从设计中心拖动外部参照

(8) 当imageframe的值为多少时，关闭光栅文件的边框？（　　）

A. imageframe = 0　　B. imageframe = 1　　C. imageframe = 2　　D. imageframe = 3

(9) 下列关于块的说法正确的是（　　）。

A. 块只能在当前文档中使用

B. 只有用“WBLOCK”命令写到盘上的块才可以插入另一图形文件中

C. 任何一个图形文件都可以作为块插入另一幅图中

D. 用“BLOCK”命令定义的块可以直接通过“INSERT”命令插入到任何图形文件中

# 第 7 章

# 集成化绘图工具

为了提高系统整体的图形设计效率，并有效地管理整个系统的所有图形设计文件，AutoCAD 经过不断的探索和完善，推出了大量的协同绘图工具，包括：查询工具、设计中心、工具选项板、CAD 标准、图纸集管理器和标记集管理器等工具。利用设计中心和工具选项板，用户可以建立自己的个性化图库，也可以利用别人提供的强大的资源快速准确地进行图形设计。同时利用 CAD 标准管理器、图纸集管理器和标记集管理器，用户可以有效地协同统一管理整个系统的图形文件。

- 设计中心
- 工具选项板
- 对象查询
- CAD 标准
- 图纸集
- 标记集
- 打印

# 7.1 设计中心

AutoCAD 2018 设计中心是一个集成化的快速绘图工具，使用设计中心可以很容易地组织设计内容，并把它们拖动到自己的图形中，辅助快速绘图。也可以使用 AutoCAD 2018 设计中心窗口的内容显示区，来观察用 AutoCAD 2018 设计中心的资源管理器所浏览资源的细目。

## 7.1.1 起动设计中心

【执行方式】

- 命令行：ADCENTER（快捷命令：ADC）。
- 菜单栏：选择菜单栏中的“工具”→“选项板”→“设计中心”命令。
- 工具栏：单击“标准”工具栏中的“设计中心”按钮。
- 功能区：单击“视图”选项卡“选项板”面板中的“设计中心”按钮。
- 快捷键：〈Ctrl +2〉。

执行上述命令后，系统打开设计中心。第一次起动设计中心时，它默认打开的选项卡为“文件夹”。内容显示区采用大图标显示，左边的资源管理器采用树形显示方式显示系统的树形结构。浏览资源的同时，在内容显示区显示所浏览资源的有关细目或内容，如图 7-1 所示。在图 7-1 中，左侧为 AutoCAD 2018 设计中心的资源管理器，右侧为 AutoCAD 2018 设计中心窗口的内容显示区。其中，上面窗格为文件显示区，中间窗格为图形预览显示区，下面窗格为说明文本显示区。

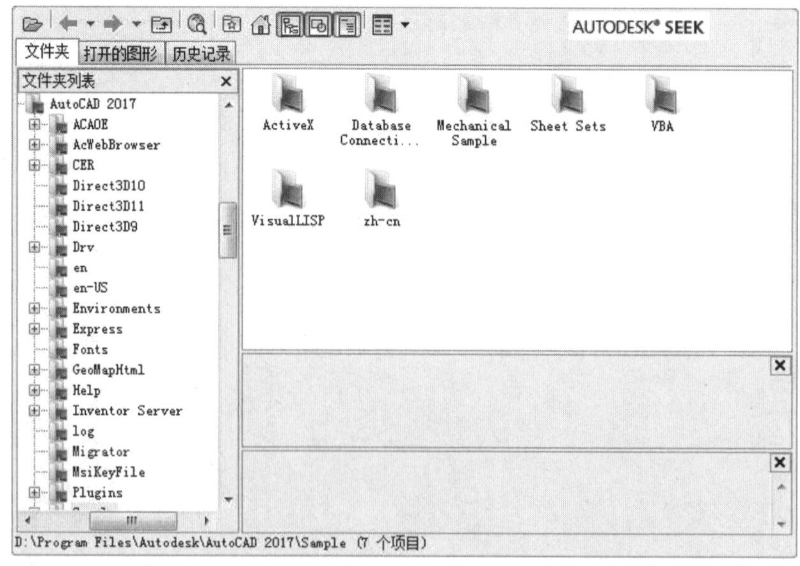


图 7-1　AutoCAD 2018 设计中心的资源管理器和内容显示区

可以依靠鼠标拖动边框来改变 AutoCAD 2018 设计中心资源管理器和内容显示区以及

AutoCAD 2018 绘图区的大小，但内容显示区的最小尺寸应能显示两列大图标。

如果要改变 AutoCAD 2018 设计中心的位置，可在 AutoCAD 2018 设计中心工具条的上部用鼠标拖动它。松开鼠标后，AutoCAD 2018 设计中心便处于当前位置，到新位置后，仍可以用鼠标改变各窗口的大小。也可以通过设计中心左下方的“自动隐藏”按钮自动隐藏设计中心。

### 7.1.2 插入图块

可以利用设计中心将图块插入到图形当中。当将一个图块插入到图形当中时，块定义就被复制到图形数据库当中。在一个图块被插入图形之后，如果原来的图块被修改，则插入到图形当中的图块也随之改变。

当其他命令正在执行时，不能插入图块到图形当中。例如，如果在插入块时，在命令行正在执行一个命令，此时光标变成一个带斜线的圆，提示操作无效。另外，一次只能插入一个图块。AutoCAD 设计中心提供了插入图块的两种方法。

**1. 利用鼠标指定比例和旋转方式插入图块**

采用此方法时，AutoCAD 根据鼠标拉出的线段的长度与角度确定比例与旋转角度。采用该方法插入图块的步骤如下：

（1）从文件夹列表或查找结果列表框中选择要插入的图块，按住鼠标左键，将其拖动到打开的图形。松开鼠标左键，此时，被选择的对象被插入到当前被打开的图形当中。利用当前设置的捕捉方式，可以将对象插入到任何存在的图形当中。

（2）按下鼠标左键，指定一点作为插入点，移动鼠标，鼠标位置点与插入点之间的距离为缩放比例，按下鼠标左键确定比例。用同样的方法移动鼠标，鼠标指定位置与插入点连线和水平线角度为旋转角度。被选择的对象就根据鼠标指定的比例和角度插入到图形当中。

**2. 精确指定坐标、比例和旋转角度插入图块**

利用该方法可以设置插入图块的参数，具体方法如下：

（1）从文件夹列表或查找结果列表框中选择要插入的对象，拖动对象到打开的图形。

（2）在相应的命令行提示下输入比例和旋转角度等数值。被选择的对象根据指定的参数插入到图形当中。

### 7.1.3 图形复制

利用设计中心进行图形复制的具体方法有两种，下面具体讲述。

**1. 在图形之间复制图块**

利用 AutoCAD 设计中心可以浏览和装载需要复制的图块，然后将图块复制到粘贴板，利用粘贴板将图块粘贴到图形当中。具体方法如下：

（1）在控制板选择需要复制的图块，单击鼠标右键，在弹出的快捷菜单中选择“复制”命令。

（2）将图块复制到粘贴板上，然后通过“粘贴”命令粘贴到当前图形上。

**2. 在图形之间复制图层**

利用 AutoCAD 设计中心可以从任何一个图形复制图层到其他图形。例如，如果已经绘制了一个包括设计所需的所有图层的图形，在绘制另外新的图形时，可以新建一个图形文件，并通过 AutoCAD 设计中心将已有的图层复制到新的图形当中。这样可以节省时间，并保证图形间的一致性。具体方法有两种。

（1）拖动图层到已打开的图形。确认要复制图层的目标图形文件已被打开，并且是当前的图形文件。在控制板或查找结果列表框中选择要复制的一个或多个图层，拖动图层到打开的图形文件，松开鼠标后被选择的图层被复制到打开的图形当中。

（2）复制或粘贴图层到打开的图形。确认要复制图层的图形文件已被打开，并且是当前的图形文件。在控制板或查找结果列表框中选择要复制的一个或多个图层，右击并在快捷菜单中选择“复制到粘贴板”命令。如果要粘贴图层，应确认粘贴的目标图形文件被打开，并为当前文件。右击并在快捷菜单中选择“粘贴”命令。

## 7.2 工具选项板

工具选项板是“工具选项板”窗口中选项卡形式的区域，提供组织、共享和放置块及填充图案的有效方法。工具选项板还可以包含由第三方开发人员提供的自定义工具。

### 7.2.1 打开工具选项板

【执行方式】

- 命令行：TOOLPALETTES（快捷命令：TP）。
- 菜单栏：选择菜单栏中的“工具”→“选项板”→“工具选项板窗口”命令。
- 工具栏：单击“标准”工具栏中的“工具选项板窗口”按钮。
- 功能区：单击“视图”选项卡“选项板”面板中的“工具选项板”按钮。
- 快捷键：〈Ctrl +3〉。

执行上述命令后，系统自动打开“工具选项板”窗口。在工具选项板中，系统设置了一些常用图形选项卡，这些常用图形可以方便用户绘图。

### 7.2.2 工具选项板的显示控制

可以利用工具选项板的相关功能控制其显示。具体方法如下。

**1. 移动和缩放“工具选项板”窗口**

用户可以用鼠标按住“工具选项板”窗口深色边框，拖动鼠标，即可移动“工具选项板”窗口。将鼠标指向“工具选项板”窗口边缘，出现双向伸缩箭头，按住鼠标左键拖动即可缩放“工具选项板”窗口。

**2. 自动隐藏**

在“工具选项板”窗口深色边框上单击“自动隐藏”按钮，可自动隐藏“工具选项板”窗口，再次单击，则自动打开“工具选项板”窗口。

**3.“透明度”控制**

在“工具选项板”窗口深色边框上单击“特性”按钮，打开“特性”快捷菜单，如

图 7-2 所示。选择“透明度”命令，系统打开“透明度”对话框，如图 7-3 所示。通过调节按钮可以调节“工具选项板”窗口的透明度。

**4.“视图”控制**

将鼠标放在“工具选项板”窗口的空白地方，单击鼠标右键，在弹出的快捷菜单中选择“视图选项”命令，如图 7-4 所示。打开“视图选项”对话框，如图 7-5 所示。选择有关选项，拖动调节按钮可以调节视图中图标或文字的大小。

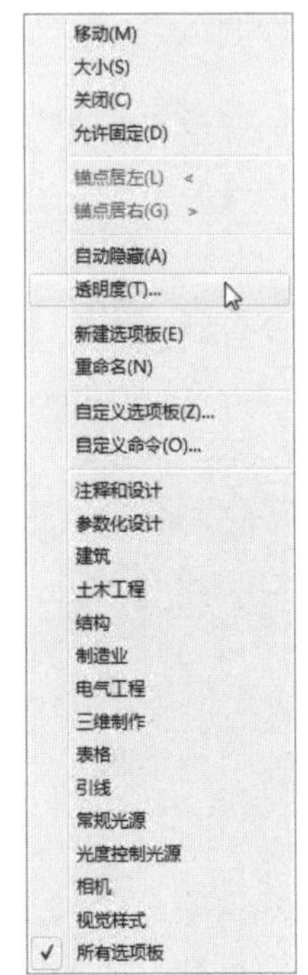


图 7-2 “特性”快捷菜单

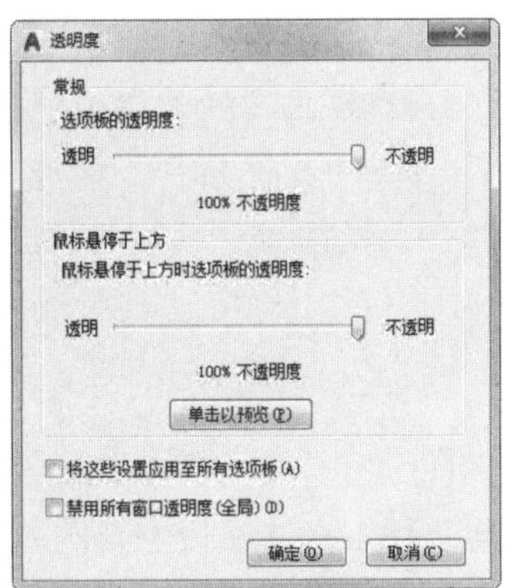


图 7-3 “透明度”对话框

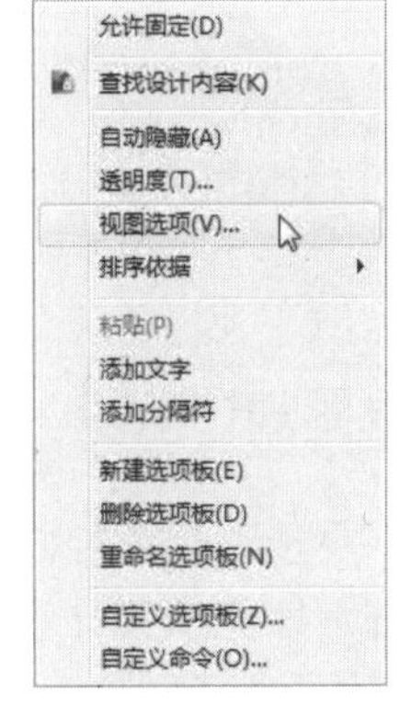


图 7-4 快捷菜单

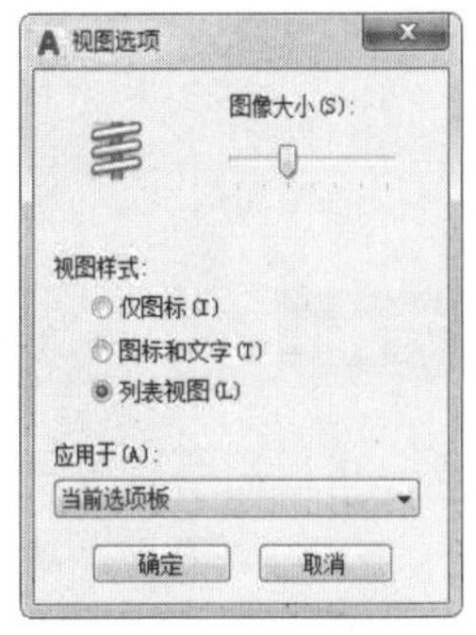


图 7-5 “视图选项”对话框

### 7.2.3 新建工具选项板

用户可以建立新工具选项板，这样有利于个性化作图，也能够满足特殊作图需要。

**【执行方式】**

- 命令行：CUSTOMIZE。
- 菜单栏：选择菜单栏中的“工具”→“自定义”→“工具选项板”命令。
- 快捷菜单：在快捷菜单中选择“自定义”命令。

执行上述命令后，系统打开“自定义”对话框中的“工具选项板 – 所有选项板”选项卡，如图 7-6 所示。

在“选项板”列表框中右击，弹出快捷菜单，选择“新建选项板”命令，如图 7-7 所示，在打开的对话框中可以为新建的工具选项板命名。确认后，工具选项板中就增加了一个新的选项板，如图 7-8 所示。

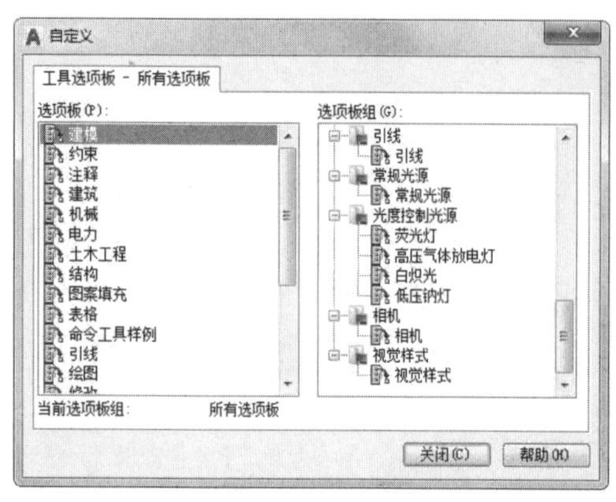

图 7-6 “自定义”对话框

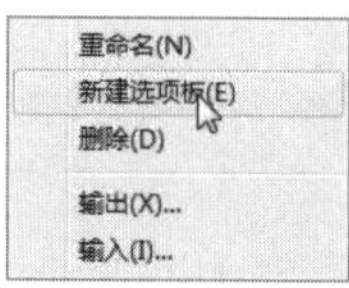

图 7-7 “新建选项板”命令

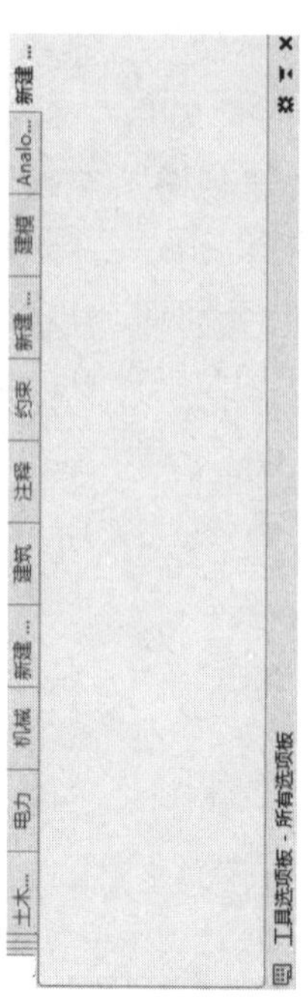

图 7-8 新增选项板

## 7.2.4 向工具选项板添加内容

可以用两种方法向工具选项板添加内容，具体如下：

(1) 将图形、块和图案填充从设计中心拖动到工具选项板上。例如，在“Designcenter”文件夹上右击，系统打开右键快捷菜单，从中选择“创建块的工具选项板”命令，如图 7-9 所示。设计中心中存储的图元就出现在工具选项板中新建的“Designcenter”选项卡上，如图 7-10 所示。这样就可以将设计中心与工具选项板结合起来，建立一个快捷方便的工具选项板。将工具选项板中的图形拖动到另一个图形中时，图形将作为块插入。

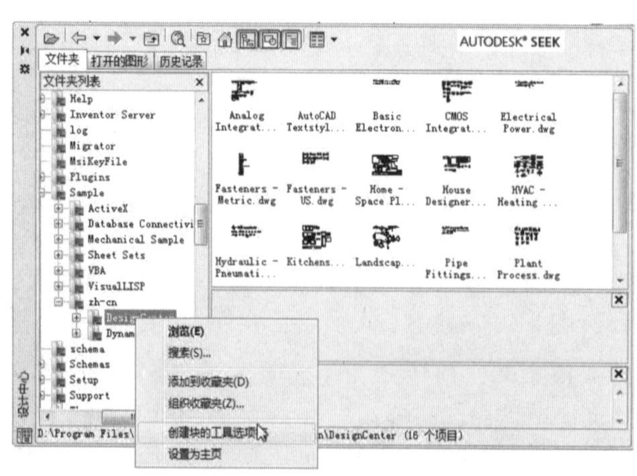

图 7-9 将存储图元创建成“设计中心”工具选项板

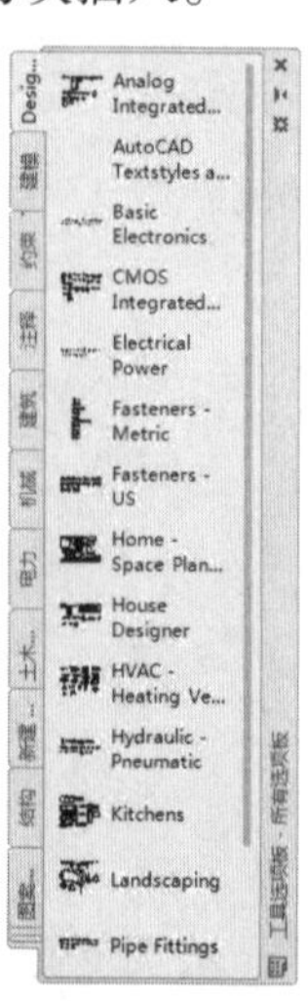

图 7-10 新创建的工具选项板

（2）使用“剪切”“复制”和“粘贴”命令将一个工具选项板中的工具移动或复制到另一个工具选项板中。

### 7.2.5 实例——建立紧固件工具选项板

紧固件包括螺母、螺栓和螺钉等，这些零件在绘图中应用广泛。对于这些图形，可以建立紧固件选项板，需要时直接调用它们，从而提高绘图效率。本实例通过定义块来实现紧固件选项板的建立。

**【操作步骤】（实例演示\第7章\建立紧固件工具选项板.avi）**

（1）单击“视图”选项卡“选项板”面板中的“设计中心”按钮，打开“源文件\第7章\建立紧固件工具选项板\紧固件”图形文件，如图7-11所示。在设计中心“文件夹列表”中右击文件名，从弹出的快捷菜单中选择“创建工具选项板”命令，AutoCAD即可在工具选项板中创建新选项板。该选项板的名称为图形文件名，且选项板中已经定义了各个块的图标，如图7-12所示。

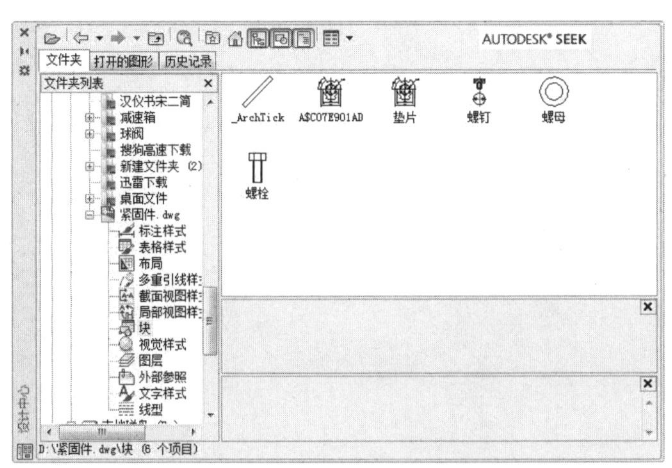


图7-11 打开图形文件

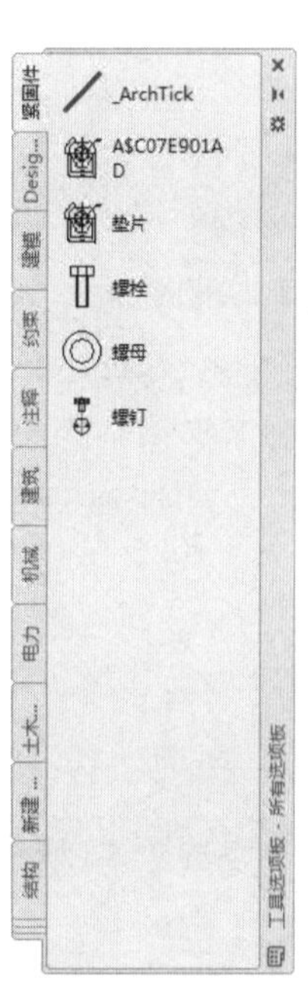


图7-12 工具选项板

（2）如果在绘制图形时需要插入某图形，打开该图形所在选项板，将对应的图标拖到图形中，即可将该图标表示的图形插入到当前图形中。

## 7.3 对象查询

在绘制图形或阅读图形的过程中，有时需要即时查询图形对象的相关数据，如对象之间的距离、建筑平面图室内面积等。为了方便这些查询工作，AutoCAD提供了相关的查询命令。

### 7.3.1 查询距离

【执行方式】

- 命令行：DIST。
- 菜单栏：选择菜单栏中的“工具”→“查询”→“距离”命令。
- 工具栏：单击“查询”工具栏中的“距离”按钮。
- 功能区：单击“默认”选项卡“实用工具”面板中的“距离”按钮。

【操作步骤】

执行上述命令后，根据系统提示指定要查询的第一点和第二点。命令行提示与操作如下：

```
命令:_MEASUREGEOM
输入选项[距离(D)/半径(R)/角度(A)/面积(AR)/体积(V)] <距离>:_distance
指定第一点:
指定第二个点或[多个点(M)]:
距离 =18.0000,XY 平面中的倾角 =270,与 XY 平面的夹角 =0
X 增量 =0.0000,Y 增量 = -18.0000,Z 增量 =0.0000
输入选项[距离(D)/半径(R)/角度(A)/面积(AR)/体积(V)/退出(X)] <距离>:
```

【选项说明】

(1) 距离（D）：两点之间的三维距离。

(2) *XY* 平面中的倾角：两点之间连线在 *XY* 平面上的投影与 $x$ 轴的夹角。

(3) 与 *XY* 平面的夹角：两点之间连线与 *XY* 平面的夹角。

(4) *X* 增量：第二点 $x$ 坐标相对于第一点 $x$ 坐标的增量。

(5) *Y* 增量：第二点 $y$ 坐标相对于第一点 $y$ 坐标的增量。

(6) *Z* 增量：第二点 $z$ 坐标相对于第一点 $z$ 坐标的增量。

面积、面域/质量特性的查询与距离查询类似，不再赘述。

### 7.3.2 查询对象状态

【执行方式】

- 命令行：STATUS。
- 菜单栏：选择菜单栏中的“工具”→“查询”→“状态”命令。

执行上述命令后，系统自动切换到文本显示窗口，显示当前文件的状态，包括文件中的各种参数状态以及文件所在磁盘的使用状态，如图 7-13 所示。

列表显示、点坐标、时间和系统变量等查询工具与查询对象状态方法和功能相似，不再赘述。

### 7.3.3 实例——查询法兰盘属性

图形查询功能主要是通过一些查询命令来完成的，这些命令在查询工具栏大多都可以找到。通过查询工具，可以查询点的坐标、距离、面积及面域/质量特性，本例通过查询如图 7-14 所示法兰盘的属性来熟悉查询命令的用法。

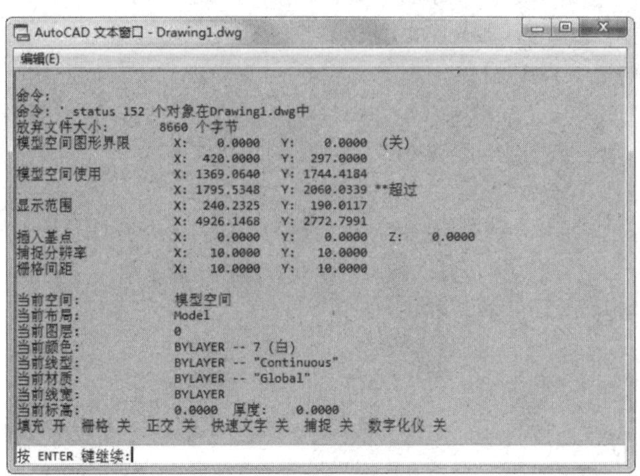


图 7-13 文本显示窗口

**【操作步骤】(实例演示\第 7 章\查询法兰盘属性.avi)**

**1. 打开图形**

打开“源文件\第 7 章\查询法兰盘属性\法兰盘”图形文件，如图 7-14 所示。

**2. 点查询**

点坐标查询命令用于查询指定点的坐标值。点查询命令的具体操作步骤如下：

单击“默认”选项卡“实用工具”面板中的“点坐标”按钮，查询法兰盘的中心点坐标为 $x = 924.3817$，$y = 583.4961$，$z = 0.0000$。

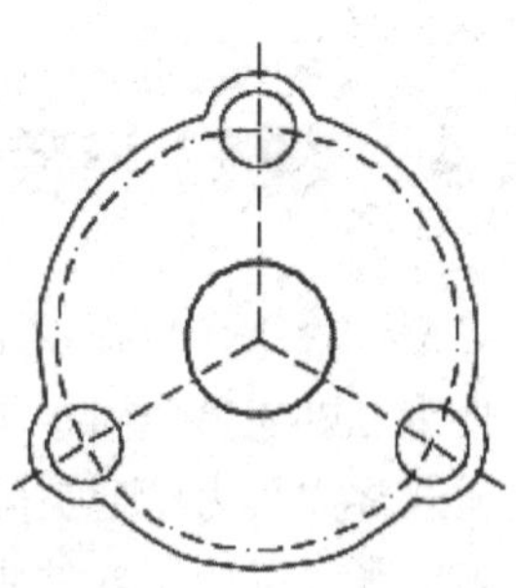

图 7-14 法兰盘

**3. 距离查询**

单击“默认”选项卡“实用工具”面板中的“距离”按钮，查询点 1 到点 2 的距离。命令行提示与操作如下：

```
命令:_MEASUREGEOM
输入选项[距离(D)/半径(R)/角度(A)/面积(AR)/体积(V)] <距离>:_distance
指定第一点:选择法兰盘边缘左下角的小圆圆心,如图 7-15 中 1 点
指定第二个点或[多个点(M)]:选择法兰盘中心点,如图 7-15 中 0 点
距离 = 55.0000,XY 平面中的倾角 = 30,与 XY 平面的夹角 = 0,X 增量 = 47.6314,Y 增量 =
27.5000,Z 增量 = 0.0000
输入选项[距离(D)/半径(R)/角度(A)/面积(AR)/体积(V)/退出(X)] <距离>:
```

**4. 面积查询**

面积查询命令可以计算一系列指定点之间的面积和周长，或计算多种对象的面积和周长，还可使用加模式和减模式来计算组合面积。

单击“默认”选项卡“实用工具”面板中的“面积”按钮，查询面积，命令行提示与操作如下：

```
命令:_MEASUREGEOM
输入选项[距离(D)/半径(R)/角度(A)/面积(AR)/体积(V)] <距离>:_area
指定第一个角点或[对象(O)/增加面积(A)/减少面积(S)/退出(X)] <对象(O)>:
指定下一个点或[圆弧(A)/长度(L)/放弃(U)]:选择法兰盘上1点,如图7-16所示
指定下一个点或[圆弧(A)/长度(L)/放弃(U)]:选择法兰盘上2点,如图7-16所示
指定下一个点或[圆弧(A)/长度(L)/放弃(U)/总计(T)] <总计>:选择法兰盘上3点,如图7-16所示
指定下一个点或[圆弧(A)/长度(L)/放弃(U)/总计(T)] <总计>:选择法兰盘上1点,如图7-16所示
区域=3929.5903,周长= 285.7884
```

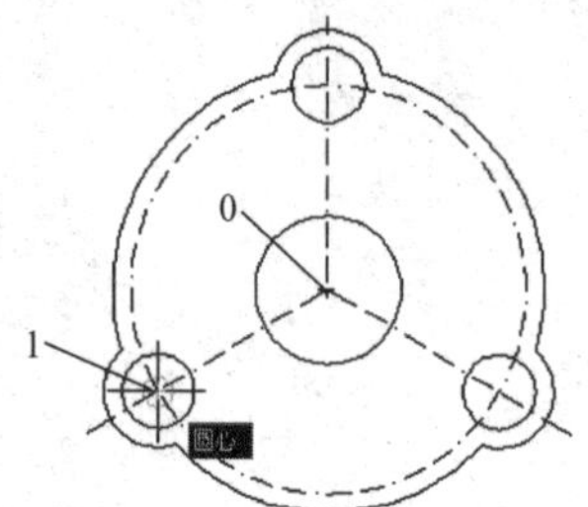


图7-15　查询法兰盘两点间距离

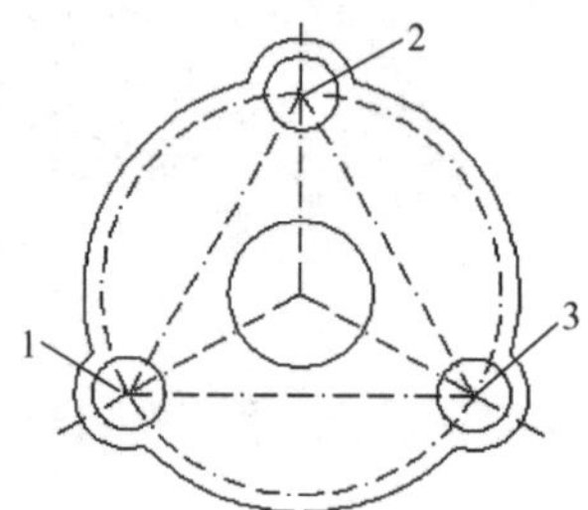


图7-16　查询法兰盘三点形成的面的周长及面积

## 7.4　视口与空间

AutoCAD窗口提供了两个并行的工作环境，即“模型”选项卡和“布局“选项卡。本节将重点讲述模型和布局的设置及控制。在“模型”选项卡上工作时，可以绘制主题的模型，通常称其为模型空间。在“布局”选项卡上，可以布置模型的多个“快照”。一个布局代表一张可以使用各种比例显示的一个或多个模型视图的图样。可以选择“模型”选项卡或“布局“选项卡来实现模型空间和布局空间的转换。

无论是模型空间还是布局空间，都以各种视口来表示图形。视口是图形屏幕上用于显示图形的一个矩形区域。默认时，系统把整个作图区域作为单一的视口，用户可以通过其绘制和显示图形。此外，用户也可根据需要把作图屏幕设置成多个视口，每个视口显示图形的不同部分，这样可以更清楚地描述物体的形状。但同一时间仅有一个是当前视口。这个当前视口便是工作区，系统在工作区周围显示粗的边框，以便用户知道哪一个视口是工作区。本节内容的菜单命令主要集中在“视图”菜单，而本节内容的命令主要集中在“模型视口”面板中，如图7-17所示。

图7-17　“模型视口”面板

### 7.4.1 视口

绘图区可以被划分为多个相邻的非重叠视口。在每个视口中可以进行平移和缩放操作，也可以进行三维视图设置与三维动态观察，如图7-18所示。

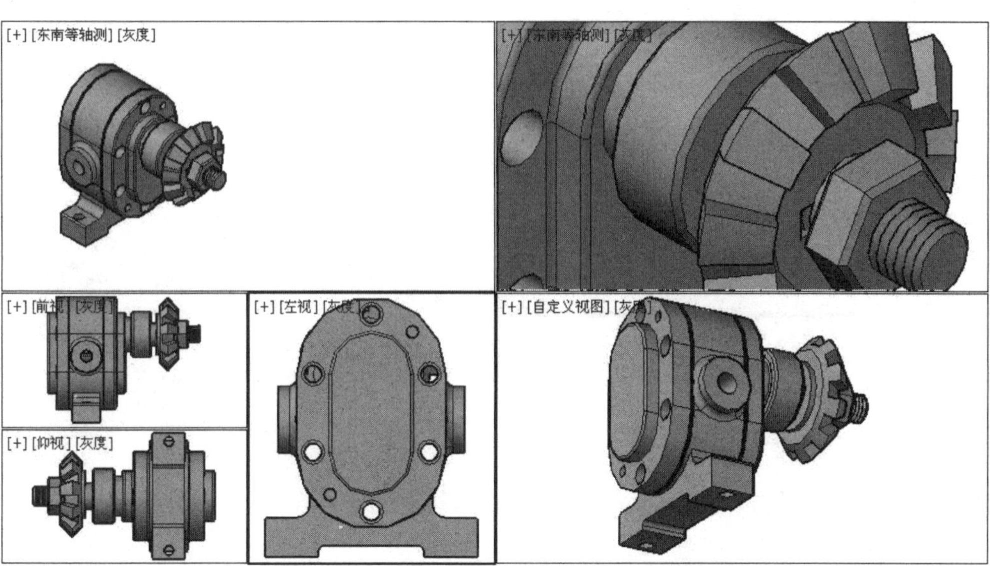

图 7-18 视口

**1. 新建视口**

【执行方式】

- 命令行：VPORTS。
- 菜单栏：选择菜单栏中的“视图”→“视口”→“新建视口”命令。
- 工具栏：单击“视口”工具栏中的“显示‘视口’对话框”按钮。

执行上述命令后，系统打开如图 7-19 所示的“视口”对话框的“新建视口”选项卡。该选项卡列出了一个“标准视口”配置列表，可用来创建层叠视口。图 7-20 所示为按图 7-19 设置创建的新图形视口，可以在多视口的单个视口中再创建多视口。

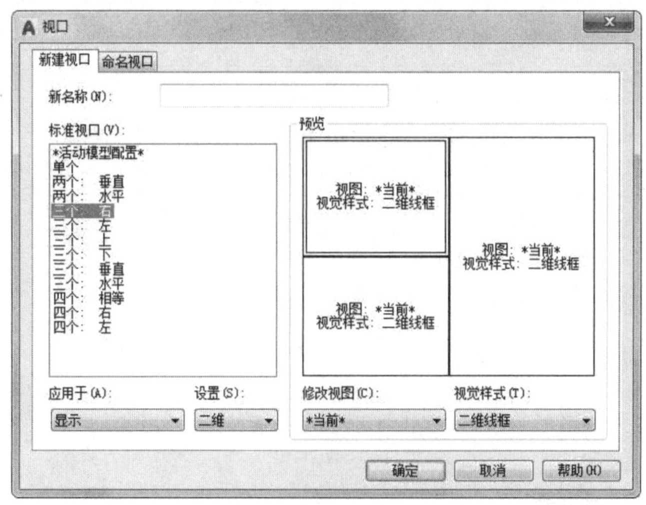


图 7-19 “新建视口”选项卡

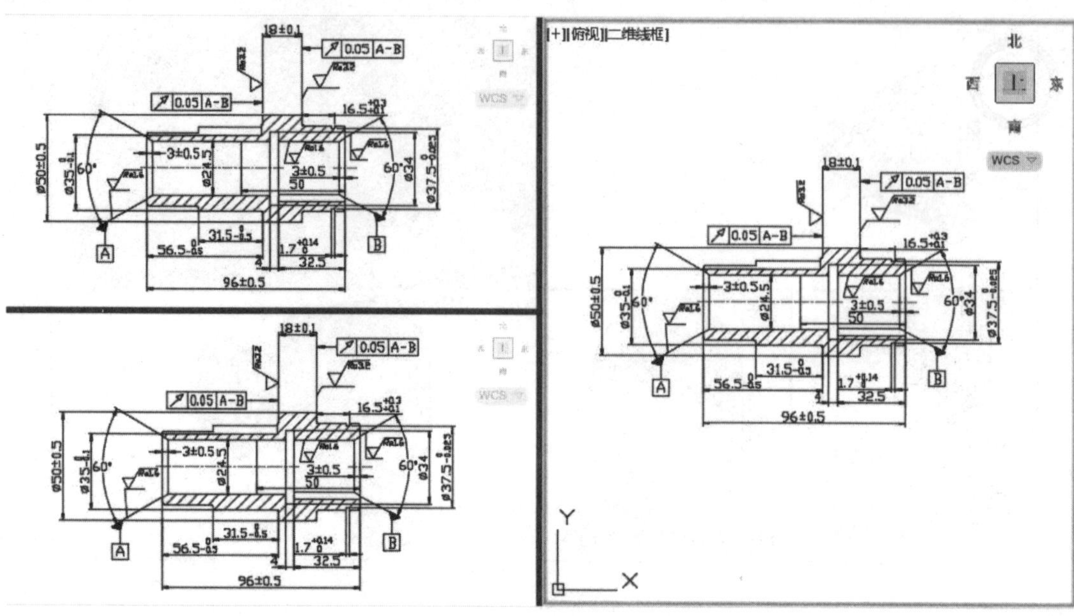

图 7-20 创建的视口

### 2. 命名视口

【执行方式】

- 命令行：VPORTS。
- 菜单栏：选择菜单栏中的“视图”→“视口”→“命名视口”命令。
- 工具栏：单击“视口”工具栏中的“显示‘视口’对话框”按钮。
- 功能区：单击“视图”选项卡“模型视口”面板中的“命名”按钮。

执行上述命令后，系统打开如图 7-21 所示的“视口”对话框的“命名视口”选项卡。该选项卡用来显示保存在图形文件中的视口配置。其中，“当前名称”提示行显示当前视口名；“命名视口”列表框用来显示保存的视口配置；“预览”显示区用来预览被选择的视口配置。

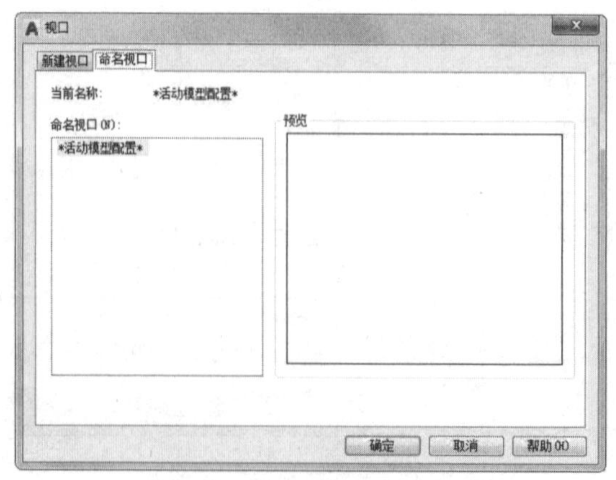


图 7-21 “命名视口”选项卡

## 7.4.2 模型空间与布局空间

AutoCAD 可在两个环境中完成绘图和设计工作，即模型空间和布局空间。模型空间又可分为平铺式和浮动式两种。大部分设计和绘图工作都是在平铺式模型空间中完成的，而布局空间是模拟手工绘图的空间，它是为绘制平面图而准备的一张虚拟图纸，是一个二维空间的工作环境。从某种意义上说，布局空间就是为布局图面、打印出图而设计的，还可在其中添加诸如边框、注释、标题和尺寸标注等内容。

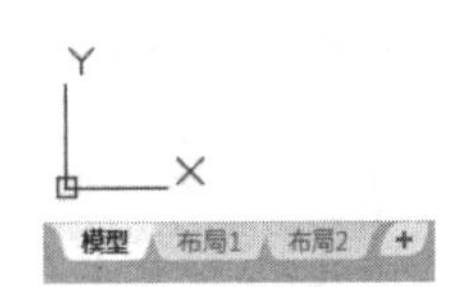

图 7–22 “模型”和“布局”标签

在模型空间和布局空间中都可以进行输出设置。在绘图区底部有“模型”标签及一个或多个“布局”标签，如图 7–22 所示。

选择“模型”或“布局”标签，可以在它们之间进行空间的切换，如图 7–23 和图 7–24 所示。

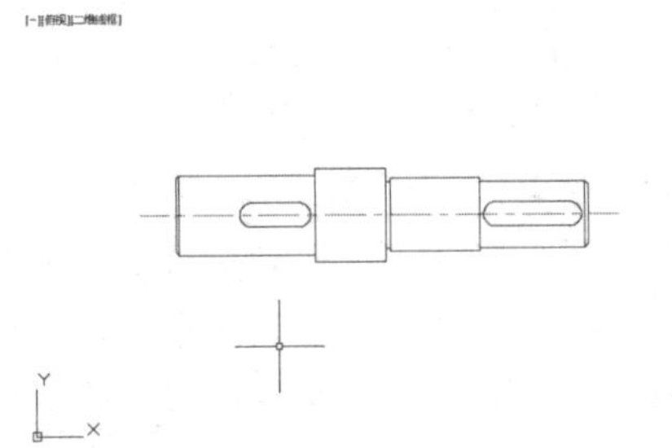
图 7–23 模型空间

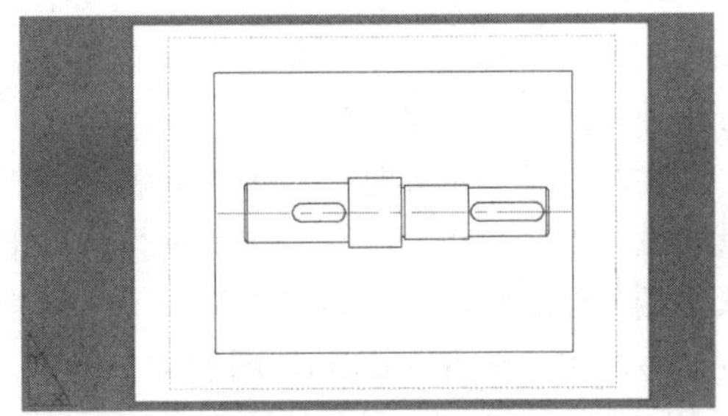
图 7–24 布局空间

提示

比例为图样中图形与其实物相应要素的线性尺寸之比，分为原值比例、放大比例和缩小比例 3 种。

绘制图形的比例应符合表 7–1 的规定，选取适当的比例。必要时也允许选取表 7–2 规定（GB/T 14690—1993）的比例。

**表 7–1 标准比例系列**

| 种 类 | 比 例 |
|---|---|
| 原值比例 | 1:1 |
| 放大比例 | 5:1  2:1  $5\times10^n$:1  $2\times10^n$:1  $1\times10^n$:1 |
| 缩小比例 | 1:2  1:5  1:10  1:$2\times10^n$  1:$5\times10^n$  1:$1\times10^n$ |

注：$n$ 为正整数。

**表 7–2 可用比例系列**

| 种 类 | 比 例 |
|---|---|
| 放大比例 | 4:1  2.5:1  $4\times10^n$:1  $2.5\times10^n$:1 |
| 缩小比例 | 1:1.5  1:2.3  1:3  1:4  1:6<br>1:$1.5\times10^n$  1:$2.5\times10^n$  1:$3\times10^n$  1:$4\times10^n$  1:$6\times10^n$ |

注：$n$ 为正整数。

(1) 比例一般标注在标题栏中，必要时可在视口名称的下方或右侧标出。
(2) 不论采用哪种比例绘制图形，尺寸数值都按原值注出。

提示

选择菜单栏中的“文件”→“输出”命令，或直接在命令行中输入“EXPORT”命令，系统将打开“输出”对话框。在“保存类型”下拉列表框中选择“*.bmp”格式，单击“保存”按钮，在绘图区选中要输出的图形后按〈Enter〉键，被选图形便被输出为.bmp格式的图形文件。

# 7.5 CAD标准

CAD标准其实就是为命名对象（如图层和文本样式）定义一个公共特性集。所有用户在绘制图形时都应严格按照这个约定来创建、修改和应用AutoCAD图形。用户可以根据图形中使用的命名对象，如图层、文本样式、线型和标注样式来创建CAD标准。

在绘制复杂图形时，如果绘制图形的所有人员都遵循一个共同的标准，那么协调与沟通就会变得十分容易，出现了错误也容易纠正。为维护图形文件一致，可以创建标准文件以定义常用属性。标准为命名对象定义了一组常用特性。为此，用户或用户的CAD管理员可以创建、应用和核查AutoCAD图形中的标准。因为标准可以帮助其他用户理解图形，所以在许多用户创建同一个图形的协作环境下尤其有用。

用户在定义一个标准之后，可以以样板的形式存储这个标准，并能够将一个标准文件与多个图形文件相关联，从而检查CAD图形文件是否与标准文件一致。

当用户以CAD标准文件来检查图形文件是否符合标准时，图形文件中所有上面提到的命名对象都会被检查到。如果用户在确定一个对象时使用了非标准文件中的名称，那么这个非标准的对象将被清除出当前图形。任何一个非标准对象都应转换成标准对象。

## 7.5.1 创建CAD标准文件

在AutoCAD中，可以为下列命名对象创建标准：图层、文字样式、线型和标注样式。如果要创建CAD标准，应先创建一个定义有图层、标注样式、线型和文字样式的文件，然后再以样板的形式存储，CAD标准文件的扩展名为.dws。用户在创建一个具有上述条件的图形文件后，如果要以该文件作为标准文件，可单击“快速访问”工具栏中的“另存为”按钮，打开“图形另存为”对话框，如图7-25所示。在“文件类型”下拉列表框中选择“AutoCAD图形标准（*.dws)”选项，然后单击“保存”按钮，这时就会生成一个和当前图形文件同名，但扩展名为.dws的标准文件。

## 7.5.2 关联标准文件

在使用CAD标准文件检查图形文件前，首先应该将该图形文件与标准文件关联。

图 7-25 “图形另存为”对话框

## 【执行方式】

- 命令行：STANDARDS。
- 菜单栏：选择菜单栏中的“工具”→“CAD 标准”→“配置”命令。
- 工具栏：单击“CAD 标准”工具栏中的“配置”按钮。
- 功能区：单击“管理”选项卡“CAD 标准”面板中“配置”按钮，如图 7-26 所示。

图 7-26 “CAD 标准”面板

## 【操作步骤】

命令:STANDARDS↙

系统打开“配置标准”对话框，如图 7-27 所示。

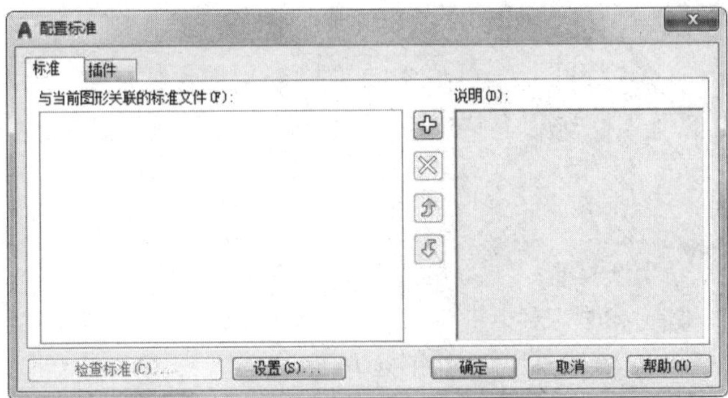


图 7-27 “配置标准”对话框

## 【选项说明】

(1)“标准”选项卡：“与当前图形关联的标准文件”列表框列出与当前图形相关联的

所有标准（DWS）文件。要添加标准文件，单击“添加标准文件”图标。要删除标准文件，单击“删除标准文件”图标。如果此列表框中的多个标准之间发生冲突，例如，如果两个标准指定名称相同而特性不同的图层，则优先采用第一个显示的标准文件。要在列表框中改变某标准文件的位置，选择该文件，并单击“上移”图标或“下移”图标。可以使用快捷菜单添加、删除或重新排列文件。

（2）“插件”选项卡：该选项卡列出并描述当前系统上安装的标准插入模块。安装的标准插入模块将用于每一个命名对象，利用它即可定义标准（图层、标注样式、线型和文字样式）。预计将来第三方应用程序应能够安装其他的插入模块，如图7-28所示。

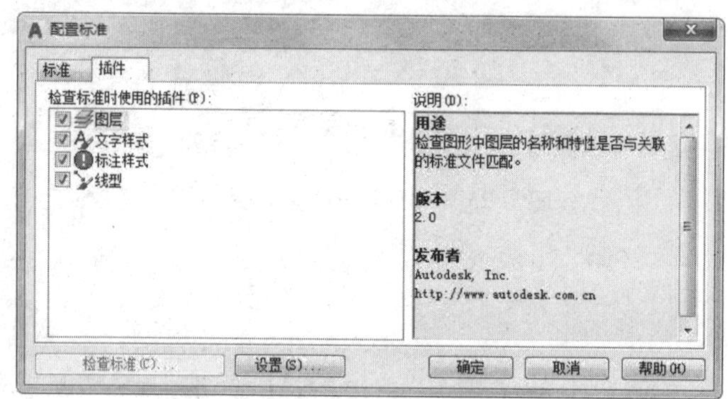


图7-28 “插件”选项卡

### 7.5.3 使用CAD标准检查图形

可以利用已经设置的CAD标准检查所绘制的图形是否符合标准。在批量绘制图形时，这样可以使所有图形都符合相同的标准，增强图形的规范度。

【执行方式】

- 命令行：CHECKSTANDARDS。
- 菜单栏：选择菜单栏中的“工具”→“CAD标准”→“检查”命令。
- 工具栏：单击“CAD标准”工具栏中的“检查”按钮。
- 功能区：单击“管理”选项卡“CAD标准”面板中“检查”按钮。

【操作步骤】

```
命令:CHECKSTANDARDS↙
```

系统自动打开“检查标准”对话框，如图7-29所示（可在设置与标准文件关联后，在弹出的如图7-30所示“配置标准”对话框中单击“检查标准”按钮，同样弹出“检查标准”对话框）。其中，“问题”列表框提供了关于当前图形中非标准对象的说明。要修复问题，从“替换为”列表框中选择一个替换选项，然后单击“修复”按钮。选中“将此问题标记为忽略”复选框，则将当前问题标记为忽略。如果在“CAD标准设置”对话框中关闭“显示忽略的问题”选项，下一次检查该图形时将不显示已标记为忽略的问题。

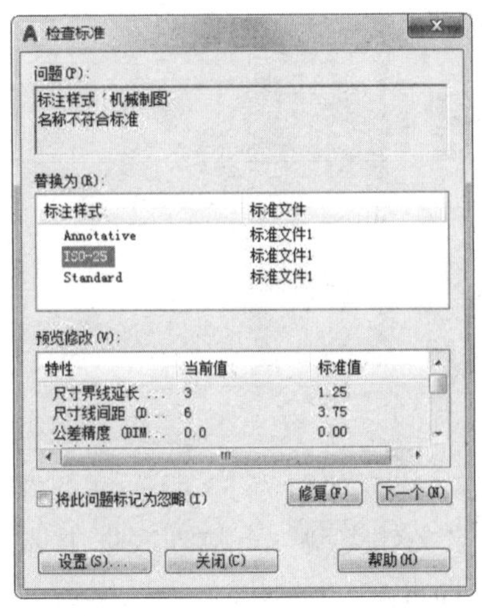

图 7-29 “检查标准”对话框

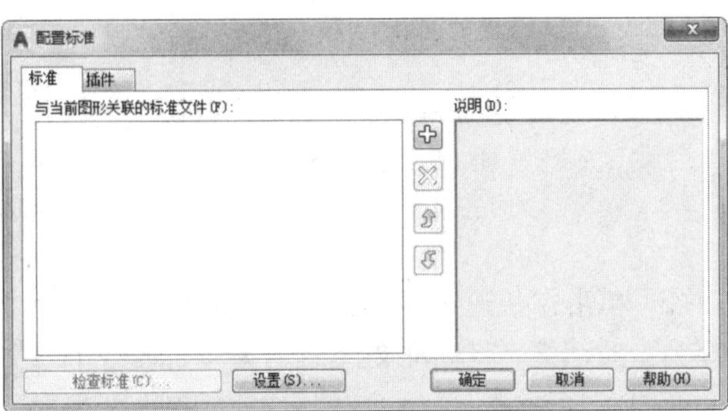


图 7-30 “配置标准”对话框

## 7.5.4 实例——对齿轮轴套进行 CAD 标准检验

本实例通过学过的 CAD 标准检查功能来对齿轮轴套进行 CAD 标准检验，齿轮轴套如图 7-31 所示。首先创建标准文件，然后将图形文件与标准文件关联，最后检查是否冲突。

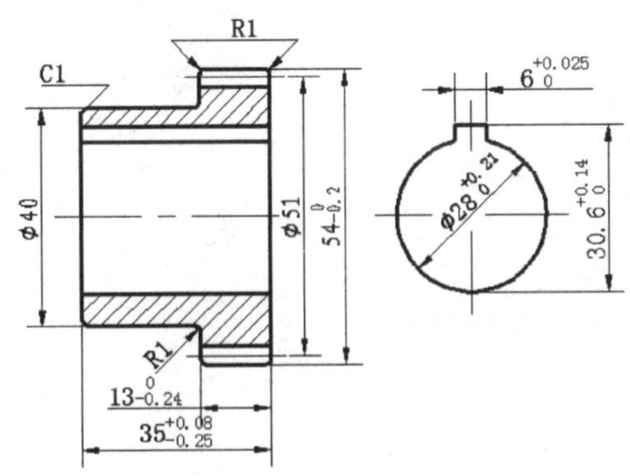


图 7-31 对齿轮轴套进行 CAD 标准检验

**【操作步骤】（实例演示\第 7 章\对齿轮轴套进行 CAD 标准检验 . avi）**

**1. 创建标准文件**

要设置标准，可以创建定义图层特性、标注样式、线型和文字样式的文件，然后将其保存为扩展名为 . dws 的标准文件。创建标准文件的步骤如下：

（1）单击“快速访问”工具栏中的“新建”按钮，选择合适的样板文件，在本例中选择“自建样板 1. dwt”。

（2）在样板图形中，创建将要作为标准文件一部分的图层、标注样式、线型和文字样式。如图 7-32 所示，创建作为标准的几个图层，对图层的属性进行设置。

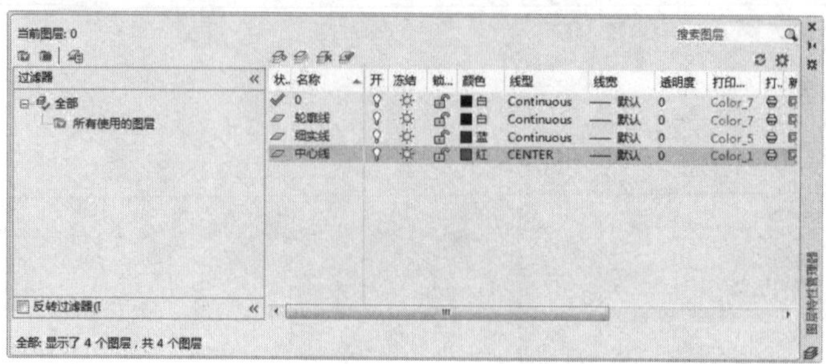


图 7-32　标准文件的图层

（3）单击“快速访问”工具栏中的“另存为”按钮，出现如图 7-33 所示的“图形另存为”对话框，将标准文件命名为“标准文件 1”，在“文件类型”下拉列表框中选择“AutoCAD 图形标准（*.dws）”选项，单击“保存”按钮即可。

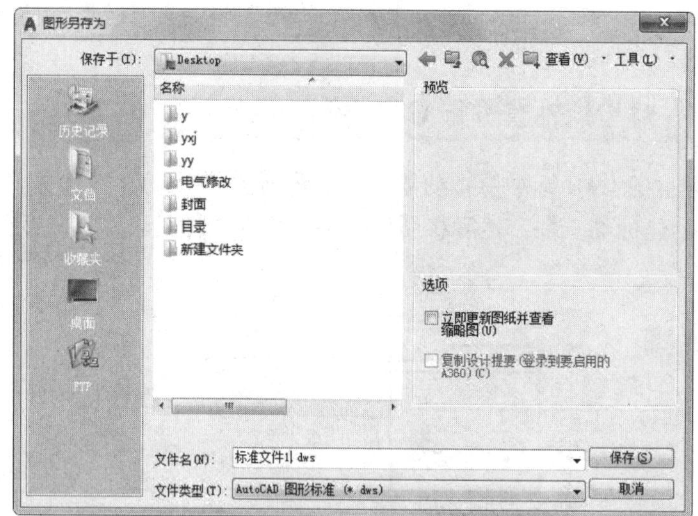


图 7-33　保存标准文件

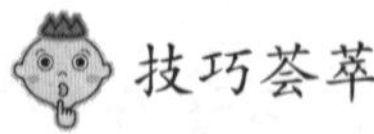

## 技巧荟萃

DWS 文件必须以当前图形文件格式保存。要创建非当前图形格式的 DWS 文件，首先以所需的 DWG 格式保存该文件，然后使用 .dws 扩展名对 DWG 文件进行重命名。

根据工程的组织方式，可以决定是否创建多个工程特定标准文件并将其与单个图形关联。在核查图形文件时，标准文件中的各个设置间可能会产生冲突。例如，某个标准文件指定图层“墙”为黄色，而另一个标准文件指定该图层为红色。发生冲突时，第一个与图形关联的标准文件具有优先权。如果有必要，可以改变标准文件的顺序以改变优先级。

如果希望只使用指定的插入模块核查图形，可以在定义标准文件时指定插入模块。例如，如果最近只对图形进行文字更改，那么用户可能希望只使用图层和文字样式插入模块并核查图形，以节省时间。在默认情况下，核查图形是否与标准冲突时将使用所有插入模块。

**2. 使标准文件与当前图形相关联**

标准文件创建后，与当前图形还没有丝毫联系。要检验当前图形是否符合标准，还必须使当前图形与标准文件相关联。关联的步骤如下：

（1）打开“源文件\第7章\齿轮轴套”图形文件作为当前图形，如图7-34所示。

（2）单击“管理”选项卡“CAD标准”面板中“配置”按钮，或者在命令行中输入“standards”，打开如图7-35所示的“配置标准”对话框。

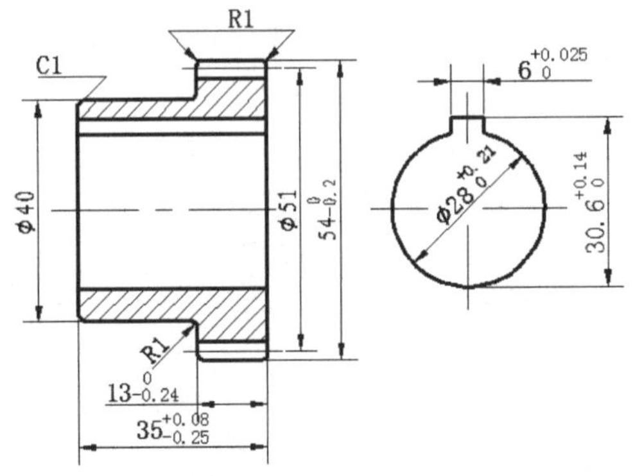

图7-34 齿轮轴套

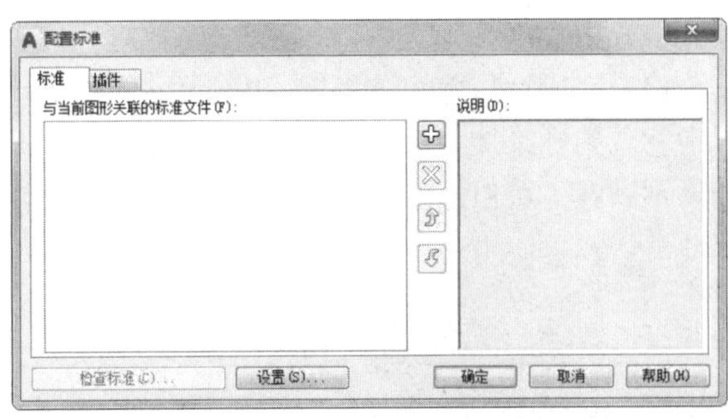


图7-35 “配置标准”对话框

在“配置标准”对话框的“标准”选项卡中，单击“添加”按钮添加标准文件，系统弹出如图7-36所示的“选择标准文件”对话框。在对话框中找到并选择“标准文件1.dws”作为标准文件。

打开标准文件后，出现如图7-37所示的“配置标准”对话框，则当前图形与“标准文件1”关联。

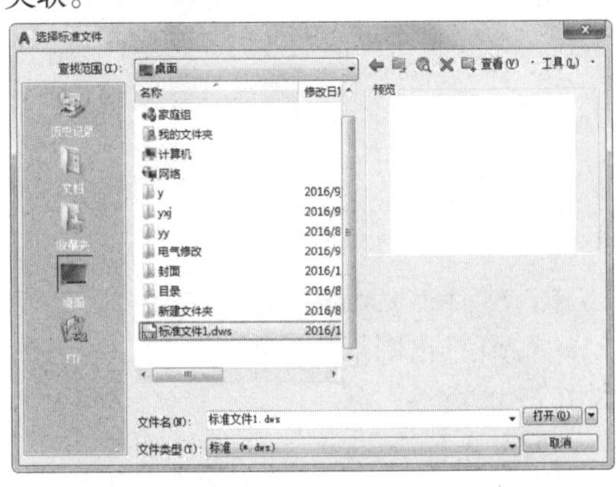

图7-36 “选择标准文件”对话框

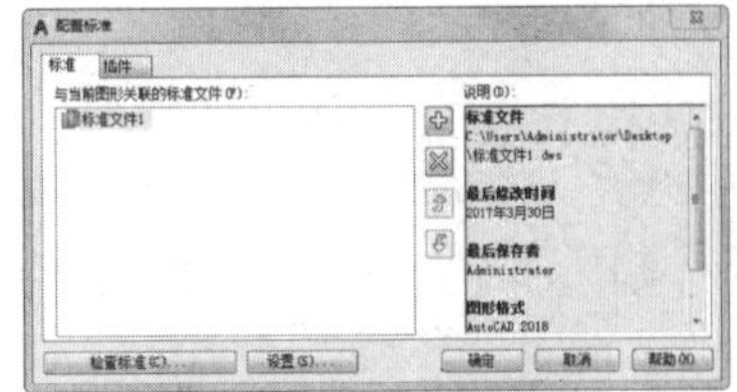

图7-37 与标准文件建立关联

（3）单击“配置标准”对话框中的“设置”按钮，出现如图7-38所示的“CAD标准设置”对话框，可以对CAD的标准进行设置。

如果要使其他标准文件与当前图形相关联，重复执行以上步骤即可。

技巧荟萃

可以使用通知功能警告用户在操作图形文件时发生标准冲突。此功能允许用户在发生标准冲突后立即进行修改，从而使创建和维护符合标准的图形更加容易。

### 3. 检查图形文件与标准是否冲突

将标准文件与图形相关联后，应该定期检查该图形，以确保它符合标准。这在许多用户同时更新一个图形文件时尤为重要。

在如图 7-37 所示的“配置标准”对话框中，单击“检查标准”按钮，弹出如图 7-39 所示的“检查标准”对话框，在“问题”列表框中了当前图形与标准文件中相冲突的项目；单击“下一个”按钮，对当前图形的项目逐一检查。可以选中“将此问题标记为忽略”复选框，忽略当前冲突项目，也可以单击“修复”按钮，将当前图形中与标准文件相冲突的部分替换为标准文件。

检查完成后，弹出如图 7-40 所示的“检查标准 - 检查完成”对话框，此消息总结在图形中发现的标准冲突，还显示自动修复的冲突、手动修复的冲突和被忽略的冲突。若对检查结果不满意，可以继续进行检查和修复，直到当前图形的图层与标准文件相一致为止。

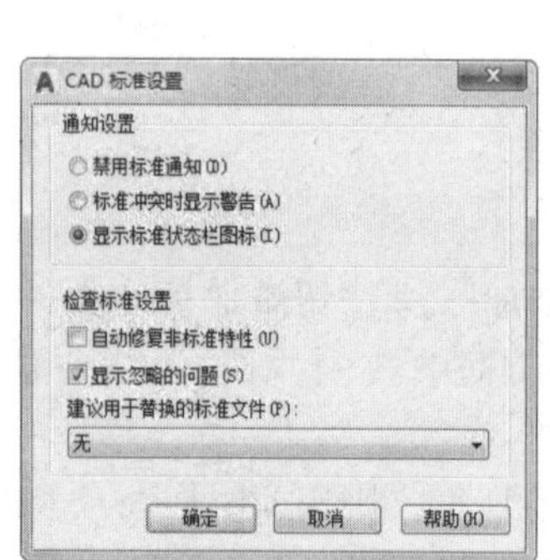


图 7-38 “CAD 标准设置”对话框

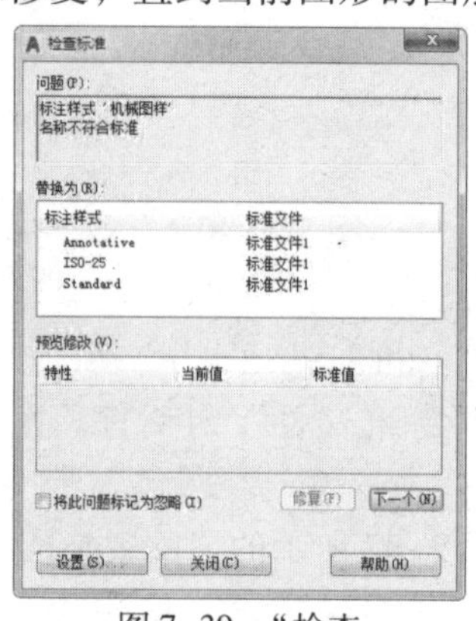


图 7-39 “检查标准”对话框

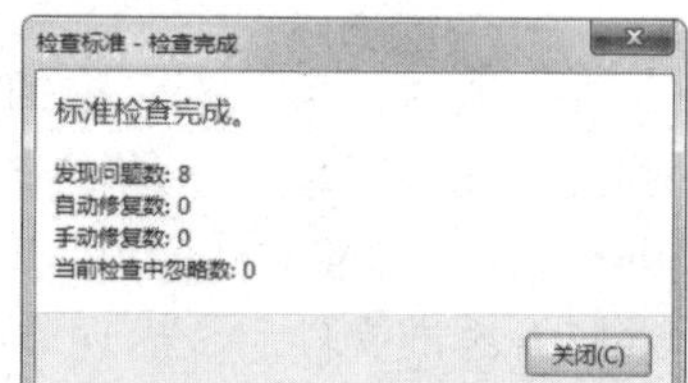


图 7-40 “检查标准 - 检查完成”对话框

## 7.6 图纸集

整理图纸集是大多数设计项目的重要工作，然而，手动组织图形非常耗时，其流程如图 7-41 所示。为了提高组织图形的效率，AutoCAD 推出图纸集管理器功能，利用该功能可以在图纸集中为各个图样自动创建布局，如图 7-42 所示。

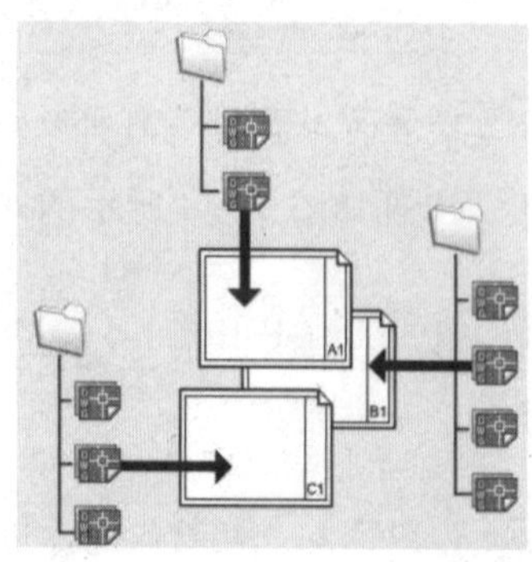


图 7-41 手动组织图形流程

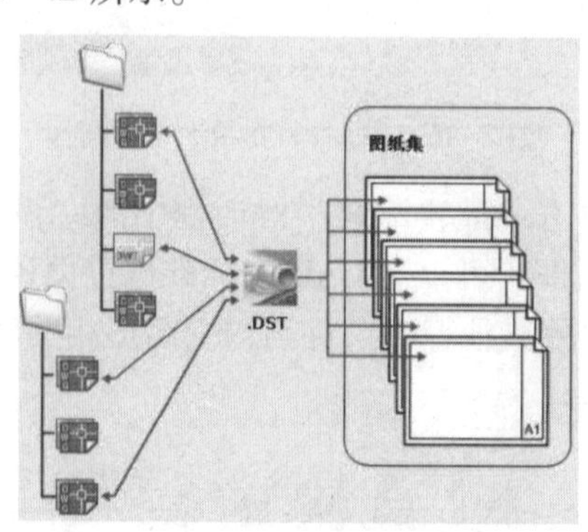


图 7-42 图纸集组织图形流程

### 7.6.1 创建图纸集

在批量绘图或管理某个项目的所有图样时，用户可以根据需要创建图纸集。

【执行方式】

- 命令行：NEWSHEETSET。
- 菜单栏：选择菜单栏中的“文件”→“新建图纸集”命令，或选择菜单栏中的“工具”→“向导”→“新建图纸集”命令。
- 图纸管理器：在“图纸集管理器”中新建图纸集，如图7-43所示。

【操作步骤】

命令：NEWSHEETSET↙

系统打开“创建图纸集-开始”对话框，如图7-44所示。对话框中有“样例图纸集”和“现有图形”两个单选按钮。若选中前者，则以系统预设的图纸集作为创建工具；若选中后者，则以现有图形作为创建工具。按系统提示继续操作可以创建图纸集。

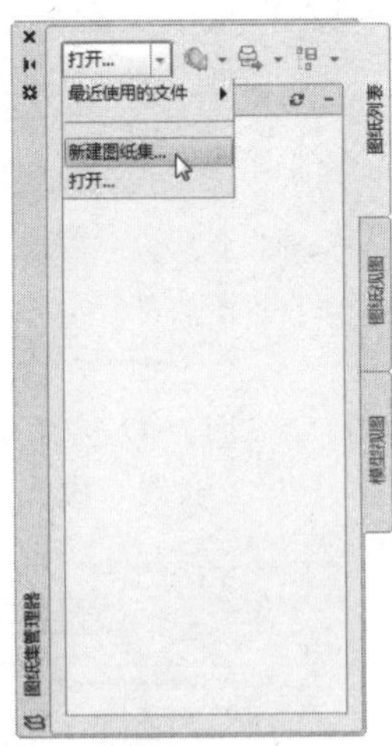


图7-43 新建图纸集

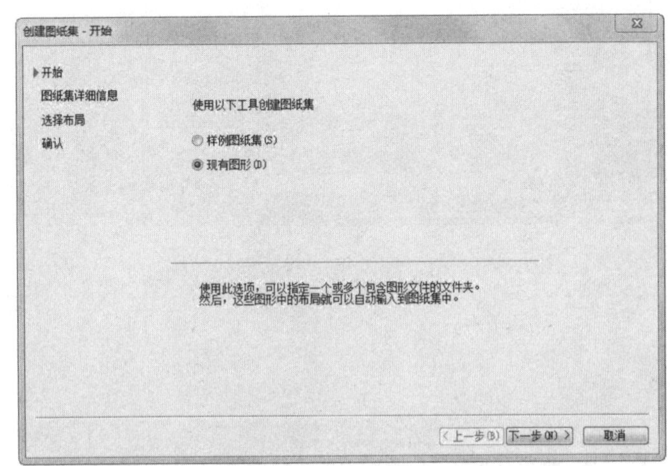


图7-44 “创建图纸集-开始”对话框

### 7.6.2 打开图纸集管理器并放置视图

创建好图纸集后，可以根据需要对图纸集进行管理或添加图形到图纸集中。

【执行方式】

- 命令行：SHEETSET。
- 菜单栏：选择菜单栏中的“工具”→“选项板”→“图纸集管理器”命令。
- 工具栏：单击“标准”工具栏中的“图纸集管理器”按钮。
- 功能区：单击“视图”选项卡“选项板”面板中的“图纸集管理器”按钮。

【操作步骤】

命令：SHEETSET↙

系统打开“图纸集管理器”选项板，如图 7-43 所示。在控件下拉列表框中选择“打开”选项，系统打开“打开图纸集”对话框，如图 7-45 所示。选择一个图纸集后，图纸集管理器中显示该图纸集的图样列表，如图 7-46 所示。

选择“图纸集管理器”选项板中的“模型视图”选项卡，双击“位置”目录中的“添加新位置”目录项，或右击打开快捷菜单，选择“添加新位置”命令，如图 7-47 所示。系统打开“浏览文件夹”对话框，如图 7-48 所示。选择文件夹后，该文件夹所有文件出现在“位置”目录中，如图 7-49 所示。

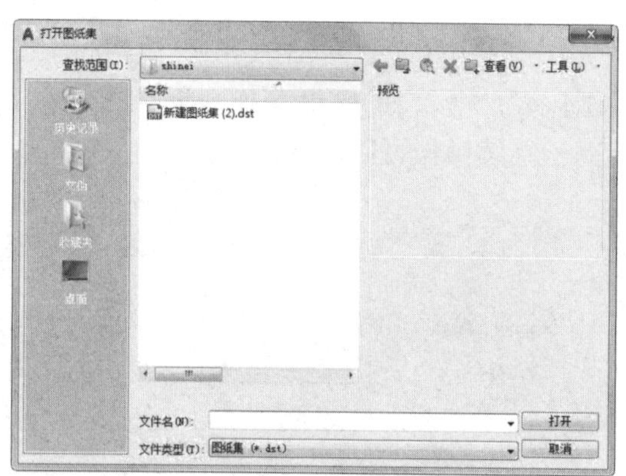


图 7-45 “打开图纸集”对话框

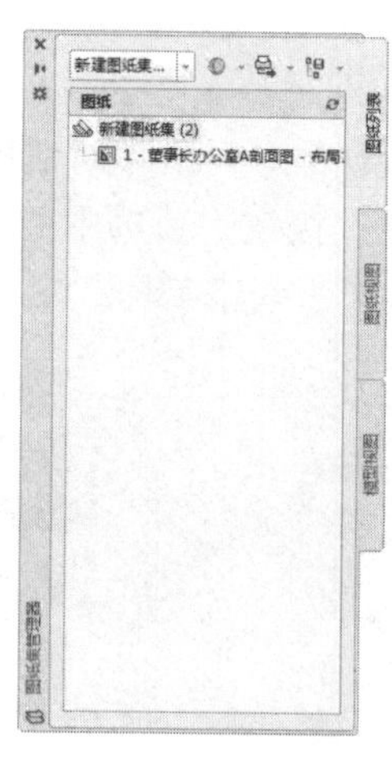


图 7-46 显示图样列表

图 7-47 “添加新位置”目录项

图 7-48 “浏览文件夹”对话框

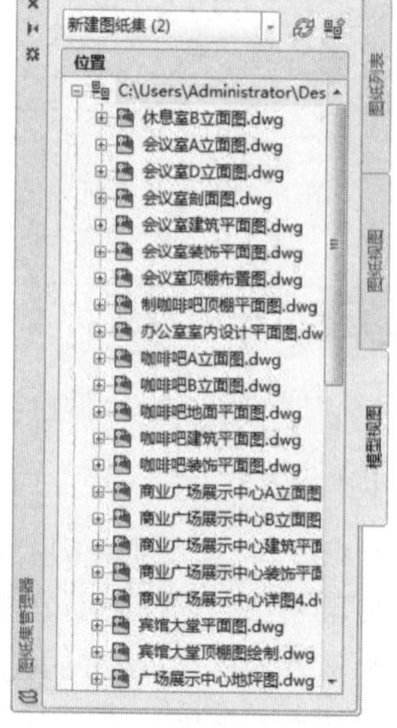


图 7-49 模型视图

选择一个图形文件后，右击，在弹出的快捷菜单中选择“放置到图纸上”命令，如图 7-50 所示。选择的图形文件的布局就出现在当前图样的布局中，右击，系统打开“比例”快捷菜单，选择一个合适的比例，拖动鼠标，指定一个位置后，该布局就插入到当前图形布局中。如图 7-51 所示，下面的布局为原图形布局，上面的布局为插入的布局。

**注意**

图纸集管理器中打开和添加的图样必须是布局空间图形，不能是模型空间图形。如果不是布局空间图形，则必须事先进行转换。

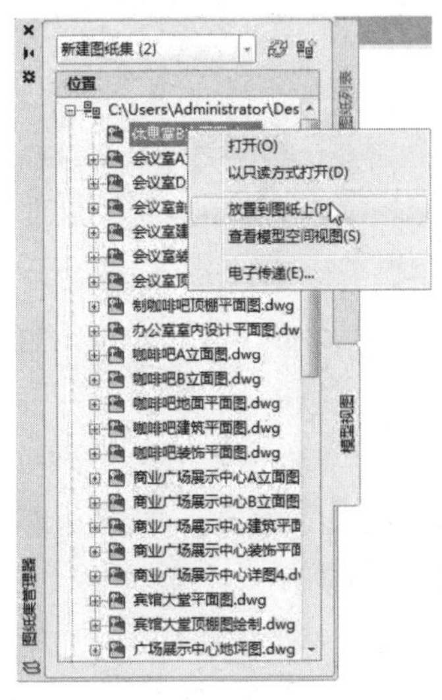


图 7-50　快捷菜单

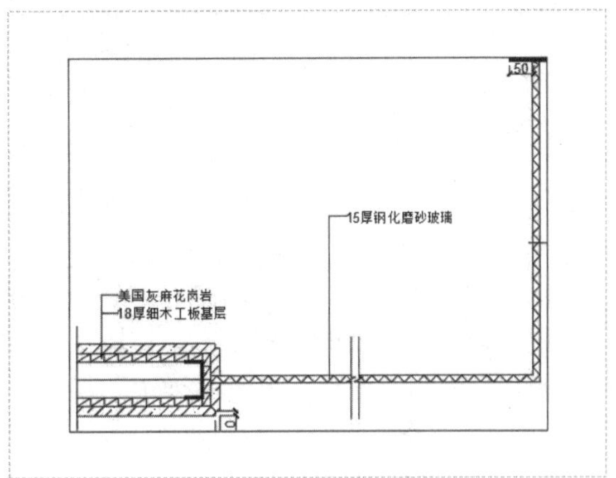


图 7-51　插入布局结果

## 7.6.3 实例——创建别墅施工图图纸集

利用创建图纸集的方法创建别墅施工图图纸集，利用图纸集管理器功能设置图纸。

**【操作步骤】（实例演示\第 7 章\创建别墅施工图图纸集 . avi）**

（1）将绘制的别墅施工图移动到同一文件夹中，并将文件夹命名为“别墅施工图”，然后即可创建图纸集。

（2）单击“视图”选项卡“选项板”面板中的“图纸集管理器”按钮，打开“图纸集管理器”选项板，然后在控件下拉列表框中选择“新建图纸集”选项，如图 7-52 所示。

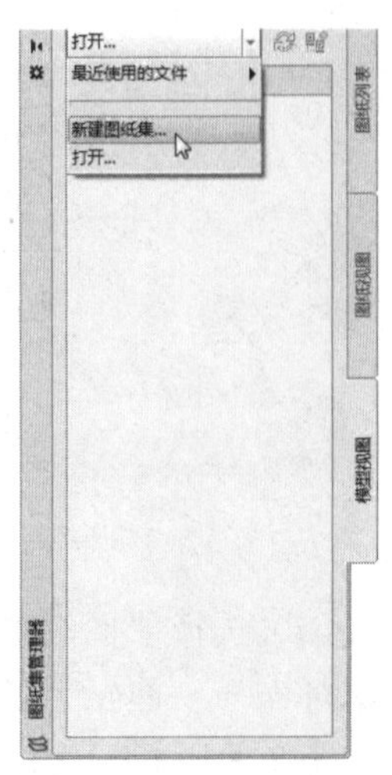


图 7-52　由图纸集管理器新建图纸集

（3）在“创建图纸集”对话框中，由于已经将图样绘制完成，所以选中“现有图形”单选按钮，然后单击“下一步”按钮，进入“创建图纸集 - 图纸集详细信息”对话框，将图纸集名称修改为“别墅施工图”，并在下面的路径中选择保存图纸集的路径，如图 7-53 所示。

（4）单击“下一步”按钮，然后单击“输入选项”按钮，打开“输入选项”对话框，将复选框全部选中，如图7-54所示。

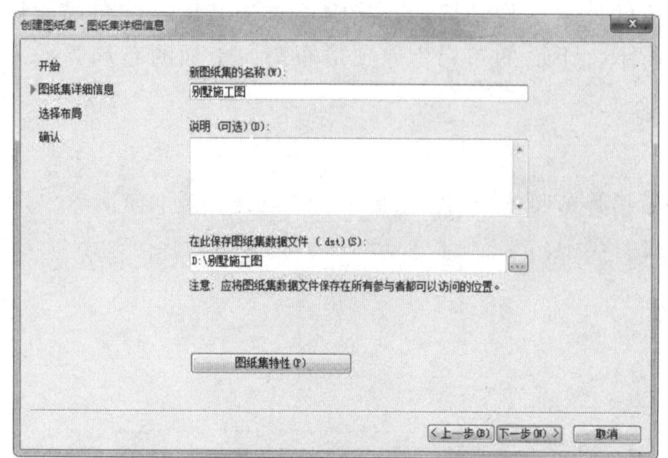


图7-53 “创建图纸集 - 图纸集详细信息”对话框

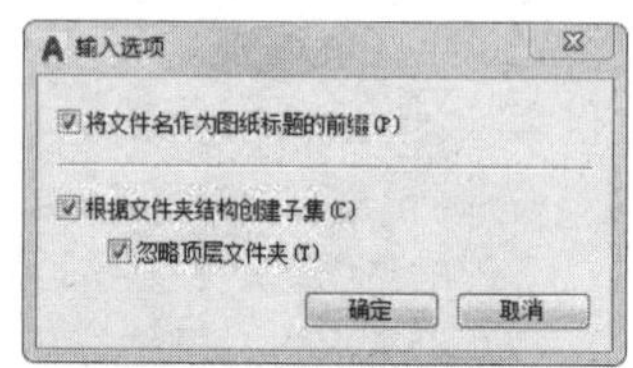


图7-54 设置布局

（5）单击“确定”按钮，并单击“下一步”按钮，显示图纸集的详细信息以便用户确认，如图7-55所示，单击“完成”按钮。

（6）系统自动打开“图纸集管理器”选项板，并显示已将“别墅施工图”图纸集设置为当前，然后选择“模型视图”选项卡，如图7-56所示。双击“添加新位置”，然后选择事先保存好图形文件的文件夹，单击“确定”按钮，如图7-57所示。

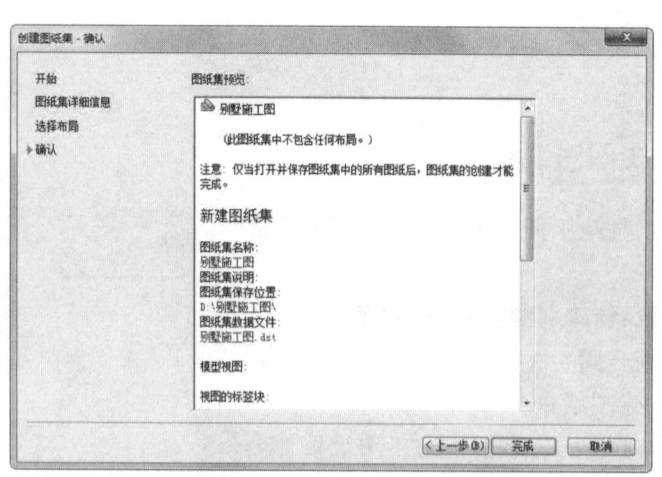

图7-55 “创建图纸集 - 确认”对话框

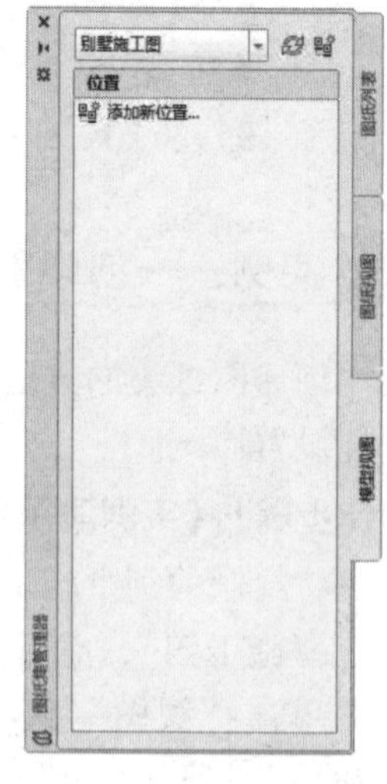


图7-56 图纸集管理器

（7）选择“图纸列表”及“图纸视图”选项卡，发现其均为空白，这是因为没有向其中添加布局。首先为图样创建布局模式。例如，打开“别墅总平面图设计”，即在资源列表中双击首页图打开文件，如图7-58所示。

（8）选择绘图区域下面的“布局”选项卡，创建布局1，如图7-59所示。

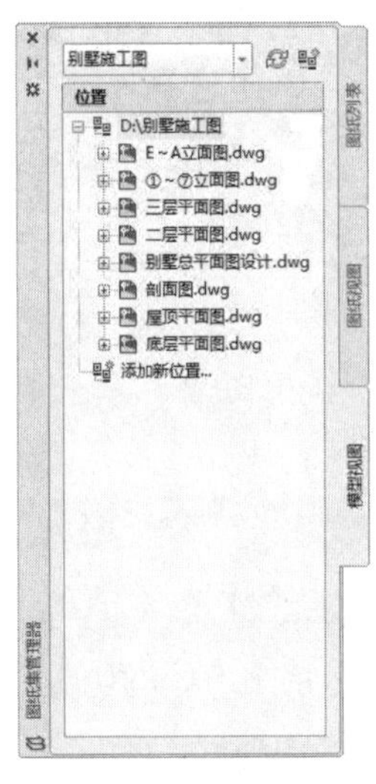

图 7-57 添加图纸

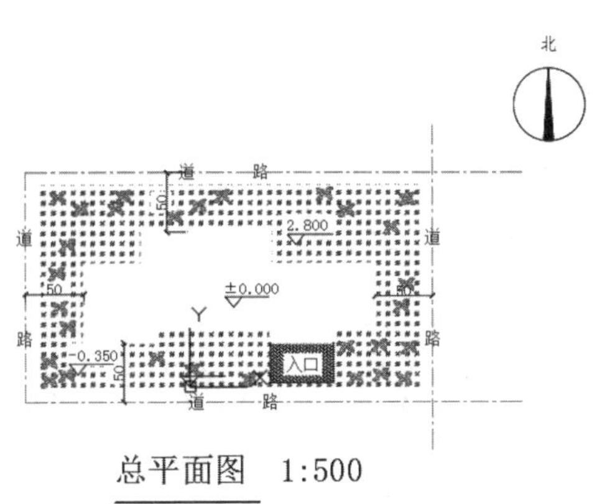


图 7-58 别墅总平面图设计

（9）用同样的方法为其他文件创建布局。然后回到图纸集管理器，选择“图纸列表”选项卡，在图纸集名称上右击，在弹出的快捷菜单中选择“将布局作为图纸输入”命令，如图 7-60 所示。

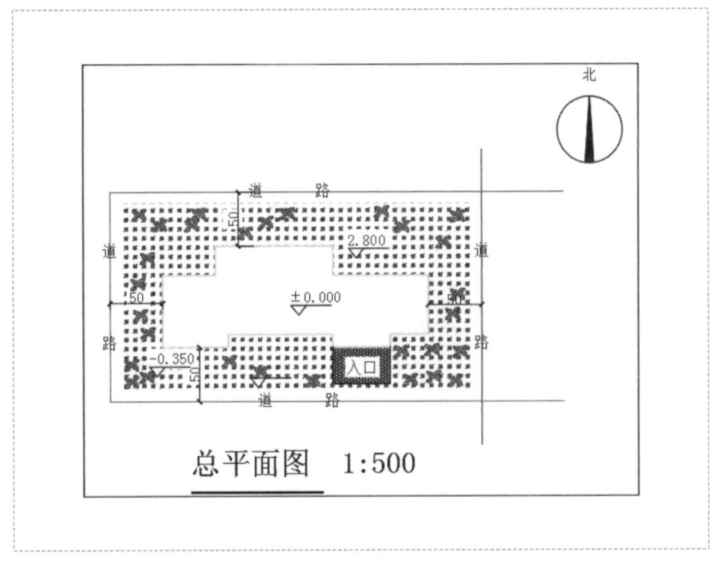


图 7-59 首页图布局

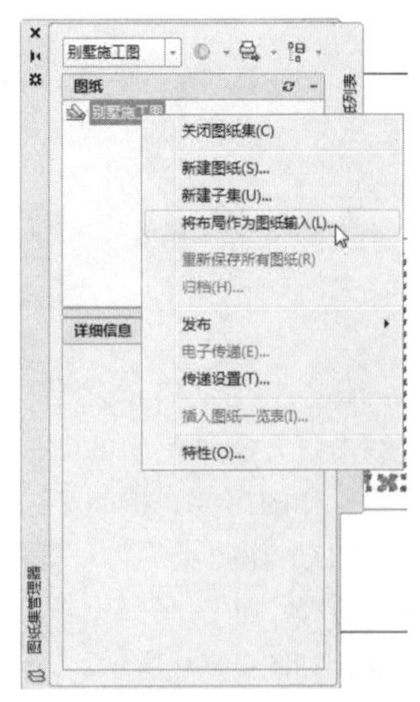


图 7-60 输入布局

打开“按图纸输入布局”对话框，如图 7-61 所示，然后单击“浏览图形”按钮，在打开的对话框中选择创建过布局的文件，加入到图样列表中。加入之后的结果如图 7-62 所示。图纸集管理器如图 7-63 所示，在“图纸”列表中已经将所绘文件加入，可以直接通过管理器的窗口随时调用。

（10）选择其中一个布局，可以通过单击“详细信息”按钮查询图样的信息，也可通过单击右侧的“预览”按钮预览布局形式，如图 7-64 所示。

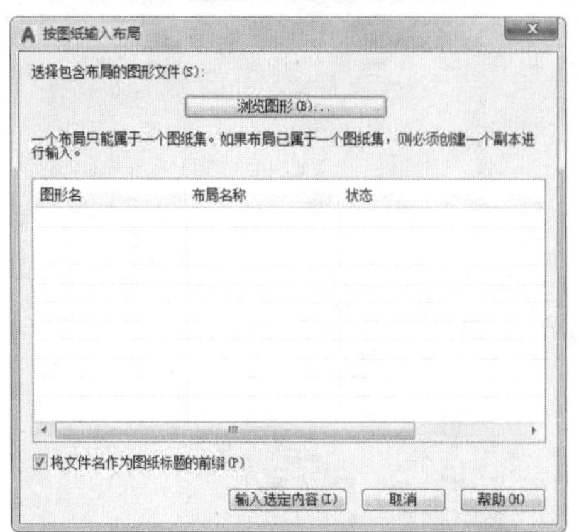


图 7-61　选择布局文件

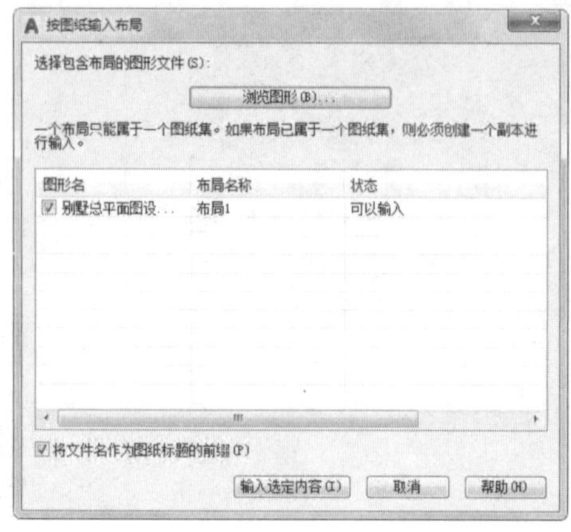


图 7-62　输入布局

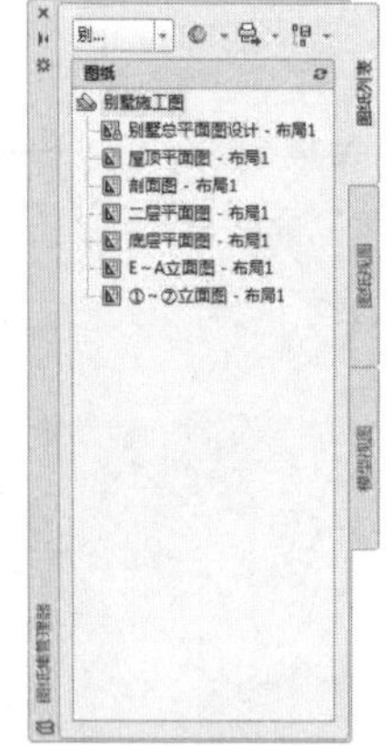


图 7-63　图纸集管理器

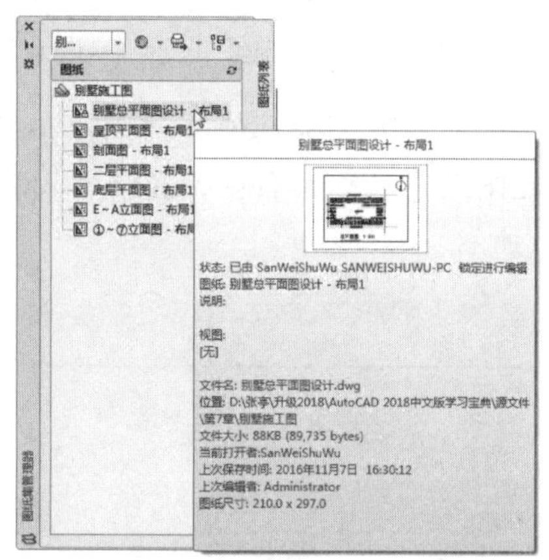


图 7-64　查看详细信息

建立完图纸集，设计人员就可以方便地通过图纸集管理器来管理图样，并且可以随时通过双击打开图纸集中的图样。同时，还可以通过新建图样，随时创建图形，既满足结构设计简化工作的需要，提高了绘图效率，又方便图样管理。

（11）在图纸集管理器的“图样”列表中，选择一个图样，然后右击，在弹出的快捷菜单中选择“重命名并重新编号”命令，如图 7-65 所示，打开“重命名并重新编号图纸”对话框，如图 7-66 所示。

（12）将编号修改为“T1”，单击“下一步”按钮，修改第二幅图样。依次将图形命名为“T1”到“T7”，最后的图纸集如图 7-67 所示。

建立图纸集后，可以利用图纸集的布局生成图样文件。例如，在图纸集中选择一个图布局，右击，在弹出的快捷菜单中选择“发布”→“发布为 DWFx”命令，AutoCAD 弹出“指定 DWFx 文件”对话框，如图 7-68 所示。选择适当路径，单击“选择”按钮，进行发布工作，同时在屏幕右下角显示发布状态图标，鼠标停留在上面，显示当前执行操作的状态。如不必打印，则关闭弹出的“打印－正在处理后台作业”对话框。

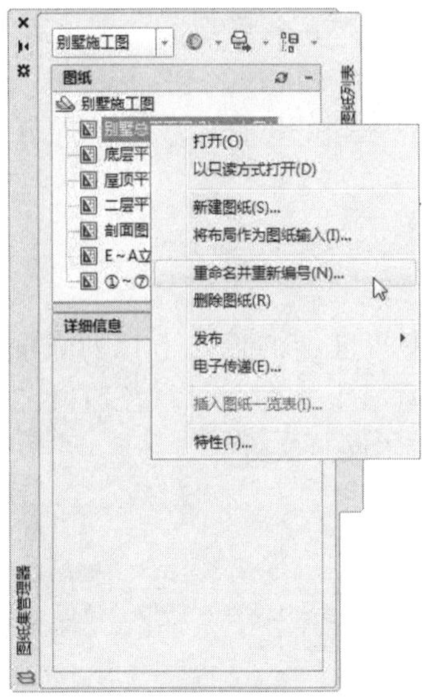


图 7-65　重命名并重新编号

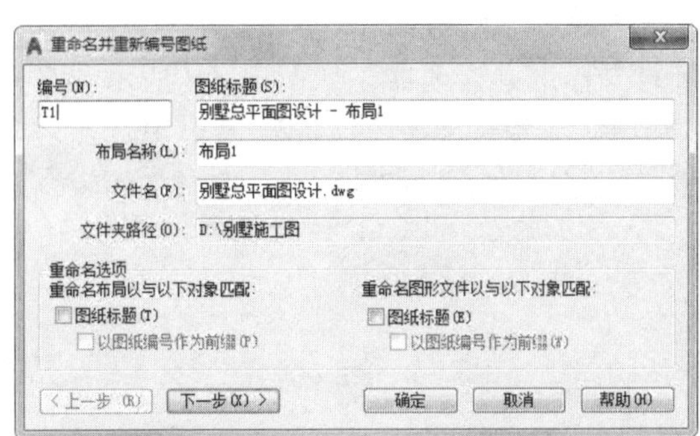


图 7-66　“重命名并重新编号图纸”对话框

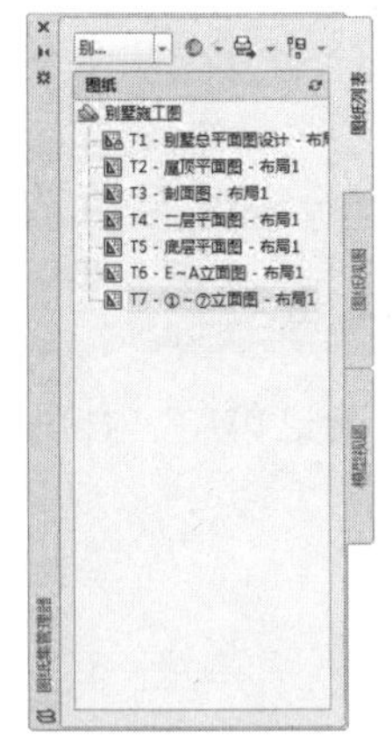


图7-67　重新编号后的图纸集

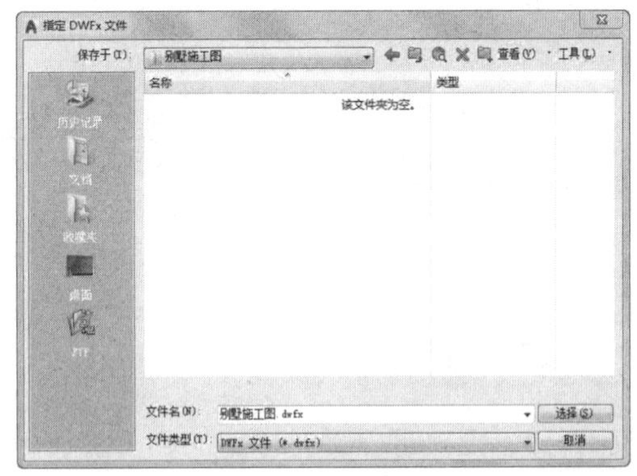


图 7-68　发布图样

# 7.7　标记集

当设计处于最后阶段时，可以发布要检查的图形，并通过电子方式接收进行更正和注释。然后可以针对这些注释进行相应处理和响应并重新发布图形。通过电子方式完成这些工作，可以简化交流过程、缩短检查周期并提高设计过程的效率。

## 7.7.1　打开标记集管理器

可以利用标记集管理器进行标记相关工作。下面讲述打开标记集管理器的具体方法。

【执行方式】

- 命令行：MARKUP。

- 菜单栏：选择菜单栏中的“工具”→“选项板”→“标记集管理器”命令。
- 工具栏：单击“标准”工具栏中的“标记集管理器”按钮。
- 功能区：单击“视图”选项卡“选项板”面板中的“标记集管理器”按钮

**【操作步骤】**

命令：MARKUP↙

系统打开标记集管理器，如图 7-69 所示。在标记集管理器的控件下拉列表框中选择“打开”选项，或者直接在“文件”菜单中选择“加载标记集”命令，系统打开“打开标记 DWF”对话框，如图 7-70 所示。选择文件后，系统弹出网页文件。

图 7-69　标记集管理器

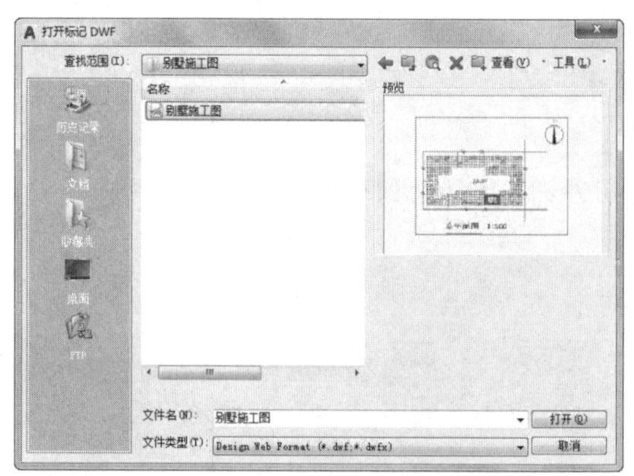


图 7-70　“打开标记 DWF”对话框

## 7.7.2 标记相关操作

在标记集管理器中，可以进行标记的相关操作。

**1. 查看标记详细信息与修改注释**

在加载的标记 DWF 文件目录中，双击文件名，或者右击，在弹出的快捷菜单中选择“打开图纸”命令，系统将打开带有红色标记的图样文件，如图 7-71 所示。在标记管理器下面的“详细信息”列表中显示出文件的详细信息。其中包括“标记状态”下拉列表框，显示标记的 4 种状态，它们的作用介绍如下。

（1）<无>：指示尚未指定状态的单个标记，这是新标记的默认状态。

（2）问题：指示已指定“问题”状态的单个标记。打开并查看某个标记后，如果需要了解该标记的更多信息，可以将其状态更改为“问题”。

（3）待检查：指示已指定“待检查”状态的单个标记。实现某个标记后，可以将其状态更改为“待检查”，表示标记创建者应当检查对图样和标记状态所做的修改。

（4）完成：指示已指定“完成”状态的单个标记。已经实现并查看某个标记后，可以将其状态修改为“完成”。

如果更改状态，系统会在标记历史中记录一个新条目。

在“详细信息”列表下的“注释”区域中，可以为选定的标记添加注释或备注，如

图 7-72 所示。

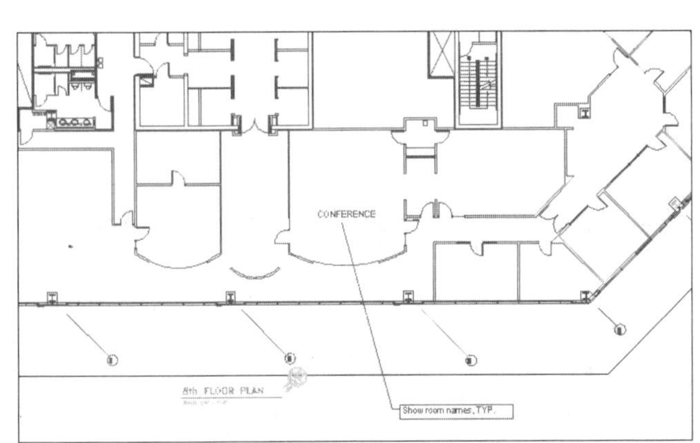


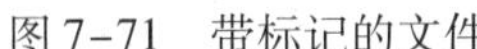
图 7-71 带标记的文件

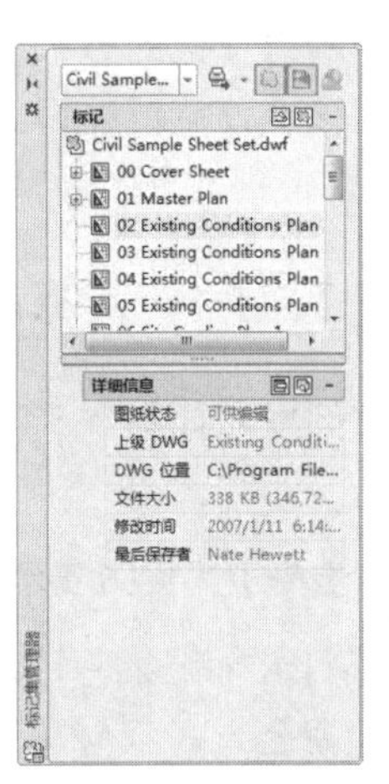


图 7-72 详细信息

标记状态的修改信息及添加的注释自动保存在 DWF 文件中，并在重新发布 DWF 文件时包含这些内容。也可以通过在标记集节点上右击，在弹出的快捷菜单中选择“保存标记历史修改记录”命令，以保存对标记的修改记录。

**2. 重新发布带标记的图纸集**

在 AutoCAD 绘图区域中，根据需要修改 DWG 文件。在标记集管理器中，单击标记节点，并根据需要修改其状态或添加注释。

修改完图形和关联标记后，单击标记集管理器顶部的“重新发布标记 DWF”按钮，在弹出的快捷菜单中选择下列命令之一。

（1）重新发布所有图纸：重新发布带标记的 DWF 文件中的所有图样。

（2）重新发布标记图纸：仅重新发布带标记的 DWF 文件中具有关联标记的图样。

系统打开“打开标记 DWF 文件”对话框，如图 7-73 所示，选择某个 DWF 文件或输入某个 DWF 文件名，然后单击“选择”按钮。

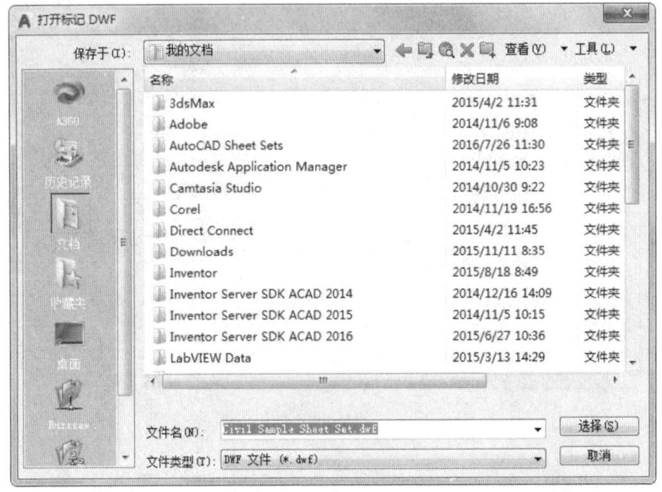


图 7-73 “打开标记 DWF 文件”对话框

如果没有输入新的 DWF 文件名，则包含图形和标记修改内容的同名 DWF 文件将覆盖先前创建的带标记的 DWF 文件。则经过修改后的文件将包括其标记重新发布，其他设计人员在接到该文件后可以再次进行检查，这样有利于整套图样规范化，也有利于工作组之间的协调工作。

### 7.7.3 实例——带标记的样品图样

本实例发布如图 7-74 所示的图形，并通过电子方式查看标记详细信息与修改注释，再重新发布。

**【操作步骤】（实例演示\第 7 章\带标记的样品图样.avi）**

（1）打开标记集管理器。单击“视图”选项卡“选项板”面板中的“标记集管理器”按钮，命令行提示与操作如下：

```
命令:MARKUP↙
```

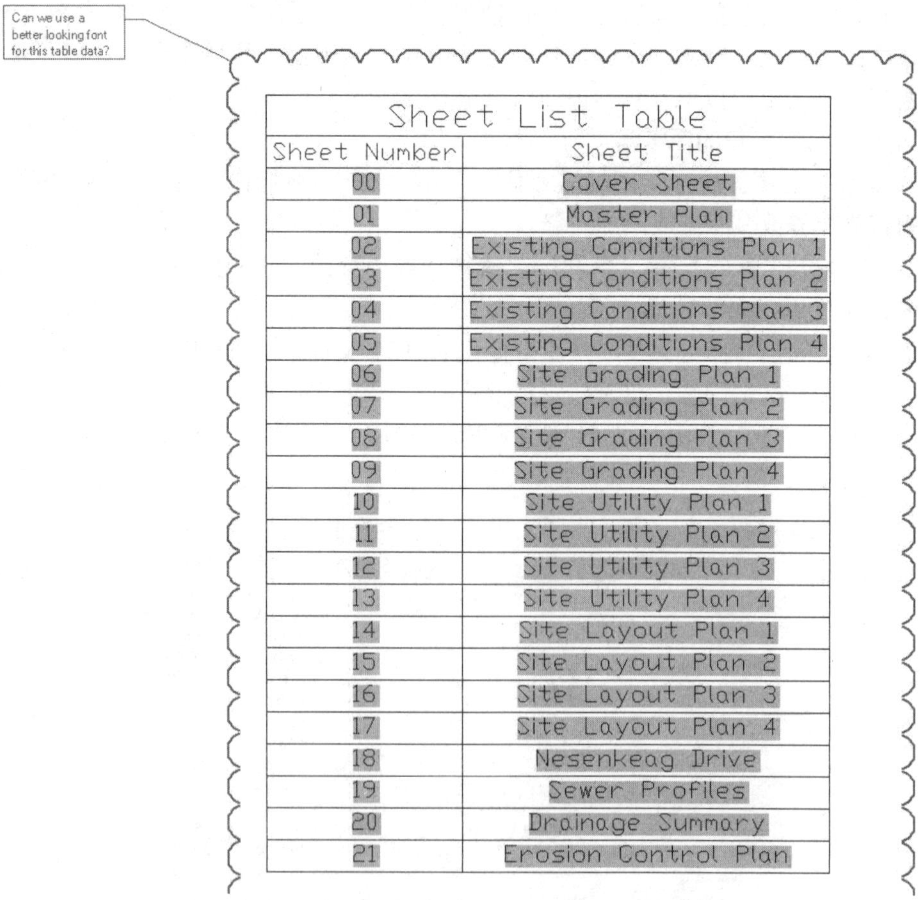

Can we use a better looking font for this table data?

| Sheet List Table | |
|---|---|
| Sheet Number | Sheet Title |
| 00 | Cover Sheet |
| 01 | Master Plan |
| 02 | Existing Conditions Plan 1 |
| 03 | Existing Conditions Plan 2 |
| 04 | Existing Conditions Plan 3 |
| 05 | Existing Conditions Plan 4 |
| 06 | Site Grading Plan 1 |
| 07 | Site Grading Plan 2 |
| 08 | Site Grading Plan 3 |
| 09 | Site Grading Plan 4 |
| 10 | Site Utility Plan 1 |
| 11 | Site Utility Plan 2 |
| 12 | Site Utility Plan 3 |
| 13 | Site Utility Plan 4 |
| 14 | Site Layout Plan 1 |
| 15 | Site Layout Plan 2 |
| 16 | Site Layout Plan 3 |
| 17 | Site Layout Plan 4 |
| 18 | Nesenkeag Drive |
| 19 | Sewer Profiles |
| 20 | Drainage Summary |
| 21 | Erosion Control Plan |

图 7-74　带标记的样品图样

系统打开标记集管理器，如图 7-75 所示。在标记集管理器的控件下拉列表框中选择“打开”选项，系统打开“打开标记 DWF”对话框，如图 7-76 所示。

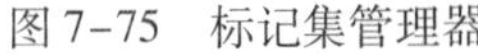
图 7-75　标记集管理器

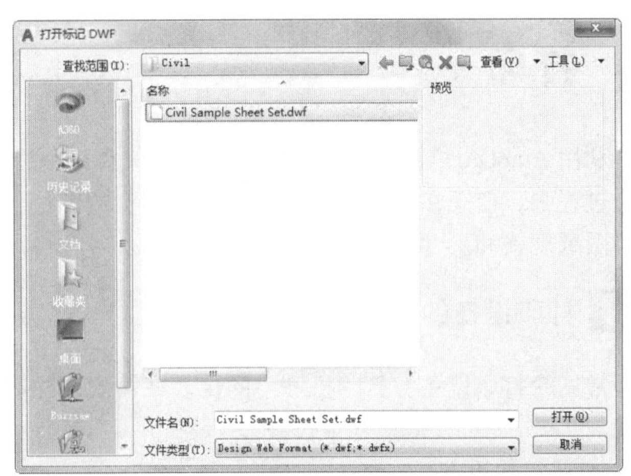


图 7-76　“打开标记 DWF”对话框

(2) 选择模板。选择 AutoCAD 2018 模板文件“Civil Sample Sheet Set. dwf”，该标记文件被加载到标记集管理器中，如图 7-77 所示。为方便加载，将模板文件复制到源文件目录下。

(3) 查看标记详细信息与修改注释。在加载的标记 DWF 文件目录中，双击文件名，如图 7-77 所示，或者右击，在弹出的快捷菜单中选择“打开图纸”命令，系统打开带有红色标记的图样文件。

(4) 重新发布带标记的图纸集。在 AutoCAD 绘图区域中，根据需要修改 DWF 文件。在标记集管理器中单击标记节点，并根据需要修改其状态或添加注释。

(5) 修改完图形和关联标记后，单击标记集管理器顶部的“重新发布标记 DWF”按钮，其右边下拉菜单中有两个选项，选择其中一项。

重新发布所有图纸：重新发布带标记的 DWF 文件中的所有图纸。

重新发布标记图纸：仅重新发布带标记的 DWF 文件中具有关联标记的图纸。

(6) 系统打开“打开标记 DWF 文件”对话框，如图 7-78 所示。选择某个 DWF 文件或输入某个 DWF 文件名，然后单击“选择”按钮，该文件即被发布。

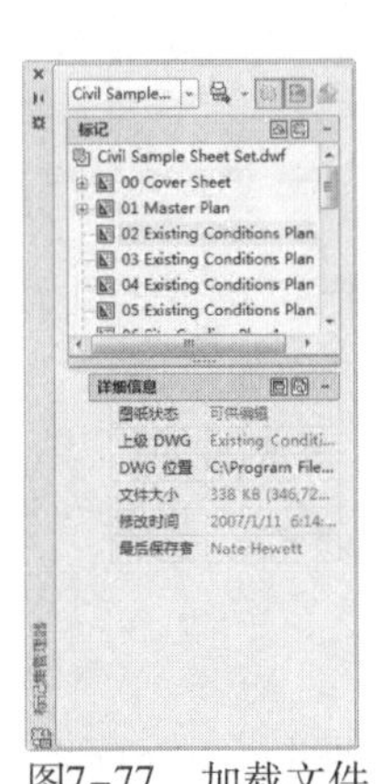


图7-77　加载文件

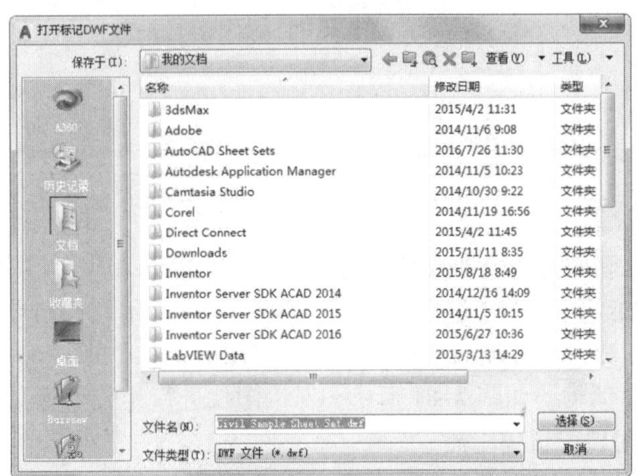


图 7-78　“打开标记 DWF 文件”对话框

# 7.8 打印

在利用 AutoCAD 建立了图形文件后，通常要进行绘图的最后一个环节，即输出图形。在这个过程中，要想在一张图纸上得到一幅完整的图形，必须恰当地规划图形的布局，合理地安排图纸规格和尺寸，正确地选择打印设备及各种打印参数。

## 7.8.1 打印设备的设置

最常见的打印设备有打印机和绘图仪。在输出图样时，首先要添加和配置要使用的打印设备。

**1. 打开打印设备**

**【执行方式】**

- 命令行：PLOTTERMANAGER。
- 菜单栏：选择菜单栏中的“文件”→“绘图仪管理器”命令。
- 功能区：单击“输出”选项卡“打印”面板中的“绘图仪管理器”按钮。

执行上述命令后，系统打开“Plotters”窗口，如图 7-79 所示。

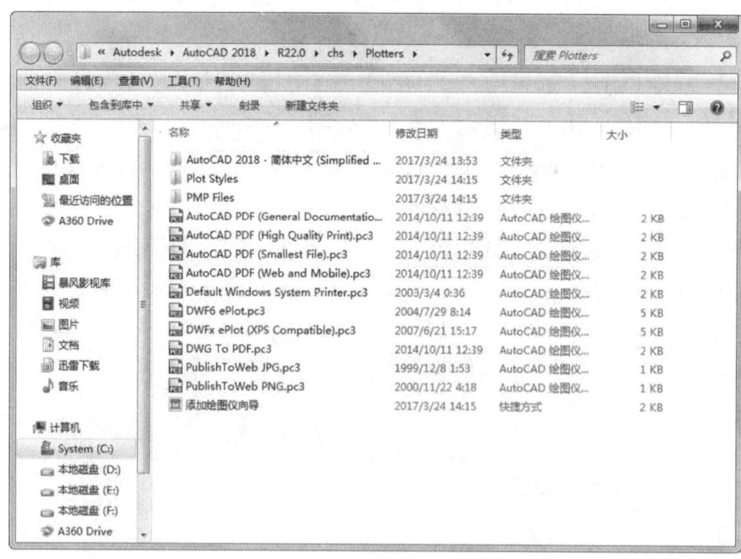


图 7-79 “Plotters”窗口

要添加新的绘图仪器或打印机，可双击“Plotters”窗口中的“添加绘图仪向导”图标，打开“添加绘图仪 - 简介”对话框，如图 7-80 所示，按向导逐步完成添加。

双击“Plotters”窗口中的绘图仪配置图标，如“DWF6 ePlot. pc3”，打开“绘图仪配置编辑器”对话框，如图 7-81 所示，对绘图仪进行相关设置。

**2. 绘图仪配置编辑器**

在“绘图仪配置编辑器”对话框中有 3 个选项卡，可根据需要进行重新配置。

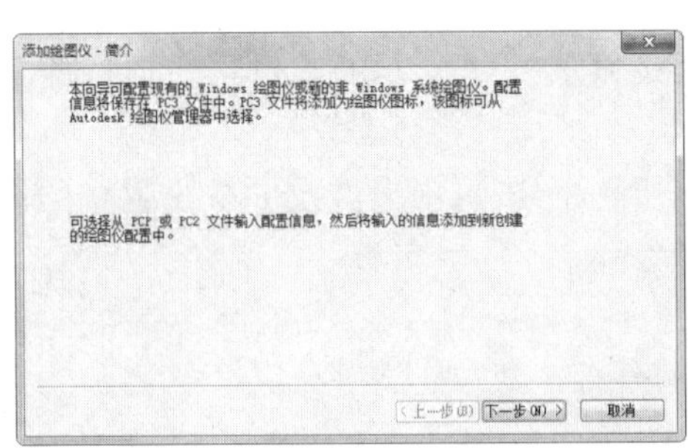

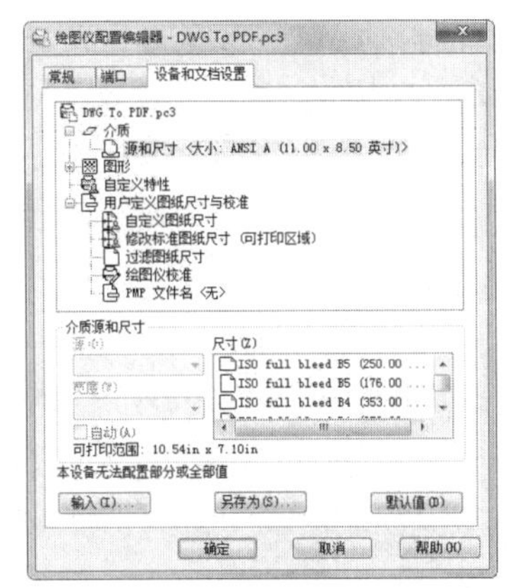

图 7-80 “添加绘图仪 - 简介”对话框　　　　图 7-81 “绘图仪配置编辑器”对话框

(1)“常规”选项卡，如图 7-82 所示。选项说明如下。

➢ 绘图仪配置文件名：显示在“添加打印机”向导中指定的文件名。
➢ 驱动程序信息：显示绘图仪驱动程序类型（系统或非系统）、名称、型号和位置、HDI 驱动程序文件版本号（AutoCAD 专用驱动程序文件）、网络服务器 UNC 名（如果绘图仪与网络服务器连接）、I/O 端口（如果绘图仪连接在本地）、系统打印机名（如果配置的绘图仪是系统打印机）、PMP（绘图仪型号参数）文件名和位置（如果 PMP 文件附着在 PC3 文件中）。

(2)“端口”选项卡，如图 7-83 所示。选项说明如下。

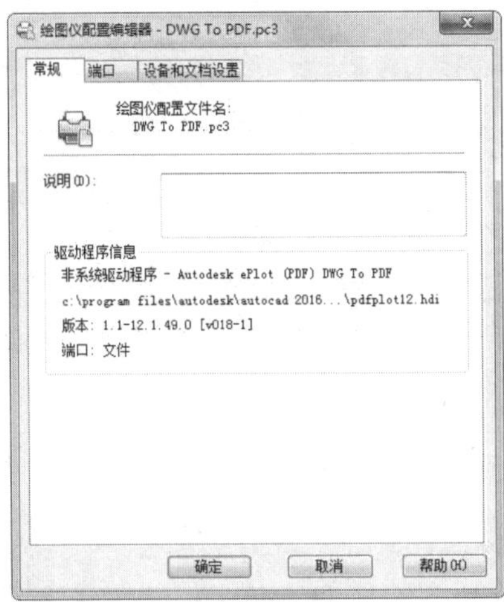


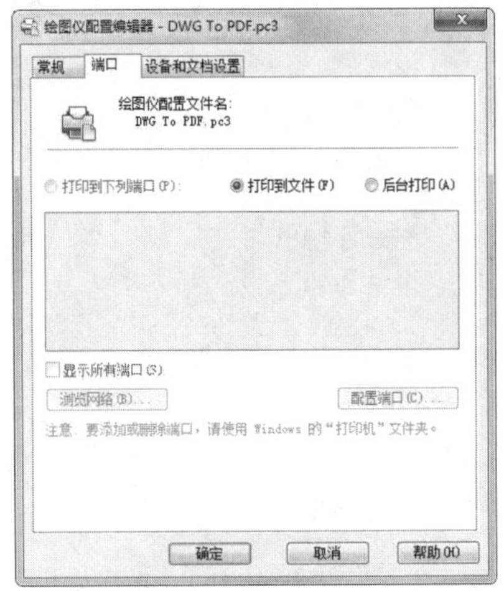


图 7-82 “常规”选项卡　　　　图 7-83 “端口”选项卡

➢“打印到下列端口”单选按钮：选中该单选按钮，将图形通过选定端口发送到绘图仪。
➢“打印到文件”单选按钮：选中该单选按钮，将图形发送至在“打印”对话框中指定的文件。
➢“后台打印”单选按钮：选中该单选按钮，使用后台打印实用程序打印图形。
➢ 端口列表：显示可用端口（本地和网络）的列表和说明。

➢“显示所有端口”复选框：选中该复选框，显示计算机上的所有可用端口，不管绘图仪使用哪个端口。

➢“浏览网络”按钮：单击该按钮显示网络选择，可以连接到另一台非系统绘图仪。

➢“配置端口”按钮：单击该按钮，打印样式显示“配置 LPT 端口”对话框或“COM 端口设置”对话框。

(3)“设备和文档设置”选项卡，如图 7-81 所示。该选项卡涉及 PC3 文件中的许多设置。单击任意节点的图标可以查看和修改指定设置。

## 7.8.2 创建布局

布局空间是图纸布局环境，可以在这里指定图纸大小、添加标题栏、显示模型的多个视图及创建图形标注和注释。

【执行方式】

- 命令行：LAYOUTWIZARD。
- 菜单栏：选择菜单栏中的“插入”→“布局”→“创建布局向导”命令。

执行上述命令后，打开“创建布局 - 开始”对话框。

【操作步骤】

(1) 在“输入新布局的名称”文本框中输入新布局名称，如图 7-84 所示。

(2) 单击“下一步”按钮，打开如图 7-85 所示的“创建布局 - 打印机”对话框。在该对话框中选择配置新布局“布局 3”的绘图仪。

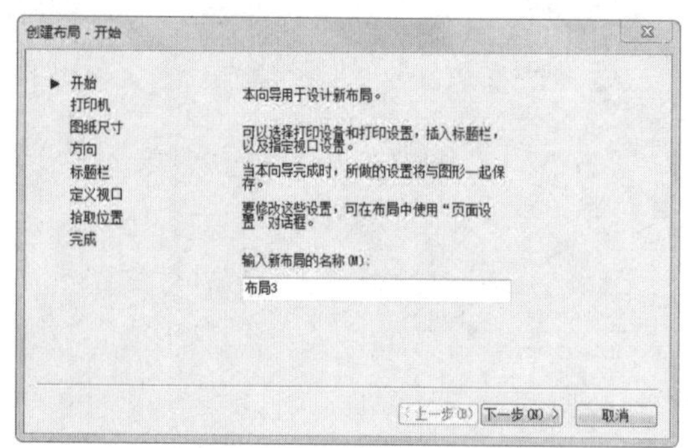

图 7-84 “创建布局 - 开始”对话框

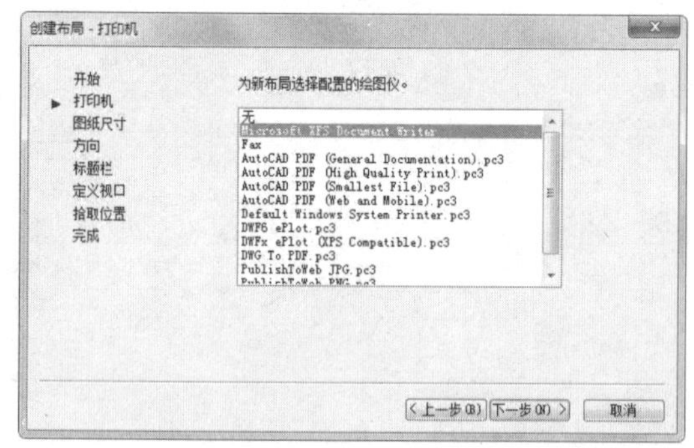


图 7-85 “创建布局 - 打印机”对话框

(3) 单击“下一步”按钮，打开如图 7-86 所示的“创建布局 - 图纸尺寸”对话框。该对话框用于选择打印图纸的大小和所用的单位。在对话框的“图纸尺寸”下拉列表框中列出了可用的各种格式的图纸，它由选择的打印设备决定，可从中选择一种格式。“图形单位”选项组用于控制输出图形的单位，可以选择“毫米”“英寸”或“像素”。选中“毫米”单选按钮，即以毫米为单位，再选择图纸的大小，例如，“ISO A2 (594.00 × 420.00 毫米)”。

(4) 单击“下一步”按钮，打开如图 7-87 所示的“创建布局 - 方向”对话框。在该对话框中选中“纵向”或“横向”单选按钮，可设置图形在图纸上的布置方向。

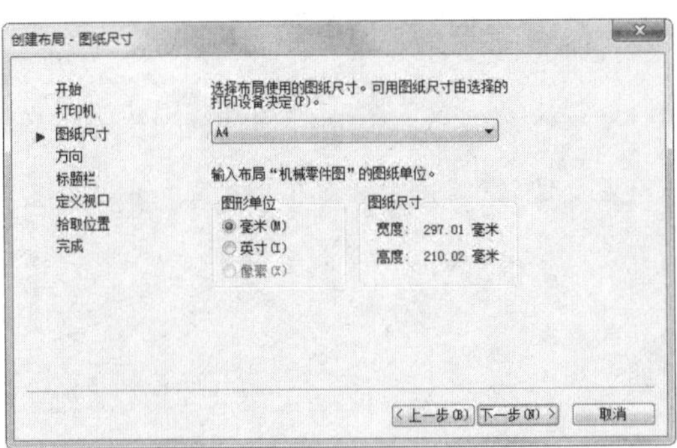


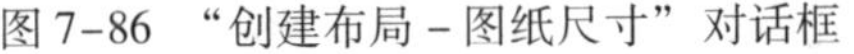

图 7-86 “创建布局 - 图纸尺寸”对话框

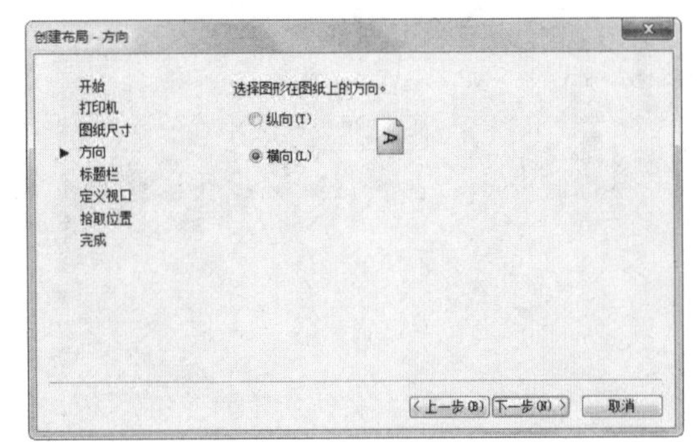


图 7-87 “创建布局 - 方向”对话框

(5) 单击“下一步”按钮，打开如图 7-88 所示的“创建布局 - 标题栏”对话框。在该对话框左边的列表框中列出了当前可用的图纸边框和标题栏样式，可从中选择一种作为创建布局的图纸边框和标题栏样式，在对话框右边的预览框中将显示所选的样式。在对话框下面的“类型”选项组中，可以指定所选标题栏图形文件是作为“块”还是作为“外部参照”插入到当前图形中。一般情况下，在绘图时都已经绘制出了标题栏，所以此步中选择“无”即可。

(6) 单击“下一步”按钮，打开如图 7-89 所示的“创建布局 - 定义视口”对话框。在该对话框中可以指定新创建的布局默认视口的设置和比例等。其中，“视口设置”选项组用于设置当前布局，定义视口数量；“视口比例”下拉列表框用于设置视口的比例。当选中“阵列”单选按钮时，下面 4 个文本框变为可用，“行数”和“列数”两个文本框分别用于输入视口的行数和列数，“行间距”和“列间距”两个文本框分别用于输入视口的行间距和列间距。

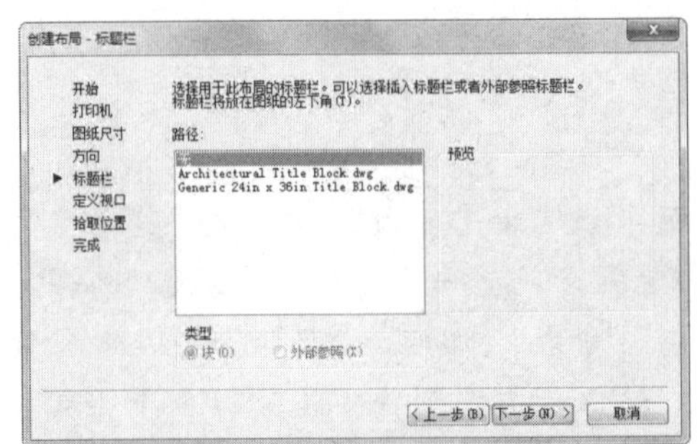


图 7-88 “创建布局 - 标题栏”对话框

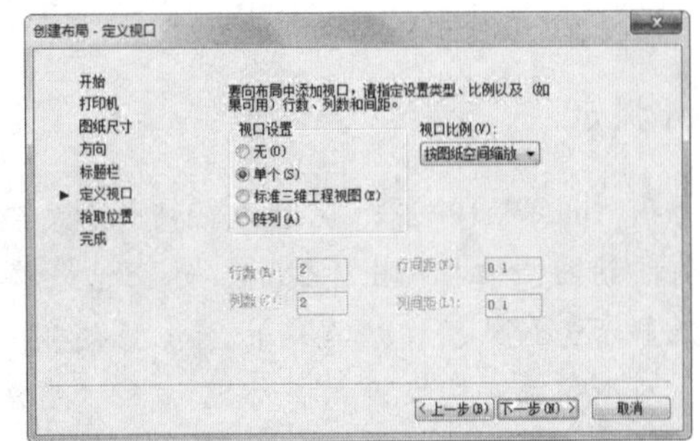


图 7-89 “创建布局 - 定义视口”对话框

(7) 单击“下一步”按钮，打开如图 7-90 所示的“创建布局 - 拾取位置”对话框。在该对话框中单击“选择位置”按钮，系统将暂时关闭该对话框，返回到绘图区，从图形中指定视口配置的大小和位置。

(8) 单击“下一步”按钮，打开如图 7-91 所示的“创建布局 - 完成”对话框。

(9) 单击“完成”按钮，完成新布局“布局 3”的创建。系统自动返回到布局空间，显示新创建的布局“布局 3”，如图 7-92 所示。

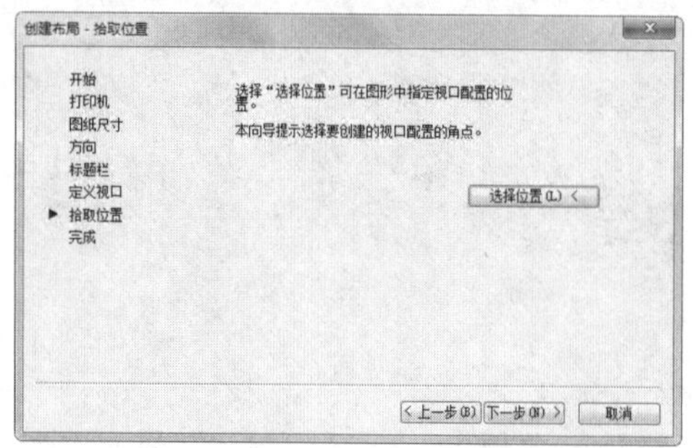


图 7-90 "创建布局 - 拾取位置"对话框

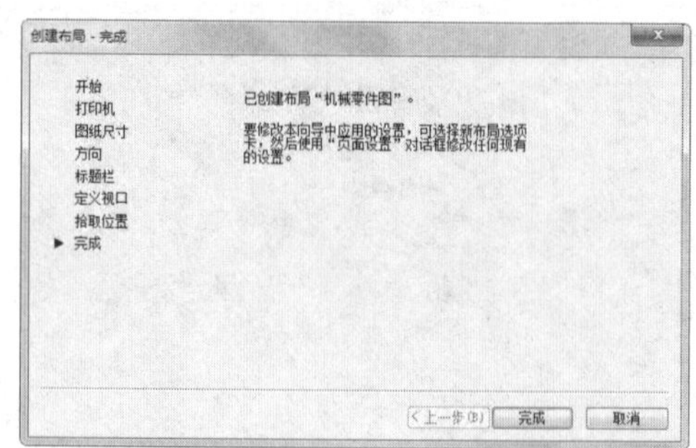


图 7-91 "创建布局 - 完成"对话框

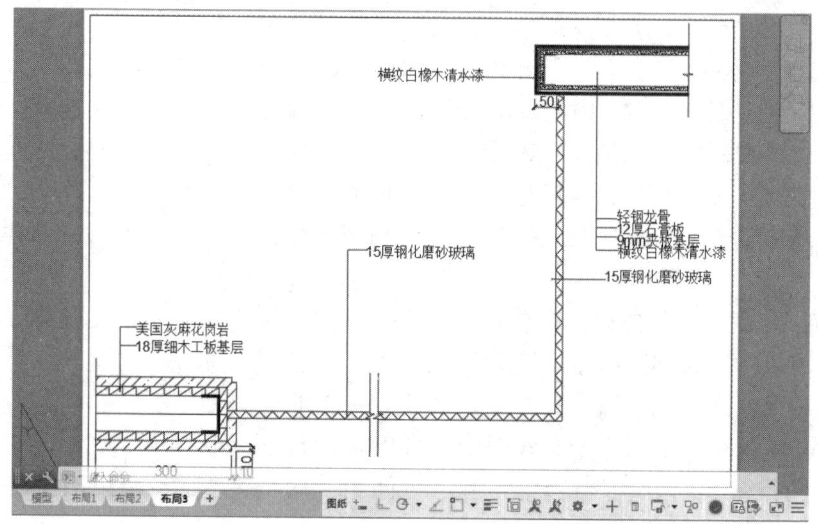


图 7-92 完成"布局 3"布局的创建

提示

当 AutoCAD 中图形显示比例较大时，圆和圆弧看起来由若干直线段组成，这并不影响打印结果，但在输出图像时，输出结果将与绘图区显示完全一致，因此，若发现有圆或圆弧显示为折线段，应在输出图像前使用"viewers"命令，对屏幕的显示分辨率进行优化，尽量使圆和圆弧看起来光滑逼真。AutoCAD 中输出的图像文件，其分辨率为屏幕分辨率，即 72 dpi。如果该文件用于其他程序仅供屏幕显示，则此分辨率已经合适。若最终要打印出来，就要在图像处理软件（如 Photoshop）中将图像的分辨率提高，一般设置为 300 dpi 即可。

## 7.8.3 页面设置

页面设置可以对打印设备和其他影响最终输出的外观和格式进行设置，并将这些设置应用到其他布局中。在"模型"选项卡中完成图形的绘制之后，可以通过选择"布局"选项卡开始创建要打印的布局。页面设置中指定的各种设置和布局将一起存储在图形文件中，可以随时修改页面设置中的设置。

## 【执行方式】

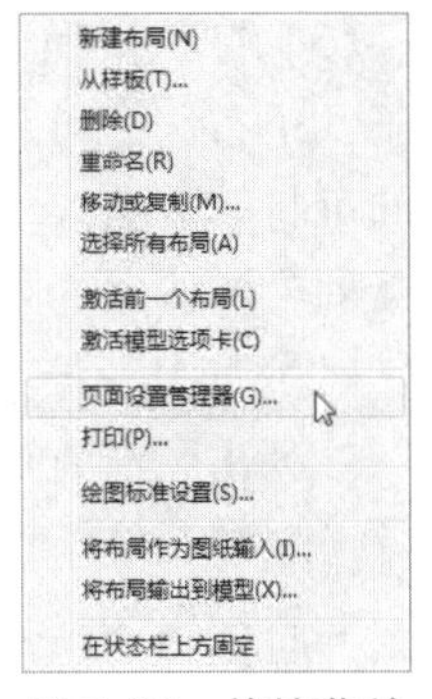


图 7-93 快捷菜单

- 命令行：PAGESETUP。
- 菜单栏：选择菜单栏中的“文件”→“页面设置管理器”命令。
- 功能区：单击“输出”选项卡“打印”面板中的“页面设置管理器”按钮。
- 快捷菜单：右键单击当前布局，在快捷菜单中选择“页面设置管理器”命令，如图 7-93 所示。

## 【操作步骤】

执行上述命令后，打开“页面设置管理器”对话框，如图 7-94 所示。在该对话框中，可以完成新建布局、修改原有布局、输入存在的布局和将某一布局置为当前等操作。

(1) 在“页面设置管理器”对话框中单击“新建”按钮，打开“新建页面设置”对话框，如图 7-95 所示。

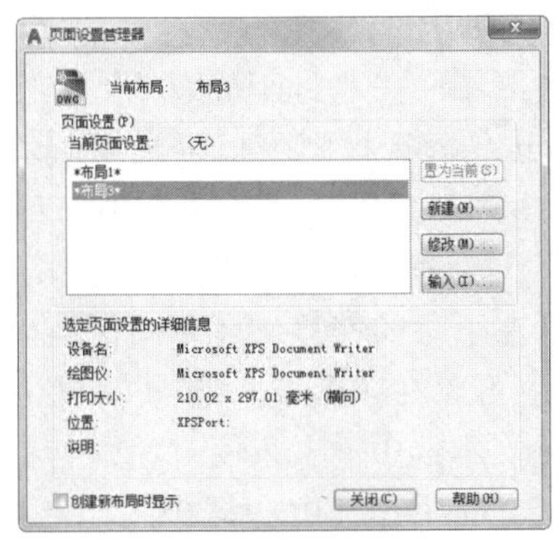


图 7-94 “页面设置管理器”对话框

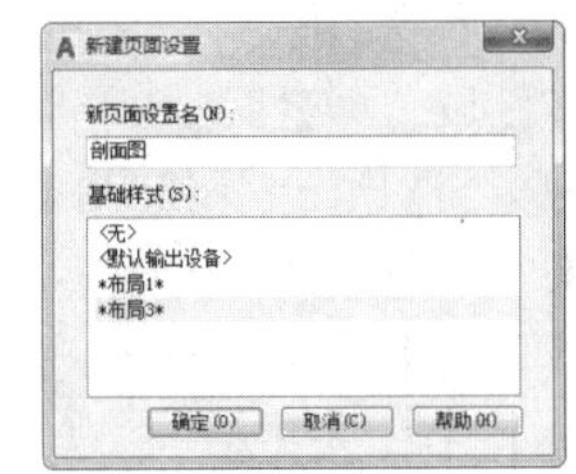


图 7-95 “新建页面设置”对话框

(2) 在“新页面设置名”文本框中输入新建页面的名称，如“剖面图”，单击“确定”按钮，打开“页面设置 - 布局 3”对话框，如图 7-96 所示。

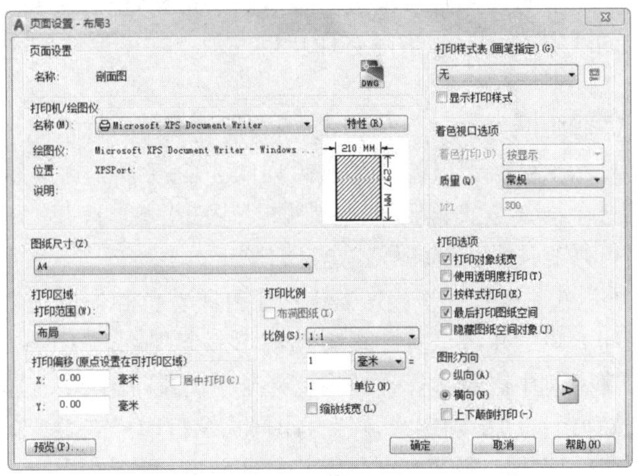


图 7-96 “页面设置 - 布局 3”对话框

（3）在“页面设置－布局 3”对话框中，可以设置布局和打印设备并预览布局的结果。对于一个布局，可利用此对话框来完成其设置，虚线表示图纸中当前配置的图纸尺寸和绘图仪的可打印区域。设置完毕后，单击“确定”按钮。图 7-96 所示的“页面设置－布局 3”对话框中各选项的功能介绍如下。

➢“打印机/绘图仪”选项组：用于选择打印机或绘图仪。在“名称”下拉列表框中，列出了所有可用的系统打印机和 PC3 文件，从中选择一种打印机，指定为当前已配置的系统打印设备，以打印输出布局图形。单击“特性”按钮，可打开“绘图仪配置编辑器”对话框。

➢“图纸尺寸”选项组：用于选择图纸尺寸。其下拉列表框中可用的图纸尺寸由当前为布局所选的打印设备确定。如果配置绘图仪进行光栅输出，则必须按像素指定输出尺寸。通过使用绘图仪配置编辑器可以添加存储在绘图仪配置（PC3）文件中的自定义图纸尺寸。如果使用系统打印机，则图纸尺寸由 Windows 控制面板中的默认纸张设置决定。为已配置的设备创建新布局时，默认图纸尺寸显示在“页面设置”对话框中。如果在“页面设置－布局 3”对话框中修改了图纸尺寸，则在布局中保存的将是新图纸尺寸，而忽略绘图仪配置文件（PC3）中的图纸尺寸。

➢“打印区域”选项组：用于指定图形实际打印的区域。在“打印范围”下拉列表框中有“显示”“窗口”“图形界限”“布局”4 个选项。选择“窗口”选项，系统将关闭对话框返回到绘图区，这时通过指定区域的两个对角点或输入坐标值来确定一个矩形打印区域，再返回到“页面设置－布局 3”对话框。

➢“打印偏移”选项组：用于指定打印区域自图纸左下角的偏移。在布局中，指定的打印区域的左下角默认在图纸边界的左下角点，也可以在“*X*”“*Y*”文本框中输入一个正值或负值来偏移打印区域的原点。在“*X*”文本框中输入正值时，原点右移；在“*Y*”文本框中输入正值时，原点上移。在模型空间中，选中“居中打印”复选框，系统将自动计算图形居中打印的偏移量，将图形打印在图纸的中间。

➢“打印比例”选项组：用于控制图形单位与打印单位之间的相对尺寸。打印布局时的默认比例是1:1，在“比例”下拉列表框中可以定义打印的精确比例，选中“缩放线宽”复选框，将对有宽度的线段也进行缩放。一般情况下，打印时图形中的各实体按图层中指定的线宽来打印，不随打印比例缩放。在模型空间中打印时，默认设置为“布满图纸”。

➢“打印样式表”选项组：用于指定当前赋予布局或视口的打印样式表。“打印样式表”下拉列表框中显示了可赋予当前图形或布局的当前打印样式。如果要更改包含在打印样式表中的打印样式定义，则单击“编辑”按钮，打开“打印样式表编辑器”对话框，从中可修改选中的打印样式定义。

➢“着色视口选项”选项组：用于确定若干用于打印着色和渲染视口的选项。可以指定每个视口的打印方式，并将该打印设置与图形一起保存。还可以从各种分辨率（最大为绘图仪分辨率）中进行选择，并将该分辨率设置与图形一起保存。

➢“打印选项”选项组：用于确定线宽、打印样式及打印样式表等的相关属性。若选中“打印对象线宽”复选框，则打印时系统将打印线宽；若选中“按样式打印”复选框，则以在打印样式表中定义、赋予几何对象的打印样式来打印；若选中“隐藏图纸空间对象”复选框，则不打印布局环境（布局空间）对象的消隐线，即只打印消隐后的效果。

➢“图形方向”选项组：用于设置打印时图形在图纸上的方向。若选中“横向”单选按钮，将横向打印图形，使图形的顶部在图纸的长边；若选中“纵向”单选按钮，将纵向打印，使图形的顶部在图纸的短边；若选中“上下颠倒打印”复选框，将使图形颠倒打印。

## 7.8.4 从模型空间输出图形

从模型空间输出图形时，需要在打印时指定图纸尺寸，即在“打印”对话框中选择要使用的图纸尺寸。在该对话框中列出的图纸尺寸取决于在“打印”或“页面设置”对话框中选定的打印机或绘图仪。

【执行方式】

- 命令行：PLOT。
- 菜单栏：选择菜单栏中的“文件”→“打印”命令。
- 工具栏：单击“标准”工具栏中的“打印”按钮。
- 功能区：单击“输出”选项卡“打印”面板中的“打印”按钮。

【操作步骤】

执行上述命令，打开“打印 – 模型”对话框，如图 7–97 所示。在该对话框中各选项的含义如下。

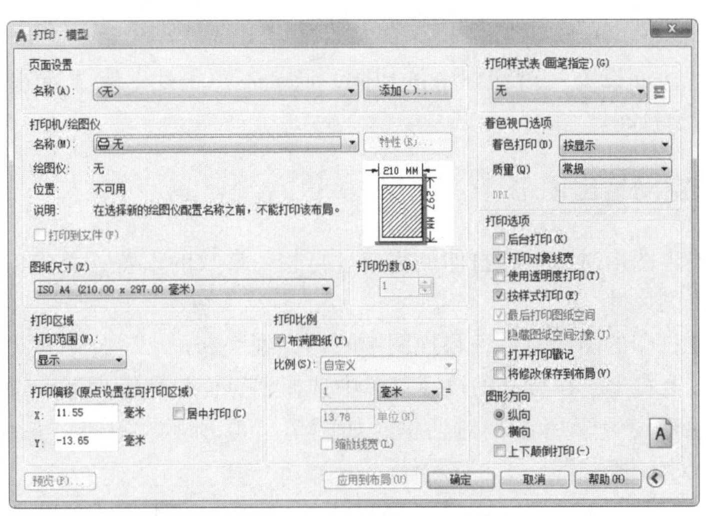


图 7–97 “打印 – 模型”对话框

➢“页面设置”选项组：在该选项组中列出了图形中已命名或已保存的页面设置，可以将这些已保存的页面设置作为当前页面设置；也可以单击“添加”按钮，基于当前设置创建一个新的页面设置。

➢“打印机/绘图仪”选项组：用于指定打印时使用已配置的打印设备。在“名称”下拉列表框中列出了可用的 PC3 文件或系统打印机，可以从中进行选择。设备名称前面的图标识别，用于区分为 PC3 文件还是系统打印机。

➢ “打印份数”选项组：用于指定要打印的份数。当打印输出到文件而不是绘图仪或打印机时，此选项不可用。
➢ “应用到布局”按钮：单击该按钮，可将当前打印设置保存到当前布局中去。
➢ “预览”按钮：在图纸上以打印的方式显示图形。要退出打印预览并返回“打印”对话框，按〈Esc〉键，然后按〈Enter〉键，或右击并选择快捷菜单中的“退出”命令。打印预览效果如图 7-98 所示。

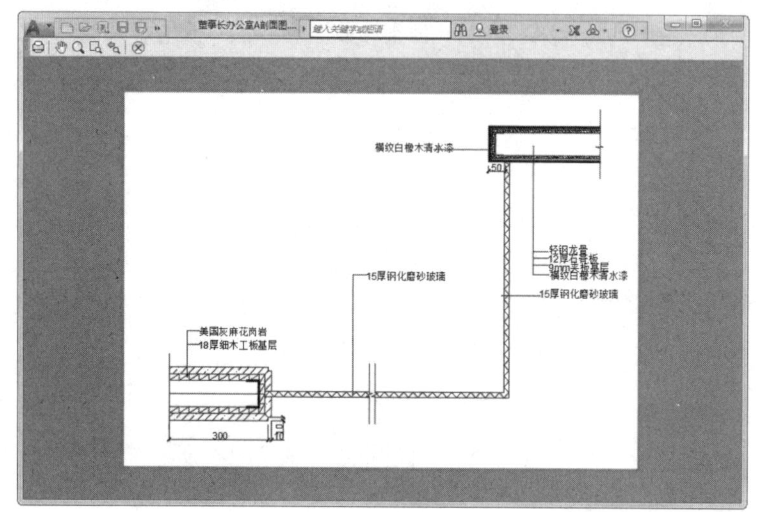


图 7-98　打印预览

其他选项与“页面设置”对话框中的相同，此处不再赘述。完成所有的设置后，单击“确定”按钮，开始打印。

## 7.8.5 从图纸空间输出图形

从图纸空间输出图形时，根据打印的需要进行相关参数的设置，首先应在“页面设置”对话框中指定图纸的尺寸。

（1）打开需要打印的图形文件，将视图空间切换到“布局 1”选项卡，如图 7-99 所示。在“布局 1”标签上右击，在打开的快捷菜单中选择“页面设置管理器”命令。

（2）打开“页面设置管理器”对话框，如图 7-100 所示。单击“新建”按钮，打开“新建页面设置”对话框。

（3）在“新建页面设置”对话框的“新页面设置名”文本框中输入“A 剖面图”，如图 7-101 所示。

（4）单击“确定”按钮，打开“页面设置 - 布局 1”对话框，根据打印的需要进行相关参数的设置，如图 7-102 所示。

（5）设置完成后，单击“确定”按钮，返回到“页面设置管理器”对话框。在“当前页面设置”列表框中选择“A 剖面图”选项，单击“置为当前”按钮，将其设置为当前布局，如图 7-103 所示。

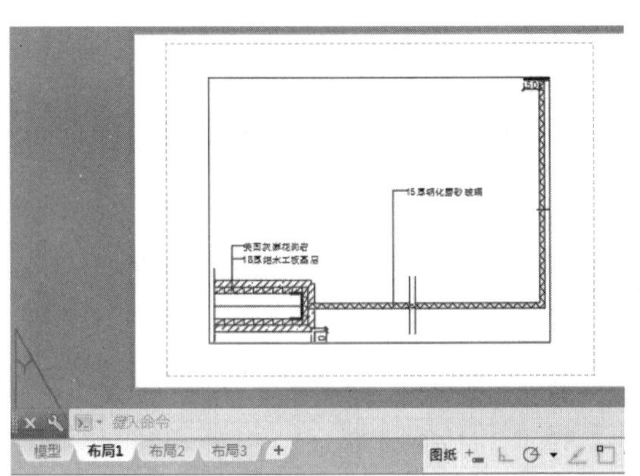

图 7-99 切换到“布局 1”选项卡

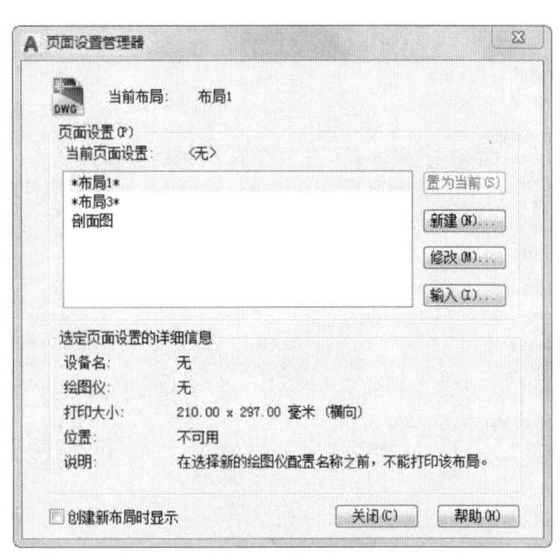

图 7-100 “页面设置管理器”对话框

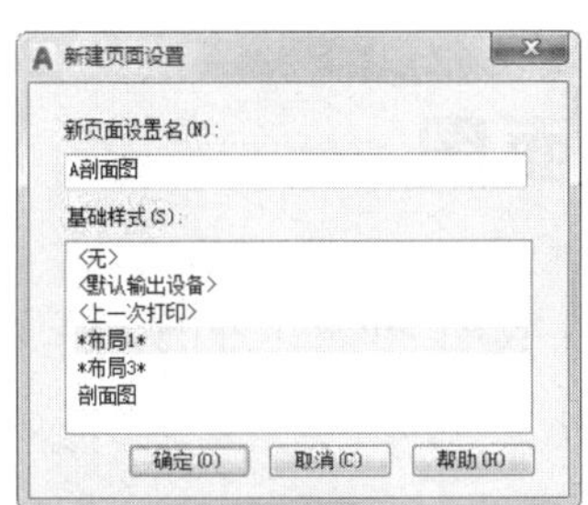

图 7-101 创建“A 剖面图”新页面

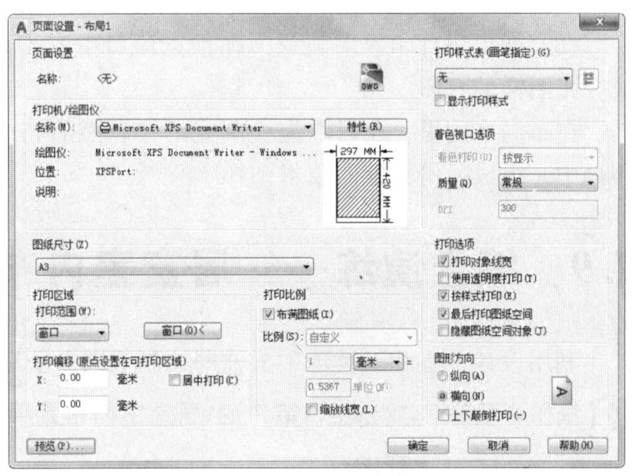

图 7-102 “页面设置 - 布局 1”对话框

（6）单击“关闭”按钮，完成“A 剖面图”布局的创建，如图 7-104 所示。

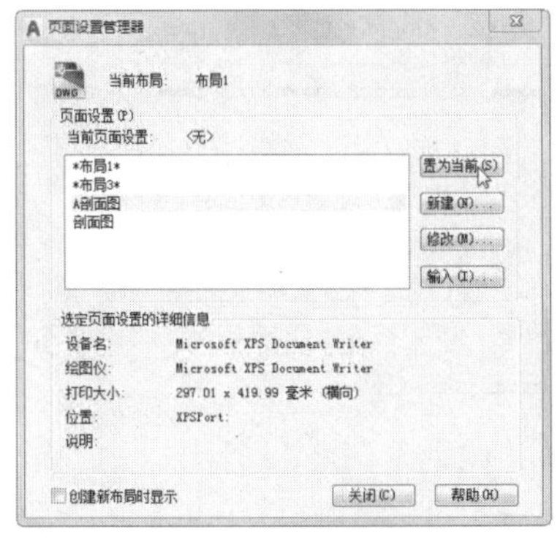

图 7-103 将“A 剖面图”布局置为当前

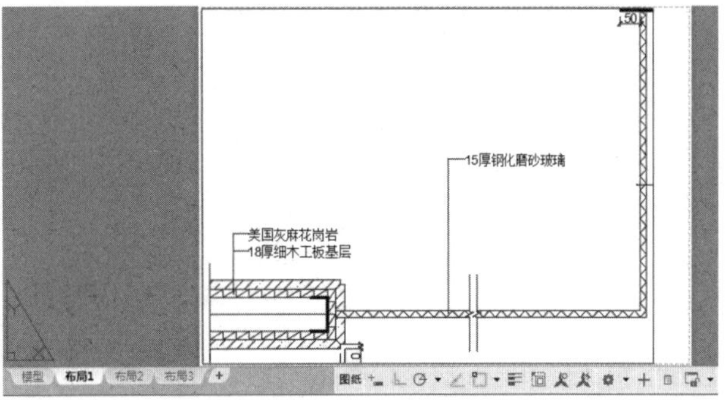

图 7-104 完成“A 剖面图”布局的创建

（7）单击“输出”选项卡“打印”面板中的“打印”按钮，打开“打印 - 布局 1”对话框，如图 7-105 所示，不需要重新设置，单击左下方的“预览”按钮，打印预览效果如图 7-106 所示。

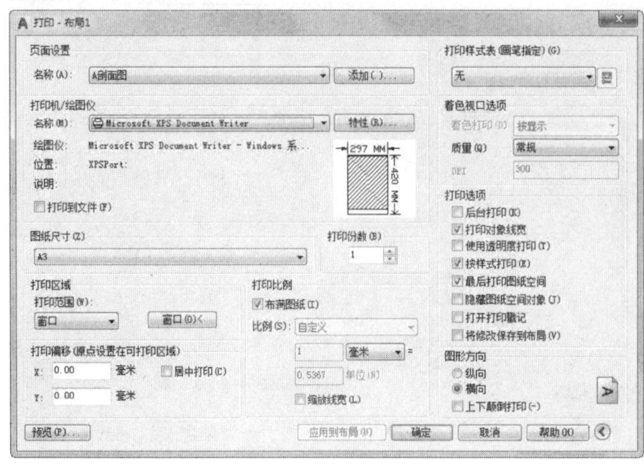


图 7-105 “打印 - 布局 1”对话框

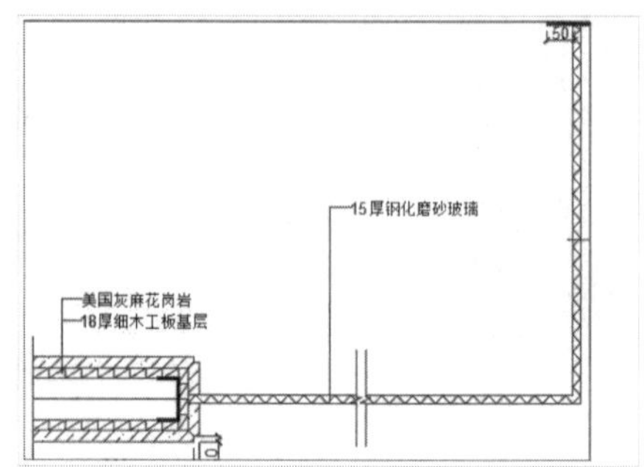


图 7-106 打印预览效果

（8）如果对打印效果满意，在预览窗口中右击，选择快捷菜单中的“打印”命令，完成一张图样的打印。

在布局空间里，还可以先绘制完图样，然后将图框与标题栏都以“块”的形式插入到布局中，组成一份完整的技术图样。

## 7.9 综合演练——居室室内布置平面图

利用设计中心和工具选项板辅助绘制如图 7-107 所示的居室室内布置平面图。

**【操作步骤】（实例演示\第 7 章\居室室内布置平面图 . avi）**

### 1. 绘制建筑主体图

单击“默认”选项卡“绘图”面板中的“直线”按钮和“圆弧”按钮，绘制建筑主体图，或者直接打开“源文件\第 7 章\居室室内布置平面图\居室平面图”，结果如图 7-108 所示。

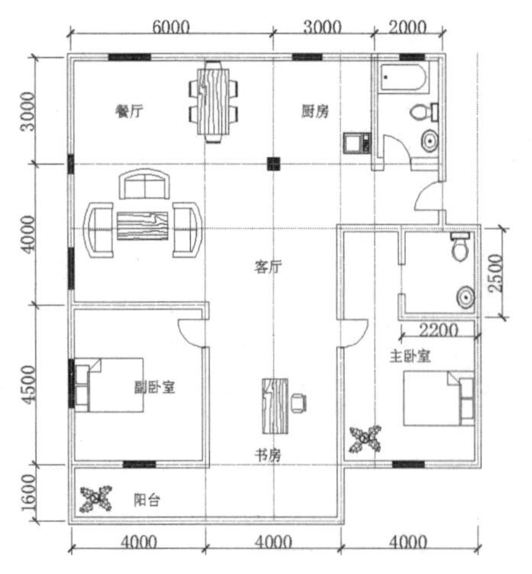


图 7-107 居室室内布置平面图

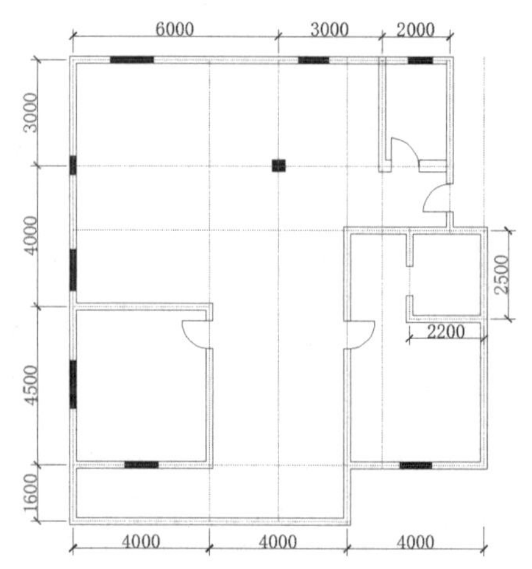


图 7-108 居室平面图

**2. 启动设计中心**

(1) 单击“视图”选项卡“选项板”面板中的“设计中心”按钮，打开如图7-109所示的设计中心选项板，其中选项板的左侧为“资源管理器”。

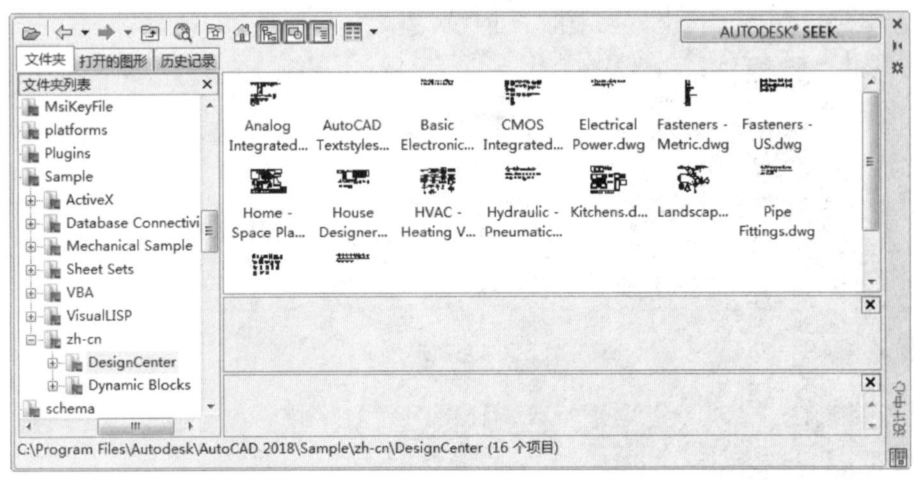


图7-109　设计中心

(2) 双击左侧的“Kitchens. dwg”，打开如图7-110所示的窗口；单击选项板左侧的块图标，出现如图7-110所示的厨房设计常用的燃气灶、水龙头、橱柜和微波炉等模块。

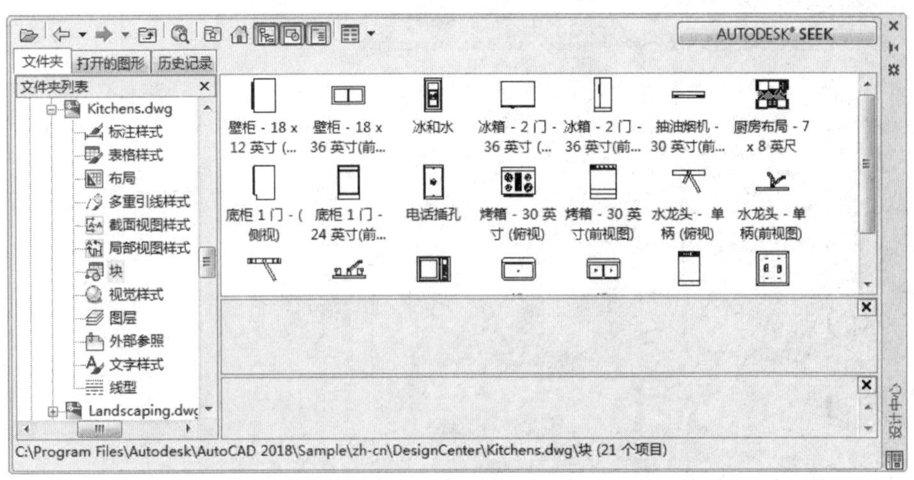


图7-110　双击“Kitchens. dwg”文件

**3. 插入图块**

新建“内部布置”图层，双击如图7-111所示的“微波炉”图标，打开如图7-112所示的“插入”对话框，设置插入点为（19618，21000），缩放比例为“25.4”，旋转角度为“0”，插入的图块如图7-113所示，绘制结果如图7-114所示。重复上述操作，把Home - Space Planner与House Designer中的相应模块插入图形中，绘制结果如图7-115所示。

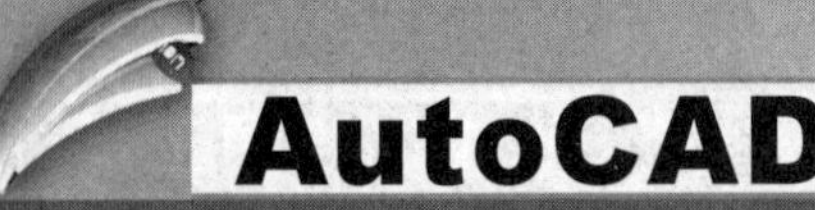



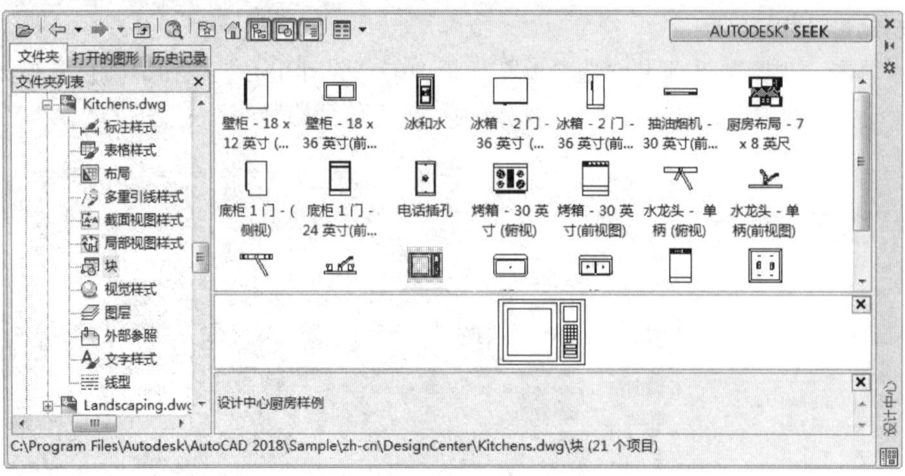


图 7–111　图形模块

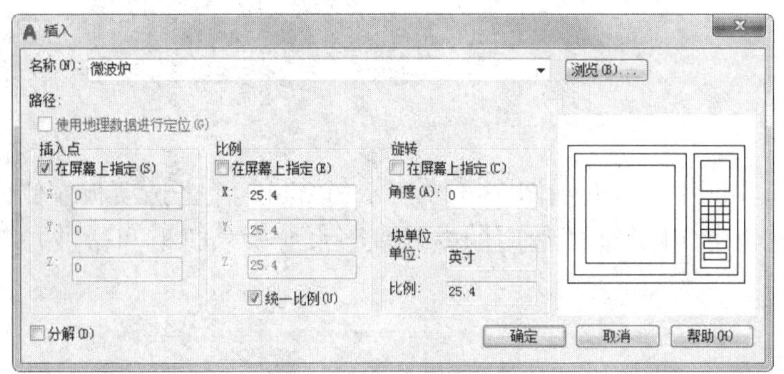


图 7–112　“插入”对话框

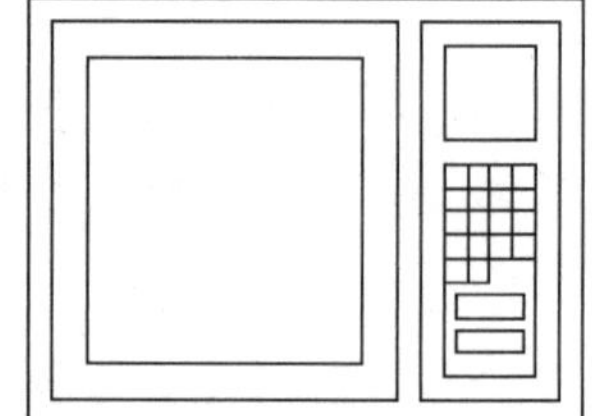

图 7–113　插入的图块

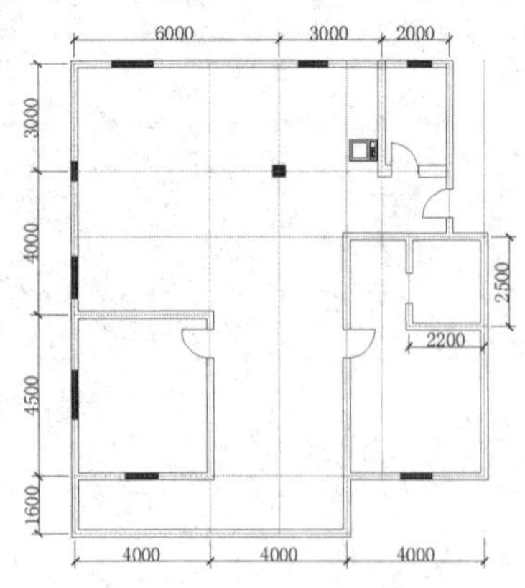


图 7–114　插入图块效果

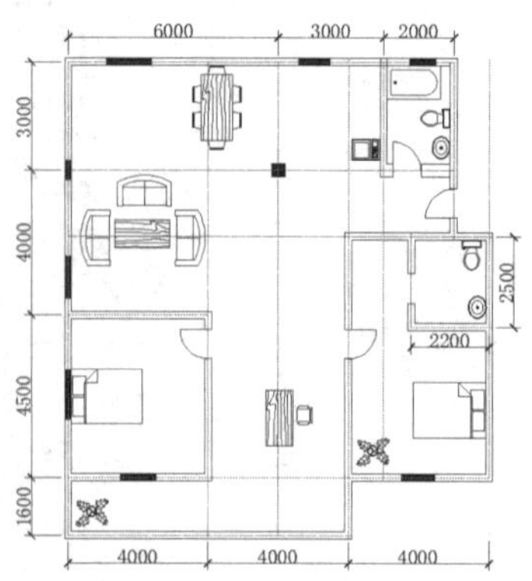


图 7–115　室内布局

#### 4. 标注文字

单击“默认”选项卡“注释”面板中的“多行文字”按钮A，将“客厅”“厨房”等名称输入相应的位置，结果如图 7–116 所示。

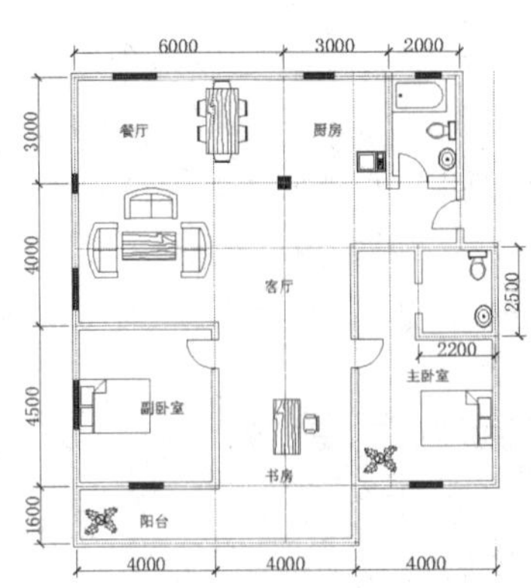


图 7-116 居室室内布置平面图

## 7.10 名师点拨

**1. 设计中心的操作技巧是什么?**

通过设计中心，用户可以组织对图形、块、图案填充和其他图形内容的访问，可以将源图形中的任何内容拖动到当前图形中，也可以将图形、块和图案填充拖动到工具选项板上。源图形可以位于用户的计算机或网站上。另外，如果打开了多个图形，则可以通过设计中心在图形之间复制和粘贴其他内容（如图层定义、布局和文字样式）来简化绘图过程。AutoCAD 制图人员一定要利用好设计中心的优势。

**2. 质量属性查询的方法。**

AutoCAD 提供点坐标（Id），距离（Distance）和面积（Area）的查询，给图形的分析带来了很大的方便，但是在实际工作中，有时还需查询实体质量属性特性，AutoCAD 提供了实体质量属性（Mass Properties）查询，可以方便查询实体的惯性矩、面积矩和实体的质心等。须注意的是，对于曲线、多段线构造的闭合区域，应先用“REGION”命令将闭合区域面域化，再执行质量属性查询，才可查询实体的惯性矩、面积矩、实体的质心等属性。

**3. 怎样测量某个图元的长度?**

方法一：用测量单位比例因子为 1 的线性标注或对齐标注。

方法二：用“DIST”命令。

**4. 打印出来的图效果非常差，线条有灰度的差异，为什么?**

这种情况大多与打印机或绘图仪的配置、驱动程序以及操作系统有关。通常从以下几方面解决此问题。

（1）检查配置打印机或绘图仪时，误差抖动开关是否关闭。

（2）检查打印机或绘图仪的驱动程序是否正确，是否需要升级。

（3）如果把 AutoCAD 配置成以系统打印机方式输出，换用 AutoCAD 为各类打印机和绘图仪提供的 ADI 驱动程序，重新配置 AutoCAD 打印机，看能否解决问题。

（4）对不同型号的打印机或绘图仪，AutoCAD 都提供了相应的命令，可以进一步详细配置。例如，对支持 HPGL/2 语言的绘图仪系列，可使用命令“HPCONFIG”。

（5）在“AutoCAD Plot”对话框中，设置笔号与颜色、线型及笔宽的对应关系，为不同的颜色指定相同的笔号（最好同为1），但这一笔号所对应的线型和笔宽可以不同。某些喷墨打印机只能支持1～16的笔号，如果笔号太大，则无法打印。

（6）检查笔宽的设置是否太大，例如>1。

（7）检查操作系统是否Windows NT，如果是，则可能需要更新的NT补丁包（Service Pack）。

**5. 为什么有些图形能显示，却打印不出来？**

如果图形绘制在AutoCAD自动产生的图层（Defpoints、Ashade等）上，就会出现这种情况。应避免在这些层上绘制实体。

# 7.11 上机实验

**【练习1】利用工具选项板绘制如图7–117所示的轴承图形。**

**1. 目的要求**

本练习涉及“工具选项板”命令。通过本练习，要求读者掌握工具选项板的使用方法。

**2. 操作提示**

（1）打开工具选项板，在工具选项板的“机械”选项卡中选择“滚珠轴承”图块，插入到新建空白图形文件中，通过右键快捷菜单进行缩放。

（2）利用“图案填充”命令对图形剖面进行填充。

**【练习2】利用设计中心绘制如图7–118所示的盘盖组装图。**

**1. 目的要求**

本练习涉及“设计中心”命令。通过本练习，要求读者掌握设计中心的使用方法。

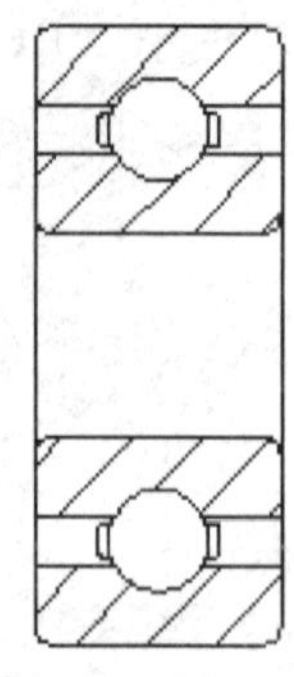

图7–117　轴承图形

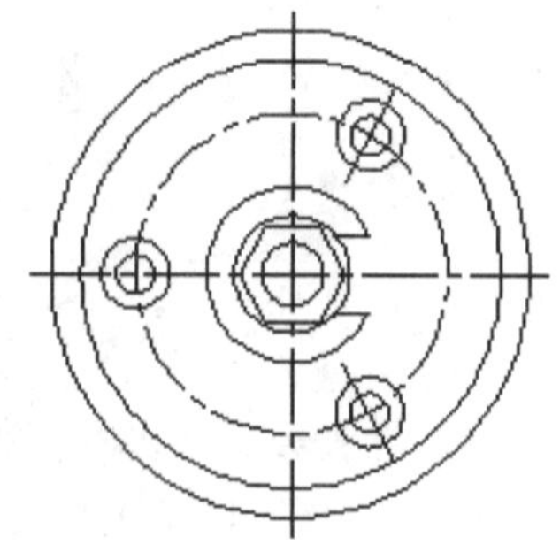

图7–118　盘盖组装图

**2. 操作提示**

（1）打开设计中心与工具选项板。

（2）建立一个新的工具选项板。

（3）在设计中心中查找已经绘制好的常用机械零件图。

（4）将这些零件图拖入到新建立的工具选项板中。

（5）打开一个新图形文件界面。

（6）将需要的图形文件模块从工具选项板上拖入到当前图形中，并进行适当的缩放、移动、旋转等操作。

【练习3】打印预览如图7-119所示的齿轮图形。

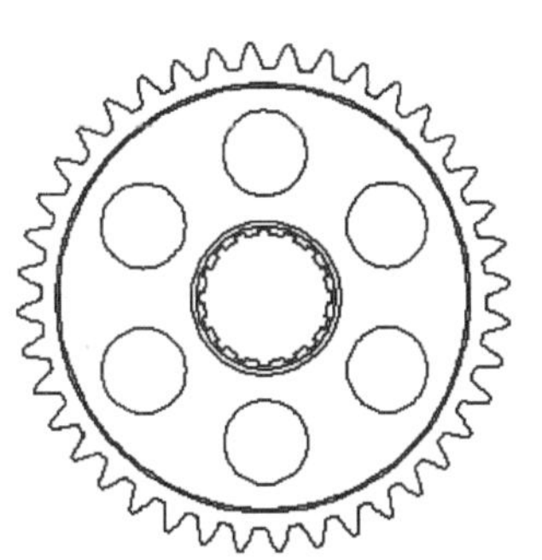

图7-119　齿轮

**1. 目的要求**

图形输出是绘制图形的最后一步工序。正确地对图形进行打印设置，有利于顺利地输出图样。本实验的目的是使读者掌握打印设置的方法。

**2. 操作提示**

（1）打开齿轮图形文件，执行“打印”命令。

（2）进行打印设备参数设置。

（3）进行打印设置。

（4）输出预览。

## 7.12　思考与练习

（1）使用“创建图纸集”向导创建新的图纸集时，将创建新的文件夹作为图纸集的默认存储位置。该新文件夹的名称为（　　）。

A. AutoCAD Sheet Sets　　B. Autodesk Sheet Sets

C. CAD Sheet Sets　　D. Sheet Sets

（2）如果从模型空间打印一张图样，打印比例为1:2，那么想在图样上得到5 mm高的字体，应在图形将字高设置为（　　）。

A. 5 mm　　B. 10 mm

C. 2.5 mm　　D. 2 mm

（3）在“设计中心”的树状视图框中选择一个图形文件，下列哪一个不是“设计中心”中列出的项目？（　　）

A. 标注样式　　B. 外部参照

C. 打印样式　　D. 布局

（4）如果要合并两个视口，必须（　　）。

A. 是模型空间视口并且共享长度相同的公共边　　B. 在“模型”选项卡

C. 在“布局”选项卡　　D. 一样大小

（5）不能使用以下哪些方法自定义工具选项板的工具？（　　）

A. 将图形、块、图案填充和标注样式从设计中心拖至工具选项板

B. 使用“自定义”对话框将命令拖至工具选项板

C. 使用“自定义用户界面”（CUI）编辑器，将命令从“命令列表”窗格拖至工具选项板

D. 将标注对象拖动到工具选项板

（6）如果在模型空间中有多个图形，只需打印其中一张，最简单的方法是（　　）。

A. 在打印范围下选择：显示　　B. 在打印范围下选择：图形界限

C. 在打印范围下选择：窗口　　D. 在打印选项下选择：后台打印

（7）下列关于模型空间视口说法错误的是（　　）。

A. 使用“模型”选项卡，可以将绘图区域拆分成一个或多个相邻的矩形视图

B. 在“模型”选项卡中创建的视口充满整个绘图区域并且相互之间不重叠

C. 可以创建多边形视口

D. 在一个视口中做出修改后，其他视口也会立即更新

# 第 8 章

# 文字与表格

文字注释是绘制图形过程中很重要的环节，进行各种设计时，不仅要绘制出图形，还要在图形中标注一些注释性的文字，如技术要求、注释说明等，对图形对象加以解释。AutoCAD 提供了多种在图形中输入文字的方法，本章将详细介绍文本的注释和编辑功能。图表在 AutoCAD 图形中也有大量的应用，如明细表、参数表和标题栏等。

- 文本样式
- 文本标注
- 表格

# 8.1 文本样式

所有 AutoCAD 图形中的文字都有与其相对应的文本样式。当输入文字对象时，AutoCAD 使用当前设置的文本样式。文本样式是用来控制文字基本形状的一组设置。AutoCAD 2018 提供了“文字样式”对话框，通过这个对话框可以方便直观地设置需要的文本样式，或是对已有样式进行修改。

**【执行方式】**

- 命令行：STYLE 或 DDSTYLE（快捷命令：ST）。
- 菜单栏：选择菜单栏中的“格式”→“文字样式”命令。
- 工具栏：单击“文字”工具栏中的“文字样式”按钮。
- 功能区：单击“默认”选项卡“注释”面板中的“文字样式”按钮（图 8-1），或单击“注释”选项卡“文字”面板上的“文字样式”下拉菜单中的“管理文字样式”按钮（图 8-2），或单击“注释”选项卡“文字”面板中“对话框启动器”按钮。

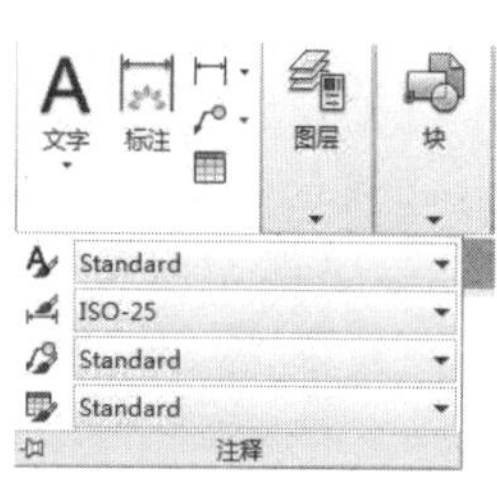


图 8-1 “注释”面板

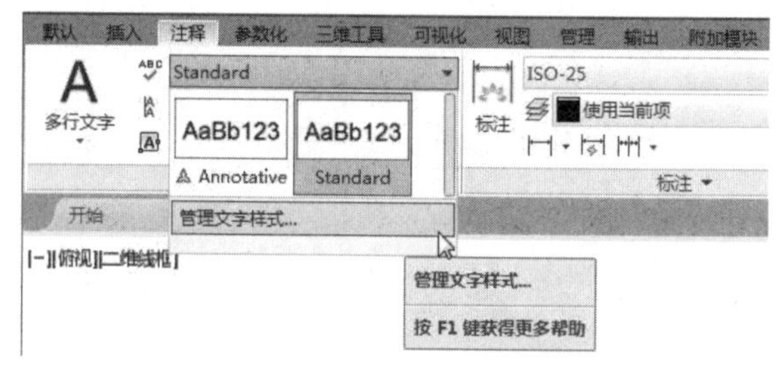


图 8-2 “文字”面板

执行上述命令后，系统打开“文字样式”对话框，如图 8-3 所示。通过该对话框可方便直观地定制需要的文本样式，或对已有样式进行修改。

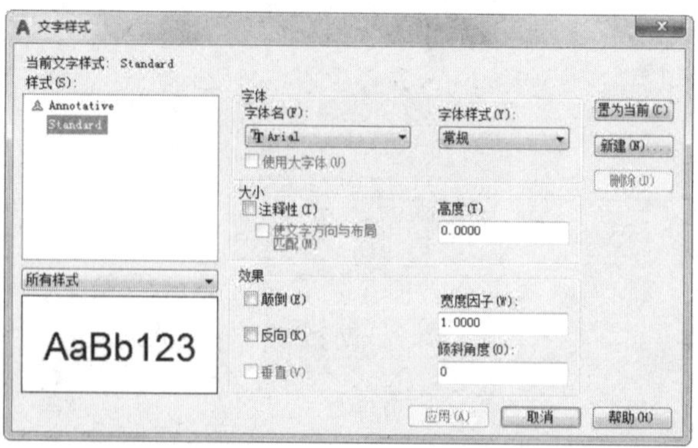


图 8-3 “文字样式”对话框

**【选项说明】**

（1）“样式”列表框：列出所有已设定的文字样式名或对已有样式名进行相关操作。单击“新建”按钮，系统打开如图 8-4 所示的“新建文字样式”对话框。在该对话框中可以为新建的文字样式输入名称。从“样式”列表框中选中要改名的文字样式并右击，选择快捷菜单中的“重命名”命令，如图 8-5 所示，可以为所选文字样式输入新的名称。

（2）“字体”选项组：用于确定字体样式。文字的字体确定字符的形状，在 AutoCAD 中，除了其固有的 SHX 形状字体文件外，还可以使用 TrueType 字体（如宋体、楷体、italley

等）。一种字体可以设置不同的效果，从而被多种文本样式使用，图 8-6 所示就是同一种字体（宋体）的不同样式。

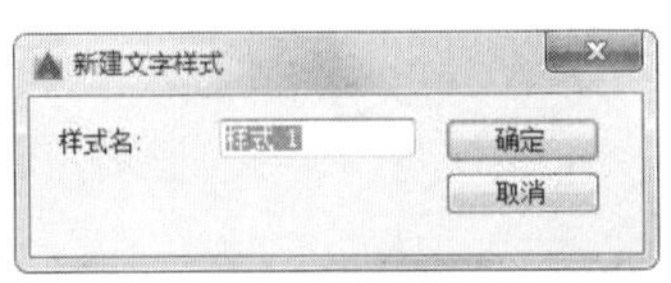


图 8-4 “新建文字样式”对话框

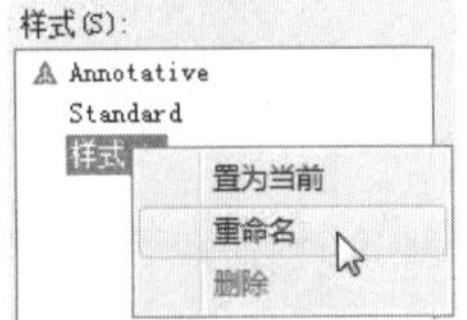


图 8-5 快捷菜单

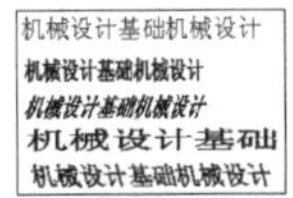


图 8-6 同一字体的不同样式

（3）“大小”选项组：用于确定文本样式使用的字体文件、字体风格及字高。“高度”文本框用来设置创建文字时的固定字高，在用“TEXT”命令输入文字时，AutoCAD 不再提示输入字高参数。如果在“字高”文本框中设置字高为 0，系统会在每一次创建文字时提示输入字高，所以，如果不想固定字高，就可以把“高度”文本框中的数值设置为 0。

（4）“效果”选项组。

➤“颠倒”复选框：选中该复选框，表示将文本文字倒置标注，如图 8-7a 所示。

➤“反向”复选框：确定是否将文本文字反向标注，标注效果如图 8-7b 所示。

➤“垂直”复选框：确定文本是水平标注还是垂直标注。选中该复选框时为垂直标注，否则为水平标注，垂直标注如图 8-8 所示。

ABCDEFGHIJKLMN　ABCDEFGHIJKLMN

ABCDEFGHIJKLMN　ABCDEFGHIJKLMN

a)　b)

图 8-7 文字倒置标注与反向标注

a）颠倒 b）反向

*abcd*

*a*
*b*
*c*
*d*

图 8-8 垂直标注文字

➤“宽度因子”文本框：设置宽度系数，确定文本字符的宽高比。当比例系数为 1 时，表示将按字体文件中定义的宽高比标注文字。当此系数小于 1 时，字会变窄，反之变宽。如图 8-6 所示，是在不同比例系数下标注的文本文字。

➤“倾斜角度”文本框：用于确定文字的倾斜角度。角度为 0 时不倾斜，为正数时向右倾斜，为负数时向左倾斜，效果如图 8-6 所示。

（5）“应用”按钮：确认对文字样式的设置。当创建新的文字样式或对现有文字样式的某些特征进行修改后，都需要单击此按钮，系统才会确认所做的改动。

## 8.2　文本标注

在绘制图形的过程中，文字传递了很多设计信息，它可能是一个很复杂的说明，也可能是一个简短的文字信息。当需要文字标注的文本不太长时，可以利用“TEXT”命令创建单行文本；当需要标注很长、很复杂的文字信息时，可以利用“MTEXT”命令创建多行文本。

## 8.2.1 单行文本标注

【执行方式】

- 命令行：TEXT（快捷命令：T）。
- 菜单栏：选择菜单栏中的“绘图”→“文字”→“单行文字”命令。
- 工具栏：单击“文字”工具栏中的“单行文字”按钮。
- 功能区：单击“默认”选项卡“注释”面板中的“单行文字”按钮，或单击“注释”选项卡“文字”面板中的“单行文字”按钮。

【操作步骤】

命令行提示与操作如下：

```
命令：TEXT↙
当前文字样式： Standard  当前文字高度： 0.2000
指定文字的起点或[对正(J)/样式(S)]：
```

【选项说明】

（1）指定文字的起点：在此提示下直接在绘图区选择一点作为输入文本的起始点，命令行提示如下：

```
指定高度 <0.2000>：确定文字高度
指定文字的旋转角度 <0>：确定文本行的倾斜角度
```

执行上述命令后，即可在指定位置输入文本文字，输入后按〈Enter〉键，文本文字另起一行，可继续输入文字，待全部输入完后按两次〈Enter〉键，退出“TEXT”命令。可见，“TEXT”命令也可创建多行文本，只是这种多行文本每一行是一个对象，不能对多行文本同时进行操作。

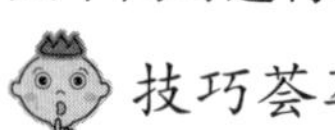

技巧荟萃

只有当前文本样式中设置的字符高度为0，在使用“TEXT”命令时，系统才出现要求用户确定字符高度的提示。AutoCAD允许将文本行倾斜排列，图8-9所示为倾斜角度分别是0°、45°和-45°时的排列效果。在“指定文字的旋转角度<0>”提示下输入文本行的倾斜角度，或在绘图区拉出一条直线来指定倾斜角度。

旋转0°
旋转-45°
旋转45°

图8-9 文本行倾斜排列的效果

（2）对正（J）：该选项用来确定文本的对齐方式，对齐方式决定文本的哪部分与所选插入点对齐。选择此选项后，命令行提示如下：

```
输入选项[对齐(A)/调整(F)/中心(C)/中间(M)/右(R)/左上(TL)/中上(TC)/右上(TR)/左中(ML)/正中(MC)/右中(MR)/左下(BL)/中下(BC)/右下(BR)]：
```

在此提示下选择一个选项作为文本的对齐方式。当文本文字水平排列时，AutoCAD为标注文本的文字定义了如图8-10所示的顶线、中线、基线和底线，各种对齐方式如图8-11

所示，图中大写字母对应上述提示中各命令。下面以“对齐”方式为例进行简要说明。

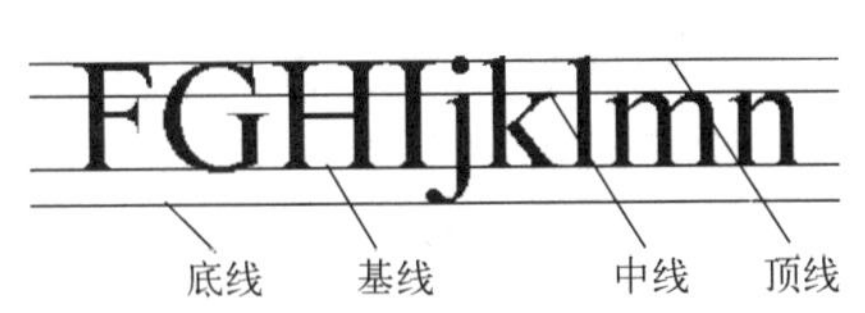

图 8-10　文本行的底线、基线、中线和顶线

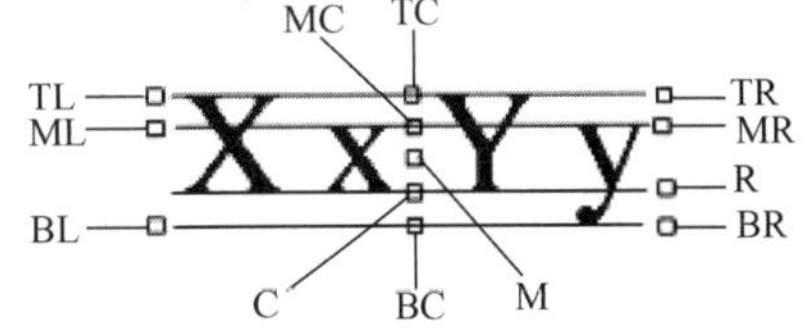

图 8-11　文本的对齐方式

选择“对齐（A）”选项，要求用户指定文本行基线的起始点与终止点的位置，命令行提示与操作如下：

```
指定文字基线的第一个端点：指定文本行基线的起点位置
指定文字基线的第二个端点：指定文本行基线的终点位置
输入文字：输入文本文字↙
输入文字：↙
```

执行结果：输入的文本文字均匀地分布在指定的两点之间，如果两点间的连线不水平，则文本行倾斜放置，倾斜角度由两点间的连线与 $X$ 轴的夹角确定；字高、字宽根据两点间的距离、字符的多少以及文本样式中设置的宽度系数自动确定。指定了两点之后，每行输入的字符越多，字宽和字高越小。其他选项与“对齐”类似，此处不再赘述。

实际绘图时，有时需要标注一些特殊字符，例如，直径符号、上画线或下画线、温度符号等，由于这些符号不能直接从键盘上输入，AutoCAD 提供了一些控制码，用来实现这些需求。控制码用两个百分号（%%）加一个字符构成，常用的控制码及标注的特殊字符见表 8-1。

**表 8-1　AutoCAD 常用控制码**

| 控　制　码 | 标注的特殊字符 | 控　制　码 | 标注的特殊字符 |
|---|---|---|---|
| %%O | 上画线 | \u +0278 | 电相位 |
| %%U | 下画线 | \u + E101 | 流线 |
| %%D | “度”符号（°） | \u +2261 | 标识 |
| %%P | 正负符号（±） | \u + E102 | 界碑线 |
| %%C | 直径符号（ϕ） | \u +2260 | 不相等（≠） |
| %%% | 百分号（%） | \u +2126 | 欧姆（Ω） |
| \u +2248 | 约等于（≈） | \u +03A9 | 欧米加（Ω） |
| \u +2220 | 角度（∠） | \u +214A | 低界线 |
| \u + E100 | 边界线 | \u +2082 | 下标 2 |
| \u +2104 | 中心线 | \u +00B2 | 上标 2 |
| \u +0394 | 差值 | | |

其中，%%O 和%%U 分别是上画线和下画线的开关，第一次出现此符号开始画上画线或下画线，第二次出现此符号，终止画上画线或下画线。例如，输入“I want to %%U go to Beijing%%U”，则得到如图 8-12a 所示的文本行；输入“50%%D +%%C75%%P12”，则得到如图 8-12b 所示的文本行。

I want to go to Beijing.

a)

50°+Ø75±12

b)

图 8-12　文本行

利用“TEXT”命令可以创建一个或若干个单行文本，即此命令也可以标注多行文本。在“输入文字”提示下输入一行文本文字后按〈Enter〉键，命令行继续提示“输入文字”，用户可输入第二行文本文字，依此类推，直到文本文字全部输写完毕。再在此提示下按两次〈Enter〉键，结束文本输入命令。每按一次〈Enter〉键就结束一个单行文本的输入，每一个单行文本是一个对象，可以单独修改其文本样式、字高、旋转角度、对齐方式等。

用“TEXT”命令创建文本时，在命令行输入的文字同时显示在绘图区，而且在创建过程中可以随时改变文本的位置，只要移动光标到新的位置单击，则当前行结束，随后输入的文字在新的文本位置出现，用这种方法可以把多行文本标注到绘图区的不同位置。

### 8.2.2 多行文本标注

【执行方式】

- 命令行：MTEXT（快捷命令：MT）。
- 菜单栏：选择菜单栏中的“绘图”→“文字”→“多行文字”命令。
- 工具栏：单击“绘图”工具栏中的“多行文字”按钮A，或单击“文字”工具栏中的“多行文字”按钮A。
- 功能区：单击“默认”选项卡“注释”面板中的“多行文字”按钮A，或单击“注释”选项卡“文字”面板中的“多行文字”按钮A。

【操作步骤】

命令行提示与操作如下：

```
命令:MTEXT↙
当前文字样式:"Standard"  当前文字高度:1.9122
指定第一角点: 指定矩形框的第一个角点
指定对角点或[高度(H)/对正(J)/行距(L)/旋转(R)/样式(S)/宽度(W)/栏(C)]:
```

【选项说明】

（1）指定对角点：直接在屏幕上选取一个点作为矩形框的第二个角点，AutoCAD以这两个点为对角点形成一个矩形区域，其宽度作为将来要标注的多行文本的宽度，而且第一个点作为第一行文本顶线的起点。响应后，AutoCAD打开如图8-13所示的“文字编辑器”选项卡和多行文字编辑器，可利用此编辑器输入多行文本并对其格式进行设置。关于该对话框中各项的含义及编辑器功能，稍后再详细介绍。

（2）对正（J）：确定所标注文本的对齐方式。选择此选项后，AutoCAD提示如下：

```
输入对正方式[左上(TL)/中上(TC)/右上(TR)/左中(ML)/正中(MC)/右中(MR)/左下(BL)/
中下(BC)/ 右下(BR)]<左上(TL)>:
```

这些对齐方式与“TEXT”命令中的各对齐方式相同，不再重复。选取一种对齐方式后按〈Enter〉键，AutoCAD回到上一级提示。

（3）行距（L）：确定多行文本的行间距，这里所说的行间距是指相邻两文本行的基线之间的垂直距离。选择此选项后，AutoCAD提示：

```
输入行距类型[至少(A)/精确(E)]<至少(A)>:
```

在此提示下有两种方式确定行间距："至少"方式和"精确"方式。在"至少"方式下，AutoCAD 根据每行文本中最大的字符自动调整行间距；在"精确"方式下，AutoCAD 给多行文本赋予一个固定的行间距。可以直接输入一个确切的间距值，也可以以"nx"的形式输入，其中，$n$ 是一个具体数，表示行间距设置为单行文本高度的 $n$ 倍，而单行文本高度是本行文本字符高度的 1.66 倍。

（4）旋转（R）：确定文本行的倾斜角度。选择此选项后，AutoCAD 提示如下：

```
指定旋转角度<0>:(输入倾斜角度)
指定对角点或[高度(H)/对正(J)/行距(L)/旋转(R)/样式(S)/宽度(W)/栏(C)]:
```

（5）样式（S）：确定当前的文本样式。

（6）宽度（W）：指定多行文本的宽度。可在屏幕上选取一点与前面确定的第一个角点组成一个矩形框，矩形框的宽即为多行文本的宽度。也可以输入一个数值，精确设置多行文本的宽度。

在创建多行文本时，只要给定了文本行的起始点和宽度，AutoCAD 就会打开如图 8-13 所示的"文字编辑器"选项卡和多行文字编辑器。该编辑器包含一个"文字格式"对话框和一个右键快捷菜单。用户可以在编辑器中输入和编辑多行文本，包括设置字高、文本样式以及倾斜角度等。

（7）栏（C）：根据栏宽、栏间距宽度和栏高组成矩形框，打开如图 8-13 所示的"文字编辑器"选项卡和多行文字编辑器。

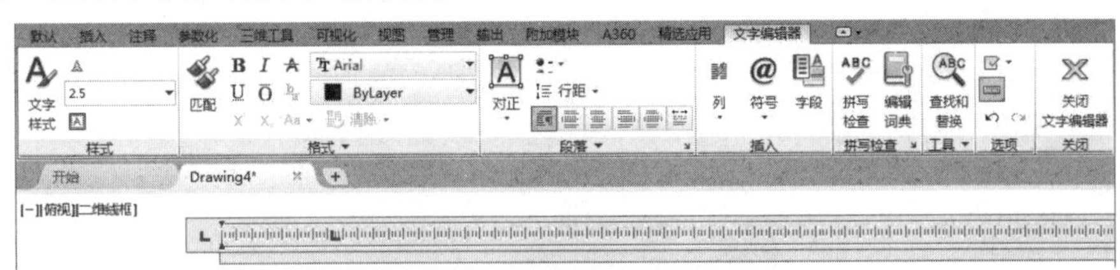


图 8-13 "文字编辑器"选项卡

（8）"文字编辑器"选项卡：用来控制文本文字的显示特性。可以在输入文本文字前设置文本的特性，也可以改变已输入的文本文字特性。要改变已有文本文字显示特性，首先应选择要修改的文本，选择文本的方式有以下 3 种。

➢ 将光标定位到文本文字开始处，按住鼠标左键，拖到文本末尾。
➢ 双击某个文字，则该文字被选中。
➢ 3 次单击鼠标，则选中全部内容。

下面介绍选项卡中部分选项的功能：

➢"高度"下拉列表框：确定文本的字符高度，可在文本框中直接输入新的字符高度，也可从下拉列表中选择已设定过的高度。
➢"**B**"和"***I***"按钮：设置黑体或斜体效果，只对 TrueType 字体有效。
➢"删除线"按钮 A̶：用于在文字上添加水平删除线。
➢"下画线" U̲ 与"上画线" Ō 按钮：设置或取消上（下）画线。

➢ “堆叠”按钮$\frac{b}{a}$：即层叠/非层叠文本按钮，用于层叠所选的文本，也就是创建分数形式。当文本中某处出现“/”“^”或“#”这3种层叠符号之一时可层叠文本。方法是选中需层叠的文字，然后单击此按钮，则符号左边的文字作为分子，右边的文字作为分母。AutoCAD提供了3种分数形式，如果选中“abcd/efgh”后单击“堆叠”按钮，得到如图8-14a所示的分数形式；如果选中“abcd^efgh”后单击此按钮，则得到如图8-14b所示的形式，此形式多用于标注极限偏差；如果选中“abcd # efgh”后单击此按钮，则创建斜排的分数形式，如图8-14c所示。如果选中已经层叠的文本对象后单击此按钮，则恢复到非层叠形式。

提示

倾斜角度与斜体效果是两个不同的概念，前者可以设置任意倾斜角度，后者是在任意倾斜角度的基础上设置斜体效果，如图8-15所示。其中，第一行倾斜角度为0°，非斜体；第二行倾斜角度为6°，斜体；第三行倾斜角度为12°。

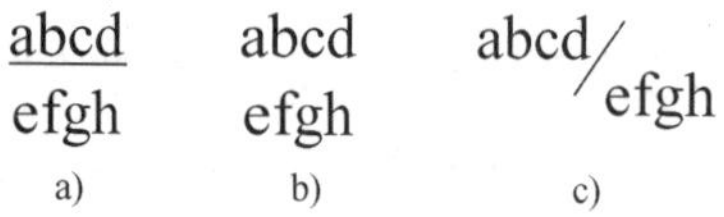

abcd / efgh　　abcd efgh　　abcd/efgh

a)　　b)　　c)

图8-14　文本层叠

建筑设计

*建筑设计*

*建筑设计*

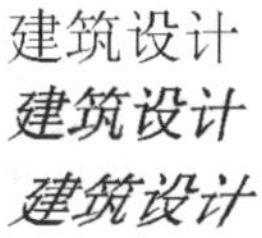

图8-15　倾斜角度与斜体效果

➢ “倾斜角度”下拉列表框0/：设置文字的倾斜角度。

➢ “符号”按钮@：用于输入各种符号。单击该按钮，系统打开符号列表，如图8-16所示，可以从中选择符号输入到文本中。

➢ “插入字段”按钮：插入一些常用或预设字段。单击该按钮，系统打开“字段”对话框，如图8-17所示，用户可以从中选择字段插入到标注文本中。

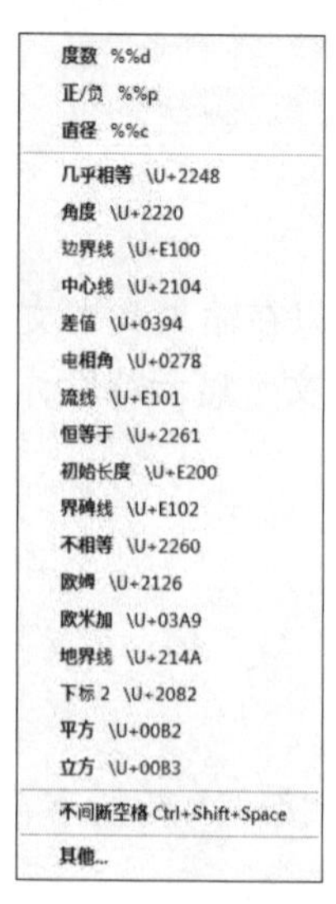


图8-16　符号列表

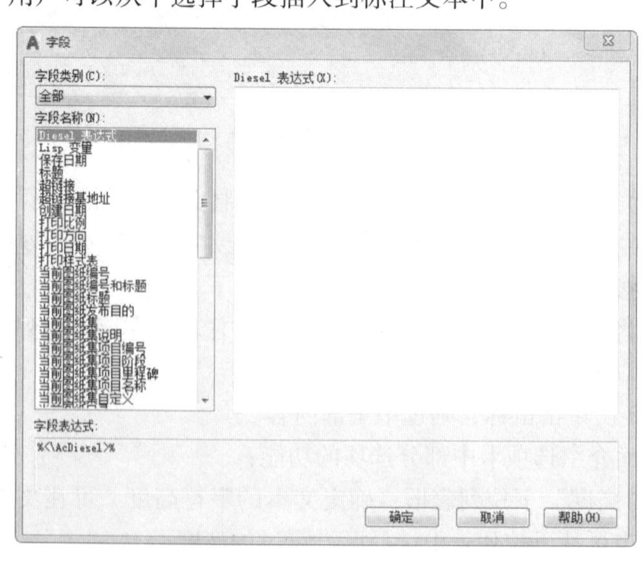


图8-17　“字段”对话框

➢ “追踪”按钮a·b：增大或减小选定字符之间的空隙。

➢ “多行文字对正”按钮：显示“多行文字对正”菜单，并且有9个对齐选项可用。

➢ “宽度因子”按钮：扩展或收缩选定字符。
➢ “上标”按钮：将选定文字转换为上标，即在键入线的上方设置稍小的文字。
➢ “下标”按钮：将选定文字转换为下标，即在键入线的下方设置稍小的文字。
➢ “清除格式”下拉列表：删除选定字符的字符格式，或删除选定段落的段落格式，或删除选定段落中的所有格式。
➢ 关闭：如果选择此选项，将从应用了列表格式的选定文字中删除字母、数字和项目符号。不更改缩进状态。
➢ 以数字标记：应用将带有句点的数字用于列表中的项的列表格式。
➢ 以字母标记：应用将带有句点的字母用于列表中的项的列表格式。如果列表含有的项多于字母中含有的字母，可以使用双字母继续序列。
➢ 以项目符号标记：应用将项目符号用于列表中的项的列表格式。
➢ 启动：在列表格式中启动新的字母或数字序列。如果选定的项位于列表中间，则选定项下面的未选中的项也将成为新列表的一部分。
➢ 继续：将选定的段落添加到上面最后一个列表然后继续序列。如果选择了列表项而非段落，选定项下面的未选中的项将继续序列。
➢ 允许自动项目符号和编号：在输入编号时应用列表格式。以下字符可以用作字母和数字后的标点但不能用作项目符号：句点（.）、逗号（,）、右括号［）］、右尖括号（>）、右方括号（]）和右花括号（}）。
➢ 允许项目符号和列表：如果选择此选项，列表格式将应用到外观类似列表的多行文字对象中的所有纯文本。
➢ 拼写检查：确定输入时拼写检查处于打开还是关闭状态。
➢ 编辑词典：显示“词典”对话框，从中可添加或删除在拼写检查过程中使用的自定义词典。
➢ 标尺：在编辑器顶部显示标尺。拖动标尺末尾的箭头可更改文字对象的宽度。列模式处于活动状态时，还显示高度和列夹点。
➢ 段落：为段落和段落的第一行设置缩进。指定制表位和缩进，控制段落对齐方式、段落间距和段落行距，“段落”对话框如图 8-18 所示。

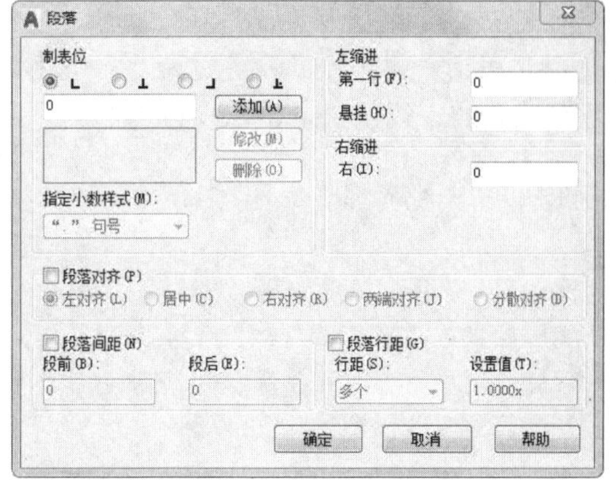


图 8-18 “段落”对话框

➢ 输入文字：选择此选项，系统打开“选择文件”对话框，如图 8-19 所示。选择任意 ASCII 或 RTF 格式的文件，输入的文字保留原始字符格式和样式特性，但可以在多行文字编辑器中编辑和格式化输入的文字。选择要输入的文本文件后，可以替换选定的文字或全部文字，或在文字边界内将插入的文字附加到选定的文字中。输入文字的文件必须小于 32 KB。

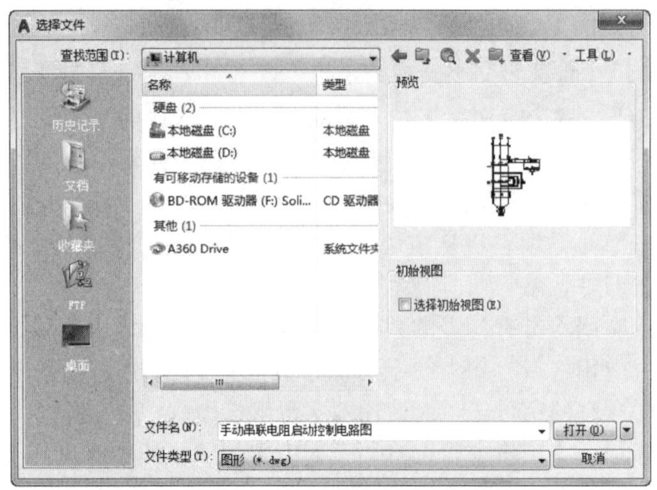


图 8-19 “选择文件”对话框

## 8.2.3 实例——内视符号

本实例首先利用“圆”命令绘制圆，接着利用“多边形”命令绘制多边形，再利用“直线”命令绘制竖直直线，然后利用“图案填充”命令填充图案，最后利用“多行文字”命令填写文字，结果如图 8-20 所示。

图 8-20 内视符号

**【操作步骤】（实例演示\第 8 章\内视符号.avi）**

（1）单击“默认”选项卡“绘图”面板中的“圆”按钮，绘制一个半径为 1000 的圆。

（2）单击“默认”选项卡“绘图”面板中的“多边形”按钮，绘制一个正四边形，捕捉刚才绘制的圆的圆心作为正多边形内接圆的圆心，如图 8-21 所示，完成正多边形的绘制。

（3）单击“默认”选项卡“绘图”面板中的“直线”按钮，绘制一条连接正四边形上下两顶点的直线，如图 8-22 所示。

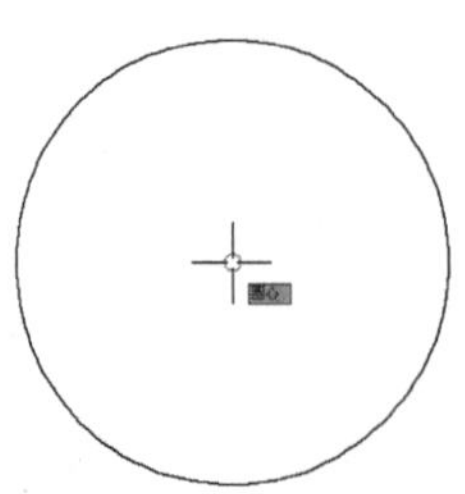

图 8-21 捕捉圆心

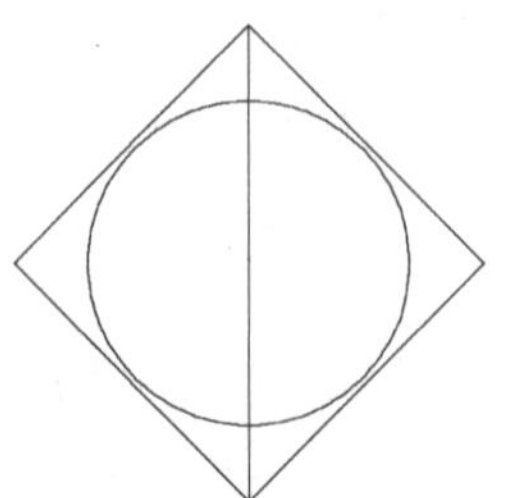

图 8-22 绘制正四边形和直线

（4）单击“默认”选项卡“绘图”面板中的“图案填充”按钮，打开“图案填充创建”选项卡，如图 8-23 所示，设置填充图案样式为 SOLID，填充正四边形与圆之间所夹的区域，如图 8-24 所示。

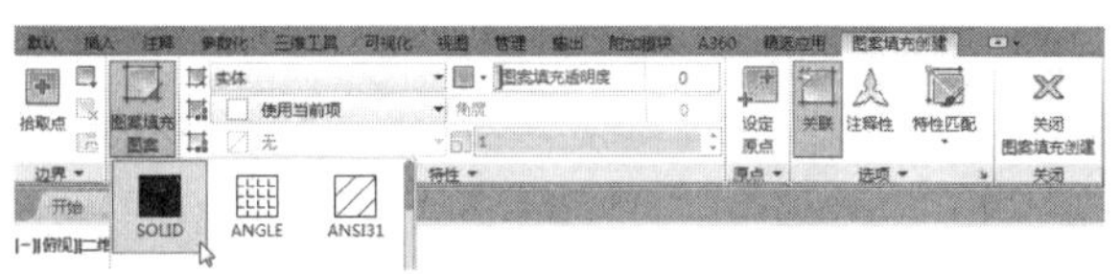

图 8-23 “图案填充创建”选项卡

（5）选择菜单栏中的“格式”→“文字样式”命令，打开“文字样式”对话框，如图 8-25 所示。将“字体名”设置为“宋体”，设置“高度”为“900”（高度可以根据前面所绘制的图形大小而变化），其他设置不变，单击“置为当前”按钮，再单击“应用”按钮，关闭“文字样式”对话框。

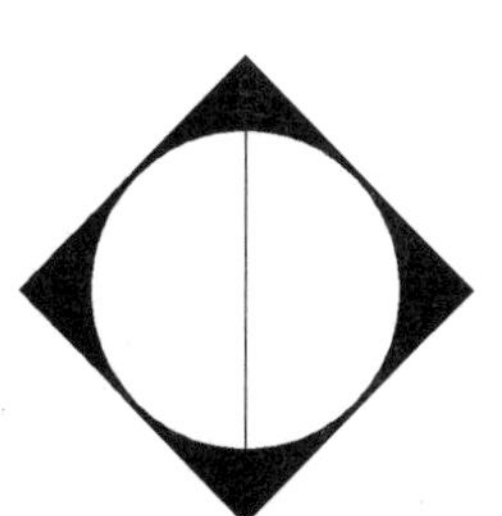

图 8-24 填充图案

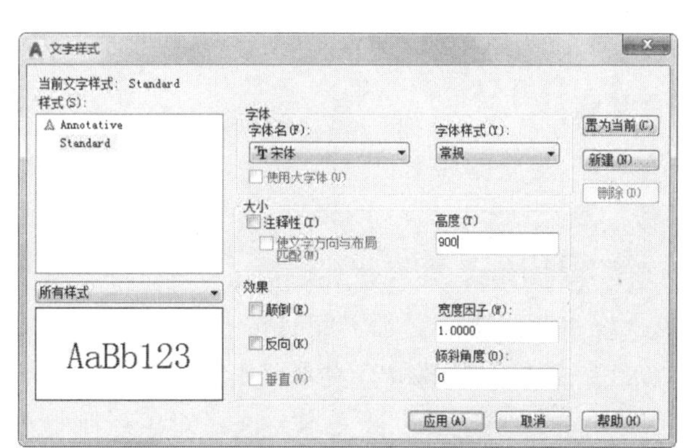


图 8-25 “文字样式”对话框

（6）单击“默认”选项卡“注释”面板中的“多行文字”按钮A，打开多行文字编辑器，如图 8-26 所示。用鼠标适当框选文字标注的位置，输入字母“A”，单击“关闭”按钮，完成字母 A 的绘制，如图 8-27 所示。

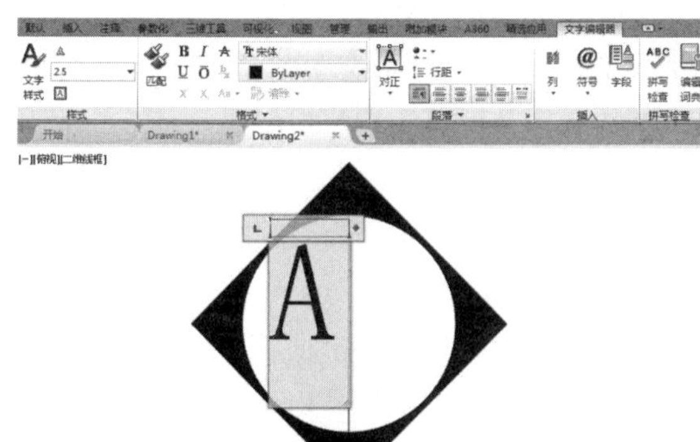


图 8-26 多行文字编辑器

图 8-27 绘制文字

（7）采用同样的方法绘制字母“B”。最终结果如图 8-28 所示。

图 8-28 结果图

# 8.3 文本编辑

【执行方式】

- 命令行：DDEDIT（快捷命令：ED）。
- 菜单栏：选择菜单栏中的“修改”→“对象”→“文字”→“编辑”命令。
- 工具栏：单击“文字”工具栏中的“编辑”按钮。
- 快捷菜单：选择文本并右击，在快捷菜单中选择“修改多行文字”或“编辑文字”命令。

【操作步骤】

命令行提示与操作如下：

```
命令：DDEDIT↙
选择注释对象或[放弃(U)]：
```

要求选择想要修改的文本，同时光标变为拾取框。用拾取框选择对象，如果选择的文本是用“TEXT”命令创建的单行文本，则深显该文本，可对其进行修改；如果选择的文本是用“MTEXT”命令创建的多行文本，选择对象后则打开多行文字编辑器，可根据前面的介绍对各项设置或对内容进行修改。

# 8.4 表格

在以前的AutoCAD版本中，要绘制表格必须采用绘制图线或结合“偏移”“复制”等编辑命令来完成，这样的操作过程烦琐而复杂，不利于提高绘图效率。AutoCAD 2018提供了表格绘制功能，有了该功能，创建表格就变得非常容易，用户可以直接插入设置好样式的表格，而不用绘制由单独图线组成的表格。

## 8.4.1 定义表格样式

和文字样式一样，所有AutoCAD图形中的表格都有与其相对应的表格样式。当插入表格对象时，系统使用当前设置的表格样式。表格样式是用来控制表格基本形状和间距的一组设置。模板文件ACAD.DWT和ACADISO.DWT中定义了名为“Standard”的默认表格样式。

【执行方式】

- 命令行：TABLESTYLE。
- 菜单栏：选择菜单栏中的“格式”→“表格样式”命令。
- 工具栏：单击“样式”工具栏中的“表格样式”按钮。
- 功能区：单击“默认”选项卡“注释”面板中的“表格样式”按钮（图8-29），或单击“注释”选项卡“表格”面板上的“表格样式”下拉菜单中的“管理多重引线样式”命令（图8-30），或单击“注释”选项卡“表格”面板中“对话框启动器”按钮 ↘。

图 8-29 “注释”面板

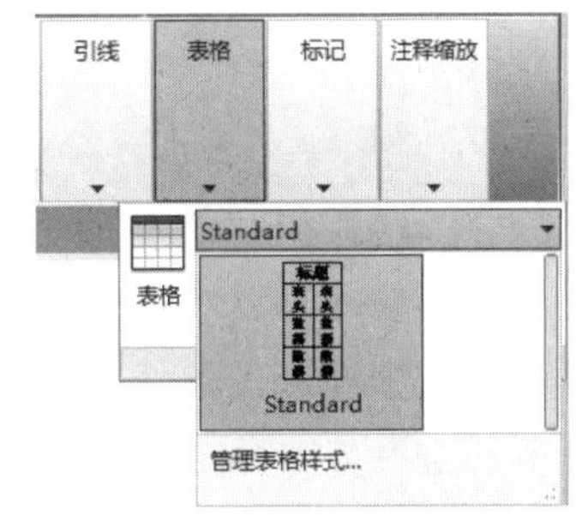


图 8-30 “表格”面板

执行上述操作后，系统打开“表格样式”对话框，如图 8-31 所示。

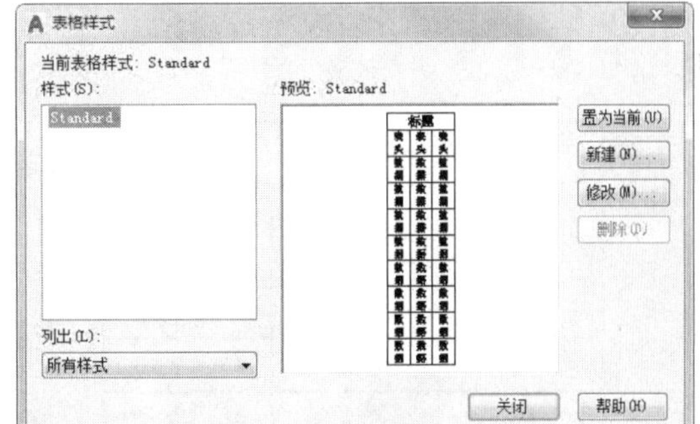


图 8-31 “表格样式”对话框

**【选项说明】**

（1）“新建”按钮：单击该按钮，系统打开“创建新的表格样式”对话框，如图 8-32 所示。输入新的表格样式名后，单击“继续”按钮，系统打开“新建表格样式：Standard 副本”对话框，如图 8-33 所示，从中可以定义新的表格样式。

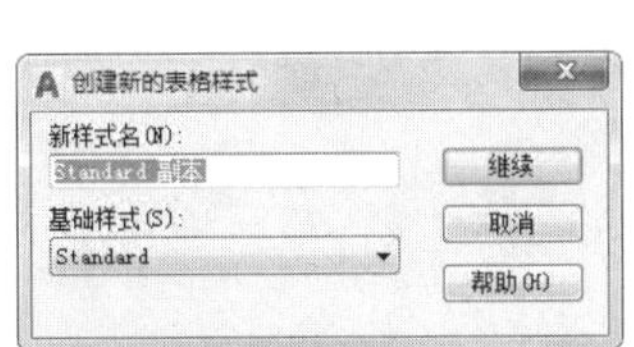


图 8-32 “创建新的表格样式”对话框

图 8-33 “新建表格样式：Standard 副本”对话框

“新建表格样式：Standard 副本”对话框的“单元样式”下拉列表框中有 3 个重要的选项：“数据”“表头”和“标题”，分别控制表格中数据、列标题和总标题的有关参数，如图 8-34 所示。在“新建表格样式”对话框中有 3 个重要的选项卡，分别介绍如下。

- “常规”选项卡：用于控制数据栏格与标题栏格的上下位置关系。
- “文字”选项卡：用于设置文字属性。单击此选项卡，在“文字样式”下拉列表框中可以选择已定义的文字样式并应用于数据文字，也可以单击右侧的按钮[...]重新定义文字样式。其中“文字高度”“文字颜色”和“文字角度”各选项设定的相应参数格式可供用户选择。

➢“边框”选项卡：用于设置表格的边框属性。下面的边框线按钮控制数据边框线的各种形式，如绘制所有数据边框线、只绘制数据边框外部边框线、只绘制数据边框内部边框线、无边框线、只绘制底部边框线等。选项卡中的“线宽”“线型”和“颜色”下拉列表框则控制边框线的线宽、线型和颜色；该选项卡中的“间距”文本框用于控制单元边界和内容之间的间距。

图8-35所示为数据文字样式为“standard”，文字高度为“4.5”，文字颜色为“红色”，对齐方式为“右下”；标题文字样式为“standard”，文字高度为“6”，文字颜色为“蓝色”，对齐方式为“正中”，表格方向为“上”，水平单元边距和垂直单元边距都为“1.5”的表格样式。

| 标题 | | |
|---|---|---|
| 页眉 | 页眉 | 页眉 |
| 数据 | 数据 | 数据 |
| 数据 | 数据 | 数据 |
| 数据 | 数据 | 数据 |
| 数据 | 数据 | 数据 |
| 数据 | 数据 | 数据 |
| 数据 | 数据 | 数据 |
| 数据 | 数据 | 数据 |
| 数据 | 数据 | 数据 |

标题　表头　数据

图8-34　表格样式

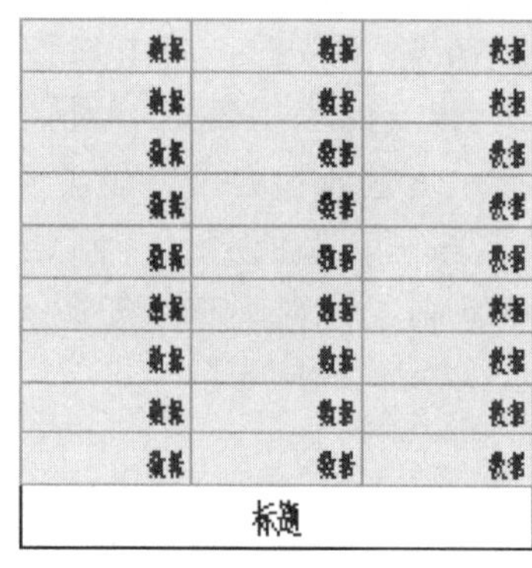

| 数据 | 数据 | 数据 |
|---|---|---|
| 数据 | 数据 | 数据 |
| 数据 | 数据 | 数据 |
| 数据 | 数据 | 数据 |
| 数据 | 数据 | 数据 |
| 数据 | 数据 | 数据 |
| 数据 | 数据 | 数据 |
| 数据 | 数据 | 数据 |
| 数据 | 数据 | 数据 |
| 标题 | | |

图8-35　表格示例

（2）“修改”按钮：用于对当前表格样式进行修改，方式与新建表格样式相同。

## 8.4.2 创建表格

在设置好表格样式后，用户可以利用“TABLE”命令创建表格。

**【执行方式】**

- 命令行：TABLE。
- 菜单栏：选择菜单栏中的“绘图”→“表格”命令。
- 工具栏：单击“绘图”工具栏中的“表格”按钮。
- 功能区：单击“默认”选项卡“注释”面板中的“表格”按钮，或单击“注释”选项卡“表格”面板中的“表格”按钮。

执行上述操作后，系统打开“插入表格”对话框，如图8-36所示。

**【选项说明】**

（1）“表格样式”选项组：可以在“表格样式”下拉列表框中选择一种表格样式，也

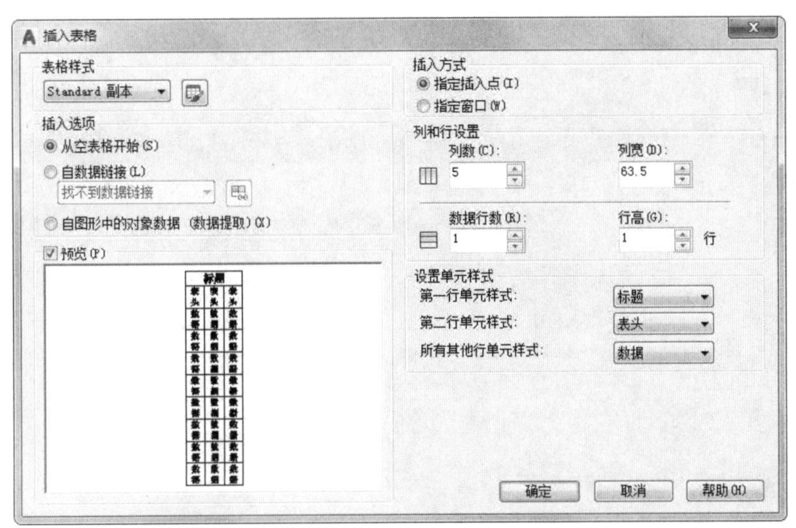

图 8-36 “插入表格”对话框

可以通过单击右面的按钮来新建或修改表格样式。

(2)“插入选项”选项组：

➢“从空表格开始”单选按钮：创建可以手动填充数据的空表格。

➢“自数据链接”单选按钮：通过启动数据链接管理器来创建表格。

➢“自图形中的对象数据（数据提取）”单选按钮：通过启动“数据提取”向导来创建表格。

(3)“插入方式”选项组：

➢“指定插入点”单选按钮：指定表格的左上角的位置。可以使用定点设备，也可以在命令行中输入坐标值。如果表格样式将表格的方向设置为由下而上读取，则插入点位于表格的左下角。

➢“指定窗口”单选按钮：指定表的大小和位置。可以使用定点设备，也可以在命令行中输入坐标值。选定此选项时，行数、列数、列宽和行高取决于窗口的大小以及列和行的设置。

(4)“列和行设置”选项组：指定列和数据行的数目以及列宽与行高。

(5)“设置单元样式”选项组：指定“第一行单元样式”“第二行单元样式”和“所有其他行单元样式”分别为标题、表头或者数据样式。

技巧荟萃

在“插入方式”选项组中选中“指定窗口”单选按钮后，列与行设置的两个参数中只能指定一个，另外一个由指定窗口的大小自动等分来确定。

在“插入表格”对话框中进行相应设置后，单击“确定”按钮，系统在指定的插入点或窗口自动插入一个空表格，并打开多行文字编辑器，用户可以逐行逐列输入相应的文字或数据，如图 8-37 所示。

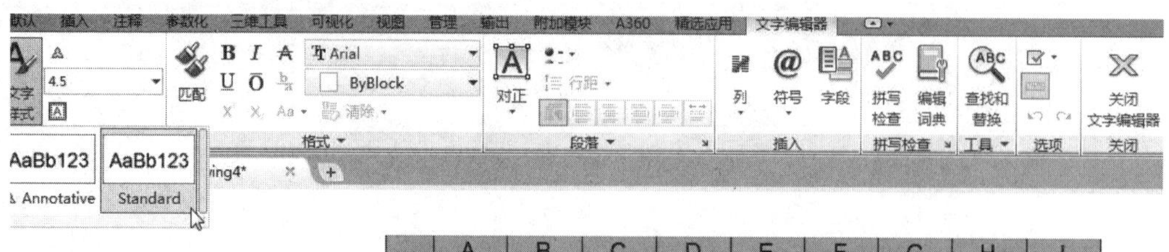

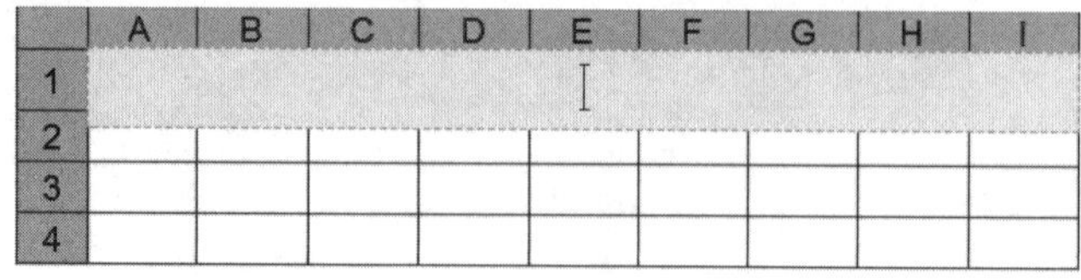

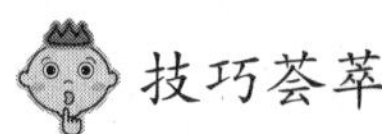

图 8-37　多行文字编辑器

技巧荟萃

在插入后的表格中选择某一个单元格，单击后出现钳夹点，通过移动钳夹点可以改变单元格的大小，如图 8-38 所示。

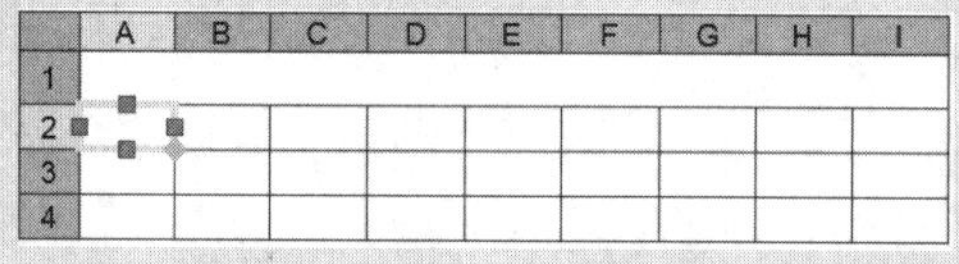

图 8-38　改变单元格大小

## 8.4.3 表格文字编辑

【执行方式】

- 命令行：TABLEDIT。
- 快捷菜单：选择表和一个或多个单元格后右击，选择快捷菜单中的“编辑文字”命令。
- 定点设备：在表单元格内双击。

执行上述操作后，命令行出现“拾取表格单元”的提示，选择要编辑的表格单元，系统打开如图 8-37 所示的多行文字编辑器，用户可以对选择的表格单元的文字进行编辑。

## 8.4.4 实例——公园设计植物明细表

通过对表格样式的设置确定表格样式，再将表格插入图形当中并输入相关文字，最后调整表格宽度，结果如图 8-39 所示。

【操作步骤】（实例演示\第 8 章\公园设计植物明细表 . avi）

（1）单击“默认”选项卡“注释”面板中的“表格样式”按钮，系统弹出“表格样式”对话框，如图 8-40 所示。

| 苗木名称 | 数量 | 规格 | 苗木名称 | 数量 | 规格 | 苗木名称 | 数量 | 规格 |
|---|---|---|---|---|---|---|---|---|
| 落叶松 | 32 | 10cm | 红叶 | 3 | 15cm | 金叶女贞 | | 20棵/$m^2$丛植H-500 |
| 银杏 | 44 | 15cm | 法国梧桐 | 10 | 20cm | 紫叶小柒 | | 20棵/$m^2$丛植H-500 |
| 元宝枫 | 5 | 6m（冠径） | 油松 | 4 | 8cm | 草坪 | | 2~3个品种混播 |
| 樱花 | 3 | 10cm | 三角枫 | 26 | 10cm | | | |
| 合欢 | 8 | 12cm | 睡莲 | 20 | | | | |
| 玉兰 | 27 | 15cm | | | | | | |
| 龙爪槐 | 30 | 8cm | | | | | | |

图 8-39　绘制植物明细表

（2）单击“新建”按钮，系统弹出“创建新的表格样式”对话框，如图 8-41 所示。输入新的表格名称为“植物”，单击“继续”按钮，系统弹出“新建表格样式：植物”对话框。将“常规”选项卡按图 8-42 所示设置，“边框”选项卡，按图 8-43 所示设置。创建好表格样式后，确定并关闭“表格样式”对话框。

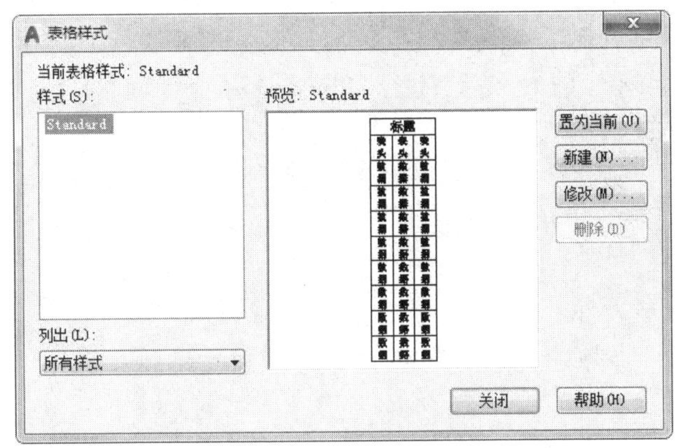


图 8-40　“表格样式”对话框

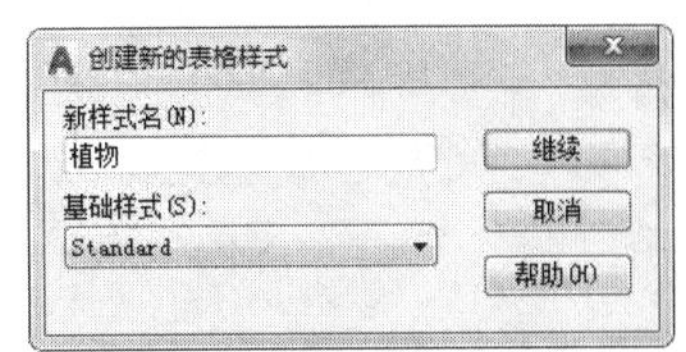


图 8-41　“创建新的表格样式”对话框

图 8-42　“新建表格样式：植物”对话框

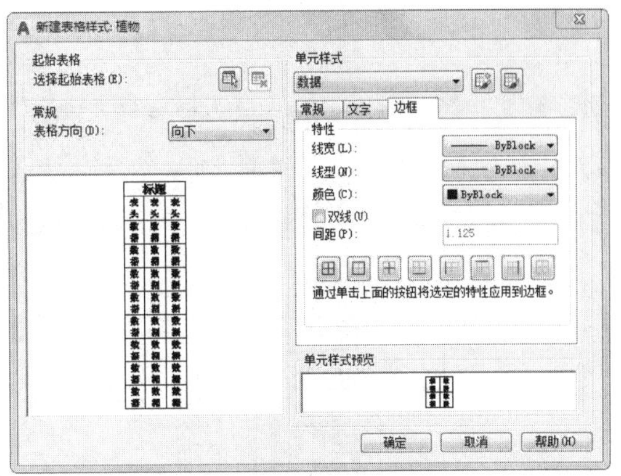


图 8-43　“边框”选项卡设置

（3）单击“默认”选项卡“注释”面板中的“表格”按钮，系统弹出“插入表格”的对话框，设置如图 8-44 所示。

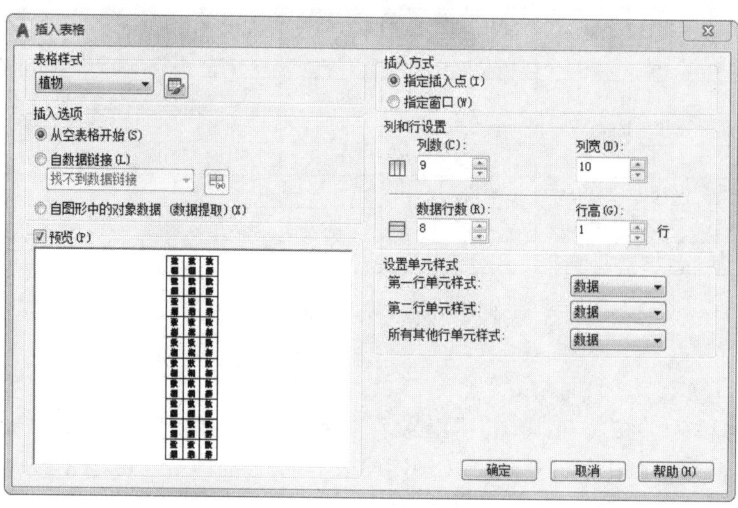

图 8-44 “插入表格”对话框

(4) 单击“确定”按钮，系统在指定的插入点或窗口自动插入一个空表格，并显示多行文字编辑器，用户可以逐行、逐列输入相应的文字或数据，如图 8-45 所示。

(5) 当编辑完成的表格有需要修改的地方时，可执行“TABLEDIT”命令来完成（也可在要修改的表格上单击右键，在出现的快捷菜单中选择“编辑文字”命令，如图 8-46 所示，同样可以达到修改文本的目的）。命令行提示如下：

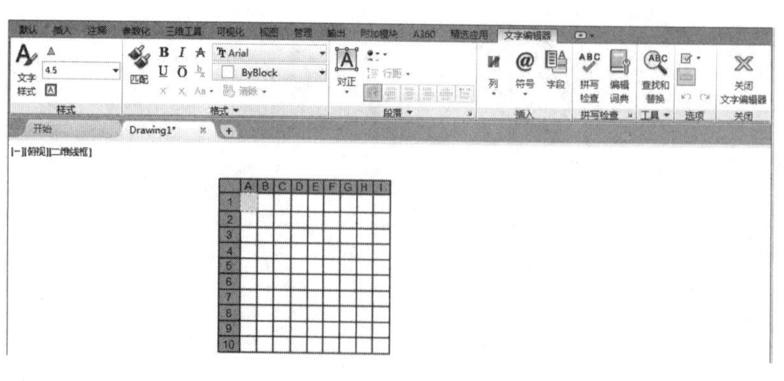

图 8-45 多行文字编辑器

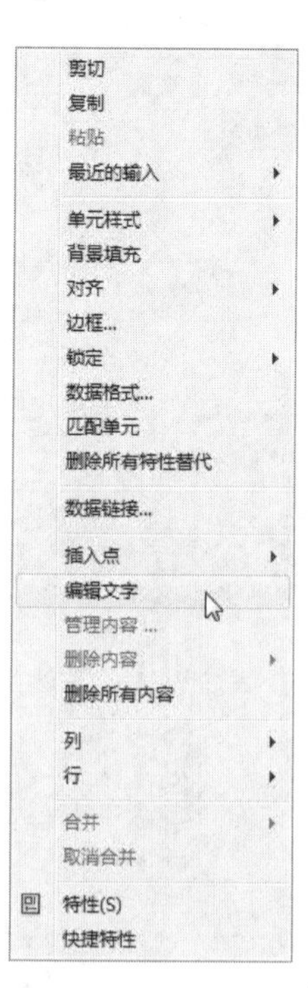


图 8-46 快捷菜单

```
命令:tabledit
拾取表格单元:鼠标单击选取需要修改文本的表格单元
```

多行文字编辑器会再次出现，用户可以进行修改。

最后完成的植物明细表如图 8-39 所示。

## 8.5 综合演练——建筑制图样板图

绘制如图 8-47 所示的建筑制图样板图。在本例中，综合运用了本章所学的一些文字与表格命令，绘制的大体顺序是先利用“表格”命令绘制标题栏和会签栏。接着利用二维绘图和编辑命令绘制 A3 图框，然后将标题栏和会签栏粘贴到图框适当位置处，最后使用“多行文字”命令，为标题栏和会签栏添加文字。

**【操作步骤】（实例演示\第 8 章\建筑制图样板图 . avi）**

### 1. 设置单位和图形边界

（1）打开 AutoCAD 程序，则系统自动建立新图形文件。

（2）设置单位。选择菜单栏中的“格式”→“单位”命令，系统打开“图形单位”对话框，如图 8-48 所示。设置“长度”的“类型”为“小数”，“精度”为“0”，“角度”的“类型”为“十进制度数”，“精度”为“0”，系统默认逆时针方向为正，单击“确定”按钮。

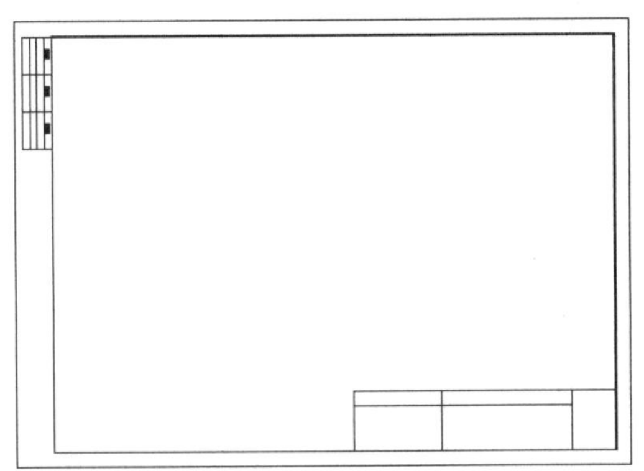

图 8-47　建筑制图样板图

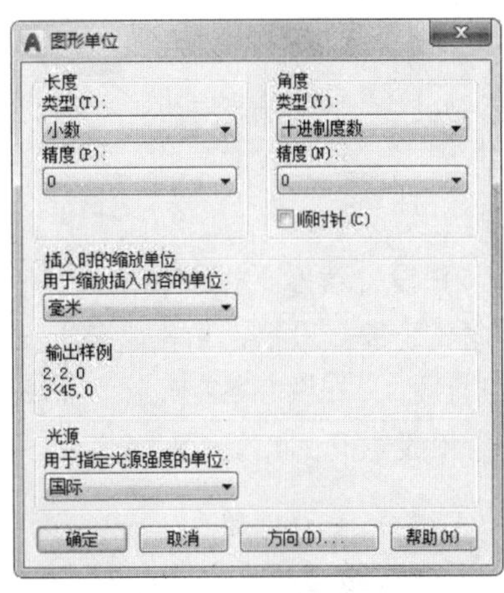


图 8-48　“图形单位”对话框

（3）设置图形边界。国标对图纸的幅面大小作了严格规定，在这里，不妨按国标 A3 图纸幅面设置图形边界。A3 图纸的幅面为 420 mm × 297 mm，选择菜单栏中的“格式”→“图形界限”命令，设置图形界限，命令行提示与操作如下：

```
命令: '_limits
重新设置模型空间界限:
指定左下角点或［开(ON)/关(OFF)］ <0.0000,0.0000>: 0,0
指定右上角点 <12.0000,9.0000>: 420,297
```

### 2. 设置图层

（1）设置层名。选择菜单栏中的“格式”→“图层”命令，系统打开“图层特性管理器”选项板，在该选项板中单击“新建图层”按钮，建立不同名称的新图层，这些不同的图层分别存放不同的图线或图形的不同部分。

（2）设置图层颜色。为了区分不同图层上的图线，增加图形不同部分的对比性，可以在“图层特性管理器”选项板中单击相应图层“颜色”栏下的颜色色块，打开“选择颜色”对话框，如图8-49所示。在该对话框中选择需要的颜色。

（3）设置线型。在常用的工程图样中，通常要用到不同的线型，这是因为不同的线型表示不同的含义。在“图层特性管理器”选项板中单击“线型”栏下的线型选项，打开“选择线型”对话框，如图8-50所示，在该对话框中选择对应的线型，如果在“已加载的线型”列表框中没有需要的线型，可以单击“加载”按钮，打开“加载或重载线型”对话框加载线型，如图8-51所示。

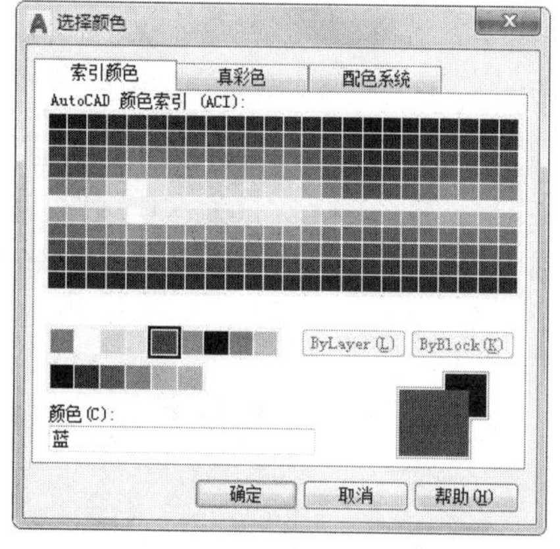


图8-49 “选择颜色”对话框

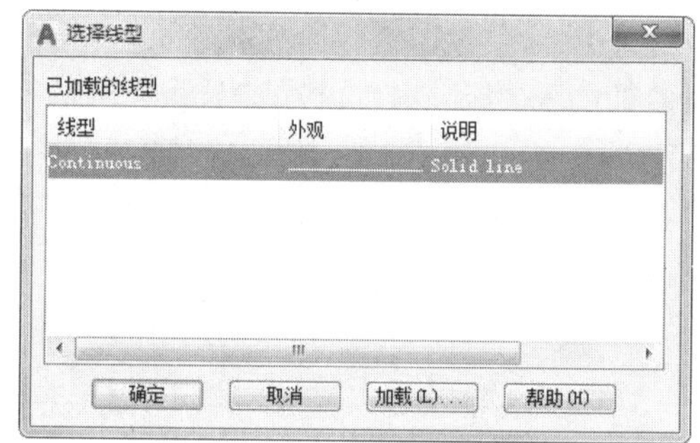


图8-50 “选择线型”对话框

（4）设置线宽。在工程图样中，不同的线宽也表示不同的含义，因此也要对不同图层的线宽界线进行设置，单击“图层特性管理器”选项板中“线宽”栏下的选项，打开“线宽”对话框，如图8-52所示。在该对话框中选择适当的线宽。需要注意的是，应尽量保持细线与粗线之间的比例大约为1:2。完成图层设置的结果如图8-53所示。

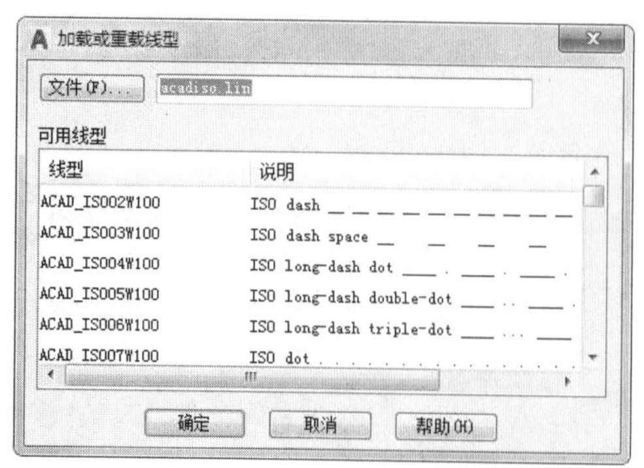


图8-51 “加载或重载线型”对话框

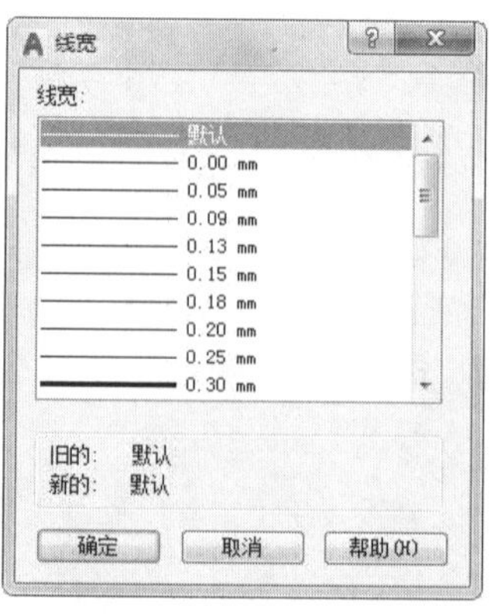


图8-52 “线宽”对话框

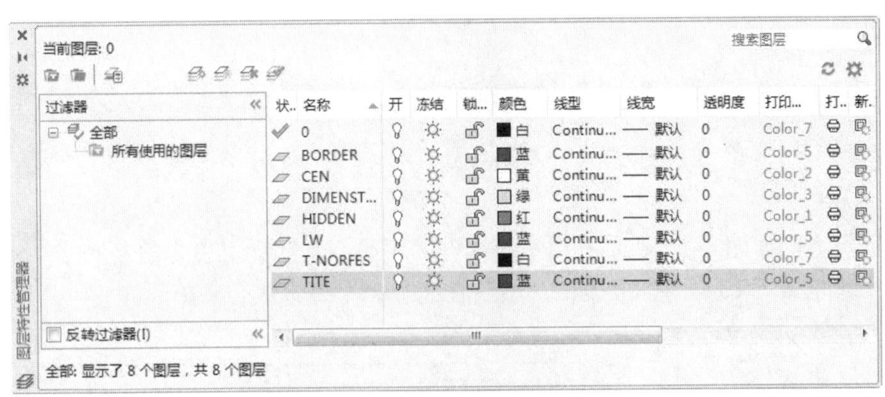


图 8-53 “图层特性管理器”选项板

**3. 设置文本样式**

下面列出一些本练习中的格式要求，按如下约定进行设置。文本高度：一般注释为 7 mm，零件名称为 10 mm，图标栏和会签栏中其他文字为 5 mm，尺寸文字为 5 mm，线型比例为 1，布局空间线型比例为 1，单位十进制，小数点后取 0 位，角度小数点后取 0 位。

可以生成 4 种文字样式，分别用于一般注释、标题块中零件名、标题块注释及尺寸标注。

（1）单击“默认”选项卡“注释”面板中的“文字样式”按钮，系统打开“文字样式”对话框，单击“新建”按钮，系统打开“新建文字样式”对话框，如图 8-54 所示。接受默认的“样式 1”文字“样式名”，确认后退出。

（2）系统返回“文字样式”对话框，在“字体名”下拉列表框中选择“宋体”选项；在“大小”选项组中将“高度”设置为“5”；将“宽度因子”设置为“0.7”，如图 8-55 所示。单击“应用”按钮，再单击“关闭”按钮。其他文字样式类似设置。

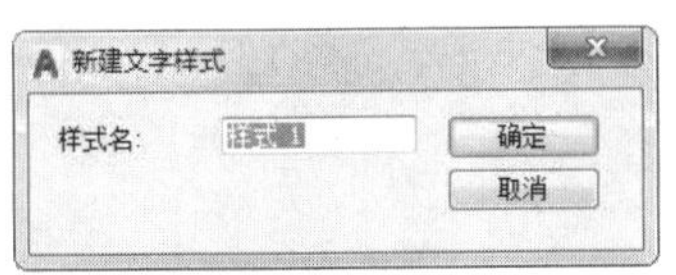


图 8-54 “新建文字样式”对话框

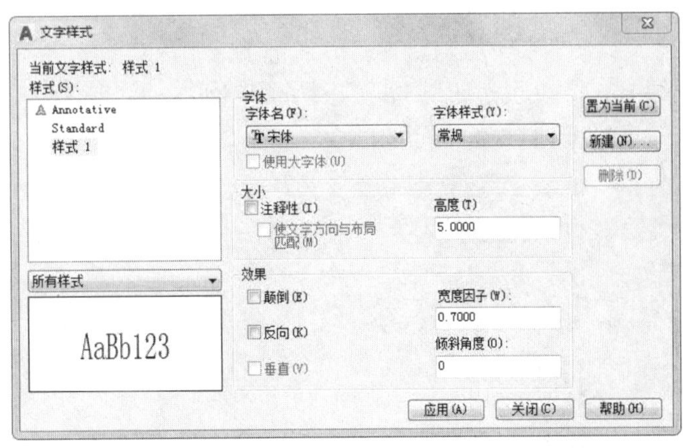


图 8-55 “文字样式”对话框

**4. 绘制图框**

单击“默认”选项卡“绘图”面板中的“矩形”按钮，绘制角点坐标为（25，10）和（410，287）的矩形，如图 8-56 所示。

提示

国家标准规定 A3 图纸的幅面大小是 420 mm × 297 mm，这里留出了带装订边的图框到图纸边界的距离。

**5. 绘制标题栏**

标题栏示意图如图 8-57 所示，由于分隔线并不整齐，因此可以先绘制一个 9 × 4（每个单元格的尺寸是 20 × 10）的标准表格，然后在此基础上编辑或合并单元格。

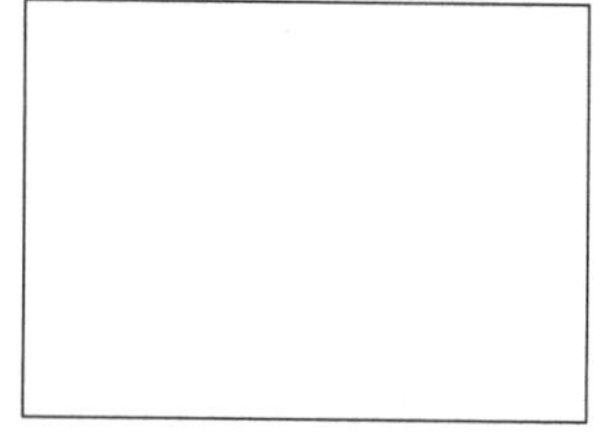

图 8-56　绘制矩形

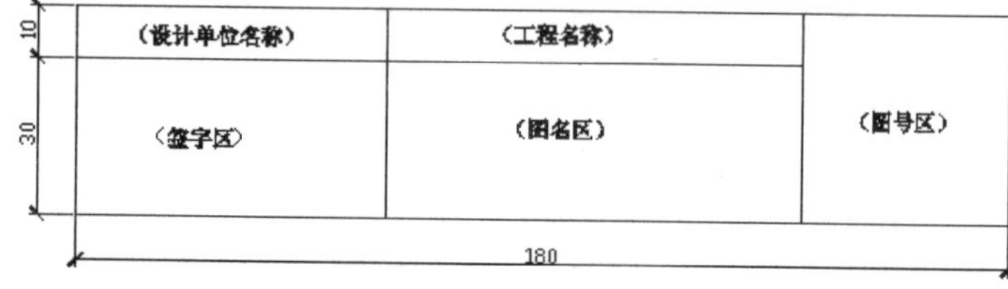


图 8-57　标题栏示意图

（1）单击"默认"选项卡"注释"面板中的"表格样式"按钮，系统打开"表格样式"对话框，如图 8-58 所示。

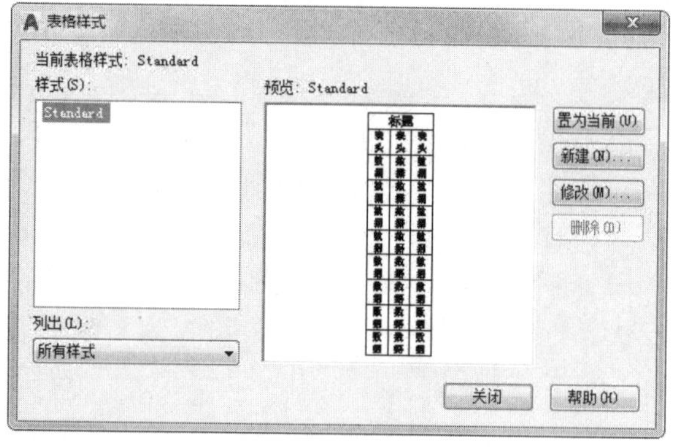

图 8-58　"表格样式"对话框

（2）单击"表格样式"对话框中的"修改"按钮，系统打开"修改表格样式"对话框，在"单元样式"下拉列表框中选择"数据"选项，在下面的"文字"选项卡中将"文字高度"设置为"6"，如图 8-59 所示。再打开"常规"选项卡，将"页边距"选项组中的"水平"和"垂直"都设置为"1"，如图 8-60 所示。

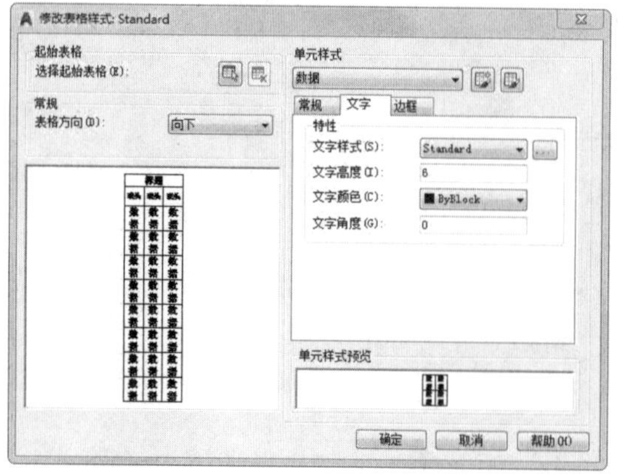

图 8-59　"修改表格样式"对话框

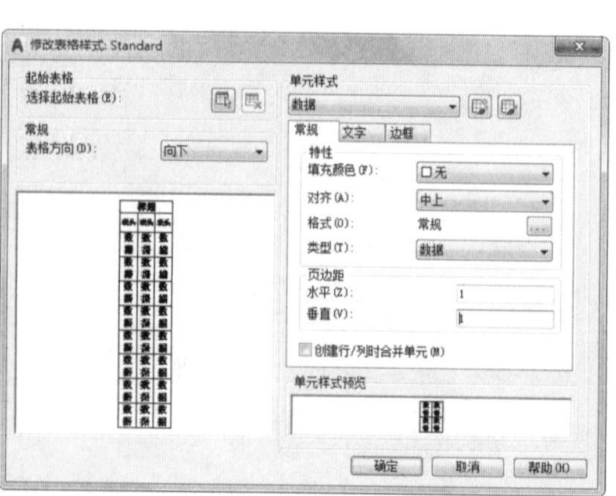

图 8-60　设置"常规"选项卡

（3）系统回到“表格样式”对话框，单击“关闭”按钮退出。

（4）单击“默认”选项卡“注释”面板中的“表格”按钮，系统打开“插入表格”对话框。在“列和行设置”选项组中将“列数”设置为“9”，将“列宽”设置为“20”，将“数据行数”设置为“2”（加上标题行和表头行共4行），将“行高”设置为“1行”（即为10）；在“设置单元样式”选项组中将“第一行单元样式”“第二行单元样式”和“所有其他行单元样式”都设置为“数据”，如图8-61所示。

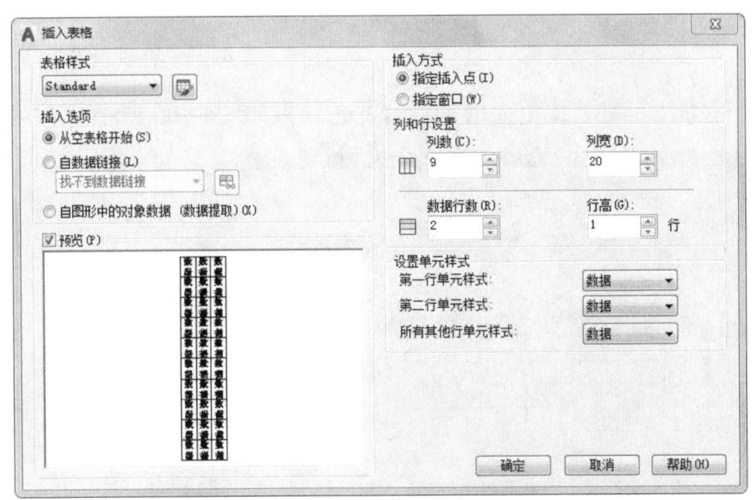


图8-61 “插入表格”对话框

（5）在图框线右下角附近指定表格位置，系统生成表格，同时打开表格和“文字编辑器”选项卡，如图8-62所示，直接按〈Enter〉键，不输入文字，生成表格，如图8-63所示。

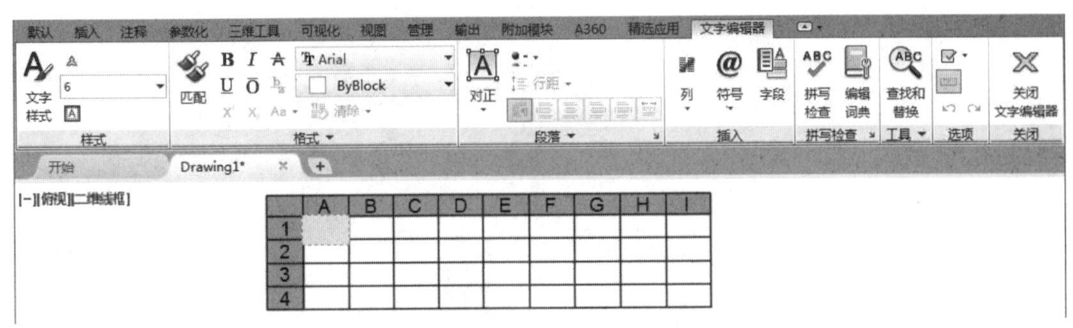


图8-62 表格和“文字编辑器”选项卡

**6. 移动标题栏**

由于无法确定刚生成的标题栏与图框的相对位置，因此需要移动标题栏。选择菜单栏中的“修改”→“移动”命令，将刚绘制的表格准确放置在图框的右下角，如图8-64所示。

**7. 编辑标题栏表格**

（1）单击标题栏表格A单元格，按住〈Shift〉键，同时选择B和C单元格，在“表格单元”选项卡中单击“合并单元”下拉菜单中的“合并全部”按钮，如图8-65所示。

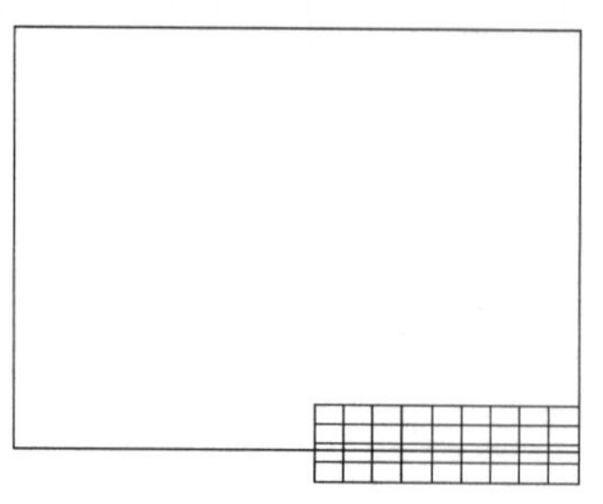

图 8-63　生成表格

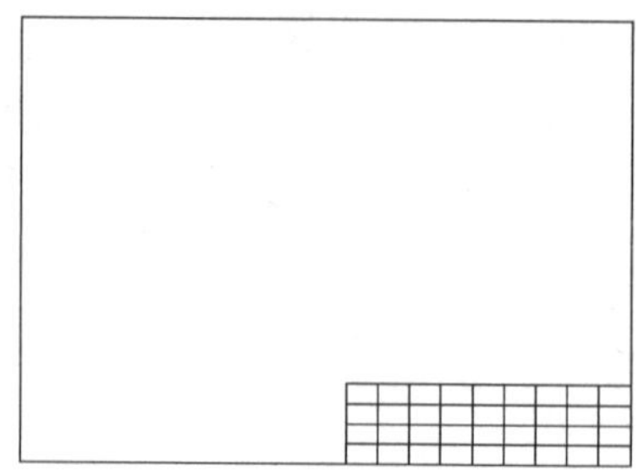

图 8-64　移动表格

（2）重复上述方法，对其他单元格进行合并，结果如图 8-66 所示。

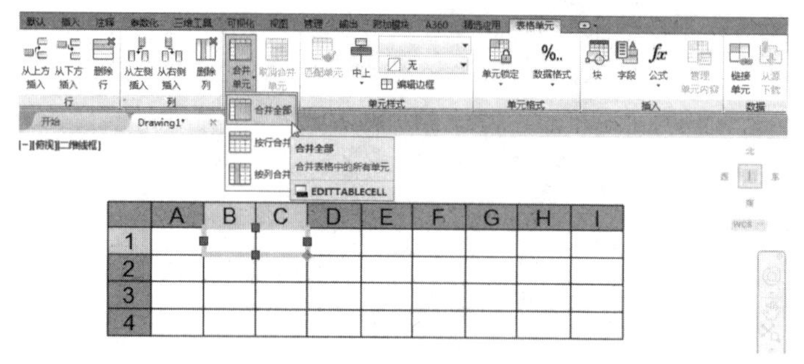

图 8-65　合并单元格

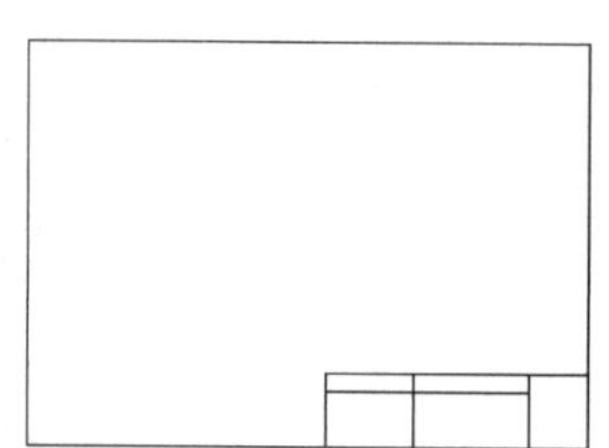

图 8-66　完成标题栏单元格编辑

**8. 绘制会签栏**

会签栏具体大小和样式如图 8-67 所示。用户可以采取和标题栏相同的方法来绘制会签栏。

（1）在“修改表格样式”对话框的“文字”选项卡中，将“文字高度”设置为“3”，如图 8-68 所示；再把“常规”选项卡中的“页边距”选项组中的“水平”和“垂直”都设置为“0.5”。

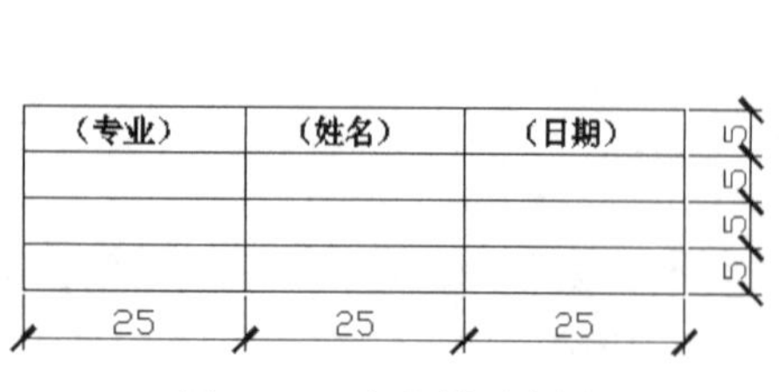


图 8-67　会签栏示意图

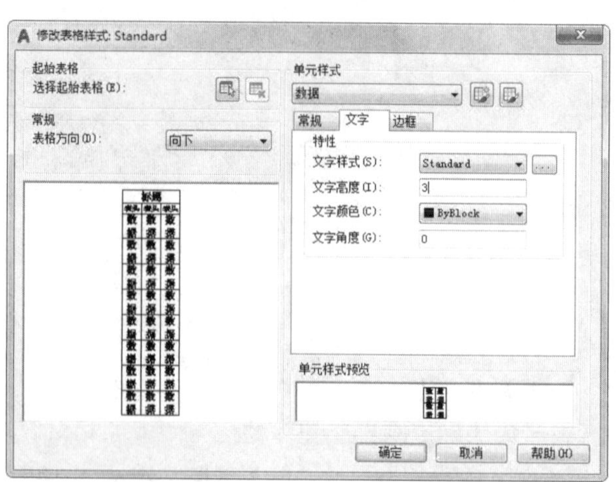


图 8-68　设置表格样式

（2）单击“默认”选项卡“注释”面板中的“表格”按钮，系统打开“插入表格”对话框，在“列和行设置”选项组中，将“列数”设置为“3”，“列宽”设置为“25”，

“数据行数”设置为“2”，“行高”设置为“1”行；在“设置单元样式”选项组中，将“第一行单元样式”“第二行单元样式”和“所有其他行单元样式”都设置为“数据”，如图 8-69 所示。

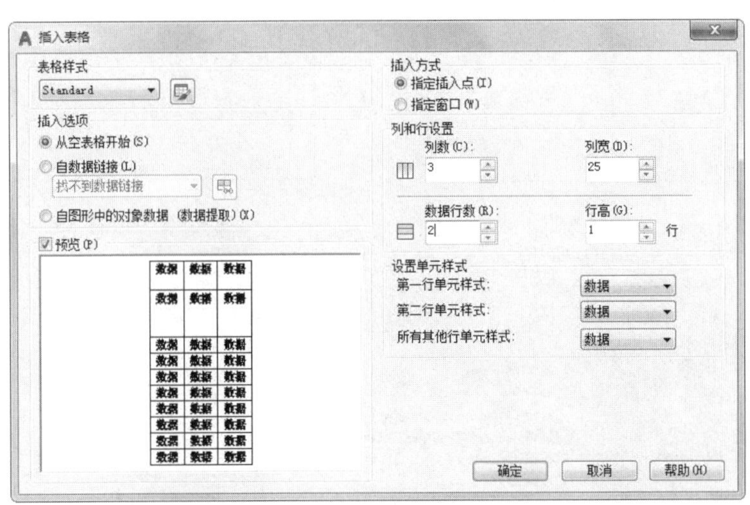


图 8-69　设置表格行和列

（3）在表格中输入文字，结果如图 8-70 所示。

**9. 旋转和移动会签栏**

（1）单击“默认”选项卡“修改”面板中的“旋转”按钮，旋转会签栏。结果如图 8-71 所示。

| 单位 | 姓名 | 日期 |
|---|---|---|
| | | |
| | | |
| | | |

图 8-70　会签栏的绘制

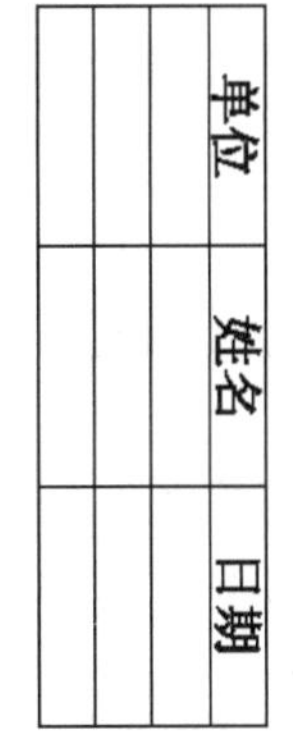


图 8-71　旋转会签栏

（2）单击“默认”选项卡“修改”面板中的“移动”按钮，将会签栏移动到图框的左上角，结果如图 8-72 所示。

（3）单击“默认”选项卡“绘图”面板中的“矩形”按钮，以坐标原点为第一角点，绘制 420×297 的矩形，结果如图 8-73 所示。

**10. 保存样板图**

选择菜单栏中的“文件”→“另存为”命令，打开“图形另存为”对话框，将图形保存为 DWT 格式的文件即可，如图 8-74 所示。

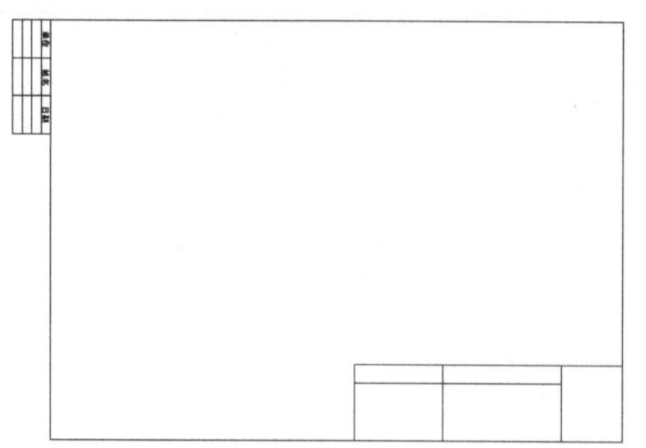

图 8-72　放置会签栏

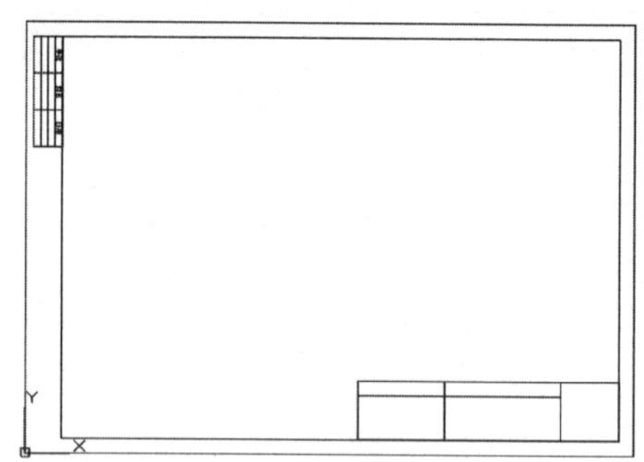

图 8-73　绘制 A3 外边框

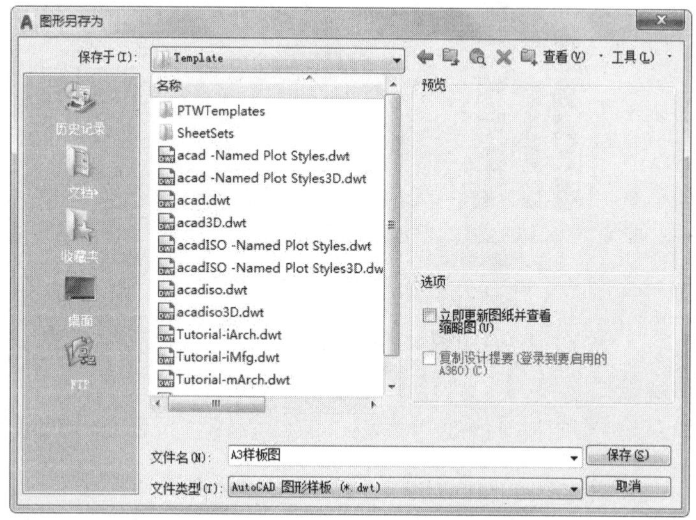


图 8-74　“图形另存为”对话框

# 8.6　名师点拨

**1. 中西文字字高不等怎么办?**

在使用 AutoCAD 时，中西文字字高不等会影响图面质量和美观，分成几段文字编辑又比较麻烦。通过对 AutoCAD 字体文件的修改，使中西文字体协调、扩展了字体功能，并提供了对于道路、桥梁、建筑等专业有用的特殊字符，提供了上下标文字及部分希腊字母的输入。此问题，可通过选用大字体，调整字体组合来得到，如 gbenor. shx 与 gbcbig. shx 组合，即可得到中英文字一样高的文本。其他组合，读者可根据各专业需要自行调整字体组合。

**2. AutoCAD 表格的制作方法是什么?**

AutoCAD 尽管有强大的图形功能，但表格处理功能相对较弱，而在实际工作中，往往需要在 AutoCAD 中制作各种表格，如工程数量表等，如何高效制作表格，是一个很实际的问题。

在 AutoCAD 环境下用手工画线方法绘制表格，再在表格中填写文字，不但效率低下，而且，很难精确控制文字的书写位置，文字排版也很成问题。尽管 AutoCAD 支持对象链接与嵌入，可以插入 Word 或 Excel 表格，但是一方面修改起来不是很方便，一点小小的修改就得进入 Word 或 Excel，修改完成后，又得退回到 AutoCAD；另一方面，一些特殊符号，如一级钢筋符号和二级钢筋符号等，在 Word 或 Excel 中很难输入。那么，有没有两全其美的方法呢？经过探索，这样可以较好地解决：先在 Excel 中制作完表格，再复制到粘贴板，然后在 AutoCAD 环境下选择“编辑”菜单中的“选择性粘贴”命令，确认以后，表格即转化成 AutoCAD 实体，用“EXPLODE”命令炸开，即可以编辑其中的线条及文字，非常方便。

**3. 为什么不能显示汉字？或输入的汉字变成了问号？**

出现上述问题的原因可能有以下几种。

（1）对应的字型没有使用汉字字体，如 HZTXT. SHX 等。

（2）当前系统中没有汉字字体形文件，应将所用到的形文件复制到 AutoCAD 的字体目录中（一般为... \fonts\）。

（3）对于某些符号，如希腊字母等，同样必须使用对应的字体形文件，否则会显示成“?”。

**4. 为什么输入的文字高度无法改变？**

使用字型的高度值不为 0 时，用“DTEXT”命令书写文本时都不提示输入高度，这样写出来的文本高度是不变的，包括使用该字型进行的尺寸标注。

**5. 如何改变已经存在的字体格式？**

如果想改变已有文字的大小、字体、高宽比例、间距、倾斜角度、插入点等，最简单的方法是使用“特性”（DDMODIFY）命令。选择“特性”命令，打开“特性”选项板，单击“选择对象”按钮，选中要修改的文字，按〈Enter〉键，在“特性”选项板中，选择要修改的项目进行修改即可。

## 8.7　上机实验

**【练习 1】标注如图 8–75 所示的技术要求。**

**1. 目的要求**

文字标注在零件图或装配图的技术要求中经常用到，正确进行文字标注是 AutoCAD 绘图中必不可少的一项工作。通过本练习，读者应掌握文字标注的一般方法，尤其是特殊字体的标注方法。

1. 当无标准齿轮时，允许检查下列三项代替检查径向
   综合公差和一齿径向综合公差：
   a. 齿圈径向跳动公差 $Fr$ 为0.056
   b. 齿形公差 $f_{fa}$ 为0.016
   c. 基节极限偏差 $\pm f_{pb}$ 为0.018
2. 未注倒角 $C1$。

图 8–75　技术要求

**2. 操作提示**

（1）设置文字标注的样式。

（2）利用“多行文字”命令进行标注。

（3）利用快捷菜单，输入特殊字符。

**【练习 2】在【练习 1】标注的技术要求中加入下面一段文字。**

“3. 尺寸为 $\phi30^{+0.05}_{-0.06}$ 的孔抛光处理。”

**1. 目的要求**

文字编辑是对标注的文字进行调整的重要手段。本练习通过添加技术要求文字，让读者掌握文字，尤其是特殊符号的编辑方法和技巧。

**2. 操作提示**

（1）选择【练习1】中标注好的文字，进行文字编辑。

（2）在打开的文字编辑器中输入要添加的文字。

（3）在输入尺寸公差时要注意，一定要输入“+0.05^-0.06”，然后选择这些文字，单击“文字格式”编辑器上的“堆叠”按钮。

**【练习3】绘制如图8-76所示的变速器组装图明细表。**

<table>
<tr><td>14</td><td>端盖</td><td>1</td><td>HT150</td><td></td></tr>
<tr><td>13</td><td>端盖</td><td>1</td><td>HT150</td><td></td></tr>
<tr><td>12</td><td>定距环</td><td>1</td><td>Q235A</td><td></td></tr>
<tr><td>11</td><td>大齿轮</td><td>1</td><td>40</td><td></td></tr>
<tr><td>10</td><td>键 16×70</td><td>1</td><td>Q275</td><td>GB/T 1096—2003</td></tr>
<tr><td>9</td><td>轴</td><td>1</td><td>45</td><td></td></tr>
<tr><td>8</td><td>轴承</td><td>2</td><td></td><td>30208</td></tr>
<tr><td>7</td><td>端盖</td><td>1</td><td>HT200</td><td></td></tr>
<tr><td>6</td><td>轴承</td><td>2</td><td></td><td>30211</td></tr>
<tr><td>5</td><td>轴</td><td>1</td><td>45</td><td></td></tr>
<tr><td>4</td><td>键8×50</td><td>1</td><td>Q275</td><td>GB 1095-79</td></tr>
<tr><td>3</td><td>端盖</td><td>1</td><td>HT200</td><td></td></tr>
<tr><td>2</td><td>调整垫片</td><td>2组</td><td>08F</td><td></td></tr>
<tr><td>1</td><td>变速器箱体</td><td>1</td><td>HT200</td><td></td></tr>
<tr><td>序号</td><td>名　称</td><td>数量</td><td>材　料</td><td>备　注</td></tr>
</table>

图8-76　变速器组装图明细表

**1. 目的要求**

明细表是工程制图中常用的表格。本练习通过绘制明细表，要求读者掌握表格相关命令的用法，体会表格功能的便捷性。

**2. 操作提示**

（1）设置表格样式。

（2）插入空表格，并调整列宽。

（3）重新输入文字和数据。

## 8.8 思考与练习

（1）在表格中不能插入（　　）。

A. 块　　B. 字段　　C. 公式　　D. 点

（2）在设置文字样式的时候，设置了文字的高度，其效果是（　　）。

A. 在输入单行文字时，可以改变文字高度

B. 在输入单行文字时，不可以改变文字高度

C. 在输入多行文字时，不能改变文字高度

D. 都能改变文字高度

（3）在正常输入汉字时却显示“?”，是什么原因？（　　）

A. 因为文字样式没有设定好　　B. 输入错误
C. 堆叠字符　　D. 字高太高

(4) 如图 8-77 所示的右侧镜像文字，则 mirrtext 系统变量是（　　）。

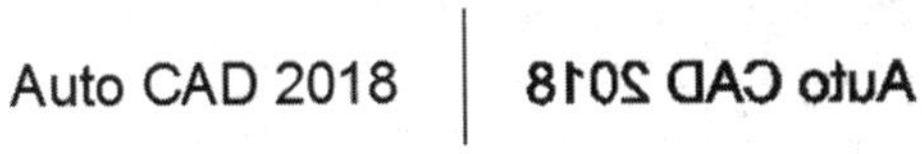

Auto CAD 2018 | 8102 DAↃ otuA

图 8-77　右侧镜像文字

A. 0　　B. 1　　C. ON　　D. OFF

(5) 在插入字段的过程中，如果显示####，则表示该字段（　　）。

A. 没有值　　B. 无效
C. 字段太长，溢出　　D. 字段需要更新

(6) 以下哪种不是表格的单元格式数据类型？（　　）

A. 百分比　　B. 时间　　C. 货币　　D. 点

(7) 按图 8-78 所示设置文字样式，则文字的高度、宽度因子是（　　）。

A. 0，5　　B. 0，0.5　　C. 5，0　　D. 0，0

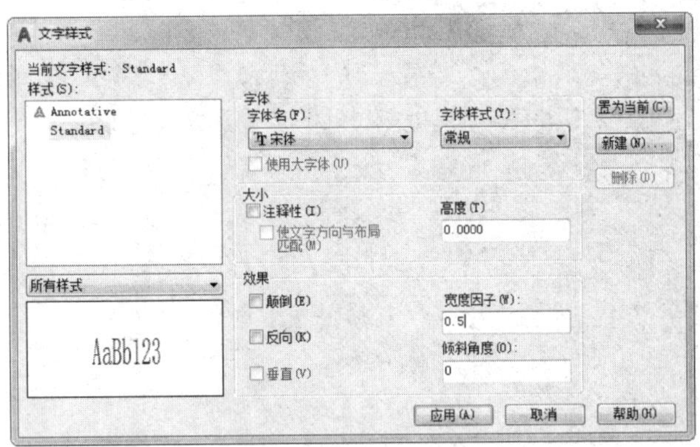


图 8-78　“文字样式“对话框

(8) 用“MTEXT”命令输入如图 8-79 所示的文本。

(9) 绘制如图 8-80 所示的齿轮参数表。

技术要求：
1. ϕ20的孔配做。
2. 未注倒角C1。

图 8-79　技术要求

| 齿数 | Z | 24 |
|---|---|---|
| 模数 | m | 3 |
| 齿形角 | α | 30° |
| 公差等级及配合类别 | 6H-GE | GB/T3478.1-2008 |
| 作用齿槽宽最小值 | Evmin | 4.7120 |
| 实际齿槽宽最大值 | Emax | 4.8370 |
| 实际齿槽宽最小值 | Emin | 4.7590 |
| 作用齿槽宽最大值 | Evmax | 4.7900 |

图 8-80　齿轮参数表

# 第 9 章

# 尺寸标注

尺寸标注是绘图设计过程当中相当重要的一个环节。因为图形的主要作用是表达物体的形状，而物体各部分的真实大小和各部分之间的确切位置只能通过尺寸标注来表达。因此，没有正确的尺寸标注，绘制出的图样对于加工制造就没什么意义。AutoCAD 提供了方便、准确的标注尺寸功能。本章介绍 AutoCAD 的尺寸标注功能。

内容要点

- 尺寸样式
- 标注尺寸
- 引线标注
- 几何公差
- 尺寸编辑

# 9.1 尺寸样式

在进行尺寸标注之前，要建立尺寸标注的样式。如果用户不建立尺寸样式而直接进行标注，系统使用默认的名称为 STANDARD 的样式。用户如果认为使用的标注样式某些设置不合适，也可以修改标注样式。

**【执行方式】**

- 命令行：DIMSTYLE。
- 菜单栏：选择菜单栏中的“格式”→“标注样式”命令或“标注”→“标注样式”命令，如图 9-1 所示。
- 工具栏：单击“标注”工具栏中的“标注样式”按钮，如图 9-2 所示。
- 功能区：单击“默认”选项卡“注释”面板中的“标注样式”按钮（图9-3），或选择“注释”选项卡“标注”面板“标注样式”下拉菜单中的“管理标注样式”命令（图9-4），或单击“注释”选项卡“标注”面板中“对话框启动器”按钮。

图 9-1 “标注”菜单

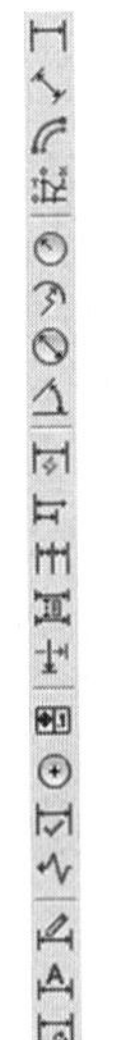

图 9-2 “标注”工具栏

图 9-3 “注释”面板

**【操作步骤】**

执行上述命令后，AutoCAD 打开“标注样式管理器”对话框，如图 9-5 所示。利用此对话框可方便直观地定制和浏览尺寸标注样式，包括产生新的标注样式、修改已存在的样式、设置当前尺寸标注样式、样式重命名以及删除一个已有样式等。

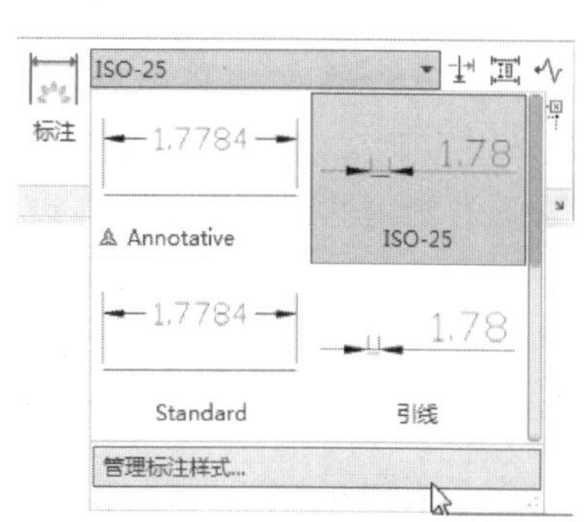


图 9-4 “标注”面板

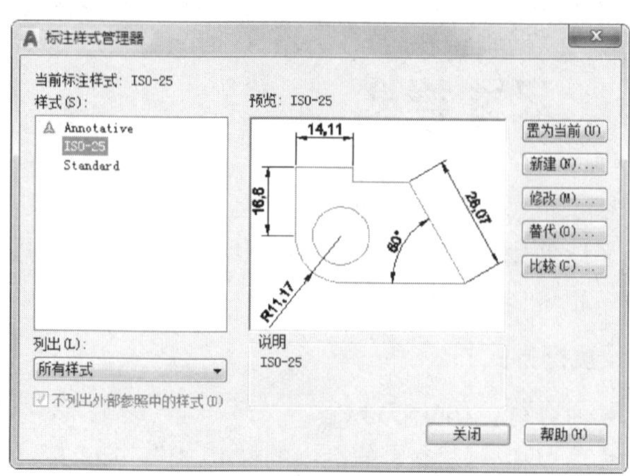


图 9-5 “标注样式管理器”对话框

## 9.1.1 线

在“新建标注样式”对话框中，第一个选项卡就是“线”，如图 9-6 所示。该选项卡用于设置尺寸线、尺寸界线的形式和特性。

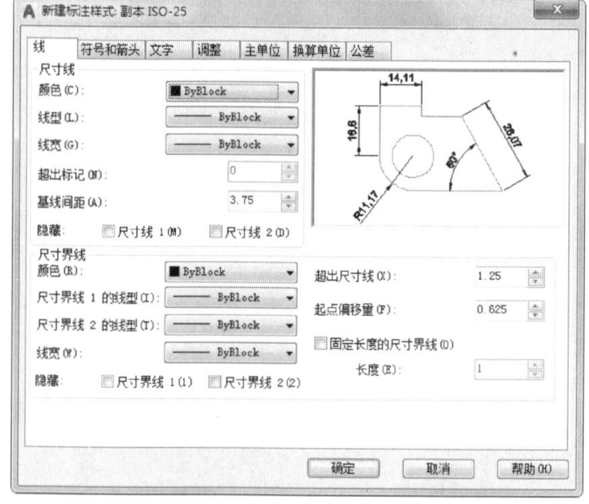


图 9-6 “新建标注样式”对话框的“线”选项卡

**1. “尺寸线”选项组**

设置尺寸线的特性。其中各选项的含义如下：

（1）“颜色”下拉列表框：设置尺寸线的颜色。可直接输入颜色名字，也可从下拉列表中选择，如果选取“选择颜色”选项，系统打开“选择颜色”对话框供用户选择其他颜色。

（2）“线宽”下拉列表框：设置尺寸线的线宽，下拉列表中列出了各种线宽的名字和宽度。

（3）“超出标记”微调框：当将尺寸箭头设置为短斜线、短波浪线等，或尺寸线上无箭头时，可利用此微调框设置尺寸线超出尺寸界线的距离。

（4）“基线间距”微调框：设置以基线方式标注尺寸时，相邻两尺寸线之间的距离。

（5）“隐藏”复选框组：确定是否隐藏尺寸线及相应的箭头。选中“尺寸线 1”复选框表示隐藏第一段尺寸线，选中“尺寸线 2”复选框表示隐藏第二段尺寸线。

**2. “尺寸界线”选项组**

该选项组用于确定尺寸界线的形式。其中各选项的含义如下：

（1）“颜色”下拉列表框：设置尺寸界线的颜色。

（2）“线宽”下拉列表框：设置尺寸界线的线宽。

（3）“超出尺寸线”微调框：确定尺寸界线超出尺寸线的距离。

（4）“起点偏移量”微调框：确定尺寸界线的实际起始点相对于指定的尺寸界线的起始点的偏移量。

(5)“隐藏”复选框组：确定是否隐藏尺寸界线。选中“尺寸界线 1”复选框表示隐藏第一段尺寸界线，选中“尺寸界线 2”复选框表示隐藏第二段尺寸界线。

**3. 尺寸样式显示框**

在“新建标注样式”对话框的右上方，是一个尺寸样式显示框，该框以样例的形式显示用户设置的尺寸样式。

## 9.1.2 符号和箭头

在“新建标注样式”对话框中，第二个选项卡就是“符号和箭头”，如图 9-7 所示。该选项卡用于设置箭头、圆心标记、弧长符号和半径折弯标注的形式及特性。

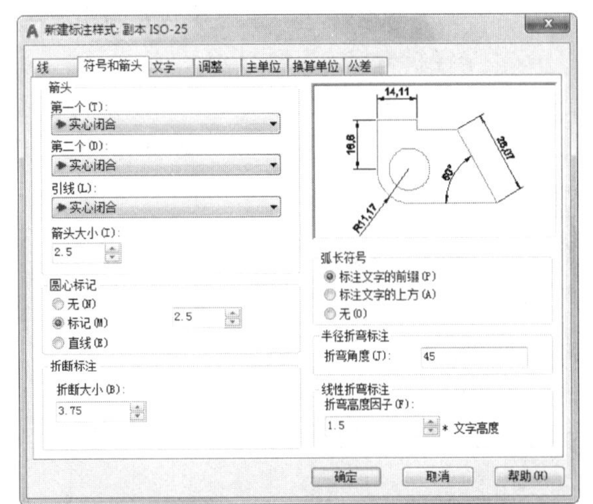


图 9-7 “新建标注样式”对话框的“符号和箭头”选项卡

**1. “箭头”选项组**

该选项组用于设置尺寸箭头的形式。AutoCAD 提供了多种多样的箭头形状，列在“第一个”和“第二个”下拉列表框中。另外，还允许采用用户自定义的箭头形状。两个尺寸箭头可以采用相同的形式，也可采用不同的形式。

(1)“第一个”下拉列表框：用于设置第一个尺寸箭头的形式。可单击右侧的下拉按钮从下拉列表中选择，其中列出了各种箭头形式的名字以及各类箭头的形状。一旦确定了第一个箭头的类型，第二个箭头则自动与其匹配，要想第二个箭头取不同的形状，可在“第二个”下拉列表框中设定。

如果选择了“用户箭头”选项，则打开如图 9-8 所示的“选择自定义箭头块”对话框，可以事先把自定义的箭头存成一个图块，在此对话框中输入该图块名即可。

(2)“第二个”下拉列表框：确定第二个尺寸箭头的形式，可与第一个箭头不同。

(3)“引线”下拉列表框：确定引线箭头的形式，与“第一个”下拉列表框设置类似。

(4)“箭头大小”微调框：设置箭头的大小。

**2. “圆心标记”选项组**

(1)“无”单选按钮：既不产生中心标记，也不产生中心线，如图 9-9 所示。

(2)“标记”单选按钮：中心标记为一个记号。

(3)“直线”单选按钮：中心标记采用中心线的形式。

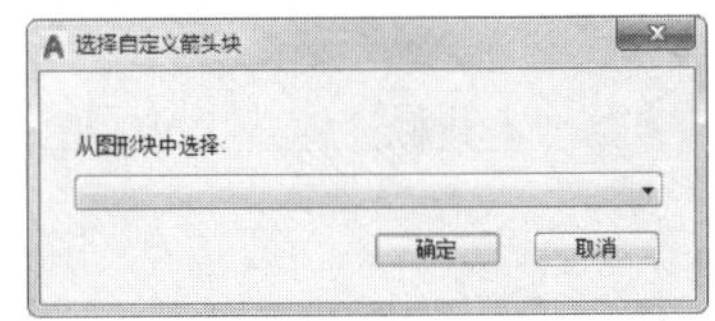


图 9-8 “选择自定义箭头块”对话框

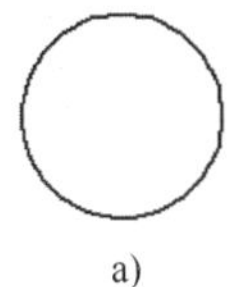
a)

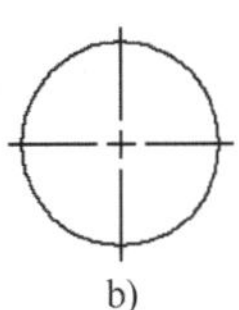
b)

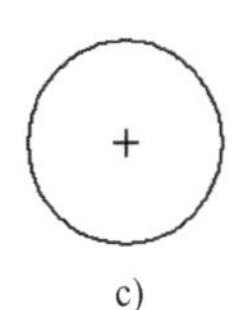
c)

图 9-9 圆心标记

a）无 b）标记 c）直线

(4)“大小”微调框：设置中心标记和中心线的大小和粗细。

**3. “弧长符号”选项组**

该选项组用来控制弧长标注中圆弧符号的显示。其中有3个单选按钮：

(1)“标注文字的前缀”单选按钮：将弧长符号放在标注文字的前面，如图9-10a所示。

(2)“标注文字的上方”单选按钮：将弧长符号放在标注文字的上方，如图9-10b所示。

(3)“无”单选按钮：不显示弧长符号，如图9-10c所示。

**4. “半径折弯标注”选项组**

该选项组用来控制折弯（Z字型）半径标注的显示。折弯半径标注通常在中心点位于页面外部时创建。在“折弯角度”文本框中可以输入连接半径标注的尺寸界线和尺寸线横向直线的角度，如图9-11所示。

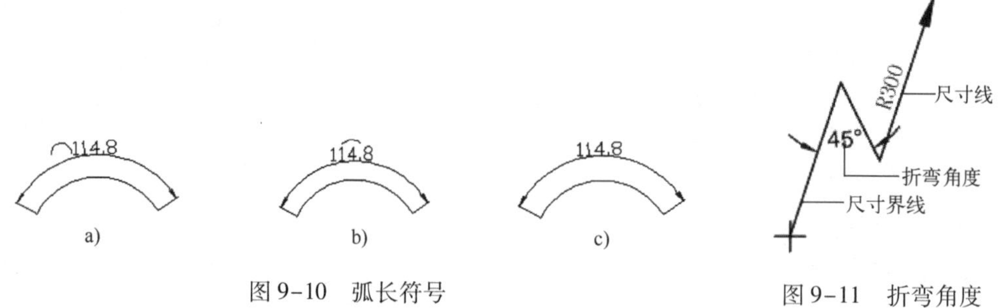


图9-10 弧长符号

图9-11 折弯角度

## 9.1.3 尺寸文本

在“新建标注样式”对话框中，第三个选项卡就是“文字”，如图9-12所示。该选项卡用于设置尺寸文本的形式、布置和对齐方式等。

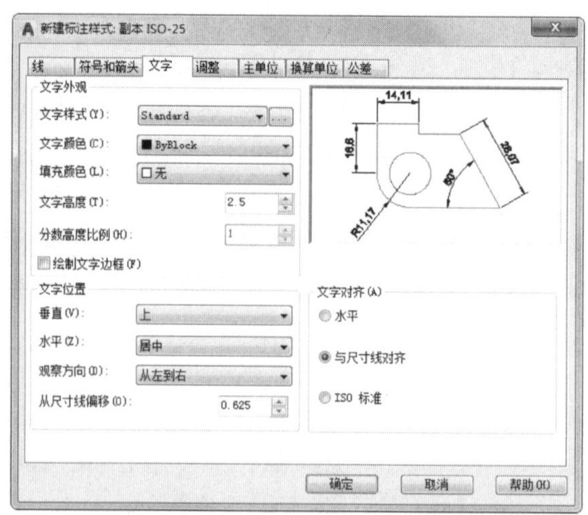


图9-12 “新建标注样式”对话框的“文字”选项卡

**1. “文字外观”选项组**

(1)“文字样式”下拉列表框：选择当前尺寸文本采用的文本样式。可单击右侧的下拉按钮并从下拉列表中选取一个样式，也可单击右侧的...按钮，打开“文字样式”对话框以创建新的文本样式或对文本样式进行修改。

(2)“文字颜色”下拉列表框：设置尺寸文本的颜色，其操作方法与设置尺寸线颜色的方法相同。

(3)“文字高度”微调框：设置尺寸文本的字高。如果选用的文本样式中已设置了具体的字高（不是0），则此处的设置无效；只有文本样式中设置的字高为0，才以此处的设置为准。

(4)“分数高度比例”微调框：确定尺寸文本的比例系数。

(5)“绘制文字边框”复选框：选中此复选框，AutoCAD 在尺寸文本周围加上边框。

**2. “文字位置”选项组**

(1)“垂直”下拉列表框：确定尺寸文本相对于尺寸线在垂直方向的对齐方式。单击右侧的下拉按钮弹出下拉列表，可选择的对齐方式有以下 4 种：

- 居中：将尺寸文本放在尺寸线的中间。
- 上：将尺寸文本放在尺寸线的上方。
- 外部：将尺寸文本放在远离第一条尺寸界线起点的位置，即和所标标注的对象分列于尺寸线的两侧。
- JIS：使尺寸文本的放置符合 JIS（日本工业标准）规则。

这几种文本布置方式如图 9-13 所示。

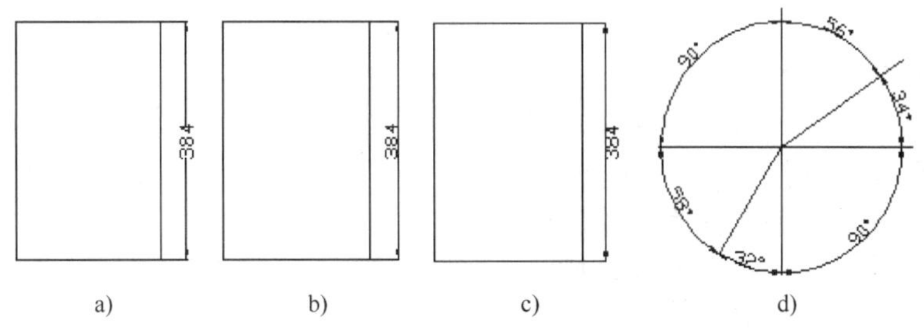


图 9-13　尺寸文本在垂直方向的放置
a）居中　b）上　c）外部　d）JIS

(2)“水平”下拉列表框：确定尺寸文本相对于尺寸线和尺寸界线在水平方向的对齐方式。单击右侧的下拉按钮弹出下拉列表，水平对齐方式有以下 5 种：居中、第一条尺寸界线、第二条尺寸界线、第一条尺寸界线上方、第二条尺寸界线上方，如图 9-14a ~ 图 9-14e 所示。

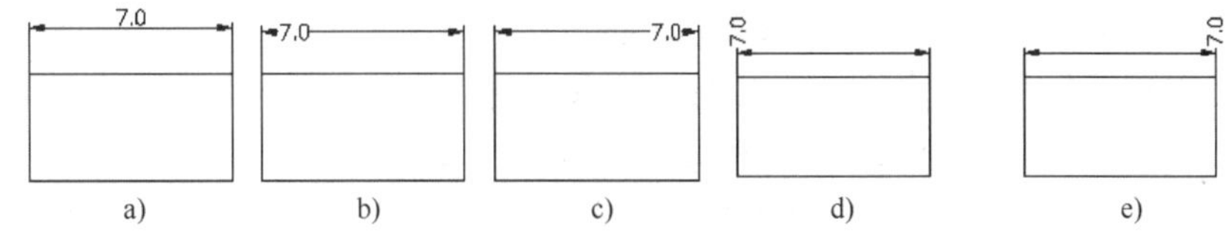


图 9-14　尺寸文本在水平方向的放置
a）居中　b）第一条尺寸界线　c）第二条尺寸界线　d）第一条尺寸界线上方　e）第二条尺寸界线上方

(3)“从尺寸线偏移”微调框：当把尺寸文本放在断开的尺寸线中间时，此微调框用来设置尺寸文本与尺寸线之间的距离（尺寸文本间隙）。

**3. “文字对齐”选项组**

该选项组用来控制尺寸文本排列的方向。

(1)“水平”单选按钮：尺寸文本沿水平方向放置。不论标注什么方向的尺寸，尺寸文本总保持水平。

（2）“与尺寸线对齐”单选按钮：尺寸文本沿尺寸线方向放置。

（3）“ISO 标准”单选按钮：当尺寸文本在尺寸界线之间时，沿尺寸线方向放置；在尺寸界线之外时，沿水平方向放置。

## 9.1.4 调整

在“新建标注样式”对话框中，第四个选项卡就是“调整”，如图 9-15 所示。该选项卡根据两条尺寸界线之间的空间，设置将尺寸文本、尺寸箭头放在两尺寸界线的里边还是外边。如果空间允许，AutoCAD 总是把尺寸文本和箭头放在尺寸界线的里边，空间不够的话，则根据该选项卡的各项设置放置。

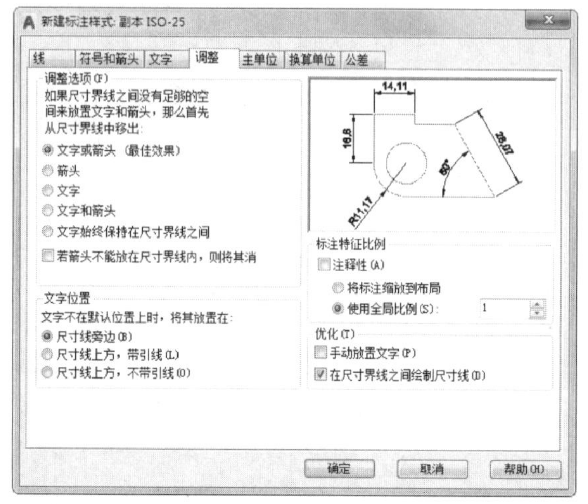


图 9-15 “新建标注样式”对话框的“调整”选项卡

### 1. “调整选项”选项组

（1）“文字或箭头（最佳效果）”单选按钮：选中此单选按钮后，如果空间允许，把尺寸文本和箭头都放在两尺寸界线之间；如果两尺寸界线之间只够放置尺寸文本，则把文本放在尺寸界线之间，而把箭头放在尺寸界线的外边；如果只够放置箭头，则把箭头放在里边，把文本放在外边；如果两尺寸界线之间既放不下文本也放不下箭头，则把两者均放在外边。

（2）“箭头”单选按钮：选中此单选按钮后，如果空间允许，把尺寸文本和箭头都放在两尺寸界线之间；如果空间只够放置箭头，则把箭头放在尺寸界线之间，把文本放在外边；如果尺寸界线之间的空间放不下箭头，则把箭头和文本均放在外面。

（3）“文字”单选按钮：选中此单选按钮后，如果空间允许，把尺寸文本和箭头都放在两尺寸界线之间，否则把文本放在尺寸界线之间，把箭头放在外面；如果尺寸界线之间的空间放不下尺寸文本，则把文本和箭头都放在外面。

（4）“文字和箭头”单选按钮：选中此单选按钮后，如果空间允许，则把尺寸文本和箭头都放在两尺寸界线之间；否则把文本和箭头都放在尺寸界线外面。

（5）“文字始终保持在尺寸界线之间”单选按钮：若选中此单选按钮，则 AutoCAD 总是把尺寸文本放在两条尺寸界线之间。

（6）“若箭头不能放在尺寸界线内，则将其消”复选框：若选中此复选框，则尺寸界线之间的空间不够时省略尺寸箭头。

### 2. “文字位置”选项组

该选项组用来设置尺寸文本的位置。其中 3 个单选按钮的含义如下：

（1）“尺寸线旁边”单选按钮：若选中此单选按钮，则把尺寸文本放在尺寸线的旁边，如图 9-16a 所示。

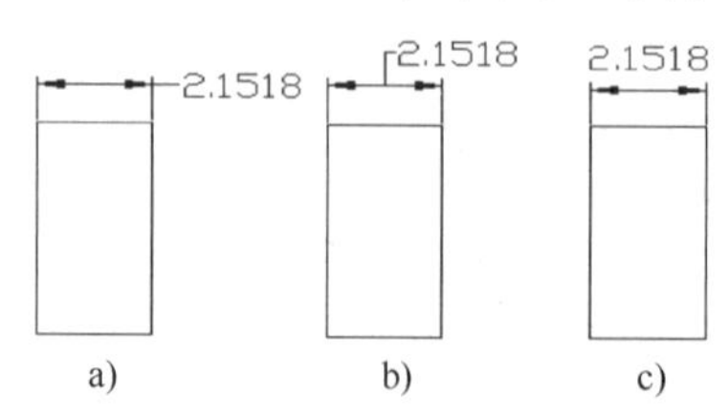


图 9-16 尺寸文本的位置

（2）“尺寸线上方，带引线”单选按钮：若选中此单选按钮，则把尺寸文本放在尺寸线的上方，并用引线与尺寸线相连，如图 9-16b 所示。

（3）“尺寸线上方，不带引线”单选按钮：若选中此单选按钮，则把尺寸文本放在尺寸线的上方，中间无引线，如图 9-16c 所示。

**3. “标注特征比例”选项组**

（1）“使用全局比例”单选按钮：确定尺寸的整体比例系数。其右侧的“比例值”微调框可以用来选择需要的比例。

（2）“将标注缩放到布局”单选按钮：确定布局空间内的尺寸比例系数，默认值为 1。

（3）“注释性”复选框：选中此复选框，则指定标注为 annotative。

**4. “优化”选项组**

该选项组用来设置附加的尺寸文本布置选项，包含两个选项：

（1）“手动放置文字”复选框：若选中此复选框，则标注尺寸时由用户确定尺寸文本的放置位置，忽略前面的对齐设置。

（2）“在尺寸界线之间绘制尺寸线”复选框：若选中此复选框，则不论尺寸文本在尺寸界线内部还是外面，AutoCAD 均在两尺寸界线之间绘出一尺寸线；否则当尺寸界线内放不下尺寸文本而将其放在外面时，尺寸界线之间无尺寸线。

## 9.1.5 主单位

在“新建标注样式”对话框中，第五个选项卡就是“主单位”，如图 9-17 所示。该选项卡用来设置尺寸标注的主单位和精度，以及给尺寸文本添加固定的前缀或后缀。该选项卡含两个选项组，分别用来对长度型标注和角度型标注进行设置。

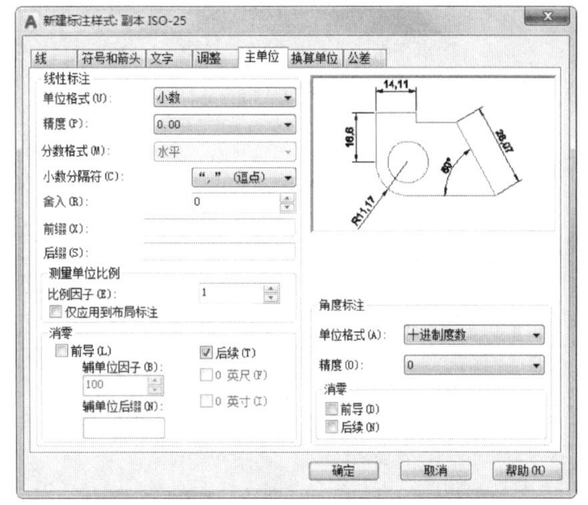


图 9-17 “新建标注样式”对话框的“主单位”选项卡

**1. “线性标注”选项组**

该选项组用来设置标注长度型尺寸时采用的单位和精度。

（1）“单位格式”下拉列表框：确定标注尺寸时使用的单位制（角度型尺寸除外）。在下拉列表中 AutoCAD 提供了“科学”“小数”“工程”“建筑”“分数”和“Windows 桌面”6 种单位制，可根据需要选择。

（2）“分数格式”下拉列表框：设置分数的形式。AutoCAD 提供了“水平”“对角”和“非堆叠”3 种形式供用户选用。

（3）“小数分隔符”下拉列表框：确定十进制单位（Decimal）的分隔符。AutoCAD 提供了 3 种形式：“.”（点）、“,”（逗点）和空格。

（4）“舍入”微调框：设置除角度之外的尺寸测量的圆整规则。在文本框中输入一个值，如果输入1，则所有测量值均圆整为整数。

（5）“前缀”文本框：设置固定前缀。可以输入文本，也可以用控制符产生特殊字符，这些文本将被加在所有尺寸文本之前。

（6）“后缀”文本框：给尺寸标注设置固定后缀。

（7）“测量单位比例”选项组：确定AutoCAD自动测量尺寸时的比例因子。其中“比例因子”微调框用来设置除角度之外所有尺寸测量的比例因子。例如，如果用户确定比例因子为2，AutoCAD则把实际测量为1的尺寸标注为2。

如果选中“仅应用到布局标注”复选框，则设置的比例因子只适用于布局标注。

（8）“消零”选项组：用于设置是否省略标注尺寸时的0。

- “前导”复选框：选中此复选框后省略尺寸值处于高位的0。例如，0.50000标注为.50000。
- “后续”复选框：选中此复选框后省略尺寸值小数点后末尾的0。例如，12.5000标注为12.5，而30.0000标注为30。
- “0英尺”复选框：采用“工程”和“建筑”单位制时，如果尺寸值小于1ft，则省略英尺。例如，0′-6 1/2″标注为6 1/2″。
- “0英寸”复选框：采用“工程”和“建筑”单位制时，如果尺寸值是整数英尺，则省略英寸。例如，1′-0″标注为1′。

**2. “角度标注”选项组**

该选项组用来设置标注角度时采用的角度单位。

（1）“单位格式”下拉列表框：设置角度单位制。AutoCAD提供了“十进制度数”“度/分/秒”“百分度”和“弧度”4种角度单位。

（2）“精度”下拉列表框：设置角度型尺寸标注的精度。

（3）“消零”选项组：设置是否省略标注角度时的0。

## 9.1.6 换算单位

在“新建标注样式”对话框中，第六个选项卡就是“换算单位”，如图9-18所示。该选项卡用于对替换单位进行设置。

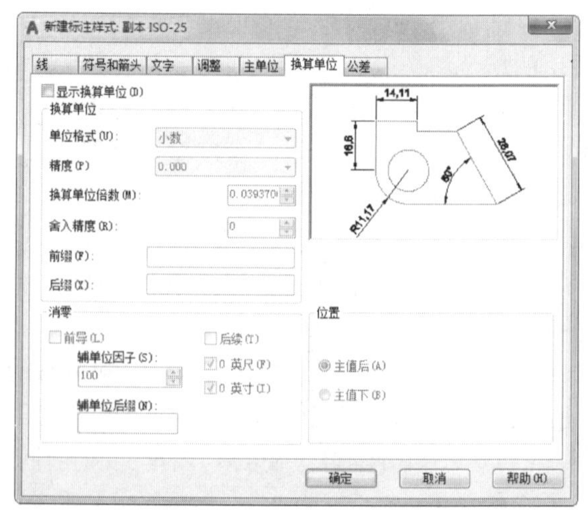


图9-18 “新建标注样式”对话框的“换算单位”选项卡

**1. “显示换算单位”复选框**

若选中此复选框，则替换单位的尺寸值也同时显示在尺寸文本上。

**2. “换算单位”选项组**

该选项组用于设置替换单位。其中各项的含义如下：

（1）“单位格式”下拉列表框：选取替换单位采用的单位制。

（2）“精度”下拉列表框：设置替换单位的精度。

（3）“换算单位倍数”微调框：指定

主单位和替换单位的转换因子。

(4)“舍入精度”微调框：设置替换单位的圆整规则。

(5)“前缀”文本框：设置替换单位文本的固定前缀。

(6)“后缀”文本框：设置替换单位文本的固定后缀。

**3. “消零”选项组**

该选项组用于设置是否省略尺寸标注中的0。

**4. “位置”选项组**

该选项组用于设置替换单位尺寸标注的位置。

(1)“主值后”单选按钮：把替换单位尺寸标注放在主单位标注的后边。

(2)“主值下”单选按钮：把替换单位尺寸标注放在主单位标注的下边。

## 9.1.7 公差

在“新建标注样式”对话框中，第七个选项卡就是“公差”，如图9-19所示。该选项卡用来确定标注公差的方式。

**1. “公差格式”选项组**

该选项组用于设置公差的标注方式。

(1)“方式”下拉列表框：设置以何种形式标注公差。单击右侧的下拉按钮弹出一下拉列表，其中列出了AutoCAD提供的5种标注公差的形式，用户可从中选择。这5种形式分别是“无”“对称”“极限偏差”“极限尺寸”和“基本尺寸”。其中“无”表示不标注公差，即通常的标注情形。其余4种标注情况如图9-20所示。

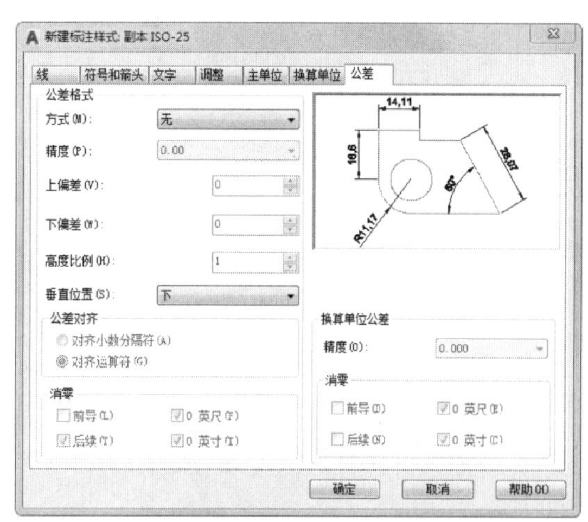


图9-19 “新建标注样式”对话框的“公差”选项卡

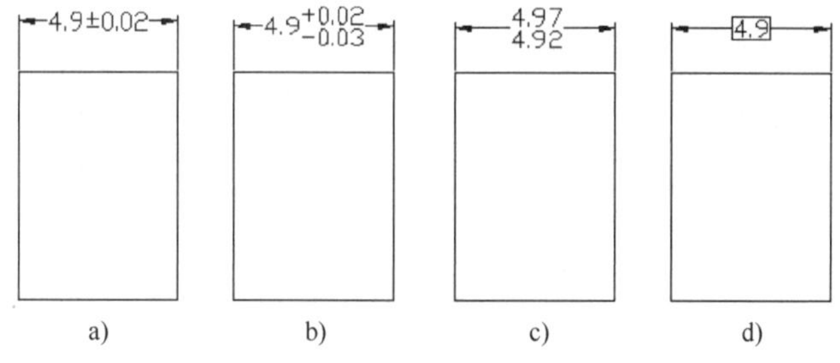


图9-20 公差标注的形式

a) 对称 b) 极限偏差 c) 极限尺寸 d) 基本尺寸

(2)“精度”下拉列表框：确定公差标注的精度。

(3)“上偏差”微调框：设置尺寸的上极限偏差。

(4)“下偏差”微调框：设置尺寸的下极限偏差。

注意

系统自动在上极限偏差数值前加“+”号，在下极限偏差数值前加“-”号。如果上极限偏差是负值或下极限偏差是正值，则需要在输入的偏差值前加负号。如下极限偏差是+0.005，则需要在“下偏差”微调框中输入-0.005。

（5）“高度比例”微调框：设置公差文本的高度比例，即公差文本的高度与一般尺寸文本的高度之比。

（6）“垂直位置”下拉列表框：控制“对称”和“极限偏差”形式的公差标注的文本对齐方式。

➢ 上：公差文本的顶部与一般尺寸文本的顶部对齐。

➢ 中：公差文本的中线与一般尺寸文本的中线对齐。

➢ 下：公差文本的底线与一般尺寸文本的底线对齐。

这3种对齐方式如图9-21所示。

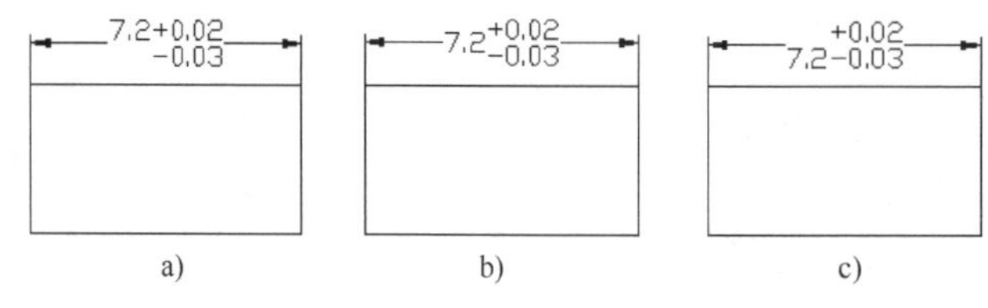


图9-21　公差文本的对齐方式

a）上　b）中　c）下

（7）“消零”选项组：设置是否省略公差标注中的0。

**2. “换算单位公差”选项组**

该选项组用于对几何公差标注的替换单位进行设置。其中各项的设置方法与上面叙述相同。

# 9.2　标注尺寸

正确地进行尺寸标注是设计绘图工作中非常重要的一个环节，AutoCAD提供了方便快捷的尺寸标注方法，可通过执行命令实现，也可利用菜单或工具按钮实现。本节重点介绍如何对各种类型的尺寸进行标注。

## 9.2.1 长度型尺寸标注

【执行方式】

- 命令行：DIMLINEAR（快捷命令：DIMLIN）。
- 菜单栏：选择菜单栏中的“标注”→“线性”命令。
- 工具栏：单击“标注”工具栏中的“线性”按钮。
- 功能区：单击“默认”选项卡“注释”面板中的“线性”按钮（图9-22），或单击“注释”选项卡“标注”面板中的“线性”按钮（图9-23）。

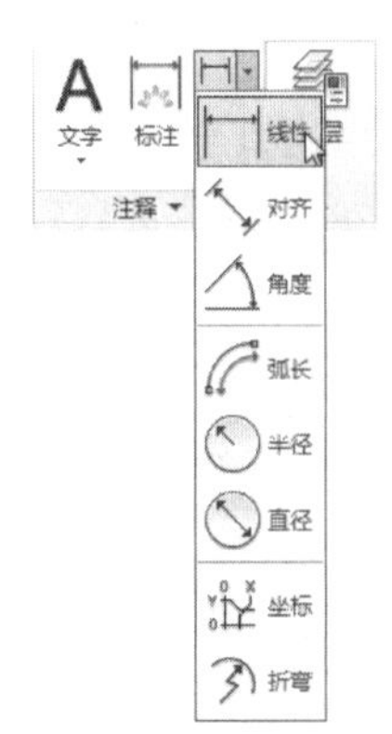


图 9-22 “注释”面板

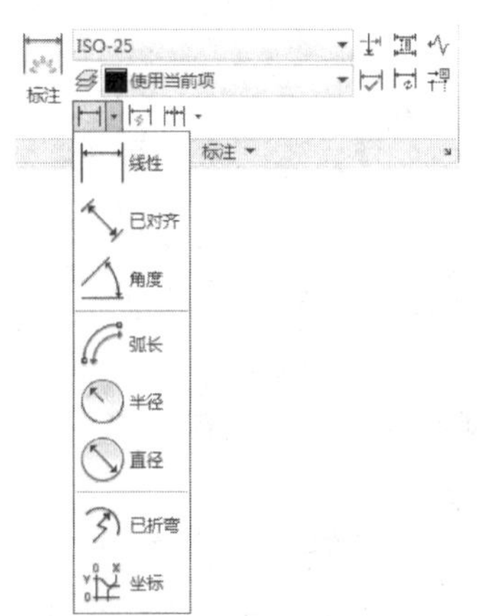


图 9-23 “标注”面板

**【操作步骤】**

命令行提示与操作如下：

```
命令:DIMLIN↙
```

选择相应的菜单命令或单击工具按钮，或在命令行输入“DIMLIN”后按〈Enter〉键，AutoCAD 提示：

```
指定第一个尺寸界线原点或<选择对象>:
```

**【选项说明】**

在此提示下有两种选择，直接按〈Enter〉键选择要标注的对象或确定尺寸界线的起始点，分别说明如下：

(1) 直接按〈Enter〉键：光标变为拾取框，并且在命令行提示如下。

```
选择标注对象:
```

用拾取框单击选取要标注尺寸的线段，AutoCAD 提示：

```
指定尺寸线位置或[多行文字(M)/文字(T)/角度(A)/水平(H)/垂直(V)/旋转(R)]:
```

各选项的含义如下：

- 指定尺寸线位置：确定尺寸线的位置。用户可移动鼠标选择合适的尺寸线位置，然后按〈Enter〉键或单击鼠标左键，AutoCAD 则自动测量所标注线段的长度并标注出相应的尺寸。
- 多行文字（M）：用多行文本编辑器确定尺寸文本。
- 文字（T）：在命令行提示下输入或编辑尺寸文本。选择此选项后，AutoCAD 提示如下。

```
输入标注文字 <默认值>:
```

其中的“默认值”是 AutoCAD 自动测量得到的被标注线段的长度，直接按〈Enter〉键即可采用此长度值，也可输入其他数值代替默认值。当尺寸文本中包含默认值时，可使用尖括号“ <> ”表示默认值。

➢ 角度（A）：确定尺寸文本的倾斜角度。

➢ 水平（H）：水平标注尺寸，不论标注什么方向的线段，尺寸线均水平放置。

➢ 垂直（V）：垂直标注尺寸，不论被标注线段沿什么方向，尺寸线总保持垂直。

注意

要在公差尺寸前或后添加某些文本符号，必须输入尖括号“<>”表示默认值。例如，要将图9-24a所示原始尺寸改为图9-24b所示尺寸，在进行线性标注时，在执行“M”或“T”命令后，在“输入标注文字<默认值>:”提示下应该输入“%%c<>”。如果要将图9-24a的尺寸文本改为图9-24c所示的文本，则比较麻烦。因为后面的公差是堆叠文本，这时可以用“多行文字（M）”选项来执行，在多行文字编辑器中输入“5.8+0.1^-0.2”，然后堆叠处理一下即可。

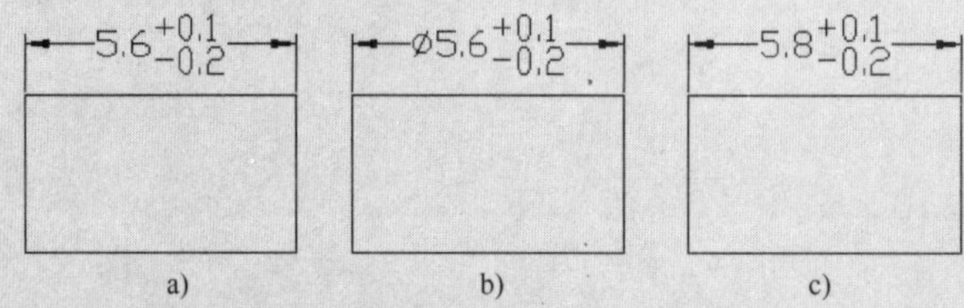


图9-24　在公差尺寸前或后添加某些文本符号

➢ 旋转（R）：输入尺寸线旋转的角度值，旋转标注尺寸。

（2）指定第一条尺寸界线原点：指定第一条与第二条尺寸界线的起始点。

## 9.2.2 实例——标注胶垫尺寸

本实例首先用“标注样式”（DIMSTYLE）命令创建用于线性尺寸的标注样式，最后利用线性尺寸标注命令“DIMLINEAR”，完成胶垫图形的尺寸标注。结果如图9-25所示。

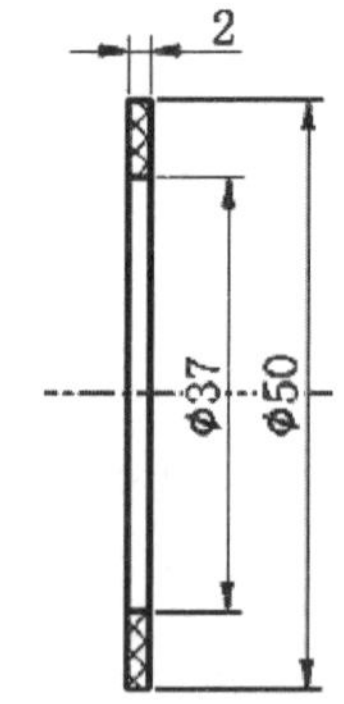


图9-25　标注胶垫尺寸

**【操作步骤】（实例演示\第9章\标注胶垫尺寸.avi）**

**1. 设置标注样式**

（1）打开源文件中的“胶垫”文件，将“尺寸标注”图层设置为当前图层。

（2）单击“默认”选项卡“注释”面板中的“标注样式”按钮，系统弹出如图9-26所示的“标注样式管理器”对话框。单击“新建”按钮，在弹出的“创建新标注样式”对话框中设置“新样式名”为“机械制图”，如图9-27所示。单击“继续”按钮，系统弹出“新建标注样式：机械制图”对话框。

（3）在如图9-28所示的“线”选项卡中，设置“基线间距”为“2”，“超出尺寸线”为“1.25”，“起点偏移量”为“0.625”，其他设置保持默认。

（4）在如图9-29所示的“符号和箭头”选项卡中，设置箭头为“实心闭合”，“箭头大小”为“2.5”，其他设置保持默认。

（5）在如图9-30所示的“文字”选项卡中，设置“文字高度”为“3”，其他设置保持默认。

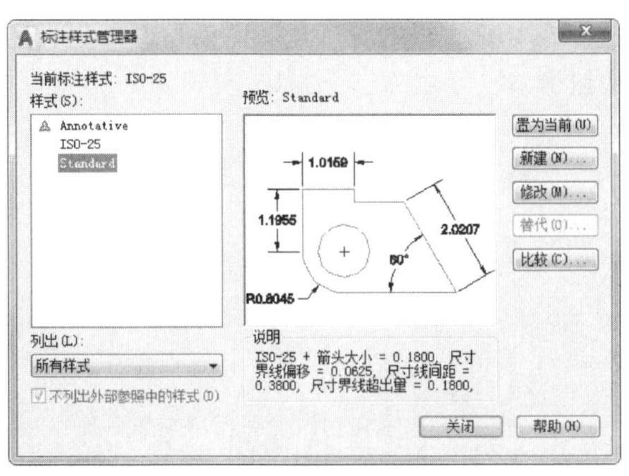

图 9-26 “标注样式管理器”对话框

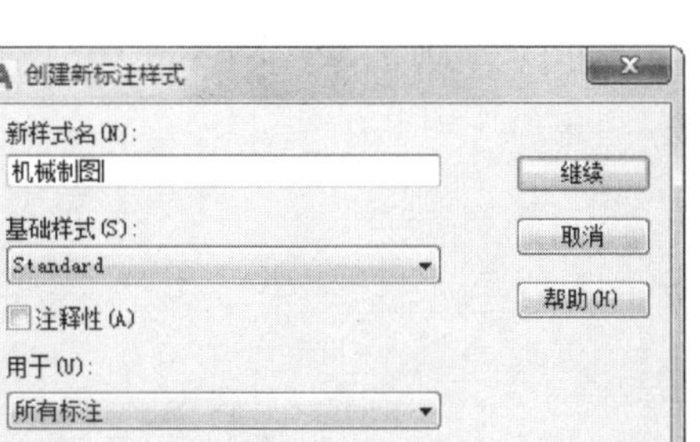

图 9-27 “创建新标注样式”对话框

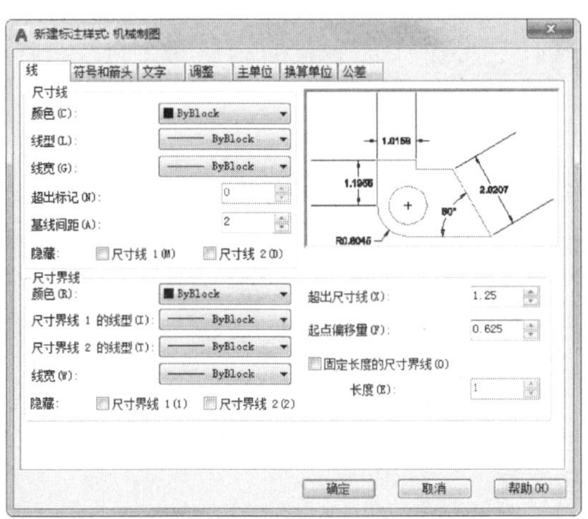

图 9-28 设置“线”选项卡

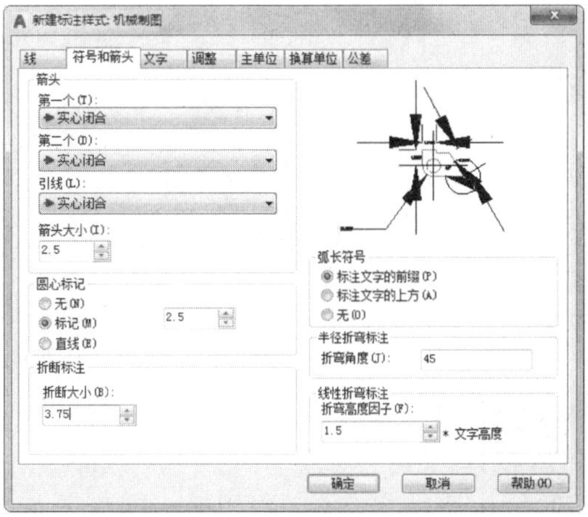

图 9-29 设置“符号和箭头”选项卡

(6) 在如图 9-31 所示的“主单位”选项卡中，设置“精度”为“0.0”，“小数分隔符”为“句点”，其他设置保持默认。

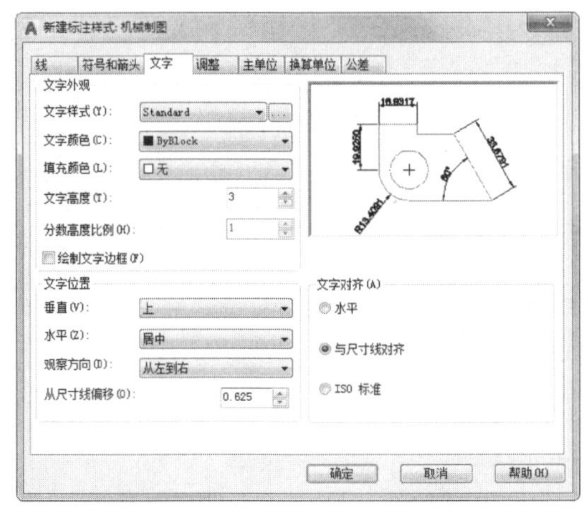

图 9-30 设置“文字”选项卡

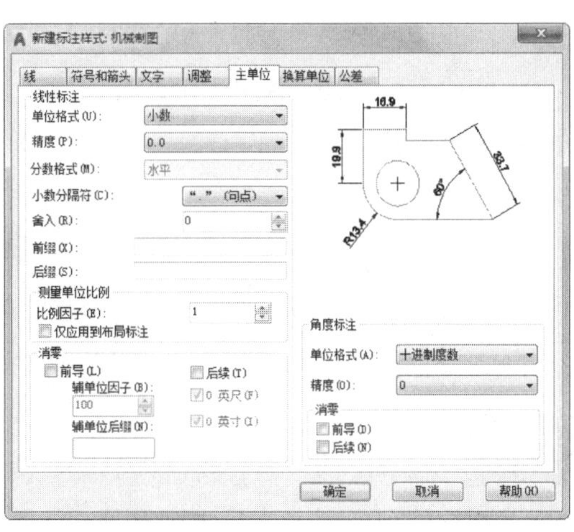

图 9-31 设置“主单位”选项卡

（7）设置完成后单击“确定”按钮退出。在“标注样式管理器”对话框中将“机械制图”样式设置为当前样式，单击“关闭”按钮退出。

**2. 标注线性尺寸**

单击“注释”选项卡“标注”面板中的“线性”按钮，对图形进行尺寸标注，命令行提示与操作如下：

```
命令：_dimlinear
指定第一个尺寸界线原点或 <选择对象>:选取左侧上端点
指定第二条尺寸界线原点：选取右侧上端点
指定尺寸线位置或
[多行文字(M)/文字(T)/角度(A)/水平(H)/垂直(V)/旋转(R)]:将尺寸放置到图中适当位置
标注文字 =2
```

**3. 标注直径尺寸**

单击“注释”选项卡“标注”面板中的“线性”按钮，标注直径尺寸，命令行提示与操作如下：

```
命令：_dimlinear
指定第一个尺寸界线原点或 <选择对象>:选取左侧上端点
指定第二条尺寸界线原点：选取右侧上端点
指定尺寸线位置或[多行文字(M)/文字(T)/角度(A)/水平(H)/垂直(V)/旋转(R)]:T
输入标注文字 <37>:%%c37，标注直径尺寸“φ37”
```

同理，标注直径尺寸“$\phi$50”，结果如图9-25所示。

### 9.2.3 对齐标注

【执行方式】

- 命令行：DIMALIGNED。
- 菜单栏：选择菜单栏中的“标注”→“对齐”命令。
- 工具栏：单击“标注”工具栏中的“对齐”按钮。
- 功能区：单击“默认”选项卡“注释”面板中的“对齐”按钮，或单击“注释”选项卡“标注”面板中的“已对齐”按钮。

【操作步骤】

命令行提示与操作如下：

```
命令:DIMALIGNED↙
指定第一个尺寸界线原点或 <选择对象>:
```

该命令标注的尺寸线与所标注轮廓线平行，标注的是起始点到终点之间的距离尺寸。

### 9.2.4 基线标注

基线标注用于产生一系列基于同一条尺寸界线的尺寸标注，适用于长度尺寸标注、角度标注和坐标标注等。在使用基线标注方式之前，应该先标注出一个相关的尺寸。

【执行方式】

- 命令行：DIMBASELINE。
- 菜单栏：选择菜单栏中的“标注”→“基线”命令。
- 工具栏：单击“标注”工具栏中的“基线”按钮。
- 功能区：单击“注释”选项卡“标注”面板中的“基线”按钮。

命令行提示与操作如下：

```
命令:DIMBASELINE↙
指定第二条尺寸界线原点或[放弃(U)/选择(S)]<选择>:
```

【选项说明】

（1）指定第二条尺寸界线原点：直接确定另一个尺寸的第二条尺寸界线的起点，AutoCAD 以上次标注的尺寸为基准标注，标注出相应尺寸。

（2）<选择>：在上述提示下直接按〈Enter〉键，AutoCAD 提示如下。

```
选择基准标注:选取作为基准的尺寸标注
```

## 9.2.5 连续标注

连续标注又称为尺寸链标注，用于产生一系列连续的尺寸标注，后一个尺寸标注均把前一个标注的第二条尺寸界线作为它的第一条尺寸界线，适用于长度型尺寸标注、角度型标注和坐标标注等。在使用连续标注方式之前，应该先标注出一个相关的尺寸。

【执行方式】

- 命令行：DIMCONTINUE。
- 菜单栏：选择菜单栏中的“标注”→“连续”命令。
- 工具栏：单击“标注”工具栏中的“连续”按钮。
- 功能区：单击“注释”选项卡“标注”面板中的“连续”按钮。

【操作步骤】

命令行提示与操作如下：

```
命令:DIMCONTINUE↙
选择连续标注:
指定第二条尺寸界线原点或[放弃(U)/选择(S)]<选择>:
```

在此提示下的各选项与基线标注中完全相同，不再叙述。

## 9.2.6 实例——标注支座尺寸

本实例标注支座尺寸。首先应用“图层”命令设置图层，用于尺寸标注，然后利用“文字样式”命令创建文字样式，用“标注样式”命令创建用于线性尺寸的标注样式，最后利用线性尺寸标注命令、基线标注命令及连续标注命令，完成轴承座图形的尺寸标注。结果如图 9-32 所示。

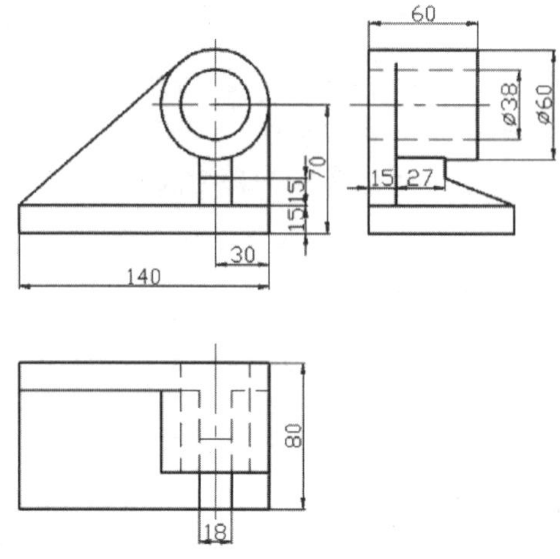


图 9-32　标注支座尺寸

【操作步骤】（实例演示\第 9 章\标注支座尺寸 . avi）

**1. 打开图形文件“支座 . dwg”**

单击“快速访问”工具栏中的“打开”按钮，在打开的“选择文件”对话框中，选取“支座 . dwg”文件，单击“确定”按钮，则该图形显示在绘图窗口中，如图 9-33 所示。将图形另存为“标注支座尺寸”。

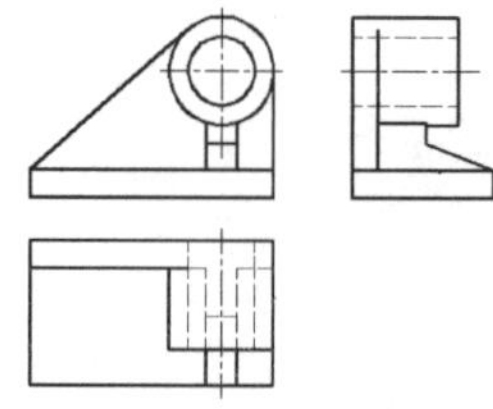

图 9-33　支座

**2. 设置图层**

单击“默认”选项卡“图层”面板中的“图层特性”按钮，打开“图层特性管理器”选项板。创建一个新层“bz”，线宽为 0. 15 mm，其他设置不变，用于标注尺寸，并将其设置为当前图层。

**3. 设置文字样式**

单击“默认”选项卡“注释”面板中的“文字样式”按钮，打开“文字样式”对话框，创建一个新的文字样式“SZ”，设置字体为仿宋体，将新建标注样式置为当前。

**4. 设置尺寸标注样式**

（1）单击“默认”选项卡“注释”面板中的“标注样式”按钮，设置标注样式。在打开的“标注样式管理器”对话框中单击“新建”按钮，创建新的标注样式“机械制图”。该样式用于标注机械图样中的线性尺寸。

（2）单击“继续”按钮，对打开的“新建标注样式：机械制图”对话框中的各个选项卡进行设置，其中“线”选项卡的设置如图 9-34 所示，在其他选项卡中设置“字高”

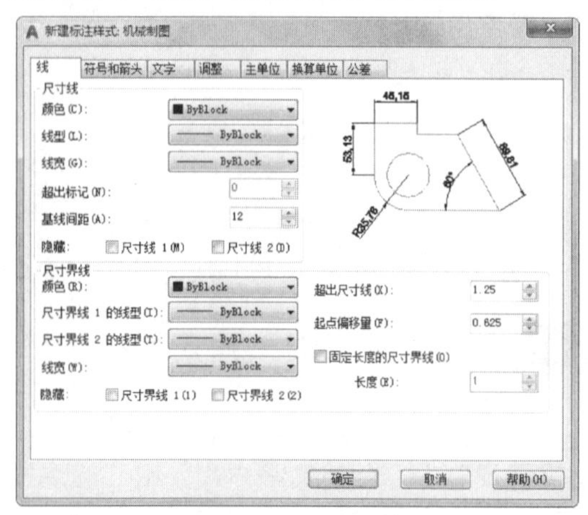


图 9-34　“线”选项卡

为“8”，“箭头”为“6”，“从尺寸线偏移”设置为“1.5”。

（3）在“标注样式管理器”对话框中选取“机械图样”标注样式，单击“置为当前”按钮，将其设置为当前标注样式。

**5. 标注支座主视图中的水平尺寸**

（1）单击“注释”选项卡“标注”面板中的“线性”按钮，标注线性尺寸，命令行提示与操作如下：

```
命令：_dimlinear
指定第一个尺寸界线原点或 <选择对象>：打开对象捕捉功能，捕捉主视图底板右下角点1，如图9-35所示
指定第二条尺寸界线原点：捕捉竖直中心线下端点2，如图9-35所示
指定尺寸线位置或[多行文字(M)/文字(T)/角度(A)/水平(H)/垂直(V)/旋转(R)]：将尺寸放置到图形的下方
标注文字＝30
```

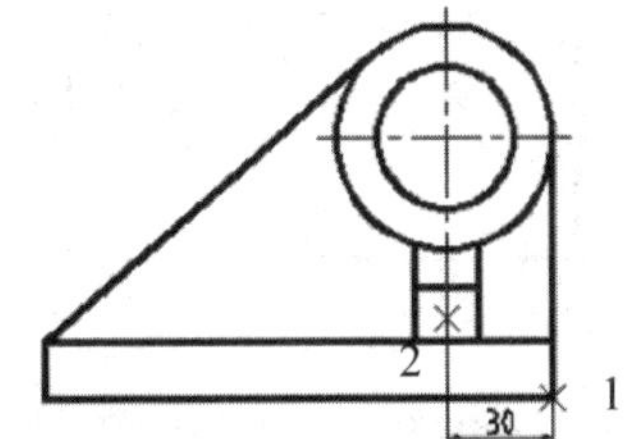


图9-35 标注线性尺寸“30”

（2）单击“注释”选项卡“标注”面板中的“基线”按钮，进行基线标注，命令行提示与操作如下：

```
命令：_dimbaseline
指定第二个尺寸界线原点或[选择(S)/放弃(U)] <选择>：捕捉主视图底板左下角点
标注文字＝140
```

结果如图9-36所示。

**6. 标注支座主视图中的竖直尺寸**

（1）单击“注释”选项卡“标注”面板中的“线性”按钮，捕捉主视图底板右下角点和右上角点，标注线性尺寸“15”。

（2）单击“注释”选项卡“标注”面板中的“连续”按钮，捕捉交点1，如图9-37所示。

（3）单击“注释”选项卡“标注”面板中的“基线”按钮，选取下部尺寸“15”的下边尺寸线，捕捉主视图的圆心，标注基线尺寸“70”，结果如图9-38所示。

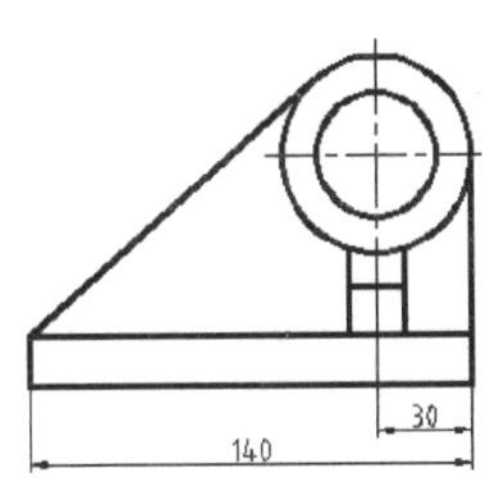


图9-36 基线标注“140”

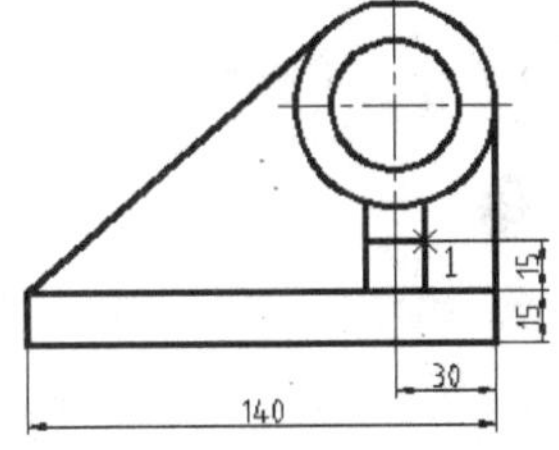


图9-37 连续标注“15”

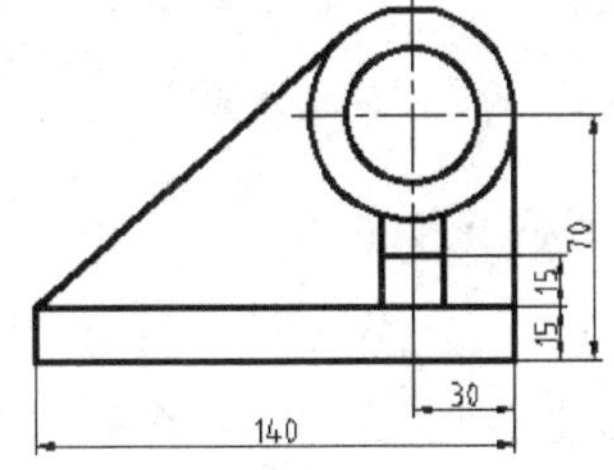


图9-38 主视图中的尺寸

**7. 标注支座俯视图及左视图中的线性尺寸**

（1）单击“注释”选项卡“标注”面板中的“线性”按钮，分别标注俯视图中的水平及竖直线性尺寸，如图9-39所示。

（2）单击“注释”选项卡“标注”面板中的“线性”按钮，分别标注左视图中的水平及竖直线性尺寸，如图9-40所示。

**8. 标注支座左视图中的连续尺寸**

单击“注释”选项卡“标注”面板中的“线性”按钮和“连续”按钮，分别标注左视图中的连续尺寸，结果如图9-41所示。

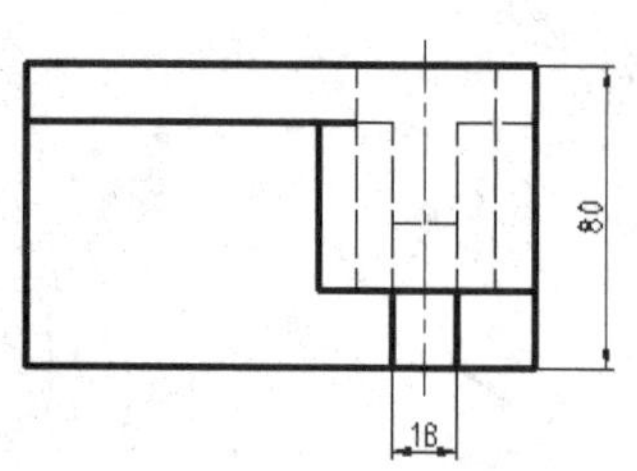

图9-39　俯视图中的尺寸

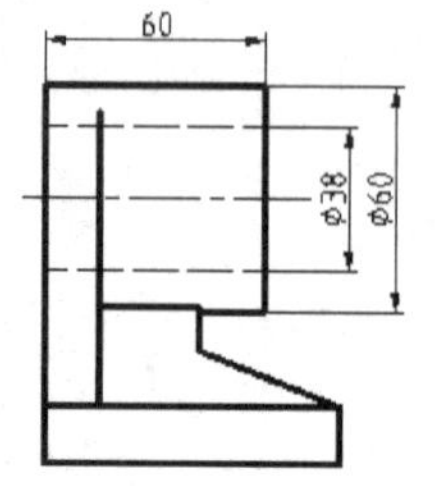

图9-40　左视图中的线性尺寸

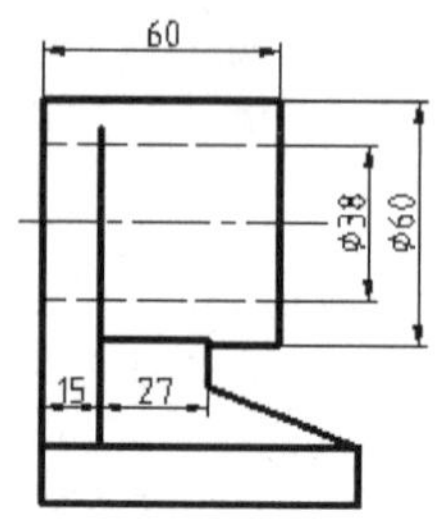

图9-41　左视图中的连续尺寸

最终的标注结果如图9-32所示。

### 9.2.7 坐标尺寸标注

【执行方式】

- 命令行：DIMORDINATE。
- 菜单栏：选择菜单栏中的“标注”→“坐标”命令。
- 工具栏：单击“标注”工具栏中的“坐标”按钮。
- 功能区：单击“默认”选项卡“注释”面板中的“坐标”按钮，或单击“注释”选项卡“标注”面板中的“坐标”按钮。

【操作步骤】

命令行提示与操作如下：

```
命令:DIMORDINATE↙
指定点坐标:
```

单击选取或捕捉要标注坐标的点，AutoCAD把这个点作为指引线的起点，并提示：

```
指定引线端点或[X基准(X)/Y基准(Y)/多行文字(M)/文字(T)/角度(A)]:
```

【选项说明】

(1) 指定引线端点：确定另外一点。根据这两点之间的坐标差决定是生成 $x$ 坐标尺寸还是 $y$ 坐标尺寸。如果这两点的 $y$ 坐标之差比较大，则生成 $x$ 坐标；反之，生成 $y$ 坐标。

(2) $X(Y)$ 基准：生成该点的 $x(y)$ 坐标。

### 9.2.8 角度尺寸标注

【执行方式】

- 命令行：DIMANGULAR。
- 菜单栏：选择菜单栏中的“标注”→“角度”命令。

- 工具栏：单击“标注”工具栏中的“角度”按钮△。
- 功能区：单击“默认”选项卡“注释”面板中的“角度”按钮△，或单击“注释”选项卡“标注”面板中的“角度”按钮△。

**【操作步骤】**

命令行提示与操作如下：

```
命令:DIMANGULAR
选择圆弧、圆、直线或 <指定顶点>:
```

**【选项说明】**

(1) 选择圆弧（标注圆弧的中心角）：当用户选取一段圆弧后，AutoCAD 提示如下。

```
指定标注弧线位置或[多行文字(M)/文字(T)/角度(A)/象限点(Q)]:确定尺寸线的位置或选取某一项
```

在此提示下确定尺寸线的位置，AutoCAD 按自动测量得到的值标注出相应的角度，在此之前用户可以选择“多行文字（M）”选项、“文字（T）”选项、“角度（A）”选项或“象限点（Q）”选项，通过多行文本编辑器或命令行来输入或定制尺寸文本以及指定尺寸文本的倾斜角度。

(2) 选择一个圆（标注圆上某段弧的中心角）：当用户单击圆上一点选择该圆后，AutoCAD 提示选取第二点。

```
指定角的第二个端点:选取另一点,该点可在圆上,也可不在圆上
指定标注弧线位置或[多行文字(M)/文字(T)/角度(A)/象限点(Q)]:
```

确定尺寸线的位置，AutoCAD 标出一个角度值，该角度以圆心为顶点，两条尺寸界线通过所选取的两点，第二点可以不必在圆周上。用户还可以选择“多行文字（M）”选项、“文字（T）”选项、“角度（A）”选项或“象限点（Q）”选项编辑尺寸文本和指定尺寸文本的倾斜角度，如图 9-42 所示。

(3) 选择一条直线（标注两条直线间的夹角）：当用户选取一条直线后，AutoCAD 提示选取另一条直线。

```
选择第二条直线:选取另外一条直线
指定标注弧线位置或[多行文字(M)/文字(T)/角度(A)/象限点(Q)]:
```

在此提示下确定尺寸线的位置，AutoCAD 标出这两条直线之间的夹角。该角以两条直线的交点为顶点，以两条直线为尺寸界线，所标注角度取决于尺寸线的位置，如图 9-43 所示。用户还可以利用“多行文字（M）”选项、“文字（T）”选项、“角度（A）”选项或“象限点（Q）”选项编辑尺寸文本和指定尺寸文本的倾斜角度。

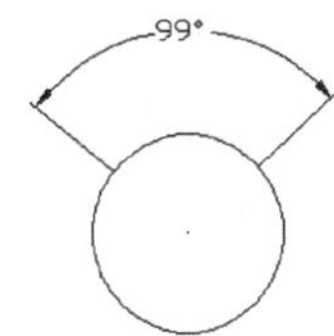


图 9-42　标注角度

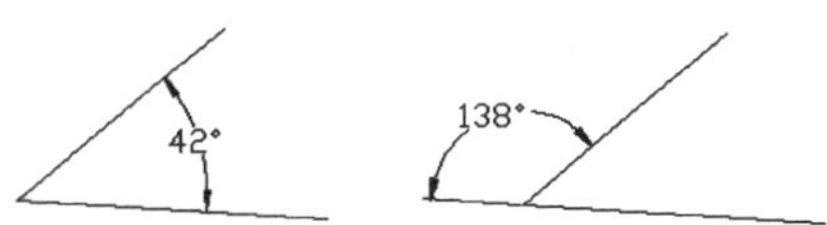


图 9-43　用“DIMANGULAR”命令标注两直线的夹角

（4）<指定顶点>：直接按〈Enter〉键，AutoCAD 提示如下。

```
指定角的顶点:指定顶点
指定角的第一个端点:输入角的第一个端点
指定角的第二个端点:输入角的第二个端点
指定标注弧线位置或[多行文字(M)/文字(T)/角度(A)/象限点(Q)]:输入一点作为角的顶点
```

在此提示下给定尺寸线的位置，AutoCAD 根据给定的三点标注出角度，如图 9-44 所示。另外，用户还可以用“多行文字（M）”选项、“文字（T）”选项、“角度（A）”选项或“象限点（Q）”选项编辑尺寸文本和指定尺寸文本的倾斜角度。

**注意**

系统允许利用基线标注方式和连续标注方式进行角度标注，如图 9-45 所示。

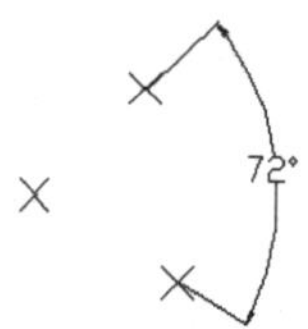


图 9-44　用“DIMANGULAR”命令标注三点确定的角度

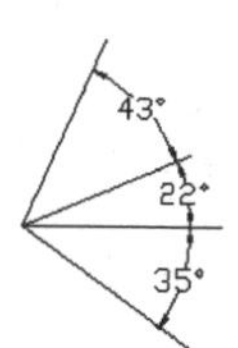


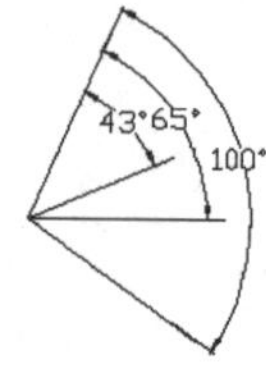


图 9-45　连续型和基线型角度标注

## 9.2.9 直径标注

**【执行方式】**

- 命令行：DIMDIAMETER。
- 菜单栏：选择菜单栏中的“标注”→“直径”命令。
- 工具栏：单击“标注”工具栏中的“直径”按钮。
- 功能区：单击“默认”选项卡“注释”面板中的“直径”按钮，或单击“注释”选项卡“标注”面板中的“直径”按钮。

**【操作步骤】**

命令行提示与操作如下：

```
命令:DIMDIAMETER
选择圆弧或圆:选择要标注直径的圆或圆弧
指定尺寸线位置或[多行文字(M)/文字(T)/角度(A)]:确定尺寸线的位置或选择某一选项
```

用户可以选择“多行文字（M）”选项、“文字（T）”选项或“角度（A）”选项来输入、编辑尺寸文本或确定尺寸文本的倾斜角度，也可以直接确定尺寸线的位置标注出指定圆或圆弧的直径。

## 9.2.10 半径标注

不仅可以修改属性值，而且可以对属性的位置、文本等其他设置进行编辑。

**【执行方式】**

- 命令行：DIMRADIUS。
- 菜单栏：选择菜单栏中的“标注”→“半径标注”命令。
- 工具栏：单击“标注”工具栏中的“半径”按钮。
- 功能区：单击“默认”选项卡“注释”面板中的“半径”按钮，或单击“注释”选项卡“标注”面板中的“半径”按钮。

**【操作步骤】**

命令行提示与操作如下：

```
命令:DIMRADIUS↙
选择圆弧或圆:选择要标注半径的圆或圆弧
指定尺寸线位置或［多行文字(M)/文字(T)/角度(A)］:确定尺寸线的位置或选某一选项
```

用户可以选择“多行文字（M）”选项、“文字（T）”选项或“角度（A）”选项来输入、编辑尺寸文本或确定尺寸文本的倾斜角度，也可以直接确定尺寸线的位置标注出指定圆或圆弧的半径。

### 9.2.11 弧长标注

不仅可以修改属性值，而且可以对属性的位置、文本等其他设置进行编辑。

**【执行方式】**

- 命令行：DIMARC。
- 菜单栏：选择菜单栏中的“标注”→“弧长”命令。
- 工具栏：单击“标注”工具栏中的“弧长”按钮。
- 功能区：单击“默认”选项卡“注释”面板中的“弧长”按钮，或单击“注释”选项卡“标注”面板中的“弧长”按钮。

**【操作步骤】**

命令行提示与操作如下：

```
命令:DIMARC↙
选择弧线段或多段线弧线段:选择圆弧
指定弧长标注位置或［多行文字(M)/文字(T)/角度(A)/部分(P)］:
```

**【选项说明】**

（1）部分（P）：缩短弧长标注的长度。选择此选项后系统提示：

```
指定圆弧长度标注的第一个点:指定圆弧上弧长标注的起点
指定圆弧长度标注的第二个点:指定圆弧上弧长标注的终点,结果如图9-46所示
```

（2）引线（L）：添加引线对象。仅当圆弧（或弧线段）大于90°时才会显示此选项。引线是按径向绘制的，指向所标注圆弧的圆心，如图9-47所示。

图9-46　部分圆弧标注

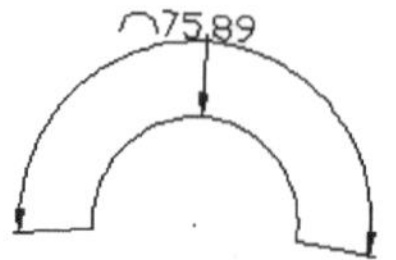


图9-47　引线

## 9.2.12 折弯标注

【执行方式】

- 命令行：DIMJOGGED。
- 菜单栏：选择菜单栏中的“标注”→“折弯”命令。
- 工具栏：单击“标注”工具栏中的“折弯”按钮。
- 功能区：单击“默认”选项卡“注释”面板中的“折弯”按钮，或单击“注释”选项卡“标注”面板中的“已折弯”按钮。

【操作步骤】

命令行提示与操作如下：

```
命令:DIMJOGGED↙
选择圆弧或圆:选择圆弧或圆
指定图示中心位置:指定一点
标注文字 =51.28
指定尺寸线位置或［多行文字(M)/文字(T)/角度(A)］:指定一点或其他选项
指定折弯位置:指定折弯位置,如图9-48 所示
```

图9-48　折弯标注

## 9.2.13 圆心标记和中心线标注

【执行方式】

- 命令行：DIMCENTER。
- 菜单栏：选择菜单栏中的“标注”→“圆心标记”命令。
- 工具栏：单击“标注”工具栏中的“圆心标记”按钮。

【操作步骤】

命令行提示与操作如下：

```
命令:DIMCENTER↙
选择圆弧或圆:选择要标注圆心或中心线的圆或圆弧
```

## 9.2.14 快速尺寸标注

快速尺寸标注命令“QDIM”使用户可以交互地、动态地、自动化地进行尺寸标注。在“QDIM”命令中可以同时选择多个圆或圆弧标注直径或半径，也可同时选择多个对象进行

基线标注和连续标注，选择一次即可完成多个标注，因此可节省时间，提高工作效率。

【执行方式】

- 命令行：QDIM。
- 菜单栏：选择菜单栏中的“标注”→“快速标注”命令。
- 工具栏：单击“标注”工具栏中的“快速标注”按钮。
- 功能区：单击“注释”选项卡“标注”面板中的“快速标注”按钮。

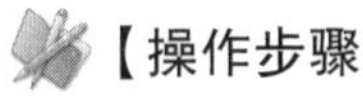

【操作步骤】

命令行提示与操作如下：

```
命令:QDIM↙
关联标注优先级 = 端点
选择要标注的几何图形:选择要标注尺寸的多个对象后按〈Enter〉键
指定尺寸线位置或［连续(C)/并列(S)/基线(B)/坐标(O)/半径(R)/直径(D)/基准点(P)/编辑(E)/设置(T)］<连续>:
```

【选项说明】

（1）指定尺寸线位置：直接确定尺寸线的位置，则在该位置按默认的尺寸标注类型标注出相应的尺寸。

（2）连续（C）：产生一系列连续标注的尺寸。输入“C”，AutoCAD 提示用户选择要进行标注的对象，选择完后按〈Enter〉键，返回上面的提示，给定尺寸线位置，则完成连续尺寸标注。

（3）并列（S）：产生一系列交错的尺寸标注，如图 9-49 所示。

（4）基线（B）：产生一系列基线标注尺寸。后面的“坐标（O）”“半径（R）”和“直径（D）”选项的含义与此类同。

（5）基准点（P）：为基线标注和连续标注指定一个新的基准点。

（6）编辑（E）：对多个尺寸标注进行编辑。AutoCAD 允许对已存在的尺寸标注添加或移去尺寸点。选择此选项，AutoCAD 提示：

```
指定要删除的标注点或［添加(A)/退出(X)］<退出>:
```

在此提示下确定要移去的点之后按〈Enter〉键，AutoCAD 对尺寸标注进行更新。图 9-50 所示为图 9-49 删除中间 2 个标注点后的尺寸标注。

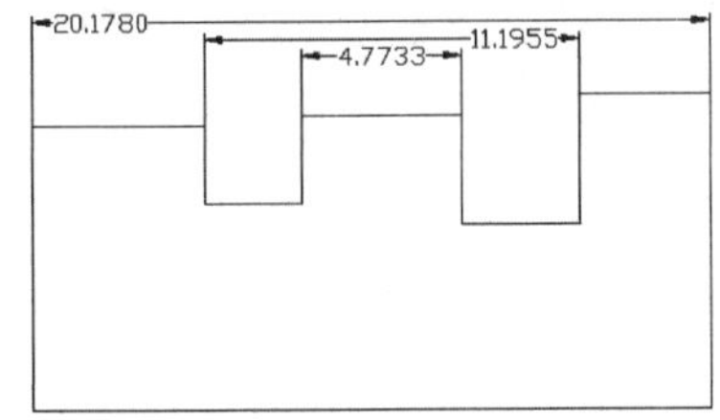


图 9-49　交错尺寸标注

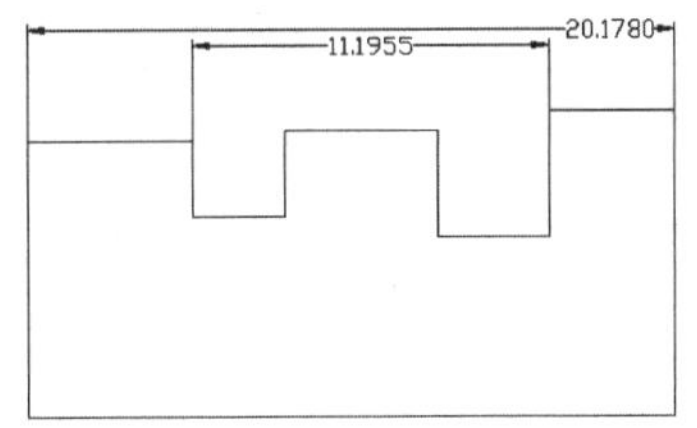


图 9-50　删除标注点

## 9.2.15 等距标注

【执行方式】

- 命令行：DIMSPACE 。
- 菜单栏：选择菜单栏中的“标注”→“标注间距”命令。
- 工具栏：单击“标注”工具栏中的“等距标注”按钮。
- 功能区：单击“注释”选项卡“标注”面板中的“调整间距”按钮。

【操作步骤】

命令行提示与操作如下：

```
命令:DIMSPACE↙
选择基准标注:选择平行线性标注或角度标注
选择要产生间距的标注:选择平行线性标注或角度标注以便从基准标注均匀隔开,并按〈Enter〉键
输入值或［自动(A)］<自动>:指定间距或按〈Enter〉键
```

【选项说明】

（1）输入值：指定从基准标注均匀隔开选定标注的间距值。

（2）自动（A）：基于在选定基准标注的标注样式中指定的文字高度自动计算间距。所得的间距值是标注文字高度的两倍。

## 9.2.16 打断标注

【执行方式】

- 命令行：DIMBREAK。
- 菜单栏：选择菜单栏中的“标注”→“标注打断”命令。
- 工具栏：单击“标注”工具栏中的“折断标注”按钮。
- 功能区：单击“注释”选项卡“标注”面板中的“打断”按钮。

【操作步骤】

命令行提示与操作如下：

```
命令: _DIMBREAK
选择要添加/删除打断的标注或［多个(M)］:选择标注,或输入“m”并按〈Enter〉键
选择要打断标注的对象或［自动(A)/手动(M)/删除(R)］<自动>:选择与标注相交或与选定标注的尺寸界线相交的对象,输入选项,或按〈Enter〉键
```

【选项说明】

（1）多个（M）：指定要向其中添加打断或要从中删除打断的多个标注。选择该选项，命令行提示如下：

```
选择标注:使用对象选择方法,并按〈Enter〉键
输入选项［打断(B)/恢复(R)］<打断>:输入选项或按〈Enter〉键
```

（2）自动（A）：自动将打断标注放置在与选定标注相交的对象的所有交点处。修改标

注或相交对象时，会自动更新使用此选项创建的所有打断标注。

（3）删除（R）：从选定的标注中删除所有打断标注。

（4）手动（M）：手动放置打断标注。为打断位置指定标注或尺寸界线上的两点。如果修改标注或相交对象，则不会更新使用此选项创建的任何打断标注。使用此选项，一次仅可以放置一个手动打断标注。

```
指定第一个打断点:指定点
指定第二个打断点:指定点
```

# 9.3 引线标注

AutoCAD 提供了引线标注功能，利用该功能不仅可以标注特定的尺寸，如圆角、倒角等，还可以实现在图中添加多行旁注、说明。在引线标注中指引线可以是折线，也可以是曲线，指引线端部可以有箭头，也可以没有箭头。

## 9.3.1 一般引线标注

利用“LEADE”命令可以创建灵活多样的引线标注形式，可根据需要把指引线设置为折线或曲线，指引线可带箭头，也可不带箭头，注释文本可以是多行文本，也可以是几何公差，可以从图形其他部位复制，还可以是一个图块。

**【执行方式】**

- 命令行：LEADER。

**【操作步骤】**

命令行提示与操作如下：

```
命令:LEADER↙
指定引线起点:输入指引线的起始点
指定下一点:输入指引线的另一点
```

AutoCAD 由上面两点画出指引线并继续提示：

```
指定下一点或[注释(A)/格式(F)/放弃(U)]<注释>:
```

**【选项说明】**

（1）指定下一点：直接输入一点，AutoCAD 根据前面的点画出折线作为指引线。

（2）注释（A）：输入注释文本，此为默认选项。在上面提示下直接按〈Enter〉键，AutoCAD 提示如下。

```
输入注释文字的第一行或<选项>:
```

➢ 输入注释文字的第一行：在此提示下输入第一行文本后按〈Enter〉键，用户可继续输入第二行文本，如此反复执行，直到输入全部注释文本，然后在此提示下直接按〈Enter〉键，AutoCAD 会在指引线终端标注出所输入的多行文本，并结束“LEAD-

ER”命令。

➢ 直接按〈Enter〉键：如果在上面的提示下直接按〈Enter〉键，AutoCAD提示如下。

```
输入注释选项[公差(T)/副本(C)/块(B)/无(N)/多行文字(M)]<多行文字>:
```

在此提示下选择一个注释选项或直接按〈Enter〉键选“多行文字”选项。其中各选项含义如下：

➢ 公差（T）：标注几何公差。几何公差的标注见9.4节。

➢ 副本（C）：把已由“LEADER”命令创建的注释复制到当前指引线的末端。执行该选项，AutoCAD提示如下。

```
选择要复制的对象:
```

在此提示下选取一个已创建的注释文本，则AutoCAD把它复制到当前指引线的末端。

➢ 块（B）：插入块，把已经定义好的图块插入到指引线末端。执行该选项，系统提示如下。

```
输入块名或[?]:
```

在此提示下输入一个已定义好的图块名，AutoCAD把该图块插入到指引线的末端。或键入“?”列出当前已有图块，用户可从中选择。

➢ 无（N）：不进行注释，没有注释文本。

➢ <多行文字>：用多行文本编辑器标注注释文本并定制文本格式，此为默认选项。

（3）格式（F）：确定指引线的形式。选择该选项，AutoCAD提示如下。

```
输入引线格式选项[样条曲线(S)/直线(ST)/箭头(A)/无(N)]<退出>:
选择指引线形式,或直接按〈Enter〉键回到上一级提示
```

➢ 样条曲线（S）：设置指引线为样条曲线。

➢ 直线（ST）：设置指引线为折线。

➢ 箭头（A）：在指引线的起始位置画箭头。

➢ 无（N）：在指引线的起始位置不画箭头。

➢ <退出>：此选项为默认选项，选取该选项退出“格式”选项，返回“指定下一点或[注释(A)/格式(F)/放弃(U)]<注释>:”提示，并且指引线形式按默认方式设置。

### 9.3.2 快速引线标注

利用“QLEADER”命令可快速生成指引线及注释，而且可以通过命令行优化对话框进行用户自定义，由此可以消除不必要的命令行提示，取得最高的工作效率。

**【执行方式】**

- 命令行：QLEADER。

**【操作步骤】**

命令行提示与操作如下：

```
命令:QLEADER
指定第一个引线点或[设置(S)]<设置>:
```

【选项说明】

（1）指定第一个引线点：在上面的提示下确定一点作为指引线的第一点，AutoCAD 提示：

```
指定下一点:输入指引线的第二点
指定下一点:输入指引线的第三点
```

AutoCAD 提示用户输入的点的数目由“引线设置”对话框确定。输入完指引线的点后 AutoCAD 提示：

```
指定文字宽度 <0.0000>:输入多行文本的宽度
输入注释文字的第一行 <多行文字(M)>:
```

此时，有两种命令输入选择，含义如下。

➢ 输入注释文字的第一行：在命令行输入第一行文本，系统继续提示如下。

```
输入注释文字的下一行:输入另一行文本
输入注释文字的下一行:输入另一行文本或按〈Enter〉键
```

➢ <多行文字（M）>：打开多行文字编辑器，输入多行文字。

输入全部注释文本后，在此提示下直接按〈Enter〉键，AutoCAD 结束“QLEADER”命令并把多行文本标注在指引线的末端附近。

（2）<设置>：在上面提示下直接按〈Enter〉键或输入“S”，AutoCAD 打开“引线设置”对话框，允许对引线标注进行设置。该对话框包含“注释”“引线和箭头”和“附着”3 个选项卡，下面分别进行介绍。

➢“注释”选项卡：如图 9-51 所示，用于设置引线标注中注释文本的类型、多行文本的格式，并确定注释文本是否多次使用。

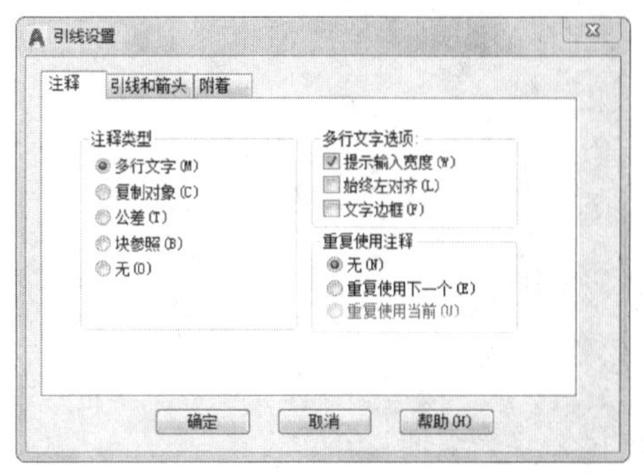


图 9-51 “引线设置”对话框的“注释”选项卡

➢“引线和箭头”选项卡：如图 9-52 所示，用来设置引线标注中指引线和箭头的形式。其中“点数”选项组用来设置执行“QLEADER”命令时 AutoCAD 提示用户输入的点的数目。例如，设置点数为“3”，执行“QLEADER”命令时，当用户在提示下指定 3 个点后，AutoCAD 自动提示用户输入注释文本。注意设置的点数应比用户希望的指引线的段数多 1。可利用微调框进行设置，如果选中“无限制”复选框，AutoCAD 会一直提示用户输入点直到连续按〈Enter〉键两次为止。“角度约束”选项组用来设置第一段和第二段指引线的角度约束。

➢“附着”选项卡：如图 9-53 所示，设置注释文本和指引线的相对位置。如果最后一段指引线指向右边，AutoCAD 自动把注释文本放在右侧；如果最后一段指引线指向左边，AutoCAD 自动把注释文本放在左侧。利用该选项卡左侧和右侧的单选按钮分别用来设置位于左侧和右侧的注释文本与最后一段指引线的相对位置，两者可相同也可不相同。

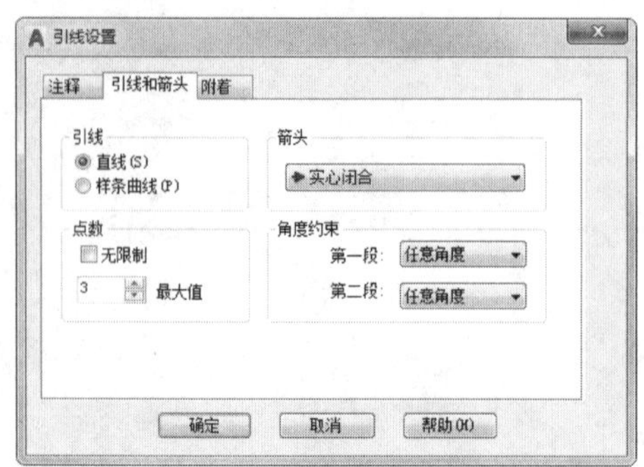


图9-52 “引线设置”对话框的“引线和箭头”选项卡

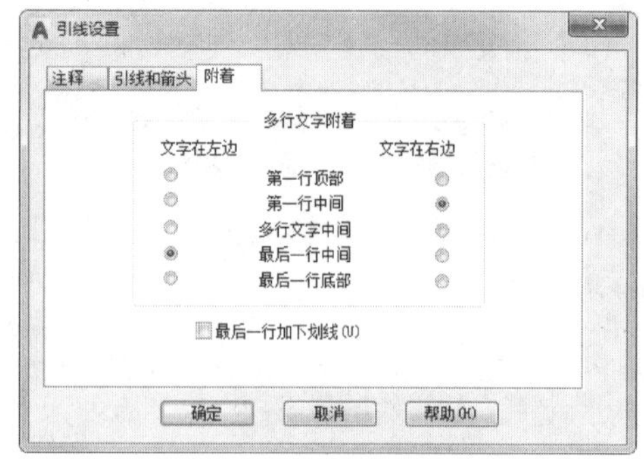


图9-53 “引线设置”对话框的“附着”选项卡

## 9.3.3 实例——标注齿轮轴套尺寸

本实例标注齿轮轴套尺寸，该图形中除了前面介绍过的线性尺寸及直径尺寸外，还有半径尺寸“*R*1”、引线标注“*C*1”，以及带有尺寸偏差的尺寸。结果如图9-54所示。

**【操作步骤】（实例演示\第9章\标注齿轮轴套尺寸.avi）**

**1. 打开保存的图形文件“齿轮轴套.dwg”**

单击“快速访问”工具栏中的“打开”按钮，在打开的“选择文件”对话框中，选取前面保存的图形文件“齿轮轴套.dwg”，单击“确定”按钮，显示图形如图9-55所示。

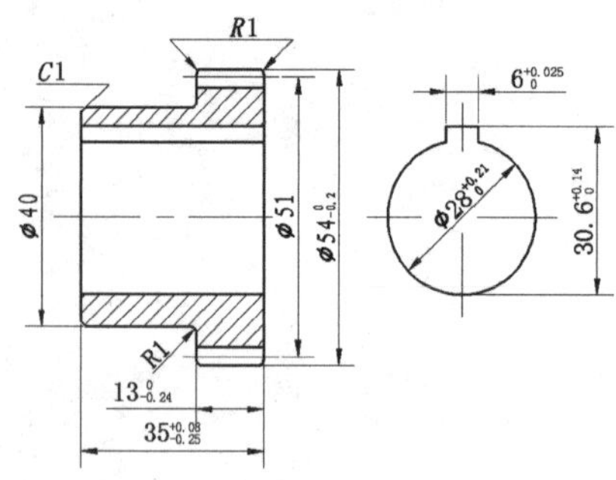

图9-54 齿轮轴套尺寸标注

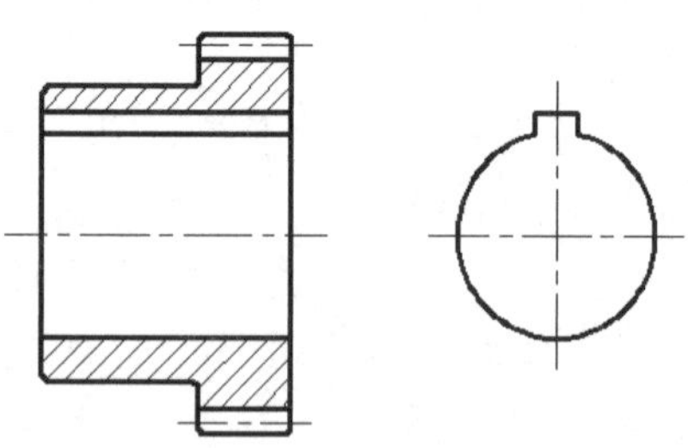

图9-55 齿轮轴套

**2. 设置图层**

单击“默认”选项卡“图层”面板中的“图层特性”按钮，打开“图层特性管理器”选项板。方法同前，创建一个新层“bz”，线宽为0.15 mm，其他设置不变，用于标注尺寸，并将其设置为当前图层。

**3. 设置文字样式**

单击“默认”选项卡“注释”面板中的“文字样式”按钮，打开“文字样式”对话框，设置字体为仿宋体，创建一个新的文字样式“SZ”，并置为当前层。

**4. 设置尺寸标注样式**

（1）单击“默认”选项卡“注释”面板中的“标注样式”按钮，设置标注样式。方法同前，在弹出的“标注样式管理器”对话框中单击“新建”按钮，创建新的标注样式“机械制图”，用于标注机械图样中的线性尺寸。

（2）单击“继续”按钮，对打开的“新建标注样式：机械制图”对话框中的各个选项卡进行设置，设置均同前例相同。

（3）方法同前，选取“机械制图”样式，单击“新建”按钮，创建分别用于“半径标注”及“直径标注”的标注样式。其中，“直径”标注样式的“调整”选项卡如图9-56所示，“半径”标注样式的“调整”选项卡如图9-57所示，其他选项卡设置均不变。

在“标注样式管理器”对话框中选取“机械制图”标注样式，单击“置为当前”按钮，将其设置为当前标注样式。

**5. 标注齿轮轴套主视图中的线性及基线尺寸**

（1）单击“注释”选项卡“标注”面板中的“线性”按钮，标注齿轮轴套主视图中的线性尺寸“$\phi$40”“$\phi$51”及“$\phi$54”。

图9-56　直径标注的“调整”选项卡

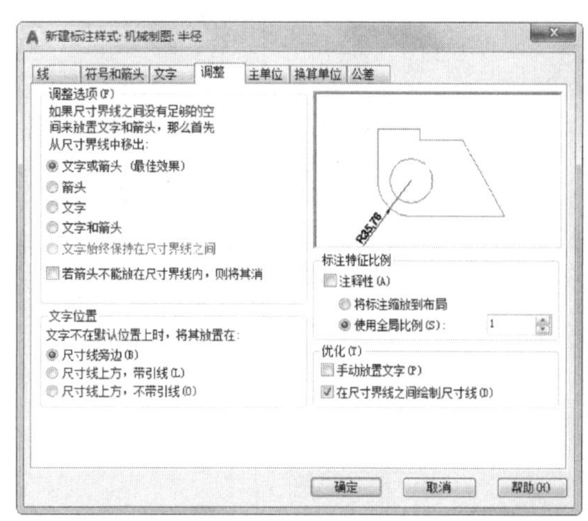


图9-57　半径标注的“调整”选项卡

（2）单击“注释”选项卡“标注”面板中的“线性”按钮，标注齿轮轴套主视图中的线性尺寸“13”。单击“注释”选项卡“标注”面板中的“基线”按钮，标注基线尺寸“35”，结果如图9-58所示。

**6. 标注齿轮轴套主视图中的半径尺寸**

单击“注释”选项卡“标注”面板中的“半径”按钮，标注齿轮轴套主视图中的圆角，结果如图9-59所示。

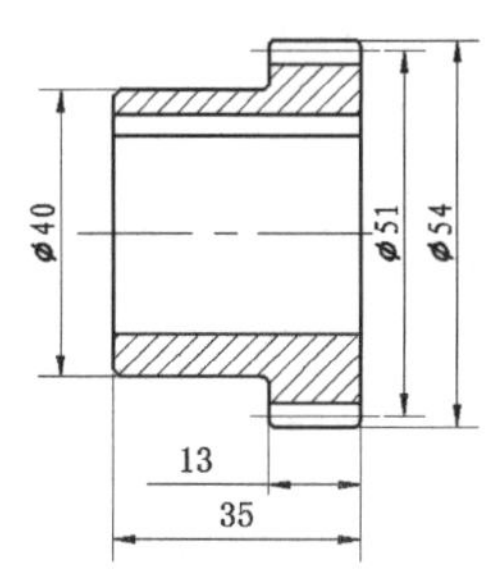


图9-58　标注线性及基线尺寸

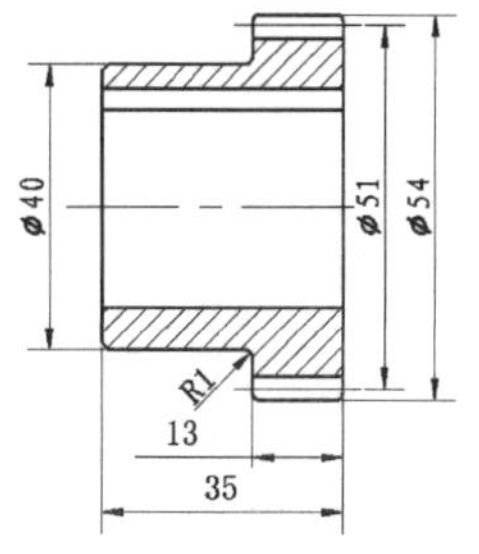


图9-59　标注半径尺寸“*R*1”

**7. 用引线标注齿轮轴套主视图上部的圆角半径**

在命令行中输入“LEADER”命令，标注主视图上部的圆角半径，命令行提示与操作如下：

```
命令:LEADER
指定引线起点:捕捉齿轮轴套主视图上部圆角上一点
指定下一点:拖动鼠标,在适当位置处单击
指定下一点或[注释(A)/格式(F)/放弃(U)]<注释>:打开正交功能,向右拖动鼠标,在适当位置处单击
指定下一点或[注释(A)/格式(F)/放弃(U)]<注释>:按<Enter>键
输入注释文字的第一行或<选项>:R1
输入注释文字的下一行:按<Enter>键
```

结果如图 9-60 所示。

```
命令:LEADER
指定引线起点:捕捉齿轮轴套主视图上部右端圆角上一点
指定下一点:利用对象追踪功能,捕捉上一个引线标注的端点,拖动鼠标,在适当位置处单击鼠标
指定下一点或[注释(A)/格式(F)/放弃(U)]<注释>:捕捉上一个引线标注的端点
指定下一点或[注释(A)/格式(F)/放弃(U)]<注释>:按<Enter>键
输入注释文字的第一行或<选项>:按<Enter>键
输入注释文字的下一行:按<Enter>键
输入注释选项[公差(T)/副本(C)/块(B)/无(N)/多行文字(M)]<多行文字>:N
```

结果如图 9-61 所示。

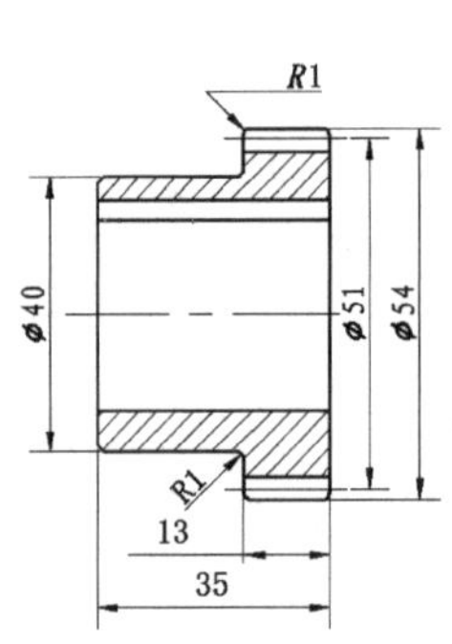


图 9-60　引线标注“*R*1”

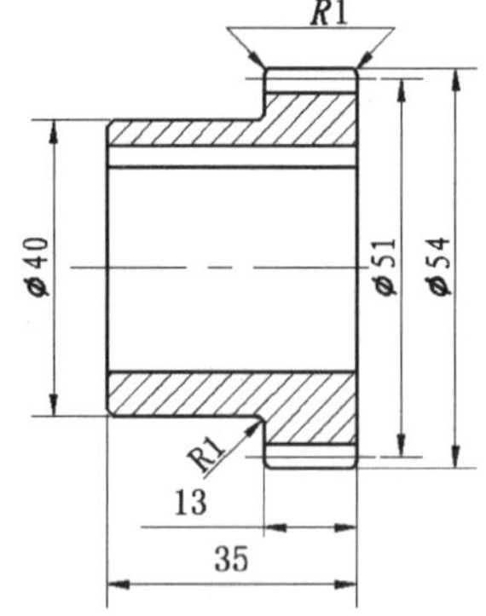


图 9-61　标注另一个圆角尺寸

**8. 用引线标注齿轮轴套主视图的倒角**

(1) 在命令行中输入“QLEADER”命令，标注齿轮轴套主视图的倒角，命令行提示与操作如下：

```
命令:QLEADER
指定第一个引线点或[设置(S)]<设置>:按<Enter>键,打开“引线设置”对话框,如图 9-62 和图 9-63 所示,设置完成后,单击“确定”按钮
指定第一个引线点或[设置(S)]<设置>:捕捉齿轮轴套主视图中上端倒角的端点
指定下一点:拖动鼠标,在适当位置处单击
指定下一点:拖动鼠标,在适当位置处单击
指定文字宽度<0>:按<Enter>键
```

```
输入注释文字的第一行<多行文字(M)>:C1
输入注释文字的下一行:
```

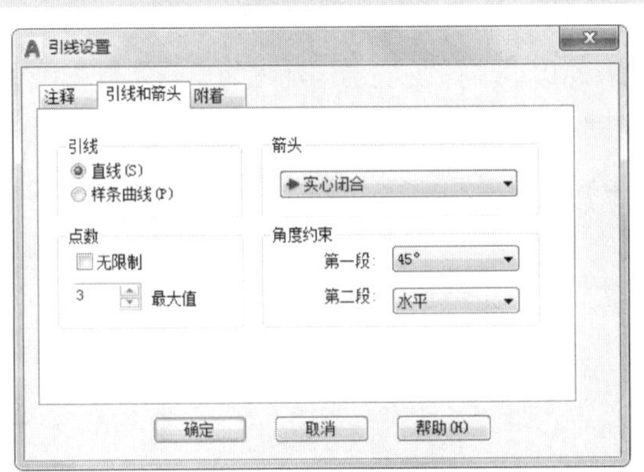


图9-62 “引线设置”对话框

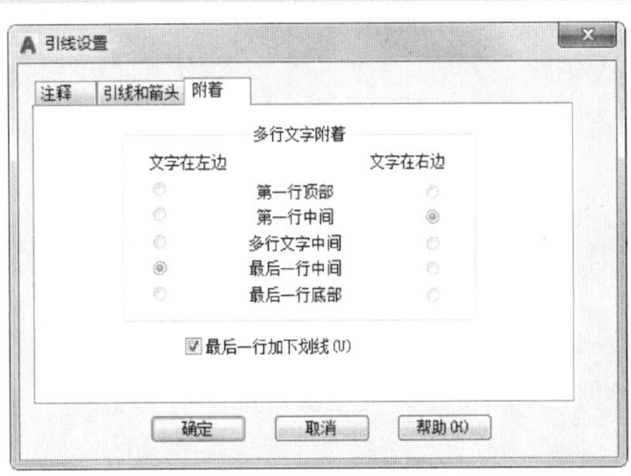


图9-63 “附着”选项卡

结果如图9-64所示。

**9. 标注齿轮轴套局部视图中的尺寸**

(1) 单击“注释”选项卡“标注”面板中的“线性”按钮，标注带偏差的线性尺寸“6”，命令行提示与操作如下：

```
命令:_dimlinear
指定第一个尺寸界线原点或<选择对象>:按<Enter>键
选择标注对象:选取齿轮轴套局部视图上端水平线
指定尺寸线位置或[多行文字(M)/文字(T)/角度(A)/水平(H)/垂直(V)/旋转(R)]:T
输入标注文字<6>:6\H0.7X;\S+0.025^0
指定尺寸线位置或[多行文字(M)/文字(T)/角度(A)/水平(H)/垂直(V)/旋转(R)]:拖动鼠标,在适当位置处单击
```

结果如图9-65所示。

(2) 方法同前，标注线性尺寸“30.6”，上极限偏差为“+0.14”，下极限偏差为“0”。

(3) 方法同前，单击“注释”选项卡“标注”面板中的“直径”按钮，输入标注文字为“%%c28\H0.7X;\S+0.21^0”，结果如图9-66所示。

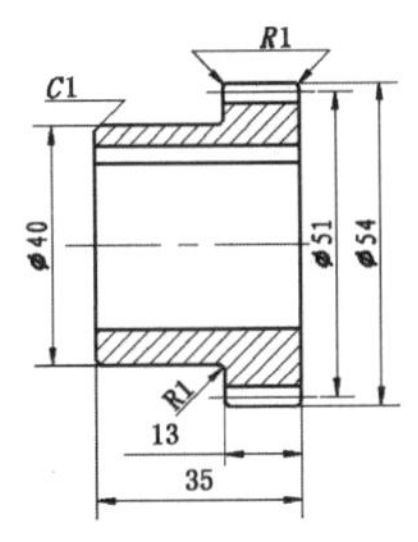


图9-64 引线标注倒角尺寸

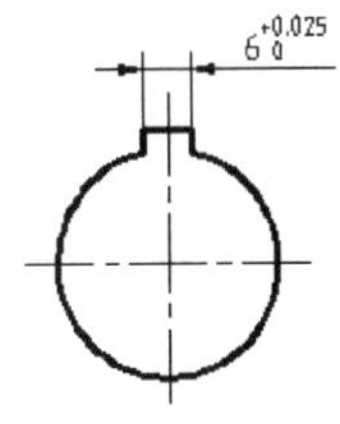


图9-65 标注尺寸偏差

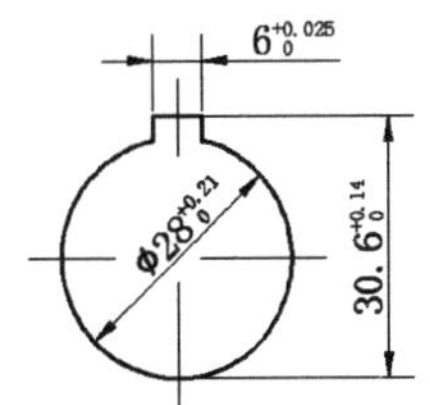


图9-66 局部视图中的尺寸

**10. 修改齿轮轴套主视图中的线性尺寸，为其添加尺寸偏差**

(1) 单击“默认”选项卡“注释”面板中的“标注样式”按钮，用于修改线性尺寸“13”及“35”。在打开的“标注样式管理器”对话框的“样式”列表框中选择“机械

制图”样式，如图9-67所示，单击“替代”按钮。系统打开“替代当前样式：机械制图”对话框，选择“主单位”选项卡，将“线性标注”选项组中的“精度”值设置为“0.00”，如图9-68所示。选择“公差”选项卡，在“公差格式”选项组中将“方式”设置为“极限偏差”，设置“上偏差”为“0”，“下偏差”为“0.24”，“高度比例”为“0.7”，“垂直位置”为“中”，如图9-69所示，设置完成后单击“确定”按钮。

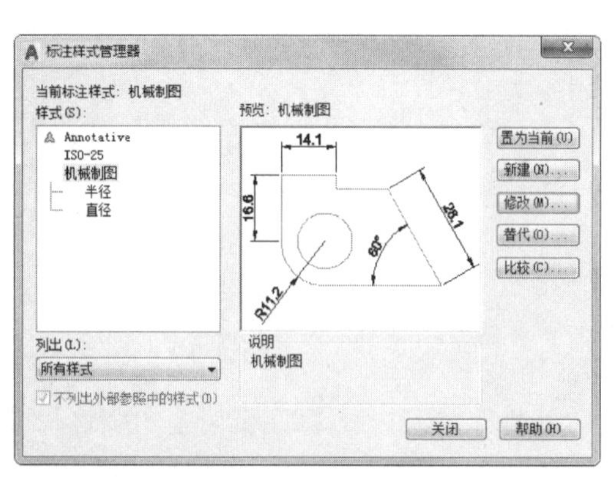


图9-67　替代“机械制图”标注样式

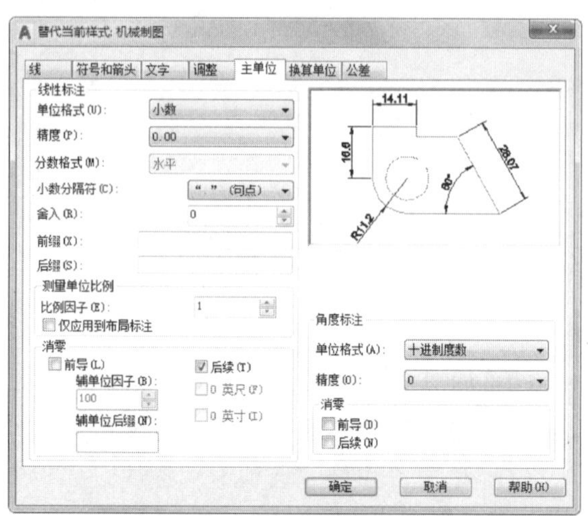


图9-68　“主单位”选项卡

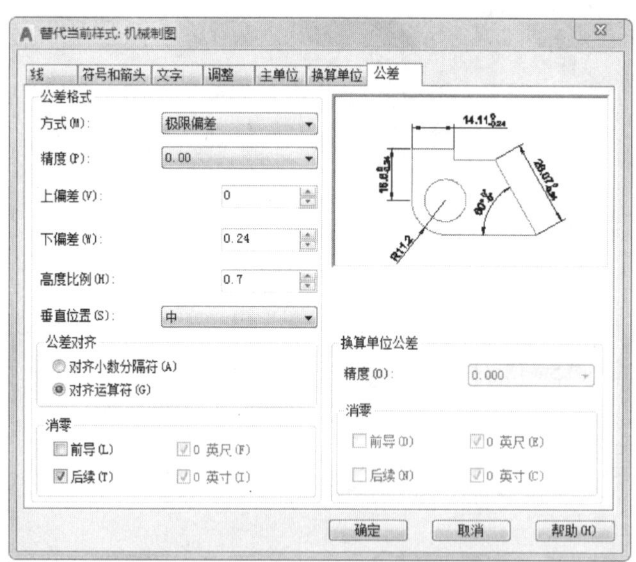


图9-69　“公差”选项卡

（2）单击“注释”选项卡“标注”面板中的“更新”按钮。选取线性尺寸“13”，即可为该尺寸添加尺寸偏差。

（3）方法同前，继续设置替代样式。设置“公差”选项卡中的“上偏差”为“0.08”，“下偏差”为“0.25”。单击“注释”选项卡“标注”面板中的“更新”按钮，选取线性尺寸“35”，即可为该尺寸添加尺寸偏差，结果如图9-70所示。

**11. 修改齿轮轴套主视图中的线性尺寸“$\phi$54”并为其添加尺寸偏差**

单击“标注”工具栏中的“编辑标注”按钮，命令行提示与操作如下：

命令:_dimedit
输入标注编辑类型[默认(H)/新建(N)/旋转(R)/倾斜(O)]<默认>:N,打开“文字编辑器”选项卡,设置如图9-72所示,关闭文字编辑器
选择对象:选取要修改的标注“$\phi$54”

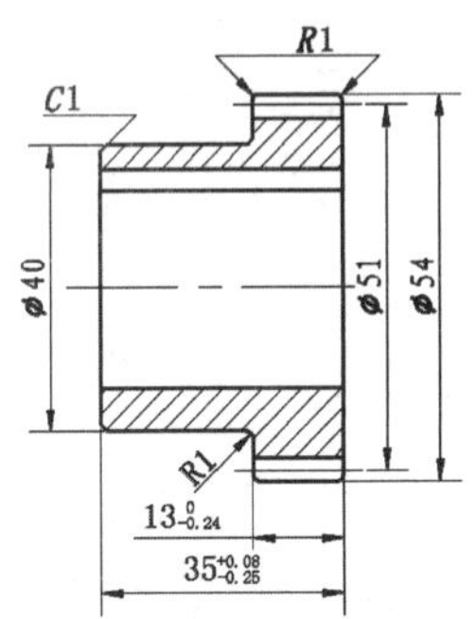

图9-70　修改线性尺寸“13”及“35”

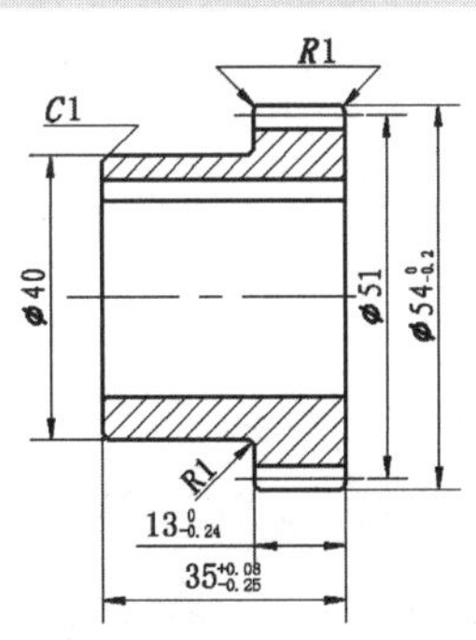


图9-71　修改尺寸“$\phi$54”

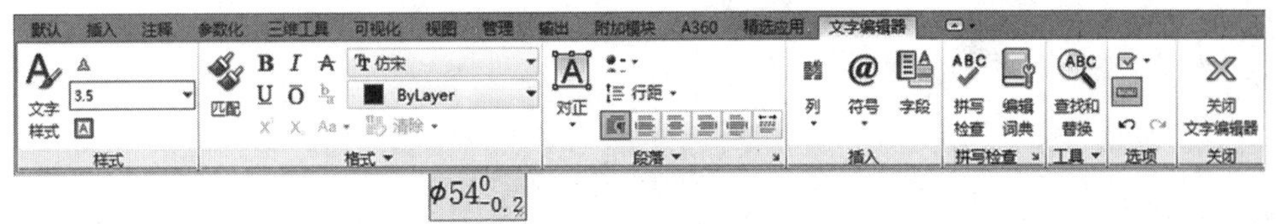


图9-72　编辑标注

结果如图9-54所示。

## 9.3.4 多重引线样式

**【执行方式】**

- 命令行：MLEADERSTYLE。
- 菜单栏：选择菜单栏中的“格式”→“多重引线样式”命令。
- 工具栏：单击“样式”工具栏中的“多重引线样式”按钮。
- 功能区：单击“注释”选项卡“引线”面板上的“多重引线样式”下拉菜单中的“管理多重引线样式”按钮，或单击“注释”选项卡“引线”面板中“对话框起动器”按钮。

**【操作步骤】**

执行“MLEADERSTYLE”命令，AutoCAD弹出“多重引线样式管理器”对话框，如图9-73所示。单击“新建”按钮，打开如图9-74所示的“创建新多重引线样式”对话框。

用户可以通过对话框中的“新样式名”文本框指定新样式的名称；通过“基础样式”下拉列表框确定用于创建新样式的基础样式。如果新定义的样式是注释性样式，应选中“注释性”复选框。确定了新样式的名称和相关设置后，单击“继续”按钮，AutoCAD弹

出“修改多重引线样式：副本Standard”对话框，如图9-75所示。“引线结构”选项卡如图9-76所示，“内容”选项卡如图9-77所示。这些选项卡的内容与尺寸标注样式相关选项卡类似，这里不再赘述。

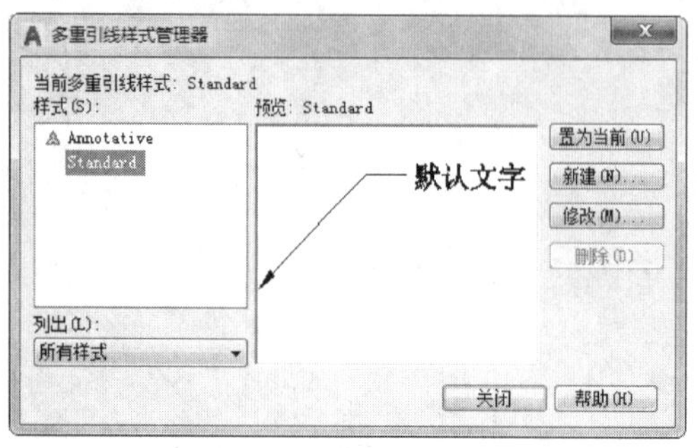


图9-73 “多重引线样式管理器”对话框

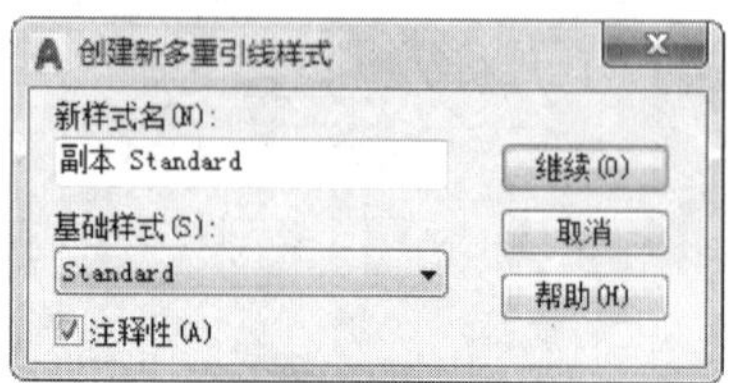


图9-74 “创建新多重引线样式”对话框

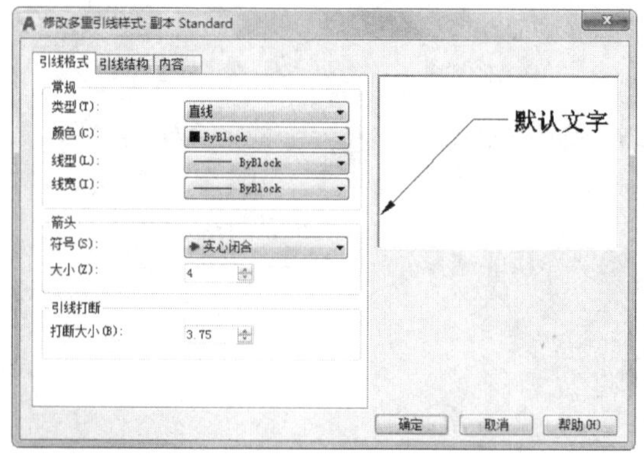


图9-75 “修改多重引线样式：副本Standard”对话框

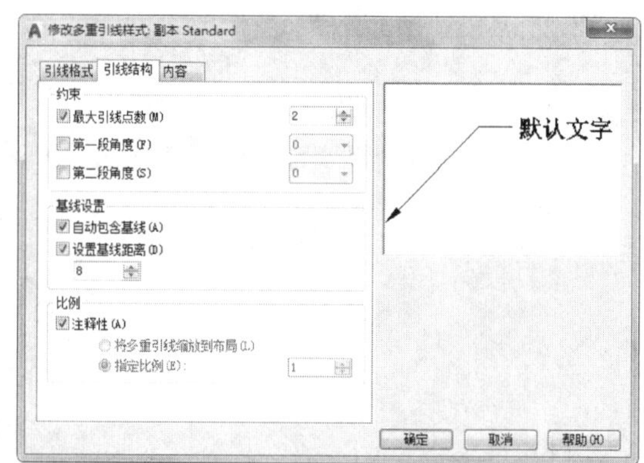


图9-76 “引线结构”选项卡

如果在“内容”选项卡中的“多重引线类型”下拉列表框中选择了“块”，表示多重引线标注出的对象是块，对应的界面如图9-78所示。

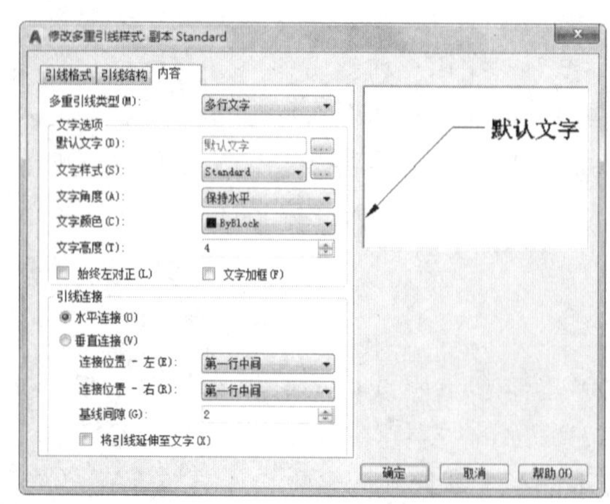


图9-77 “内容”选项卡

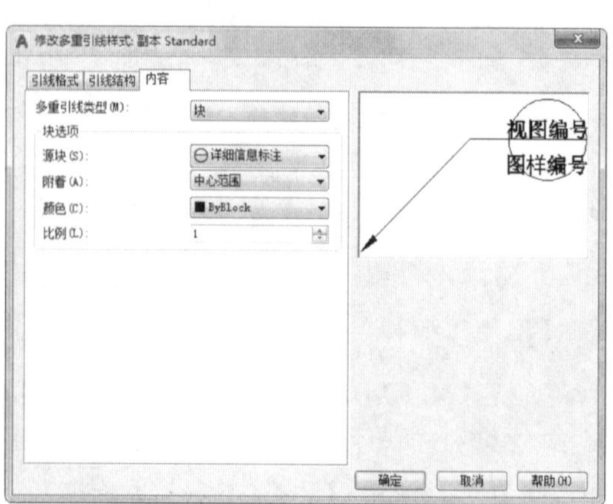


图9-78 将多重引线类型设为块后的界面

在“内容”选项卡的“块选项”选项组中，“源块”下拉列表框用于确定多重引线标注使用的块对象，对应的下拉列表如图 9-79 所示。

下拉列表中各项前面的图标说明了对应块的形状。实际上，这些块是含有属性的块，即标注后还允许用户输入文字信息。其中的“用户块”选项用于选择用户自己定义的块。

“附着”下拉列表框用于指定块与引线的关系。

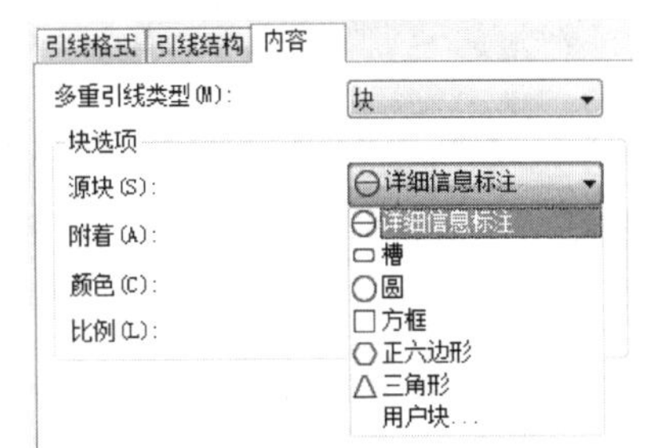


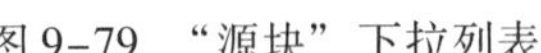
图 9-79 “源块”下拉列表

## 9.3.5 多重引线标注

多重引线可创建为箭头优先、引线基线优先或内容优先。

### 【执行方式】

- 命令行：MLEADER。
- 菜单栏：选择菜单栏中的“标注”→“多重引线”命令。
- 工具栏：单击“多重引线”工具栏中的“多重引线”按钮。
- 功能区：单击“默认”选项卡“注释”面板中的“引线”按钮，或单击“注释”选项卡“引线”面板中的“多重引线”按钮。

### 【操作步骤】

命令行提示与操作如下：

```
命令:MLEADER
指定引线箭头的位置或[引线基线优先(L)/内容优先(C)/选项(O)]<选项>:
```

### 【选项说明】

(1) 指定引线箭头的位置：指定多重引线对象箭头的位置。

(2) 引线基线优先（L）：指定多重引线对象的基线的位置。如果先前绘制的多重引线对象是基线优先，则后续的多重引线也将先创建基线（除非另外指定）。

(3) 内容优先（C）：指定与多重引线对象相关联的文字或块的位置。如果先前绘制的多重引线对象是内容优先，则后续的多重引线对象也将先创建内容（除非另外指定）。

(4) 选项（O）：指定用于放置多重引线对象的选项。选择该选项后，系统提示：

```
输入选项[引线类型(L)/引线基线(A)/内容类型(C)/最大节点数(M)/第一个角度(F)/第二个角度(S)/退出选项(X)]:
```

➢ 引线类型（L）：指定要使用的引线类型。选择该选项后，系统提示：

```
选择引线类型[直线(S)/样条曲线(P)/无(N)]:
```

➢ 内容类型（C）：指定要使用的内容类型。选择该选项后，系统提示：

```
选择内容类型[块(B)/多行文字(M)/无(N)]<多行文字>:
块:指定图形中的块,与新的多重引线相关联
输入块名称:
无:指定“无”内容类型
```

➢ 最大节点数（M）：指定新引线的最大节点数。选择该选项后，系统提示：

```
输入引线的最大节点数或<无>:
```

➢ 第一个角度（F）：约束新引线中的第一个点的角度。选择该选项后，系统提示：

```
输入第一个角度约束或<无>:
```

➢ 第二个角度（S）：约束新引线中的第二个角度。选择该选项后，系统提示：

```
输入第二个角度约束或<无>:
```

➢ 退出选项（X）：返回到第一个“MLEADER”命令提示。

# 9.4 几何公差

为方便机械设计工作，AutoCAD 提供了标注几何公差的功能。几何公差的标注包括指引线、特征符号、公差值、附加符号以及基准代号和其附加符号。利用 AutoCAD 可方便地标注出几何公差。几何公差的标注如图 9-80 所示。

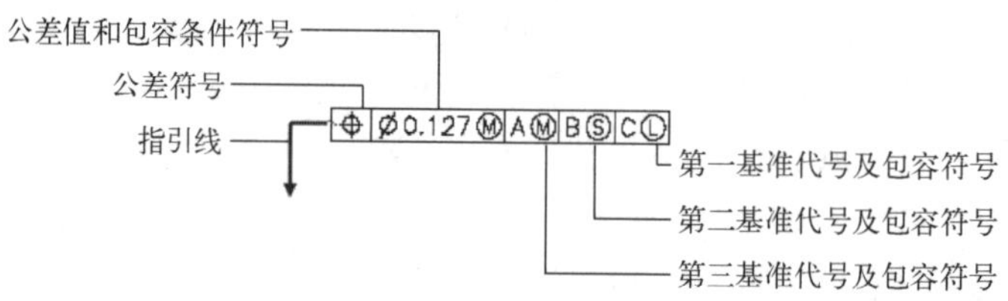


图 9-80　几何公差标注

## 9.4.1 几何公差标注

【执行方式】

- 命令行：TOLERANCE。
- 菜单栏：选择菜单栏中的“标注”→“公差”命令。
- 工具栏：单击“标注”工具栏中的“公差”按钮。

➢ 功能区：单击“注释”选项卡“标注”面板中的“公差”按钮。

【操作步骤】

命令行提示与操作如下：

```
命令:TOLERANCE↙
```

在命令行输入“TOLERANCE”命令，或选择相应的菜单命令，或单击相应的工具栏按钮，AutoCAD 打开如图 9-81 所示的“形位公差”对话框，可通过此对话框对几何公差标注进行设置。

注意

在“形位公差”对话框中有两行，可实现复合几何公差的标注。如果两行中输入的公差代号相同，则得到如图 9-82e 所示的形式。

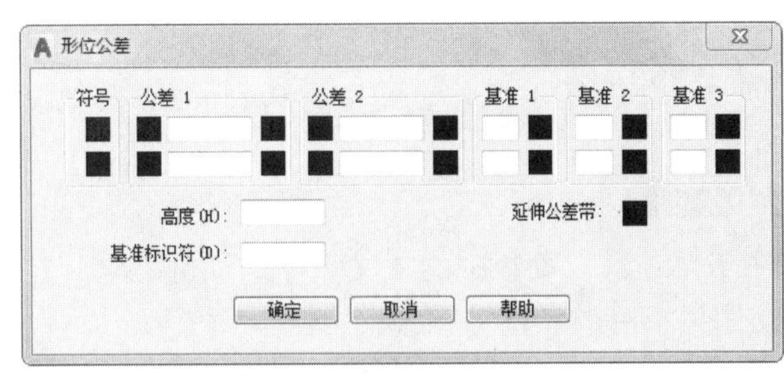

图 9-81 “形位公差”对话框

图 9-82 所示是几个利用“TOLERANCE”命令标注的几何公差。

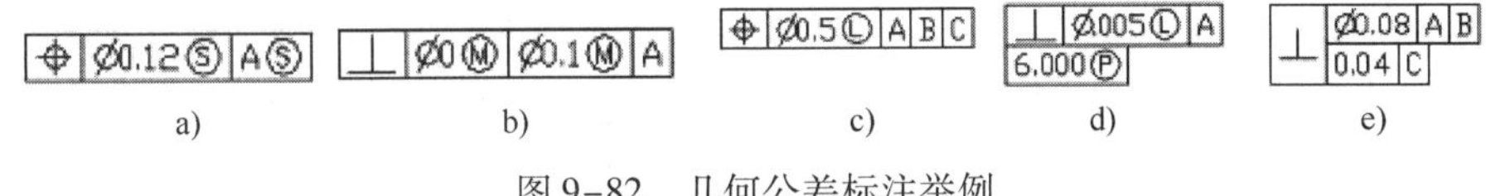


图 9-82 几何公差标注举例

## 9.4.2 实例——标注曲柄尺寸

本实例标注曲柄尺寸，主要讲解尺寸综合标注。机械图中的尺寸标注包括线性尺寸标注、角度标注、引线标注、表面粗糙度标注等。曲柄图形中除了前面介绍过的尺寸标注外，又增加了对齐尺寸“48”的标注。通过本实例的学习，读者不但可以进一步巩固在前面使用过的标注命令及表面粗糙度、几何公差的标注方法，同时还将掌握“对齐标注”命令。绘制结果如图 9-83 所示。

**【操作步骤】（实例演示\第 9 章\标注曲柄尺寸 . avi）**

**1. 打开图形文件“曲柄 . dwg”**

单击“快速访问”工具栏中的“打开”按钮，在弹出的“选择文件”对话框中，选取源文件中的图形文件“曲柄 . dwg”，单击“确定”按钮，则该图形显示在绘图窗口中，如图 9-84 所示。

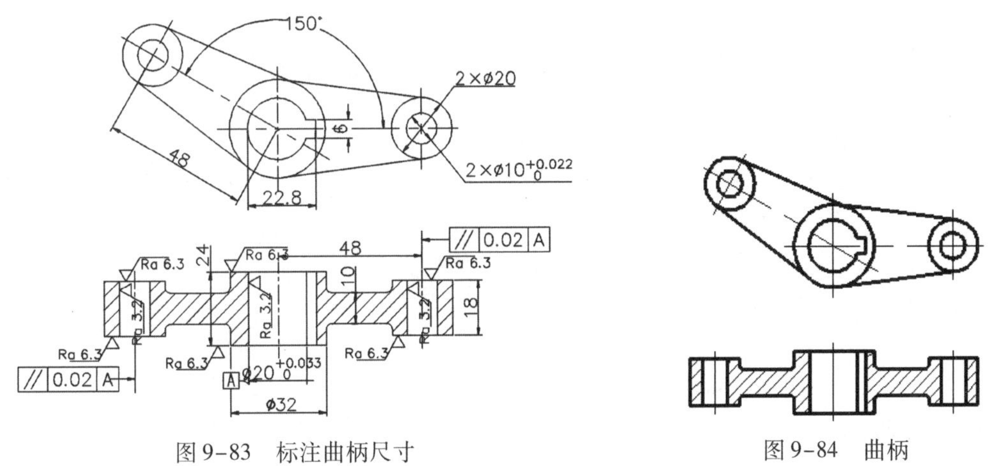


图 9-83 标注曲柄尺寸

图 9-84 曲柄

**2. 创建新图层用于尺寸标注**

（1）单击“默认”选项卡“图层”面板中的“图层特性管理器”按钮，打开“图层特性管理器”选项板。

（2）方法同前，创建一个新图层“bz”，线宽为 0. 15 mm，其他设置不变，用于标注尺寸，并将其设置为当前图层。

**3. 设置文字样式“SZ”**

单击“默认”选项卡“注释”面板中的“文字样式”按钮，打开“文字样式”对话框，设置字体样式为仿宋体，单击“置为当前”按钮。

**4. 设置尺寸标注样式**

（1）单击“默认”选项卡“标注”面板中的“标注样式”按钮，设置标注样式。方法同前，在打开的“标注样式管理器”对话框中单击“新建”按钮，创建新的标注样式“机械制图”，用于标注图样中的线性尺寸。

（2）单击“继续”按钮，对打开的“新建标注样式：机械制图”对话框中的各个选项卡进行设置，如图 9-85 ~ 图 9-87 所示。设置完成后，单击“确定”按钮。在“标注样式管理器”对话框中，选取“机械制图”，单击“新建”按钮，分别设置直径及角度标注样式。

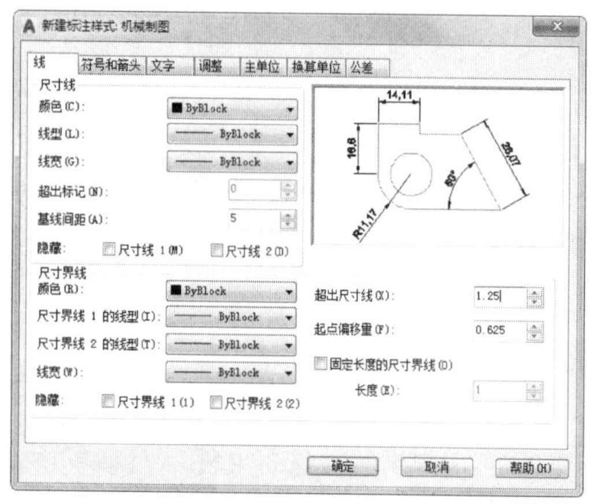


图 9-85 “线”选项卡

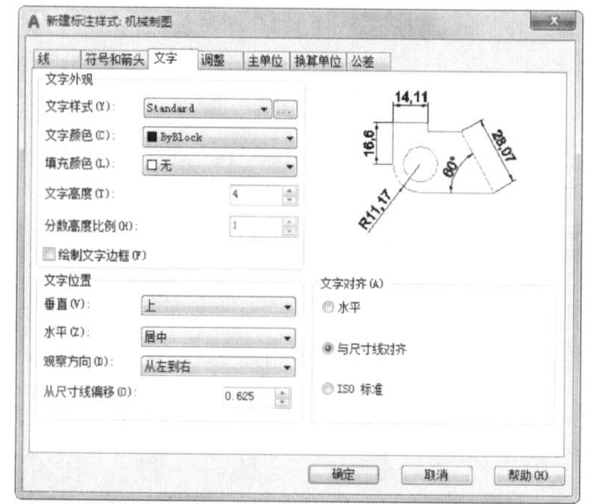


图 9-86 “文字”选项卡

（3）其中，对直径标注样式，应在“调整”选项卡的“优化”选项组中选中“手动放置文字”复选框，在“文字”选项卡的“文字对齐”选项组中选中“ISO 标准”单选按钮；对角度标注样式，应在“文字”选项卡的“文字对齐”选项组中选中“水平”单选按钮，其他标注样式选项卡的设置均不变。

（4）在“标注样式管理器”对话框中选中“机械制图”标注样式，单击“置为当前”按钮，将其设置为当前标注样式。

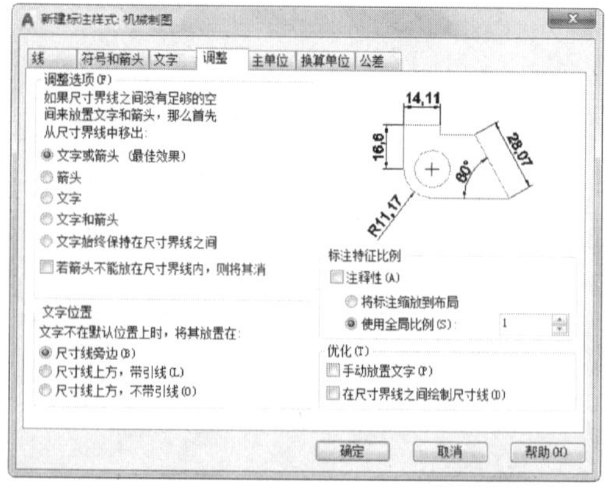


图 9-87 “调整”选项卡

**5. 标注曲柄视图中的线性尺寸**

（1）单击“注释”选项卡“标注”面板中的“线性”按钮，方法同前，从上至下，依次标注曲柄主视图及俯视图中的线性尺寸“6”“22. 8”“24”“48”“18”“10”“$\phi$20”和“$\phi$32”。

（2）在标注尺寸“$\phi20$”时，需要输入“%%c20\H0.7X;\S+0.033^0;}”。结果如图9-88所示。

（3）单击“默认”选项卡“注释”面板中的“标注样式”按钮，在打开的“标注样式管理器”的样式列表中选择“机械制图”，单击“替代”按钮。

（4）系统打开“替代当前样式”对话框，方法同前，选择“线”选项卡，如图9-89所示，在“隐藏”选项组中选中“尺寸线2”复选框，在“符号和箭头”选项卡中，将“第二个”设置为“无”。

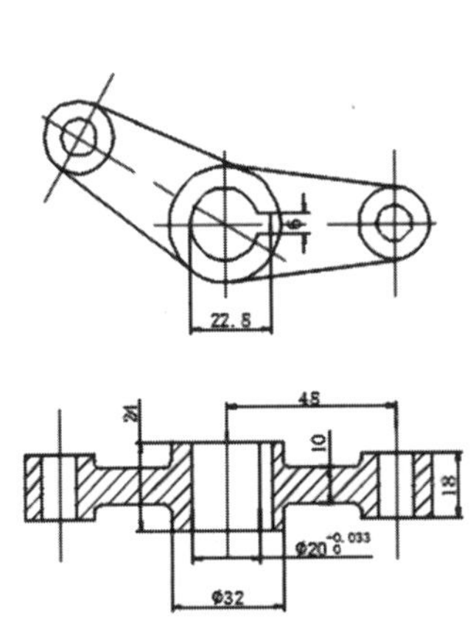


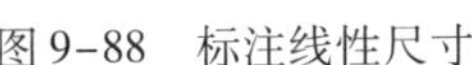


图9-88　标注线性尺寸

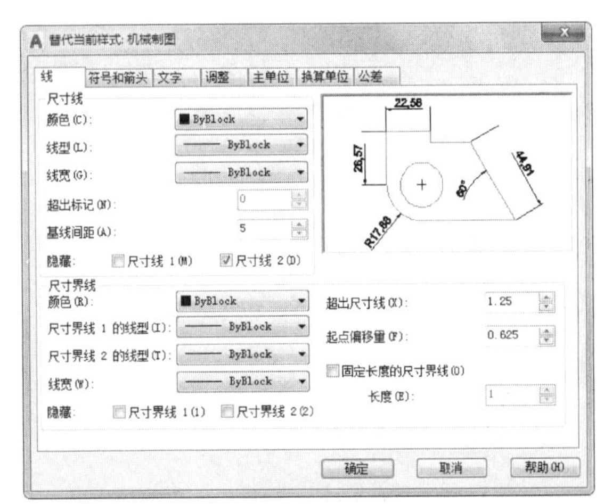


图9-89　替代样式

（5）单击“注释”选项卡“标注”面板中的“标注更新”按钮，选取俯视图中的线性尺寸“$\phi20$”，更新该尺寸样式。

（6）单击“标注”工具栏中的“编辑标注文字”按钮，选取更新的线性尺寸，将其文字拖动到适当位置，结果如图9-90所示。

（7）将“机械制图”标注样式置为当前。单击“注释”选项卡“标注”面板中的“已对齐”按钮，标注对齐尺寸“48”，结果如图9-91所示。

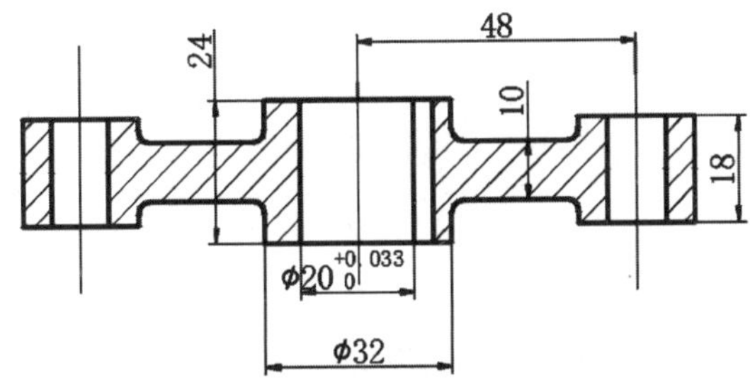


图9-90　编辑俯视图中的线性尺寸

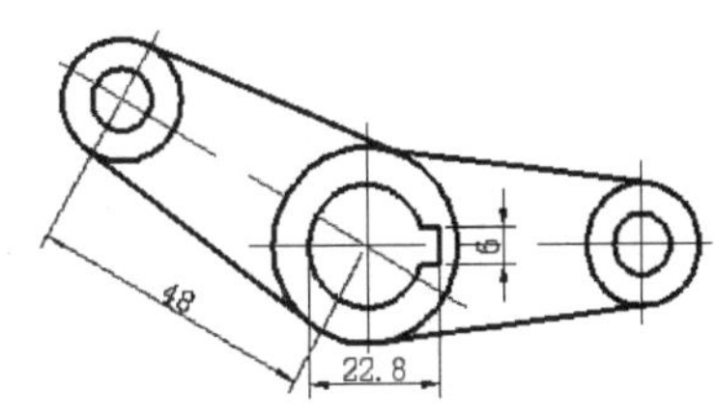


图9-91　标注主视图对齐尺寸

**6. 标注曲柄主视图中的角度尺寸等**

（1）单击“注释”选项卡“标注”面板中的“角度”按钮，标注角度尺寸“150°”。

（2）单击“注释”选项卡“标注”面板中的“直径标注”按钮，标注曲柄水平臂中的直径尺寸“2×$\phi10$”及“2×$\phi20$”。在标注尺寸“2×$\phi20$”时，需要输入标注文字“2×

< >”；同理，标注尺寸“2×$\phi$10”。

（3）单击“默认”选项卡“标注”面板中的“标注样式”按钮，在打开的“标注样式管理器”的样式列表中选择“机械制图”，单击“替代”按钮。

（4）系统打开“替代当前样式”对话框，方法同前，选择“主单位”选项卡，将“线性标注”选项组中的“精度”值设置为“0.000”；选择“公差”选项卡，在“公差格式”选项组中将“方式”设置为“极限偏差”，设置“上偏差”为“0.022”，“下偏差”为“0”，“高度比例”为“0.7”，设置完成后单击“确定”按钮。

（5）单击“注释”选项卡“标注”面板中的“标注更新”按钮，选取直径尺寸“2×$\phi$10”，即可为该尺寸添加尺寸偏差，结果如图9-92所示。

**7. 标注曲柄俯视图中的表面粗糙度**

（1）创建表面粗糙度符号块。

1）绘制表面粗糙度符号，如图9-93所示。

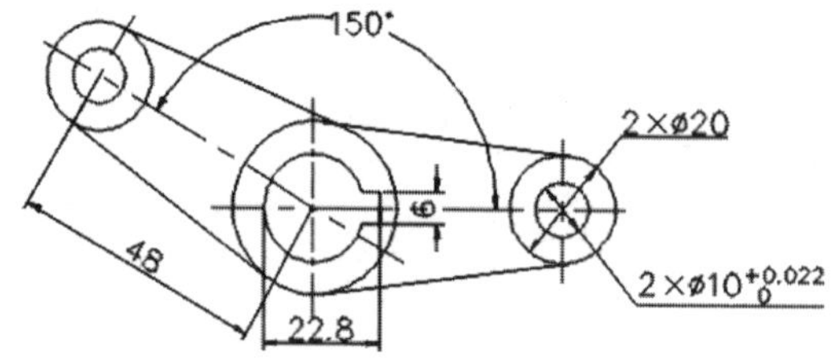


图9-92　标注角度及直径尺寸

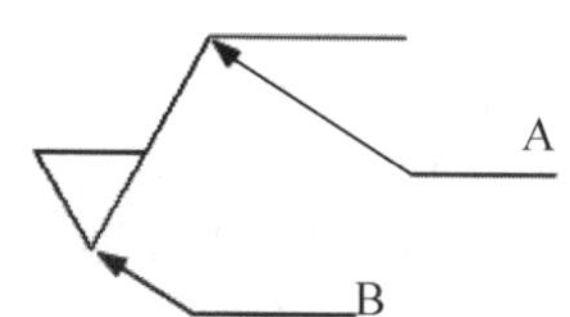


图9-93　绘制的表面粗糙度符号

2）设置表面粗糙度值的文字样式。单击“默认”选项卡“注释”面板中的“文字样式”按钮，打开“文字样式”对话框，在其中设置标注的表面粗糙度值的文字样式，如图9-94所示。

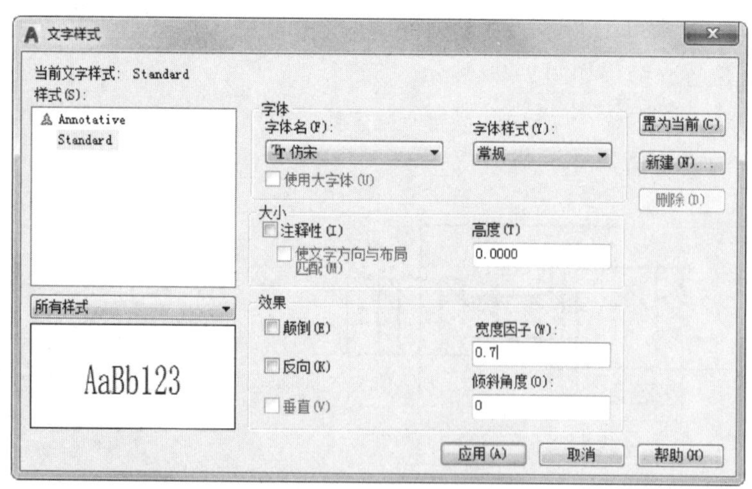


图9-94　“文字样式”对话框

3）设置块属性。在命令行中输入“DDATTDEF”命令，打开“属性定义”对话框，如图9-95所示。按照图中所示进行填写和设置。填写完毕后，单击“确定”按钮，此时返回绘图区域，用鼠标拾取如图9-93中所示的点A，完成属性设置。

4）创建表面粗糙度符号块。单击“插入”选项卡“块定义”面板中的“创建块”按钮，AutoCAD 打开“块定义”对话框，按照图 9-96 所示进行填写和设置。

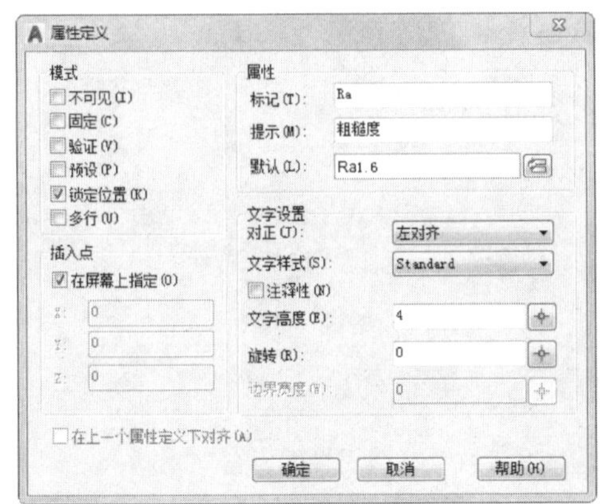

图 9-95 “属性定义”对话框

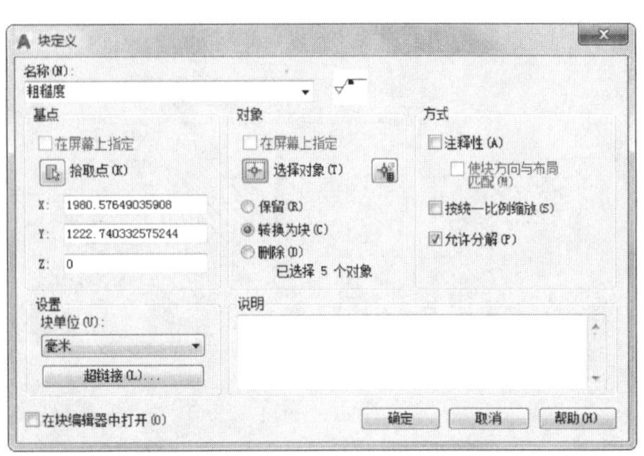

图 9-96 “块定义”对话框

填写完毕后，单击“拾取点”按钮，此时返回绘图区域，用鼠标拾取图 9-93 中所示的点 B，此时返回“块定义”对话框，然后单击“选择对象”按钮，选择图 9-93 所示的图形，此时返回“块定义”对话框，最后单击“确定”按钮，弹出“编辑属性”对话框，单击“确定”按钮完成块定义。

（2）插入表面粗糙度符号。

1）单击“插入”选项卡“块”面板中的“插入块”按钮，AutoCAD 打开“插入”对话框，在“名称”下拉列表框中选择“粗糙度”选项，如图 9-97 所示。

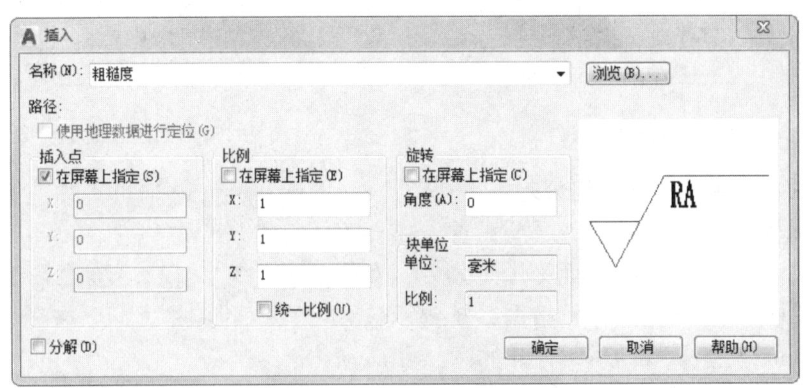

图 9-97 “插入”对话框

2）单击“确定”按钮，捕捉曲柄俯视图中的左臂上线的最近点，设置旋转角度为 0°，输入表面粗糙度的值“*Ra*6.3”。

3）单击“默认”选项卡“修改”面板中的“复制”按钮，选取标注的表面粗糙度，将其复制到俯视图右边需要标注的地方，结果如图 9-98 所示。

4）单击“插入”选项卡“块”面板中的“插入块”按钮，选取插入的表面粗糙度图块，设置旋转角度为 180°，捕捉曲柄俯视图中的左臂下线的最近点，输入表面粗糙度的值“*Ra*6.3”，并将插入的图块进行分解。

双击表面粗糙度的值“*Ra*6.3”，打开“增强属性编辑器”对话框，选择“文字选项”

选项卡，设置文字旋转角度为“0”，“对正”为“右上”，如图 9-99 所示。

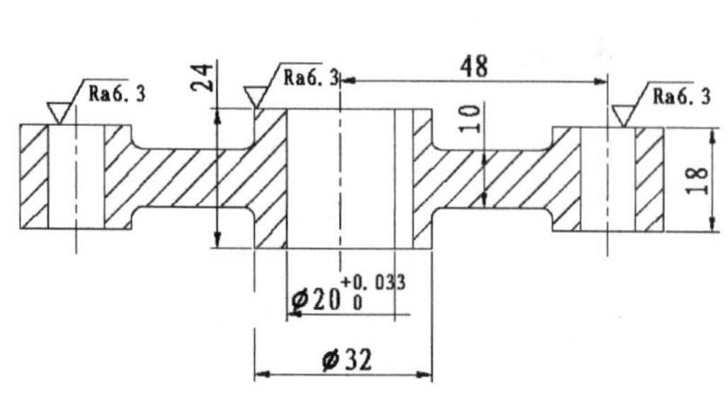


图 9-98　标注表面粗糙度（一）

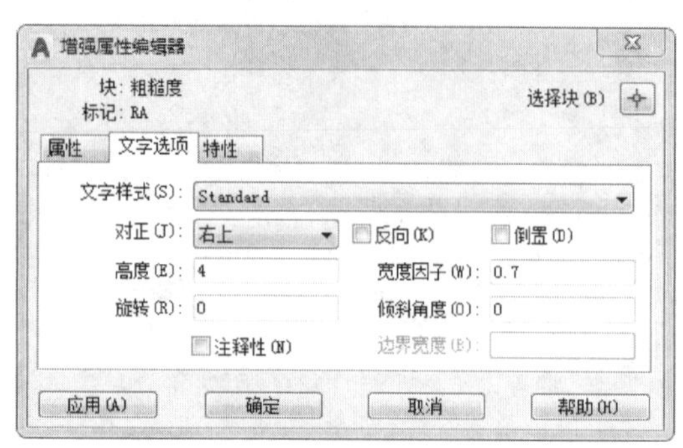


图 9-99　“增强属性编辑器”对话框

5）单击“默认”选项卡“修改”面板中的“复制”按钮，选取镜像后的表面粗糙度，将其复制到俯视图下部需要标注的地方，结果如图 9-100 所示。

6）单击“插入”选项卡“块”面板中的“插入块”按钮，打开“插入块”对话框，插入“粗糙度”图块。重复“插入块”命令，标注曲柄俯视图中的其他表面粗糙度，结果如图 9-101 所示。

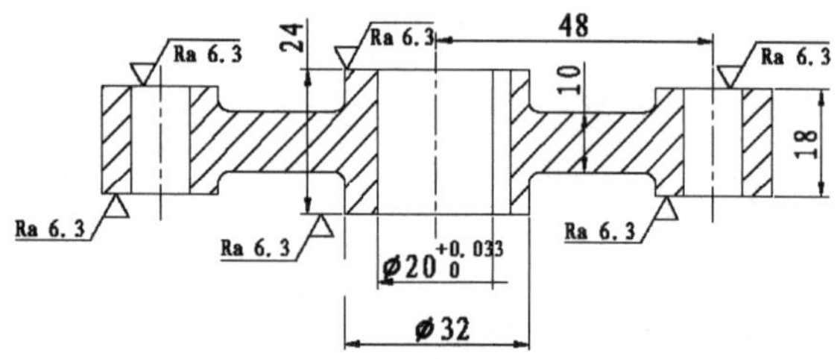


图 9-100　标注表面粗糙度（二）

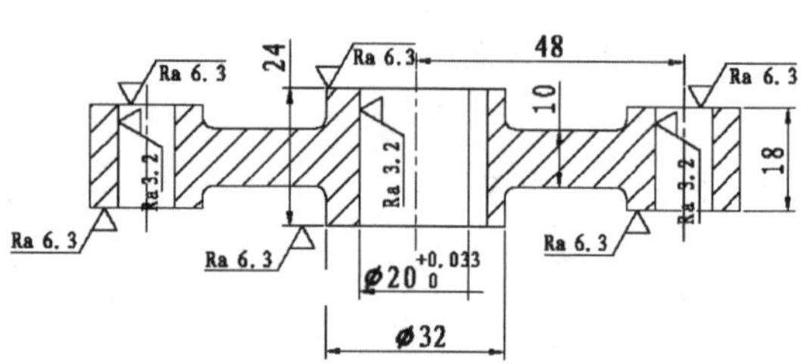


图 9-101　标注表面粗糙度（三）

**8. 标注曲柄俯视图中的几何公差**

（1）在标注表面及几何公差之前，首先需要设置引线的样式，然后再标注表面及几何公差，在命令行中输入“QLEADER”命令，根据系统提示输入“S”后按〈Enter〉键。AutoCAD 打开如图 9-102 所示的“引线设置”对话框，在其中选择公差一项，即把引线设置为公差类型。设置完毕后，单击“确定”按钮，返回命令行，根据系统提示用鼠标指定引线的第一个点、第二个点和第三个点。

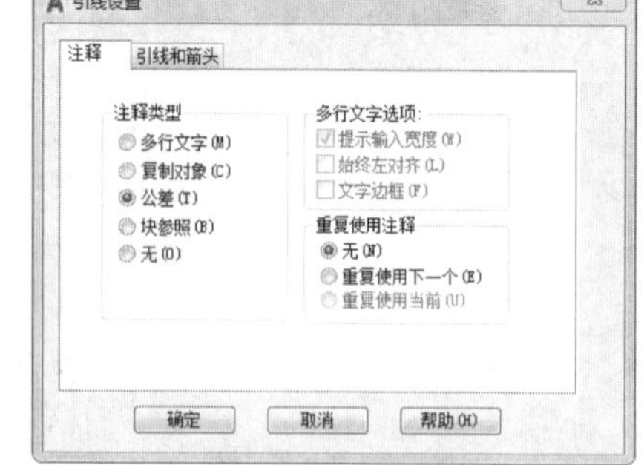


图 9-102　“引线设置”对话框

（2）AutoCAD 自动打开“形位公差”对话框，如图 9-103 所示，单击“符号”黑框，AutoCAD 打开“特征符号”对话框，用户可以在其中选择需要的符号，如图 9-104 所示。

（3）填写完“形位公差”对话框后，单击“确定”按钮，返回绘图区域，完成几何公差的标注。

（4）方法同前，标注俯视图左边的几何公差。

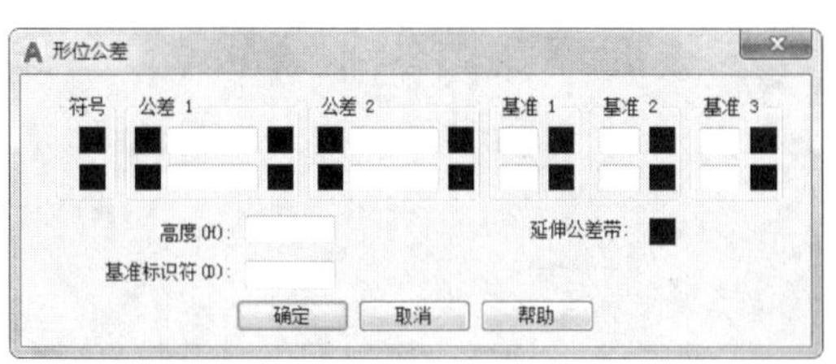


图 9-103 “形位公差”对话框

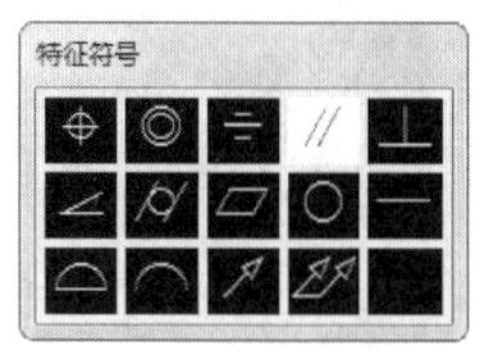


图 9-104 “特征符号”对话框

**9. 创建基准符号块**

（1）绘制基准符号，如图 9-105 所示。

（2）设置块属性。在命令行中输入“DDATTDEF”命令，执行后，打开“属性定义”对话框，如图 9-106 所示，按照图中所示进行填写和设置。填写完毕后，单击“确定”按钮，此时返回绘图区域，用鼠标拾取如图 9-105 所示矩形内一点。

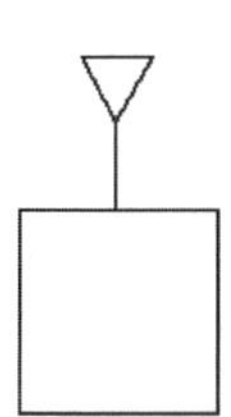

图 9-105 绘制的基准符号

图 9-106 “属性定义”对话框

（3）创建基准符号块。单击“插入”选项卡“块定义”面板中的“创建块”按钮，打开“块定义”对话框，按照图 9-107 所示进行填写和设置。

填写完毕后，单击“拾取点”按钮，此时返回绘图区域，用鼠标拾取如图 9-105 中所示水平直线的中点，此时返回“块定义”对话框，然后单击“选择对象”按钮，选择如图 9-105 所示的图形，此时返回“块定义”对话框，最后单击“确定”按钮，打开“编辑属性”对话框，输入基准符号字母 A，完成块定义。

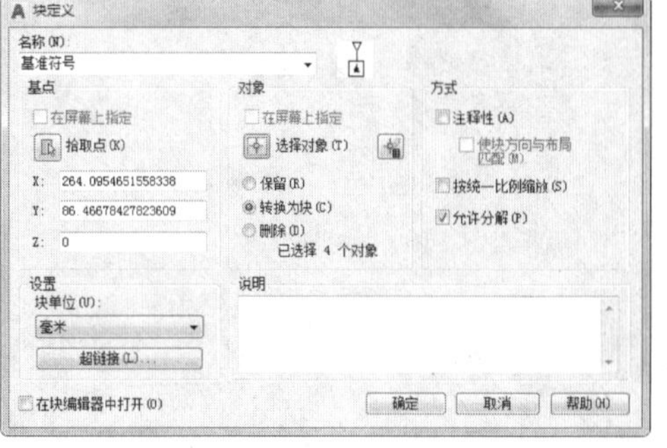


图 9-107 “块定义”对话框

（4）插入基准符号。单击“插入”选项卡“块”面板中的“插入块”按钮，打开“插入”对话框，在“名称”下拉列表框中选择“基准符号”，设置旋转角度为“-90°”，如图 9-108 所示。单击“确定”按钮，选取“基准符号”图块，单击鼠标右键，在打开的如图 9-109 所示的快捷菜单中选择“编辑属性”命令，打开“增强属性编辑器”对话框，选择“文字选项”选项卡，如图 9-110 所示。将旋转角度修改为“0”，结果如图 9-111 所示。

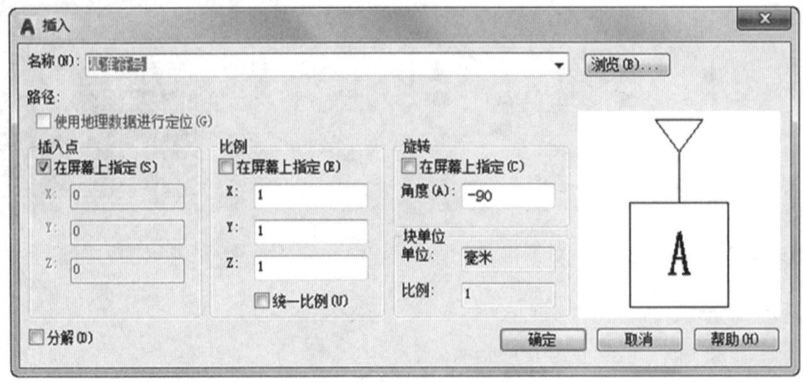


图 9-108 “插入”对话框

图 9-109 快捷菜单

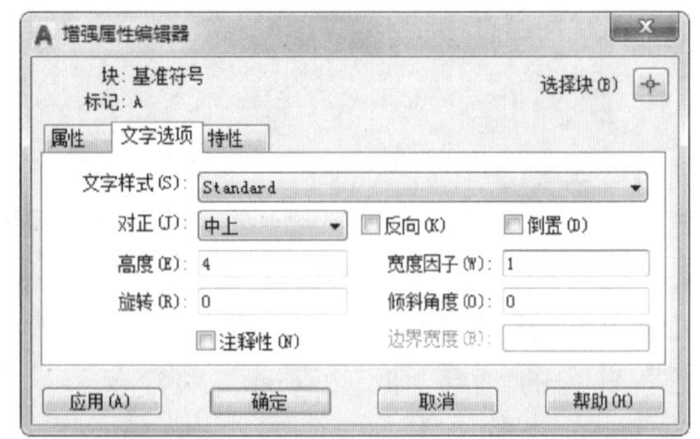


图 9-110 “增强属性编辑器”对话框

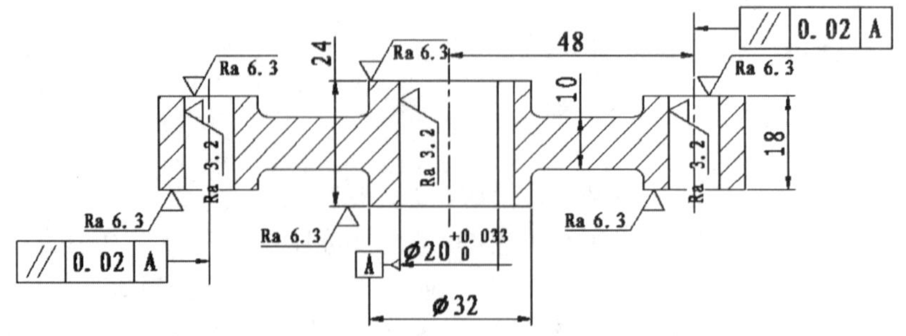


图 9-111 标注俯视图中的几何公差

最终的标注结果如图 9-83 所示。

# 9.5 编辑尺寸标注

AutoCAD 允许对已经创建好的尺寸标注进行编辑修改，包括修改尺寸文本的内容、改变其位置、使尺寸文本倾斜一定的角度等，还可以对尺寸界线进行编辑。

## 9.5.1 利用“DIMEDIT”命令编辑尺寸标注

通过“DIMEDIT”命令用户可以修改已有尺寸标注的文本内容、把尺寸文本倾斜一定的角度，还可以对尺寸界线进行修改，使其旋转一定角度从而标注一段线段在某一方向上的投影的尺寸。“DIMEDIT”命令可以同时对多个尺寸标注进行编辑。

**【执行方式】**

- 命令行：DIMEDIT。
- 菜单栏：选择菜单栏中的“标注”→“对齐文字”→“默认”命令。
- 工具栏：单击“标注”工具栏中的“编辑标注”按钮。

**【操作步骤】**

命令行提示与操作如下：

```
命令:DIMEDIT↙
输入标注编辑类型[默认(H)/新建(N)/
旋转(R)/倾斜(O)]<默认>:
```

**【选项说明】**

(1) <默认>：按尺寸标注样式中设置的默认位置和方向放置尺寸文本。如图 9-112a 所示。选择此选项，AutoCAD 提示：

```
选择对象:选择要编辑的尺寸标注
```

(2) 新建 (N)：执行此选项，AutoCAD 打开多行文字编辑器，可利用此编辑器对尺寸文本进行修改。

(3) 旋转 (R)：改变尺寸文本行的倾斜角度。尺寸文本的中心点不变，使文本沿给定的角度方向倾斜排列，如图 9-112b 所示。若输入角度为 0，则按“新建标注样式”对话框“文字”选项卡中设置的默认方向排列。

(4) 倾斜 (O)：修改长度型尺寸标注尺寸界线，使其倾斜一定角度，与尺寸线不垂直，如图 9-112c 所示。

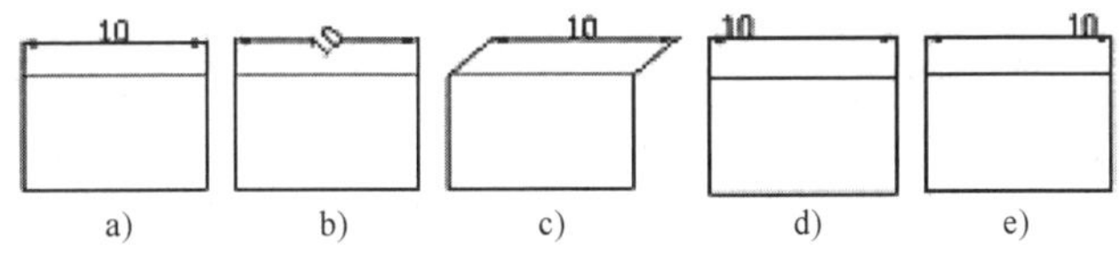


图 9-112 尺寸标注的编辑

### 9.5.2 利用“DIMTEDIT”命令编辑尺寸标注

通过“DIMTEDIT”命令可以改变尺寸文本的位置，使其位于尺寸线上面左端、右端或中间，而且可使文本倾斜一定的角度。

【执行方式】

➢ 命令：DIMTEDIT。

➢ 菜单栏：选择菜单栏中的“标注”→“对齐文字”→除“默认”命令外其他命令。

➢ 工具栏：单击“标注”工具栏中的“编辑标注文字”按钮。

【操作步骤】

命令行提示与操作如下：

```
命令:DIMTEDIT↙
选择标注:选择一个尺寸标注
为标注文字指定新位置或[左对齐(L)/右对齐(R)/居中(C)/默认(H)/角度(A)]:
```

【选项说明】

（1）指定标注文字的新位置：更新尺寸文本的位置。用鼠标把文本拖动到新的位置，这时系统变量 DIMSHO 为 ON。

（2）左/右（L/R）对齐：使尺寸文本沿尺寸线左/右对齐，如图 9-112d、e 所示。此选项只对长度型、半径型、直径型尺寸标注起作用。

（3）居中（C）：把尺寸文本放在尺寸线上的中间位置，如图 9-112a 所示。

（4）默认（H）：把尺寸文本按默认位置放置。

（5）角度（A）：改变尺寸文本行的倾斜角度。

## 9.6 综合演练——标注泵轴

标注如图 9-113 所示的泵轴尺寸。在本例中，综合运用了本章所学的一些尺寸标注命令。绘制的大体顺序是先设置绘图环境，即新建图层，设置文字样式，设置标注样式。接下来利用“尺寸标注”“引线标注”“几何公差”等命令来完成尺寸的标注，最后利用几个二维绘图和编辑命令以及“单行文字”命令，为图形添加表面粗糙度和剖切符号。

【操作步骤】（实例演示\第 9 章\标注泵轴 . avi）

**1. 打开图形文件“泵轴 . dwg”**

单击“快速访问”工具栏中的“打开”按钮，在弹出的“选择文件”对话框中，选取前面保存的图形文件“泵轴 . dwg”，单击“确定”按钮，则该图形显示在绘图窗口中。如图 9-114 所示。

**2. 创建新图层用于尺寸标注**

单击“默认”选项卡“图层”面板中的“图层特性”按钮，打开“图层特性管理器”选项板。方法同前，创建一个新层“BZ”，线宽为 0.09 mm，其他设置不变，用于标注尺寸，并将其设置为当前层。

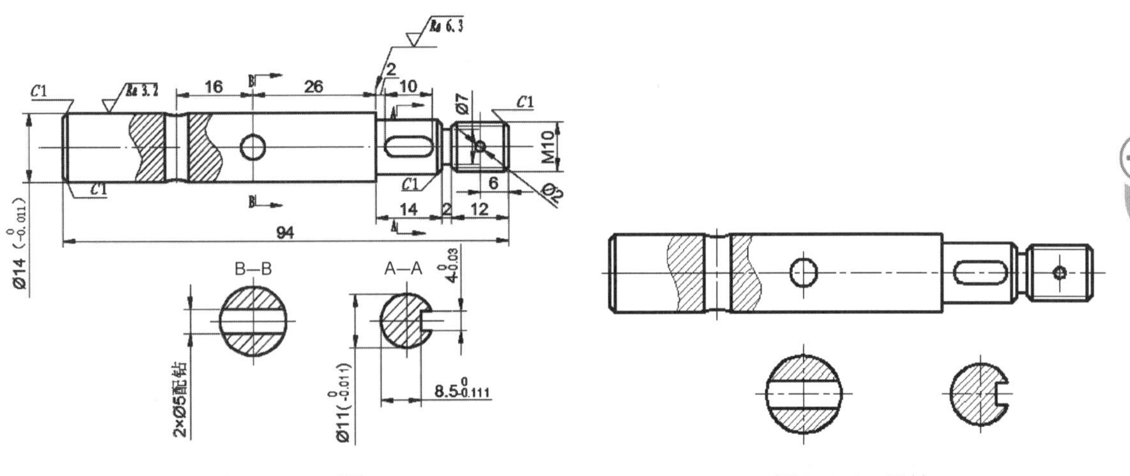


图 9-113 泵轴　　　　图 9-114 泵轴

**3. 设置文字样式“SZ”**

单击“默认”选项卡“标注”面板中的“文字样式”按钮，弹出“文字样式”对话框，方法同前，创建一个新的文字样式“SZ”。

**4. 设置尺寸标注样式**

（1）单击“默认”选项卡“标注”面板中的“标注样式”按钮，设置标注样式。方法同前，在弹出的“标注样式管理器”对话框中，单击“新建”按钮，创建新的标注样式“机械制图”，用于标注图样中的尺寸。

（2）单击“继续”按钮，对弹出的“新建标注样式：机械制图”对话框中的各个选项卡，进行设置，如图 9-115～图 9-117 所示。不再设置其他标注样式。

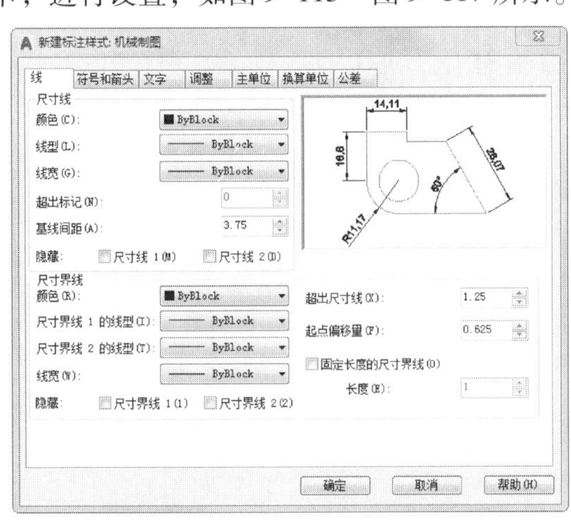


图 9-115 “线”选项卡

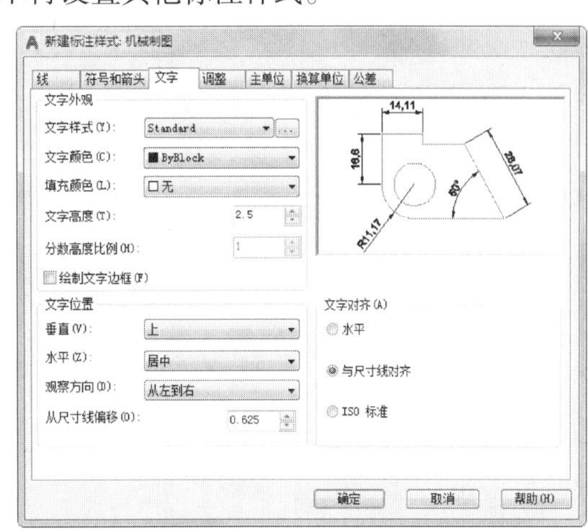


图 9-116 “文字”选项卡

（3）在“标注样式管理器”对话框中，选取“机械制图”标注样式，单击“置为当前”按钮，将其设置为当前标注样式。

**5. 标注泵轴视图中的基本尺寸**

（1）单击“注释”选项卡“标注”面板中的“线性”按钮，方法同前，标注泵轴主视图中的线性尺寸“M10”“$\phi$7”及“6”。

（2）单击“注释”选项卡“标注”面板中的“基线”按钮，方法同前，以尺寸“6”的右端尺寸界线为基线，进行基线标注，标注尺寸“12”及“94”。

（3）单击“注释”选项卡“标注”面板中的“连续”按钮，选取尺寸“12”的左端尺寸界线，标注连续尺寸“2”及“14”。

（4）单击“注释”选项卡“标注”面板中的“线性”按钮，标注泵轴主视图中的线性尺寸“16”；方法同前。

（5）单击“注释”选项卡“标注”面板中的“连续”按钮，标注连续尺寸“26”“2”及“10”。

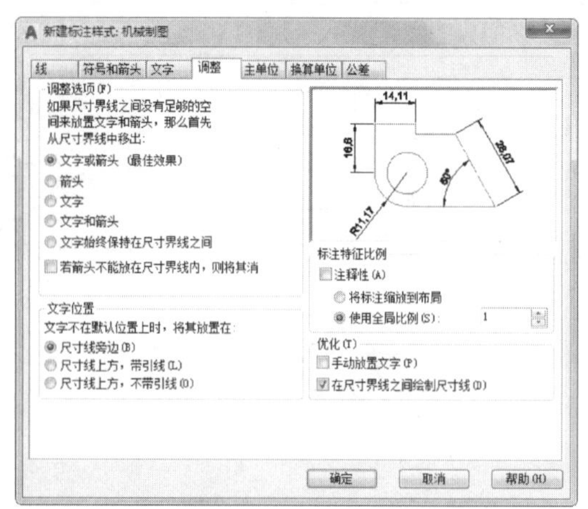


图9-117 “调整”选项卡

（6）单击“注释”选项卡“标注”面板中的“直径”按钮，标注泵轴主视图中的直径尺寸“$\phi$2”。

（7）单击“注释”选项卡“标注”面板中的“线性”按钮，标注泵轴断面图中的线性尺寸“2×$\phi$5 配钻”，此时应输入标注文字“2×%%c5 配钻”。

（8）单击“注释”选项卡“标注”面板中的“线性”按钮，标注泵轴断面图中的线性尺寸“8.5”和“4”。结果如图9-118所示。

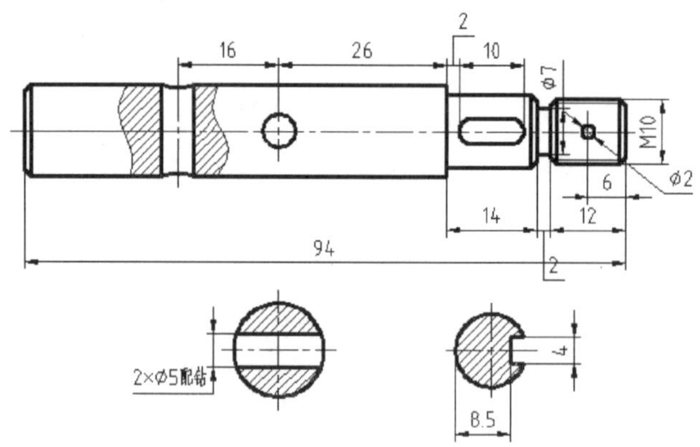


图9-118 基本尺寸标注

**6. 修改尺寸**

（1）修改泵轴视图中的基本尺寸，命令行提示与操作如下：

```
命令:dimtedit↙
选择标注:选择主视图中的尺寸“2”
指定标注文字的新位置或[左(l)/右(r)/中心(c)/默认(h)/角度(a)]:拖动鼠标,在适当位置处单击鼠标,确定新的标注文字位置
```

（2）方法同前，单击“默认”选项卡“注释”面板中的“标注样式”按钮，分别修改泵轴视图中的尺寸“2×$\phi$5 配钻”及“2”。结果如图9-119所示。

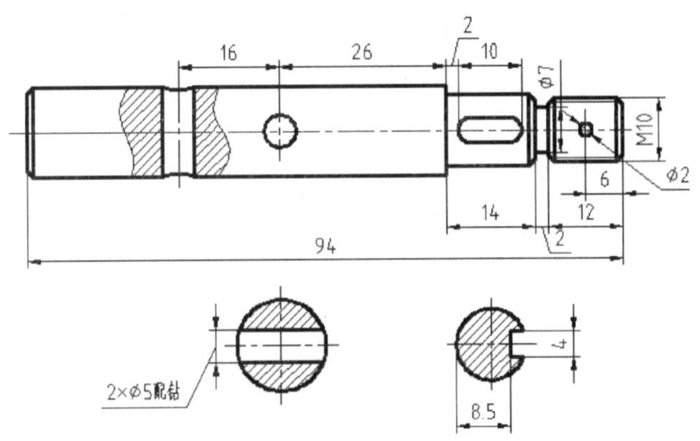

图 9-119　修改视图中的标注文字位置

（3）用重新输入标注文字的方法，标注泵轴视图中带尺寸偏差的线性尺寸，命令行提示与操作如下：

```
命令:dimlinear↙
指定第一条尺寸界线原点或<选择对象>:捕捉泵轴主视图左轴段的左上角点
指定第二条尺寸界线原点:捕捉泵轴主视图左轴段的左下角点
指定尺寸线位置或[多行文字(M)/文字(T)/角度(A)/水平(H)/垂直(V)/旋转(R)]:t
输入标注<14>:%%c14(0^-0.011)↙
指定尺寸线位置或[多行文字(M)/文字(T)/角度(A)/水平(H)/垂直(V)/旋转(R)]:拖动鼠标,在适当位置处单击
标注文字=14
```

（4）方法同前，标注泵轴断面图中的尺寸“ϕ11”，输入标注文字“%%c11(0^-0.011)”，结果如图 9-120 所示。

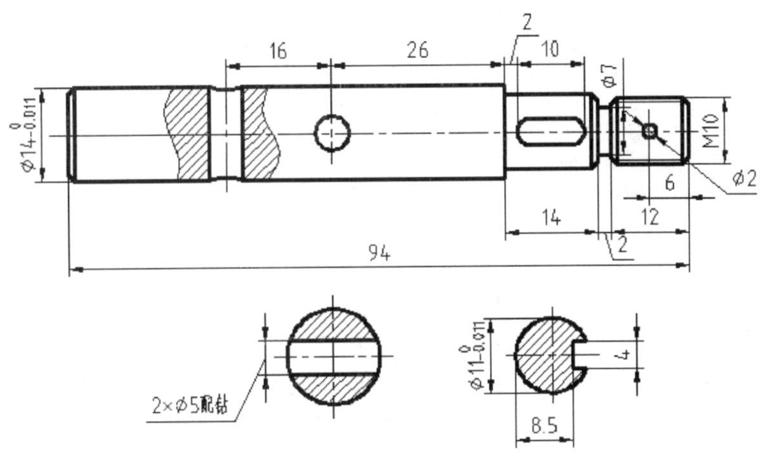


图 9-120　标注尺寸“ϕ14”及“ϕ11”

（5）用标注替代的方法，为泵轴断面图中的线性尺寸添加尺寸偏差。单击“默认”选项卡“注释”面板中的“标注样式”按钮，在弹出的“标注样式管理器”的样式列表中选择“机械制图”，单击“替代”按钮。系统弹出“替代当前样式”对话框，方法同前，单击“主单位”选项卡，将“线性标注”选项组中的“精度”值设置为“0.000”；单击“公差”选项卡，在“公差格式”选项组中，将“方式”设置为“极限偏差”，设置“上偏

差”为“0”，下偏差为“0.111”，“高度比例”为“0.7”，设置完成后单击“确定”按钮。

（6）单击“注释”选项卡“标注”面板中的“更新”按钮，选取断面图中的线性尺寸“8.5”，即可为该尺寸添加尺寸偏差。

（7）方法同前，继续设置替代样式。设置“公差”选项卡中的“上偏差”为“0”，下偏差为“0.030”。单击“注释”选项卡“标注”面板中的“更新”按钮，选取线性尺寸“4”，即可为该尺寸添加尺寸偏差，结果如图9-121所示。

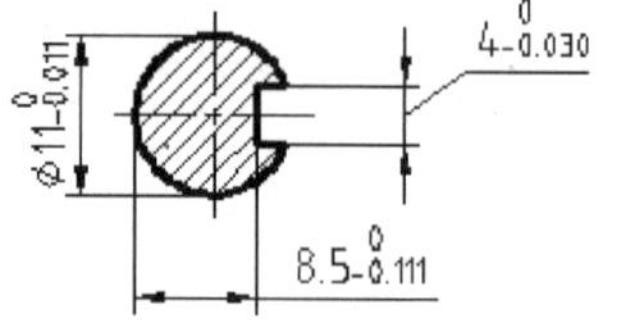

图9-121 替代断面图中的线性尺寸

**7. 用“QLEADER”命令标注主视图中的倒角尺寸 *C*1**

用快速引线标注泵轴主视图左端的倒角。命令行提示与操作如下：

```
命令：Qleader↙
指定第一个引线点或[设置(S)]<设置>:↙按<Enter>键，弹出“引线设置”对话框，如图9-122及图9-123所示分别设置其选项卡，设置完成后，单击“确定”按钮
指定第一个引线点或[设置(S)]<设置>:捕捉泵轴套主视图中左端倒角的端点
指定下一点：拖动鼠标，在适当位置处单击
指定下一点：拖动鼠标，在适当位置处单击
指定文字宽度<0>:↙
输入注释文字的第一行<多行文字(M)>:C1↙
输入注释文字的下一行：↙
```

图9-122 “引线设置”对话框

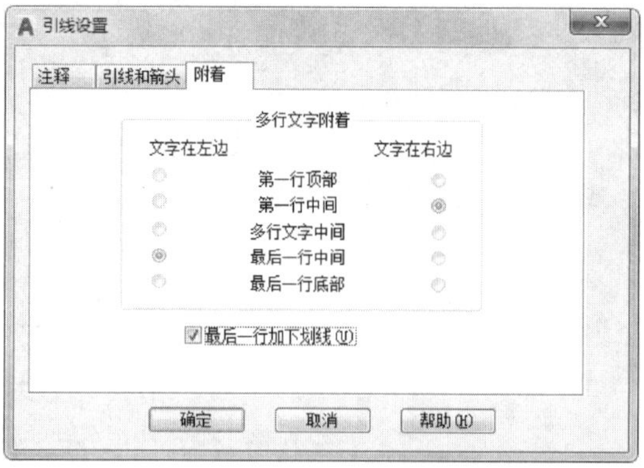

图9-123 “附着”选项卡

用同样方法标注主视图右端倒角尺寸 *C*1。结果如图9-124所示。

**8. 标注表面粗糙度符号**

（1）单击“默认”选项卡“绘图”面板中的“直线”按钮，绘制如图9-125所示的表面粗糙度符号，然后将其创建成名为“粗糙度”并且带有属性的图块。

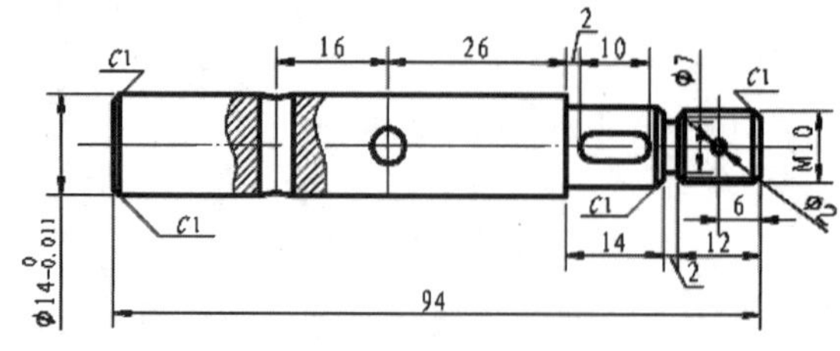

图9-124 标注倒角

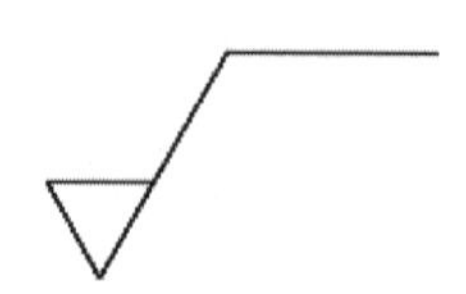

图9-125 表面粗糙度符号

（2）单击“插入”选项卡“块”面板中的“插入”按钮，打开如图9-126所示的“插入”对话框。单击“浏览”按钮，选取前面保存的块图形文件“粗糙度”；在“比例”选项组中，选中“统一比例”复选框，设置缩放比例为“0.5”，单击“确定”按钮，命令行提示与操作如下：

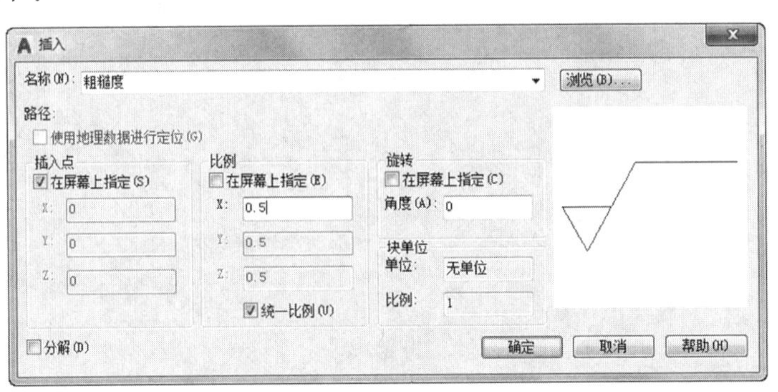


图9-126 “插入”对话框

```
指定插入点或[比例(S)/X/Y/Z/旋转(R)/预览比例(PS)/PX/PY/PZ/预览旋转(PR)]:捕捉
“φ14”尺寸上端尺寸界线的最近点,作为插入点
输入属性值
请输入表面粗糙度值<1.6>:Ra3.2,↙输入表面粗糙度的值“3.2”,结果如图9-127所示
```

（3）单击“默认”选项卡“绘图”面板中的“直线”按钮，捕捉尺寸“26”右端尺寸界线的上端点，绘制引线。

（4）方法同前，单击“插入”选项卡“块”面板中的“插入块”按钮，插入“粗糙度”图块，设置均同前。此时，输入属性值为“*Ra* 6.3”，结果如图9-127所示。

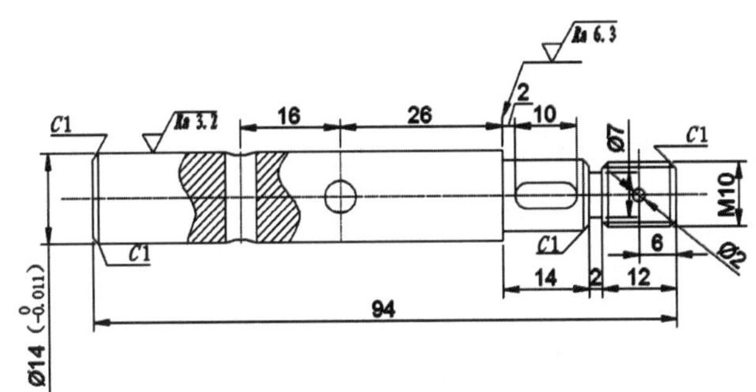


图9-127 标注表面粗糙度

（5）单击“默认”选项卡“注释”面板中的“多重引线样式”按钮，打开“多重引线样式管理器”对话框，单击“修改”按钮，打开“修改多重引线样式”对话框，分别把其中“箭头大小”和“文字高度”改为“2.5”，如图9-128a、b所示。

**9. 添加剖切符号**

（1）选择菜单栏中的“标注”→“多重引线”命令，用多重引线标注命令，从右向左绘制剖切符号中的箭头。命令行提示与操作如下：

```
指定引线箭头的位置或[引线基线优先(L)/内容优先(C)/选项(O)]<选项>:指定一点
指定引线基线的位置:向左指定一点
```

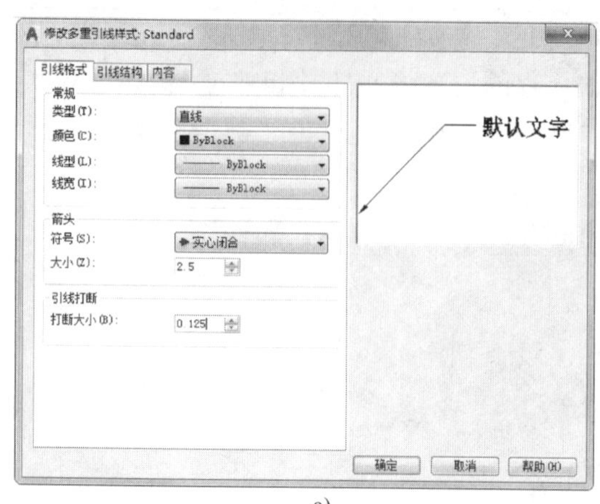


a)

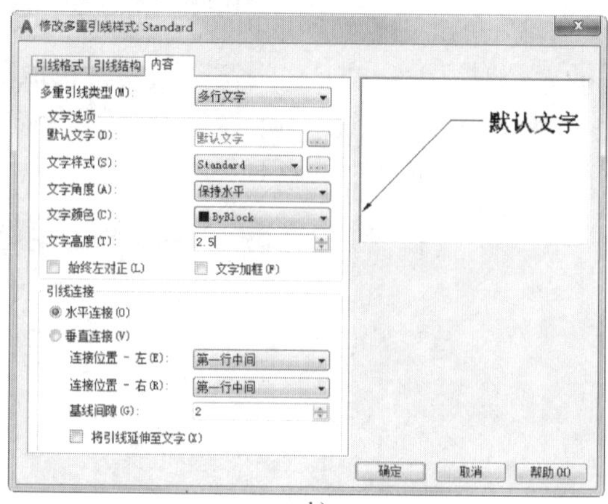


b)

图 9-128　设置多重引线样式

（2）系统打开“文字编辑器”选项卡，如图 9-129 所示，不输入文字，直接按〈Esc〉键。同样方法绘制下面的剖切指引线。

图 9-129　“文字编辑器”选项卡

（3）单击“默认”选项卡“绘图”面板中的“直线”按钮，捕捉带箭头引线的左端点，向下绘制一小段竖直线。

（4）在命令行输入“TEXT”，或者选择菜单栏中的“绘图”→“文字”→“单行文字”命令，在适当位置处单击一点，输入文字“A”。

（5）单击“默认”选项卡“修改”面板中的“镜像”按钮，将输入的文字及绘制的剖切符号，以水平中心线为镜像线，进行镜像操作。使用同样的方法标注剖切面“*B*—*B*”，结果如图 9-113 所示。

## 9.7　名师点拨

**1. 尺寸标注后，图形中有时出现一些小的白点，却无法删除，为什么？**

AutoCAD 在标注尺寸时，自动生成一 DEFPOINTS 层，保存有关标注点的位置等信息，该层一般是冻结的。由于某种原因，这些点有时会显示出来。要删掉可先将 DEFPOINTS 层解冻后再删除。但要注意，如果删除了与尺寸标注还有关联的点，将同时删除对应的尺寸标注。

**2. 标注时使标注离图有一定的距离？**

执行“DIMEXO”命令，再输入数字调整距离。

**3. 如何修改尺寸标注的比例？**

方法一：DIMSCALE 决定了尺寸标注的比例，其值为整数，默认为 1，在图形有了一定比例缩放时应最好将其改为缩放比例。

方法二："格式"→"标注样式"（选择要修改的标注样式）→"修改"→"主单位"→"比例因子"，修改即可。

**4. 为什么绘制的剖面线或尺寸标注线不是连续线型?**

AutoCAD 绘制的剖面线、尺寸标注都可以具有线型属性。如果当前的线型不是连续线型，那么绘制的剖面线和尺寸标注就不会是连续线。

**5. 标注样式的操作技巧?**

可利用 DWT 模板文件创建某专业 CAD 制图的统一文字及标注样式，方便下次制图直接调用，而不必重复设置样式。用户也可以从 CAD 设计中心查找所需的标注样式，直接导入至新建的图样中，即完成了对其的调用。

**6. 如何修改尺寸标注的关联性?**

改为关联：选择需要修改的尺寸标注，执行"DIMREASSOCIATE"命令。

改为不关联：选择需要修改的尺寸标注，执行"DIMDISASSOCIATE"命令。

## 9.8 上机实验

**【练习1】标注如图9-130所示的垫片尺寸。**

**1. 目的要求**

本练习有线性、直径、角度3种尺寸需要标注，由于具体尺寸的要求不同，需要重新设置和转换尺寸标注样式。通过本练习，要求读者掌握各种标注尺寸的基本方法。

**2. 操作提示**

（1）利用"文字样式"命令设置文字样式和标注样式，为后面的尺寸标注输入文字做准备。

（2）利用"线性"标注命令标注垫片图形中的线性尺寸。

（3）利用"直径"标注命令标注垫片图形中的直径尺寸，其中需要重新设置标注样式。

（4）利用"角度"标注命令标注垫片图形中的角度尺寸，其中需要重新设置标注样式。

**【练习2】标注如图9-131所示的卡槽尺寸。**

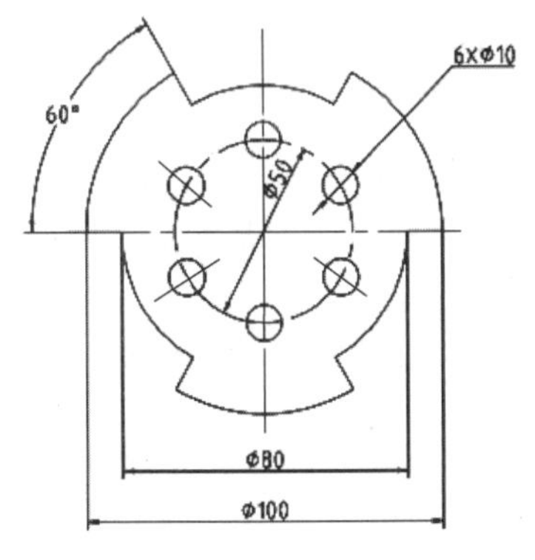


图9-130 标注垫片

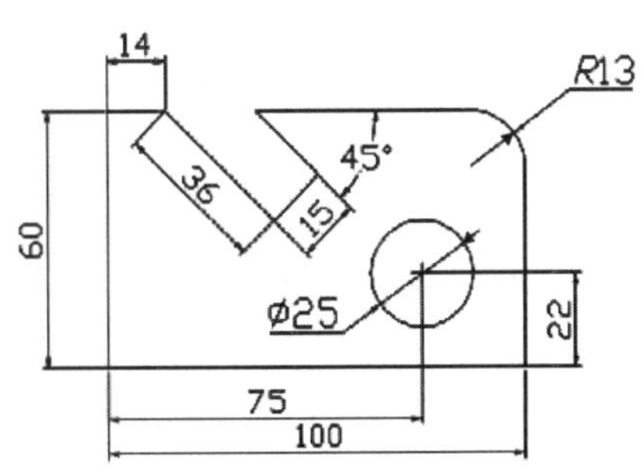


图9-131 标注卡槽

**1. 目的要求**

设置标注样式是标注尺寸的首要工作。一般可以根据图形的复杂程度和尺寸类型的多少，决定设置几种尺寸标注样式。本练习要求针对如图9-131所示的卡槽设置3种尺寸标注样式。分别用于普通线性标注、直径标注以及角度标注。

**2. 操作提示**

（1）选择菜单栏中的“格式”→“标注样式”命令，打开“标注样式管理器”对话框。

（2）单击“新建”按钮，打开“创建新标注样式”对话框，在“新样式名”文本框中输入新样式名。

（3）单击“继续”按钮，打开“新建标注样式”对话框。

（4）在对话框的各个选项卡中进行直线和箭头、文字、调整、主单位、换算单位和公差的设置。

（5）确认后退出。采用相同的方法设置另外两个标注样式。

**【练习3】标注如图9-132所示的阀盖尺寸。**

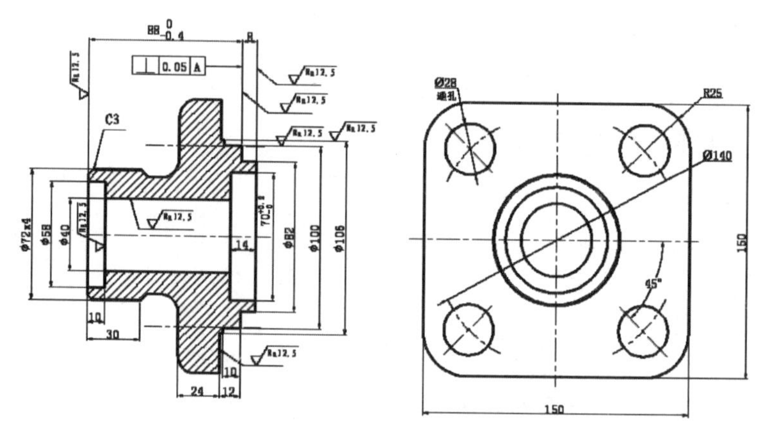


图9-132　标注阀盖

**1. 目的要求**

在进行图形标注前，首先进行标注样式设置，本练习要求针对如图9-132所示的阀盖设置3种尺寸标注样式。分别用于普通线性标注、带公差的线性标注以及半径标注。

**2. 操作提示**

（1）选择菜单栏中的“格式”→“标注样式”命令，打开“标注样式管理器”对话框。

（2）单击“新建”按钮，打开“创建新标注样式”对话框，设置基本线性标注样式。

（3）单击“新建”按钮，选择“用于直径”选项，设置半径标注样式。

（4）单击“新建”按钮，在线性标注的基础上添加“极限偏差”，标注公差。

## 9.9　思考与练习

（1）若尺寸的公差是20±0.034，则应该在“公差”选项卡中显示公差的（　　）设置。

A. 极限偏差　　B. 极限尺寸　　C. 基本尺寸　　D. 对称

(2) 如图9-133所示标注样式文字位置应该设置为（　　）。

A. 尺寸线旁边　　B. 尺寸线上方，不带引线

C. 尺寸线上方，带引线　　D. 多重引线上方，带引线

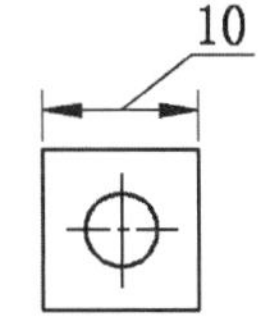


图9-133　标注尺寸10

(3) 如果显示的标注对象小于被标注对象的实际长度，应采用（　　）。

A. 折弯标注　　B. 打断标注　　C. 替代标注　　D. 检验标注

(4) 在尺寸公差的“上偏差”中输入“0.021”，“下偏差”中输入“0.015”，则标注尺寸公差的结果是（　　）。

A. 上极限偏差0.021，下极限偏差0.015　　B. 上极限偏差-0.021，下极限偏差0.015

C. 上极限偏差0.021，下极限偏差-0.015　　D. 上极限偏差-0.021，下极限偏差-0.015

(5) 下列尺寸标注中公用一条基线的是（　　）。

A. 基线标注　　B. 连续标注　　C. 公差标注　　D. 引线标注

(6) 在标注样式设置中，将“调整”选项卡下的“使用全局比例”值增大，将改变尺寸的哪些内容？

A. 使所有标注样式设置增大　　B. 使标注的测量值增大

C. 使全图的箭头增大　　D. 使尺寸文字增大

(7) 将图和已标注的尺寸同时放大2倍，其结果是（　　）。

A. 尺寸值是原尺寸的2倍　　B. 尺寸值不变，字高是原尺寸2倍

C. 尺寸箭头是原尺寸的2倍　　D. 原尺寸不变

(8) 尺寸公差中的上、下极限偏差可以在线性标注的哪个选项中堆叠起来？

A. 多行文字　　B. 文字　　C. 角度　　D. 水平

(9) 将尺寸标注对象如尺寸线、尺寸界线、箭头和文字作为单一的对象，必须将（　　）尺寸标注变量设置为ON。

A. DIMASZ　　B. DIMASO　　C. DIMON　　D. DIMEXO

(10) 绘制并标注如图9-134所示的图形①。

(11) 绘制并标注图9-135所示的图形②。

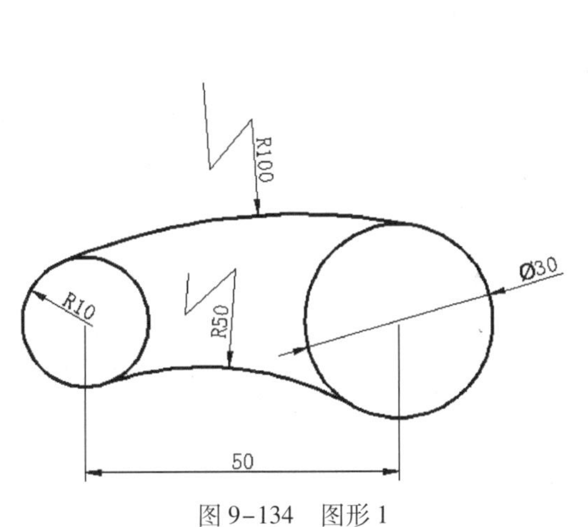


图9-134　图形1

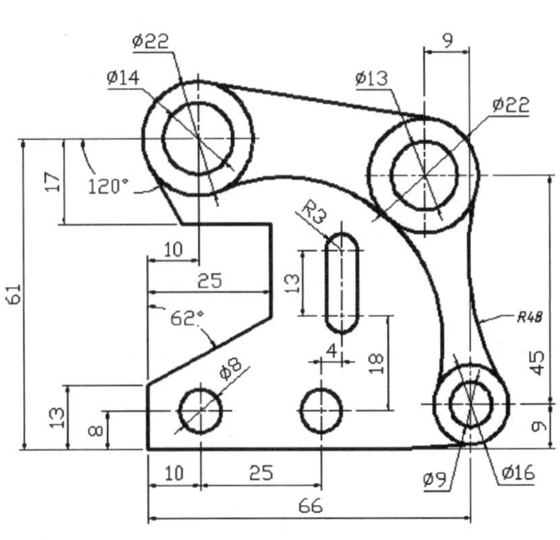


图9-135　图形2

# 第10章

# 三维绘图基础

本章介绍用 AutoCAD 2018 进行三维绘图时的一些基础知识、基本操作，包括显示形式、三维坐标系统、观察模式、视点设置以及基本三维绘制等。

- 观察模式
- 显示形式
- 三维坐标系统
- 基本三维绘制

# 10.1 观察模式

AutoCAD 在增强原有的动态观察功能和相机功能的前提下又增加了漫游和飞行以及运动路径动画功能。

## 10.1.1 动态观察

AutoCAD 提供了具有交互控制功能的三维动态观测器，用三维动态观测器用户可以实时地控制和改变当前视口中创建的三维视图，以得到用户期望的效果。

### 1. 受约束的动态观察

【执行方式】

- 命令行：3DORBIT。
- 菜单栏：选择菜单栏中的“视图”→“动态观察”→“受约束的动态观察”命令。
- 快捷菜单：启用交互式三维视图后，在视口中右击，弹出的快捷菜单如图 10-1 所示，选择“其他导航模式”→“受约束的动态观察”命令。
- 工具栏：单击“动态观察”工具栏中的“受约束的动态观察”按钮，或单击“三维导航”工具栏中的“受约束的动态观察”按钮，如图 10-2 所示。

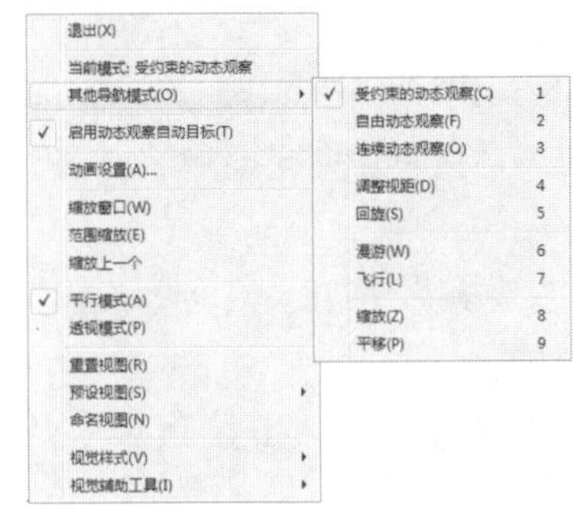


图 10-1 快捷菜单

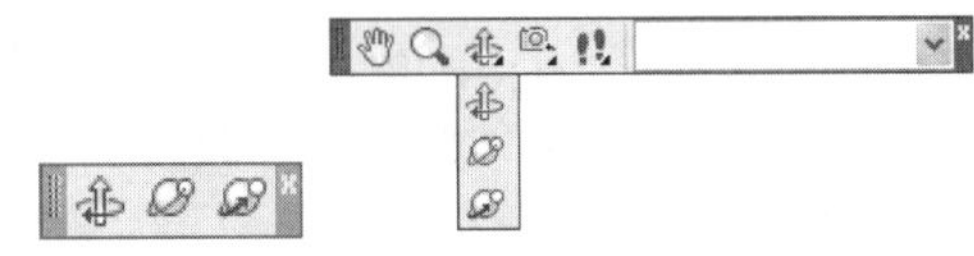

图 10-2 “动态观察”和“三维导航”工具栏

- 功能区：单击“视图”选项卡“导航”面板上的“动态观察”下拉菜单中的“动态观察”按钮，如图 10-3 所示。

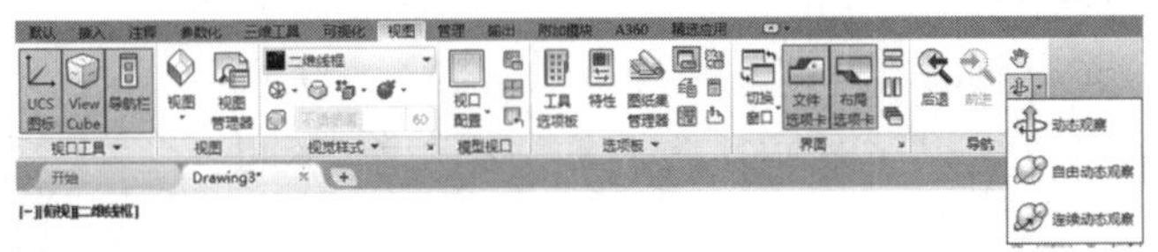


图 10-3 “动态观察”下拉菜单

【操作步骤】

命令行提示与操作如下：

```
命令:3DORBIT↙
```

执行该命令后，视图的目标将保持静止，而视点将围绕目标移动。但是，从用户的视点看起来就像三维模型正在随着鼠标光标拖动而旋转。用户可以以此方式指定模型的任意视图。

系统显示三维动态观察光标图标。如果水平拖动光标，相机将平行于世界坐标系（WCS）的 *XY* 平面移动。如果垂直拖动光标，相机将沿 *Z* 轴移动，如图 10-4 所示。

a)

b)

图 10-4　受约束的三维动态观察

a）原始图形　b）拖动鼠标

注意

“3DORBIT”命令处于活动状态时，无法编辑对象。

**2. 自由动态观察**

**【执行方式】**

- 命令行：3DFORBIT。
- 菜单栏：选择菜单栏中的“视图”→“动态观察”→“自由动态观察”命令。
- 快捷菜单：启用交互式三维视图后，在视口中单击右键弹出快捷菜单，如图 10-1 所示，选择“自由动态观察”选项。
- 工具栏：单击“动态观察”工具栏中的“自由动态观察”按钮，或单击“三维导航”工具栏中的“自由动态观察”按钮，如图 10-2 所示。
- 功能区：单击“视图”选项卡“导航”面板上的“动态观察”下拉菜单中的“自由动态观察”按钮。

**【操作步骤】**

命令行提示与操作如下：

```
命令:3DFORBIT↙
```

执行该命令后，在当前视口出现一个绿色的大圆，在大圆上有 4 个绿色的小圆，如图 10-5 所示。此时通过拖动鼠标就可以对视图进行旋转观测。

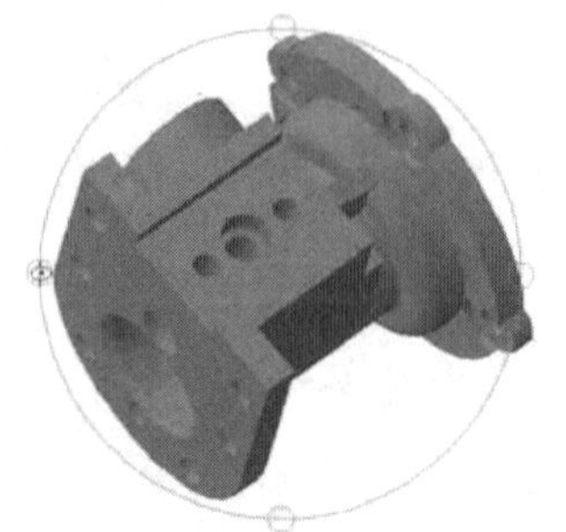

图 10-5　自由动态观察

在三维动态观测器中，查看目标的点被固定，用户可以利用鼠标控制相机位置绕观察对象旋转得到动态的观测效果。当鼠标在绿色大圆的不同位置进行拖动时，鼠标的表现形式是不同的，视图的旋转方向也不同。视图的旋转由光标的表现形式和其位置决定的。鼠标在不同位置时有、、、几种表现形式，拖动这些图标，分别对对象进行不同形式旋转。

### 3. 连续动态观察

【执行方式】

- 命令行：3DCORBIT。
- 菜单栏：选择菜单栏中的“视图”→“动态观察”→“连续动态观察”命令。
- 快捷菜单：启用交互式三维视图后，在视口中右击，弹出快捷菜单，如图 10-1 所示，选择“其他导航模式”→“连续动态观察”命令。
- 工具栏：单击“动态观察”工具栏中的“连续动态观察”按钮，或单击“三维导航”工具栏中的“连续动态观察”按钮，如图 10-2 所示。
- 功能区：单击“视图”选项卡“导航”面板上的“动态观察”下拉菜单中的“连续动态观察”按钮。

【操作步骤】

命令行提示与操作如下：

```
命令:3DCORBIT↙
```

执行该命令后，界面出现动态观察图标，按住鼠标左键拖动，图形按鼠标拖动方向旋转，旋转速度为鼠标的拖动速度，如图 10-6 所示。

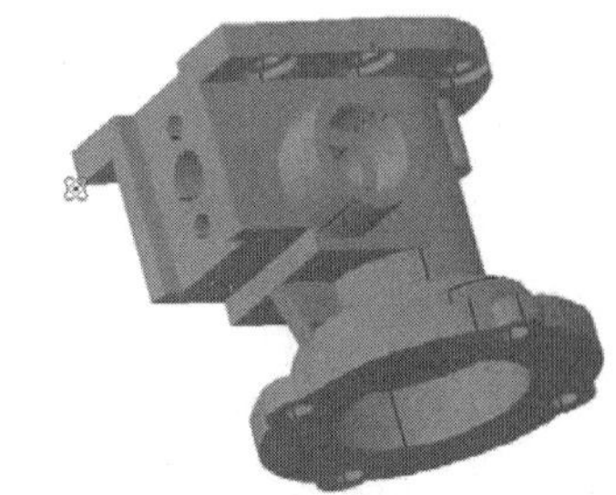

图 10-6 连续动态观察

## 10.1.2 控制盘

使用该功能，可以方便地观察图形对象。

【执行方式】

- 命令行：NAVSWHEEL。
- 菜单栏：选择菜单栏中的“视图”→“Steeringwheels”命令。

【操作步骤】

命令行提示与操作如下：

```
命令:NAVSWHEEL↙
```

执行该命令后，显示控制盘，如图 10-7 所示，控制盘随着鼠标一起移动，在控制盘中选择某项显示命令，并按住鼠标左键，移动鼠标，则图形对象进行相应的显示变化。单击控制盘上的按钮，系统打开如图 10-8 所示的快捷菜单，可以进行相关操作。单击控制盘上的×按钮，则关闭控制盘。

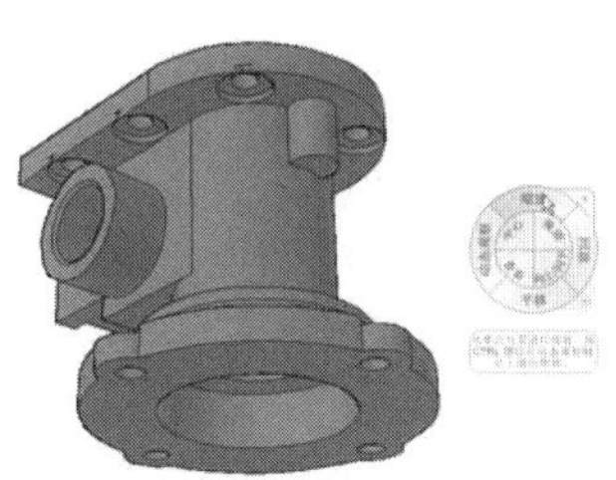

图 10-7 控制盘

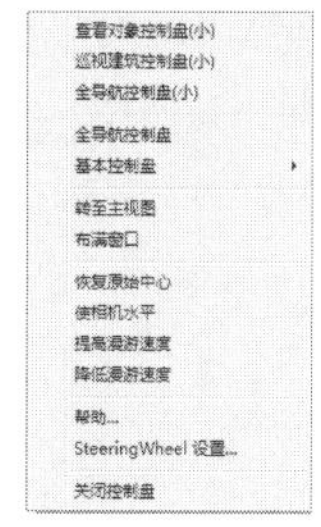


图 10-8 快捷菜单

# 10.2 显示形式

AutoCAD 中，三维实体有多种显示形式，包括二维线框、三维线框、三维消隐、真实、概念和消隐等显示形式。

## 10.2.1 消隐

【执行方式】

- 命令行：HIDE。
- 菜单栏：选择菜单栏中的“视图”→“消隐”命令。
- 工具栏：单击“渲染”工具栏中的“隐藏”按钮。
- 功能区：单击“视图”选项卡“视觉样式”面板中的“隐藏”按钮。

【操作步骤】

命令行提示与操作如下：

```
命令:HIDE↙
```

系统将被其他对象挡住的图线隐藏起来，以增强三维视觉效果，如图 10-9 所示。

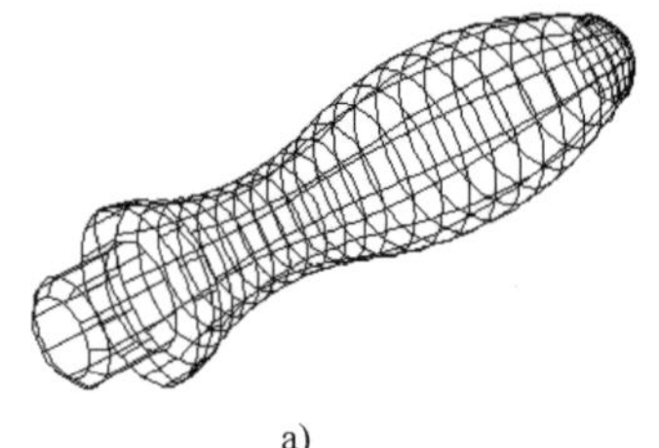

a)

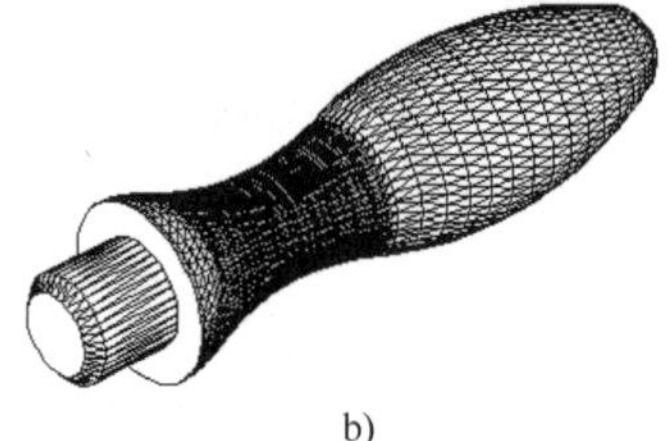

b)

图 10-9　消隐效果

a）消隐前　b）消隐后

## 10.2.2 视觉样式

【执行方式】

- 命令行：VSCURRENT。
- 菜单栏：选择菜单栏中的“视图”→“视觉样式”→“二维线框”等命令。
- 工具栏：单击“视觉样式”工具栏中的“二维线框”按钮等。
- 功能区：单击“视图”选项卡“视觉样式”面板中的“二维线框”按钮等。

【操作步骤】

命令行提示与操作如下：

```
命令:VSCURRENT↙
输入选项[二维线框(2)/线框(W)/隐藏(H)/真实(R)/概念(C)/着色(S)/带边缘着色(E)/灰度(G)/勾画(SK)/X 射线(X)/其他(O)]<二维线框>:
```

【选项说明】

（1）二维线框（2）：用直线和曲线表示对象的边界。光栅和 OLE 对象、线型和线宽都是可见的。即使将 COMPASS 系统变量的值设置为 1，也不会出现在二维线框视图中。图 10–10 所示是 UCS 坐标和手柄的二维线框图。

（2）线框（W）：显示用直线和曲线表示边界的对象。显示着色三维 UCS 图标。可将 COMPASS 系统变量设定为 1 来查看坐标球。图 10–11 所示是 UCS 坐标和手柄的三维线框图。

（3）隐藏（H）：显示用线框表示的对象并隐藏表示后向面的直线。图 10–12 所示是 UCS 坐标和手柄的消隐图。

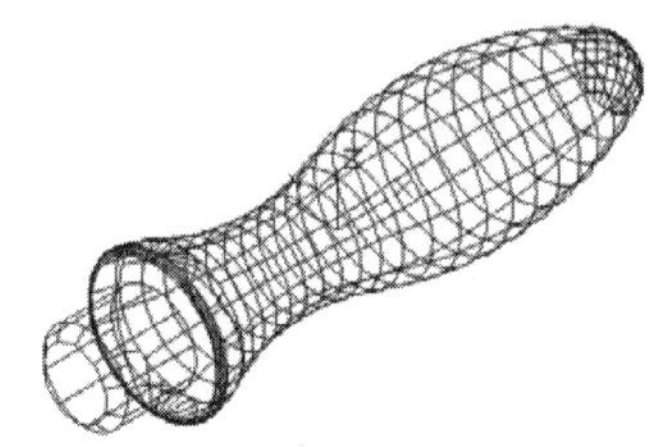

图 10–10　二维线框图

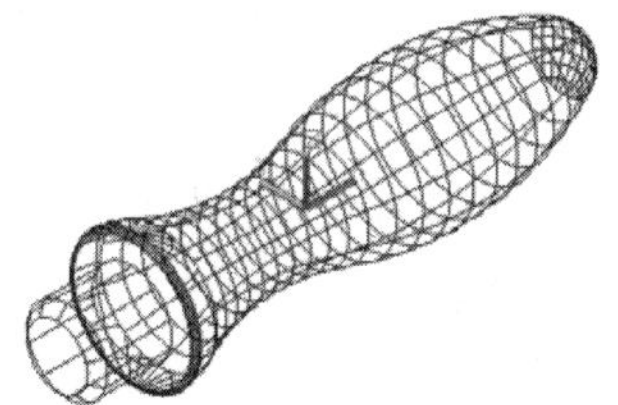

图 10–11　三维线框图

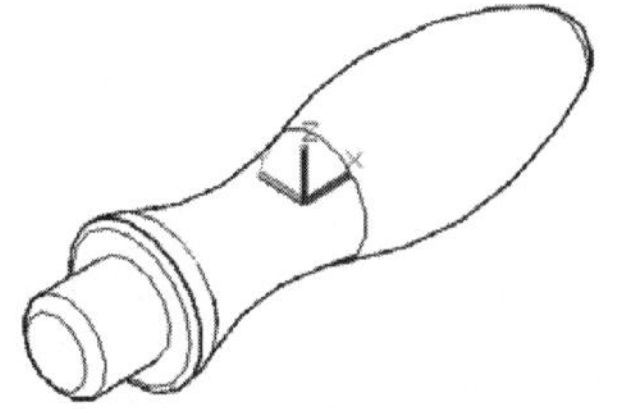

图 10–12　消隐图

（4）真实（R）：着色多边形平面间的对象，并使对象的边平滑化。如果已为对象附着材质，将显示已附着到对象的材质。图 10–13 所示是 UCS 坐标和手柄的真实图。

（5）概念（C）：着色多边形平面间的对象，并使对象的边平滑化。着色使用冷色和暖色之间的过渡。效果缺乏真实感，但是可以更方便地查看模型的细节。图 10–14 所示是 UCS 坐标和手柄的概念图。

（6）着色（S）：产生平滑的着色模型。图 10–15 所示是 UCS 坐标和手柄的着色图。

图 10–13　真实图

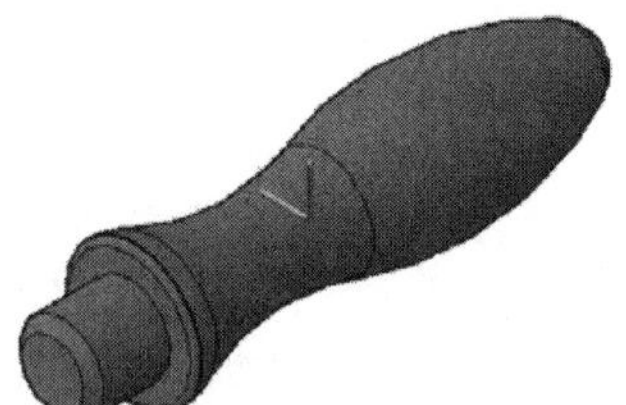

图 10–14　概念图

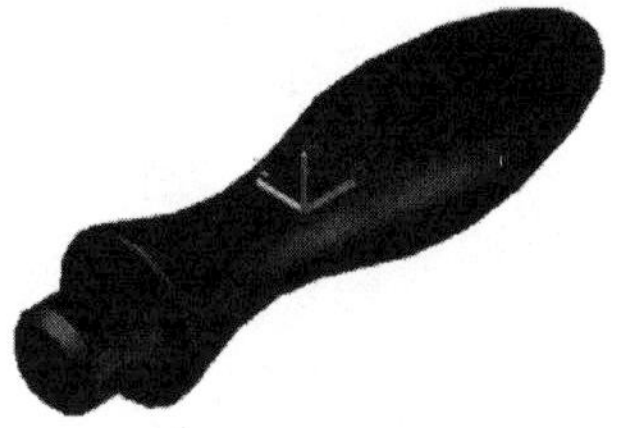

图 10–15　着色图

（7）带边缘着色（E）：产生平滑、带有可见边的着色模型。图 10–16 所示是 UCS 坐标和手柄的带边缘着色图。

（8）灰度（G）：使用单色面颜色模式可以产生灰色效果。图 10–17 所示是 UCS 坐标和手柄的灰度图。

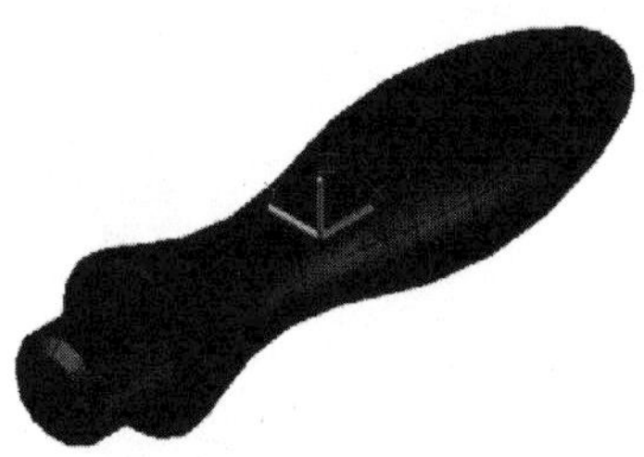

图 10–16　带边缘着色图

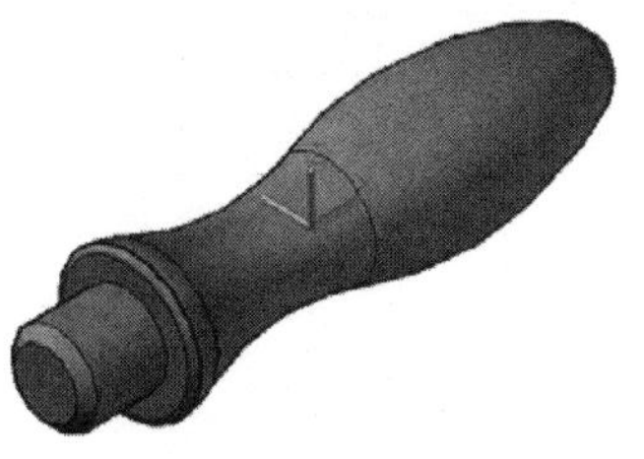

图 10–17　灰度图

（9）勾画（SX）：使用外伸和抖动产生手绘效果。图 10-18 所示是 UCS 坐标和手柄的勾画图。

（10）X 射线（X）：更改面的不透明度使整个场景变成部分透明。图 10-19 所示是 UCS 坐标和手柄的 X 射线图。

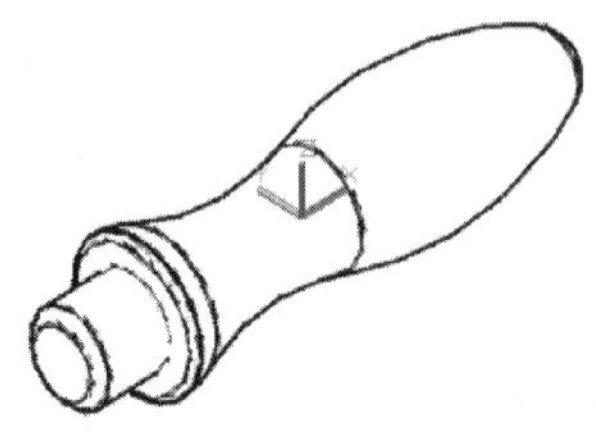

图 10-18　勾画图

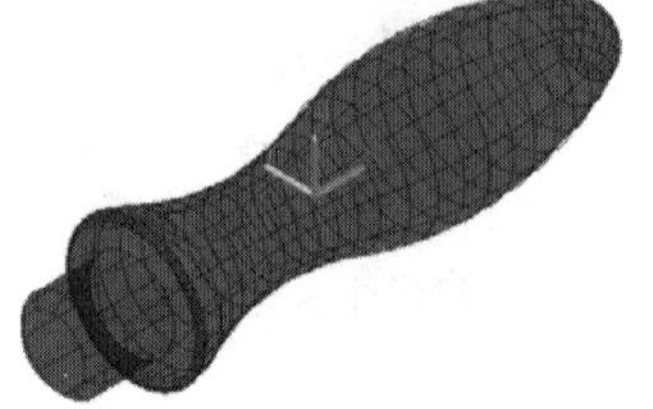

图 10-19　X 射线图

（11）其他（O）：“输入视觉样式名称［?］：”输入当前图形中的视觉样式的名称或输入“?”以显示名称列表并重复该提示。

## 10.2.3 视觉样式管理器

### 【执行方式】

- 命令行：VISUALSTYLES。
- 菜单栏：选择菜单栏中的“视图”→“视觉样式”→“视觉样式管理器”命令，或选择菜单栏中的“工具”→“选项板”→“视觉样式”命令。
- 工具栏：单击“视觉样式”工具栏中的“视觉样式管理器”按钮。
- 功能区：单击“视图”选项卡“视觉样式”面板中的“对话框起动器”按钮。

### 【操作步骤】

命令行提示与操作如下：

```
命令:VISUALSTYLES↙
```

执行该命令后，系统打开视觉样式管理器，可以对视觉样式的各参数进行设置，如图 10-20 所示。图 10-21 所示为按图 10-20 进行设置的概念图的显示结果。

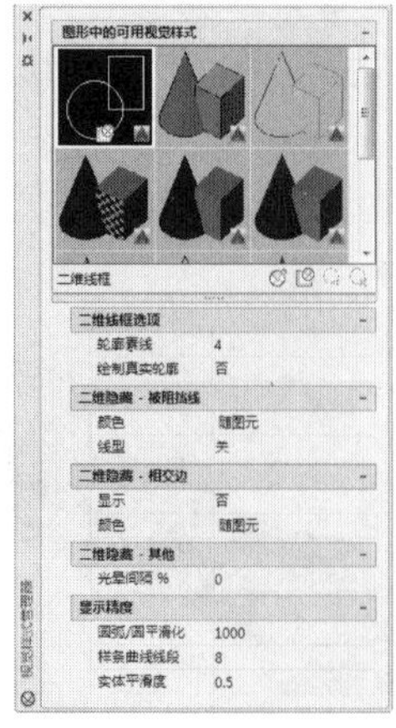


图 10-20　视觉样式管理器

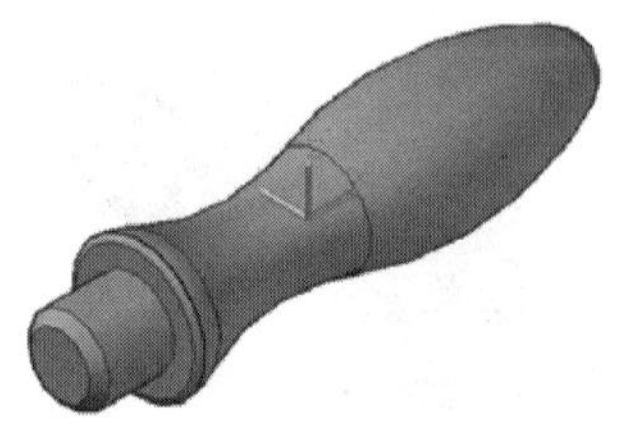

图 10-21　显示结果

# 10.3 三维坐标系统

AutoCAD 使用的是笛卡儿坐标系。AutoCAD 使用的直角坐标系有两种类型，一种是绘制二维图形时常用的坐标系，即世界坐标系（WCS），由系统默认提供。世界坐标系又称通用坐标系或绝对坐标系。对于二维绘图来说，世界坐标系足以满足要求。为了方便创建三维模型，AutoCAD 允许用户根据自己的需要设定坐标系，即用户坐标系（UCS）。合理地创建 UCS，用户可以方便地创建三维模型。

## 10.3.1 坐标系建立

【执行方式】

- 命令行：UCS。
- 菜单栏：选择菜单栏中的“工具”→“新建 UCS”命令。
- 工具栏：单击“UCS”工具栏中的“UCS”按钮。
- 功能区：单击“视图”选项卡“坐标”面板中的“UCS”按钮（图 10-22）。

图 10-22 “坐标”面板

【操作步骤】

命令行提示与操作如下：

```
命令:UCS↙
当前 UCS 名称:*世界*
指定 UCS 的原点或[面(F)/命名(NA)/对象(OB)/上一个(P)/视图(V)/世界(W)/X/Y/Z/Z 轴(ZA)]<世界>:
```

【选项说明】

（1）指定 UCS 的原点：使用一点、两点或三点定义一个新的 UCS。如果指定单个点 1，当前 UCS 的原点将会移动而不会更改 *X*、*Y* 和 *Z* 轴的方向。选择该选项，系统提示：

```
指定 X 轴上的点或<接受>:继续指定 X 轴通过的点 2 或直接按<Enter>键接受原坐标系 X 轴为新坐标系 X 轴
指定 XY 平面上的点或<接受>:继续指定 XY 平面通过的点 3 以确定 Y 轴或直接按<Enter>键接受原坐标系 XY 平面为新坐标系 XY 平面,根据右手法则,相应的 Z 轴也同时确定
```

示意图如图 10-23 所示。

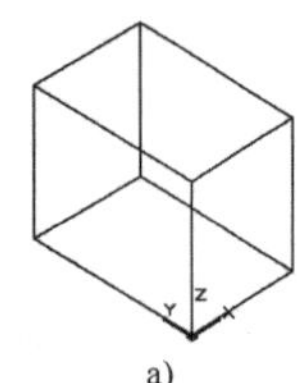
a)

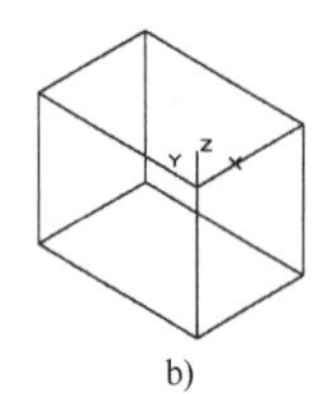
b)

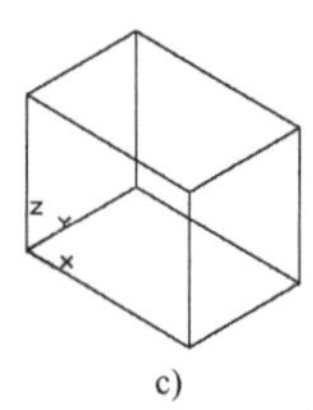
c)

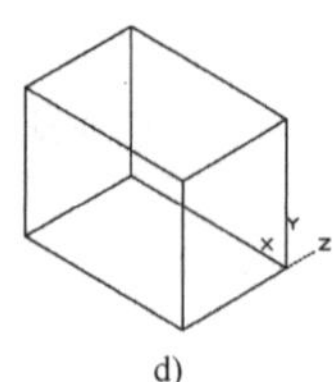
d)

图 10-23　指定原点
a) 原坐标点　b) 指定一点　c) 指定两点　d) 指定三点

(2) 面 (F)：将 UCS 与三维实体的选定面对齐。要选择一个面，应在此面的边界内或面的边上单击，被选中的面将亮显，UCS 的 *X* 轴将与找到的第一个面上的最近的边对齐。选择该选项，系统提示：

```
选择实体对象的面:选择面如 10-24 所示
```

如果选择“下一个”选项，系统将 UCS 定位于邻接的面或选定边的后向面。

(3) 对象 (OB)：根据选定三维对象定义新的坐标系，如图 10-25 所示。新建 UCS 的拉伸方向 (*Z* 轴正方向) 与选定对象的拉伸方向相同。选择该选项，系统提示：

```
选择对齐 UCS 的对象:选择对象
```

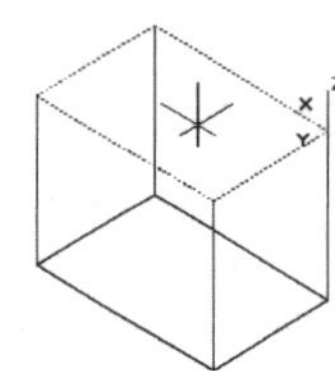
图 10-24　选择面确定坐标系

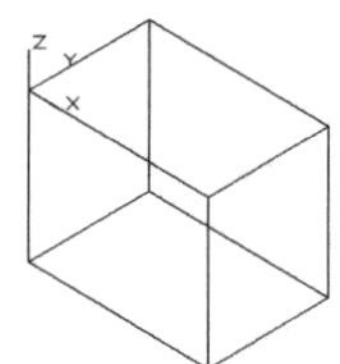
图 10-25　选择对象确定坐标系

对于大多数对象，新 UCS 的原点位于离选定对象最近的顶点处，并且 *X* 轴与一条边对齐或相切。对于平面对象，UCS 的 *XY* 平面与该对象所在的平面对齐。对于复杂对象，将重新定位原点，但是轴的当前方向保持不变。

**注意**

该选项不能用于下列对象：三维多段线、三维网格和构造线。

(4) 视图 (V)：以垂直于观察方向 (平行于屏幕) 的平面为 *XY* 平面，建立新的坐标系。UCS 原点保持不变。

(5) 世界 (W)：将当前用户坐标系设置为世界坐标系。WCS 是所有用户坐标系基准，不能被重新定义。

(6) X、Y、Z：绕指定轴旋转当前 UCS。

(7) Z 轴 (ZA)：用指定的 *Z* 轴正半轴定义 UCS。

### 10.3.2 动态 UCS

具体操作方法是：按下状态栏上的允许/禁止动态 UCS 按钮。

（1）可以使用动态 UCS 在三维实体的平整面上创建对象，而无需手动更改 UCS 方向。

在执行命令的过程中，当将光标移动到面上方时，动态 UCS 会临时将 UCS 的 *XY* 平面与三维实体的平整面对齐，如图 10-26 所示。

（2）动态 UCS 激活后，指定的点和绘图工具（如极轴追踪和栅格）都将与动态 UCS 建立的临时 UCS 相关联。

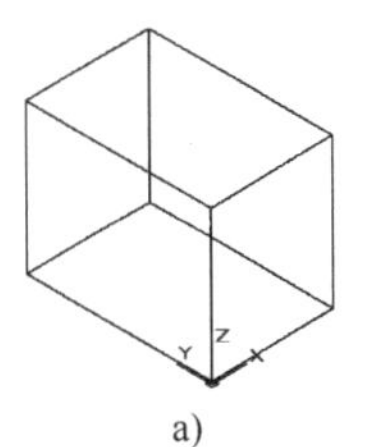
a)

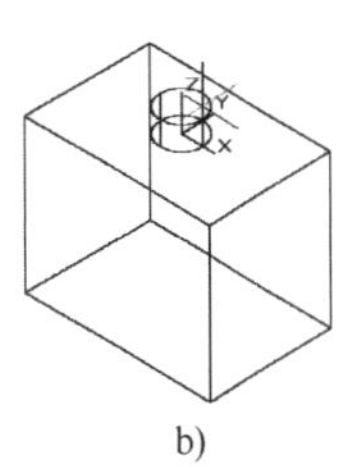
b)

图 10-26 动态 UCS
a）原坐标系 b）绘制圆柱体时的动态坐标系

# 10.4 视点设置

对三维造型而言，不同的角度和视点观察的效果完全不同，所谓“横看成岭侧成峰”。为了以合适的角度观察物体，需要设置观察的视点。AutoCAD 为用户提供了相关的方法。

## 10.4.1 利用对话框设置视点

AutoCAD 提供了“视点预置”功能，帮助用户事先设置观察视点。

【执行方式】

- 命令行：DDVPOINT。
- 菜单栏：选择菜单栏中的“视图”→“三维视图”→“视点预设”命令。

【操作步骤】

命令行提示与操作如下：

```
命令:DDVPOINT↙
```

执行“DDVPOINT”命令或选择相应的菜单命令，AutoCAD 弹出“视点预设”对话框，如图 10-27 所示。

在“视点预置”对话框中，左侧的图形用于确定视点和原点的连线在 *XY* 平面的投影与 *X* 轴正方向的夹角；右侧的图形用于确定视点和原点的连线与其在 *XY* 平面的投影的夹角。用户也可以在“自：X 轴”和“自：XY 平面”两个文本框内输入相应的角度。“设置为平面视图”按钮用于将三维视图设置为平面视图。用户设置好视点的角度后，单击“确定”按钮，AutoCAD 2018 按该视点显示图形。

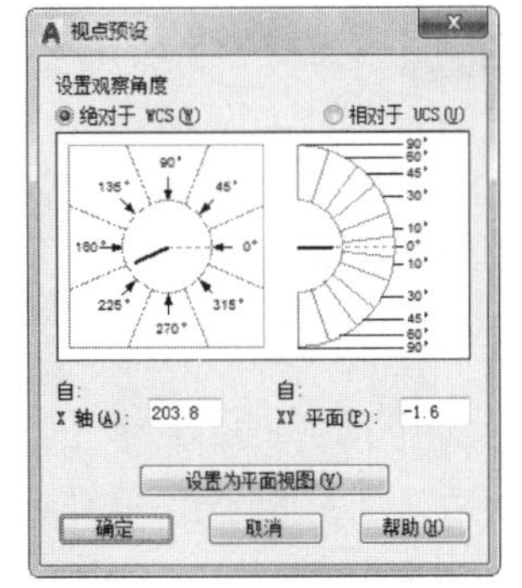


图 10-27 “视点预设”对话框

## 10.4.2 利用罗盘确定视点

在 AutoCAD 中，用户可以通过罗盘和三轴架确定视点。罗盘是以二维显示的地球仪，它的中心是北极（0,0,1），相当于视点位于 *Z* 轴的正方向；内部的圆环为赤道（*n*,*n*,0）；外部的圆环为南极（0,0,－1），相当于视点位于 *Z* 轴的负方向。

【执行方式】

- 命令行：VPOINT。
- 菜单栏：选择菜单栏中的“视图”→“三维视图”→“视点”命令。

【操作步骤】

命令行提示与操作如下：

```
命令:vpoint
当前视图方向:  VIEWDIR =0.0000,0.0000,1.0000
指定视点或[旋转(R)] <显示指南针和三轴架>:
```

“显示指南针和三轴架”是系统默认的选项，直接按〈Enter〉键即执行 <显示指南针和三轴架>命令，AutoCAD 出现如图 10-28 所示的罗盘和三轴架。

在图中，罗盘相当于球体的俯视图，十字光标表示视点的位置。确定视点时，拖动鼠标使光标在坐标球移动时，三轴架的 $X$、$Y$ 轴也会绕 $Z$ 轴转动。三轴架转动的角度与光标在坐标球上的位置相对应，光标位于坐标球的不同位置，对应的视点也不相同。当光标位于内环内部时，相当于视点在球体的上半球；当光标位于内环与外环之间时，相当于视点在球体的下半球。用户根据需要确定好视点的位置后按〈Enter〉键，AutoCAD 按该视点显示三维模型。

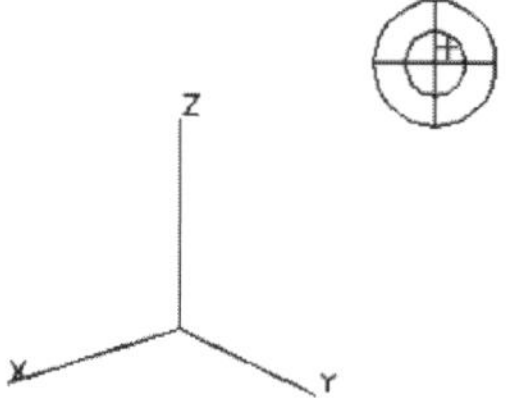

图 10-28　罗盘和三轴架

## 10.5　基本三维绘制

在三维图形中，有一些最基本的图形元素，它们是组成三维图形的最基本要素。下面依次进行讲解。

### 10.5.1 绘制三维点

点是图形中最简单的单元。前面已经学过二维点的绘制方法，三维点的绘制方法与二维类似，下面简要讲述。

【执行方式】

- 命令行：POINT。
- 菜单栏：选择菜单栏中的“绘图”→“点”→“单点”命令。
- 工具栏：单击“绘图”工具栏中的“点”按钮 。
- 功能区：单击“默认”选项卡“绘图”面板中的“多点”按钮 。

【操作步骤】

命令行提示与操作如下：

```
命令:POINT
指定点:
```

另外，绘制三维直线、构造线和样条曲线时，具体绘制方法与二维图形的绘制相似，因此不再赘述。

### 10.5.2 绘制三维多段线

在前面已学习过二维多段线的绘制方法，三维多段线的绘制方法与二维多段线类似，也是由具有宽度的线段和圆弧组成。只是这些线段和圆弧是空间的。下面具体讲述其绘制方法。

【执行方式】

- 命令行：3DPLOY。
- 菜单栏：选择菜单栏中的“绘图”→“三维多段线”。
- 功能区：单击“默认”选项卡“绘图”面板中的“三维多段线”按钮。

【操作步骤】

命令行提示与操作如下：

```
命令:3DPLOY↙
指定多段线的起点:指定某一点或者输入坐标点
指定直线的端点或[放弃(U)]:指定下一点
```

### 10.5.3 绘制三维面

三维面是指以空间 3 个点或 4 个点组成一个面。可以通过任意指定 3 点或 4 点来绘制三维面。下面具体讲述其绘制方法。

【执行方式】

- 命令行：3DFACE（快捷命令：3F）。
- 菜单栏：选择菜单栏中的“绘图”→“建模”→“网格”→“三维面”命令。

【操作步骤】

命令行提示与操作如下：

```
命令:3DFACE↙
指定第一点或[不可见(I)]:指定某一点或输入 I
```

【选项说明】

（1）指定第一点：输入某一点的坐标或用鼠标确定某一点，以定义三维面的起点。在输入第一点后，可按顺时针或逆时针方向输入其余的点，以创建普通三维面。如果在输入 4 点后按 <Enter> 键，则以指定的第 4 点生成一个空间的三维平面。如果在提示下继续输入第二个平面上的第 3 点和第 4 点坐标，则生成第二个平面。该平面以第一个平面的第 3 点和第 4 点作为第二个平面的第一点和的二点，创建第二个三维平面。继续输入点可以创建用户要创建的其他平面，按 <Enter> 键结束。

（2）不可见（I）：控制三维面各边的可见性，以便创建有孔对象的正确模型。如果在输入某一边之前输入“I”，则可以使该边不可见。图 10-29 所示为创建一长方体时某一边使用“I”命令和不使用“I”命令的视图比较。

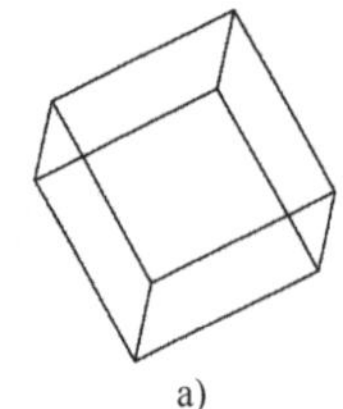

a)

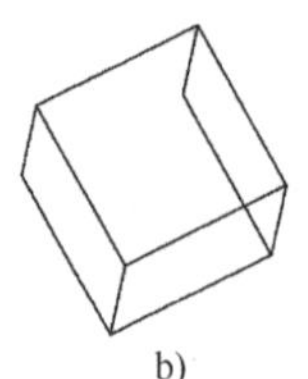

b)

图 10-29 “不可见”命令选项视图比较
a）可见边 b）不可见边

### 10.5.4 绘制多边网格面

在 AutoCAD 中，可以指定多个点来组成空间平面，下面简要介绍其具体方法。

【执行方式】

- 命令行：PFACE。

【操作步骤】

命令行提示与操作如下：

```
命令:PFACE↙
指定顶点 1 的位置:输入点 1 的坐标或指定一点
指定顶点 2 的位置或<定义面>:输入点 2 的坐标或指定一点
… …
指定顶点 n 的位置或<定义面>:输入点 n 的坐标或指定一点
```

在输入最后一个顶点的坐标后，在提示下直接按<Enter>键，命令行提示与操作如下：

```
输入顶点编号或[颜色(C)/图层(L)]:输入顶点编号或输入选项
```

输入平面上顶点的编号后，根据指定的顶点序号，AutoCAD 会生成一平面。当确定了一个平面上的所有顶点之后，在提示状态下按<Enter>键，AutoCAD 则指定另外一个平面上的顶点。

### 10.5.5 绘制三维网格

在 AutoCAD 中，可以指定多个点来组成三维网格，这些点按指定的顺序来确定其空间位置。下面简要介绍其具体方法。

【执行方式】

- 命令行：3DMESH。

【操作步骤】

命令行提示与操作如下：

```
命令:3DMESH↙
输入 M 方向上的网格数量: 输入 2～256 之间的值
输入 N 方向上的网格数量: 输入 2～256 之间的值
```

```
指定顶点(0,0)的位置：输入第一行第一列的顶点坐标
指定顶点(0,1)的位置：输入第一行第二列的顶点坐标
指定顶点(0,2)的位置：输入第一行第三列的顶点坐标
… …
指定顶点(0,N-1)的位置：输入第一行第N列的顶点坐标
指定顶点(1, 0)的位置：输入第二行第一列的顶点坐标
指定顶点(1, 1)的位置：输入第二行第二列的顶点坐标
… …
指定顶点(1, N-1)的位置：输入第二行第N列的顶点坐标
… …
指定顶点(M-1, N-1)的位置：输入第M行第N列的顶点坐标
```

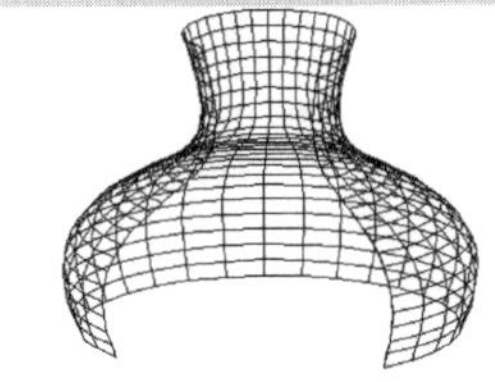

图 10-30　三维网格表面

图 10-30 所示为绘制的三维网格表面。

## 10.5.6 绘制三维螺旋线

【执行方式】

- 命令：HELIX。
- 菜单栏：选择菜单栏中的“绘图”→“螺旋”命令。
- 工具栏：单击“建模”工具栏中的“螺旋”按钮。
- 功能区：单击“默认”选项卡“绘图”面板“螺旋”按钮。

【操作步骤】

命令行提示与操作如下：

```
命令:HELIX↙
圈数=3.0000　　扭曲=CCW 螺旋线的当前设置
指定底面的中心点:指定螺旋线底面的中心点。该底面与当前 UCS 或动态 UCS 的 XY 面平行
指定底面半径或[直径(D)]:输入螺旋线的底面半径或通过“直径(D)”选项输入直径
指定顶面半径或[直径(D)]:输入螺旋线的顶面半径或通过“直径(D)”选项输入直径
指定螺旋高度或[轴端点(A)/圈数(T)/圈高(H)/扭曲(W)]:
```

【选项说明】

（1）指定螺旋高度：指定螺旋线的高度。执行该选项，输入高度值后按〈Enter〉键，即可绘制出对应的螺旋线。

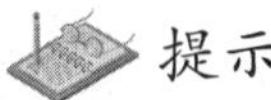

提示

可以通过拖曳的方式动态确定螺旋线的各尺寸。

（2）轴端点（A）：确定螺旋线轴的另一端点位置。执行该选项，AutoCAD 提示如下。

```
指定轴端点:
```

在此提示下指定轴端点的位置即可。指定轴端点后，所绘螺旋线的轴线沿螺旋线底面中心点与轴端点的连线方向，即螺旋线底面不再与 UCS 的 XY 面平行。

（3）圈数（T）：设置螺旋线的圈数（默认值为 3，最大值为 500）。执行该选项，Auto-

CAD 提示如下。

```
输入圈数:
```

在此提示下输入圈数值即可。

(4) 圈高 (H): 指定螺旋线一圈的高度。即圈间距，又称为节距，指螺旋线旋转一圈后，沿轴线方向移动的距离。执行该选项，AutoCAD 提示如下。

```
指定圈间距:
```

根据提示响应即可。

(5) 扭曲 (W): 确定螺旋线的旋转方向，即旋向。执行该选项，AutoCAD 提示如下。

```
输入螺旋的扭曲方向[顺时针(CW)/逆时针(CCW)]<CCW>:
```

根据提示响应即可。

图 10-31 所示为底面半径为 50，顶面半径为 30，高度为 60 的螺旋线。

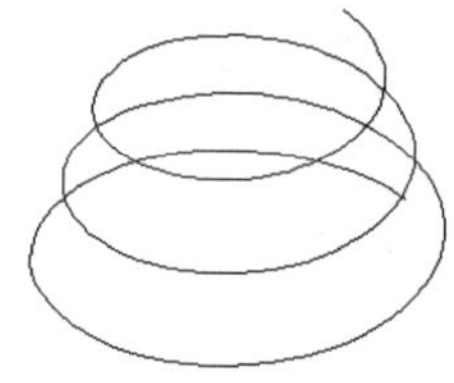

图 10-31　螺旋线

## 10.6　名师点拨

**1. 三维坐标系显示设置。**

在三维视图中用动态观察器旋转模型，可以不同角度观察模型。单击“西南等轴测”按钮，返回原坐标系；单击“前视”“后视”“左视”“右视”等按钮，观察模型后，再单击“西南等轴测”按钮，坐标系发生变化。

**2. 如何设置视点?**

在“视点预置”对话框中，如果选用了相对于 UCS 的选择项，关闭对话框，再执行“VPOINT”命令时，系统默认为相对于当前的 UCS 设置视点。其中，视点只确定观察的方向，没有距离的概念。

**3. “隐藏”命令的应用。**

在创建复杂的模型时，一个文件中往往存在有多个实体造型，以至于无法观察被遮挡的实体，此时可以将当前不需要操作的实体造型隐藏起来，即可对需要操作的实体进行编辑操作。完成后再利用显示所有实体命令来把隐藏的实体显示出来。

**4. 网格面绘制技巧。**

如果在顶点的序号前加负号，则生成的多边形网格面的边界不可见。系统变量 SPLFRAME 控制不可见边界的显示。如果变量值非 0，不可见边界变成可见，而且能够进行编辑；如果变量值为 0，则保持边界的不可见性。

## 10.7　上机实验

### 【练习】利用三维动态观察器观察泵盖图形

**1. 目的要求**

为了更清楚地观察三维图形，了解三维图形各部分各方位的结构特征，需要从不同视角

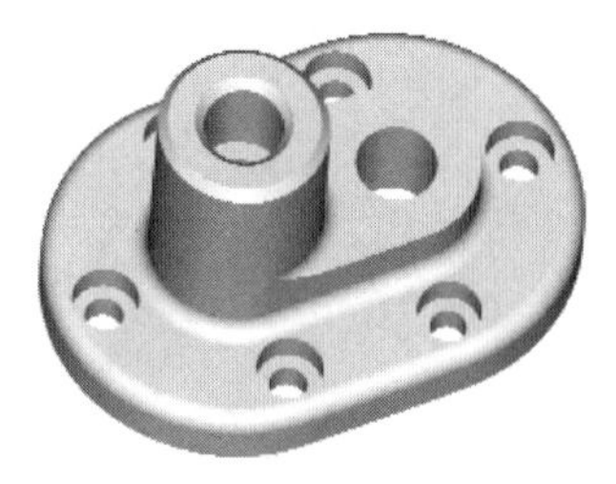

图 10-32　泵盖

观察三维图形，利用三维动态观察器能够方便地对三维图形进行多方位观察。通过绘制如图 10-32 所示的泵盖图形，要求读者掌握从不同视角观察物体的方法。

**2. 操作提示**

（1）打开三维动态观察器。

（2）灵活利用三维动态观察器的各种工具进行动态观察。

## 10.8　思考与练习

（1）在对三维模型进行操作时，错误的是（　　）。

A. 消隐指的是显示用三维线框表示的对象并隐藏表示后向面的直线

B. 在三维模型使用着色后，使用“重画”命令可停止着色图形以网格显示

C. 用于着色操作的工具条名称是视觉样式

D. “SHADEMODE”命令配合参数实现着色操作

（2）在 Streering Wheels 控制盘中，单击“动态观察”选项，可以围绕轴心进行动态观察，动态观察的轴心使用鼠标加（　　）键可以调整。

A. 〈Shift〉　　B. 〈Ctrl〉　　C. 〈Alt〉　　D. 〈Tab〉

（3）viewcube 默认放置在绘图窗口的（　　）位置。

A. 右上　　B. 右下　　C. 左上　　D. 左下

（4）用“VPOINT”命令，输入视点坐标（-1，-1，1）后，结果同以下哪个三维视图（　　）。

A. 西南等轴测　　B. 东南等轴测　　C. 东北等轴测　　D. 西北等轴测

（5）UCS 图标默认样式中，下面哪些说法是不正确的？（　　）

A. 三维图标样式　　B. 线宽为 0

C. 模型空间的图标颜色为白　　D. “布局”选项卡图标颜色为颜色 160

（6）下列（　　）命令可以实现修改三维面的边的可见性。

A. EDGE　　B. PEDIT　　C. 3DFACE　　D. DDMODIFY

# 第 11 章

# 绘制和编辑三维表面

随着 CAD 技术的普及，越来越多的工程技术人员使用 AutoCAD 进行工程设计。虽然在工程设计中通常都使用二维图形来描述三维实体，但是由于三维图形的逼真效果，以及可以通过三维立体图直接得到透视图或平面效果图，因此，计算机三维设计越来越受到工程技术人员的青睐。

内容要点

- 基本三维网格图元
- 三维网格
- 三维曲面
- 三维编辑

# 11.1 绘制基本三维网格图元

三维基本图元与三维基本形体表面类似，有长方体表面、圆柱体表面、棱锥面、楔体表面、球面、圆锥面和圆环面等。

## 11.1.1 绘制网格长方体

【执行方式】

- 命令行：_. MESH。
- 菜单栏：选择菜单栏中的“绘图”→“建模”→“网格”→“图元”→“长方体”命令。
- 工具栏：单击“平滑网格图元”工具栏中的“网络长方体”按钮。
- 功能区：单击“三维工具”选项卡“建模”面板中的“网格长方体”按钮。

【操作步骤】

命令行提示与操作如下：

```
命令:_. MESH
当前平滑度设置为:0
输入选项[长方体(B)/圆锥体(C)/圆柱体(CY)/棱锥体(P)/球体(S)/楔体(W)/圆环体(T)/
设置(SE)]<长方体>:_BOX
指定第一个角点或[中心(C)]:给出长方体角点
指定其他角点或[立方体(C)/长度(L)]:给出长方体其他角点
指定高度或[两点(2P)]:给出长方体的高度
```

【选项说明】

(1) 指定第一个角点/角点：设置网格长方体的第一个角点。

(2) 中心（C）：设置网格长方体的中心。

(3) 立方体（C）：将长方体的所有边设置为长度相等。

(4) 长度（L）：设置网格长方体沿 $Y$ 轴的长度。

(5) 指定高度：设置网格长方体沿 $Z$ 轴的高度。

(6) 两点（2P）：基于两点之间的距离设置高度。

## 11.1.2 绘制网格圆锥体

【执行方式】

- 命令行：_. MESH。
- 菜单栏：选择菜单栏中的“绘图”→“建模”→“网格”→“图元”→“圆锥体(C)”命令。
- 工具栏：单击“平滑网格图元”工具栏中的“网络圆锥体”按钮。
- 功能区：单击“三维工具”选项卡“建模”面板中的“网络圆锥体”按钮。

【操作步骤】

命令行提示与操作如下：

```
命令:_.MESH
当前平滑度设置为:0
输入选项[长方体(B)/圆锥体(C)/圆柱体(CY)/棱锥体(P)/球体(S)/楔体(W)/圆环体(T)/设置(SE)]<长方体>:_CONE
指定底面的中心点或[三点(3P)/两点(2P)/切点、切点、半径(T)/椭圆(E)]:
指定底面半径或[直径(D)]:
指定高度或[两点(2P)/轴端点(A)/顶面半径(T)]<100.0000>:
```

【选项说明】

（1）指定底面的中心点：设置网格圆锥体底面的中心点。

（2）三点（3P）：通过指定三点设置网格圆锥体的位置、大小和平面。

（3）两点（2P，直径）：根据两点定义网格圆锥体的底面直径。

（4）切点、切点、半径（T）：定义具有指定半径，且与两个对象相切的网格圆锥体的底面。

（5）椭圆（E）：指定网格圆锥体的椭圆底面。

（6）指定底面半径：设置网格圆锥体底面的半径。

（7）直径（D）：设置圆锥体的底面直径。

（8）指定高度：设置网格圆锥体沿与底面所在平面垂直的轴的高度。

（9）两点（2P，高度）：通过指定两点之间的距离定义网格圆锥体的高度。

（10）轴端点（A）：设置圆锥体的顶点的位置，或圆锥体平截面顶面的中心位置。轴端点的方向可以为三维空间中的任意位置。

（11）顶面半径（T）：指定创建圆锥体平截面时圆锥体的顶面半径。

### 11.1.3 实例——足球门

利用前面学过的三维网格绘制的基本方法，绘制如图 11-1 所示的足球门。

【操作步骤】（实例演示\第 11 章\足球门.avi）

（1）选择菜单栏中的“视图”→“三维视图”→“视点”命令，对视点进行设置。命令行提示与操作如下：

```
命令:vpoint
当前视图方向:  VIEWDIR=0.0000,0.0000,1.0000
指定视点或[旋转(R)]<显示指南针和三轴架>:1,0.5,-0.5
```

（2）单击“默认”选项卡“绘图”面板中的“直线”按钮，在命令行提示下依次输入[(150,0,0)、(@-150,0,0)、(@0,0,260)、(@0,300,0)、(@0,0,-260)、(@150,0,0)]，[(0,0,260)、(@70,0,0)]和[(0,300,260)、(@70,0,0)]，绘制结果如图 11-2 所示。

（3）单击“默认”选项卡“绘图”面板中的“圆弧”按钮，用三点法绘制两段圆弧，坐标值分别为[(150,0,0)、(200,150)、(150,300)]和[(70,0,260)、(50,150)、(70,300)]，绘制结果如图 11-3 所示。

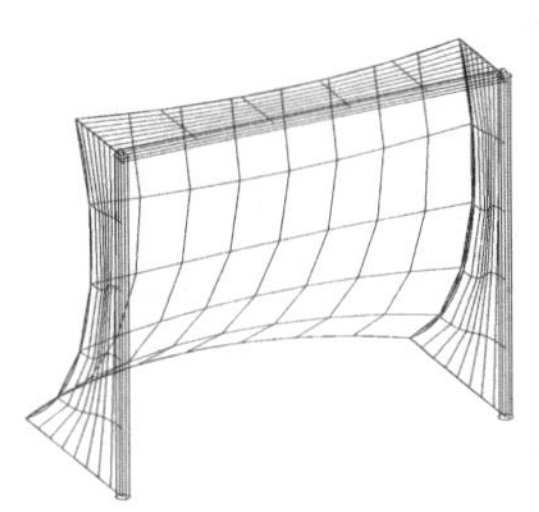
图 11-1 足球门

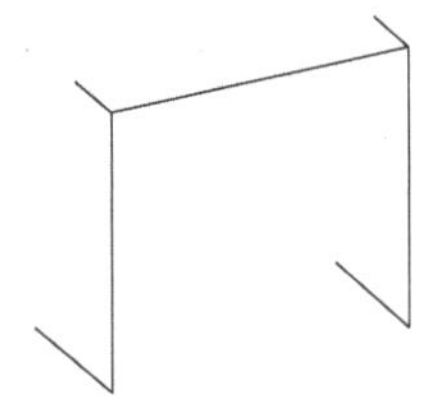
图 11-2 绘制直线

（4）调整当前坐标系，选择菜单栏中的“工具”→“新建 UCS”→“X”命令，命令行提示与操作如下：

```
命令:_ucs
当前 UCS 名称: * 世界 *
指定 UCS 的原点或[面(F)/命名(NA)/对象(OB)/上一个(P)/视图(V)/世界(W)/X/Y/Z/Z
轴(ZA)] <世界>_x
指定绕 X 轴的旋转角度<90>:
```

（5）单击“默认”选项卡“绘图”面板中的“圆弧”按钮，用三点法绘制两段圆弧，坐标值分别为［(150,0,0)、(50,130)、(70,260)］和［(150,0,-300)、(50,130)、(70,260)］，绘制结果如图 11-4 所示。

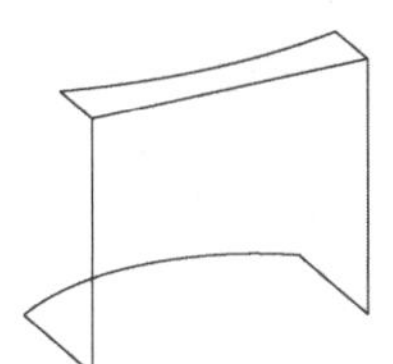
图 11-3 绘制圆弧

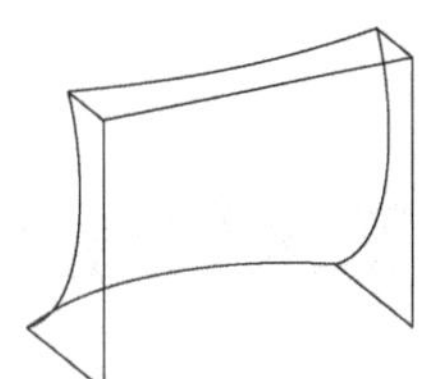
图 11-4 绘制弧线

（6）在命令行中输入“surftab1”“surftab2”，绘制边界曲面设置网格数，命令行提示与操作如下：

```
命令:surftab1
输入 SURFTAB1 的新值<6>:8
命令:surftab2
输入 SURFTAB2 的新值<6>:5
```

（7）选择菜单栏中的“绘图”→“建模”→“网格”→“边界网格”命令，命令行提示与操作如下：

```
命令:EDGESURF↙
当前线框密度:SURFTAB1 =8 SURFTAB2 =5
选择用作曲面边界的对象 1: 选择第一条边界线
选择用作曲面边界的对象 2: 选择第二条边界线
选择用作曲面边界的对象 3: 选择第三条边界线
选择用作曲面边界的对象 4: 选择第四条边界线
```

选择图形最左边四条边，绘制结果如图 11-5 所示。

（8）重复上述命令，填充其余面，效果如图 11-6 所示。

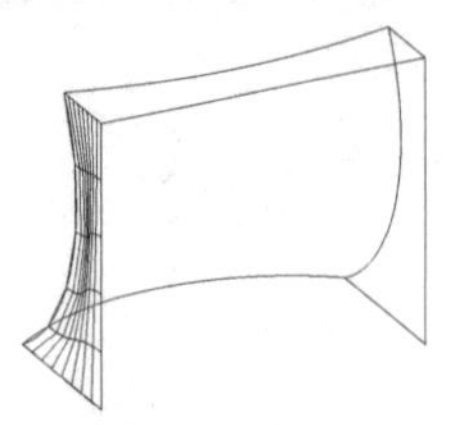

图 11-5　绘制边界曲面（一）

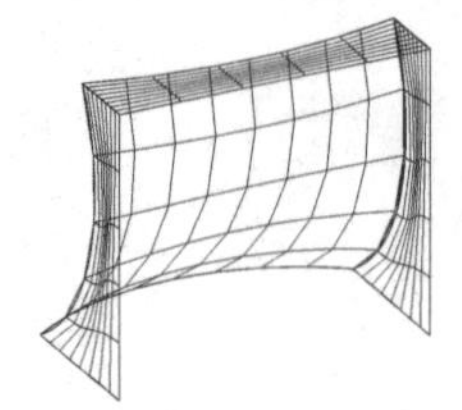

图 11-6　绘制边界曲面（二）

（9）选择菜单栏中的“绘图”→“建模”→“网格”→“图元”→“圆柱体”命令，绘制门柱。命令行提示与操作如下：

```
命令:mesh↙
当前平滑度设置为:0
输入选项[长方体(B)/圆锥体(C)/圆柱体(CY)/棱锥体(P)/球体(S)/楔体(W)/圆环体(T)/
设置(SE)]<圆柱体>:_CYLIND
指定底面的中心点或[三点(3P)/两点(2P)/切点、切点、半径(T)/椭圆(E)]:0,0,0
指定底面半径或[直径(D)]:5↙
指定高度或[两点(2P)/轴端点(A)]:a↙
指定轴端点:0,260,0↙
```

（10）用同样方法的绘制另两个圆柱体网格图元，底面中心点分别为（0,0,-300）和（0,260,0），底面半径都为5，轴端点分别为（@0,260,0）和（@0,0,-300），最终效果如图 11-1 所示。

# 11.2　绘制三维网格

与其他三维造型软件一样，AutoCAD 提供了多个典型的三维曲面绘制工具帮助用户建立一些典型的三维曲面，本节将重点进行介绍。

## 11.2.1 直纹网格

### 【执行方式】

- 命令行：RULESURF。
- 菜单栏：选择菜单栏中的“绘图”→“建模”→“网格”→“直纹网格”命令。
- 功能区：单击“三维工具”选项卡“建模”面板中的“直纹曲面”按钮。

### 【操作步骤】

命令行提示与操作如下：

```
命令:RULESURF↙
当前线框密度:SURFTAB1=6
选择第一条定义曲线:指定的一条曲线
选择第二条定义曲线:指定的二条曲线
```

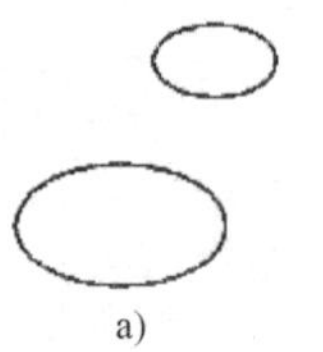

a)

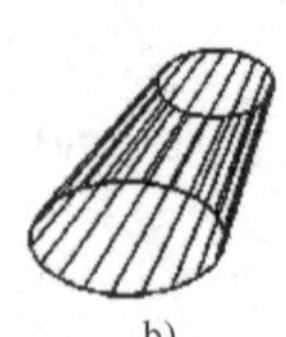

b)

图 11-7　绘制直纹曲面

a）作为草图的圆　b）生成的直纹曲面

下面来生成一个简单的直纹曲面。首先将视图转换为西南轴测图，然后绘制如图 11-7a 所示的两个圆作为草图，执行“直纹网格”（RULESURF）命令，分别拾取绘制的两个圆作为第一条和第二条定义曲线，得到的直纹曲面如图 11-7b 所示。

### 11.2.2 平移网格

【执行方式】

- 命令行：TABSURF。
- 菜单栏：选择菜单栏中的“绘图”→“建模”→“网格”→“平移网格”命令。
- 功能区：单击“三维工具”选项卡“建模”面板中的“平移曲面”按钮。

【操作步骤】

命令行提示与操作如下：

```
命令:TABSURF↙
当前线框密度:SURFTAB1 =6
选择用作轮廓曲线的对象:选择一个已经存在的轮廓曲线
选择用作方向矢量的对象:选择一个方向线
```

【选项说明】

（1）选择用作轮廓曲线的对象：轮廓曲线可以是直线、圆弧、圆、椭圆、二维或三维多段线。AutoCAD 从轮廓曲线上离选定点最近的点开始绘制曲面。

（2）选择用作方向矢量的对象：方向矢量指出形状的拉伸方向和长度。在多段线或直线上选定的端点决定拉伸的方向。

选择如图 11-8a 所示的六边形为轮廓曲线对象，以图 11-8a 所示的直线为方向矢量绘制的图形，如图 11-8b 所示。

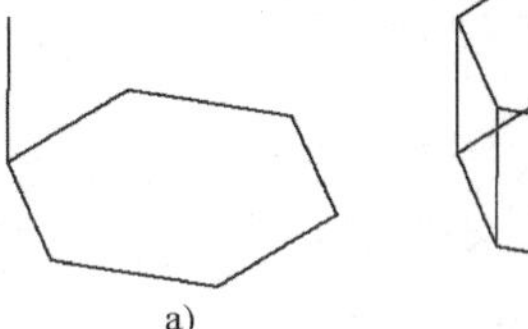


图 11-8 平移曲面的绘制
a）六边形和方向线 b）平移后的曲面

### 11.2.3 边界网格

【执行方式】

- 命令行：EDGESURF。
- 菜单栏：选择菜单栏中的“绘图”→“建模”→“网格”→“边界网格”命令。
- 功能区：单击“三维工具”选项卡“建模”面板中的“边界曲面”按钮。

【操作步骤】

命令行提示与操作如下：

```
命令:EDGESURF↙
当前线框密度:SURFTAB1 =6 SURFTAB2 =6
选择用作曲面边界的对象 1:指定第一条边界线
选择用作曲面边界的对象 2:指定第二条边界线
```

```
选择用作曲面边界的对象3:指定第三条边界线
选择用作曲面边界的对象4:指定第四条边界线
```

【选项说明】

系统变量 SURFTAB1 和 SURFTAB2 分别控制 M、N 方向的网格分段数。可通过在命令行输入"SURFTAB1"改变M方向的默认值，在命令行输入"SURFTAB2"改变N方向的默认值。

下面生成一个简单的边界曲面。首先将视图转换为西南轴测图，绘制4条首尾相连的边界，如图11-9a所示。在绘制边界的过程中，为了方便绘制，可以首先绘制一个基本三维表面中的立方体作为辅助立体，在它上面绘制边界，然后再将其删除。执行"边界网格"（EDGESURF）命令，分别拾取绘制的四条边界，则得到如图11-9b所示的边界曲面。

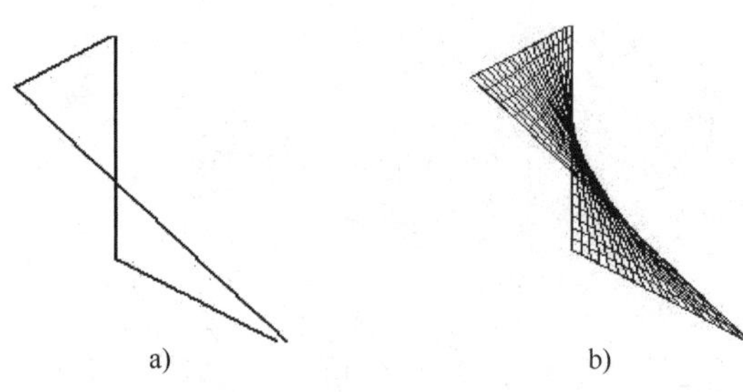


图11-9　边界曲面

a）边界曲线　b）生成的边界曲面

## 11.2.4 旋转网格

【执行方式】

- 命令行：REVSURF。
- 菜单栏：选择菜单栏中的"绘图"→"建模"→"网格"→"旋转网格"命令。

【操作步骤】

命令行提示与操作如下：

```
命令:REVSURF↙
当前线框密度:SURFTAB1 =6　SURFTAB2 =6
选择要旋转的对象:指定已绘制好的直线、圆弧、圆或二维或三维多段线
选择定义旋转轴的对象:指定已绘制好的用作旋转轴的直线或是开放的二维、三维多段线
指定起点角度 <0 >:输入值或按 <Enter> 键
指定夹度( += 逆时针, -= 顺时针) <360 >:输入值或按 <Enter> 键
```

【选项说明】

（1）起点角度如果设置为非零值，平面将从生成路径曲线位置的某个偏移处开始旋转。

（2）夹角用来指定绕旋转轴旋转的角度。

（3）系统变量 SURFTAB1 和 SURFTAB2 用来控制生成网格的密度。SURFTAB1 指定在旋转方向上绘制的网格线的数目。SURFTAB2 将指定绘制的网格线数目进行等分。

图 11-10 所示为利用“REVSURF”命令绘制的花瓶。

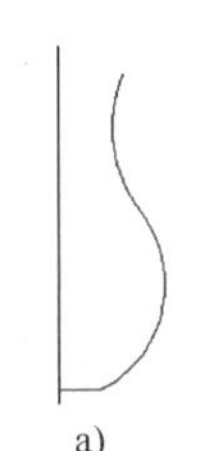
a)

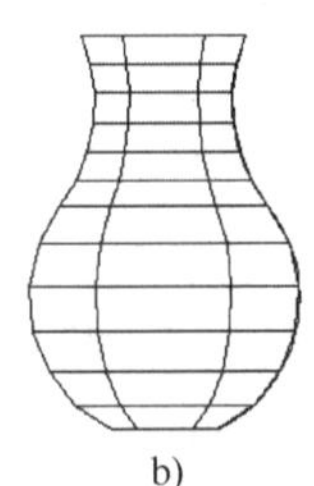
b)

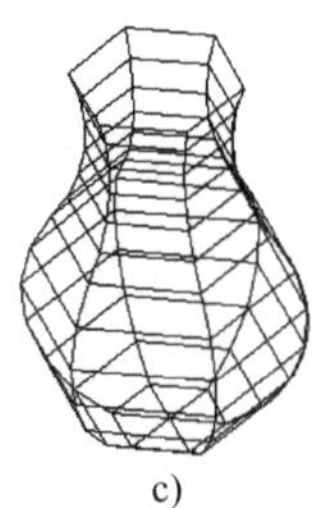
c)

图 11-10 绘制花瓶
a）轴线和回转轮廓线 b）回转面 c）调整视角

## 11.2.5 实例——弹簧

用“REVSURF”命令绘制如图 11-11 所示的弹簧。

**【操作步骤】（实例演示\第 11 章\弹簧 . avi）**

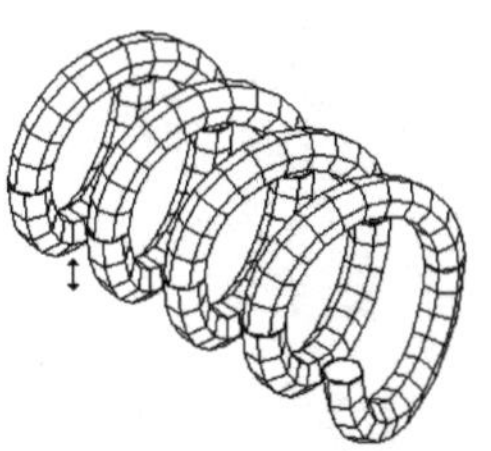
图 11-11 弹簧

（1）利用“UCS”命令设置用户坐标系。命令行提示与操作如下：

```
命令:UCS↙
当前 UCS 名称:*世界*
指定 UCS 的原点或[面(F)/命名(NA)/对象(OB)/上一个(P)/
视图(V)/世界(W)/X/Y/Z/Z 轴(ZA)]<世界>:200,200,0↙
指定 X 轴上的点或<接受>:↙
```

（2）单击“默认”选项卡“绘图”面板中的“多段线”按钮，绘制多段线。命令行提示与操作如下：

```
命令:PLINE↙
指定起点:0,0,0↙
当前线宽为 0.0000
指定下一个点或[圆弧(A)/半宽(H)/长度(L)/放弃(U)/宽度(W)]:@200<15
指定下一个点或[圆弧(A)/半宽(H)/长度(L)/放弃(U)/宽度(W)]:@200<165
```

重复上述步骤，结果如图 11-12 所示。

（3）单击“默认”选项卡“绘图”面板中的“圆”按钮，指定多段线的起点为圆心，半径为 20，结果如图 11-13 所示。

（4）单击“默认”选项卡“修改”面板中的“复制”按钮，复制圆。结果如图 11-14 所示。重复上述步骤，结果如图 11-15 所示。

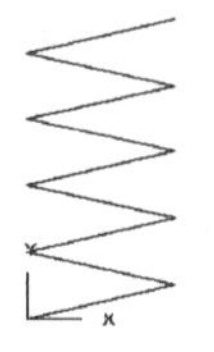
图1-12 绘制多段线

图 11-13 绘制圆

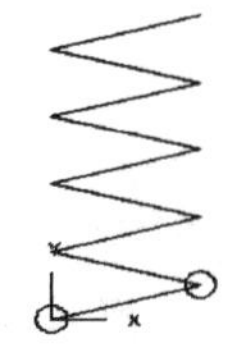
图 11-14 复制圆

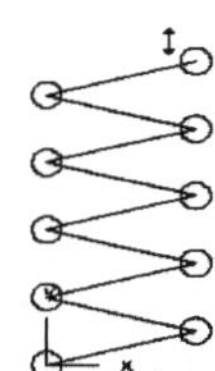
图 11-15 复制其余的圆

（5）单击“默认”选项卡“绘图”面板中的“直线”按钮╱，绘制线段。直线的起点为第一条多段线的中点，终点的坐标为（@50 <105），重复上述步骤，结果如图11-16所示。

（6）同样作线段。直线的起点为第一条多段线的中点，终点的坐标为（@50 <75），重复上述步骤，结果如图11-17所示。

（7）利用“SURFTAB1”和“SURFTAB2”命令修改线条密度为12。

（8）选择菜单栏中的“绘图”→“建模”→“网格”→“旋转网格”命令，旋转上述圆。命令行提示与操作如下：

```
命令:REVSURF↙
选择要旋转的对象:用鼠标单击选取第一个圆
选择定义旋转轴的对象:选中一根对称轴
指定起点角度<0>:↙
指定夹角(+=逆时针,-=顺时针)<360>:-180↙
```

结果如图11-18所示。重复上述步骤，结果如图11-19所示。

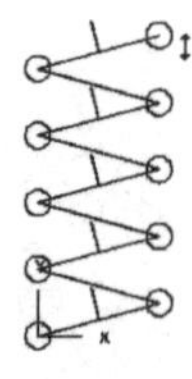

图11-16　绘制直线（一）

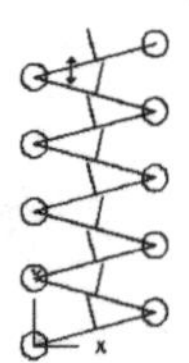

图11-17　绘制直线（二）

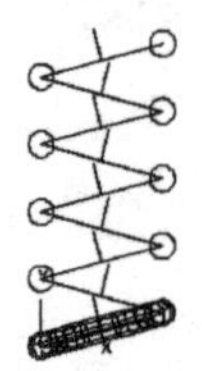

图11-18　绘制步骤（七）

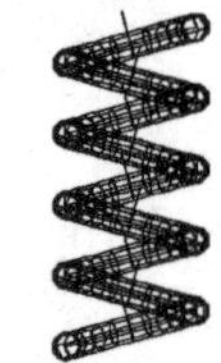

图11-19　绘制步骤（八）

（9）切换到东南视图。选择菜单栏中的“视图”→“三维视图”→“东南等轴测”命令。

（10）删除多余线条。单击“默认”选项卡“修改”面板中的“删除”按钮，删去多余的线条。

（11）选择菜单栏中的“视图”→“消隐”命令，在命令行输入“HIDE”命令对图形消隐，最终结果如图11-11所示。

## 11.3　绘制三维曲面

AutoCAD 2018提供了九种命令来创建和编辑曲面，本节主要介绍几种绘制和编辑曲面的方法，帮助读者熟悉三维曲面的功能。

### 11.3.1 平面曲面

【执行方式】

- 命令行：RLANESURF。
- 菜单栏：选择菜单栏中的“绘图”→“建模”→“曲面”→“平面”命令。
- 工具栏：单击“曲面创建”工具栏中的“平面曲面”按钮。
- 功能区：单击“三维工具”选项卡“曲面”面板中的“平面曲面”按钮。

【操作步骤】

命令行提示与操作如下：

```
命令:RLANESURF↙
指定第一个角点或[对象(O)]<对象>:指定第一角点
指定其他角点:指定第二角点
```

下面来生成一个简单的平面曲面。首先将视图转换为西南轴测图，然后绘制如图11-20a所示的矩形作为草图，执行“平面曲面”（RLANESURF）命令，拾取矩形为边界对象，得到的平面曲面如图11-20b所示。

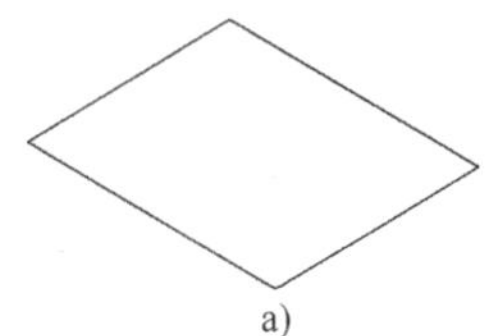

a)

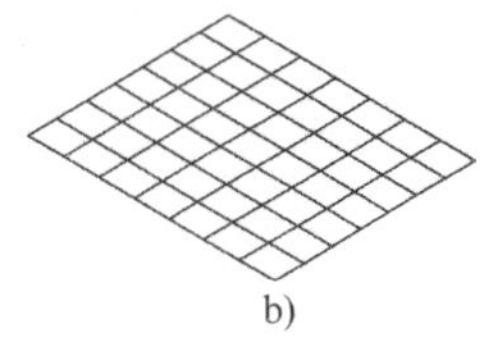

b)

图11-20 绘制平面曲面

a）作为草图的矩形 b）生成的平面曲面

### 11.3.2 偏移曲面

【执行方式】

- 命令行：SURFOFFSET。
- 菜单栏：选择菜单栏中的“绘图”→“建模”→“曲面”→“偏移”命令。
- 工具栏：单击“曲面创建”工具栏中的“曲面偏移”按钮。
- 功能区：单击“三维工具”选项卡“曲面”面板中的“曲面偏移”按钮。

【操作步骤】

命令行提示与操作如下：

```
命令:SURFOFFSET↙
连接相邻边 = 否
选择要偏移的曲面或面域:选择要偏移的曲面
指定偏移距离或[翻转方向(F)/两侧(B)/实体(S)/连接(C)/表达式(E)]<0.0000>:指定偏移距离
```

【选项说明】

(1) 指定偏移距离：指定偏移曲面和原始曲面之间的距离。

(2) 翻转方向（F）：反转箭头显示的偏移方向。

(3) 两侧（B）：沿两个方向偏移曲面。

(4) 实体（S）：从偏移创建实体。

(5) 连接（C）：如果原始曲面是连接的，则连接多个偏移曲面。

图11-21所示为利用“SURFOFFSET”命令创建偏移曲面的过程。

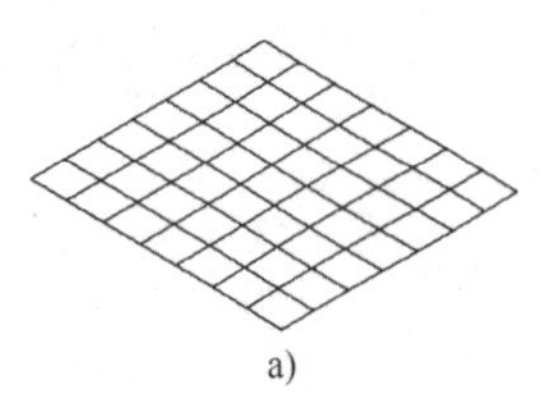
a)

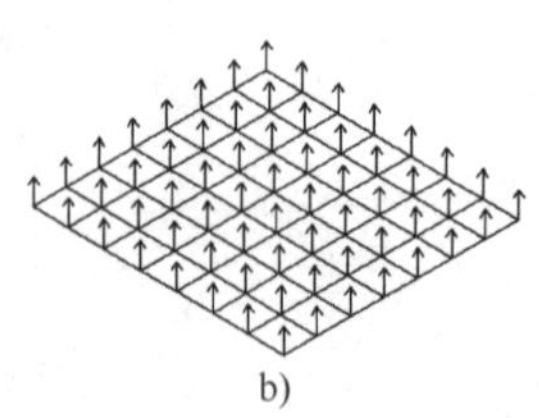
b)

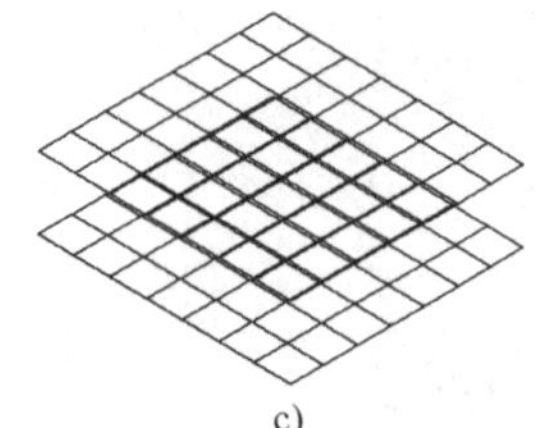
c)

图 11-21　偏移曲面
a）原始曲面　b）偏移方向　c）偏移曲面

## 11.3.3 过渡曲面

【执行方式】

- 命令行：SURFBLEND。
- 菜单栏：选择菜单栏中的“绘图”→“建模”→“曲面”→“过渡”命令。
- 工具栏：单击“曲面创建”工具栏中的“曲面过渡”按钮。
- 功能区：单击“三维工具”选项卡“曲面”面板中的“曲面过渡”按钮。

【操作步骤】

命令行提示与操作如下：

```
命令:SURFBLEND↙
连续性 = G1 - 相切,凸度幅值 = 0.5
选择要过渡的第一个曲面的边或[链(CH)]:选择如图 11-22 所示第一个曲面上的边 1,2
选择要过渡的第二个曲面的边或[链(CH)]:选择如图 11-22 所示第二个曲面上的边 3,4
按 Enter 键接受过渡曲面或[连续性(CON)/凸度幅值(B)]:按 <Enter> 键确认,结果如图 11-23
所示
```

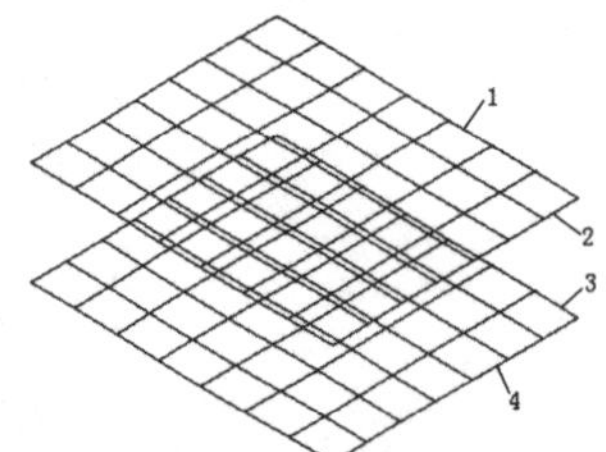

图 11-22　选择边

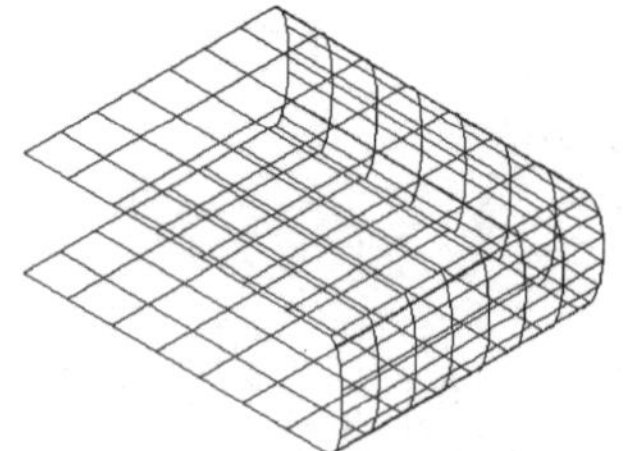
图 11-23　创建过渡曲面

【选项说明】

（1）选择要过渡的第一/二个曲面的边：选择边对象或者曲面或面域作为第一条边和第二条边。

（2）链（CH）：选择连续的连接边。

（3）连续性（CON）：测量曲面彼此熔合的平滑程度。默认值为 G0。选择一个值或使用夹点来更改连续性。

（4）凸度幅值（B）：设定过渡曲面边与其原始曲面相交处该过渡曲面边的圆度。

## 11.3.4 圆角曲面

【执行方式】

- 命令行：SURFFILLET。
- 菜单栏：选择菜单栏中的“绘图”→“建模”→“曲面”→“圆角”命令。
- 工具栏：单击“曲面创建”工具栏中的“曲面圆角”按钮。
- 功能区：单击“三维工具”选项卡“曲面”面板中的“曲面圆角”按钮。

【操作步骤】

命令行提示与操作如下：

```
命令:SURFFILLET↙
半径=0.0000,修剪曲面=是
选择要圆角化的第一个曲面或面域或者[半径(R)/修剪曲面(T)]:R↙
指定半径:指定半径值
选择要圆角化的第一个曲面或面域或者[半径(R)/修剪曲面(T)]:选择图11-24a中曲面1
选择要圆角化的第二个曲面或面域或者[半径(R)/修剪曲面(T)]:选择图11-24a中曲面2
```

结果如图11-20b所示。

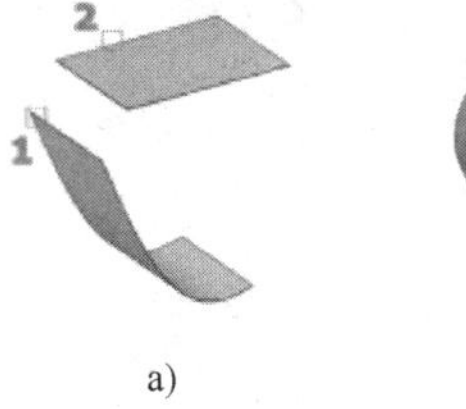


a)

b)

图11-24 创建圆角曲面

【选项说明】

(1) 选择要圆化的第一/二个曲面或面域：指定第一/二个曲面或面域。

(2) 半径（R）：指定圆角半径。使用圆角夹点或输入值来更改半径。输入的值不能小于曲面之间的间隙。

(3) 修剪曲面（T）：将原始曲面或面域修剪到圆角曲面的边。

## 11.3.5 网络曲面

【执行方式】

- 命令行：SURFFILLET。
- 菜单栏：选择菜单栏中的“绘图”→“建模”→“曲面”→“网络”命令。
- 工具栏：单击“曲面创建”工具栏中的“曲面网络”按钮。
- 功能区：单击“三维工具”选项卡“曲面”面板中的“曲面网络”按钮。

【操作步骤】

命令行提示与操作如下：

```
命令:SURFNETWORK↙
沿第一个方向选择曲线或曲面边:选择图11-25a中的曲线1
沿第一个方向选择曲线或曲面边:选择图11-25a中的曲线2
沿第一个方向选择曲线或曲面边:选择图11-25a中的曲线3
沿第一个方向选择曲线或曲面边:选择图11-25a中的曲线4
```

```
沿第一个方向选择曲线或曲面边:↙也可以继续选择相应的对象
沿第二个方向选择曲线或曲面边:选择图 11-25a 中的曲线 5
沿第二个方向选择曲线或曲面边:选择图 11-25a 中的曲线 6
沿第二个方向选择曲线或曲面边:选择图 11-25a 中的曲线 7
沿第二个方向选择曲线或曲面边:↙也可以继续选择相应的对象
```

结果如图 11-25b 所示。

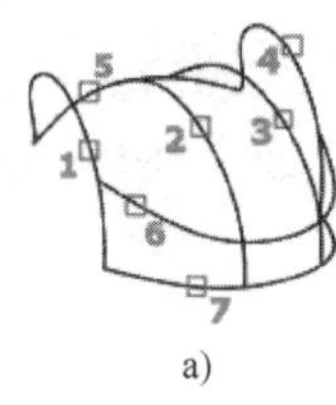


a)

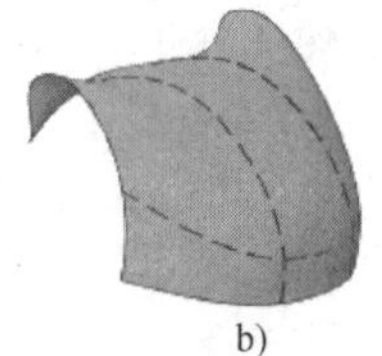

b)

图 11-25　创建网络曲面

### 11.3.6 修补曲面

创建修补曲面是指通过在已有的封闭曲面边上构成一个曲面的方式来创建一个新曲面，如图 11-26 所示。其中，图 11-26a 所示是已有曲面，图 11-26b 所示是创建出的修补曲面。

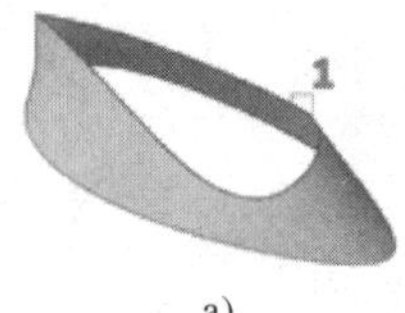


a)

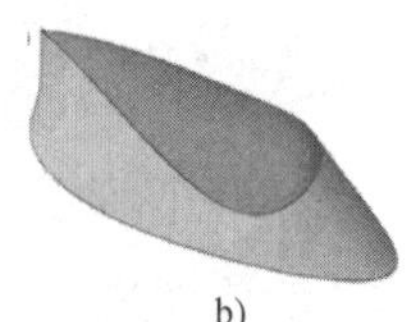

b)

图 11-26　创建修补曲面

【执行方式】

- 命令行：SURFPATCH。
- 菜单栏：选择菜单栏中的“绘图”→“建模”→“曲面”→“修补”命令。
- 工具栏：单击“曲面创建”工具栏中的“曲面修补”按钮。
- 功能区：单击“三维工具”选项卡“曲面”面板中的“曲面修补”按钮。

【操作步骤】

命令行提示与操作如下：

```
命令:SURFPATCH↙
选择要修补的曲面边或[链(CH)/曲线(CU)]<曲线>:选择对应的曲面边或曲线
选择要修补的曲面边或[链(CH)/曲线(CU)]<曲线>:↙也可以继续选择曲面边或曲线
按 Enter 键接受修补曲面或[连续性(CON)/凸度幅值(B)/约束几何图形(CONS)]:
```

【选项说明】

（1）连续性（CON）：设置修补曲面的连续性。

（2）凸度幅值（B）：设置修补曲面边与原始曲面相交时的圆滑程度。

（3）约束几何图形（CONS）：选择附加的约束曲线来构成修补曲面。

## 11.4　编辑曲面

一个曲面绘制完成后，有时需要修改其中的错误或者在此基础形成更复杂的造型，本节主要介绍如何修剪曲面和延伸曲面。

### 11.4.1 修剪曲面

【执行方式】

- 命令行：SURFTRIM。
- 菜单栏：选择菜单栏中的“修改”→“曲面编辑”→“修剪”命令。
- 工具栏：单击“曲面编辑”工具栏中的“曲面修剪”按钮。
- 功能区：单击“三维工具”选项卡“曲面”面板中的“曲面修剪”按钮。

【操作步骤】

命令行提示与操作如下：

```
命令:SURFTRIM↙
延伸曲面 = 是,投影 = 自动
选择要修剪的曲面或面域或者[延伸(E)/投影方向(PRO)]:选择如图 11-27 所示的曲面
选择剪切曲线、曲面或面域:选择如图 11-27 所示的曲线
选择要修剪的区域[放弃(U)]:选择如图 11-27 所示的区域,修剪结果如图 11-28 所示
```

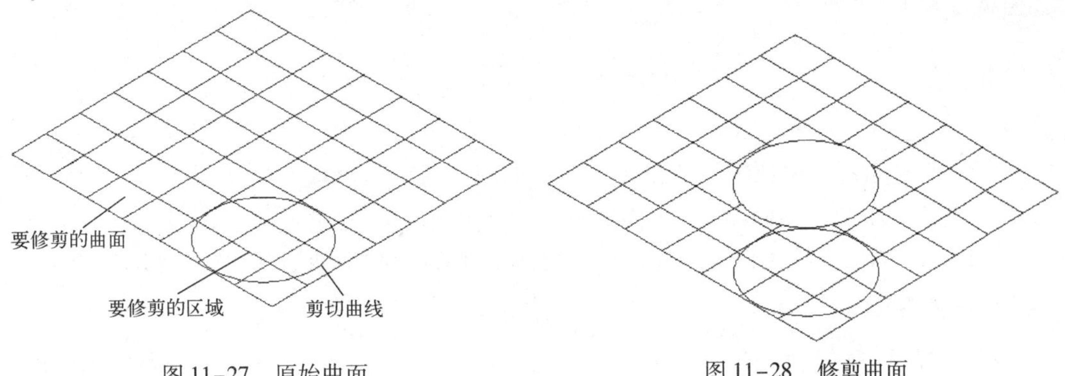


图 11-27 原始曲面　　图 11-28 修剪曲面

【选项说明】

（1）要修剪的曲面或面域：选择要修剪的一个或多个曲面或面域。

（2）延伸（E）：控制是否修剪剪切曲面以与修剪曲面的边相交。选择此选项，命令行提示如下：

```
延伸修剪几何图形[是(Y)/否(N)]<是>:
```

（3）投影方向（PRO）：剪切几何图形会投影到曲面。选择此选项，命令行提示如下：

```
指定投影方向[自动(A)/视图(V)/UCS(U)/无(N)]<自动>:
```

（4）自动（A）：在平面平行视图中修剪曲面或面域时，剪切几何图形将沿视图方向投影到曲面上；使用平面曲线在角度平行视图或透视视图中修剪曲面或面域时，剪切几何图形将沿与曲线平面垂直的方向投影到曲面上；使用三维曲线在角度平行视图或透视视图中修剪曲面或面域时，剪切几何图形将沿与当前 UCS 的 $Z$ 方向平行的方向投影到曲面上。

（5）视图（V）：基于当前视图投影几何图形。

（6）UCS（U）：沿当前 UCS 的 $+Z$ 和 $-Z$ 轴投影几何图形。

（7）无（N）：当剪切曲线位于曲面上时，才会修剪曲面。

## 11.4.2 取消修剪曲面

【执行方式】

- 命令行：SURFUNTRIM。
- 菜单栏：选择菜单栏中的“修改”→“曲面编辑”→“取消修剪”命令。
- 工具栏：单击“曲面编辑”工具栏中的“曲面取消修剪”按钮。
- 功能区：单击“三维工具”选项卡“曲面”面板中的“曲面取消修剪”按钮。

【操作步骤】

命令行提示与操作如下：

```
命令:SURFUNTRIM↙
选择要取消修剪的曲面边或[曲面(SUR)]:选择如图 11-28 所示的曲面,结果如图 11-27 所示
```

## 11.4.3 延伸曲面

【执行方式】

- 命令行：SURFEXTEND。
- 菜单栏：选择菜单栏中的“修改”→“曲面编辑”→“延伸”命令。
- 工具栏：单击“曲面编辑”工具栏中的“曲面延伸”按钮。
- 功能区：单击“三维工具”选项卡“曲面”面板中的“曲面延伸”按钮。

【操作步骤】

命令行提示与操作如下：

```
命令:SURFEXTEND↙
模式 = 延伸,创建 = 附加
选择要延伸的曲面边:选择如图 11-29 所示的边
指定延伸距离[表达式(E)/模式(M)]:输入延伸距离,或者拖动鼠标到适当位置,结果如图 11-30
所示
```

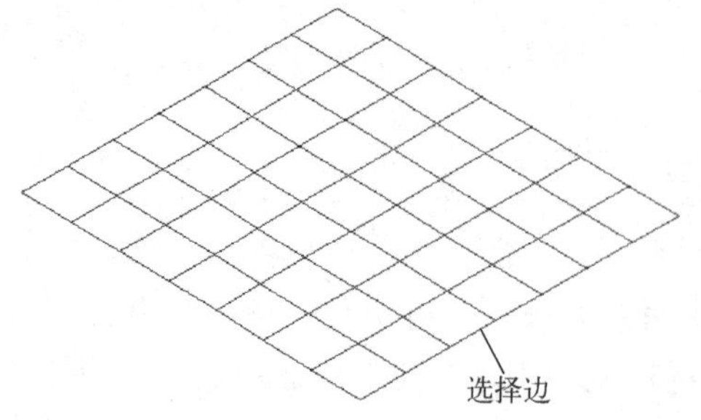


图 11-29　选择延伸边

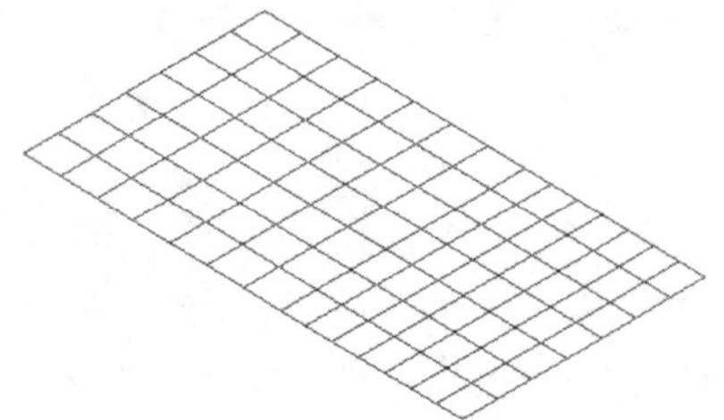

图 11-30　延伸曲面

【选项说明】

（1）指定延伸距离：指定延伸长度。

(2) 模式(M):选择此选项,命令行提示如下。

```
延伸模式[延伸(E)/拉伸(S)]<延伸>:S
创建类型[合并(M)/附加(A)]<附加>:
```

➢ 延伸(E):以尝试模仿并延续曲面形状的方式拉伸曲面。
➢ 拉伸(S):拉伸曲面,而不尝试模仿并延续曲面形状。
➢ 合并(M):将曲面延伸指定的距离,而不创建新曲面。如果原始曲面为 NURBS 曲面,则延伸的曲面也为 NURBS 曲面。
➢ 附加(A):创建与原始曲面相邻的新延伸曲面。

# 11.5 三维编辑

基本三维造型绘制完成后,为了进一步生成复杂的三维造型,有时需要用到一些三维编辑功能。正是这些功能的出现,极大地丰富了 AutoCAD 三维造型设计能力。

## 11.5.1 三维旋转

【执行方式】

- 命令行:3DROTATE。
- 菜单栏:选择菜单栏中的"修改"→"三维操作"→"三维旋转"命令。
- 工具栏:单击"建模"工具栏中的"三维旋转"按钮。
- 功能区:单击"三维工具"选项卡"选择"面板中的"三维旋转"按钮。

【操作步骤】

命令行提示与操作如下:

```
命令:3DROTATE↙
UCS 当前的正角方向:ANGDIR = 逆时针    ANGBASE = 0
选择对象:单击选取要旋转的对象
选择对象:选择下一个对象或按<Enter>键
指定基点:指定旋转基点
拾取旋转轴:指定旋转轴
指定角的起点或键入角度:输入角度
```

【选项说明】

(1) 基点:设定旋转中心点。

(2) 对象:选择已经绘制好的对象作为旋转曲面。

(3) 拾取旋转轴:在三维缩放小控件上指定旋转轴。

(4) 指定角的起点或键入角度:设定旋转的相对起点,也可以输入角度值。

图 11-31 所示为一棱锥表面绕某一轴顺时针旋转 30°的情形。

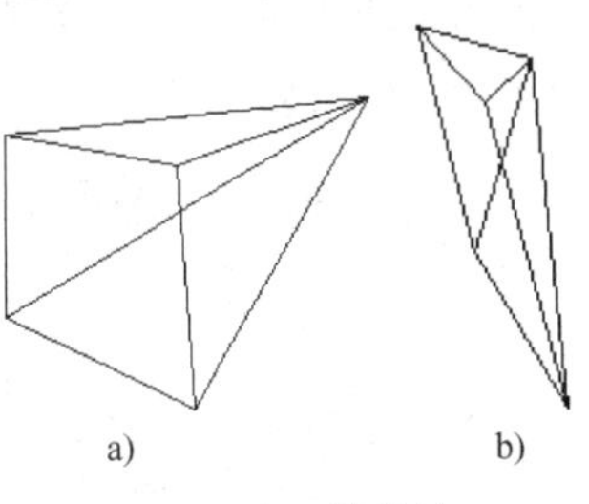


图 11-31 三维旋转
a) 旋转前 b) 旋转后

## 11.5.2 三维镜像

【执行方式】

- 命令行：MIRROR3D。
- 菜单栏：选择菜单栏中的“修改”→“三维操作”→“三维镜像”命令。

【操作步骤】

命令行提示与操作如下：

```
命令:MIRROR3D↙
选择对象:选择镜像的对象
选择对象:选择下一个对象或按<Enter>键
指定镜像平面(三点)的第一个点或[对象(O)/最近的(L)/Z 轴(Z)/视图(V)/XY 平面(XY)/
YZ 平面(YZ)/ZX 平面(ZX)/三点(3)]<三点>:
```

【选项说明】

（1）点：输入镜像平面上第一个点的坐标。该选项通过3个点确定镜像平面，是系统的默认选项。

（2）最近的（L）：相对于最后定义的镜像平面对选定的对象进行镜像处理。

（3）*Z*轴（Z）：利用指定的平面作为镜像平面。选择该选项后，系统出现如下提示。

```
在镜像平面上指定点:输入镜像平面上一点的坐标
在镜像平面的Z轴(法向)上指定点:输入与镜像平面垂直的任意一条直线上任意一点的坐标
是否删除源对象?[是(Y)/否(N)]:根据需要确定是否删除源对象
```

（4）视图（V）：指定一个平行于当前视图的平面作为镜像平面。

（5）*XY/YZ/ZX*平面（*XY/YZ/ZX*）：指定一个平行于当前坐标系的*XY/YZ/ZX*平面作为镜像平面。

## 11.5.3 三维阵列

【执行方式】

- 命令行：3DARRAY。
- 菜单栏：选择菜单栏中的“修改”→“三维操作”→“三维阵列”命令。
- 工具栏：单击“建模”工具栏中的“三维阵列”按钮。

【操作步骤】

命令行提示与操作如下：

```
命令:3DARRAY↙
选择对象:选择阵列的对象
选择对象:选择下一个对象或按<Enter>键
输入阵列类型[矩形(R)/环形(P)]<矩形>:
```

【选项说明】

（1）对图形进行矩形阵列复制。这是系统的默认选项，选择该选项后系统出现如下提示：

输入行数( --- ) < 1 > :输入行数

输入列数( ||| ) < 1 > :输入列数

输入层数(…) < 1 > :输入层数

指定行间距( --- ):输入行间距

指定列间距( ||| ):输入列间距

指定层间距(…):输入层间距

（2）对图形进行环形阵列复制。选择该选项后系统出现如下提示：

输入阵列中的项目数目:输入阵列的数目

指定要填充的角度( + = 逆时针, - = 顺时针) < 360 > :输入环形阵列的圆心角

旋转阵列对象? [是(Y)/否(N)] < 是 > :确定阵列上的每一个图形是否根据旋转轴线的位置进行旋转

指定阵列的中心点:输入旋转轴线上一点的坐标

指定旋转轴上的第二点:输入旋转轴上另一点的坐标

图 11-32 所示为 3 层 3 行 3 列间距分别为 300 的圆柱的矩形阵列；图 11-33 所示为圆柱的环形阵列。

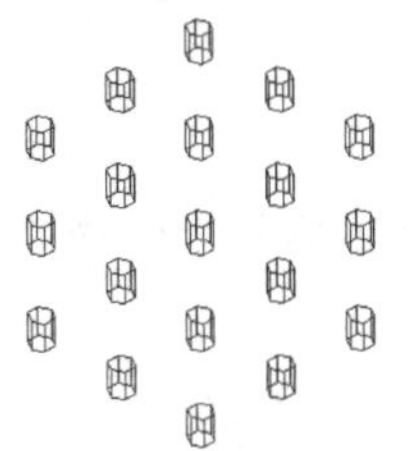

图 11-32　三维图形的矩形阵列

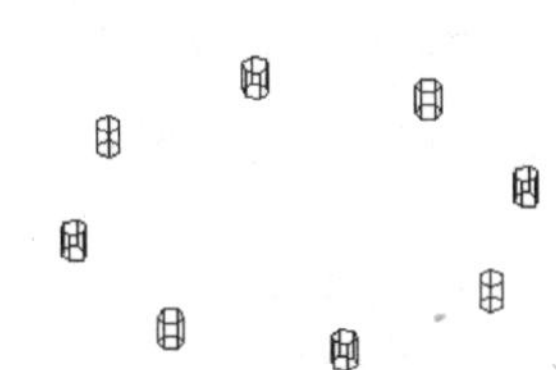

图 11-33　三维图形环形阵列

## 11.5.4 三维对齐

【执行方式】

- 命令行：3DALIGN。
- 菜单栏：选择菜单栏中的“修改”→“三维操作”→“对齐”命令。
- 工具栏：单击“建模”工具栏中的“三维对齐”按钮。

【操作步骤】

命令行提示与操作如下：

命令:3DALIGN↙

选择对象:选择对齐的对象

选择对象:选择下一个对象或按 < Enter > 键

指定源平面和方向 ...

指定基点或[复制(C)]:指定点 2

指定第二点或[继续(C)] < C > :指定点 1

指定第三个点或[继续(C)] < C > :

指定目标平面和方向 ...

指定第一个目标点:指定点 4

指定第二个目标点或[退出(X)] < X > :

指定第三个目标点或[退出(X)] < X > : ↙

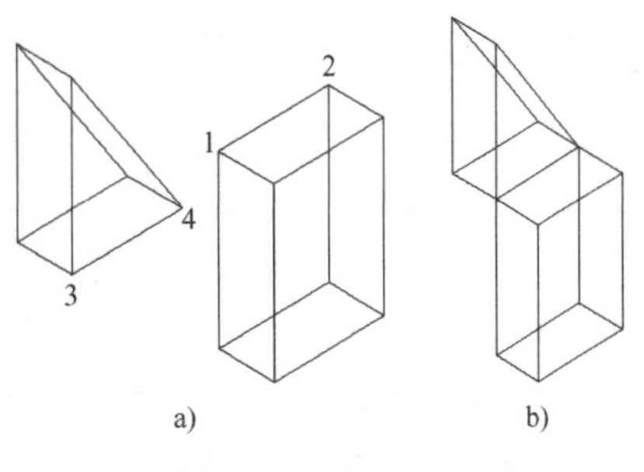


图 11-34　一点对齐

a）对齐前　b）对齐后

结果如图 11-34 所示。

## 11.5.5 三维移动

【执行方式】

- 命令行：3DMOVE。
- 菜单栏：选择菜单栏中的“修改”→“三维操作”→“三维移动”命令。
- 工具栏：单击“建模”工具栏中的“三维移动”按钮。
- 功能区：单击“三维工具”选项卡“选择”面板中的“三维移动”按钮。

【操作步骤】

命令行提示与操作如下：

```
命令:3DMOVE↙
选择对象:找到 1 个
选择对象:↙
指定基点或[位移(D)]<位移>:指定基点
指定第二个点或<使用第一个点作为位移>:指定第二点
```

其操作方法与二维移动命令类似，图 11-35 所示为将滚珠从轴承中移出的情形。

## 11.5.6 实例——花篮

本实例绘制如图 11-36 所示的花篮。

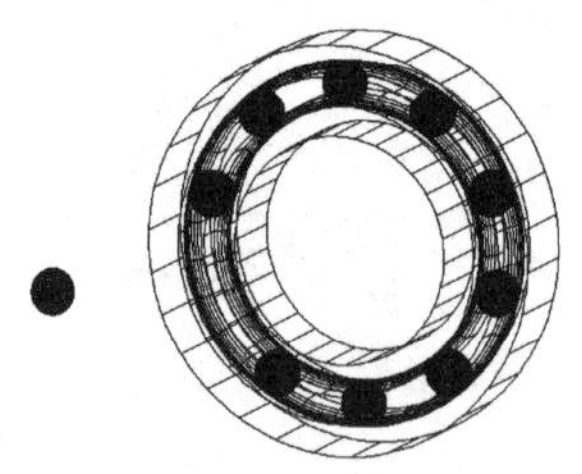

图 11-35　三维移动

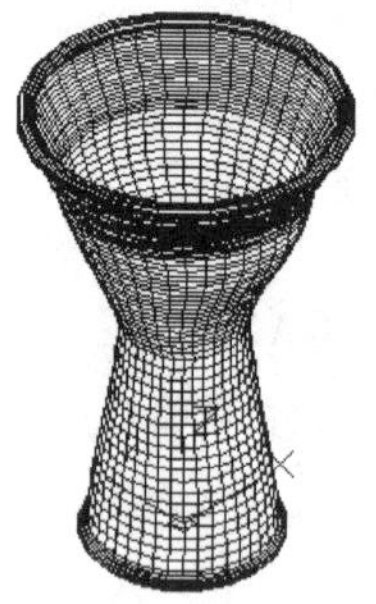

图 11-36　花篮

【操作步骤】（实例演示\第 11 章\花篮 . avi）

（1）单击“默认”选项卡“绘图”面板中的“圆弧”按钮，用三点法绘制 4 段圆弧，坐标值分别为{(-6,0,0)、(0,-6)、(6,0)}、{(-4,0,15)、(0,-4)、(4,0)}、{(-8,0,25)、(0,-8)、(8,0)}和{(-10,0,30)、(0,-10)、(10,0)}，绘制结果如图 11-37 所示。

（2）单击“可视化”选项卡“视图”面板中的“西南等轴测”按钮，将当前视图设为西南等轴测视图，结果如图 11-38 所示。

（3）单击“默认”选项卡“绘图”面板中的“直线”按钮，绘制直线，指定坐标为{(-6,0,0)、(-4,0,15)、(-8,0,25)、(-10,0,30)}、{(6,0,0)、(4,0,15)、(8,0,25)、

(10,0,30)}，绘制结果如图 11-39 所示。

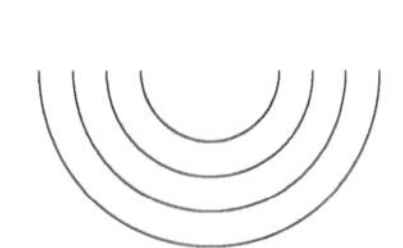

图 11-37　绘制圆弧

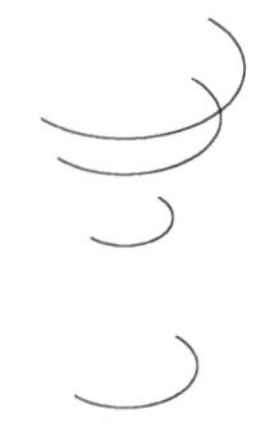

图 11-38　西南等轴测视图

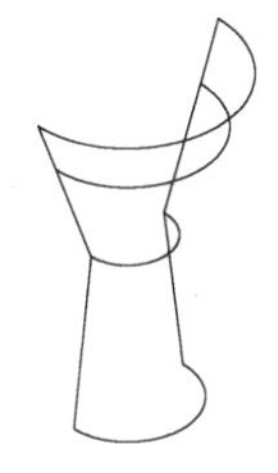

图 11-39　绘制直线

（4）在命令行中输入“surftab1”“ surftab2”，设置网格数为 20。

（5）选择菜单栏中的“绘图”→“建模”→“网格”→“边界网格”命令，选择围成曲面的四条边，将曲面内部填充线条，效果如图 11-40 所示。

（6）重复上述命令，将图形的边界曲面填充，结果如图 11-41 所示。

（7）选择菜单栏中的“修改”→“三维操作”→“三维镜像”命令，命令行提示与操作如下：

```
命令:MIRROR3D↙
选择对象:选择所有对象
选择对象:
指定镜像平面（三点）的第一个点或[对象(O)/上一个(L)/Z 轴(Z)/视图(V)/XY 平面(XY)/
YZ 平面(YZ)/ZX 平面(ZX)/三点(3)]<三点>:ZX
指定 ZX 平面上的点<0,0,0>:捕捉界面上一点
是否删除源对象?[是(Y)/否(N)]<否>:按<Enter>键
```

绘制结果如图 11-42 所示。

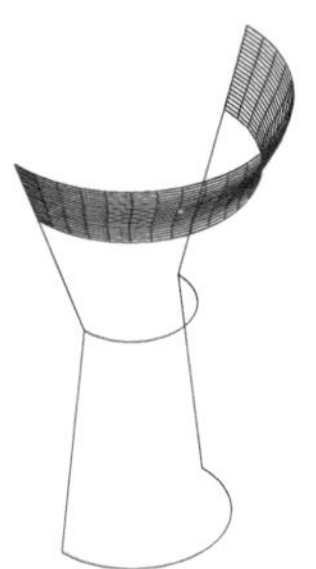

图 11-40　边界曲面（一）

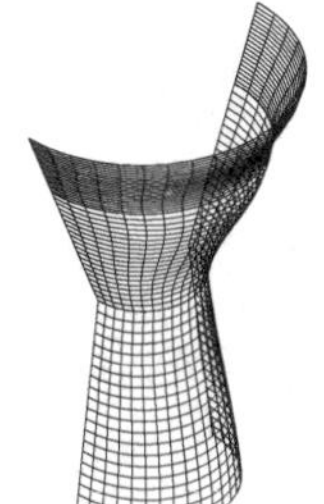

图 11-41　边界曲面（二）

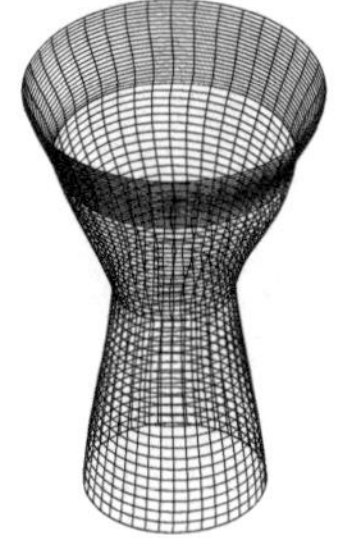

图 11-42　三维镜像处理

（8）选择菜单栏中的“绘图”→“建模”→“网格”→“图元”→“圆环体”命令，绘制圆环体。命令行提示与操作如下：

```
命令:_MESH
当前平滑度设置为:0
输入选项[长方体(B)/圆锥体(C)/圆柱体(CY)/棱锥体(P)/球体(S)/楔体(W)/圆环体(T)/
设置(SE)]<圆环体>:_TORUS
指定中心点或[三点(3P)/两点(2P)/切点、切点、半径(T)]:0,0,0
指定半径或[直径(D)]<177.2532>:6
指定圆管半径或[两点(2P)/直径(D)]:0.5
```

用同样的方法绘制另一个圆环体网格图元，中心点坐标为（0，0，30），半径为 10，圆管半径为 0.5。

（9）单击“视图”选项卡“视觉样式”面板中的“隐藏”按钮，对实体进行消隐，消隐之后结果如图 11-36 所示。

## 11.6 综合演练——茶壶

绘制如图 11-43 所示的茶壶。壶嘴的创建是一个需要特别注意的地方，因为如果使用三位实体建模工具，很难建立起图示的实体模型，因而采用建立曲面的方法建立壶嘴的表面模型。壶把采用沿轨迹拉伸截面的方法生成，壶身则采用旋转曲面的方法生成。

图 11-43　茶壶

**【操作步骤】（实例演示\第 11 章\茶壶 . avi）**

### 11.6.1 绘制茶壶拉伸截面

（1）选择菜单栏中的“格式”→“图层”命令，打开“图层特性管理器”选项板，如图 11-44 所示。利用“图层特性管理器”创建辅助线层和茶壶层。

（2）单击“默认”选项卡“绘图”面板中的“直线”按钮，在“辅助线”层上绘制一条竖直线段，作为旋转轴，如图 11-45 所示。然后单击“视图”选项卡“导航”面板中的“范围”下拉菜单中的“实时”图标，将所绘直线区域放大。

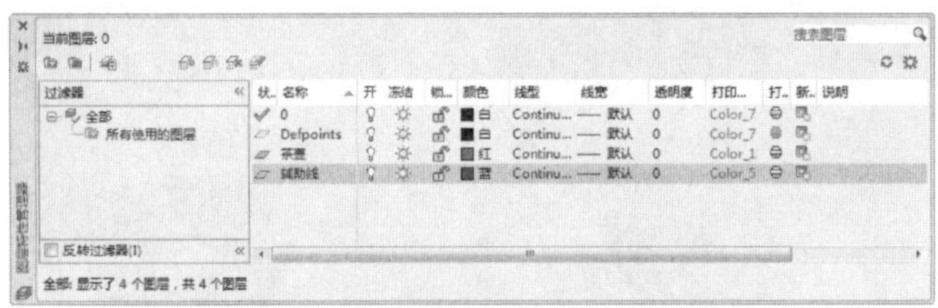

图 11-44　图层特性管理器

图 11-45　绘制旋转轴

（3）将“茶壶”图层设置为当前图层。单击“默认”选项卡“绘图”面板中的“多段线”按钮，绘制茶壶半轮廓线。如图 11-46 所示。

（4）单击“默认”选项卡“修改”面板中的“镜像”按钮，将茶壶半轮廓线以辅助线为对称轴镜像到直线的另外一侧。

（5）单击“默认”选项卡“绘图”面板中的“多段线”按钮，按照图 11-47 所示的样式绘制壶嘴和壶把轮廓线。

（6）选择菜单栏中的“视图”→“三维视图”→“西南等轴测”命令，将当前视图切换为西南等轴测视图。如图 11-48 所示。

图 11-46　绘制茶壶半轮廓线

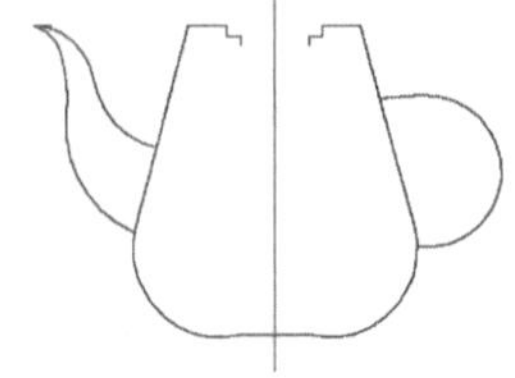

图 11-47　绘制壶嘴和壶把轮廓线

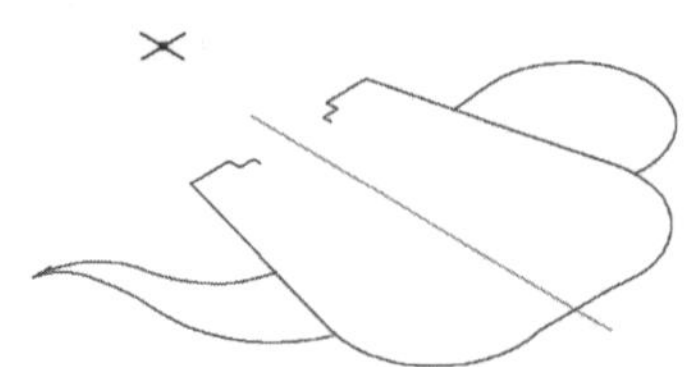

图 11-48　西南等轴测视图

（7）在命令行中输入“ucs”命令，设置用户坐标系，新建如图 11-49 所示的坐标系。

（8）在命令行输入“ucsicon”命令，使用户坐标系不在茶壶嘴上显示，然后依次选择“非原点（n）”。

（9）在命令行中输入“ucs”命令，新建坐标系。新坐标以壶嘴与壶体连接处的上端点为新的原点，以连接处的下端点为 X 轴，Y 轴方向取默认值。

（10）在命令行中输入“ucs”命令，旋转坐标系，使当前坐标系绕 X 轴旋转 225°。

（11）单击“默认”选项卡“绘图”面板中的“椭圆弧”按钮，以壶嘴和壶体的两个交点作为圆弧的两个端点，选择合适的切线方向绘制图形，如图 11-50 所示。

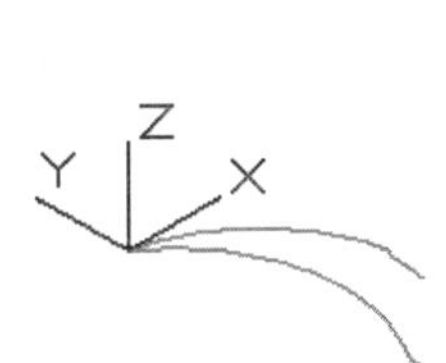


图 11-49 新建坐标系

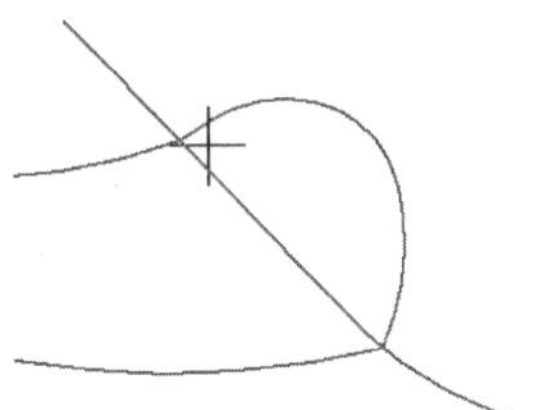

图 11-50 绘制壶嘴与壶身交接处圆弧

## 11.6.2 拉伸茶壶截面

（1）在命令行中输入“surftab1”“surftab2”并将系统变量的值设为 20。

（2）选择菜单栏中的“绘图”→“建模”→“网格”→“边界网格”命令，绘制壶嘴曲面。命令行提示与操作如下：

```
命令:EDGESURF↙
当前线框密度:SURFTAB1 =20 SURFTAB2 =20
选择用作曲面边界的对象 1:依次选择壶嘴的四条边界线
选择用作曲面边界的对象 2:依次选择壶嘴的四条边界线
选择用作曲面边界的对象 3:依次选择壶嘴的四条边界线
选择用作曲面边界的对象 4:依次选择壶嘴的四条边界线
```

得到图 11-51 所示壶嘴半曲面。

（3）选择菜单栏中的“修改”→“三维操作”→“三维镜像”命令，创建壶嘴下半部分曲面，如图 11-52 所示。

（4）在命令行中输入“ucs”，设置用户坐标系，新建坐标系。利用捕捉到端点的捕捉方式，选择壶把与壶体的上部交点作为新的原点，壶把多段线的第一段直线的方向作为 X 轴正方向，按〈Enter〉键接受 Y 轴的默认方向。

（5）在命令行中输入“ucs”，设置用户坐标系，将坐标系绕 Y 轴旋转 -90°，即沿顺时针方向旋转 90°，得到如图 11-53 所示的新坐标系。

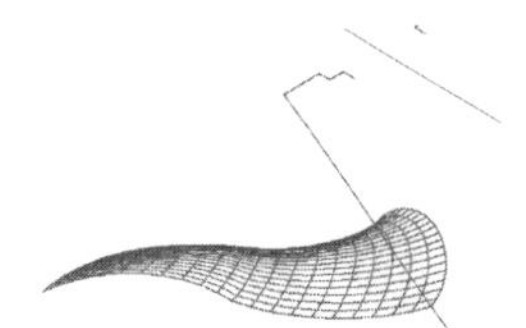

图 11-51 绘制壶嘴半曲面

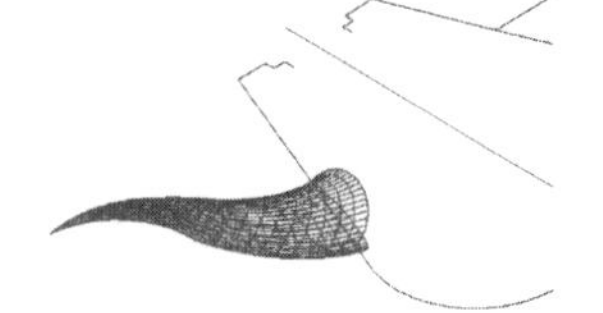

图 11-52 创建壶嘴下半部分曲面

图 11-53 新建坐标系

（6）单击“默认”选项卡“绘图”面板中的“椭圆”按钮，绘制壶把的椭圆截面。如图 11-54 所示。

（7）单击“三维工具”选项卡“建模”面板中的“拉伸”按钮，将椭圆截面沿壶把轮廓线拉伸成壶把，创建壶把，如图 11-55 所示。

（8）选择菜单栏中的“修改”→“对象”→“多段线”命令，将壶体轮廓线合并成一条多段线。

（9）选择菜单栏中的“绘图”→“建模”→“网格”→“旋转网格”命令，旋转壶体曲线得到壶体表面。命令行提示与操作如下：

```
命令:REVSURF↙
当前线框密度:SURFTAB1 =20   SURFTAB2 =20
选择要旋转的对象 1:指定壶体轮廓线
选择定义旋转轴的对象:指定已绘制好的用作旋转轴的辅助线
指定起点角度 <0 > :↙
指定夹角( += 逆时针, -= 顺时针) <360 > :↙
```

旋转结果如图 11-56 所示。

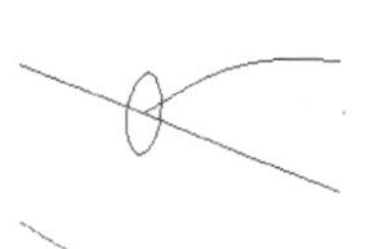

图 11-54　绘制壶把的椭圆截面

图 11-55　拉伸壶把

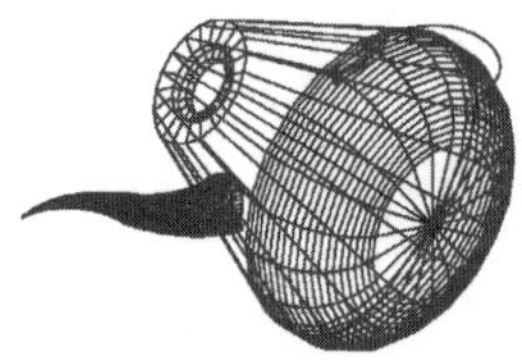

图 11-56　建立壶体表面

（10）在命令行输入“UCS”命令，设置用户坐标系，返回世界坐标系，然后再次执行“UCS”命令将坐标系绕 $X$ 轴旋转 -90°，如图 11-57 所示。

（11）选择菜单栏中的“修改”→“三维操作”→“三维旋转”命令，命令行提示与操作如下：

```
命令:_3drotate
UCS 当前的正角方向:  ANGDIR = 逆时针   ANGBASE = 0
选择对象:找到 1 个,选择茶壶
选择对象:
指定基点:指定茶壶底为基点
拾取旋转轴:以茶壶底到茶壶盖的直线为旋转轴
指定角的起点或键入角度:90°
```

结果如图 11-57 所示。

（12）关闭“辅助线”图层。单击“视图”选项卡“视觉样式”面板中的“隐藏”按钮，对模型进行消隐处理，结果如图 11-58 所示。

图 11-57　世界坐标系下的视图

图 11-58　消隐处理后的茶壶模型

### 11.6.3 绘制茶壶盖

(1) 在命令行中输入“ucs”，设置用户坐标系，新建坐标系，将坐标系切换到世界坐标系，并将坐标系放置在中心线端点。

(2) 单击“视图”选项卡“视图”面板中的“前视”按钮，将视图方向设定为前视图。单击“默认”选项卡“绘图”面板中的“多段线”按钮，绘制壶盖轮廓线，如图 11-59 所示。

(3) 选择菜单命令“绘图”→“建模”→“网格”→“旋转网格”，将第 (2) 步绘制的多段线绕中心线旋转 360°。

(4) 单击“视图”选项卡“视觉样式”面板中的“西南等轴测”按钮，选择菜单命令“视图”→“消隐”命令，将已绘制的图形消隐，消隐后的效果如图 11-60 所示。

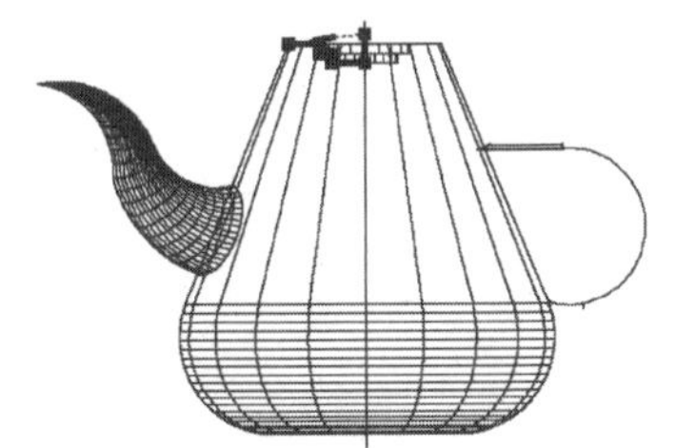

图 11-59　绘制壶盖轮廓线

图 11-60　消隐处理

(5) 单击“视图”选项卡“视觉样式”面板中的“前视”按钮，将视图方向设定为前视图。单击“默认”选项卡“绘图”面板中的“多段线”按钮，绘制如图 11-61 所示的多段线。

(6) 选择菜单栏中的“绘图”→“建模”→“网格”→“旋转网格”命令，将绘制好的多段线绕中心轴线旋转 360°，如图 11-62 所示。

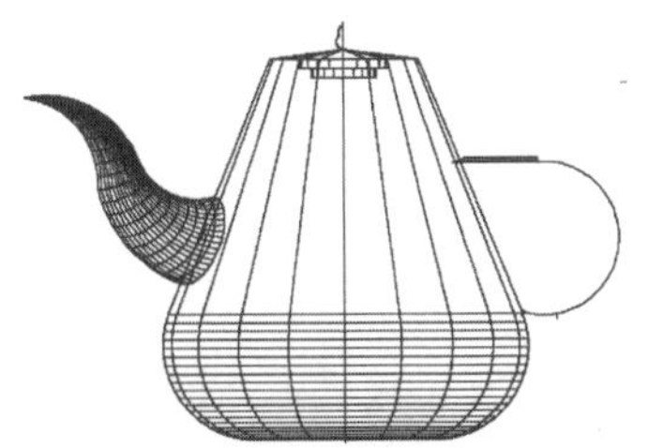

图 11-61　绘制壶盖上端

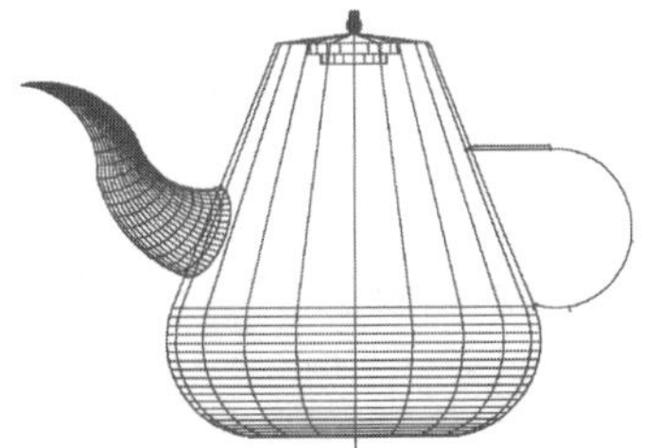

图 11-62　所旋转的网格

(7) 单击“视图”选项卡“视图”面板中的“西南等轴测”按钮，单击“视图”选项卡“视觉样式”面板中的“隐藏”按钮，将已绘制的图形消隐，消隐后的效果如图 11-63 所示。

(8) 单击“默认”选项卡“修改”面板中的“删除”按钮，选择视图中多余的线段删除。

(9) 单击“默认”选项卡“修改”面板中的“移动”按钮，将壶盖向上移动。单击“视图”选项卡“视觉样式”面板中的“隐藏”按钮，对实体进行消隐。消隐后效果如

图 11-64 所示。

图 11-63　茶壶消隐后的结果

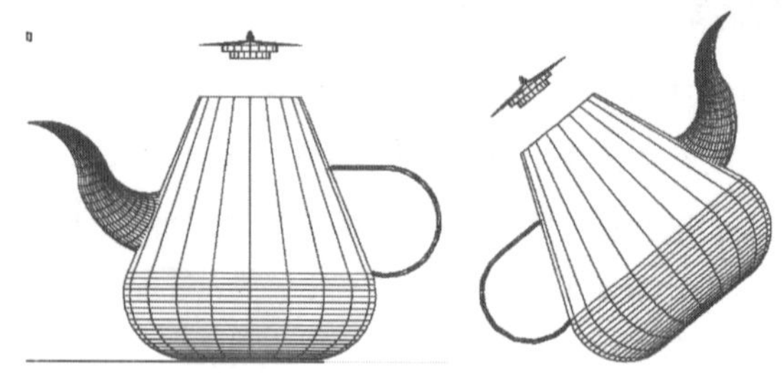

图 11-64　移动壶盖后

## 11.7　名师点拨

**1. 边界网格是否有更灵活的使用方法?**

边界曲面（EDGESURF）的使用很广泛，而且有灵活的使用技巧。这主要体现在四条边界线的绘制和方位的确定。四条边界线可以共面或者是不同方向的线，可以是直线或是曲线。要绘制不同方向的直线或曲线必须通过变换坐标系才可达到目的。四条边界线无论如何倾斜，但它们的端点必须彼此相交。

**2. 三维阵列绘制注意事项。**

进行三维阵列操作时，要关闭“对象捕捉”“三维对象捕捉”等命令，取消对中心点捕捉的影响；否则阵列不出预想的结果。

**3. 三维旋转曲面有哪些使用技巧?**

在使用“三维曲面”命令时，要注意三点：一是所要旋转的母线与轴线同位于一个平面内；二是同一母线绕不同的轴旋转以后得到的结果截然不同；三是要达到设计意图应认真绘制母线。当然要保证旋转精度。另外要注意的是，三维曲面在旋转过程中的起始角可以是任意的，要获得的曲面包角也是任意的（在 360°范围内）。

## 11.8　上机实验

**【练习 1】绘制如图 11-65 所示的吸顶灯。**

**1. 目的要求**

三维表面是构成三维图形的基本单元，灵活利用各种基本三维表面构建三维图形是三维绘图的关键技术与能力要求。本练习要求读者熟练掌握各种三维表面绘制方法，体会构建三维图形的技巧。

**2. 操作提示**

（1）利用“三维视点”命令设置绘图环境。

（2）利用“网格圆环体”命令绘制两个圆环体作为外沿。

（3）利用“网格圆锥体”命令绘制灯罩。

**【练习 2】绘制如图 11-66 所示的小凉亭。**

图 11-65 吸顶灯

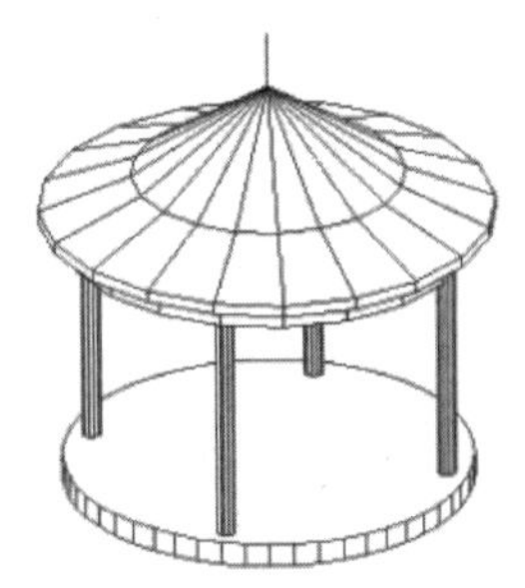

图 11-66 小凉亭

**1. 目的要求**

三维表面是构成三维图形的基本单元，灵活利用各种基本三维表面构建三维图形是三维绘图的关键技术与能力要求。本练习要求读者熟练掌握各种三维表面绘制方法，体会构建三维图形的技巧。

**2. 操作提示**

（1）利用“三维视点”命令设置绘图环境。

（2）利用“平移曲面”命令绘制凉亭的底座。

（3）利用“拉伸曲面”命令绘制凉亭的支柱。

（4）利用“环形阵列”命令得到其他的支柱。

（5）利用“多段线”命令绘制凉亭顶盖的轮廓线。

（6）利用“旋转”命令生成凉亭顶盖。

## 11.9 思考与练习

（1）创建直纹曲面时，可能会出现网格面交叉和不交叉两种情况，若要使网格面交叉，选定实体时，应取（　　）。

A. 相同方向的端点　　B. 正反方向的端点　　C. 任意取端点　　D. 实体的中点

（2）按图 11-67 所示图形 1 创建单叶双曲表面的实体，其体积为（　　）。

A. 3110092. 1277　　B. 895939. 1946　　C. 2701787. 9395　　D. 854841. 4588

（3）按图 11-68 所示创建实体，然后将其中的圆孔内表面绕其中轴线倾斜 -5°，实体的体积为（　　）。

A. 153680. 25　　B. 189756. 34　　C. 223687. 38　　D. 278240. 42

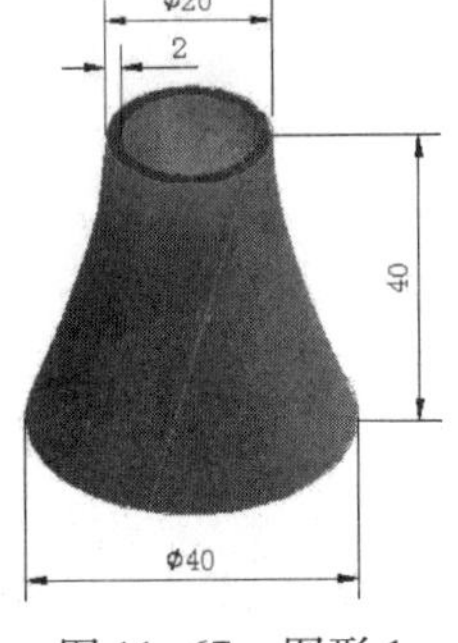


图 11-67 图形 1

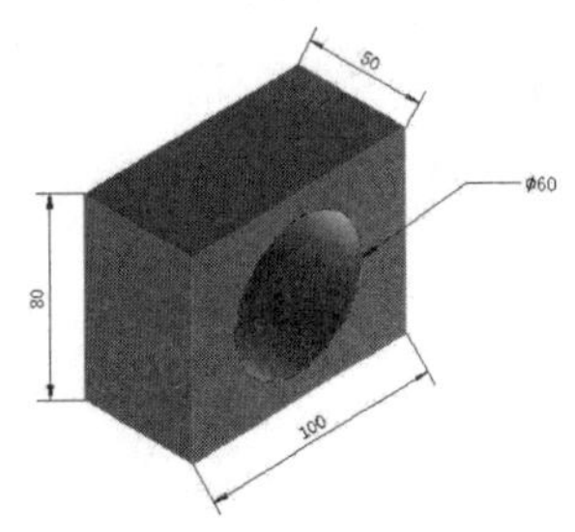


图 11-68 创建实体

# 第 12 章

# 实体绘制

实体建模是 AutoCAD 三维建模中比较重要的一部分。实体模型能够完整描述对象的三维模型，比三维线框、三维曲面更能表达实物。本章重点介绍以下内容：基本三维实体的绘制，二维图形生成三维实体，三维实体的布尔运算，特殊视图等知识。

- 基本三维实体
- 特征操作
- 特殊视图

# 12.1 绘制基本三维实体

长方体、圆柱体等基本的三维实体是构成三维实体造型的最基本的单元，也是最容易绘制的三维实体，本节将介绍这些基本三维实体的绘制方法。

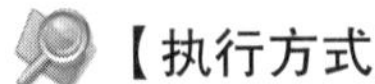

## 12.1.1 长方体

【执行方式】

- 命令行：BOX。
- 菜单栏：选择菜单栏中的“绘图”→“建模”→“长方体”命令。
- 工具栏：单击“建模”工具栏中的“长方体”按钮。
- 功能区：单击“三维工具”选项卡“建模”面板中的“长方体”按钮。

【操作步骤】

命令行提示与操作如下：

```
命令:BOX↙
指定第一个角点或[中心(C)]:指定第一点或按〈Enter〉键表示原点是长方体的角点,或输入“c”代表中心点
```

【选项说明】

(1) 指定第一个角点：确定长方体的一个顶点的位置。选择该选项后，AutoCAD 继续提示如下。

```
指定其他角点或[立方体(C)/长度(L)]：指定第二点或输入选项
```

➢ 指定其他角点：输入另一角点的数值，即可确定该长方体。如果输入的是正值，则沿着当前 UCS 的 *X*、*Y* 和 *Z* 轴的正向绘制长度。如果输入的是负值，则沿着 *X*、*Y* 和 *Z* 轴的负向绘制长度。图 12-1 所示为使用相对坐标绘制的长方体。

➢ 立方体 (C)：创建一个长、宽、高相等的长方体。图 12-2 所示为使用“立方体”命令创建的正方体。

➢ 长度 (L)：要求输入长、宽、高的值。图 12-3 所示为使用“长度”命令创建的长方体。

(2) 中心 (C)：用指定中心点创建长方体。图 12-4 所示为使用“中心点”命令创建的长方体。

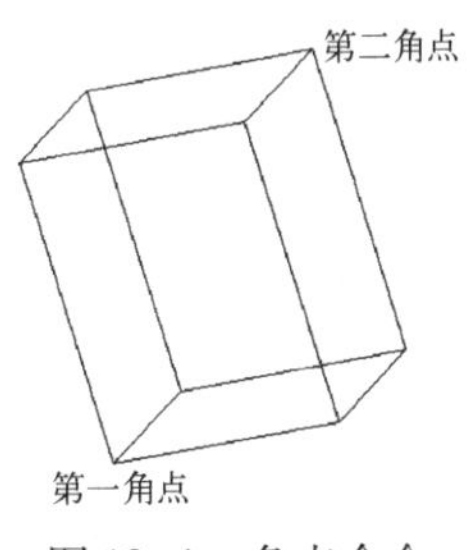


图 12-1 角点命令方式

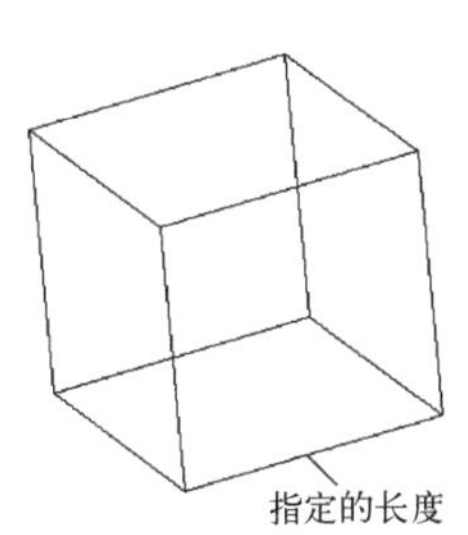


图 12-2 “立方体”命令方式

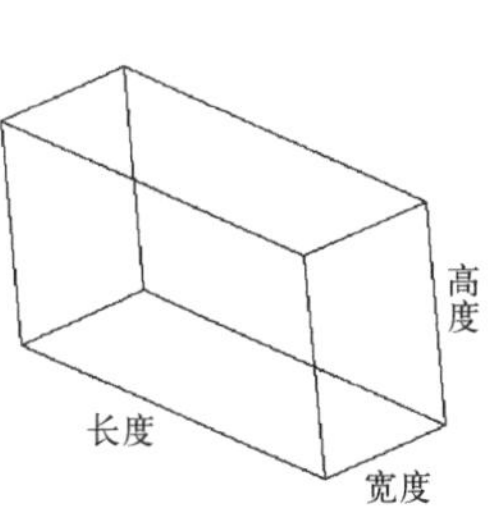


图 12-3 “长度”命令方式

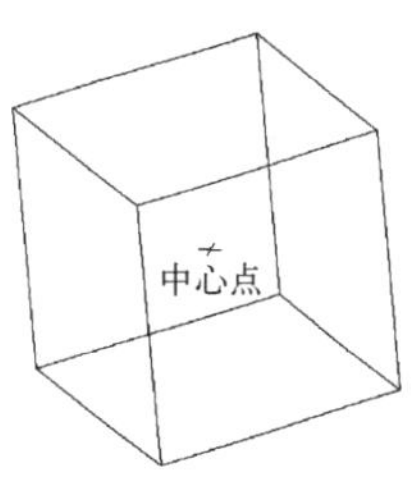


图 12-4 “中心点”命令方式

## 12.1.2 圆柱体

【执行方式】

- 命令行：CYLINDER（快捷命令：CYL）。
- 菜单栏：选择菜单栏中的“绘图”→“建模”→“圆柱体”命令。
- 工具栏：单击“建模”工具栏中的“圆柱体”按钮。
- 功能区：单击“三维工具”选项卡“建模”面板中的“圆柱体”按钮。

【操作步骤】

命令行提示与操作如下：

```
命令:CYLINDER↙
指定底面的中心点或[三点(3P)/两点(2P)/切点、切点、半径(T)/椭圆(E)]:
```

【选项说明】

（1）指定底面的中心点：输入底面圆心的坐标，此选项为系统的默认选项。然后指定底面的半径和高度。AutoCAD按指定的高度创建圆柱体，且圆柱体的中心线与当前坐标系的$Z$轴平行，如图12-5所示。也可以指定另一个端面的圆心来指定高度。AutoCAD根据圆柱体两个端面的中心位置来创建圆柱体。该圆柱体的中心线就是两个端面中心的连线，如图12-6所示。

（2）椭圆（E）：绘制椭圆柱体。其中端面椭圆绘制方法与平面椭圆一样，结果如图12-7所示。

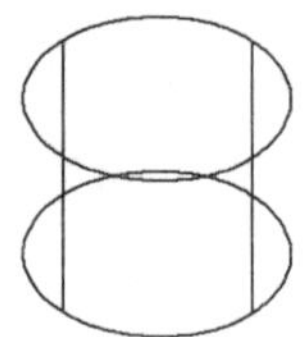

图12-5 按指定的高度创建圆柱体

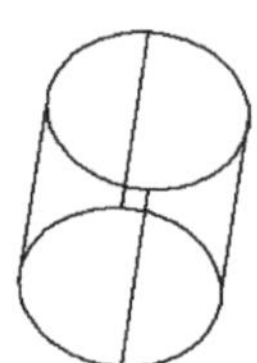

图12-6 指定圆柱体另一个端面的中心位置

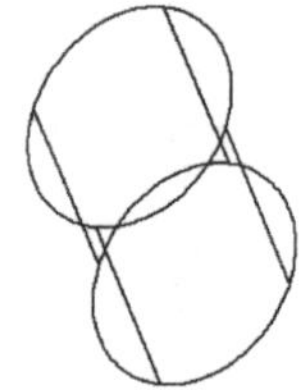

图12-7 椭圆柱体

其他的基本实体，如楔体、圆锥体、球体、圆环体等的绘制方法与上面讲述的长方体和圆柱体类似，不再赘述。

## 12.1.3 实例——拨叉架

利用前面学过的“长方体”和“圆柱体”命令绘制如图12-8所示的拨叉架。

本实例首先绘制长方体，完成架体的绘制，然后在架体不同位置绘制圆柱体，最后利用差集运算，完成架体上孔的形成。

【操作步骤】（实例演示\第12章\拨叉架.avi）

（1）单击“三维工具”选项卡“建模”面板中的“长方体”按钮，绘制顶端立板长方体，命令行提示与操作如下：

```
命令:_box
指定第一个角点或[中心(C)]:0.5,2.5,0
指定其他角点或[立方体(C)/长度(L)]:0,0,3
```

(2) 单击“可视化”选项卡“视图”面板中的“东南等轴测”按钮，设置视图角度，将当前视图设为东南等轴测视图，结果如图 12-9 所示。

图 12-8　绘制拨叉架

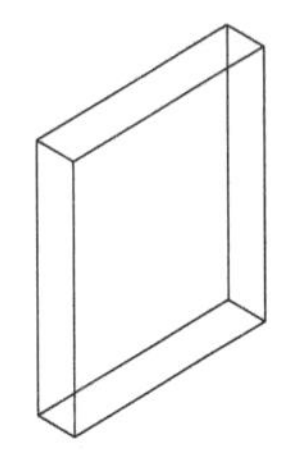

图 12-9　绘制长方体

(3) 单击“三维工具”选项卡“建模”面板中的“长方体”按钮，以角点坐标分别为(0,2.5,0)，(@2.72，-0.5,3) 绘制连接立板长方体，结果如图 12-10 所示。

(4) 单击“三维工具”选项卡“建模”面板中的“长方体”按钮，角点坐标分别为[(2.72,2.5,0)、(@ -0.5，-2.5,3)]，[(2.22,0,0)、(@2.75,2.5,0.5)]，绘制其他部分长方体。

(5) 单击“视图”选项卡“导航”面板中的“范围”下拉菜单中的“全部”按钮，缩放图形，结果如图 12-11 所示。

(6) 单击“三维工具”选项卡“实体编辑”面板中的“并集”按钮，将上面绘制的图形合并，结果如图 12-12 所示。

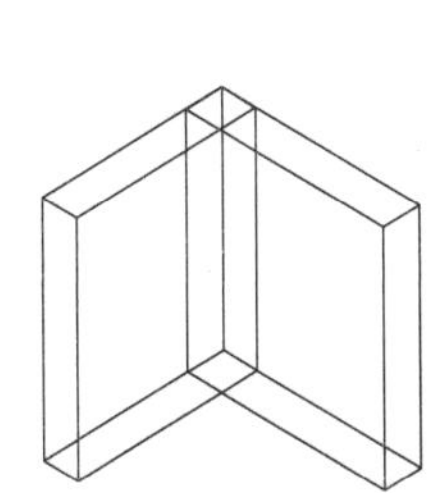

图 12-10　绘制第二个长方体

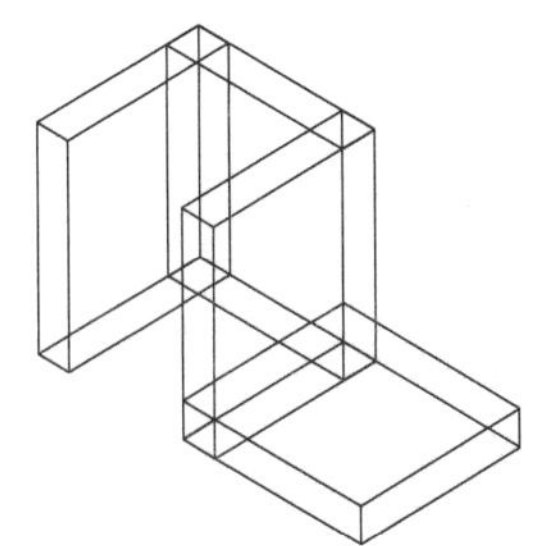

图 12-11　缩放图形

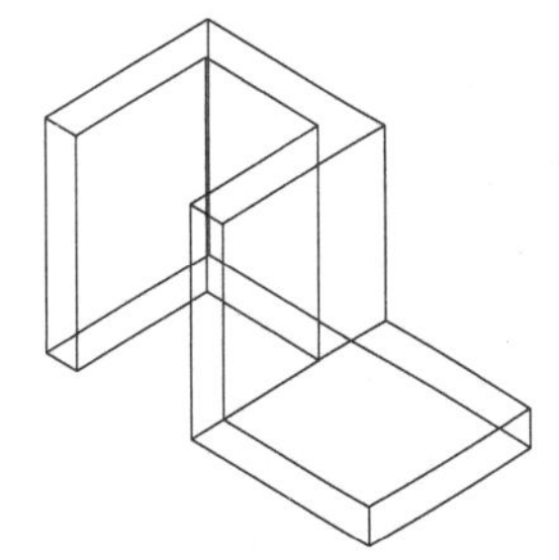

图 12-12　并集运算

(7) 单击“三维工具”选项卡“建模”面板中的“圆柱体”按钮，绘制圆柱体，命令行提示与操作如下：

```
命令:_cylinder
指定底面的中心点或[三点(3P)/两点(2P)/切点、切点、半径(T)/椭圆(E)]:0,1.25,2
指定底面半径或[直径(D)] <6.9726>:0.5
指定高度或[两点(2P)/轴端点(A)] <10.2511>:A
指定轴端点:0.5,1.25,2
命令:_cylinder
指定底面的中心点或[三点(3P)/两点(2P)/切点、切点、半径(T)/椭圆(E)]:2.22,1.25,2
```

```
指定底面半径或［直径(D)］<6.9726>:0.5
指定高度或［两点(2P)/轴端点(A)］<10.2511>:A
指定轴端点:2.72,1.25,2
```

结果如图 12-13 所示。

（8）单击“三维工具”选项卡“建模”面板中的“圆柱体”按钮，以（3.97,1.25,0）为中心点，以0.75为底面半径，0.5为高度绘制圆柱体，结果如图 12-14 所示。

（9）单击“三维工具”选项卡“实体编辑”面板中的“差集”按钮，将架体与3个圆柱体进行差集处理。单击“视图”选项卡“视觉样式”面板中的“隐藏”按钮，对实体进行消隐。消隐之后的图形如图 12-15 所示。

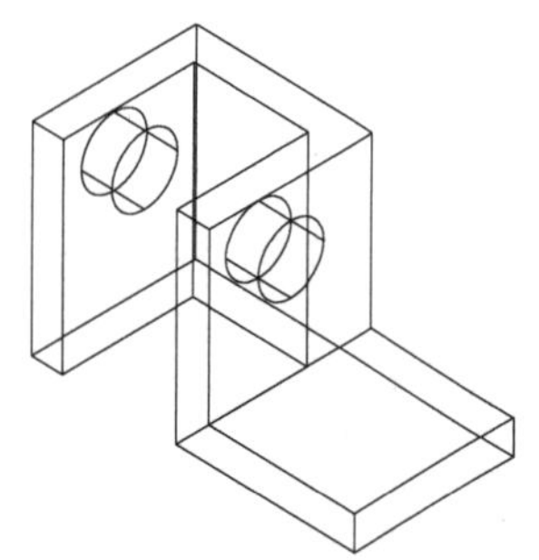

图 12-13　绘制圆柱体

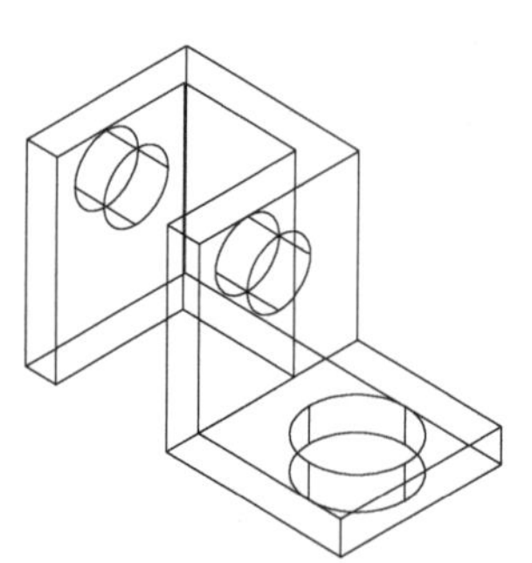

图 12-14　绘制圆柱体

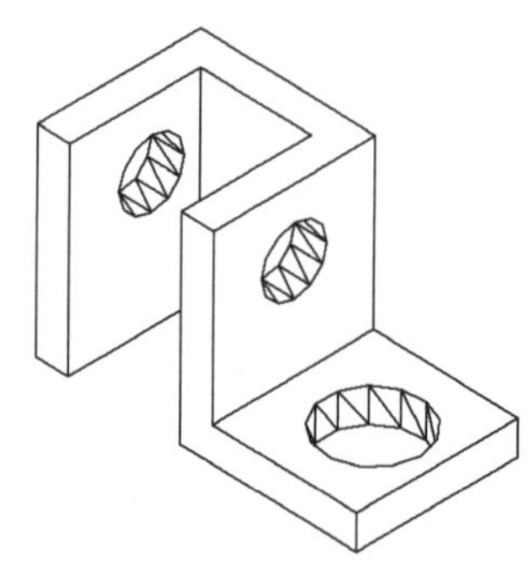

图 12-15　差集运算

## 12.2　特征操作

特征操作命令包括“拉伸”“旋转”“扫掠”和“放样”等命令。这类命令的一个基本思想是利用二维图形生成三维实体造型。

### 12.2.1　拉伸

【执行方式】

- 命令行：EXTRUDE（快捷命令：EXT）。
- 菜单栏：选择菜单栏中的“绘图”→“建模”→“拉伸’命令。
- 工具栏：单击“建模”工具栏中的“拉伸”按钮。
- 功能区：单击“三维工具”选项卡“建模”面板中的“拉伸”按钮。

【操作步骤】

命令行提示与操作如下：

```
命令:_extrude
当前线框密度： ISOLINES=4,闭合轮廓创建模式=实体
选择要拉伸的对象或(模式 MO):
选择要拉伸的对象或［模式(MO)］:选择要拉伸对象后按〈Enter〉键
指定拉伸的高度或［方向(D)/路径(P)/倾斜角(T)/表达式(E)］:P↙
选择拉伸路径或［倾斜角(T)］:
```

【选项说明】

（1）模式（MO）：指定拉伸对象是实体还是曲面。

（2）指定拉伸的高度：按指定的高度拉伸出三维实体或曲面对象。输入高度值后，根据实际需要，指定拉伸的倾斜角度。如果指定的角度为0，AutoCAD则把二维对象按指定的高度拉伸成柱体；如果输入角度值，拉伸后实体截面沿拉伸方向按此角度变化，成为一个棱台或圆台体。图12-16所示为不同角度拉伸圆的结果。

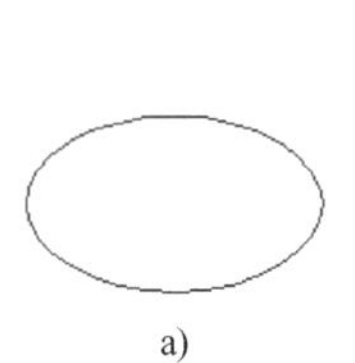
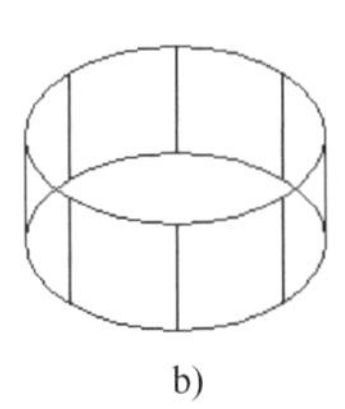
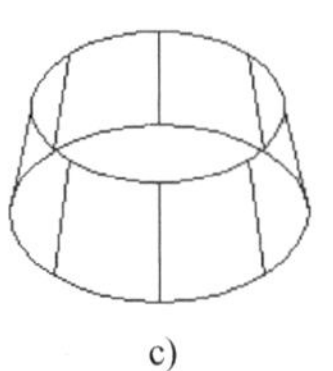
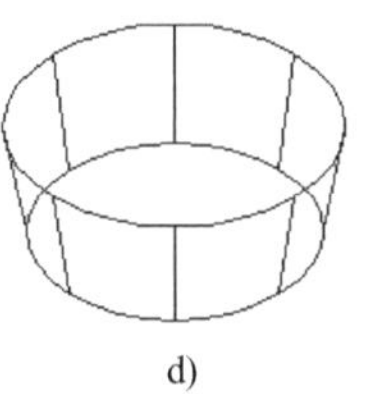

a)　　b)　　c)　　d)

图12-16　拉伸圆

a）拉伸前　b）拉伸锥角为0°　c）拉伸锥角为10°　d）拉伸锥角为-10°

（3）方向（D）：通过指定的两点指定拉伸的长度和方向。

（4）路径（P）：以现有图形对象作为拉伸创建三维实体或曲面对象。图12-17所示为沿圆弧曲线路径拉伸圆的结果。

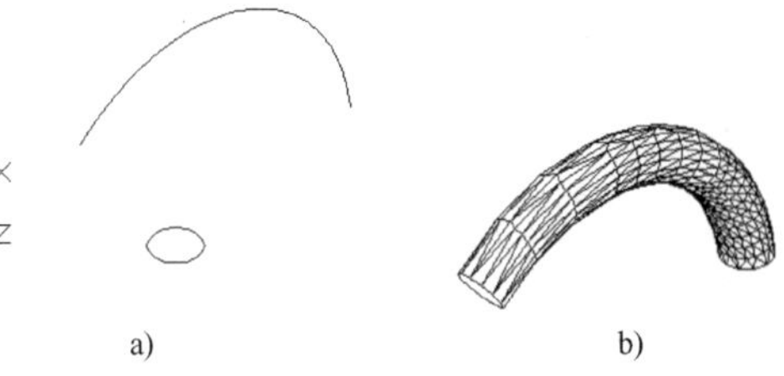


a)　　b)

图12-17　沿路径曲线拉伸

a）拉伸前　b）拉伸后

（5）倾斜角（T）：用于拉伸的倾斜角是两个指定点间的距离。

（6）表达式（E）：输入公式或方程式以指定拉伸高度。

### 12.2.2 实例——旋塞体

本实例绘制旋塞体，结果如图12-18所示。

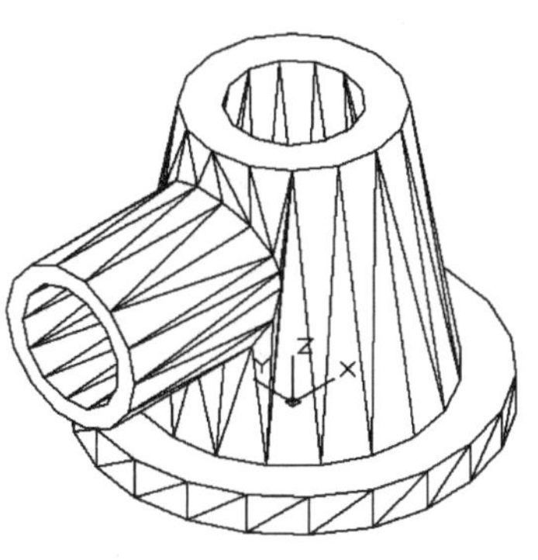


图12-18　旋塞体绘制

【操作步骤】（实例演示\第12章\旋塞体.avi）

（1）单击“默认”选项卡“绘图”面板中的“圆”按钮，以（0,0,0）为圆心，以30、40和50为半径绘制圆。

（2）单击“可视化”选项卡“视图”面板中的“西南等轴测”按钮，将当前视图设为西南等轴测视图，如图12-19所示。

（3）单击“三维工具”选项卡“建模”面板中的“拉伸”按钮，拉伸半径为50的圆生成圆柱体，拉伸高度为10，命令行提示与操作如下：

```
命令:_extrude
当前线框密度:ISOLINES=4,闭合轮廓创建模式=实体
```

```
选择要拉伸的对象或[模式(MO)]:拾取半径为50的圆
选择要拉伸的对象或[模式(MO)]:
指定拉伸的高度或[方向(D)/路径(P)/倾斜角(T)/表达式(E)] <6.5230>:10
```

（4）单击“三维工具”选项卡“建模”面板中的“拉伸”按钮，拉伸半径为40和30的圆，倾斜角度为10，拉伸高度为80，命令行提示与操作如下：

```
命令:_extrude
当前线框密度:ISOLINES=4,闭合轮廓创建模式=实体
选择要拉伸的对象或[模式(MO)]:拾取半径为40和30的圆
选择要拉伸的对象或[模式(MO)]:
指定拉伸的高度或[方向(D)/路径(P)/倾斜角(T)/表达式(E)] <689.2832>:T
指定拉伸的倾斜角度或[表达式(E)] <0>:10
指定拉伸的高度或[方向(D)/路径(P)/倾斜角(T)/表达式(E)] <689.2832>:80
```

结果如图12-20所示。

（5）单击“三维工具”选项卡“实体编辑”面板中的“并集”按钮，将半径为40和50拉伸的圆柱体合并。

（6）单击“三维工具”选项卡“实体编辑”面板中的“差集”按钮，选择底座与半径为30的圆柱体拉伸建模进行差集处理。消隐处理之后如图12-21所示。

（7）创建圆柱体。单击“三维工具”选项卡“建模”面板中的“圆柱体”按钮，以(-20,0,50)为底面中心点，绘制半径为15，轴端点为(@-50,0,0)的圆柱体。同理，以半径为20创建圆柱体。

（8）单击“三维工具”选项卡“实体编辑”面板中的“差集”按钮，选择半径为20的圆柱与半径为15的圆柱进行差集运算。

（9）单击“三维工具”选项卡“实体编辑”面板中的“并集”按钮，选择所有圆柱体进行合并。消隐之后的效果如图12-22所示。

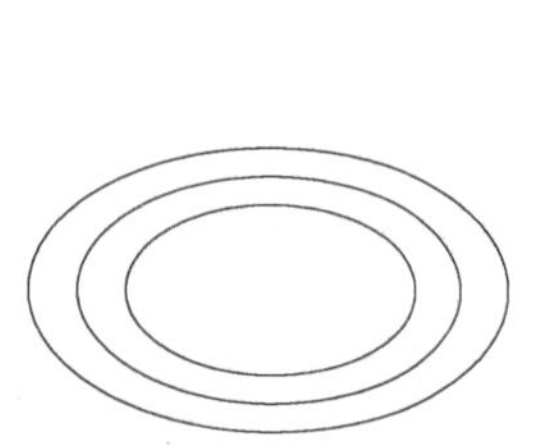

图12-19　绘制圆

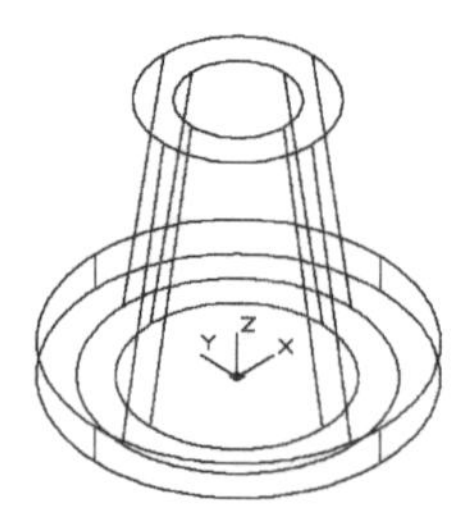

图12-20　拉伸圆柱

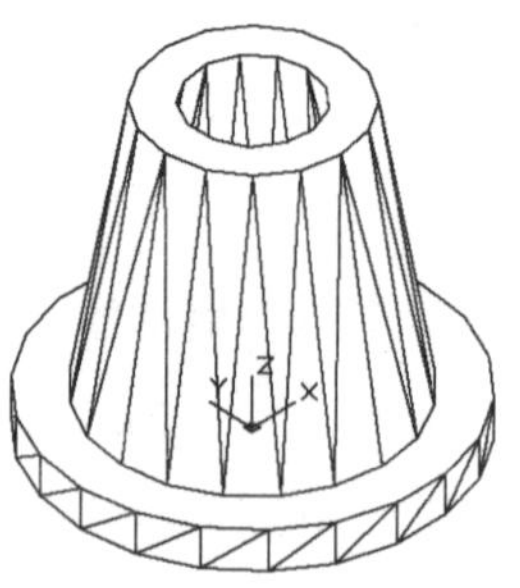

图12-21　并集、差集处理

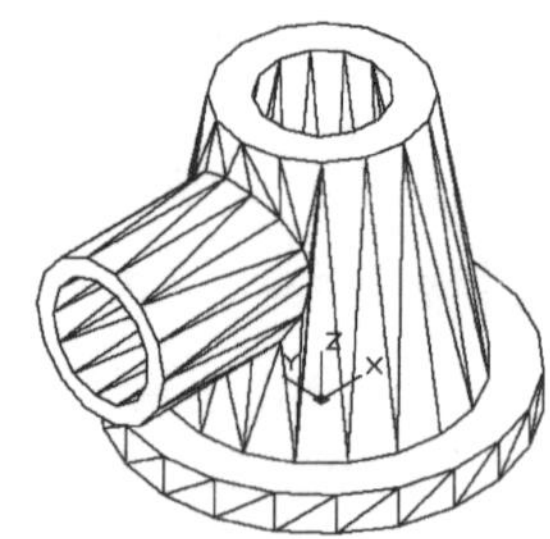

图12-22　旋塞体成图

## 12.2.3 旋转

【执行方式】

- 命令行：REVOLVE（快捷命令：REV）。
- 菜单栏：选择菜单栏中的“绘图”→“建模”→“旋转”命令。

- 工具栏：单击“建模”工具栏中的“旋转”按钮 。
- 功能区：单击“三维工具”选项卡“建模”面板中的“旋转”按钮 。

【操作步骤】

命令行提示与操作如下：

```
命令:REVOLVE↙
当前线框密度:ISOLINES =4,闭合轮廓创建模式 = 实体
选择要旋转的对象[模式(MO)]:
选择要旋转的对象[模式(MO)]:选择绘制好的二维对象
选择要旋转的对象[模式(MO)]:可继续选择对象或按〈Enter〉键结束选择
指定轴起点或根据以下选项之一定义轴 [对象(O)/X/Y/Z] <对象>:
```

【选项说明】

（1）模式（MO）：指定旋转对象是实体还是曲面。

（2）指定旋转轴的起点：通过两个点来定义旋转轴。AutoCAD 将按指定的角度和旋转轴旋转二维对象。

（3）对象（O）：选择已经绘制好的直线或用“多段线”命令绘制的直线段作为旋转轴线。

（4）*X/Y* 轴：将二维对象绕当前坐标系（UCS）的 *X/Y* 轴旋转。图 12-23 所示为矩形绕平行于 *X* 轴的轴线旋转的结果。

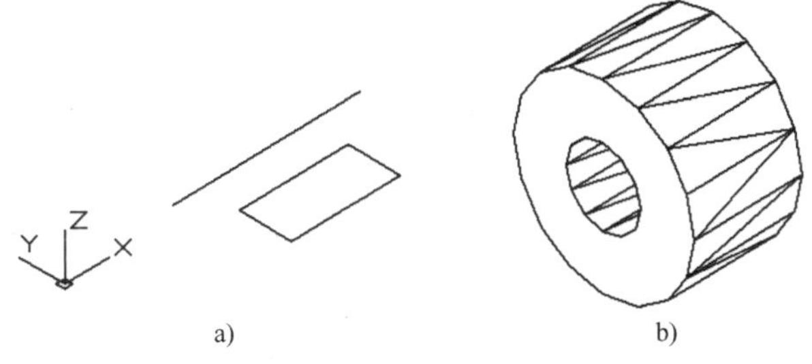


图 12-23 旋转体

a）旋转界面 b）旋转后的实体

## 12.2.4 实例——带轮

如图 12-24 所示的带轮，除了有比较规则的建模部分外，还有不规则的部分，如弧形孔。通过绘制带轮，读者应该学会创建复杂建模的方法，如何从简单到复杂，如何从规则图形到不规则图形。

图 12-24 带轮

【操作步骤】（实例演示\第 12 章\带轮 . avi）

### 1. 绘制截面轮廓线

单击“默认”选项卡“绘图”面板中的“多段线”按钮 ，绘制轮廓线。在命令行提示下依次输入坐标（0,0）、（0,240）、（250,240）、（250,220）、（210,207.5）、（210,182.5）、（250,170）、（250,145）、（210,132.5）、（210,107.5）、（250,95）、（250,70）、（210,57.5）、（210,32.5）、（250,20）和（250,0），完成之后输入“C”，

结果如图 12-25 所示。

**2. 创建旋转实体**

（1）单击“三维工具”选项卡“建模”面板中的“旋转”按钮，指定轴起点（0,0）和轴端点（0,240），旋转角度为 360°旋转轮廓线，命令行提示与操作如下：

```
命令:_revolve
当前线框密度:  ISOLINES=4,闭合轮廓创建模式=实体
选择要旋转的对象或[模式(MO)]:选取上面绘制的多段线
选择要旋转的对象或[模式(MO)]:
指定轴起点或根据以下选项之一定义轴[对象(O)/X/Y/Z]<对象>:0,0
指定轴端点:0,240
指定旋转角度或[起点角度(ST)/反转(R)/表达式(EX)]<360>:360
```

（2）单击“可视化”选项卡“视图”面板中的“西南等轴测”按钮，切换视图。

（3）单击“可视化”选项卡“视觉样式”面板中的“隐藏”按钮，结果如图 12-26 所示。

**3. 绘制轮毂**

（1）设置新的坐标系，在命令行中输入“UCS”命令，使坐标系绕 *X* 轴旋转 90°。

（2）单击“默认”选项卡“绘图”面板中的“圆”按钮，绘制一个圆心在原点，半径为 190 的圆。

（3）单击“默认”选项卡“绘图”面板中的“圆”按钮，绘制圆心在（0,0,-250），半径为 190 的圆。

（4）单击“默认”选项卡“绘图”面板中的“圆”按钮，绘制圆心在（0,0,-45），半径为 50 的圆。

（5）单击“默认”选项卡“绘图”面板中的“圆”按钮，绘制圆心在（0,0,-45），半径为 80 的圆，如图 12-27 所示。

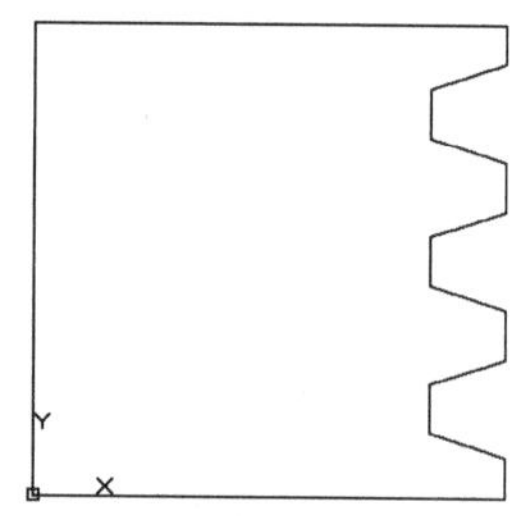

图 12-25　带轮截面轮廓线

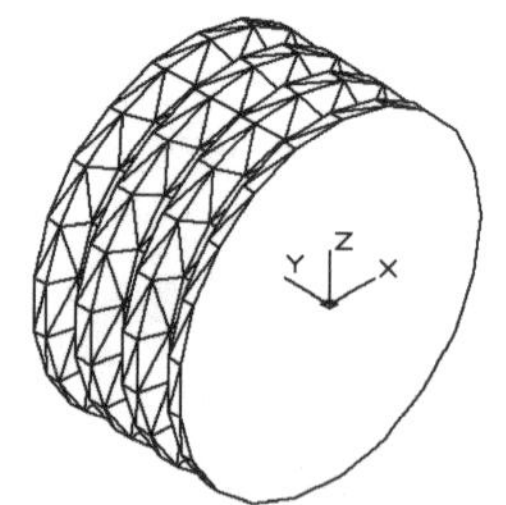

图 12-26　旋转后的带轮

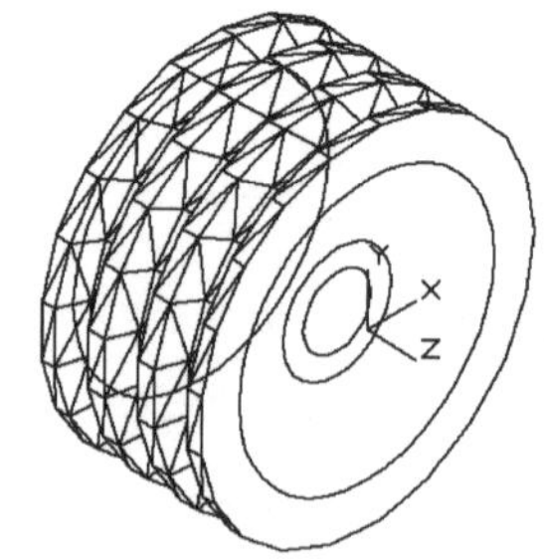

图 12-27　带轮的中间图

（6）单击“三维工具”选项卡“建模”面板中的“拉伸”按钮，拉伸离原点较近的半径为 190 的圆，拉伸高度为 -85。

（7）按上述方法拉伸离原点较远的半径为 190 的圆，高度为 85。将半径为 50 和 80 的圆拉伸，高度为 -160。此时图形如图 12-28 所示。

（8）单击“三维工具”选项卡“实体编辑”面板中的“差集”按钮，从带轮主体中减去半径为 190 拉伸的建模，对拉伸后的建模进行差集运算。

（9）单击“三维工具”选项卡“实体编辑”面板中的“并集”按钮，将带轮主体与

半径为80拉伸的建模进行并集计算。

（10）单击“三维工具”选项卡“实体编辑”面板中的“差集”按钮，从带轮主体中减去半径为50拉伸的建模。

（11）单击“可视化”选项卡“视觉样式”面板中的“带边缘着色”按钮，对建模带边框的实体进行着色，此时图形结果如图12-29所示。

**4. 绘制孔**

（1）选择菜单栏中的“视图”→“三维视图”→“平面视图”→“当前UCS”命令。

（2）单击“视图”选项卡“视觉样式”面板中的“二维线框”按钮，显示二维线框图。

（3）单击“默认”选项卡“绘图”面板中的“圆”按钮，绘制3个圆心在原点，半径分别为170、100和135的圆。

（4）单击“默认”选项卡“绘图”面板中的“圆”按钮，绘制一个圆心在（135，0），半径为35的圆。

（5）单击“默认”选项卡“修改”面板中的“复制”按钮，复制半径为35的圆，并将它放在原点。

（6）单击“默认”选项卡“修改”面板中的“移动”按钮，移动圆心在原点的半径为35的圆，移动位移（@135<60）。

（7）单击“默认”选项卡“修改”面板中的“修剪”按钮，删除多余的线段。此时图形如图12-30所示。

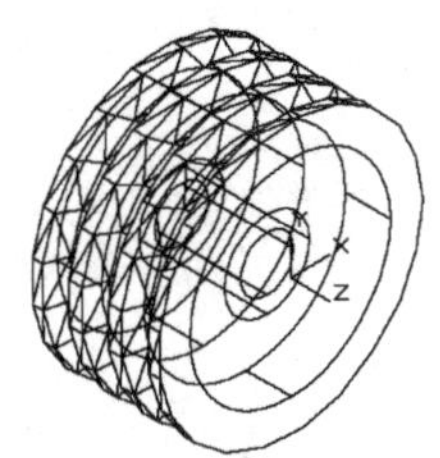

图12-28　拉伸后的建模

图12-29　带轮的着色图

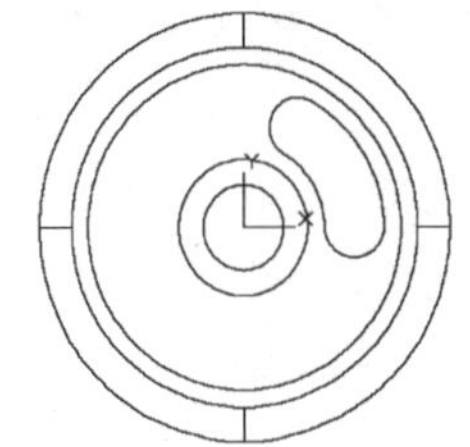

图12-30　弧形孔的边界

（8）单击“默认”选项卡“修改”面板中的“编辑多段线”按钮，将弧形孔的边界编辑成一条封闭的多段线。

（9）单击“默认”选项卡“修改”面板中的“环形阵列”按钮，进行阵列。设置中心点为（0,0），项目总数为3。单击“默认”选项卡“修改”面板中的“分解”按钮，分解环形面，此时绘图区的图形如图12-31所示。

（10）单击“三维工具”选项卡“建模”面板中的“拉伸”按钮，拉伸绘制的3个弧形面，拉伸高度为-240。

（11）单击“可视化”选项卡“视图”面板中的“西南等轴测”按钮，改变视图的观察方向，结果如图12-32所示。

（12）单击“三维工具”选项卡“实体编辑”面板中的“差集”按钮，将3个弧形孔建模从带轮建模中减去。为便于观看，用三维动态观察器将带轮旋转一个角度。图形如图12-33所示。

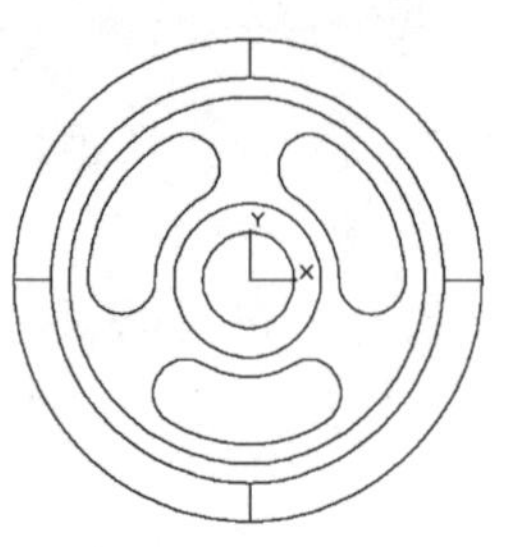

图 12-31　弧形孔阵列图

图 12-32　弧形孔拉伸后的图

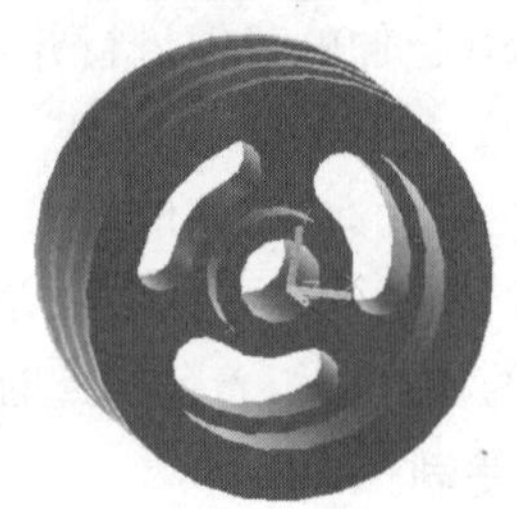

图 12-33　求差集后的带轮

## 12.2.5 扫掠

### 【执行方式】

- 命令行：SWEEP。
- 菜单栏：选择菜单栏中的“绘图”→“建模”→“扫掠”命令。
- 工具栏：单击“建模”工具栏中的“扫掠”按钮。
- 功能区：单击“三维工具”选项卡“建模”面板中的“扫掠”按钮。

### 【操作步骤】

命令行提示与操作如下：

```
命令:SWEEP↙
当前线框密度:ISOLINES＝2000,闭合轮廓创建模式＝实体
选择要扫掠的对象或［模式(MO)］:
选择要扫掠的对象或［模式(MO)］:选择对象,如图 12-34a 中所示的圆
选择要扫掠的对象或［模式(MO)］:↙
选择扫掠路径或［对齐(A)/基点(B)/比例(S)/扭曲(T)］:选择对象,如图 12-34a 中所示的螺旋线
```

扫掠结果如图 12-34b 所示。

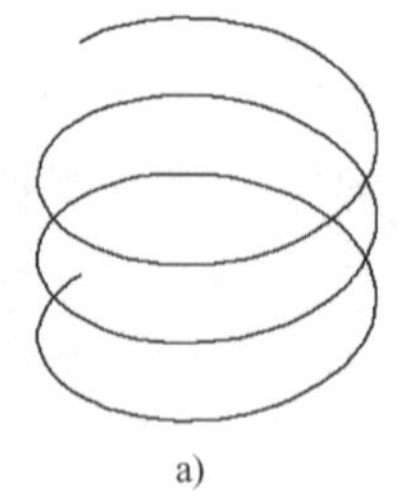

a)

b)

图 12-34　扫掠

a）对象和路径　b）结果

### 【选项说明】

（1）模式（MO）：指定扫掠对象为实体还是曲面。

（2）对齐（A）：指定是否对齐轮廓以使其作为扫掠路径切向的法向。默认情况下，轮廓是对齐的。选择该选项，系统提示如下。

扫掠前对齐垂直于路径的扫掠对象[是(Y)/否(N)] <是>:输入"N"指定轮廓无需对齐或按〈Enter〉键指定轮廓将对齐

注意

如果轮廓曲线不垂直于（法线指向）路径曲线起点的切向，则轮廓曲线将自动对齐。出现对齐提示时输入"N"以避免该情况的发生。

（3）基点（B）：指定要扫掠对象的基点。如果指定的点不在选定对象所在的平面上，则该点将被投影到该平面上。选择该选项，系统提示如下。

指定基点:指定选择集的基点

（4）比例（S）：指定比例因子以进行扫掠操作。从扫掠路径的开始到结束，比例因子将统一应用到扫掠的对象。选择该选项，系统提示如下。

输入比例因子或[参照(R)] <1.0000>:指定比例因子或输入"r"调用参照选项或按〈Enter〉键指定默认值

其中"参照（R）"选项表示通过拾取点或输入值来根据参照的长度缩放选定的对象。

（5）扭曲（T）：设置正被扫掠的对象的扭曲角度。扭曲角度指定沿扫掠路径全部长度的旋转量。选择该选项，系统提示如下。

输入扭曲角度或允许非平面扫掠路径倾斜[倾斜(B)/表达式(EX)] <n>:指定 <360°的角度值或输入"b"打开倾斜或按〈Enter〉键指定默认角度值

"倾斜（B）"指定被扫掠的曲线是否沿三维扫掠路径（三维多线段、三维样条曲线或螺旋）自然倾斜（旋转）。图 12-35 所示为扭曲扫掠示意图。

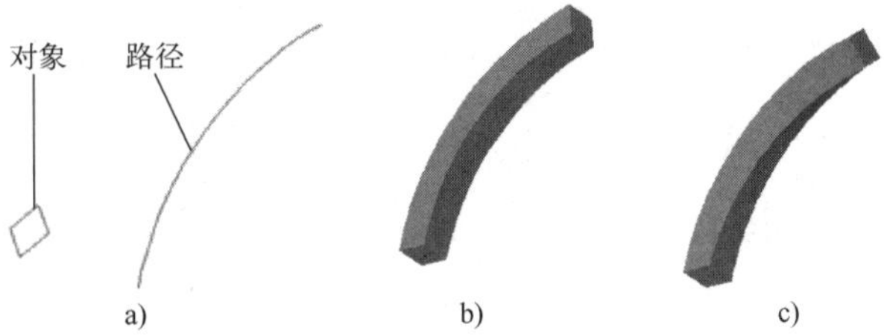


图 12-35 扭曲扫掠

a）对象和路径 b）不扭曲 c）扭曲 45°

### 12.2.6 实例——六角头螺栓

绘制如图 12-36 所示的六角头螺栓。

**【操作步骤】（实例演示\第 12 章\六角头螺栓.avi）**

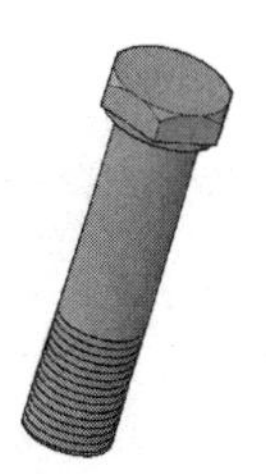

图 12-36 六角头螺栓

**1. 设置线框密度**

设置线框密度为 10。

**2. 设置视图方向**

单击"可视化"选项卡"视图"面板中的"西南等轴测"按钮，将当前视图方向设置为西南等轴测视图。

**3. 创建螺纹**

（1）单击“默认”选项卡“绘图”面板中“螺旋”按钮，绘制螺纹轮廓，命令行提示与操作如下：

```
命令:_Helix
圈数=3.0000    扭曲=CCW
指定底面的中心点:0,0,-1
指定底面半径或[直径(D)]<1.0000>:5
指定顶面半径或[直径(D)]<5.0000>:
指定螺旋高度或[轴端点(A)/圈数(T)/圈高(H)/扭曲(W)]<1.0000>:t
输入圈数<3.0000>:17
指定螺旋高度或[轴端点(A)/圈数(T)/圈高(H)/扭曲(W)]<1.0000>:17
```

结果如图12-37所示。

为使螺旋线起点如图12-37所示，在绘制螺旋线时，把鼠标指向该方向，如果绘制的螺旋线起点与图12-37不同，在后面生成螺纹的操作中会出现错误。

（2）单击“视图”选项卡“视图”面板中的“前视”按钮，将视图切换到前视方向。

（3）单击“默认”选项卡“绘图”面板中的“直线”按钮，捕捉螺旋线的上端点绘制牙型截面轮廓，尺寸参照图12-38所示；单击“默认”选项卡“绘图”面板中的“面域”按钮，将其创建成面域，结果如图12-39所示。

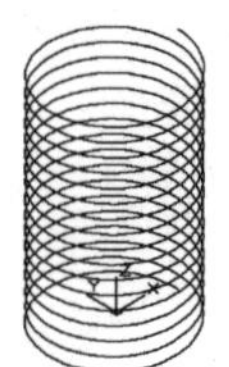

图12-37　绘制螺旋线

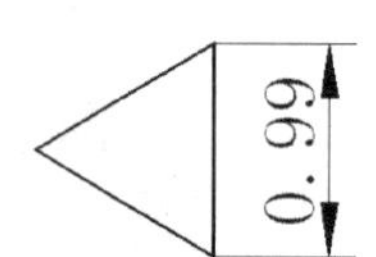


图12-38　牙型尺寸

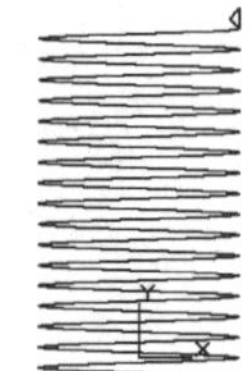

图12-39　绘制牙型截面轮廓

从理论上讲，由于螺旋线的圈高是1，如图12-38所示的牙型尺寸可以是1，但由于计算机计算误差，如果牙型尺寸设置成1，有时会导致螺纹无法生成。

（4）单击“视图”选项卡“视图”面板中的“西南等轴测”按钮，将视图切换到西南等轴测视图。

（5）单击“三维工具”选项卡“建模”面板中的“扫掠”按钮，命令行提示与操作如下：

```
命令:SWEEP↙
当前线框密度:ISOLINES=2000,闭合轮廓创建模式=实体
选择要扫掠的对象或[模式(MO)]:_MO
选择要扫掠的对象或[模式(MO)]:选择如图12-38所示绘制的牙型图
选择要扫掠的对象或[模式(MO)]:↙
选择扫掠路径或[对齐(A)/基点(B)/比例(S)/扭曲(T)]:选择如图12-37所示螺旋线
```

扫掠结果如图 12-40 所示。

提示

这一步操作，读者容易出现的情形是扫掠出的实体出现扭曲的现象，无法形成螺纹，出现这种情况的原因是没有严格按照前面讲述操作。

（6）创建圆柱体。单击“三维工具”选项卡“建模”面板中的“圆柱体”按钮，以坐标点（0,0,0）为底面中心点，创建半径为 5，轴端点为（@0,15,0）的圆柱体 1；以坐标点（0,0,0）为底面中心点，半径为 6，轴端点为（@0，-3,0）的圆柱体 2；以坐标点（0,15,0）为底面中心点，半径为 6，轴端点为（@0,3,0）的圆柱体 3，结果如图 12-41 所示。

（7）布尔运算处理。单击“三维工具”选项卡“实体编辑”面板中的“差集”按钮，从半径为 5 的圆柱体 1 中减去螺纹。

（8）单击“三维工具”选项卡“实体编辑”面板中的“差集”按钮，从主体中减去半径为 6 的两个圆柱体 2 和圆柱体 3，消隐后结果如图 12-42 所示。

图 12-40　扫掠实体

图 12-41　创建圆柱体

图 12-42　差集结果

**4. 绘制中间柱体**

单击“三维工具”选项卡“建模”面板中的“圆柱体”按钮，绘制底面中心点在（0,0,0），半径为 5，顶圆中心点为（@0，-25,0）的圆柱体 4。消隐后的结果如图 12-43 所示。

**5. 绘制螺栓头部**

（1）在命令行中输入“UCS”命令，返回世界坐标系。

（2）单击“三维工具”选项卡“建模”面板中的“圆柱体”按钮，以坐标点（0,0，-26）为底面中心点，创建半径为 7，高度为 1 的圆柱体 5，消隐后结果如图 12-44 所示。

（3）单击“默认”选项卡“绘图”面板中的“多边形”按钮，以坐标点（0,0，-26）为中心点，创建内切圆半径为 8 的正六边形，如图 12-45 所示。

（4）单击“三维工具”选项卡“建模”面板中的“拉伸”按钮，拉伸第（3）步绘制的六边形截面，高度为 -5，消隐结果如图 12-46 所示。

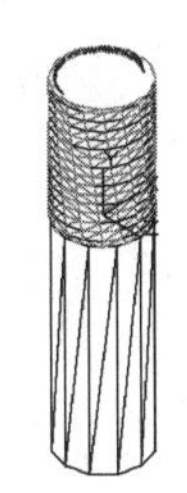

图 12-43　绘制圆柱体 4

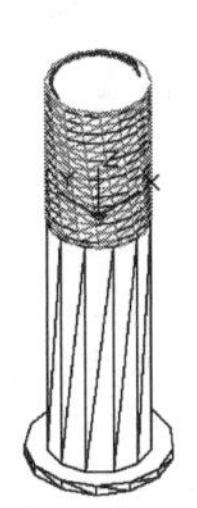

图 12-44　绘制圆柱体 5

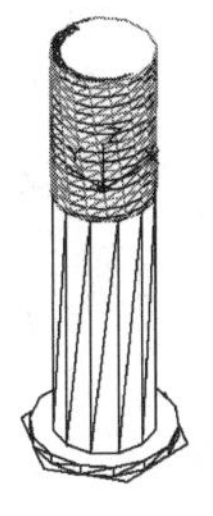

图 12-45　绘制正六边形拉伸截面

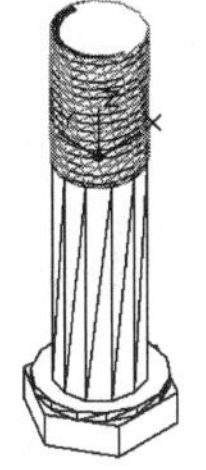

图 12-46　拉伸正六边形截面

(5) 单击“视图”选项卡“视图”面板中的“前视”按钮，设置视图方向。

(6) 单击“默认”选项卡“绘图”面板中的“直线”按钮，绘制直角边长为1的等腰直角三角形，结果如图12-47所示。

(7) 单击“默认”选项卡“绘图”面板中的“面域”按钮，将上步绘制的三角形截面创建为面域。

(8) 单击“三维工具”选项卡“建模”面板中的“旋转”按钮，选择第(6)步绘制的三角形，选择$Y$轴为旋转轴，旋转角度为360°，消隐结果如图12-48所示。

(9) 单击“三维工具”选项卡“实体编辑”面板中的“差集”按钮，从拉伸实体中减去旋转实体，消隐结果如图12-49所示。

(10) 单击“三维工具”选项卡“实体编辑”面板中的“并集”按钮，合并所有图形。

(11) 单击“视图”选项卡“视图”面板中的“西南等轴测”按钮，将当前视图方向设置为西南等轴测视图。

(12) 选择菜单栏中的“视图”→“视觉样式”→“消隐”命令，对合并实体进行消隐，结果如图12-50所示。

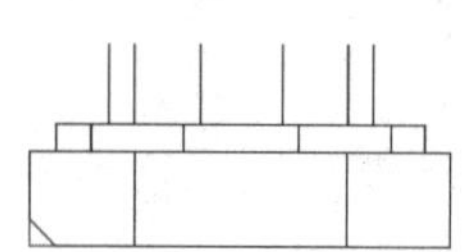

图12-47 绘制三角形旋转截面

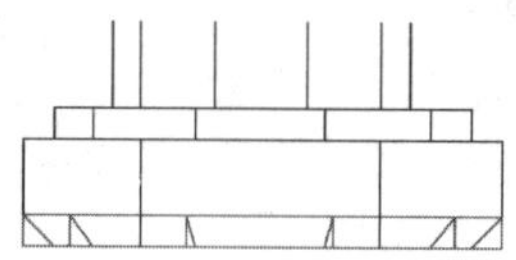

图12-48 旋转三角形截面

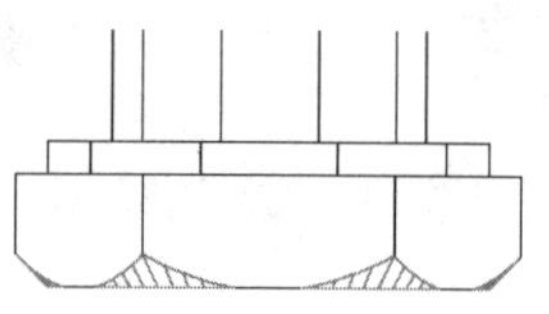

图12-49 差集运算

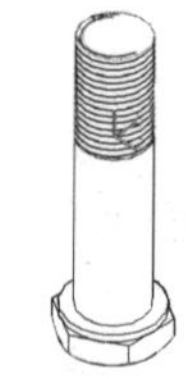

图12-50 消隐

(13) 选择菜单栏中的“视图”→“视觉样式”→“概念”命令，最终效果如图12-36所示。

## 12.2.7 放样

【执行方式】

- 命令行：LOFT。
- 菜单栏：选择菜单栏中的“绘图”→“建模”→“放样”命令。
- 工具栏：单击“建模”工具栏中的“放样”按钮。
- 功能区：单击“三维工具”选项卡“建模”面板中的“放样”按钮。

【操作步骤】

命令行提示与操作如下：

```
命令:LOFT↙
当前线框密度:  ISOLINES=4,闭合轮廓创建模式=实体
按放样次序选择横截面或[点(PO)/合并多条边(J)/模式(MO)]:
```

按放样次序选择横截面或［点(PO)/合并多条边(J)/模式(MO)］:依次选择图 12-51 中的 3 个截面
输入选项［导向(G)/路径(P)/仅横截面(C)/设置(S)］<仅横截面>:S

**【选项说明】**

（1）设置（S）：选择该选项，系统打开“放样设置”对话框，如图 12-52 所示。其中有 4 个单选按钮，图 12-53a 所示为选中“直纹”单选按钮的放样结果示意图；图 12-53b 所示为选中“平滑拟合”单选按钮的放样结果示意图；图 12-53c 所示为选中“法线指向”单选按钮并选择“所有横截面”选项的放样结果示意图；图 12-53d 所示为选中“拔模斜度”单选按钮并设置“起点角度”为 45°，“起点幅值”为 10，“端点角度”为 60°，“端点幅值”为 10 的放样结果示意图。

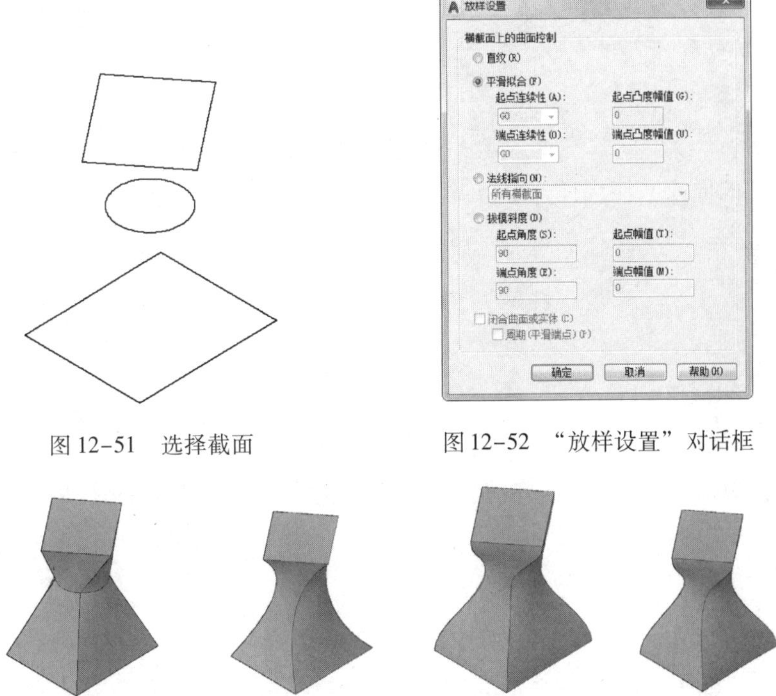


图 12-51 选择截面

图 12-52 “放样设置”对话框

图 12-53 放样示意图

（2）导向（G）：指定控制放样实体或曲面形状的导向曲线。导向曲线是直线或曲线，可通过将其他线框信息添加至对象来进一步定义实体或曲面形状，如图 12-54 所示。选择该选项，系统提示：

选择导向曲线:选择放样实体或曲面的导向曲线，然后按〈Enter〉键

（3）路径（P）：指定放样实体或曲面的单一路径，如图 12-55 所示。选择该选项，系统提示如下。

选择路径:指定放样实体或曲面的单一路径

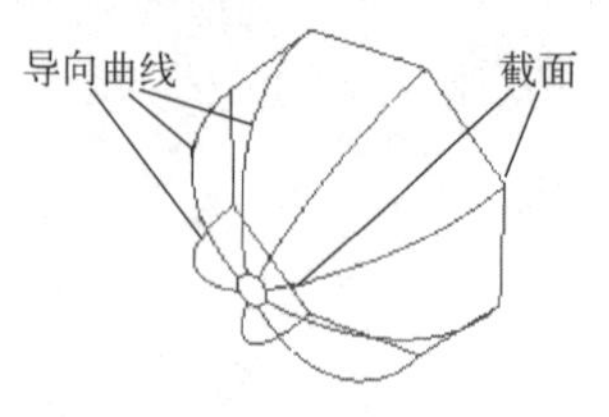


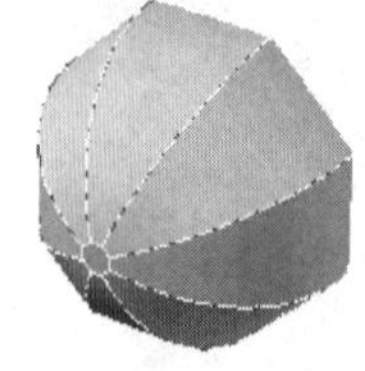

图 12-54　导向放样

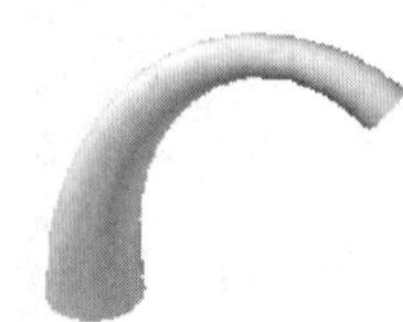


图 12-55　路径放样

**注意**

路径曲线必须与横截面的所有平面相交。

**注意**

每条导向曲线必须满足以下条件才能正常工作：

◆ 与每个横截面相交。
◆ 从第一个横截面开始。
◆ 到最后一个横截面结束。

可以为放样曲面或实体选择任意数量的导向曲线。

### 12.2.8 拖曳

**【执行方式】**

- 命令行：PRESSPULL。
- 工具栏：单击“建模”工具栏中的“按住并拖动”按钮。
- 功能区：单击“三维工具”功能区“实体编辑”面板中的“按住并拖动”按钮。

**【操作步骤】**

命令行提示与操作如下：

```
命令:PRESSPULL↙
选择对象或边界区域:
指定拉伸高度或[多个(M)]:
```

选择有限区域后，按住鼠标并拖动，对相应的区域进行拉伸变形。图 12-56 所示为选择圆台上表面按住并拖动的结果。

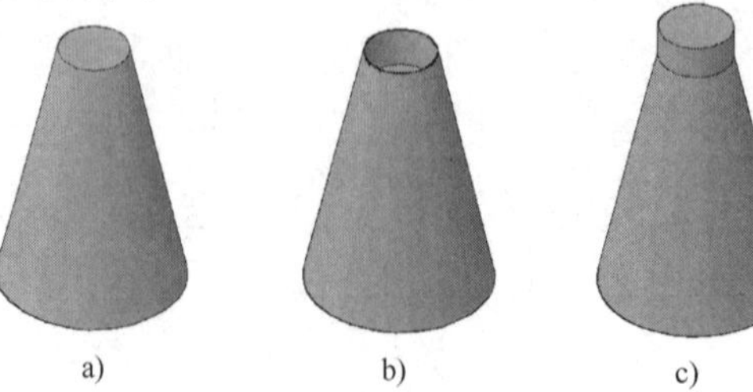


图 12-56　按住并拖动
a）圆台　b）向下拖动　c）向上拖动

# 12.3 三维倒角与圆角

与二维图形中用到的“倒角”命令和“圆角”命令相似，三维造型设计中，有时也要用到这两个命令。命令虽然相同，但在三维造型设计中，其执行方式有所区别，本节简要介绍。

## 12.3.1 倒角

【执行方式】

- 命令行：CHAMFEREDGE。
- 菜单栏：选择菜单栏中的“修改”→“实体编辑”→“倒角边”命令。
- 工具栏：单击“实体编辑”工具栏中的“倒角边”按钮。
- 功能区：单击“三维工具”选项卡“实体编辑”面板中的“倒角边”按钮。

【操作步骤】

命令行提示与操作如下：

```
命令:CHAMFEREDGE↙
距离 1 =0.0000,距离 2 =0.0000
选择一条边或[环(L)/距离(D)]:
```

【选项说明】

(1) 选择一条边：选择建模的一条边，此选项为系统的默认选项。选择某一条边以后，边就变成虚线。

(2) 环 (L)：如果选择“环 (L)”选项，对一个面上的所有边建立倒角，命令行继续出现如下提示。

```
选择环边或[边(E)距离(D)]:选择环边
输入选项[接受(A)下一个(N)]<接受>:↙
选择环边或[边(E)距离(D)]:↙
按〈Enter〉键接受倒角或[(距离(D)]:↙
```

(3) 距离 (D)：如果选择“距离 (D)”选项，则要输入倒角距离。

图 12-57 所示为对长方体倒角的结果。

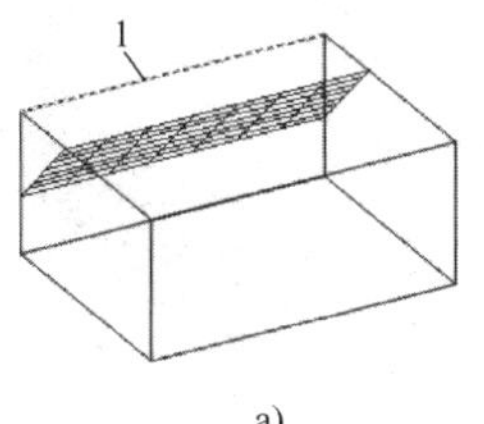


a)

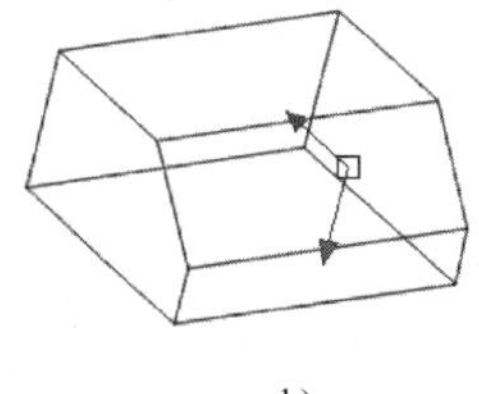

b)

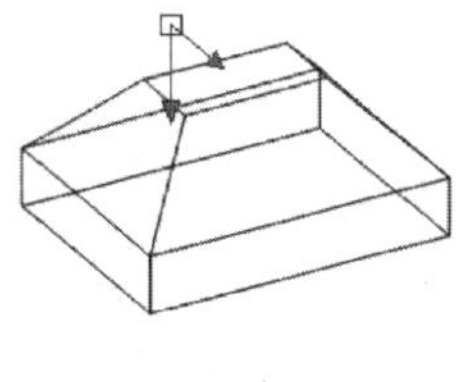

c)

图 12-57　对长方体倒角

a）选择倒角边“1”　b）选择边倒角结果　c）选择环倒角结果

## 12.3.2 圆角

【执行方式】

- 命令行：FILLETEDGE。
- 菜单栏：选择菜单栏中的“修改”→“三维编辑”→“圆角边”命令。
- 工具栏：单击“实体编辑”工具栏中的“圆角边”按钮。
- 功能区：单击“三维工具”选项卡“实体编辑”面板中的“圆角边”按钮。

【操作步骤】

命令行提示与操作如下：

```
命令:FILLETEDGE↙
半径 = 1.0000
选择边或[链(C)/环(L)/半径(R)]:选择建模上的一条边↙
已选定 1 个边用于圆角。
按 Enter 键接受圆角或[半径(R)]:↙
```

【选项说明】

选择“链（C）”选项，表示与此边相邻的边都被选中并进行倒圆角的操作。图 12-58 所示为对模型棱边倒圆角的结果。

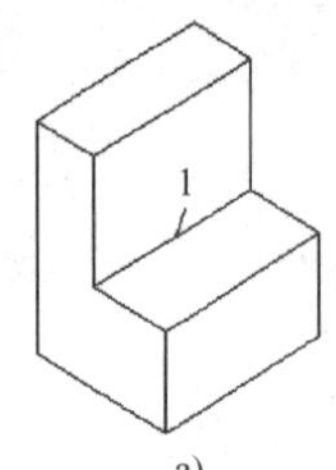

a)

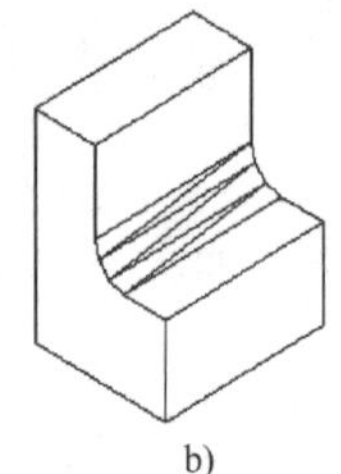
b)

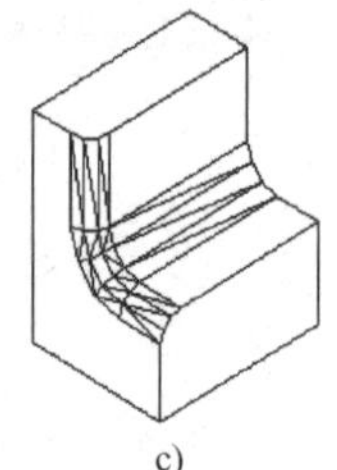
c)

图 12-58　对模型棱边倒圆角

a）选择倒圆角边 1　b）边倒圆角结果　c）链倒圆角结果

## 12.3.3 实例——手柄

创建如图 12-59 所示的手柄。

【操作步骤】（实例演示\第 12 章\手柄.avi）

（1）利用“ISOLINES”命令设置线框密度为 10。

（2）单击“默认”选项卡“绘图”面板中的“圆”按钮，绘制半径为 13 的圆。

（3）单击“默认”选项卡“绘图”面板中的“构造线”按钮，过 *R*13 圆的圆心绘制竖直与水平辅助线。绘制结果如图 12-60 所示。

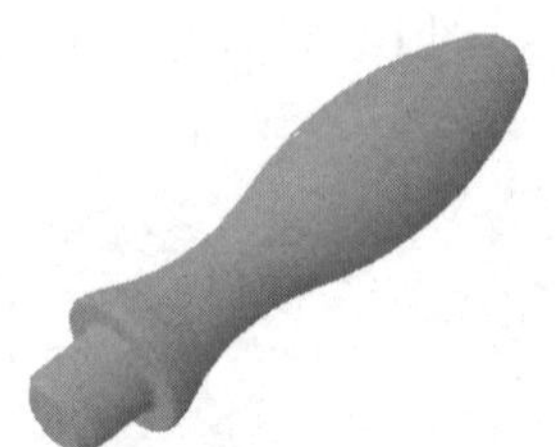

图 12-59　手柄

（4）单击“默认”选项卡“修改”面板中的“偏移”按钮，将竖直辅助线向右偏移83。

（5）单击“默认”选项卡“绘图”面板中的“圆”按钮，捕捉右边竖直辅助线与水平辅助线的交点，绘制半径为7的圆。绘制结果如图12-61所示。

（6）单击“默认”选项卡“修改”面板中的“偏移”按钮，将水平辅助线向上偏移13。

（7）单击“默认”选项卡“绘图”面板中的“圆”按钮，绘制与$R7$圆及偏移水平辅助线相切，半径为65的圆；继续绘制与$R65$圆及$R13$相切，半径为$R45$的圆，绘制结果如图12-62所示。

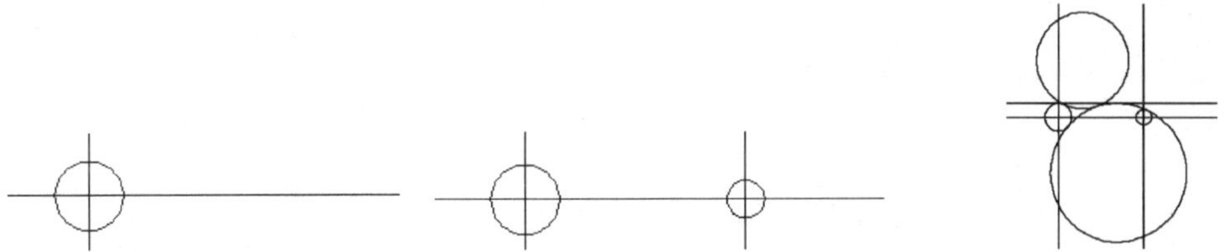

图12-60 圆及辅助线　　图12-61 绘制$R7$圆　　图12-62 绘制$R65$及$R45$圆

（8）单击“默认”选项卡“修改”面板中的“修剪”按钮，对所绘制的图形进行修剪，修剪结果如图12-63所示。

（9）单击“默认”选项卡“修改”面板中的“删除”按钮，删除辅助线。单击“默认”选项卡“绘图”面板中的“直线”按钮，绘制直线。

（10）单击“默认”选项卡“绘图”面板中的“面域”按钮，选择全部图形创建面域，结果如图12-64所示。

（11）单击“三维工具”选项卡“建模”面板中的“旋转”按钮，以水平线为旋转轴，旋转创建的面域。单击“视图”选项卡“视图”面板中的“西南等轴测”按钮，切换到西南等轴测图，如图12-65所示。

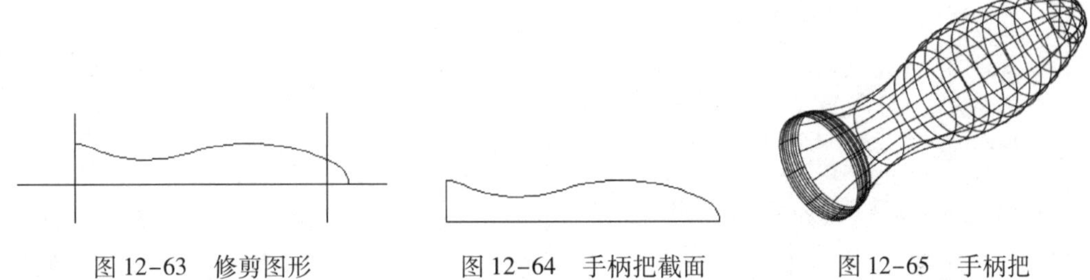

图12-63 修剪图形　　图12-64 手柄把截面　　图12-65 手柄把

（12）单击“视图”选项卡“视图”面板中的“左视”按钮，切换到左视图。在命令行输入“UCS”，命令行提示如下：

```
命令:UCS↙
当前 UCS 名称:*世界*
指定 UCS 的原点或[面(F)/命名(NA)/对象(OB)/上一个(P)/视图(V)/世界(W)/X/Y/Z/Z轴(ZA)]<世界>:捕捉左端圆心
```

（13）单击“三维工具”选项卡“建模”面板中的“圆柱体”按钮，以坐标原点为圆心，创建高为15、半径为8的圆柱体。单击“视图”选项卡“视图”面板中的“西南等轴测”按钮，切换到西南等轴测图，结果如图12-66所示。

（14）单击“三维工具”选项卡“实体编辑”面板中的“倒角边”按钮，对圆柱体进行倒角。倒角距离为2，命令行提示与操作如下：

```
命令:CHAMFEREDGE↙
距离 1 =0.0000,距离 2 =0.0000
选择第一条边或[环(L)/距离(D)]:D↙
指定距离 1 或[表达式(E)] <1.0000 >:2↙
指定距离 2 或[表达式(E)] <1.0000 >:2↙
选择一条边或[环(L)/距离(D)]:选择圆柱体要倒角的边↙
选择同一个面上的其他边或[环(L)/距离(D)]:↙
按 Enter 键接受倒角或[(距离(D)]:↙
```

倒角结果如图12-67所示。

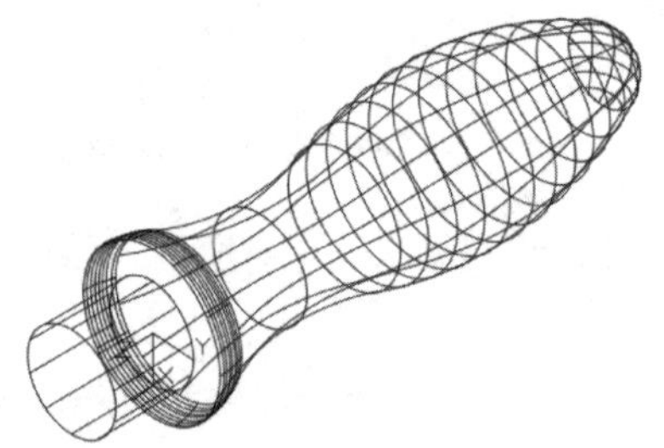

图12-66 创建手柄头部

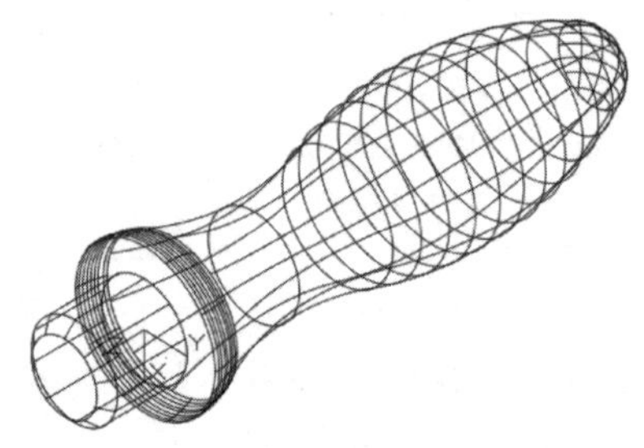

图12-67 倒角

（15）单击“三维工具”选项卡“实体编辑”面板中的“并集”按钮，将手柄头部与手柄把进行并集运算。

（16）单击“三维工具”选项卡“实体编辑”面板中的“圆角边”按钮，将手柄头部与手柄把相交的端面圆进行倒圆角，圆角半径为1。命令行提示与操作如下：

```
命令:FILLETEDGE↙
半径 =1.0000
选择边或 [链(C)/环(L)/半径(R)]:选择倒圆角的一条边
选择边或 [链(C)/环(L)/半径(R)]:R↙
输入圆角半径或[表达式(E)] <1.0000 >:1↙
选择边或 [链(C)/环(L)/半径(R)]:↙
按〈Enter〉键接受圆角或[半径(R)]:↙
```

（17）选择菜单栏中的“视图”→“视觉样式”→“概念”命令，最终效果如图12-59所示。

## 12.4 特殊视图

剖切断面是了解三维造型内部结构的一种常用方法。不同于二维平面图中利用“图案填充”等命令人为机械地去绘制断面图，在三维造型设计中，系统可以根据已有的三维造型灵活地生成各种剖视图和断面图。

## 12.4.1 剖切

【执行方式】

- 命令行：SLICE。
- 菜单栏：选择菜单栏中的“修改”→“三维操作”→“剖切”命令。
- 功能区：单击“三维工具”选项卡“实体编辑”面板中的“剖切”按钮。

【操作步骤】

命令行提示与操作如下：

```
命令:SLICE ↙
选择要剖切的对象:选择要剖切的实体
选择要剖切的对象:继续选择或按〈Enter〉键结束选择
指定 切面 的起点或［平面对象(O)/曲面(S)/Z 轴(Z)/视图(V)/XY(XY)/YZ(YZ)/ZX(ZX)/
三点(3)］ <三点>:
```

【选项说明】

(1) 平面对象 (O)：将所选择的对象所在的平面作为剖切面。

(2) 曲面 (S)：将剪切平面与曲面对齐。

(3) *Z* 轴 (Z)：通过在平面上指定一点和在平面的 *Z* 轴（法线）上指定另一点来定义剖切平面。

(4) 视图 (V)：以平行于当前视图的平面作为剖切面。

(5) *XY/YZ/ZX*：将剖切平面与当前用户坐标系(UCS) 的 *XY* 平面/*YZ* 平面/*ZX* 平面对齐。图 12-68 所示为剖切三维实体图。

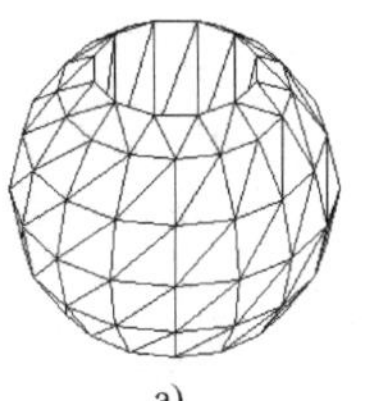
a)

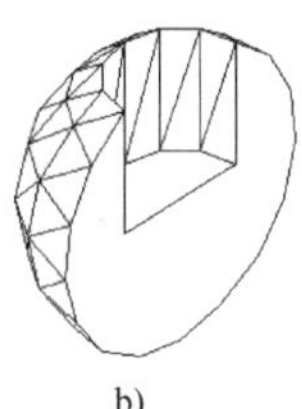
b)

图 12-68 剖切三维实体

a) 剖切前的三维实体 b) 剖切后的实体

(6) 三点 (3)：根据空间的 3 个点确定的平面作为剖切面。确定剖切面后，系统会提示保留一侧或两侧。

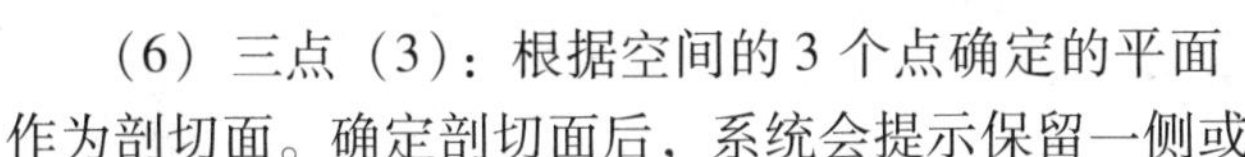

## 12.4.2 实例——阀杆

绘制如图 12-69 所示的阀杆。

【操作步骤】(实例演示\第 12 章\阀杆 . avi)

**1. 设置线框密度**

在命令行中输入“ISOLINES”命令，默认值为 4，设置系统变量值为 10。

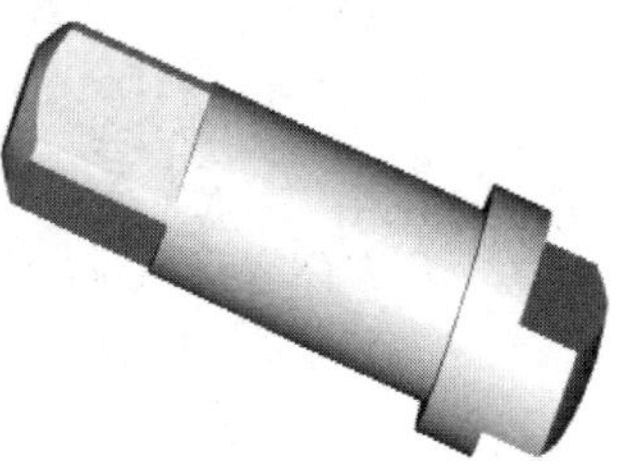

图 12-69 阀杆

**2. 设置视图方向**

单击“视图”选项卡“视图”面板中的“西南等轴测”按钮，切换到西南等轴测图。

**3. 设置用户坐标系**

在命令行中输入“UCS”命令，将坐标系绕 $X$ 轴旋转 90°。

**4. 绘制阀杆主体**

（1）创建圆柱体。单击“三维工具”选项卡“建模”面板中的“圆柱体”按钮，采用“指定底面圆心点、底面半径和高度”的模式，以原点为圆心，半径为 7，高度为 14 绘制圆柱体 1。采用“指定底面圆心点、底面直径和高度”的模式绘制其余圆柱体，参数如下。

圆柱体 2：圆心（0,0,14），直径为 $\phi$14，高 24。

圆柱体 3：圆心（0,0,38），直径为 $\phi$18，高 5。

圆柱体 4：圆心（0,0,43），直径为 $\phi$18，高 5。

绘制圆柱体结果如图 12-70 所示。

（2）创建球。单击“三维工具”选项卡“建模”面板中的“球体”按钮，在点（0,0,30）处绘制半径为 20 的球体。结果如图 12-71 所示。

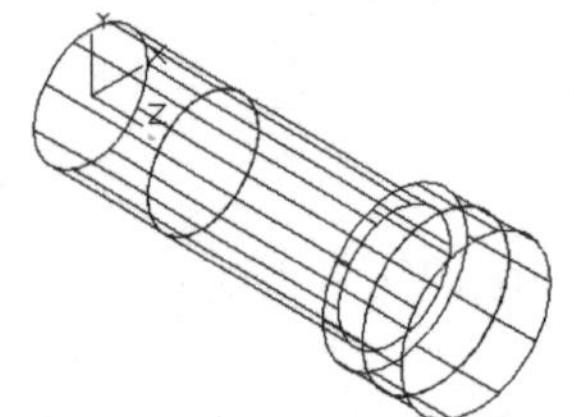

图 12-70　创建圆柱体

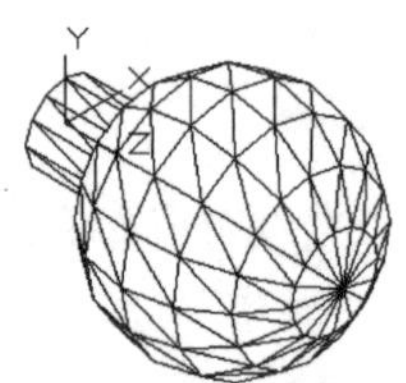

图 12-71　创建球

（3）设置视图方向。单击“视图”选项卡“视图”面板中的“左视”按钮，设置视图方向。

（4）剖切球与圆柱体 4。单击“三维工具”选项卡“实体编辑”面板中的“剖切”按钮，对球及右部 $\phi$18 圆柱体 4 进行对称剖切，保留实体中部，命令行提示与操作如下：

```
命令:SLICE
选择要剖切的对象:选取球及右部 ϕ18 圆柱体 4
选择要剖切的对象:
指定切面的起点或[平面对象(O)/曲面(S)/z 轴(Z)/视图(V)/xy(XY)/yz(YZ)/zx(ZX)/三点(3)] <三点>:ZX
指定 ZX 平面上的点 <0,0,0>:0,4.25
在所需的侧面上指定点或[保留两个侧面(B)] <保留两个侧面>:选取下方为保留部分
命令:SLICE
选择要剖切的对象:选取球及右部 ϕ18 圆柱体 4
选择要剖切的对象:
指定切面的起点或[平面对象(O)/曲面(S)/z 轴(Z)/视图(V)/xy(XY)/yz(YZ)/zx(ZX)/三点(3)] <三点>:ZX
指定 ZX 平面上的点 <0,0,0>:0,-4.25
在所需的侧面上指定点或[保留两个侧面(B)] <保留两个侧面>:选取上方为保留部分
```

结果如图 12-72 所示。

（5）剖切球。单击“三维工具”选项卡“实体编辑”面板中的“剖切”按钮，选取球为剖切对象，以 $YZ$ 为剖切面，指定剖切面上的点为（48,0），对球进行剖切，保留球的右部。结果如图 12-73 所示。

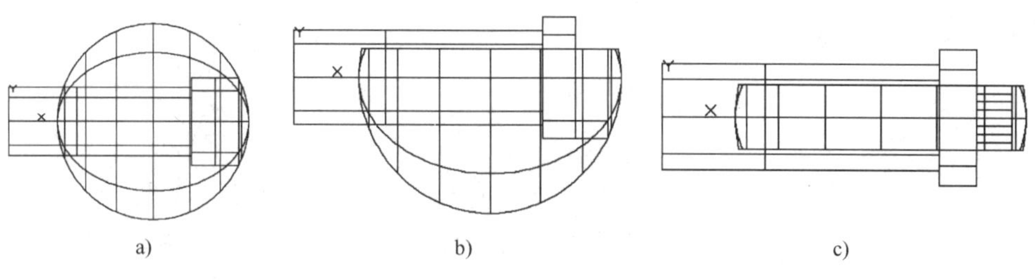


图 12-72　剖切后的实体

**5. 绘制细部特征**

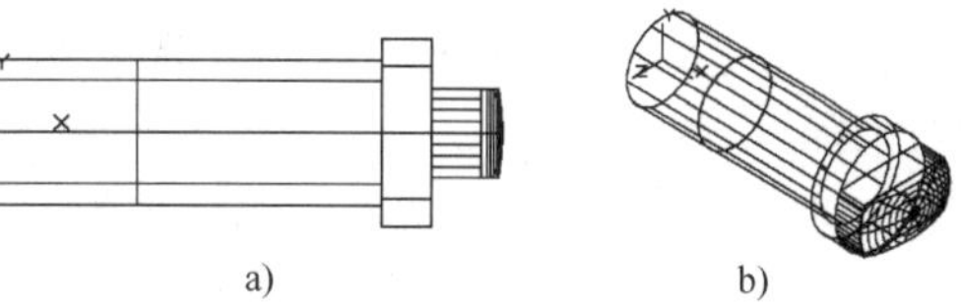


图 12-73　剖切球

（1）设置视图方向。单击“视图”选项卡“视图”面板中的“西南等轴测”按钮，切换到西南等轴测图。

（2）对左端 $\phi$14 圆柱体 1，进行倒角操作。单击“三维工具”选项卡“实体编辑”面板中的“倒角”按钮，对圆柱体 1 的边缘进行倒直角操作，命令行提示与操作如下：

```
命令:_CHAMFEREDGE
距离 1 =1.0000,距离 2 =1.0000
选择一条边或[环(L)/距离(D)]:选择圆柱体 1 边线
选择同一个面上的其他边或[环(L)/距离(D)]:
按 Enter 键接受倒角或[距离(D)]:D
指定基面倒角距离或[表达式(E)] <1.0000>:3
指定其他曲面倒角距离或[表达式(E)] <1.0000>:3
按 Enter 键受倒角或[距离(D)]:
```

结果如图 12-74 所示。

（3）设置视图方向。单击“视图”选项卡“视图”面板中的“后视”按钮，设置视图方向。

（4）创建长方体。单击“三维工具”选项卡“建模”面板中的“长方体”按钮，采用“中心点、长度”的模式，以坐标（0,0,7）为中心，长度为 11，宽度为 11，高度为 14 绘制长方体。结果如图 12-75 所示。

提示

执行“长方体”操作时，需打开正交模式或关闭捕捉模式，否则绘制的长方体为斜向长方体。

（5）旋转长方体。单击“三维工具”选项卡“建模”面板中的“旋转”按钮，将第（4）步绘制的长方体，以 $Z$ 轴为旋转轴，以坐标原点为旋转轴上的点旋转 45°，结果如图 12-76 所示。

（6）设置视图方向。单击“视图”选项卡“视图”面板中的“西南等轴测”按钮，将视图切换到西南等轴测图。

（7）交集运算。单击“三维工具”选项卡“实体编辑”面板中的“交集”按钮，将 $\phi$14 圆柱体 1 与长方体进行交集运算。

（8）并集运算。单击“三维工具”选项卡“实体编辑”面板中的“并集”按钮，将实体进行并集运算。隐藏实体。

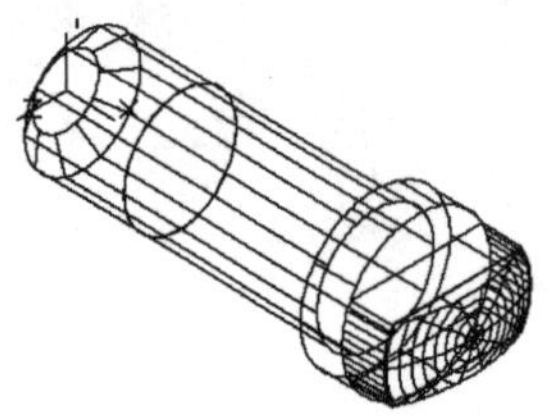

图 12-74　倒角后的实体

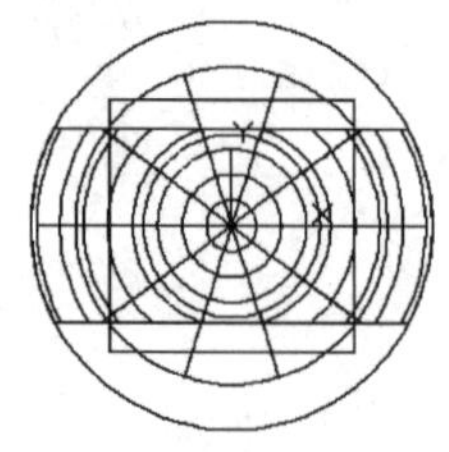

图 12-75　创建长方体

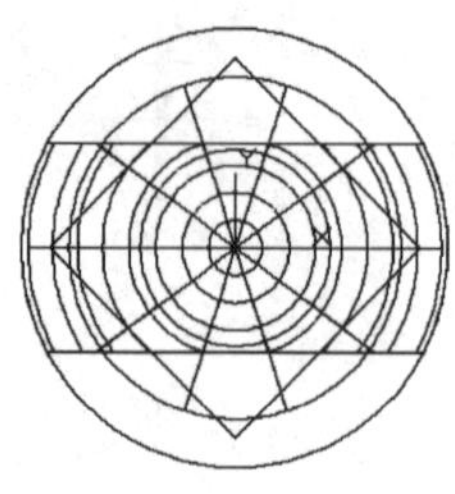

图 12-76　旋转长方体

（9）消隐实体。单击“视图”选项卡“视觉样式”面板中的“隐藏”按钮，对图形进行消隐处理。

（10）关闭坐标系。选择菜单栏中的“视图”→“显示”→“UCS 图标”→“开”命令，完全显示图形。

（11）改变视觉样式。选择菜单栏中的“视图”→“视觉样式”→“概念”命令，最终效果图如图 12-69 所示。

### 12.4.3 剖切断面

【执行方式】

- 命令行：SECTION。

【操作步骤】

命令行提示与操作如下：

```
命令:SECTION↙
选择对象:选择要剖切的实体
指定截面上的第一个点,依照[对象(O)/Z 轴(Z)/视图(V)/XY/YZ/ZX/三点(3)]<三点>:
```

图 12-77 所示为断面图形。

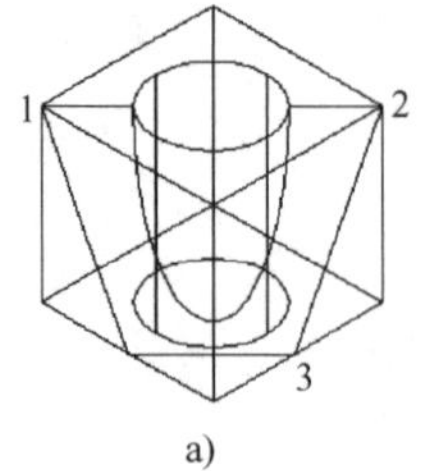


a)

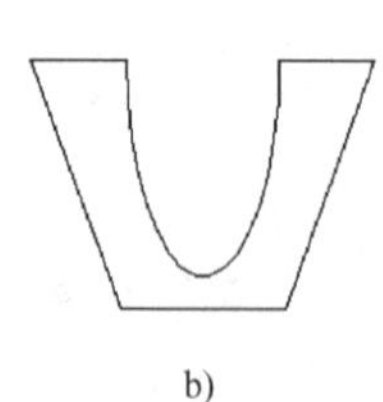

b)

c)

图 12-77　实体的剖切断面

a）剖切平面与断面　b）移出的断面图形　c）填充剖面线的断面图形

## 12.5　综合演练——马桶

本实例将详细介绍马桶的绘制方法。首先利用“矩形”“圆弧”“面域”“拉伸”“长方体”命令绘制马桶的主体，然后利用“圆柱体”“差集”“交集”命令绘制水箱，最后利用“椭圆”和“拉伸”命令绘制马桶盖，结果如图 12-78 所示。

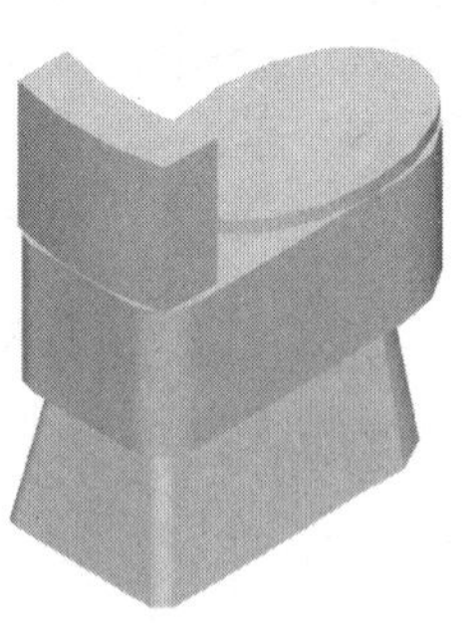

图 12-78 马桶

【操作步骤】（实例演示\第 12 章\马桶 . avi）

（1）设置绘图环境。用“LIMITS”命令设置图幅为 297 × 210；用“ISOLINES”命令设置对象上每个曲面的线框密度为 10。

（2）单击“默认”选项卡“绘图”面板中的“矩形”按钮，绘制角点为（0,0），（560,260）的矩形。绘制结果如图 12-79 所示。

（3）单击“默认”选项卡“绘图”面板中的“圆弧”按钮，绘制圆弧，命令行提示与操作如下：

```
命令：_arc
指定圆弧的起点或［圆心(C)］:400,0
指定圆弧的第二个点或［圆心(C)/端点(E)］:500,130
指定圆弧的端点:400,260
```

（4）单击“默认”选项卡“修改”面板中的“修剪”按钮，将多余的线段剪去，修剪之后的结果如图 12-80 所示。

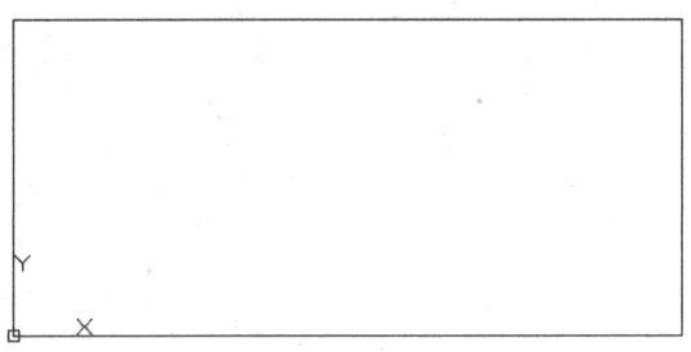

图 12-79 绘制矩形

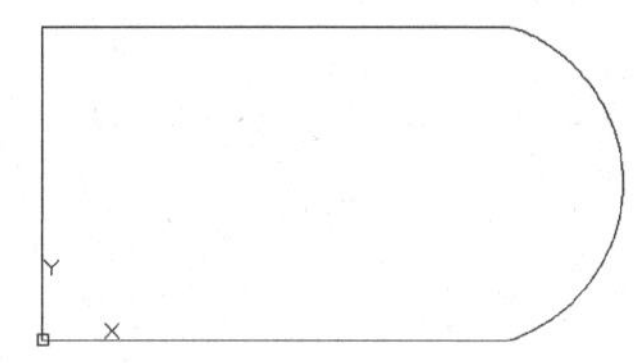

图 12-80 绘制圆弧

（5）单击“默认”选项卡“绘图”面板中的“面域”按钮，将绘制的矩形和圆弧进行面域处理。

（6）单击“三维工具”选项卡“建模”面板中的“拉伸”按钮，将步骤（5）中创建的面域进行拉伸处理，命令行提示与操作如下：

```
命令：_extrude
当前线框密度:ISOLINES = 10,闭合轮廓创建模式 = 实体
选择要拉伸的对象或［模式(MO)］:_MO 闭合轮廓创建模式［实体(SO)/曲面(SU)］<实体>:
_SO
选择要拉伸的对象或［模式(MO)］:找到 1 个
选择要拉伸的对象或［模式(MO)］:
指定拉伸的高度或［方向(D)/路径(P)/倾斜角(T)/表达式(E)］<30.0000>:t
指定拉伸的倾斜角度或［表达式(E)］ <0>:10
指定拉伸的高度或［方向(D)/路径(P)/倾斜角(T)/表达式(E)］<30.0000>:200
```

绘制结果如图 12-81 所示。

（7）单击“三维工具”选项卡“实体编辑”面板中的“圆角边”按钮，圆角半径设为 20，将马桶底座的直角边改为圆角边。绘制结果如图 12-82 所示。

（8）单击“三维工具”选项卡“建模”面板中的“长方体”按钮，绘制马桶主体，

角点为（0,0,200）和（550,260,400）。绘制结果如图12-83所示。

（9）单击“三维工具”选项卡“实体编辑”面板中的“圆角”按钮，将圆角半径设为130，将长方体右侧做圆角处理；左侧的两条棱的圆角半径为50，如图12-84所示。

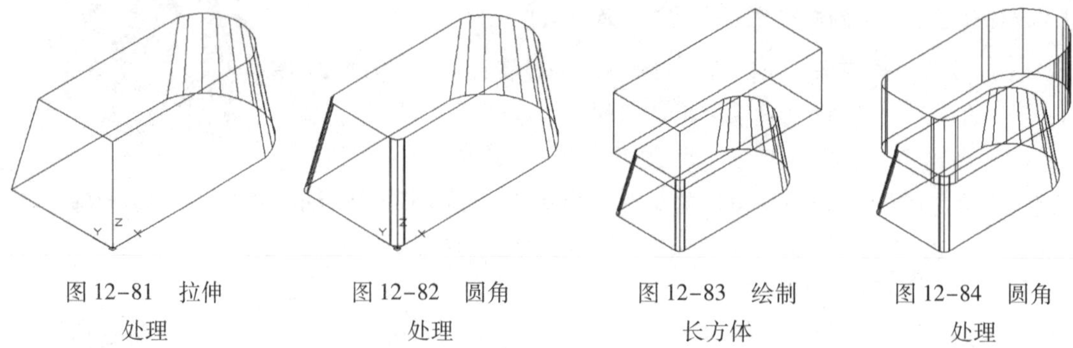

图12-81　拉伸处理　　图12-82　圆角处理　　图12-83　绘制长方体　　图12-84　圆角处理

（10）单击“三维工具”选项卡“建模”面板中的“长方体”按钮，以（50,130,500）为中心点，绘制长为100，宽为240，高为200的长方体。

（11）单击“三维工具”选项卡“建模”面板中的“圆柱体”按钮，绘制马桶水箱，命令行提示与操作如下：

```
命令:_cylinder
指定底面的中心点或[三点(3P)/两点(2P)/切点、切点、半径(T)/椭圆(E)]:500,130,400
指定底面半径或[直径(D)]:500
指定高度或[两点(2P)/轴端点(A)]:200
命令:_cylinder
指定底面的中心点或[三点(3P)/两点(2P)/切点、切点、半径(T)/椭圆(E)]:500,130,400
指定底面半径或[直径(D)]:420
指定高度或[两点(2P)/轴端点(A)]:200
```

绘制结果如图12-85所示。

（12）单击“三维工具”选项卡“实体编辑”面板中的“差集”按钮，将步骤（11）中绘制的大圆柱体与小圆柱体进行差集处理。

（13）单击“可视化”选项卡“视觉样式”面板中的“隐藏”按钮，对实体进行消隐，结果如图12-86所示。

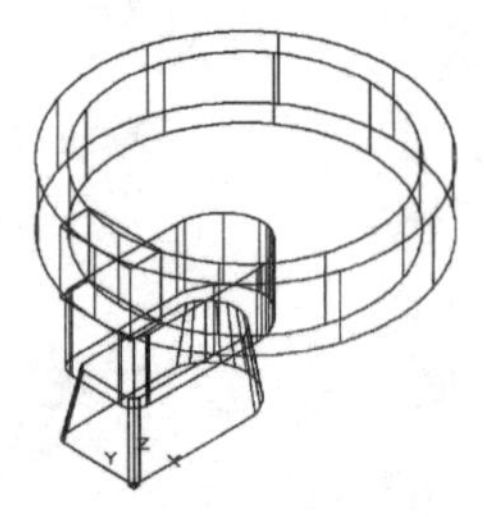

图12-85　绘制圆柱体

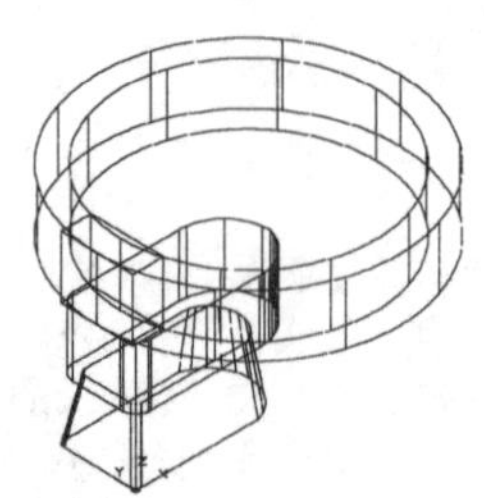

图12-86　差集并消隐处理

（14）单击“三维工具”选项卡“实体编辑”面板中的“交集”按钮，选择长方体和圆柱环，将其进行交集处理，结果如图12-87所示。

（15）单击“默认”选项卡“绘图”面板中的“椭圆”按钮，绘制椭圆，命令行提

示与操作如下：

```
命令:_ellipse
指定椭圆的轴端点或[圆弧(A)/中心点(C)]:c
指定椭圆的中心点:300,130,400
指定轴的端点:500,130
指定另一条半轴长度或[旋转(R)]:130
```

（16）单击“三维工具”选项卡“建模”面板中的“拉伸”按钮，将椭圆拉伸成为马桶盖。绘制结果如图12-88所示。

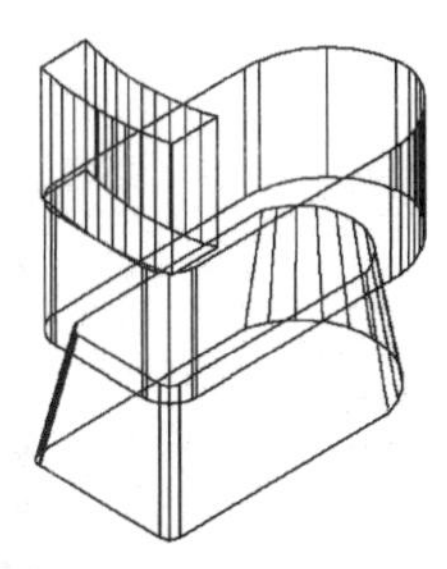

图12-87　交集处理

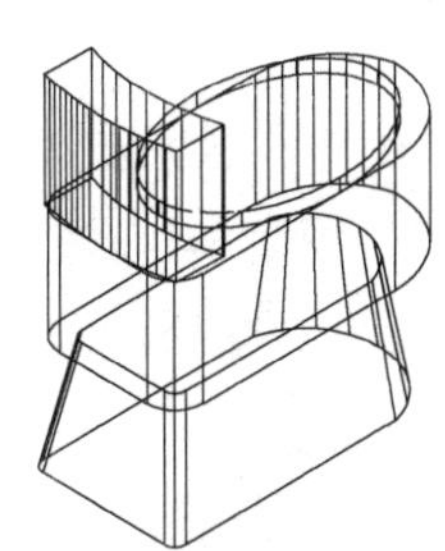

图12-88　绘制椭圆并拉伸

## 12.6　名师点拨

**1. 画曲线的两种方法。**

在绘制图样时，经常遇到画截交线、相贯线及其他曲线的问题。手工绘制很麻烦，不仅要找特殊点和一定数量一般点，且连出的曲线误差大。画曲线可采用以下两种方法。

方法一：用“多段线”或“3Dpoly”命令画出2D、3D图形上通过特殊点的折线，选择“编辑多段线”（Pedit）命令中的“拟合”选项或“样条曲线”选项，可将折线变成光滑的平面、空间曲线。

方法二：用“Solids”命令创建三维基本实体（长方体、圆柱、圆锥和球等），再经布尔组合运算，如交、并、差和干涉等获得各种复杂实体，然后利用菜单栏中的“视图”→“三维视图”→“视点”命令，选择不同视点来产生标准视图，得到曲线的不同视图投影。

**2.“倒角”命令的注意要点。**

“倒角”命令，一次只能对一个实体和某一个基面的边倒角，不能同时对两个实体或一个实体的两个基面的边倒角。

**3. 如何灵活使用三维实体的剖切命令？**

三维“剖切”命令无论是用坐标面还是某一种实体，如直线、圆、圆弧等实体，都是将三维实体剖切成两部分，用户可以保留实体的某一部分或两部分都保留，然后再剖切组合。用户也可以使用倾斜的坐标面或某一实体要素剖切三维实体。用CAD的“剖切”命令无法剖切出局部剖视图的轮廓线边界形状。

## 12.7 上机实验

【练习1】绘制如图12-89所示的透镜。

图12-89 透镜

**1. 目的要求**

本实验绘制的透镜主要用到一些基本三维建模命令和布尔运算命令。通过本例要求读者掌握基本三维建模命令的使用方法。

**2. 操作提示**

(1) 分别绘制圆柱体和球体。

(2) 利用“差集”命令进行处理。

【练习2】绘制如图12-90所示的棘轮。

图12-90 棘轮

**1. 目的要求**

本实验绘制的棘轮主要用到“拉伸”命令。通过本例要求读者掌握“拉伸”命令使用方法。

**2. 操作提示**

(1) 绘制棘轮平面图。

(2) 利用“拉伸”命令得到棘轮。

## 12.8 思考与练习

(1) 关于旋转生成图形的命令REVOLVE，不正确的是？(　　)

A. 可以对面域旋转

B. 旋转对象可以跨域旋转轴两侧

C. 可以旋转特定角度

D. 按照所选轴的方向进行旋转

(2) 为了创建穿过实体的相交截面，应用以下哪个命令？(　　)

A. “剖切”命令　　B. “切割”命令　　C. 设置轮廓　　D. “差集”命令

(3) 按如下要求创建螺旋体实体，然后计算其体积。其中螺旋线底面直径是100，顶面的直径是50，螺距是5，圈数是10，丝径直径是(　　)。

A. 968.34　　B. 16657.68　　C. 25678.35　　D. 69785.32

(4) 绘制如图12-91所示的锁。

图12-91 锁

# 第13章

# 实体编辑

和二维图形一样，在三维图形中，除了利用基本的绘制命令来完成简单的实体绘制以外，AutoCAD 还提供了三维实体编辑命令来实现复杂三维实体图形的绘制。

内容要点

- 编辑实体
- 渲染实体
- 干涉检查

# 13.1 编辑实体

一个实体造型绘制完成后，有时需要修改其中的错误或者在此基础形成更复杂的造型，AutoCAD 实体编辑功能为用户提供了方便的手段。

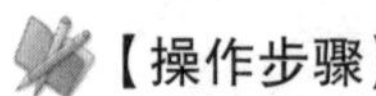

## 13.1.1 拉伸面

【执行方式】

- 命令行：SOLIDEDIT。
- 菜单栏：选择菜单栏中的“修改”→“实体编辑”→“拉伸面”命令。
- 工具栏：单击“实体编辑”工具栏中的“拉伸面”按钮。
- 功能区：单击“三维工具”选项卡“实体编辑”面板中的“拉伸面”按钮。

【操作步骤】

命令行提示与操作如下：

```
命令:SOLIDEDIT↙
实体编辑自动检查:SOLIDCHECK=1
输入实体编辑选项[面(F)/边(E)/体(B)/放弃(U)/退出(X)] <退出>:_face
输入面编辑选项[拉伸(E)/移动(M)/旋转(R)/偏移(O)/倾斜(T)/删除(D)/复制(C)/颜色(L)/材质(A)/放弃(U)/退出(X)] <退出>:_extrude
选择面或[放弃(U)/删除(R)]:选择要进行拉伸的面
选择面或[放弃(U)/删除(R)]:
选择面或[放弃(U)/删除(R)/全部(ALL)]:
指定拉伸高度或[路径(P)]:输入高度
指定拉伸的倾斜角度 <0>:输入倾斜角度
```

【选项说明】

（1）指定拉伸的高度：按指定的高度值来拉伸面。指定拉伸的倾斜角度后，完成拉伸操作。

（2）路径（P）：沿指定的路径曲线拉伸面。图 13-1 所示为拉伸长方体的顶面和侧面的结果。

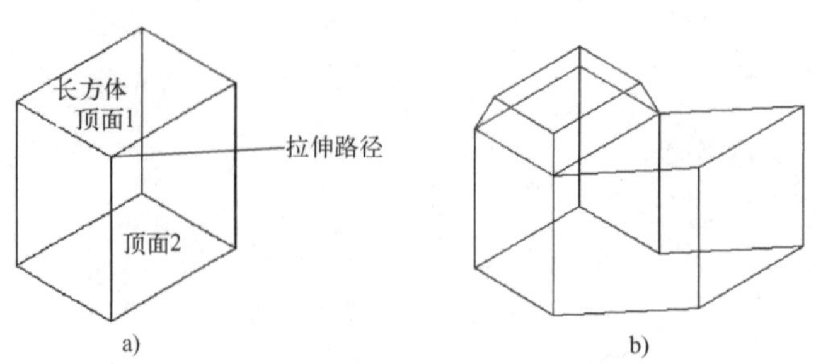


图 13-1　拉伸长方体

a）拉伸前的长方体　b）拉伸后的三维实体

## 13.1.2 实例——顶尖

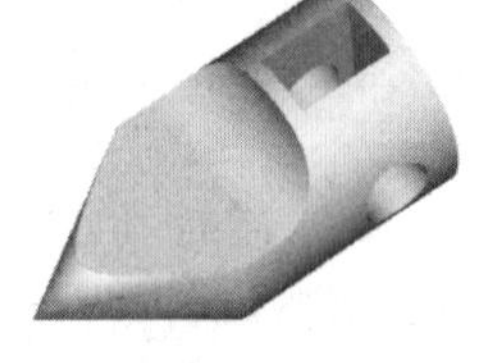
图 13-2　顶尖

绘制如图 13-2 所示的顶尖。

**【操作步骤】（实例演示\第 13 章\顶尖 . avi）**

（1）将对象上每个曲面的线框密度设置为 10。

（2）将当前视图设置为西南等轴测方向，将坐标系绕 *X* 轴旋转 90°。以坐标原点为圆锥底面中心，创建半径为 *R*30、高 -50 的圆锥。以坐标原点为圆心，创建半径为 *R*30、高 70 的圆柱体。结果如图 13-3 所示。

（3）单击“三维工具”选项卡“实体编辑”面板中的“剖切”按钮，选取圆锥，以 *ZX* 面为剖切面，指定剖切面上的点为（0,10），对圆锥进行剖切，保留圆锥下部。结果如图 13-4 所示。

（4）单击“三维工具”选项卡“实体编辑”面板中的“并集”按钮，选择圆锥与圆柱体做并集运算。

（5）单击“三维工具”选项卡“实体编辑”面板中的“拉伸面”按钮，命令行提示与操作如下：

```
命令:_solidedit
实体编辑自动检查:  SOLIDCHECK = 1
输入实体编辑选项[面(F)/边(E)/体(B)/放弃(U)/退出(X)] <退出>:_face
输入面编辑选项
[拉伸(E)/移动(M)/旋转(R)/偏移(O)/倾斜(T)/删除(D)/复制(C)/颜色(L)/材质(A)/放弃(U)/退出(X)] <退出>:_extrude
选择面或[放弃(U)/删除(R)]:选取如图 13-5 所示的实体表面
指定拉伸高度或[路径(P)]: -10
指定拉伸的倾斜角度 <0>:
已开始实体校验
已完成实体校验
输入面编辑选项
[拉伸(E)/移动(M)/旋转(R)/偏移(O)/倾斜(T)/删除(D)/复制(C)/颜色(L)/材质(A)/放弃(U)/退出(X)] <退出>:
实体编辑自动检查:  SOLIDCHECK = 1
输入实体编辑选项[面(F)/边(E)/体(B)/放弃(U)/退出(X)] <退出>:
```

结果如图 13-6 所示。

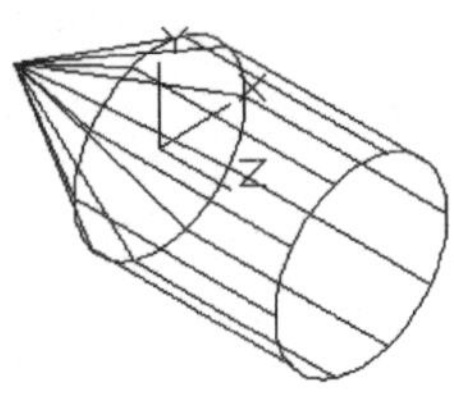
图 13-3　绘制圆锥及圆柱体

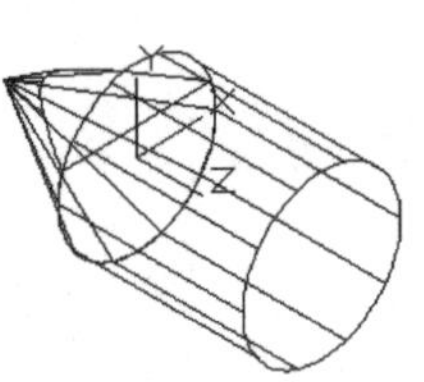
图 13-4　剖切圆锥

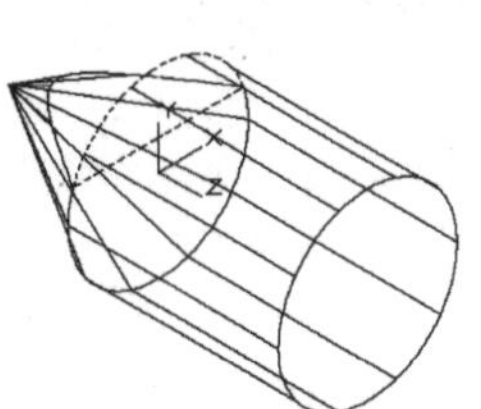
图 13-5　选取拉伸面

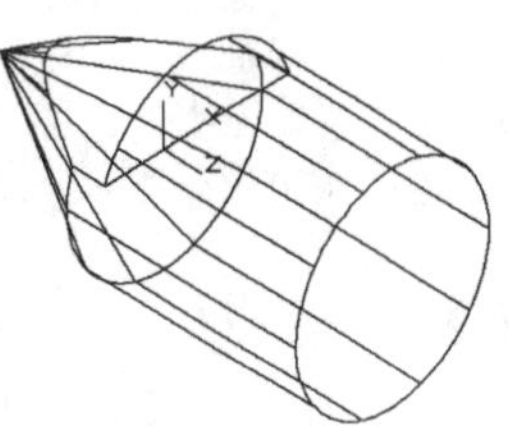
图 13-6　拉伸后的实体

（6）将当前视图设置为左视图方向，以（10,30，-30）为圆心，创建半径为 $R20$、高60的圆柱体；以（50,0，-30）为圆心，创建半径为 $R10$、高60的圆柱体。结果如图13-7所示。

（7）单击“三维工具”选项卡“实体编辑”面板中的“差集”按钮，选择实体图形与两个圆柱体进行差集运算。结果如图13-8所示。

（8）单击“三维工具”选项卡“建模”面板中的“长方体”按钮，以（35,0，-10）为角点，创建长30、宽30、高20的长方体。然后将实体与长方体进行差集运算。消隐结果如图13-9所示。

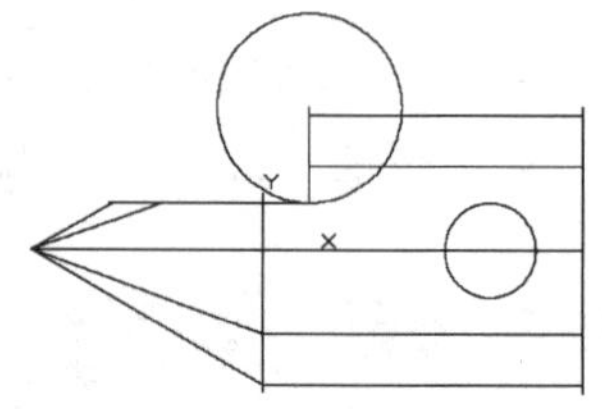

图13-7 创建圆柱体

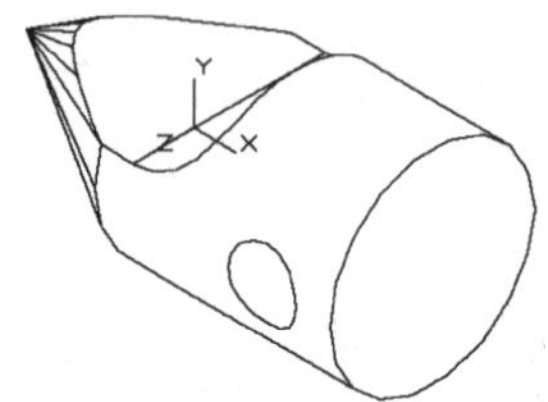

图13-8 差集圆柱体后的实体

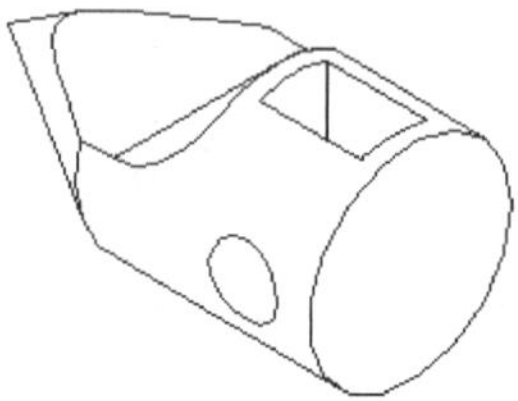

图13-9 消隐后的实体

### 13.1.3 移动面

【执行方式】

- 命令行：SOLIDEDIT。
- 菜单栏：选择菜单栏中的“修改”→“实体编辑”→“移动面”命令。
- 工具栏：单击“实体编辑”工具栏中的“移动面”按钮。
- 功能区：单击“三维工具”选项卡“实体编辑”面板中的“移动面”按钮。

【操作步骤】

命令行提示与操作如下：

```
命令:_solidedit
实体编辑自动检查:SOLIDCHECK=1
输入实体编辑选项[面(F)/边(E)/体(B)/放弃(U)/退出(X)]<退出>:_face
输入面编辑选项[拉伸(E)/移动(M)/旋转(R)/偏移(O)/倾斜(T)/删除(D)/复制(C)/颜色(L)/材质(A)/放弃(U)/退出(X)] <退出>:_move
选择面或[放弃(U)/删除(R)]:选择要进行移动的面
选择面或[放弃(U)/删除(R)/全部(ALL)]:继续选择移动面或按〈Enter〉键
指定基点或位移:输入具体的坐标值或选择关键点
指定位移的第二点:输入具体的坐标值或选择关键点
```

【选项说明】

各选项的含义在前面介绍的命令中都涉及，如有问题，查相关命令（拉伸面、移动等）。图13-10所示为移动三维实体的结果。

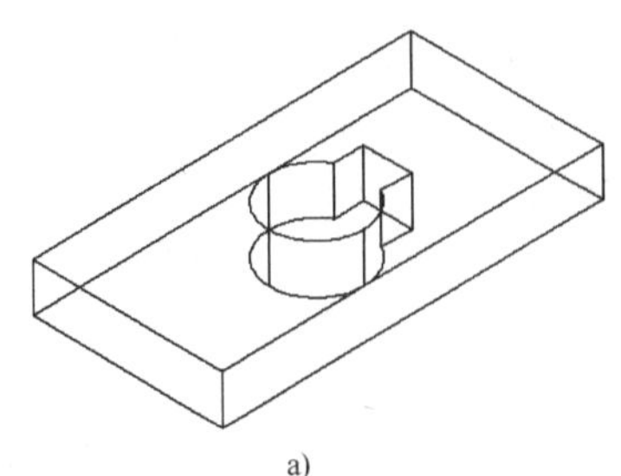

a)

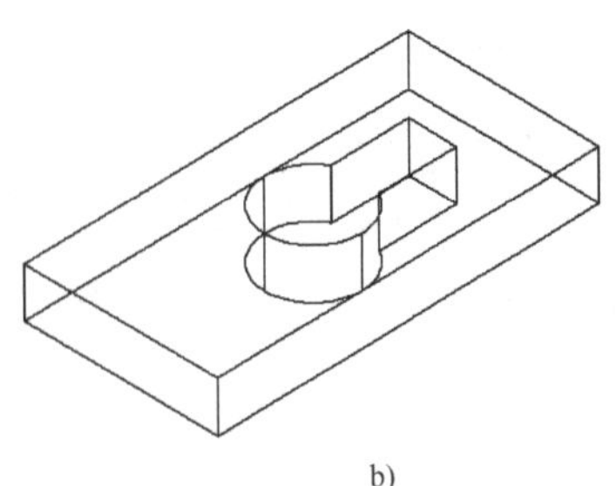

b)

图 13-10　移动对象

a）移动前的图形　b）移动后的图形

## 13.1.4 偏移面

【执行方式】

- 命令行：SOLIDEDIT。
- 菜单栏：选择菜单栏中的“修改”→“实体编辑”→“偏移面”命令。
- 工具栏：单击“实体编辑”工具栏中的“偏移面”按钮。
- 功能区：单击“三维工具”选项卡“实体编辑”面板中的“偏移面”按钮。

【操作步骤】

命令行提示与操作如下：

```
命令:_solidedit
实体编辑自动检查:SOLIDCHECK = 1
输入实体编辑选项[面(F)/边(E)/体(B)/放弃(U)/退出(X)] <退出>:_face
输入面编辑选项[拉伸(E)/移动(M)/旋转(R)/偏移(O)/倾斜(T)/删除(D)/复制(C)/颜色(L)/材质(A)/放弃(U)/退出(X)] <退出>:_offset
选择面或[放弃(U)/删除(R)]:选择要进行偏移的面
指定偏移距离: 输入要偏移的距离值
```

图 13-11 所示为通过“偏移面”命令改变哑铃手柄大小的结果。

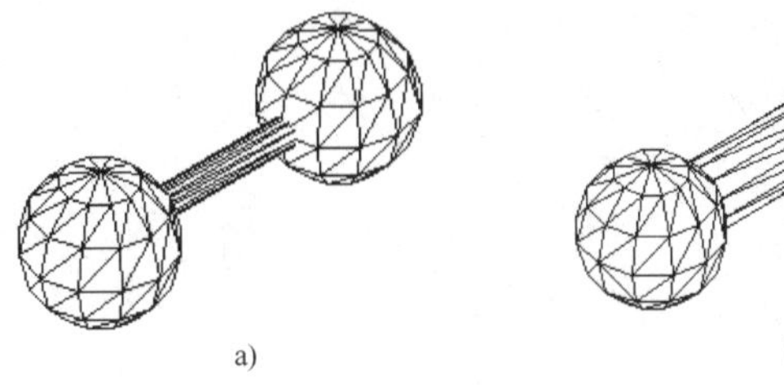

a)　　b)

图 13-11　偏移对象

a）偏移前　b）偏移后

## 13.1.5 删除面

【执行方式】

- 命令行：SOLIDEDIT。

- 菜单栏：选择菜单栏中的“修改”→“实体编辑”→“删除面”命令。
- 工具栏：单击“实体编辑”工具栏中的“删除面”按钮。
- 功能区：单击“三维工具”选项卡“实体编辑”面板中的“删除面”按钮。

**【选项说明】**

命令行提示与操作如下：

```
命令:_solidedit
实体编辑自动检查:SOLIDCHECK=1
输入实体编辑选项[面(F)/边(E)/体(B)/放弃(U)/退出(X)]<退出>:_face
输入面编辑选项[拉伸(E)/移动(M)/旋转(R)/偏移(O)/倾斜(T)/删除(D)/复制(C)/颜色(L)/材质(A)/放弃(U)/退出(X)]<退出>:_erase
选择面或[放弃(U)/删除(R)]:选择要删除的面
```

图 13-12 所示为删除长方体的一个圆角面后的结果。

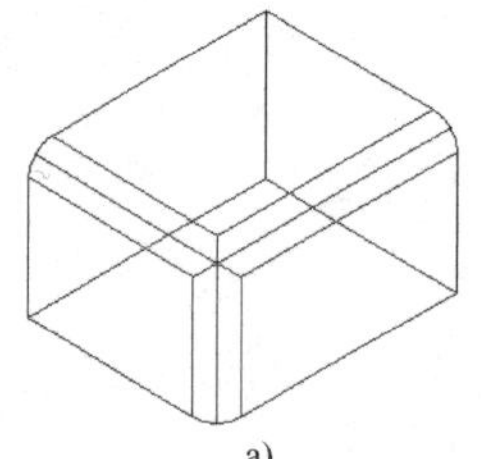
a)

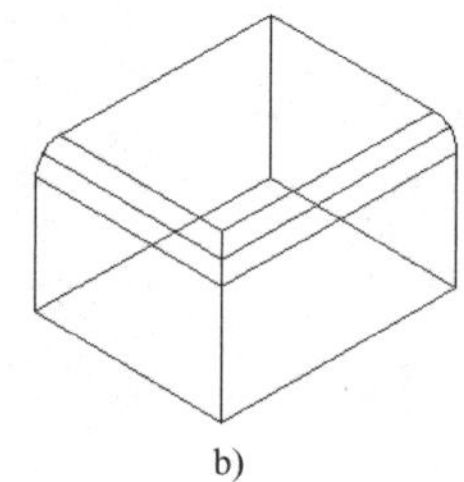
b)

图 13-12　删除圆角面

a）倒圆角后的长方体　b）删除倒圆角面后的图形

## 13.1.6 实例——镶块

绘制如图 13-13 所示的镶块。

**【操作步骤】（实例演示\第 13 章\镶块.avi）**

（1）起动 AutoCAD，使用默认设置画图。

（2）在命令行中输入“ISOLINES”，设置线框密度为 10。单击“视图”选项卡“视图”面板中的“西南等轴测”按钮，切换到西南等轴测图。

（3）单击“三维工具”选项卡“建模”面板中的“长方体”按钮，以坐标原点为角点，创建长 50，宽 100，高 20 的长方体。

（4）单击“三维工具”选项卡“建模”面板中的“圆柱体”按钮，以长方体右侧面底边中点为圆心，创建半径为 *R*50，高 20 的圆柱体。

（5）单击“三维工具”选项卡“实体编辑”面板中的“并集”按钮，将长方体与圆柱体进行并集运算，结果如图 13-14 所示。

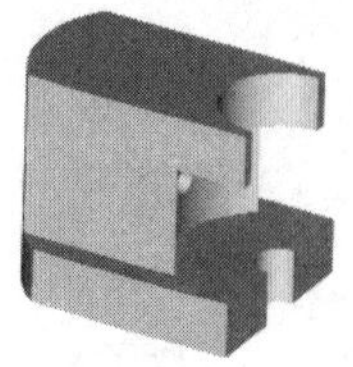
图 13-13　镶块

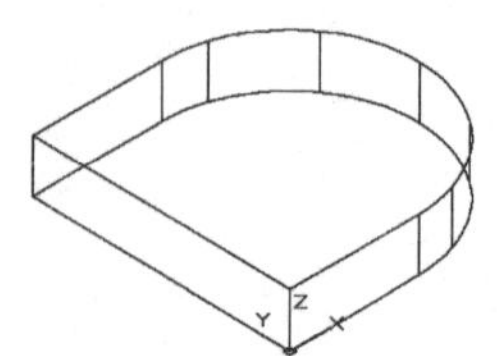

图 13-14　并集后的实体

（6）单击“三维工具”选项卡“实体编辑”面板中的“剖切”按钮，以 ZX 面为剖切面，分别指定剖切面上的点为（0,10,0）及（0,90,0），对实体进行对称剖切，保留实体中部。结果如图 13-15 所示。

（7）单击“默认”选项卡“修改”面板中的“复制”按钮，将剖切后的实体向上复制一个，如图 13-16 所示。

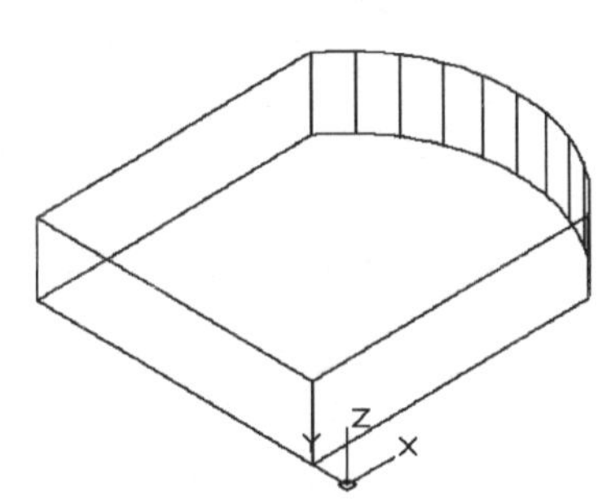


图 13-15　剖切后的实体

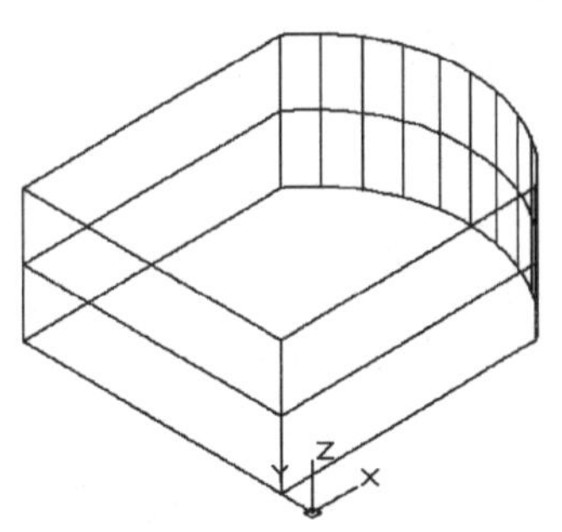


图 13-16　复制实体

（8）单击“三维工具”选项卡“实体编辑”面板中的“拉伸面”按钮，选取实体前端面，如图 13-17 所示，拉伸高度为 -10。继续将实体后侧面拉伸 -10，结果如图 13-18 所示。

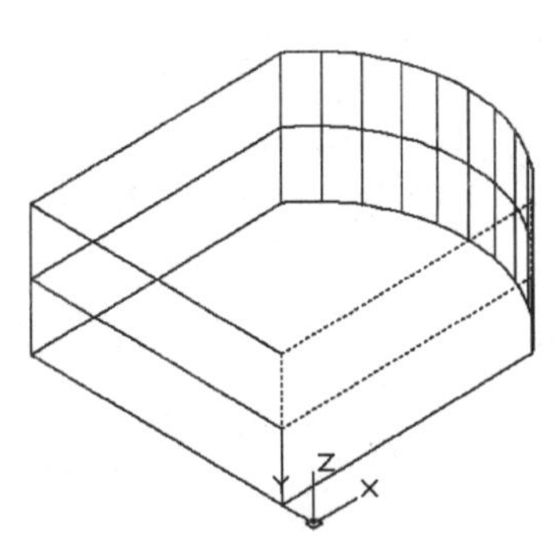


图 13-17　选取拉伸面

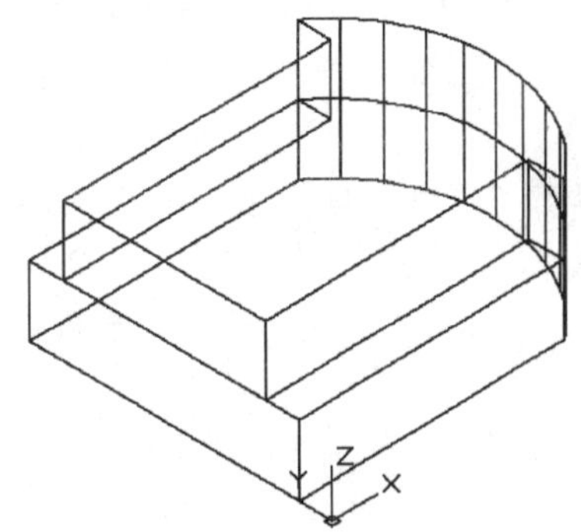


图 13-18　拉伸面操作后的实体

（9）单击“三维工具”选项卡“实体编辑”面板中的“删除面”按钮，选择如图 13-19 所示的面为删除面，命令行提示与操作如下：

```
命令:_solidedit
实体编辑自动检查： SOLIDCHECK = 1
输入实体编辑选项［面(F)/边(E)/体(B)/放弃(U)/退出(X)］ <退出>:_face
输入面编辑选项[拉伸(E)/移动(M)/旋转(R)/偏移(O)/倾斜(T)/删除(D)/复制(C)/颜色(L)/材质(A)/放弃(U)/退出(X)］ <退出>:_delete
选择面或［放弃(U)/删除(R)］:选择如图 13-19 所示的面
选择面或［放弃(U)/删除(R)/全部(ALL)］:
已开始实体校验
已完成实体校验
输入面编辑选项
［拉伸(E)/移动(M)/旋转(R)/偏移(O)/倾斜(T)/删除(D)/复制(C)/颜色(L)/材质(A)/放弃(U)/退出(X)］ <退出>:
```

实体编辑自动检查： SOLIDCHECK = 1
输入实体编辑选项 [面(F)/边(E)/体(B)/放弃(U)/退出(X)] <退出>：

继续将实体后部对称侧面删除，结果如图 13-20 所示。

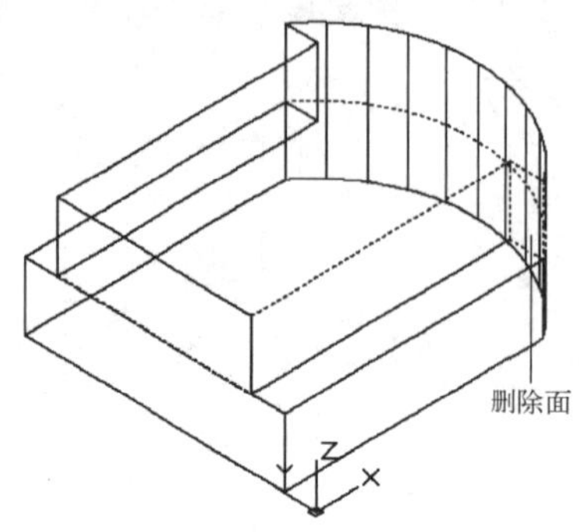


图 13-19　选取删除面

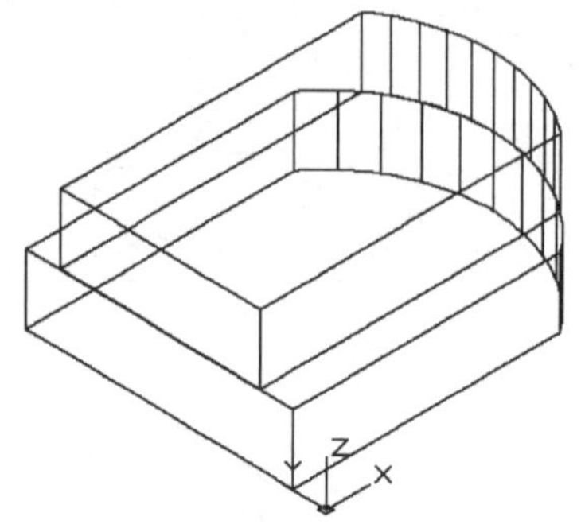

图 13-20　删除面操作后的实体

（10）单击“三维工具”选项卡“实体编辑”面板中的“拉伸面”按钮，将实体顶面向上拉伸 40，结果如图 13-21 所示。

（11）单击“三维工具”选项卡“建模”面板中的“圆柱体”按钮，以实体底面左边中点为圆心，创建半径为 *R*10，高 20 的圆柱体。同理，以 *R*10 圆柱体顶面圆心为中心点继续创建半径为 *R*40，高 40 及半径为 *R*25，高 60 的圆柱体。

（12）单击“三维工具”选项卡“实体编辑”面板中的“并集”按钮，将两个实体进行并集运算。

（13）单击“三维工具”选项卡“实体编辑”面板中的“差集”按钮，将实体与 3 个圆柱体进行差集运算，结果如图 13-22 所示。

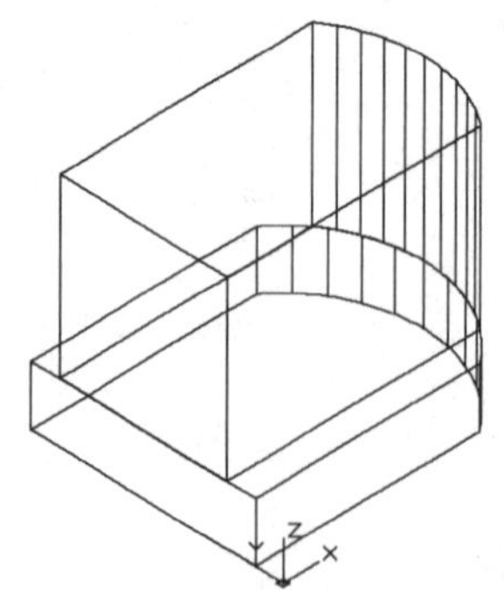

图 13-21　拉伸顶面操作后的实体

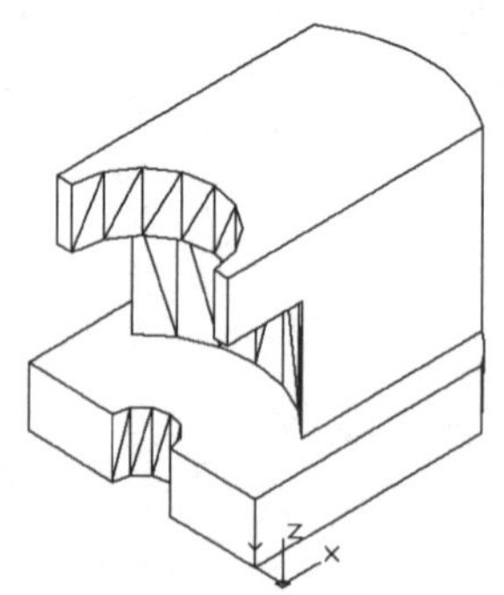

图 13-22　差集后的实体

（14）在命令行输入“UCS”，将坐标原点移动到（0,50,40），并将其绕 *Y* 轴旋转 90°。

（15）单击“三维工具”选项卡“建模”面板中的“圆柱体”按钮，以坐标原点为圆心，创建半径为 *R*5，高 100 的圆柱体，结果如图 13-23 所示。

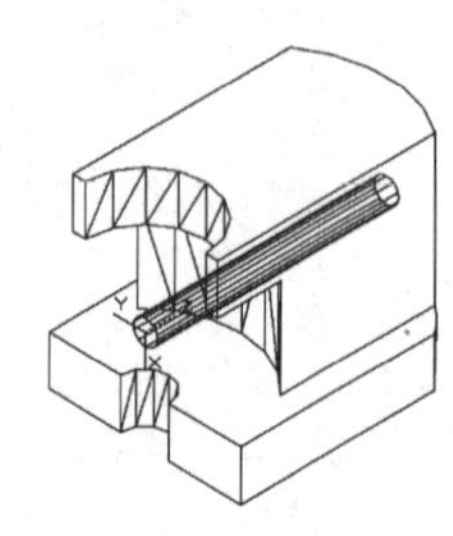

图 13-23　创建圆柱体

（16）单击“三维工具”选项卡“实体编辑”面板中的“差集”按钮，将实体与圆柱体进行差集运算。采用“概念视觉”

样式后结果如图 13-13 所示。

## 13.1.7 旋转面

【执行方式】

- 命令行：SOLIDEDIT。
- 菜单栏：选择菜单栏中的“修改”→“实体编辑”→“旋转面”命令。
- 工具栏：单击“实体编辑”工具栏中的“旋转面”按钮。
- 功能区：单击“三维工具”选项卡“实体编辑”面板中的“旋转面”按钮。

【选项说明】

命令行提示与操作如下：

```
命令:_solidedit
实体编辑自动检查:SOLIDCHECK=1
输入实体编辑选项[面(F)/边(E)/体(B)/放弃(U)/退出(X)]<退出>:_face
输入面编辑选项[拉伸(E)/移动(M)/旋转(R)/偏移(O)/倾斜(T)/删除(D)/复制(C)/颜色(L)/材质(A)/放弃(U)/退出(X)]<退出>:_rotate 选择面或[放弃(U)/删除(R)]:选择要旋转的面
选择面或[放弃(U)/删除(R)/全部(ALL)]:继续选择或按〈Enter〉键结束选择
指定轴点或[经过对象的轴(A)/视图(V)/X 轴(X)/Y 轴(Y)/Z 轴(Z)]<两点>:选择一种确定轴线的方式
指定旋转角度或[参照(R)]:输入旋转角度
```

旋转效果如图 13-24 所示。

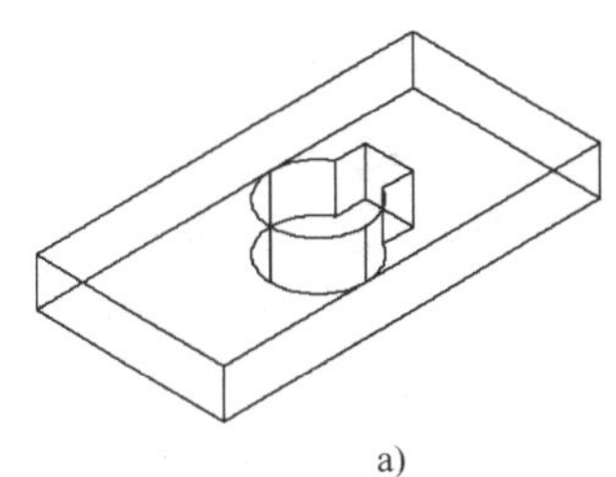

a)

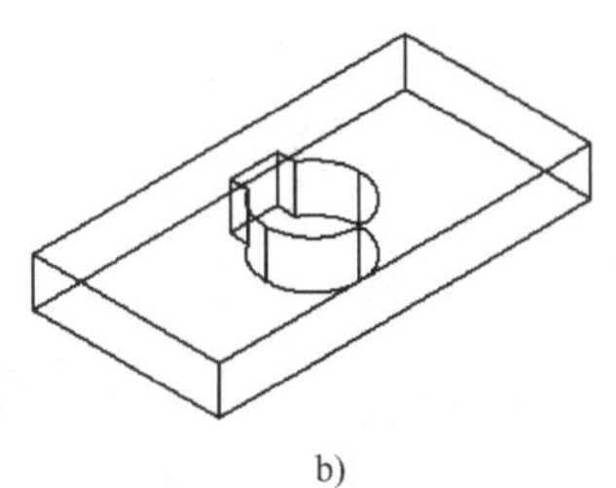

b)

图 13-24　开口槽旋转 90°前后的图形
a）旋转前　b）旋转后

## 13.1.8 实例——轴支架

绘制如图 13-25 所示的轴支架。

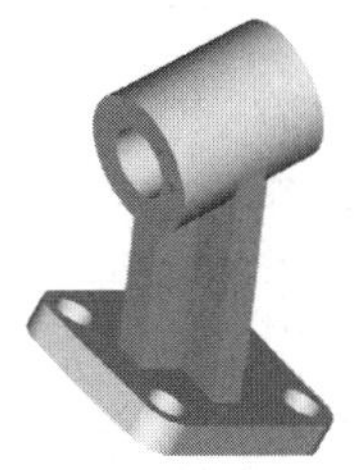

图 13-25　轴支架

【操作步骤】（实例演示\第 13 章\轴支架 . avi）

（1）在命令行中输入“ISOLINES”，设置线框密度为 10。

（2）单击“视图”选项卡“视图”面板中的“西南等轴测”按钮，将当前视图方向设置为西南等轴测视图。

（3）单击“三维工具”选项卡“建模”面板中的“长方体”按

钮，以角点坐标为（0,0,0），长、宽、高分别为80、60、10，绘制底板长方体。

（4）单击“三维工具”选项卡“实体编辑”面板中的“圆角”按钮，半径为10，选择要圆角的长方体进行圆角处理。

（5）单击“三维工具”选项卡“建模”面板中的“圆柱体”按钮，绘制底面中心点为（10,10,0），半径为6，指定高度为10的圆柱体。结果如图13-26所示。

（6）单击“默认”选项卡“修改”面板中的“复制”按钮，选择第（5）步绘制的圆柱体进行复制。结果如图13-27所示。

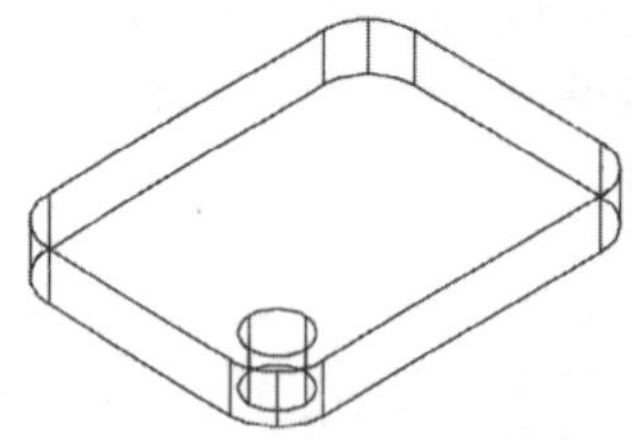

图13-26　创建圆柱体

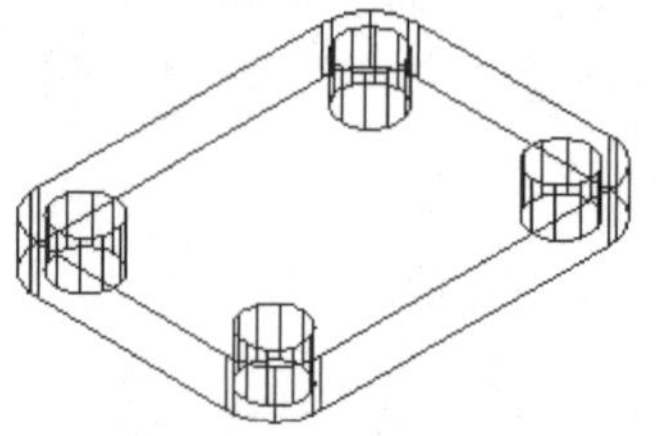

图13-27　复制圆柱体

（7）单击“三维工具”选项卡“实体编辑”面板中的“差集”按钮，将长方体和圆柱体进行差集运算。

（8）在命令行中输入“UCS”，设置用户坐标系，命令行提示与操作如下：

```
命令:UCS↙
当前 UCS 名称: * 世界 *
指定 UCS 的原点或 [面(F)/命名(NA)/对象(OB)/ 上一个(P)/视图(V)/世界(W)/X/Y/Z/Z
轴(ZA)] <世界>:40,30,60↙
指定 X 轴上的点或 <接受>:↙
```

（9）单击“三维工具”选项卡“建模”面板中的“长方体”按钮，以坐标原点为长方体的中心点，分别创建长40、宽10、高100及长10、宽40、高100的长方体，结果如图13-28所示。

（10）在命令行中输入命令“UCS”，移动坐标原点到（0,0,50），并将其绕 *Y* 轴旋转90°。

（11）单击“三维工具”选项卡“建模”面板中的“圆柱体”按钮，以坐标原点为圆心，创建半径为20、高25的圆柱体。

（12）选取菜单栏中的“修改”→“三维操作”→“三维镜像”命令。以 *XY* 面为镜像面，选择圆柱体进行镜像。结果如图13-29所示。

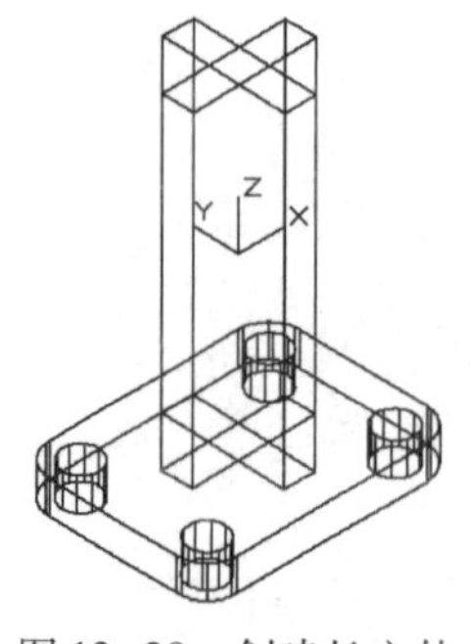


图13-28　创建长方体

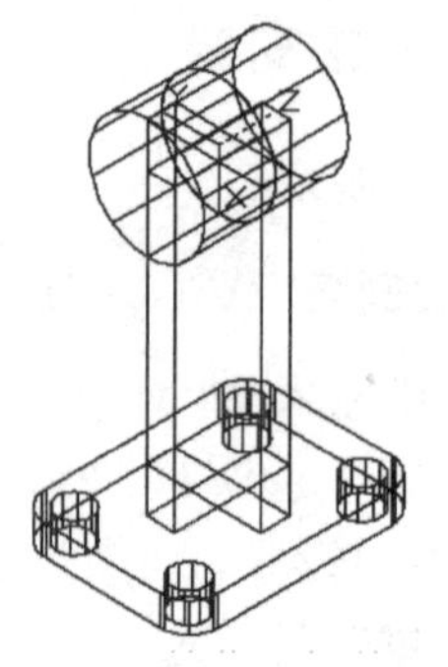

图13-29　镜像圆柱体

（13）单击“三维工具”选项卡“实体编辑”面板中的“并集”按钮，选择两个圆柱体与两个长方体进行并集运算。

（14）单击“三维工具”选项卡“建模”面板中的“圆柱体”按钮，捕捉 $R20$ 圆柱体的圆心为圆心，创建半径为 $R10$、高 50 的圆柱体。

（15）单击“三维工具”选项卡“实体编辑”面板中的“差集”按钮，将并集后的实体与圆柱进行差集运算。消隐处理后的图形，如图 13-30 所示。

（16）单击“三维工具”选项卡“实体编辑”面板中的“旋转面”按钮，旋转支架上部十字形支撑板底面，命令行提示与操作如下：

```
命令:_solidedit
实体编辑自动检查:SOLIDCHECK = 1
输入实体编辑选项[面(F)/边(E)/体(B)/放弃(U)/退出(X)] <退出>:Face↙
输入面编辑选项[拉伸(E)/移动(M)/旋转(R)/偏移(O)/倾斜(T)/删除(D)/复制(C)/颜色(L)/材质(A)/放弃(U)/退出(X)] <退出> :R↙
选择面或[放弃(U)/删除(R)]:如图 13-31a 所示,选择支架上部十字形支撑板底面
指定轴点或[经过对象的轴(A)/视图(V)/X 轴(X)/Y 轴(Y)/Z 轴(Z)] <两点>:Y↙
指定旋转原点 <0,0,0>:_endp 于捕捉十字形支撑板底面的右端点
```

结果如图 13-31b 所示。

（17）在命令行中输入“Rotate3D”命令，旋转底板。命令行提示与操作如下：

```
命令:Rotate3D↙
选择对象:选取底板
指定轴上的第一个点或定义轴依据[对象(O)/最近的(L)/视图(V)/X 轴(X)/Y 轴(Y)/Z 轴(Z)/两点(2)]:Y↙
指定 Y 轴上的点 <0,0,0>:_endp 于捕捉十字形支撑板底面的右端点
指定旋转角度或[参照(R)]:30↙
```

（18）设置视图方向。单击“视图”选项卡“视图”面板中的“前视”按钮，将当前视图方向设置为前视图。经过消隐处理后的图形如图 13-32 所示。

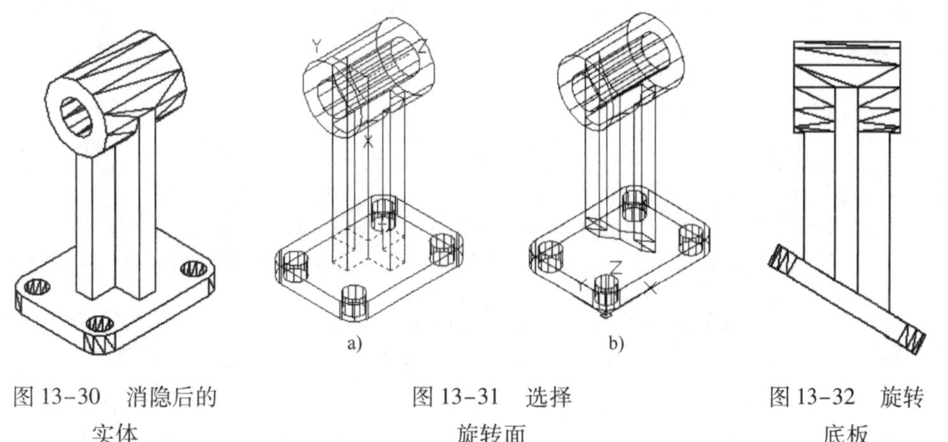


图 13-30 消隐后的实体　　图 13-31 选择旋转面　　图 13-32 旋转底板

（19）采用“概念视觉”样式处理图形，设置为西南等轴测视图，结果如图 13-25 所示。

### 13.1.9 复制面

【执行方式】

- 命令行：SOLIDEDIT。
- 菜单栏：选择菜单栏中的“修改”→“实体编辑”→“复制面”命令。
- 工具栏：单击“实体编辑”工具栏中的“复制面”按钮。
- 功能区：单击“三维工具”选项卡“实体编辑”面板中的“复制面”按钮。

【操作步骤】

命令行提示与操作如下：

```
命令:_solidedit
实体编辑自动检查:SOLIDCHECK=1
输入实体编辑选项[面(F)/边(E)/体(B)/放弃(U)/退出(X)]<退出>:_face
输入面编辑选项[拉伸(E)/移动(M)/旋转(R)/偏移(O)/倾斜(T)/删除(D)/复制(C)/颜色(L)/材质(A)/放弃(U)/退出(X)]<退出>:_copy
选择面或[放弃(U)/删除(R)]:选择要复制的面
选择面或[放弃(U)/删除(R)/全部(ALL)]:继续选择或按〈Enter〉键结束选择
指定基点或位移:输入基点的坐标
指定位移的第二点:输入第二点的坐标
```

### 13.1.10 着色面

【执行方式】

- 命令行：SOLIDEDIT。
- 菜单栏：选择菜单栏中的“修改”→“实体编辑”→“着色面”命令。
- 工具栏：单击“实体编辑”工具栏中的“着色面”按钮。
- 功能区：单击“三维工具”选项卡“实体编辑”面板中的“着色面”按钮。

【操作步骤】

命令行提示与操作如下：

```
命令:_solidedit
实体编辑自动检查:SOLIDCHECK=1
输入实体编辑选项[面(F)/边(E)/体(B)/放弃(U)/退出(X)]<退出>:_face
输入面编辑选项[拉伸(E)/移动(M)/旋转(R)/偏移(O)/倾斜(T)/删除(D)/复制(C)/颜色(L)/材质(A)/放弃(U)/退出(X)]<退出>:_color
选择面或[放弃(U)/删除(R)]:选择要着色的面
选择面或[放弃(U)/删除(R)/全部(ALL)]:继续选择或按〈Enter〉键结束选择
```

选择好要着色的面后，AutoCAD 打开如图 13-33 所示的“选择颜色”对话框，根据需要选择合适颜色作为要着色面的颜色。操作完成后，单击“确定”按钮，该表面将被相应的颜色覆盖。

## 13.1.11 实例——轴套

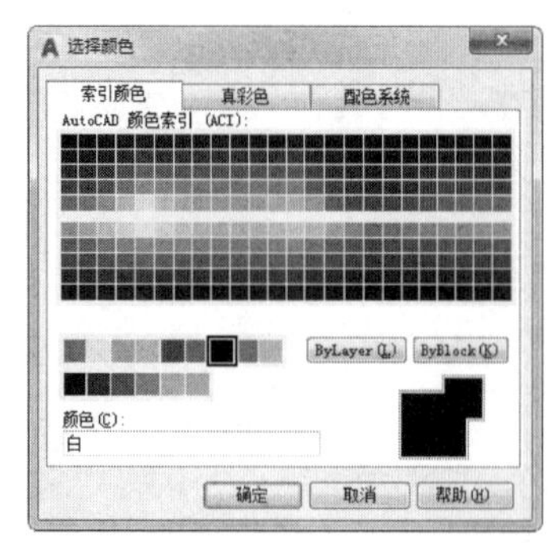

图 13-33 “选择颜色”对话框

本实例绘制的轴套，是机械工程中常用的零件。首先绘制两个圆柱体，然后再进行差集处理，再在需要的部位进行倒角处理，绘制结果如图 13-34 所示。

**【操作步骤】(实例演示\第 13 章\轴套的创建 . avi)**

（1）设置线框密度。默认设置是 8，有效值的范围为 0 ~ 2047。设置对象上每个曲面的线框密度，命令行提示如下：

```
命令:ISOLINES↙
输入 ISOLINES 的新值 <8>:10↙
```

（2）设置视图方向。选择菜单栏中的“视图”→“三维视图”→“西南等轴测”命令，将当前视图方向设置为西南等轴测方向。

（3）创建圆柱体。单击“三维工具”选项卡“建模”面板中的“圆柱体”按钮，以坐标原点（0,0,0）为底面中心点，创建半径分别为 6 和 10，轴端点为（@11,0,0）的两圆柱体，消隐后的结果如图 13-35 所示。

（4）差集处理。单击“三维工具”选项卡“实体编辑”面板中的“差集”按钮，将创建的两个圆柱体进行差集处理，结果如图 13-36 所示。

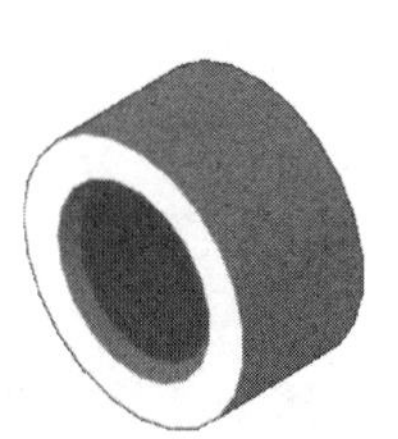

图 13-34 绘制轴套

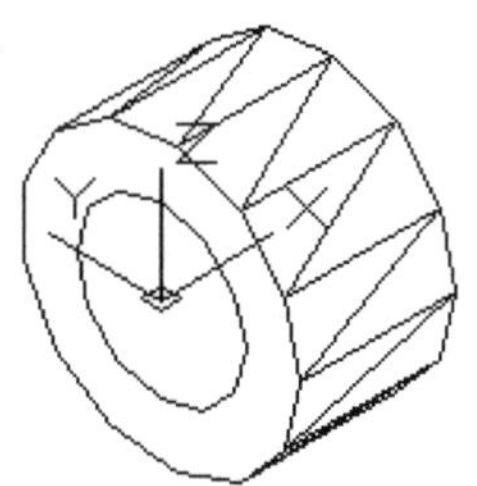

图 13-35 创建圆柱体

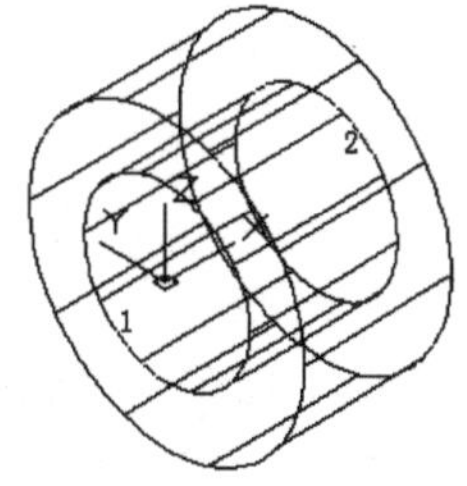

图 13-36 差集处理

（5）倒角处理。单击“三维工具”选项卡“实体编辑”面板中的“倒角边”按钮，对孔两端进行倒角处理，倒角距离为 1。结果如图 13-37 所示。

（6）设置视图方向。选择菜单栏中的“视图”→“动态观察”→“自由动态观察”命令，将当前视图调整到能够看到轴孔的位置，结果如图 13-38 所示。

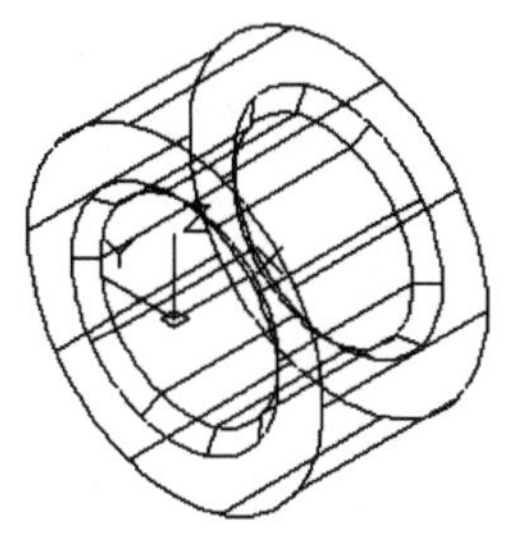

图 13-37 倒角处理

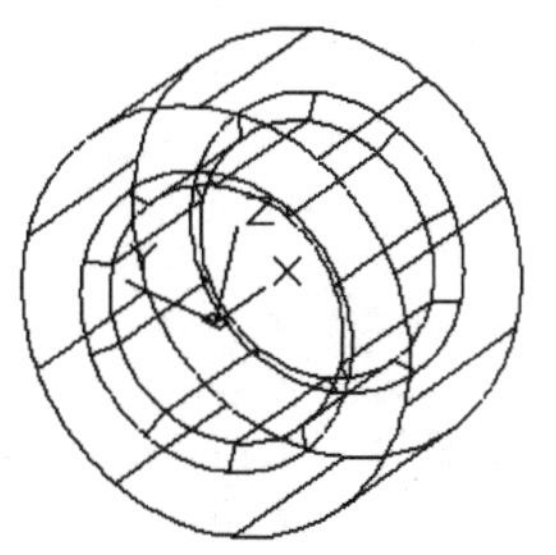

图 13-38 设置视图方向

（7）着色处理。单击“三维工具”选项卡“实体编辑”面板中的“着色面”按钮，对相应的面进行着色处理，命令行提示如下：

命令:_solidedit
实体编辑自动检查： SOLIDCHECK = 1
输入实体编辑选项［面(F)/边(E)/体(B)/放弃(U)/退出(X)］ <退出>:_face
输入面编辑选项
［拉伸(E)/移动(M)/旋转(R)/偏移(O)/倾斜(T)/删除(D)/复制(C)/颜色(L)/材质(A)/放弃(U)/退出(X)］ <退出>:_color
选择面或［放弃(U)/删除(R)］:拾取倒角面,弹出如图13-39所示的“选择颜色”对话框,在该对话框中选择红色为倒角面颜色
选择面或［放弃(U)/删除(R)/全部(ALL)］:
输入面编辑选项
［拉伸(E)/移动(M)/旋转(R)/偏移(O)/倾斜(T)/删除(D)/复制(C)/颜色(L)/材质(A)/放弃(U)/退出(X)］ <退出>:
实体编辑自动检查： SOLIDCHECK = 1
输入实体编辑选项［面(F)/边(E)/体(B)/放弃(U)/退出(X)］ <退出>:

重复执行“着色面”命令，对其他面进行着色处理。

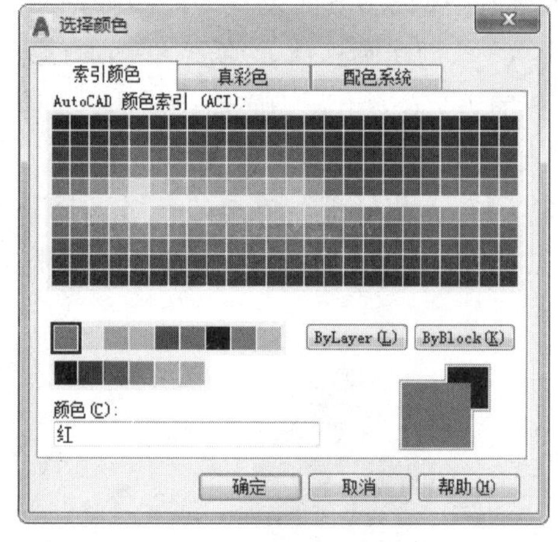

图13-39 “选择颜色”对话框

## 13.1.12 倾斜面

【执行方式】

- 命令行：SOLIDEDIT。
- 菜单栏：选择菜单栏中的“修改”→“实体编辑”→“倾斜面”命令。
- 工具栏：单击“实体编辑”工具栏中的“倾斜面”按钮。
- 功能区：单击“三维工具”选项卡“实体编辑”面板中的“倾斜面”按钮。

【操作步骤】

命令行提示与操作如下：

命令:_solidedit
实体编辑自动检查:SOLIDCHECK = 1
输入实体编辑选项［面(F)/边(E)/体(B)/放弃(U)/退出(X)］ <退出>:_face
输入面编辑选项［拉伸(E)/移动(M)/旋转(R)/偏移(O)/倾斜(T)/删除(D)/复制(C)/颜色(L)/材质(A)/放弃(U)/退出(X)］ <退出>:_taper
选择面或［放弃(U)/删除(R)］:选择要倾斜的面
选择面或［放弃(U)/删除(R)/全部(ALL)］:继续选择或按〈Enter〉键结束选择
指定基点:选择倾斜的基点(倾斜后不动的点)
指定沿倾斜轴的另一个点:选择另一点(倾斜后改变方向的点)
指定倾斜角度:输入倾斜角度

## 13.1.13 实例——机座

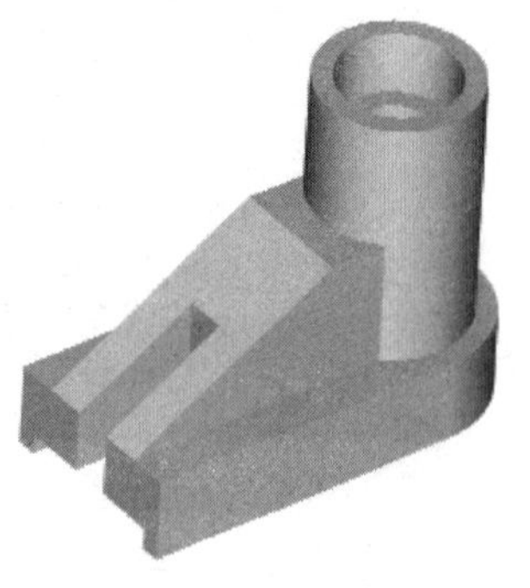

图 13-40 绘制机座

本实例利用“长方体”“圆柱体”“并集”等命令创建主体部分，再利用“长方体”“倾斜面”等命令创建支撑板，最后利用“圆柱体”“差集”等命令创建孔，绘制结果如图 13-40 所示。

**【操作步骤】（实例演示\第 13 章\机座的创建 . avi）**

（1）在命令行中输入“ISOLINES”，将线框密度设置为 10。命令行提示如下：

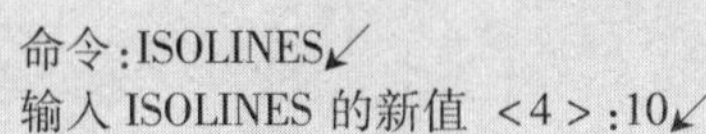

```
命令:ISOLINES↙
输入 ISOLINES 的新值 <4>:10↙
```

（2）单击“可视化”选项卡“视图”面板中“西南等轴测”按钮，将当前视图方向设置为西南等轴测视图。

（3）单击“三维工具”选项卡“建模”面板中的“长方体”按钮，指定角点（0,0,0），长、宽、高分别为 80，50、20 绘制长方体。

（4）单击“三维工具”选项卡“建模”面板中的“圆柱体”按钮，绘制底面中心点在长方体底面右边中点，半径为 25，指定高度为 20 的圆柱体。用同样的方法指定底面中心点的坐标为（80,25,0），底面半径为 20，圆柱体高度为 80，绘制圆柱体。

（5）单击“三维工具”选项卡“实体建模”面板中的“并集”按钮，选取长方体与两个圆柱体进行并集运算，结果如图 13-41 所示。

（6）设置用户坐标系。在命令行中输入“UCS”命令，新建坐标系，命令行提示如下：

```
命令:UCS↙
当前 UCS 名称: * 世界 *
指定 UCS 的原点或[面(F)/命名(NA)/对象(OB)/上一个(P)/视图(V)/世界(W)/X/Y/Z/Z
轴(ZA)] <世界>:用鼠标单击选取实体顶面的左下顶点
指定 X 轴上的点或 <接受>:↙
```

（7）单击“三维工具”选项卡“建模”面板中的“长方体”按钮，以（0，10）为角点，创建长 80、宽 30、高 30 的长方体。结果如图 13-42 所示。

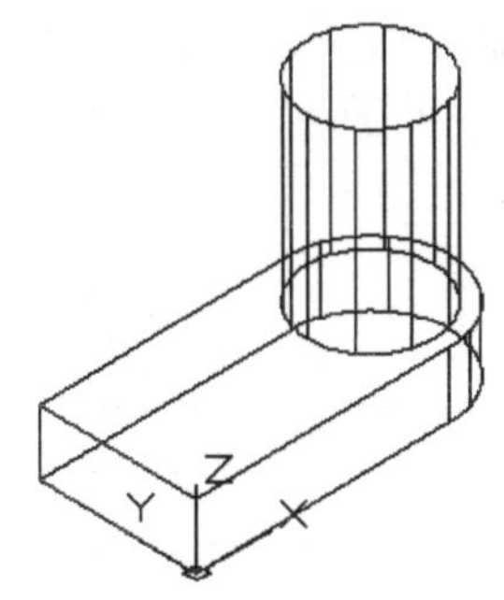


图 13-41 并集后的实体

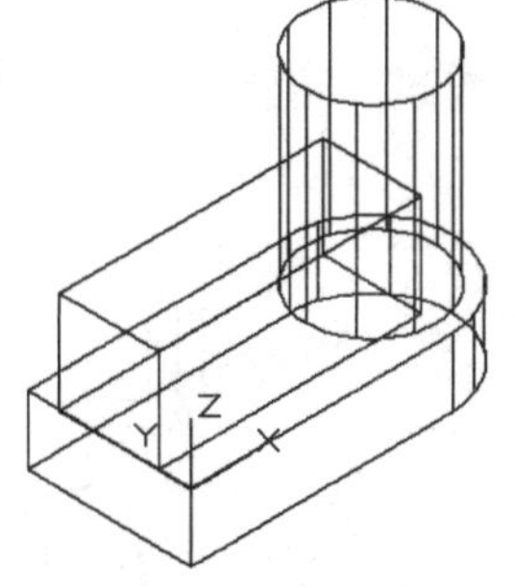


图 13-42 创建长方体

（8）单击“三维工具”选项卡“实体编辑”面板中的“倾斜面”按钮，对长方体的左侧面进行倾斜操作。命令行提示如下：

```
命令:SOLIDEDIT↙
实体编辑自动检查:SOLIDCHECK=1
输入实体编辑选项[面(F)/边(E)/体(B)/放弃(U)/退出(X)]<退出>:F↙
输入面编辑选项[拉伸(E)/移动(M)/旋转(R)/偏移(O)/倾斜(T)/删除(D)/复制(C)/颜色(L)/材质(A)/放弃(U)/退出(X)]<退出>:T↙
选择面或[放弃(U)/删除(R)]:如图13-43所示,选取长方体左侧面
指定基点:_endp 于 如图13-43所示,捕捉长方体端点2
指定沿倾斜轴的另一个点:_endp 于如图13-43所示,捕捉长方体端点1
指定倾斜角度:60↙
```

结果如图13-44所示。

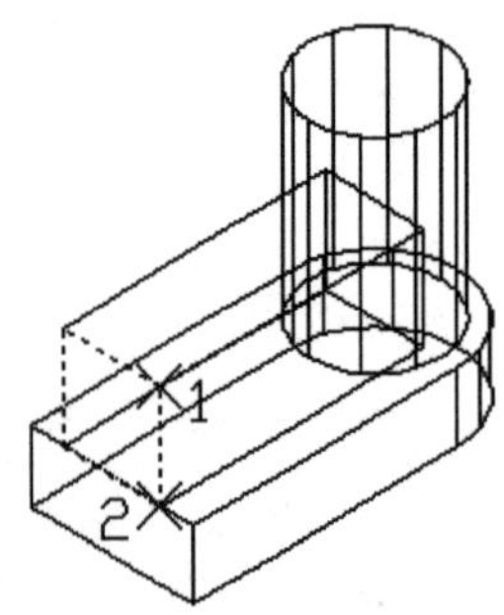


图13-43 选取倾斜面

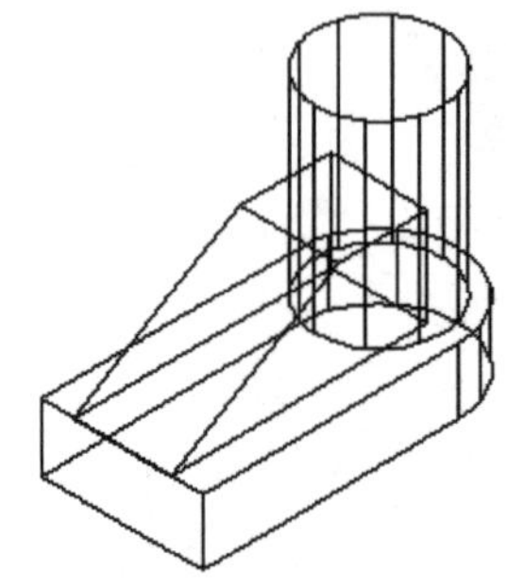

图13-44 倾斜面后的实体

（9）单击“三维工具”选项卡“实体建模”面板中的“并集”按钮，将创建的长方体与实体进行并集运算。

（10）用同样的方法在命令行输入“UCS”，将坐标原点移回到实体底面的左下顶点。

（11）单击“三维工具”选项卡“建模”面板中的“长方体”按钮，以（0,5）为角点，创建长50、宽40、高5的长方体；继续以（0,20）为角点，创建长30、宽10、高50的长方体。

（12）单击“三维工具”选项卡“实体建模”面板中的“差集”按钮，将实体与两个长方体进行差集运算。结果如图13-45所示。

（13）单击“三维工具”选项卡“建模”面板中的“圆柱体”按钮，捕捉*R*20圆柱体顶面圆心为中心点，分别创建半径为15、高-15及半径为10、高-80的圆柱体。

（14）单击“三维工具”选项卡“实体建模”面板中的“差集”按钮，将实体与两个圆柱体进行差集运算。经过消隐处理后的图形如图13-46所示。

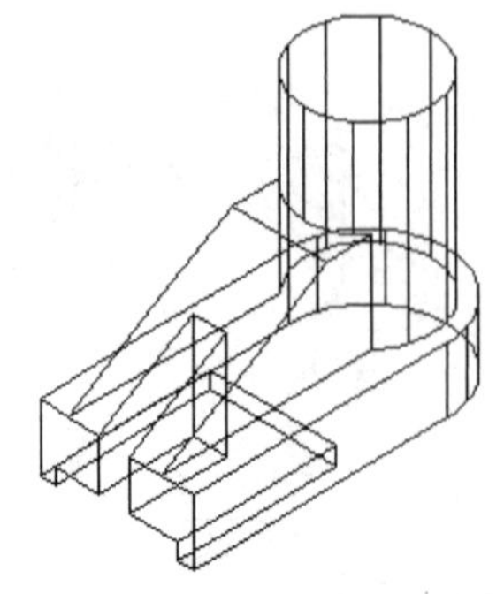

图13-45 差集运算后的实体

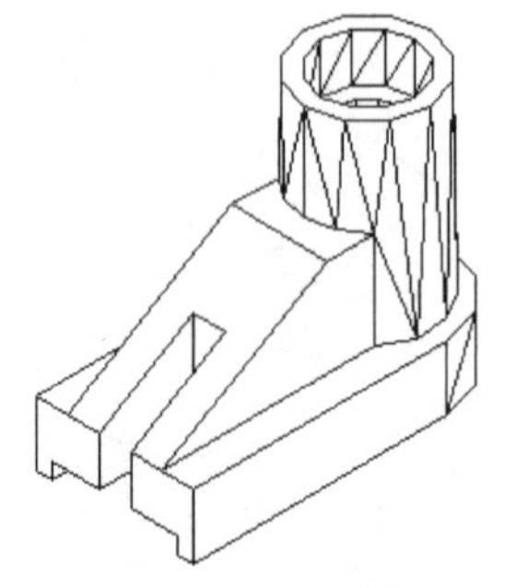

图13-46 消隐后的实体

## 13.1.14 抽壳

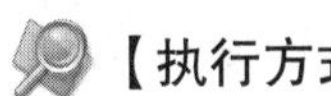

【执行方式】

- 命令行：SOLIDEDIT。
- 菜单栏：选择菜单栏中的“修改”→“实体编辑”→“抽壳”命令。
- 工具栏：单击“实体编辑”工具栏中的“抽壳”按钮。
- 功能区：单击“三维工具”选项卡“实体编辑”面板中的“抽壳”按钮。

【操作步骤】

命令行提示与操作如下：

```
命令:_solidedit
实体编辑自动检查:SOLIDCHECK = 1
输入实体编辑选项 [面(F)/边(E)/体(B)/放弃(U)/退出(X)] <退出>:_body
输入体编辑选项[压印(I)/分割实体(P)/抽壳(S)/清除(L)/检查(C)/放弃(U)/退出(X)]
<退出>:_shell
选择三维实体：选择三维实体
删除面或 [放弃(U)/添加(A)/全部(ALL)]:选择开口面
输入抽壳偏移距离:指定壳体的厚度值
```

图 13-47 所示为利用“抽壳”命令创建的花盆。

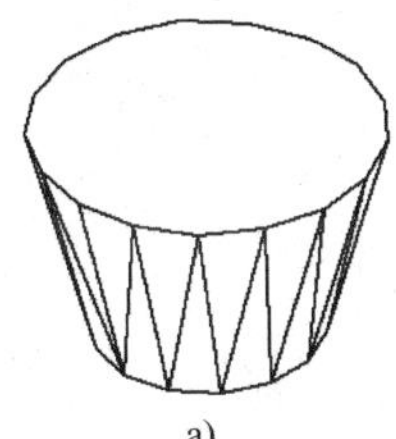

a)

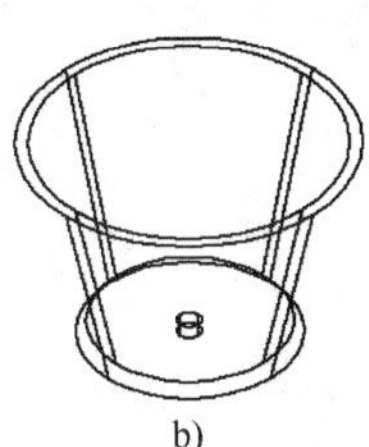

b)

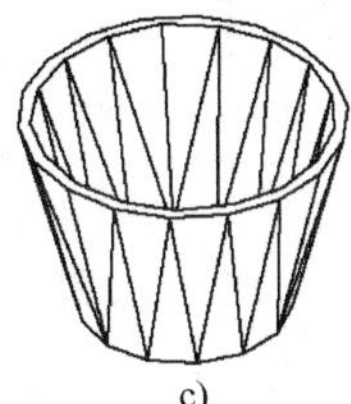

c)

图 13-47 花盆

a）创建初步轮廓 b）完成创建 c）消隐结果

提示

抽壳是用指定的厚度创建一个空的薄层实体。可以为所有面指定一个固定的薄层厚度，通过选择面可以将选中的面排除在壳外。一个三维实体只能有一个壳，可通过将现有面偏移出其原位置来创建新的面。

## 13.1.15 实例——子弹

如图 13-48 所示的子弹，图形的结构比较简单。该实例具体实现过程为：绘制子弹的弹壳、绘制子弹的弹头。要求能灵活运用三维表面模型基本图形的绘制命令和编辑命令。

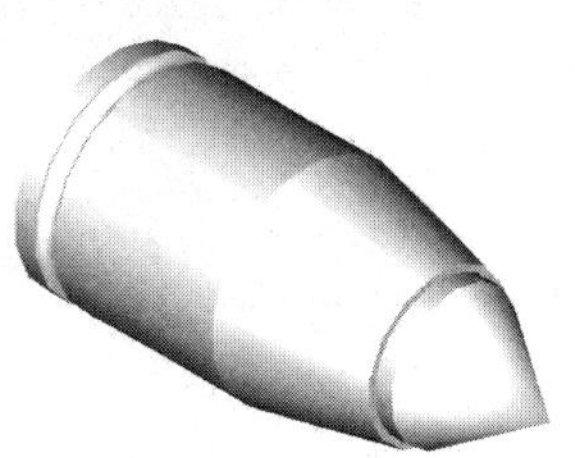

图 13-48 子弹图形

【操作步骤】（实例演示\第13章\绘制子弹图形.avi）

**1. 绘制子弹的弹体**

（1）单击“默认”选项卡“绘图”面板中的“多段线”按钮，绘制子弹弹壳的轮廓线，命令行提示与操作如下：

```
命令:PLINE↙
指定起点:0,0,0↙
当前线宽为 0.0000
指定下一个点或[圆弧(A)/半宽(H)/长度(L)/放弃(U)/宽度(W)]:@0,30↙
指定下一点或[圆弧(A)/闭合(C)/半宽(H)/长度(L)/放弃(U)/宽度(W)]:@6,0↙
指定下一点或[圆弧(A)/闭合(C)/半宽(H)/长度(L)/放弃(U)/宽度(W)]:A↙
指定圆弧的端点(按住 Ctrl 键以切换方向)或[角度(A)/圆心(CE)/闭合(CL)/方向(D)/半宽
(H)/直线(L)/半径(R)/第二个点(S)/放弃(U)/宽度(W)]:R↙
指定圆弧的半径:3↙
指定圆弧的端点(按住 Ctrl 键以切换方向)或[角度(A)]:@6,0↙
指定圆弧的端点(按住 Ctrl 键以切换方向)或[角度(A)/圆心(CE)/闭合(CL)/方向(D)/半宽
(H)/直线(L)/半径(R)/第二个点(S)/放弃(U)/宽度(W)]:L↙
指定下一点或[圆弧(A)/闭合(C)/半宽(H)/长度(L)/放弃(U)/宽度(W)]:@48,0↙
指定下一点或[圆弧(A)/闭合(C)/半宽(H)/长度(L)/放弃(U)/宽度(W)]:@40,-8↙
指定下一点或[圆弧(A)/闭合(C)/半宽(H)/长度(L)/放弃(U)/宽度(W)]:@0,-22↙
指定下一点或[圆弧(A)/闭合(C)/半宽(H)/长度(L)/放弃(U)/宽度(W)]:C↙
```

（2）单击“三维工具”选项卡“建模”面板中的“旋转”按钮，把上一步绘制的轮廓线旋转成弹壳的实体轮廓，命令行提示与操作如下：

```
命令:REVOLVE↙
当前线框密度:ISOLINES=4
选择要旋转的对象或[模式(MO)]:选择上一步所绘制的轮廓线↙
选择要旋转的对象或[模式(MO)]:↙
指定轴起点或根据以下选项之一定义轴[对象(O)/X/Y/Z]<对象>:0,0,0↙
指定轴端点:100,0,0↙
指定旋转角度或[起点角度(ST)/反转(R)/表达式(EX)]<360>:↙
```

（3）单击“可视化”选项卡“视图”面板中的“东南等轴测”按钮，将视图切换到东南等轴测视图，如图13-49所示。

（4）单击“三维工具”选项卡“实体编辑”面板中的“抽壳”按钮，创建弹壳的空壳，命令行提示与操作如下：

```
命令:SOLIDEDIT↙
实体编辑自动检查:SOLIDCHECK=1
输入实体编辑选项[面(F)/边(E)/体(B)/放弃(U)/退出(X)]<退出>:B↙
输入体编辑选项
[压印(I)/分割实体(P)/抽壳(S)/清除(L)/检查(C)/放弃(U)/退出(X)]<退出>:S↙
选择三维实体:选择弹壳的小头面
删除面或[放弃(U)/添加(A)/全部(ALL)]:↙
输入抽壳偏移距离:2↙
已完成实体校验
已完成实体校验
输入体编辑选项
[压印(I)/分割实体(P)/抽壳(S)/清除(L)/检查(C)/放弃(U)/退出(X)]<退出>:X
```

```
实体编辑自动检查:SOLIDCHECK = 1
输入实体编辑选项 [面(F)/边(E)/体(B)/放弃(U)/退出(X)] <退出>:
```

抽壳后的结果如图 13-50 所示。

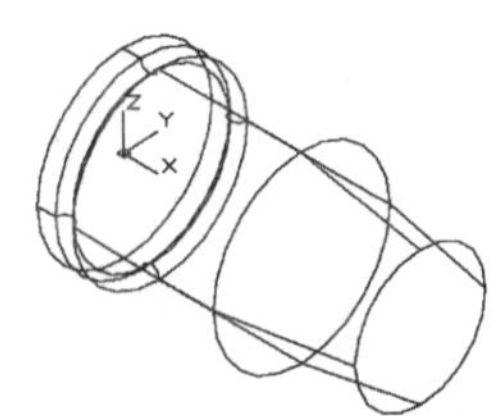

图 13-49　东南等轴测的视图

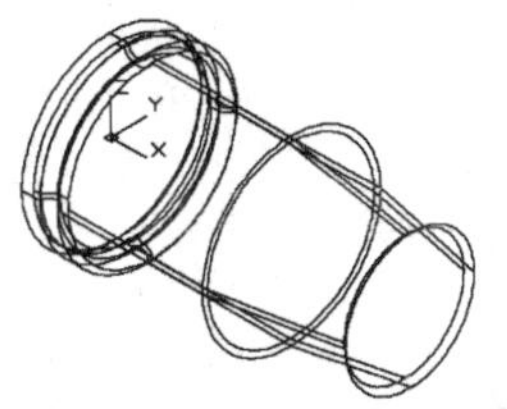

图 13-50　抽壳后的图形

**2. 绘制子弹的弹头**

(1) 单击“默认”选项卡“绘图”面板中的“多段线”按钮，绘制子弹弹头的轮廓线。起点为：(150,0)，其余各点分别为：(100,0)，(@ 0,20)，(@ 5,0)，(150,0)。

(2) 单击“三维工具”选项卡“建模”面板中的“旋转”按钮，把弹头的轮廓线旋转成子弹弹头的实体轮廓。选择上步绘制的轮廓线，将其绕由 (150,0)，(200,0) 两点构成的轴线旋转，结果如图 13-51 所示。

**3. 合并子弹的弹壳和弹头**

(1) 单击“三维工具”选项卡“实体建模”面板中的“并集”按钮，将子弹弹壳和弹头进行合并。

(2) 单击“可视化”选项卡“视图”面板中的“东南等轴测”按钮，将视图切换到东南等轴测视图，结果如图 13-52 所示。

(3) 在命令行中输入“HIDE”命令，消隐第 (1) 步所作的图形。此步结果如图 13-53 所示。

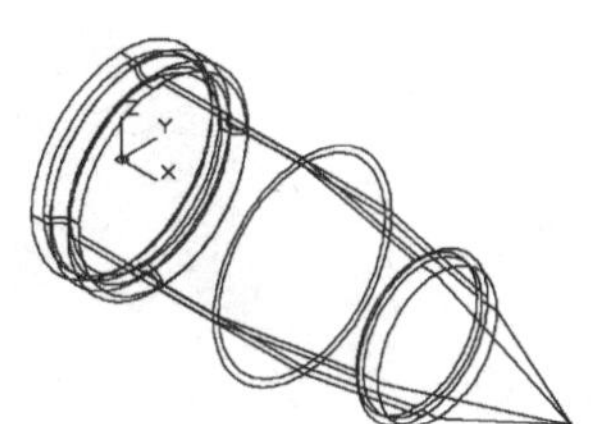

图 13-51　弹头旋转后的图形

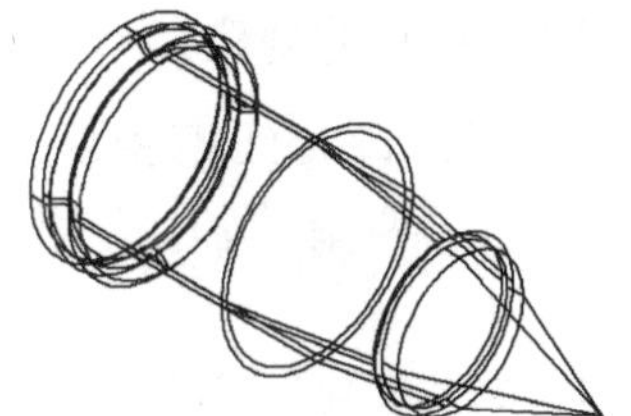

图 13-52　东南等轴测的视图

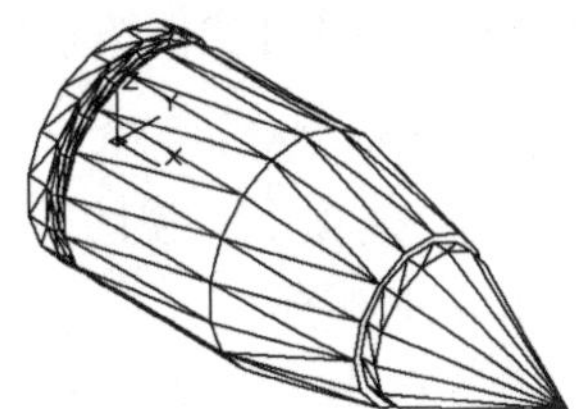

图 13-53　消隐后的图形

## 13.1.16 复制边

【执行方式】

- 命令行：SOLIDEDIT。
- 菜单栏：选择菜单栏中的“修改”→“实体编辑”→“复制边”命令。
- 工具栏：单击“实体编辑”工具栏中的“复制边”按钮。
- 功能区：单击“三维工具”选项卡“实体编辑”面板中的“复制边”按钮。

【操作步骤】

命令行提示与操作如下：

```
命令:_solidedit
实体编辑自动检查:SOLIDCHECK=1
输入实体编辑选项[面(F)/边(E)/体(B)/放弃(U)/退出(×)] <退出>:_edge
输入边编辑选项[复制(C)/着色(L)/放弃(U)/退出(×)] <退出>:_copy
选择边或[放弃(U)/删除(R)]:选择曲线边
选择边或[放弃(U)/删除(R)]:按〈Enter〉键
指定基点或位移:单击确定复制基准点
指定位移的第二点:单击确定复制目标点
```

图 13-54 所示为复制边的图形结果。

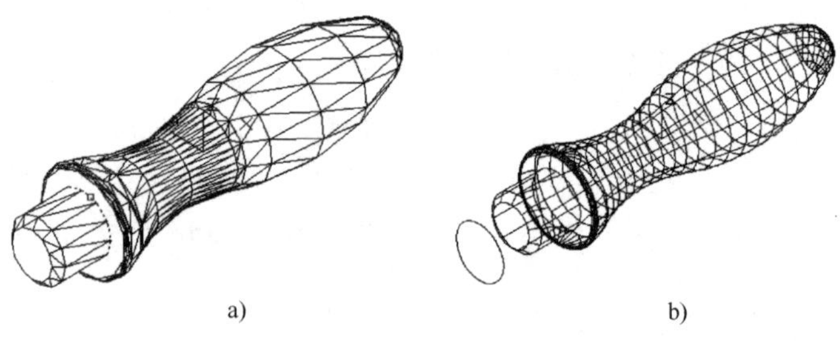

图 13-54 复制边
a）选择边 b）复制边

### 13.1.17 实例——摇杆

本实例利用“圆柱体”“实体编辑”“拉伸”“三维镜像”和“差集”等命令创建摇杆，绘制结果如图 13-55 所示。

**【操作步骤】（实例演示\第 13 章\摇杆的创建.avi）**

（1）在命令行中输入“Isolines”，设置线框密度为 10。单击“可视化”选项卡“视图”面板中的“西南等轴测”按钮，切换到西南等轴测图。

图 13-55 绘制摇杆

（2）单击“三维工具”选项卡“建模”面板中的“圆柱体”按钮，以坐标原点为圆心，分别创建半径为 30、15，高为 20 的 2 个圆柱体。

（3）单击“三维工具”选项卡“实体建模”面板中的“差集”按钮，将 *R*30 圆柱体与 *R*15 圆柱体进行差集运算。

（4）单击“三维工具”选项卡“建模”面板中的“圆柱体”按钮，以（150,0,0）为圆心，分别创建半径为 50、30，高为 30 的 2 个圆柱体，及半径为 40，高为 10 的圆柱体。

（5）单击“三维工具”选项卡“实体建模”面板中的“差集”按钮，将 *R*50 圆柱体与 *R*30、*R*40 圆柱体进行差集运算，结果如图 13-56 所示。

（6）单击“三维工具”选项卡“实体编辑”面板中的“复制边”按钮，命令行提示如下：

```
命令:_solidedit
实体编辑自动检查:SOLIDCHECK = 1
输入实体编辑选项 [面(F)/边(E)/体(B)/放弃(U)/退出(X)] <退出>:_edge
输入边编辑选项 [复制(C)/着色(L)/放弃(U)/退出(X)] <退出>:_copy
选择边或 [放弃(U)/删除(R)]:如图 13-56 所示,选择左边 R30 圆柱体的底边↙
指定基点或位移:0,0↙
指定位移的第二点:0,0↙
输入边编辑选项 [复制(C)/着色(L)/放弃(U)/退出(X)] <退出>:C↙
选择边或 [放弃(U)/删除(R)]:方法同前,选择如图 13-56 所示右边 R50 圆柱体的底边
指定基点或位移:0,0↙
指定位移的第二点:0,0↙
输入边编辑选项 [复制(C)/着色(L)/放弃(U)/退出(X)] <退出>:↙
```

(7) 单击“可视化”选项卡“视图”面板中的“仰视”按钮，切换到仰视图。单击“可视化”选项卡“视觉样式”面板中的“隐藏”按钮，进行消隐处理。

(8) 单击“默认”选项卡“绘图”面板中的“构造线”按钮，分别绘制所复制的 $R30$ 及 $R50$ 圆的外公切线，并绘制通过圆心的竖直线，绘制结果如图 13-57 所示。

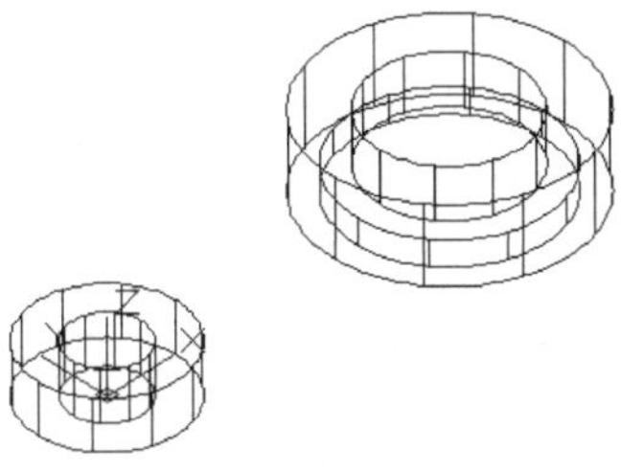

图 13-56　创建圆柱体

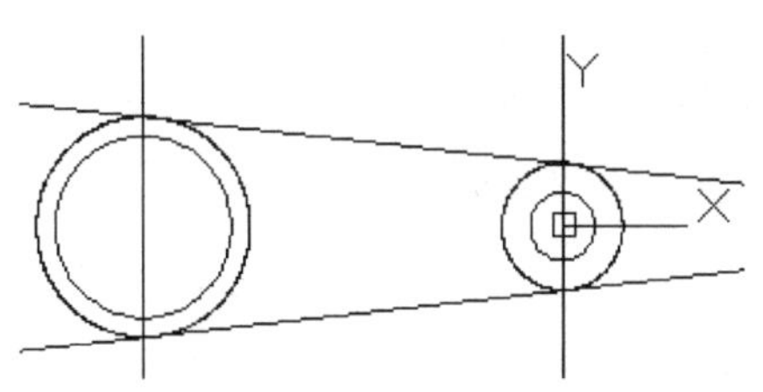


图 13-57　绘制辅助构造线

(9) 单击“默认”选项卡“修改”面板中的“偏移”按钮，将绘制的外公切线，分别向内偏移 10，并将左边竖直线向右偏移 45，将右边竖直线向左偏移 25。偏移结果如图 13-58 所示。

(10) 单击“默认”选项卡“修改”面板中的“修剪”按钮，对辅助线及复制的边进行修剪。单击“默认”选项卡“修改”面板中的“删除”按钮，删除多余的辅助线，结果如图 13-59 所示。

(11) 单击“可视化”选项卡“视图”面板中的“西南等轴测”按钮，切换到西南等轴测视图。单击“默认”选项卡“绘图”面板中的“面域”按钮，分别将辅助线与圆及辅助线之间围成的两个区域创建为面域。

(12) 单击“默认”选项卡“修改”面板中的“移动”按钮，将内环面域向上移动 5。

(13) 单击“三维建模”选项卡“建模”面板中的“拉伸”按钮，分别将外环及内环面域向上拉伸 16 及 11。

(14) 单击“三维工具”选项卡“实体编辑”面板中的“差集”按钮，将拉伸生成的两个实体进行差集运算，结果如图 13-60 所示。

(15) 单击“三维工具”选项卡“实体编辑”面板中的“并集”按钮，将所有实体进行并集运算。

(16) 单击“三维工具”选项卡“实体编辑”面板中的“圆角边”按钮，对实体中间内凹处进行倒圆角操作，圆角半径为 5。

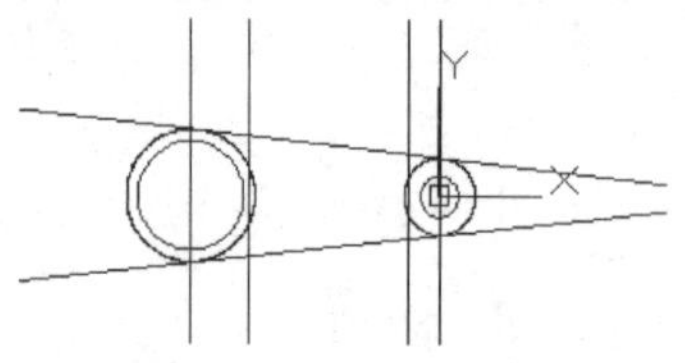

图 13-58　偏移辅助线

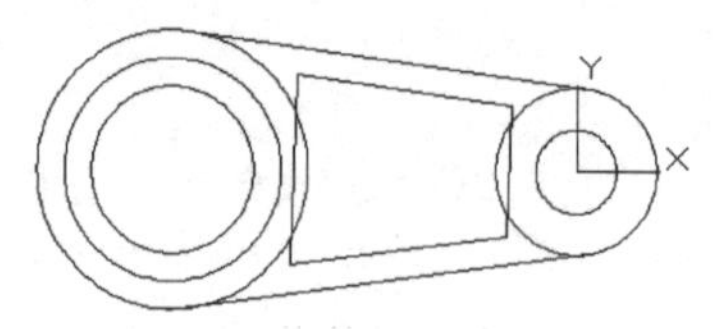

图 13-59　修剪辅助线

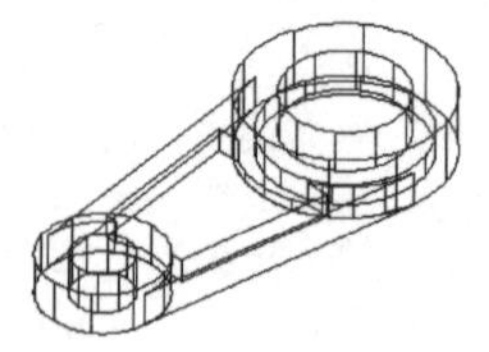
图 13-60　差集运算拉伸实体

（17）单击“三维工具”选项卡“实体编辑”面板中的“倒角边”按钮，对实体左右两部分顶面进行倒角操作，倒角距离为3。单击“可视化”选项卡“视觉样式”面板中的“隐藏”按钮，进行消隐处理后的图形，如图13-61所示。

（18）选择菜单栏中的“修改”→“三维操作”→“三维镜像”命令，将实体进行镜像处理，命令行提示如下。

```
命令:_ mirror3d
选择对象:选择实体↙
指定镜像平面（三点）的第一个点或[对象(O)/最近的(L)/Z 轴(Z)/视图(V)/XY 平面(XY)/YZ 平面(YZ)/ZX 平面(ZX)/三点(3)] <三点>:XY↙
指定 XY 平面上的点 <0,0,0>:↙
是否删除源对象?[是(Y)/否(N)] <否>:↙
```

镜像结果如图13-62所示。

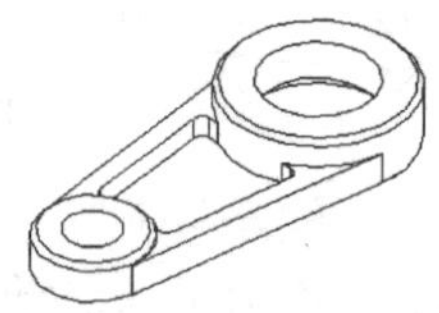
图 13-61　倒圆角及倒角后的实体

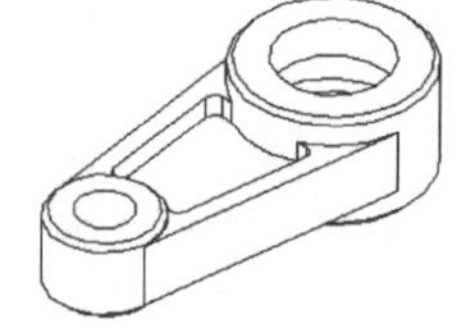
图 13-62　镜像后的实体

### 13.1.18 着色边

**【执行方式】**

- 命令行：SOLIDEDIT。
- 菜单栏：选择菜单栏中的“修改”→“实体编辑”→“着色边”命令。
- 工具栏：单击“实体编辑”工具栏中的“着色边”按钮。
- 功能区：单击“三维工具”选项卡“实体编辑”面板中的“着色边”按钮。

**【操作步骤】**

命令行提示与操作如下：

```
命令:_solidedit
实体编辑自动检查:SOLIDCHECK =1
输入实体编辑选项 [面(F)/边(E)/体(B)/放弃(U)/退出(X)] <退出>:_edge
输入边编辑选项 [复制(C)/着色(L)/放弃(U)/退出(X)] <退出>:L
选择边或 [放弃(U)/删除(R)]:选择要着色的边
选择面或 [放弃(U)/删除(R)/全部(ALL)]:继续选择或按〈Enter〉键结束选择
```

选择好边后，AutoCAD 将打开“选择颜色”对话框。根据需要选择合适的颜色作为要着色边的颜色。

### 13.1.19 清除

【执行方式】

- 命令行：SOLIDEDIT。
- 菜单栏：选择菜单栏中的“修改”→“实体编辑”→“清除”命令。
- 工具栏：单击“实体编辑”工具栏中的“清除”按钮。
- 功能区：单击“三维工具”选项卡“实体编辑”面板中的“清除”按钮。

【操作步骤】

命令行提示与操作如下：

```
命令:_solidedit
实体编辑自动检查:SOLIDCHECK=1
输入实体编辑选项[面(F)/边(E)/体(B)/放弃(U)/退出(X)]<退出>:_body
输入体编辑选项[压印(I)/分割实体(P)/抽壳(S)/清除(L)/检查(C)/放弃(U)/退出(X)]<
退出>:_clean
选择三维实体:选择要删除的对象
```

### 13.1.20 分割

【执行方式】

- 命令行：SOLIDEDIT。
- 菜单栏：选择菜单栏中的“修改”→“实体编辑”→“分割”命令。
- 工具栏：单击“实体编辑”工具栏中的“分割”按钮。
- 功能区：单击“三维工具”选项卡“实体编辑”面板中的“分割”按钮。

【操作步骤】

命令行提示与操作如下：

```
命令:_solidedit
实体编辑自动检查:SOLIDCHECK=1
输入实体编辑选项[面(F)/边(E)/体(B)/放弃(U)/退出(X)]<退出>:_body
输入体编辑选项[压印(I)/分割实体(P)/抽壳(S)/清除(L)/检查(C)/放弃(U)/退出(X)]<
退出>:_sperate
选择三维实体:选择要分割的对象
```

### 13.1.21 检查

【执行方式】

- 命令行：SOLIDEDIT。
- 菜单栏：选择菜单栏中的“修改”→“实体编辑”→“检查”命令。

- 工具栏：单击“实体编辑”工具栏中的“检查”按钮。
- 功能区：单击“三维工具”选项卡“实体编辑”面板中的“检查”按钮。

【操作步骤】

命令行提示与操作如下：

```
命令:_solidedit
实体编辑自动检查： SOLIDCHECK = 1
输入实体编辑选项［面(F)/边(E)/体(B)/放弃(U)/退出(X)］ <退出>:_body
输入体编辑选项[压印(I)/分割实体(P)/抽壳(S)/清除(L)/检查? /放弃(U)/退出(X)］ <退出>:_check
选择三维实体:选择要检查的三维实体
```

选择实体后，AutoCAD 将在命令行中显示出该对象是否是有效的 ACIS 实体。

## 13.1.22 压印边

【执行方式】

- 命令行：SOLIDEDIT。
- 菜单栏：选择菜单栏中的“修改”→“实体编辑”→“压印边”命令。
- 工具栏：单击“实体编辑”工具栏中的“压印”按钮。
- 功能区：单击“三维工具”选项卡“实体编辑”面板中的“压印”按钮。

【操作步骤】

命令行提示与操作如下：

```
命令:imprint
选择三维实体或曲面:
命令:imprint
选择三维实体或曲面:
```

依次选择三维实体、要压印的对象，设置是否删除源对象。图 13-63 所示为将五角星压印在长方体上的图形。

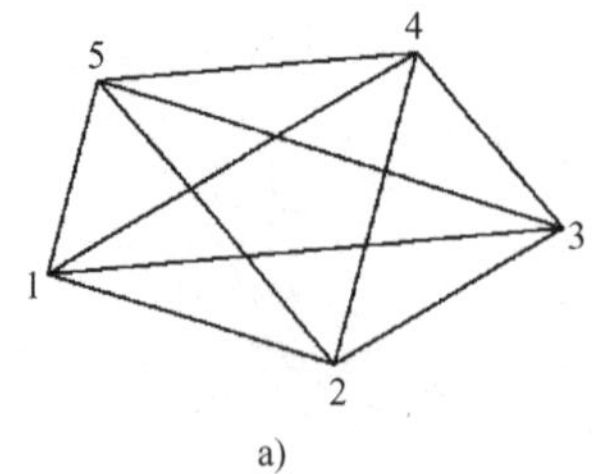

a)

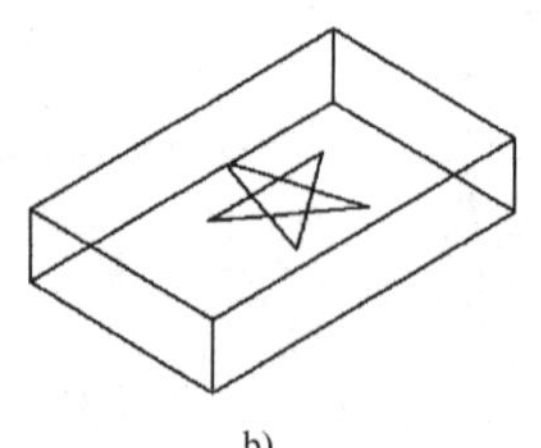
b)

图 13-63 压印对象

a）五角星和五边形 b）压印后长方体和五角星

## 13.1.23 夹点编辑

与二维对象夹点编辑功能相似，利用夹点编辑功能，可以很方便地对三维实体进行编辑。

其操作方法很简单。单击要编辑的对象，系统显示编辑夹点，选择某个夹点，按住鼠标拖动，则三维对象随之改变，选择不同的夹点，可以编辑对象的不同参数，红色夹点为当前编辑夹点，如图 13-64 所示。

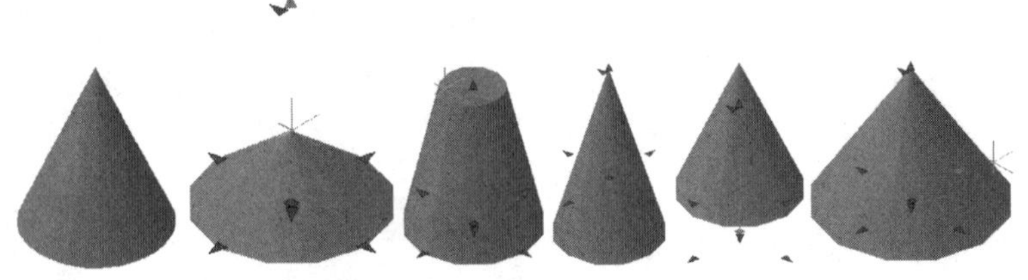

图 13-64　夹点编辑

## 13.2　渲染实体

渲染是为三维图形对象加上颜色和材质因素，还可以有灯光、背景、场景等因素，能够更真实地表达图形的外观和纹理。渲染是输出图形前的关键步骤，尤其在效果图的设计中。

### 13.2.1 贴图

贴图的功能是在实体附着带纹理的材质后，可以调整实体或面上纹理贴图的方向。当材质被映射后，调整材质以适应对象的形状。将合适的材质贴图类型应用到对象，可以使之更加适合对象。

【执行方式】

- 命令行：MATERIALMAP。
- 菜单栏：选择菜单栏中的“视图”→“渲染”→“贴图”命令，如图 13-65 所示。
- 工具栏：单击“渲染”工具栏中的“贴图”按钮（图 13-66），或“贴图”工具栏中的相应按钮（图 13-67）。

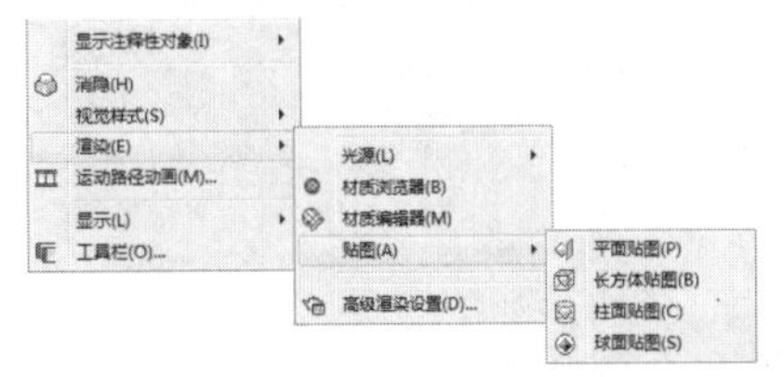

图 13-65　“贴图”子菜单

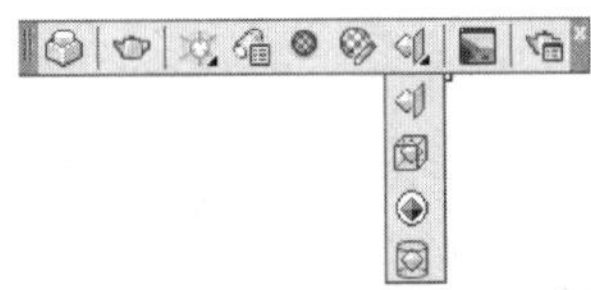

图 13-66　“渲染”工具栏

图 13-67　“贴图”工具栏

【操作步骤】

命令行提示与操作如下：

```
命令:MATERIALMAP↙
选择选项[长方体(B)/平面(P)/球面(S)/柱面(C)/复制贴图至(Y)/重置贴图(R)] <长方体>:
```

【选项说明】

（1）长方体（B）：将图像映射到类似长方体的实体上。该图像将在对象的每个面上重复使用。

（2）平面（P）：将图像映射到对象上，就像将其从幻灯片投影器投影到二维曲面上一样。图像不会失真，但是会被缩放以适应对象。该贴图最常用于面。

（3）球面（S）：在水平和垂直两个方向上同时使图像弯曲。纹理贴图的顶边在球体的“北极”压缩为一个点；同样，底边在“南极”压缩为一个点。

（4）柱面（C）：将图像映射到圆柱形对象上；水平边将一起弯曲，但顶边和底边不会弯曲。图像的高度将沿圆柱体的轴进行缩放。

（5）复制贴图至（Y）：将贴图从原始对象或面应用到选定对象。

（6）重置贴图（R）：将UV坐标重置为贴图的默认坐标。

图13-68所示是球面贴图实例。

a)

b)

图13-68　球面贴图
a）贴图前　b）贴图后

## 13.2.2 材质

### 1. 附着材质

AutoCAD将常用的材质都集成到“材质”选项板中。

【执行方式】

- 命令行：MATBROWSEROPEN。
- 菜单栏：选择菜单栏中的“视图”→“渲染”→“材质浏览器”命令。
- 工具栏：单击“渲染”工具栏中的“材质浏览器”按钮。
- 功能区：单击“可视化”选项卡“材质”面板中的“材质浏览器”按钮，或单击“视图”选项卡“选项板”面板中的“材质浏览器”按钮。

【操作步骤】

命令行提示与操作如下：

```
命令:MATBROWSEROPEN↙
```

执行该命令后，AutoCAD弹出“材质”选项板。通过该选项板，可以对材质的有关参数进行设置。具体附着材质的步骤是：

（1）选择菜单栏中的“视图”→“渲染”→“材质浏览器”命令，打开“材质浏览器”选项板，如图13-69所示。

（2）选择需要的材质类型，直接拖动到对象上，如图13-70所示。这样材质就附着了。当将视觉样式转换成“真实”时，显示出附着材质后的图形，如图13-71所示。

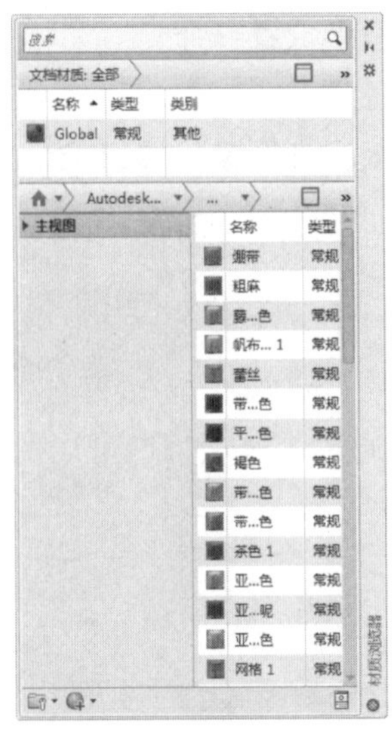


图 13-69 “材质浏览器”选项板

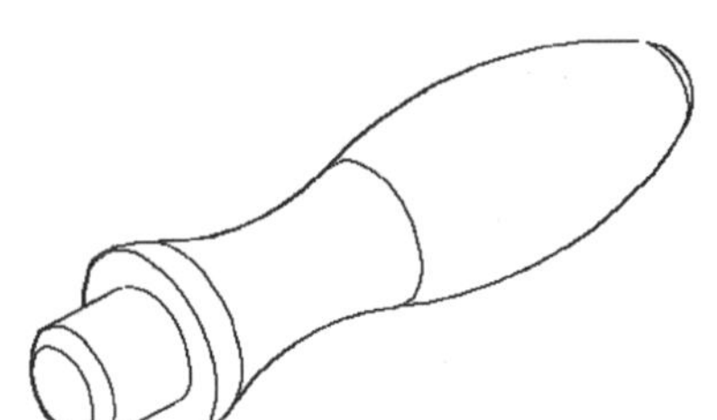

图 13-70 指定对象

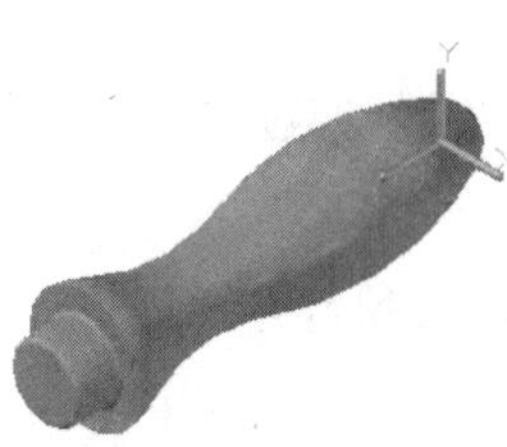

图 13-71 附着材质后

**2. 设置材质**

【执行方式】

- 命令行：mateditoropen。
- 菜单栏：选择菜单栏中的“视图”→“渲染”→“材质编辑器”命令。
- 工具栏：单击“渲染”工具栏中的“材质编辑器”按钮。
- 功能区：单击“视图”选项卡“选项板”面板中的“材质编辑器”按钮。

【操作步骤】

命令行提示与操作如下：

```
命令:mateditoropen↙
```

执行该命令后，AutoCAD 弹出如图 13-72 所示的“材质编辑器”选项板。

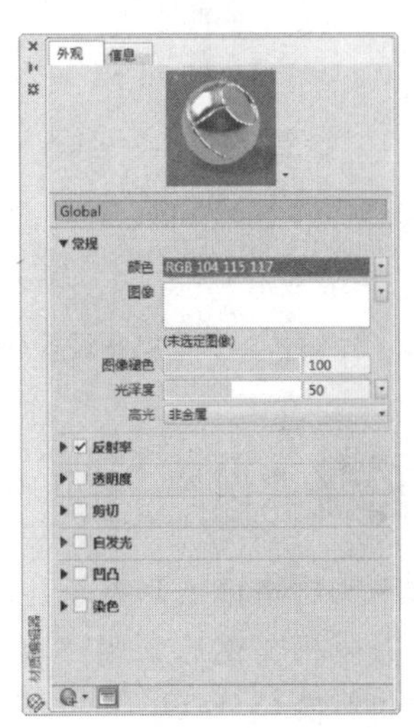


图 13-72 “材质编辑器”选项板

【选项说明】

（1）“外观”选项卡：包含用于编辑材质特性的控件。可以更改材质的名称、颜色、光泽度、反射度、透明等。

（2）“信息”选项卡：包含用于编辑和查看材质的关键字信息的所有控件。

### 13.2.3 渲染

**1. 高级渲染设置**

【执行方式】

- 命令行：RPREF。

- 菜单栏：选择菜单栏中的“视图”→“渲染”→“高级渲染设置”命令。
- 工具栏：单击“渲染”工具栏中的“高级渲染设置”按钮。
- 功能区：单击“视图”选项卡“选项板”面板中的“高级渲染设置”按钮。

【操作步骤】

命令行提示与操作如下：

```
命令:RPREF↙
```

系统打开如图 13-73 所示的“渲染预设管理器”选项板。通过该选项板，可以对渲染的有关参数进行设置。

**2. 渲染**

【执行方式】

- 命令行：RENDER。
- 功能区：单击“可视化”选项卡“渲染”面板中的“渲染到尺寸”按钮。

【操作步骤】

命令行提示与操作如下：

```
命令:RENDER↙
```

AutoCAD 弹出如图 13-74 所示的“渲染”窗口，显示渲染结果和相关参数。

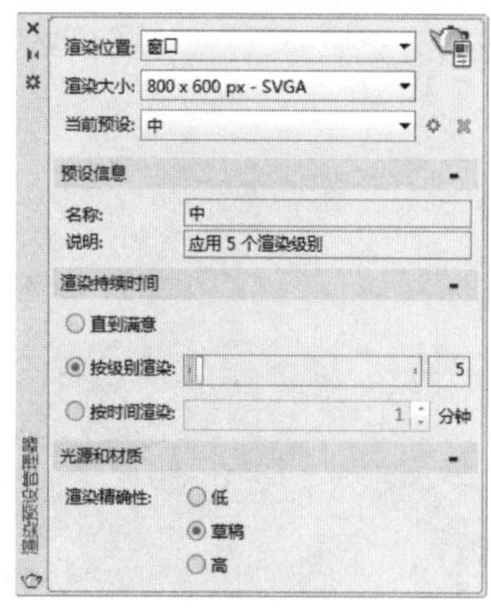


图 13-73 “渲染预设管理器”选项板

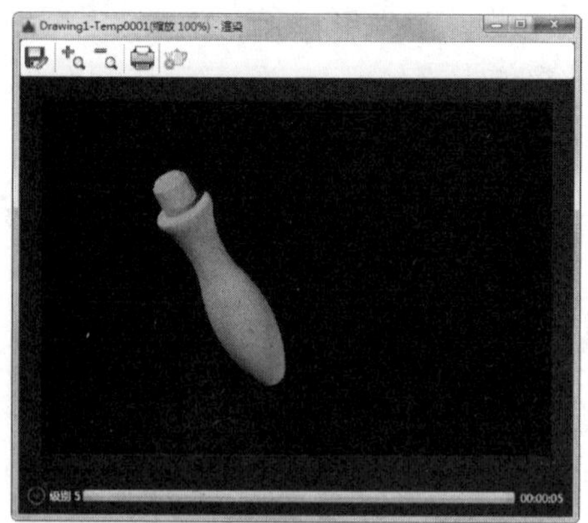

图 13-74 “渲染”窗口

## 13.2.4 实例——茶几

本实例将详细介绍茶几的绘制方法。首先利用“长方体”命令绘制茶几桌面、茶几腿以及隔板，然后利用“移动”命令移动隔板到合适位置，再利用“圆角”命令对茶几桌面进行圆角处理，并对所有实体进行并集处理，最后进行赋材渲染，结果如图 13-75 所示。

【操作步骤】（实例演示\第 13 章\茶几 . avi）

图 13-75 茶几

（1）单击“可视化”选项卡“视图”面板中的“东南等轴测”按钮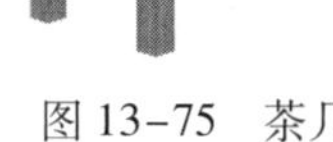，将当前视图设置为东南等轴测视图。

（2）单击“三维工具”选项卡“建模”面板中的“长方体”按钮，绘制长方体，完成茶几桌面的绘制，命令行提示与操作如下：

```
命令:BOX
指定第一个角点或[中心(C)]: 10,10
指定其他角点或[立方体(C)/长度(L)]: @70,40
指定高度或[两点(2P)]: 6
```

结果如图 13-76 所示。

（3）单击“三维工具”选项卡“建模”面板中的“长方体”按钮，在茶几的 4 个角点绘制 4 个尺寸为 6 ×6 ×28 的长方体，完成茶几腿的绘制，如图 13-77 所示。

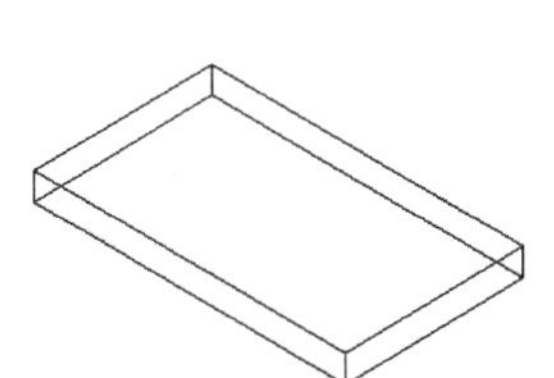

图 13-76 绘制茶几桌面

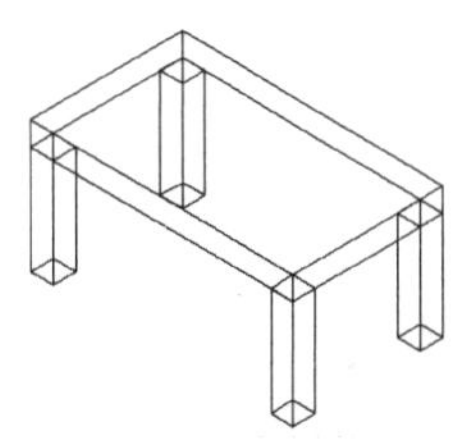

图 13-77 绘制茶几腿

（4）单击“三维工具”选项卡“建模”面板中的“长方体”按钮，以茶几的两条对角腿的外角点为对角点，创建厚度为 2 的长方体，完成隔板的绘制，结果如图 13-78 所示。

（5）单击“默认”选项卡“修改”面板中的“移动”按钮，移动隔板，命令行提示与操作如下：

```
命令:move
选择对象:选中要移动的隔板
选择对象:
指定基点或[位移(D)] <位移>:80,10,-28
指定第二个点或 <使用第一个点作为位移>:@0,0,10
```

结果如图 13-79 所示。

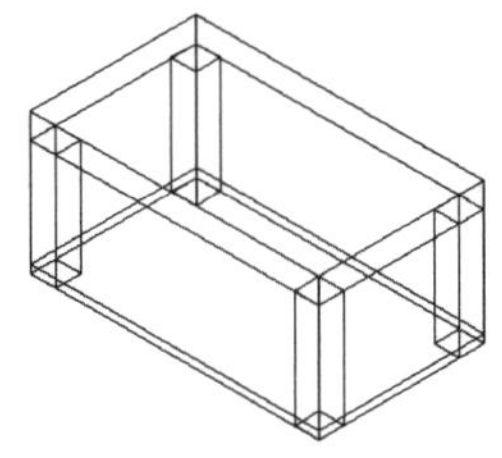

图 13-78 绘制隔板

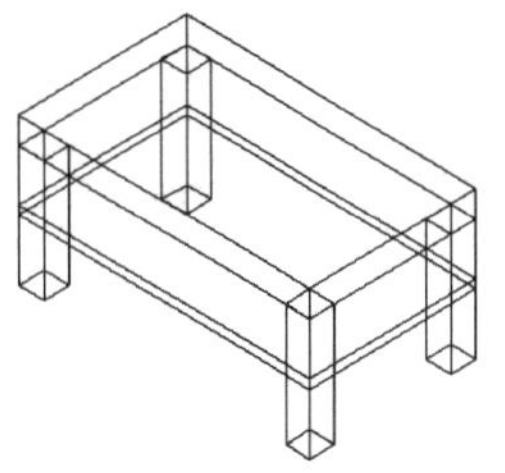

图 13-79 移动隔板

（6）单击“默认”选项卡“修改”面板中的“圆角”按钮，设置圆角半径为 4，对茶几桌面各条边进行圆角处理，结果如图 13-80 所示。

（7）单击“三维工具”选项卡“实体编辑”面板中的“并集”按钮，对图形进行并集运算，命令行提示与操作如下：

```
命令：UNION
选择对象：选中要进行并集处理的茶几桌面、腿以及隔板
选择对象：
```

（8）单击“可视化”选项卡“视觉样式”面板中的“隐藏”按钮，对图形进行消隐处理，结果如图13-81所示。

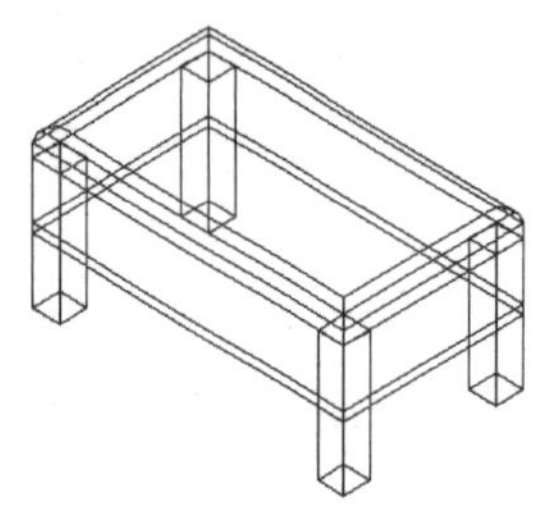

图13-80　圆角茶几桌面

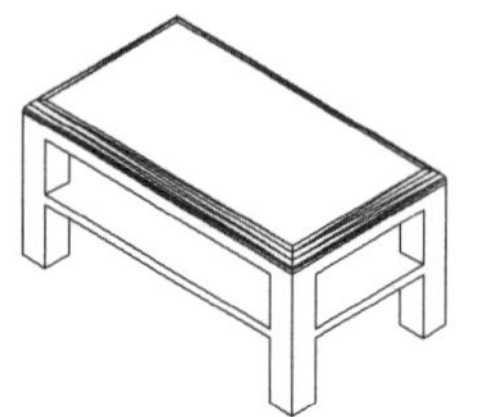

图13-81　并集处理后消隐的结果

（9）单击“可视化”选项卡“材质”面板中的“材质浏览器”按钮，打开“材质浏览器”选项板，如图13-82所示。展开“木材”选项，选择其中一种材质，拖动到绘制的茶几实体上。

（10）在“可视化”选项卡“视觉样式”面板中的“视觉样式”下拉列表中选择“真实”，系统自动改变实体的视觉样式。

（11）单击“可视化”选项卡“渲染”面板中的“渲染到尺寸”按钮，对实体进行渲染，渲染后的效果如图13-75所示。

图13-82　“材质浏览器”选项板

## 13.3　干涉检查

干涉检查常用于检查装配体立体图是否干涉，从而判断设计是否正确。在绘制三维实体装配图中有广泛应用。

干涉检查主要通过对比两组对象或一对一地检查所有实体来检查实体模型中的干涉（三维实体相交或重叠的区域）。系统将在实体相交处创建和亮显临时实体。

【执行方式】

- 命令行：INTERFERE（快捷命令：INF）。
- 菜单栏：选择菜单栏中的“修改”→“三维操作”→“干涉检查”命令。
- 功能区：单击“三维工具”选项卡“实体编辑”面板中的“干涉检查”按钮

【操作步骤】

命令行提示与操作如下：

```
命令:INTERFERE↙
选择第一组对象或[嵌套选择(N)/设置(S)]:选择手柄
选择第一组对象或[嵌套选择(N)/设置(S)]:↙
选择第二组对象或[嵌套选择(N)/检查第一组(K)]<检查>:选择套环
选择第二组对象或[嵌套选择(N)/检查第一组(K)]<检查>:↙
```

【选项说明】

（1）嵌套选择（N）：选择该选项，用户可以选择嵌套在块和外部参照中的单个实体对象。

（2）设置（S）：选择该选项，系统打开“干涉设置”对话框，如图 13-83 所示，可以设置干涉的相关参数。

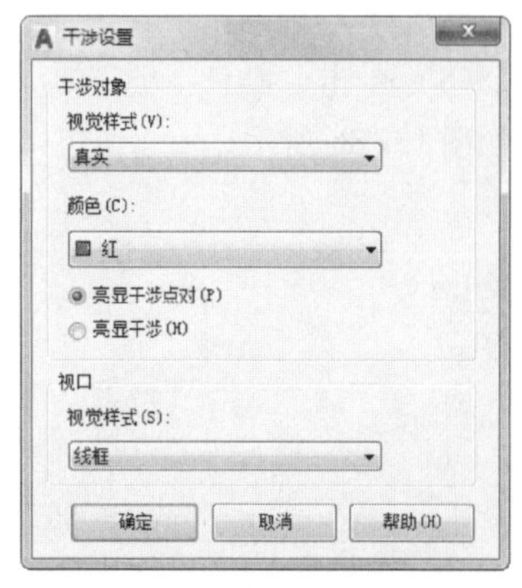


图 13-83 “干涉设置”对话框

# 13.4 综合演练——壳体

本例绘制的壳体，如图 13-84 所示。主要采用的绘制方法是拉伸绘制实体与直接利用三维实体绘制实体。设计思路：先通过上述两种方法建立壳体的主体部分，然后逐一建立壳体上的其他部分，最后对壳体进行圆角处理。要求读者对前几节介绍的绘制实体的方法有明确的认识。

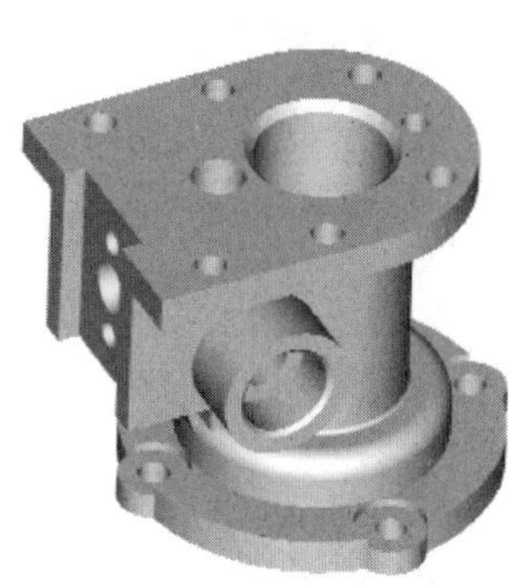

图 13-84 壳体

**【操作步骤】（实例演示\第 13 章\壳体的绘制 .avi）**

## 13.4.1 绘制壳体主体

**1. 起动系统**

起动 AutoCAD，使用默认设置画图。

**2. 设置线框密度**

在命令行中输入“ISOLINES”，设置线框密度为 10。切换视图到西南等轴测视图。

**3. 创建底座圆柱体**

（1）单击“三维工具”选项卡“建模”面板中的“圆柱体”按钮，以（0,0,0）为圆心，创建直径为 84、高 8 的圆柱体。

（2）单击“默认”选项卡“绘图”面板中的“圆”按钮，以（0,0）为圆心，绘制直径为 76 的辅助圆。

（3）单击“三维工具”选项卡“建模”面板中的“圆柱体”按钮，捕捉 $\phi76$ 圆的象限点为圆心，创建直径为 16、高为 8 及直径为 7、高为 6 的圆柱体；捕捉 $\phi16$ 圆柱体顶面圆心为中心点，创建直径为 16、高为 −2 的圆柱体。

（4）单击“默认”选项卡“修改”面板中的“环形阵列”按钮，将创建的 3 个圆柱体进行环形阵列，阵列角度为360°，阵列数目为4，阵列中心为坐标原点。

（5）单击“三维工具”选项卡“实体编辑”面板中的“并集”按钮，将$\phi$84与高8的$\phi$16圆柱体进行并集运算；单击“三维工具”选项卡“实体编辑”面板中的“差集”按钮，将实体与其余圆柱体进行差集运算。消隐后结果如图13-85所示。

（6）单击“三维工具”选项卡“建模”面板中的“圆柱体”按钮，以（0,0,0）为圆心，分别创建直径为60、高为20及直径为40、高为30的圆柱体。

（7）单击“三维工具”选项卡“实体编辑”面板中的“并集”按钮，将所有实体进行并集运算。

（8）单击“默认”选项卡“修改”面板中的“删除”按钮，删除辅助圆，消隐后结果如图13-86所示。

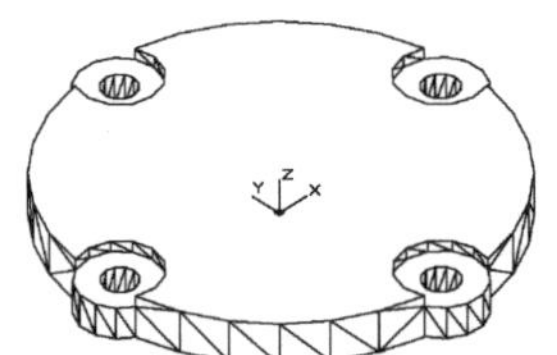

图13-85　壳体底板

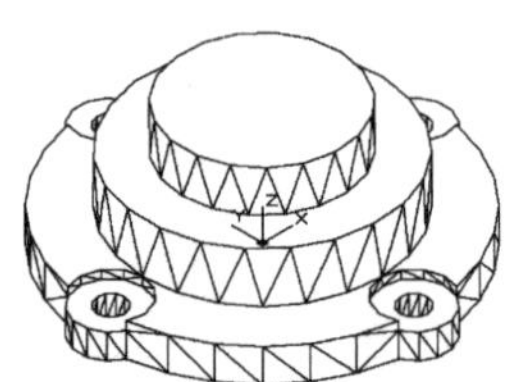

图13-86　壳体底座

**4. 创建壳体中间部分**

（1）单击“三维工具”选项卡“建模”面板中的“长方体”按钮，在实体旁边，创建长为35、宽为40、高为6的长方体。

（2）单击“三维工具”选项卡“建模”面板中的“圆柱体”按钮，以长方体底面右边中点为圆心，创建直径为40、高为-6的圆柱体。

（3）单击“三维工具”选项卡“实体编辑”面板中的“并集”按钮，将实体进行并集运算，如图13-87所示。

（4）单击“默认”选项卡“修改”面板中的“复制”按钮，以创建的壳体中部实体底面圆心为基点，将其复制到壳体底座顶面的圆心处。

（5）单击“三维工具”选项卡“实体编辑”面板中的“并集”按钮，将壳体底座与复制的壳体中部进行并集运算，如图13-88所示。

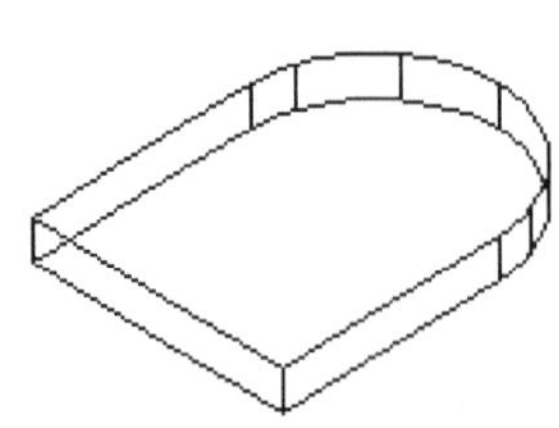

图13-87　壳体中部

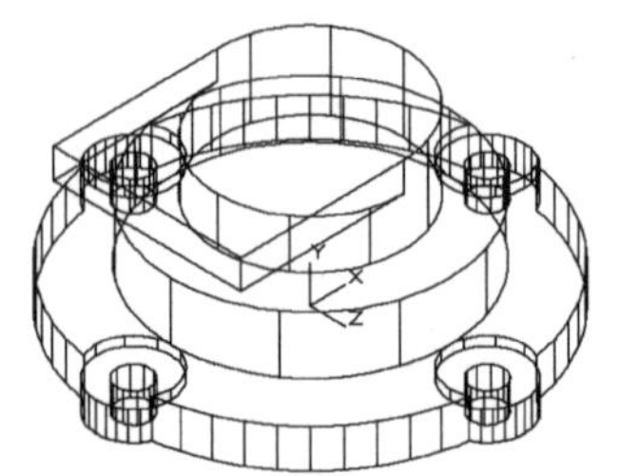

图13-88　并集壳体中部后的实体

**5. 创建壳体上部**

（1）单击“三维工具”选项卡“实体编辑”面板中的“拉伸面”按钮，将创建的壳体中部，顶面拉伸30，左侧面拉伸20，结果如图13-89所示。

（2）单击“三维工具”选项卡“建模”面板中的“长方体”按钮，以实体左下角点为角点，创建长为5、宽为28、高为36的长方体。

（3）单击“默认”选项卡“修改”面板中的“移动”按钮，以长方体左边中点为基点，将其移动到实体左边中点处，结果如图13-90所示。

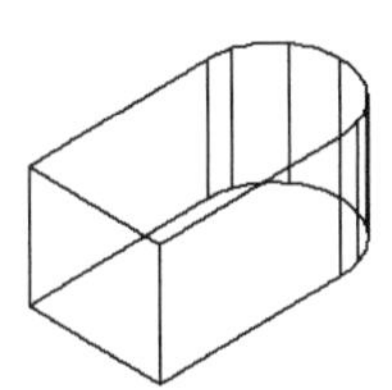

图13-89　拉伸面操作后的实体

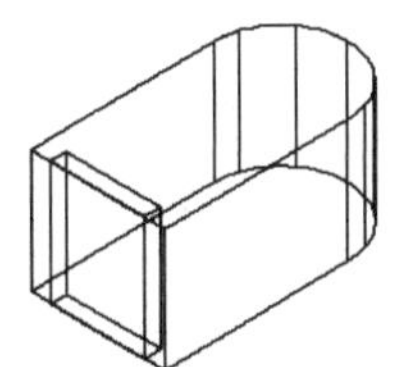

图13-90　移动长方体

（4）单击“三维工具”选项卡“实体编辑”面板中的“差集”按钮，将实体与长方体进行差集运算。

（5）单击“默认”选项卡“绘图”面板中的“圆”按钮，捕捉实体顶面圆心为圆心，绘制半径为22的辅助圆。

（6）单击“三维工具”选项卡“建模”面板中的“圆柱体”按钮，捕捉*R*22圆的右象限点为圆心，创建半径为6、高为－16的圆柱体。

（7）单击“三维工具”选项卡“实体编辑”面板中的“并集”按钮，将实体进行并集运算，如图13-91所示。

（8）单击“默认”选项卡“修改”面板中的“删除”按钮，删除辅助圆。

（9）单击“默认”选项卡“修改”面板中的“移动”按钮，以实体底面圆心为基点，将其移动到壳体顶面圆心处。

（10）单击“三维工具”选项卡“实体编辑”面板中的“并集”按钮，将实体进行并集运算，如图13-92所示。

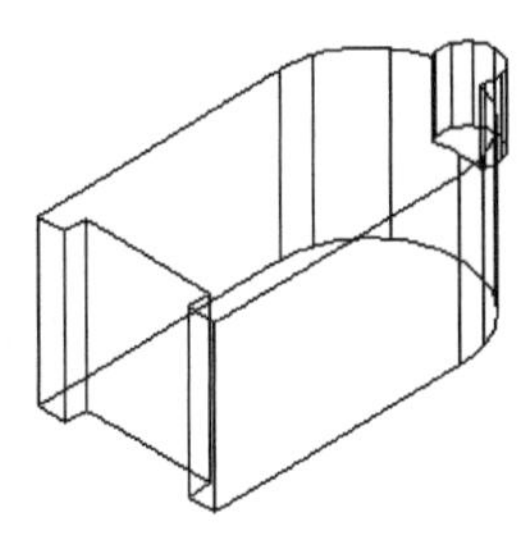

图13-91　并集运算后的实体

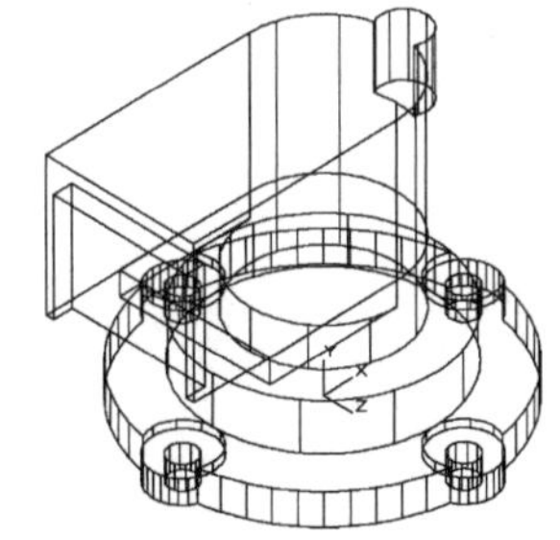

图13-92　并集壳体上部后的实体

**6. 创建壳体顶板**

（1）单击“三维工具”选项卡“建模”面板中的“长方体”按钮，在实体旁边，创建长为55、宽为68、高为8的长方体。

（2）单击“三维工具”选项卡“建模”面板中的“圆柱体”按钮，以长方体底面右边中点为圆心，创建直径为68、高为8的圆柱体。

（3）单击“三维工具”选项卡“实体编辑”面板中的“并集”按钮，将实体进行并集运算。

（4）单击“三维工具”选项卡“实体编辑”面板中的“复制边”按钮，如图 13-93 所示，选取实体底边，在原位置进行复制。

（5）单击“默认”选项卡“修改”面板中的“编辑多段线”按钮，将复制的实体底边合并成一条多段线。

（6）单击“默认”选项卡“修改”面板中的“偏移”按钮，将多段线向内偏移 7。

（7）单击“默认”选项卡“绘图”面板中的“构造线”按钮，过多段线圆心绘制竖直辅助线及 45°辅助线。

（8）单击“默认”选项卡“修改”面板中的“偏移”按钮，将水平辅助线分别向左偏移 12 及 40，如图 13-94 所示。

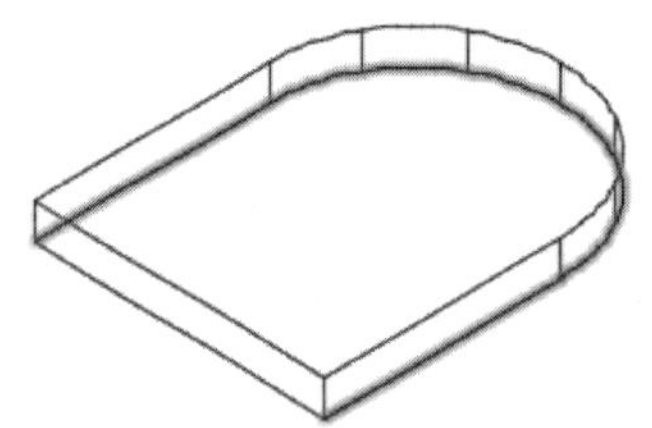

图 13-93　选取复制的边线

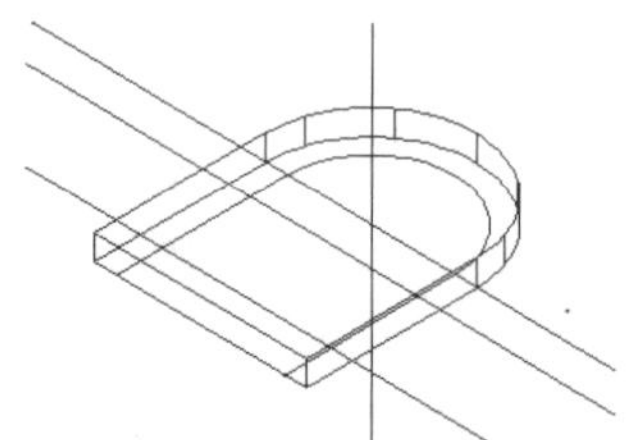

图 13-94　偏移辅助线

（9）单击“三维工具”选项卡“建模”面板中的“圆柱体”按钮，以辅助线与多段线的交点为圆心，分别创建直径为 7、高为 8，及直径为 14、高为 2 的圆柱体；选择菜单栏中的“修改”→“三维操作”→“三维镜像”命令，将圆柱体以 *ZX* 面为镜像面，以底面圆心为 *ZX* 面上的点，进行镜像操作；单击“三维工具”选项卡“实体编辑”面板中的“差集”按钮，将实体与镜像后的圆柱体进行差集运算。

（10）单击“默认”选项卡“修改”面板中的“删除”按钮，删除辅助线；单击“默认”选项卡“修改”面板中的“移动”按钮，以壳体顶板底面圆心为基点，将其移动到壳体顶面圆心处。

（11）单击“三维工具”选项卡“实体编辑”面板中的“并集”按钮，将实体进行并集运算，如图 13-95 所示。

**7. 拉伸壳体面**

单击“三维工具”选项卡“实体编辑”面板中的“拉伸面”按钮，如图 13-96 所示，选取壳体表面，拉伸 -8，消隐后结果如图 13-97 所示。

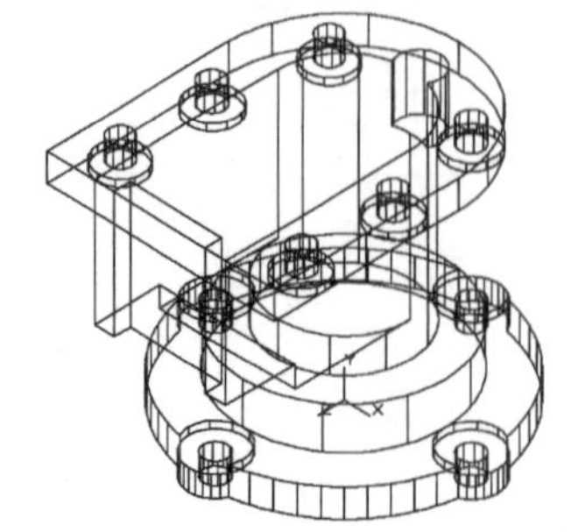

图 13-95　并集壳体顶板后的实体

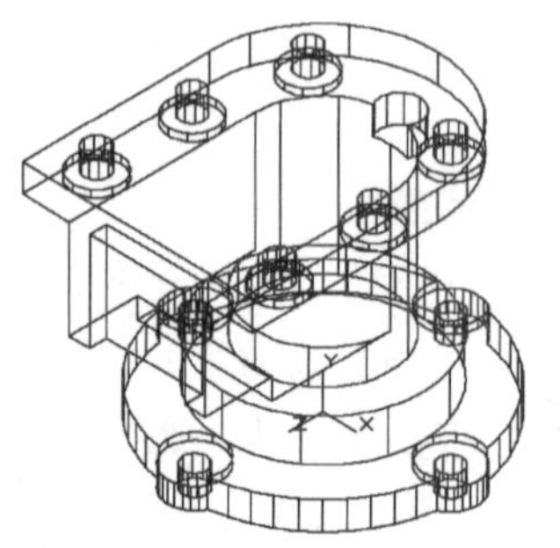

图 13-96　选取拉伸面

## 13.4.2 绘制壳体的其他部分

**1. 创建壳体竖直内孔**

（1）单击“三维工具”选项卡“建模”面板中的“圆柱体”按钮，以（0,0,0）为圆心，分别创建直径为18、高14及直径为30、高为80的圆柱体；以（-25,0,80）为圆心，创建直径为12、高为-40的圆柱体；以（22,0,80）为圆心，创建直径为6、高为-18的圆柱体。

（2）单击“三维工具”选项卡“实体编辑”面板中的“差集”按钮，将壳体与内形圆柱体进行差集运算。

**2. 创建壳体前部凸台及孔**

（1）设置用户坐标系。在命令行输入“Ucs”，将坐标原点移动到（-25，-36,48），并将其绕 *X* 轴旋转90°。

（2）单击“三维工具”选项卡“建模”面板中的“圆柱体”按钮，以（0,0,0）为圆心，分别创建直径为30、高为-16，直径为20、高-12及直径为12、高为-36的圆柱体。

（3）单击“三维工具”选项卡“实体编辑”面板中的“并集”按钮，将壳体与 $\phi30$ 圆柱体进行并集运算。

（4）单击“三维工具”选项卡“实体编辑”面板中的“差集”按钮，将壳体与其余圆柱体进行差集运算。结果如图13-98所示。

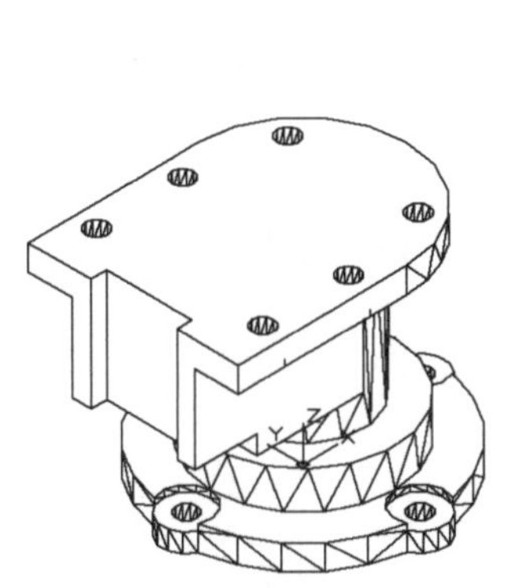

图13-97 消隐后的壳体

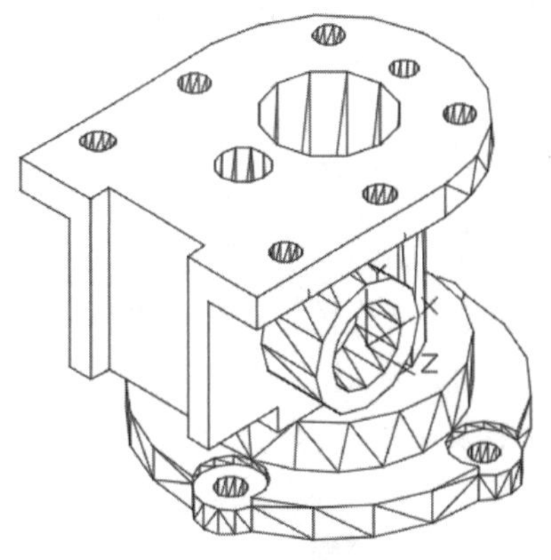

图13-98 实体编辑后的壳体

**3. 创建壳体水平内孔**

（1）设置用户坐标系。在命令行中输入“UCS”命令，将坐标原点移动到（-25,10,-36），并绕 *Y* 轴旋转90°。

（2）单击“三维工具”选项卡“建模”面板中的“圆柱体”按钮，以（0,0,0）为圆心，分别创建直径为12、高8及直径为8、高为25的圆柱体；以（0,10,0）为圆心，创建直径为6、高为15的圆柱体。

（3）选择菜单栏中的“修改”→“三维操作”→“三维镜像”命令，将 $\phi6$ 圆柱体以当前 *ZX* 面为镜像面，进行镜像操作。

（4）单击“三维工具”选项卡“实体编辑”面板中的“差集”按钮，将壳体与水平内形圆柱体进行差集运算。结果如图 13-99 所示。

**4. 创建壳体肋板**

（1）切换视图到前视图。

（2）单击“默认”选项卡“绘图”面板中的“多段线”按钮，如图 13-100 所示，从点 1（中点）→点 2（垂足）→点 3（垂足）→点 4（垂足）→点 5（@0，-4）→点 1，绘制闭合多段线。

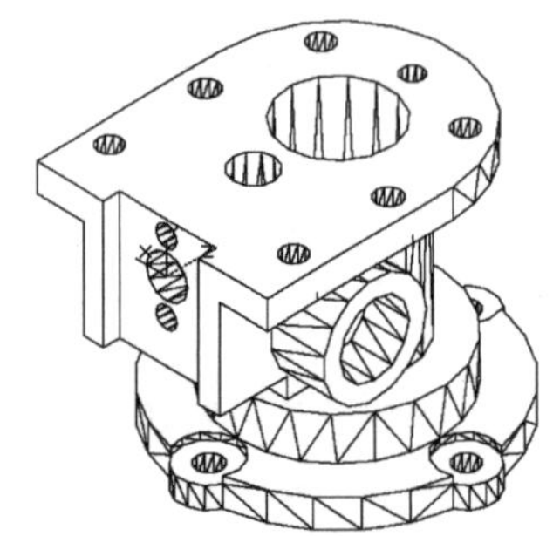

图 13-99 差集水平内孔后的壳体

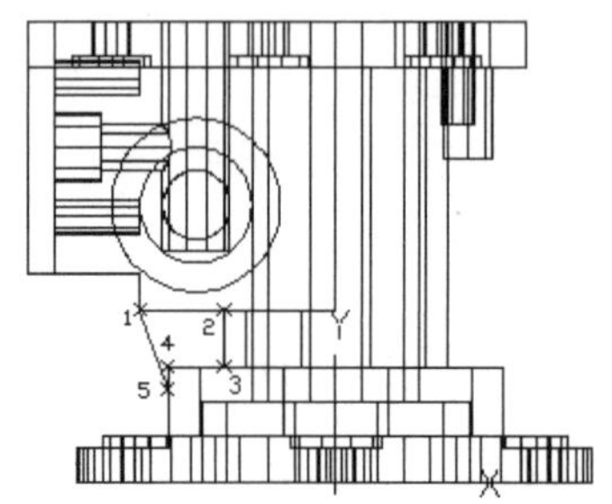


图 13-100 绘制多段线

（3）单击“三维工具”选项卡“建模”面板中的“拉伸”按钮，将闭合的多段线拉伸 3。

（4）选择菜单栏中的“修改”→“三维操作”→“三维镜像”命令，将拉伸实体，以当前 *XY* 面为镜像面，进行镜像操作。

（5）单击“三维工具”选项卡“实体编辑”面板中的“并集”按钮，将壳体与肋板进行并集运算。

### 13.4.3 倒角与渲染视图

（1）圆角操作。单击“三维工具”选项卡“实体编辑”面板中的“圆角边”按钮和“倒角边”按钮，对壳体进行倒角及倒圆角操作。

（2）渲染处理。利用“渲染”选项中的“渲染”命令，选择适当的材质对图形进行渲染，渲染后的效果如图 13-86 所示。

## 13.5 名师点拨

**1. 如何渲染图形？**

渲染功能代替了传统的建筑、机械和工程图形使用水彩、有色蜡笔和油墨等生成最终演示的渲染结果图。渲染图形的过程一般分为以下 4 步。

（1）准备渲染模型：包括遵从正确的绘图技术，删除消隐面，创建光滑的着色网格和设置视图的分辨率。

（2）创建和放置光源以及创建阴影。

（3）定义材质并建立材质与可见表面间的联系。

（4）进行渲染，包括检验渲染对象的准备、照明和颜色的中间步骤。

**2. 拉伸面与拉伸的区别?**

“拉伸”命令是对一个独立的面域进行拉伸得到实体，而且可以沿路径拉伸成任意形状；“拉伸面”命令是对已经存在的实体上某一个表面拉伸而改变实体的原来形状。

**3. 删除面有什么作用?**

在三维编辑中单独执行“删除面”命令对实体的改变不会产生什么影响，因为CAD将面看作是无厚度的实体要素。

## 13.6 上机实验

**【练习1】创建如图13-101所示的三通管。**

**1. 目的要求**

三维图形具有形象逼真的优点，但是三维图形的创建比较复杂，需要读者掌握的知识比较多。本练习要求读者熟悉三维模型创建的步骤，掌握三维模型的创建技巧。

图13-101 三通管

**2. 操作提示**

（1）创建3个圆柱体。

（2）镜像和旋转圆柱体。

（3）圆角处理。

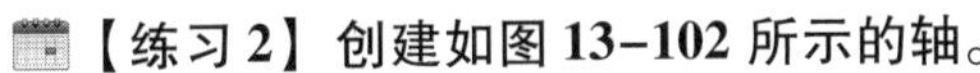

**【练习2】创建如图13-102所示的轴。**

**1. 目的要求**

轴是最常见的机械零件。本练习中需要创建的轴集中了很多典型的机械结构形式，如轴体、孔、轴肩、键槽、螺纹、退刀槽和倒角等，因此需要用到的三维命令也比较多。通过本练习，读者可以进一步熟悉三维绘图的技能。

**2. 操作提示**

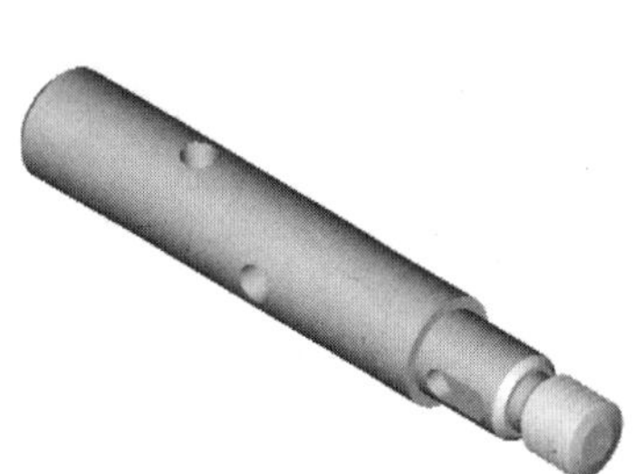

图13-102 轴

（1）顺次创建直径不等的4个圆柱体。

（2）对4个圆柱体进行并集处理。

（3）转换视角，绘制圆柱孔。

（4）镜像并拉伸圆柱孔。

（5）对轴体和圆柱孔进行差集处理。

（6）采用同样的方法创建键槽结构。

（7）创建螺纹结构。

（8）对轴体进行倒角处理。

（9）渲染处理。

## 13.7 思考与练习

（1）实体中的“拉伸”命令和实体编辑中的“拉伸面”命令有何区别?（　　）

A. 没什么区别

B. 前者是对多段线拉伸，后者是对面域拉伸

C. 前者是由二维线框转为实体，后者是拉伸实体中的一个面

D. 前者是拉伸实体中的一个面，后者是由二维线框转为实体

（2）抽壳是用指定的厚度创建一个空的薄层实体。可以为所有面指定一个固定的薄层厚度，通过选择面可以将选中的面排除在壳外。一个三维实体有（　　）个壳，通过将现有面偏移出其原位置来创建新的面。

A. 1　　B. 2　　C. 3　　D. 4

（3）如果需要在实体表面另外绘制二维截面轮廓，则必须应用哪个工具栏来建立绘图平面？（　　）

A. “建模”工具栏　　B. “实体编辑”工具栏

C. “UCS”工具栏　　D. “三维导航”工具栏

（4）绘制如图13-103所示的弯管接头。

（5）绘制如图13-104所示的内六角头螺钉。

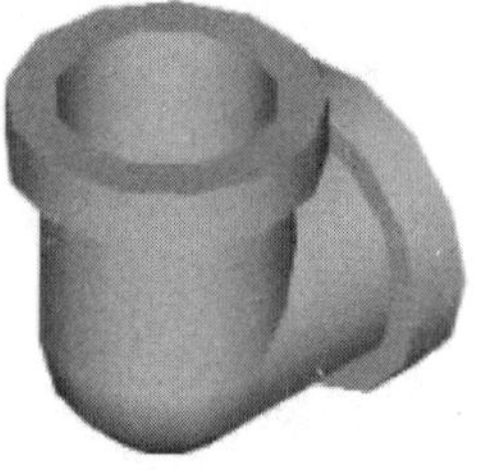

图13-103　弯管接头

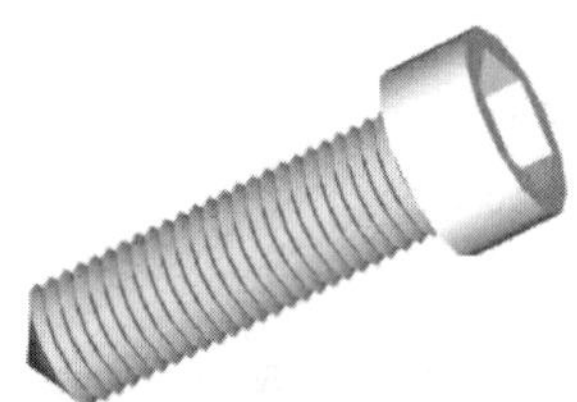

图13-104　内六角头螺钉

# 第14章

# 机械设计工程实例

机械设计工程领域是AutoCAD应用的最主要领域，本章是AutoCAD 2018二维绘图命令在机械设计工程领域的综合应用。

在本章中，通过齿轮泵的零件图和装配图的绘制，学习AutoCAD绘制完整零件图和装配图的基础知识以及绘制方法和技巧。

- 齿轮泵零件图
- 齿轮泵装配图

# 14.1 机械制图概述

## 14.1.1 零件图绘制方法

零件图是设计者用以表达对零件设计意图的一种技术文件。

**1. 零件图内容**

零件图是表达零件结构形状、大小和技术要求的工程图样，工人根据它加工制造零件。一幅完整零件图应包括以下内容。

（1）一组视图：表达零件的形状与结构。

（2）一组尺寸：标出零件上结构的大小、结构间的位置关系。

（3）技术要求：标出零件加工、检验时的技术指标。

（4）标题栏：注明零件的名称、材料、设计者、审核者、制造厂家等信息的表格。

**2. 零件图绘制过程**

零件图的绘制过程包括草绘和绘制工作图，AutoCAD一般用作绘制工作图。绘制零件图包括以下几步。

（1）设置作图环境。作图环境的设置一般包括以下两方面。

1）选择比例：根据零件的大小和复杂程度选择比例，尽量采用1:1。

2）选择图样幅面：根据图形、标注尺寸、技术要求所需图样幅面，选择标准幅面。

（2）确定作图顺序，选择尺寸转换为坐标值的方式。

（3）标注尺寸，标注技术要求，填写标题栏。标注尺寸前要关闭剖面层，以免剖面线在标注尺寸时影响端点捕捉。

（4）校核与审核。

注意

机械设计零件图的作用与内容如下。

零件图：用来表达零件的形状、结构、尺寸、材料以及技术要求等的图样。

零件图的作用：生产准备、加工制造、质量检验和测量的依据。

零件图包括以下内容。

（1）一组图形——能够完整、正确、清晰地表达出零件各部分的结构、形状（视图、剖视图、断面图等）。

（2）一组尺寸——确定零件各部分结构、形状大小及相对位置的全部尺寸（定形、定位尺寸）。

（3）技术要求——用规定的符号、文字标注或说明表示零件在制造、检验、装配、调试等过程中应达到的要求。

## 14.1.2 装配图的绘制方法

装配图表达了部件的设计构思、工作原理和装配关系，也表达了各零件间的相互位置、尺寸关系及结构形状，是绘制零件工作图、部件组装、调试及维护等的技术依据。设计装配工作图时要综合考虑工作要求、材料、强度、刚度、磨损、加工、装拆、调整、润滑和维护以及经济等诸多因素，并要使用足够的视图表达清楚。

**1. 装配图内容**

（1）一组图形：用一般表达方法和特殊表达方法，正确、完整、清晰和简捷地表达装配体的工作原理，零件之间的装配关系、连接关系和零件的主要结构形状。

（2）必要的尺寸：在装配图上必须标注出表示装配体的性能、规格以及装配、检验、安装时所需的尺寸。

（3）技术要求：用文字或符号说明装配体的性能、装配、检验、调试、使用等方面的要求。

（4）标题栏、零件序号和明细表：按一定的格式，将零件、部件进行编号，并填写标题栏和明细表，以便读图。

**2. 装配图绘制过程**

绘制装配图时应注意检验、校正零件的形状、尺寸，纠正零件草图中的不妥或错误之处。

（1）绘图前应当进行必要的设置，如绘图单位、图幅大小、图层线型、线宽、颜色、字体格式、尺寸格式等。设置方法见前述章节，为了绘图方便，比例尽量选用1:1。

（2）绘图步骤。

1）根据零件草图，装配示意图绘制各零件图，各零件的比例应当一致，零件尺寸必须准确，可以暂不标尺寸，将每个零件用“WBLOCK”命令定义为DWG文件。定义时，必须选好插入点，插入点应当是零件间相互有装配关系的特殊点。

2）调入装配干线上的主要零件，如轴，然后沿装配干线展开，逐个插入相关零件。插入后，若需要剪断不可见的线段，应当炸开插入块。插入块时应当注意确定它的轴向和径向定位。

3）根据零件之间的装配关系，检查各零件的尺寸是否有干涉现象。

4）根据需要对图形进行缩放，布局排版，然后根据具体情况设置尺寸样式，标注好尺寸及公差，最后填写标题栏，完成装配图。

## 14.2 齿轮泵零件图

齿轮泵零件包括前盖、后盖、泵体、齿轮、传动轴、支撑轴和螺钉等，下面主要介绍前盖、泵体和锥齿轮零件图的设计过程。

### 14.2.1 齿轮泵前盖设计

本实例完成如图14-1所示的齿轮泵前盖设计。泵体是组成机器部件的主要零件，常有轴孔、螺孔、销孔等结构。齿轮泵前盖外形比较简单，内部结构比较复杂，因此，除绘制主视图外，还需要绘制剖视图，才能将其表达清楚。从图中可以看到其结构不完全对称，主视图与剖视图都有其相关性，在绘制时只能部分运用“镜像”命令。本实例首先运用“直线”“圆”和“修剪”等命令绘制出主视图的轮廓线，然后再绘制剖视图。

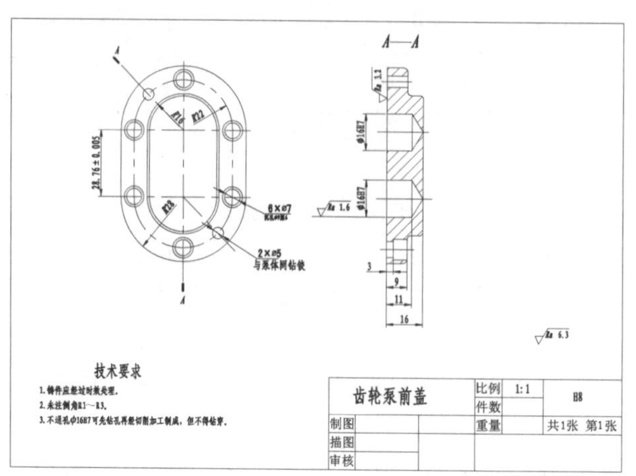

图 14-1　齿轮泵前盖设计

【操作步骤】（实例演示\第 14 章\齿轮泵前盖设计 . avi）

**1. 配置绘图环境**

打开“源文件\样板图\A4 横向样板图 . dwg”文件，将其另存为“齿轮泵前盖设计 . dwg”。

**2. 绘制齿轮泵前盖主视图**

（1）切换图层。将“中心线层”设定为当前图层。

（2）绘制中心线。单击“默认”选项卡“绘图”面板中的“直线”按钮，绘制两条水平直线，直线{(55,198),(115,198)}，直线{(55,169.24),(115,169.24)}；绘制一条竖直中心线{(85,228),(85,139.24)}，如图 14-2 所示。

（3）绘制圆。将“粗实线层”设定为当前图层，单击“默认”选项卡“绘图”面板中的“圆”按钮，以中心线的两个交点为圆心，分别绘制半径为 15、16、22 和 28 的圆，结果如图 14-3 所示。

（4）修剪处理。单击“默认”选项卡“修改”面板中的“修剪”按钮，对多余线段进行修剪，结果如图 14-4 所示。

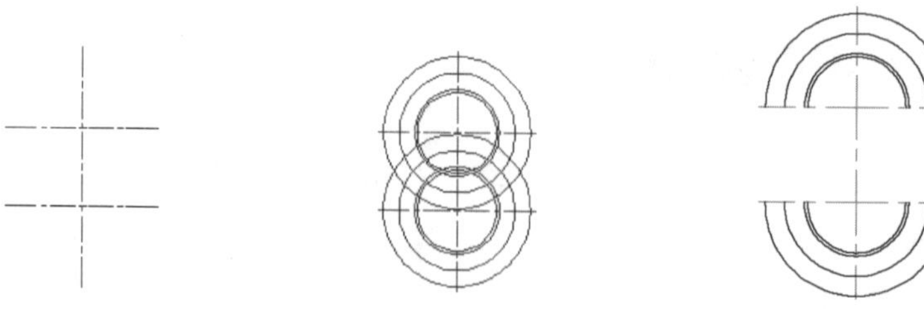

图 14-2　绘制中心线　　图 14-3　绘制圆　　图 14-4　修剪结果

（5）绘制直线。单击“默认”选项卡“绘图”面板中的“直线”按钮，分别绘制与两圆相切的直线，并将半径为 22 的圆弧和其切线设置为“中心线层”，结果如图 14-5 所示。

（6）绘制螺栓孔和销孔。单击“默认”选项卡“绘图”面板中的“圆”按钮，按图 14-6 所示尺寸分别绘制螺栓孔和销孔，完成齿轮泵前盖主视图的设计。

### 3. 绘制齿轮泵前盖剖视图

（1）绘制定位线。单击“默认”选项卡“绘图”面板中的“直线”按钮，以主视图中的特征点为起点，利用正交功能绘制水平投影线，结果如图 14-7 所示。

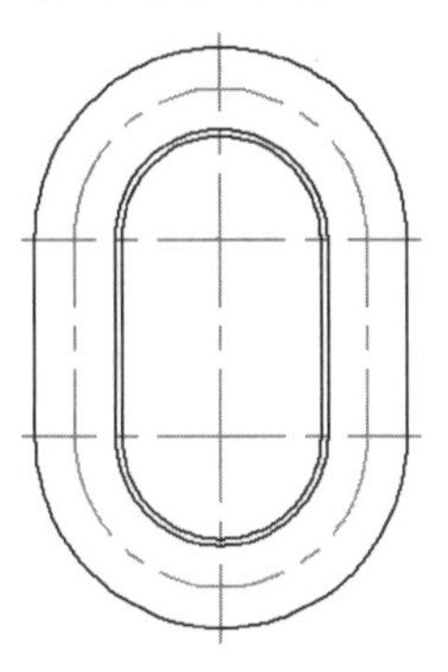

图 14-5 绘制直线

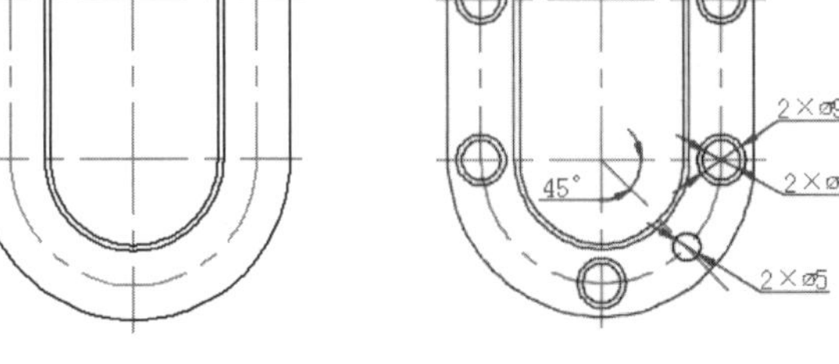


图 14-6 齿轮泵前盖主视图

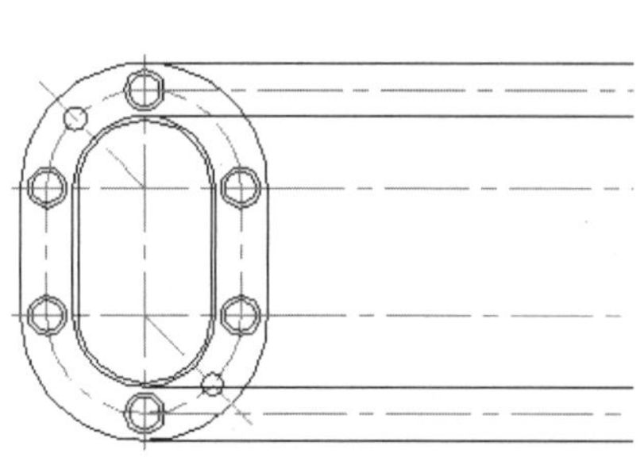

图 14-7 绘制定位直线

（2）绘制剖视图轮廓线。单击“默认”选项卡“绘图”面板中的“直线”按钮，绘制一条与定位直线相交的竖直直线；单击“默认”选项卡“修改”面板中的“偏移”按钮，将竖直直线分别向右偏移 9 和 16；单击“默认”选项卡“修改”面板中的“修剪”按钮，修剪多余直线，整理后结果如图 14-8 所示。

（3）圆角和倒角处理。单击“默认”选项卡“修改”面板中的“圆角”按钮和“倒角”按钮，点 1 和点 2 处的圆角半径为 1.5，点 3 和点 4 处圆角半径为 2，点 5 和点 6 处进行 *C*1 的倒角，结果如图 14-9 所示。

（4）绘制销孔和螺栓孔。单击“默认”选项卡“修改”面板中的“偏移”按钮，将直线 1 分别向两侧偏移 2.5，将直线 2 分别向两侧偏移 3.5 和 4.5，将偏移后的直线设置为“粗实线层”；将直线 3 向右偏移 3；单击“默认”选项卡“修改”面板中的“修剪”按钮，对多余的直线进行修剪，结果如图 14-10 所示。

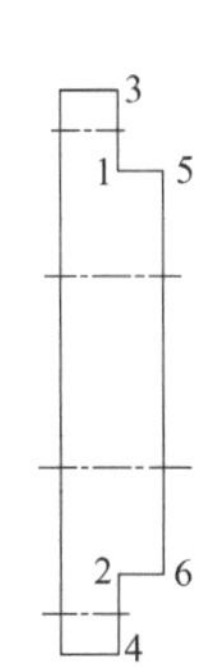

图 14-8 绘制轮廓线

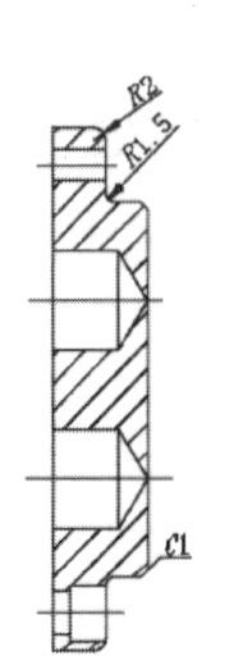


图 14-9 圆角和倒角处理

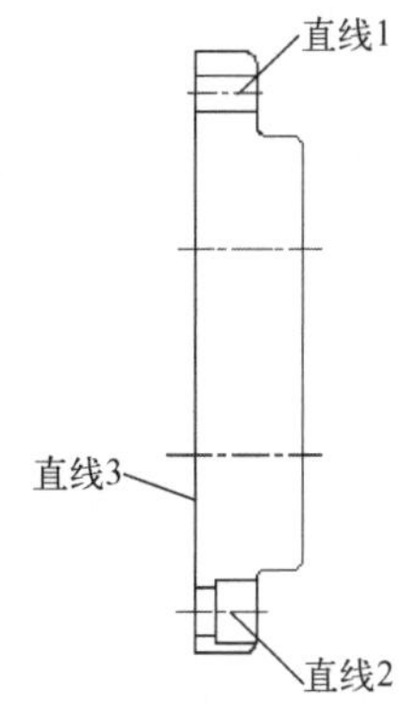


图 14-10 绘制销孔和螺栓孔

（5）绘制轴孔。单击“默认”选项卡“修改”面板中的“偏移”按钮，将直线 4 分别向两侧偏移 8，将偏移后的直线设置为“粗实线层”，将直线 3 向右偏移 11；单击“默认”选项卡“修改”面板中的“修剪”按钮，对多余的直线进行修剪；单击“默认”选项卡“绘图”面板中的“直线”按钮，绘制轴孔端锥角；单击“默认”选项卡“修改”

面板中的“镜像”按钮，以两端竖直直线的中点的连线为镜像线，对轴孔进行镜像处理，结果如图 14-11 所示。

（6）绘制剖面线。切换到“剖面层”，单击“默认”选项卡“绘图”面板中的“图案填充”按钮，绘制剖面线，最终完成齿轮泵前盖剖视图的绘制，结果如图 14-12 所示。

**4. 主视图尺寸标注**

（1）切换图层。将当前图层切换到“尺寸标注层”，单击“默认”选项卡“注释”面板中的“标注样式”按钮，将“机械制图标注”样式设置为当前使用的标注样式。

（2）主视图尺寸标注。单击“默认”选项卡“注释”面板中的“半径”按钮，对主视图进行半径尺寸标注，结果如图 14-13 所示。

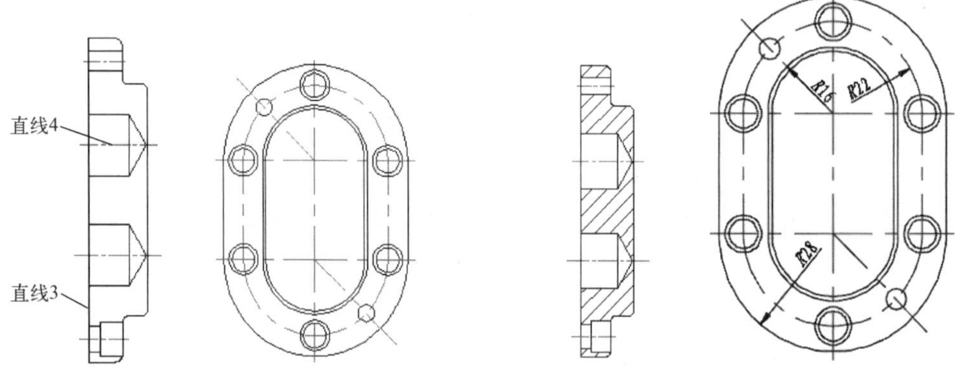


图 14-11　绘制轴孔　　　　图 14-12　齿轮泵前盖剖视图　　　　图 14-13　主视图半径尺寸标注

（3）替代标注样式。单击“默认”选项卡“注释”面板中的“标注样式”按钮，弹出“标注样式管理器”对话框，选择“机械制图标注”样式，单击“替代”按钮，弹出“替代当前样式：机械制图标注”对话框，在“文字”选项卡的“文字对齐”选项组中选中“水平”单选按钮，单击“确定”按钮退出对话框，如图 14-14 所示。

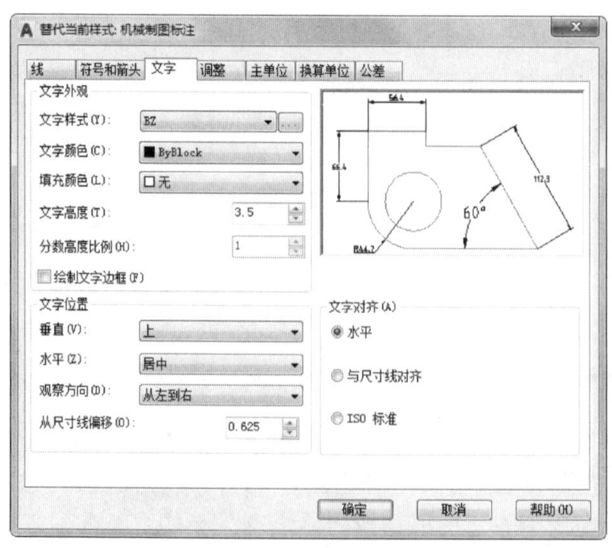


图 14-14　“文字”选项卡

(4) 单击“默认”选项卡“注释”面板“直径”按钮，标注直径，如图 14-15 所示。

(5) 单击“默认”选项卡“注释”面板“多行文字”按钮A，在尺寸“6×$\phi$7”和“2×$\phi$5”的尺寸线下面分别标注文字“沉孔 $\phi$9 深 6”和“与泵体同钻铰”。注意设置字体大小，以便与尺寸数字大小匹配。如果尺寸线的水平部分不够长，可以单击“默认”选项卡“绘图”面板中的“直线”按钮补画，以使尺寸线的水平部分能够覆盖文本长度范围，结果如图 14-16 所示。

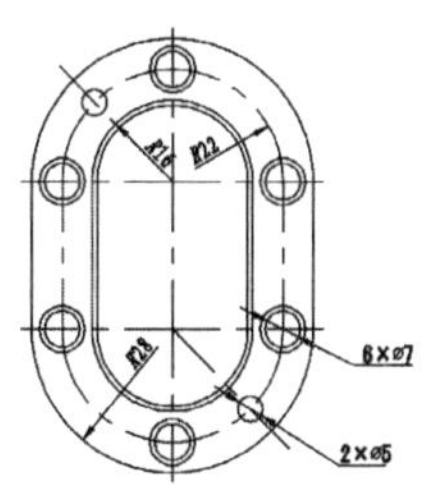


图 14-15 主视图直径尺寸标注

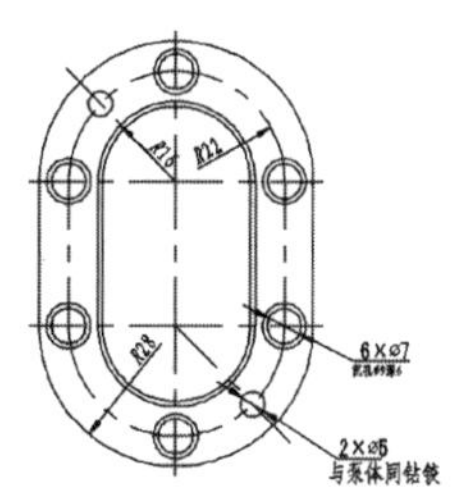


图 14-16 主视图文字标注

(6) 再次替代标注样式。单击“默认”选项卡“注释”面板中的“标注样式”按钮，弹出“标注样式管理器”对话框，选择“机械制图标注”样式，单击“替代”按钮，弹出“替代当前样式：机械制图标注”对话框，在“公差”选项卡的“公差格式”选项组中进行如图 14-17 所示的设置，单击“确定”按钮退出对话框。

(7) 单击“默认”选项卡“注释”面板中的“线性”按钮，标注水平轴线之间的尺寸，如图 14-18 所示。

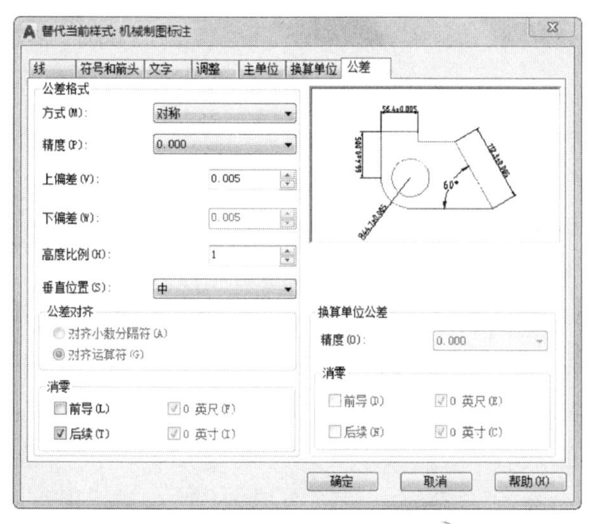


图 14-17 “公差”选项卡

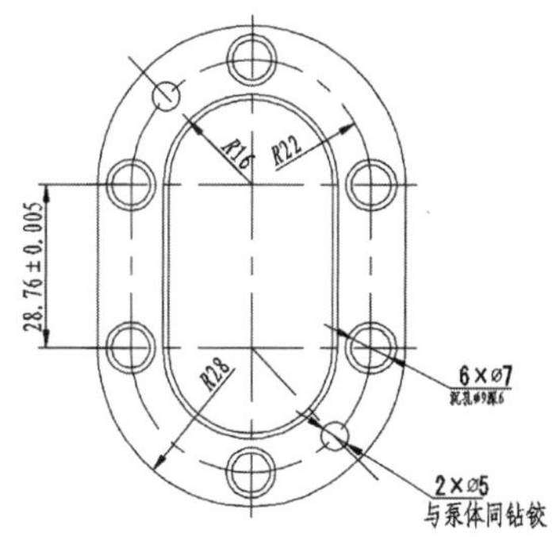


图 14-18 标注公差尺寸

(8) 剖视图尺寸标注。转换到“机械制图标注”样式，单击“默认”选项卡“注释”面板中的“线性”按钮，对剖视图进行尺寸标注，结果如图 14-19 所示。

(9) 表面粗糙度标注。按前面所学的方法标注齿轮泵前盖表面粗糙度，如图 14-20 所示。

（10）剖切符号标注。分别在“实体层”和“文字层”利用“直线”命令和“多行文字”命令A标注剖切符号和标记文字，最终绘制结果如图 14-20 所示。

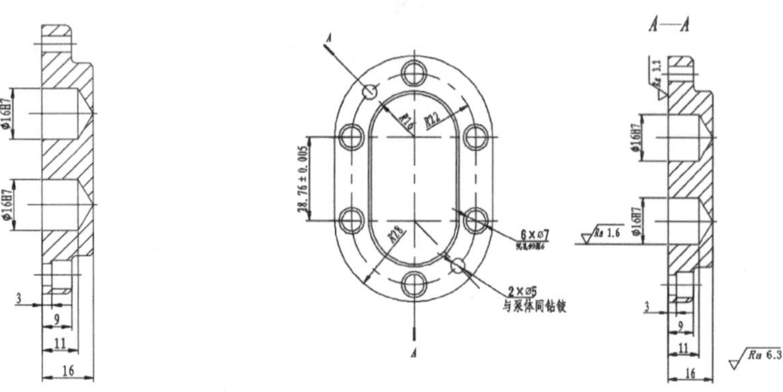


图 14-19　剖视图尺寸标注　　　图 14-20　标注表面粗糙度和剖切符号

**5. 填写标题栏与技术要求**

分别将“标题栏层”和“文字层”设置为当前图层，填写技术要求和标题栏相关项，如图 14-21 所示。齿轮泵前盖设计的最终效果如图 14-22 所示。

技术要求

1. 铸件应经过时效处理。
2. 未注圆角R1~R3。
3. 不通孔φ16H7可先钻孔再经切削加工制成，但不得钻穿。

| 齿轮泵前盖 | | 比例 | 1:1 | H8 |
|---|---|---|---|---|
| | | 件数 | | |
| 制图 | | 重量 | | 共1张 第1张 |
| 描图 | | | | |
| 审核 | | | | |

图 14-21　填写技术要求与标题栏

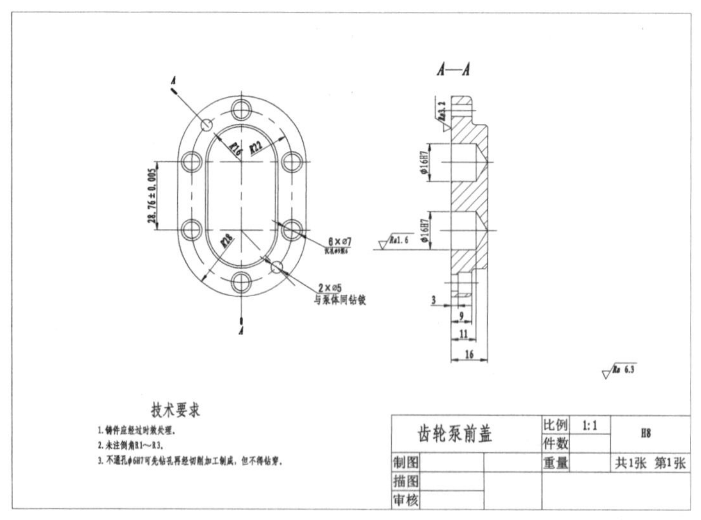


图 14-22　齿轮泵前盖设计

## 14.2.2 齿轮泵泵体设计

本实例绘制如图 14-23 所示的齿轮泵泵体。齿轮泵泵体的绘制是系统使用 AutoCAD

2018 二维绘图功能的综合实例。

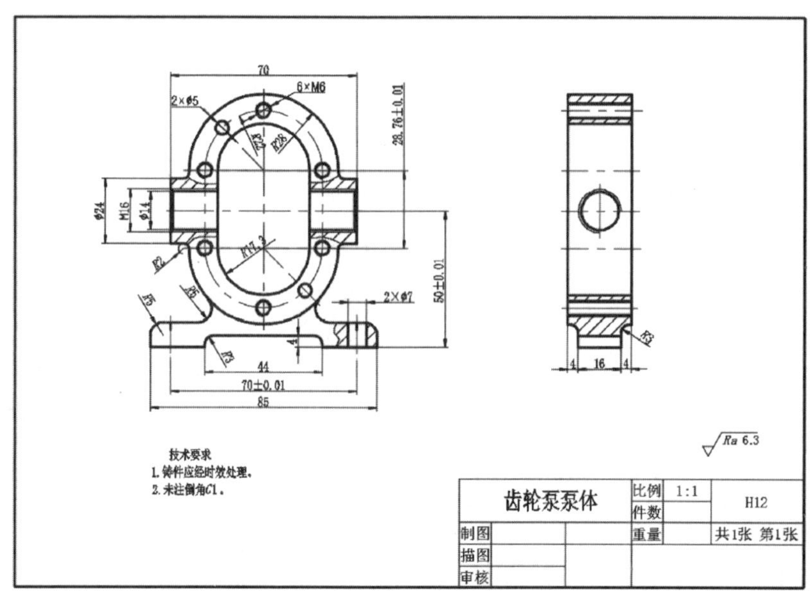


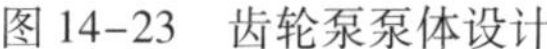
图 14-23　齿轮泵泵体设计

制作思路为，依次绘制齿轮泵泵体的主视图、剖视图，充分利用多视图投影对应关系，绘制辅助定位直线。在本例中，局部剖视图在齿轮泵泵体的绘制过程中也得到了充分应用。

**【操作步骤】（实例演示\第 14 章\齿轮泵泵体设计 . avi）**

**1. 配置绘图环境**

打开“源文件\样板图\A4 横向样板图 . dwg”文件，将其另存为“齿轮泵泵体 . dwg”。

**2. 绘制齿轮泵泵体主视图**

（1）切换图层。将“中心线层”设定为当前图层。

（2）绘制中心线。单击“默认”选项卡“绘图”面板中的“直线”按钮，绘制 3 条水平直线，直线{(47,205),(107,205)}，直线{(34.5,190),(119.5,190)}，直线{(47,176.24),(107,176.24)}；绘制一条竖直直线{(77,235),(77,166.24)}，如图 14-24 所示。

（3）切换图层。将“粗实线层”设定为当前图层。

（4）绘制圆。单击“默认”选项卡“绘图”面板中的“圆”按钮，以上下两条中心线和竖直中心线的交点为圆心，分别绘制半径为 17.25、22 和 28 的圆，并将半径为 22 mm 的圆设置为“中心线层”，结果如图 14-25 所示。

（5）绘制直线。单击“默认”选项卡“绘图”面板中的“直线”按钮，绘制圆的切线；将与半径 22 的圆相切的直线设置为“中心线层”。单击“默认”选项卡“修改”面板中的“修剪”按钮，对图形进行修剪，结果如图 14-26 所示。

（6）绘制销孔和螺栓孔。单击“默认”选项卡“绘图”面板中的“圆”按钮，绘制销孔和螺栓孔，对螺栓孔进行修剪，结果如图 14-27 所示。（注意，螺纹外径用细实线绘制）。

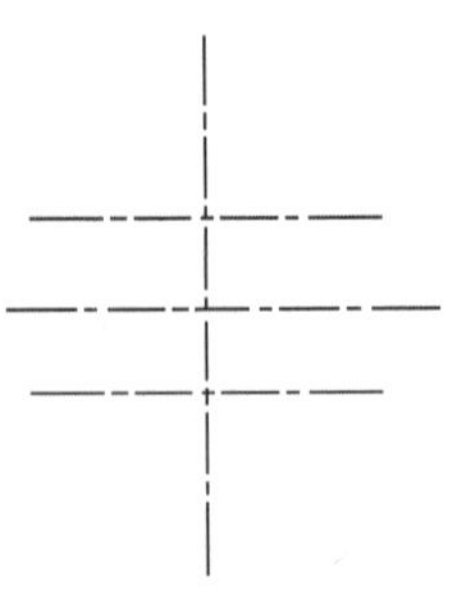

图 14-24　绘制中心线

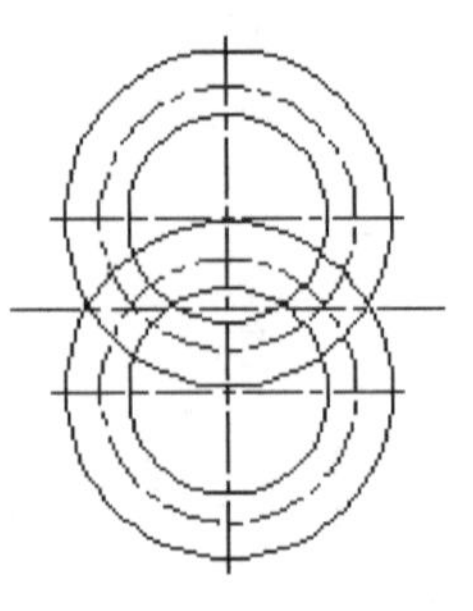

图 14-25　绘制圆

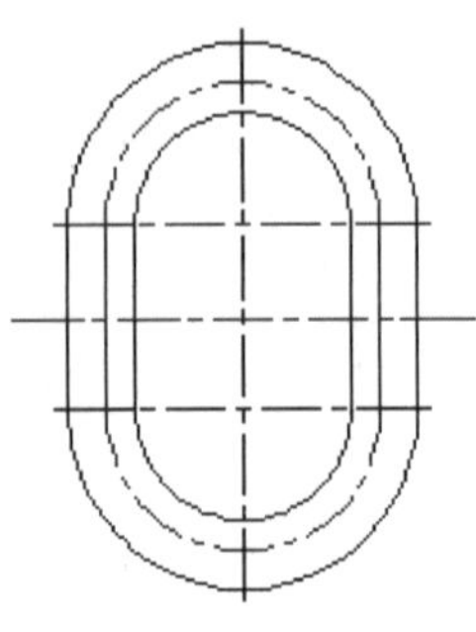

图 14-26　绘制直线

（7）绘制底座。单击“默认”选项卡“修改”面板中的“偏移”按钮，将中间的水平中心线分别向下偏移 41、46 和 50，将竖直中心线分别向两侧偏移 22 和 42.5，并调整直线的长度，将偏移后的直线设置为“粗实线层”；单击“默认”选项卡“修改”面板中的“修剪”按钮，对图形进行修剪；单击“默认”选项卡“修改”面板中的“圆角”按钮，进行圆角处理，结果如图 14-28 所示。

（8）绘制底座螺栓孔。单击“默认”选项卡“修改”面板中的“偏移”按钮，竖直中心线向左右各偏移 35；再将偏移后的右侧中心线向两侧各偏移 3.5，并将偏移后的直线设置为“粗实线层”。切换到“细实线层”，单击“默认”选项卡“绘图”面板中的“样条曲线拟合”按钮，在底座上绘制曲线构成剖切界线；切换到“剖面层”，单击“默认”选项卡“绘图”面板中的“图案填充”按钮，绘制剖面线，结果如图 14-29 所示。

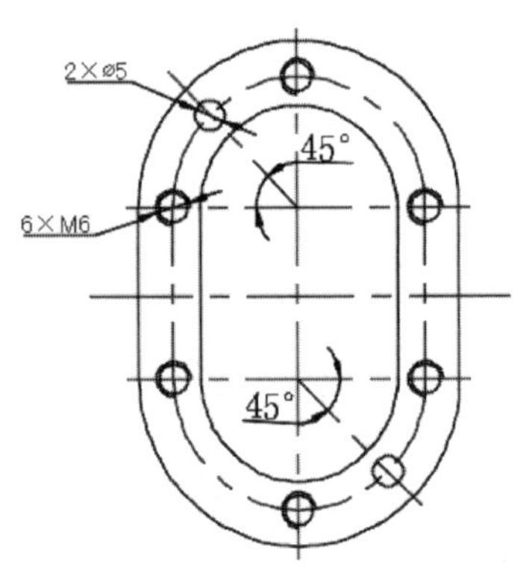


图 14-27　绘制销孔和螺栓孔

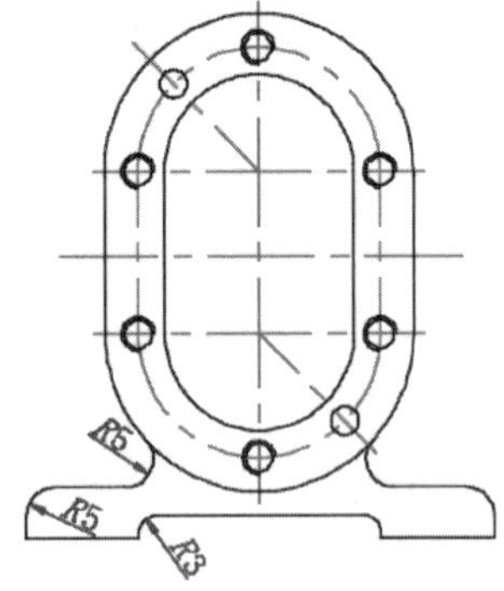


图 14-28　绘制底座

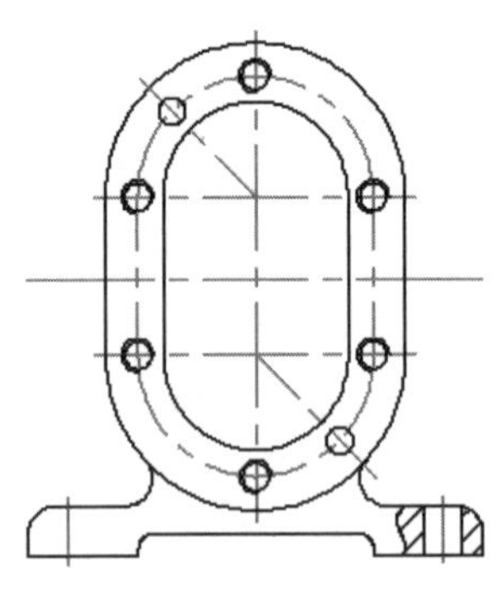

图 14-29　绘制底座螺栓孔

（9）绘制进出油孔。单击“默认”选项卡“修改”面板中的“偏移”按钮，将竖直中心线分别向两侧偏移 34 和 35，将中间的水平中心线分别向两侧偏移 7、8 和 12，将偏移 8 后的直线改为“细实线层”；将偏移后的其他直线改为“粗实线层”，并在“粗实线层”绘制倒角斜线；单击“默认”选项卡“修改”面板中的“修剪”按钮，对图形进行修剪，结果如图 14-30 所示。

（10）细化进出油孔。单击“默认”选项卡“修改”面板中的“圆角”按钮，进行圆角处理，圆角半径为 2；切换到“细实线层”，单击“默认”选项卡“绘图”面板中的“样条曲线拟合”按钮，绘制曲线构成剖切界线；切换到“剖面层”，单击“默认”选项卡

“绘图”面板中的“图案填充”按钮, 绘制剖面线, 完成主视图的绘制, 结果如图 14-31 所示。

**3. 绘制齿轮泵泵体剖视图**

(1) 绘制定位直线。单击“默认”选项卡“绘图”面板中的“直线”按钮, 以主视图中的特征点为起点, 利用对象捕捉和正交功能绘制水平定位线, 将中心线设置为“中心线层”, 结果如图 14-32 所示。

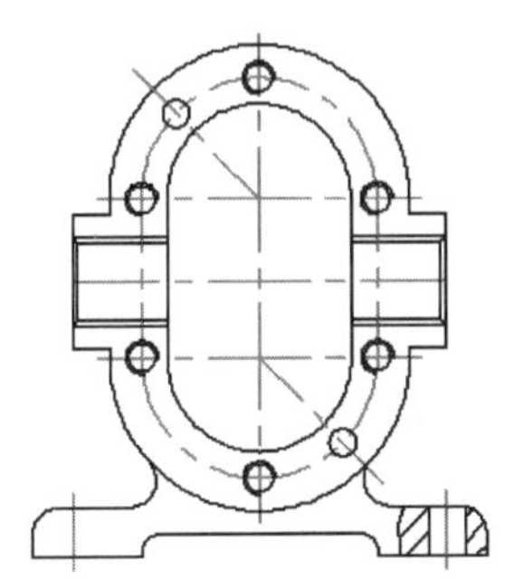

图 14-30 绘制进出油孔

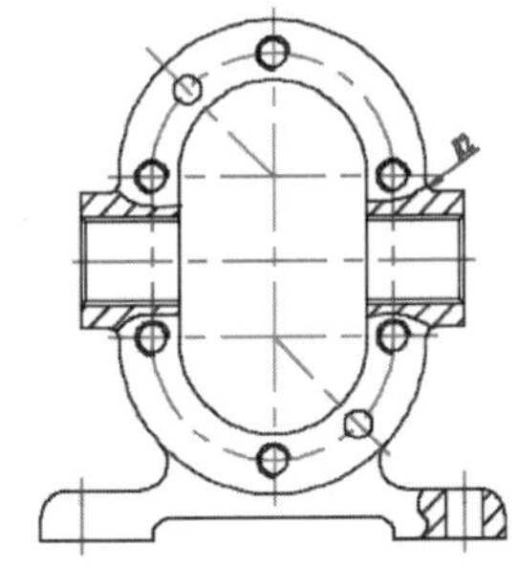

图 14-31 细化进出油孔

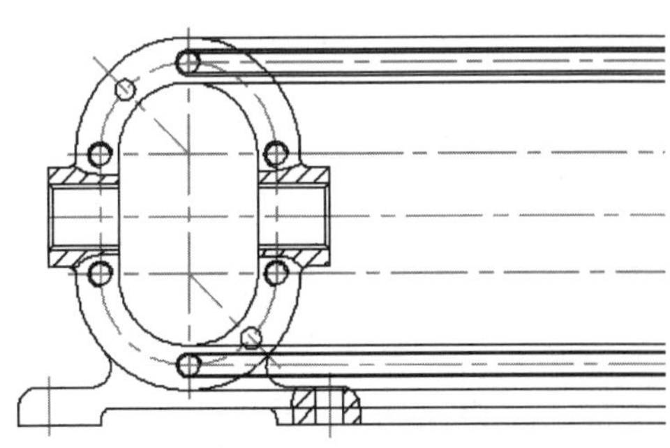

图 14-32 绘制定位直线

(2) 绘制剖视图轮廓线。单击“默认”选项卡“绘图”面板中的“直线”按钮, 绘制两条竖直直线{(191,233),(191,140)}, {(203,200),(203,180)}。将绘制的第 2 条直线放置在“中心线层”。单击“默认”选项卡“修改”面板中的“偏移”按钮, 将粗实线层的竖直直线分别向右偏移 4、20 和 24; 单击“默认”选项卡“绘图”面板中的“圆”按钮, 绘制直径分别为 14 和 16 的圆, 其中 $\phi14$ 圆在“粗实线层”, $\phi16$ 圆在“细实线层”; 单击“默认”选项卡“修改”面板中的“修剪”按钮, 对图形的多余图线进行修剪, 结果如图 14-33 所示。

(3) 圆角处理。单击“默认”选项卡“修改”面板中的“圆角”按钮, 采用修剪、半径模式, 对剖视图进行圆角操作, 圆角半径为 3, 结果如图 14-34 所示。

(4) 绘制剖面线。切换到“剖面层”, 单击“默认”选项卡“绘图”面板中的“图案填充”按钮, 绘制剖面线, 结果如图 14-35 所示。

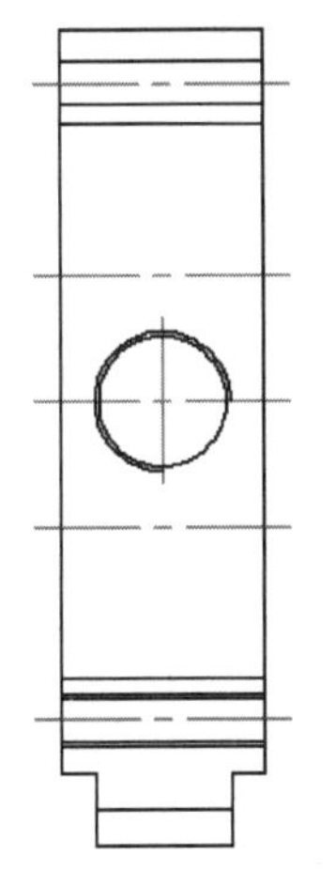

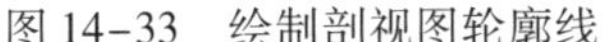

图 14-33 绘制剖视图轮廓线

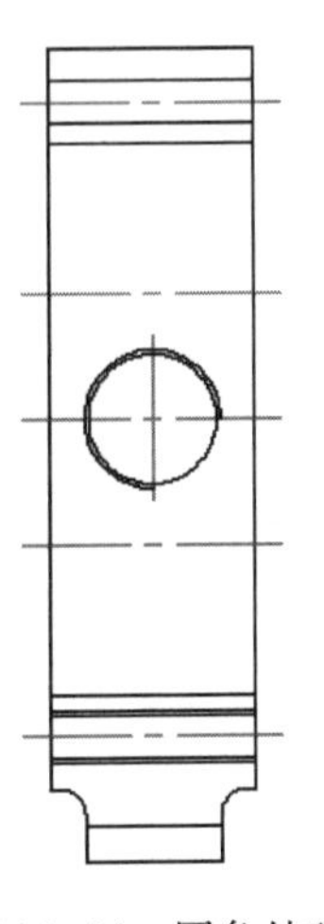

图 14-34 圆角处理

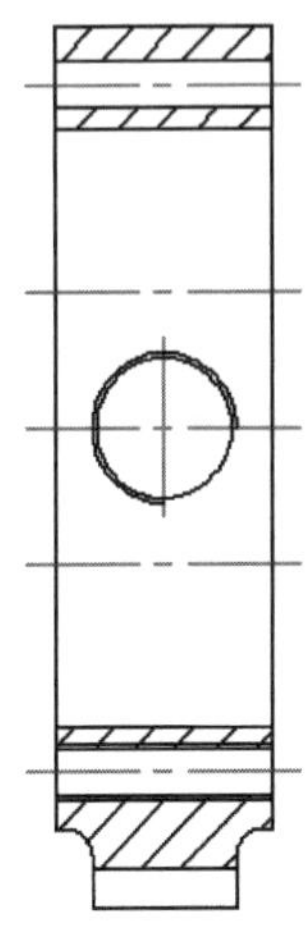

图 14-35 绘制剖面线

**4. 标注齿轮泵泵体**

（1）切换图层。将当前图层切换到“尺寸标注层”，单击“默认”选项卡“标注”面板中的“标注样式”按钮，单击“修改”按钮，将“文字高度”设置为4.5，单击“确定”按钮，将“机械制图标注”样式设置为当前使用的标注样式。

（2）尺寸标注。单击“默认”选项卡“标注”面板中的“线性”按钮、“半径”按钮和“直径”按钮，对主视图和左视图进行尺寸标注。其中，标注尺寸公差时要设置替代标注样式，结果如图14-36所示。

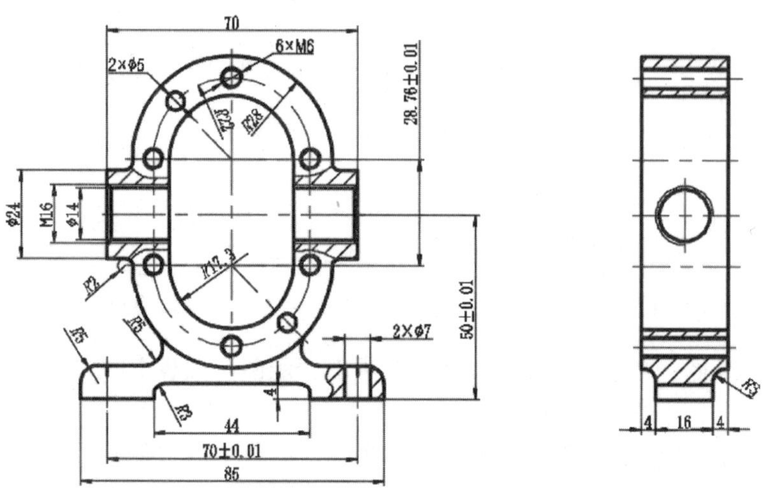


图14-36　尺寸标注

（3）表面粗糙度与剖切符号标注。按照前面学过的方法标注表面粗糙度。

**5. 填写标题栏**

按照前面学过的方法填写技术要求与标题栏。将“标题栏层”设置为当前图层，在标题栏中填写“齿轮泵泵体”。齿轮泵泵体设计的最终效果图如图14-37所示。

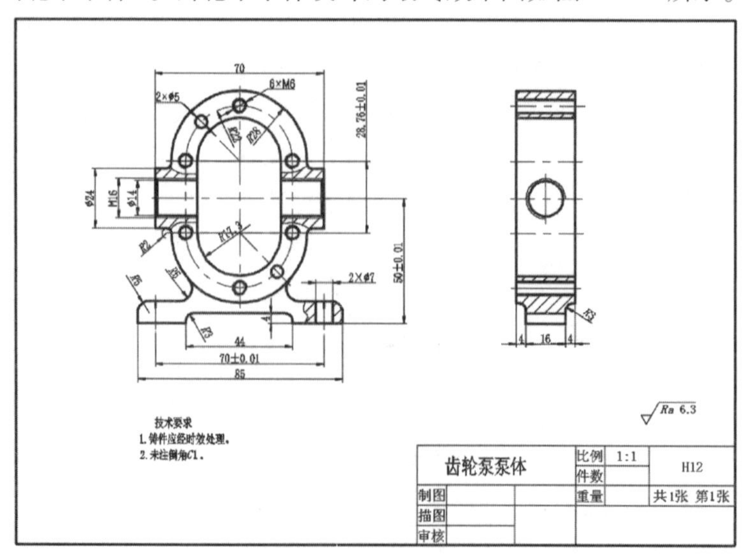


图14-37　齿轮泵泵体设计

## 14.2.3 锥齿轮设计

绘制如图 14-38 所示的锥齿轮。首先利用绘图和编辑命令绘制主视图，然后绘制左视图，最后对图形进行尺寸标注。

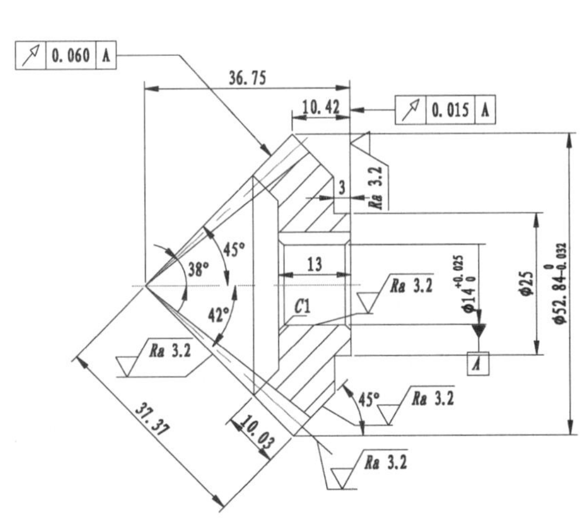


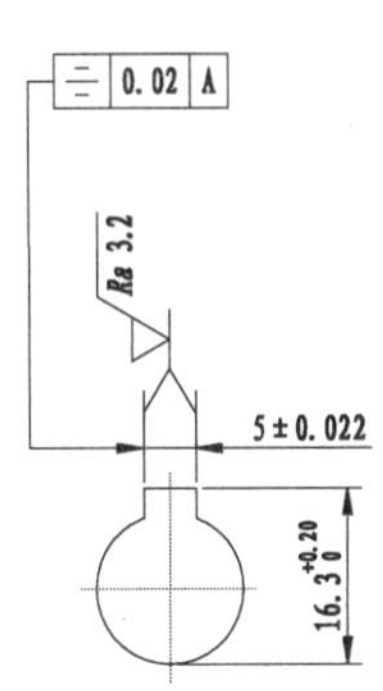


图 14-38 锥齿轮

【操作步骤】（实例演示\第 14 章\锥齿轮设计 . avi）

**1. 新建文件**

选择菜单栏中的“文件”→“新建”命令，打开“选择样板”对话框，单击“打开”按钮，创建一个新的图形文件。

**2. 设置图层**

单击“默认”选项卡“图层”面板中的“图层特性”按钮，打开“图层特性管理器”选项板。在该选项板中依次创建“轮廓线”“细实线”“中心线”“剖面线”和“尺寸标注”4 个图层，并设置“轮廓线”的线宽为 0.3 mm，设置“中心线”的线型为“CENTER2”，颜色为红色。

**3. 绘制主视图**

（1）绘制中心线。将“中心线”图层设置为当前层，单击“默认”选项卡“绘图”面板中的“直线”按钮，绘制三条中心线用来确定图形中各对象的位置，如图 14-39 所示。

（2）偏移中心线。单击“默认”选项卡“修改”面板中的“偏移”按钮，将左侧水平中心线向上偏移，偏移的距离分别为 7、9.3、15.5、26.42，将图 14-39 中所示的左边的竖直中心线向左偏移，偏移的距离分别为 3、10.42、15、36.75，并将偏移的直线转换到“轮廓线”图层，效果如图 14-40 所示。

（3）绘制斜线 1。将“轮廓线”图层设置为当前图层，单击“默认”选项卡“绘图”面板中的“直线”按钮，绘制斜线，如图 14-41 所示。

（4）绘制斜线 2。单击“默认”选项卡“绘图”面板中的“直线”按钮，绘制如图 14-42 所示的斜线。

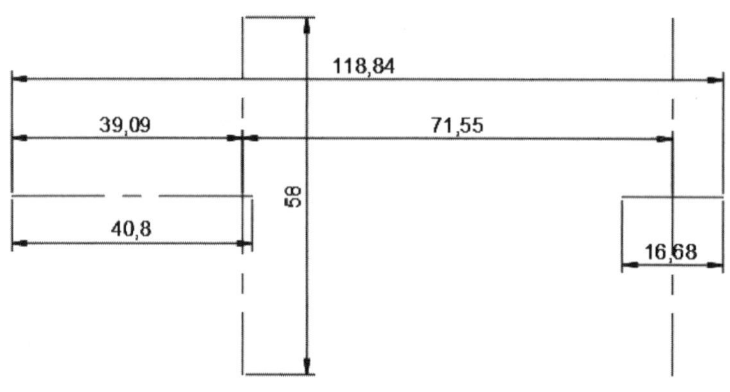


图 14-39 绘制中心线

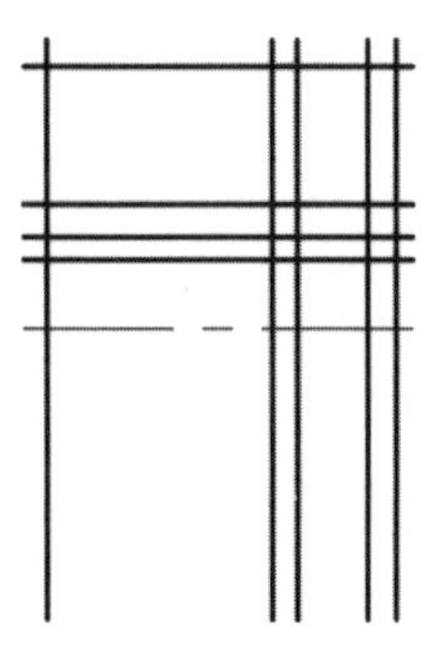

图 14-40 偏移直线

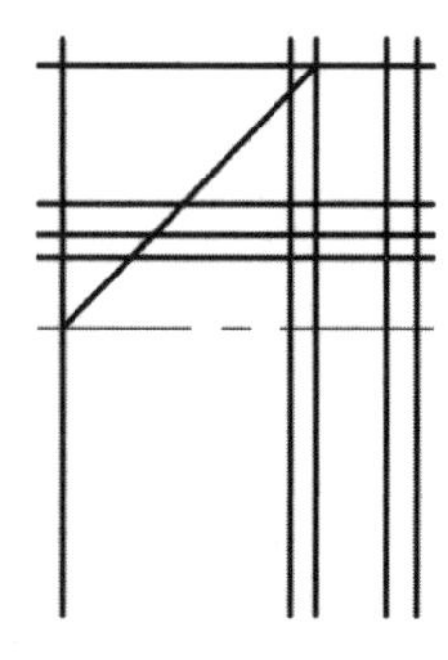

图 14-41 绘制斜线 1

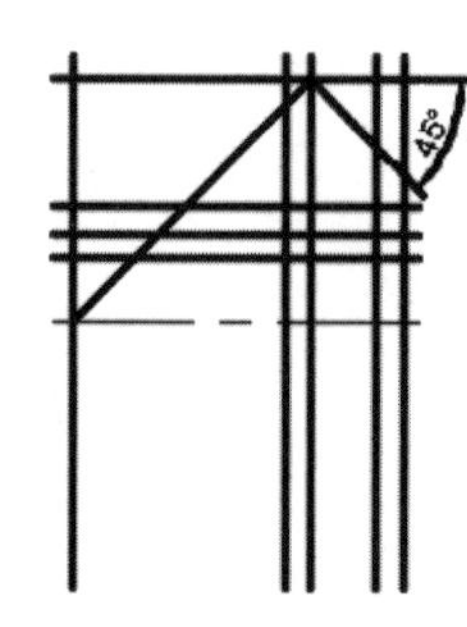


图 14-42 绘制斜线 2

（5）偏移斜线 2。单击“默认”选项卡“修改”面板中的“偏移”按钮，将第（4）步绘制的斜线 2 向下偏移 10.03，结果如图 14-43 所示。

（6）绘制角度线。单击“默认”选项卡“绘图”面板中的“直线”按钮，绘制如图 14-44 所示的角度线。

（7）绘制竖直直线。单击“默认”选项卡“绘图”面板中的“直线”按钮，绘制竖直直线，结果如图 14-45 所示。

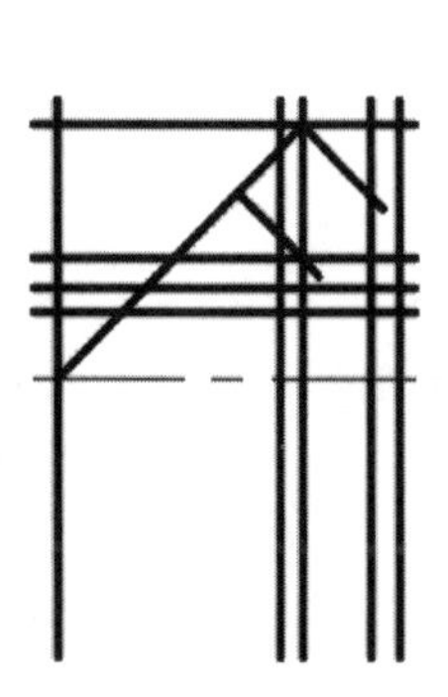

图 14-43 偏移斜线 2

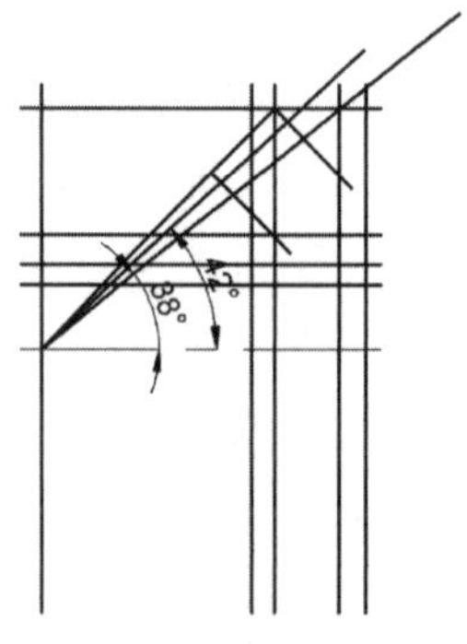


图 14-44 绘制角度线

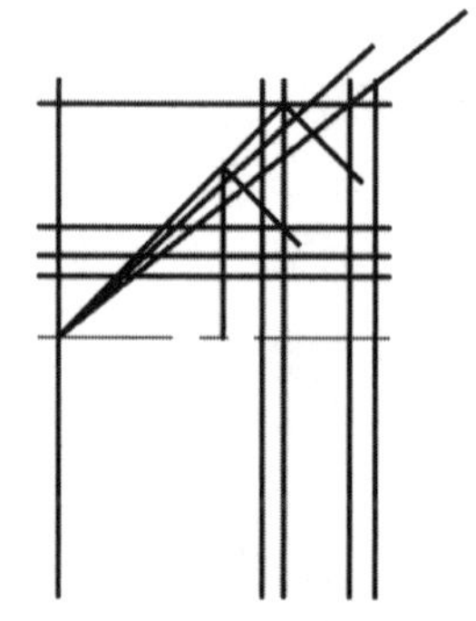

图 14-45 绘制竖直直线

（8）修剪图形。单击“默认”选项卡“修改”面板中的“修剪”按钮和“删除”按钮，修剪多余的线段，结果如图 14-46 所示。

(9) 倒角。单击“默认”选项卡“修改”面板中的“倒角”按钮，对图中的相应部分进行倒角，倒角距离为1，然后单击“默认”选项卡“绘图”面板中的“直线”按钮，绘制直线，最后单击“默认”选项卡“修改”面板中的“修剪”按钮，修剪掉多余的直线，结果如图14-47所示。

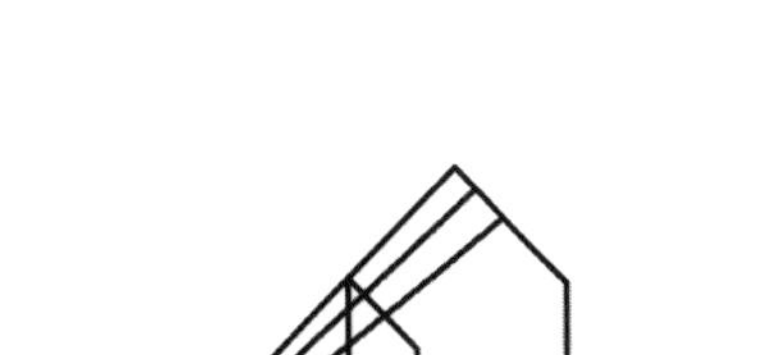

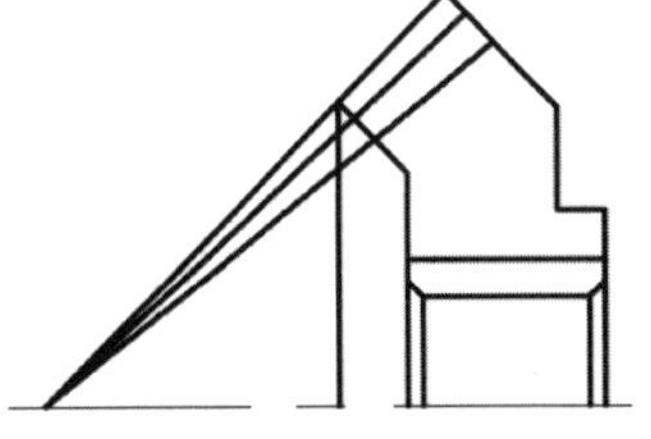

图14-46 修剪图形　　图14-47 绘制倒角

(10) 打断直线。单击“默认”选项卡“修改”面板中的“打断于点”按钮，将如图14-48所示的角度线打断，将打断之后的直线设置为“细实线”层。结果如图14-49所示。将剩余的角度线图层设置为“中心线”层，结果如图14-50所示。

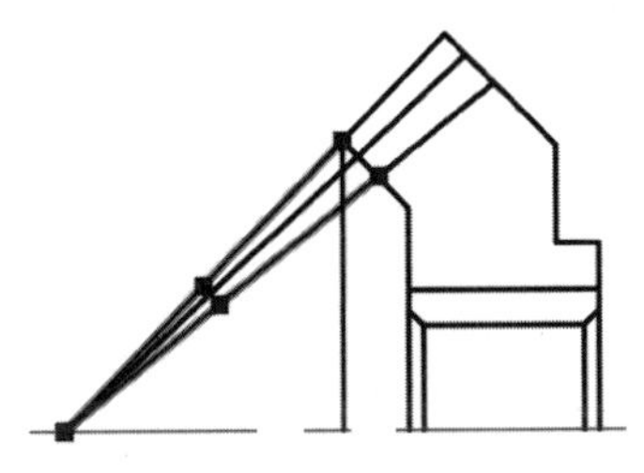

图14-48 打断角度线

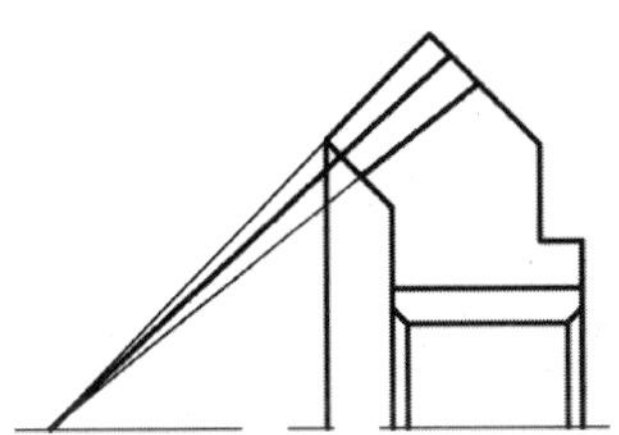

图14-49 修改图层（一）

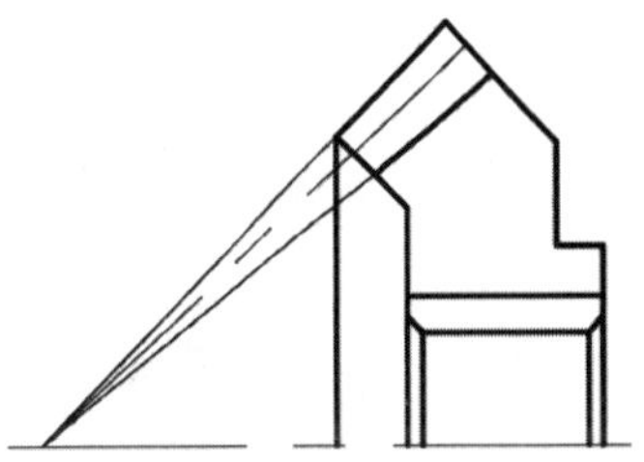

图14-50 修改图层（二）

(11) 镜像图形。单击“默认”选项卡“修改”面板中的“镜像”按钮，将水平中心线上方绘制的图形以水平中心线为镜像线镜像，结果如图14-51所示。将多余直线删除结果如图14-52所示。

(12) 图案填充。将“剖面线”层设置为当前图层，单击“默认”选项卡“绘图”面板中的“图案填充”按钮，对图形进行图案填充，结果如图14-53所示。

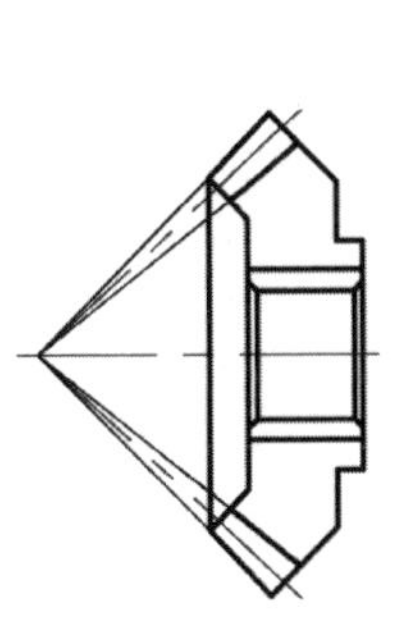

图14-51 镜像图形

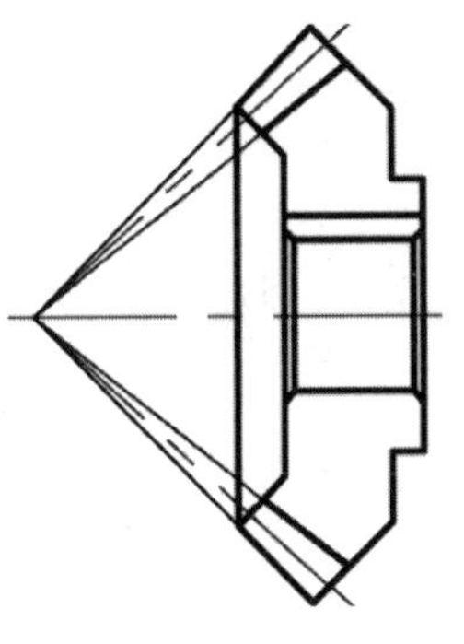

图14-52 删除多余直线

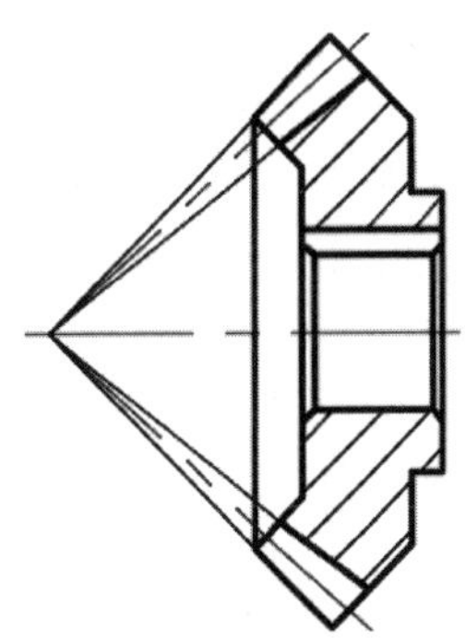

图14-53 图案填充

**4. 绘制左视图**

（1）绘制圆。将“轮廓线”图层设置为当前图层，单击“默认”选项卡“绘图”面板中的“圆”按钮，以右侧水平中心线和竖直中心线交点为圆心绘制半径为7的圆，结果如图14-54所示。

（2）偏移直线。单击“默认”选项卡“修改”面板中的“偏移”按钮，将左视图中的竖直中心线向左右偏移，偏移距离为2.5，然后将水平中心线向上偏移，偏移距离为9.3，同时将偏移的中心线转换到“轮廓线”层，结果如图14-55所示。

（3）修剪图形。单击“默认”选项卡“修改”面板中的“修剪”按钮和“删除”按钮，删除并修剪掉多余的线条，调整中心线的长度结果如图14-56所示。

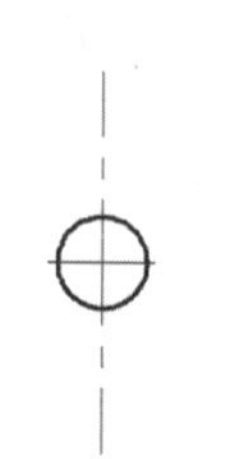

图14-54　绘制圆

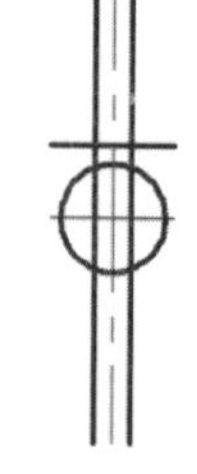

图14-55　偏移中心线

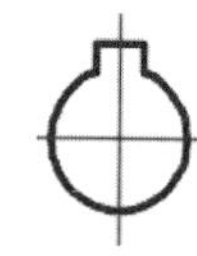

图14-56　修剪结果

**5. 添加标注**

（1）创建新标注样式。将“尺寸标注”设置为当前图层。单击“默认”选项卡“注释”面板中的“标注样式”按钮，新建“机械制图标注”样式，设置为当前使用的标注样式。

（2）标注无公差线性尺寸。单击“默认”选项卡“注释”面板中的“线性”按钮，标注图中无公差线性尺寸，如图14-57所示。

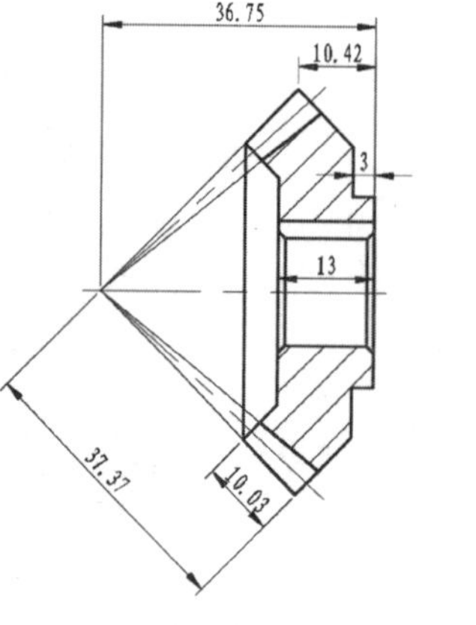


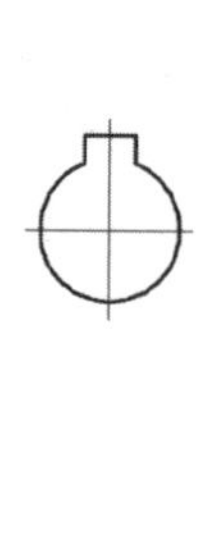

图14-57　标注无公差线性尺寸

（3）标注无公差直径尺寸。单击“默认”选项卡“注释”面板中的“线性”按钮，通过修改标注文字，使用“线性标注”命令对圆进行标注，如图14-58所示。

（4）标注角度尺寸。单击“默认”选项卡“注释”面板中的“角度”按钮，标注角度尺寸，结果如图14-59所示。

（5）设置带公差标注样式。在新文件中创建标注样式，进行相应的设置，并将其设置为当前使用的标注样式。

（6）标注带公差尺寸。单击“默认”选项卡“注释”面板中的“线性”按钮，对图中带公差尺寸进行标注，结果如图14-60所示。

（7）基准符号。分别单击“默认”选项卡“绘图”面板中的“矩形”、“图案填充”、“直线”及“文字”按钮A，绘制基准符号。

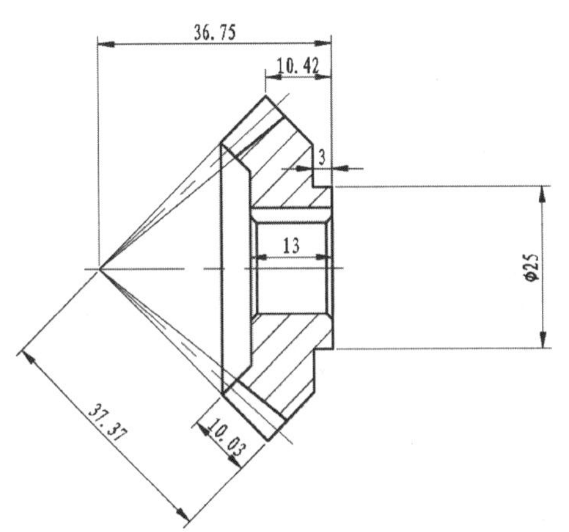

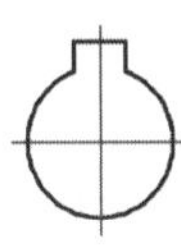

图 14-58　标注无公差直径尺寸

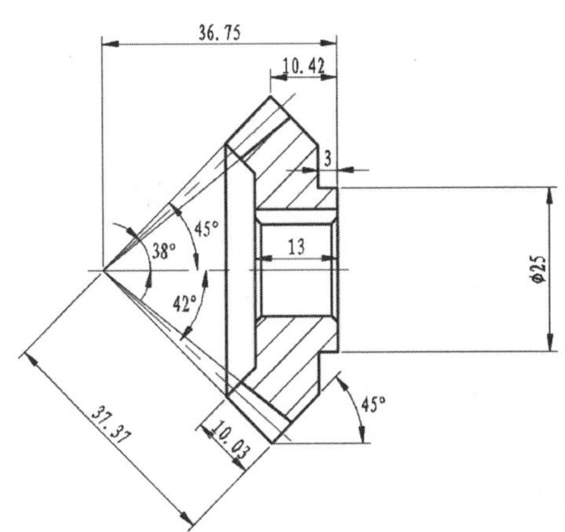

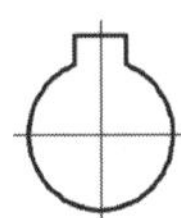

图 14-59　标注角度尺寸

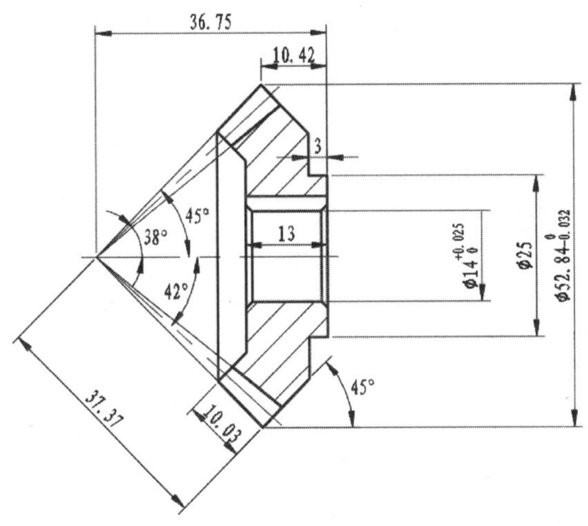

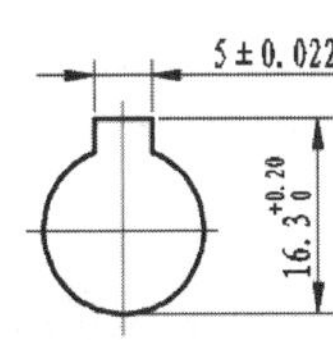


图 14-60　标注带公差尺寸

（8）标注几何公差。单击“注释”选项卡“标注”面板中的“公差”按钮，标注几何公差，效果如图 14-61 所示。

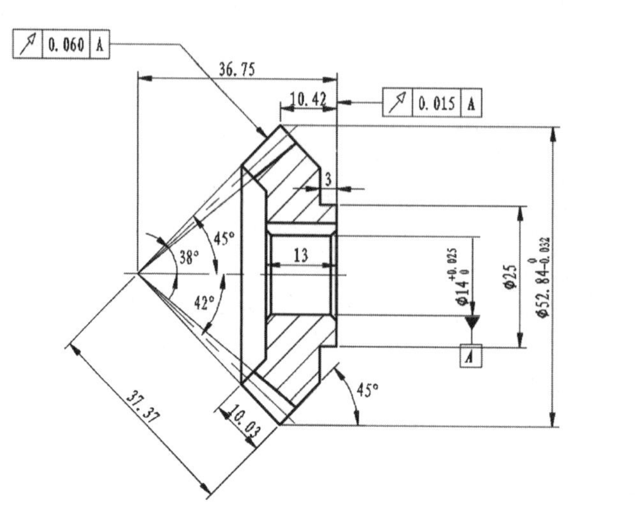


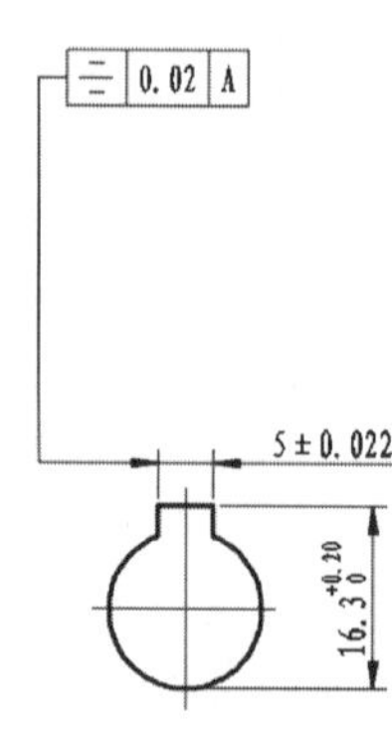


图 14-61 标注几何公差

（9）标注表面粗糙度。单击“默认”选项卡“块”面板中的“插入”按钮，打开“插入”对话框，插入“粗糙度”块，在屏幕上指定插入点和旋转角度，输入表面粗糙度值，标注表面粗糙度。最终效果如图 14-62 所示。

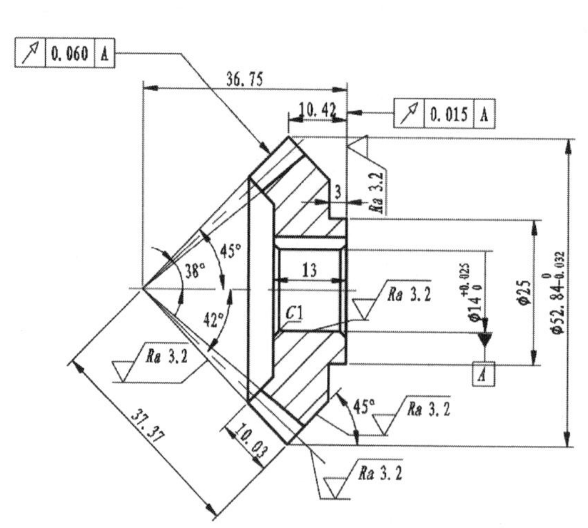


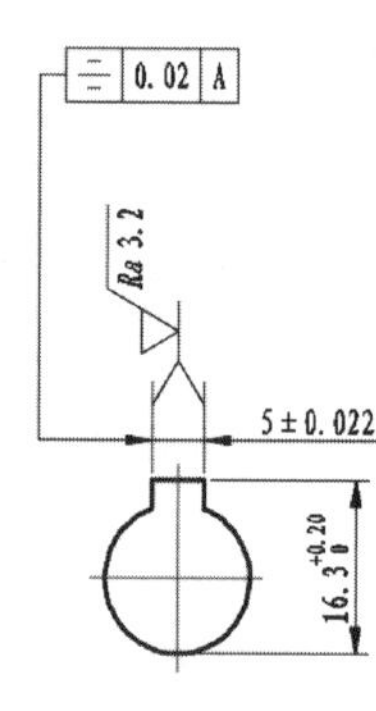


图 14-62 标注表面粗糙度

## 14.3 齿轮泵装配图

装配图不同于一般的零件图，它有自身的一些基本规定和画法，如装配图中两个零件接触表面只绘制一条实线，不接触表面以及非配合表面绘制两条实线；两个（或两个以上）零件的剖视图相互连接时，要使其剖面线各不相同，以便区分，但同一个零件在不同位置的剖面线必须保持一致等。

本实例绘制如图 14-63 所示的齿轮泵总成。齿轮泵总成的绘制过程是系统使用 AutoCAD 2018 二维绘图功能的综合实例。

绘制思路为，首先将绘制图形中的零件图生成图块，然后将这些图块插入到装配图中，然后补全装配图中的其他零件，最后再添加尺寸标注、标题栏等，完成齿轮泵总成设计。如图 14-63 所示。

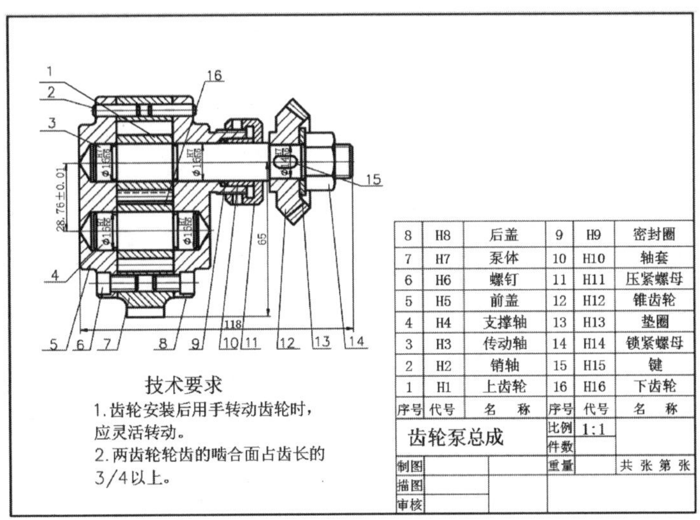


图 14-63 齿轮泵总成设计

【操作步骤】（实例演示\第 14 章\齿轮泵总成设计 . avi）

**1. 配置绘图环境**

打开“源文件\样板图\A4 横向样板图 . dwg”文件，将其另存为“齿轮泵总成设计 . dwg”。

**2. 绘制齿轮泵总成**

（1）绘制图形。单击“快速访问”工具栏中的“打开”按钮，打开“源文件\第 14 章\轴总成 . dwg”文件，然后单击“编辑”→“复制”命令复制“轴总成”图形，并单击“编辑”→“粘贴”命令粘贴到“齿轮泵总成设计 . dwg”中。同样，打开“源文件\第 14 章\齿轮泵前盖设计 . dwg”文件、“齿轮泵后盖设计 . dwg”文件，以同样的方式复制到“齿轮泵总成设计 . dwg”中，并将“齿轮泵前盖设计 . dwg”文件进行镜像，将“齿轮泵后盖设计 . dwg”文件进行 180°旋转后进行镜像。结果如图 14-64 所示。

（2）定义块。单击“默认”选项卡“块”面板中“创建块”按钮，分别定义其中的齿轮泵前盖设计、齿轮泵后盖设计和齿轮总成图块，块名分别为“齿轮泵前盖”、“齿轮泵后盖”和“齿轮总成”，单击“拾取点”按钮，拾取点分别选取点 $A$、点 $B$、点 $C$，如图 14-65 所示。再单击“默认”选项卡“修改”面板中的“删除”按钮，将所选择对象删除。

（3）插入齿轮泵前盖图块。单击“默认”选项卡“绘图”面板中的“插入块”命令，选择齿轮泵前盖块图形，选择点 1，插入齿轮泵前盖图块，结果如图 14-66 所示。

（4）插入齿轮泵后盖图块。单击“默认”选项卡“绘图”面板中的“插入块”命令，选择齿轮泵后盖块图形，选择点 2，插入齿轮泵后盖图块，结果如图 14-67 所示。

（5）插入齿轮总成图块。单击“默认”选项卡“绘图”面板中的“插入块”命令，选择齿轮总成块图形，选择点 3，插入齿轮总成图块，结果如图 14-68 所示。

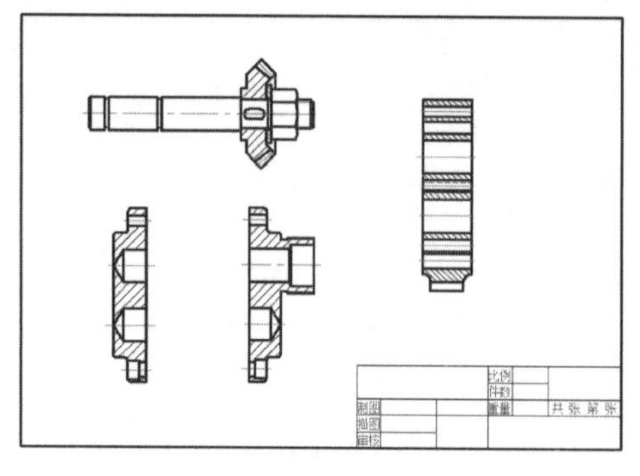

图 14-64　复制图形

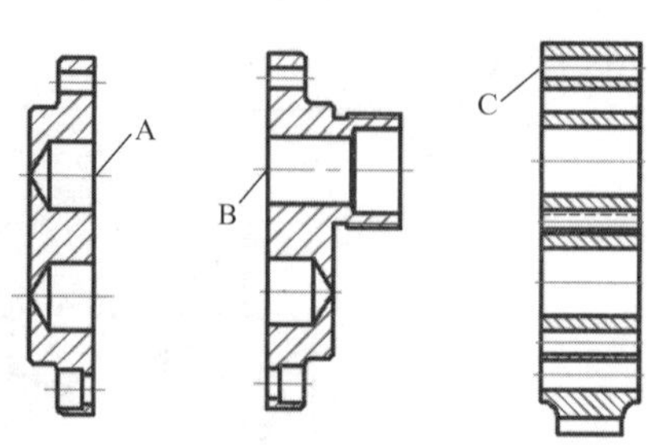


图 14-65　定义块

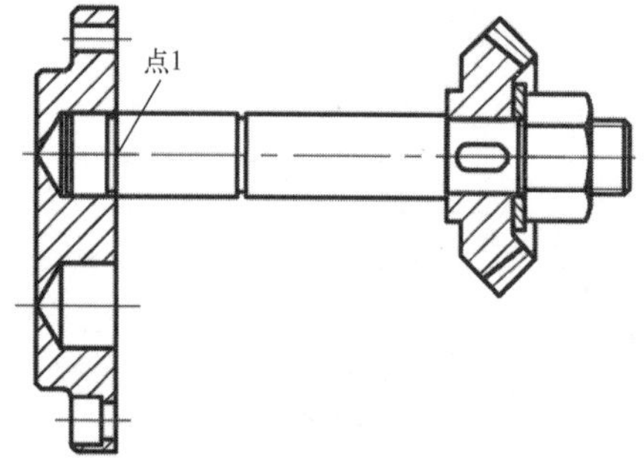


图 14-66　插入齿轮泵前盖图块

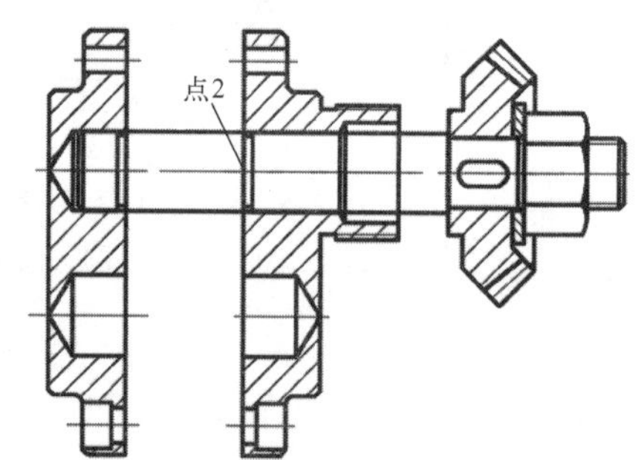


图 14-67　插入齿轮泵后盖图块

（6）分解块。单击“默认”选项卡“修改”面板中的“分解”命令，将图 14-68 中的各块分解。

（7）删除并修剪多余直线。单击“默认”选项卡“修改”面板中的“删除”按钮，将多余直线删除；再单击“默认”选项卡“修改”面板中的“修剪”命令，对多余直线进行修剪，结果如图 14-69 所示。

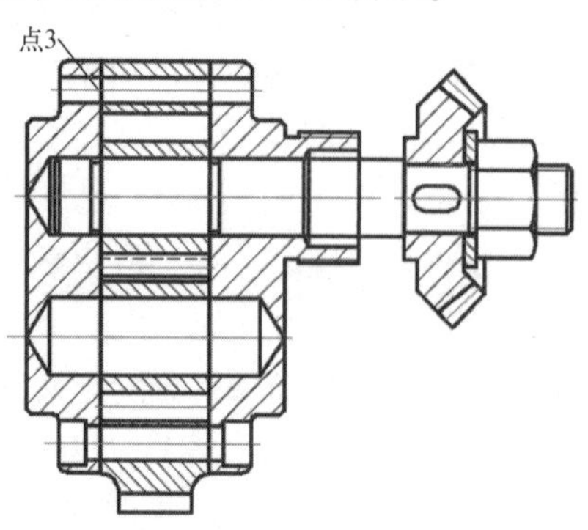


图 14-68　插入齿轮总成图块

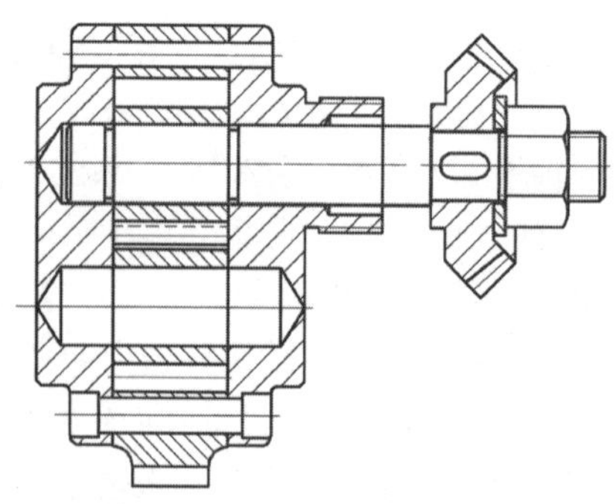

图 14-69　删除并修剪多余直线

（8）绘制支撑轴。单击“默认”选项卡“修改”面板中的“复制”命令和“镜像”命令，绘制支撑轴，结果如图 14-70 所示。

（9）细化销轴和螺钉。单击“默认”选项卡“绘图”面板中的“直线”命令，单击“默认”选项卡“修改”面板中的“偏移”命令，细化销轴和螺钉，结果如图 14-71 所示。

（10）插入轴套、密封圈和压紧螺母图块。单击“默认”选项卡“绘图”面板中的“插入块”命令，插入“轴套”“密封圈”和“压紧螺母”图块。

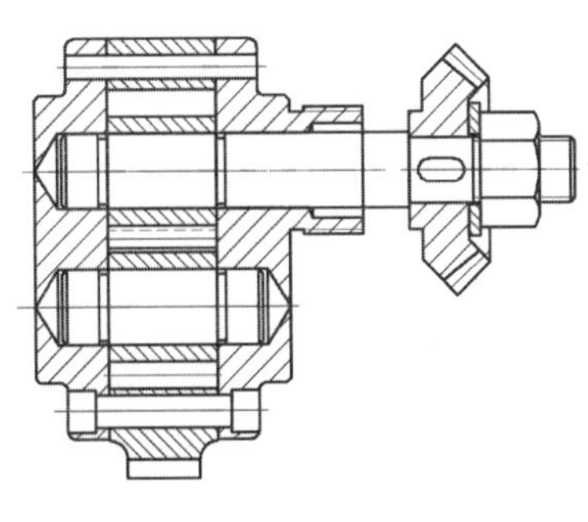

图 14-70 绘制支撑轴

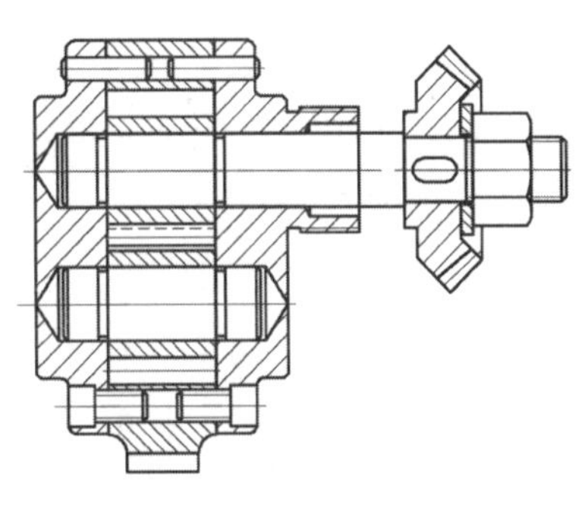

图 14-71 细化销轴和螺钉

(11) 单击“默认”选项卡“修改”面板中的“分解”命令，将图中的各块分解。删除并修剪多余直线。切换到“剖面线”层并单击“默认”选项卡“绘图”工具栏中的“图案填充”命令，对部分区域进行填充。最终完成齿轮泵总成的绘制，结果如图 14-72 所示。

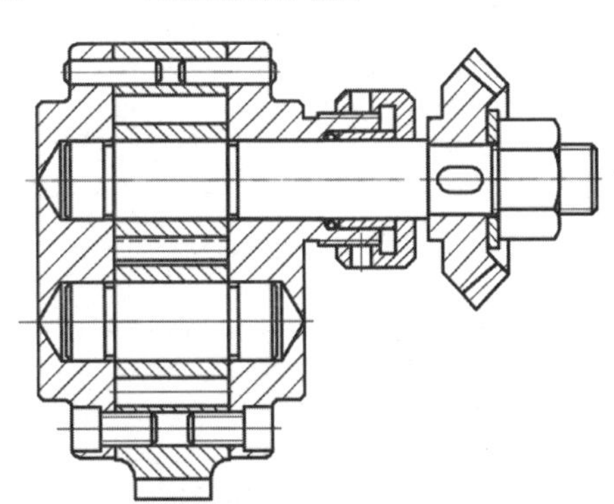

图 14-72

**3. 尺寸标注**

(1) 切换图层。将当前图层从“剖面线”层切换到“尺寸标注”层。单击“默认”选项卡“注释”面板中的“标注样式”按钮，将“机械制图标注”样式设置为当前使用的标注样式。注意设置替代标注样式。

(2) 尺寸标注。单击“默认”选项卡“注释”面板中的“线性”命令，对主视图进行尺寸标注，结果如图 14-73 所示。

**4. 创建明细表及标注序号**

(1) 设置文字标注格式。单击“默认”选项卡“注释”面板中的“文字样式”命令，打开“文字样式”对话框，在“样式名”下拉列表框中选择“技术要求”选项，单击“置为当前”按钮，将其设置为当前使用的文字样式。

(2) 文字标注与表格绘制。绘制明细表，输入文字并标注序号，如图 14-74 和图 14-75 所示。

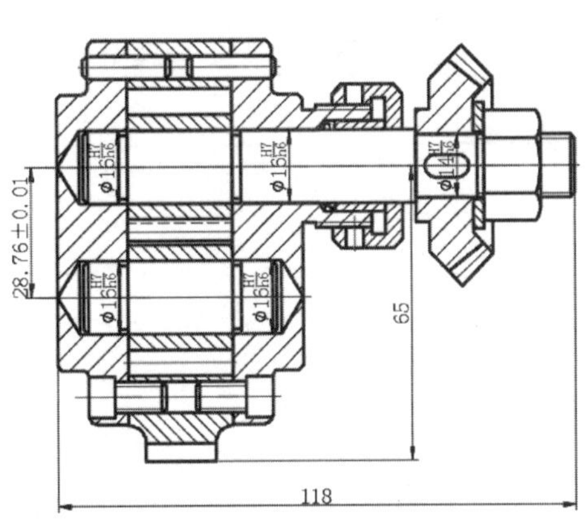



图 14-73 尺寸标注

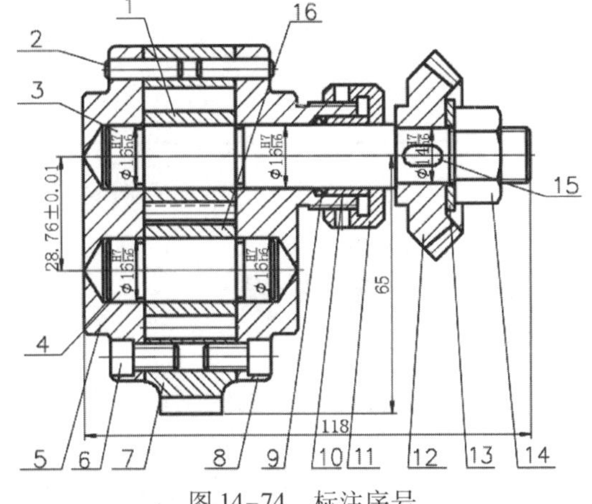



图 14-74 标注序号

**5. 填写标题栏及技术要求**

按前面学习的方法填写技术要求和标题栏。技术要求如图 14-76 所示。齿轮泵总成设计的最终效果图如图 14-77 所示。

| 8 | H8 | 后盖 | 9 | H9 | 密封圈 |
|---|---|---|---|---|---|
| 7 | H7 | 泵体 | 10 | H10 | 轴套 |
| 6 | H6 | 螺钉 | 11 | H11 | 压紧螺母 |
| 5 | H5 | 前盖 | 12 | H12 | 锥齿轮 |
| 4 | H4 | 支撑轴 | 13 | H13 | 垫圈 |
| 3 | H3 | 传动轴 | 14 | H14 | 锁紧螺母 |
| 2 | H2 | 销轴 | 15 | H15 | 键 |
| 1 | H1 | 上齿轮 | 16 | H16 | 下齿轮 |
| 序号 | 代号 | 名　称 | 序号 | 代号 | 名　称 |

图 14-75　明细表

技术要求

1. 齿轮安装后用手转动齿轮时，应灵活转动。

2. 两齿轮轮齿的啮合面占齿长的3/4以上。

图 14-76　技术要求

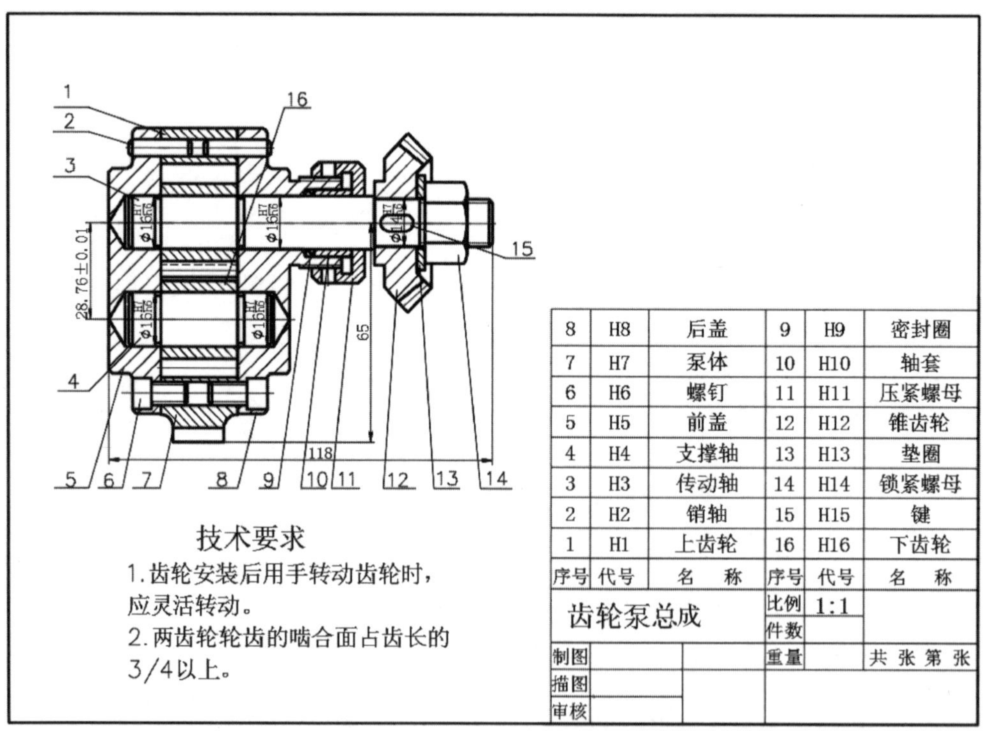


图 14-77　齿轮泵总成设计

## 14.4　名师点拨

**1. 制图比例的操作技巧是什么?**

为获得制图比例图样，一般绘图时先插入按 1∶1 尺寸绘制的标准图框，再单击“SCALE”按钮，利用图样与图框的数值关系，将图框按“制图比例的倒数”进行缩放，则可绘制1:1 的图形，而不必通过缩放图形的方法来实现。实际工程制图中，也多用此法，如果通过缩放图形的方法来实现，往往会对“标注”尺寸带来影响。每个公司都有不同的图幅规格的图框，在制作图框时，大多都会按照 1:1 的比例绘制 A0、A1、A2、A3、A4 图框。其中，A1 和 A2 图幅还经常用到立式图框。另外，如果需要用到加长图框，应该在图框的长边方向，按照图框长边 1/4 的倍数增加。把不同大小的图框按照应出图的比例放大，将图框“套”住图样即可。

**2. “!”键的使用。**

假设屏幕上有一条已知长度的线（指单线、多段线，未知长度当然也可以），且与水平方向有一定的角度，要求将它缩短一定的长度且方向不变，操作过程如下：直接选取该线，使其夹点出现，将光标移动到要缩短的一端并激活该夹点，使这条线变为可拉伸的皮筋线，将光标按该线的方向移动，使皮筋线和原线段重合，移动的距离没有限制，如果觉得移动的方向不能和原来一样，那么就用“辅助点捕捉”命令，输入“捕捉到最近点”（即“Near”命令），然后在“Near 到”（即 near to）的提示后输入“!*XX*”（*XX* 为具体数值）后按〈Enter〉键，该线的长度就改变了。

## 14.5 上机实验

**【练习 1】绘制如图 14-78 所示的阀体零件图。**

**1. 目的要求**

通过本实验，读者应掌握零件图的完整绘制过程和方法。

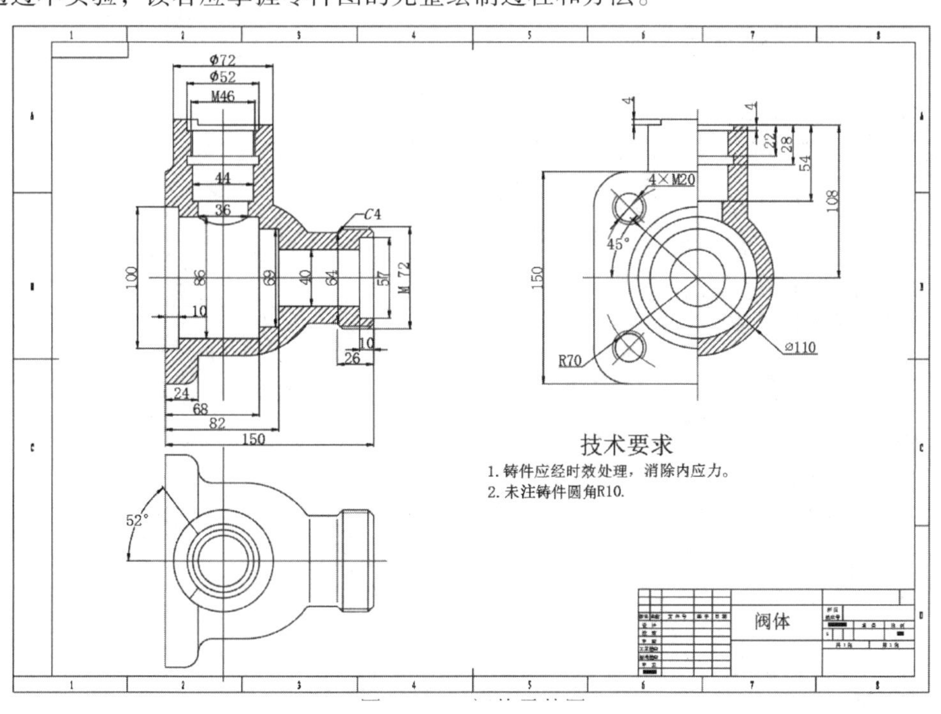


图 14-78 阀体零件图

**2. 操作提示**

（1）绘制或插入图框和标题栏。

（2）进行基本设置。

（3）绘制视图。

（4）标注尺寸和技术要求。

（5）填写标题栏。

**【练习 2】绘制如图 14–79 所示的球阀装配图。**

**1. 目的要求**

通过本实验，读者应掌握装配图的完整绘制过程和方法。

**2. 操作提示**

（1）绘制或插入图框和标题栏。

（2）进行基本设置。

（3）绘制视图。

（4）标注尺寸和技术要求。

（5）绘制明细表并填写标题栏。

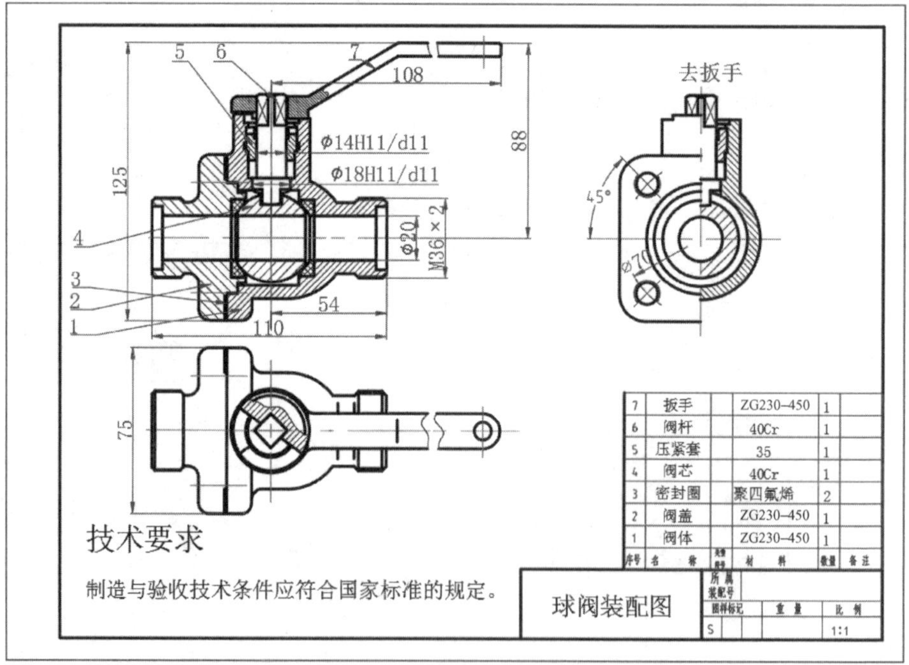


图 14–79　球阀装配图

# 第 15 章

# 电气工程综合实例

AutoCAD 电气设计是计算机辅助设计与电气设计结合的交叉学科。本章将介绍电气工程制图的有关基础知识，包括电气工程图的种类、特点以及电气工程 CAD 制图的相关规则，并对电气图的基本表示方法和连接线的表示方法加以说明，并根据实例的讲解巩固所学知识。

- 起动器原理图
- 荧光灯调节器电路
- 网络拓扑图
- 工厂低压系统图

# 15.1　电气图分类特点

对于用电设备来说，电气图主要是主电路图和控制电路图；对于供配电设备来说，主要电气图是指一次回路和二次回路的电路图。但要表示清楚一项电气工程或一种电气设备的功能、用途、工作原理、安装和使用方法等，光有这两种图是不够的。电气图的种类很多，下面分别介绍常用的几种。

## 15.1.1 电气图分类

根据各电气图所表示的电气设备、工程内容及表达形式的不同，电气图通常分为以下几类：

**1. 系统图或框图**

系统图或框图就是用符号或带注释的框概略表示系统或分系统的基本组成、相互关系及其主要特征的一种简图。例如，电动机的主电路（图 15-1）就表示了它的供电关系，它的供电过程是由电源 L1、L2、L3 三相→熔断器 FU→接触器 KM→热继电器热元件 FR→电动机。又如，某供电系统图（图 15-2）表示这个变电所把 10kV 电压通过变压器变换为 380V 电压，经断路器 QF 和母线后通过 FU－QK1、FU－QK2、FU－QK3 分别供给 3 条支路。系统图或框图常用来表示整个工程或其中某一项目的供电方式和电能输送关系，也可表示某一装置或设备各主要组成部分的关系。

**2. 电路图**

电路图就是按工作顺序用图形符号从上而下、从左到右排列，详细表示电路、设备或成套装置的全部组成和连接关系，而不考虑其实际位置的一种简图。其目的是便于详细理解设备工作原理、分析和计算电路特性及参数，所以这种图又称为电气原理或原理接线图。例如，电磁起动器电路图（图 15-3），当按下起动按钮 SB2 时，接触器 KM 的线圈将得电，它的常开主触点闭合，使电动机得电，起动运行；另一个辅助常开触点闭合，进行自锁。当按下停止按钮 SB1 或热继电器 FR 动作时，KM 线圈失电，常开主触点断开，电动机停止。可见该电路图表示了电动机的操作控制原理。

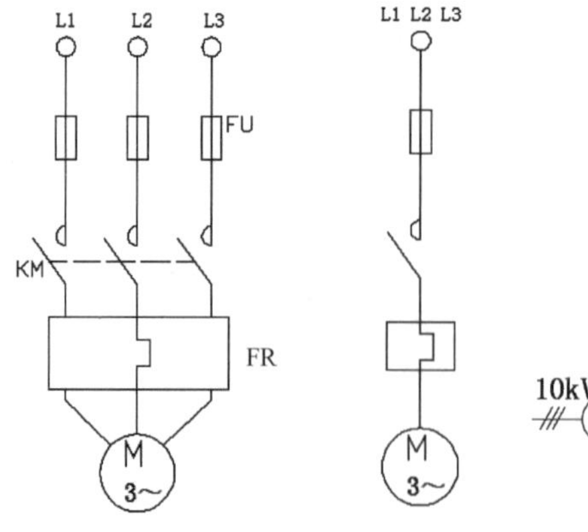

图 15-1　电动机供电系统图

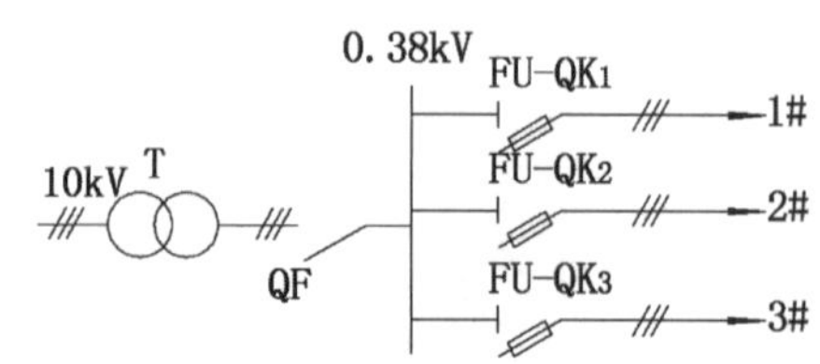

图 15-2　某变电所供电系统图

**3. 接线图**

接线图主要用于表示电气装置内部元件之间及其外部其他装置之间的连接关系，它是便于制作、安装及维修人员接线和检查的一种简图或表格。图 15-4 所示是电磁起动器控制电动机的主电路接线图，它清楚地表示了各元件之间的实际位置和连接关系。电源（L1、L2、L3）由 BX－3×6 的导线接至端子排 X 的 1、2、3 号，然后通过熔断器 FU1～FU3 接至交流接触器 KM 的主触点，再经过继电器的发热元件接到端子排的 4、5、6 号，最后用导线接入电动机的 U、V、W 端子。当一个装置比较复杂时。接线图又可分解为以下几种。

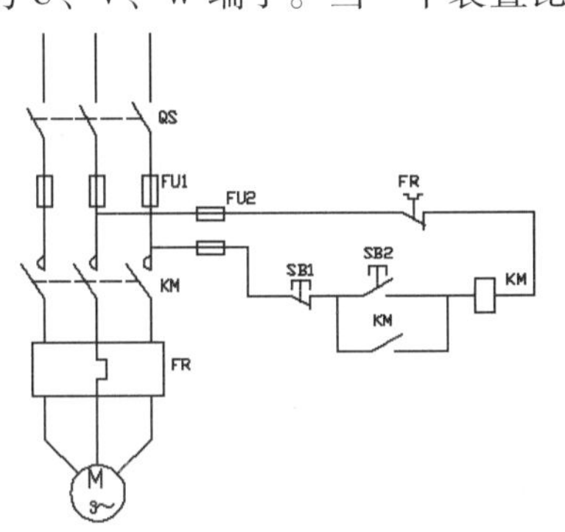

图 15-3 电磁起动器电路

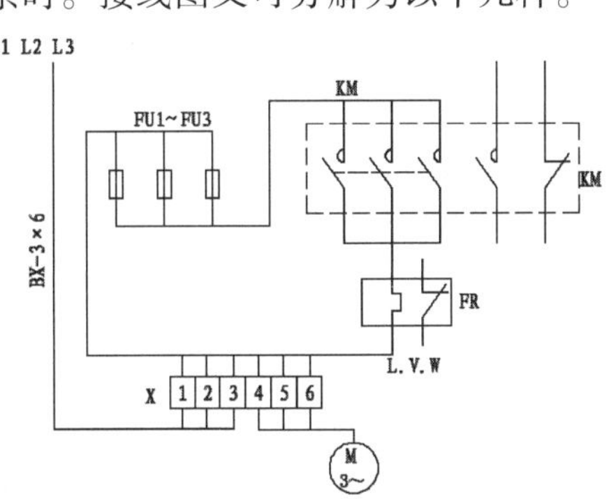


图 15-4 电磁起动器接线图

（1）单元接线图。它是表示成套装置或设备中一个结构单元内的各元件之间的连接关系的一种接线图。这里所指“结构单元”是指在各种情况下可独立运行的组件或某种组合体，如电动机、开关柜等。

（2）互联接线图。它是表示成套装置或设备的不同单元之间连接关系的一种接线图。

（3）端子接线图。它是表示成套装置或设备的端子以及接在端子上外部接线（必要时包括内部接线）的一种接线图，如图 15-5 所示。

（4）电线电缆配置图。它是表示电线电缆两端位置，必要时还包括电线电缆功能、特性和路径等信息的一种接线图。

**4. 电气平面图**

电气平面图是表示电气工程项目的电气设备、装置和线路的平面布置图，它一般是在建筑平面图的基础上绘制出来的。常见的电气平面图有：供电线路平面图、变/配电所平面图、电力平面图、照明平面图、弱电系统平面图、防雷与接地平面图等。图 15-6 所示是某车间的动力电气平面图，它表示了各车床的具体平面位置和供电线路。

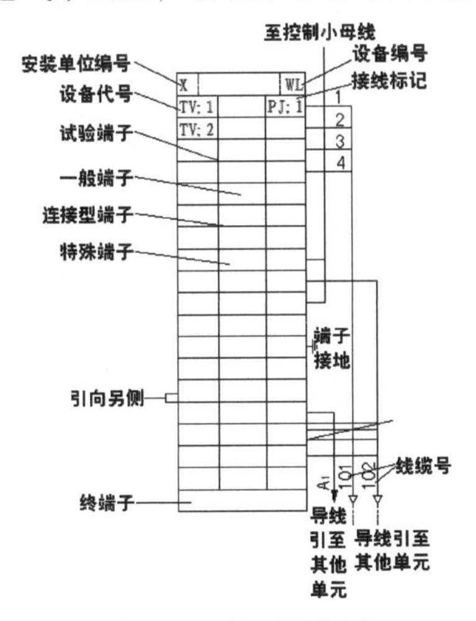


图 15-5 端子接线图

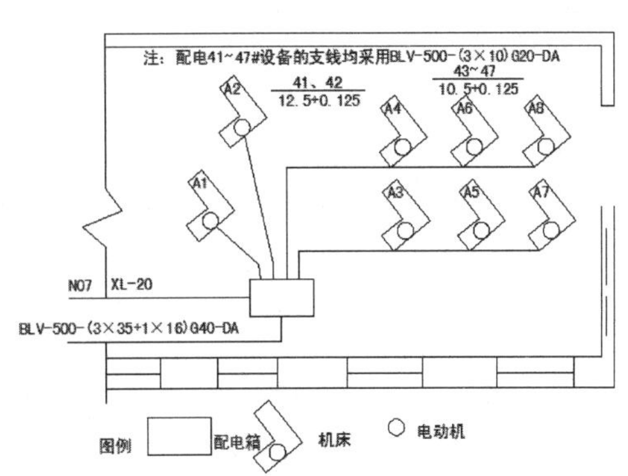


图 15-6 某车间动力电气平面图

**5. 设备布置图**

设备布置图表示各种设备和装置的布置形式、安装方式以及相互之间的尺寸关系，通常由平面图、主面图、断面图、剖视图等组成。这种图按三视图原理绘制，与一般机械图没有大的区别。

**6. 设备元件和材料表**

设备元件和材料表就是把成套装置、设备、装置中各组成部分和相应数据列成表格，来表示各组成部分的名称、型号、规格和数量等，便于读图者阅读，了解各元器件在装置中的作用和功能，从而读懂装置的工作原理。设备元件和材料表是电气图中重要组成部分，它可置于图中的某一位置，也可单列一页（视元器件材料多少而定）。为了方便书写，通常是从下而上排序。某开关柜上的设备元件表见表15-1。

**7. 产品使用说明书上的电气图**

生产厂家往往随产品使用说明书附上电气图，供用户了解该产品的组成和工作过程及注意事项，以达到正确使用、维护和检修的目的。

表15-1 设备元件表

| 符 号 | 名 称 | 型 号 | 数 量 |
|---|---|---|---|
| ISA-351D | 微型计算机保护装置 | =220 V | 1 |
| KS | 自动加热除湿控制器 | KS-3-2 | 1 |
| SA | 跳、合闸控制开关 | LW-Z-1a，4，6a，20/F8 | 1 |
| QC | 主令开关 | LS1-2 | 1 |
| QF | 自动空气开关 | GM31-2PR3，0A | 1 |
| FU1-2 | 熔断器 | AM1 16/6A | 2 |
| FU3 | 熔断器 | AM1 16/2A | 1 |
| HLQ | 断路器状态指示器 | MGZ-916-1-220 V | 1 |
| HL | 信号灯 | AD16-25/41-5G-220 V | 1 |
| M | 储能电动机 | | 1 |
| 1-2DJR | 加热器 | DJR-75-220 V | 2 |
| HLT | 手动开关状态指示器 | MGZ-916-1-220 V | 1 |

**8. 其他电气图**

上述电气图是常用的主要电气图，但对于较为复杂的成套装置或设备，为了便于制造，有局部的大样图、印制电路板图等；而若为了装置的技术保密，往往只给出装置或系统的功能图、流程图、逻辑图等。所以，电气图种类很多，但这并不意味着所有的电气设备或装置都应具备这些图。根据表达的对象、目的和用途不同，所需图的种类和数量也不一样，对于简单的装置，可把电路图和接线图二合一，对于复杂装置或设备应分解为几个系统，每个系统也有以上各种类型图。总之，电气图作为一种工程语言，在表达清楚的前提下。越简单越好。

## 15.1.2 电气图特点

电气图与其他工程图有着本质的区别，它表示系统或装置中的电气关系，所以具有其独

特的一面，其主要特点有：

**1. 清楚**

电气图是用图形符号、连线或简化外形来表示系统或设备中各组成部分之间相互电气关系及其连接关系的一种图。如图 15-7 所示某一变电所电气图，10 kV 电压变换为 0.38 kV 低压，分配给 4 条支路，用文字符号表示，并给出了变电所各设备的名称、功能和电流方向及各设备连接关系和相互位置关系，但没有给出具体位置和尺寸。

**2. 简洁**

电气图是采用电气元器件或设备的图形符号、文字符号和连线来表示的，没有必要画出电气元器件的外形结构，所以对于系统构成、功能及电气接线等，通常都采用图形符号、文字符号来表示。

**3. 独特性**

电气图主要是表示成套装置或设备中各元器件之间的电气连接关系，不论是说明电气设备工作原理的电路图、供电关系的电气系统图，还是表明安装位置和接线关系的平面图和连线图等，都表达了各元器件之间的连接关系，如图 15-1 ~ 图 15-4 所示。

**4. 布局**

电气图的布局依据图所表达的内容而定。电路图、系统图是按功能布局，只考虑便于看出元件之间功能关系，而不考虑元器件实际位置，要突出设备的工作原理和操作过程，按照元器件动作顺序和功能作用，从上而下，从左到右布局。而对于接线图、平面布置图，则要考虑元器件的实际位置，所以应按位置布局，如图 15-4 和图 15-6 所示。

**5. 多样性**

对系统的元件和连接线描述方法不同，构成了电气图的多样性。例如，元件可采用集中表示法、半集中表示法、分散表示法，连线可采用多线表示、单线表示和混合表示。同时，对于一个电气系统中各种电气设备和装置之间，从不同角度、不同侧面去考虑，就存在不同关系。如图 15-1 所示的某电动机供电系统图中，就存在着如下不同关系。

（1）电能是通过 FU、KM、FR 送到电动机 M，它们存在能量传递关系，如图 15-8 所示。

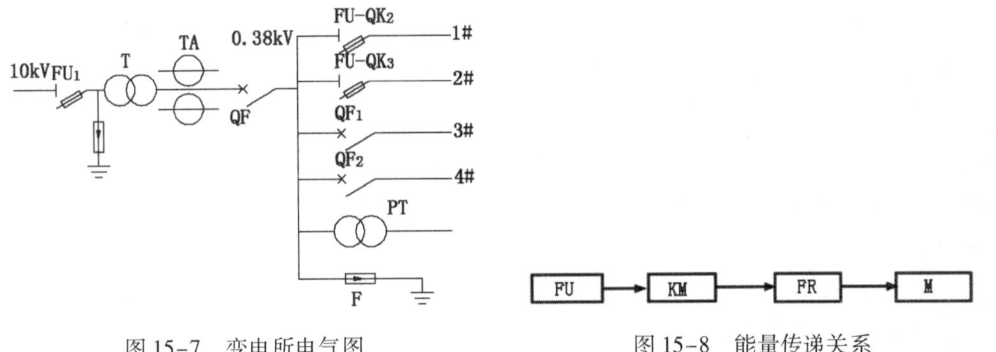


图 15-7　变电所电气图　　　　图 15-8　能量传递关系

（2）从逻辑关系上，只有当 FU、KM、FR 都正常时，M 才能得到电能，所以它们之间存在“与”的关系：M = FU · KM · FR。即只有 FU 正常为“1”、KM 合上为“1”、FR 没有烧断为“1”时，M 才能为“1”，表示可得到电能。其逻辑图如图 15-9 所示。

(3) 从保护角度表示，FU进行短路保护。当电路电流突然增大发生短路时，FU烧断，使电动机失电。它们就存在信息传递关系："电流"输入FU，FU输出"烧断"或"不烧断"，取决于电流的大小，如图15-10所示。

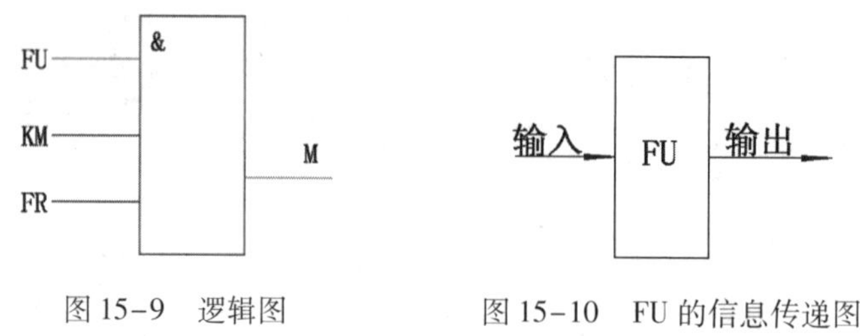


图15-9　逻辑图　　　　图15-10　FU的信息传递图

# 15.2 电气图形符号的构成和分类

按简图形式绘制的电气工程图中，元件、设备、线路及其安装方法等都是借用图形符号、文字符号和项目代号来表达的，分析电气工程图，首先要明了这些符号的形式、内容、含义以及它们之间的相互关系。

## 15.2.1 电气图形符号的构成

电气图形符号包括一般符号、符号要素、限定符号和方框符号。

**1. 一般符号**

一般符号是用来表示一类产品或此类产品特征的简单符号，电阻、电容、电感符号如图15-11所示。

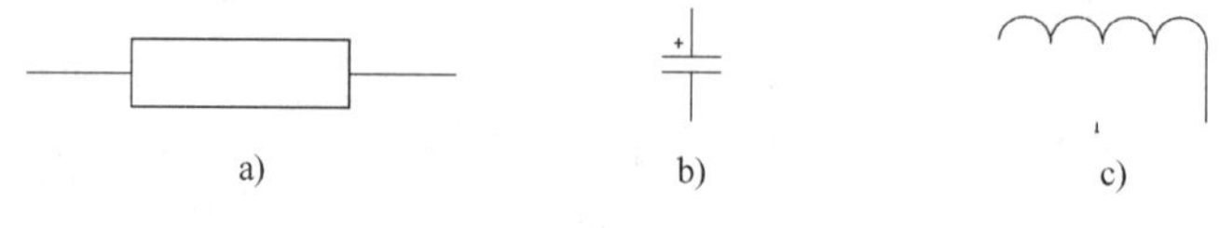


图15-11　电阻、电容、电感符号
a）电阻　b）电容　c）电感

**2. 符号要素**

符号要素是一种具有确定意义的简单图形，必须同其他图形组合构成一个设备或概念的完成整号。例如，真空二极管是由外壳、阴极、阳极和灯丝4个符号要素组成的。符号要素一般不能单独使用，只有按照一定方式组合起来才能构成完整的符号。符号要素的不同组合可以构成不同的符号。

**3. 限定符号**

一种用以提供附加信息的加在其他符号上的符号，称为限定符号。限定符号一般不代表独立的设备、器件和元件，仅用来说明某些特征、功能和作用等。限定符号一般不单独使用，当一般符号加上不同的限定符号，可得到不同的专用符号。例如，在开关的一般符号上加不同的限定符号可分别得到隔离开关、断路器、接触器、按钮开关和转换开关等。

**4. 方框符号**

用以表示元件、设备等的组合及其功能，既不给出元件、设备的细节，也不考虑所有这些连接的一种简单图形符号。方框符号在系统图和框图中使用最多，读者可在本章第5节中见到详细的设计实例。另外，电路图中的外购件、不可修理件也可用方框符号表示。

### 15.2.2 电气图形符号的分类

新的《工业机械电气图用图形符号》国家标准代号为GB/T 24340－2009，采用国际电工委员会（IEC）标准，在国际上具有通用性，有利于对外技术交流。GB/T 24340－2009电气图用图形符号共分13部分。

**1. 一般要求**

本部分内容按数据库标准介绍，包括数据查询、库结构说明、如何使用库中数据、新数据如何申请入库等。

**2. 符号要素、限定符号和其他常用符号**

内容包括轮廓和外壳、电流和电压的种类、可变性、力或运动的方向、流动方向、材料的类型、效应或相关性、辐射、信号波形、机械控制、操作件和操作方法、非电量控制、接地、接机壳和等电位、理想电路元件等。

**3. 导体和连接件**

内容包括电线、屏蔽或绞合导线、同轴电缆、端子与导线连接、插头和插座、电缆终端头等。

**4. 基本无源元件**

内容包括电阻器、电容器、铁氧体磁心、压电晶体、驻极体等。

**5. 半导体管和电子管**

如二极管、晶体管、晶闸管、半导体管、电子管等。

**6. 电能的发生与转换**

内容包括绕组、发电机、变压器等。

**7. 开关、控制和保护器件**

内容包括触点、开关、开关装置、控制装置、起动器、继电器、接触器和保护器件等。

**8. 测量仪表、灯和信号器件**

内容包括指示仪表、记录仪表、热电偶、遥测装置、传感器、灯、电铃、蜂鸣器、喇叭等。

**9. 电信：交换和外围设备**

内容包括交换系统、选择器、电话机、电报和数据处理设备、传真机等。

**10. 电信：传输**

内容包括通信电路、天线、波导管器件、信号发生器、激光器、调制器、解调器、光纤传输线路等。

**11. 建筑安装平面布置图**

内容包括发电站、变电所、网络、音响和电视的分配系统、建筑用设备、露天设备。

**12. 二进制逻辑元件**

内容包括计算器、存储器等。

**13. 模拟元件**

内容包括放大器、函数器、电子开关等。

# 15.3 绘制起动器原理图

起动器是一种比较常见的电气装置，如图 15-12 所示的起动器原理图由 4 张图样组合而成：主图、附图 1、附图 2 和附图 3。附图的结构都很简单，依次绘制各导线和电气元件即可。其绘制思路如下：先根据图样结构大致绘制出图样导线的布局，然后依次绘制各元件并插入到主要导线之间，最后添加文字注释即可完成图样的绘制。

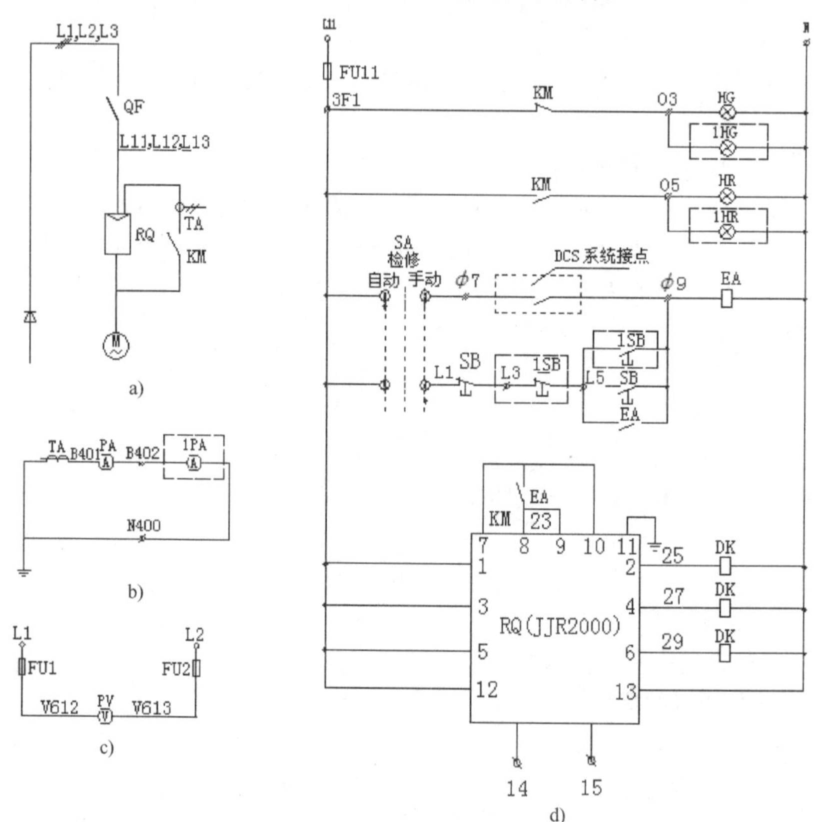


图 15-12 起动器原理图

a）附图 1 b）附图 2 c）附图 3 d）主图

【操作步骤】（实例演示\第 15 章\绘制起动器原理图 . avi）

## 15.3.1 设置绘图环境

绘图环境设置包括文件的创建、保存、栅格的显示、图形界限的设定及图层的管理等，根据不同的需要，读者选择必备的操作。本例中主要讲述文件的创建、保存与图层的设置。

（1）建立新文件。打开 AutoCAD 2018 应用程序，选择“源文件\样板图\A3 样板图 . dwt”样板文件为模板建立新文件，并将其命名为“起动器原理图 . dwg”。

（2）设置图层。单击“默认”选项卡“图层”面板中的“图层特性”按钮，弹出“图层特性管理器”选项板，新建“连接线层”“实线层”和“虚线层”3 个图层，各图层的属性设置如图 15-13 所示，将“连接线层”图层设置为当前图层。

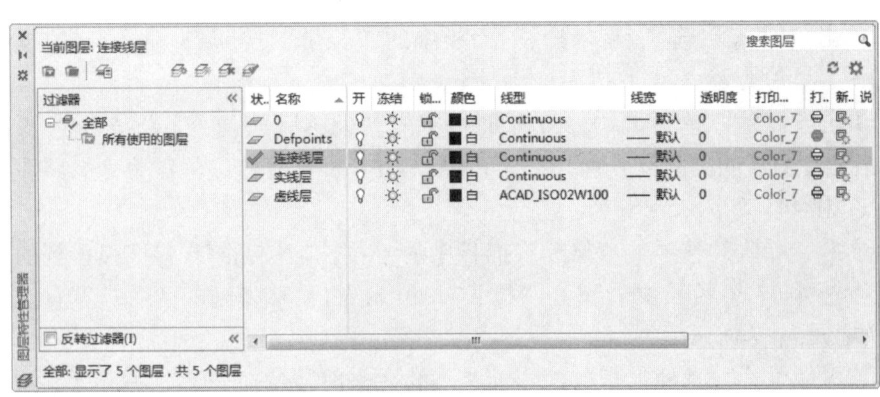


图 15-13 设置图层

## 15.3.2 绘制主电路图

主电路是整个起动器电路的主要功能实现电路，通过主电路，用软起动集成块作为调压器，将其接入电源和电动机定子之间。

**1. 图样布局**

(1) 单击“默认”选项卡“绘图”面板中的“直线”按钮╱，以坐标点(100,100)和(290,100)绘制直线。

(2) 单击“默认”选项卡“修改”面板中的“偏移”按钮⊆，将上步绘制的直线依次向上偏移，偏移后相邻直线间的距离分别为15、15、15、70、34、35和35。

(3) 单击“默认”选项卡“绘图”面板中的“直线”按钮╱，在对象追踪绘图方式下，捕捉直线1和最上面一条水平直线的左端点连接起来，得到竖直直线2，如图15-14a所示。

(4) 单击“默认”选项卡“修改”面板中的“拉长”按钮⁄，将直线2向上拉长30。

(5) 单击“默认”选项卡“修改”面板中的“偏移”按钮⊆，将竖直直线2向右偏移190得到直线3；所绘制的水平直线和竖直直线构成了如图15-14b所示的图形，即为主图的图样布局。

**2. 绘制软起动集成块**

(1) 单击“默认”选项卡“绘图”面板中的“矩形”按钮□，绘制一个长为65、宽为75的矩形，如图15-15所示。

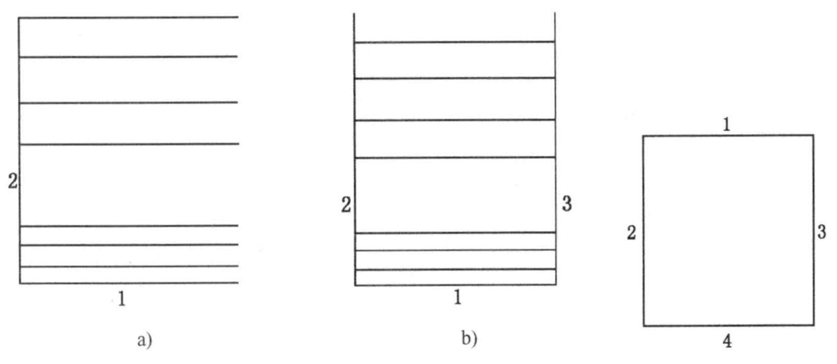


图 15-14 主图的图样布局

图15-15 绘制矩形

（2）单击“默认”选项卡“修改”面板中的“分解”按钮，将绘制的矩形分解为直线。

（3）单击“默认”选项卡“修改”面板中的“偏移”按钮，将直线1依次向下偏移，偏移后相邻直线间的距离分别为12、17、17和17；重复“偏移”命令，将直线2依次向右偏移17和48，如图15-16所示。

（4）单击“默认”选项卡“修改”面板中的“拉长”按钮，将偏移得到的4条水平直线分别向左和向右各拉长46；重复“拉长”命令，将偏移得到的两条竖直直线向下拉长13，结果如图15-17所示。

（5）单击“默认”选项卡“修改”面板中的“修剪”按钮和“删除”按钮，修剪图中的水平和竖直直线，并删除掉其中多余的直线，结果如图15-18所示。

（6）单击“默认”选项卡“绘图”面板中的“圆”按钮，在图中下部两条竖直直线的下端点处绘制两个半径为1的圆；单击“默认”选项卡“绘图”面板中的“直线”按钮，绘制两条过圆心、与水平方向夹角为45°、长度为4的倾斜直线，作为接线头，如图15-19所示。

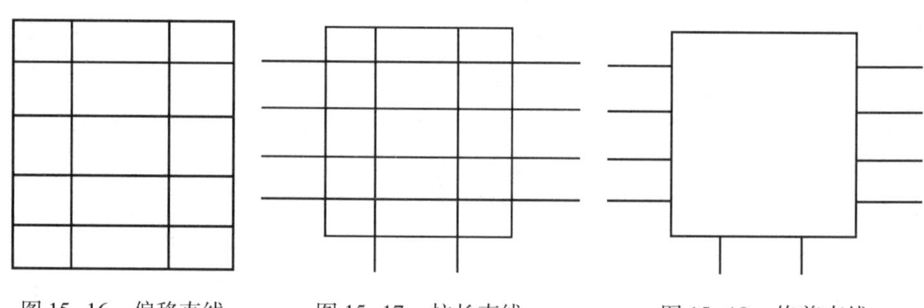

图15-16　偏移直线　　图15-17　拉长直线　　图15-18　修剪直线

（7）单击“默认”选项卡“注释”面板中的“多行文字”按钮，在图中的各相应接线处添加文字，文字的高度为6；在矩形的中心处添加字母文字，文字的高度为8，结果如图15-20所示。

**3. 绘制中间继电器**

（1）单击“默认”选项卡“绘图”面板中的“矩形”按钮，绘制一个长为45、宽为25的矩形，如图15-21所示；再单击“默认”选项卡“修改”面板中的“分解”按钮，将绘制的矩形分解为直线。

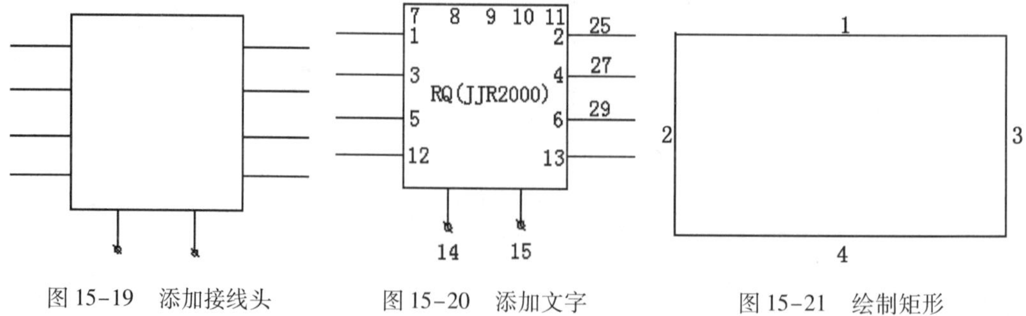


图15-19　添加接线头　　图15-20　添加文字　　图15-21　绘制矩形

（2）单击“默认”选项卡“修改”面板中的“偏移”按钮，将直线2分别向右偏移16和29，得到两条竖直直线；重复“偏移”命令，将直线4分别向上偏移5、10和14得到3条水平直线，如图15-22所示。

（3）单击“默认”选项卡“修改”面板中的“修剪”按钮和“删除”按钮，修剪图中的水平直线和竖直直线，并删除掉其中多余的直线，得到如图15-23所示的结果。

（4）单击“默认”选项卡“绘图”面板中的“直线”按钮，在对象捕捉和极轴追踪绘图方式下，捕捉如图15-23中所示的A点为起点，绘制一条与水平方向夹角为115°、长度为7的倾斜直线，如图15-24所示，完成中间继电器的绘制。

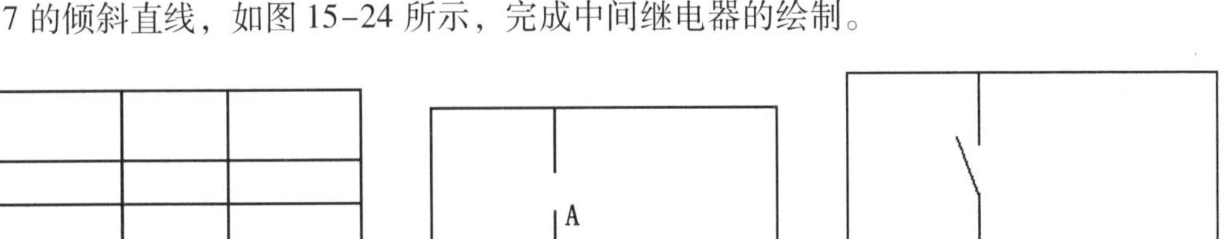


图15-22　偏移直线　　图15-23　修剪直线　　图15-24　绘制倾斜直线

**4. 绘制接地线**

（1）单击“默认”选项卡“绘图”面板中的“直线”按钮，以坐标点(20,20)，(22,20)绘制水平直线1。

（2）单击“默认”选项卡“修改”面板中的“偏移”按钮，将直线1分别向上偏移1和2，得到直线2和直线3，如图15-25所示。

（3）单击“默认”选项卡“修改”面板中的“拉长”按钮，将直线2向左右两端分别拉长0.5，将直线3分别向两端拉长1，结果如图15-26所示。

（4）单击“默认”选项卡“绘图”面板中的“直线”按钮，在对象捕捉和正交绘图方式下，捕捉直线3的左端点为起点，向上绘制长度为10的竖直直线4，如图15-27所示。

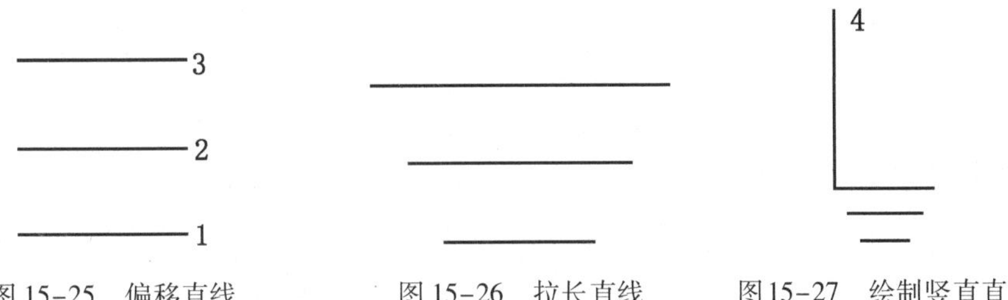


图15-25　偏移直线　　图15-26　拉长直线　　图15-27　绘制竖直直线

（5）单击“默认”选项卡“修改”面板中的“移动”按钮，将直线4向右平移2，得到如图15-28所示的结果。

（6）单击“默认”选项卡“绘图”面板中的“直线”按钮，在对象捕捉和正交绘图方式下，捕捉直线4的上端点为起点，向左绘制长度为11的水平连接线，如图15-29所示。

（7）单击“默认”选项卡“绘图”面板中的“直线”按钮，在对象捕捉和正交绘图方式下，捕捉直线5的左端点为起点，向下绘制长度为6的竖直连接线，如图15-30所示，完成接地线的绘制。

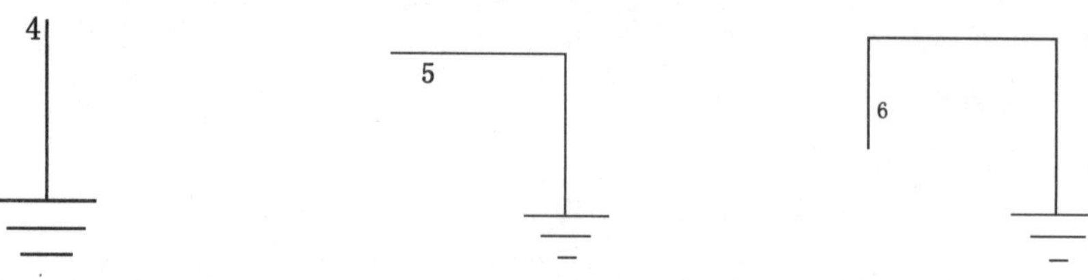


图 15-28　平移竖直直线　　图 15-29　绘制水平连接线　　图 15-30　绘制竖直连接线

**5. 组合图形**

前面已经分别绘制好了软起动装置的集成块、中间继电器和接地线，下面的工作就是把它们组合起来，并添加其他附属元件。

（1）单击“默认”选项卡“绘图”面板中的“矩形”按钮，绘制一个长为4、宽为7的矩形。

（2）在对象捕捉绘图方式下，单击“默认”选项卡“修改”面板中的“移动”按钮，捕捉矩形的左下角点作为平移基点，以导线接出点2为目标点，平移矩形，得到如图15-31所示的结果。

（3）单击“默认”选项卡“修改”面板中的“移动”按钮，将第（2）步平移过来的矩形向下平移3.5，向右平移32。

（4）单击“默认”选项卡“修改”面板中的“修剪”按钮，以水平直线为剪切边，对小矩形内的直线进行修剪，得到如图15-32所示的结果；按照相同的方法在下面相邻的两条直线上插入两个矩形，如图15-33所示。

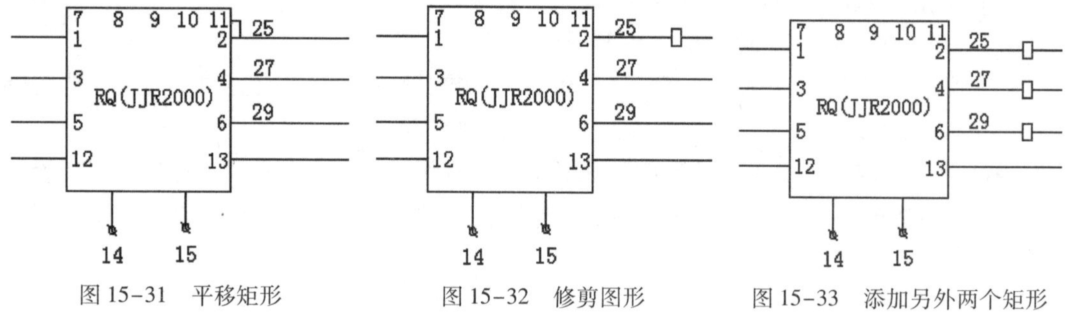


图 15-31　平移矩形　　图 15-32　修剪图形　　图 15-33　添加另外两个矩形

（5）单击“默认”选项卡“修改”面板中的“移动”按钮，将如图15-34a所示的中间继电器和接地线分别平移到如图15-34所示的对应位置，结果如图15-34b所示。

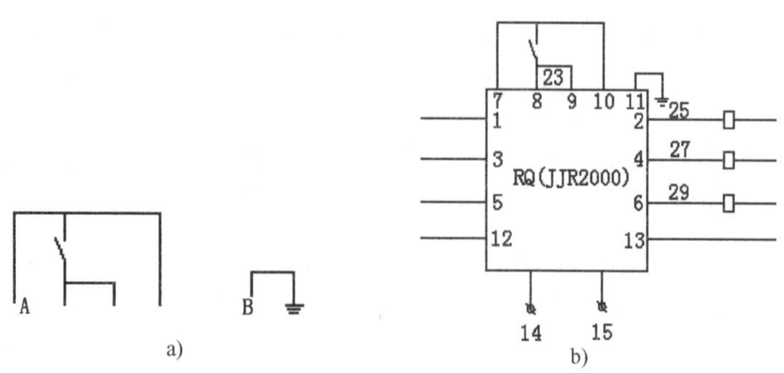


图 15-34　平移图形

**6. 绘制 DCS 系统接入模块**

（1）单击“默认”选项卡“绘图”面板中的“多段线”按钮，依次绘制各条直线，得到如图 15-35 所示的结构线路图。图中各直线段的长度分别如下：$AB=34$，$AD=135$，$DC=55$，$BG=100$，$EM=34$，$EG=15$，$GP=34$，$MP=15$，$GF=15$，$FN=34$，$PN=15$，$DM=19$。

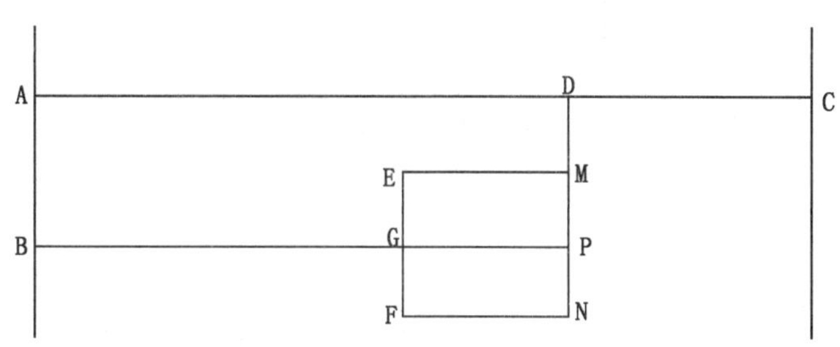


图 15-35　绘制结构线路图

（2）分别绘制起动按钮、停止按钮、中间继电器等图形符号，如图 15-36 所示。也可以把预先画好的起动按钮、停止按钮、中间继电器等图形符号存储为图块，然后逐个插入到结构线路图中。

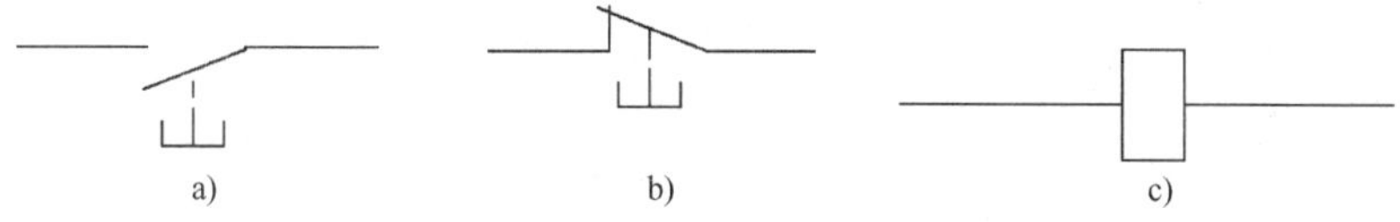


图 15-36　绘制图形符号
a）起动按钮　b）停止按钮　c）中间继电器

（3）将绘制好的图形符号插入到接线图中，然后单击“默认”选项卡“修改”面板中的“修剪”按钮和“删除”按钮，修剪图中各种图形符号以及连接线，并删除多余的图形，得到如图 15-37 所示的结果。

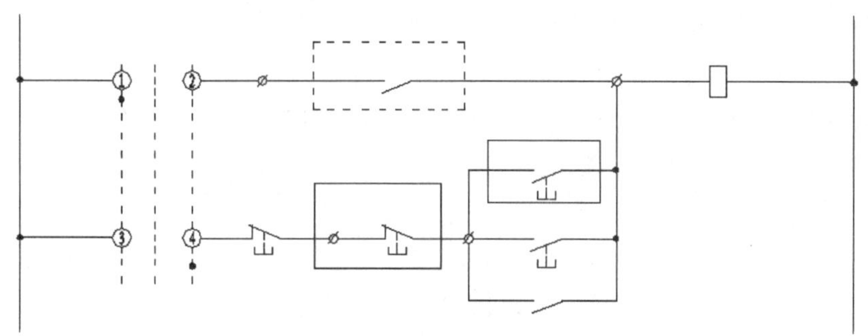


图 15-37　插入图形符号

（4）将绘制好的各个模块通过平移组合起来，并添加文字注释，就构成了主图。在平移过程中，注意要在对象捕捉绘图方式下操作，以便于精确定位，具体方法可以参考前面各节的内容，绘制完成的主图如图 15-38 所示。

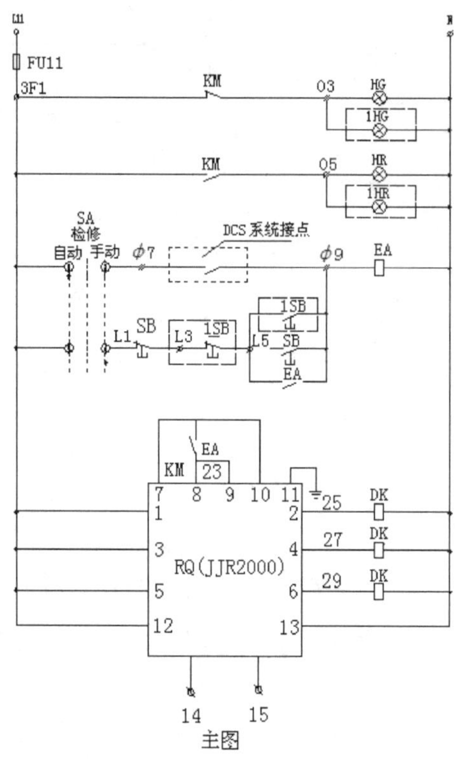


图 15-38　绘制完成的主图

## 15.3.3 绘制附图 1

使用软起动器起动电动机时，晶闸管的输出电压逐渐增加，电动机逐渐加速，直到晶闸管全导通，电动机工作在额定电压的机械特性上，实现平滑起动，降低起动电流，避免起动过流跳闸。

（1）单击“默认”选项卡“绘图”面板中的“直线”按钮，以坐标点(120,50)，(120,78)绘制直线，如图 15-39a 所示。

（2）单击“默认”选项卡“绘图”面板中的“圆”按钮，在对象捕捉绘图方式下，捕捉直线的上端点为圆心，绘制一个半径为 1.5 的圆，如图 15-39b 所示。

（3）单击“默认”选项卡“修改”面板中的“移动”按钮，将圆向下平移 12，结果如图 15-39c 所示。

（4）单击“默认”选项卡“绘图”面板中的“直线”按钮，在对象捕捉和正交绘图方式下，捕捉圆心为起点，向右绘制一条长度为 18 的水平直线，如图 15-39d 所示。

（5）单击“默认”选项卡“绘图”面板中的“直线”按钮，在对象捕捉和极轴追踪绘图方式下，以圆心为起点，绘制与水平方向夹角分别为 30°和 210°、长度均为 1 的两条倾斜直线，如图 15-39e 所示。

（6）单击“默认”选项卡“修改”面板中的“移动”按钮，将倾斜直线向右平移 10。

（7）单击“默认”选项卡“修改”面板中的“复制”按钮，将平移后的倾斜直线进行复制，并向右平移1。

（8）单击“默认”选项卡“修改”面板中的“修剪”按钮，修剪图形，得到如图15-39f所示的结果，完成电流互感器的绘制。

（9）由于其他元器件都比较简单，这里不再介绍。将各元器件绘制完成后，用导线连接起来，并适当调整图形的大小和位置，就构成了附图1，如图15-40所示。

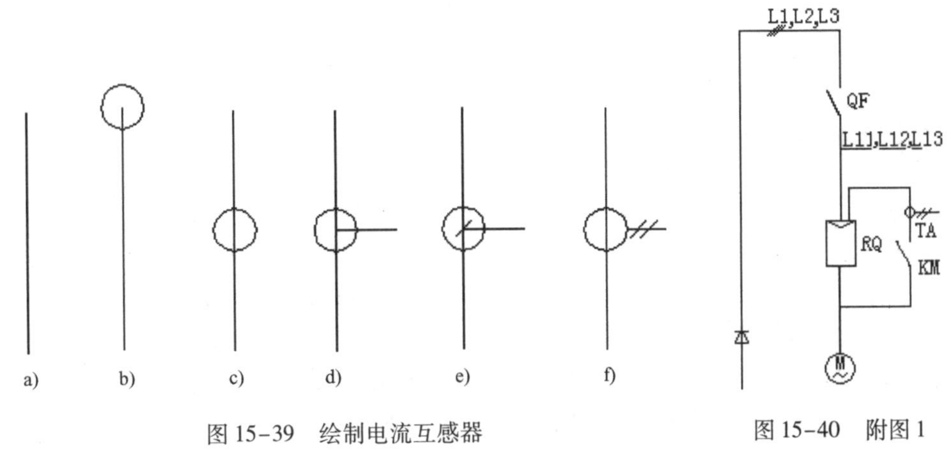


图15-39　绘制电流互感器　　　图15-40　附图1

## 15.3.4 绘制附图2

软起动器自动用旁路接触器取代已完成任务的晶闸管，为电动机正常运转提供额定电压，以降低晶闸管的热损耗，延长软起动器的使用寿命，提高其工作效率，又使电网避免了谐波污染。

（1）单击“默认”选项卡“绘图”面板中的“圆”按钮，绘制一个半径为2的圆。

（2）单击“默认”选项卡“修改”面板中的“复制”按钮，将上步绘制的圆进行复制，并向右平移4，如图15-41所示。

（3）单击“默认”选项卡“绘图”面板中的“直线”按钮，在对象捕捉绘图方式下，分别捕捉两个圆的圆心，绘制一条水平直线1，如图15-42所示。

（4）单击“默认”选项卡“修改”面板中的“拉长”按钮，将直线1向左右两端分别拉长4，结果如图15-43所示。

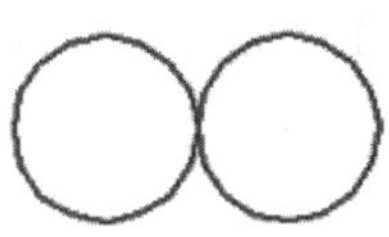

图15-41　复制圆

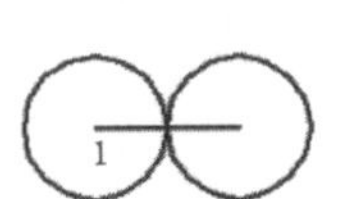


图15-42　绘制直线

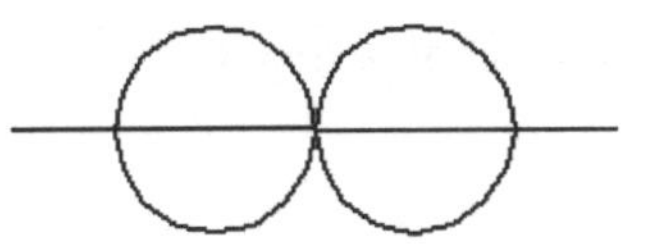

图15-43　拉长直线

（5）单击“默认”选项卡“修改”面板中的“复制”按钮，将直线复制，并向上平移1，如图15-44所示。

（6）单击“默认”选项卡“修改”面板中的“修剪”按钮，以水平直线为修剪边，对两个圆进行修剪，剪切掉水平直线下侧的半圆；单击“默认”选项卡“修改”面板中的

“删除”按钮，删除下侧水平直线，如图 15-45 所示，完成互感器的绘制。

（7）绘制连接线。将绘制好的互感器、接线头、接地线等图形符号插入到合适的位置，然后修剪图形，并添加文字注释，得到如图 15-46 所示的结果。

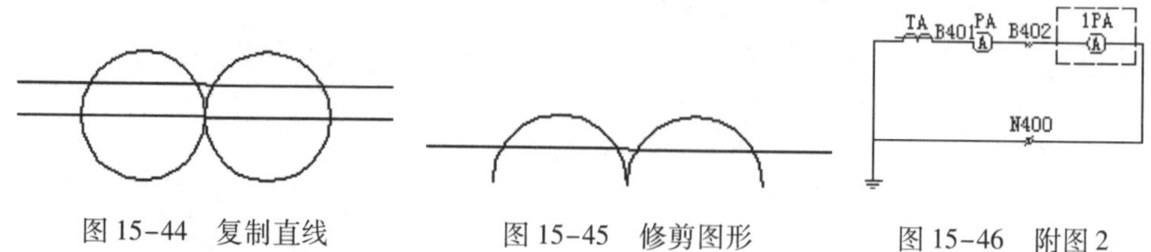


图 15-44 复制直线　图 15-45 修剪图形　图 15-46 附图 2

## 15.3.5 绘制附图 3

附图是对主电路的补充，该附图包括熔断器元件，熔断器的使用是对电路的保护。

（1）绘制连接线。单击“默认”选项卡“绘图”面板中的“直线”按钮，分别以坐标点（30，37）、（30，10）、（100，10）、（100，37）绘制 3 条直线，如图 15-47 所示。

（2）绘制并平移圆。单击“默认”选项卡“绘图”面板中的“圆”按钮，以点（30，10）为圆心，绘制一个半径为 3 的圆；然后单击“默认”选项卡“修改”面板中的“移动”按钮，将圆向右平移 35，结果如图 15-48 所示。

（3）修剪图形。单击“默认”选项卡“修改”面板中的“修剪”按钮，以圆作为修剪边，对连接线进行剪切，结果如图 15-49 所示。

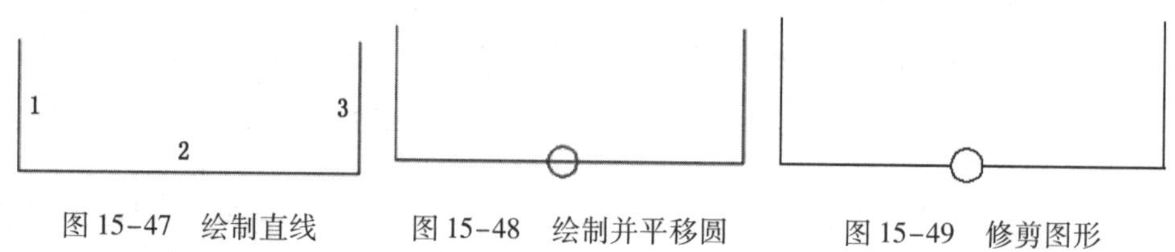


图 15-47 绘制直线　图 15-48 绘制并平移圆　图 15-49 修剪图形

（4）绘制矩形。单击“默认”选项卡“绘图”面板中的“矩形”按钮，分别绘制两个矩形，并平移到图形中，作为电阻的图形符号，如图 15-50 所示。

（5）绘制并平移圆。单击“默认”选项卡“绘图”面板中的“圆”按钮，在对象捕捉绘图方式下，分别捕捉两条竖直直线的上端点作为圆心，绘制两个半径为 1 的圆；然后单击“默认”选项卡“修改”面板中的“移动”按钮，将刚绘制的两个圆分别向上平移 1，如图 15-51 所示。

（6）添加注释文字。在图中相应的位置添加注释文字，如图 15-52 所示，完成附图 3 的绘制。

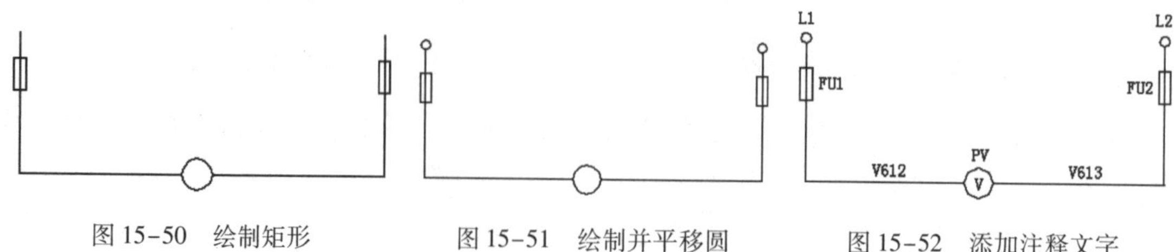


图 15-50 绘制矩形　图 15-51 绘制并平移圆　图 15-52 添加注释文字

# 15.4 绘制荧光灯调节器电路

当客人临门、欢度节日、幸逢喜事时，希望灯光通亮；而在休息、观看电视、照料婴儿时，就需要将灯光调暗一些。为了实现这种要求，可以用调节器调节灯光的亮度。图 15-53 所示为荧光灯的调节器电路图。绘图思路为：首先观察并分析图样的结构，绘制出大体的结构框图，也就是绘制出主要的电路图导线，然后绘制出各个电子元件，接着将各个电子元件插入到结构图中相应的位置，最后在电路图的适当位置添加相应的文字和注释说明，即可完成电路图的绘制。

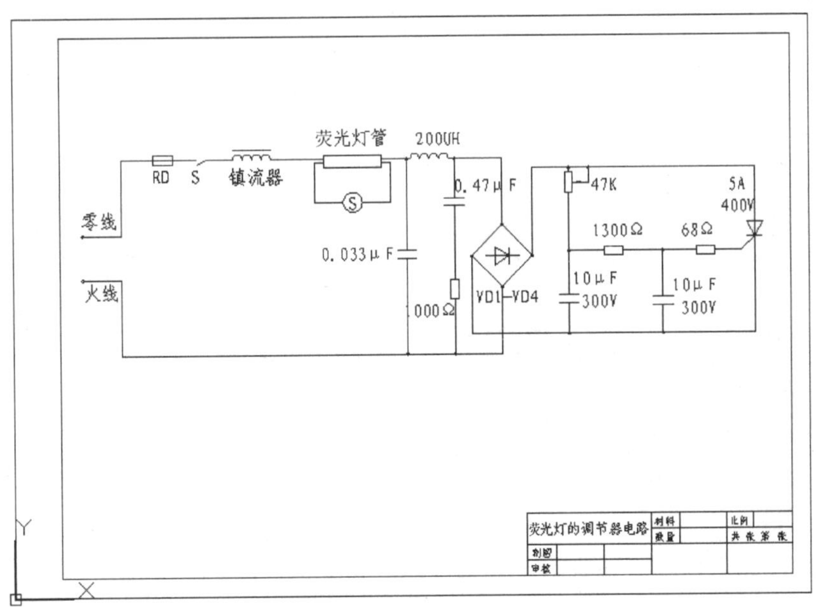


图 15-53　荧光灯的调节器电路

**【操作步骤】（实例演示\第 15 章\绘制荧光灯的调节器电路 . avi）**

## 15.4.1 设置绘图环境

电路图的绘图环境设置，包括文件的创建、保存、栅格的显示、图形界限的设定及图层的管理等。

（1）插入 A3 样板图。打开 AutoCAD 2018 应用程序，单击“快速访问”工具栏中的“打开”按钮，选择“源文件\样板图\A3－1 样板图 . dwt”样板文件。返回绘图区，选择的样板图就会出现在绘图区内，其中样板图左下角点坐标为（0，0），如图 15-54所示。

（2）设置图层。单击“默认”选项卡“图层”面板中的“图层特性”按钮，弹出“图层特性管理器”选项板，新建“连接线层”和“实体符号层”图层，图层的属性设置如图 15-55 所示，并将“连接线层”设为当前图层。

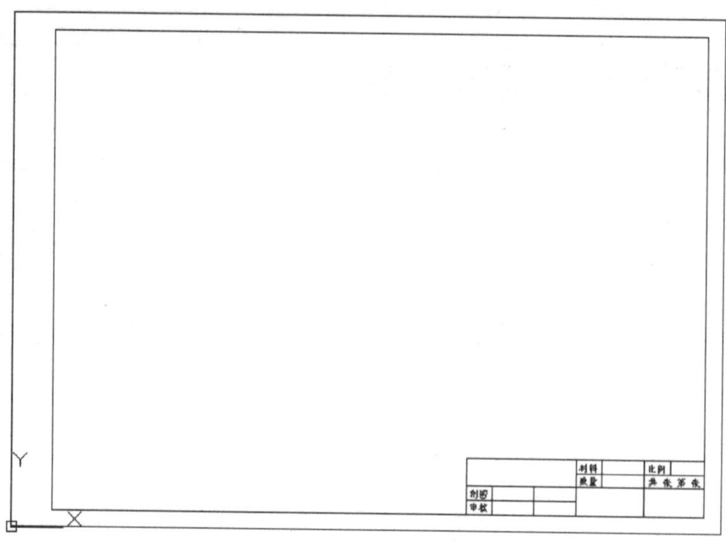

图 15-54　插入的 A3 样板图

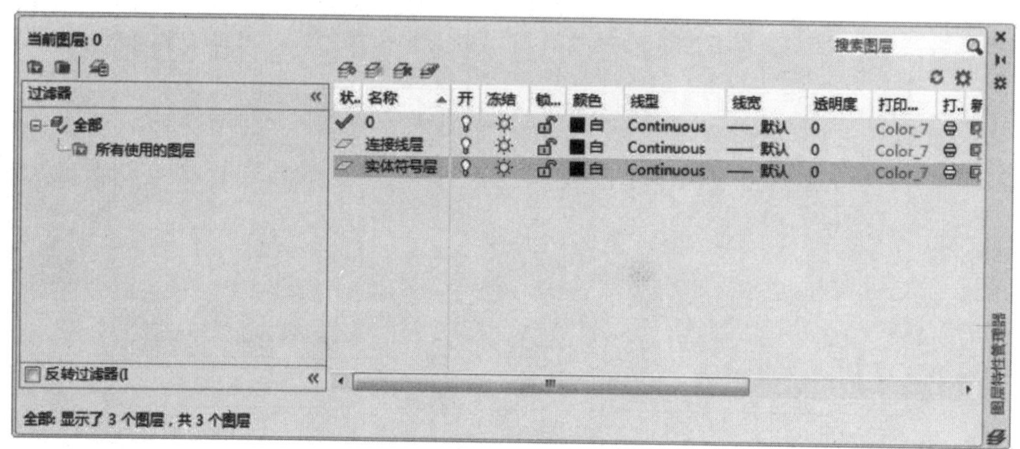


图 15-55　新建图层

## 15.4.2 绘制线路结构图

当接通电源时，由于灯管没有点燃，辉光起动器的辉光管上（管内的固定触头与倒 U 形双金属片之间）因承受了 220 V 的电源电压而辉光放电，使倒 U 形双金属片受热弯曲而与固定触头接触，电流通过镇流器及灯管两端的灯丝及辉光起动器构成回路。灯丝因有电流（起动电流）流过被加热而发射电子。

（1）绘制水平直线。单击“默认”选项卡“绘图”面板中的“直线”按钮，绘制一条长度为 200 的水平直线 *AB*；单击“默认”选项卡“修改”面板中的“偏移”按钮，将水平直线 *AB* 向下偏移 100 得到水平直线 *CD*，如图 15-56 所示。

（2）绘制竖直直线。单击“默认”选项卡“绘图”面板中的“直线”按钮，在正交和对象捕捉绘图方式下，捕捉点 *B* 作为竖直直线的起点绘制竖直直线 *BD*；单击“默认”选项卡“修改”面板中的“偏移”按钮，将竖直直线 *BD* 分别向左偏移 25 和 50 得到竖直直线 *EF* 和 *GH*，绘制结果如图 15-57 所示。

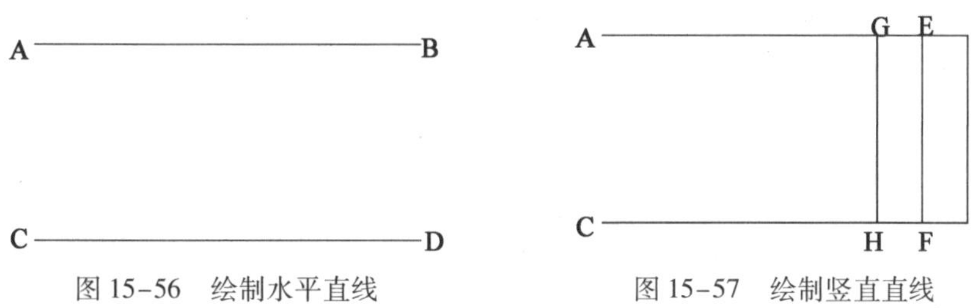


图 15-56 绘制水平直线　　图 15-57 绘制竖直直线

（3）绘制四边形。单击“默认”选项卡“绘图”面板中的“多边形”按钮，输入边数为 4，在对象捕捉绘图方式下，捕捉直线 *BD* 的中点为四边形的中心，输入内接圆的半径为 16，绘制的四边形如图 15-58 所示。

（4）旋转四边形。单击“默认”选项卡“修改”面板中的“旋转”按钮，选择绘制的四边形作为旋转对象，逆时针旋转 45°，旋转结果如图 15-59 所示。

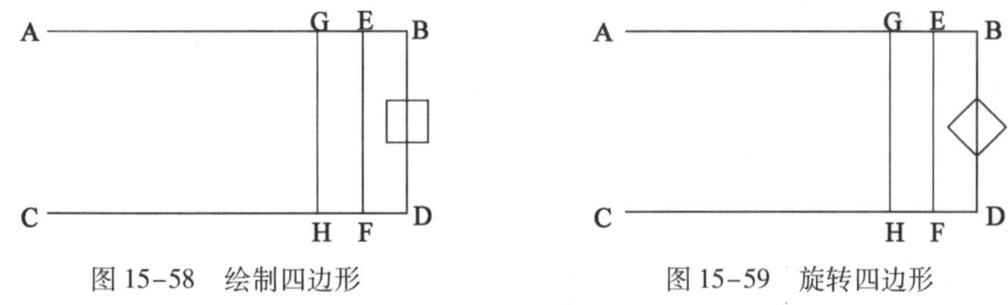


图 15-58 绘制四边形　　图 15-59 旋转四边形

（5）修剪图形。单击“默认”选项卡“修改”面板中的“修剪”按钮，选择需要修剪的对象范围后，命令行中提示选择需要修剪的对象，选择修剪对象修剪掉多余的线段，修剪结果如图 15-60所示。

（6）绘制多段线。单击“默认”选项卡“绘图”面板中的“多段线”按钮，在正交和对象捕捉绘图方式下，用鼠标左键捕捉四边形的一个角点 I 为起点，绘制一条多段线，如图 15-61 所示。其中，$IJ=40$，$JK=150$，$KL=85$。

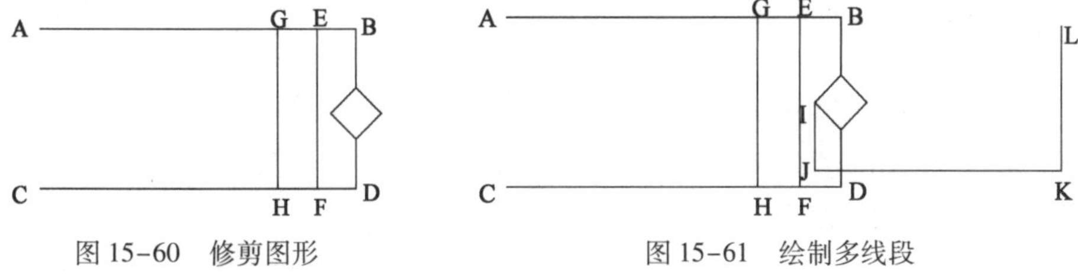


图 15-60 修剪图形　　图 15-61 绘制多线段

（7）按照上述类似的方法，绘制结构线路图中的其他线段，绘制结果如图 15-62 所示。

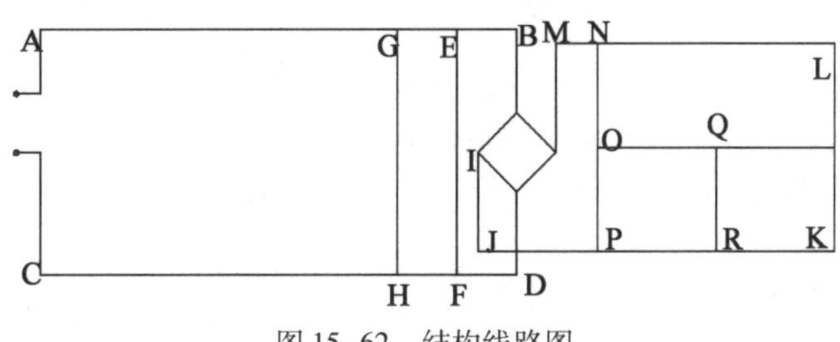


图 15-62 结构线路图

## 15.4.3 绘制各实体符号

荧光灯管的内壁涂有一层荧光物质，管两端装有灯丝电极，灯丝上涂有受热后易发射电子的氧化物，管内充有稀薄的惰性气体和水银蒸气。镇流器是一个带有铁心的电感线圈。辉光起动器由一个辉光管（管内由固定触头和倒U形双金属片构成）和一个小容量的电容组成，装在一个圆柱形的外壳内。

**1. 绘制熔断器**

（1）单击“默认”选项卡“绘图”面板中的“矩形”按钮，绘制一个长为10、宽为5的矩形。

（2）单击“默认”选项卡“修改”面板中的“分解”按钮，将矩形分解成为直线，如图15-63所示。

（3）在对象捕捉绘图方式下，单击“默认”选项卡“绘图”面板中的“直线”按钮，捕捉直线2和4的中点作为直线的起点和终点，如图15-64所示。

（4）单击“默认”选项卡“修改”面板中的“拉长”按钮，将直线5分别向左和向右拉长5，如图15-65所示，完成熔断器的绘制。

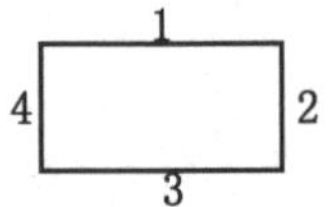

图15-63　绘制并分解矩形

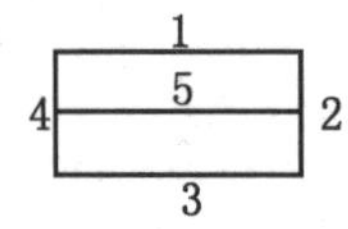

图15-64　绘制直线

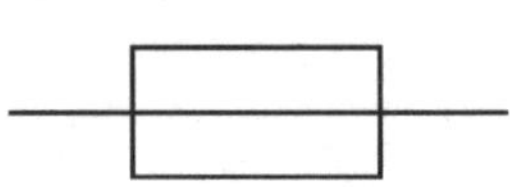
图15-65　拉长直线

**2. 绘制开关**

（1）单击“默认”选项卡“绘图”面板中的“直线”按钮，绘制一条长为5的直线1；重复“直线”命令，在对象捕捉绘图方式下，捕捉直线1的右端点作为新绘制直线的左端点，绘制长度为5的直线2；采用相同的方法绘制长度为5的直线3，结果如图15-66所示。

（2）单击“默认”选项卡“修改”面板中的“旋转”按钮，在对象捕捉绘图方式下，关闭正交功能，捕捉直线2的右端点，输入旋转的角度为30°，得到如图15-67所示的图形，完成开关符号的绘制。

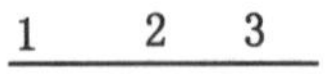

1　2　3

图15-66　绘制三段直线

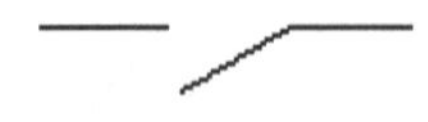
图15-67　绘制开关

**3. 绘制镇流器**

（1）单击“默认”选项卡“绘图”面板中的“圆”按钮，在适当的位置绘制一个半径为2.5的圆，如图15-68所示。

（2）单击“默认”选项卡“修改”面板中的“矩形阵列”按钮，将上步绘制的圆进行矩形阵列，设置行数为1，列数为4，行偏移为0，列偏移为5，阵列结果如图15-69所示。

（3）单击“默认”选项卡“绘图”面板中的“直线”按钮╱，在对象捕捉绘图方式下，捕捉圆1和圆4的圆心作为直线的起点和终点，绘制出水平直线，结果如图15-70所示。

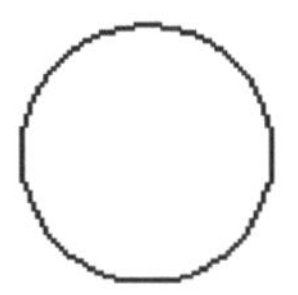

图15-68　绘制圆

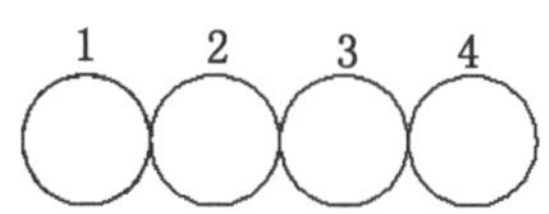

图15-69　绘制阵列圆

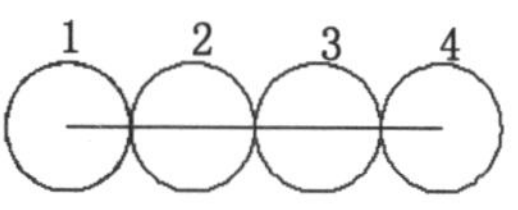

图15-70　绘制水平直线

（4）单击“默认”选项卡“修改”面板中的“拉长”按钮，将水平直线分别向左和向右拉长2.5，结果如图15-71所示。

（5）单击“默认”选项卡“修改”面板中的“修剪”按钮，以水平直线为修剪边，对圆进行修剪，结果如图15-72所示。

（6）单击“默认”选项卡“修改”面板中的“移动”按钮，将水平直线向上平移5，结果如图15-73所示，完成镇流器的绘制。

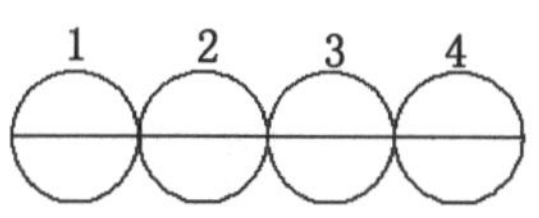

图15-71　拉长直线

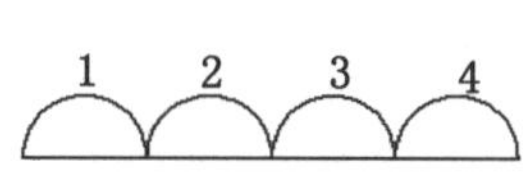

图15-72　修剪图形

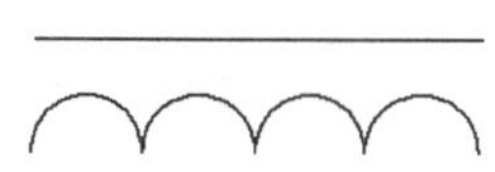
图15-73　镇流器

**4. 绘制荧光灯管和辉光起动器**

（1）单击“默认”选项卡“绘图”面板中的“矩形”按钮，绘制一个长为30、宽为6的矩形，如图15-74所示。

（2）单击“默认”选项卡“绘图”面板中的“直线”按钮╱，在正交和对象追踪绘图方式下，捕捉矩形左侧边上的一点作为直线的起点，向右边绘制一条长为35的水平直线，如图15-75所示。

图15-74　绘制矩形

图15-75　绘制水平直线

（3）单击“默认”选项卡“修改”面板中的“拉长”按钮，在对象捕捉绘图方式下，捕捉水平直线的左端点，将直线向左拉长5，结果如图15-76所示。

（4）单击“默认”选项卡“修改”面板中的“偏移”按钮，将拉伸后的水平直线向下偏移2，如图15-77所示。

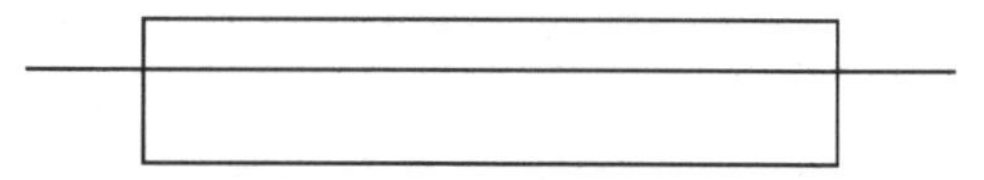
图15-76　拉长水平直线

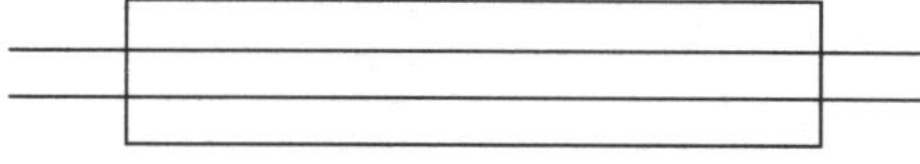
图15-77　偏移水平直线

（5）单击“默认”选项卡“修改”面板中的“修剪”按钮，选择矩形作为修剪边，对两条水平直线进行修剪，修剪结果如图15-78所示。

（6）单击“默认”选项卡“绘图”面板中的“多段线”按钮，在对象捕捉绘图方式下，捕捉如图 15-79 中所示的 *B*1 点作为多段线的起点，捕捉 *D*1 作为多段线的终点，绘制多段线，使得 *B*1*E*1 =20，*E*1*F*1 =40，*F*1*D*1 =20，结果如图 15-79 所示。

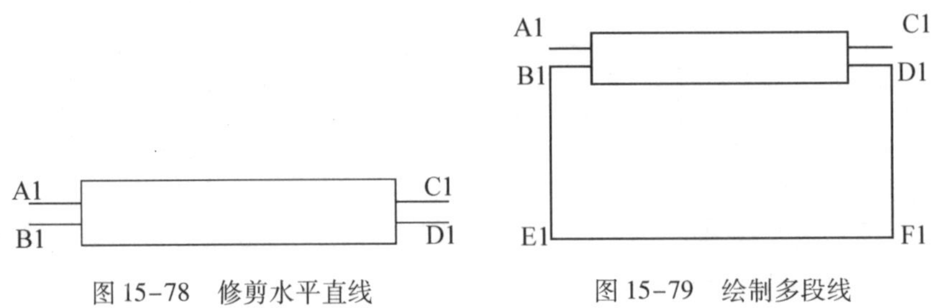


图 15-78　修剪水平直线　　　图 15-79　绘制多段线

（7）绘制圆并输入文字。单击“默认”选项卡“绘图”面板中的“圆”按钮，绘制一个半径为 5 的圆；单击“默认”选项卡“绘图”面板中的“多行文字”按钮A，在圆的中心输入文字“S”，结果如图 15-80 所示。

（8）单击“默认”选项卡“修改”面板中的“移动”按钮，在对象捕捉绘图方式下，关闭正交功能，选择如图 15-80 所示的图形作为移动对象，按〈Enter〉键，命令行中提示选择移动基点，捕捉圆心作为移动基点，并捕捉线段 *E*1*F*1 的中点作为移动插入点，平移结果如图 15-82 所示。

（9）单击“默认”选项卡“修改”面板中的“修剪”按钮，选择如图 15-80 所示图形中的圆作为剪切边，对直线 *E*1*F*1 进行修剪，修剪结果如图 15-82 所示，完成荧光灯管和辉光起动器的绘制。

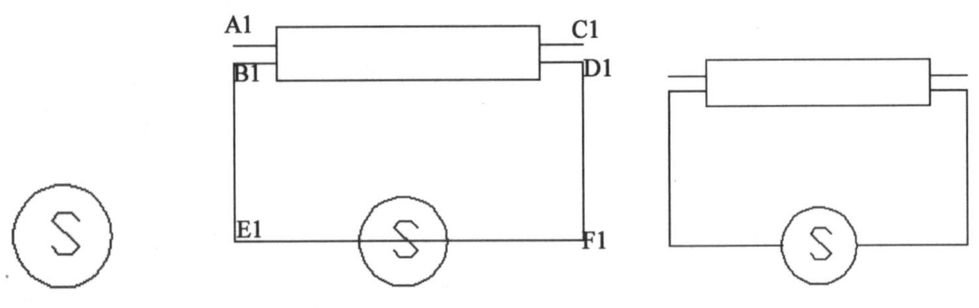


图 15-80　绘制圆并输入文字　　　图 15-81　平移图形　　　图 15-82　荧光灯管和辉光起动器

**5. 绘制电感线圈**

单击“默认”选项卡“修改”面板中的“复制”按钮，复制图 15-73 所示镇流器图形中的 4 个圆弧。结果如图 15-83 所示。

**6. 绘制电阻**

（1）单击“默认”选项卡“绘图”面板中的“矩形”按钮，绘制一个长为 10、宽为 4 的矩形，如图 15-84 所示。

（2）单击“默认”选项卡“绘图”面板中的“直线”按钮，在对象捕捉绘图方式下，分别捕捉矩形左、右两侧边的中点作为直线的起点，绘制两条长度为 2.5 的直线，绘制结果如图 15-85 所示。

图 15-83 复制电感线圈

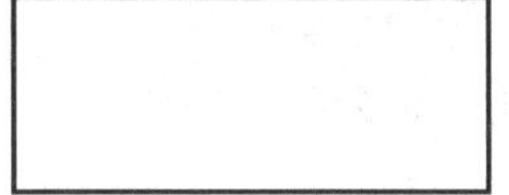
图 15-84 绘制矩形

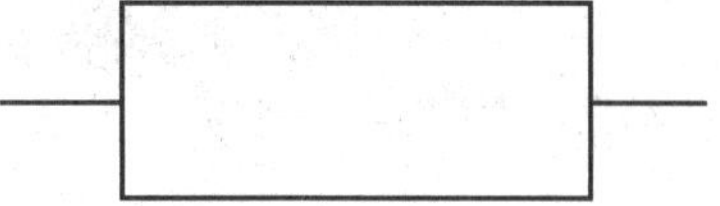
图 15-85 绘制电阻

**7. 绘制电容**

（1）单击“默认”选项卡“绘图”面板中的“直线”按钮，在正交绘图方式下，绘制一条长度为 10 的水平直线。

（2）单击“默认”选项卡“修改”面板中的“偏移”按钮，将上步绘制的直线向下偏移 4，偏移结果如图 15-86 所示。

（3）单击“默认”选项卡“绘图”面板中的“直线”按钮，在对象捕捉绘图方式下，分别捕捉两条水平直线的中点作为要绘制的竖直直线的起点，绘制两条长度为 2.5 的竖直直线，绘制结果如图 15-87 所示。

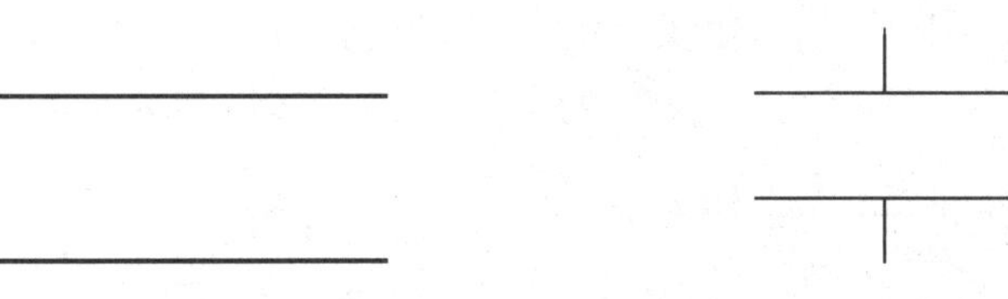
图 15-86 绘制并偏移直线　　图 15-87 绘制电容

**8. 绘制二极管**

（1）单击“默认”选项卡“绘图”面板中的“多边形”按钮，绘制一个等边三角形，将内接圆的半径设置为 5，如图 15-88 所示。

（2）单击“默认”选项卡“修改”面板中的“旋转”按钮，以顶点 $B$ 为旋转中心点，逆时针旋转 30°，旋转结果如图 15-89 所示。

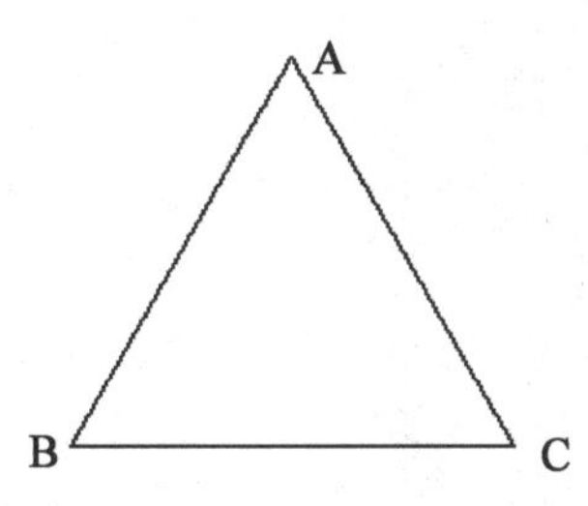

图 15-88 绘制等边三角形

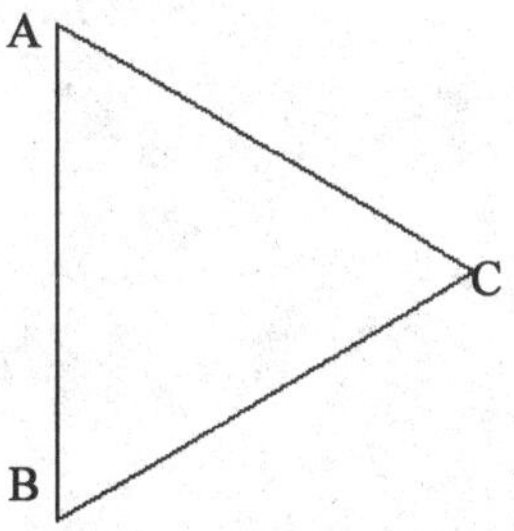

图 15-89 旋转等边三角形

（3）单击“默认”选项卡“绘图”面板中的“直线”按钮，在对象捕捉绘图方式下，捕捉线段 $AB$ 的中点和 $C$ 点作为水平直线的起点和终点绘制水平直线，结果如图 15-90 所示。

（4）单击“默认”选项卡“修改”面板中的“拉长”按钮，将第（3）步绘制的水平直线分别向左和向右拉长 5，结果如图 15-91 所示。

（5）单击“默认”选项卡“绘图”面板中的“直线”按钮，在正交绘图方式下，捕捉右侧顶点作为直线的起点，向上绘制一条长为 4 的竖直直线；单击“默认”选项卡“修改”面板中的“镜像”按钮，以水平直线为镜像线，将刚刚绘制的竖直直线进行镜像操作，结果如图 15-92 所示，完成二极管的绘制。

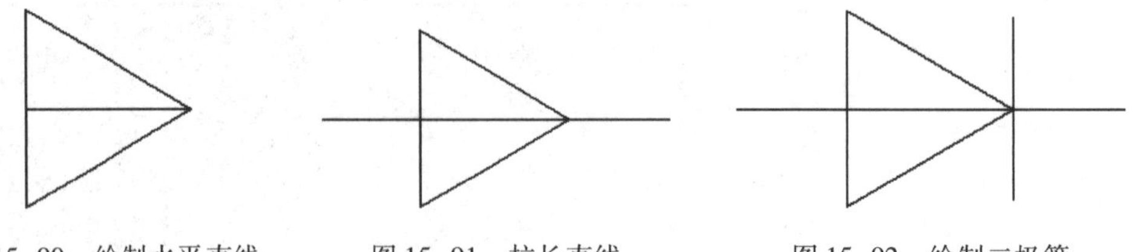

图 15-90　绘制水平直线　　图 15-91　拉长直线　　图 15-92　绘制二极管

**9. 绘制滑动变阻器**

（1）单击“默认”选项卡“修改”面板中的“复制”按钮，将图 15-85 所示绘制好的电阻复制一份，如图 15-93 所示。

（2）单击“默认”选项卡“绘图”面板中的“多段线”按钮，在对象捕捉绘图方式下，捕捉矩形上侧边的中点作为多线段的起点，绘制如图 15-94 所示的多段线。

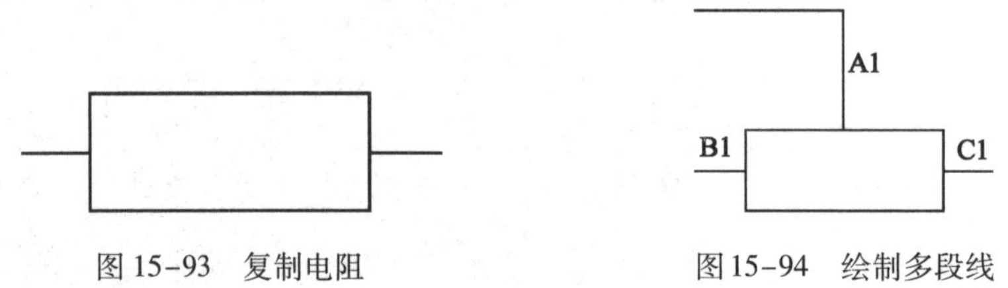


图 15-93　复制电阻　　图 15-94　绘制多段线

（3）单击“默认”选项卡“块”面板中的“插入块”按钮，弹出“插入”对话框，如图 15-95 所示；单击“浏览”按钮，选择“源文件\图块\箭头”图块，单击“确定”按钮；捕捉如图 15-94 所示的 *A*1 点作为“箭头”图块的插入点，然后输入箭头旋转的角度“0”，将箭头移动到合适的位置，如图 15-96 所示，完成滑动变阻器的绘制。

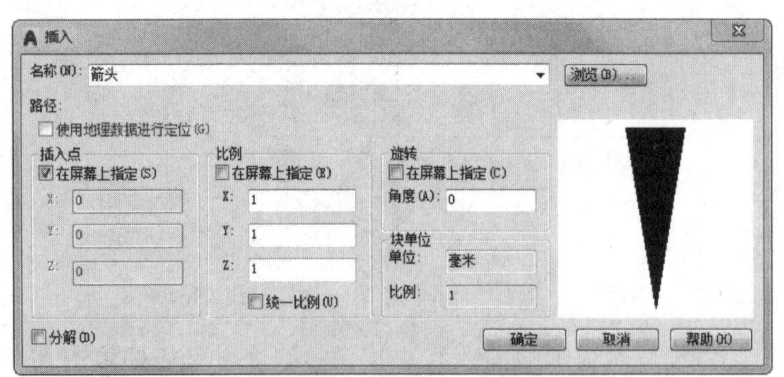


图 15-95　“插入”对话框

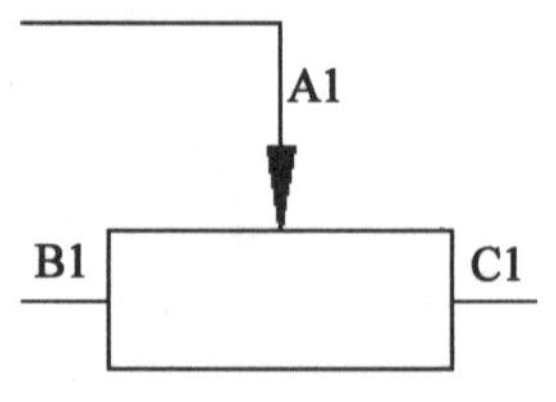


图 15-96　滑动变阻器

## 15.4.4　将实体符号插入到结构线路图

根据荧光灯调节器电路的原理图，将前面绘制好的实体符号插入到结构线路图合适的位置。由于在单独绘制实体符号时，符号大小以方便看清楚为标准，所以插入到结构线路中时，可能会出现不协调，这时可以根据实际需要调用“缩放”功能来及时调整。在插入实体符号的过程中，应结合对象捕捉、对象追踪或正交等功能，选择合适的插入点。下面选择几个典型的实体符号插入结构线路图。

（1）移动镇流器。将前面绘制的如图 15-97 所示的镇流器移动到如图 15-98 所示的导线 *AG* 合适的位置上，步骤如下：

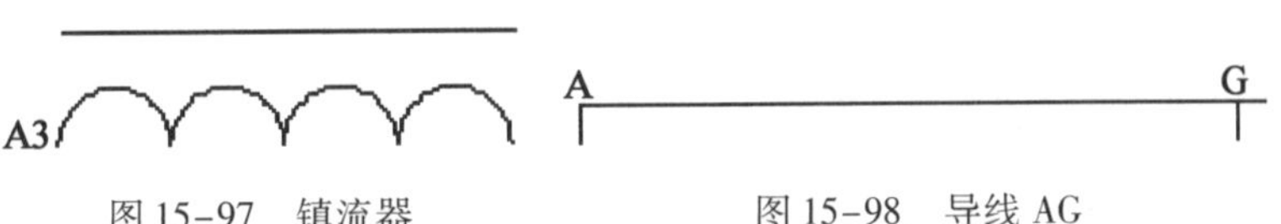


图 15-97　镇流器　　图 15-98　导线 AG

1）单击“默认”选项卡“修改”面板中的“移动”按钮，在对象捕捉绘图方式下，关闭正交功能，捕捉如图 15-97 所示的 *A*3 点，拖动图形，选择导线 *AG* 的左端点 *A* 作为图形的插入点，插入结果如图 15-99 所示。

2）单击“默认”选项卡“修改”面板中的“移动”按钮，在正交绘图方式下，捕捉镇流器的端点 *A*3 点作为移动基点，继续向右移动图形到合适的位置，移动结果如图 15-100 所示。

3）单击“默认”选项卡“修改”面板中的“修剪”按钮，对如图 15-100 所示的图形进行修剪，修剪结果如图 15-101 所示。

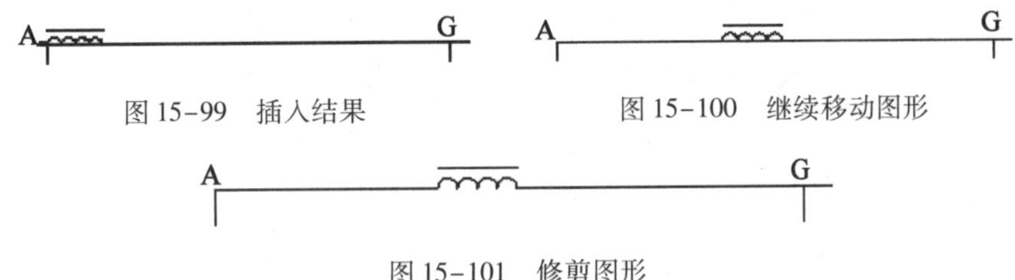


图 15-99　插入结果　　图 15-100　继续移动图形

图 15-101　修剪图形

（2）移动二极管。将前面绘制的如图 15-102 所示的二极管移动到如图 15-103 所示的结构线路图的四边形中。方法为：单击“默认”选项卡“修改”面板中的“移动”按钮，在对象捕捉绘图方式下，关闭正交功能，捕捉二极管的等边三角形中心的位置作为移动基点，将二极管移动到四边形中央，移动结果如图 15-104 所示。

图 15-102　二极管　　图 15-103　四边形　　图 15-104　移动二极管

（3）移动滑动变阻器。将如图 15-105 所示的滑动变阻器移动到如图 15-106 所示的导线 *NO* 上，步骤如下：

1）单击“默认”选项卡“修改”面板中的“旋转”按钮，在对象捕捉绘图方式下，捕捉滑动变阻器的端点 *B*1 作为旋转基点，将其旋转 270°（也就是 -90°），结果如图 15-107所示。

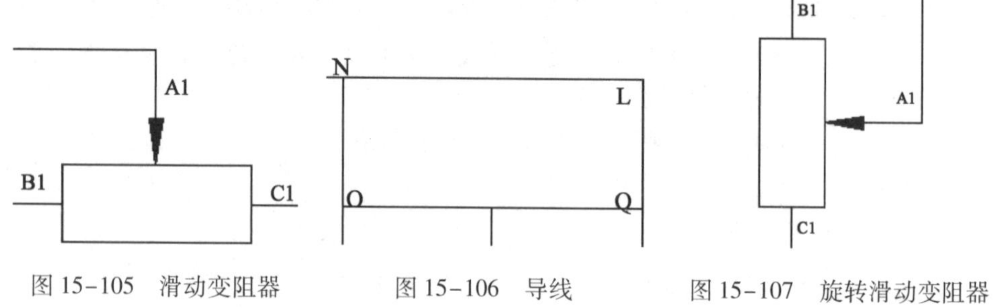


图 15-105　滑动变阻器　　图 15-106　导线　　图 15-107　旋转滑动变阻器

2）单击“默认”选项卡“修改”面板中的“移动”按钮✥，选择滑动变阻器作为移动对象，捕捉端点 *B*1 作为移动基点，将图形拖到导线处，捕捉导线端点 *N* 作为图形的插入点，结果如图 15-108 所示。

3）单击“默认”选项卡“修改”面板中的“修剪”按钮-/--，对图形进行适当的修剪，修剪结果如图 15-109 示。

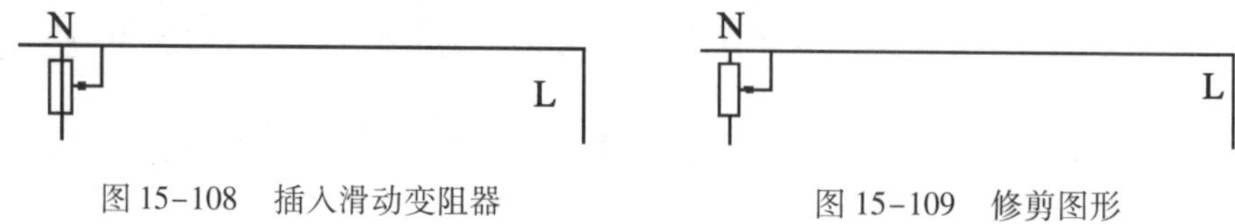


图 15-108　插入滑动变阻器　　图 15-109　修剪图形

（4）其他的符号图形同样可以按照上面类似的方法进行平移、修剪，这里就不再一一列举了。将所有电气符号插入到结构线路图中，结果如图 15-110 所示。

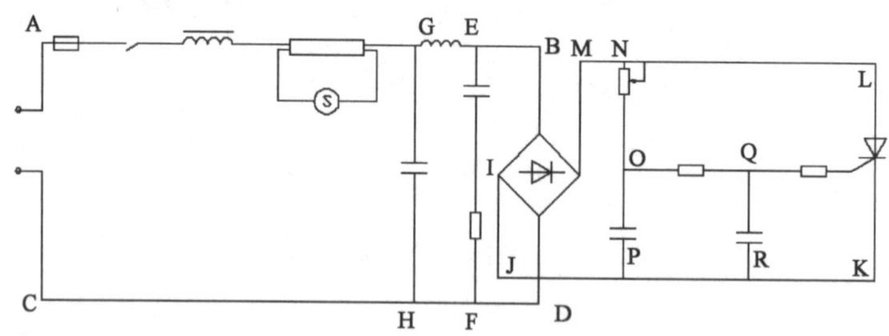


图 15-110　插入各图形符号到结构线路图中

（5）需要注意的是，如图 15-110 中所示各导线之间的交叉点处并没有表明是实心还是空心，这对读图也是一项很大的障碍。根据荧光灯的调节器的工作原理，在适当的交叉点处加上实心圆。加上实心交点后的图形如图 15-111 所示。

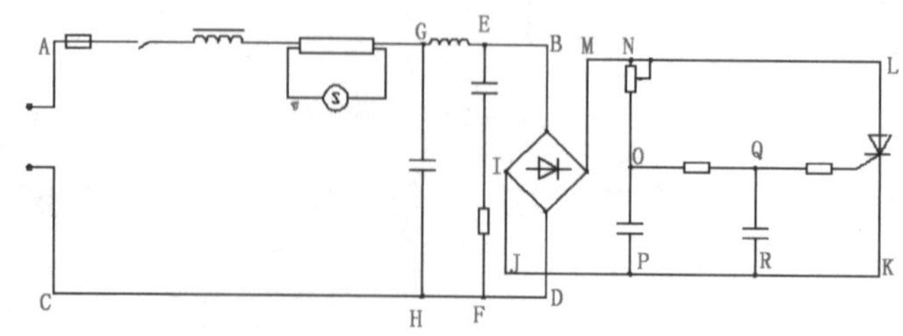


图 15-111　加入实心交点后的图形

### 15.4.5 添加文字和注释

本节主要对元件的名称一一对应注释，以方便读者快速地读懂图样。

（1）单击“默认”选项卡“注释”面板中的“文字样式”按钮，弹出“文字样式”对话框，如图 15-112 所示；单击“新建”按钮，弹出“新建样式”对话框，设置样式名为“注释”，单击“确定”按钮回到“文字样式”对话框。

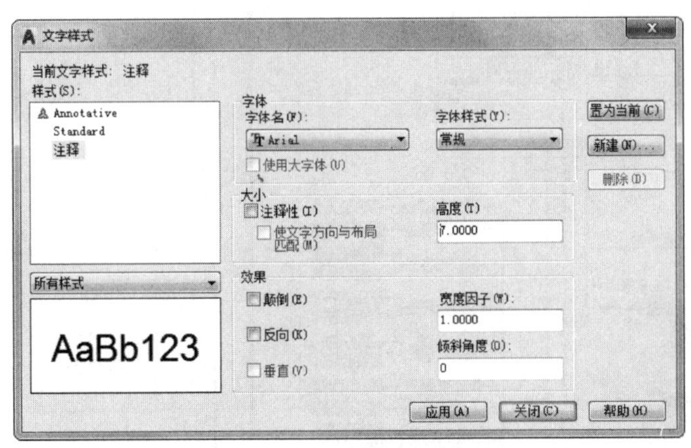


图 15-112 “文字样式”对话框

（2）在“字体名”下拉列表框中选择“仿宋_GB2312”选项，设置“高度”为“7”，“宽度因子”为“1”，“倾斜角度”为默认值“0”；将“注释”样式置为当前文字样式，单击“应用”按钮。

（3）单击“默认”选项卡“注释”面板中的“多行文字”按钮A，在需要注释的地方画定一个矩形框，弹出“文字格式”工具栏。

（4）选择“注释”作为文字样式，根据需要可以调整文字的高度，还可以选择“左对齐”“居中”和“右对齐”等选项调整文字的位置，结果如图 15-113 所示。

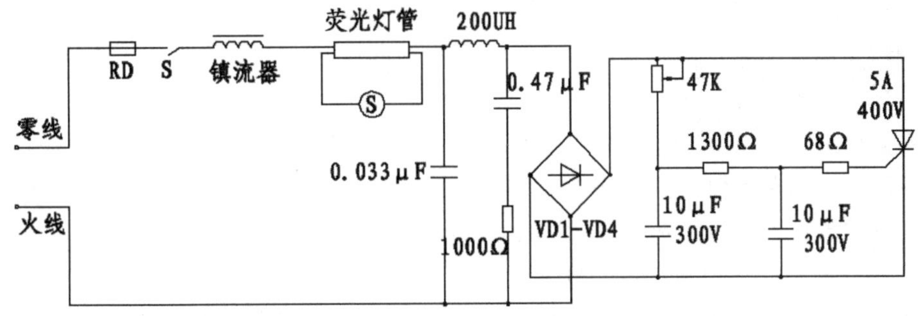


图 15-113 添加文字和注释

## 15.5 绘制网络拓扑图

网络拓扑图是表示网络结构的图样，本节介绍某学校网络拓扑图的绘制方法。其绘制思路为：先绘制网络组件，然后分部分绘制网络结构，最终将各部分的网络连接起来，从而得到整个网络的拓扑结构，如图15-114所示。

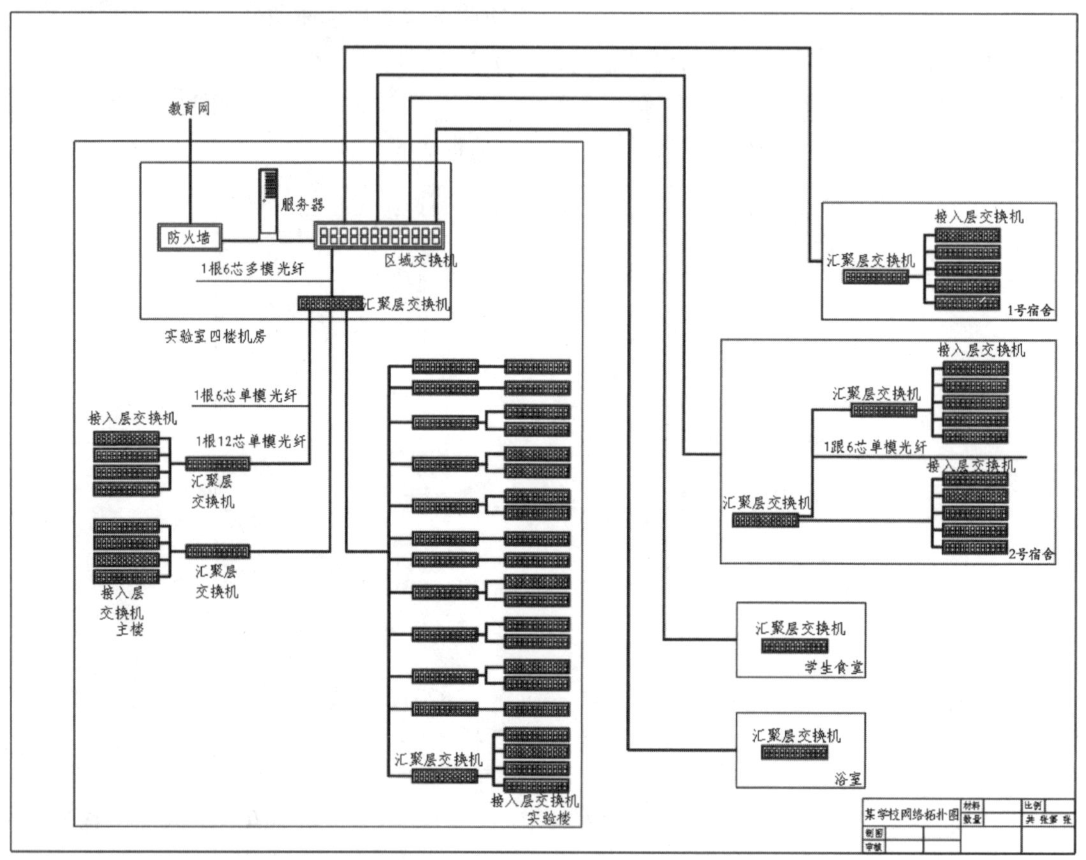


图15-114　某学校网络拓扑图

**【操作步骤】（实例演示\第15章\绘制网络拓扑图.avi）**

## 15.5.1 设置绘图环境

网络拓扑结构是指用传输媒体互联各种设备的物理布局（将参与LAN工作的各种设备用媒体互联在一起有多种方法，但是实际上只有几种方式能适合LAN的工作）。网络拓扑图是指由网络节点设备和通信介质构成的网络结构图。

（1）建立新文件。打开AutoCAD 2018应用程序，选择“源文件\样板图\A1样板图.dwt”样板文件作为模板，建立新文件，将其命名为“某学校网络拓扑图.dwg”。

（2）设置图层。单击“默认”选项卡“图层”面板中的“图层特性”按钮，弹出“图层特性管理器”选项板，新建“连线层”和“部件层”两个图层，并将“部件层”图层设置为当前图层。

## 15.5.2 绘制部件符号

拓扑图给出了网络服务器、工作站的网络配置和相互间的连接，它的结构主要有星形结构、环形结构、总线结构、分布式结构、树形结构、网状结构和蜂窝状结构等。

**1. 绘制汇聚层交换机示意图**

因为该网络拓扑图中汇聚层交换机比较多，所以把汇聚层交换机设置为块。

（1）单击“默认”选项卡“绘图”面板中的“矩形”按钮，绘制两个矩形，矩形的尺寸分别为300×60和290×50；在矩形内绘制一个小矩形，小矩形的尺寸为15×15，位置尺寸如图15-115所示。

图15-115　绘制矩形

（2）单击“默认”选项卡“修改”面板中的“矩形阵列”按钮，选择阵列对象为小矩形，设置阵列行数为2，列数为12，行间距为-19，列间距为23.5，阵列结果如图15-116所示。

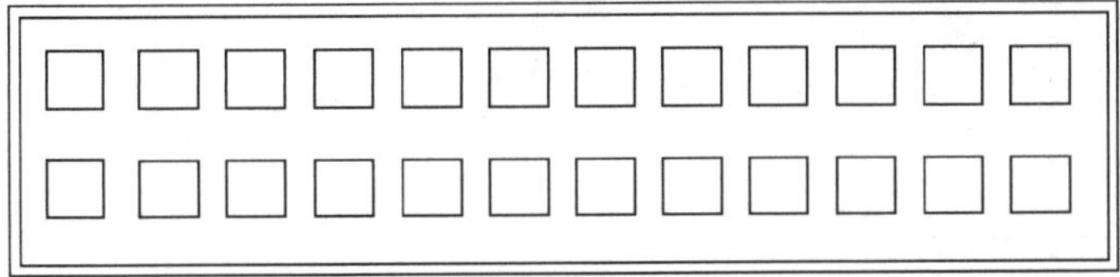

图15-116　阵列矩形

（3）单击“插入”选项卡“块定义”面板中的“创建块”按钮，打开“块定义”对话框，将块的名称定义为“汇聚交换机”。

**2. 绘制服务器示意图**

（1）单击“默认”选项卡“绘图”面板中的“矩形”按钮，绘制两个矩形，大矩形的尺寸为80×320，小矩形的尺寸为70×280。

（2）单击“默认”选项卡“绘图”面板中的“直线”按钮，绘制一条中心线，结果如图15-117所示；重复“直线”命令，在左下角绘制一条斜线和一条水平线，绘制的位置及尺寸如图15-118所示。

（3）单击“默认”选项卡“绘图”面板中的“圆”按钮，绘制一个直径为6的圆；单击“默认”选项卡“修改”面板中的“镜像”按钮，将第（2）步绘制的水平直线和斜直线进行镜像，结果如图15-119所示。

（4）单击“默认”选项卡“修改”面板中的“删除”按钮，删除中心线；再单击“默认”选项卡“绘图”面板中的“矩形”按钮，绘制一个长为40、宽为5的矩形，矩形的位置尺寸如图15-120所示。

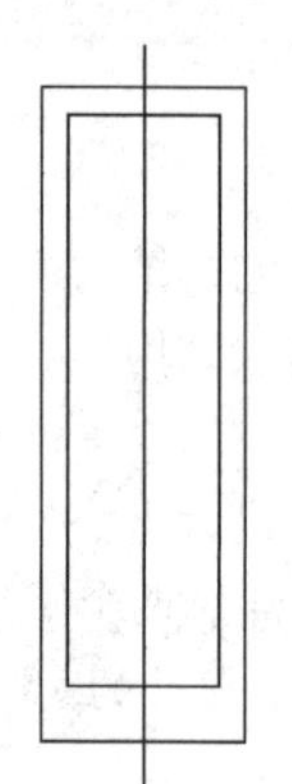
图 15-117　绘制矩形和中心线

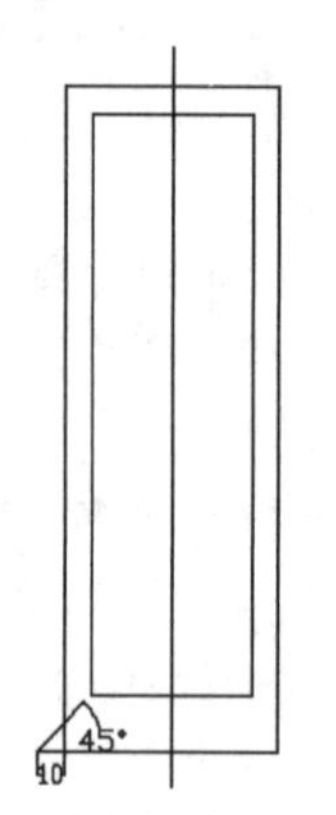

图 15-118　绘制斜直线和水平直线

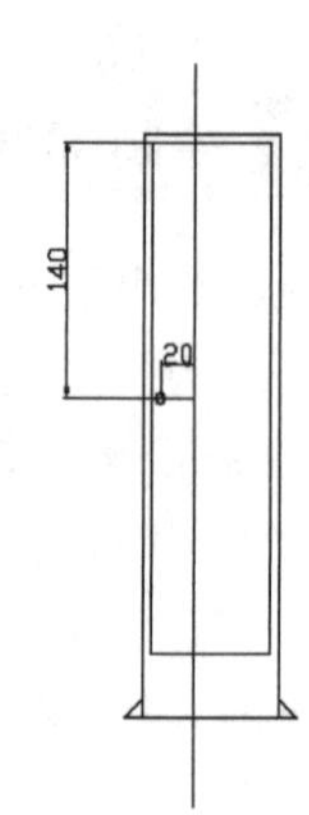

图 15-119　镜像图形

（5）单击“默认”选项卡“修改”面板中的“矩形阵列”按钮，设置行数为 9，列数为 1，行间距为 -13，阵列结果如图 15-121 所示。

**3. 绘制防火墙示意图**

（1）单击“默认”选项卡“绘图”面板中的“矩形”按钮，绘制两个矩形，大矩形的尺寸为 150 ×60，小矩形的尺寸为 140 ×50。

（2）单击“默认”选项卡“注释”面板中的“多行文字”按钮A，在矩形内添加文字“防火墙”，结果如图 15-122 所示。

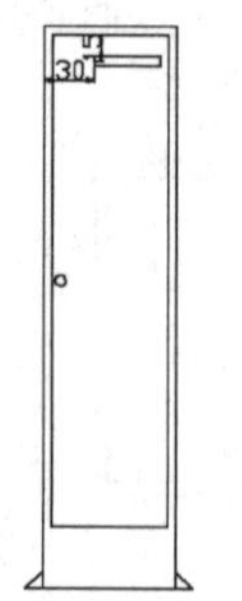

图 15-120　删除中心线、绘制矩形

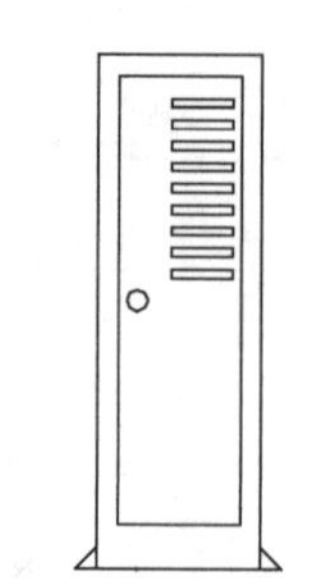
图 15-121　阵列图形

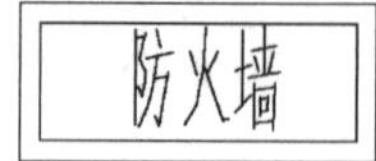

图 15-122　防火墙示意图

## 15.5.3 绘制局部图

拓扑结构具有费用低、数据端用户入网灵活、站点或某个端用户失效不影响其他站点或端用户通信的优点。

（1）绘制 1 号宿舍示意图。单击“默认”选项卡“块”面板中的“插入块”按钮，将交换机摆放成如图 15-123 所示的位置，单击“默认”选项卡“绘图”面板中的“多段线”按钮，将它们连接起来；单击“默认”选项卡“绘图”面板中的“矩形”按钮，在外轮廓上绘制一个矩形，并添加文字注释，表示这个部分为 1 号宿舍。

（2）绘制 2 号宿舍示意图。采用相同的方法，将交换机摆放成如图 15-124 所示的位置，单击“默认”选项卡“绘图”面板中的“多段线”按钮，将它们连接起来；单击“默认”选项卡“绘图”面板中的“矩形”按钮，在外轮廓上绘制一个矩形，并添加文字注释，表示这个部分为 2 号宿舍。

（3）绘制学生食堂和浴室示意图。采用相同的方法绘制学生食堂和浴室示意图，结果如图 15-125 所示。

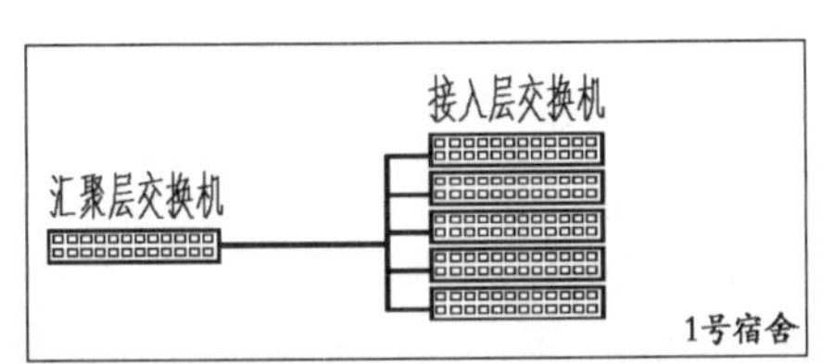


图 15-123 1 号宿舍示意图

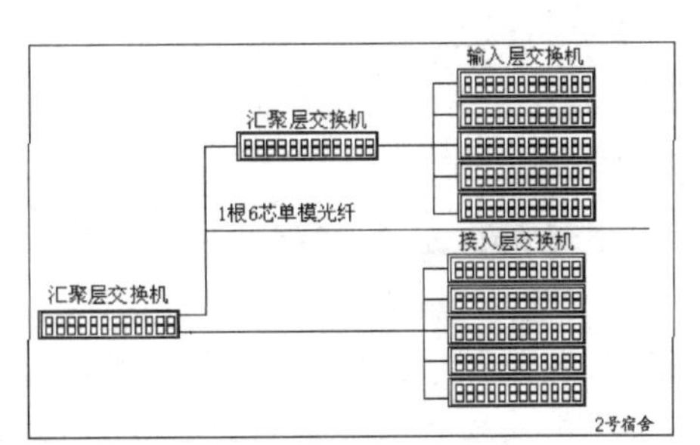


图 15-124 2 号宿舍示意图

（4）绘制实验楼示意图。单击“默认”选项卡“修改”面板中的“复制”按钮，将交换机摆放在适当的位置；单击“默认”选项卡“绘图”面板中的“多段线”按钮，将它们连接起来，并添加文字注释结果如图 15-126 所示。

图 15-125 学生食堂和浴室示意图

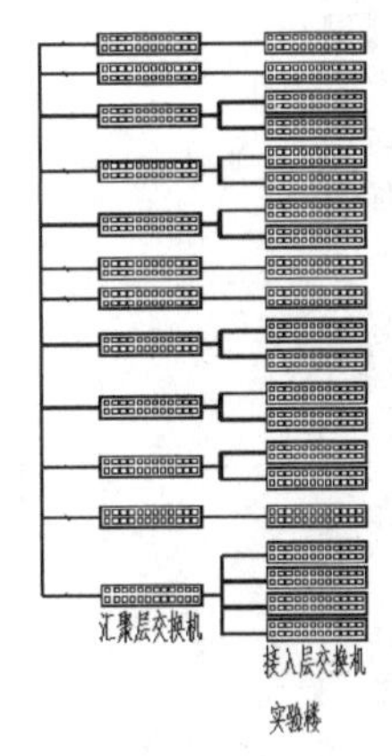


图 15-126 实验楼示意图

（5）绘制主楼示意图。单击“默认”选项卡“修改”面板中的“复制”按钮，复制实验楼的接入层交换机和汇聚层交换机，并对其位置进行调整，然后添加文字注释，结果如图 15-127 所示。

（6）绘制实验室四楼机房示意图。将部件放到合适的位置上，单击“默认”选项卡“绘图”面板中的“多段线”按钮，将它们连接起来；选择菜单栏中的“绘图”→“文字”→“单行文字”命令，在图样上加上标注，如图 15-128 所示。

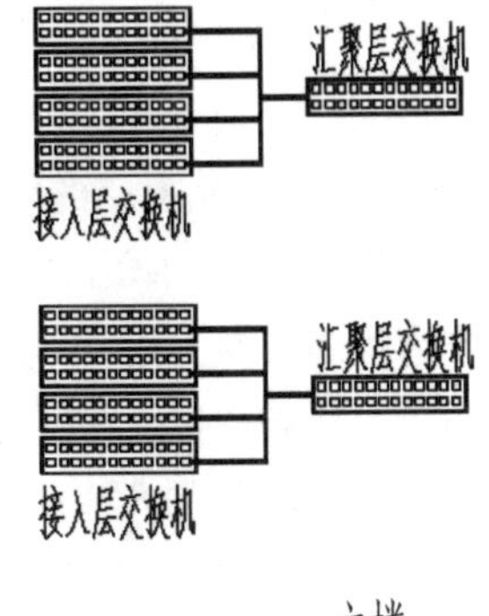


图 15-127 主楼示意图

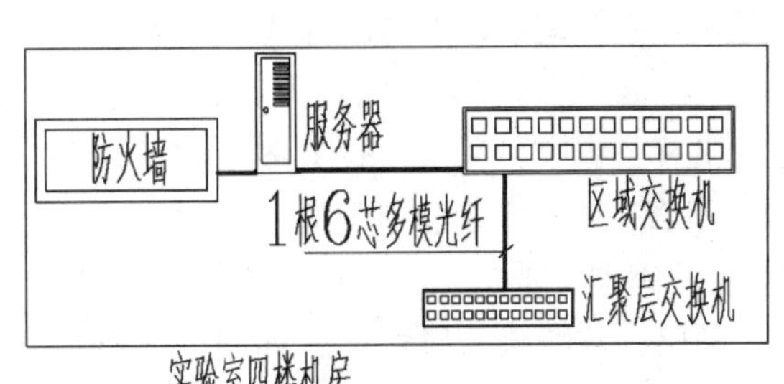


图 15-128 实验室四楼机房示意图

（7）最后将以上六部分放入到图中适当的位置并用线连接，就可以得到如图 15-114 所示的图形。

## 15.6　绘制工厂低压系统图

图 15-129 所示为某工厂的低压系统图，其绘制思路为：①绘制大致的轮廓线；②绘制各电气元器件；③绘制各主要模块；④将各模块插入轮廓图中；⑤添加注释；⑥绘制表格。

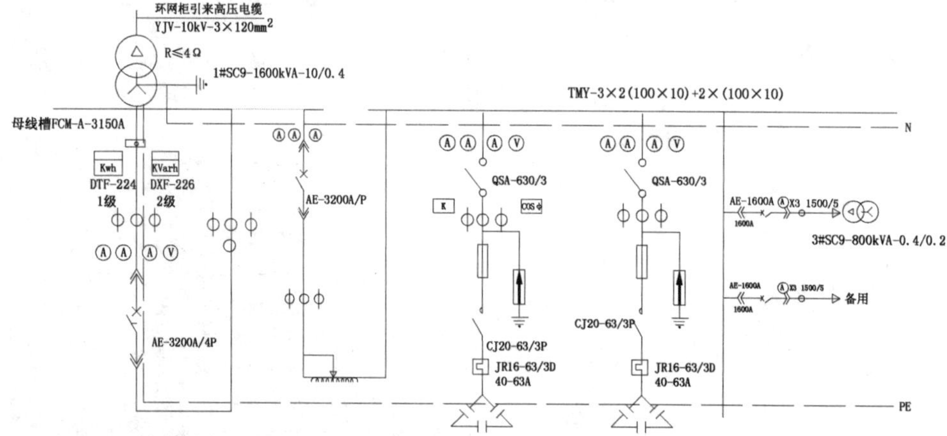


| 配电柜编号 | | 1P1 | 1P2 | 1P3 | 1P4 | 1P5 |
|---|---|---|---|---|---|---|
| 配电柜型号 | | GCK | GCK | GCJ | GCJ | GCK |
| 配电柜框宽 | | 1000 | 1800 | 1000 | 1000 | 1000 |
| 配电柜用途 | | 计量进线 | 干式稳压器 | 电容补偿柜 | 电容补偿柜 | 馈电柜 |
| 主要元件 | 隔离开关 | | | QSA-630/3 | QSA-630/3 | |
| | 断路器 | AE-3200A/4P | AE-3200A/3P | CJ20-63/3 | CJ20-63/3 | AE-1600AX2 |
| | 电流互感器 | 3×LMZ2-0.66-2500/5<br>4×LMZ2-0.66-3000/5 | 3×LMZ2-0.66-3000/5 | 3×LMZ2-0.66-500/5 | 3×LMZ2-0.66-500/5 | 6×LMZ2-0.66-1500/5 |
| | 仪表规格 | DTF-224 1级　6L2-A×3<br>DXF-226 2级　6L2-V×1 | 6L2-A×3 | 6L2-A×3 6L2-COSφ | 6L2-A×3 | 6L2-A |
| 负荷名称/容量 | | SC9-1600kVA | 1600kVA | 12×30=360kVAR | 12×30=360kVAR | |
| 母线及进出线电缆 | | 母线槽FCM-A-3150A | | 配十二步自动投切 | 与主柜联动 | |

图 15-129　工厂低压系统图

**【操作步骤】（实例演示\第 15 章\绘制工厂低压系统图.avi）**

### 15.6.1　设置绘图环境

在绘制电路图之前，需要进行基本的操作，包括文件的创建、保存及图层的管理。

（1）建立新文件。单击“快速访问”工具栏中的“新建”按钮，弹出“选择样板”对话框，选择“源文件\样板图\A3 样板图.dwt”样板文件作为模板新建文件。

（2）设置图层。单击“默认”选项卡“图层”面板中的“图层特性”按钮，弹出“图层特性管理器”选项板，新建“连接导线层”“轮廓线层”“实体符号层”和“中心线层”4 个图层，各图层的属性设置如图 15-130 所示，并将“中心线层”图层设置为当前图层。

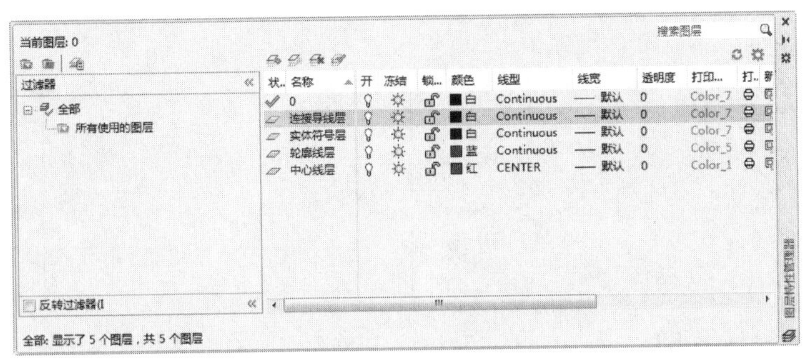


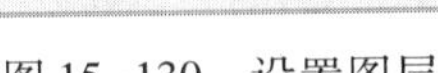
图 15-130　设置图层

## 15.6.2 绘制图样布局

在绘制系统图时，首先需要对线路进行绘制，以方便后面的模块的放置。

（1）绘制水平边界线。单击“默认”选项卡“绘图”面板中的“直线”按钮，绘制水平直线。

（2）偏移水平边界线。单击“默认”选项卡“修改”面板中的“偏移”按钮，将上步绘制的水平直线向下偏移3000，如图15-131所示。

（3）绘制竖直边界线。单击“默认”选项卡“绘图”面板中的“直线”按钮，在对象捕捉绘图方式下，分别捕捉两水平直线的左端点，绘制竖直直线。

（4）偏移直线。单击“默认”选项卡“修改”面板中的“偏移”按钮，将竖直直线依次向右偏移，偏移后相邻直线间的距离依次为1000、820、1000、1000、2000和3200，结果如图15-132所示，完成图样布局的绘制。

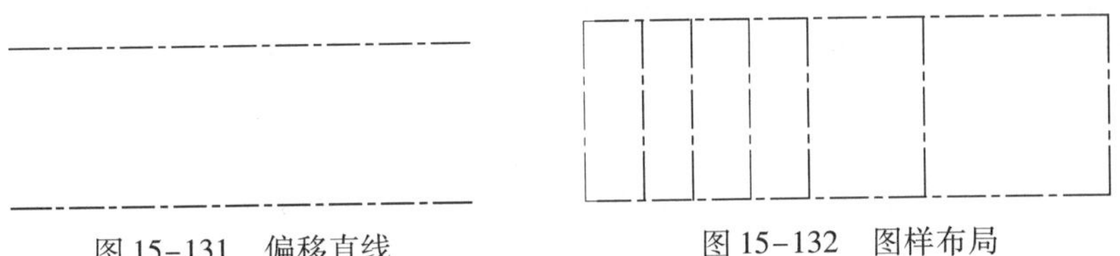
图 15-131　偏移直线　　图 15-132　图样布局

## 15.6.3 绘制电气元件图形符号

工厂低压系统图中主要包括隔离开关、断路器等电气元件。

**1. 绘制隔离开关**

（1）将“实体符号层”图层设置为当前图层。单击“默认”选项卡“绘图”面板中的“直线”按钮，绘制坐标为(100,50)，(100,100)的竖直直线。

（2）单击“默认”选项卡“绘图”面板中的“圆”按钮，在对象捕捉绘图方式下，捕捉直线的上端点，以其为圆心，绘制一个半径为4的圆，如图15-133所示。

（3）单击“默认”选项卡“修改”面板中的“移动”按钮，将第（2）步绘制的圆向下平移10，结果如图15-134所示。

（4）采用相同的方法，绘制一个圆心距直线的下端点为10的圆，圆的半径为4，如图15-135所示。

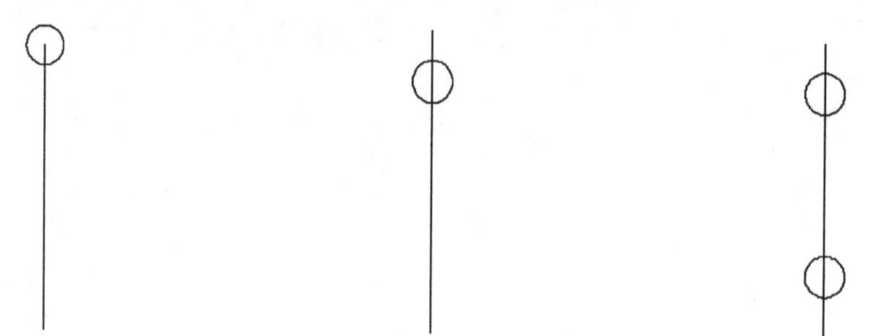

图 15-133　绘制直线和圆　　图 15-134　平移圆　　图 15-135　绘制圆

（5）单击“默认”选项卡“绘图”面板中的“直线”按钮，在对象捕捉和极轴追踪绘图方式下捕捉下侧圆的圆心为起点，绘制一条与竖直方向夹角为40°、长度为23的直线，如图15-136所示。

（6）单击“默认”选项卡“修改”面板中的“修剪”按钮，分别以两个圆为修剪边，对竖直直线进行修剪，如图15-137所示，完成隔离开关的绘制。

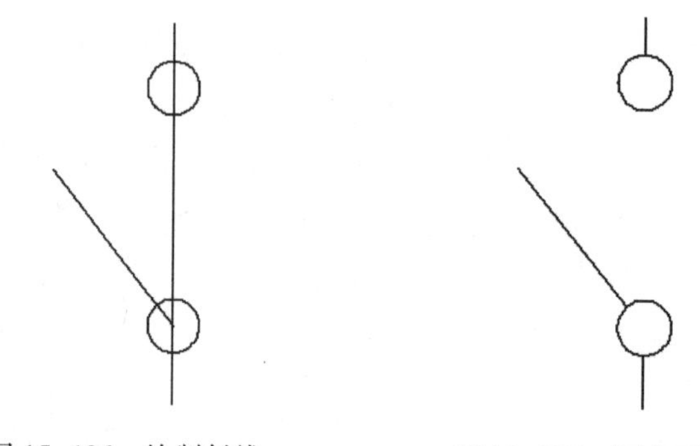

图 15-136　绘制斜线　　图 15-137　隔离开关

**2. 绘制断路器1**

（1）单击“默认”选项卡“绘图”面板中的“直线”按钮，绘制坐标为(100,0)，(130,0)的水平直线1。

（2）单击“默认”选项卡“绘图”面板中的“直线”按钮，在极轴追踪和对象捕捉绘图方式下捕捉直线1的左端点为起点，绘制一条与水平方向夹角为60°、长度为9的倾斜直线2，如图15-138所示。

（3）单击“默认”选项卡“修改”面板中的“复制”按钮，将直线2向右复制平移4，得到直线3，如图15-139所示。

（4）单击“默认”选项卡“修改”面板中的“镜像”按钮，选择直线2和直线3为镜像对象，以直线1为镜像线进行镜像操作，得到直线4和直线5，如图15-140所示。

（5）单击“默认”选项卡“修改”面板中的“旋转”按钮，将绘制的图形以直线1的右端点$O$为旋转基点进行旋转复制操作，旋转角度为180°，结果如图15-141所示。

（6）单击“默认”选项卡“绘图”面板中的“直线”按钮，在对象捕捉和极轴追踪绘图方式下捕捉点$O$为起点绘制4条长度为5的直线，这4条直线与水平直线的夹角分别为60°、120°、240°和300°。

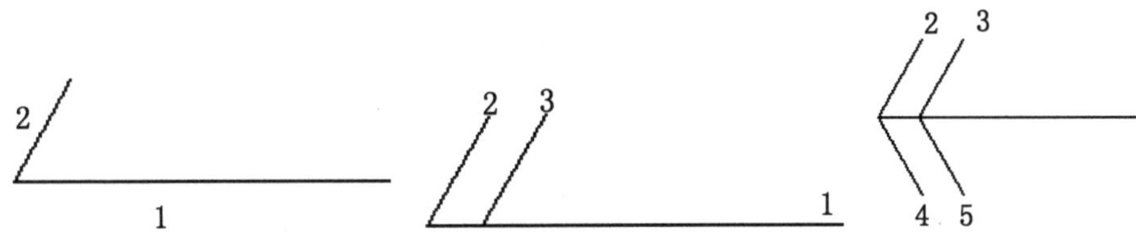


图 15-138　绘制直线　　图 15-139　复制直线　　图 15-140　镜像直线

（7）单击“默认”选项卡“修改”面板中的“移动”按钮，将第（6）步绘制的 4 条倾斜直线向左平移 3，如图 15-142 所示。

（8）单击“默认”选项卡“绘图”面板中的“直线”按钮，在对象捕捉和极轴追踪绘图方式下捕捉点 *O* 并以其为起点，绘制一条与水平方向夹角为 30°、长度为 9 的直线。

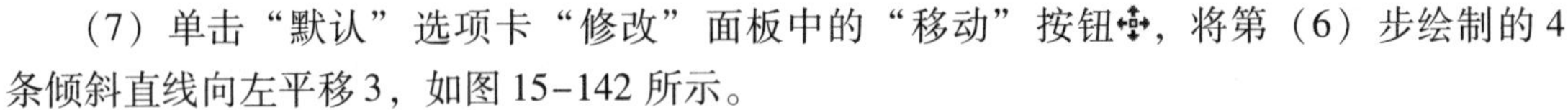

图 15-141　旋转复制图形　　图 15-142　绘制并移动倾斜直线

（9）单击“默认”选项卡“修改”面板中的“移动”按钮，将第（8）步绘制的直线向右平移 9，如图 15-143 所示。

（10）单击“默认”选项卡“修改”面板中的“修剪”按钮，以倾斜直线为修剪边，对水平直线进行修剪，得到如图 15-144 所示的图形，完成断路器 1 的绘制。

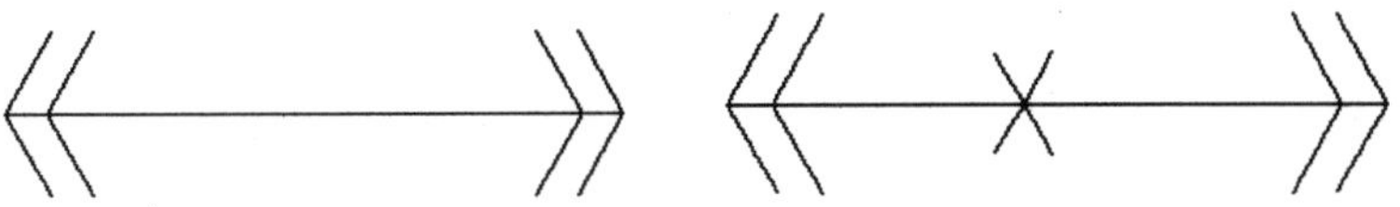

图 15-143　绘制并移动倾斜直线　　图 15-144　断路器 1

**3. 绘制断路器 2**

（1）单击“默认”选项卡“绘图”面板中的“矩形”按钮，绘制一个长为 18、宽为 18 的矩形，如图 15-145 所示。

（2）单击“默认”选项卡“修改”面板中的“分解”按钮，将绘制的矩形分解为 4 条直线。

（3）单击“默认”选项卡“修改”面板中的“偏移”按钮，将直线 2 依次向右偏移 4 和 13，得到直线 5 和直线 6。将直线 1 依次向下偏移 6 和 12，得到直线 7 和直线 8，如图 15-146所示。

（4）选择菜单栏中的“修改/拉长”命令，将直线 6 分别向上和向下拉长 25，如图 15-147 所示。

（5）单击“默认”选项卡“修改”面板中的“修剪”按钮和“删除”按钮，对图形进行修剪，并删除掉多余的直线，得到如图 15-148 所示的图形，完成断路器 2 的绘制。

**4. 绘制电流互感器**

（1）单击“默认”选项卡“绘图”面板中的“圆”按钮，以点（300，10）为圆心，绘制一个半径为 30 的圆 1，如图 15-149 所示。

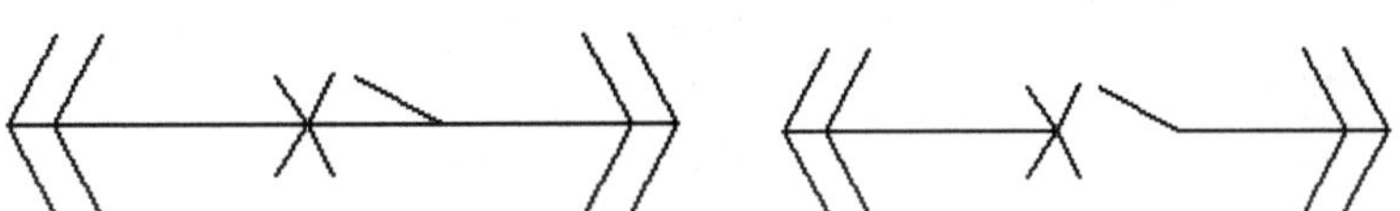

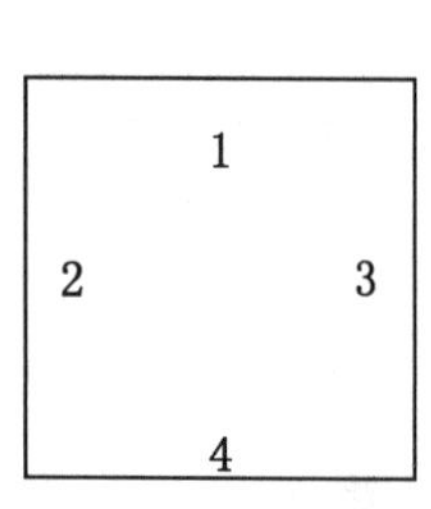


图 15-145 绘制矩形

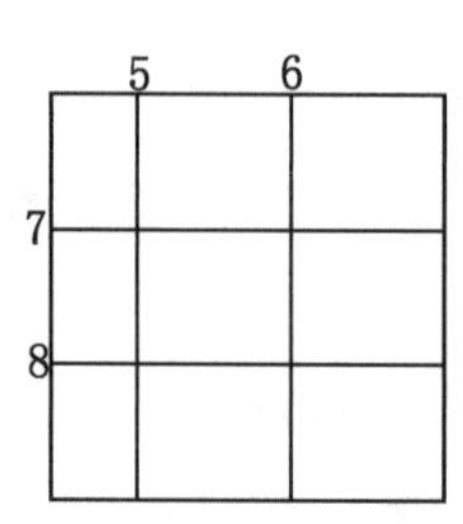


图 15-146 偏移直线

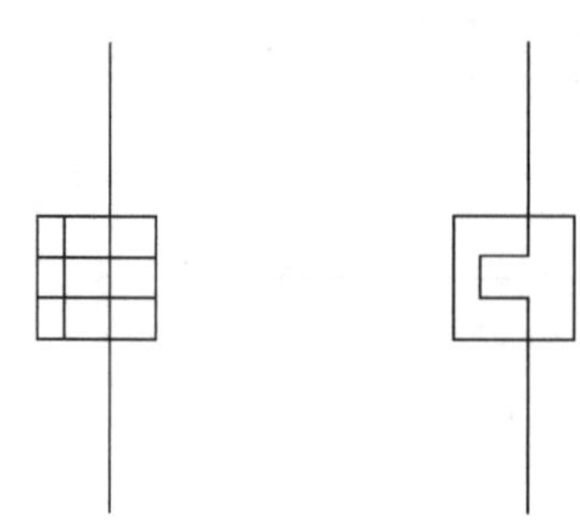

图 15-147 拉长直线 图 15-148 断路器 2

（2）单击“默认”选项卡“修改”面板中的“矩形阵列”按钮，选择上步绘制的圆为阵列对象，设置行数为 1，列数为 9，列间距为 40，单击“关闭阵列”按钮，阵列结果如图 15-150 所示。

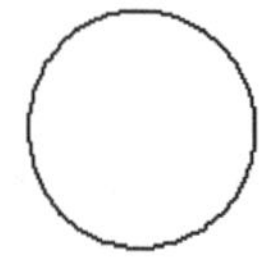

图 15-149 绘制圆

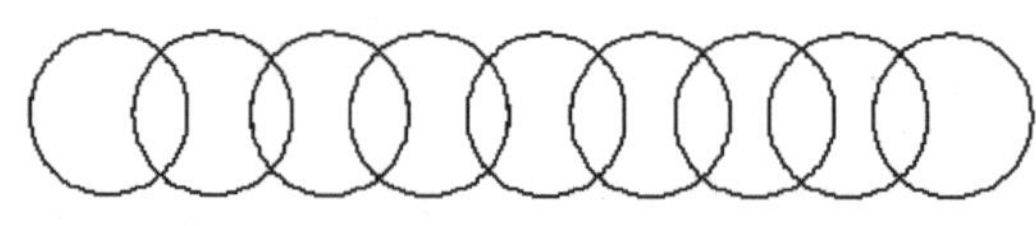

图 15-150 阵列结果

（3）单击“默认”选项卡“绘图”面板中的“直线”按钮，在对象捕捉绘图方式下，分别捕捉最左端圆和最右端圆的圆心，绘制一条水平直线 *L*1。

（4）单击“默认”选项卡“修改”面板中的“拉长”按钮，将直线 *L*1 分别向左和向右拉长 40，如图 15-151 所示。

（5）单击“默认”选项卡“修改”面板中的“偏移”按钮，将直线 *L*1 向上偏移 20，如图 15-152 所示。

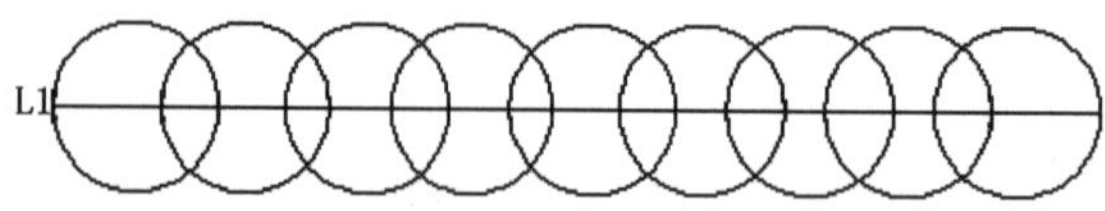


图 15-151 绘制并拉长水平直线

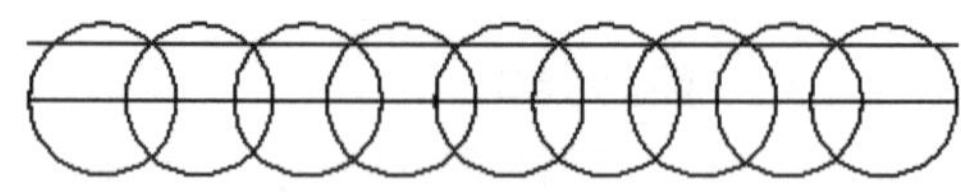

图 15-152 偏移直线

（6）单击“默认”选项卡“修改”面板中的“修剪”按钮，选择直线 *L*1 为修剪边，对所有的圆进行修剪；然后删除直线 *L*1，结果如图 15-153 所示，完成电流互感器的绘制。

图 15-153 电流互感器

**5. 绘制电桥**

（1）单击“默认”选项卡“绘图”面板中的“直线”按钮，在极轴追踪绘图方式下，以点（200，200）为起点，绘制一条长度为 20，与水平方向夹角为 45°的直线 *DB*。

（2）单击“默认”选项卡“绘图”面板中的“直线”按钮，以点 *B* 为起点，沿着 *DB* 的方向，绘制长度为 10 的直线 *BA*；采用同样的方法，以 *A* 为起点，绘制长度为 20 的直线 *AC*，如图 15-154a 所示。

（3）采用相同的方法，以点 $C$ 为起点，绘制 3 条与水平方向夹角为 135°、长度分别为 20、10 和 20 的直线 $CE$、$EF$ 和 $FG$，如图 15-154b 所示。

（4）单击“默认”选项卡“绘图”面板中的“直线”按钮，在对象追踪绘图方式下，捕捉点 $D$ 为起点，向右绘制一条长度为 30.4 的水平直线 $DM$；捕捉 $G$ 点为起点，向左绘制一条长度为 30.4 的水平直线 $GN$。

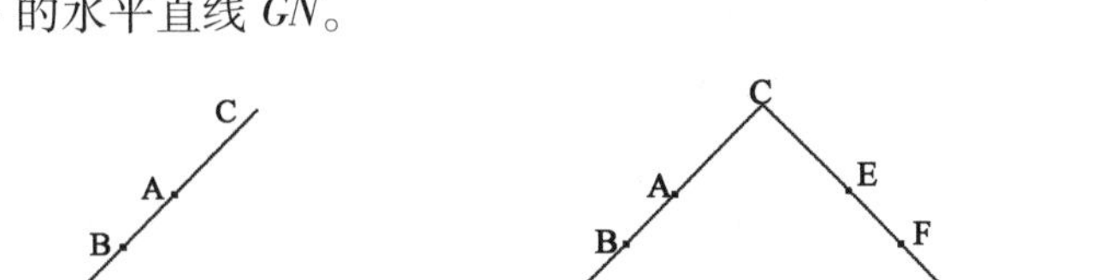


图 15-154　绘制直线

（5）单击“默认”选项卡“绘图”面板中的“直线”按钮，在对象捕捉和极轴追踪绘图方式下，捕捉 $B$ 点为起点，绘制一条与水平方向夹角为 135°、长度为 5 的直线 $L1$。

（6）镜像直线。单击“默认”选项卡“修改”面板中的“镜像”按钮，选择直线 $L1$ 为镜像对象，以直线 $AB$ 为镜像线进行镜像操作，绘制直线 $L2$。

（7）单击“默认”选项卡“修改”面板中的“复制”按钮，复制直线 $L1$ 和 $L2$，得到直线 $L3$ 和 $L4$，如图 15-155 所示。

（8）采用相同的方法，在 $E$、$F$、$M$ 和 $N$ 点绘制直线。

（9）单击“默认”选项卡“修改”面板中的“删除”按钮，删除直线 $AB$ 和 $EF$，得到如图 15-156 所示的图形，完成电桥的绘制。

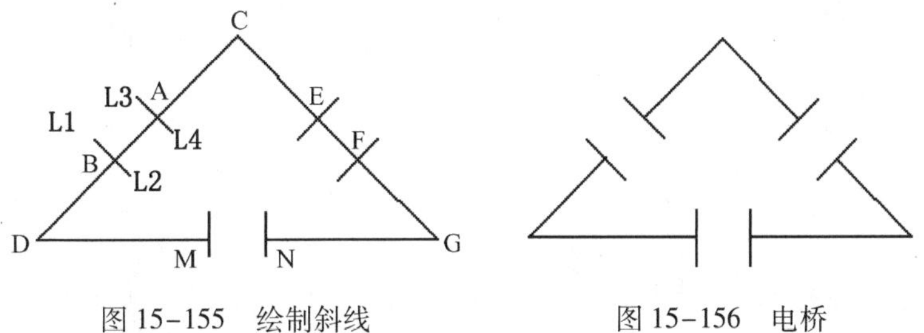


图 15-155　绘制斜线　　图 15-156　电桥

## 15.6.4 连接各主要模块

将“连接导线层”图层设置为当前图层。按照位置关系，可以将系统图分成如图 15-157 ~ 图 15-160 所示的几个主要模块，这些是将各元器件分别连接起来形成图样的主要部分。

## 15.6.5 将各模块插入轮廓图中

将各主要部分插入前面绘制好的轮廓图中。注意，前面绘制各元器件时，各图形符号的尺寸不一定完全相符，这样组合在一起会不美观。因此，在组合时可能会用到缩放功能，将各部件调整到合适的大小。组合过程中可以随时调整，但不能改变各器件的相对位置。

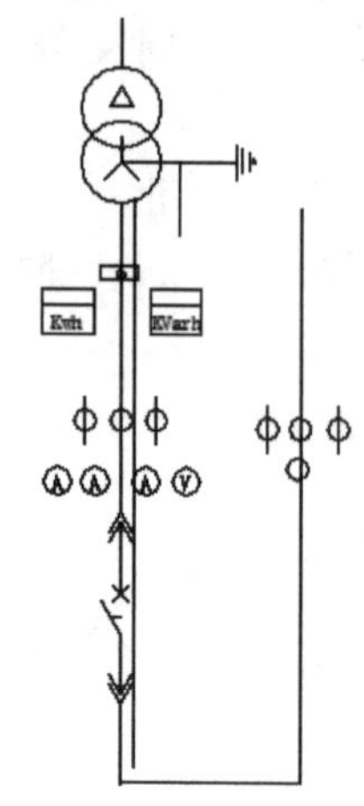

图 15-157　计量进线

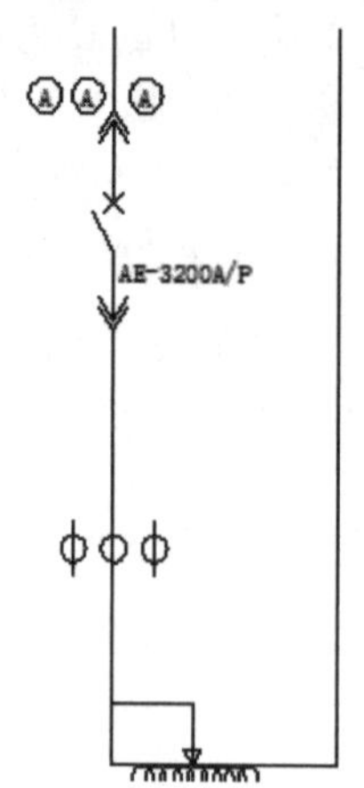


图 15-158　杆式稳压器

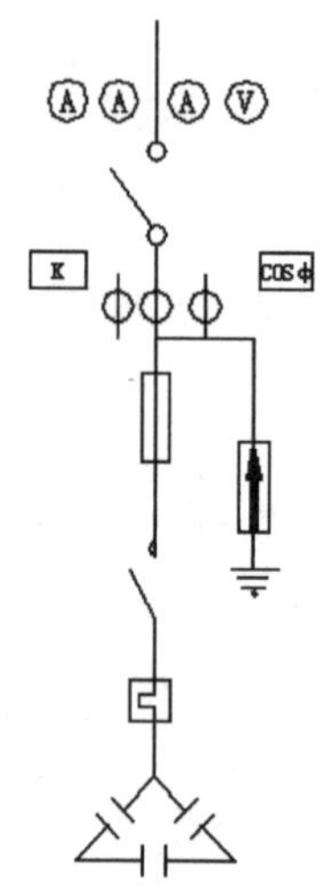


图 15-159　电容补偿柜

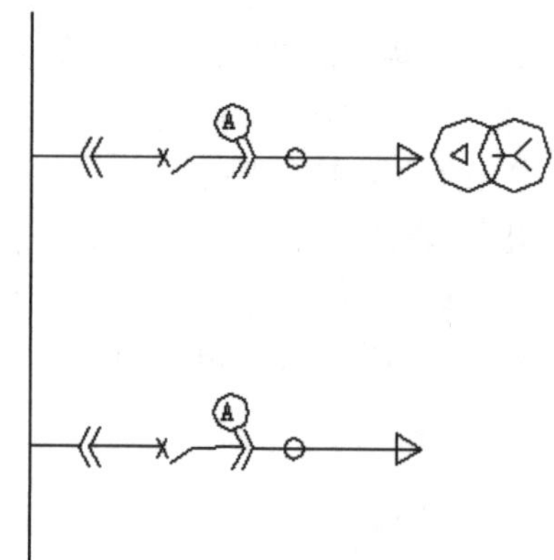

图 15-160　馈电柜

## 15.6.6 添加注释和文字

电路图中文字的添加大大解决了图样复杂、图样难懂的问题，根据文字就能简单明了地理解图样的意义。

（1）创建文字样式。单击“默认”选项卡“注释”面板中的“文字样式”按钮，弹出“文字样式”对话框，如图 15-161 所示；创建一个样式名为“标注”的文字样式，设置“字体名”为“仿宋_GB2312”，“字体样式”为“常规”，“高度”为“20”，“宽度因子”为“0.7”。

（2）添加注释文字。单击“默认”选项卡“注释”面板中的“多行文字”按钮，一次输入几行文字，然后调整其位置，以对齐文字。调整文字位置时，可以结合使用正交功能。

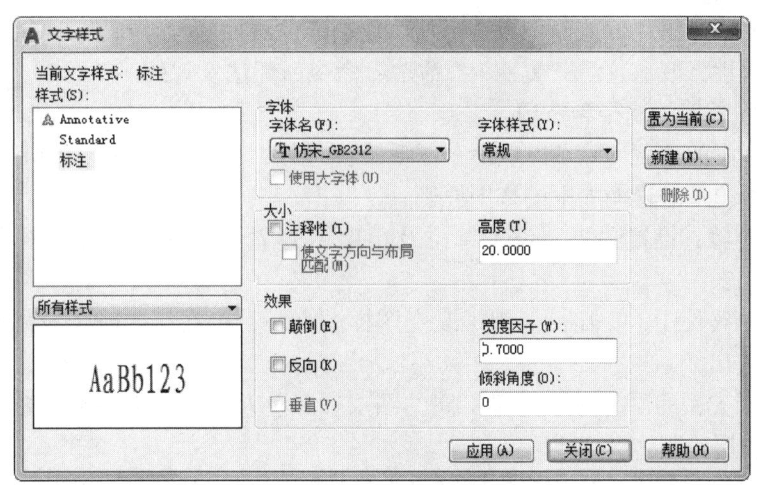

图 15-161 “文字样式”对话框

## 15.6.7 绘制表格

表格中的文字样式设置如图 15-162 所示。所绘制的表格及添加的文字如图 15-163 所示。

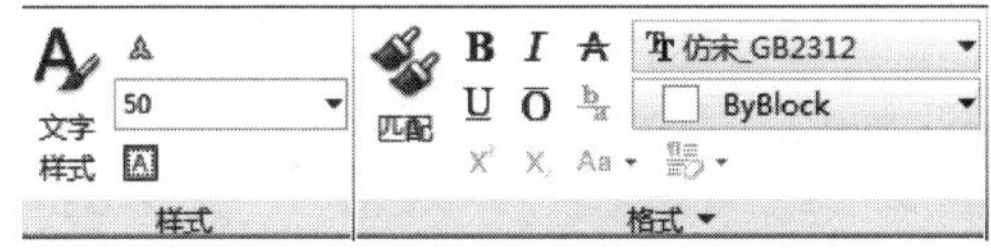


图 15-162 文字样式设置

| 配电柜编号 | | 1P1 | 1P2 | 1P3 | 1P4 | 1P5 |
|---|---|---|---|---|---|---|
| 配电柜型号 | | GCK | GCK | GCJ | GCJ | GCK |
| 配电柜柜宽 | | 1000 | 1800 | 1000 | 1000 | 1000 |
| 配电柜用途 | | 计量进线 | 干式稳压器 | 电容补偿柜 | 电容补偿柜 | 馈电柜 |
| 主要元件 | 隔离开关 | | | QSA-630/3 | QSA-630/3 | |
| | 断路器 | AE-3200A/4P | AE-3200A/3P | CJ20-63/3 | CJ20-63/3 | AE-1600AX2 |
| | 电流互感器 | 3×LMZ2-0.66-2500/5<br>4×LMZ2-0.66-3000/5 | 3×LMZ2-0.66-3000/5 | 3×LMZ2-0.66-500/5 | 3×LMZ2-0.66-500/5 | 6×LMZ2-0.66-1500/5 |
| | 仪表规格 | DTF-224 1级 6L2-A×3<br>DXF-226 2级 6L2-V×1 | 6L2-A×3 | 6L2-A×3 6L2-COSφ | 6L2-A×3 | 6L2-A |
| 负荷名称/容量 | | SC9-1600kVA | 1600kVA | 12×30=360kVAR | 12×30=360kVAR | |
| 母线及进出线电缆 | | 母线槽FCM-A-3150A | | 配十二步自动投切 | 与主柜联动 | |

图 15-163 表格及添加的文字

# 15.7 名师点拨

**1. 巧用块功能来提高重复图元对象的制作和编辑效率。**

建筑电气施工图中往往需要绘制大量的重复图形元素，例如，要在照明和插座平面图中绘制大量同一型号的灯具，插座和开关等，如果重复绘制，会十分麻烦。CAD 提供的块功能，为解决此类问题提供了理想方案。如首先绘制要重复使用的对象，再把绘制好的对象创建成一个块，并存储起来的，需要使用时插入此块即可。使用块的好处在于一方面可以避免重复绘制，提高制图效率，另一方面可提高图形的标准化程度，避免在同一张或同一套图中，相同对象的绘制出现偏差，作者认为使用块功能的最大的好处在于，可以对图中的同一块对象进行一次性修改，这是“复制”“粘贴”命令所无法实现的。

**2. 提高绘图效率的途径和技巧。**

如何提高画图的速度，除了一些命令需要掌握之外，还要遵循一定的作图原则，为了提高作图速度，用户最好遵循如下的作图原则：

（1）作图步骤：设置图幅→设置单位及精度→建立若干图层→设置对象样式→开始绘图。

（2）绘图始终使用1∶1比例。为了改变图样的大小，可在打印时于布局空间内设置不同的打印比例。

（3）为不同类型的图元对象设置不同的图层、颜色及线宽，而图元对象的颜色、线型及线宽都应由图层控制。

（4）需精确绘图时，可使用栅格捕捉功能，并将栅格捕捉间距设为适当的数值。

（5）不要将图框和图形绘在同一幅图中，应在布局中将图框按块插入，然后打印出图。

（6）对于有名称的对象，如视图、图层、图块、线型、文字样式、打印样式等，使用时不仅要简明，而且要遵循一定的规律，以便于查找和使用。

（7）将一些常用设置，如图层、标注样式、文字样式、栅格捕捉等内容设置在一图形模板文件中，以后绘制新图时，可在创建新图形向导中单击使用模板来打开它，并开始绘图。

## 15.8 上机实验

**【练习1】绘制如图15-164所示的直流数字电压表线路图。**

**1. 目的要求**

本实验主要要求读者通过练习进一步熟悉和掌握电气图的绘制方法。通过本实验，可以帮助读者学会完成整个电气图绘制的全过程。

**2. 操作提示**

（1）设置3个新图层。

（2）绘制线路结构图。

（3）绘制实体符号。

（4）将绘制的实体符号插入到图形中。

（5）添加注释文字。

（6）插入图框。

**【练习2】绘制如图15-165所示的无线寻呼系统图。**

**1. 目的要求**

本实例主要要求读者通过练习进一步熟悉和掌握电气图的绘制方法。通过本实验，可以帮助读者学会完成整个电气图绘制的全过程。

**2. 操作提示**

（1）绘制机房区域模块。

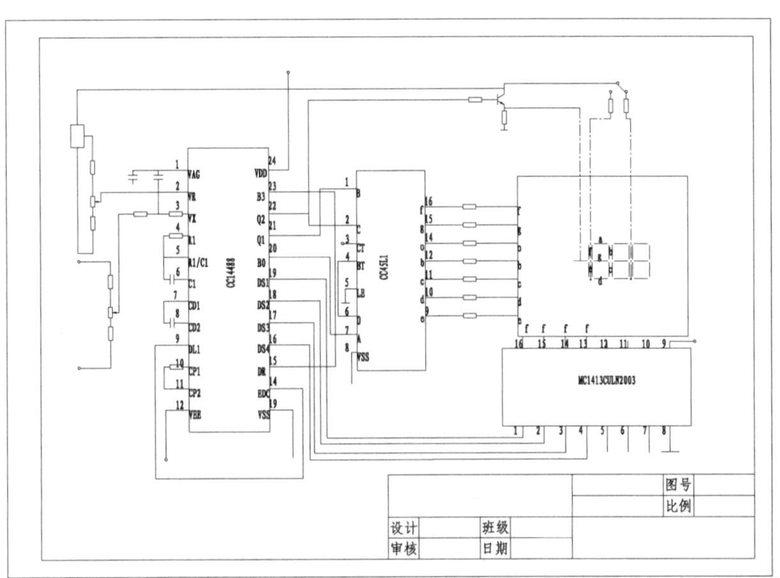

图 15-164 直流数字电压表线路图

（2）绘制设备。

（3）插入连接线。

（4）添加注释文字。

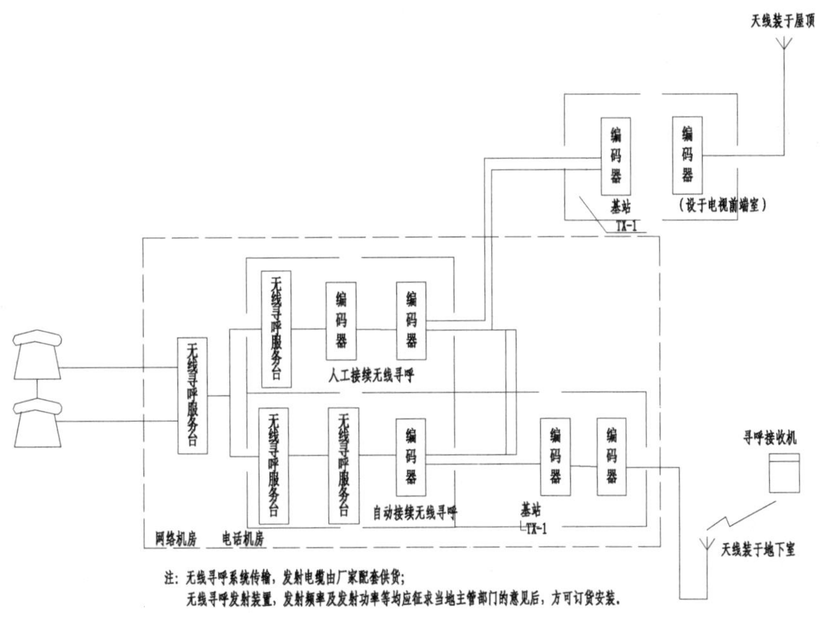


图 15-165 无线寻呼系统图